Bioquímica

O GEN | Grupo Editorial Nacional – maior plataforma editorial brasileira no segmento científico, técnico e profissional – publica conteúdos nas áreas de ciências da saúde, exatas, humanas, jurídicas e sociais aplicadas, além de prover serviços direcionados à educação continuada e à preparação para concursos.

As editoras que integram o GEN, das mais respeitadas no mercado editorial, construíram catálogos inigualáveis, com obras decisivas para a formação acadêmica e o aperfeiçoamento de várias gerações de profissionais e estudantes, tendo se tornado sinônimo de qualidade e seriedade.

A missão do GEN e dos núcleos de conteúdo que o compõem é prover a melhor informação científica e distribuí-la de maneira flexível e conveniente, a preços justos, gerando benefícios e servindo a autores, docentes, livreiros, funcionários, colaboradores e acionistas.

Nosso comportamento ético incondicional e nossa responsabilidade social e ambiental são reforçados pela natureza educacional de nossa atividade e dão sustentabilidade ao crescimento contínuo e à rentabilidade do grupo.

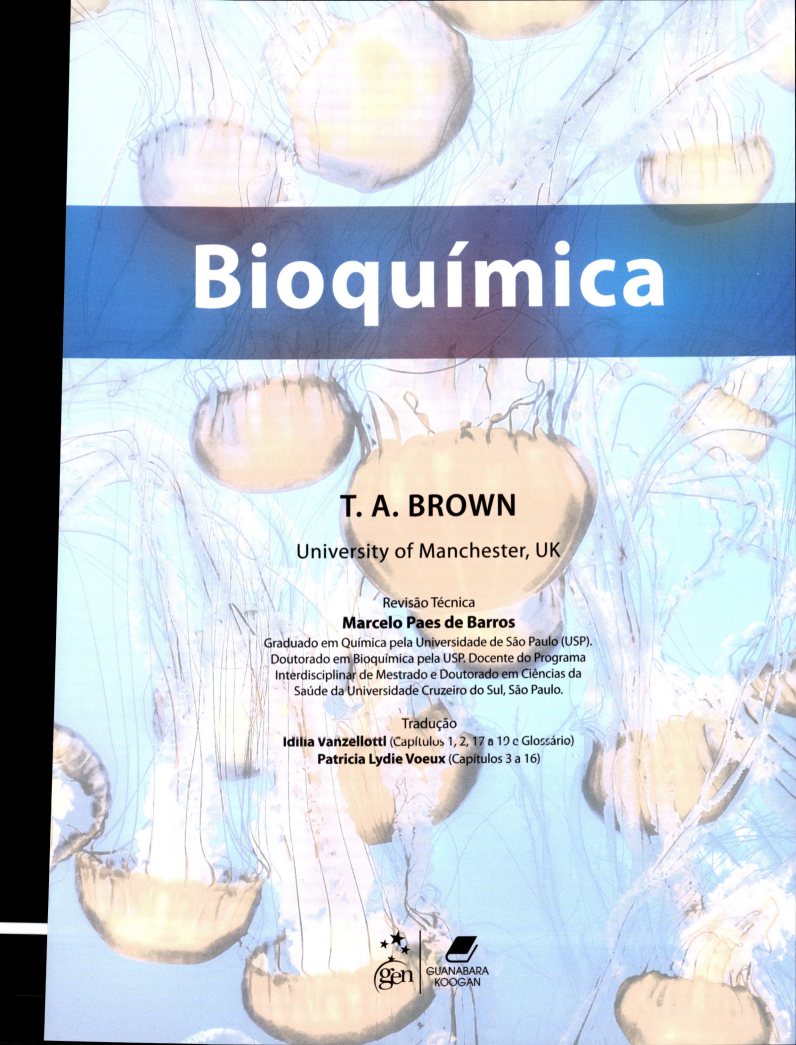

Bioquímica

T. A. BROWN

University of Manchester, UK

Revisão Técnica
Marcelo Paes de Barros
Graduado em Química pela Universidade de São Paulo (USP).
Doutorado em Bioquímica pela USP. Docente do Programa
Interdisciplinar de Mestrado e Doutorado em Ciências da
Saúde da Universidade Cruzeiro do Sul, São Paulo.

Tradução
Idilia Vanzellotti (Capítulos 1, 2, 17 a 19 e Glossário)
Patricia Lydie Voeux (Capítulos 3 a 16)

- O autor deste livro e a EDITORA GUANABARA KOOGAN LTDA. empenharam seus melhores esforços para assegurar que as informações e os procedimentos apresentados no texto estejam em acordo com os padrões aceitos à época da publicação, *e todos os dados foram atualizados pelo autor até a data da entrega dos originais à editora*. Entretanto, tendo em conta a evolução das ciências da saúde, as mudanças regulamentares governamentais e o constante fluxo de novas informações sobre terapêutica medicamentosa e reações adversas a fármacos, recomendamos enfaticamente que os leitores consultem sempre outras fontes fidedignas, de modo a se certificarem de que as informações contidas neste livro estão corretas e de que não houve alterações nas dosagens recomendadas ou na legislação regulamentadora.

- O autor e a editora se empenharam para citar adequadamente e dar o devido crédito a todos os detentores de direitos autorais de qualquer material utilizado neste livro, dispondo-se a possíveis acertos posteriores caso, inadvertida e involuntariamente, a identificação de algum deles tenha sido omitida.

- Traduzido de
  BIOCHEMISTRY, FIRST EDITION
  Copyright © Scion Publishing Ltd, 2017
  This translation of *Biochemistry* is published by Editora Guanabara Koogan Ltda in arrangement with Scion Publishing Ltd.
  ISBN: 978-1-907-904-28-8

- Direitos exclusivos para a língua portuguesa
  Copyright © 2018 by
  EDITORA GUANABARA KOOGAN LTDA.
  Uma editora integrante do GEN | Grupo Editorial Nacional
  Travessa do Ouvidor, 11
  Rio de Janeiro – RJ – CEP 20040-040
  Tels.: (21) 3543-0770/(11) 5080-0770 | Fax: (21) 3543-0896
  www.grupogen.com.br | editorial.saude@grupogen.com.br

- Reservados todos os direitos. É proibida a duplicação ou reprodução deste volume, no todo ou em parte, em quaisquer formas ou por quaisquer meios (eletrônico, mecânico, gravação, fotocópia, distribuição pela Internet ou outros), sem permissão, por escrito, da EDITORA GUANABARA KOOGAN LTDA.

- Capa: Andrew Magee Design Ltd; www.amdesigner.co.uk

- Editoração eletrônica: **Hera**

- Ficha catalográfica

B897b

Brown, T. A.
Bioquímica / T. A. Brown; revisão técnica Marcelo Paes de Barros; tradução Idilia Vanzellotti, Patricia Lydie Voeux. – 1. ed. – Rio de Janeiro: Guanabara Koogan, 2018.
il.

Tradução de: Biochemistry
ISBN 978-85-277-3292-5

1. Bioquímica. I. Vanzellotti, Idilia. II. Voeux, Patricia. III. Título.

17-46393	CDD: 574.192
	CDU: 577

Prefácio

A bioquímica é essencial a todos os cursos de graduação nas ciências biológicas. Essa disciplina sempre teve especial importância nos cursos que têm como foco os aspectos moleculares ou celulares da biologia, mas avanços recentes na biologia estrutural, na metabolômica e nos métodos bioquímicos relacionados estão tornando a bioquímica cada vez mais relevante nos campos da zoologia, da botânica, da ecologia e da biologia ambiental. Ter uma boa base em bioquímica nunca foi tão importante para os estudantes de todas as áreas da biologia. Isso constitui um desafio para muitos estudantes de biologia e para seus professores, porque há sempre uma tendência dos alunos que são fascinados por biologia de expressar menos interesse nas ciências físicas, como a química. Portanto, a bioquímica – cujo nome sinaliza seu fundamento químico – pode ser percebida como um assunto difícil para muitos estudantes de biologia, o que é uma lástima, já que a bioquímica, quando abordada de maneira apropriada, é uma das disciplinas mais interessantes de estudo, com percepções que ela proporciona sobre a base molecular da vida, acentuando a apreciação de todos os aspectos da biologia.

Existem muitos livros de bioquímica, mas a maioria deles é volumosa, com textos abrangentes, que fornecem suporte detalhado para os cursos de bioquímica em todos os níveis de graduação e também para alguns cursos de extensão. Tais textos são excelentes, mas, em alguns aspectos, desmotivadores para os que precisam apenas de um curso introdutório. A intenção ao escrever minha versão de *Bioquímica* foi atender às necessidades deste grupo de estudantes. Portanto, este livro abrange os aspectos básicos do assunto. Não tentamos fazer um estudo avançado do tema, e sim ajudar os estudantes que precisam de uma base sólida na matéria como parte de seu curso de graduação. Em particular, não contém dados substanciais sobre os princípios da química, mas oferece uma introdução, mostrando como e de que maneira são relevantes para o desenvolvimento gradual do entendimento da bioquímica. Além disso, ao longo do livro tentei enfatizar o suporte que a bioquímica provê a outras áreas da biologia, fornecendo exemplos específicos no próprio texto e nos boxes que o acompanham.

Ao escrever este livro, fiquei muito satisfeito por receber várias revisões analíticas dos capítulos, o que ajudou bastante a elaborar o texto definitivo. Em particular, sou muito grato a David Hames pela revisão de todos os aspectos do livro e também por indicar áreas que mereciam mais ênfase ou assuntos aparentemente muito complexos que podiam ser descritos com conceitos simples. O trabalho artístico esplêndido é criação de Matthew McClements. A equipe da Scion Publishing – Jonathan Ray, Simon Watkins e Clare Boomer – deu excelente apoio a todo o processo escrito, com paciência notável quando eu ultrapassava os prazos por semanas e algumas vezes até meses. Também tenho de agradecer à minha esposa, Keri, pela paciência, quando eu dedicava noites, fins de semana e às vezes férias inteiras para cumprir prazos intangíveis.

T.A. Brown
Manchester

Material Suplementar

Este livro conta com o seguinte material suplementar:

- Questões de múltipla escolha interativas
- Respostas das Questões de múltipla escolha contidas no final dos capítulos.

O acesso ao material suplementar é gratuito. Basta que o leitor se cadastre em nosso *site* (www.grupogen.com.br), faça seu *login* e clique em GEN-IO, no *menu* superior do lado direito.

É rápido e fácil. Caso haja alguma mudança no sistema ou dificuldade de acesso, entre em contato conosco (sac@grupogen.com.br).

GEN-IO (GEN | Informação Online) é o repositório de materiais suplementares e de serviços relacionados com livros publicados pelo GEN | Grupo Editorial Nacional, maior conglomerado brasileiro de editoras do ramo científico-técnico-profissional, composto por Guanabara Koogan, Santos, Roca, AC Farmacêutica, Forense, Método, Atlas, LTC, E.P.U. e Forense Universitária. Os materiais suplementares ficam disponíveis para acesso durante a vigência das edições atuais dos livros a que eles correspondem.

Abreviaturas

ACP	proteína carreadora de acila
ALA	δ-aminolevulinato
ATP	adenosina 5′-trifosfato
CAP	proteína ativadora de catabólito
cDNA	DNA complementar
CFTR	regulador transmembrana da fibrose cística
CLAD ou	cromatografia líquida de alto
CPSF	fator de clivagem e especificidade de poliadenilação
CRE	elemento de resposta cAMP
CREB	elemento de ligação de resposta ao cAMP
CstF	fator de estimulação da clivagem
CTD	domínio C-terminal
DC	dicroísmo circular
ddNTPs	didesoxinucleotídios
DNA	ácido desoxirribonucleico
DNase I	desoxirribonuclease I
EGFR	receptor do fator de crescimento epidérmico
ELISA	ensaio imunoenzimático de adsorção
FC	fibrose cística
HAT	histona acetiltransferase
HDAC	histona desacetilase
HIV/AIDS	infecção pelo vírus da imunodeficiência humana e síndrome da imunodeficiência adquirida
HPLC	desempenho
HRP	peroxidase da raiz-forte
ICATs	marcadores de afinidade codificados por isótopo
IEFC	imunoeletroforese cruzada
IPTG	isopropil-β-D-tiogalactosídeo
IRES	sítio interno de entrada ribossômica
ITAF	fator transatuação do IRES
JAKs	quinases Janus
MALDI-TOF	análise por tempo de voo de ionização e dessorção a *laser* assistida por matriz
MAP	proteína ativada por mitógeno

miRNA	micro-RNA
mRNA	RNA mensageiro
NHEJ	junção de extremidade não homóloga
ORF	estrutura de leitura aberta
PADP	proteína de ligação de poliadenilato
PCNA	antígeno nuclear de proliferação celular
PCR	reação em cadeia da polimerase
PNPase	polinucleotídio fosforilase
PRPP	fosforribosil pirofosfato
PSE	elemento de sequência proximal
qPCR	PCR quantitativa
RISC	complexo silenciador induzido pelo RNA
RM	ressonância magnética
RNA	ácido ribonucleico
RRF	fator de reciclagem do ribossomo
rRNA	RNA ribossômico
scRNA	RNA citoplasmático pequeno
SDS	dodecil sulfato de sódio
SDS-PAGE	eletroforese em gel de poliacrilamida SDS
siRNA	pequeno RNA de interferência
snoRNA	RNA nucleolar pequeno
snRNA	RNA nuclear pequeno
snRNP	ribonucleoproteína nuclear pequena
SRP	partícula de reconhecimento de sinal
SSB	proteína de ligação de fita simples
STATs	transdutores de sinais e ativadores da transcrição
TAF	fator associado à TBP
TBP	proteína de ligação de TATA
TFIID	fator de transcrição IID
TIM	translocador da membrana interna
TOM	translocador da membrana externa
tRNA	RNA transportador
UBF	fator de ligação *upstream*
UCE	elemento de controle *upstream*
UTR	regiões 5′– e 3′ não traduzidas

Como usar este livro

Para ter valor, um livro-texto precisa ser o mais agradável possível para o leitor. Portanto, *Bioquímica* inclui recursos pedagógicos elaborados especialmente para complementar o texto, tornar as informações mais direta, facilitar a consulta e auxiliar no aprendizado.

Organização do livro

Bioquímica é dividido em quatro partes:

Parte 1 | Células, Microrganismos e Biomoléculas, que começa com o contexto biológico da bioquímica, com o Capítulo 2 explicando a base celular da vida e descrevendo como uma célula eucariótica é dividida em subcompartimentos, cada um com suas próprias atividades bioquímicas particulares. Em seguida, os Capítulos 3 a 6 abordam as características estruturais e principais funções dos quatro tipos principais de biomoléculas: proteínas, ácidos nucleicos, lipídios e carboidratos. Acredito que, para um curso introdutório de bioquímica, é importante estabelecer essas características estruturais e funcionais antes de tentar explicar como esses compostos participam de reações metabólicas. O estudante que não está acostumado com química então é capaz de ter um foco e entender questões como ligação, ionização e polaridade, antes de ser solicitado a lidar com a segunda série de princípios químicos em que se baseiam a catálise biológica e a geração de energia.

A **Parte 2 | Geração de Energia e Metabolismo** leva a discussão sobre estrutura e função para questões centrais na bioquímica, quanto à geração de energia e à natureza das vias metabólicas responsáveis pela síntese e pelo desdobramento de biomoléculas. Essa parte do livro começa com uma descrição do papel e do modo de ação de enzimas, incluindo a base termodinâmica para reações bioquímicas, os efeitos da concentração de substrato na velocidade da reação e os impactos de tipos diferentes de inibidores. Três capítulos são então dedicados à geração de energia, o Capítulo 8 sobre glicólise, o Capítulo 9 sobre o ciclo de Krebs e cadeia de transporte de elétrons, o Capítulo 10 sobre a fotossíntese. Os capítulos seguintes abordam as principais vias metabólicas, divididas nas que envolvem carboidratos (Capítulo 11), lipídios (Capítulo 12) e compostos que contêm nitrogênio (Capítulo 13). Em cada um desses três últimos capítulos, descrevo como um composto é feito antes de descrever como se desdobra: por exemplo, o Capítulo 12 começa com a síntese de ácidos graxos e triacilgliceróis e em seguida continua com a quebra desses compostos. Isso em grande parte é uma preferência pessoal, mas também de muitos estudantes, para os quais a sequência lógica é síntese seguida por quebra e não o contrário. Na Parte 2 como um todo, foi feita uma divisão meticulosa do material entre os capítulos. Por exemplo, nos Capítulos 8 e 9, manteve-se um foco claro no movimento de substratos durante a glicólise, o ciclo do ácido tricarboxílico e a cadeia de transporte de elétron, e portanto, defini o tópico relacionado com a gliconeogênese como um aspecto do metabolismo de carboidrato, abordando-o no Capítulo 11. Do mesmo modo, a formação de corpos cetônicos pareceu adaptar-se melhor quando considerada com o desdobramento de aminoácidos cetogênicos do que com os lipídios.

A **Parte 3 | Armazenamento de Informações Biológicas e Síntese de Proteínas** mantém a ordem convencional de eventos com o material dividido em replicação e reparo do DNA (Capítulo 14), síntese de RNA (Capítulo 15), síntese de proteínas (Capítulo 16) e controle da expressão gênica (Capítulo 17). Nesses capítulos, foi dado menos enfoque aos aspectos genéticos moleculares da replicação do DNA e da expressão gênica, e mais ao papel desses processos na síntese do DNA, do RNA e das proteínas. Por essa razão, tópicos como o processamento do RNA e de proteína, o alvejamento de proteína e a renovação de RNA e proteínas receberam maior ênfase do que seria apropriado se este texto fosse de genética em vez de ser de bioquímica. Se os tópicos na Parte 3 forem considerados de bioquímica ou de genética, ou um pouco de ambas, é uma decisão a ser tomada pelos coordenadores de curso.

Na **Parte 4 | Estudo das Biomoléculas**, apresenta-se uma visão geral dos muitos métodos importantes usados em bioquímica. Nessa parte do livro, naturalmente a principal dificuldade é decidir que métodos incluir. Lembrando que várias técnicas foram descritas nos capítulos anteriores, no Capítulo 18 o enfoque foi nos métodos imunológicos, proteômicos e estruturais para estudar as proteínas, junto com uma visão geral das técnicas -ômicas para lipídios e carboidratos, e no Capítulo 19 sobre os métodos para o DNA, com ênfase na PCR, no sequenciamento e na clonagem. Portanto, esses capítulos não foram escritos com a intenção de serem uma fonte abrangente de consulta sobre bioquímica, mas sim abordar essas técnicas bioquímicas (p. ex., imunoensaio, PCR) que são usadas comumente em todas as áreas de pesquisa biológica, bem como aquelas outras técnicas (p. ex., as -ômicas, análise da estrutura proteica, sequenciamento da próxima geração de DNA) que os pesquisadores biológicos poderiam não fazer eles próprios, mas cujos resultados poderiam usar com frequência, ou pelo menos precisar conhecê-los, como parte de seus próprios projetos.

Organização dos capítulos

Além de tentar tornar o texto o mais agradável possível, os capítulos foram organizados com a intenção de ajudar os leitores a estruturarem seu estudo.

Objetivos do estudo

Cada capítulo começa com os objetivos do estudo, que têm dois papéis. Primeiro, eles fornecem uma sinopse do que cada capítulo contém e, assim, podem ser usados pelo leitor para revisar os assuntos, de modo a assegurar que todos os pontos fundamentais de um capítulo tenham sido relembrados. Em segundo lugar, os objetivos do estudo destinam-se a indicar

x Bioquímica

o nível e o tipo de conhecimento que o estudante deve obter ao ler o capítulo, se está sendo capaz de descrever uma via metabólica, distinguir dois ou mais processos relacionados ou entender por que algo está ocorrendo. A intenção é que o estudante saiba exatamente o que deve aprender em cada capítulo.

Princípios de química, pesquisa em destaque e outros materiais apresentados nos boxes

O texto principal em cada capítulo tem como complemento a informação adicional contida nos boxes. Há três tipos de boxes, codificados com cores diferentes.

Os boxes **Princípios de Química** (em laranja) constituem uma série de boxes que descrevem aspectos fundamentais da base química da bioquímica. Não é possível, nem desejável, remover toda a química do texto principal, mas há uma vantagem em lidar com vários desses tópicos como boxes, porque isso evita interromper o fluxo de informação no texto com desvios para explorar conceitos químicos subjacentes. Ter os princípios químicos fundamentais apresentados como boxes separados e independentes também ajuda o estudante a focar no que ele precisa saber sobre um tópico de química em particular.

Boxe 1.3 Átomos, isótopos e massas moleculares

Boxe 3.2 A ionização da água e a escala de pH

Boxe 3.3 Tipos de ligação química

Boxe 3.4 Características incomuns da ligação peptídica

Boxe 4.1 Empilhamento de bases

Boxe 4.3 Prega (ou dobra) do açúcar

Boxe 7.2 Reações de oxidação e redução

Boxe 8.1 Unidades de energia

Boxe 9.3 Potencial redox

Boxe 10.2 Orbitais atômicos

Boxe 15.4 Transesterificação

Pesquisa em Destaque (em vermelho) são designados para ilustrar as estratégias usadas na pesquisa bioquímica, bem como algumas das aplicações mais amplas da bioquímica na pesquisa médica e na biotecnologia. Cada Destaque de Pesquisa baseia-se em uma ou mais publicações de pesquisa, com o objetivo de ilustrar a maneira pela qual a pesquisa é conduzida e mostrar como é obtida a informação sobre os tópicos bioquímicos.

Boxe 2.3 As bactérias se comunicam entre si em um biofilme

Boxe 3.6 Dedução da estrutura secundária de um polipeptídio a partir de sua sequência de aminoácidos

Boxe 3.7 Estrutura do colágeno para identificar animais extintos

Boxe 3.9 Estudo do enovelamento das proteínas

Boxe 4.2 Descoberta da dupla hélice

Boxe 5.7 Bioquímica da fibrose cística

Boxe 6.3 Alguns seres humanos recentemente desenvolveram a capacidade de digerir o leite

Boxe 7.5 Exploração das enzimas termoestáveis na produção de biocombustíveis

Boxe 9.1 Identificação da proteína carreadora de piruvato mitocondrial

Boxe 9.6 Rotação da F_0F_1 ATPase

Boxe 10.6 Aumentando a capacidade fotossintética das plantas cultivadas

Boxe 11.6 Pitágoras condenou o feijão-fava devido à via das pentoses fosfato?

Boxe 12.5 Bioquímica do Óleo de Lorenzo

Boxe 13.3 Plantações geneticamente modificadas que são resistentes a um herbicida o qual interrompe a síntese de aminoácidos aromáticos

Boxe 14.4 Interação das proteínas Tus com o replissoma

Boxe 14.5 Telomerase e câncer

Boxe 16.4 Antibióticos que têm como alvo o ribossomo bacteriano

Boxe 17.1 Transcriptômica – o estudo das alterações nos padrões de expressão gênica

Boxe 19.3 Os neandertais e os seres humanos modernos se encontraram e procriaram entre si?

Boxe 19.5 Síntese da proteína recombinante fator VIII

Os **boxes de assuntos gerais** (em verde) contêm informações extraídas do texto principal, para enfatizar ou, como nos Princípios de Química, evitar interromper o fluxo do texto. Alguns boxes fornecem descrições mais detalhadas ou extensões de tópicos que também são abordados no texto, outros tratam de assuntos que não são fundamentais para o conteúdo informativo do capítulo, mas que um estudante pode perguntar, e alguns foram incluídos por serem interessantes (além de educativos). O Capítulo 9, por exemplo, tem quatro boxes genéricos que complementam o texto sobre o ciclo de Krebs e cadeia de transporte de elétrons. Dois deles, sobre as succinil CoA sintetases e a localização da cadeia de transporte de elétrons, enquadram-se na primeira das três categorias supracitadas, ampliando e elaborando tópicos abordados no texto principal. Um terceiro boxe, sobre a razão pela qual a enzima que sintetiza ATP denomina-se ATPase, está na segunda categoria, abordando um aspecto não essencial ao entendimento da geração de energia, mas em que um estudante mais atento pode estar interessado. Por fim, um boxe sobre um tipo de repolho (*Symplocarpus foetidus*, uma planta arácea norte-americana) vem na categoria de interesse, embora ressaltando o aspecto importante de que há variações no padrão da cadeia de transporte de elétrons. De passagem, eu diria que incluí esse boxe após pesquisar na literatura em busca de um exemplo interessante de uma cadeia variante de transporte de elétrons e fiquei radiante ao descobrir esse repolho. Depois, naturalmente, descobri que ele é um exemplo padrão incluído em todos os livros-texto.

Leitura sugerida

Cada capítulo tem uma lista de leitura sugerida que contém livros, artigos de revisão e algumas pesquisas que abordam os tópicos descritos em cada capítulo. Nos casos em que o título não deixa clara a relevância de um artigo, foi anexado um resumo mínimo esclarecendo seu valor. A lista de Leitura sugerida não é totalmente inclusiva e, portanto, recomendo ao leitor dedicar algum tempo a pesquisar outros livros e artigos.

Questões de autoavaliação

Cada capítulo contém três tipos de questões para autoavaliação.

As **Questões de múltipla escolha** têm o formato habitual, com apenas uma resposta correta para cada questão. As respostas podem ser encontradas em nosso *site*: www.grupogen.com.br.

As **Questões discursivas** exigem respostas com 100 a 500 palavras ou, em alguns casos, uma anotação contida em um diagrama ou tabela. As questões abordam todo o conteúdo de cada capítulo de maneira direta, não exigindo leitura adicional, de modo que podem ser marcadas simplesmente verificando-se cada resposta na parte correspondente do texto. Um estudante pode usar essas questões para estudar de maneira sistemática um capítulo ou escolher algumas delas para avaliar sua capacidade de responder sobre tópicos específicos. Tais questões também podem ser usadas para testes sem consultar o livro.

A natureza e a dificuldade das **Questões de autoaprendizagem** variam. Elas podem exigir cálculos, leitura adicional e/ou pesquisas. Algumas são razoavelmente diretas e requerem meramente uma pesquisa na literatura, tendo como objetivo abranger o que os estudantes aprendem em poucos estágios ou é ensinado neste livro. Em alguns casos, questões desse tipo também requerem consulta às últimas partes do livro, de modo que o estudante, mediante sua própria leitura, aprende determinado conceito antes que o abordemos em um contexto. Algumas questões requerem que o estudante avalie uma afirmação ou hipótese, que ele poderia encontrar durante a leitura do assunto, mas que, esperamos, requeira raciocínio crítico. Algumas questões são muito difíceis, ao ponto de não haver uma resposta consistente. O objetivo delas é estimular o debate e a especulação, o que amplia o conhecimento de cada estudante e o leva a pensar com cuidado sobre suas convicções. Muitas das questões de autoaprendizagem são adequadas para o método PBL, promovendo discussões em grupo. Não há respostas no fim do livro! Fornecer as respostas seria contra o objetivo – a intenção é que os estudantes descubram por si as respostas.

Glossário

A utilização de glossários auxilia no aprendizado e, por isso, este livro conta com uma extensa lista de termos. Cada termo realçado em negrito no texto está definido no glossário, com outras entradas que o leitor pode encontrar ao consultar fontes de referência como os livros e artigos das listas de leitura sugerida. Observe que, para não confundir o leitor, as definições dadas no glossário em geral refletem apenas o uso do termo no texto principal. A intenção não foi fornecer descrições abrangentes ou completas, como ocorre em um dicionário de bioquímica.

Sumário

CAPÍTULO 1 Bioquímica no Mundo Moderno, 1

1.1 O que é bioquímica?, 1

1.1.1 A bioquímica é uma parte central da biologia, 1

1.1.2 A química também é importante na bioquímica, 3

1.1.3 A bioquímica envolve o estudo de biomoléculas muito grandes, 5

1.1.4 Bioquímica também é o estudo do metabolismo, 8

1.1.5 O armazenamento e a utilização de informação biológica constituem uma parte importante da bioquímica, 10

1.1.6 A bioquímica é uma ciência experimental, 11

Leitura sugerida, 12

PARTE 1 Células, Microrganismos e Biomoléculas, 13

CAPÍTULO 2 Células e Microrganismos, 15

2.1 Células | Elementos formadores da vida, 15

2.1.1 Há dois tipos diferentes de estrutura celular, 16

2.1.2 Procariotas, 17

2.1.3 Eucariotas, 20

2.1.4 E os vírus?, 26

2.2 Evolução e a unidade da vida, 27

2.2.1 A vida originada há quatro bilhões de anos, 28

2.2.2 Três bilhões e meio de anos de evolução, 30

Leitura sugerida, 32

Questões de autoavaliação, 32

CAPÍTULO 3 Proteínas, 35

3.1 As proteínas são constituídas de aminoácidos, 36

3.1.1 Vinte aminoácidos diferentes são usados para a síntese de proteínas, 36

3.1.2 Características bioquímicas dos aminoácidos, 37

3.1.3 Alguns aminoácidos são modificados após a síntese de proteínas, 43

3.2 Níveis primário e secundário de estrutura das proteínas, 45

3.2.1 Os polipeptídios são polímeros de aminoácidos, 45

3.2.2 Os polipeptídios podem adotar conformações regulares, 48

3.3 Proteínas fibrosas e globulares, 51

3.3.1 Proteínas fibrosas | Queratina, colágeno e seda, 51

3.3.2 As proteínas globulares têm estrutura terciária e, possivelmente, quaternária, 52

3.4 Enovelamento das proteínas, 56

3.4.1 As pequenas proteínas enovelam-se de modo espontâneo em suas estruturas terciárias corretas, 56

3.4.2 Vias de enovelamento das proteínas, 57

3.4.3 O enovelamento das proteínas constitui um dos princípios fundamentais da biologia, 59

Leitura sugerida, 60

Questões de autoavaliação, 61

CAPÍTULO 4 Ácidos Nucleicos, 65

4.1 Estruturas do DNA e do RNA, 65

4.1.1 Estrutura dos polinucleotídios, 66

4.1.2 Estruturas secundárias do DNA e do RNA, 68

4.1.3 Os RNA exibem uma gama diversificada de modificações químicas, 75

4.2 Acondicionamento do DNA, 75

4.2.1 Nucleossomos e fibras de cromatina, 76

Leitura sugerida, 79

Questões de autoavaliação, 79

CAPÍTULO 5 Lipídios e Membranas Biológicas, 83

5.1 Estruturas dos lipídios, 84

5.1.1 Ácidos graxos e seus derivados, 84

5.1.2 Lipídios diversos com diversas funções, 90

5.2 Membranas biológicas, 95

5.2.1 Estrutura da membrana, 95

5.2.2 Membranas como barreiras seletivas, 98

Leitura sugerida, 104

Questões de autoavaliação, 104

xiv Bioquímica

CAPÍTULO 6 Carboidratos, 107

6.1 Monossacarídios, dissacarídios e oligossacarídios, 107

6.1.1 Monossacarídios | Unidades estruturais básicas dos carboidratos, 108

6.1.2 Os dissacarídios são formados pela ligação de pares de monossacarídios, 112

6.1.3 Oligossacarídios | Polímeros curtos de monossacarídios, 114

6.2 Polissacarídios, 115

6.2.1 O amido, o glicogênio, a celulose e a quitina são homopolissacarídios, 115

6.2.2 Os heteropolissacarídios são encontrados na matriz extracelular e em paredes celulares das bactérias, 117

Leitura sugerida, 119

Questões de autoavaliação, 120

PARTE 2 Geração de Energia e Metabolismo, 123

CAPÍTULO 7 Enzimas, 125

7.1 O que é uma enzima?, 126

7.1.1 A maioria das enzimas são proteínas, 126

7.1.2 Algumas enzimas necessitam de cofatores, 130

7.1.3 As enzimas são classificadas de acordo com a sua função, 132

7.2 Como as enzimas atuam, 134

7.2.1 As enzimas são catalisadores biológicos, 134

7.2.2 Fatores que influenciam a velocidade de uma reação catalisada por enzima, 139

7.2.3 Inibidores e seus efeitos sobre as enzimas, 144

Leitura sugerida, 149

Questões de autoavaliação, 150

CAPÍTULO 8 Geração de Energia | Glicólise, 153

8.1 Visão geral da geração de energia, 154

8.1.1 Moléculas carreadoras ativadas armazenam energia para uso nas reações bioquímicas, 154

8.1.2 A geração de energia bioquímica é um processo em dois estágios, 155

8.2 Glicólise, 156

8.2.1 Via glicolítica, 156

8.2.2 Glicólise na ausência de oxigênio, 160

8.2.3 Glicólise iniciada com outros açúcares diferentes da glicose, 163

8.2.4 Regulação da glicólise, 166

Leitura sugerida, 171

Questões de autoavaliação, 172

CAPÍTULO 9 Geração de Energia | Ciclo de Krebs e Cadeia de Transporte de Elétrons, 175

9.1 Ciclo de Krebs (ou do TCA), 176

9.1.1 A entrada do piruvato no ciclo de Krebs (TCA), 176

9.1.2 Etapas do ciclo de Krebs (TCA), 179

9.1.3 Regulação do ciclo de Krebs (TCA), 182

9.2 Cadeia de transporte de elétrons e síntese de ATP, 182

9.2.1 A energia é liberada à medida que ocorre transferência de elétrons ao longo da cadeia de transporte de elétrons, 183

9.2.2 Estrutura e função da cadeia de transporte de elétrons, 185

9.2.3 Síntese de ATP, 188

9.2.4 Inibidores e desacopladores da cadeia de transporte de elétrons, 193

9.2.5 O NADH citoplasmático não pode ter acesso à cadeia de transporte de elétrons, 194

Leitura sugerida, 196

Questões de autoavaliação, 197

CAPÍTULO 10 Fotossíntese , 201

10.1 Visão geral da fotossíntese, 202

10.1.1 A fotossíntese refere-se à produção de carboidratos impulsionada pela luz, 202

10.1.2 A fotossíntese ocorre em organelas especializadas, 202

10.2 Reações de fase luminosa (claro), 203

10.2.1 A luz solar é coletada por pigmentos fotossintéticos, 203

10.2.2 Transporte de elétrons e fotofosforilação, 206

10.3 Reações de fase escura, 209

10.3.1 Ciclo de Calvin, 209

10.3.2 Síntese de sacarose e de amido, 215

10.3.3 Fixação do carbono pelas plantas C4 e CAM, 217

Leitura sugerida, 220

Questões de autoavaliação, 220

CAPÍTULO 11 Metabolismo dos Carboidratos, 223

11.1 Metabolismo do glicogênio, 223

11.1.1 Síntese e degradação do glicogênio, 224

11.1.2 Controle do metabolismo do glicogênio, 227

11.2 Gliconeogênese, 232
11.2.1 Via da gliconeogênese, 232

11.2.2 Regulação da gliconeogênese, 237

11.3 Via das pentoses fosfato, 237
11.3.1 Fases oxidativa e não oxidativa da via das pentoses fosfato, 237

Leitura sugerida, 242

Questões de autoavaliação, 242

CAPÍTULO 12 Metabolismo dos Lipídios, 245

12.1 Síntese de ácidos graxos e triacilgliceróis, 245
12.1.1 Síntese dos ácidos graxos, 246

12.1.2 Síntese de triacilgliceróis, 251

12.2 Degradação dos triacilgliceróis e ácidos graxos, 253
12.2.1 Degradação dos triacilgliceróis em ácidos graxos e glicerol, 253

12.2.2 Degradação dos ácidos graxos, 255

12.3 Síntese do colesterol e seus derivados, 262
12.3.1 Síntese do colesterol, 262

12.3.2 Síntese de derivados do colesterol, 266

Leitura sugerida, 268

Questões de autoavaliação, 269

CAPÍTULO 13 Metabolismo do Nitrogênio, 273

13.1 Síntese de amônia a partir do nitrogênio inorgânico, 274
13.1.1 Fixação do nitrogênio, 274

13.1.2 Redução do nitrato, 277

13.2 Síntese de substâncias bioquímicas contendo nitrogênio, 278
13.2.1 Síntese de aminoácidos, 278

13.2.2 Síntese de nucleotídios, 286

13.2.3 Síntese de compostos tetrapirrólicos, 288

13.3 Degradação dos compostos que contêm nitrogênio, 289
13.3.1 Degradação dos aminoácidos, 290

13.3.2 Ciclo da ureia, 292

Leitura sugerida, 296

Questões de autoavaliação, 297

PARTE 3 Armazenamento de Informações Biológicas e Síntese de Proteínas, 301

CAPÍTULO 14 Replicação e Reparo do DNA, 303

14.1 Replicação do DNA, 304
14.1.1 Iniciação da replicação do DNA, 305

14.1.2 Fase de alongamento da replicação do DNA, 307

14.1.3 Término da replicação, 317

14.2 Reparo do DNA, 321
14.2.1 Correção dos erros na replicação do DNA, 322

14.2.2 Reparo de nucleotídios danificados, 324

14.2.3 Reparo de quebras de DNA, 328

Leitura sugerida, 329

Questões de autoavaliação, 330

CAPÍTULO 15 Síntese de RNA, 333

15.1 Transcrição do DNA em RNA, 334
15.1.1 RNAs codificantes e não codificantes, 334

15.1.2 Iniciação da transcrição, 334

15.1.3 Fase de transcrição da síntese de RNA, 339

15.1.4 Término da transcrição, 343

15.2 Processamento do RNA, 346
15.2.1 Processamento do RNA não codificantes por clivagem e "corte das extremidades", 346

15.2.2 Remoção de íntrons do pré-mRNA eucariótico, 348

15.2.3 Modificação química do RNA não codificante, 354

Leitura sugerida, 355

Questões de autoavaliação, 356

CAPÍTULO 16 Síntese de Proteínas, 359

16.1 Código genético, 360
16.1.1 Características do código genético, 360

16.1.2 Como o código genético é aplicado durante a síntese de proteínas, 362

16.2 Mecânica da síntese de proteínas, 367
16.2.1 Ribossomos, 367

16.2.2 Tradução de um mRNA em um polipeptídio, 369

16.3 Processamento pós-tradução das proteínas, 377
16.3.1 Processamento por clivagem proteolítica, 377

16.3.2 Modificação química das proteínas, 380

xvi Bioquímica

16.4 Endereçamento de proteínas, 383

16.4.1 O papel das sequências de ordenação no endereçamento de proteínas, 383

Leitura sugerida, 389

Questões de autoavaliação, 390

CAPÍTULO 17 Controle da Expressão Gênica, 393

17.1 Regulação da via de expressão gênica, 395

17.1.1 Regulação da iniciação da transcrição em bactérias, 395

17.1.2 Regulação da iniciação da transcrição em eucariotos, 401

17.1.3 Regulação gênica após iniciação da transcrição, 405

17.2 Degradação de mRNA e proteína, 408

17.2.1 Degradação do RNA, 408

17.2.2 Degradação de proteínas, 410

Leitura sugerida, 413

Questões de autoavaliação, 414

PARTE 4 Estudo das Biomoléculas, 417

CAPÍTULO 18 Estudo das Proteínas, Lipídios e Carboidratos, 419

18.1 Métodos de estudo das proteínas, 419

18.1.1 Métodos para identificar uma determinada proteína, 420

18.1.2 Estudo do proteoma, 426

18.1.3 Estudo da estrutura de uma proteína, 431

18.2 Estudo dos lipídios e carboidratos, 435

18.2.1 Métodos de estudo dos lipídios, 436

18.2.2 Estudo dos carboidratos, 439

Leitura sugerida, 439

Questões de autoavaliação, 440

CAPÍTULO 19 Estudo do DNA e do RNA, 443

19.1 Manipulação do DNA e do RNA por enzimas purificadas, 444

19.1.1 Tipos de enzima usados para estudar o DNA e o RNA, 444

19.1.2 Reação em cadeia da polimerase, 449

19.2 Sequenciamento do DNA, 453

19.2.1 Metodologia para o sequenciamento de DNA, 454

19.2.2 Sequenciamento de nova (próxima) geração, 458

19.3 Clonagem do DNA, 459

19.3.1 Métodos de clonagem do DNA, 459

19.3.2 Uso da clonagem de DNA para obtenção de proteína recombinante, 465

Leitura sugerida, 468

Questões de autoavaliação, 469

Glossário, 473

Índice Alfabético, 503

CAPÍTULO 1

Bioquímica no Mundo Moderno

OBJETIVOS DO ESTUDO

Após a leitura deste capítulo, você será capaz de:

- Entender o que significa o termo 'bioquímica'

- Reconhecer a posição central que a bioquímica ocupa nas ciências biológicas

- Perceber que para o entendimento da bioquímica também é necessário entender os princípios básicos da química

- Saber que quatro tipos de grandes moléculas – proteínas, ácidos nucleicos, lipídios e polissacarídios – são particularmente importantes na bioquímica

- Perceber que o metabolismo desempenha um papel vital em todos os organismos vivos

- Reconhecer que o metabolismo inclui processos catabólicos, que degradam moléculas para produzir energia, e anabólicos, que formam moléculas maiores a partir das menores

- Saber que a informação biológica está armazenada no DNA e torna-se disponível para a célula pelo processo denominado expressão gênica

- Ver que a bioquímica é uma ciência experimental e que o entendimento do método usado nos projetos de pesquisa é fundamental para tornar-se um bioquímico.

Imagine misturar alguns quilogramas de oxigênio, carbono, hidrogênio, nitrogênio, cálcio e fósforo com quantidades menores de alguns 53 outros elementos, desde o alumínio ao zircônio, usando a receita da Tabela 1.1. O que você teria? Uma mistura bizarra de elementos químicos sólidos, líquidos e gasosos, o que é porque o ser humano adulto normal é constituído por esses elementos nas mesmas proporções. Mas, fora do contexto cinematográfico *cult*, nenhuma quantidade de calor, eletricidade ou radiação, irá transformar a mistura em uma pessoa viva. A **bioquímica** nos diz por quê.

1.1 O que é bioquímica?

Quando estudei bioquímica na universidade, era bastante comum a palavra ser escrita com hífen, ou seja, bio-química. O termo mais longo, **'química biológica'**, ainda é usado atualmente. A implicação é que bioquímica é simplesmente uma combinação dos dois termos, a química aplicada à biologia, ou 'a química da vida'. Essa é uma forma razoável de definir bioquímica em poucas palavras, mas a bioquímica moderna, na realidade, é muito mais que o estudo das substâncias químicas existentes nos organismos vivos. Vamos explorar exatamente o que 'bioquímica' significa para nós.

1.1.1 A bioquímica é uma parte central da biologia

A bioquímica é uma parte da **biologia**, ou das **ciências da vida** como agora é comumente denominada. Nas ciências da vida, a bioquímica ocupa uma posição central. Isso ocorre porque a bioquímica diz respeito à síntese e à estrutura das moléculas que constituem

2 Bioquímica

Tabela 1.1 Composição elementar do ser humano adulto normal.

Elemento	Quantidade em um ser humano de 70 kg
Oxigênio	43 kg (61%)
Carbono	16 kg (23%)
Hidrogênio	7 kg (10%)
Nitrogênio	1,8 kg (2,5%)
Cálcio	1 kg (1,4%)
Fósforo	780 g (1,1%)
Potássio	140 g (0,20%)
Enxofre	140 g (0,20%)
Sódio	100 g (0,14%)
Cloro	95 g (0,14%)
Magnésio	19 g (0,03%)
Ferro	4,2 g
Flúor	2,6 g
Zinco	2,3 g
Silício	1 g
Rubídio	0,68 g
Estrôncio	0,32 g
Bromo	0,26 g
Chumbo	0,12 g
Quantidades mínimas (inferiores a 100 mg cada; 'traços') de cobre, alumínio, cádmio, cério, iodo, estanho, titânio, boro, níquel, selênio, cromo, manganês, arsênio, lítio, césio, mercúrio, germânio, molibdênio, cobalto, antimônio, prata, nióbio, zircônio, lantânio, gálio, telúrio, ítrio, bismuto, tálio, índio, ouro, escândio, tântalo, vanádio, tório, urânio, samário, berílio e tungstênio.	

Os elementos mostrados em vermelho são conhecidos como tendo um papel na bioquímica humana. A maioria dos outros elementos é absorvida a partir do ambiente, mas não tem função conhecida no corpo. Dados de **Emsley J** (1998) *The Elements*, *3rd ed*. Clarendon Press, Oxford.

os seres vivos, bem como à maneira pela qual as reações químicas fornecem aos organismos a energia que eles precisam para sobreviver. Portanto, a bioquímica explica como a mistura de átomos descrita na Tabela 1.1 pode ser combinada para formar um ser humano vivo funcional. Ao fazer isso, a bioquímica justifica nosso entendimento de todos os aspectos da biologia, e os biólogos que não se veem como bioquímicos ainda assim terão que entender o assunto, e frequentemente precisam usar a bioquímica em seus próprios estudos.

Em algumas áreas das ciências da vida, é muito fácil ver por que é importante conhecer bioquímica. Biólogos que estudam as estruturas e as propriedades de células vivas, por exemplo, não conseguem evoluir em suas pesquisas sem considerar as moléculas contidas nessas células. Essas moléculas formam a estrutura da célula e são responsáveis pelas propriedades de cada célula (Figura 1.1). Assim, há grande sobreposição entre a bioquímica e a biologia celular. O mesmo é válido para a genética, que enfoca a informação genética contida nos genes. Os genes são feitos de DNA, e compreender como eles funcionam significa estudar a estrutura do DNA e a maneira pela qual ele interage com outras moléculas, de modo que a informação que contém pode ser usada pela célula. Essas são exatamente as mesmas questões em que os bioquímicos estão interessados e uma grande parte da genética poderia ser descrita como 'a bioquímica do DNA'.

A bioquímica moderna também explica áreas da biologia que associamos a microorganismos, em vez de células. Na ecologia, por exemplo, ecossistemas em geral são descritos em termos de **teias alimentares**, com energia sendo gerada por fotossíntese e então transferida em uma cadeia alimentar através dos herbívoros até os carnívoros no topo da cadeia (Figura 1.2). A geração de energia é um tópico central em bioquímica, e esse aspecto da ecologia de ecossistemas é, na realidade, bioquímica aplicada a uma comunidade de espécies diferentes, em vez de organismos individuais. De maneira semelhante, não pensamos imediatamente na bioquímica quando se discute a evolução. Mas as relações evolutivas entre espécies são agora estudadas não apenas por comparação

Figura 1.1 Representação de parte da bactéria *Escherichia coli*. A parede celular, que é constituída principalmente de carboidratos e proteínas, é mostrada em verde, como estão a membrana celular e um flagelo, este último estendendo-se a partir da parede celular. O flagelo é constituído por proteína e gira como um propulsor, habilitando a bactéria a nadar a velocidades de até 100 μm por segundo. Na célula, os longos filamentos amarelos são partes da molécula de DNA da bactéria, que em algumas partes se apresenta enrolada ao redor de proteínas em formato de barril, também mostradas em amarelo. As estruturas na cor alaranjada são enzimas que estão fazendo cópias de RNA a partir dos genes da molécula de DNA. Essas cópias, denominadas RNA mensageiro, são mostradas em branco. Elas movem-se para os ribossomos em roxo (constituídos por RNA e proteínas), onde estes direcionam a síntese de novas proteínas. Tais proteínas incluem enzimas, em azul, que catalisam as reações bioquímicas que ocorrem na bactéria. Ilustração de David S. Goodsell, Scripps Research Institute, e reproduzida aqui com permissão.

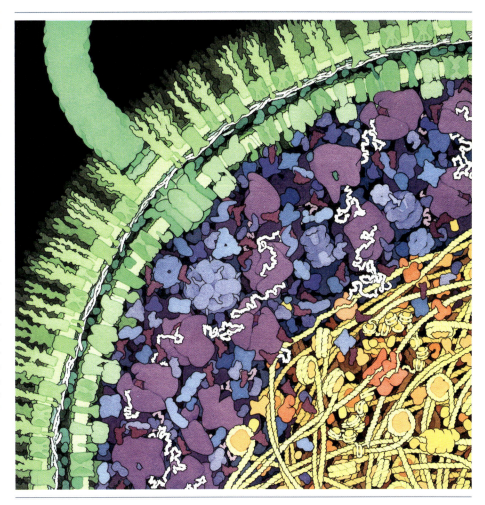

da morfologia daquelas espécies e das estruturas de seus ossos. Hoje, é mais provável que as relações sejam sondadas comparando-se as estruturas das moléculas contidas nos organismos (Figura 1.3). Portanto, os biólogos evolucionistas precisam aprender técnicas bioquímicas para trabalhar com aquelas estruturas moleculares, e precisam entender a bioquímica para assegurar-se de que as comparações que fazem se baseiem em princípios sólidos.

Como a bioquímica é tão central para as ciências da vida, devemos começar este livro com uma breve apresentação dos princípios básicos de biologia, para fornecer o contexto para nosso estudo de moléculas e suas reações bioquímicas. Fazemos isso no *Capítulo 2*, em que vamos olhar a variedade de vida no planeta, examinar as estruturas de células e considerar como surgiu a vasta diversidade de vida.

1.1.2 A química também é importante na bioquímica

Embora a bioquímica seja parte das ciências da vida, ela depende muito dos princípios e métodos analíticos da **química**. Na verdade, a bioquímica começou quando os químicos se interessaram pela primeira vez pelo estudo das reações químicas que ocorrem nos seres vivos. Esses químicos descobriram, lá no século XIX, que a bioquímica tem seus desafios únicos. O principal deles é a complexidade da mistura de moléculas presentes em uma célula viva. Os químicos estavam, e ainda estão, mais acostumados a estudar reações que ocorrem em soluções relativamente simples cuja elaboração química é conhecida com exatidão. As células e os extratos preparados a partir delas contêm muitos tipos diferentes de compostos e o entendimento de quais partes da mistura são responsáveis pelas reações bioquímicas particulares é um problema real. A solução desse problema exigiu o desenvolvimento de novos métodos e abordagens científicas que deram à bioquímica um sabor único. Em contrapartida, a

Figura 1.2 Movimento de energia através da teia alimentar da savana africana. A energia do sol é captada pela fotossíntese que ocorre nos produtores primários. Os herbívoros obtêm sua energia comendo os produtores primários e, por sua vez, são comidos pelos carnívoros. Portanto, a energia da luz solar é transferida, etapa por etapa, para o topo da cadeia alimentar.

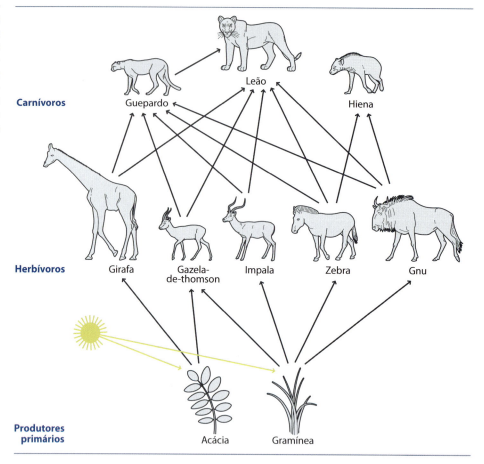

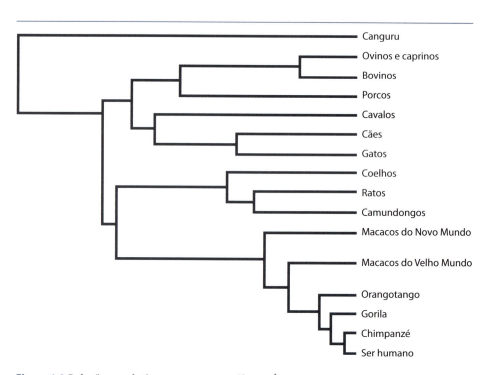

Figura 1.3 Relações evolutivas entre os mamíferos. Árvores como esta eram costumeiramente construídas a partir de informações morfológicas, mas hoje é mais provável que sejam deduzidas pela comparação das estruturas de proteínas ou moléculas de DNA das espécies que estão sendo estudadas.

Boxe 1.1 As origens da bioquímica.

O químico alemão Carl Neuberg é visto como o pai da bioquímica. Ele criou o termo 'bioquímica' em 1903 e a promoveu como um tópico distinto pela criação e editoração do *Biochemische Zeitschrift*, o primeiro periódico dedicado à bioquímica, agora denominado *FEBS Journal*. No entanto, as origens da bioquímica datam de muito antes, em meados do século XVIII, quando os cientistas começaram a estudar pela primeira vez as substâncias químicas e os processos químicos nos seres vivos. Esse trabalho gradualmente acabou com a noção antiga de que entidades vivas contêm um 'princípio vital' que não poderia ser descrito em termos químicos ou físicos. Por volta de 1900, foi estabelecido que os seres vivos estão sujeitos às mesmas leis químicas e físicas que a matéria inanimada, capacitando todas as áreas da biologia, não apenas a bioquímica, a evoluírem para as disciplinas científicas rigorosas com que hoje estamos familiarizados.

As principais etapas do desenvolvimento da bioquímica antes de 1900 foram as seguintes:

Década de 1770 Carl Wilhelm Scheele isolou ácido cítrico de limões, ácido málico de maçãs e ácido láctico do leite. Esses carboidratos estão entre os primeiros compostos orgânicos a serem identificados.

Década de 1780 Antoine Lavoisier e Pierre Laplace mostraram que a quantidade de calor e dióxido de carbono gerados durante a respiração é idêntica à gerada durante a combustão. Lavoisier também propôs que, durante a fotossíntese, as plantas captam dióxido de carbono e liberam oxigênio. Esses experimentos indicaram que a geração de energia em seres vivos está sujeita às mesmas químicas que a geração de energia nas reações químicas.

1811–1823 Michel Eugène Chevreul estudou a química das gorduras animais. Seu trabalho foi a primeira aplicação da análise química e física a um tipo de biomolécula.

Década de 1820 William Prout distinguiu tipos diferentes de alimentos como sacarinosos, albuminosos e oleaginosos, que são aproximadamente equivalentes a carboidratos, proteínas e gorduras.

1827 Hans Fischer sintetizou porfirinas e mostrou que esses compostos se ligam ao oxigênio nas hemácias.

1833 Anselm Payen e Jean-François Persoz isolaram e estudaram a primeira enzima, 'diastase', que agora denominamos amilase (converte amido em açúcar). Vamos examinar seu trabalho em mais detalhes na *Seção 7.1*.

Década de 1850 Claude Bernard mostrou que o glicogênio é sintetizado a partir de glicose no fígado. Essa foi uma das primeiras demonstrações de que os animais conseguem sintetizar biomoléculas e degradá-las.

1877 Morits Traube sugeriu que as enzimas são um tipo de proteína.

1880–1900 Emil Fischer identificou as estruturas de muitas biomoléculas importantes, incluindo os 16 isômeros diferentes de glicose, e as purinas que são componentes do DNA e do RNA. Mais tarde, ele mostrou como os aminoácidos são ligados para formar um polipeptídio.

1895–1900 Os primeiros hormônios foram descobertos. A adrenalina (também denominada epinefrina) foi identificada por Napoleon Cybulski, Jokichi Takamine e outros.

---

química continuou a ser organizada em torno da divisão tradicional em inorgânica, orgânica e física. A bioquímica não se encaixa nessas categorias e, assim, tornou-se uma disciplina por si só.

Embora a bioquímica tenha crescido como uma disciplina separada, não é possível estudá-la ou ser um bioquímico sem entender os princípios básicos de química. Para alguns bioquímicos jovens, em especial os que estão se iniciando no tema por um interesse em biologia, aprender química pode ser uma perspectiva desanimadora. A primeira aula a que assisti na universidade foi em uma unidade de Físico-química e sobre a equação de onda de Schrödinger. A aula começou com o palestrante escrevendo a equação (ou uma delas, há várias versões) no quadro-negro. Dizer que eu estava desestimulado seria pouco; na época, eu não entendia sequer o que metade dos símbolos significava. Também seria válido dizer que, desde que completei aquela unidade no primeiro ano de Físico-química, nunca mais precisei recorrer novamente à equação de Schrödinger. Neste livro, não vamos acompanhar minha experiência de graduação e mergulhar direto nas profundezas da química. Em vez disso, vamos lidar apenas com aqueles aspectos da química que são importantes para a bioquímica conforme e quando forem relevantes. A maioria desses tópicos químicos será apresentada resumida em unidades como boxes na cor laranja designados 'Princípios de Química', que você irá encontrar nos locais apropriados à medida que progredir na leitura do livro.

> Ver lista de todos os boxes sobre os Princípios de Química nas páginas iniciais deste livro.

1.1.3   A bioquímica envolve o estudo de biomoléculas muito grandes

Quando os primeiros bioquímicos começaram a examinar as misturas complexas de moléculas nas células vivas, deduziram logo que algumas dessas moléculas na verdade são muito grandes. O tamanho de uma molécula se expressa como sua **massa**

Boxe 1.2 Schrödinger e a biologia.

Embora Erwin Schrödinger seja mais conhecido por seu trabalho sobre teoria quântica, ele foi um dos vários físicos da primeira parte do século XX que também se interessaram bastante por biologia. Um deles, Max Delbrück, mudou seus temas de trabalho no meio da carreira, passando da física teórica para a genética e realizando um trabalho pioneiro com **bacteriófagos** (vírus que infectam bactérias) que levou à descoberta de que os genes são constituídos por DNA.

Schrödinger continuou sendo um físico, mas em 1944 escreveu um pequeno livro intitulado *O Que é Vida?*, no qual especulou sobre a hereditariedade e a estrutura de genes. Lendo o livro hoje, muitas das ideias de Schrödinger parecem inverossímeis. Ele concluiu que os genes são estruturas cristalinas e às vezes quase revive o 'princípio vital' da biologia de antes do século XX, sugerindo que os seres vivos poderiam utilizar leis desconhecidas da física. Apesar de seus erros, em um aspecto *O Que é Vida?* foi um marco importante no desenvolvimento da bioquímica no século XX. Já havia sido estabelecido que os genes contêm informação que especifica o plano de desenvolvimento de um ser vivo e as reações bioquímicas que ele pode realizar. Schrödinger argumentou que essa informação tinha de ser codificada nas estruturas dos genes do ser vivo. Mais uma vez, suas ideias específicas sobre como esse sistema de codificação funcionava foram incorretas, mas a noção da obrigatoriedade de um tipo de **código genético** que um ser vivo usa para ler a informação contida em seus genes foi uma percepção importante que orientou a pesquisa sobre os genes nos 20 anos seguintes. Na *Seção 16.1*, vamos explorar como a informação está codificada em um gene e como é utilizada.

---

molecular, medida em **dáltons (Da)**, com 1 Da sendo igual a 1/12 da massa de um átomo de carbono. A maioria dos compostos conhecidos na natureza, bem como a maioria dos artificiais sintetizados por químicos, tem massas moleculares substancialmente inferiores a 1.000. A massa molecular da água, por exemplo, é igual a 18,02 Da, a do etanol é de 46,07 Da e a do fenol é de 94,11 Da. Até mesmo um composto orgânico complexo como o quinino, que é usado no tratamento da malária, tem massa molecular de 324 Da apenas. Em contraste, há muitas moléculas nas células vivas cujas massas moleculares são medidas em milhares de dáltons, denominando-se **quilodáltons (kDa)**. Exemplos relativamente pequenos dessas **macromoléculas** incluem a **trombina**, que está envolvida na coagulação do sangue e cuja massa molecular é de cerca de 37.400 Da ou 37,4 kDa, e a **alfa-amilase**, que é secretada na saliva e inicia a quebra do **amido** da dieta em **açúcar**, que tem massa de 55,4 kDa. O tamanho do próprio amido é variável, indo de 190 kDa a 227.000 kDa, dependendo do tipo de planta do qual venha.

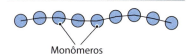

Figura 1.4 Polímero linear.

A maioria dessas grandes biomoléculas consiste em **polímeros**, compostos constituídos por cadeias longas de unidades químicas idênticas ou muito semelhantes denominadas **monômeros** (Figura 1.4). No amido, a unidade monomérica é uma molécula de **glicose** e o polímero é construído mediante a ligação de monômeros de glicose em cadeias ramificadas. Quanto maior o número de unidades de glicose, maior a massa molecular da molécula de amido. Uma das menores moléculas de amido, com massa molecular de 190 kDa apenas, conteria 1.050 unidades de glicose, enquanto as moléculas maiores teriam mais de um milhão.

O amido é um exemplo de um **polissacarídio**, um polímero constituído por moléculas de glicose ou açúcares similares. Os polissacarídios têm dois papéis principais nas células. Primeiro, polissacarídios como amido (em plantas) e **glicogênio** (em animais) agem como reservas de energia, isso porque as unidades de açúcar que eles contêm podem ser liberadas dos polímeros e posteriormente degradadas para gerar energia química. O segundo papel dos polissacarídios é estrutural. A **celulose**, que confere rigidez às células vegetais, é um tipo de polissacarídio (Figura 1.5), assim como a **quitina**, que forma parte do exoesqueleto de insetos e animais como caranguejos e lagostas.

Assim como os polissacarídios, há outras três classes de grandes biomoléculas que são importantes na bioquímica. A primeira delas é das **proteínas**, que são polímeros não ramificados de **aminoácidos**. As proteínas desempenham uma gama imensa de papéis nos seres vivos. As **enzimas**, que catalisam reações bioquímicas, são, em sua maioria, proteínas também. A alfa-amilase, que catalisa a reação química responsável pela liberação de unidades de glicose do amido, é um exemplo de enzima. Outra é a trombina, que catalisa a reação que converte fibrinogênio (ele próprio uma proteína) em polímeros insolúveis de fibrina, as quais se unem como parte do processo de coagulação sanguínea (Figura 1.6).

Figura 1.5 O papel estrutural da celulose em uma parede celular vegetal. As moléculas de celulose se empilham e ligam-se umas às outras, produzindo microfibrilas que, por sua vez, formam uma rede que dá à parede celular da planta sua rigidez.

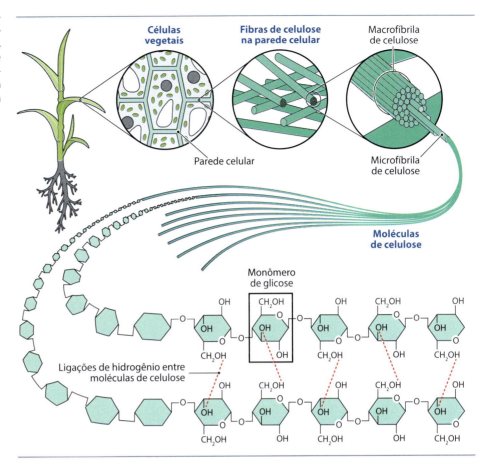

Figura 1.6 Os papéis da trombina, do fibrinogênio e da fibrina na formação de um coágulo sanguíneo. A. A trombina catalisa uma reação bioquímica que modifica a estrutura do fibrinogênio, convertendo-o em fibrina. As moléculas de fibrina, em seguida, se unem umas às outras para formar polímeros. **B.** Os polímeros de fibrina formam malha sobre uma ruptura do vaso sanguíneo, aprisionando células sanguíneas. Essa estrutura forma o coágulo sanguíneo.

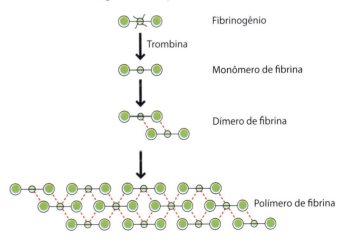

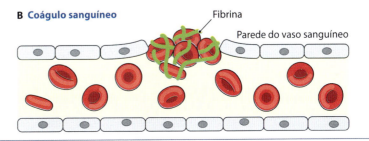

> **Boxe 1.3** Átomos, isótopos e massas moleculares.
>
> **PRINCÍPIOS DE QUÍMICA**
>
> Um átomo consiste em um núcleo contendo prótons com carga positiva e nêutrons neutros, circundado por uma nuvem de elétrons com carga elétrica negativa. A identidade química do elemento é determinada pelo número de prótons, que se denomina **número atômico**. Esse número é o mesmo para todos os átomos de um dado elemento. Por exemplo, cada átomo de hidrogênio tem apenas um único próton e número atômico de 1 e cada átomo de carbono tem seis prótons e número atômico de 6.
>
>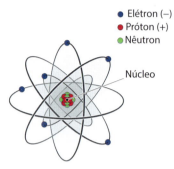
>
> Embora o número de prótons seja invariável, átomos diferentes do mesmo elemento podem ter números diferentes de nêutrons.
>
> Essas versões diferentes de um elemento denominam-se **isótopos**. O carbono, por exemplo, tem três isótopos de ocorrência natural, cada um contendo seis prótons, mas com seis, sete ou oito nêutrons. O número total de prótons e nêutrons em um núcleo (somados) denomina-se o **número de massa**, de modo que os três isótopos de carbono têm números de massa de 12, 13 e 14, denominando-se carbono-12, carbono-13 e carbono-14, ou ^{12}C, ^{13}C e ^{14}C. Esses são os isótopos de carbono encontrados na natureza. O carbono-12 constitui até 98,93% de todos os átomos de carbono existentes e o carbono-13 contribui com a maior parte do 1,07% restante. A quantidade de carbono-14 é ínfima, cerca de um em cada trilhão de átomos de carbono. Também há 12 isótopos entre ^8C a ^{22}C que não existem em quantidades mensuráveis no ambiente, mas que podem ser criados em condições de laboratório. A maioria dos elementos, mas nem todos, tem isótopos de ocorrência natural, os maiores números sendo nove isótopos do xenônio e dez do estanho.
>
> Considera-se que o carbono-12 tenha massa molecular de exatamente 12 Da. Os valores de outros átomos são calculados de acordo com suas massas relativas ao carbono-12. A massa molecular de um composto é deduzida simplesmente somando-se as massas de seus átomos constituintes.

O terceiro tipo de biomolécula grande é o **ácido nucleico**, do qual há dois tipos, o **ácido desoxirribonucleico** ou **DNA** e o **ácido ribonucleico** ou **RNA**. O DNA está presente nos cromossomos e contém informação biológica. Em outras palavras, os genes são constituídos por DNA. O RNA está envolvido no modo pelo qual a informação contida no DNA é lida pela célula. Por fim, há os **lipídios**, um grupo diverso de biomoléculas grandes que, como os polissacarídios, têm papéis estruturais e agem como estoques de energia, mas que também têm várias outras funções, incluindo funções regulatórias – vários **hormônios** são lipídios.

O entendimento das estruturas e funções desses quatro tipos de biomolécula será o objetivo dos *Capítulos 3 a 6* que, por sua vez, abordam as proteínas, os ácidos nucleicos, os lipídios e os **carboidratos**, este último sendo o tipo de composto bioquímico que inclui os polissacarídios.

1.1.4 Bioquímica também é o estudo do metabolismo

Os seres vivos, e todas as células que o constituem, são estruturas dinâmicas. Isso significa que necessitam de energia para exercer suas várias atividades e também precisam sintetizar novas biomoléculas como e quando forem necessárias. Esses são os processos que constituem a 'vida'. O princípio fundamental de bioquímica é que esses 'processos vitais' são reações químicas. Há uma quantidade muito grande deles, que estão ligados em vias complicadas (Figura 1.7), porém, estudando-se as reações individualmente, é possível entender a base molecular da vida. Esse é nosso objetivo na Parte 2.

Qualquer reação química pode ocorrer espontaneamente, mas sua velocidade pode ser muito lenta. Quando as reações químicas são realizadas em um tubo de ensaio, geralmente acrescenta-se um **catalisador** para acelerar a reação. Um exemplo é o uso de óxido de vanádio na produção industrial de ácido sulfúrico, a partir de dióxido de enxofre e oxigênio, pelo Processo de Contato (Figura 1.8). A velocidade da reação aumenta porque os dois reagentes gasosos (dióxido de enxofre e oxigênio) são absorvidos na superfície do catalisador, aproximando mais as moléculas e promovendo sua combinação para formar trióxido de enxofre, que reage com a água, originando ácido sulfúrico. As reações biológicas também usam catalisadores, mas eles não são metais.

Figura 1.7 Vias metabólicas de uma célula animal típica. Cada ponto representa um composto bioquímico diferente. As linhas indicam as etapas na rede, cada uma dessas etapas resultando na conversão de um composto em outro. Copyright 2014 de *Essential Cell Biology*, 4th edition by Alberts *et al.* Reproduzida, com autorização, de Garland Science/Taylor & Francis LLC.

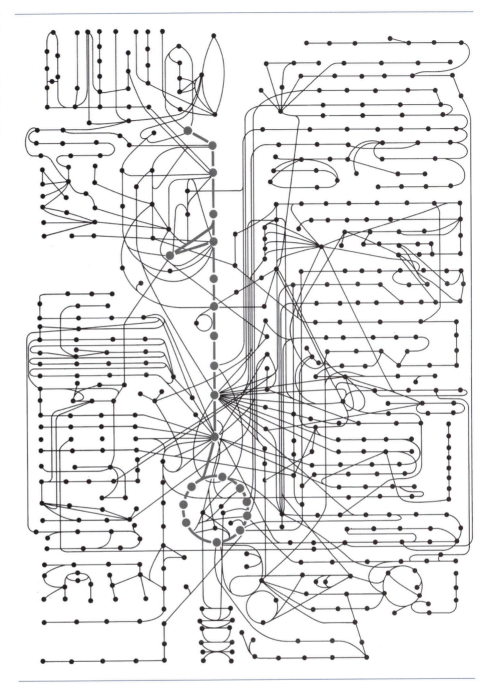

Figura 1.8 O papel de um catalisador. No Processo de Contato, o dióxido de enxofre e o oxigênio são passados através de camadas de partículas de óxido de vanádio. Os dois gases são então absorvidos na superfície das partículas, promovendo sua combinação para formar trióxido de enxofre. O óxido de vanádio catalisa a reação, mas ele próprio não é consumido durante o processo.

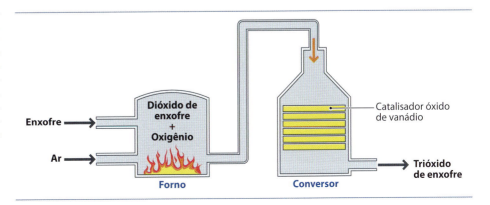

Eles são denominados enzimas e a grande maioria delas consiste em moléculas de proteína, embora também sejam conhecidas algumas feitas de RNA. Vamos descobrir como as enzimas agem como catalisadores no *Capítulo 7*.

Metabolismo é a palavra usada para descrever as reações químicas que ocorrem nos seres vivos. Essas reações são divididas tradicionalmente em dois grupos amplos:

- **Catabolismo:** é a parte do metabolismo responsável pela degradação dos compostos para gerar energia
- **Anabolismo:** refere-se às reações bioquímicas que formam moléculas maiores a partir de menores.

Vamos estudar os processos centrais geradores de energia da célula, denominados **glicólise, ciclo de Krebs (ou ciclo do ácido tricarboxílico)** e **cadeia de transporte de elétron** nos *Capítulos 8* e *9*. Um tipo especial de geração de energia, a partir da luz solar por fotossíntese, será o foco do *Capítulo 10*. Nos *Capítulos 11 a 13*, vamos examinar as vias metabólicas que resultam na síntese e na degradação de carboidratos, lipídios e substâncias bioquímicas nitrogenadas, as últimas incluindo os componentes monoméricos de proteínas e ácidos nucleicos.

Ao longo desses capítulos, também vamos perguntar como são reguladas as várias reações metabólicas que ocorrem nas células vivas. As reações bioquímicas não ocorrem aleatoriamente. Reações individuais são controladas com cuidado, de modo que aquelas que funcionam juntas em uma via metabólica operam de maneira coordenada, para assegurar que os substratos para aquela via sejam convertidos eficientemente no produto final. A velocidade de síntese do produto pode ser controlada, e possivelmente desligada totalmente, ou a via pode ser modificada, de modo que sejam usados substratos diferentes, dependendo do que esteja disponível. Alguns dos sinais que exercem controle sobre vias metabólicas originam-se na própria célula em que a via está ocorrendo e outros vêm de fora da célula. Os sinais podem ser muito específicos, alterando a velocidade de uma única reação em uma via metabólica longa, ou podem ser mais gerais, afetando várias vias diferentes ao mesmo tempo. Vamos ver esses vários eventos nos locais apropriados nos *Capítulos 8 a 13*.

1.1.5 O armazenamento e a utilização de informação biológica constituem uma parte importante da bioquímica

Considera-se que um conjunto de reações bioquímicas, embora seja estritamente uma parte do anabolismo, tem aspectos tão especiais que em geral são consideradas separadamente do metabolismo da célula. Essas reações são as responsáveis pela síntese de DNA, RNA e proteína. Nesse ponto a bioquímica e a genética se sobrepõem, porque as mesmas reações são responsáveis tanto pela replicação como pela utilização da **informação biológica** que está contida nos genes. Essa é a informação de que um organismo precisa para se desenvolver, reproduzir e realizar todas as suas reações metabólicas. Esses são os tópicos centrais da genética moderna, e a bioquímica é usada para estudá-los, como veremos na *Parte 3* deste livro.

Primeiro vamos examinar como as moléculas de DNA se replicam, de modo que cópias exatas de cada gene são feitas a cada momento em que uma célula se divide ou um ser vivo se reproduz. Esse será o foco do *Capítulo 14*. A questão seguinte que iremos abordar é como a informação biológica contida nos genes fica disponível para as células. Esse processo denomina-se **expressão gênica** e, para todos os genes, começa com a síntese de uma molécula de RNA (Figura 1.9). No *Capítulo 15*, vamos descobrir que, como o DNA e o RNA são tipos de moléculas muito similares, essa etapa na expressão gênica, denominada **transcrição**, é bastante direta em termos químicos. Também aprenderemos que as moléculas de RNA feitas por transcrição caem em grupos diferentes com base em sua função. Entre esses grupos está o **RNA mensageiro (mRNA)**, que dirige a síntese de proteínas por um processo conhecido como **tradução**. A síntese de proteína será o assunto do *Capítulo 16*.

Nem todos os genes em uma célula estão ativos o tempo todo. Muitos ficam silenciosos por longos períodos, só sendo convertidos em RNA e proteína nas ocasiões específicas em que seus produtos são necessários. Portanto, todos os seres vivos são

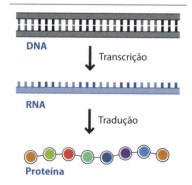

Figura 1.9 Expressão gênica. A cópia de DNA de um gene é transcrita em uma molécula de RNA. No caso de genes que codificam proteínas, o RNA então é traduzido na proteína.

capazes de regular a expressão de seus genes, de modo que os produtos de RNA ou proteína não necessários em determinado momento não sejam produzidos. Vamos estudar a grande variedade de processos pelos quais a expressão gênica pode ser controlada no *Capítulo 17*.

1.1.6 A bioquímica é uma ciência experimental

Nas Partes 1 a 3, vamos aprender os fatos da bioquímica. Na Parte 4, vamos examinar como aqueles fatos foram descobertos. A bioquímica é e sempre será uma ciência experimental, e um dos aspectos atraentes do assunto para novos estudantes é a possibilidade de um dia fazer seus próprios projetos de pesquisa bioquímica. Nas Partes 1 a 3 deste livro, vamos mencionar alguns dos principais experimentos que levaram ao nosso entendimento da bioquímica. Na Parte 4, veremos mais especificamente os métodos e estratégias de pesquisa que são usados na maioria das áreas ativas da bioquímica moderna.

O primeiro desses tópicos é a análise de grandes biomoléculas, em particular proteínas. Essa é uma área importante de pesquisa, por causa do papel das proteínas como enzimas. A verificação da estrutura detalhada de uma enzima em geral é a melhor maneira de entender como aquela enzima catalisa sua reação bioquímica específica e como a atividade enzimática, e portanto, a reação bioquímica, é regulada em resposta a sinais químicos vindos de dentro e fora da célula. Ao longo dos anos, os bioquímicos desenvolveram métodos sofisticados para estudar a estrutura proteica, como a **ressonância magnética (RM)** e a **cristalografia pelos raios X**. Vamos ver essas técnicas no *Capítulo 18*.

No *Capítulo 18* também vamos examinar os vários métodos usados para caracterizar o **proteoma**, a coleção de proteínas presentes em uma célula ou tecido. A composição do proteoma define a capacidade bioquímica de uma célula e, assim, a **proteômica**, representando os métodos usados para identificar os componentes individuais de um proteoma, é um aspecto importante da pesquisa bioquímica. Para complementar nosso estudo de proteômica, terminaremos o *Capítulo 18* com uma breve olhada nas técnicas equivalentes usadas para catalogar o conteúdo de lipídio e carboidrato das células.

O segundo conjunto de métodos de pesquisa bioquímica que iremos examinar é o daqueles usados para estudar as moléculas de DNA e RNA. Fundamental a esse aspecto é o **sequenciamento do DNA**, a técnica usada para determinar as estruturas de genes e a organização de genes nas moléculas de DNA. O sequenciamento é usado para se entender a natureza da informação genética de um ser vivo e a maneira pela qual a expressa. Uma segunda técnica importante é a **clonagem do DNA**, que é usada para transferir genes de uma espécie para outra, e que capacita a síntese de proteínas farmacêuticas importantes, como a insulina humana, por microrganismos modificados geneticamente. Esses e outros métodos usados para estudar o DNA e o RNA são descritos no *Capítulo 19*.

Boxe 1.4 'Omas' são coleções de biomoléculas.

O proteoma – a coleção de proteínas em uma célula ou tecido – é apenas um dos vários conjuntos de biomoléculas que os bioquímicos estudam. Nos referimos a essas coleções genericamente como 'omas', com os exemplos específicos sendo:

- O **genoma**, que é o conteúdo completo de moléculas de DNA em uma célula, contendo todos os genes do organismo
- O **transcriptoma**, que é a coleção de moléculas de RNA em uma célula ou tecido; o nome 'transcriptoma' vem do fato de que as moléculas de RNA são cópias, ou **transcritos**, de genes
- O **lipidoma** é o conteúdo total de lipídio de uma célula ou tecido
- O **glicoma** é o conteúdo de carboidratos.

Por fim, há o **metaboloma**, que tem uma composição mais complexa. O metaboloma é a coleção completa de metabólitos presentes em uma célula sob um conjunto particular de condições. Esses metabólitos são os substratos, produtos e intermediários de todas as reações catabólicas e anabólicas que ocorrem na célula. Portanto, o metaboloma reflete as atividades bioquímicas da célula, que são especificadas pelo proteoma e são dependentes, pelo menos até certo ponto, das composições do lipidoma, do glicoma e do transcriptoma. A bioquímica de uma célula pode ser vista, portanto, como resultante da interação de seus vários 'omas'.

Leitura sugerida

Coley NG (2001) History of biochemistry. *Encyclopedia of Life Sciences.* Wiley Online Library DOI:10.1038/npg.els.0003077.

Dronamraju KR (1999) Erwin Schrödinger and the origins of molecular biology. *Genetics* **153**, 1071–6.

Hui D (2012) Food web: concept and applications. *Nature Education Knowledge* **3(12)**: 6.

Hunter GK (2000) *Vital Forces: the discovery of the molecular basis of life.* Academic Press, London. Um registro da história e do desenvolvimento da bioquímica.

Patti GJ, Yanes O and Sluzdak G (2012) Metabolomics: the apogee of the omics trilogy. *Nature Reviews Molecular Cell Biology* **13**, 263–9.

Springer MS, Stanhope MJ, Madsen O and de Jong WW (2004) Molecules consolidate the placental family tree. *Trends in Ecology and Evolution* **6**, 430–8. Explica como as comparações de estruturas moleculares são empregadas na elaboração de árvores evolucionárias.

Parte 1 Células, Microrganismos e Biomoléculas

CAPÍTULO 2

Células e Microrganismos

OBJETIVOS DO ESTUDO

Após a leitura deste capítulo, você será capaz de:

- Entender que, embora a vida seja diversa, ela é criada a partir de um número limitado de elementos e que processos bioquímicos semelhantes ocorrem em todas as espécies

- Descrever as características principais que distinguem os procariotas dos eucariotas

- Perceber que os procariotas englobam dois tipos diferentes de microrganismos, denominados bactérias e Archaea

- Saber que as células procarióticas não têm arquitetura interna complexa

- Reconhecer os principais componentes estruturais de uma célula eucariótica e descrever as funções de tais componentes

- Começar a entender a importância das membranas na estrutura celular

- Reconhecer que os vírus são parasitas obrigatórios que só podem reproduzir-se infectando uma célula hospedeira

- Conhecer as teorias atuais a respeito das origens da vida no planeta

- Entender que os temas comuns exibidos pelas morfologias e bioquímicas de todas as espécies indicam que aquelas espécies evoluíram a partir de uma única origem comum.

O planeta é rico em seres vivos. As estimativas mais recentes sugerem que há cerca de 8,7 milhões de espécies de animais, plantas e fungos, e pelo menos 10 milhões de espécies de bactérias. Ambos os números são aproximados, porque se acredita que a maioria das espécies ainda é desconhecida pela ciência. Mais de 1.200 tipos diferentes de besouros já foram contados em apenas 19 árvores do Panamá, dos quais quase 1.000 eram espécies novas. Há pelo menos 10^{11} animais individuais vivos no planeta e, de acordo com um estudo, 10^{30} bactérias. Os números são tão astronômicos que chegam a ser quase incompreensíveis.

Há um lado sério nesses números olímpicos. Como um bioquímico pode esperar entender as reações químicas que ocorrem em organismos vivos quando há um número tão imenso de espécies diferentes para estudar? Felizmente, a vasta diversidade de vida é criada a partir de um número limitado de elementos. Para começar a colocar a bioquímica no seu contexto biológico, precisamos examinar esses elementos, delinear as similaridades, mais que as diferenças, entre a miríade de organismos no planeta.

2.1 Células | Elementos formadores da vida

Todos os organismos vivos são feitos de células. Alguns organismos são **unicelulares**, ou seja, constituídos por uma única célula, mas muitos outros são **multicelulares**. Os últimos incluem praticamente todos os seres vivos macroscópicos, aqueles visíveis a olho nu,

> **Boxe 2.1** Unidades de medida.
>
> O padrão de unidade de comprimento do Sistema Internacional de Unidades (SI) é o metro (m). As unidades menores são as seguintes:
>
> 1 cm = 10^{-2} m (100 cm em 1 m)
> 1 mm = 10^{-3} m (1.000 mm em 1 m)
> 1 μm = 10^{-6} m (1.000.000 μm em 1 m)
> 1 nm = 10^{-9} m (1.000.000.000 nm em 1 m)
>
> Os bioquímicos às vezes também usam duas unidades de comprimento não padronizadas no SI:
>
> 1 mícron = 1 μm
> 1 Ångstrom (Å) = 10^{-10} m (10 Å em 1 nm)
>
> Outras unidades de medida usam os mesmos prefixos do SI:
>
> - Para volume, o padrão é o litro (ℓ), e as unidades menores são mℓ, μℓ etc.
> - Para peso, o padrão é o grama (g), e as unidades menores são mg, μg etc.

porque as células são estruturas muito pequenas e a maioria dos organismos unicelulares é pequena demais para ser vista sem ampliação. O *Paramecium* comum, por exemplo, encontrado em ambientes de água doce como lagos e leitos de rios, é um microrganismo unicelular bastante grande, mas ainda assim tem apenas 120 μm de comprimento. Um micrômetro ou mícron (μm) é um milésimo de um milímetro, de modo que 120 μm correspondem a 0,12 mm.

Portanto, as células são os componentes básicos de todos os organismos e é com isso que precisamos começar nosso exame dos temas subjacentes à diversidade da vida.

2.1.1 Há dois tipos diferentes de estrutura celular

A variedade de organismos no planeta pode ser dividida em dois grupos, com base nas estruturas de suas células. Esses grupos são denominados **procariotas** e **eucariotas**. A distinção é evidente quando vemos micrografias eletrônicas dos dois tipos de célula (Figura 2.1). Uma célula procariótica tem poucas características internas visíveis, além de uma região central levemente corada, denominada **nucleoide**, que contém o DNA da célula. Em contraste, uma célula eucariótica típica é maior e mais complexa, com um **núcleo** que contém o DNA e é delimitado por uma membrana, além de outras **organelas** membranosas, como as **mitocôndrias** e o **aparelho (ou complexo) de Golgi**.

A maioria dos procariotas é unicelular, embora em algumas espécies células individuais se associem para formar estruturas maiores. Um exemplo é a cadeia de células formada por *Anabaena* (Figura 2.2). Os eucariotas podem ser unicelulares ou multicelulares. Portanto, os eucariotas constituem todas as formas macroscópicas de vida, como plantas, animais e fungos.

Figura 2.1 Micrografias eletrônicas de transmissão de (A) uma célula procariótica e (B) uma célula eucariótica.

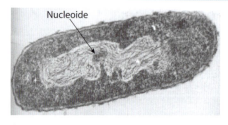
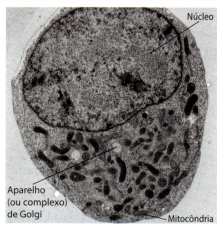

Figura 2.2 *Anabaena*, um procariota cujas células formam cadeias. Reproduzida da Culture Collection of Autotrophic Organisms (CCALA), com permissão.

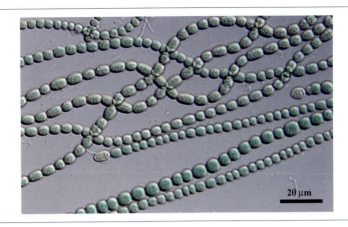

Até 1977, pensava-se que todos os procariotas eram similares entre si. O grupo inclui uma grande diversidade de microrganismos, mas se pensava que as diferenças eram variações do mesmo tema básico. Tal suposição foi superada, e agora reconhecemos que há dois grupos distintos de procariotas, as **bactérias** e as **Archaea** (ou arqueobactérias). As bactérias compreendem a maioria dos procariotas que são conhecidos como microrganismos causadores de doenças, como os patógenos *Mycobacterium tuberculosis*, causador da tuberculose nos seres humanos, e o *Vibrio cholerae*, responsável pela cólera. Também há muitas espécies de bactérias inofensivas vivendo no solo, nas superfícies da vegetação, no ar e, na verdade, praticamente em todo lugar.

As Archaea (ou arqueobactérias) também vivem em uma ampla variedade de habitats, incluindo os sedimentos no fundo de lagos e outros corpos aquáticos, fontes quentes onde a temperatura pode ser de 60 °C ou mais, piscinas de água salgada e lagos ricos em sal como o Mar Morto e correntes ácidas que emergem de minas antigas. Muitos desses ambientes são hostis à maioria das outras formas de vida.

Tanto as bactérias quanto as Archaea são tipos de procariotas, e suas células são muito semelhantes. A distinção está na bioquímica de cada tipo, conforme veremos adiante. Isso significa que toda a variedade de organismos vivos no planeta pode ser dividida em três grupos: bactérias, Archaea e eucariotas. Taxonomicamente, esses são considerados os três **domínios** da vida. Cada grupo contém diversas espécies com aparências, habitats e suas próprias características diferentes, mas em cada grupo também há um grau considerável de unidade, especialmente no nível bioquímico.

2.1.2 Procariotas

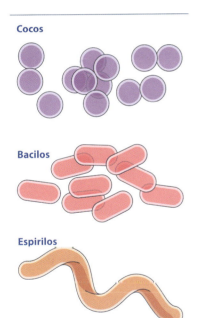

Figura 2.3 Três tipos de formato de célula procariótica.

A maioria das células procarióticas é esférica (conhecidas como **cocos**), em forma de bastão (**bacilos**) ou espiralada (**espirilos**) (Figura 2.3). As dimensões raramente são maiores do que 10 μm. *Escherichia coli*, por exemplo, é um bacilo com diâmetro aproximado de 0,5 μm e comprimento de 2 μm, sendo uma espécie de bactéria que vive nos intestinos de animais de sangue quente, incluindo seres humanos, às vezes causando intoxicação alimentar. Uma cepa inofensiva de *E. coli* é usada em laboratórios de pesquisa como uma bactéria "típica", que os biólogos chamam de **organismo modelo**. A bioquímica da *E. coli* é, portanto, muito estudada, supondo-se que suas vias bioquímicas não sejam muito diferentes daquelas da maioria das outras espécies

---

Boxe 2.2 Nomes das espécies.

Os nomes das espécies de todos os microrganismos, não apenas as bactérias, utilizam a **nomenclatura binomial**. A primeira parte do nome é o **gênero** ao qual a espécie pertence (p. ex., *Mycobacterium, Vibrio, Homo*) e a segunda parte identifica a espécie (p. ex., *tuberculosis, cholerae, sapiens*). Usa-se itálico para os componentes gênero e espécie do nome binomial e a primeira letra da palavra que designa o gênero é sempre maiúscula. São exemplos *Mycobacterium tuberculosis, Vibrio cholerae* e *Homo sapiens*, que podem ser abreviados para *M. tuberculosis, V. cholerae* e *H. sapiens*, para maior simplificação se o nome do gênero já constar por extenso antes.

de bactérias. Em geral, essa suposição é viável, embora tenhamos de lembrar que algumas outras bactérias têm características especiais, como a capacidade de fotossíntese ou de produzir **antibióticos**, o que a *E. coli* não pode fazer e, portanto, precisa ser estudada em espécies diferentes.

As células procarióticas não têm uma arquitetura interna complexa

Uma célula bacteriana é circundada por uma **membrana celular** ou **plasmática**, constituída de lipídios e proteínas que age como uma barreira entre as partes internas da célula e o ambiente externo (Figura 2.4). A membrana celular pode ter pequenas invaginações denominadas **mesossomos**, aos quais são atribuídos vários papéis, mas que a maioria dos microbiologistas agora acredita que não existem realmente. Em vez disso, os mesossomos parecem ser artefatos que resultam dos tratamentos químicos usados quando as bactérias são preparadas para a microscopia eletrônica. O que não está em dúvida é que a maioria das bactérias também tem uma **parede celular** na superfície externa da membrana celular, constituída em grande parte por um tipo de polissacarídio modificado denominado **peptidoglicano**. Em algumas espécies, há uma segunda membrana na superfície externa da parede celular. Toda a estrutura que compreende a membrana plasmática, a membrana externa e a parede celular denomina-se **envelope celular**, o qual proporciona a rigidez da célula e dá à bactéria sua forma característica. Ele também age como uma barreira ao movimento de moléculas maiores para dentro e para fora da célula. No entanto, não é barreira intransponível, porque nutrientes como açúcares podem ser transportados para dentro da célula quando são necessários. Isso significa que o envelope celular desempenha um papel importante no controle da relação entre a bactéria e o ambiente em que ela está vivendo.

> A estrutura da membrana é descrita na *Seção 5.2*.

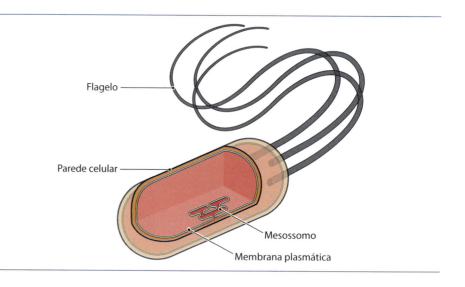

Figura 2.4 Envelope da célula bacteriana. O envelope celular compreende a membrana plasmática e a parede celular. Em algumas espécies, há uma segunda membrana celular sobre a superfície externa da parede celular.

Algumas espécies de bactérias têm estruturas adicionais aderidas à superfície. A mais óbvia dessas estruturas é um ou mais **flagelos**, que são filamentos longos, em geral muito mais compridos que a célula, feitos de uma proteína denominada flagelina. Eles são um meio de propulsão para a bactéria, capacitando-a a nadar em um meio líquido ou semilíquido. Aderido à base de cada flagelo, há um motor giratório, embutido na membrana celular interna (Figura 2.5). Quando o flagelo gira, ele adota uma conformação helicoidal que age como um propulsor, movendo a célula para a frente. Um flagelo pode girar a 1.000 rpm, possibilitando que a bactéria "nade" a velocidades de 100 μm por segundo.

Pili e **fímbrias** são outros tipos de fibrilas aderidos às superfícies de algumas espécies de bactérias (Figura 2.6), feitos de proteínas chamadas pilinas e mais curtos que os flagelos. As pilosidades ajudam a bactéria a aderir a outras bactérias durante o processo denominado **conjugação**, quando uma célula passa parte de seu DNA para uma segunda célula. Já se pensou que os filamentos de DNA atravessavam o lado interno de uma pilosidade, que age como um tubo oco, mas isso nunca foi comprovado. As fímbrias capacitam a bactéria a aderir a várias superfícies, incluindo outras bactérias. Às vezes, isso leva à formação de

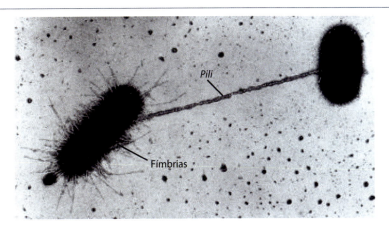

Figura 2.6 *Pili* **e fímbrias.** Reproduzida de http://theultimatebacteria.blogspot.co.uk.

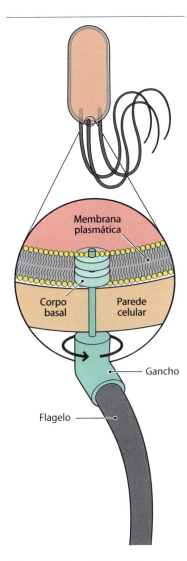

Figura 2.5 Flagelo bacteriano. A estrutura na base do flagelo é um motor giratório, embutido na membrana plasmática.

um **biofilme**, uma coleção de bactérias aderidas umas às outras e a uma superfície sólida, em geral embutida em uma matriz viscosa. Biofilmes são comuns na natureza e causam um problema nos hospitais, porque podem formar-se dentro de implementos médicos como cateteres, aumentando o risco de transferir infecções entre pacientes.

A característica mais distintiva de uma bactéria é a ausência de qualquer estrutura interna visível quando se observa a célula à microscopia eletrônica. O lado interno da célula aparece simplesmente como uma região granular escura, circundando uma área central mais clara (ver Figura 2.1). A parte escura é o **citoplasma**, no qual ocorrem muitas das reações bioquímicas da célula. A região mais clara é o nucleoide, onde o DNA, que contém os genes, está localizado. As moléculas de DNA são muito longas e finas (*E. coli*, a molécula de DNA tem 1,6 mm de comprimento) e, para se ajustarem no nucleoide, ficam enroladas e aderidas a proteínas que mantêm a hélice no lugar.

Archaea têm características bioquímicas distintivas

Já se pensou que todas Archaea eram **extremófilas**, vivendo em ambientes inóspitos como fontes quentes e correntes ácidas. Agora sabemos que elas são muito mais comuns, estando presentes em muitos ambientes não extremos, incluindo o intestino humano. Isso significa que cada vez mais estão sendo feitas pesquisas com Archaea para se descobrir o que as diferencia das bactérias.

Em termos de anatomia celular, não há diferenças significativas entre Archaea e bactérias, como seria de se esperar, porque ambos os microrganismos são classificados como procariotas. Algumas Archaea são esféricas, outras têm forma de bastão e outras apresentam formatos diversos. A maioria das Archaea é menor que as bactérias em geral, com menos de 1 µm de diâmetro, mas, por outro lado, as características estruturais que descrevemos para as bactérias também são verdadeiras para Archaea.

A diferença entre os dois grupos de procariotas está nas características bioquímicas, não nas estruturais. Isso inclui diferenças bioquímicas na membrana e na parede celulares. As membranas bacterianas e eucarióticas têm composições bioquímicas muito similares, mas os lipídios presentes nas membranas de Archaea têm suas próprias estruturas distintivas. Tais estruturas fornecem aos lipídios de Archaea um maior grau de estabilidade térmica, o que pode ser um dos fatores que capacitam algumas espécies a viverem em ambientes extremos como fontes quentes. As paredes celulares de Archaea também são distintivas, porque não contêm peptidoglicanos, o principal constituinte das paredes celulares nas bactérias. Na maioria das Archaea, a biomolécula equivalente é a **pseudomureína**, que também é um polissacarídio modificado, mas tem uma estrutura química ligeiramente diferente. Por fim, os flagelos de Archaea são compostos de proteínas diferentes e montados de uma maneira igualmente diferente.

Essas são as principais diferenças entre a bioquímica das bactérias e a de Archaea. Outras distinções ficam aparentes quando os processos de replicação do DNA e expressão gênica são examinados. A replicação em Archaea ocorre por uma série de eventos

> **Boxe 2.3** As bactérias se comunicam entre si em um biofilme. **PESQUISA EM DESTAQUE**
>
> Em um biofilme, as bactérias se comunicam entre si para manter a estrutura e, quando a densidade populacional aumenta muito, para coordenar a saída de bactérias do biofilme. Por exemplo, o estágio-chave na causa da cólera por bactérias *Vibrio cholerae* é a formação de um biofilme no intestino do paciente. O biofilme protege a bactéria contra o sistema imune do paciente e também, até certo ponto, a ação de antibióticos administrados na tentativa de controlar a doença. As moléculas de antibiótico são incapazes de atravessar a matriz extracelular viscosa para chegar à bactéria. Quando a densidade populacional no biofilme alcança um certo tamanho, as células são liberadas no intestino e excretadas, indo infectar outra pessoa.
>
> Como as bactérias sabem quando a densidade populacional no biofilme alcançou um ponto crítico em que a dispersão deve ocorrer? A resposta é que as bactérias se comunicam com outras por um processo denominado **percepção de quórum** (*quorum sensing*). As células liberam substâncias químicas sinalizadoras chamadas **autoindutoras**. Ao sentir a concentração de autoindutores no ambiente, cada bactéria é capaz de avaliar a densidade populacional em sua vizinhança. Espécies diferentes usam tipos diferentes de substâncias químicas como autoindutores. Em algumas espécies, essas moléculas são pequenas proteínas denominadas **oligopeptídios**, enquanto em outras é uma classe de compostos denominados *N*-acil-homosserina lactonas.
>
> Uma bactéria pode detectar a presença do autoindutor porque tem **proteínas receptoras** que ligam o autoindutor. Os oligopeptídios indutores podem cruzar a membrana celular, e suas proteínas receptoras estão localizadas dentro da célula. As lactonas não podem entrar na célula e, por isso, ligam-se a receptores que estão na superfície celular, aderidos à face externa da membrana celular. Quando a densidade populacional está baixa, há relativamente pouco autoindutor no ambiente, de modo que a maioria dos receptores dentro ou sobre a superfície de qualquer bactéria individual está desocupada. Em contrapartida, se a densidade populacional e, portanto, a concentração de autoindutor estiverem altas, então os receptores ficam ocupados. A ligação do autoindutor aos receptores influencia as reações bioquímicas que ocorrem dentro da célula. Em um biofilme, as alterações bioquímicas resultantes levam à saída de algumas bactérias da estrutura.
>
>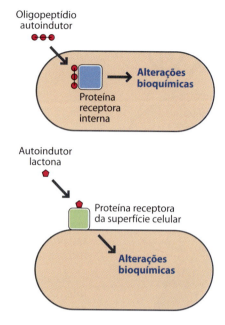
>
> O senso de quórum ilustra as propriedades fundamentais de processos de sinalização que ocorrem não apenas entre bactérias diferentes, mas também entre células em organismos multicelulares como os animais. Muitas das células em um animal têm receptores de tipos diferentes, que capacitam as células a responderem à presença de vários tipos de compostos sinalizadores. Tais compostos são os **hormônios**, como a insulina e o glucagon, que controlam a liberação de energia dos estoques corporais de gordura e carboidrato, e as **citocinas**, que regulam atividades como a divisão celular. Nos capítulos finais, vamos encontrar vários exemplos do caminho pelo qual a sinalização de uma célula a outra controla as atividades bioquímicas em organismos multicelulares.

que é mais similar aos que ocorrem nos eucariotas do que nas bactérias. O mesmo é verdadeiro para algumas etapas da via de expressão gênica. Assim, apesar de suas estruturas celulares semelhantes, que inicialmente levaram os microbiologistas a ver Archaea e bactérias como estreitamente relacionadas entre si, suas características bioquímicas e genéticas subjacentes deixam claro que os dois grupos de procariotas são, de fato, tipos de microrganismos muito diferentes.

2.1.3 Eucariotas

É mais difícil definir as características de uma célula eucariótica típica, porque as células individuais na maioria dos organismos multicelulares têm funções especializadas, que se refletem por anatomias estruturais especiais. As 10^{13} células presentes no ser humano adulto, por exemplo, são constituídas por mais de 400 tipos especializados. Precisamos ter cautela mesmo quando consideramos aspectos básicos, como o tamanho, mas em geral é verdade que a maioria das células eucarióticas é maior do que as procarióticas. A maioria tem diâmetros que variam de 10 a 100 μm. Note que um aumento no diâmetro de uma esfera de 10 para 100 μm resulta em um aumento de 100 vezes no volume, de modo que as maiores células eucarióticas são substancialmente maiores do que uma bactéria, em média.

> **Boxe 2.4 O microbioma.**
>
> As Archaea presentes no intestino humano são membros de uma comunidade maior de bactérias, Archaea e fungos, denominada **microbioma** humano. Correspondem a microrganismos que vivem sobre o corpo humano ou dentro dele. Eles compreendem mais de 1.000 espécies e contribuem com até 3% do peso corporal total. A maioria das espécies é inócua, sendo que as espécies patogênicas dão uma contribuição significativa para o microbioma apenas quando um indivíduo tem uma infecção específica. Contudo, o microbioma inclui um número de espécies que são patógenos oportunistas, aquelas inofensivas em um indivíduo sadio, mas podendo causar infecções durante doença ou quando o sistema imune não está operante em toda sua plenitude.
>
> Por muitos anos, o microbioma foi visto como sem importância, mas evidências crescentes têm sugerido que pelo menos algumas espécies realizam atividades úteis para seus hospedeiros. No trato digestivo, parece que as bactérias quebram alguns tipos de carboidrato em metabólitos que podem então ser mais bem digeridos pelas células intestinais. Sem a atividade bacteriana, o hospedeiro humano não poderia usar esses carboidratos como nutrientes. No momento, o microbioma humano está sendo extensamente estudado, com o objetivo de se catalogarem as espécies que estão presentes, desvendando-se como variam em pessoas diferentes e partes diferentes do mundo e entendendo-se como o microbioma influencia a saúde humana.

As células eucarióticas têm arquiteturas complexas

Todas as células eucarióticas são circundadas por uma membrana, e as de plantas, fungos e algas também têm uma parede celular. A parede celular das plantas é uma estrutura complexa, constituída por vários polissacarídios, incluindo celulose, hemicelulose e pectina, possivelmente com uma camada interna extra que contém lignina, que se acredita ser um polímero de ligações cruzadas não relacionado aos polissacarídios. É a rigidez de suas paredes celulares que dá às plantas sua estrutura rígida característica. As paredes de células fúngicas são estruturas igualmente complexas, feitas de tipos diferentes de polissacarídio, um dos quais é a quitina, também presente no exoesqueleto de insetos. A maioria das paredes celulares das algas também é feita de polissacarídios, mas as de diatomáceas são muito diferentes. Esses organismos unicelulares têm paredes celulares formadas por sílica e, portanto, são mais minerais que biomoleculares.

Quando uma célula eucariótica é vista à microscopia eletrônica, a diferença mais óbvia comparada com um procariota é a presença de uma arquitetura interna constituída por várias estruturas denominadas coletivamente como **organelas** (ver Figura 2.1). A maioria das organelas é circundada por uma membrana, algumas por duas membranas, uma dentro da outra, e muitas podem ser recuperadas intactas se a célula for rompida e aberta cuidadosamente. Há muitos tipos diferentes de organelas, cada um com sua própria função dentro da célula (Figura 2.7). Algumas dessas funções são muito especializadas

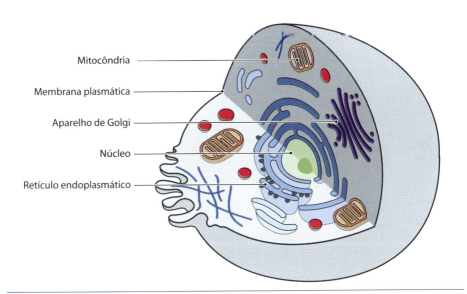

Figura 2.7 Célula animal mostrando as organelas importantes.

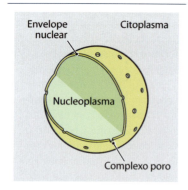

Figura 2.8 Núcleo celular.

> Ver na *Seção 4.2* detalhes sobre como uma molécula de DNA é compactada dentro de um cromossomo.

e as organelas que as exercem estão presentes apenas em certos tipos de célula. Outras organelas têm funções que são necessárias a todas ou à maioria das células. As mais importantes dessas organelas são o **núcleo**, que contém a maior parte do DNA da célula, as **mitocôndrias** que geram energia, o **aparelho (ou complexo) de Golgi** e o **retículo endoplasmático**, além dos **cloroplastos** nas plantas, que realizam a fotossíntese. Nas próximas páginas, veremos as estruturas e atividades desses importantes tipos de organelas.

O núcleo celular contém DNA

O núcleo é a maior organela na maioria das células eucarióticas, possivelmente responsável por um décimo do volume celular. Ele é circundado pelo **envelope nuclear**, que é uma **membrana dupla**, uma dentro da outra. O envelope é dotado de **complexos poros**, pequenos canais que conectam o citoplasma do lado externo do núcleo com o **nucleoplasma** dentro dele (Figura 2.8).

O núcleo contém a maior parte do DNA da célula. Como nos procariotas, cada uma dessas moléculas de DNA é bem maior do que o diâmetro da célula e, assim, tem de ser compactada por ligação a proteínas para caber dentro do núcleo. Nos eucariotas, essas proteínas compactadoras denominam-se **histonas**, e o complexo entre elas e uma única molécula de DNA forma um **cromossomo**. A menos que a célula esteja se dividindo, os cromossomos aparecem simplesmente como uma massa amorfa, não sendo possível distinguir cada um deles, embora se saiba que ocupam suas próprias regiões específicas dentro do núcleo, denominadas **territórios cromossômicos**. Quando a célula se divide, os cromossomos ficam mais compactos e então podem ser vistos, mesmo à microscopia óptica (Figura 2.9).

Figura 2.9 Células em divisão com os cromossomos visíveis. Microscopia óptica de células apicais da raiz de uma cebola (*Allium* sp.) sob divisão celular (mitose). Reproduzida, com autorização, de Science Photo Library (Steve Gschmeissner).

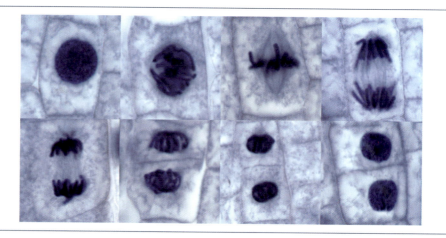

O número de cromossomos diferentes e, portanto, o de moléculas diferentes de DNA, é característico de cada espécie, mas não relacionado com as características biológicas do organismo (Tabela 2.1). Alguns eucariotas unicelulares têm múltiplos cromossomos diferentes, como a levedura *Saccharomyces cerevisiae*, que possui 16, enquanto alguns organismos multicelulares têm relativamente poucos. A formiga *Myrmecia pilosula* só

Tabela 2.1 Número de cromossomos de vários eucariotas.*

Espécie	Tipo de organismo	Número de cromossomos
Saccharomyces cerevisiae	Levedura	16
Myrmecia pilosula	Formiga	1
Agrodiaetus shahrami	Borboleta	135
Gallus gallus	Galinha	40
Arabidopsis thaliana	Planta	5
Muntiacus muntjak	Cervo	4
Pan troglodytes	Chimpanzé	25
Homo sapiens	Ser humano	24

*O número mostrado é o de cromossomos diferentes para cada espécie, por exemplo para os seres humanos, cromossomos 1 a 22 e os cromossomos x e y.

Capítulo 2 Células e Microrganismos 23

Figura 2.10 Micrografia eletrônica de transmissão do núcleo de uma célula animal mostrando um nucléolo. Núcleo de uma célula acinar do pâncreas do morcego *Myotis lucifugus*. Reproduzida, com autorização, da Science Photo Library (Don Fawcett).

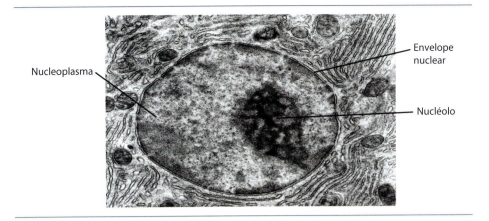

tem um cromossomo e o cervo *Muntiacus muntjak* tem apenas quatro cromossomos diferentes. Os seres humanos têm 24 (ver Tabela 2.1). Cada uma dessas moléculas de DNA é diferente e leva um conjunto diferente de genes. Juntos, eles formam o **genoma** do organismo.

Além de ser a despensa para o DNA da célula, o núcleo também é a organela dentro da qual os genes na molécula de DNA são copiados em RNA, durante o primeiro estágio da expressão gênica. Esse processo de cópia denomina-se **transcrição** e, para certos genes, ocorre em regiões distintas do núcleo chamadas **nucléolos**. Nas micrografias eletrônicas, os nucléolos aparecem como áreas escuras (Figura 2.10) em que se percebe uma estrutura fibrilar quando observados sob maior aumento. Às vezes, a observação cuidadosa também pode revelar pequenas estruturas adicionais dentro do núcleo, como corpúsculos de Cajal, gemas e manchas. A maioria desses pequenos corpúsculos está envolvida na transcrição ou nas alterações estruturais para formar moléculas de RNA antes que as últimas sejam exportadas do núcleo para o citoplasma, onde ocorre a síntese de proteínas, o segundo estágio da expressão gênica.

As mitocôndrias são as casas de força geradoras de energia da célula

Após o núcleo, as mitocôndrias são as organelas mais notáveis quando se examinam micrografias eletrônicas de células eucarióticas (ver Figura 2.1). Elas são estruturas em forma de bastão, com cerca de 1 μm de diâmetro e 2 μm de comprimento. Seu número varia nas diferentes células. Alguns eucariotas unicelulares têm apenas uma mitocôndria, mas a maioria das células de animais tem 500 a 2.000, perfazendo cerca de 20% do volume celular total.

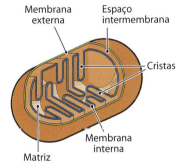

Figura 2.11 Mitocôndria.

Cada mitocôndria tem duas membranas (Figura 2.11). A **membrana mitocondrial externa** forma a superfície externa da organela e dá à estrutura sua forma de bastão. A **membrana mitocôndria interna** se desdobra para formar **cristas**, que parecem dedos ao corte transversal, mas na realidade são estruturas em forma de placa que preenchem grande parte da mitocôndria. A área entre as duas membranas denomina-se **espaço intermembrana** e a região central envolta pela membrana interna é a chamada **matriz mitocondrial**.

A principal função das mitocôndrias é gerar energia para a célula. As reações bioquímicas que ocorrem nas mitocôndrias usam oxigênio e produzem dióxido de carbono, sendo denominadas **respiração celular**. Elas também resultam na síntese de **adenosina 5'-trifosfato (ATP)**, que é a principal reserva de energia da célula. A síntese de ATP capta energia que subsequentemente pode ser liberada quando esse composto é quebrado novamente. A energia gerada nas mitocôndrias pode, portanto, ser armazenada como ATP e transportada para outras partes da célula, onde é liberada e usada para a realização de reações bioquímicas.

Os eventos bioquímicos responsáveis pela geração de energia nas mitocôndrias são descritos no *Capítulo 9*.

Ver na *Seção 8.1.1* informação sobre o ATP e outras moléculas transportadoras de energia.

As reações que resultam na síntese de ATP envolvem proteínas inclusas na membrana mitocondrial interna, com o ATP liberado inicialmente na matriz mitocondrial. O desdobramento da membrana interna em cristas aumenta a área de superfície da membrana interna, elevando a capacidade para a síntese de ATP. Isso significa que aquelas células com maior necessidade de geração de energia não apenas têm o maior número

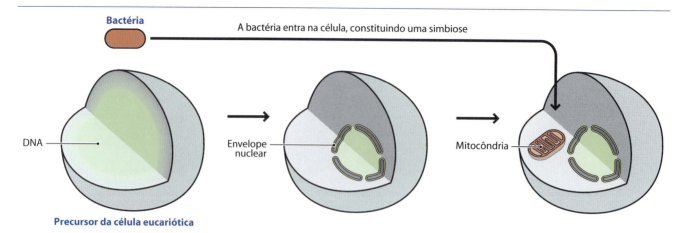

Figura 2.12 Teoria endossimbiótica para a origem das mitocôndrias. A teoria sugere que, em um estágio inicial da evolução, o precursor da célula eucariótica desenvolveu um núcleo no qual seu DNA estava contido. A célula então engolfou uma bactéria de livre existência, constituindo uma simbiose. Após muitas divisões celulares, a progênie da bactéria evoluiu no que hoje conhecemos como mitocôndrias.

de mitocôndrias, como também têm mitocôndrias com as cristas mais densamente compactadas. Nas células hepáticas humanas, por exemplo, a área de superfície da membrana mitocondrial interna corresponde a cerca de cinco vezes a da membrana externa.

Há um aspecto final das mitocôndrias que devemos considerar. Cada mitocôndria contém múltiplas cópias de uma pequena molécula de DNA que leva um conjunto de genes que não existem nos cromossomos no núcleo da célula. O número de genes é bastante pequeno, apenas 37 no DNA mitocondrial humano, em comparação com 45.500 no núcleo, mas eles especificam algumas proteínas importantes envolvidas na geração de ATP. A presença de DNA nas mitocôndrias levou à sugestão de que essas organelas são resquícios de bactérias de livre existência que formavam uma associação simbiótica ao precursor da célula eucariótica, durante os estágios maisiniciais ou primórdios da evolução (Figura 2.12). A confirmação dessa **teoria endossimbionte** vem da descoberta de microrganismos que parecem exibir estágios de endossimbiose menos avançados que os observados com mitocôndrias. Um exemplo é a *Pelomyxa*, um tipo de ameba que não tem mitocôndrias, mas, em vez disso, contém bactérias simbióticas, embora não se tenha certeza alguma de que essas bactérias forneçam energia à ameba.

A fotossíntese ocorre nos cloroplastos

A característica bioquímica mais distintiva das plantas é sua capacidade de realizar **fotossíntese**, a conversão da luz solar em energia química estocada em carboidratos como amido. Nas plantas, a fotossíntese ocorre em organelas especiais denominadas **cloroplastos** (Figura 2.13).

> Vamos estudar a fotossíntese no *Capítulo 10*.

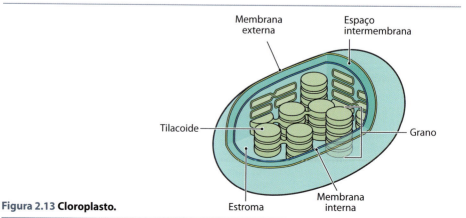

Figura 2.13 Cloroplasto.

Os cloroplastos são maiores do que as mitocôndrias, com cerca de 2,5 μm de diâmetro e 5 μm de comprimento, e menos numerosos, raramente havendo mais de 100 em apenas uma célula. Como as mitocôndrias, eles têm membranas interna e externa e um espaço interno denominado **estroma**. Diferentemente das mitocôndrias, dentro do estroma há um terceiro sistema de membrana, que forma estruturas interconectadas denominadas **tilacoides**, as quais ficam empilhadas umas em cima das outras, como uma pilha de pratos, formando estruturas denominadas **grana**. Os tilacoides são os locais reais de fotossíntese. Eles contêm pigmentos como a **clorofila**, os quais absorvem a luz do sol, junto com várias proteínas que convertem a energia absorvida em ATP.

Os cloroplastos são semelhantes às mitocôndrias de outra maneira. Eles também contêm suas próprias moléculas de DNA, em geral com 200 ou mais genes, e já se pensou que eram bactérias de livre existência. Um estágio inicial na endossimbiose que resultou nos cloroplastos pode ser exibido pelo protozoário *Cyanophora paradoxa*, cujas estruturas de fotossíntese, denominadas cianelas, são diferentes dos cloroplastos e lembram bactérias. Isso nos alerta para o fato de que as plantas não são os únicos organismos capazes de realizar fotossíntese. Vários tipos de procariotas têm essa capacidade, inclusive as **cianobactérias**, que contêm um pigmento que absorve a luz azul denominado ficocianina, presente em uma estrutura da membrana dobrada similar aos tilacoides das células vegetais. As cianelas de *Cyanophora* seriam cianobactérias ingeridas. As algas, que são eucariotas, realizam fotossíntese de maneira similar à das plantas. Elas contêm cloroplastos e clorofila, às vezes com pigmentos adicionais que fazem as células parecerem vermelhas.

O aparelho de Golgi e o retículo endoplasmático estão envolvidos no processamento e na secreção de proteína

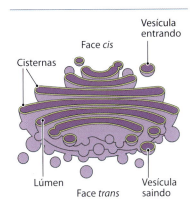

Figura 2.14 Aparelho de Golgi.

A secreção de proteína é descrita na Seção 16.4.

O aparelho (ou complexo) de Golgi é visível em micrografias eletrônicas de células eucarióticas como pilhas de lâminas membranosas denominadas **cisternas** (Figura 2.14). Uma célula animal tipicamente tem cerca de 50 pilhas, cada uma contendo 5 a 10 cisternas. Em geral, nas micrografias eletrônicas, uma pilha é circundada por pequenas esferas ligadas à membrana, denominadas **vesículas**. Nas células vivas, essas vesículas fundem-se continuamente com as cisternas em um lado da pilha, denominada a face *cis*, e brota da cisterna no lado oposto, a face *trans*. As vesículas que se fundem com a pilha levam proteínas recém-sintetizadas que são transferidas de uma cisterna para outra, passando gradualmente através da pilha. Durante seu transporte através de uma pilha, as proteínas são modificadas pela aderência de novos grupos bioquímicos. Muitas proteínas têm cadeias curtas de açúcares adicionadas a elas, um processo denominado **glicosilação**. Os híbridos resultantes de proteína e açúcar denominam-se **glicoproteínas**. Tais moléculas, junto com muitas outras proteínas que são processadas nas pilhas de Golgi, são secretadas pela célula. Quando vão para a face *trans* da pilha, elas entram em vesículas que se movem para a periferia da célula e fundem-se com a membrana plasmática, de modo a seu conteúdo ser transferido para o espaço fora da célula.

Algumas proteínas secretadas ficam no espaço fora da célula, formando a **matriz extracelular**, uma rede fibrosa que fornece estrutura para tecidos e transmite sinais entre células. Outras proteínas seguem para fora da célula em que são produzidas. Um exemplo é a pepsina, produzida nas **células principais** do revestimento do estômago e secretada no próprio estômago, onde quebra proteínas do alimento ingerido pelo animal. Como as proteínas secretadas, o aparelho de Golgi também processa proteínas que se inserem na membrana plasmática, em vez de passarem através dela. Algumas dessas proteínas da membrana plasmática ajudam a transportar moléculas pequenas para dentro e para fora da célula, enquanto outras agem como receptores da superfície celular, capacitando a célula a responder a sinais externos.

De onde vêm as vesículas originais contendo proteínas, as que se fundem com a face *cis* de uma pilha de Golgi? A resposta é do **retículo endoplasmático rugoso**, onde essas proteínas são sintetizadas (Figura 2.15). O retículo endoplasmático rugoso é uma rede extensa de bainhas membranosas que permeia toda a célula. A designação de "rugoso" vem da presença de pequenas estruturas denominadas **ribossomos** nas superfícies externas das bainhas. Os ribossomos sintetizam as proteínas, que são colocadas dentro do retículo endoplasmático. As vesículas então brotam do retículo endoplasmático, levando as proteínas para o aparelho de Golgi. Também há o **retículo endoplasmático liso**, que se parece mais com tubos que placas e, como o nome implica, não tem quaisquer

Figura 2.15 **Retículo endoplasmático rugoso.**

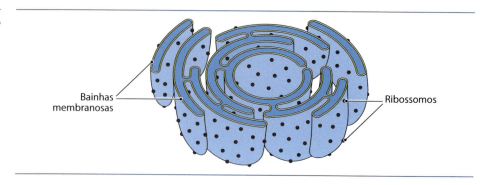

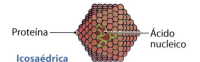

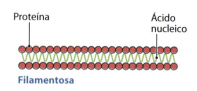

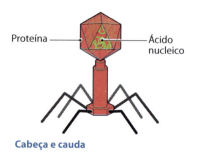

Figura 2.16 **Três tipos comuns de estrutura do capsídeo viral.**

ribossomos aderidos. O retículo endoplasmático liso não está envolvido na síntese de proteína, mas, em vez disso, tem uma variedade de papéis, inclusive a síntese e o armazenamento de alguns tipos de lipídio.

2.1.4 E os vírus?

Antes neste capítulo, dissemos que todos os organismos vivos são feitos de células. Isso é verdade se considerarmos que os vírus não estão vivos. A maioria dos microbiologistas concorda com essa ideia, em parte porque os vírus não são constituídos de células, mas principalmente por causa da natureza do ciclo biológico deles. Os vírus são parasitas obrigatórios do tipo mais extremo. Eles são capazes de se reproduzir apenas quando infectam uma célula hospedeira e usam muitas das biomoléculas do hospedeiro para completar seu ciclo de replicação. Por essa razão, a maioria dos vírus é muito específica de uma espécie de hospedeiro, porque eles não podem usar biomoléculas de qualquer outro tipo de organismo. Os vírus são importantes na biologia por serem responsáveis por muitas doenças, como o HIV/AIDS (infecção pelo vírus da imunodeficiência humana e síndrome da imunodeficiência adquirida), alguns tipos de câncer e o resfriado comum. Portanto, devemos nos familiarizar com sua estrutura e outras características importantes deles.

Os vírus são constituídos basicamente por dois componentes, proteína e ácido nucleico. A proteína forma uma cobertura ou **capsídeo** dentro do qual o ácido nucleico, que leva os genes do vírus, fica contido. O ácido nucleico em geral é DNA, como nos organismos celulares, mas em alguns vírus é RNA.

Há três estruturas comuns no capsídeo (Figura 2.16):

- **Icosaédrica**, em que as subunidades individuais da proteína (**protômeros**) estão dispostas em uma estrutura tridimensional que circunda o ácido nucleico. Apesar do nome, muitos vírus desse tipo têm muitos protômeros em seus capsídeos que parecem esféricos. Exemplos de vírus icosaédricos são o herpes humano e os poliovírus
- **Filamentosa**, em que os protômeros estão dispostos em uma hélice, formando uma estrutura em forma de bastão. O vírus mosaico do tabaco é um exemplo
- **Cabeça e cauda**, encontrada apenas em **bacteriófagos**, vírus que infectam bactérias. Essa estrutura compreende uma cabeça icosaédrica contendo ácido nucleico e uma cauda filamentosa que facilita a entrada do ácido nucleico na bactéria. Também pode haver outros componentes, como as "pernas" processadas pelo bacteriófago T4 de *E. coli*.

Em alguns vírus eucarióticos, o capsídeo é circundado por uma membrana, derivada do hospedeiro quando uma nova partícula viral deixa a célula e possivelmente modificada pela inserção de proteínas específicas do vírus.

Os vírus são bem menores do que células, com a maioria dos icosaédricos tendo 25 a 250 nm de diâmetro. Há tipos diferentes de ciclo biológico viral, mas a estratégia básica é a mesma para todos (Figura 2.17). O vírus adere à superfície externa da célula e entra na própria célula ou transfere seu genoma de DNA ou RNA através da membrana celular. Os genes do vírus podem tornar-se ativos imediatamente, subvertendo a replicação do DNA da célula hospedeira e os processos de síntese de proteína para fazer cópias do genoma do vírus e das proteínas do capsídeo a partir das quais novos vírus

> **Boxe 2.5** Tipos incomuns de partículas infecciosas.
>
> Os vírus não são o único tipo de partícula infecciosa não celular. Os biólogos estão certos de que há quatro tipos de **partículas subvirais**:
>
> - **Vírus de RNA satélites** e **virusoides** são moléculas curtas de RNA. Eles não carregam genes para fazer quaisquer proteínas do capsídeo e, em vez disso, movem-se de uma célula para outra dentro dos capsídeos ou vírus auxiliares. Um vírus de RNA satélite compartilha o capsídeo com o genoma do vírus auxiliar, enquanto uma molécula de RNA do virusoide fica encapsulada no seu próprio capsídeo. Eles são encontrados, principalmente, em plantas
> - **Viroides** são moléculas pequenas de RNA que não contêm genes, não se tornam encapsulados, disseminando-se entre células hospedeiras como DNA "nu". Mais uma vez, são encontrados principalmente em plantas
> - **Príons** são partículas infecciosas causadoras de doença, feitas exclusivamente de proteína. Eles são responsáveis pelo *scrapie* em ovinos e caprinos, bem como pela doença de Creutzfeldt-Jakob em seres humanos. A proteína do príon existe em duas formas. A versão normal é encontrada no cérebro de mamíferos, embora sua função seja desconhecida. A versão infecciosa tem uma estrutura ligeiramente diferente que forma agregados fibrilares vistos em tecidos infectados. Uma vez dentro da célula, moléculas infecciosas são capazes de converter as proteínas normais na forma infecciosa. A transferência de uma ou mais das proteínas infecciosas para um novo animal resulta, portanto, em acúmulo de proteínas infecciosas adicionais no cérebro, o que leva à transmissão da doença.

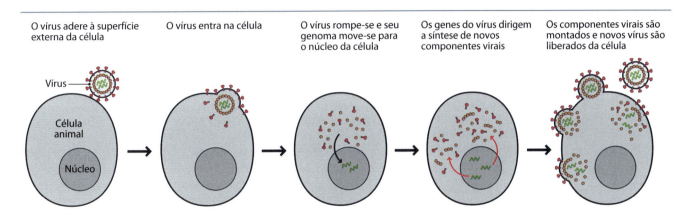

Figura 2.17 Ciclo biológico típico de vírus. Nesse exemplo, o vírus infectante entra na célula. Outros vírus injetam seu DNA ou RNA através da membrana celular.

são montados. Esses novos vírus são liberados da célula, possivelmente fazendo a célula explodir, e seguem para infectar outras células. Como alternativa, o genoma do vírus pode permanecer na célula por algum tempo, possivelmente anos, tanto quanto uma molécula independente de DNA ou RNA, ou inserido em um dos cromossomos do hospedeiro. A célula pode ser forçada a fazer novos vírus continuamente, ou o vírus pode estar inteiramente quiescente até reiniciar subitamente seu ciclo de infecção e fazer um novo conjunto de vírus.

2.2 Evolução e a unidade da vida

Vimos que todos os organismos vivos, apesar de sua enorme diversidade, podem ser divididos em dois grupos, com base na estrutura de suas células. Mas, quando olhamos os procariotas e eucariotas mais de perto, em particular quando examinamos suas bioquímicas, vemos que ambos os tipos de organismo são construídos de acordo com o mesmo plano geral. No nível molecular, como no celular, há características peculiares que distinguem os procariotas dos eucariotas, mas seus projetos básicos são os mesmos. Todos os organismos vivos usam DNA para armazenar informação genética, e tal informação é organizada em genes e lida pela célula de muitas maneiras semelhantes. Os processos pelos quais a energia é gerada nos diferentes organismos são muito similares, assim como são as vias para a síntese de proteínas, ácidos nucleicos, lipídios e carboidratos. Até as características distintivas de Archaea são meramente modificações do mesmo plano.

As similaridades subjacentes compartilhadas por todos os organismos vivos dizem duas coisas aos biólogos. Primeiro, tudo o que é vivo tem uma origem única. Em segundo lugar, desde aquela origem, os processos evolutivos resultaram em uma diversificação de espécies. Para completar nossa pesquisa do contexto biológico da bioquímica, vamos examinar a origem da vida e sua evolução subsequente.

2.2.1 A vida originada há quatro bilhões de anos

De acordo com a teoria cosmológica, acredita-se que o universo como conhecemos tem cerca de 13,7 bilhões de anos. No começo, o universo era pouco mais que uma nuvem de gás sem características próprias se expandindo, mas, há cerca de 4 bilhões de anos, as galáxias começaram a se formar. Nessas galáxias a condensação de gases formou estrelas e planetas. Nosso próprio sol e o sistema solar originaram-se dessa maneira há cerca de 4,6 bilhões de anos.

No início, a Terra era coberta por água, e o surgimento das primeiras massas de terra levou outros bilhões de anos. Durante esse período, as primeiras células evoluíram no oceano planetário. Acreditamos que foi assim porque microfósseis com estruturas que lembram bactérias foram descobertos em rochas de 3,4 bilhões de anos na Austrália. É difícil interpretar o registro dos primeiros fósseis porque é fácil confundir uma característica microscópica natural em uma rocha com os restos fossilizados de uma célula, mas essas e outras descobertas convenceram os cientistas de que as células vivas evoluíram durante os primeiros bilhões de anos da história da Terra. Como isso pode acontecer?

A resposta está na composição química da atmosfera terrestre inicial, muito diferente da atual, principalmente porque o conteúdo de oxigênio era muito menor e, na verdade, permaneceu baixo até o surgimento dos primeiros organismos fotossintéticos muitos milhões de anos depois. É provável que o metano e a amônia fossem os gases mais abundantes na atmosfera inicial, e o oceano também continha esses gases na forma dissolvida. Experimentos que recriam essas condições químicas iniciais mostraram que descargas elétricas, de raios por exemplo, em uma mistura de metano, amônia, hidrogênio e vapor d'água, podem resultar na síntese espontânea de vários tipos de aminoácido, as unidades monoméricas a partir das quais são construídas as proteínas (Figura 2.18). Outros produtos, incluindo o ácido cianídrico e o formaldeído, também são formados e podem iniciar reações químicas adicionais que dão origem a mais tipos de aminoácidos, além de purinas e pirimidinas, que formam partes dos nucleotídeos dos quais são feitos

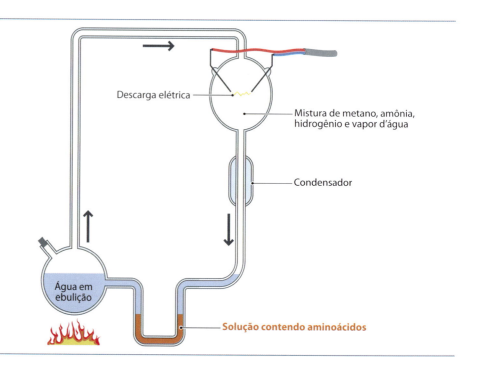

Figura 2.18 Um experimento que recria as condições químicas da atmosfera inicial. Nesse experimento, realizado por Stanley Miller e Harold Urey em 1952, uma mistura de metano, amônia, hidrogênio e vapor d'água (a última proveniente da água em ebulição) foi submetida a descargas elétricas simulando raios. Os produtos foram coletados por passagem da mistura gasosa através do condensador. A análise da solução resultante revelou a presença de dois aminoácidos, glicina e alanina. Uma nova análise da solução em 2007, usando técnicas mais sensíveis, detectou mais de 20 aminoácidos.

os ácidos nucleicos. É possível que açúcares também tenham sido feitos dessa forma. Os açúcares são particularmente importantes porque são substratos para as vias geradoras de energia que evoluíram nas primeiras células.

Portanto, muitos dos compostos que constituem as biomoléculas poliméricas encontradas nos organismos vivos podem ter sido criados por reações químicas que ocorriam na atmosfera e no oceano nos primórdios da Terra. A montagem das moléculas poliméricas pode ter sido possível no oceano, ou ter ocorrido entre monômeros que foram absorvidos nos sedimentos no fundo do oceano. Esta última teoria é atraente porque as concentrações dos blocos construtores no próprio oceano podem ter sido bastante baixas, de modo que seria necessária alguma forma de aproximar essas moléculas. A absorção em partículas sólidas teria conseguido isso (Figura 2.19). Como alternativa, a polimerização pode ter sido promovida pela condensação repetida e pelo ressecamento de gotículas de água em nuvens.

Figura 2.19 Uma das maneiras possíveis pela qual a polimerização de biomoléculas pode ter ocorrido no oceano nos primórdios da Terra.

A síntese de biomoléculas poliméricas, naturalmente, é apenas a primeira etapa na evolução da vida celular. As biomoléculas devem ser montadas, em proporções apropriadas, dentro de estruturas associadas a lipídios, que precisam adquirir a capacidade de gerar energia e se reproduzir. O pensamento atual é o de que os primeiros sistemas bioquímicos celulares compreendiam moléculas de RNA que se autorreplicavam, encapsuladas em vesículas de lipídio. Essas moléculas de RNA podem ter desenvolvido a capacidade de sintetizar proteínas específicas, a principal função do RNA no mundo atual (Figura 2.20). Gradualmente, essas células iniciais teriam construído uma coleção de proteínas úteis, possivelmente incluindo umas capazes de quebrar açúcares, com a liberação de energia. Em algum ponto, a informação para fazer essas proteínas foi transferida das moléculas de RNA autorreplicantes para polímeros de DNA que formaram os genomas primordiais.

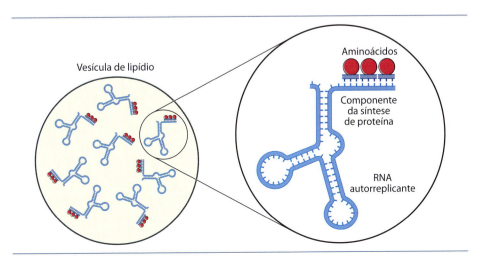

Figura 2.20 Um tipo inicial de sistema bioquímico celular? Moléculas de RNA autorreplicantes que desenvolveram a capacidade de polimerizar aminoácidos em proteínas ficavam envoltas em uma vesícula de lipídio.

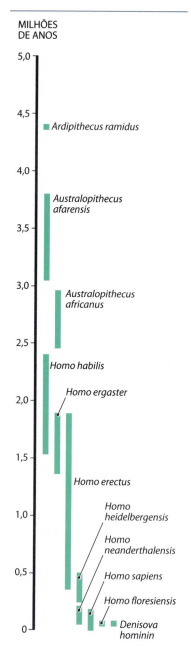

Figura 2.22 Linha de tempo da evolução humana.

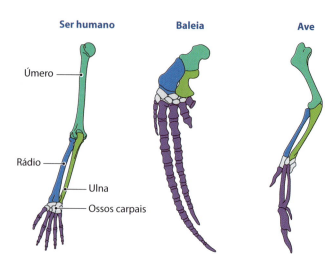

Figura 2.21 Ossos de um braço humano, da nadadeira de uma baleia e da asa de um pássaro. Cada tipo de membro anterior é construído do mesmo conjunto de ossos.

2.2.2 Três bilhões e meio de anos de evolução

No início do século XIX, os biólogos se tornaram cada vez mais conscientes das similaridades entre os planos corporais de animais diferentes. Percebeu-se que estruturas aparentemente dessemelhantes como o braço humano, a nadadeira de uma baleia e a asa de uma ave são construídas a partir do mesmo conjunto de ossos (Figura 2.21). Isso levou alguns cientistas com visão mais ampla a sugerirem que espécies relacionadas tinham evoluído a partir de um ancestral comum, e gradualmente a noção de uma "árvore da vida" tornou-se popular. Todas as espécies vivas hoje e todas as conhecidas a partir do registro fóssil estiveram, portanto, ligadas a um grande esquema evolutivo.

Se seguirmos o registro evolutivo no tempo a partir dos primeiros microfósseis de 3,4 bilhões de anos atrás, veremos um hiato de uns 2 bilhões de anos antes que surgissem as primeiras células eucarióticas. São estruturas que lembram algas unicelulares, que provavelmente incluíam vários tipos que desenvolveram a capacidade de fotossíntese, aumentando o conteúdo de oxigênio da atmosfera e levando a condições não muito diferentes das que conhecemos hoje. As algas multicelulares surgiram pela primeira vez no registro fóssil há cerca de 900 milhões de anos, e os animais multicelulares há 640 milhões de anos, embora haja sulcos enigmáticos sugerindo que animais viveram antes disso. A Revolução Cambriana, quando a vida invertebrada se proliferou em várias formas novas, ocorreu há 530 milhões de anos e terminou com o desaparecimento de muitas daquelas formas novas alguns milhões de anos depois. A partir daí, a evolução continuou rapidamente e com diversificação cada vez maior, pontuada por extinções em massa de escalas diferentes. Os primeiros insetos, animais e plantas terrestres se estabeleceram há uns 350 milhões de anos, os dinossauros vieram e se foram no final do período Cretáceo, há 65 milhões de anos. Há 50 milhões de anos os mamíferos tornaram-se o tipo dominante de animal no planeta.

O que dizer de nossa própria espécie? O bispo Samuel Wilberforce uma vez perguntou (um clássico!) a Thomas Huxley, um dos patrocinadores de Charles Darwin, se ele descendia de um macaco por parte da mãe ou do pai. A resposta é: de ambos – seres humanos e chimpanzés são descendentes de um ancestral comum que viveu há cerca de 6 milhões de anos. Desde essa divisão, a linhagem evolutiva que levou ao *Homo sapiens* prosseguiu através de uma série de espécies, desenvolvendo gradualmente os atributos que distintamente vemos como um ser humano (Figura 2.22). A capacidade de caminhar ereto, oposta à locomoção mais prostrada dos chimpanzés, foi apresentada pela primeira vez pelo *Ardipithecus ramidus*, que viveu no leste da África há 4,4 milhões de anos. Os primeiros utensílios de pedra foram feitos há cerca de 2,5 milhões de anos pelo *Homo habilis*, o primeiro membro de nosso próprio gênero. O *Homo sapiens* surgiu

Boxe 2.6 Eventos de extinção em massa.

Muitas das espécies novas de invertebrados que evoluíram durante o período Cambriano desapareceram como resultado de uma série de extinções em massa, datadas de 517, 502 e 485 milhões de anos atrás. A evidência fóssil desses períodos é muito escassa para que os geólogos possam identificar as razões para as extinções, mas a depleção de oxigênio nos oceanos pode ter sido um fator – na época, praticamente todas as espécies viviam no mar.

Desde o período Cambriano, houve cinco extinções em massa importantes, cada uma resultando em uma alteração considerável nos grupos dominantes de espécies nos oceanos e na terra:

- O **evento Ordoviciano-Siluriano**, há 443 milhões de anos, resultando na extinção de 65% das espécies vivas na época. Isso ocorreu durante o período de resfriamento global, que resultou em glaciação extensa, redução do nível dos mares e alterações na química dos oceanos
- As **extinções em massa do Devoniano Tardio** ocorreram durante o longo período de 375 a 355 anos atrás e resultaram na perda de 70% das espécies. A causa não é conhecida, mas pode ter havido uma série de eventos, incluindo o impacto de um asteroide
- A **extinção em massa do Permiano**, há 250 milhões de anos, é o maior evento conhecido, com apenas 4% das espécies sobrevivendo. Mais uma vez, é provável que múltiplos fatores tenham sido responsáveis, uma possibilidade sendo o aumento da atividade vulcânica, que liberou gases venenosos na atmosfera
- O **evento Triássico-Jurássico**, há 200 milhões de anos, também é atribuído a múltiplos eventos, possivelmente uma combinação de impacto de asteroide e atividade vulcânica. Cerca de 75% das espécies desapareceram
- A **extinção em massa no Cretáceo-Terciário** é o evento mais famoso, pois resultou na extinção dos dinossauros. Ela ocorreu há 66 milhões de anos e é atribuída ao impacto de um asteroide que resultou na cratera de Chicxulub no Golfo do México. Mais uma vez, acredita-se que aproximadamente 75% das espécies morreram.

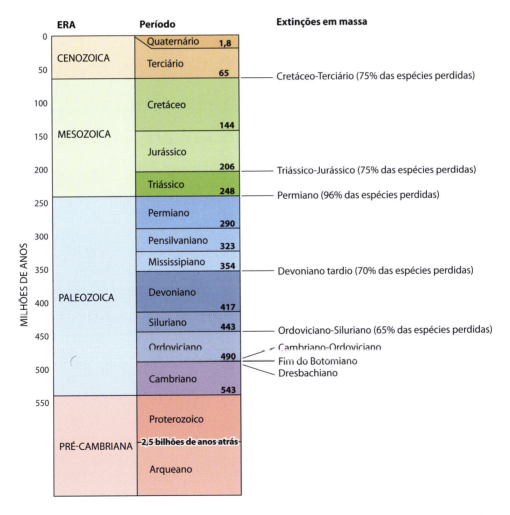

Embora catastróficas, as extinções em massa são vistas como pontos de aceleração importantes para a evolução da vida. Ao remover muitas espécies, uma extinção em massa capacita aquelas que sobrevivem a se diversificarem para ocupar os nichos ecológicos que ficaram vagos. O melhor exemplo é a extinção dos dinossauros durante o evento no Cretáceo-Terciário, que facilitou a evolução subsequente dos mamíferos. Durante o período Cretáceo, os dinossauros eram a espécie terrestre dominante e os mamíferos, muito menos comuns. No entanto, muitos dos mamíferos menores sobreviveram à extinção em massa e conseguiram ocupar os nichos terrestres previamente ocupados pelos dinossauros.

32 Parte 1 Células, Microrganismos e Biomoléculas

pela primeira vez na África há uns 195 mil anos e gradualmente se espalhou pelo globo. Não sabemos quando a fala evoluiu, mas os seres humanos começaram a esculpir em pedra como manifestação artística mais que para fins utilitários há cerca de 50 mil anos, e ao mesmo tempo podem ter produzido música. Há cerca de 130 anos, os seres humanos começaram a estudar bioquímica.

Leitura sugerida

Aguzzi A and Lakkaraju AKK (2016) Cell biology and prions and prionoids: a status report. *Trends in Cell Biology* **26**, 40–51.

Benton ML (2015) *When Life Nearly Died: the greatest mass extinction of all time.* Thames and Hudson, London.

Butler PJG and Klug A (1978) The assembly of a virus. *Scientific American,* **239**(5), 52–9. Descreve as características básicas da estrutura dos vírus.

Cela-Conde CJ and Ayala FJ (2007) *Human Evolution: trails from the past.* Oxford University Press, Oxford.

Diener TO (1984) Viroids. *Trends in Biochemical Sciences* **9**, 133–6.

Donlan RM (2002) Biofilms: microbial life on surfaces. *Emerging Infectious Diseases* **8**, 881–90.

Macnab RM (1999) The bacterial flagellum: reversible rotary propellor and type III export apparatus. *Journal of Bacteriology* **181**, 7149–53.

Paleos CM (2015) A decisive step towards the origin of life. *Trends in Biochemical Sciences* **40**, 487–8. Resume a pesquisa recente nesse tópico.

Sifri CD (2008) Quorum sensing: bacteria talk sense. *Clinical Infectious Diseases* **47**, 1070–6.

Soto C (2011) Prion hypothesis: the end of the controversy. *Trends in Biochemical Sciences* **36**, 151–8.

Ursell LK, Metcalf JL, Parfrey LW and Knight R (2012) Defining the human microbiome. *Nutrition Reviews* **70**, S38–44.

Ward BB (2002) How many species of prokaryotes are there? *Proceedings of the National Academy of Sciences USA* **99**, 10234–6.

Woese CR and Fox GE (1977) Phylogenetic structure of the prokaryotic domain: the primary kingdoms. *Proceedings of the National Academy of Sciences USA* **74**, 5088–90. Uma das primeiras descrições da distinção entre bactérias e archaeae.

Zimorski V, Ku C, Martin WF and Gould SB (2014) Endosymbiotic theory for organelle origins. *Current Opinion in Microbiology* **22**, 39–48.

Questões de autoavaliação

Questões de múltipla escolha

Cada questão tem apenas uma resposta correta.

1. Acredita-se que haja aproximadamente quantas espécies de animais, plantas e fungos no planeta?
(a) 8,7 milhões
(b) 100 milhões
(c) 8,7 bilhões
(d) 100 bilhões

2. Qual o comprimento aproximado de uma célula do microrganismo unicelular *Paramecium*?
(a) 1,2 μm
(b) 12 μm
(c) 120 μm
(d) 120 mm

3. Qual das seguintes afirmações sobre o nucleoide está **incorreta**?
(a) Um nucleoide contém DNA

(b) Um nucleoide é uma região que se cora levemente em uma célula procariótica
(c) Um nucleoide é circundado por uma membrana
(d) Os nucleoides são visíveis quando as células são observadas à microscopia eletrônica

4. Qual dos seguintes é um exemplo de um procariota que forma cadeias de células?
(a) *Anabaena*
(b) *E. coli*
(c) *Mycobacterium*
(d) *Vibrio*

5. Qual das seguintes afirmações sobre Archaea está **correta**?
(a) Archaea são um tipo de eucariota
(b) Muitos dos ambientes em que vivem são hostis para outras formas de vida

Capítulo 2 **Células e Microrganismos** 33

(c) Suas células parecem muito diferentes das células das bactérias

(d) Incluem as espécies *Mycobacterium tuberculosis* e *Vibrio cholerae*

6. Qual das seguintes alternativas (para maior clareza do enunciado) descreve as formas celulares típicas dos procariotas?
   (a) Bacilos, cocos e flagelo
   (b) Bacilos, cocos e espirilos
   (c) Bacilos, coli e espirilos
   (d) Icosaédrica e filamentosa

7. O peptidoglicano, presente nas paredes celulares bacterianas, é um tipo de qual das seguintes estruturas/compostos?
   (a) DNA
   (b) Lipídio
   (c) Membrana
   (d) Polissacarídio

8. Qual das seguintes afirmações está **incorreta** a respeito dos biofilmes?
   (a) Biofilmes podem formar-se em equipamento médico como cateteres
   (b) As bactérias em um biofilme em geral estão embebidas em uma matriz viscosa
   (c) Apenas bactérias com flagelos são capazes de formar um biofilme
   (d) Em um biofilme, as bactérias se comunicam entre si por senso de quórum

9. Qual das seguintes afirmações está **correta** a respeito das células humanas?
   (a) Há 10^{10} células em um ser humano adulto, abrangendo mais de 400 tipos especializados
   (b) Há 10^{10} células em um ser humano adulto, abrangendo mais de 1.000 tipos especializados
   (c) Há 10^{13} células em um ser humano adulto, abrangendo mais de 400 tipos especializados
   (d) Há 10^{13} células em um ser humano adulto, abrangendo mais de 1.000 tipos especializados

10. Complexos poros são uma característica de que tipo de organela eucariótica?
    (a) Cloroplastos
    (b) Aparelho de Golgi
    (c) Mitocôndrias
    (d) Núcleos

11. No núcleo, que regiões específicas os cromossomos ocupam?
    (a) Corpúsculos de Cajal
    (b) Nucléolos
    (c) Manchas
    (d) Territórios

12. A membrana mitocondrial interna se dobra para dentro para formar estruturas semelhantes a placas com que denominação?
    (a) Cristas
    (b) Estroma
    (c) Tilacoides
    (d) A matriz mitocondrial

13. As proteínas responsáveis pela síntese de ATP estão localizadas em que parte de uma mitocôndria?
    (a) Na membrana mitocondrial externa
    (b) No espaço intermembrana
    (c) Na membrana mitocondrial interna
    (d) Na matriz mitocondrial

14. Como são denominadas as pilhas de tilacoides em um cloroplasto?
    (a) Clorofila
    (b) Cisternas
    (c) *Grana*
    (d) Estroma

15. Como são denominadas as pilhas de placas membranosas que formam o aparelho de Golgi?
    (a) Cisternas
    (b) *Grana*
    (c) Lúmen
    (d) Vesículas

16. A glicosilação, que ocorre no aparelho de Golgi, é mais bem descrita por qual das seguintes afirmações?
    (a) Acréscimo de cadeias curtas de açúcares às membranas no aparelho de Golgi
    (b) Acréscimo de cadeias curtas de açúcares a algumas proteínas
    (c) Remoção de unidades de açúcar de polissacarídios como amido
    (d) Nenhuma das anteriores

17. As vesículas que se fundem com a face *cis* do aparelho de Golgi vêm de onde?
    (a) Mitocôndrias
    (b) Outras estruturas do aparelho de Golgi
    (c) Retículo endoplasmático rugoso
    (d) Retículo endoplasmático liso

18. Como se denomina a proteína que forma uma camada em torno de um vírus?
    (a) Bacteriófago
    (b) Capsídeo
    (c) Protômero
    (d) Virusoide

19. Qual das seguintes não é uma característica de um príon?
    (a) Um príon é feito exclusivamente de proteína
    (b) Príons infecciosos podem converter a versão normal em uma forma infecciosa
    (c) Versões normais de príons são encontradas no cérebro de mamíferos
    (d) As estruturas das versões infecciosas e normais de um príon são indistinguíveis

20. Microfósseis delgados de estruturas que lembram bactérias foram descobertos em rochas com que idade?
    (a) 3,4 milhões de anos
    (b) 34 milhões de anos
    (c) 340 milhões de anos
    (d) 3,4 bilhões de anos

21. O experimento realizado por Miller e Urey em 1952 resultou na síntese de tipo de composto bioquímico a partir de metano, amônia, hidrogênio e vapor d'água?
    (a) Aminoácidos
    (b) Nucleotídios
    (c) RNA
    (d) Açúcar

22. Quando surgiram as primeiras algas multicelulares no registro fóssil?
    (a) Há 3,4 bilhões de anos
    (b) Há 900 milhões de anos
    (c) Há 640 milhões de anos
    (d) Há 530 milhões de anos, durante a Revolução Cambriana

34 Parte 1 Células, Microrganismos e Biomoléculas

23. Qual extinção em massa resultou na extinção dos dinossauros?
 (a) Revolução Cambriana
 (b) Evento no Cretáceo-Terciário
 (c) Extinção Permiana
 (d) Evento no Triássico-Jurássico

24. Quando o *Homo sapiens* surgiu pela primeira vez na África?
 (a) Há 4,4 milhões de anos
 (b) Há 2,5 milhões de anos
 (c) Há 195 mil anos
 (d) Às 18 h do dia 22 de outubro de 4004 a.C.

Questões discursivas

1. Descreva as principais diferenças na estrutura celular vistas quando células procarióticas e eucarióticas são examinadas à microscopia eletrônica.

2. Quais as similaridades e as diferenças entre bactérias e Archaea?

3. Explique o que significa "envelope celular" em relação a uma estrutura de célula procariótica e descreva os componentes do envelope celular.

4. Faça a distinção entre os papéis funcionais de flagelos bacterianos, *pili* e fímbrias.

5. Descreva a estrutura do núcleo de uma célula eucariótica. Que similaridades, se há alguma, existem entre as estruturas de um núcleo eucariótico e um nucleoide procariótico?

6. Compare as estruturas de mitocôndrias e cloroplastos, indicando os componentes dos dois tipos de organelas que têm funções similares. De acordo com a teoria da endossimbiose, qual a origem dessas organelas?

7. Delineie o papel do aparelho de Golgi.

8. Faça a distinção entre os tipos diferentes de estrutura do capsídeo exibidos por vírus.

9. Quais as teorias atuais a respeito dos processos pelos quais as primeiras biomoléculas poliméricas evoluíram nos primórdios da Terra?

10. Como a evolução no planeta foi afetada por extinções em massa?

Questões de autoaprendizagem

1. Houve um tempo em que as Archaea eram vistas como um tipo primitivo de procariota que sobreviveu principalmente em ambientes extremos como fontes quentes e lagos ricos em sal. Até que ponto essa hipótese foi confirmada pelo nosso conhecimento atual das bactérias e Archaea?

2. Alegava-se que o componente motor giratório do flagelo bacteriano é tão complexo, tão especializado e tão inusitado em relação a outras estruturas nas células vivas que não poderia ter surgido por evolução, o que evidenciaria um *design* inteligente. Discuta tal proposição.

3. A presença de moléculas de DNA nas mitocôndrias e cloroplastos levou à sugestão de que estas organelas são os resquícios de bactérias de livre existência que formaram uma associação simbiótica ao precursor da célula eucariótica. Mas tais moléculas de DNA contêm, no máximo, algumas centenas de genes, em comparação com os milhares de genes de uma bactéria típica. Essa discrepância no número de genes sugere que a teoria da endossimbiose está incorreta?

4. Os vírus podem ser considerados uma forma de vida?

5. No início do século XIX, biólogos perceberam que estruturas aparentemente tão dessemelhantes como um braço humano, a nadadeira de uma baleia e a asa de uma ave são todas construídas a partir do mesmo conjunto de ossos. Esse princípio de homologia pode ser estendido para as biomoléculas?

CAPÍTULO 3
Proteínas

OBJETIVOS DO ESTUDO

Após a leitura deste capítulo, você será capaz de:

- Entender que as proteínas são compostas de aminoácidos e conhecer a estrutura geral de um aminoácido
- Reconhecer que a variabilidade das cadeias laterais de aminoácidos possibilita a construção de proteínas com diferentes propriedades bioquímicas
- Discutir as características estruturais e químicas essenciais dos aminoácidos: pares enantioméricos, propriedades de ionização e polaridade
- Reconhecer a variedade de modificações que podem ocorrer na estrutura dos aminoácidos após a síntese de proteínas
- Distinguir as diferenças entre os termos "primária", "secundária", "terciária" e "quaternária" quando se referem à estrutura das proteínas
- Descrever a estrutura do grupo peptídico e reconhecer a importância dos ângulos de ligação de *psi* e *phi* na determinação da conformação de um polipeptídio
- Descrever as estruturas secundárias de α-hélice e folha-β
- Compreender as características estruturais das proteínas fibrosas e globulares e fornecer exemplos de ambos os tipos
- Reconhecer que a estrutura quaternária envolve a associação de dois ou mais polipeptídios e descrever as características fundamentais de exemplos de proteínas com estrutura quaternária
- Saber como as proteínas se dobram e reconhecer que as estruturas assumidas são determinadas pela sequência de aminoácidos
- Explicar a ligação entre a variabilidade química das proteínas e a variedade de diferentes papéis desempenhados pelas proteínas nos organismos vivos.

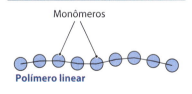

Figura 3.1 Polímeros linear e ramificado.

No capítulo anterior, examinamos a diversidade dos organismos vivos e as características importantes das células procarióticas e eucarióticas. Neste capítulo, iremos examinar mais detalhadamente as biomoléculas existentes no interior dessas células.

Existem quatro tipos de biomoléculas: as proteínas, os ácidos nucleicos, os lipídios e os polissacarídios. Cada uma dessas biomoléculas possui uma estrutura polimérica, construída pela ligação das unidades monoméricas entre si, formando cadeias lineares ou ramificadas (Figura 3.1). As características químicas das unidades monoméricas são bastante diferentes, conferindo a cada tipo de biomolécula suas próprias propriedades distintas. Como veremos adiante, essas propriedades estão subjacentes às funções específicas que as biomoléculas desempenham nas células vivas. Começaremos com as proteínas.

3.1 As proteínas são constituídas de aminoácidos

Nas proteínas, as unidades monoméricas consistem em aminoácidos. Esses aminoácidos estão ligados entre si para formar cadeias não ramificadas, denominadas **polipeptídios**. Os polipeptídios têm, em sua maioria, um comprimento de algumas centenas de aminoácidos, embora os mais curtos tenham menos de 50 aminoácidos (mais corretamente denominados **peptídios**), enquanto o maior deles conhecido, uma proteína muscular humana denominada titina, possua 33.445 aminoácidos (Tabela 3.1).

Tabela 3.1 Exemplos de proteínas humanas.

Proteína	Número de aminoácidos	Função
Sarcolipina	31	Transporte de íons cálcio para as células musculares
Somatotropina	51	Hormônio do crescimento
Ribonuclease A	124	Degradação das moléculas de RNA
Anidrase carbônica	130	Remoção de dióxido de carbono dos tecidos
β-globulina	146	Componente da hemoglobina, que transporta o oxigênio na corrente sanguínea
Mioglobina	154	Utilização do oxigênio pelo tecido muscular
Ativador do plasminogênio tecidual	527	Parte do sistema de coagulação do sangue
Hsp70	641	Chaperona molecular; ajuda outras proteínas a adotar suas estruturas corretas
Queratina tipo II	644	Componente dos pelos e do citoesqueleto
Colágeno tipo I	1.464	Componente dos tendões, ligamentos e ossos
Distrofina	3.685	Parte do esqueleto interno das células musculares
Titina	33.445	Componente estrutural do músculo

3.1.1 Vinte aminoácidos diferentes são usados para a síntese de proteínas

Os polipeptídios contêm misturas de 20 aminoácidos diferentes (Tabela 3.2). Os bioquímicos sempre utilizam os nomes comuns desses aminoácidos, cuja maioria foi dada quando os aminoácidos individuais foram inicialmente descobertos. A asparagina, por exemplo, deve seu nome ao asparago, visto que foi extraída pela primeira vez das folhas do asparago, em 1806. Seu nome químico completo é ácido 2-amino-3-carbamoilpropanoico. Cada aminoácido também possui uma abreviatura de três letras e outra de uma letra. As abreviaturas de três letras são fáceis de lembrar, visto que a maioria consiste simplesmente nas primeiras três letras do nome. As exceções são "trp" para o triptofano (em lugar de "try" visto que essa abreviatura poderia ser confundida com "tyr" para a tirosina) e "asn" e "gln" para a asparagina e a glutamina (as abreviaturas "asp" e "glu" são empregadas para o ácido aspártico e o ácido glutâmico).*

Pode ser mais difícil aprender as abreviaturas de uma letra. Onze delas correspondem à primeira letra do nome (p. ex., A para alanina), porém nove são exceções, uma vez que não há letras iniciais suficientes para todos. No caso de dois aminoácidos, a segunda letra do nome é utilizada (R para arginina e Y para tirosina), porém a lógica para os outros é mais estranha. Essas abreviaturas foram elaboradas pela Dra. Margaret Oakley Dayhoff, no início da década de 1960, e tem um propósito muito importante. Uma característica essencial de uma proteína é a ordem ou a sequência dos aminoácidos em sua cadeia polipeptídica. Assim, um polipeptídio com comprimento de 300 aminoácidos pode ter a sequência metionina-glicina-alanina-leucina-glicina- seguida de outros 295 aminoácidos. Se desejarmos entrar com essa sequência em um computador (p. ex., para compará-la com a sequência de uma proteína relacionada), a digitação dos nomes completos dos aminoácidos ou até mesmo das abreviaturas de três letras (met-gly-ala-leu-gly-) levaria

Tabela 3.2 Aminoácidos.

Aminoácidos	Abreviatura	
	Três letras	Uma letra
Ácido aspártico	Asp	D
Ácido glutâmico	Glu	E
Alanina	Ala	A
Arginina	Arg	R
Asparagina	Asn	N
Cisteína	Cys	C
Fenilalanina	Phe	F
Glicina	Gly	G
Glutamina	Gln	Q
Histidina	His	H
Isoleucina	Ile	I
Leucina	Leu	L
Lisina	Lis	K
Metionina	Met	M
Prolina	Pro	P
Serina	Ser	S
Tirosina	Tyr	Y
Treonina	Thr	T
Triptofano	Trp	W
Valina	Val	V

---

*N.R.T.: As abreviaturas seguem as regras definidas pela IUPAC (International Union of Pure and Applied Chemistry – União Internacional de Química Pura e Aplicada).

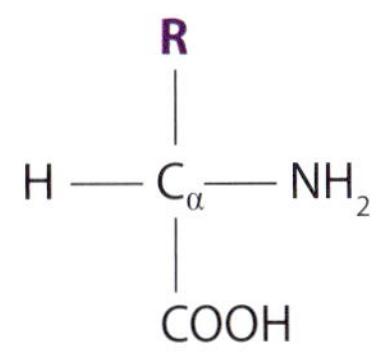

Figura 3.2 Estrutura geral de um aminoácido. O C central é denominado carbono α.

muito tempo. Por esse motivo, abreviamos a sequência para MGALG..., que pode ser digitada mais rapidamente. Isso foi exatamente o propósito de Dayhoff quando planejou as abreviaturas de uma letra. Ela foi uma das primeiras **bioinformacionista** e a primeira pessoa a usar computadores para estudar as sequências das proteínas.

Cada aminoácido possui a mesma estrutura geral (Figura 3.2). Essa estrutura compreende um átomo de carbono central, denominado carbono α, ao qual são ligados quatro grupos químicos. São eles: um átomo de hidrogênio (–H), um grupo carboxila (–COOH), um grupo amino (–NH₂) e o **grupo R** ou cadeia lateral, que é diferente para cada aminoácido. Os grupos R variam acentuadamente na sua complexidade. Para a glicina, o grupo R consiste simplesmente em um átomo de hidrogênio, ao passo que, na fenilalanina, no triptofano e na tirosina, são grandes estruturas orgânicas (Figura 3.3). Observe que a prolina possui uma cadeia lateral incomum, que inclui o nitrogênio do grupo amino ligado ao carbono α. Em virtude dessa estrutura incomum, a prolina pode introduzir uma dobra em uma cadeia polipeptídica.

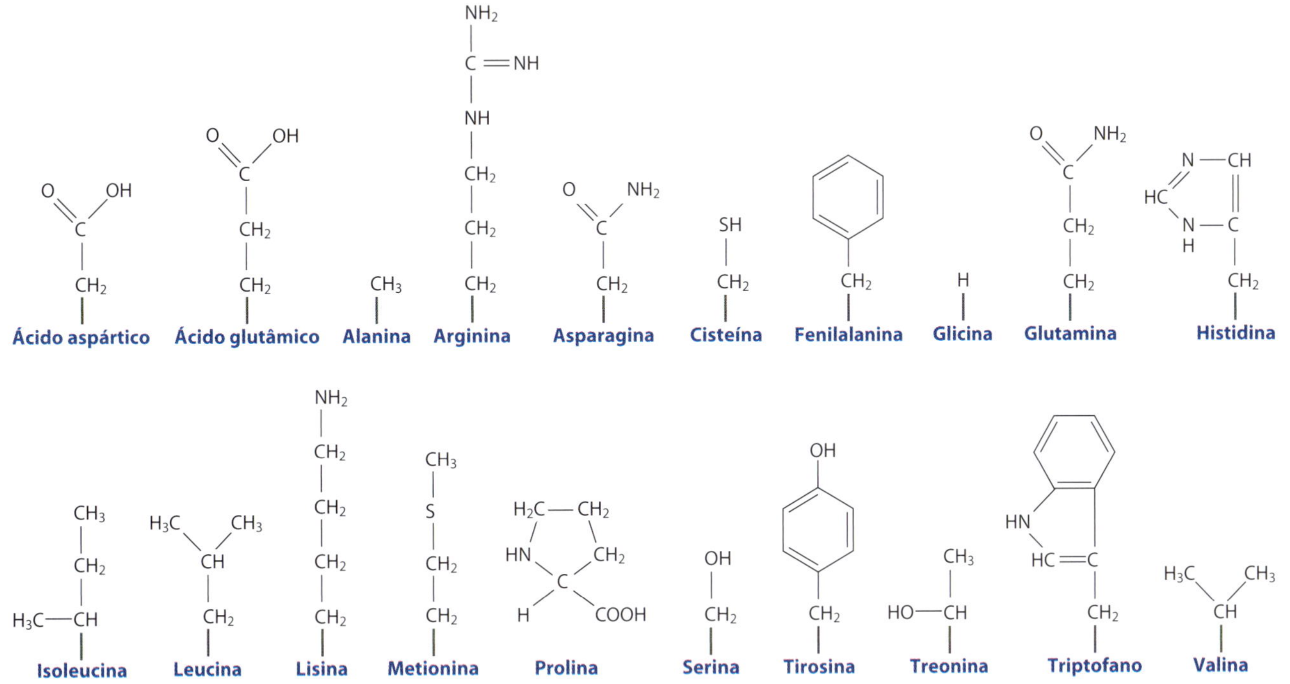

Figura 3.3 Estruturas dos grupos R dos aminoácidos. Observe que toda a estrutura da prolina é mostrada, e não apenas seu grupo R. Isso possibilita visualizar a estrutura incomum desse aminoácido, cujo grupo R forma uma ligação não apenas com o carbono α, mas também com o grupo amino ligado a esse carbono.

3.1.2 Características bioquímicas dos aminoácidos

As diferenças entre as cadeias laterais significam que, embora todos os aminoácidos tenham a mesma estrutura geral, cada um deles possui suas próprias propriedades químicas específicas. Esse fato é de importância fundamental em bioquímica, visto que significa que, por meio da combinação de aminoácidos em diferentes sequências, é possível construir proteínas com características químicas extremamente diferentes. Posteriormente neste capítulo, iremos examinar como essas diferentes características químicas permitem que as proteínas possam desempenhar uma ampla variedade de funções nas células vivas. Em primeiro lugar, precisamos entender mais detalhadamente as propriedades dos aminoácidos.

Existem formas L e D de cada aminoácido

A primeira característica dos aminoácidos que precisamos conhecer é sua estrutura exata. Embora seja mostrado como um desenho plano na Figura 3.2, cada aminoácido possui, na realidade, uma configuração tridimensional. Para entender essa configuração, é necessário considerar a maneira pela qual as ligações químicas estão orientadas ao redor de um átomo de carbono. O carbono possui uma **valência** igual a quatro, de modo que o carbono pode fazer quatro ligações simples. Essas ligações possuem um arranjo tetraédrico. Isso significa que existem duas versões de um aminoácido, que diferem no posicionamento dos quatro grupos ao redor do carbono (Figura 3.4A). Essas duas versões são imagens especulares e, portanto, genuinamente diferentes, e não é possível passar de uma configuração para outra simplesmente pela rotação da molécula.

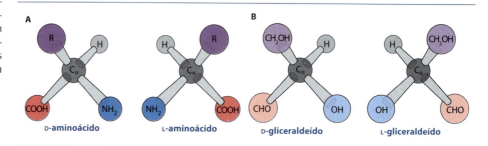

Figura 3.4 Isômeros D e L. São mostrados os enantiômeros D e L (**A**) de um aminoácido e (**B**) do gliceraldeído. Observe que cada par de enantiômeros são imagens especulares e não podem ser sobrepostos.

Duas moléculas que possuem uma composição química idêntica, porém estruturas diferentes, são denominadas **isômeros**. Se os isômeros forem imagens especulares, como no caso das formas alternativas de um aminoácido, as moléculas são designadas **isômeros ópticos** ou **enantiômeros**.

Os dois enantiômeros de um aminoácido são denominados formas L e D. A razão dessa designação é a seguinte. O primeiro enantiômero a ser estudado foi o gliceraldeído, que é constituído de um átomo de carbono central ligado a um hidrogênio, um grupo hidroxila (–OH), um grupo formila (–CHO) e um grupo hidroximetila (–CH₂OH) (Figura 3.4B). À semelhança de todos os pares de enantiômeros, as duas versões do gliceraldeído possuem uma composição química idêntica, e são necessárias técnicas especiais para distinguir essas duas formas. Um método consiste em fazer incidir um feixe de luz polarizada através de uma solução do composto (Figura 3.5). Um dos enantiômeros do gliceraldeído produz uma rotação do plano da luz para a esquerda, enquanto o outro produz uma rotação para a direita. O primeiro foi denominado levo- ou L-gliceraldeído (*laevus* em latim significa "esquerda"), enquanto o segundo é denominado destro ou D-gliceraldeído (*dexter* em latim significa "direita"). Um átomo de carbono ligado a quatro grupos diferentes, como no gliceraldeído, é denominado **quiral**, palavra provinda do grego e que significa "mão".

Devido aos efeitos complicadores de suas cadeias laterais, a medição direta do efeito de uma solução de aminoácidos sobre a rotação da luz polarizada não constitui um método seguro de distinguir entre as formas D e L de um aminoácido. Na verdade, a distinção é feita pela comparação da orientação dos grupos ao redor do carbono α do aminoácido, com sua orientação ao redor do carbono quiral do gliceraldeído, conforme ilustrado na Figura 3.4.

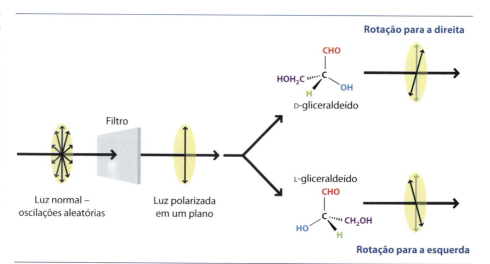

Figura 3.5 Distinção entre as formas D e L do gliceraldeído. Na luz normal, as ondas oscilam aleatoriamente em todas as direções. A passagem da luz através de um tipo especial de filtro deixa apenas as oscilações em apenas um plano. Quando essa luz polarizada em um plano atravessa uma solução de um enantiômero, ocorre rotação do plano para a direita, como mostra a parte superior do diagrama, ou para a esquerda, como mostra a parte inferior. O D-gliceraldeído causa uma rotação para a direita, enquanto o L-gliceraldeído produz rotação para a esquerda.

Boxe 3.1 Existem duas versões de cada aminoácido?

Uma molécula quiral é, por definição, uma molécula ligada a quatro grupos diferentes, que apresenta, portanto, uma imagem especular não superponível. Nesse caso, o carbono é designado carbono quiral. Entretanto, nem todos os aminoácidos possuem átomos de carbono quiral, visto que existe um deles cujo carbono α central não está ligado a quatro grupos diferentes. Trata-se do mais simples dos aminoácidos, a glicina, cujo grupo R é um átomo de hidrogênio. Na glicina, os quatro grupos ligados ao carbono α consistem em um grupo carboxila (–COOH), um grupo amino (–NH$_2$), um átomo de hidrogênio (–H) e um segundo átomo de hidrogênio (–H). Por conseguinte, a glicina não é quiral e não existe na forma de um par de isômeros ópticos. A glicina é apenas glicina, e não há nem D-glicina nem L-glicina.

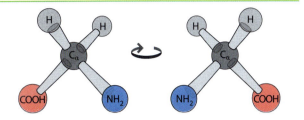

Glicina mostrada em duas orientações equivalentes aos D e L-aminoácidos mostrados na Figura 3.4A. Essas duas moléculas de glicina não são isômeros ópticos, visto que uma delas pode ser convertida na outra por rotação em torno do eixo vertical.

Embora sejam encontrados tanto L-aminoácidos quanto D-aminoácidos nas células vivas, apenas as formas L são utilizadas na síntese de proteínas. Existem apenas algumas exceções especiais a essa regra, como alguns peptídios pequenos encontrados nas paredes celulares das bactérias, que contêm um ou mais D-aminoácidos.

Todos os aminoácidos possuem grupos ionizáveis

A segunda característica a ser considerada nos aminoácidos é a presença em todos eles de, pelo menos, dois grupos ionizáveis. Em química, a **ionização** refere-se à conversão de um átomo ou molécula sem carga em uma forma com carga elétrica, denominada **íon**. A ionização pode ocorrer pela adição ou pela remoção de um próton (na forma de H$^+$) ou de um elétron. Por exemplo, um próton (na forma de H$^+$) tem uma carga positiva, de modo que a adição de um próton a uma molécula irá resultar em uma versão iônica dessa molécula com uma carga positiva de +1. A retirada de um próton irá resultar em um íon com uma carga negativa de –1.

A estrutura do aminoácido mostrada na Figura 3.1 possui dois grupos ionizáveis. O grupo carboxila (–COOH) pode perder um próton, transformando-se, assim, em um íon negativo (–COO$^-$), enquanto o grupo amino (–NH$_2$) pode ganhar um próton, transformando-se em um íon positivo (–NH$_3^+$) (Figura 3.6). Uma molécula que apresenta dois grupos ionizados, porém sem carga efetiva, é denominada **zwitterion**. Em termos químicos, a presença de grupos carboxila e amino ionizáveis em um aminoácido significa que esses compostos podem atuar tanto como ácidos fracos quanto como bases fracas. Por esse motivo, são designados **anfotéricos**.

Figura 3.6 Ionização de um aminoácido.

A ionização ou não dos grupos carboxila e amino de um aminoácido depende do pH. A Figura 3.7 ilustra esse aspecto para a glicina. Verificamos que, entre um pH de cerca de 4 e 8, todas as moléculas de glicina são zwitterions, com ambos os grupos carboxila e amino ionizados. O ponto que se encontra na metade dessa faixa é denominado **ponto isoelétrico** ou **pI**, e, nesse pH, as moléculas não apresentam nenhuma carga elétrica. Abaixo de pH 4, algumas das moléculas readquirem um próton, convertendo seus grupos –COO$^-$ em –COOH. Por conseguinte, essas moléculas possuem uma carga positiva. O pH no qual existe um número igual de moléculas com grupos carboxila ionizados e não ionizados (neste ponto, os grupos carboxila são designados 50% ou meio-dissociados) é denominado **pK$_a$** do grupo carboxila. Quando há valores mais baixos de pH, as moléculas com a versão não ionizada do grupo carboxila começam a predominar. Estamos passando agora para a outra extremidade da escala de pH. Acima de pH 8, alguns dos grupos amino perderam seus prótons extra, produzindo moléculas com carga negativa. No pK$_a$ para o grupo amino, o número de moléculas com e sem grupos amino ionizados é igual, e, com valores de pH acima do pK$_a$, predomina a versão não ionizada desse grupo.

Os tecidos humanos e vegetais apresentam, em sua maioria, pH 7,4. Qual a forma ionizada de um aminoácido presente nesse "pH fisiológico"? Para o aminoácido "típico" glicina mostrado na Figura 3.7, o pH 7,4 encontra-se dentro da faixa na qual

Boxe 3.2 A ionização da água e a escala de pH.

PRINCÍPIOS DE QUÍMICA

A água é uma das moléculas com capacidade de sofrer ionização. A reação química pode ser descrita da seguinte maneira:

$$H_2O \rightarrow H^+ + OH^-$$

Na realidade, o íon H$^+$, que é um próton, combina-se imediatamente com uma segunda molécula de água, formando um **íon hidrônio** H$_3$O$^+$:

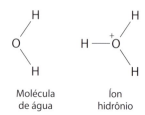

Molécula de água / Íon hidrônio

Na água pura, a 25°C, cerca de duas em cada 10^9 moléculas estão ionizadas. Isso corresponde a uma concentração de íons hidrônio de 10^{-7} M.

Os **ácidos** são compostos que liberam íons H$^+$ adicionais em uma solução de água. Um exemplo é o ácido clorídrico, que sofre ionização, formando um próton e um íon cloreto:

$$HCl \rightarrow H^+ + Cl^-$$

Por conseguinte, os ácidos aumentam a concentração de íons hidrônio de uma solução.

As **bases** têm o efeito oposto, visto que diminuem a concentração de íons hidrônio de uma solução. Algumas bases o fazem diretamente pela ligação com íons hidrônio. A amônia é um exemplo, em que a combinação entre a amônia (NH$_3$) e um íon hidrônio produz um íon amônio (NH$_4^+$):

$$NH_3 + H_3O^+ \rightarrow NH_4^+ + H_2O$$

Outras bases possuem um efeito indireto sobre a concentração de íons hidrônio. Por exemplo, o hidróxido de sódio libera íons hidroxila quando sofre ionização:

$$NaOH \rightarrow Na^+ + OH^-$$

Esses íons hidroxila extras combinam-se com íons hidrônio para produzir moléculas de água não ionizadas:

$$H_3O^+ + OH^- \rightarrow 2H_2O$$

O **pH** de uma solução é uma medida inversa de sua concentração de íons hidrônio:

$$pH = -\log_{10}[H_3O^+]$$

Em que [H$_3$O$^+$] refere-se à "concentração de íons hidrônio". Por conseguinte, a água pura, com sua concentração de íons hidrônio de 10^{-7} M, apresenta pH 7. Uma solução ácida, com concentração de íons hidrônio mais alta do que a água pura, tem um pH inferior a 7. Uma solução básica, com menor concentração de íons hidrônio, tem um pH acima de 7.

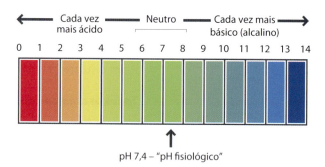

pH 7,4 – "pH fisiológico"

O "pH fisiológico", que é o pH da maioria dos tecidos no corpo humano, é 7,4. A ocorrência de um ligeiro desvio desse pH fisiológico pode ter efeitos drasticamente prejudiciais – se o pH do sangue humano sofrer uma alteração fora da faixa de 6,9 a 7,9, o resultado é o coma ou a morte. Existem muitas razões pelas quais o pH dos tecidos vivos é de importância tão crítica, como veremos à medida que formos avançando no estudo deste livro. Talvez o aspecto mais importante seja que a ocorrência de alterações no pH afeta a estabilidade de alguns tipos de ligação química, incluindo muitas das ligações responsáveis pelas estruturas tridimensionais das biomoléculas, incluindo as proteínas. Por conseguinte, as alterações do pH podem resultar em desorganização das estruturas proteicas, impedindo que essas proteínas possam desempenhar suas funções na célula.

---

predomina o zwitterion. Isso se aplica a todos os 20 aminoácidos, conforme indicado pelos valores de pK_a para seus grupos carboxila e amino (Tabela 3.3). Nem todos esses valores são iguais, visto que são afetados pela estrutura da cadeia lateral; todavia, encontram-se todos dentro da faixa de 1,8 a 2,6 para o grupo carboxila e 8,9 a 10,6 para o grupo amino. Isso indica que, para todos esses aminoácidos, os padrões de ionização para os grupos carboxila e amino assemelham-se aos ilustrados na Figura 3.7. Entretanto, a Tabela 3.3 aponta para uma complicação. Sete aminoácidos possuem cadeias laterais também ionizáveis, que podem ter uma carga positiva ou negativa em pH de 7,4 (Figura 3.8). Dois desses aminoácidos, o ácido aspártico e o ácido glutâmico, possuem propriedades acidulantes por causa dos grupos carboxila em suas cadeias laterais que conseguem ionizar-se para doar prótons. Esses grupos carboxila têm baixos valores de pKa (3,86 e 4,07, respectivamente), portanto, em solução aquosa a 7,4 (pH fisiológico) estão plenamente ionizados. Todavia, o interior hidrofóbico de uma proteína, ou a proximidade de carga elétrica negativa em uma proteína, modifica os valores de pKa para 6 ou mais, possibilitando sua ação como doadores de prótons.

Figura 3.7 Ionização dos aminoácidos em diferentes valores de pH. O gráfico mostra as quantidades relativas das três versões ionizadas da glicina em valores de pH de 0 a 14.

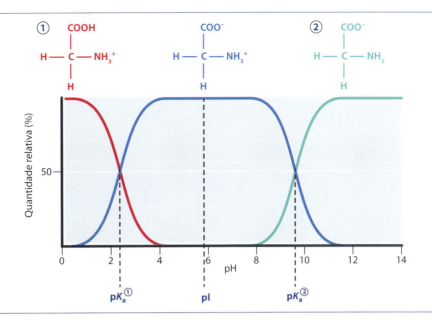

Por outro lado, a arginina e a lisina têm propriedades básicas porque suas cadeias laterais aceitam prótons. Em soluções aquosas com pH = 7,4, as duas cadeias laterais já aceitaram prótons. Todavia, o interior hidrofóbico de uma proteína ou a proximidade de uma carga elétrica positiva em uma proteína, desvia seus valores de pKa para menos de 6, possibilitando sua ação como aceptores de prótons. As cadeias laterais da cisteína e da tirosina também possuem grupos ionizáveis, porém esses grupos estão, em grande parte, não ionizados em pH 7,4. Por conseguinte, esses dois aminoácidos não possuem cargas em condições fisiológicas. A histidina é a última da lista de aminoácidos com cadeias laterais ionizáveis, e este aminoácido é interessante. Em pH 7,4, existem quantidades significativas das versões tanto ionizada quanto não ionizada da cadeia lateral. Por conseguinte, uma histidina em uma molécula de proteína pode atuar tanto como doador quanto como aceptor de prótons, propriedade a qual é explorada em várias reações bioquímicas importantes.

Tabela 3.3 Valores de pK_a dos aminoácidos.

Aminoácido	pK_a Grupo carboxila	Grupo amino	Cadeia lateral
Ácido aspártico	2,10	9,82	3,86
Ácido glutâmico	2,10	9,47	4,07
Alanina	2,34	9,69	
Arginina	2,01	9,04	12,48
Asparagina	2,02	8,80	
Cisteína	2,05	10,25	8,00
Fenilalanina	2,58	9,24	
Glicina	2,35	9,78	
Glutamina	2,17	9,13	
Histidina	1,82	9,17	6,00
Isoleucina	2,32	9,76	
Leucina	2,33	9,74	
Lisina	2,18	8,95	10,53
Metionina	2,28	9,21	
Prolina	2,00	10,60	
Serina	2,21	9,15	
Tirosina	2,20	9,11	10,07
Treonina	2,09	9,10	
Triptofano	2,38	9,39	
Valina	2,29	9,72	

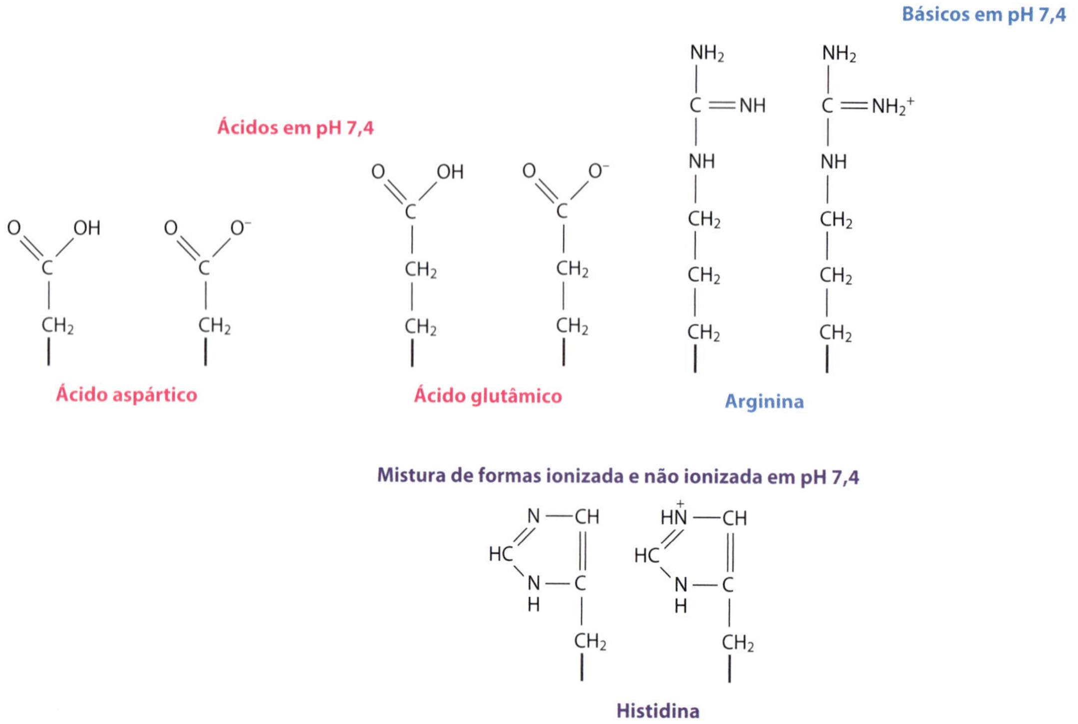

Ácidos em pH 7,4

Ácido aspártico

Ácido glutâmico

Básicos em pH 7,4

Arginina

Lisina

Mistura de formas ionizada e não ionizada em pH 7,4

Histidina

Figura 3.8 Aminoácidos cujas cadeias laterais são ionizadas em pH 7,4.

Alguns aminoácidos possuem cadeias laterais polares

Aprendemos que alguns aminoácidos possuem propriedades químicas distintas, uma vez que suas cadeias laterais contêm grupos ionizáveis. Uma segunda característica distinta de alguns grupos R é sua **polaridade**.

A polaridade surge quando os elétrons não estão uniformemente distribuídos ao longo de um grupo R. A serina e a treonina são exemplos de aminoácidos polares; ambas possuem cadeias laterais contendo um grupo hidroxila (–OH). O grupo hidroxila é polar, visto que o átomo de oxigênio tende a atrair elétrons do hidrogênio. Por conseguinte, o oxigênio torna-se ligeiramente negativo, enquanto o hidrogênio torna-se ligeiramente positivo, estabelecendo a polaridade (Figura 3.9A). É importante reconhecer que a polaridade *não* é o mesmo que a ionização. O grupo hidroxila não perdeu elétrons; essa perda seria necessária para se tornar ionizado. O número de elétrons permanece o mesmo. A diferença reside na sua distribuição.

Uma molécula de água é constituída de dois átomos de hidrogênio ligados a um de oxigênio. Mais uma vez, o oxigênio atrai elétrons dos átomos de hidrogênio e torna-se eletronegativo, de modo que a própria água é uma molécula polar (Figura 3.9B). As moléculas polares gostam de se associar entre si. Isso significa que os aminoácidos com

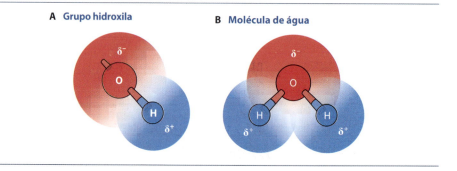

Figura 3.9 Polaridade (A) de um grupo hidroxila e (B) de uma molécula de água. O átomo de oxigênio tende a atrair elétrons do hidrogênio. Por conseguinte, o oxigênio torna-se ligeiramente eletronegativo (indicado por δ⁻), enquanto o hidrogênio fica levemente eletropostivo (δ⁺).

Capítulo 3 Proteínas **43**

cadeias laterais polares são **hidrofílicos**, ou seja, "amam a água" e, portanto, são prontamente solúveis. Além da serina e da treonina, os aminoácidos polares incluem a cisteína, que possui um grupo tiol polar (–SH), e a asparagina e a glutamina, cujas cadeias laterais contêm amidas (–$CONH_2$).

Os aminoácidos apolares são aqueles cujas cadeias laterais possuem elétrons uniformemente distribuídos. Esses aminoácidos incluem alanina, glicina, isoleucina, leucina, metionina, fenilalanina, prolina, triptofano, tirosina e valina. Os compostos apolares são **hidrofóbicos**, ou seja, "têm medo da água". Esses aminoácidos não tendem a se localizar na superfície de uma proteína, onde estariam expostos à água. Na verdade, eles se agrupam dentro da proteína, distantes da água, quando o polipeptídio se dobra em sua estrutura tridimensional.

3.1.3 Alguns aminoácidos são modificados após a síntese de proteínas

> Estudaremos o modo pelo qual o código genético especifica a sequência de aminoácidos de uma proteína na *Seção 16.1*.

Os 20 aminoácidos que estudamos até agora são aqueles especificados pelo **código genético**. O código genético é usado pela célula para traduzir a informação contida em seus genes nas sequências de aminoácidos das proteínas que ela sintetiza. Por conseguinte, esses 20 aminoácidos são os que podem ser usados durante a síntese de proteínas. Na realidade, o código genético especifica 22 aminoácidos, porém os outros dois são utilizados em situações muito raras, de modo que eles habitualmente não são incluídos no conjunto "padrão". Esses dois aminoácidos incomuns são a selenocisteína e a pirrolisina (Figura 3.10). As proteínas que contêm selenocisteína são encontradas na maioria das espécies, incluindo os seres humanos, porém a pirrolisina parece ser usada apenas pelos Archaea.

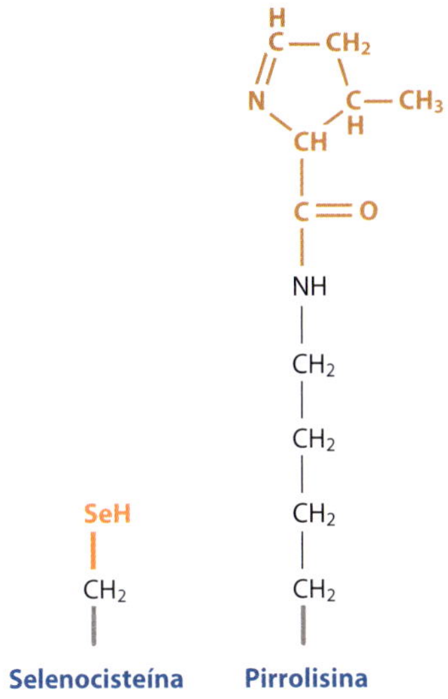

Figura 3.10 Estruturas dos grupos R da selenocisteína e pirrolisina. As partes mostradas na cor marrom indicam as diferenças entre esses aminoácidos e a cisteína e a lisina, respectivamente.

> Essas modificações são descritas na *Seção 16.3.2*.

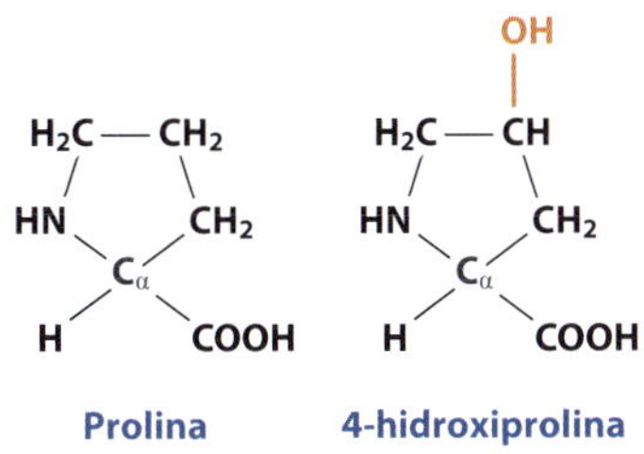

Figura 3.11 Prolina e 4-hidroxiprolina.

Após a síntese de uma proteína, alguns de seus aminoácidos podem ser modificados pela adição de novos grupos químicos. Os tipos mais simples de modificação pós-síntese envolvem a adição de um pequeno grupo químico, como hidroxila (–OH), metila (–CH_3) ou fosfato (–PO_4^{3-}), habitualmente à cadeia lateral do aminoácido. Essas modificações aumentam o número de tipos de aminoácidos conhecidos nas proteínas para mais de 150. Um aminoácido que foi modificado dessa maneira irá apresentar propriedades químicas ligeiramente alteradas, podendo resultar em uma mudança sutil na função da proteína. Muitas modificações desse tipo são transitórias, e o grupo químico adicional é igualmente removido com facilidade, de modo que a proteína volta a desempenhar sua função original. Por conseguinte, a modificação dos aminoácidos constitui uma maneira de regular a atividade de uma proteína. Todavia, em algumas proteínas, os aminoácidos modificados constituem uma característica permanente e são necessários para que a proteína possa adotar sua estrutura tridimensional correta. Um exemplo é a forma modificada da prolina, denominada 4-hidroxiprolina (Figura 3.11), que está presente no colágeno, uma proteína encontrada nos ossos e tendões dos animais. Examinaremos o papel da 4-hidroxiprolina na estrutura do colágeno posteriormente neste capítulo.

Boxe 3.3 Tipos de ligação química.

PRINCÍPIOS DE QUÍMICA

As ligações químicas são componentes inerentes e essenciais de todas as estruturas moleculares importantes em bioquímica:

- As ligações químicas mantêm os átomos unidos em uma molécula, como um aminoácido ou uma proteína
- As ligações químicas permitem as formações de interações entre diferentes partes de uma molécula polimérica. Em consequência, o polímero pode adotar uma conformação em hélice ou outro tipo de conformação. Interações semelhantes podem levar ao dobramento do polímero em uma estrutura tridimensional mais complexa
- As ligações químicas permitem a ligação de duas ou mais moléculas entre si, o que resulta, por exemplo, em uma proteína de múltiplas subunidades.

Iremos encontrar uma variedade de diferentes tipos de ligações químicas à medida que formos estudando as estruturas das proteínas e de outras biomoléculas. A seguir, são descritas as mais importantes dessas ligações.

Ligações covalentes

Todas as ligações contidas em um aminoácido são covalentes, assim como as ligações na ligação peptídica. As ligações covalentes também constituem o tipo predominante de ligação nos ácidos nucleicos, nos lipídios e nos polissacarídios. As ligações covalentes são tão comuns em bioquímica que, se for usado o termo "ligação" sem qualquer outro adjetivo, podemos deduzir que a ligação é uma ligação covalente.

As ligações covalentes formam-se quando dois átomos compartilham elétrons. Se dois átomos se aproximarem o suficiente um do outro, dois ou mais pares de elétrons podem ser então compartilhados entre os dois átomos. Em termos químicos, os elétrons compartilhados ocupam **orbitais** de ambos os átomos (orbitais moleculares). Os dois átomos são mantidos fortemente unidos, formando a ligação.

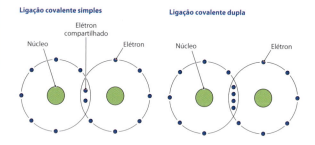

Se um par de elétrons for compartilhado, forma-se uma **ligação simples**. Ambos os átomos podem sofrer rotação ao redor de uma ligação simples, mudando a orientação de quaisquer outras ligações formadas por esses átomos. Por outro lado, uma **ligação dupla** envolve dois pares de elétrons compartilhados e não possibilita a ocorrência de rotação.

A força de uma ligação covalente depende de sua **energia de ligação**, que é uma medida da quantidade de energia necessária para rompê-la. A força depende das identidades dos átomos que estão ligados entre si, sendo as ligações duplas mais fortes do que as simples. Uma ligação simples entre dois carbonos (C–C) tem uma energia de ligação de 348 kJ mol^{-1}, enquanto uma ligação dupla entre carbonos (C=C) é 1,75 vez mais forte, com energia de 614 kJ mol^{-1}. Uma ligação C–H apresenta uma energia de 413 kJ mol^{-1}, enquanto a energia de uma ligação C–N é de 308 kJ mol^{-1}.

Ligações eletrostáticas

Uma ligação eletrostática é uma interação entre grupos químicos com cargas positiva e negativa. Nas proteínas, essas ligações formam-se entre um aminoácido com cadeia lateral de carga positiva (como a lisina ou a arginina) e outro aminoácido com cadeia lateral de carga negativa (ácido aspártico ou ácido glutâmico). Apresentam energias de ligação de 6 a 12 kJ mol^{-1}, ou seja, substancialmente menores que as das ligações covalentes. Além de estabilizar estruturas dentro das proteínas, as ligações eletrostáticas também são importantes na superfície da proteína, onde elas mantêm unidos os vários polipeptídios de uma proteína de múltiplas subunidades.

Pontes de hidrogênio

Uma ponte de hidrogênio é uma interação que se forma entre o átomo de hidrogênio ligeiramente eletropositivo em um grupo polar e um átomo eletronegativo, que pode pertencer à mesma molécula ou encontrar-se em uma molécula totalmente diferente. A carga no átomo eletropositivo é designada δ^+ e, no eletronegativo, δ^-.

O átomo de hidrogênio é compartilhado entre os dois grupos. O grupo ao qual está mais firmemente ligado (neste exemplo, o grupo –NH) é denominado grupo "doador", enquanto o grupo ao qual está mais fracamente ligado (o grupo –CO neste exemplo) é denominado grupo "aceptor". As pontes de hidrogênio variam quanto à sua força, dependendo dos átomos que estão envolvidos, porém a maioria é relativamente fraca. As pontes de hidrogênio em biomoléculas apresentam energias entre 8 e 29 kJ mol^{-1}. Com frequência, várias pontes de hidrogênio participam na mesma interação entre duas moléculas ou duas partes de uma molécula. Por conseguinte, a estrutura resultante pode ser estável em temperaturas fisiológicas, embora as ligações individuais sejam relativamente fracas. Exemplos dessas estruturas são a α-hélice e a folha-β das proteínas, bem como a dupla hélice de DNA.

Forças de van der Waals

As forças de van der Waals constituem atrações fracas, assim denominadas em homenagem ao físico holandês Johannes van der Waals (1837–1923), que foi o primeiro a estudá-las em gases e líquidos. Essas interações envolvem cargas elétricas temporárias, que ocorrem devido a flutuações aleatórias na distribuição dos elétrons em torno de um átomo. Em geral, os elétrons estão uniformemente distribuídos, e, nesse caso, o átomo não tem nenhuma carga elétrica. Entretanto, por acaso, a nuvem de elétrons pode se tornar irregular, com mais elétrons em um dos lados do átomo, em comparação com o outro. Isso resulta em um **dipolo**, em que um dos lados do átomo é ligeiramente eletropositivo, enquanto o outro lado é ligeiramente eletronegativo.

Boxe 3.3 Tipos de ligação química. *(continuação)*

PRINCÍPIOS DE QUÍMICA

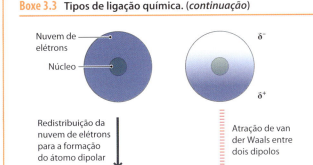

Se dois átomos dipolares estiverem próximos o suficiente um do outro, eles irão se atrair, com uma energia de ligação de cerca de 2 a 4 kJ mol^{-1}.

A atração de van der Waals só dura enquanto a flutuação nas nuvens de elétrons que deram origem aos dipolos for mantida. Entretanto, em uma biomolécula, como uma proteína, existem numerosos grupos químicos dipolares presentes a qualquer momento determinado, de modo que haverá sempre pares próximos o suficiente entre si para estabilizar a estrutura biomolecular. As identidades dos pares de dipolos modificam-se constantemente, porém sempre haverá muitos deles.

3.2 Níveis primário e secundário de estrutura das proteínas

Tradicionalmente, as proteínas são descritas como tendo quatro níveis distintos de estrutura. Esses níveis são hierárquicos, visto que a proteína é sintetizada estágio após estágio, em que cada nível de estrutura depende do nível anterior (Figura 3.12).

- A **estrutura primária** refere-se à sequência de aminoácidos no polipeptídio
- A **estrutura secundária** refere-se a uma série de conformações, como hélices, folhas e voltas (ou cotovelos), que podem ser adotadas por diferentes partes do polipeptídio
- A **estrutura terciária** refere-se à configuração tridimensional global da proteína
- A **estrutura quaternária** refere-se à associação entre diferentes polipeptídios para formar uma proteína com múltiplas subunidades.

A seguir, iremos estudar os primeiros dois níveis de estrutura das proteínas.

3.2.1 Os polipeptídios são polímeros de aminoácidos

Um polipeptídio é construído pela ligação de aminoácidos entre si por **ligações peptídicas** (Figura 3.13). Uma ligação peptídica é formada entre os grupos carboxila e amino de aminoácidos adjacentes por uma reação de **condensação** que expele uma molécula de água. Observe que isso significa que as duas extremidades do polipeptídio são quimicamente distintas. Uma delas possui um grupo amino livre e é denominada extremidade **aminoterminal**, **NH$_2$–** ou **N terminal**. A outra apresenta um grupo carboxila livre e é denominada extremidade **carboxiterminal**, **COOH–** ou **C terminal**. Por conseguinte, um polipeptídio tem uma direção química, que pode ser expressa como N→C (da esquerda para a direita para o dipeptídio mostrado na Figura 3.13) ou C→N (da direita para a esquerda na Figura 3.13). A síntese de proteínas ocorre na direção N→C. Isso significa que cada novo aminoácido é adicionado ao grupo carboxila livre do polipeptídio em crescimento. Por conseguinte, utilizamos a direção N→C quando escrevemos uma sequência de aminoácidos ou a digitamos no computador.

Um **grupo peptídico**, que é constituído por dois carbonos α e os átomos de C, O, N e H entre eles, possui uma estrutura plana. Em outras palavras, todos os seis átomos situam-se no mesmo plano (Figura 3.14A). Essa estrutura plana é rígida, visto que existe pouca oportunidade para ocorrer uma rotação em torno da própria ligação peptídica. Embora desenhada como uma ligação simples, a ligação peptídica exibe algumas características de uma ligação dupla, uma das quais é a incapacidade de rotação.

Figura 3.12 Os quatro níveis hierárquicos da estrutura das proteínas.

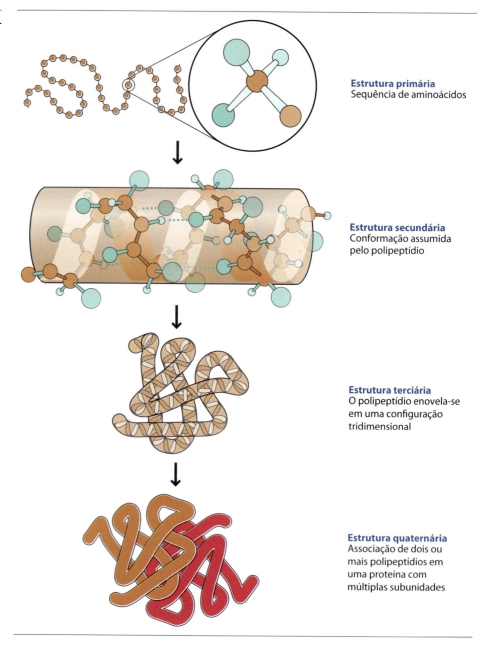

Embora a ligação peptídica não possa sofrer rotação, as ligações de cada lado podem fazê-lo. A rotação em torno dessas ligações não altera a natureza planar do grupo peptídico, porém afeta a cadeia polipeptídica como um todo. Na ausência de rotação, o polipeptídio seria uma cadeia linear rígida. Com essas rotações, o polipeptídio é capaz de se dobrar e assumir várias conformações estruturais secundárias. Por conseguinte, essas rotações são de importância crítica para a estrutura da proteína, e precisamos entendê-las detalhadamente antes de analisar as conformações que o polipeptídio pode adotar. O ângulo de rotação em torno da ligação C_α–C é

Figura 3.13 Reação química que resulta na ligação de dois aminoácidos por uma ligação peptídica.

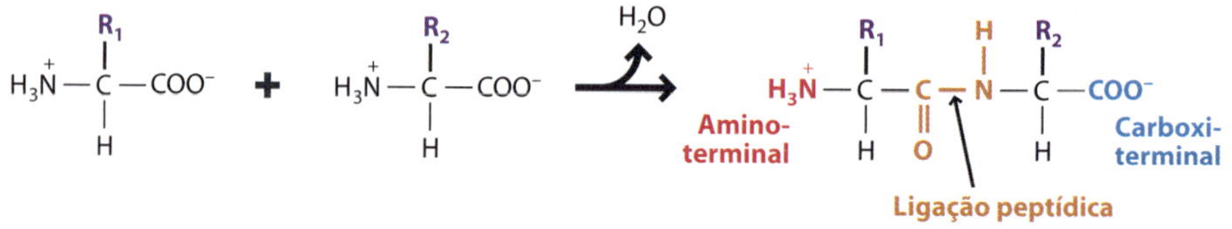

A O grupo peptídico tem uma estrutura plana   **B** Ângulos *psi* e *phi*

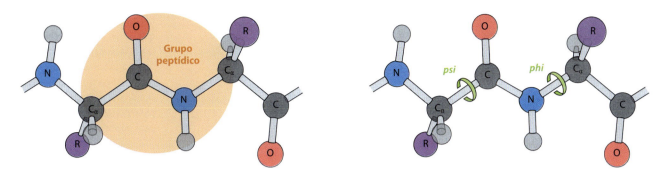

Figura 3.14 Características importantes da ligação peptídica.

denominado ângulo *psi* (ψ), e o ângulo em torno da ligação N–C$_\alpha$ é o ângulo *phi* (φ) (Figura 3.14B). Se dois grupos peptídicos adjacentes estiverem orientados no mesmo plano, os ângulos *psi* e *phi* são de 180°. Se uma das ligações sofre rotação em sentido horário (quando olhamos para o carbono α da outra extremidade da ligação), o ângulo designado como *psi* ou *phi* aumenta. Se a rotação for em sentido anti-horário, o ângulo diminui. A combinação precisa dos ângulos de *psi* e *phi* em ambos os lados de um carbono α determina a conformação do polipeptídio neste ponto ao longo de seu comprimento.

Foi constatado que 77% das possíveis combinações de *psi* e *phi* nunca ocorrem, em virtude dos **efeitos estéricos**. Esses efeitos impedem que dois átomos se aproximem demais um do outro, limitando, assim, as possíveis conformações que qualquer molécula possa assumir. As combinações de *psi* e *phi* que são permitidas são mostradas pelo **diagrama de Ramachandran** (Figura 3.15), assim denominado em homenagem a G.N. Ramachandran, que dirigiu a equipe que forneceu pela primeira vez as informações resumidas nesse diagrama, em 1963.

Figura 3.15 Diagrama de Ramachandran. As áreas em azul escuro e vermelho do diagrama indicam as possíveis combinações de *psi* e *phi* sem causar efeitos estéricos. As áreas em vermelho representam as regiões mais favoráveis, no interior das quais está localizada a maioria das combinações de ângulos de ligações encontradas em peptídios reais. Estão indicados os tipos de estrutura secundária que resultam dos ângulos de ligação nas diferentes regiões do diagrama.

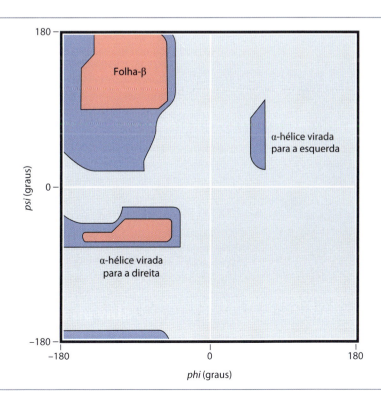

Boxe 3.4 Características incomuns da ligação peptídica.

PRINCÍPIOS DE QUÍMICA

A ligação peptídica é habitualmente desenhada como uma ligação simples, porém exibe algumas características de uma ligação dupla. Em particular, ela é incapaz de sofrer rotação, contribuindo para a planaridade do grupo peptídico. Essas propriedades decorrem de um processo designado **ressonância**, que envolve a redistribuição dos elétrons entre átomos adjacentes em uma molécula. Isso pode resultar na substituição de uma ligação simples por uma ligação dupla, e vice-versa. As duas estruturas de ressonância da ligação peptídica são mostradas no diagrama à direita:

A ressonância contínua entre duas estruturas significa que a ligação peptídica oscila entre as características da ligação simples e da ligação dupla. A ligação simples predomina, porém a ligação dupla é prevalente o suficiente para impedir a rotação.

3.2.2 Os polipeptídios podem adotar conformações regulares

Se um dos ângulos *psi* e *phi*, ou ambos, em cada lado de um carbono α forem diferentes de 180°, o polipeptídio irá mudar de direção nesse ponto. Para ilustrar esse efeito, iremos estudar os dois tipos mais comuns de estrutura secundária encontrados nas proteínas, denominados α-hélice e folha-β.

A α-hélice é um tipo comum de estrutura secundária

A α-hélice foi descoberta por Linus Pauling, Robert Corey e Herman Branson, ao final da década de 1940. Naquela época, foi uma descoberta bastante extraordinária, visto que não se baseou totalmente em evidências experimentais. A cristalografia de raios X tinha sugerido que algum tipo de estrutura helicoidal constituía uma característica comum de muitas proteínas. Pauling decidiu solucionar a estrutura dessa hélice construindo modelos, inicialmente apenas com uma cadeia polipeptídica desenhada em um pedaço de papel. A **construção de modelos** ainda é usada para interpretar dados da cristalografia de raios X, embora hoje os modelos não sejam construídos com pedaços de papel, mas com programas sofisticados de computador.

> Examinaremos como a cristalografia de raios X é usada para o estudo da estrutura das proteínas na *Seção 18.1.3*.

A característica essencial que Pauling e colaboradores utilizaram para resolver os detalhes da α-hélice foi o modo pelo qual a estrutura deve ser estabilizada por pontes de hidrogênio que se formam entre diferentes partes do polipeptídio. Em uma α-hélice, ocorre formação de pontes de hidrogênio entre o CO de um grupo peptídico e o NH do grupo peptídico distante quatro posições ao longo da cadeia polipeptídica (Figura 3.16). O grupo NH é polar. Portanto, esse hidrogênio é eletropositivo, enquanto o oxigênio do grupo CO é eletronegativo, o que oferece as condições necessárias para a formação de pontes de hidrogênio.

A α-hélice tem 3,6 aminoácidos por passo, com as cadeias laterais projetando-se para fora; uma hélice individual apresenta habitualmente 10 a 20 aminoácidos, porém às vezes apresenta até 40. É possível formar α-hélices com o sentido de giro para a direita e para a esquerda, porém quase todas aquelas encontradas nas proteínas são viradas para a direita e ligeiramente mais estáveis. Os ângulos *psi* e *phi* para uma α-hélice com o sentido de giro para a direita são de –47° e –57°, respectivamente, dentro de uma das regiões favoráveis do diagrama de Ramachandran (ver Figura 3.15).

O que determina a formação ou não de uma α-hélice em determinada região de um polipeptídio? A resposta encontra-se nas identidades dos aminoácidos presentes naquele segmento. A natureza da cadeia lateral afeta a capacidade das ligações em ambos os lados de um carbono α de assumir os ângulos *psi* e *phi* necessários. A alanina é particularmente apropriada nesse aspecto e atua como "formadora de hélice", promovendo o enovelamento do polipeptídio em uma α-hélice. As interações entre as cadeias laterais de diferentes aminoácidos também podem promover a formação da hélice e estabilizá-la, uma vez formada. Para que ocorra esse tipo de interação, duas cadeias laterais precisam estar na mesma face da hélice e, portanto, devem estar a uma distância de 3 a 4 aminoácidos no polipeptídio. As ligações eletrostáticas entre cadeias laterais de carga positiva e de carga negativa de aminoácidos afastados dessa maneira frequentemente estabilizam a α-hélice.

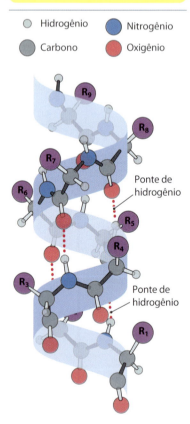

Figura 3.16 α-hélice. A cadeia polipeptídica é mostrada de modo esquematizado. As ligações (ou pontes) de hidrogênio ocorrem entre o CO de um grupo peptídico e o NH do grupo peptídico a quatro posições ao longo do polipeptídio.

Boxe 3.5 Qual a diferença entre uma hélice com o sentido de giro para a esquerda e com o sentido de giro para a direita?

A maneira mais fácil de responder a essa questão é imaginar que a hélice é uma escada em caracol e que você está subindo. Se a hélice tiver o sentido de giro para a direita (hélice dextrorsa), você irá segurar o corrimão com a mão direita. Se for uma hélice com o sentido de giro para a esquerda (hélice sinistrorsa), o corrimão estará adjacente à sua mão esquerda. A famosa escada em caracol na Capela Loretto em Santa Fé, Novo México, que se afirma ter sido construída miraculosamente por St. Joseph, é uma hélice sinistrorsa. A escada em caracol igualmente famosa dos Museus do Vaticano, projetada por Giuseppe Momo, em 1932, é uma hélice dextrorsa.

Outros aminoácidos são "interruptores de hélice" e impedem a formação de uma hélice ou limitam o comprimento de uma hélice em formação. A prolina é o principal exemplo de um interruptor de hélice, visto que a estrutura de sua cadeia lateral incomum (ver Figura 3.3) não possibilita a rotação em torno da ligação N–C$_\alpha$. O ângulo *phi* próximo a uma prolina é, portanto, invariável e não pode adotar o grau de rotação necessário para formar a α-hélice. Com frequência, uma prolina é encontrada em uma ou outra extremidade de uma α-hélice, marcando o ponto onde deve terminar a formação da hélice.

A folha-β é outra estrutura secundária comum

A folha-β também foi prevista por Pauling e colaboradores após experimentos com construção de modelos. À semelhança da α-hélice, a folha-β é mantida unida por pontes de hidrogênio entre as partes CO e NH de diferentes grupos peptídicos. A diferença é que, na folha-β, os grupos peptídicos que participam na ponte de hidrogênio não estão próximos um do outro no polipeptídio. De fato, sua distância é imaterial. O importante é a formação de uma série de pontes de hidrogênio entre duas partes de um polipeptídio, de modo que esses segmentos são mantidos unidos lado a lado (Figura 3.17). A adição de

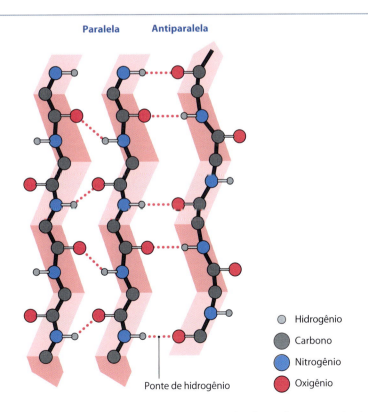

Figura 3.17 Folha-β. As cadeias polipeptídicas são mostradas de modo esquematizado, com os grupos R omitidos. A fita do lado direito e a do meio formam uma folha-β antiparalela, em que os polipeptídios se dispõem em direções opostas. A fita da esquerda e a do meio formam uma folha paralela. Observe a aparência preguada das folhas.

Boxe 3.6 Dedução da estrutura secundária de um polipeptídio a partir de sua sequência de aminoácidos.

PESQUISA EM DESTAQUE

É mais fácil resolver a sequência de aminoácidos de uma proteína do que sua estrutura tridimensional, particularmente pelo fato de que uma sequência de aminoácidos pode ser deduzida a partir da sequência de DNA de um gene, utilizando as regras do código genético. O sequenciamento do DNA é relativamente fácil, como veremos na *Seção 19.2*, enquanto os métodos necessários para determinar a estrutura tridimensional de uma proteína, como a cristalografia de raios X e a espectroscopia por ressonância magnética (RM) (*Seção 18.1.3*), são mais difíceis e exigem tempo para sua execução. Isso significa que existe um número substancial de proteínas cujas sequências de aminoácidos são conhecidas, mas cujas estruturas tridimensionais ainda não foram caracterizadas. Na célula, a sequência de aminoácidos especifica a estrutura tridimensional da proteína. Assim, existe alguma maneira pela qual possamos deduzir a estrutura tridimensional simplesmente ao examinar a sequência de aminoácidos?

Os bioquímicos procuraram desenvolver regras para prever a estrutura das proteínas desde a década de 1960. Os primeiros métodos concentraram-se em tentar deduzir as posições das α-hélices em uma cadeia polipeptídica, utilizando as informações teóricas sobre quais dos aminoácidos devem ser formadores de hélice e quais devem ser interruptores de hélice, junto com o conhecimento das frequências com as quais diferentes aminoácidos estão presentes em hélices no pequeno número de proteínas cujas estruturas eram efetivamente conhecidas naquela época. Dessa maneira, foi constatado ser possível identificar as posições das α-hélices com uma acurácia de 60 a 70%. Uma abordagem semelhante possibilitou a identificação das folhas-β com confiabilidade ligeiramente menor.

Sequência de aminoácidos

Posições de α-hélices previstas

Posição de folha-β prevista

Esses métodos só permitem que a estrutura secundária de uma proteína seja deduzida com algum grau de certeza. A dedução do modo pelo qual o polipeptídio, que contém α-hélices e folhas-β, se enovela em sua estrutura terciária tridimensional é muito mais difícil. Gradualmente, o número de proteínas cujas estruturas foram elucidadas aumentou até um nível em que ficou possível fazer comparações entre as estruturas reais de proteínas relacionadas com sequências semelhantes. Em seguida, tornou-se possível desenvolver programas de computador que pudessem comparar uma nova sequência de aminoácidos com todas as estruturas conhecidas de proteínas, identificar proteínas inteiras ou partes de proteínas com sequências semelhantes e, em seguida, utilizar as estruturas dessas proteínas para deduzir a estrutura assumida pela nova sequência de aminoácidos. Mesmo hoje em dia, esse método ainda não é totalmente acurado, porém oferece uma maneira rápida de identificar as características estruturais importantes de uma proteína antes que sejam obtidos os resultados de uma cristalografia de raios X ou análises por RM.

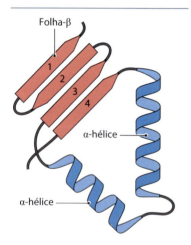

Figura 3.18 Combinação típica de folha-β e α-hélices. Neste exemplo, há uma folha-β de quatro fitas. As fitas 1 a 3 formam uma folha antiparalela ligadas por duas voltas em grampo. As fitas 3 e 4 formam uma folha paralela, com uma sequência de ligação comprida contendo duas α-hélices.

mais segmentos resulta em uma estrutura semelhante a uma folha, que pode compreender 10 ou mais fitas, contendo, cada uma delas, até 15 aminoácidos. Dentro de uma **folha-β paralela**, todas as fitas dispõem-se na mesma direção (N→C ou C→N), enquanto, na versão **antiparalela**, as fitas adjacentes dispõem-se em direções opostas. É também possível haver uma mistura das duas em uma única folha. A própria folha pode exibir um certo grau de curvatura, na forma de uma torção destra.

Não haverá formação de pontes de hidrogênio estáveis entre fitas adjacentes se os polipeptídios estiverem totalmente estendidos, em que os dois ângulos de rotação *psi* e *phi* são de 180°. Com efeito, é necessária alguma rotação das ligações em torno dos carbonos α, de modo que *psi* tenha cerca de 113°, e *phi*, cerca de –119° em uma folha paralela, ou 135° e –139° em uma folha antiparalela. Essas rotações conferem ao polipeptídio uma forma em zigue-zague e uma aparência em folha preguada (ver Figura 3.17). As cadeias laterais estão direcionadas para o exterior em ângulos retos ao plano da folha.

Ocorre pouca interação entre as cadeias laterais de diferentes aminoácidos em fitas individuais ou separadas. Isso significa que, diferentemente de uma α-hélice, existem poucas regras referentes aos aminoácidos que podem ou não podem participar em uma folha-β. A prolina é mais uma vez desfavorecida e, quando presente, tende a ficar restrita a uma das fitas da borda, enquanto os aminoácidos com cadeias laterais maiores tendem a se localizar na porção média da folha. Existem também poucas regras no que concerne ao número de aminoácidos entre a extremidade de uma fita e o início da outra. O mínimo costuma ser quatro, visto que esse número de aminoácidos é necessário para executar uma volta em grampo no polipeptídio. Entretanto, o segmento intermediário pode ser muito mais longo e conter outros motivos estruturais, como α-hélices ou até mesmo fitas β participando de uma segunda folha separada (Figura 3.18).

3.3 Proteínas fibrosas e globulares

As proteínas podem ser amplamente divididas em dois tipos: **fibrosas** e **globulares**. As proteínas globulares são, com frequência, solúveis e desempenham várias funções nas células vivas. Quando formos estudar sua estrutura na próxima seção, veremos que elas são constituídas por α-hélices e folhas-β enoveladas em complexas **estruturas terciárias** tridimensionais. As proteínas fibrosas são insolúveis e, em geral, desempenham funções estruturais mais especializadas. Essas proteínas não se enovelam formando estruturas terciárias. Com efeito, a estrutura secundária representa o seu maior nível de organização.

3.3.1 Proteínas fibrosas | Queratina, colágeno e seda

A queratina, o colágeno e a seda são três exemplos de proteínas fibrosas. A queratina está presente nos pelos, nos chifres, nas unhas e na pele dos animais. A proteína é constituída por dois polipeptídios, sendo cada um deles composto quase inteiramente de uma versão ligeiramente compactada da α-hélice, com 3,5 aminoácidos em lugar de 3,6 por giro. Essa compactação confere à α-hélice dextrorsa uma conformação de **super-hélice** sinistrorsa. A configuração da super-hélice é tal que dois polipeptídios de queratina podem se entrelaçar, mantidos unidos por ligações fracas, denominadas **forças de van der Waals**, e, possivelmente, por **pontes de dissulfeto**, que consistem em ligações covalentes que se formam entre resíduos de cisteína que ocupam posições adjacentes nos dois polipeptídios (Figura 3.19). A estrutura resultante, tecnicamente denominada **super-hélice**, pode formar fibrilas com outras super-hélices, que se associam ainda mais para formar microfilamentos com alta força de tração. Isso significa que são difíceis de romper ao tracioná-las nas extremidades. Por conseguinte, a conformação helicoidal do polipeptídio de queratina é diretamente responsável pelas propriedades físicas do cabelo e de outras estruturas onde a proteína é encontrada.

O colágeno também possui uma estrutura helicoidal, mas apresenta novas características que ainda não encontramos. O polipeptídio de colágeno tem uma estrutura primária relativamente simples, constituída de numerosas repetições da sequência glicina-X-Y, em que X é frequentemente prolina e Y, a versão modificada a prolina, denominada 4-hidroxiprolina (ver Figura 3.11). Por conseguinte, a repetição é sintetizada como glicina-prolina-prolina, em que a segunda prolina da série é convertida em 4-hidroxiprolina após a formação do polipeptídio. O elevado conteúdo de prolina confere ao polipeptídio

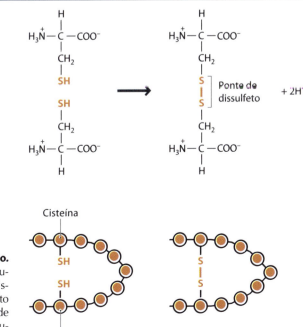

Figura 3.19 Pontes de dissulfeto. O desenho superior mostra a estrutura química de uma ponte de dissulfeto. Abaixo, observa-se o efeito que a formação de uma ponte de dissulfeto pode ter sobre a estrutura de um polipeptídio.

Boxe 3.7 Estrutura do colágeno para identificar animais extintos.

PESQUISA EM DESTAQUE

O colágeno é uma das proteínas mais importantes encontradas nos vertebrados e está presente nos ossos, nos tendões e em outros tecidos estruturais. Nos ossos, as fibrilas colágenas compõem cerca de 20% do peso seco e estão mergulhadas na matriz mineral, denominada bioapatita. O colágeno é uma proteína muito estável, não facilmente degradada e, portanto, frequentemente preservada nos ossos após a morte do animal. Existem até mesmo relatos de identificação de pequenas quantidades de colágeno no osso da perna de um dinossauro fóssil datando de 68 milhões de anos.

Embora os polipeptídios de colágeno tenham uma estrutura regular, constituída principalmente de glicina, prolina e 4-hidroxiprolina, existem diferenças suficientes entre as moléculas de colágeno de diferentes espécies para a identificação de ossos fósseis. O método é denominado **impressão digital (*fingerprinting*) do colágeno**. Recentemente, esse método foi utilizado para mostrar que os camelos já viveram no Ártico. Na Ilha de Ellesmere, no alto Ártico canadense, foram descobertos pequenos fragmentos de osso, que datam de 3,5 milhões de anos. A impressão digital (*fingerprinting*) do colágeno revelou que são provenientes de uma espécie extinta de camelo gigante que vivia em uma região que atualmente é o Ártico durante o médio Plioceno, uma época de clima quente na história da Terra. O Ártico já era muito frio naquela época, com nevascas e camadas profundas de neve no inverno, porém havia também florestas que forneciam alimento e abrigo aos animais de grande porte. Entretanto, a descoberta de que havia camelos vivendo ali estremeceu as ideias sobre os tipos de espécies que viviam na América do Norte, no período imediatamente antes da Era do Gelo.

Imagem de camelos na Ilha de Ellesmere, reproduzida, com autorização, do artista Julius Csotonyi.

uma estrutura helicoidal para a esquerda, com 3,3 aminoácidos por giro, em parte porque não pode ocorrer nenhuma rotação em torno da ligação N–C_α da prolina e, em parte, porque as cadeias laterais de prolina repelem-se umas às outras e procuram estar o mais afastado possível. Em seguida, três desses polipeptídios helicoidais se entrelaçam para produzir uma **tripla hélice** com o sentido de giro para a direita. A estrutura exige que cada terceiro ácido em cada um dos polipeptídios esteja posicionado próximo à parte central da tripla hélice. Esta é a razão pela qual cada terceiro aminoácido consiste em glicina. Esse aminoácido, com sua cadeia lateral muito pequena, é o único que pode se encaixar. A tripla hélice é mantida unida por pontes de hidrogênio entre o NH de uma glicina em um polipeptídio e o CO de um grupo peptídico em um dos outros dois polipeptídios. À semelhança da queratina, grupos de tripla hélice de colágeno se reúnem para formar fibrilas, que conferem ao colágeno a resistência que ele precisa para desempenhar seu papel estrutural nos tecidos conjuntivos, incluindo os ossos e os tendões.

A seda é bastante diferente. Essa fibra, produzida por vários insetos, é explorada pelo homem na fabricação de tecidos finos. O componente fibroso da seda é a proteína denominada fibroína, que não possui uma estrutura helicoidal. Com efeito, cada polipeptídio de fibroína apresenta um elevado conteúdo de glicina e alanina, que possibilita a formação de folhas-β extensas, que formam camadas sobrepostas, com acondicionamento muito próximo, devido ao pequeno tamanho das cadeias laterais de glicina e alanina. As folhas-β individuais são responsáveis pela força tensora, porém as camadas de folhas-β mantêm-se menos firmemente unidas. Isso significa que as fibras de seda são resistentes e, ao mesmo tempo, flexíveis.

3.3.2 As proteínas globulares têm estrutura terciária e, possivelmente, quaternária

As proteínas globulares apresentam estruturas esféricas, em vez de fibrosas e alongadas, e a maioria é hidrossolúvel. Essas proteínas desempenham funções bioquímicas diversas e possuem estruturas igualmente diversas. De fato, uma das principais metas da bioquímica nos últimos 20 anos tem sido identificar características estruturais comuns em diferentes proteínas globulares e relacionar essas características com as funções de cada proteína.

A diferença estrutural mais importante entre uma proteína globular e uma proteína fibrosa é a de que a primeira exibe pelo menos um e, possivelmente, dois níveis superiores de organização. Esses níveis são denominados **estruturas terciária** e **quaternária**, e seu conhecimento é fundamental para entender a importância das proteínas globulares em bioquímica.

O nível terciário de estrutura é a configuração tridimensional de uma proteína

A estrutura terciária de uma proteína globular resulta do envelamento dos componentes estruturais secundários do polipeptídio em uma configuração tridimensional. Para a maioria das proteínas, os componentes estruturais secundários compreendem uma mistura de α-hélices e folhas-β. Um exemplo é a enzima anidrase carbônica, que possui uma folha-β de dez fitas circundadas por cinco α-hélices (Figura 3.20A). Algumas proteínas apresentam estruturas terciárias mais uniformes. Por exemplo, a mioglobina é formada de oito α-hélices, sem nenhuma folha-β (Figura 3.20B), enquanto a concanavalina A consiste exclusivamente em folha-β (Figura 3.20C). Qualquer que seja a combinação, os componentes estruturais secundários estão ligados por segmentos menos organizados de polipeptídio, os quais podem, entretanto, incluir estruturas que determinam uma mudança de direção do polipeptídio de uma maneira específica. Um exemplo é a volta β (ou cotovelo), que é constituída de quatro aminoácidos, incluindo, com frequência, a glicina e a prolina. Esses quatro aminoácidos executam uma volta de 180°, mantida em posição por uma ponte de hidrogênio entre o CO do primeiro grupo peptídico e o NH do terceiro (Figura 3.21). Esse tipo de volta frequentemente conecta pares de fitas em uma folha-β e tende a se localizar na superfície de uma proteína globular ou próximo a ela.

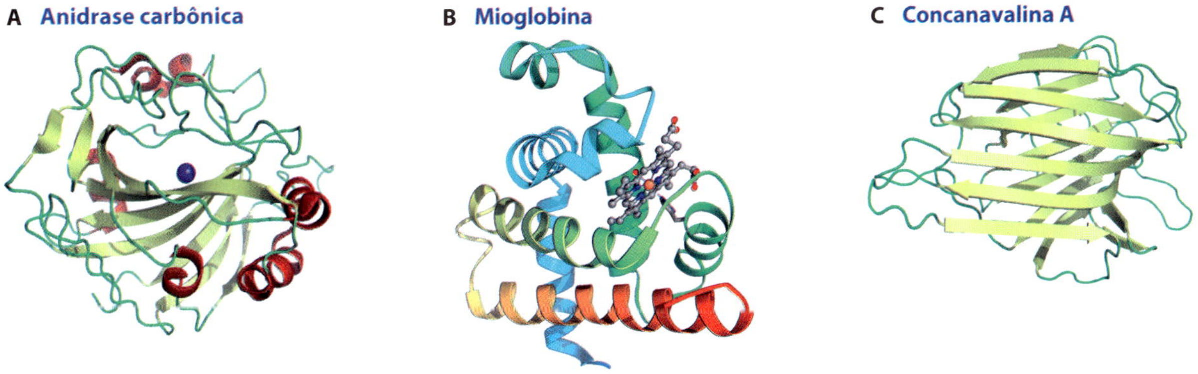

Figura 3.20 Três proteínas globulares. A. Anidrase carbônica. Essa proteína é constituída por uma folha-β de 10 fitas (em amarelo) circundada por cinco α-hélices (em rosa e vermelho). Além disso, contém um átomo de zinco, mostrado em azul. **B.** Mioglobina. A estrutura secundária consiste em α-hélices. Além disso, contém uma molécula heme. **C.** Concanavalina A. A estrutura secundária é constituída exclusivamente de folha-β. **A.** Reproduzida, com autorização, da University of Maine by Raymond Fort Jr (http://chemistry.umeche.maine.edu/CHY431.html). **B.** Reproduzida, com autorização, da Science Photo Library. **C.** Reproduzida de Wikipédia com licença de Creative Commons.

Embora as estruturas das proteínas globulares sejam muito diversas, é possível identificar certas características comuns. A mais consistente dessas características é a distribuição das partes hidrofóbicas e hidrofílicas da cadeia polipeptídica. Na maioria das proteínas globulares, todas as cadeias laterais de aminoácidos apolares estão localizadas dentro da estrutura. Isso é exatamente o que esperamos, visto que essas cadeias laterais são hidrofóbicas e, portanto, tendem a ficar mergulhadas dentro da proteína quando ela se enovela em sua estrutura terciária. De modo semelhante, as partes polares e com

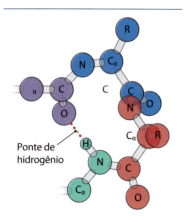

Figura 3.21 Uma volta β (ou cotovelo). Os quatro aminoácidos envolvidos na volta são mostrados em cores diferentes. Para maior clareza, os átomos de hidrogênio foram excluídos, exceto aquele que participa na ponte de hidrogênio.

carga do polipeptídio habitualmente estarão na superfície, de modo que possam fazer contato com moléculas de água, supondo que a proteína esteja em um ambiente aquoso, como o interior de uma célula. As partes polares de um polipeptídio incluem não apenas cadeias laterais de aminoácidos, mas também os grupos CO e NH das ligações peptídicas, a não ser que tenham formado pontes de hidrogênio, como na α-hélice e na folha-β. Os grupos peptídicos que não participam na ponte de hidrogênio terão, portanto, uma tendência a se encontrar na superfície da proteína. Essas várias forças determinam o modo de enovelamento do polipeptídio em sua estrutura terciária. Uma vez enovelada, a estrutura será estabilizada por várias interações, como as forças de van der Waals, e, possivelmente, pela formação de pontes de dissulfeto entre aminoácidos de cisteína.

Outras características comuns das proteínas globulares são observadas quando examinamos combinações de unidades estruturais secundárias. Algumas combinações de unidades, enoveladas de maneira particular, são observadas em muitas proteínas diferentes. O mais frequente desses **motivos** é a **alça βαβ**, que é constituída de duas fitas paralelas de uma folha-β separadas por uma α-hélice (Figura 3.22). Um segundo exemplo é o **motivo αα**, no qual duas α-hélices situam-se lado a lado em direções antiparalelas, de modo que suas cadeias laterais se entrelaçam. Cada tipo de motivo é encontrado em várias proteínas com funções diversas. Isso sugere que os motivos são unidades estruturais, mais do que funcionais.

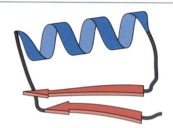

Figura 3.22 Alça βαβ.

Em algumas proteínas globulares maiores, a estrutura terciária é dividida em segmentos separados, denominados **domínios**, que habitualmente estão ligados por curtos segmentos de polipeptídio não estruturado. Os domínios podem ter estruturas idênticas ou semelhantes, como no caso dos quatro domínios da proteína de superfície celular de mamíferos, denominada CD4. Em outras proteínas, os domínios são de estrutura diferente, em que cada um deles possivelmente contribui para uma diferente parte da função global da proteína.

Boxe 3.8 Exemplo de uma proteína com uma mistura de domínios.

O ativador do plasminogênio tecidual (TPA) humano, que está envolvido na coagulação sanguínea, é um bom exemplo de uma proteína com múltiplos domínios. O TPA apresenta cinco domínios:

- Duas estruturas *kringle* idênticas, que possibilitam a ligação do TPA a outras proteínas, bem como a lipídios que atuam como mediadores no processo da coagulação sanguínea. Cada estrutura *kringle* é uma grande alça estabilizada por três pontes dissulfeto
- Um módulo "em dedo" (*finger*), que consiste em uma pequena estrutura de folha-β que se liga à fibrina, uma proteína fibrosa encontrada nos coágulos sanguíneos
- Um módulo de fator de crescimento, constituído por três alças sustentadas por duas pontes dissulfeto. Esse módulo permite que o TPA possa estimular a proliferação celular como parte da resposta de cicatrização de feridas
- Um grande domínio de protease, constituído por uma folha-β e uma α-hélice.

A função do domínio de protease consiste em converter uma proteína inativa, denominada plasminogênio, em sua forma ativa, denominada plasmina. A protease exerce essa ação pela clivagem de apenas uma ligação peptídica dentro do polipeptídio de plasminogênio. A plasmina degrada a fibrina não utilizada, assegurando que o coágulo não irá se disseminar na corrente sanguínea.

Todos esses domínios também são encontrados, com estruturas muito semelhantes, em outras proteínas. Os domínios *kringle* e em dedo (*fingers*) são comuns em proteínas envolvidas na coagulação sanguínea, enquanto os domínios de fator de crescimento são encontrados em várias proteínas que estimulam o crescimento celular. Uma delas, o fator de crescimento epidérmico, é constituída simplesmente de apenas um domínio de fator de crescimento.

A Hemoglobina   **B** Heme

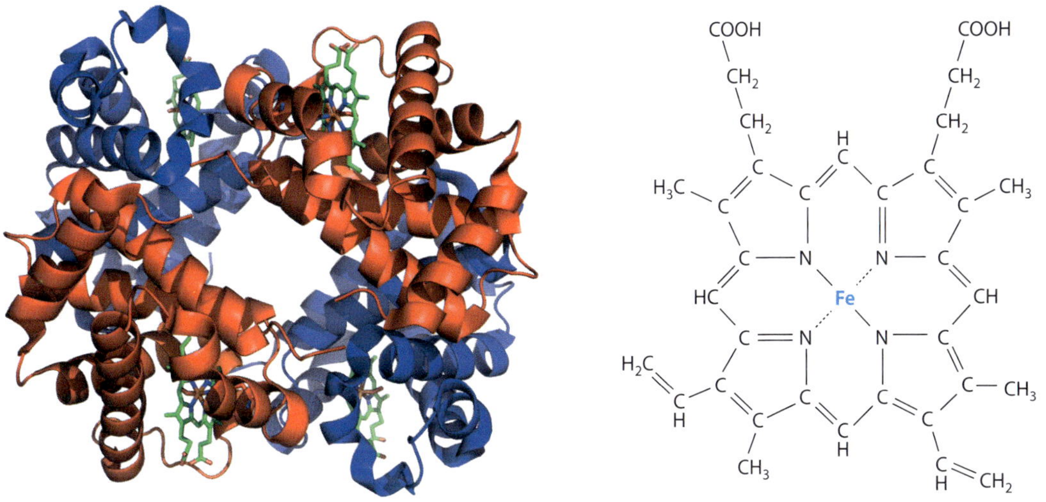

Figura 3.23 Hemoglobina. A. Essa proteína é um tetrâmero de duas subunidades α idênticas e duas subunidades β idênticas. Os grupos heme (**B**) são mostrados em verde na estrutura da proteína. O heme é um composto orgânico que contém um átomo de ferro. Ele se liga reversivelmente ao oxigênio, permitindo que a hemoglobina nos eritrócitos transporte o oxigênio dos pulmões para outras partes do corpo. **A.** Imagem da hemoglobina de Zephyris reproduzida de Wikipédia com licença CC BY-SA.

A estrutura quaternária é a associação de polipeptídios para formar proteínas com múltiplas subunidades

O nível quaternário de estrutura das proteínas envolve a associação de dois ou mais polipeptídios, cada um deles enovelado em sua estrutura terciária, em uma proteína de múltiplas subunidades. Nem todas as proteínas apresentam estruturas quaternárias, porém esta é uma característica de muitas proteínas que desempenham funções complexas. Algumas estruturas quaternárias são mantidas unidas por pontes de dissulfeto entre os diferentes polipeptídios, resultando em uma proteína estável de múltiplas subunidades, que não pode ser facilmente decomposta em suas partes componentes. Outras estruturas quaternárias compreendem associações mais fracas de subunidades, que são estabilizadas por interações relativamente fracas, como a ponte de hidrogênio. Essas proteínas podem reverter a seus polipeptídios componentes, ou podem modificar a composição de suas subunidades, de acordo com as necessidades funcionais da célula.

A hemoglobina é um exemplo de uma proteína com estrutura quaternária. A hemoglobina é a proteína dos eritrócitos dos vertebrados, que transporta o oxigênio dos pulmões para outros tecidos do corpo. Trata-se de um tetrâmero de quatro polipeptídios, constituído por duas subunidades α idênticas e duas subunidades β idênticas (Figura 3.23). Os polipeptídios são denominados globinas, de modo que as subunidades consistem em α-globinas e β-globinas. Cada globina possui um grupo heme fixado, um componente não proteico que se liga ao oxigênio. A estrutura quaternária é estabilizada por pontes de hidrogênio e ligações eletrostáticas entre as subunidades de globina.

As proteínas que constituem os revestimentos ou capsídios dos vírus formam grandes estruturas quaternárias. Por exemplo, o capsídio do vírus mosaico do tabaco (TMV) é constituído de 2.130 subunidades idênticas. Cada subunidade é uma pequena proteína globular, formada de 158 aminoácidos enovelados em uma estrutura terciária, que inclui quatro α-hélices. As subunidades estão dispostas em uma estrutura helicoidal densamente acondicionada, com 16,3 subunidades por giro, que encerra o genoma de RNA do vírus. Com efeito, o capsídio do TMV é uma única proteína quaternária de múltiplas subunidades (Figura 3.24). O TMV oferece um exemplo de um vírus filamentoso, porém o mesmo princípio aplica-se aos capsídios dos vírus icosaédricos. O poliovírus humano possui um capsídio icosaédrico com 20 faces. Cada face é constituída por 12 subunidades polipeptídicas, três cópias das subunidades VP1, VP2, VP3 e VP4, cada. Por conseguinte, o capsídio como um todo tem 240 unidades, 60 de cada uma das quatro subunidades VP.

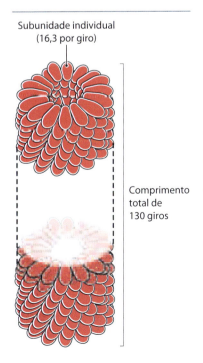

Figura 3.24 Capsídio do vírus mosaico do tabaco.

3.4 Enovelamento das proteínas

Uma noção fundamental no que concerne às proteínas globulares é o fato de que as estruturas secundária e terciária são especificadas pela sequência de aminoácidos do polipeptídio. Em outras palavras, uma determinada sequência de aminoácidos irá se enovelar em apenas uma estrutura terciária, e nenhuma outra. Isso foi demonstrado pela primeira vez por experimentos realizados na década de 1950 e levou a modelos detalhados do processo de enovelamento e ao papel das **chaperonas moleculares** na célula, que consistem em proteínas que ajudam no enovelamento de outras proteínas.

3.4.1 As pequenas proteínas enovelam-se de modo espontâneo em suas estruturas terciárias corretas

A noção de que a sequência de aminoácidos contém toda informação necessária para o enovelamento do polipeptídio em sua estrutura terciária correta provém de experimentos realizados por Christian Anfinsen, na década de 1950. Esse pesquisador trabalhou com a ribonuclease, uma pequena proteína de 124 aminoácidos, cuja estrutura terciária é uma mistura de α-hélices e folha-β e que inclui quatro pontes de dissulfeto entre os aminoácidos de cisteína em diferentes partes do polipeptídio. Anfinsen utilizou a ribonuclease purificada do pâncreas de vaca e a ressuspendeu em tampão aquoso. A adição de ureia, um composto que rompe pontes de hidrogênio, resultou em uma diminuição na atividade da enzima, medida pela avaliação de sua capacidade de degradar moléculas de RNA em suas unidades monoméricas (Figura 3.25). Ao mesmo tempo, a viscosidade da solução aumentou, indicando que a proteína estava sendo **desnaturada** por meio de desenovelamento para formar uma cadeia polipeptídica não estruturada.

A ureia foi então retirada da solução por **diálise**. A viscosidade diminuiu, e a proteína readquiriu gradualmente sua capacidade de clivar o RNA. Por conseguinte, a proteína enovela-se novamente de modo espontâneo quando se remove o agente desnaturante.

A ureia não cliva pontes de dissulfeto, de modo que, no experimento anteriormente descrito, essas ligações permanecem intactas. Em um segundo experimento, a ureia foi associada a um agente redutor, o β-mercaptoetanol, que rompe as ligações dissulfeto. O mesmo resultado é obtido quando a ureia é removida da solução-a atividade da proteína

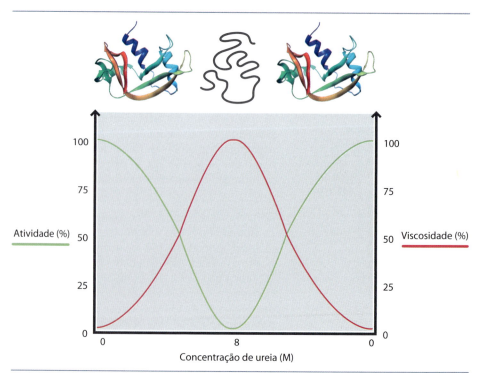

Figura 3.25 Desnaturação e renaturação espontânea da ribonuclease. O gráfico mostra as alterações na atividade da ribonuclease e na viscosidade da solução que ocorrem quando a concentração de ureia é aumentada ou diminuída. Quando a concentração de ureia aumenta para 8 M, a proteína sofre desnaturação por meio de desenovelamento. Sua atividade diminui, e a viscosidade da solução aumenta. Quando a ureia é retirada por diálise, essa pequena proteína reassume sua conformação enovelada. A atividade da proteína retorna a seu nível original, e a viscosidade da solução diminui. Imagens da estrutura da ribonuclease reproduzidas de Wikipédia, com licença CC BY-SA 2.5.

retorna. Isso demonstra que as ligações dissulfeto não são de importância crítica para a capacidade de renaturação da proteína; na verdade, elas simplesmente estabilizam a estrutura terciária, uma vez adotada.

3.4.2 Vias de enovelamento das proteínas

Uma vez estabelecida a capacidade de as proteínas adotarem espontaneamente suas estruturas terciárias, os bioquímicos voltaram sua atenção para o próprio processo de enovelamento. Foi rapidamente reconhecido que esse processo não pode ser aleatório. Não é possível que uma proteína simplesmente explore todas as conformações possíveis que ela pode assumir até adquirir finalmente a conformação correta. Isso foi claramente demonstrado por Cyrus Levinthal, em 1969, cujo argumento foi o seguinte. A estrutura terciária de uma proteína é estabelecida pela conformação tridimensional do polipeptídio. Esta, por sua vez, é determinada pelos valores de *psi* e *phi* para as ligações em ambos os lados dos carbonos α ao longo da cadeia polipeptídica. Lembre-se de que é apenas por meio de rotação em torno dessas ligações que o polipeptídio pode modificar sua direção. Levinthal argumentou que deve haver pelo menos três valores possíveis para cada ângulo *psi* e *phi*, que é quase certamente uma subestimativa. Isso significa que um polipeptídio de 100 aminoácidos poderia adotar 3^{198} conformações diferentes – ou seja, cerca de 10^{100}. Mesmo se essa proteína pudesse explorar 10^{13} conformações por segundo (provavelmente uma superestimativa), isso significa que seriam necessários cerca de 10^{87} s para que todas as conformações fossem verificadas. Isso representa uma enorme quantidade de tempo, até mesmo maior do que a idade do universo (de fato, muito maior). Por conseguinte, as proteínas não podem definir suas estruturas terciárias corretas apenas por meio de uma busca aleatória. Esse problema foi denominado **paradoxo de Levinthal**.

O processo de enovelamento precisa ser ordenado de alguma maneira

O paradoxo de Levinthal mostra que o processo de enovelamento precisa ser ordenado de alguma maneira. Isso levou os bioquímicos a concluir que existe uma **via de enovelamento** para cada proteína, em que cada etapa envolve apenas uma pequena parte do polipeptídio (Figura 3.26). Desse modo, a proteína pode encontrar sua estrutura correta sem precisar testar todas as conformações possíveis. Essas considerações, associadas a estudos experimentais de enovelamento das proteínas, levaram ao modelo de **glóbulo fundido** (*molten globule*). Nesse modelo, o passo inicial na via de enovelamento consiste no rápido colapso do polipeptídio em uma estrutura compacta, com dimensões ligeiramente maiores do que a proteína final, impulsionado pela tendência das cadeias laterais de aminoácidos hidrofóbicos de evitar a água. O colapso nesse glóbulo fundido pode automaticamente enovelar parte do polipeptídio em suas α-hélices e folhas-β. Como o glóbulo é "fundido", ele pode rapidamente modificar sua conformação, identificando dobras adicionais, de modo que possa emergir gradualmente a estrutura terciária correta. Para proteínas maiores, essa etapa pode envolver a construção de subdomínios corretamente enovelados, que então são unidos entre si para criar a estrutura terciária final. Todo o processo pode levar apenas alguns segundos.

Interações mais sofisticadas do modelo do glóbulo fundido (*molten globule*) e de outros modelos para o enovelamento das proteínas podem ser visualizadas em um **funil de enovelamento**, pelo qual a proteína passa, assumindo gradualmente conformações menos aleatórias até alcançar sua estrutura final (Figura 3.27). À medida que a proteína

> Em termos termodinâmicos, uma redução na aleatoriedade é acompanhada de uma redução na **energia livre** (ver *Seção 7.2.1*).

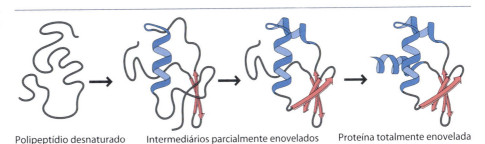

Figura 3.26 Via de enovelamento de uma proteína.

Polipeptídio desnaturado — Intermediários parcialmente enovelados — Proteína totalmente enovelada

> **Boxe 3.9** Estudo do enovelamento das proteínas.   **PESQUISA EM DESTAQUE**
>
> Como os bioquímicos estudam o modo pelo qual proteínas individuais se enovelam? Os experimentos de Anfinsen foram revolucionários na sua época, porém isso foi há 60 anos, e tudo o que esse pesquisador foi capaz de fazer foi medir a viscosidade das soluções de ribonuclease e a atividade da enzima, de modo a acompanhar a desnaturação e o enovelamento da proteína. Não foi capaz de inferir qualquer informação específica acerca da própria via de enovelamento.
>
> Atualmente, os bioquímicos utilizam três abordagens para estudar o enovelamento das proteínas
>
> - Para algumas proteínas, é possível interromper a via de enovelamento em determinados pontos, e, em seguida, utilizar a RM para estudar diretamente a estrutura da forma intermediária. Isso fornece informações muito específicas sobre a via de enovelamento. No entanto, até o momento, essa abordagem só foi utilizada com algumas proteínas, pois a interrupção da via nem sempre é possível
> - O grau de enovelamento pode ser acompanhado em tempo real por métodos como o **dicroísmo circular**. Em princípio, esse método é igual à abordagem utilizada por Anfinsen, porém com variações modernas que fornecem muito mais informações. O dicroísmo circular mede a absorção da luz polarizada por uma proteína. Estruturas secundárias, como α-hélices e folhas-β, absorvem a luz polarizada, de modo que o dicroísmo circular mede a velocidade de formação dessas estruturas. À semelhança dos experimentos de Anfinsen, esse tipo de pesquisa é habitualmente realizado com proteínas que foram desnaturadas e estão gradualmente reformando suas estruturas enoveladas. Entretanto, os métodos modernos permitem que o processo de renaturação seja controlado com muito mais rigor, de modo que todas as proteínas na solução comecem a se enovelar exatamente no mesmo momento. Isso significa que o processo é sincronizado e, portanto, muito mais fácil de ser estudado. É até mesmo possível estudar o enovelamento de apenas uma molécula inicialmente mantida em uma conformação linear por meio de uma **pinça óptica**, um instrumento a *laser* que pode ser utilizado para manipular moléculas individuais
> - A terceira abordagem consiste em modificar a sequência de aminoácidos da proteína e verificar qual seu efeito sobre a via de enovelamento. Em geral, a mudança na sequência é produzida pela introdução de uma **mutação** no gene que codifica a proteína (ver Seção 19.1.2). Dessa maneira, o estágio na via de enovelamento em que determinada parte de uma proteína adota sua estrutura pode ser identificado. Por exemplo, imagine que queiramos testar se uma determinada α-hélice forma-se precocemente em uma via de enovelamento. Para isso, precisamos substituir um aminoácido considerado crucial na formação dessa hélice por outro aminoácido que irá impedir sua formação. Se nossa hipótese for correta, e se a α-hélice for, de fato, importante na parte inicial da via de enovelamento, a proteína alterada deve ser incapaz de se enovelar além desse estágio.

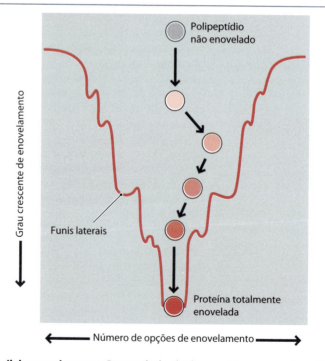

Figura 3.27 Funil de enovelamento. O topo do funil é largo, visto que o polipeptídio não enovelado pode inicialmente adotar qualquer uma de numerosas estruturas intermediárias iniciais. O funil gradualmente se estreita, à medida que a proteína se torna mais enovelada e suas opções para enovelamento futuro são reduzidas. Gradualmente, essas opções diminuem, a proteína torna-se mais enovelada e, por fim, emerge a proteína totalmente enovelada pelo bico do funil, na base. Funis laterais levam a vias sem saída. Se uma proteína entrar em um desses funis laterais, ela sofre desnaturação parcial de modo a retornar ao funil principal.

adota um estado cada vez mais enovelado, o funil se estreita, visto que existem menos opções para as próximas etapas em direção à estrutura final. Existem também funis laterais para os quais a proteína pode ser desviada, levando a uma estrutura incorreta. Se uma estrutura incorreta for instável o suficiente, pode ocorrer desnaturação parcial ou completa, permitindo que a proteína retorne ao funil principal e siga uma rota produtiva em direção à sua conformação correta.

Nas células vivas, o enovelamento das proteínas é auxiliado por chaperonas moleculares

Experimentos com proteínas purificadas têm sido de grande utilidade para nos ajudar a entender o enovelamento das proteínas, porém esse tipo de pesquisa *in vitro* tem duas limitações. A primeira delas é que apenas proteínas de menor tamanho e com estruturas menos complexas sofrem enovelamento espontâneo em tubo de ensaio. As proteínas maiores tendem a ficar detidas como formas intermediárias, que são incorretamente enoveladas, mas demasiadamente estáveis para sofrer qualquer grau significativo de desnaturação. Em segundo lugar, o enovelamento de um polipeptídio completo pode não ser equivalente ao processo *in vivo*, visto que uma proteína celular pode começar a se enovelar antes de ter sido totalmente sintetizada.

Os estudos de enovelamento das proteínas na célula levaram à descoberta de proteínas que ajudam outras proteínas a se enovelar. Existem dois tipos dessas **chaperonas moleculares**. O primeiro tipo é constituído pelas **proteínas Hsp70**. Essas proteínas ligam-se às regiões hidrofóbicas das proteínas não enoveladas, incluindo proteínas que ainda estão sendo sintetizadas. As proteínas Hsp70 mantêm a proteína em uma conformação aberta e ajudam no processo de enovelamento, presumivelmente ao modular a associação entre as partes do polipeptídio que formam interações na proteína enovelada. Ainda não foi elucidado exatamente como isso ocorre, porém o processo envolve repetidas ligação e liberação das proteínas Hsp70.

O segundo tipo de chaperona molecular é constituído pelas **chaperoninas**, cuja principal versão é o **complexo GroEL/GroES**. Trata-se de uma estrutura de múltiplas subunidades que se assemelha a uma bala oca com cavidade central. Acredita-se que a proteína não enovelada entre na cavidade e emerja enovelada, possivelmente pelo fato de que a superfície interna da cavidade transforma-se de hidrofóbica em hidrofílica, de tal modo a promover a entrada controlada dos aminoácidos hidrofóbicos dentro da proteína.

3.4.3 O enovelamento das proteínas constitui um dos princípios fundamentais da biologia

Embora o processo de enovelamento não esteja totalmente elucidado, é evidente que a sequência de aminoácidos de um polipeptídio contém toda a informação necessária para adotar os níveis superiores de estrutura de uma proteína. O corolário é que, ao especificar um conjunto de diferentes sequências de aminoácidos, os genes de um organismo são capazes de dirigir a síntese de proteínas com diferentes estruturas e, portanto, com funções específicas distintas. Essas funções, quando reunidas, constituem o fenômeno ao qual damos o nome de "vida".

A chave para essa interpretação da vida é a diversidade funcional das proteínas. As proteínas com diferentes sequências de aminoácidos adotam estruturas bastante diferentes, que possuem propriedades químicas muito diferentes, possibilitando que diferentes proteínas desempenhem várias funções nos sistemas vivos. Já aprendemos como algumas sequências de aminoácidos resultam em proteínas fibrosas resistentes, como a queratina e o colágeno, que conferem estrutura e rigidez à constituição de um organismo. Outras proteínas apresentam sequências de aminoácidos que resultam em estruturas flexíveis. Essas **proteínas motoras** são capazes de modificar sua forma, conferindo mobilidade aos organismos. A proteína muscular miosina é uma proteína motora, assim como a dineína nos cílios e nos flagelos.

Outros tipos de proteínas desempenham funções bem diferentes. As enzimas são proteínas cujas sequências de aminoácidos permitem que elas catalisem reações bioquímicas, como aquelas envolvidas no metabolismo. Outras proteínas desempenham funções de transporte e carregam compostos pelo corpo. Já estudamos a hemoglobina, que transporta o oxigênio dos pulmões para outros tecidos. Um segundo exemplo é a albumina sérica, que transporta ácidos graxos, que constituem os blocos de construção dos lipídios e que também são usados como fontes de energia.

Algumas proteínas ajudam a armazenar moléculas para seu uso futuro pelo organismo. Entre os exemplos, destacam-se a ovalbumina, que armazena aminoácidos na clara do ovo, e a ferritina, que armazena ferro no fígado. Um grande grupo de proteínas desempenha funções protetoras, como as imunoglobulinas dos mamíferos, que formam complexos com proteínas estranhas e protegem o corpo contra agentes infecciosos, como vírus e bactérias.

Existem também as **proteínas reguladoras**, que controlam atividades celulares e fisiológicas. Essas proteínas incluem hormônios bem conhecidos, como a insulina, que regula o metabolismo da glicose nos vertebrados, e os dois hormônios do crescimento, a somatostatina e a somatotropina. Embora sejam sintetizados no interior de uma célula, os hormônios são secretados de modo a poderem seguir seu percurso pelo corpo e transmitir suas mensagens reguladoras a outras células. Outras proteínas reguladoras atuam totalmente no interior das células onde são sintetizadas, respondendo, possivelmente, a sinais de hormônios extracelulares. Como exemplo, destacam-se os componentes da via da MAP quinase, que regulam diversas atividades, como a divisão celular, em resposta a sinais externos.

Todas essas diversas funções são especificadas pelas propriedades químicas das proteínas individuais, que são, por sua vez, especificadas pelas suas estruturas tridimensionais e, consequentemente, pelas suas sequências de aminoácidos. Por conseguinte, a adoção dessas estruturas tridimensionais corretas pelo enovelamento das proteínas constitui um dos pilares fundamentais da biologia.

Leitura sugerida

Bragulla HH and Homberger DG (2009) Structure and functions of keratin proteins in simple, stratified, keratinized and cornified epithelia. *Journal of Anatomy* **214**, 516–59.

Covington AK, Bates RG and Durst RA (1985) Definition of pH scales, standard reference values, measurement of pH and related terminology. *Pure and Applied Chemistry* **57**, 531–42. Tudo o que você precisa saber sobre esse assunto.

Eisenberg D (2003) The discovery of the α-helix and β-sheet, the principal structural features of proteins. *Proceedings of the National Academy of Sciences USA* **100**, 11207–10.

Jungck JR (1985) Margaret Oakley Dayhoff, "harnessing the computer revolution". *The American Biology Teacher* **47**, 9–10. Uma revisão da obra de um dos primeiros bioinformáticos.

Klug A (1999) The tobacco mosaic virus particle: structure and assembly. *Philosophical Transactions of the Royal Society of London*, series B **354**, 531–5.

Mayer MP (2013) Hsp70 chaperone dynamics and molecular mechanism. *Trends in Biochemical Sciences* **38**, 507–14.

Pauling L and Corey RB (1951) The pleated sheet, a new layer configuration of polypeptide chains. *Proceedings of the National Academy of Sciences USA* **37**, 251. A primeira descrição da folha-β.

Pauling L, Corey RB and Branson HR (1951) The structure of proteins: two hydrogen-bonded helical configurations of the polypeptide chain. *Proceedings of the National Academy of Sciences USA* **37**, 205–11. A primeira descrição da α-hélice.

Ramachandran GN, Ramakrishnan C and Sasisekharan V (1963) Stereochemistry of polypeptide chain configurations. *Journal of Molecular Biology* **7**, 95–9. Descreve os ângulos *psi* e *phi* e o diagrama de Ramachandran.

Römer L and Scheibel T (2008) The elaborate structure of spider silk. *Prion* **2**, 154–61.

Rost B (2001) Protein secondary structure prediction continues to rise. *Journal of Structural Biology* **134**, 2014–18.

Rybczynski N, Gosse JC, Harington R, Wogelius RA, Hidy AJ and Buckley M (2013) Mid-Pliocene warm-period deposits in the High Arctic yield insight into camel evolution. *Nature Communications* **4**, 1550. Camelo na Ilha de Ellesmere identificado por impressão digital (*fingerprinting*) do colágeno.

Shoulders MD and Raines RT (2009) Collagen structure and stability. *Annual Review of Biochemistry* **78**, 929–58.

Yébenes H, Mesa P, Muñoz IG, Montoya G and Valpoesta JM (2011) Chaperonins: two rings for folding. *Trends in Biochemical Sciences* **36**, 424–32.

Questões de autoavaliação

Questões de múltipla escolha

Cada questão tem apenas uma resposta correta.

1. Quantos aminoácidos possui a titina, o polipeptídio mais longo conhecido?
(a) 1.464
(b) 3.685
(c) 21.075
(d) 33.445

2. Qual é o aminoácido cuja abreviatura de uma letra é "A"?
(a) Alanina
(b) Arginina
(c) Asparagina
(d) Ácido aspártico

3. Qual dos seguintes aminoácidos possui uma cadeia lateral incomum que inclui o nitrogênio do grupo amino ligado ao carbono α?
(a) Asparagina
(b) Prolina
(c) Triptofano
(d) Tirosina

4. As formas D e L de um aminoácido são exemplos de:
(a) Enantiômeros
(b) Isômeros
(c) Isômeros ópticos
(d) Todas as alternativas anteriores

5. Qual o nome de uma molécula que apresenta dois grupos ionizados?
(a) Enantiômero
(b) Hidrofílica
(c) Zwitterion
(d) Nenhuma das alternativas anteriores

6. Qual das seguintes afirmativas é **incorreta** com relação ao ponto isoelétrico de um aminoácido?
(a) É o pH em que um aminoácido não apresenta carga elétrica
(b) No ponto isoelétrico, os grupos carboxila e amino são ionizados
(c) É um valor de pH maior do que a pK_a do grupo amino
(d) Para a glicina, o ponto isoelétrico é exatamente abaixo do pH 6,0

7. Quais são os dois aminoácidos que apresentam cadeias laterais com carga positiva em pH 7,4?
(a) Arginina e lisina
(b) Ácido aspártico e ácido glutâmico
(c) Cisteína e tirosina
(d) Histidina e prolina

8. Qual é o nome dado ao tipo de ligação química que se forma entre o átomo de hidrogênio levemente eletropositivo em um grupo polar e um átomo eletronegativo?
(a) Ligação covalente
(b) Ligação eletrostática
(c) Ponte de hidrogênio
(d) Ligação de van der Waals

9. Qual das seguintes afirmativas constitui uma característica dos aminoácidos hidrofóbicos?
(a) São prontamente solúveis
(b) São habitualmente encontrados na superfície de uma proteína
(c) Possuem cadeias laterais apolares
(d) Com frequência, formam pontes de hidrogênio com outros aminoácidos hidrofóbicos

10. Qual dos seguintes compostos é um exemplo de um aminoácido modificado encontrado no colágeno?
(a) 4-hidroxiprolina
(b) Pirrolisina
(c) Selenocisteína
(d) Selenoprolina

11. Qual das seguintes afirmativas é **incorreta** com relação a uma ligação peptídica?
(a) Uma ligação peptídica tem a capacidade de sofrer rotação
(b) Uma ligação peptídica é formada por uma reação de condensação
(c) Uma ligação peptídica forma-se entre os grupos carboxila e amino de aminoácidos adjacentes
(d) Uma ligação peptídica é uma ligação simples; entretanto, devido à ressonância, apresenta algumas características da ligação dupla

12. Devido aos efeitos estéricos, qual a proporção das possíveis combinações dos ângulos de ligação *psi* e *phi* que nunca ocorrem?
(a) 7%
(b) 57%
(c) 77%
(d) Todas as combinações de *psi* e *phi* são possíveis

13. Que tipo de interações estabilizam uma α-hélice?
(a) Ligações covalentes entre aminoácidos de cisteína
(b) Pontes de hidrogênio entre aminoácidos complementares
(c) Pontes de hidrogênio entre grupos peptídicos quatro posições ao longo do polipeptídio
(d) Interações hidrofóbicas entre grupos peptídicos quatro posições ao longo do polipeptídio

62 Parte 1 Células, Microrganismos e Biomoléculas

14. Que tipo de interações estabilizam a folha-β?
    (a) Ligações covalentes entre aminoácidos de prolina, que marcam os pontos inicial e final da folha-β
    (b) Pontes de hidrogênio entre aminoácidos complementares
    (c) Pontes de hidrogênio entre duas partes de um polipeptídio, de modo que esses segmentos sejam mantidos lado a lado
    (d) Interações hidrofóbicas entre diferentes partes da folha-β

15. Que tipo de estrutura secundária é formada por um polipeptídio de colágeno?
    (a) α-hélice
    (b) Folha-β
    (c) Dupla hélice
    (d) Hélice sinistrorsa

16. Qual das seguintes afirmativas é **incorreta** com relação à fibroína da seda?
    (a) A fibroína forma folhas-β extensas
    (b) A fibroína apresenta alto conteúdo de glicina e alanina
    (c) A fibroína tem uma estrutura densamente acondicionada
    (d) O polipeptídio de fibroína forma uma tripla hélice que lhe confere sua força tensora

17. Qual o nome da estrutura em que duas α-hélices situam-se lado a lado em direções antiparalelas de tal modo que suas cadeias laterais se entrelaçam?
    (a) Motivo αα
    (b) Alça βαβ
    (c) Volta β (ou cotovelo)
    (d) Domínio CD4

18. Qual dessas proteínas possui uma estrutura quaternária?
    (a) Anidrase carbônica
    (b) Concanavalina A
    (c) Hemoglobina
    (d) Mioglobina

19. O capsídio do vírus do mosaico do tabaco é constituído de quantas subunidades?
    (a) 158
    (b) 240

    (c) 2.130
    (d) 5.200

20. Qual é o nome do processo de desenovelamento de uma proteína?
    (a) Desnaturação
    (b) Diálise
    (c) Oxidação
    (d) Renaturação

21. O que declara o modelo do glóbulo fundido (*molten globule*) para o estado enovelado de uma proteína?
    (a) Como o glóbulo está fundido, ele pode mudar rapidamente de conformação
    (b) O colapso em um glóbulo fundido pode automaticamente enovelar parte do polipeptídio em suas α-hélices e folhas-β
    (c) A etapa inicial no processo de enovelamento é o rápido colapso do polipeptídio em uma estrutura compacta
    (d) Todas as afirmativas anteriores fazem parte do modelo do glóbulo fundido

22. As proteínas Hsp70 são exemplos de:
    (a) Chaperoninas
    (b) Chaperonas moleculares
    (c) Glóbulos fundidos
    (d) Proteínas motoras

23. O complexo GroEL/GroES é um tipo de:
    (a) Chaperonina
    (b) Proteína Hsp70
    (c) Glóbulo fundido
    (d) Proteína motora

24. Qual das seguintes alternativas é um exemplo de proteína de armazenamento?
    (a) Dineína
    (b) Ferritina
    (c) Insulina
    (d) Queratina

Questões discursivas

1. Desenhe a estrutura geral de um aminoácido e indique os grupos químicos que participam na formação das ligações peptídicas.

2. Diferencie as formas L e D de um aminoácido e explique como as duas configurações são identificadas experimentalmente.

3. Defina o termo pK_a e explique por que alguns aminoácidos apresentam dois valores de pK_a, e outros, três valores. Como esses valores de pK_a afetam as propriedades químicas de diferentes aminoácidos?

4. Descreva as diferenças entre ligação covalente, ligação eletrostática e ponte de hidrogênio.

5. Explique como o diagrama de Ramachandran possibilita a identificação de combinações dos ângulos de ligação *psi* e *phi* que dão origem a diferentes configurações do polipeptídio.

6. Diferencie as estruturas da α-hélice e da folha-β.

7. Descreva a estrutura da proteína fibroína e explique como essa estrutura permite que a seda seja ao mesmo tempo resistente e flexível. Até que nível a estrutura da fibroína é típica com relação a outras proteínas fibrosas?

8. Utilizando exemplos, explique o que significa os termos "terciária" e "quaternária" com relação à estrutura de uma proteína globular.

9. Faça um resumo do modelo do glóbulo fundido (*molten globule*) para o enovelamento das proteínas.

10. Descreva as funções das proteínas Hsp70 e das chaperoninas no enovelamento das proteínas.

Questões de autoaprendizagem

1. A equação de Henderson–Hasselbalch define a relação entre pH e pK_a da seguinte maneira:

$$pH = pK_a + \log [A^-]/[HA]$$

em que $[A^-]$ e $[HA]$ são, respectivamente, as concentrações das formas ionizada e não ionizada de um grupo químico. Explique como a equação de Henderson–Hasselbalch está relacionada com o gráfico de ionização para a glicina mostrada na Figura 3.7.

2. Desenhe um gráfico mostrando as quantidades relativas das diferentes versões ionizadas da arginina, em diferentes valores de pH. Os valores de pK_a relevantes são de 2,01 para o grupo carboxila, 9,04 para o grupo amino e 12,48 para a cadeia lateral.

3. As proteínas, em sua maioria, sofrem desnaturação em temperaturas acima de aproximadamente 50°C, devido aos efeitos de ruptura que o calor exerce sobre as ligações químicas que estabilizam as estruturas secundárias e terciárias. Entretanto, algumas bactérias vivem em altas temperaturas, como em fontes termais, e suas proteínas mantêm suas estruturas terciárias em temperaturas de até 90 °C. Especule sobre a natureza das inovações estruturais que possibilitam que uma proteína tolere essas altas temperaturas.

4. Uma proteína com massa molecular de 380 kDa é tratada com β-mercaptoetanol. A massa molecular é novamente medida e, agora, de 190 kDa. Dê uma explicação para esses resultados.

5. A existência de chaperonas moleculares de algum modo contradiz a afirmativa de que a sequência dos aminoácidos de um polipeptídio contém a informação necessária para o enovelamento desse polipeptídio em sua estrutura terciária correta?

CAPÍTULO 4

Ácidos Nucleicos

OBJETIVOS DO ESTUDO

Após a leitura deste capítulo, você será capaz de:

- Reconhecer a importância do DNA como depósito da informação biológica nas células vivas

- Compreender que os ácidos nucleicos são polinucleotídios e descrever a estrutura básica de um nucleotídio

- Reconhecer que a variabilidade entre diferentes nucleotídios deve-se à estrutura da base nitrogenada

- Descrever a estrutura da ligação fosfodiéster e explicar como essa ligação resulta em duas extremidades quimicamente distintas de um polinucleotídio

- Conhecer as características essenciais da estrutura em dupla hélice do DNA e compreender o que significa "pareamento de bases" e por que esse pareamento de bases é de importância fundamental em biologia

- Reconhecer a existência de diferentes versões da dupla hélice e descrever as variações estruturais entre elas

- Saber que as moléculas de RNA frequentemente formam pares de bases intramoleculares e descrever exemplos de moléculas de RNA com pares de bases

- Entender como a modificação química pode aumentar a variabilidade dos nucleotídios em uma molécula de RNA

- Reconhecer que as moléculas de DNA são muito mais longas do que os cromossomos nos quais estão contidos

- Entender como esse problema de acondicionamento é solucionado pela associação do DNA a histonas e por níveis superiores de organização, como a fibra de cromatina de 30 nm.

Os ácidos nucleicos são o segundo tipo de biomolécula que iremos estudar. Nas células vivas, existem dois tipos de ácidos nucleicos: o **ácido desoxirribonucleico** ou **DNA**, e o **ácido ribonucleico** ou **RNA**. O DNA é o depósito da informação genética em todas as formas celulares de vida e em muitos vírus. O RNA é o depósito da informação genética em alguns vírus; entretanto, o aspecto mais importante é que, em todos os organismos, ele atua como intermediário entre o DNA e a síntese de proteínas.

4.1 Estruturas do DNA e do RNA

As estruturas do DNA e do RNA são muito semelhantes, de modo que podemos tratá-las juntas. Precisamos formular duas questões. Em primeiro lugar, qual é a estrutura molecular de um polímero de DNA ou RNA? Em segundo lugar, quais são as estruturas tridimensionais desses polímeros nas células vivas? Ao responder a segunda questão, seremos apresentados à **dupla hélice**, a famosa estrutura do DNA, cuja descoberta por James Watson e Francis Crick, em 1953, foi o avanço mais importante realizado em biologia durante o século XX.

4.1.1 Estrutura dos polinucleotídios

Os ácidos nucleicos são moléculas poliméricas, constituídas de unidades monoméricas, denominadas **nucleotídios**. Os nucleotídios estão ligados entre si para formar cadeias de **polinucleotídios**, que podem ter milhares de unidades em comprimento no RNA, ou até milhões no DNA.

Os nucleotídios são as unidades monoméricas de uma molécula de ácido nucleico

Um nucleotídio consiste em três componentes distintos: um açúcar, uma base nitrogenada e um grupo fosfato (Figura 4.1).

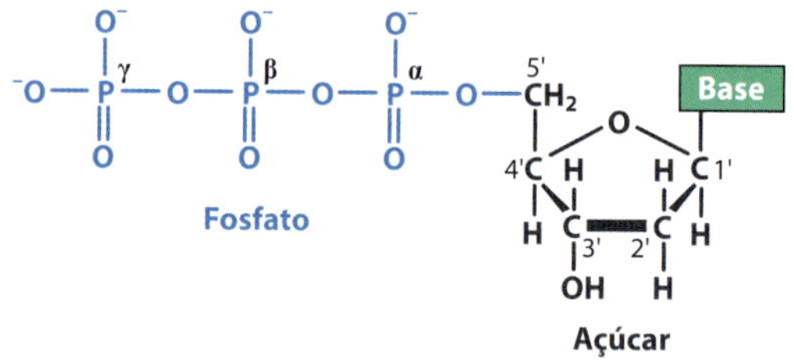

Figura 4.1 Componentes de um nucleotídio de DNA.

O componente açúcar do nucleotídio é uma **pentose**. A pentose é um açúcar com cinco átomos de carbono que, em um nucleotídio, são numerados de 1' a 5'. O sinal (') é denominado "linha", e os números são designados como "um linha", "dois linha" etc. A linha é usada para distinguir os átomos de carbono no açúcar dos átomos de carbono e nitrogênio na base nitrogenada, os quais são numerados com 1, 2, 3 e assim por diante. Os nucleotídios de RNA contêm a pentose denominada ribose, enquanto o DNA contém 2'-desoxirribose. O nome indica que, na 2'-desoxirribose, a estrutura da ribose foi alterada pela substituição do grupo hidroxila (-OH) ligado ao átomo de carbono número 2' por um grupo hidrogênio (-H) (Figura 4.2).

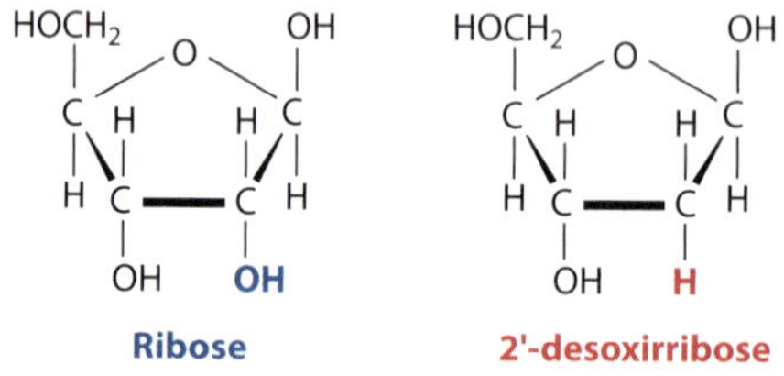

> Iremos estudar a estrutura da pentose e açúcares relacionados na *Seção 6.1.1.*

Figura 4.2 Ribose e 2'-desoxirribose. A diferença entre esses dois açúcares é a identidade do grupo ligado ao carbono 2'. Esse grupo é um grupo hidroxila para a ribose, enquanto consiste em um átomo de hidrogênio para a 2'-desoxirribose.

A segunda parte de um nucleotídio é a base nitrogenada. São estruturas de anel simples ou de duplo anel que estão ligadas ao carbono 1' do açúcar. No DNA, qualquer uma das quatro bases nitrogenadas diferentes pode ligar-se nessa posição. São elas: a **adenina** e a **guanina**, que são **purinas** com duplo anel, e a **citosina** e **timina**, que são **pirimidinas** com um único anel. Três dessas bases – adenina, guanina e citosina – também são encontradas no RNA, porém a quarta, a timina, é substituída por uma pirimidina diferente, denominada **uracila**. As estruturas de todas as cinco bases são mostradas na Figura 4.3. A base é ligada ao açúcar por uma **ligação β-N-glicosídica** ligada ao nitrogênio número 1 da pirimidina ou número 9 da purina.

Uma molécula consistindo em um açúcar ligado a uma base é denominada **nucleosídio**. É convertida em nucleotídio pela ligação de um grupo fosfato ao carbono 5' do açúcar. Até três grupos fosfato podem ligar-se em série. Esses grupos fosfato são designados como α, β e γ, sendo o α-fosfato o que está diretamente ligado ao açúcar (*ver* Figura 4.1).

Os nomes completos dos nucleotídios estão listados na Tabela 4.1. Em geral, referimo-nos a eles pelas suas abreviaturas, dATP, dGTP, dCTP e dTTP para o DNA e o ATP, CTP, GTP e UTP para o RNA. Se formos escrever a sequência de nucleotídios em uma

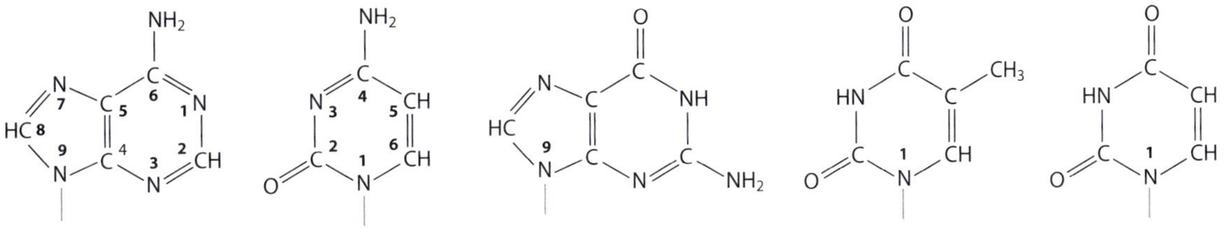

Figura 4.3 da bases nitrogenadas...

| Adenina (A) | Citosina (C) | Guanina (G) | Timina (T) | Uracila (U) |

Figura 4.3 As cinco bases nitrogenadas encontradas no DNA e no RNA.

Tabela 4.1 Os nucleotídios presentes em moléculas de ácidos nucleicos.

Nucleotídios	Base componente	Abreviaturas		Encontrado no
		3 letras	1 letra	
2'-desoxiadenosina 5'-trifosfato	Adenina	dATP	A	DNA
2'-desoxiguanosina 5'-trifosfato	Guanina	dGTP	G	DNA
2'-desoxicitidina 5'-trifosfato	Citosina	dCTP	C	DNA
2'-desoxitimidina 5'-trifosfato	Timina	dTTP	T	DNA
Adenosina 5'-trifosfato	Adenina	ATP	A	RNA
Guanosina 5'-trifosfato	Guanina	GTP	G	RNA
Citidina 5'-trifosfato	Citosina	CTP	C	RNA
Uridina 5'-trifosfato	Uracila	UTP	U	RNA

molécula de DNA ou de RNA, utilizaremos as abreviaturas de uma letra, que são A, C, G e T para o DNA e A, C, G e U para o RNA. O uso das mesmas abreviaturas para ambos os conjuntos de nucleotídios raramente provoca confusão, visto que a presença de T ou U na sequência indica se a molécula é de DNA ou RNA. Por exemplo, a sequência ATCGAGCGACGT é claramente do DNA.

Os nucleotídios são unidos por ligações fosfodiéster

A próxima etapa na construção da estrutura de uma molécula de ácido nucleico consiste em ligar os nucleotídios individuais entre si para formar um polímero. Esse polímero, denominado polinucleotídio, é formado pela ligação de um nucleotídio a outro por meio dos grupos fosfato.

A estrutura de um trinucleotídio de DNA, uma molécula de DNA curta que consiste em três nucleotídios individuais, é mostrada na Figura 4.4. Um polinucleotídio de RNA tem a mesma estrutura, exceto, é claro, que estão sendo usados nucleotídios de RNA. Os monômeros de nucleotídios são ligados entre si pela união do grupo α-fosfato, fixado ao carbono 5' de um nucleotídio, com o carbono 3' do nucleotídio seguinte da cadeia. Normalmente, um polinucleotídio é construído a partir de subunidades de nucleosídio trifosfato, de modo que, durante a polimerização, os grupos β e γ-fosfato são clivados. O grupo hidroxila ligado ao carbono 3' do segundo nucleotídio também é perdido. A ligação resultante é denominada **ligação fosfodiéster,** em que "fosfo" indica a presença de um átomo de fósforo, e "diéster" refere-se às duas ligações éster (C-O-P) em cada ligação. Para ser preciso, essa ligação deve ser denominada ligação 3'-5'fosfodiéster, de modo que não haja nenhuma confusão quanto aos átomos de carbono no açúcar que participam da ligação.

Uma característica importante de um polinucleotídio é que as duas extremidades da molécula não são iguais. Isso é evidente se examinarmos a Figura 4.4. A parte superior desse polinucleotídio termina com um nucleotídio onde o grupo trifosfato ligado ao carbono 5' não participou de uma ligação fosfodiéster, e os grupos β e γ-fosfatos ainda estão em posição. Essa extremidade é denominada **extremidade 5'ou 5'-P terminal**. Na outra extremidade da molécula, o grupo que não sofreu reação é o grupo 3'-hidroxila. Essa extremidade é denominada **extremidade 3' ou 3'-OH-terminal**.

> Estudaremos os detalhes da síntese de polinucleotídios na *Seção 14.1.2*.

Figura 4.4 **Estrutura de um trinucleo-tídio de DNA.**

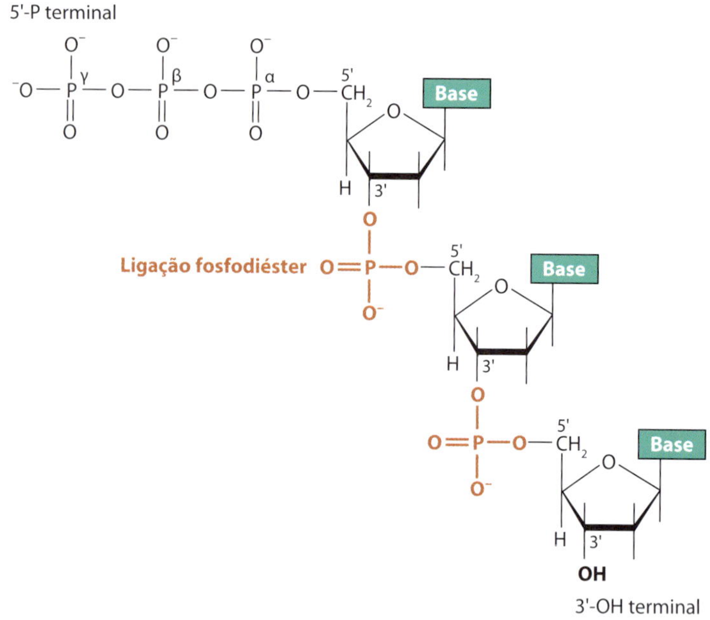

A distinção química entre as duas extremidades significa que os polinucleotídios apresentam uma direção, que pode ser descrita como $5' \rightarrow 3'$ (para baixo na Figura 4.4) ou $3' \rightarrow 5'$ (para cima na Figura 4.4). A diferença entre as extremidades também significa que a reação necessária para aumentar um polímero de DNA ou de RNA na direção $5' \rightarrow 3'$ é diferente daquela necessária para realizar uma extensão $3' \rightarrow 5'$. Nas células vivas, os polinucleotídios são sempre estendidos na direção $5' \rightarrow 3'$ por meio da adição de nucleotídios à extremidade 3' livre. Nunca foi descoberta nenhuma enzima capaz de catalisar a reação química necessária para formar DNA ou RNA na direção oposta, ou seja, $3' \rightarrow 5'$.

Aparentemente, não há limite para o número de nucleotídios que podem ser unidos entre si para formar um polinucleotídio. São conhecidas moléculas de RNA contendo vários milhares de nucleotídios, e as moléculas de DNA nos cromossomos são muito mais longas, apresentando, algumas vezes, vários milhões de nucleotídios de comprimento. Além disso, não existem restrições químicas para a ordem dos diferentes nucleotídios em uma molécula do DNA ou de RNA.

4.1.2 Estruturas secundárias do DNA e do RNA

Tanto as moléculas de DNA quanto as de RNA adotam estruturas secundárias, em consequência das interações químicas que ocorrem entre diferentes polinucleotídios ou diferentes partes de um único polinucleotídio. No DNA, essa estrutura secundária é a famosa dupla hélice descoberta por James Watson e Francis Crick, em 1953. A dupla hélice é uma estrutura complicada, porém as características fundamentais não são muito difíceis de entender.

Características da dupla hélice

Na dupla hélice, os dois polinucleotídios estão dispostos de tal modo que seus "arcabouços" (ou "esqueletos") de açúcar-fosfato estejam no lado externo da hélice, enquanto as bases estejam no lado interno (Figura 4.5). As bases são empilhadas uma sobre a outra, de modo bastante semelhante a uma pilha de pratos ou aos degraus de uma escada em caracol. Os dois polinucleotídios são **antiparalelos**, o que significa que eles seguem em direções diferentes, um deles orientado na direção $5' \rightarrow 3'$, e o outro, na direção $3' \rightarrow 5'$. Os polinucleotídios precisam ser antiparalelos de modo a formar uma hélice estável, e não são conhecidas, na natureza, moléculas em que os dois polinucleotídios seguem a mesma direção. A dupla hélice é de sentido horário, porém não é absolutamente regular. De fato, existem dois sulcos ou cavidades ao longo do comprimento da hélice. Uma dessas cavidades é relativamente larga e profunda e denominada **cavidade ou sulco maior**, enquanto a outra é estreita é menos profunda e denominada **cavidade ou sulco menor**. Essas duas cavidades estão claramente visíveis na Figura 4.5.

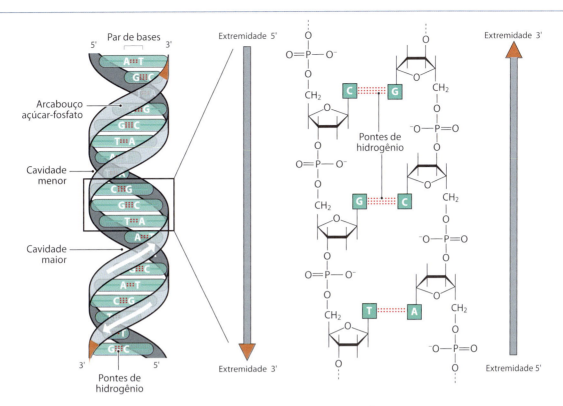

Figura 4.5 Estrutura de dupla hélice do DNA. À esquerda, a dupla hélice é desenhada com o arcabouço de açúcar-fosfato de cada polinucleotídio mostrado como uma fita de cor cinza, com os pares de bases em verde. À direita, a figura mostra a estrutura química de três pares de bases.

A hélice é estabilizada por dois tipos de interações químicas. A primeira dessas interações é constituída por pontes de hidrogênio, que se formam entre as bases adjacentes uma à outra nas duas fitas da hélice. Esse **pareamento de bases** só pode ocorrer entre uma adenina de uma fita e uma timina da outra fita, ou entre uma citosina e uma guanina (Figura 4.6). Estes são os únicos pares possíveis, em parte devido à geometria das bases nucleotídicas e às posições relativas dos átomos que podem participar nas pontes de hidrogênio e, em parte, devido ao pareamento que precisa ocorrer entre uma purina e uma pirimidina. Um par purina-purina seria muito volumoso para se encaixar dentro da hélice, enquanto um par pirimidina-pirimidina seria demasiado pequeno. Em virtude do pareamento de bases, as sequências dos dois polinucleotídios na hélice são **complementares**, ou seja, a sequência de um polinucleotídio corresponde à sequência do outro (ver Figura 4.5).

O segundo tipo de interação que mantém a dupla hélice unida é denominado **empilhamento de bases**. Isso envolve forças de atração entre pares de bases adjacentes e acrescenta estabilidade à dupla hélice após a união das fitas por pontes de hidrogênio.

Figura 4.6 Pareamento de bases. As pontes de hidrogênio estão indicadas por linhas vermelhas pontilhadas. Observe que um par de bases G-C possui três pontes de hidrogênio, enquanto um par de bases A-T tem apenas duas.

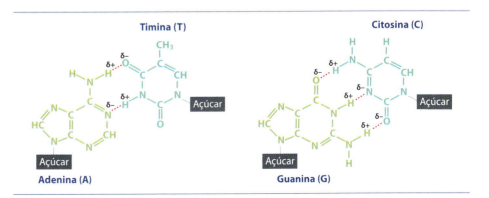

> **Boxe 4.1** Empilhamento de bases.
>
> **PRINCÍPIOS DE QUÍMICA**
>
> O empilhamento de bases que ocorre dentro da dupla hélice deve-se à atração entre os anéis aromáticos das bases nucleotídicas. Essas atrações são maiores quando anéis adjacentes estão situados no mesmo plano, porém ligeiramente deslocados na vertical, como ocorre em uma estrutura helicoidal.
>
> A natureza subjacente da atração envolvida no empilhamento de bases não está bem esclarecida. O fenômeno é algumas vezes denominado empilhamento pi, com base na pressuposição de que ele envolve elétrons p (de orbitais p), que estão associados a ligações duplas e triplas. A princípio, acreditou-se que o empilhamento de bases era devido a interações entre os elétrons p em anéis aromáticos adjacentes. Essa hipótese está sendo atualmente questionada, e a possibilidade de que o empilhamento de bases envolva um tipo de interação eletrostática está sendo investigada.

Tanto o pareamento de bases quanto o empilhamento de bases são importantes para manter os dois polinucleotídios unidos, porém o pareamento de bases possui um significado adicional, em virtude de suas implicações biológicas. A restrição quanto ao pareamento de bases de A somente com T e G apenas com C significa que a replicação do DNA pode produzir duas cópias perfeitas de uma molécula parental por meio de um simples recurso, que consiste em usar as sequências das fitas preexistentes (os "moldes") para determinar as sequências das novas fitas (Figura 4.7). Essa replicação é conhecida como **síntese de DNA dependente de molde** e constitui o sistema usado por quase todas as enzimas que sintetizam novas moléculas de DNA na célula.

> O papel da síntese de DNA dependente de molde na replicação de uma dupla hélice será descrito na *Seção 14.1.2*.

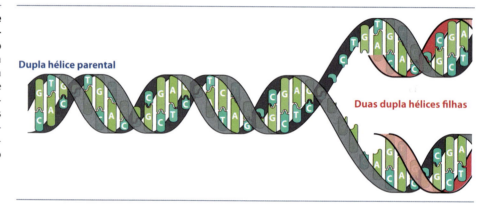

Figura 4.7 O papel do pareamento de bases complementares durante a replicação do DNA. A limitação segundo a qual a base A só pode ser pareada com T, e G apenas com C, significa que a síntese de DNA dependente de molde resulta em duas cópias perfeitas de uma dupla hélice parental. Os polinucleotídios da dupla hélice parental são mostrados na cor cinza, enquanto as fitas recém-sintetizadas são mostradas na cor rosa.

A dupla hélice existe em várias formas diferentes

A dupla hélice mostrada na Figura 4.5 é designada **forma-B** do DNA. Seus aspectos característicos consistem em um diâmetro da hélice de 2,37 nm, uma elevação por par de base de 0,34 nm e um passo (a distância percorrida por uma volta completa da hélice) de 3,4 nm, correspondendo a dez pares de bases por volta. Acredita-se que o DNA nas células vivas esteja predominantemente nessa forma B; entretanto, sabemos hoje que as moléculas de DNA não são totalmente uniformes na sua estrutura. Isso se deve principalmente ao fato de que cada nucleotídio na hélice possui a flexibilidade necessária para assumir formas moleculares ligeiramente diferentes. Para

> **Boxe 4.2** Descoberta da dupla hélice.
>
> **PESQUISA EM DESTAQUE**
>
> A descoberta da dupla hélice por James Watson e Francis Crick, da Universidade de Cambridge no Reino Unido, em 1953, constituiu o avanço mais importante na biologia do século XX. Antes de 1953, foi demonstrado que os genes eram constituídos de DNA. Uma das propriedades fundamentais de um gene é sua capacidade de replicação, de modo que cópias possam ser transmitidas às células-filhas durante a divisão celular e à progênie durante a reprodução. Portanto, se os genes são constituídos de DNA, pode-se deduzir que a molécula de DNA deve ser capaz de se replicar. Antes da descoberta da estrutura em dupla hélice, esse

Boxe 4.2 Descoberta da dupla hélice. (*continuação*) — PESQUISA EM DESTAQUE

processo de replicação era um mistério completo; entretanto, uma vez revelada a existência da dupla hélice, com as duas fitas mantidas unidas por meio de pareamento de bases complementares, o processo de replicação tornou-se evidente.

Quando Watson e Crick começaram sua pesquisa, as estruturas dos nucleotídios e o modo pelo qual estão ligados entre si para formar um polinucleotídio já eram conhecidos. O que não era conhecido era a estrutura do DNA em uma célula viva. A molécula de DNA era constituída de um único polinucleotídio ou de dois ou mais polinucleotídios? Uma maneira de abordar essa questão é medir a densidade do DNA nas fibras semicristalinas obtidas quando uma solução de DNA é misturada com sal. Várias medições de densidade da fibra de DNA já tinham sido registradas, porém não concordavam entre si. Algumas medidas sugeriam que havia três polinucleotídios em apenas uma molécula, enquanto outras indicavam a possibilidade de dois. Linus Pauling, que anteriormente tinha resolvido as conformações polipeptídicas da α-hélice e da folha-β, concebeu uma estrutura em tripla hélice incorreta. Watson e Crick concluíram que, mais provavelmente, havia duas fitas em uma molécula de DNA.

Estudo da estrutura do DNA por análise com difração de raios X

Em uma fibra de DNA, as moléculas individuais estão orientadas de modo regular. Isso significa que sua estrutura pode ser estudada por meio de **análise de difração de raios X.** Nessa técnica, a fita é bombardeada com raios X, alguns dos quais são desviados pelos átomos da molécula de DNA. Um filme fotográfico sensível aos raios X exposto ao feixe revela uma série de pontos, denominados padrão de refração dos raios X. A partir das posições e intensidades dos aspectos característicos no padrão, é possível deduzir uma informação sobre a estrutura do DNA.

Os padrões de difração de raios X foram obtidos de fibras de DNA por Rosalind Franklin, do King's College, em Londres. Os padrões mostraram que o DNA é uma hélice e também revelaram algumas de suas dimensões. Uma periodicidade de 0,34 nm indicava o espaçamento entre pares de bases, enquanto outra periodicidade de 3,4 nm fornecia a distância necessária para uma volta da hélice. Por meio de modelos de construção, Watson e Crick mostraram que, se uma hélice com essas dimensões tivesse apenas dois polinucleotídios, então os arcabouços de açúcar-fosfato tinham de estar no lado externo da molécula, as fitas deveriam ser antiparalelas, e a hélice necessariamente de sentido horário. Esta era a única maneira pela qual os vários átomos podiam estar distribuídos apropriadamente.

Importância das razões entre bases de Chargaff

Franklin ficou muito perto de solucionar a estrutura em dupla hélice, porém Watson e Crick foram aqueles que completaram o quebra-cabeça, visto que deduziram que as duas precisam ser mantidas juntas por meio de pareamento de bases complementares. Erwin Chargaff, da Universidade de Columbia, nos EUA, havia publicado dados mostrando as quantidades de cada um dos quatro nucleotídios em DNA de diferentes fontes. Para realizar esse experimento, tratou extratos de DNA com ácido fraco para degradar as moléculas até seus componentes nucleotídios. Em seguida, separou cada nucleotídio por meio de **cromatografia em papel**. Nesse método, uma mistura de nucleotídios é colocada em uma das extremidades de uma tira de papel, e um solvente orgânico, como *n*-butanol, é aplicado à tira. À medida que o solvente se desloca, ele carrega com ele os nucleotídios, porém em diferentes velocidades, dependendo da intensidade de absorção de cada nucleotídio pela matriz de papel. Por conseguinte, cada nucleotídio forma um ponto diferente no papel de filtro. Após extrair os nucleotídios dos pontos, utiliza-se a espectrofotometria ultravioleta para determinar as quantidades relativas de cada nucleotídio na amostra.

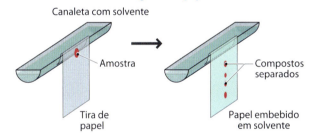

Cromatografia em papel

Resultados típicos obtidos por Chargaff

Células humanas

Razão entre bases	
A : T	1,00
G : C	1,00

Escherichia coli

Razão entre bases	
A : T	1,09
G : C	0,99

Esses experimentos revelaram a existência de uma relação simples entre as proporções dos nucleotídios em qualquer amostra de DNA. A relação é que o número de adeninas é igual ao número de timinas (A = T), enquanto o número de guaninas é igual ao número de citosinas (G = C).

Essa relação foi a chave para solucionar a estrutura em dupla hélice. Na manhã de sábado, 7 de março de 1953, Watson descobriu que os pares de bases formados pela adenina-timina e pela guanina-citosina apresentavam formas quase idênticas. Esses pares se acomodariam perfeitamente no interior da dupla hélice, produzindo uma espiral regular sem nenhuma protuberância. E, se estes fossem os únicos pares possíveis, então a quantidade de A seria igual à quantidade de T, ocorrendo o mesmo com G e C. Todas as peças se encaixaram, e o maior mistério da biologia – como um gene pode se replicar – tinha sido desvendado.

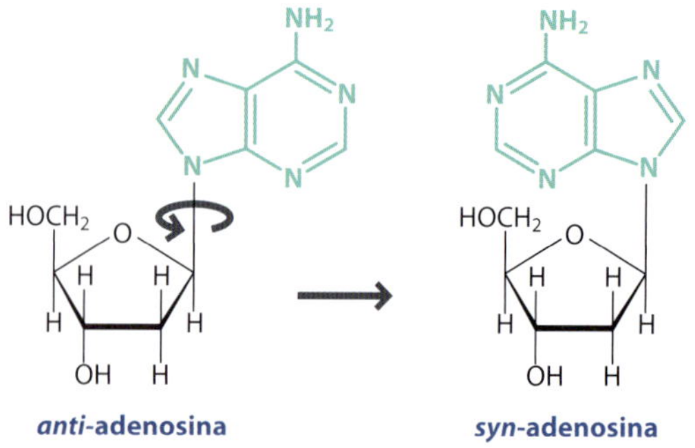

Figura 4.8 Estruturas de *anti*- e *syn* adenosina. As duas estruturas diferem na orientação da base com relação ao componente de açúcar do nucleotídio. A rotação em torno da ligação β-*N*-glicosídica converte uma forma na outra. Os outros três nucleotídios também apresentam conformações *anti*- e *syn*.

adotar essas diferentes conformações, as posições relativas dos átomos no nucleotídio precisam mudar ligeiramente. Existem várias possibilidades, das quais as mais importantes são as seguintes:

- Rotação em torno da ligação β-*N*-glicosídica, que modifica a orientação da base em relação ao açúcar (Figura 4.8) e influencia o posicionamento relativo dos dois polinucleotídios.

- **Prega (ou dobra) do açúcar**, que se refere à forma tridimensional do açúcar, que pode adotar a configuração C2'-endo ou C3'-endo. Essas configurações afetam a conformação do arcabouço de açúcar-fosfato.

Por conseguinte, as mudanças de conformação dentro de nucleotídios individuais podem levar a alterações importantes na estrutura global da hélice. Desde a década de 1950, foi constatado que ocorrem mudanças nas dimensões da dupla hélice quando fibras que contêm moléculas de DNA são expostas a diferentes umidades relativas. Por exemplo, a versão modificada da dupla hélice, denominada **forma-A** (Figura 4.9), tem um diâmetro de 2,55 nm, uma elevação por par de base de 0,23 nm e um passo de 2,5 nm, que corresponde a 11 pares de bases por volta da hélice (Tabela 4.2). À semelhança da forma-B, o A-DNA é uma hélice de sentido horário, e as bases estão na conformação *anti*- com relação ao açúcar. A principal diferença reside na prega do açúcar, visto que os açúcares na forma-B têm uma configuração C2'-endo, enquanto os do A-DNA têm uma configuração C3'-endo. Essa mudança de conformação altera as conformações dos arcabouços de açúcar-fosfato, de modo que, no A-DNA, a cavidade maior é mais profunda do que na forma-B, e a cavidade menor, mais superficial e mais larga.

Figura 4.9 Formas A, B e Z da dupla hélice. As cavidades maior e menor em cada molécula estão indicadas por "M" e "m", respectivamente. Reproduzida de http://en.wikipedia.org/wiki/Z-DNA, com licença de Creative Commons.

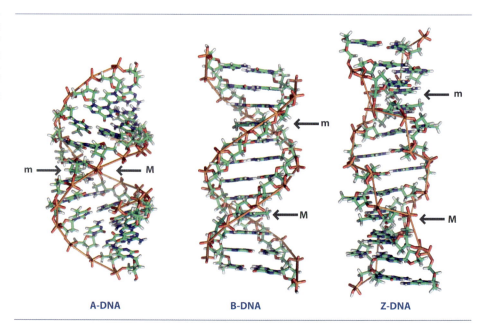

A-DNA   B-DNA   Z-DNA

> **Boxe 4.3** Prega (ou dobra) do açúcar. **PRINCÍPIOS DE QUÍMICA**
>
> A prega do açúcar ocorre devido ao fato de o açúcar ribose não ter uma estrutura planar. Quando visto lateralmente, um ou dois dos átomos de carbono estão acima ou abaixo do plano do açúcar. Na configuração C2′-endo, o carbono-2′ está acima do plano, enquanto o carbono-3′ está ligeiramente abaixo, ao passo que, na configuração C3′-endo, o carbono-3′está acima do plano, e o carbono-2′, abaixo. Como o carbono-3′ participa na ligação fosfodiéster com o nucleotídio adjacente, as duas configurações em prega possuem efeitos diferentes sobre a conformação do arcabouço açúcar-fosfato.
>
>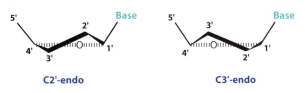

Tabela 4.2 Características das diferentes conformações da dupla hélice do DNA.

Característica	Forma-A	Forma-B	Z-DNA
Tipo de hélice	Sentido horário	Sentido horário	Sentido anti-horário
Orientação da base	anti	anti	Mistura
Prega do açúcar	C3′-endo	C2′-endo	Mistura
Número de pares de bases por volta da hélice	11	10	12
Distância entre pares de bases (nm)	0,23	0,34	0,38
Distância por volta completa (nm)	2,5	3,4	4,6
Diâmetro (nm)	2,55	2,37	1,84
Cavidade maior	Estreita, profunda	Larga, profunda	Plana
Cavidade menor	Superficial	Estreita, superficial	Estreita, profunda

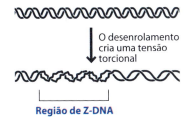

Figura 4.10 Uma possível função do Z-DNA na célula. As regiões Z-DNA podem ser formadas em posição adjacente a um segmento desenrolado de B-DNA, de modo a aliviar a tensão torcional criada.

Um terceiro tipo, o **Z-DNA**, exibe uma diferença mais notável. Nessa estrutura, a hélice é de sentido anti-horário, e não de sentido horário como no A-DNA e no B-DNA. O arcabouço do açúcar-fosfato adota uma conformação em zigue-zague irregular, com uma das duas cavidades praticamente inexistente, enquanto a outra é muito estreita e profunda (Figura 4.9). O Z-DNA é mais estreitamente espiralado, com 12 bp por volta da hélice e um diâmetro de apenas 1,84 nm (Tabela 4.2). Sabe-se que o Z-DNA ocorre em regiões de uma dupla hélice que contém repetições do motivo GC (a sequência de cada fita é ...GCGCGCGC...). Nessas regiões, cada nucleotídio G tem as conformações *syn* e C3′-endo, e cada C é *anti* e C2′-endo. Acredita-se que o Z-DNA seja formado no DNA celular adjacente a segmentos de B-DNA que se tornaram ligeiramente desenrolados, como ocorre quando um gene está sendo copiado em RNA. O desenrolamento resulta em tensão torcional, o que pode ser aliviado, em certo grau, pela formação da versão Z mais compacta da hélice (Figura 4.10).

Moléculas de RNA frequentemente apresentam pares de bases intramoleculares

Os nucleotídios nas moléculas de RNA também podem formar pares de bases, em que a regra consiste no pareamento da base A com U e da base G com C. São conhecidas algumas duplas hélices de RNA, porém o pareamento habitualmente não ocorre entre diferentes polinucleotídios. Ao invés disso, uma molécula típica de RNA adota uma estrutura enovelada, mantida unida por pares de bases intramoleculares, que se formam entre nucleotídios da mesma molécula. Para ilustrar isso, iremos analisar a estrutura do **RNA transportador** ou **tRNA**, um tipo de RNA encontrado em todos os organismos, que está envolvido na síntese de proteínas.

> Estudaremos o papel do tRNA na síntese de proteínas na *Seção 16.12*.

As moléculas de RNA transportador são relativamente pequenas, tendo, a maioria delas, entre 74 e 95 nucleotídios de comprimento. Cada organismo sintetiza um certo número de tRNA diferentes, cada um com múltiplas cópias. Entretanto, praticamente todas as moléculas de tRNA nos organismos podem ser enoveladas em uma estrutura com pareamento de bases semelhante, designada como **padrão em trevo**

Boxe 4.4 Unidades de comprimento para as moléculas de ácido nucleico.

O **par de bases (bp)** é a unidade de comprimento para uma molécula de DNA de fita dupla.

- 1.000 bp = 1 quilo par de bases (1 kb)
- 1.000.000 bp = 1.000 kb = 1 mega par de bases (1 Mb)

Muitas moléculas de DNA naturais têm mais de 1 Mb de comprimento. A única molécula de DNA no cromossomo 1 humano, por exemplo, tem 247 Mb de comprimento.

As moléculas de RNA são, em sua maioria, moléculas de fita simples e, portanto, seu comprimento é descrito simplesmente como "nucleotídios". Poucas moléculas de RNA têm mais de alguns milhares de nucleotídios de comprimento, de modo que raramente são utilizados termos como "quilonucleotídios".

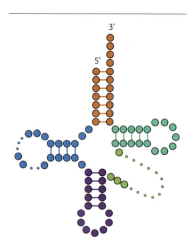

Figura 4.11 Estrutura em trevo de pareamento de bases de uma molécula de tRNA. As quatro estruturas com pareamento de bases são mostradas em cores diferentes. Os pontos indicam as regiões onde o número de nucleotídios varia em diferentes tRNA. Os nucleotídios em cor verde-oliva formam uma quarta alça, porém esta alça não tem pareamento de bases.

> O modo pelo qual os miRNA regulam a expressão gênica é descrito na *Seção 17.2.1.*

(Figura 4.11). O trevo tem quatro "folhas" que se irradiam de uma parte central. Três dessas folhas são estruturas **em haste-alça**, formadas pela curvatura da cadeia de polinucleotídio sobre ela própria, com um segmento curto de pareamento de bases formando a haste que sustenta a conformação (Figura 4.12). Para que isso ocorra, as sequências de nucleotídios nas duas partes da haste precisam ser complementares. Para produzir uma estrutura complexa como a do trevo, os componentes desses pares de sequências complementares precisam estar dispostos em uma ordem característica dentro da sequência do RNA.

São encontradas estruturas em haste-alça em muitos tipos diferentes de RNA, cujas hastes variam de apenas três ou quatro pares de bases até 100 ou mais. Nas hastes mais longas, nem todos os pares de bases precisam ser complementares, visto que alguns **pareamentos impróprios** podem ser tolerados sem desestabilizar a estrutura. Além disso, podem ocorrer pontes de hidrogênio entre os nucleotídios G e U, que resultam em pares de bases não padrões, e algumas estruturas são ligeiramente irregulares, devido à omissão no pareamento de um ou mais nucleotídios em um lado da haste. Todos esses aspectos estão ilustrados na Figura 4.13, que mostra a estrutura de um microRNA (miRNA), um tipo de RNA que regula a expressão gênica.

A alça também contribui para a estabilidade da estrutura global. A alça precisa conter pelo menos três nucleotídios, que é a quantidade mínima necessária para que o polinucleotídio possa executar uma volta de 180°. A sequência de quatro nucleotídios 5'-UUCG-3' é particularmente comum, visto que a estrutura resultante, denominada **tetra-alça**, é relativamente estável, devido ao forte empilhamento de bases que se forma dentro dessa sequência. As alças maiores tendem a não apresentar empilhamento de bases e, consequentemente, são menos estáveis.

Embora a estrutura em trevo seja uma maneira conveniente de desenhar a estrutura de um tRNA, trata-se apenas de uma representação; na célula, os tRNA apresentam uma estrutura tridimensional diferente. Essa estrutura foi determinada por cristalografia de raios X e é mostrada na Figura 4.14. Os pares de bases nas hastes do trevo ainda estão presentes na estrutura tridimensional, porém vários pares de bases adicionais formam-se entre nucleotídios em diferentes alças, que parecem estar amplamente separadas na estrutura em trevo. Isso resulta no enovelamento da molécula em uma conformação compacta em forma de L. O mesmo se aplica a outras moléculas de RNA – podemos desenhá-las em duas dimensões, como estruturas simples com hastes e alças; entretanto, na realidade, suas conformações tridimensionais são muito mais complexas.

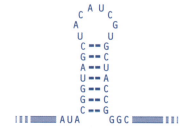

Figura 4.12 Estrutura em haste-alça típica de RNA.

Figura 4.13 Estrutura de um miRNA humano. O miRNA adota uma estrutura em haste-alça. Dentro da haste, existem duas posições de pareamento impróprio (*mostradas em verde*) e um exemplo de pareamento irregular (*mostrado em púrpura*). Existem também três pares de bases G-U não padrões.

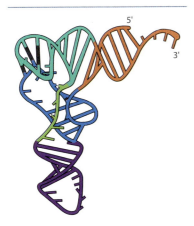

Figura 4.14 Estrutura tridimensional de um tRNA. As diferentes partes do tRNA são coloridas da mesma maneira que na Figura 4.11.

4.1.3 Os RNA exibem uma gama diversificada de modificações químicas

Os RNA transportadores apresentam uma segunda característica comum das moléculas de RNA, que agora devemos considerar. Alguns dos nucleotídios no tRNA são alterados após a síntese do polinucleotídio por vários tipos de modificações químicas. Isso significa que essas moléculas, bem como muitas outras moléculas de RNA, contêm muito mais do que os quatro nucleotídios padrões que encontramos até o momento.

Os seguintes tipos de modificação são os mais comuns (Figura 4.15):

- **Metilação**, que envolve a adição de um ou mais grupos metila (-CH$_3$) à base ou componente de açúcar do nucleotídio. Um exemplo é a conversão da guanina em 7-metilguanina

- **Desaminação**, que é a remoção de um grupo amino (-NH$_2$). A desaminação converte a adenina em hipoxantina, e a guanina em xantina. Além disso, pode converter a citosina em uracila. Nem a timina nem a uracila possuem um grupo amino e, portanto, não podem ser desaminadas

- **Substituição tiólica**, em que um átomo de oxigênio é substituído por um enxofre. Um exemplo de uma base tiosubstituída é a 4-tiouracila, que resulta da substituição de um átomo de oxigênio por um enxofre na uracila

- **Rearranjo de bases**, em que as posições dos átomos no anel de purina ou de pirimidina são modificadas. O exemplo mais comum é a conversão da uracila em pseudouracila

- **Saturação da ligação dupla**, que envolve a conversão de uma ligação dupla da base em uma ligação simples. Isso também pode ocorrer com a uracila, produzindo di-hidrouracila.

> Estudaremos as modificações químicas do RNA de modo mais detalhado na *Seção 15.2.3*.

Até agora, foram descobertos mais de 50 tipos de modificações químicas em diferentes tipos de RNA. Acredita-se que as enzimas que realizam essas modificações reconheçam sequências nucleotídicas ou estruturas de pares de bases particulares em uma molécula de RNA ou, possivelmente, uma combinação de ambas, alterando, assim, apenas os nucleotídios apropriados. As razões para muitas dessas modificações não são conhecidas, embora várias funções tenham sido atribuídas a alguns casos específicos. No tRNA, alguns dos nucleotídios modificados são reconhecidos pelas enzimas que ligam um aminoácido à extremidade 3' da molécula. Essa reação é de importância central para o papel de intermediário que o tRNA desempenha durante a síntese de proteínas. O aminoácido correto precisa ser ligado ao tRNA correto, e acredita-se que as modificações realizadas no tRNA forneçam parte da especificidade que assegura essa ligação correta.

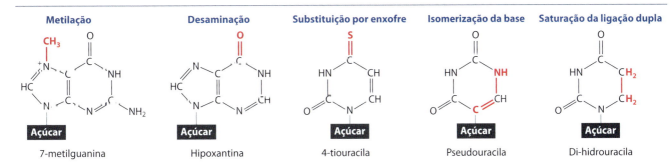

Figura 4.15 Exemplos de bases quimicamente modificadas em moléculas de RNA. As diferenças entre essas bases modificadas e as bases clássicas a partir das quais derivam são mostradas em vermelho.

4.2 Acondicionamento do DNA

Como verificamos, as moléculas de DNA podem ter milhões de nucleotídios de comprimento. Por exemplo, o genoma humano compreende 24 moléculas de DNA de fita dupla. A mais curta dessas moléculas tem 47 Mb, e a mais longa, 247 Mb. Se tivermos em mente que, na forma-B do DNA, a elevação por par de bases é de 0,34 nm, um cálculo rápido irá revelar que uma molécula de DNA de 47 Mb possui um comprimento de 47.000.000 × 0,34 nm, que é igual a 1,6 cm. De fato, o comprimento médio das 24 moléculas de DNA humanas tem mais de 4 cm. Cada uma delas está contida em um cromossomo que, durante a divisão celular, adota uma estrutura compacta que têm apenas alguns micrometros (µm) de comprimento. É necessária a existência de um sistema de acondicionamento altamente organizado para acomodar essas moléculas compridas de DNA em estruturas tão pequenas.

4.2.1 Nucleossomos e fibras de cromatina

A pesquisa que levou à nossa atual compreensão do modo pelo qual o DNA é acondicionado nos cromossomos começou há muitos anos antes da descoberta da estrutura do DNA. No fim do século XIX, os citologistas descobriram um componente do núcleo que se corava intensamente com determinados tipos de corante. Esse material foi denominado **cromatina**, da palavra grega *chroma* que significa "cor". O termo "cromossomo" provém da mesma raiz e significa "corpo colorido".

Posteriormente, foi constatado que a cromatina consiste em um complexo de DNA e proteína. As proteínas proporcionam o sistema de acondicionamento que permite que uma molécula comprida de DNA seja comprimida em um minúsculo cromossomo.

As histonas são proteínas de ligação do DNA

O componente proteico da cromatina consiste principalmente em **histonas**. As histonas são uma família de proteínas bastante curtas, de 100 a 220 aminoácidos de comprimento, e cada uma delas apresenta um conteúdo relativamente alto de aminoácidos básicos (Tabela 4.3).

Tabela 4.3 Histonas.

Histona	Número de aminoácidos	Conteúdo de aminoácidos básicos
H1	194 a 346	30%
H2A	130	20%
H2B	126	22%
H3	136	23%
H4	103	25%

O "número de aminoácidos" refere-se às histonas humanas. A H1 é uma família de histonas, incluindo H1a-H1e, H1°, H1t e H5.
O "conteúdo de aminoácidos básicos" refere-se à quantidade de lisina, histidina e arginina em cada proteína.

A maneira pela qual as proteínas de histona estão associadas ao DNA na cromatina foi estudada pela primeira vez por meio de experimentos de **proteção contra a nuclease**. Nesse procedimento, um complexo de DNA-proteína é tratado com uma endonuclease, uma enzima que cliva ligações fosfodiéster. Um exemplo é a desoxirribonuclease I ou DNase I, que pode ser purificada a partir do pâncreas de vaca. A DNase I cliva o DNA em qualquer ligação fosfodiéster interna, de modo que o tratamento prolongado degrada o DNA em seus nucleotídios constituintes. Todavia, a endonuclease precisa ter acesso ao DNA para efetuar a clivagem. Se parte do DNA estiver mascarada ("protegida") pela sua ligação a uma proteína, a enzima não será capaz de alcançá-la. Por conseguinte, essas regiões protegidas não são afetadas pelo tratamento com endonuclease e podem ser recuperadas em sua forma intacta após a enzima ter sido inativada e após a remoção das proteínas ligadas do DNA.

O tratamento da cromatina com uma nuclease, em condições diferentes, permite que sejam deduzidas duas características essenciais do arranjo das histonas (Figura 4.16):

- O tratamento prolongado com nuclease produz fragmentos de DNA de 146 bp de comprimento. Esse resultado sugere que cada histona ou grupo de histonas estão estreitamente associados a um segmento de DNA desse comprimento.

- O tratamento limitado com nuclease, com a intenção de clivar apenas algumas das ligações fosfodiéster no DNA, produz fragmentos de aproximadamente 200 bp e múltiplos de 200 bp. A partir desse resultado, podemos concluir que as histonas estão associadas ao DNA de modo regular, estando cada histona ou grupo de histonas distribuídos a intervalos de aproximadamente 200 bp.

Figura 4.16 Resultados de um experimento de proteção contra a nuclease com cromatina purificada.

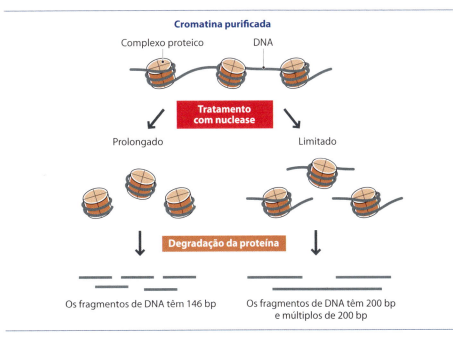

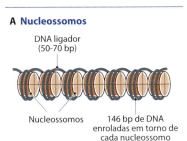

A Nucleossomos

B Papel da histona H1

Figura 4.17 Nucleossomos. A. Os nucleossomos formam contas em um cordão de DNA. **B.** A histona ligadora.

A confirmação da segunda dessas duas deduções foi obtida por meio de estudos da cromatina ao microscópio eletrônico. O complexo revelou ter uma estrutura em **contas em um cordão (como um colar de pérolas)**, estando cada conta de proteína localizada a um intervalo de aproximadamente 200 bp ao longo da molécula de DNA. As contas são denominadas **nucleossomos**. Cada nucleossomo contém oito proteínas de histona, duas de cada uma das histonas H2A, H2B, H3 e H4, formando um **octâmero central** em forma de barril. O DNA é enrolado duas vezes em torno do lado externo do nucleossomo, com 146 bp estreitamente associadas ao octâmero central, e cada nucleossomo é separado por 50 a 70 bp de **DNA ligador** não protegido (Figura 4.17A).

Além das histonas no octâmero central, existe uma histona adicional, H1, que está ligada ao lado externo do nucleossomo. Estudos estruturais sugerem que essa histona atua como grampo, impedindo que o DNA enrolado se desprenda do nucleossomo (Figura 4.17B). Atualmente, sabemos que a histona H1 não é apenas uma proteína, porém

---

Boxe 4.5 Acondicionamento do DNA em bactérias.

As bactérias também precisam acondicionar seu DNA em um espaço relativamente pequeno. O nucleoide de *Escherichia coli* contém apenas uma molécula circular de 4.639 kb, que corresponde a um comprimento de contorno (circunferência) de aproximadamente 1,6 mm. Em comparação, uma célula de *E. coli* mede cerca de 1 μm por 2 μm. A molécula de DNA é enrolada de maneira compacta por meio de **superespiralamento**, que ocorre quando voltas adicionais são introduzidas na dupla hélice de DNA (superespiralamento positivo), ou quando são removidas voltas (superespiralamento negativo). Uma molécula de DNA circular responde ao superespiralamento ao se enrolar em torno dela própria para formar uma estrutura mais compacta. Por conseguinte, o superespiralamento é uma maneira ideal de acondicionar uma molécula circular dentro de um pequeno espaço.

O DNA bacteriano superespiralado liga-se a um cerne de proteína a partir do qual se irradiam alças, cada uma delas contendo 10 a 100 kb de DNA, para o interior da célula. Foram identificadas várias proteínas de acondicionamento. A mais abundante delas é denominada HU, que forma um tetrâmero em torno do qual se enrolam aproximadamente 60 bp de DNA. Existem cerca de 60.000 proteínas HU por célula de *E. coli*, o suficiente para cobrir cerca de um quinto da molécula de DNA; entretanto, não se sabe se os tetrâmeros estão regularmente espaçados ao longo do DNA ou restritos à região central do nucleoide.

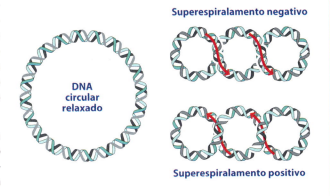

um grupo de proteínas, todas elas estreitamente relacionadas entre si e denominadas, em seu conjunto, **histonas ligadoras**. Nos vertebrados, incluem as histonas designadas como H1a – H1e, H1°, H1t e H5.

Níveis superiores de empacotamento do DNA

A conformação em contas em um cordão reduz o comprimento de uma molécula de DNA acerca de um sexto, de modo que uma molécula linear de 4 cm seria reduzida a um comprimento efetivo de 0,67 cm. Esse comprimento ainda é muito maior do que o comprimento de um cromossomo. Evidentemente, existem níveis superiores de empacotamento do DNA.

Atualmente, acreditamos que a estrutura de contas em um cordão constitui uma forma não compactada de cromatina que ocorre só raramente nos núcleos das células vivas. A microscopia eletrônica de preparações de cromatina menos compacta indica que a maior parte do DNA nuclear encontra-se na forma da **fibra de 30 nm**, assim designada pelo seu diâmetro, que é de aproximadamente 30 nm. A maneira exata pela qual os nucleossomos estão organizados na fibra de 30 nm não é conhecida, porém o modelo "solenoide" consiste estrutura preferida pela maioria dos pesquisadores. Os nucleossomos individuais na fibra de 30 nm podem ser mantidos entre si por interações entre as histonas ligadoras, ou as ligações podem envolver histonas centrais, cujas regiões N-terminais se estendem para fora do nucleossomo. Esta última hipótese é atraente, visto que a modificação química dessas regiões N-terminais resulta na abertura da fibra de 30 nm, possibilitando a ativação dos genes contidos dentro dela.

A fibra de 30 nm reduz o comprimento da estrutura de contas em um cordão em cerca de sete vezes, de modo que uma molécula de DNA linear que começou com 4 cm de comprimento irá medir agora cerca de 1 mm. Os níveis adicionais de empacotamento que reduzem esse comprimento ao tamanho de um cromossomo não estão particularmente bem elucidados. Uma possibilidade é que as histonas em diferentes alças da fibra de 30 nm interajam umas com as outras, levando a estrutura a assumir conformações mais compactas. Os níveis mais condensados de empacotamento só ocorrem quando a célula está em divisão, e os cromossomos na metáfase tornam-se visíveis. Esses cromossomos da metáfase são as estruturas visíveis ao microscópio óptico e que exibem a aparência geralmente associada à palavra "cromossomo" (Figura 4.18). Durante a **interfase**, o período entre as divisões celulares, o DNA é menos compacto, e grande parte ocorre na forma da fibra de 30 nm.

Ver a Seção 16.3.2 para maiores detalhes sobre como modificações das histonas influenciam a expressão gênica.

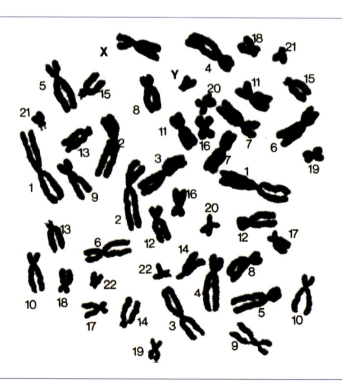

Figura 4.18 Cromossomos humanos na metáfase. Os cromossomos na metáfase só aparecem durante a divisão celular, quando cada um deles assume sua conformação mais compacta. Existem duas cópias de cada um dos cromossomos 1-22, bem como uma cópia de X e uma de Y. Reproduzida de www.contexo.info/DNA_Basics/chromosomes.htm.

Leitura sugerida

Altona C and Sundaralingam M (1972) Conformational analysis of the sugar ring in nucleosides and nucleotides: a new description using the concept of pseudorotation. *Journal of the American Chemical Society* **94**, 8205–12. Informações sobre a prega (ou dobra) do açúcar.

Björk GR, Ericson JU, Gustafsson C, *et al.* (1987) Transfer RNA modification. *Annual Review of Biochemistry*, **56**, 263–87. Informações sobre a modificação dos nucleotídios no tRNA.

Clark BFC (2001) The crystallization and structural determination of tRNA. *Trends in Biochemical Science* **26**, 511–14. Determinação da estrutura tridimensional de um tRNA.

Cutter AR and Hayes JJ (2015) A brief review of nucleosome structure. *FEBS Letters* **589**, 2914–22.

Hagerman PJ (1991) RNA 'tetraloops': living in *syn. Current Biology* **1**, 50–2.

Harshman SW, Young NL, Parthun MR and Freitas MA (2013) HI histones: current perspectives and challenges. *Nucleic Acids Research* **41**, 9593–609.

Holley RW, Apgar J, Everett GA, *et al.* (1965) Structure of a ribonucleic acid. *Science*, **147**, 1462–5. A descoberta da estrutura padrão em trevo do tRNA.

Rich A and Zhang S (2003) Z-DNA: the long road to biological function. *Nature Reviews Genetics* **4**, 566–72.

Robinson PJJ and Rhodes D (2006) Structure of the '30 nm' chromatin fibre: a key role for the linker histone. *Current Opinion in Structural Biology* **16**, 336–43. Revisão de modelos para a estrutura da fibra de 30 nm.

Watson JD (1968) *The Double Helix.* Atheneum, London. A descoberta mais importante da biologia do século XX, escrita como uma novela.

Watson JD and Crick FHC (1953) Molecular structure of nucleic acids: a structure for deoxyribose nucleic acid. *Nature*, **171**, 737–8. O relatório científico da descoberta da estrutura de dupla hélice do DNA.

Yakovchuk P, Protozanova E and Frank-Kamenetskii MD (2006) Base-stacking and base-pairing contributions into thermal stability of the DNA double helix. *Nucleic Acids Research* **34**, 564–74.

Questões de autoavaliação

Questões de múltipla escolha

Cada questão tem apenas uma resposta correta.

1. Um grupo hidroxila está ligado a qual dos carbonos do açúcar desoxirribose no DNA?
   - (a) 1′
   - (b) 2′
   - (c) 3′
   - (d) 4′

2. Quais são as duas purinas encontradas nas moléculas de DNA?
   - (a) Adenina e citosina
   - (b) Adenina e guanina
   - (c) Adenina e timina
   - (d) Citosina e timina

3. Qual é nome da ligação entre a base nitrogenada e o componente açúcar de um nucleotídio?
   - (a) Par de bases
   - (b) β-*N*-glicosídica
   - (c) Ponte de hidrogênio
   - (d) Ligação fosfodiéster

4. Qual é o nome da base nitrogenada encontrada no DNA, mas não no RNA?
   - (a) Adenina
   - (b) Guanina
   - (c) Timina
   - (d) Uracila

5. Em um polinucleotídio, entre que pares de carbonos se forma a ligação entre nucleotídios adjacentes?
   - (a) 1′ e 2′
   - (b) 1′ e 3′
   - (c) 1′ e 5′
   - (d) 3′ e 5′

6. Qual das seguintes técnicas não foi usada no trabalho que levou à descoberta da estrutura do DNA em dupla hélice?
   - (a) Construção de modelo
   - (b) Espectroscopia por ressonância magnética nuclear
   - (c) Cromatografia em papel
   - (d) Análise por difração de raios X

80 Parte 1 Células, Microrganismos e Biomoléculas

7. Qual dessas ligações está envolvida no pareamento entre as duas fitas da hélice do DNA?
   (a) Ligações covalentes
   (b) Interações iônicas
   (c) Pontes de hidrogênio
   (d) Forças hidrofóbicas

8. Qual das seguintes afirmativas é **correta** com relação ao empilhamento de bases?
   (a) Dá origem às conformações *anti-* e *syn-* da adenosina
   (b) Ocorre pelo fato de que o açúcar ribose não possui uma estrutura planar
   (c) Ocorre apenas entre as bases A e T e entre G e C
   (d) Resulta de atrações entre os anéis aromáticos das bases nucleotídicas

9. O que causa o aparecimento das conformações C2'-endo ou C3'-endo de um nucleotídio?
   (a) Pareamento de bases
   (b) Empilhamento das bases
   (c) Complementaridade entre os polinucleotídios
   (d) Prega (ou dobra) do açúcar

10. Que tipo de DNA forma uma hélice anti-horário com 12 bp por volta e um diâmetro de apenas 1,84 nm?
    (a) Forma-A
    (b) Forma-B
    (c) Z-DNA
    (d) Nenhuma das alternativas anteriores

11. Para se referir a 1.000.000 pares de bases de DNA, qual é a abreviatura utilizada?
    (a) kb
    (b) Mb
    (c) Gb
    (d) Não existem moléculas de DNA de 1.000.000 pares de bases

12. Qual das seguintes afirmativas é **incorreta** com relação ao tRNA?
    (a) Cada organismo sintetiza um certo número de diferentes tRNA
    (b) Podem ocorrer pares de bases G-T no tRNA
    (c) A maioria dos tRNA tem 74 a 95 nucleotídios de comprimento
    (d) A maioria das moléculas de tRNA pode se enovelar em uma estrutura em trevo

13. A sequência de quatro nucleotídios 5'-UUCG-3' forma uma estrutura relativamente estável denominada:
    (a) MicroRNA
    (b) Haste-alça
    (c) Tetra-alça
    (d) tRNA

14. Qual das seguintes alternativas não é um tipo comum de modificação química observada em moléculas de tRNA?
    (a) Rearranjo de bases
    (b) Desaminação
    (c) Saturação da ligação dupla
    (d) Fosforilação

15. Qual é o comprimento de uma molécula de DNA de 47 Mb?
    (a) 6 µm
    (b) 1,6 mm
    (c) 6 mm
    (d) 1,6 cm

16. Que tipo de enzima foi usada nos experimentos que mostraram a associação de proteínas ao DNA na cromatina?
    (a) Endonuclease
    (b) Exonuclease
    (c) Pancrease
    (d) Protease

17. Qual é o nome das proteínas que compõem as "contas" da estrutura de contas em um cordão (colar de pérolas) para a cromatina?
    (a) Histonas
    (b) Nucleases
    (c) Nucleossomos
    (d) Octâmeros

18. Quais são as proteínas denominadas H1a-H1e, H1°, H1t e H5 nos vertebrados?
    (a) Proteínas do octâmero central
    (b) Histonas ligadoras
    (c) Nucleossomos
    (d) Tipos de proteína HU

19. Qual das seguintes afirmativas é **correta**?
    (a) Durante a interfase, grande parte do DNA encontra-se na forma da fibra de cromatina de 30 nm
    (b) A fibra de cromatina de 30 nm não contém nucleossomos
    (c) A fibra de cromatina de 30 nm reduz o comprimento da estrutura de contas em um cordão em cerca de seis vezes
    (d) A estrutura em trevo é um modelo popular para a estrutura da fibra de cromatina de 30 nm

20. No nucleoide bacteriano, o DNA é enovelado em uma estrutura compacta por qual dos seguintes processos?
    (a) Desnaturação
    (b) Modificação por histona
    (c) Polimerização
    (d) Superespiralamento

Questões discursivas

1. Desenhe a estrutura de um nucleotídio, incluindo a numeração dos vários átomos de carbono, nitrogênio e do grupo fosfato.

2. Explique por que a estrutura da ligação fosfodiéster significa que as duas extremidades de um polinucleotídio são quimicamente distintas.

3. Descreva as características essenciais da estrutura em dupla hélice do DNA, ressaltando os aspectos que são particularmente importantes para o papel do DNA como depósito da informação biológica.

4. Descreva os diferentes tipos de dados experimentais que foram usados por Watson e Crick em seu trabalho que levou à

descoberta da estrutura em dupla hélice e faça um resumo da contribuição específica feita por cada um desses conjuntos de dados na compreensão dos detalhes da estrutura em hélice.

5. Estabeleça a distinção entre os termos "pareamento de bases" e "empilhamento de bases" e descreva a função de ambos os tipos de interações na estrutura da dupla hélice.

6. Faça uma lista das características fundamentais das formas-A, B e Z do DNA.

7. Escreva um texto curto sobre o papel do pareamento de bases intramolecular na estrutura do RNA, com enfoque na estrutura do RNA transportador.

8. Faça um resumo dos diferentes tipos de modificações químicas apresentadas por nucleotídios em moléculas de RNA.

9. Descreva a estrutura do nucleossomo.

10. Descreva, em linhas gerais, os conhecimentos atuais sobre a estrutura da fibra de cromatina de 30 nm e dos níveis superiores de empacotamento do DNA.

Questões de autoaprendizagem

1. Explique por que a dupla hélice recebeu aceitação universal e imediata como sendo a estrutura correta para o DNA.

2. Discuta as razões pelas quais os polipeptídios podem assumir uma grande variedade de estruturas, enquanto os polipeptídios são incapazes de fazê-lo.

3. Um tRNA tem a seguinte sequência de nucleotídios: 5'-GGG-CGUGUGGCGUAGUCGGUAGCGCGCUCCCUUAGCAU-GGGAGAGGUCUCCGGUUCGAUUCCGGACUCGUCCAC-CA-3'. Desenhe a estrutura em trevo que pode ser adotada por esse tRNA.

4. Uma molécula de RNA de 75 nucleotídios de comprimento pode formar duas estruturas em haste-alça. Uma dessas estruturas apresenta uma haste que tem 15 bp de comprimento e (incluindo a alça) é constituída dos nucleotídios 15 a 51. A segunda estrutura forma uma haste-alça de 9 bp, constituída dos nucleotídios 40 a 64. As hastes dessas duas estruturas possuem um conteúdo semelhante de GC e não contêm nenhum pareamento impróprio nem pares de bases G-U. À medida que as duas estruturas se sobrepõem, não é possível que ambas se formem ao mesmo tempo. Em circunstâncias normais, qual das duas estruturas de haste-alça você espera que irá se formar? Em uma célula, qual ou quais eventos poderiam resultar na formação da outra estrutura de haste-alça?

5. Discuta o impacto que a presença de nucleossomos provavelmente tem sobre a expressão dos genes individuais.

CAPÍTULO 5

Lipídios e Membranas Biológicas

OBJETIVOS DO ESTUDO

Após a leitura deste capítulo, você será capaz de:

- Reconhecer que os lipídios reúnem um grupo diverso de compostos com uma variedade de funções bioquímicas

- Descrever a estrutura básica de um ácido graxo

- Compreender as diferenças entre ácidos graxos saturados e insaturados e reconhecer por que determinados ácidos graxos são necessários como parte da dieta humana saudável

- Saber como os ácidos graxos se combinam para produzir triacilgliceróis, e entender como os sabões e as ceras são derivados de triacilgliceróis

- Compreender as características estruturais básicas dos derivados de ácidos graxos, como os glicerofosfolipídios e os esfingolipídios

- Descrever as estruturas dos terpenos, esteróis e esteroides e saber a importância desses compostos na biologia

- Familiarizar-se com as estruturas e as funções dos eicosanoides e das vitaminas lipossolúveis

- Compreender como as propriedades anfifílicas de certos lipídios permitem que eles formem bicamadas da membrana

- Descrever o modelo em mosaico fluido da estrutura da membrana e reconhecer a importância das jangadas ou balsas lipídicas dentro dessa estrutura

- Conhecer as diferenças entre proteínas de membrana integrais e periféricas e descrever exemplos de ambos os tipos

- Distinguir as diferentes maneiras pelas quais os compostos podem atravessar as membranas, com ou sem o auxílio de uma proteína de transporte

- Saber, em linhas gerais, como as proteínas receptoras transmitem sinais extracelulares através de uma membrana celular.

Os lipídios formam um grande grupo de compostos, que incluem gorduras, óleos, ceras, esteroides e várias resinas. Desempenham funções diversas na natureza, duas das quais são particularmente importantes em bioquímica. A primeira delas é o armazenamento de energia, em que o catabolismo das gorduras e dos óleos proporciona a maior parte das necessidades energéticas para muitos tipos de organismos, incluindo animais como os seres humanos. Naturalmente, este é o motivo pelo qual ficamos "gordos" quando nossa ingestão nutricional de certos lipídios excede as necessidades energéticas de nosso estilo de vida. A segunda função importante dos lipídios é na forma de componentes estruturais das membranas. Esta função também envolve todas as espécies, visto que as membranas são de natureza ubíqua, e, embora a composição das membranas varie em diferentes tipos de organismos, todas as membranas contêm lipídios de algum tipo.

O armazenamento de energia e a estrutura das membranas constituem as duas funções mais importantes dos lipídios, porém não são, de modo algum, as únicas. As ceras são secretadas sobre a superfície das folhas e dos frutos nas plantas para proteger o vegetal da desidratação e do ataque por pequenos predadores, como insetos, enquanto alguns animais e aves secretam ceras e outros lipídios que desempenham funções protetoras semelhantes em sua pelagem e penas. Muitos hormônios importantes são lipídios, como as vitaminas A, D, E e K. Um único grupo de lipídios, denominados **terpenos**, constitui a maior classe de produtos naturais e inclui cerca de 25.000 compostos diferentes, sintetizados principalmente por plantas. Esses compostos desempenham uma variedade de funções, como resistência às doenças, sinalização e proteção contra o ataque de predadores, bem como participação em processos fisiológicos importantes, como a fotossíntese.

5.1 Estruturas dos lipídios

Os lipídios são, em sua maioria, hidrofóbicos e lipofílicos. Em outras palavras, são insolúveis em água, porém solúveis em solventes orgânicos, como acetona e tolueno. Além dessas propriedades, é difícil citar características gerais sobre suas estruturas e propriedades químicas. Elas são tão diversas quanto as funções dos diferentes tipos de lipídios. Entretanto, muitos dos lipídios de maior importância são **ácidos graxos** ou derivados de ácidos graxos. Esses derivados incluem lipídios que armazenam energia, bem como os lipídios que são encontrados nas membranas biológicas. Por conseguinte, iremos começar com essa importante família de compostos.

5.1.1 Ácidos graxos e seus derivados

Embora sejam bem menores do que as proteínas e os ácidos nucleicos, os ácidos graxos também possuem uma estrutura polimérica. Nos polímeros de proteínas e ácidos nucleicos que estudamos nos dois capítulos anteriores, as próprias unidades monoméricas eram moléculas complexas: os aminoácidos no caso das proteínas e os nucleotídios no DNA e no RNA. Um polímero de ácidos graxos é muito menos complicado e consiste em uma cadeia simples de **hidrocarbonetos** de 4 a 36 carbonos, com seus átomos de hidrogênio ligados (Figura 5.1).

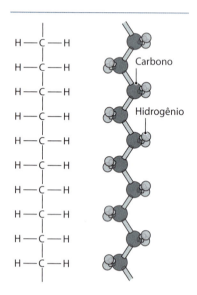

Figura 5.1 Parte de uma cadeia de hidrocarboneto. O desenho à esquerda mostra uma representação simples de parte de uma cadeia de hidrocarboneto, enquanto o desenho à direita mostra as posições relativas dos átomos de carbono e de hidrogênio. Lembre-se de que as quatro ligações ao redor de um átomo de carbono possuem uma disposição tetraédrica.

Ácidos graxos são polímeros de hidrocarboneto

Em termos químicos, os ácidos graxos constituem um tipo de ácido carboxílico. Trata-se de um composto constituído por um átomo de carbono central ligado por uma ligação dupla a um átomo de oxigênio para formar um grupo carbonila (C=O), por uma ligação simples a um grupo hidroxila (–OH) e por outra ligação simples a um grupo R, que difere em cada ácido carboxílico (Figura 5.2A). Por conseguinte, a fórmula geral é R–COOH, em que se denomina o COOH grupo carboxila. Os ácidos carboxílicos mais simples são produtos naturais conhecidos, como o ácido fórmico (em que o grupo R é um átomo de hidrogênio, formando H–COOH), o qual está presente nas picadas de formiga e de abelha, e o ácido acético do vinagre (CH$_3$–COOH), embora, obviamente, esses compostos sejam hidrossolúveis e não lipídios. Em um ácido graxo, o grupo R é a cadeia de hidrocarboneto. Devido a esse grupo R altamente hidrofóbico, os ácidos graxos são praticamente insolúveis em água, porém prontamente solúveis em muitos solventes orgânicos.

Figura 5.2 Estrutura de ácidos graxos.

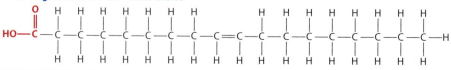

Os ácidos graxos são divididos em duas classes, dependendo da estrutura da cadeia de hidrocarboneto. Se todas as ligações entre carbonos adjacentes forem ligações simples, o que significa que cada átomo de carbono na cadeia polimérica apresenta dois átomos de hidrogênio, o ácido graxo é designado **saturado** (Figura 5.2B). Por outro lado, se houver um ou mais pares de carbonos ligados por ligações duplas, o ácido graxo é denominado **insaturado** (Figura 5.2C).

A ausência de ligações duplas significa que a cadeia de hidrocarboneto de um ácido graxo saturado tem uma estrutura linear (Figura 5.3A). Essas moléculas lineares são capazes de se agrupar de modo mais compacto umas com as outras. Uma consequência desse agrupamento compacto é o fato de que os ácidos graxos saturados têm, em sua maioria, pontos de fusão acima de 40°C e, portanto, são sólidos em temperatura ambiente. A presença de uma ligação dupla introduz uma dobra na cadeia de hidrocarboneto (Figura 5.3B), impedindo que as moléculas de um ácido graxo insaturado formem essas disposições tão compactas. Por conseguinte, os ácidos graxos insaturados têm pontos de fusão mais baixos, e a maioria consiste em líquidos oleosos em temperatura ambiente.

Figura 5.3 Configurações de um ácido graxo saturado e de um ácido graxo insaturado. A presença de uma ligação dupla introduz uma dobra na cadeia de hidrocarboneto. Os átomos de carbono são mostrados em cinza escuro, os de hidrogênio em cinza claro, e os de oxigênio, em vermelho.

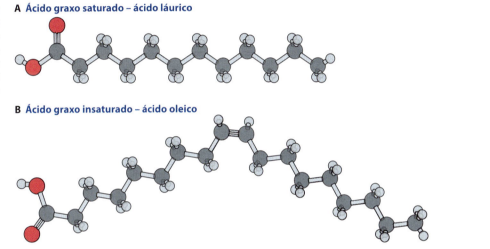

O modo pelo qual os ácidos graxos são sintetizados será descrito na *Seção 12.1.1*.

Embora os ácidos graxos tenham potencial para uma vasta diversidade, nem todas as estruturas possíveis são encontradas na natureza. Os ácidos graxos apresentam, em sua maioria, um número par de carbonos, refletindo seu modo bioquímico de síntese, que envolve ligações consecutivas de unidades de dois carbonos. Se o ácido graxo for insaturado, será raro encontrar mais de 4 ligações duplas na cadeia de hidrocarboneto, e há posições preferidas para a ocorrência dessas ligações: imediatamente após o 9º, o 12º ou o 15º átomos de carbono da cadeia (Figura 5.4).

Figura 5.4 Sistema de numeração para os carbonos de um ácido graxo. As ligações duplas com frequência ocorrem imediatamente após o 9º, o 12º e o 15º átomos de carbono na cadeia.

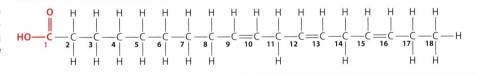

A Tabela 5.1 fornece alguns exemplos de ácidos graxos. Cada um deles possui um nome comum, refletindo, com frequência, a principal fonte natural do composto. Por exemplo, o ácido láurico é extraído das sementes do loureiro. Os diferentes ácidos graxos também podem ser distinguidos por meio de uma útil nomenclatura baseada na fórmula M:N($\Delta^{a,b,...}$). Nesta fórmula, M refere-se ao número de átomos de carbono na cadeia e N, ao número de ligações duplas. O ácido láurico possui 12 carbonos e nenhuma ligação dupla e, portanto, é descrito como 12:0. Se houver uma ou mais ligações duplas, então o componente ($\Delta^{a,b,...}$) é incluído, em que a,b,... indicam o número de carbonos que imediatamente precede a ligação ou as ligações duplas. O ácido

Parte 1 Células, Microrganismos e Biomoléculas

Tabela 5.1 Ácidos graxos.

Fórmula estrutural	Nome
Saturados	
12:0	Ácido láurico (ácido dodecanoico)
14:0	Ácido mirístico (ácido tetradecanoico)
16:0	Ácido palmítico (ácido hexadecanoico)
18:0	Ácido esteárico (ácido octadecanoico)
20:0	Ácido araquídico (ácido eicosanoico)
22:0	Ácido beénico (ácido docosanoico)
24:0	Ácido lignocérico (ácido tetracosanoico)
Monoinsaturados	
16:1 (Δ^9)	Ácido palmitoleico
18:1 (Δ^9)	Ácido oleico
Poli-insaturados	
18:2 ($\Delta^{9,12}$)	Ácido linoleico
18:3 ($\Delta^{9,12,15}$)	Ácido α-linolênico
18:3 ($\Delta^{6,9,12}$)	Ácido γ-linolênico
20:4 ($\Delta^{5,8,11,14}$)	Ácido araquidônico

oleico, o principal componente do azeite de oliva é 18:1(Δ^9), visto que ele possui uma cadeia de 18 carbonos, com uma ligação dupla imediatamente após o carbono número 9. O ácido linoleico, que é encontrado em vários óleos vegetais, é 18:2($\Delta^{9,12}$), o que significa que ele tem 18 carbonos e duas ligações duplas, as quais estão localizadas depois dos carbonos 9 e 12.

Boxe 5.1 Notação estrutural dos ácidos graxos.

A notação M:N($\Delta^{a,b,\cdots}$), usada no texto para descrever a estrutura dos ácidos graxos, baseia-se no sistema padrão em que o carbono do grupo carboxila é designado pelo número 1, como mostra a Figura 5.4. Uma nomenclatura alternativa, denominada **sistema ômega (ω)**, designa o carbono na extremidade metila da cadeia de hidrocarboneto como número 1.

Sistema de numeração ômega (ω)

Nesse sistema, o ácido oleico é 18:1ω9, estando a ligação dupla imediatamente depois do nono carbono a partir da extremidade metila. O ácido linoleico é 18:2ω6,ω9 e faz parte da família ômega-6 de ácidos graxos, aqueles cuja primeira ligação dupla está localizada imediatamente depois do sexto carbono a partir da extremidade metila. É também importante distinguir se os carbonos em ambos os lados de uma dupla ligação estão na configuração *cis* ou *trans*, visto que isso afeta a forma assumida pela cadeia de hidrocarboneto.

Configuração *cis*

Configuração *trans*

A configuração *cis* introduz uma dobra na cadeia, o que não ocorre com a configuração *trans*. O ácido oleico é 18:1(*cis*-Δ^9), e o ácido γ-linolênico é 18:3(*cis*,*cis*,*cis*-$\Delta^{6,9,12}$). Se todas as ligações estiverem na configuração *cis*, utiliza-se a notação "*all cis*"; o ácido γ-linolênico seria denominado ácido *all-cis*-9,6,12 octadecatrienoico.

Triacilgliceróis | Importantes compostos de armazenamento de energia nos eucariotos

A gorduras e os óleos naturais são, em sua maioria, misturas de ácidos graxos e derivados desses compostos, denominados **triacilgliceróis** ou **triglicerídios**. O primeiro desses nomes tem maior utilidade, visto que ele revela que esses lipídios são compostos de três ácidos graxos ligados a uma molécula de glicerol. O glicerol é um composto orgânico pequeno contendo três grupos hidroxila (Figura 5.5A). Em um triacilglicerol, cada um desses grupos hidroxila atua como ponto de fixação para um ácido graxo. A ligação ocorre por meio do grupo carboxila do ácido graxo, resultando em uma ligação éster (Figura 5.5B).

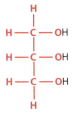
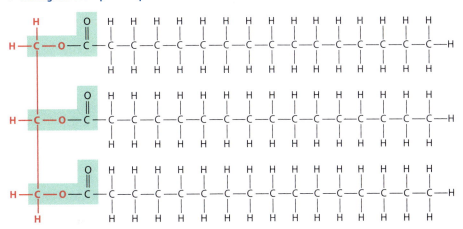

Figura 5.5 Estrutura dos triacilgliceróis. A estrutura do glicerol é mostrada na parte **A**, enquanto a de um triacilglicerol simples é mostrada na parte **B**. As ligações éster entre a unidade do glicerol e os três ácidos graxos estão sombreadas.

Em alguns triacilgliceróis, as três cadeias de ácidos graxos são idênticas, como na tripalmitina, que possui três cadeias 16:0, e na trioleína, que contém três cadeias 18:1(Δ^9) (Tabela 5.2). Esses compostos são denominados **triacilgliceróis simples**. Existem exemplos desses triacilgliceróis na natureza, porém eles são menos comuns do que os **triacilgliceróis complexos**, nos quais as cadeias consistem em ácidos graxos diferentes. À semelhança dos ácidos graxos livres, os triacilgliceróis totalmente saturados apresentam pontos de fusão relativamente altos, e alguns consistem em gorduras sólidas na temperatura ambiente. Aqueles com uma ou mais cadeias insaturadas são habitualmente óleos.

Os triacilgliceróis são importantes compostos de armazenamento de energia para a maioria dos animais e muitas plantas. Os animais possuem células especializadas no armazenamento de gordura, denominadas **adipócitos**, encontrados na gordura branca e na gordura marrom. As células da gordura branca contêm apenas uma gotícula de gordura e óleo, enquanto as células da gordura marrom apresentam múltiplas gotículas aderidas à membrana (Figura 5.6). As células da gordura branca são as que aumentam

Tabela 5.2 Triacilgliceróis.

Composição dos ácidos graxos	Nome
Triacilgliceróis simples	
12:0, 12:0, 12:0	Trilaurina
16:0, 16:0, 16:0	Tripalmitina
18:0, 18:0, 18:0	Tristearina
18:1(Δ^9), 18:1(Δ^9), 18:1(Δ^9)	Trioleína
Triacilgliceróis complexos	
18:1(Δ^9), 18:1(Δ^9), 16:0	Componente do azeite de oliva

Figura 5.6 Tecidos de armazenamento de gordura marrom e gordura branca. As células da gordura marrom contêm muitas gotículas de lipídios, enquanto as células da gordura branca contêm apenas uma gotícula. Cortesia de Paulo Abrahamsohn.

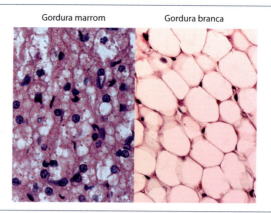

em tamanho e em número quando o indivíduo se torna obeso. Nas plantas, os triacilgliceróis são armazenados nas sementes e fornecem a energia que é utilizada pela nova muda (broto) após a germinação.

Os triacilgliceróis e ácidos graxos armazenados nas sementes dos vegetais também são os componentes dos óleos vegetais que usamos na culinária e como nutrientes. Os efeitos benéficos e prejudiciais dos diferentes tipos de lipídios vegetais, bem como dos outros que obtemos a partir dos componentes animais da dieta, são amplamente debatidos. O consenso atual é que as gorduras saturadas, ou seja, aquelas cujas cadeias de ácidos graxos não contêm ligações duplas e que representam os principais constituintes das gorduras das carnes e do leite, são ruins para nós, em particular pelo fato de aumentarem o risco de doenças cardiovasculares. As gorduras poli-insaturadas, que possuem múltiplas ligações duplas em suas cadeias laterais, geralmente são consideradas como boas, porém há controvérsias sobre quais são as melhores. Essas gorduras poli-insaturadas são mais comuns em plantas e óleos de peixe, e acredita-se que elas não apenas reduzam o risco de cardiopatia e acidente vascular encefálico, como também protejam contra o desenvolvimento de câncer, artrite reumatoide, autismo e vários outros distúrbios e até mesmo aumentem a capacidade cognitiva em crianças pequenas.

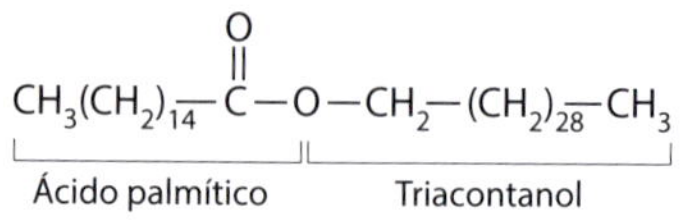

Ceras e sabões são derivados de triacilgliceróis

Os triacilgliceróis não são os únicos derivados importantes de ácidos graxos. Os ácidos graxos também formam outros produtos quando reagem com compostos de álcool de cadeia longa. Um álcool é qualquer composto com a estrutura geral R–CH$_2$–OH. O álcool mais simples é o metanol (H–CH$_2$–OH), e o álcool seguinte, em termos de complexidade, é o etanol, obtido de produtos fermentados e destilados (CH$_3$–CH$_2$–OH). Os alcoóis que reagem com ácidos graxos apresentam grupos R muito mais longos, como o triacontanol, cuja fórmula é CH$_3$–(CH$_2$)$_{28}$–CH$_2$–OH. Esses alcoóis formam uma ligação éster com o grupo carboxila de um ácido graxo. O produto da esterificação entre o triacontanol e o ácido palmítico (o ácido graxo 16:0) é a cera de abelha (Figura 5.7), a qual é produzida pelas abelhas operárias e que forma a colmeia na qual a nova colônia é criada. Em geral, as ceras têm pontos de fusão mais altos do que os ácidos graxos ou os triacilgliceróis, em sua maioria na faixa de 60 a 100°C.

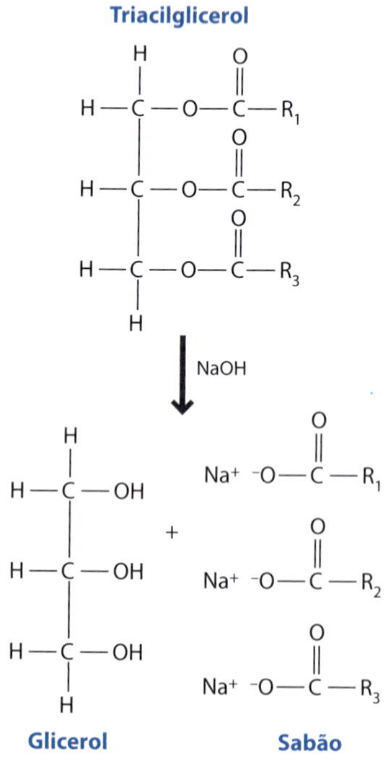

Os sabões também são derivados de ácidos graxos, formados pelo aquecimento de um triacilglicerol com um álcali, como hidróxido de sódio. Esse processo é denominado **saponificação**. O tratamento rompe as ligações éster e converte o triacilglicerol de volta a seus ácidos graxos componentes, que formam sais com o cátion do álcali, o sódio no caso do hidróxido de sódio (Figura 5.8). Os primeiros sabões foram produzidos com gorduras animais há mais de 4.000 anos. Nesses últimos séculos, esses sabões foram suplementados por sabões finos feitos com óleos vegetais, como o "sabão de Castela", que provém do azeite de oliva, e sabões líquidos à base de azeite de oliva e óleos de pinho e de palma.

No sabão, a presença do cátion aumenta as propriedades hidrofílicas da extremidade carboxílica do ácido graxo, o que significa que essa extremidade da estrutura tem afinidade pela água. A cadeia de hidrocarboneto do ácido graxo permanece lipofílica. Por conseguinte, uma molécula de sabão é uma molécula **anfifílica**, ou seja, um tipo

Figura 5.7 Cera de abelhas.

Figura 5.8 Formação de um sabão. As cadeias de hidrocarbonetos dos ácidos graxos estão indicadas por R$_1$, R$_2$ e R$_3$.

Boxe 5.2 Ácidos graxos essenciais.

Os seres humanos e outros mamíferos são capazes de sintetizar uma variedade de ácidos graxos (ver *Seção 12.1.1*), porém são incapazes de formar duplas ligações entre o terceiro e o quarto ou entre o sexto e o sétimo carbonos da extremidade metila da cadeia de hidrocarboneto.

Isso significa que os seres humanos são incapazes de produzir ácidos graxos poli-insaturados dos grupos ômega-3 e ômega-6. Esses ácidos graxos incluem o ácido α-linolênico (18:3ω3,ω6,ω9), um membro do grupo ômega-3, e os ácidos linoleico (18:2ω6,ω9) e γ-linolênico (18:3ω6,ω9,ω12), que são ácidos graxos ômega-6. Os ácidos graxos ômega-3 e ômega-6 são precursores de outros lipídios importantes, incluindo o ácido araquidônico e os hormônios eicosanoides. Por conseguinte, o ácido linolênico e o ácido linoleico são ácidos graxos essenciais que os seres humanos devem obter da sua dieta. Esses ácidos graxos são obtidos principalmente dos vegetais verdes e de vários tipos de óleos vegetais, e, a não ser que a dieta não seja, de modo geral, saudável, é pouco provável que ocorra uma deficiência desses ácidos graxos.

Os seres humanos podem converter os ácidos linolênico e linoleico em ácido araquidônico e precursores eicosanoides, porém essa conversão não é muito eficiente. Por conseguinte, os nutricionistas recomendam que os humanos também adquiram ácido araquidônico e os precursores eicosanoides em sua dieta. A carne vermelha, a carne de aves e os ovos fornecem ácido araquidônico, porém os precursores eicosanoides precisam ser obtidos a partir de peixes oleosos. Como estes últimos não incluem o atum enlatado (cujo óleo é removido durante o processo de enlatamento), muitas pessoas correm risco de desenvolver deficiência de eicosanoides. Esses fatores são responsáveis pela enorme popularidade dos suplementos dietéticos ômega-3 e ômega-6, embora seja necessário assinalar que apenas os suplementos que incluem o óleo de peixe como componente irão fornecer toda a variedade de ácidos graxos essenciais e semiessenciais.

---

de composto com propriedades tanto hidrofílicas quanto hidrofóbicas (Figura 5.9). Em virtude de sua natureza anfifílica, os sabões podem formar agregados denominados **micelas**. As micelas são esferas com grupos carboxilas na superfície, enquanto as cadeias de hidrocarboneto estão mergulhadas dentro da estrutura, distantes da água circundante (Figura 5.10). As propriedades de limpeza dos sabões devem-se à sua capacidade de retirar os compostos insolúveis em água que constituem a "sujeira" da solução, retendo-os na micela.

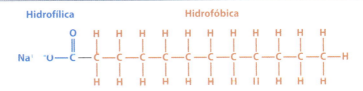

Figura 5.9 Uma molécula de sabão é anfifílica.

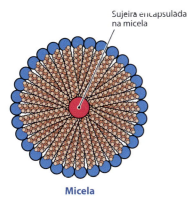

Figura 5.10 Moléculas de sabão podem formar micelas.

Glicerofosfolipídios e os esfingolipídios são lipídios anfifílicos

Os sabões não constituem o único tipo de derivado de ácidos graxos com propriedades anfifílicas. Duas classes importantes de lipídios, denominadas **glicerofosfolipídios** e **esfingolipídios**, também são compostos anfifílicos. São os lipídios encontrados nas membranas.

Um glicerofosfolipídio assemelha-se a um triacilglicerol, porém um dos ácidos graxos é substituído por um grupo hidrofílico ligado ao componente glicerol por uma ligação fosfodiéster (Figura 5.11). Esse grupo hidrofílico é designado como "grupo cabeça", visto que está localizado na cabeça da molécula e constitui a parte à qual estão ligadas duas cadeias de ácidos graxos. O glicerofosfolipídio mais simples é o **ácido fosfatídico**, cujo grupo cabeça é constituído por um átomo de hidrogênio. Outros são mais complexos,

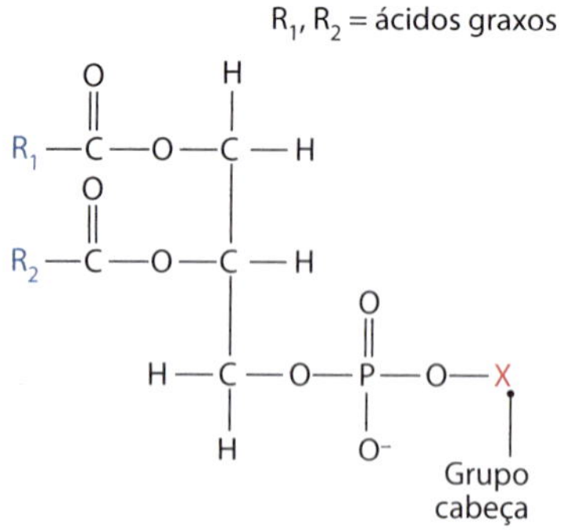

90 Parte 1 Células, Microrganismos e Biomoléculas

Figura 5.11 Estrutura geral de um glicerofosfolipídio. R_1 e R_2 são as duas cadeias hidrocarboneto de ácidos graxos, e X é o grupo cabeça hidrofílico.

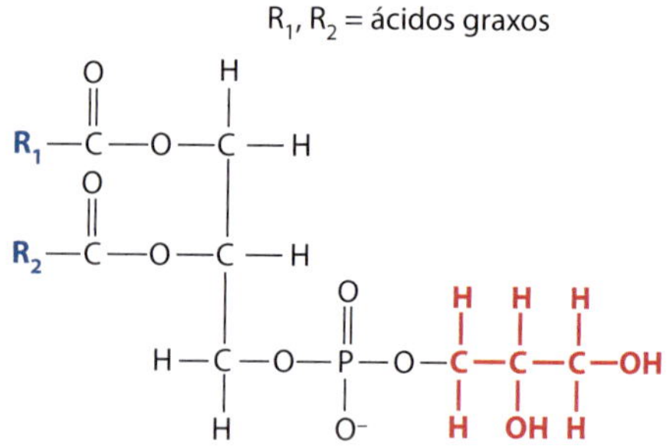

Figura 5.12 Fosfatidilglicerol.

como a **fosfatidilserina**, em que o grupo cabeça é o aminoácido serina. O **fosfatidilglicerol** é particularmente importante, visto que apresenta um grupo cabeça de glicerol, que pode ser ainda modificado para produzir estruturas adicionais (Figura 5.12).

Os esfingolipídios possuem formas semelhantes àquelas dos glicerofosfolipídios, porém apresentam uma estrutura química diferente. A unidade básica de um esfingolipídio é a **esfingosina**, um derivado de hidrocarboneto de cadeia longa, com um grupo hidroxila interno (Figura 5.13). Em um esfingolipídio, um grupo cabeça hidrofílico está ligado ao último carbono da cadeia, e um ácido graxo ao penúltimo carbono. Por conseguinte, a molécula tem um grupo cabeça hidrofílico e duas caudas hidrofóbicas, sendo as caudas constituídas pelo ácido graxo e pelo componente esfingosina. O grupo cabeça é um composto contendo fosfato, como a fosfocolina, um açúcar simples, como a glicose, ou uma estrutura de açúcar mais complexa. Um esfingolipídio cujo grupo cabeça é um açúcar simples é denominado **cerebrosídio**, enquanto os esfingolipídios com açúcares complexos são designados como **gangliosídios**.

5.1.2 Lipídios diversos com diversas funções

Uma vez discutidos os ácidos graxos e seus derivados, veremos agora outros tipos de lipídios. Encontraremos uma diversidade de estruturas e, em particular, uma diversidade de funções.

Os terpenos estão disseminados na natureza

Examinaremos em primeiro lugar os terpenos. Os terpenos são as substâncias mais diversificadas de todos os tipos de produtos naturais, com mais de 25.000 compostos diferentes conhecidos. Os terpenos são produzidos, em sua maioria, pelos vegetais, e muitos deles são específicos de apenas uma espécie ou de um pequeno grupo de espécies. As resinas secretadas pelas árvores e por outras plantas consistem, em grande parte, em terpenos, e esses compostos são componentes importantes de muitos produtos, como adesivos, vernizes e alguns tipos de fragrâncias.

Os terpenos são compostos extremamente variáveis, porém todos têm como base um pequeno hidrocarboneto, denominado **isopreno** (Figura 5.14A). Diferentes terpenos distinguem-se pelo número de unidades de isopreno que eles contêm, que pode ser de apenas um nos hemiterpenos e dois nos monoterpenos, até centenas nos politerpenos. Estes últimos

Figura 5.13 A. Esfingosina. B. Esfingolipídio.

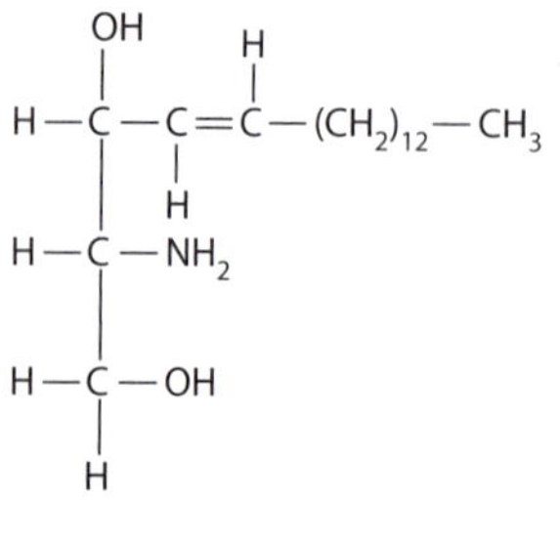

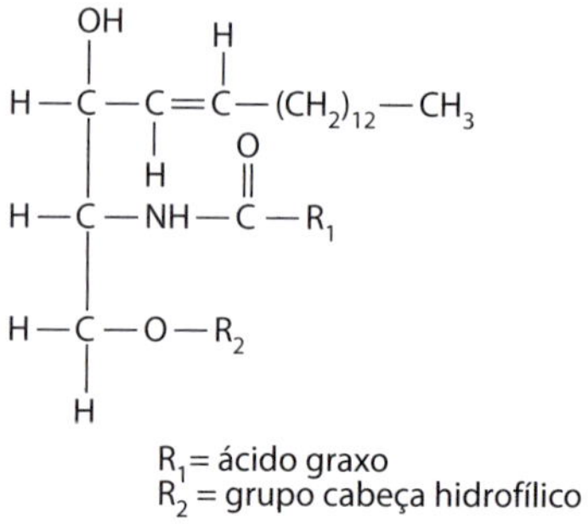

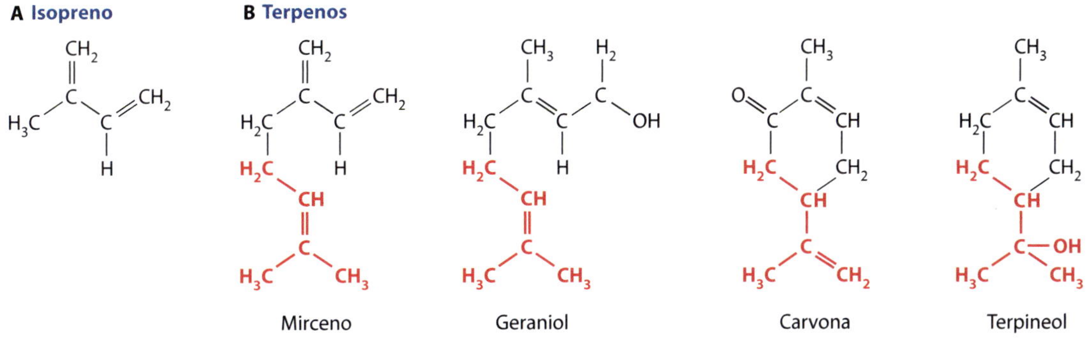

Figura 5.14

A Isopreno   **B** Terpenos

Mirceno   Geraniol   Carvona   Terpineol

Figura 5.14 Terpenos. A. Isopreno, que constitui a unidade básica na estrutura dos terpenos. **B.** Quatro monoterpenos, consistindo, cada um deles, em duas unidades de isopreno modificadas. Em cada molécula, as duas unidades são mostradas em cor diferente.

incluem substâncias resinosas espessas, como a borracha e a guta-percha. Os diferentes comprimentos das cadeias são responsáveis por parte da grande diversidade desses compostos, porém uma imensa variabilidade adicional deve-se à ampla diversidade de derivados estruturais que existem em cada classe de terpeno. Consideremos, por exemplo, alguns monoterpenos comuns, que consistem em duas unidades de isopreno (Figura 5.14B). No caso do mirceno e do geraniol, substâncias aromáticas obtidas dos óleos do louro e da família das rosas, respectivamente, as estruturas são relativamente simples, e as unidades de isopreno subjacentes são facilmente identificadas. Essa identificação torna-se menos fácil quando a derivatização dá origem a um terpeno com um componente em anel de hidrocarboneto (cíclico), como no caso da carvona do cominho e do terpineol do óleo de pinho.

Entre os primeiros produtos biológicos usados por homens pré-históricos, destacase um grupo particular de terpenos. São as resinas de terpenos do pinheiro, do espruce e da bétula. As resinas do pinheiro e do espruce são compostas, em grande parte, de diterpenos, ou seja, compostos que contêm quatro unidades de isopreno. Os dois mais importantes são o ácido abiético e o ácido pimárico (Figura 5.15). Esses dois compostos

---

Boxe 5.3 Politerpenos.

Um politerpeno é um composto polimérico de cadeia longa constituído por muitas unidades de isopreno. A borracha e a guta-percha são exemplos. A borracha, que é obtida de várias árvores nativas da América do Sul e da África é o *cis*-1,4-poli-isopreno, cujas moléculas individuais contêm 10.000 a 200.000 unidades de isopreno. A guta-percha provém de árvores do gênero *Palaquium*, que são encontradas no Sudeste Asiático. A guta-percha é o *trans*-1,4-poli-isopreno. Por conseguinte, a borracha e a guta-percha diferem apenas na orientação dos grupos ligantes ao redor das duplas ligações de carbono-carbono presentes na estrutura polimérica.

Borracha natural (*cis*-1,4-poli-isopreno)

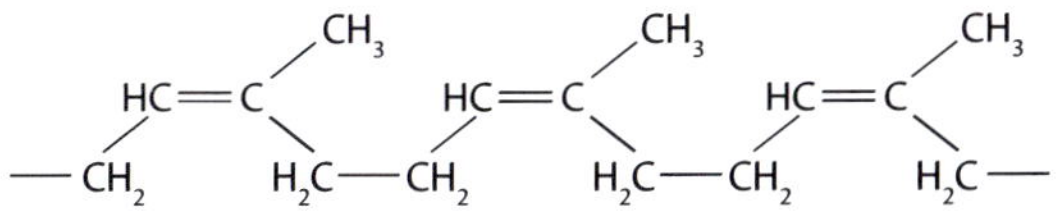

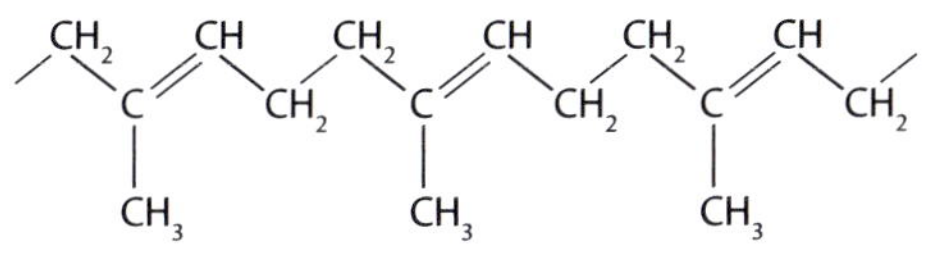

Guta-percha (*trans*-1,4-poli-isopreno)

A borracha e a guta-percha são tipos de **látex**, ou seja, exsudatos de árvores secretados principalmente em resposta a ferimentos. Acredita-se que protejam a árvore do ataque de herbívoros. Alguns tipos de látex contêm substâncias químicas tóxicas, porém a função de defesa também é proporcionada, em parte, pela natureza pegajosa do exsudato, que impede que insetos e outros pequenos herbívoros tenham acesso à parte lesionada da árvore.

O látex pode ser coletado e, em seguida, coagulado e seco. A borracha produzida dessa maneira tem muitas propriedades úteis, porém permanece pegajosa e quebradiça em baixas temperaturas. A **vulcanização** resulta na formação de ligações cruzadas entre cadeias individuais, melhorando a elasticidade e proporcionando maior estabilidade mecânica. Os produtos à base de borracha de uso diário, como os pneus para automóveis, mangueiras e bolas de boliche, são feitos, em sua maior parte, a partir de material vulcanizado. A guta-percha é mais elástica do que a borracha não vulcanizada e é biologicamente inerte. Tem sido usada como isolante elétrico em ambientes extremos, incluindo os primeiros cabos telegráficos transatlânticos. Durante o último século, esses produtos naturais foram substituídos, em parte, por alternativas sintéticas, como plásticos e borracha sintética produzidos pela indústria petroquímica.

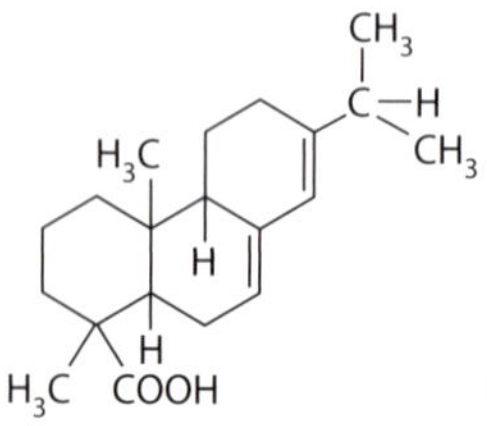

92 Parte 1 Células, Microrganismos e Biomoléculas

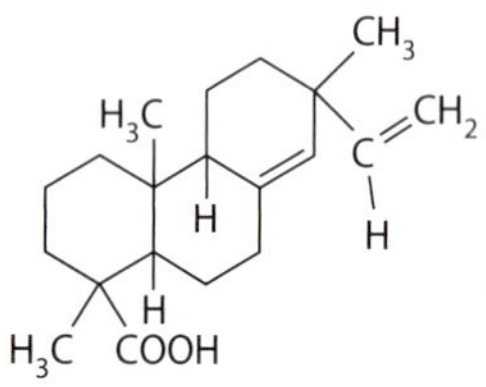

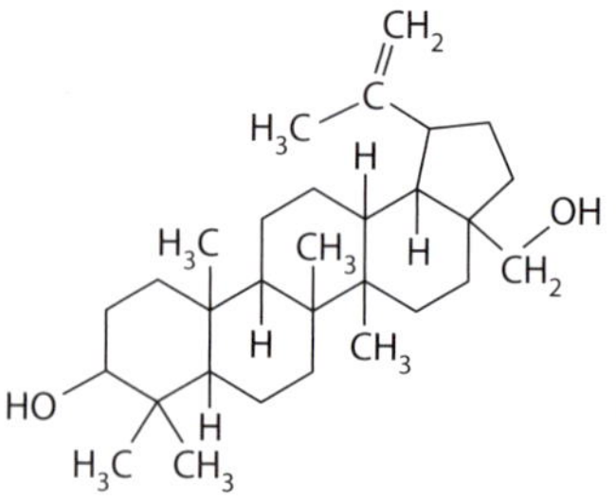

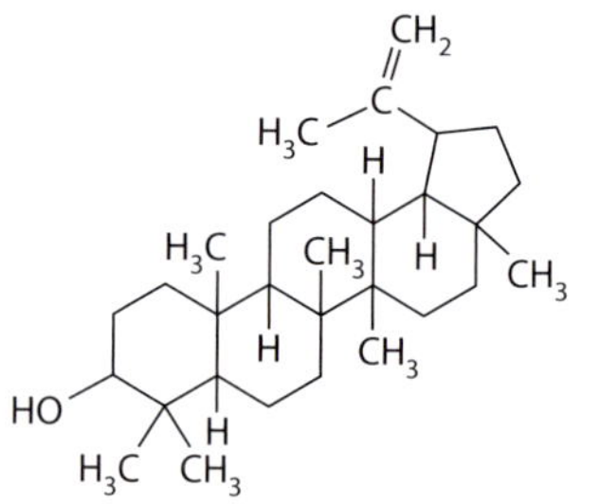

Figura 5.15 Terpenos importantes de resinas de árvores.

estão estreitamente relacionados, e ambos são constituídos por três anéis de hidrocarboneto de seis membros derivados de uma estrutura de isopreno de quatro unidades. A resina do súber da bétula contém betulina e lupeol, que são triterpenos contendo cinco estruturas em anel. A produção de alcatrão e breu a partir da resina de árvores por meio de aquecimento da madeira em altas temperaturas, em condições anóxicas, foi realizada há 10.000 anos ou, possivelmente, muito antes. Isso ocorreu bem antes da metalurgia e representa o início da indústria química. O alcatrão era usado para vários propósitos, destacadamente como adesivo para fixar as pontas de pedra das flechas a hastes de madeira. Atualmente, a betulina e os compostos relacionados possuem aplicações clínicas como agentes anti-inflamatórios. Tais compostos também podem ter sido usados com esse propósito por alguns grupos pré-históricos.

Os esteróis e os esteroides são derivados dos terpenos

> Examinaremos a complexa série de reações que leva à síntese dos esteróis na *Seção 12.3.1.*

Os complexos derivados cíclicos de terpenos que acabamos de examinar nos levam ao próximo tipo de lipídio que iremos considerar. Os **esteróis** são formados por ciclização do esqualeno, que é um triterpeno constituído por seis unidades de isopreno. A estrutura esterol central produzida pela ciclização do esqualeno apresenta quatro anéis de hidrocarboneto, três dos quais possuem seis carbonos, enquanto o quarto anel tem cinco carbonos (Figura 5.16).

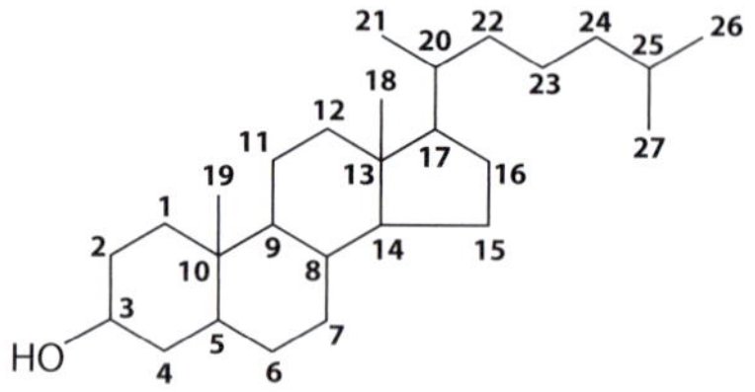

Figura 5.16 Estrutura central dos esteróis. Sistema de numeração dos carbonos.

Os esteróis são outros constituintes lipídicos importantes das membranas celulares. À semelhança de outros componentes da membrana, os esteróis são anfifílicos, apresentando um grupo cabeça hidrofílico proporcionado pelo grupo hidroxila ligado ao carbono número 3 e, na maioria dos casos, uma cadeia de hidrocarboneto hidrofóbica, que compreende alguns ou todos os carbonos 20-27, como grupo R na outra extremidade da molécula. O **colesterol**, o esterol animal mais conhecido, é um exemplo típico desse tipo de lipídio, com um grupo R de hidrocarboneto de 8 membros constituído por seis carbonos em uma cadeia, e outros dois em ramificações curtas (Figura 5.17). O composto equivalente nos vegetais é o **estigmasterol**, cujo grupo R assemelha-se ao do colesterol quanto ao tamanho, porém com uma configuração de hidrocarboneto ligeiramente diferente. Além desses constituintes de membrana, alguns esteróis possuem grupos R hidrofílicos e são prontamente solúveis em água. Esses esteróis incluem os **ácidos biliares**, que possuem cadeias laterais que terminam em um grupo carboxila, sendo o **ácido cólico** o exemplo mais simples. Os derivados do ácido cólico, como o **glicocolato** e o **taurocolato**, são sintetizados no fígado e secretados no intestino delgado, onde ajudam a emulsificar as gorduras na dieta e, portanto, ajudam na sua degradação.

Figura 5.17 Colesterol e estimasterol.

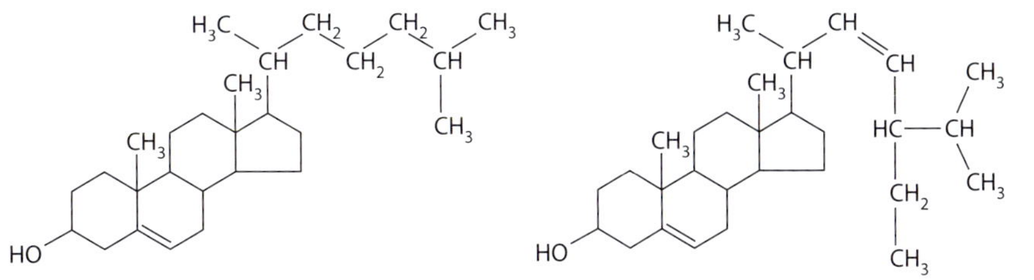

Colesterol

Estigmasterol

Os **esteroides**, que constituem outra grande classe de lipídios, são derivados esteróis. A unidade esteroide básica é idêntica àquela dos esteróis, exceto que a hidroxila ligada ao carbono C_3 é substituída por um grupo químico diferente. Como esse grupo é variável nos esteroides, os esteróis são, estritamente falando, uma subclasse de esteroides, e os dois nomes são, em certas ocasiões, usados como sinônimos. O grupo R de um esteroide é habitualmente hidrofílico, e essas moléculas são mais hidrossolúveis. Incluem vários hormônios importantes nos seres humanos e em outros mamíferos, incluindo os hormônios sexuais masculinos e femininos (Tabela 5.3). Os esteroides anabólicos, que são famosos em nosso mundo moderno, incluem a **testosterona** e outros hormônios naturais, que desempenham funções na regulação da síntese dos ossos e músculos.

Tabela 5.3 Hormônios esteroides.

Tipo	Exemplos	Local de síntese	Função
Glicocorticoides	Cortisol, cortisona	Córtex suprarrenal	Vários efeitos sobre o metabolismo
Mineralocorticoides	Aldosterona	Córtex suprarrenal	Regulação do equilíbrio de sal e de água do organismo
Estrogênios	Estrona, estradiol, estriol	Córtex suprarrenal, gônadas	Hormônios sexuais femininos
Androgênios	Testosterona	Córtex suprarrenal, gônadas	Hormônios sexuais masculinos
Progestinas	Progesterona	Ovários, placenta	Controle do ciclo menstrual e gravidez

Eicosanoides e vitaminas lipossolúveis

Após descrever a maior parte das classes importantes de lipídios naturais, iremos discutir de modo sucinto dois tipos finais de lipídios, ambos os quais com funções biológicas importantes.

Em primeiro lugar, os **eicosanoides** são compostos derivados do ácido graxo 20:4($\Delta^{5,8,11,14}$), o ácido araquidônico. Os eicosanoides são sintetizados a partir de moléculas de ácido araquidônico liberadas dos glicerofosfolipídios de membrana em resposta à estimulação hormonal, e esses eicosanoides possuem, eles próprios, atividade de tipo hormonal, controlando diversos processos biológicos, entre os quais a reprodução e a resposta de dor. Os analgésicos comuns, o ácido acetilsalicílico e o ibuprofeno, impedem a formação de determinados tipos de eicosanoides. Os eicosanoides não são verdadeiros hormônios, visto que eles permanecem nos tecidos onde são sintetizados, em lugar de circular e alcançar partes distantes do corpo na corrente sanguínea. **Prostaglandinas** e **tromboxanos** são exemplos de eicosanoides.

As vitaminas A, D, E e K são lipídios (Figura 5.18). As vitaminas A, E e K estão relacionadas com os terpenoides, enquanto a vitamina D possui uma estrutura esteroide, porém com um dos anéis de hidrocarboneto aberto. Cada vitamina representa um grupo de compostos relacionados:

- A vitamina A desempenha uma variedade de funções, porém inclui, de modo mais notável, o retinol, que é necessário para a síntese das proteínas fotorreceptoras rodopsina e iodopsina, na retina do olho. Esse papel levou ao mito de que o consumo de grandes quantidades de cenouras (que contêm vitamina A) melhorar a visão noturna

94 Parte 1 Células, Microrganismos e Biomoléculas

Figura 5.18 Estruturas das vitaminas A, D, E e K. Cada vitamina é uma família de moléculas relacionadas. As versões mostradas aqui são o retinol (a forma mais comum de vitamina A na dieta), o ergocalciferol (vitamina D_2), o tocoferol (vitamina E) e a filoquinona (vitamina K_1)

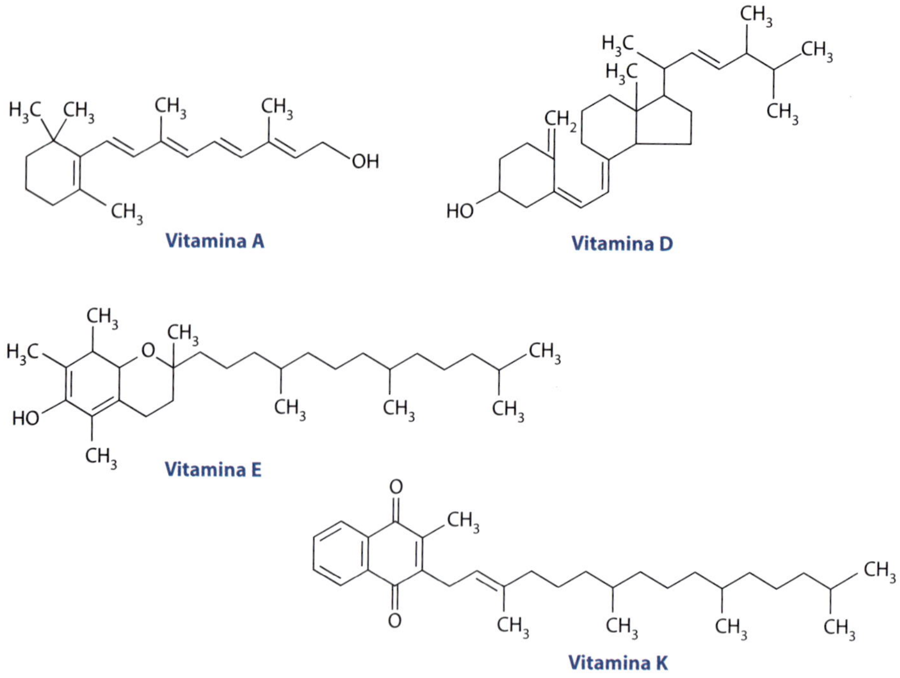

Vitamina A

Vitamina D

Vitamina E

Vitamina K

- A vitamina D é obtida da dieta e também sintetizada na pele, em resposta à luz solar. Entre as suas funções, destaca-se o desenvolvimento sadio dos ossos, e a deficiência de vitamina D está associada a uma doença óssea infantil, denominada raquitismo. Casos recentes de raquitismo foram atribuídos ao uso excessivo de bloqueador solar

---

Boxe 5.4 Prostaglandinas.

As prostaglandinas são uma família de compostos eicosanoides, cada um deles com um anel aromático de cinco carbonos e um par de caudas de hidrocarboneto.

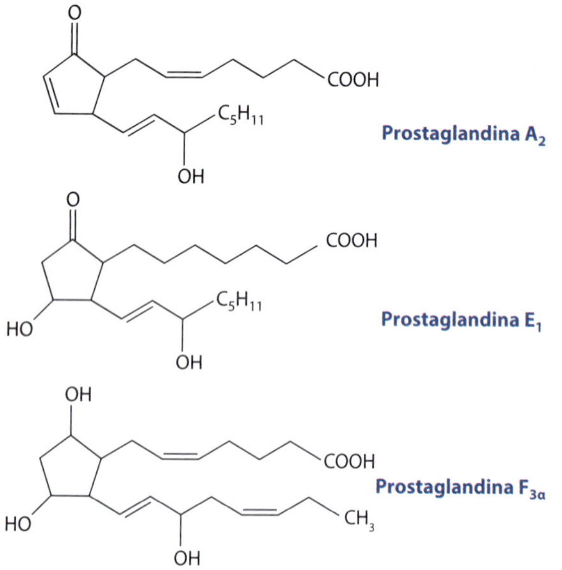

Prostaglandina A_2

Prostaglandina E_1

Prostaglandina $F_{3\alpha}$

As prostaglandinas são transportadas para fora das células nas quais são sintetizadas e, em seguida, ligam-se a proteínas receptoras na superfície de outras células no mesmo tecido. A ligação ao receptor ativa uma série de eventos bioquímicos dentro das células-alvo. Posteriormente, neste capítulo, iremos estudar as características gerais das proteínas receptoras da superfície celular e o modo pelo qual a ligação de uma molécula de sinalização, como uma prostaglandina, influencia eventos dentro da célula. Existem pelo menos 10 tipos diferentes de receptores de prostaglandinas, que ligam diferentes grupos de prostaglandinas. Como os diferentes receptores estimulam eventos intracelulares distintos, as prostaglandinas são capazes de controlar uma série diversificada de funções bioquímicas e fisiológicas, incluindo vasodilatação, coagulação sanguínea, inflamação, ovulação e secreção de ácido gástrico.

Embora as prostaglandinas sejam encontradas em animais, os vegetais sintetizam um composto relacionado, denominado ácido jasmônico.

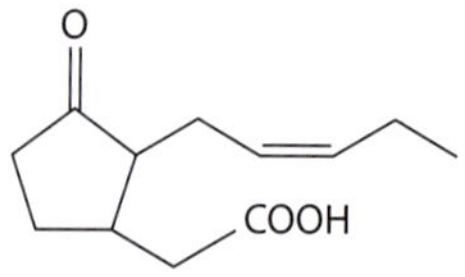

Ácido jasmônico

O ácido jasmônico também é um tipo de composto sinalizador, que está envolvido no controle de vários processos nos vegetais, como floração, abscisão foliar e resposta a ferimentos.

- A vitamina E está envolvida na prevenção de lesões oxidativas nas células. Esse grupo de vitaminas é comum em vegetais, de modo que sua deficiência nutricional raramente ocorre; entretanto, a captação de vitamina E a partir do trato gastrintestinal pode ser afetada por distúrbios genéticos e, se não for tratada, pode levar a defeitos no sistema nervoso
- A vitamina K é comum em muitos vegetais folhosos e um dos motivos pelos quais a couve é boa para nós. A vitamina K é necessária para o funcionamento correto do processo de coagulação sanguínea.

5.2 Membranas biológicas

As membranas são fundamentais para todos os sistemas vivos e atuam como barreiras seletivamente permeáveis que controlam o movimento de moléculas para dentro e para fora das células, bem como para dentro e para fora das organelas no interior das células. As membranas contêm lipídios, proteínas e, em alguns casos, carboidratos. Em primeiro lugar, iremos estudar a estrutura da membrana e, em seguida, exploraremos como as membranas atuam como barreiras seletivas.

5.2.1 Estrutura da membrana

As quantidades relativas de lipídios, proteínas e carboidratos em uma membrana são variáveis, dependendo da função da membrana (Tabela 5.4). Por exemplo, a membrana mitocondrial interna apresenta um conteúdo de proteína aproximadamente 50% maior que o da membrana mitocondrial externa. Essa diferença se deve ao fato de que as proteínas da cadeia de transporte de elétrons geradora de energia estão localizadas na membrana interna das mitocôndrias. Existe também uma variabilidade nos tipos e nas proporções relativas dos glicerofosfolipídios, esfingolipídios, esteróis e outros lipídios presentes. A primeira pergunta que precisamos formular é como esses vários tipos de lipídios associam-se uns aos outros para formar uma membrana.

A membrana é uma bicamada lipídica

A característica essencial compartilhada pelos glicerofosfolipídios, esfingolipídios e esteróis é que cada um desses tipos de lipídios consiste em uma substância anfifílica. Lembre-se de que uma molécula anfifílica possui componentes tanto hidrofóbicos quanto hidrofílicos. As caudas hidrofóbicas dos glicerofosfolipídios e dos esfingolipídios, por terem aversão pela água, preferem estar inseridas dentro de um ambiente rico em lipídios, longe da água. Os sabões conseguem essa disposição por meio da formação de uma micela (ver Figura 5.10), porém as moléculas de sabão apresentam apenas uma cauda hidrofóbica, enquanto cada molécula de glicerofosfolipídio ou de esfingolipídio tem duas caudas. Com duas caudas, essas moléculas não podem formar micelas esféricas: simplesmente

Tabela 5.4 Composições (por peso) de diferentes membranas em células humanas.

Membrana	Lipídio					Proteína	Carboidrato
	Total	GPP	Esfingolipídios	Esteróis	Outros		
Membrana plasmática dos eritrócitos	43%	19%	8%	10%	6%	49%	8%
Membrana plasmática dos hepatócitos	36%	23%	7%	6%	0%	54%	10%
Retículo endoplasmático	28%	17%	1%	1%	9%	62%	10%
Membrana mitocondrial externa	45%	41%	0%	0%	3%	55%	0%
Membrana mitocondrial interna	22%	20%	0%	0%	0%	78%	0%

GPP, glicerofosfolipídios.

não há espaço suficiente no interior da micela para incluir todas as caudas. Em lugar disso, os glicerofosfolipídios e os esfingolipídios protegem suas regiões hidrofóbicas da água pela sua agregação em uma **bicamada** (Figura 5.19). Suas caudas hidrofóbicas estão inseridas dentro da bicamada, afastadas da água circundante, enquanto os grupos cabeça hidrofílicos se posicionam nas superfícies superior e inferior. Por conseguinte, uma membrana biológica é uma bicamada lipídica, constituída de glicerofosfolipídios, esfingolipídios e outros lipídios anfifílicos, como esteróis.

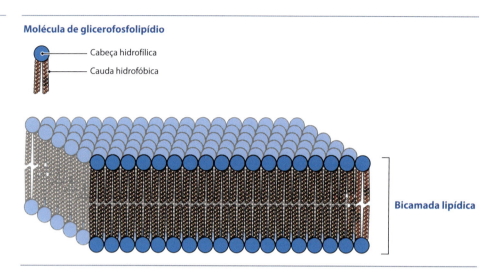

Figura 5.19 **Bicamada lipídica.**

Os lipídios individuais em uma membrana não formam ligações fortes entre si. São mantidos em posição predominantemente pela tendência de afastamento de suas caudas hidrofóbicas do ambiente aquoso encontrado no interior da célula e nos espaços entre as células. Esses efeitos hidrofóbicos são fortes o suficiente para manter as duas lâminas da bicamada uma próxima da outra, formando uma estrutura estável que possui tanto elasticidade quanto flexibilidade. Uma membrana pode ser estirada em 2 a 4% sem rompê-la e pode ser encurvada formando vesículas esféricas e tubos que compõem a arquitetura membranosa interna das células eucarióticas.

O movimento de uma molécula lipídica de um lado para o outro da membrana é difícil, visto que isso exigiria a passagem de seu grupo cabeça hidrofílico através da bicamada, mas há pouca restrição para o movimento de uma molécula lipídica dentro de sua própria camada (Figura 5.20). Por conseguinte, cada monocamada de uma membrana pode ser considerada como um fluido bidimensional, no interior do qual os lipídios estão em constante movimento. Esta é a base do **modelo em mosaico fluido** para a estrutura da membrana, proposto inicialmente por Singer e Nicholson, em 1972. Estudos realizados com membranas artificiais sugerem que uma molécula de lipídio individual pode se movimentar em velocidades que se aproximam de 2 $\mu m\ s^{-1}$. Essa velocidade é rápida o suficiente para completar um circuito inteiro da membrana externa de uma célula eucariótica em menos de 1 min. A velocidade de difusão depende de vários fatores, incluindo a estrutura do lipídio. Os lipídios com caudas hidrofóbicas mais longas formam associações mais próximas entre si e, portanto, tornam as membranas menos

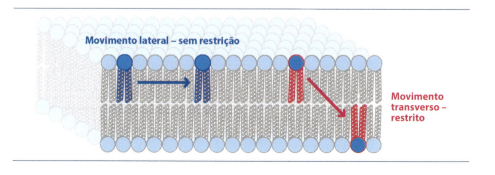

Figura 5.20 **Movimentos lateral e transverso de um lipídio em uma membrana.** Existem poucas restrições para o movimento lateral, porém o movimento transverso é menos frequente, visto que envolve a passagem da parte hidrofílica do lipídio através da membrana.

fluidas. Por outro lado, a presença de uma ou mais ligações duplas em uma cauda de hidrocarboneto introduz uma dobra que desestabiliza a associação, resultando em uma membrana mais fluida.

As membranas também contêm proteínas

A bicamada lipídica constitui a característica estrutural básica de uma membrana biológica; entretanto, as membranas não são constituídas exclusivamente de lipídios. A maioria também contém proteínas. A parte "em mosaico" do modelo em mosaico fluido para a estrutura da membrana refere-se a essas proteínas. As proteínas estão presentes em números muito menores do que as moléculas de lipídios, mas, por serem maiores, elas fazem uma contribuição significativa para a massa global da membrana. Por exemplo, as membranas plasmáticas da maioria das células humanas são constituídas de mais proteína do que de lipídios por peso, porém existem 50 vezes mais moléculas de lipídios.

Podemos distinguir dois tipos de proteínas de membrana, dependendo da força de sua ligação à bicamada lipídica. Em primeiro lugar, existem as **proteínas integrais de membrana**, que formam uma ligação firme e só podem ser removidas da membrana pela ruptura da estrutura da bicamada. Em condições experimentais, isso é obtido pelo tratamento de um extrato celular contendo a membrana com um **detergente**, como o dodecil sulfato de sódio (Figura 5.21). Os próprios detergentes são derivados de ácidos graxos, semelhantes aos sabões, com uma cauda hidrofóbica e um grupo cabeça fortemente hidrofílico. Suas caudas hidrofóbicas penetram na bicamada lipídica, e, quando presentes em quantidades suficientes, as moléculas de detergente diluem os lipídios da membrana a ponto de a mistura resultante formar uma micela. Em consequência, a bicamada lipídica é decomposta, e ocorre a liberação das proteínas integrais de membrana. Em contrapartida, as **proteínas periféricas de membrana** têm ligações mais frouxas com a membrana e podem ser removidas do extrato simplesmente por meio de lavagem suave, sem a necessidade de detergente e, portanto, sem romper a bicamada.

Figura 5.21 Dodecil sulfato de sódio.

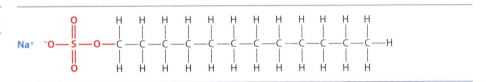

Muitas proteínas integrais de membrana, mas nem todas, atravessam toda a bicamada lipídica, com resíduos de aminoácidos hidrofóbicos da proteína interagindo com grupos de ácidos graxos dos lipídios na parte central da membrana. Algumas dessas **proteínas transmembrana** possuem uma estrutura semelhante a um barril, em que as paredes do barril são constituídas de folhas-β (Figura 5.22). No caso de outras proteínas, uma ou mais α-hélices atravessam a membrana. A face interna de uma proteína transmembrana frequentemente estabelece ligações, possivelmente transitórias, com proteínas periféricas de membrana. Outras proteínas periféricas estabelecem ligações diretas com um lado ou outro da bicamada lipídica, seja por meio de uma hélice α ou outra estrutura que penetre em parte da bicamada, ou por uma ligação covalente com os lipídios de

Figura 5.22 Três tipos comuns de proteína integral de membrana.

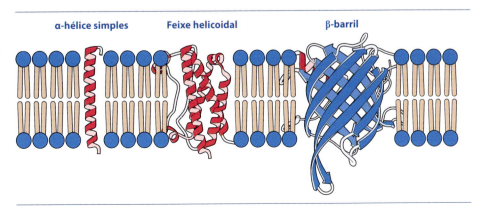

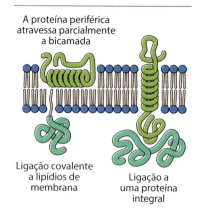

Figura 5.23 Diferentes maneiras pelas quais as proteínas periféricas estabelecem ligações com uma membrana.

membrana (Figura 5.23). Estas últimas também são denominadas **proteínas ligadas a lipídios** e, em virtude de sua ligação covalente, são classificadas por alguns bioquímicos como proteínas integrais de membrana, embora a maioria esteja localizada na superfície da membrana, e não integradas dentro da bicamada lipídica.

O modelo em mosaico fluido vislumbra as proteínas flutuando em um mar de lipídios, mas isso seguramente causaria um problema para o funcionamento de algumas dessas proteínas. Se duas ou mais proteínas de membrana precisam atuar em conjunto para desempenhar o seu papel bioquímico, que como sabemos é o que frequentemente acontece, seria extremamente ineficiente se essas proteínas tivessem um movimento aleatório ao redor de sua membrana. Se isso acontecesse, então a função bioquímica só poderia ocorrer quando essas proteínas flutuassem em proximidade uma da outra. Quando o modelo em mosaico fluido foi proposto pela primeira vez na década de 1970, presumiu-se que deveria haver domínios relativamente estáveis em uma membrana, onde grupos de proteínas que atuam em conjunto poderiam estar colocalizados. Esses domínios são atualmente denominados **jangadas ou balsas lipídicas**, e acredita-se que sejam pequenas áreas da bicamada, de 10 a 100 nm de diâmetro, contendo uma alta proporção dos lipídios que formam associações compactas entre si (Figura 5.24). Os esteróis são particularmente comuns nas balsas lipídicas, visto que uma molécula de esterol se encaixa perfeitamente no espaço entre dois glicerofosfolipídios insaturados, enrijecendo a estrutura da membrana. Por conseguinte, uma balsa lipídica tem mais estabilidade do que a membrana como um todo, de modo que ela, então, flutua através do restante da bicamada menos estruturada.

Figura 5.24 Balsa lipídica.

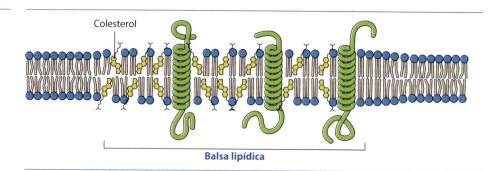

5.2.2 Membranas como barreiras seletivas

Poucos compostos são capazes de atravessar uma bicamada lipídica. Para passar diretamente através da região hidrofóbica interna de uma membrana, uma molécula precisa ser pequena e apolar. Outros compostos só podem atravessar uma membrana com a ajuda de uma das proteínas integrais. Por conseguinte, uma membrana biológica é uma **barreira seletiva**, permitindo a passagem de alguns compostos, mas impedindo outros.

Boxe 5.5 Componente de carboidratos de uma membrana.

As membranas plasmáticas e algumas membranas internas apresentam, em sua maioria, carboidratos como componentes (ver Tabela 5.4). Os carboidratos localizam-se na superfície extracelular da membrana plasmática e são mantidos em posição por ligações covalentes com lipídios e proteínas da membrana, formando **glicolipídios** e **glicoproteínas**, respectivamente.

Já estamos familiarizados com os glicolipídios de membrana, visto que eles são esfingolipídios com grupos cabeça de açúcares, também conhecidos como cerebrosídios e gangliosídios. Os nomes desses glicolipídios indicam que ambos são comuns em membranas de células neuronais no cérebro. Em uma glicoproteína, o componente carboidrato é uma cadeia curta de açúcares ligada a um aminoácido de serina, treonina ou asparagina. Iremos examinar as glicoproteínas com mais detalhes na *Seção 6.1.3*.

O revestimento de carboidratos na superfície extracelular de uma célula desempenha um papel protetor e também ajuda no reconhecimento entre células. Esta última função envolve as interações entre grupos de células durante o desenvolvimento dos tecidos e também permite que as células estranhas sejam reconhecidas e destruídas como parte da defesa do corpo contra a infecção.

Isso significa que a membrana plasmática é capaz de regular a composição química interna da célula. Além disso, a presença de uma membrana ao redor de uma organela permite que o ambiente interno dessa organela seja diferente daquele do citoplasma onde ela reside.

Alguns compostos incapazes de atravessar a membrana ainda têm a capacidade de influenciar eventos no interior da célula por meio de um processo denominado **transdução de sinais**. Esses compostos são moléculas reguladoras que se ligam a **proteínas receptoras** transmembrana, as quais respondem pelo desencadeamento de uma série de reações bioquímicas intracelulares. Por exemplo, alguns fatores de crescimento ligam-se a proteínas receptoras, de modo a induzir a divisão celular.

Iremos examinar agora, de modo mais detalhado, o papel das membranas no transporte e na transdução de sinais.

Os processos de transporte que dependem da difusão não necessitam de energia

As moléculas de importância para a bioquímica que têm a capacidade de atravessar uma bicamada lipídica sem o auxílio de uma proteína transportadora são a água, alguns gases (como oxigênio, nitrogênio e dióxido de carbono) e um pequeno número de moléculas orgânicas, incluindo a ureia e o etanol. Essas moléculas atravessam uma membrana por simples difusão, em uma velocidade que é proporcional à diferença entre as concentrações do composto nos dois lados da membrana.

As moléculas bioquímicas incapazes de atravessar a bicamada lipídica são aminoácidos e os açúcares, bem como os íons, como Na^+ e K^+. Essas moléculas são transportadas através da membrana por proteínas integrais de membrana. O mais simples desses processos de transporte é a **difusão facilitada**, em que a proteína, denominada **uniportador**, transporta seu substrato de um lado da membrana em que a concentração do substrato é mais alta para o lado em que sua concentração é mais baixa (Figura 5.25A). Não há necessidade de energia, a não ser aquela inerente no gradiente de concentração.

Um exemplo de difusão facilitada é o transporte da glicose nos eritrócitos dos mamíferos pela **proteína transportadora dos eritrócitos**, também denominada GLUT1. Trata-se de uma proteína transmembrana típica, formada de 12 α-hélices, cada uma das quais atravessa a membrana plasmática do eritrócito. A ligação de uma molécula de glicose à porção da GLUT1 exposta na superfície externa do eritrócito resulta em uma mudança de conformação da proteína, que transporta a glicose para dentro de um canal contido no interior da estrutura da proteína (Figura 5.25B). Esse canal leva ao interior do eritrócito, de modo que a molécula de glicose pode atravessar a membrana sem entrar em contato com a impenetrável parte hidrofóbica da bicamada lipídica.

O processo de transporte da glicose é reversível, de modo que, se a concentração de glicose dentro do eritrócito ultrapassar a concentração no plasma sanguíneo circundante, a glicose será movida para fora da célula. Essa situação raramente ou nunca ocorre, visto que a glicose liberada dentro da célula é imediatamente metabolizada para produzir

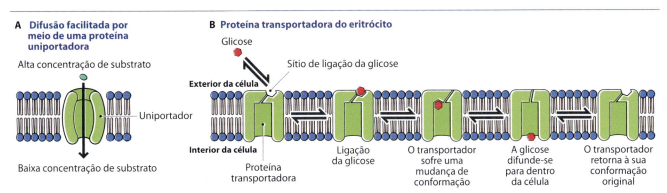

Figura 5.25 Difusão facilitada através de uma membrana por meio de uma proteína denominada uniportador. A. Modo geral de ação de um uniportador. **B.** Transporte da glicose para dentro de um eritrócito pela proteína transportadora do eritrócito.

Tabela 5.5 Concentrações iônicas internas e externas de uma célula de mamífero típica.

Íon	Concentração interna (mM)	Concentração externa (mM)
K^+	140	5
Na^+	10	145
Ca^{2+}	4	110
Cl^-	0,0001	5

Boxe 5.6 Canais iônicos regulados por voltagem e impulsos nervosos.

A Na^+/K^+ ATPase ajuda manter o **potencial de membrana**, que é a carga elétrica através da membrana. Tendo em vista que a ATPase transporta apenas dois íons K^+ para dentro da célula para cada três íons Na^+ que ela transporta para fora, um potencial elétrico é estabelecido através da membrana, em que a concentração de íons de carga positiva no exterior da célula é maior que a do interior. Por conseguinte, o interior da célula possui uma voltagem negativa, habitualmente entre –40 e –80 mV, em comparação com o exterior da célula.

Na maioria das células, o potencial de ação não varia com o passar do tempo. As células nervosas representam uma exceção, visto que elas possuem proteínas transmembrana, denominadas **canais iônicos regulados por voltagem**, os quais podem modificar sua conformação em resposta à carga elétrica. Na conformação ativada, a proteína abre um canal que possibilita o fluxo livre de íons Na^+ ou K^+ através da membrana por difusão a favor de seus gradientes de concentração.

A abertura dos canais de Na^+ resulta em despolarização da membrana, devido à entrada de íons Na^+ na célula, equilibrando a carga negativa intracelular. De fato, o influxo de íons Na^+ é tão rápido que o ponto neutro é ultrapassado, e o interior da célula adquire uma carga positiva efetiva, passando de aproximadamente –60 mV para +40 mV em um milissegundo. A carga interna positiva estimula agora a abertura das proteínas de canal de K^+, de modo que os íons K^+ deixam a célula. Isso restabelece rapidamente a carga intracelular negativa.

Por um curto período de tempo após o fechamento, os canais de Na^+ se tornam insensíveis ao potencial de membrana. Isso significa que os mesmos canais não voltam a se abrir imediatamente até que seja restaurada a carga negativa intracelular. Isso constitui a base da transmissão de um impulso nervoso ao longo do axônio de um neurônio. O axônio é uma longa estrutura cilíndrica fina, e o impulso nervoso propaga-se do corpo celular principal para a extremidade do axônio. A direcionalidade é determinada pela incapacidade dessa onda de despolarização ou **potencial de ação** seguir um movimento retrógrado para o corpo celular, visto que isso significaria a reabertura dos canais de Na^+ que estão temporariamente quiescentes.

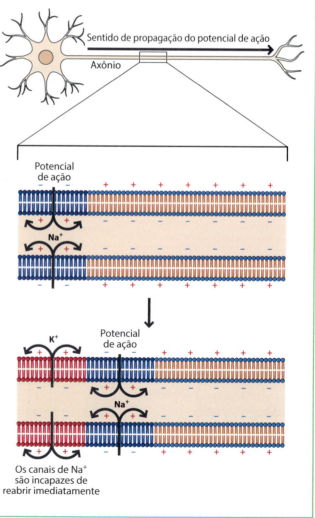

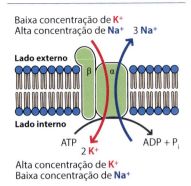

Figura 5.26 Transporte ativo através da membrana plasmática pela Na⁺/K⁺ ATPase. A ATPase é um dímero de duas proteínas, denominadas α e β.

> Na *Seção 8.1.1*, iremos estudar como a hidrólise do ATP libera energia para o transporte ativo e outros processos bioquímicos.

energia. Por conseguinte, a concentração interna de glicose permanece baixa, e a glicose é continuamente transportada para dentro do eritrócito, fornecendo à célula um suprimento contínuo de energia. Existem uniportadores semelhantes à GLUT1 nas membranas plasmáticas da maioria das células dos mamíferos, que possibilitam o transporte de vários açúcares e aminoácidos a favor de seus gradientes de concentração.

Processos de transporte ativo que necessitam de energia

Os processos fundamentados na difusão são capazes de transportar moléculas através de uma membrana, contanto que o sentido do transporte seja a favor de um gradiente de concentração. Entretanto, existem também situações nas quais uma célula ou uma organela precisam transportar moléculas ou íons contra um gradiente de concentração. Essa situação é mais importante na manutenção do equilíbrio iônico correto em uma célula. Por exemplo, as células de mamíferos mantêm uma alta concentração interna de K⁺, em comparação com o ambiente extracelular, e concentrações internas mais baixas de Na⁺, Ca²⁺ e outros íons (Tabela 5.5). Para manter esses diferenciais, é necessário que a célula tenha um movimento de íons através de sua membrana plasmática contra o gradiente de concentração, bombeando íons K⁺ para dentro da célula e bombeando íons Na⁺ e Ca²⁺ para fora. Esse processo é denominado **transporte ativo** e necessita de energia.

A energia para o transporte ativo pode ser obtida de duas maneiras diferentes. A primeira delas é pela hidrólise do ATP, convertendo esse nucleotídio em ADP e fosfato inorgânico, enquanto a segunda consiste no acoplamento do transporte de um íon contra um gradiente de concentração com o movimento de um segundo íon a favor de um gradiente.

Boxe 5.7 Bioquímica da fibrose cística. **PESQUISA EM DESTAQUE**

A fibrose cística (FC) afeta aproximadamente 8.000 indivíduos no Reino Unido e 30.000 nos EUA. O principal sinal da doença é o acúmulo de muco nos pulmões, que precisa ser continuamente eliminado de modo a evitar a obstrução das vias respiratórias. A doença também afeta o pâncreas, o fígado, os rins e o intestino. Não existe cura, e a morte habitualmente resulta de insuficiência ou infecção pulmonar; entretanto, os avanços nos cuidados a pacientes com FC permitem que a expectativa de vida de uma criança nascida com a doença na década de 2010 seja de mais de 50 anos.

A fibrose cística é causada por um defeito em uma única proteína. Essa proteína é o **regulador transmembrana da fibrose cística (CFTR)**, um membro do grupo ABC de transportadores. O CFTR é especificamente responsável pelo transporte de íons Cl⁻ para fora das células, mas, diferentemente da maioria dos transportadores ABC, o CFTR não depende de um processo de transporte ativo. Ao invés disso, a ligação do ATP induz uma mudança conformacional na proteína, abrindo um canal que possibilita o fluxo de íons Cl⁻ ao longo do gradiente eletroquímico, do interior da célula para o exterior. A ruptura dessa função de transporte nas células epiteliais dos pulmões resulta em uma mudança do equilíbrio iônico do líquido que recobre a superfície interna das vias respiratórias. Esse líquido torna-se mais viscoso, resultando em acúmulo de muco, bem como menos eficiente em sua capacidade de proteger os pulmões de infecções bacterianas.

Quais são exatamente os defeitos na proteína CFTR que dão origem à FC? Na maioria dos pacientes com FC, a proteína CFTR não tem um aminoácido fenilalanina na posição 508 do polipeptídio – que habitualmente possui um total de 1.480 aminoácidos. Essa alteração é denominada ΔF508, indicando a perda (Δ) de uma fenilalanina (F) na posição 508. A perda desse aminoácido impede o dobramento correto do CFTR, e a proteína mal enovelada é degradada antes de sua inserção na membrana plasmática. Por conseguinte, essa versão de FC deve-se à ausência de proteína e perda concomitante de sua função de transporte de Cl⁻. Um segundo tipo de FC, bem menos comum na população como um todo, é designado como G551D, indicando que uma glicina (G), que está normalmente presente na posição 551 do polipeptídio, é substituída por um ácido aspártico (D). Essa alteração não afeta o modo de dobramento da proteína e a inserção correta do CFTR na membrana plasmática. Entretanto, o processo pelo qual ocorrem abertura e fechamento do canal de Cl⁻ é afetado, de modo que o canal não se abre mais quando a proteína liga-se ao ATP. O canal não é permanentemente fechado (a proteína normal é capaz de transportar uma pequena quantidade de íons Cl⁻, até mesmo na ausência de ATP), porém a redução substancial de atividade da proteína CFTR defeituosa leva ao aparecimento dos sintomas da doença.

A compreensão da base bioquímica dos diferentes tipos de FC é importante no planejamento de tratamentos para doença. Por exemplo, quando se sabe que pacientes com a alteração G551D possuem proteínas de CFTR em suas membranas plasmáticas, mas que os canais de Cl⁻ nessas proteínas encontram-se fechados na maior parte do tempo, isso significa que esse tipo de FC poderia responder ao tratamento com um potencializador do CFTR. Esse potencializador é um composto que se liga diretamente às proteínas do CFTR e induz a abertura dos canais. Pacientes com a versão ΔF508 da doença claramente não iriam responder a esse tipo de tratamento, visto que suas membranas plasmáticas carecem de CFTR. Para esses pacientes, um tipo de **terapia gênica** poderia ser aplicável, possivelmente pela introdução do gene da versão correta do CFTR no tecido pulmonar por meio de inalação através de um respirador.

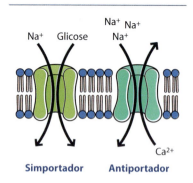

Figura 5.27 Funções das proteínas simportadoras e antiportadoras.

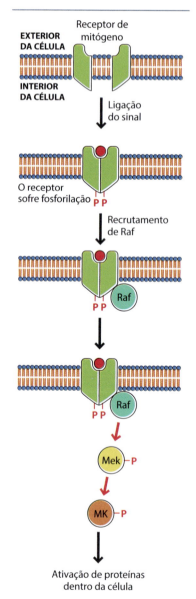

Figura 5.28 Via de transdução de sinais da MAP quinase.

A hidrólise do ATP libera energia, que pode ser utilizada por algumas enzimas para impulsionar reações bioquímicas, como o movimento de um íon através de uma membrana contra um gradiente de concentração. Existem dois tipos importantes de proteínas de transporte dependentes de ATP:

- **Bombas do tipo P.** Com essas proteínas, o fosfato liberado pela hidrólise do ATP forma uma ligação transitória com a proteína de transporte. Um exemplo importante é fornecido pela **Na+/K+ ATPase** de mamíferos, que mantém uma alta concentração de íons potássio e uma baixa concentração de íons sódio dentro da célula. Para cada molécula de ATP utilizada, a ATPase transporta dois íons K+ para dentro da célula, e três íons Na+ para fora (Figura 5.26)

- **Transportadores de cassetes de ligação de ATP (ABC)**, que transportam uma variedade de pequenas moléculas através das membranas, principalmente dentro das células, embora sejam conhecidos alguns exemplos de exportadores. Os seres humanos possuem 48 transportadores ABC diferentes, e acredita-se que cada um deles seja específico para um diferente composto ou diferentes grupos de compostos relacionados. Algumas outras espécies apresentam um número muito maior de tipos – talvez até 150 nas plantas.

A segunda maneira pela qual a energia pode ser obtida para o transporte ativo consiste no acoplamento do transporte de uma molécula ou de um íon contra um gradiente de concentração com o movimento de um segundo íon, habitualmente H+ ou Na+, a favor de um gradiente. A energia liberada pelo movimento do íon a favor de seu gradiente é aproveitada para impulsionar o componente ativo do sistema de transporte acoplado (Figura 5.27). Se a proteína transportadora for um **simportador**, ambos os substratos movem-se no mesmo sentido através da membrana. Um exemplo é o **transportador de Na+/glicose** dos mamíferos. Essa proteína liga a difusão de sódio do intestino para dentro das células que revestem o intestino com a captação de glicose da dieta pelas mesmas células. Por outro lado, um **antiportador** transporta os dois componentes do sistema acoplado em sentidos diferentes. Muitas células utilizam um antiportador para manter o seu baixo conteúdo de íons cálcio; por exemplo, uma **proteína de troca de Na+/Ca2+** utiliza a energia da difusão de três íons Na+ para dentro da célula para impulsionar a exportação de um único íon Ca2+.

As proteínas receptoras transmitem sinais através das membranas celulares

Muitos compostos extracelulares mostram-se incapazes de entrar em uma célula, pois são demasiado hidrofílicos para penetrar na membrana lipídica, e a célula carece de um específico mecanismo de transporte para sua captação. Em alguns casos, esses compostos ainda são capazes de influenciar eventos no interior da célula pelo processo denominado transdução de sinais. Os compostos extracelulares que são classificados nessa categoria incluem hormônios, como a insulina e o glucagon, que controlam a utilização de carboidratos e gorduras pelo corpo, e compostos denominados **citocinas**, que regulam muitas atividades celulares, incluindo a divisão celular.

A ligação de um desses compostos à superfície externa de uma proteína receptora transmembrana resulta em uma mudança conformacional, frequentemente uma dimerização do receptor, com combinação de duas subunidades para formar uma única estrutura. Isso é possível em virtude da natureza fluida da membrana celular, que possibilita o movimento lateral de proteínas de membrana, mesmo quando estão contidas em uma balsa lipídica, possibilitando a associação e a dissociação das duas subunidades de um receptor em resposta à presença ou à ausência do composto extracelular. A mudança na estrutura do receptor induz um evento bioquímico dentro da célula, como ligação de grupos fosfato a uma proteína citoplasmática. Essa fosforilação desencadeia uma série de reações que levam às alterações na atividade celular estimuladas pelo hormônio ou pela citocina.

O **sistema da MAP quinase** é um exemplo típico de uma via de transdução de sinais. "MAP" é a abreviatura de "proteína ativada por mitógeno", indicando que esse particular receptor de superfície celular responde à ligação de um mitógeno, um tipo de molécula reguladora que estimula especificamente a divisão celular. A ligação do mitógeno resulta em dimerização da proteína receptora, que é acompanhada de fosforilação de cada subunidade (Figura 5.28). A fosforilação estimula a ligação de uma proteína denominada

Um importante exemplo do papel do cAMP no controle metabólico ocorre durante a resposta de "luta ou fuga" de mamíferos (ver *Seção 11.1.2*).

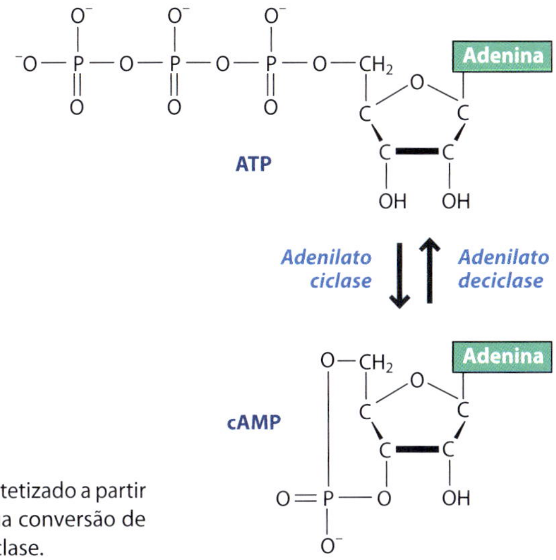

Figura 5.29 AMP cíclico. O AMP cíclico é sintetizado a partir do ATP pela enzima adenilato ciclase. A sua conversão de volta à ATP é realizada pela adenilato deciclase.

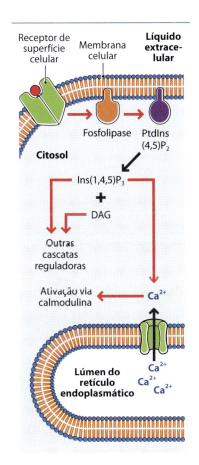

Figura 5.30 Indução do sistema de mensageiro secundário do cálcio. DAG, 1,2-diacilglicerol; Ins(1,4,5)P$_3$, inositol 1,4,5-trifosfato; PtdIns(4,5)P$_2$, fosfatidilinositol-4,5-bifosfato.

Raf ao lado interno do receptor. Uma vez ligada, a proteína Raf acrescenta um fosfato a uma terceira proteína, denominada Mek, que, por sua vez, acrescenta um fosfato à MAP quinase. A adição do fosfato ativa a MAP quinase, que se afasta da membrana e ativa outras proteínas em outras partes da célula. Algumas dessas proteínas são enzimas responsáveis por catalisar vias bioquímicas essenciais; outras são proteínas reguladoras que acionam e desativam grupos particulares de genes. Por conseguinte, a ligação do mitógeno à proteína receptora inicia uma cascata de eventos que levam à ocorrência de diversas alterações bioquímicas no interior da célula. A via da MAP quinase é usada pelas células dos vertebrados, porém existem vias equivalentes em outros organismos, que utilizam intermediários semelhantes aos identificados em animais.

Outros sistemas de transmissão de sinais não envolvem a transferência direta do sinal ao longo de uma cascata de proteínas, porém utilizam uma maneira menos direta de influenciar as atividades bioquímicas no interior da célula. A ligação do composto extracelular – o "primeiro mensageiro" – ao receptor de membrana induz um aumento transitório na concentração interna de um **segundo mensageiro**. O pico na concentração do segundo mensageiro provoca uma rápida alteração nas atividades enzimáticas, levando à mudança desejada na atividade celular.

Os segundos mensageiros importantes incluem os nucleotídios **3′,5′-AMP cíclico (cAMP)** e **3′,5′ GMP cíclico (cGMP)**. Esses mensageiros secundários são sintetizados a partir do ATP e do GTP, respectivamente, por enzimas denominadas **ciclases** e convertidos de volta a ATP e GTP por **deciclases** (Figura 5.29). Alguns receptores de superfície celular possuem atividade de guanidilato ciclase, e, portanto, convertem o GTP em cGMP; entretanto, a maioria dos receptores nessa família atua indiretamente ao influenciar a atividade das ciclases e deciclases citoplasmáticas. Essas ciclases e deciclases determinam os níveis celulares de cGMP e de cAMP, os quais, por sua vez, controlam as atividades de várias enzimas-alvo.

Outros mensageiros secundários influenciam a concentração citoplasmática de Ca^{2+} ao ativar proteínas de transporte de cálcio localizadas no retículo endoplasmático. A concentração de Ca^{2+} no lúmen do retículo endoplasmático é mais alta do que no restante da célula, de modo que a abertura desses canais possibilita o fluxo de Ca^{2+} para dentro do citoplasma. Nesse sistema, o primeiro mensageiro induz o receptor de superfície celular a ativar uma enzima fosfolipase, que cliva o **fosfatidilinositol-4,5-bifosfato (PtdIns(4,5)P$_2$)**, um componente lipídico da membrana celular, em **inositol-1,4,5-trifosfato (Ins(1,4,5)P$_3$)** e **1,2-diacilglicerol (DAG)**. O Ins(1,4,5)P$_3$ ativa as proteínas de transporte do cálcio (Figura 5.30). Os íons Ca^{2+} que são liberados no citoplasma ligam-se a uma proteína denominada **calmodulina** e a ativam; essa proteína regula uma variedade de outras enzimas, produzindo alteração na atividade bioquímica. Além disso, Ins(1,4,5)P$_3$ e DAG também podem iniciar cascatas reguladoras.

Leitura sugerida

Atlas D (2014) Voltage-gated calcium channels function as Ca^{2+}-activated signaling receptors. *Trends in Biochemical Sciences* **39**, 45–52.

Bobadilla JL, Macek M, Fine JP and Farrell PM (2002) Cystic fibrosis: a worldwide analysis of *CFTR* mutations – correlation with incidence data application to screening. *Mutation Research* **19**, 575–606.

Claypool SM and Koehler CM (2012) The complexity of cardiolipin in health and disease. *Trends in Biochemical Sciences* **37**, 32–41. Revisão detalhada do papel de um determinado tipo de glicerofosfolipídio.

Dennis EA and Norris PC (2015) Eicosanoid storm in infection and inflammation. *Nature Reviews Immunology* **15**, 511–23. As últimas descobertas sobre o papel fisiológico dos eicosanoides.

Kusumi A, Suzuki KGN, Kasai RS, Ritchie K and Fujiwara TK (2011) Hierarchical mesoscale domain organization of the plasma membrane. *Trends in Biochemical Sciences* **36**, 604–15. Descreve os diferentes níveis de associação de proteínas nas membranas.

Lee AG (2011) Biological membranes: the importance of molecular detail. *Trends in Biochemical Sciences* **36**, 493–500. Discute as interações entre os lipídios e proteínas nas membranas.

Nicholson GA (2014) The fluid-mosaic model of membrane structure: still relevant to understanding the structure, function and dynamics of biological membranes after more than 40 years. *Biochimica et Biophysica Acta* **1838**, 1451–66.

Schengrund C-L (2015) Gangliosides: glycerophospholipids essential for normal neural development and function. *Trends in Biochemical Sciences* **40**, 397–406.

Seifert R (2015) cCMP and cUMP: emerging second messengers. *Trends in Biochemical Sciences* **40**, 8–15.

Simopoulos AP (2008) The importance of the omega-6/omega-3 fatty acid ratio in cardiovascular disease and other chronic diseases. *Experimental Biology and Medicine* **233**, 674–88.

Singh B and Sharma RA (2015) Plant terpenes: defense responses, phylogenetic analysis, regulation and clinical applications. *3 Biotech* **5**, 129–51.

ter Beek J, Guskov A and Slotboom DJ (2014) Structural diversity of ABC transporters. *Journal of General Physiology* **143**, 419–35.

Questões de autoavaliação

Questões de múltipla escolha

Cada questão tem apenas uma resposta correta.

1. Qual das seguintes afirmativas descreve um lipídio típico?
   (a) Hidrofílico e lipofílico
   (b) Hidrofílico e lipofóbico
   (c) Hidrofóbico e lipofílico
   (d) Hidrofóbico e lipofóbico

2. Qual das seguintes afirmativas é **incorreta** com relação aos ácidos graxos?
   (a) Os ácidos graxos são um tipo de ácido carboxílico
   (b) Os ácidos graxos são, em sua maior parte, insolúveis em água, mas prontamente solúveis em muitos solventes orgânicos
   (c) A forma polimérica de um ácido graxo é uma cadeia de hidrocarboneto
   (d) Todas as afirmativas anteriores estão corretas

3. Qual das seguintes afirmativas é **incorreta** a respeito dos ácidos graxos insaturados?
   (a) Baixos pontos de fusão; por conseguinte, são líquidos oleosos em temperatura ambiente
   (b) A cadeia de hidrocarboneto contém pelo menos uma ligação dupla
   (c) Formam moléculas lineares que são capazes de se agrupar compactamente
   (d) Todas as afirmativas anteriores estão corretas

4. Qual dos seguintes compostos é um exemplo de ácido graxo ômega-6?
   (a) Ácido láurico
   (b) Ácido linoleico
   (c) Ácido α-linolênico
   (d) Ácido palmítico

Capítulo 5 **Lipídios e Membranas Biológicas** **105**

5. Qual é a diferença entre um triacilglicerol simples e um triacilglicerol complexo?
   (a) No triacilglicerol simples, os três ácidos graxos são idênticos; no triacilglicerol complexo, são diferentes
   (b) No triacilglicerol simples, os três ácidos graxos são saturados; no triacilglicerol complexo, são insaturados
   (c) Em um triacilglicerol simples, os três ácidos graxos apresentam cadeias 16:0; no triacilglicerol complexo, possuem cadeias 18:1(Δ^9)
   (d) Nenhuma das afirmativas anteriores é correta

6. Qual é o nome do composto formado pelo aquecimento de um triacilglicerol com um álcali, como hidróxido de sódio?
   (a) Óleo
   (b) Sabão
   (c) Esfingolipídio
   (d) Cera

7. Qual é a diferença entre glicerofosfolipídios e outros triacilgliceróis?
   (a) Um glicerofosfolipídio contém esfingosina
   (b) Um glicerofosfolipídio é um derivado de álcali de um triacilglicerol
   (c) Um glicerofosfolipídio é um produto de esterificação entre um triacilglicerol e triacontanol
   (d) Em um glicerofosfolipídio, um dos ácidos graxos é substituído por um grupo hidrofílico ligado ao componente glicerol por uma ligação fosfodiéster

8. Qual desses compostos **não** é um exemplo de glicerofosfolipídio?
   (a) Fosfoesfingosina
   (b) Ácido fosfatídico
   (c) Fosfatidilglicerol
   (d) Fosfatidilserina

9. O que é um gangliosídio?
   (a) Um esfingolipídio que apresenta um grupo cabeça de açúcar complexo
   (b) Um esfingolipídio com um grupo cabeça de açúcar simples
   (c) Um esfingolipídio que carece de esfingosina
   (d) Um esfingolipídio com um grupo cabeça de aminoácido

10. Os terpenos baseiam-se em que composto de hidrocarboneto pequeno?
    (a) Ácido abiético
    (b) Isopreno
    (c) Monoterpeno
    (d) Esqualeno

11. Qual é a composição da estrutura esterol central?
    (a) Quatro anéis de hidrocarboneto, três dos quais apresentam seis carbonos, enquanto o quarto tem cinco carbonos
    (b) Quatro anéis de hidrocarboneto, três dos quais possuem cinco carbonos, enquanto o quarto tem seis carbonos
    (c) Quatro anéis de hidrocarboneto, três dos quais apresentam seis carbonos, enquanto o quarto tem cinco carbonos
    (d) Quatro anéis de hidrocarboneto, dois dos quais apresentam seis carbonos, enquanto dois têm cinco carbonos

12. Qual dos seguintes compostos **não** é um tipo de hormônio esteroide
    (a) Androgênios
    (b) Eicosanoides
    (c) Glicocorticoides
    (d) Progestinas

13. Qual é o nome da doença que resulta da deficiência de vitamina D?
    (a) Botulismo
    (b) Raquitismo
    (c) Estrabismo
    (d) Paludismo

14. Qual desses tipos de membrana eucariótica tem maior conteúdo de proteína?
    (a) Retículo endoplasmático
    (b) Membrana mitocondrial interna
    (c) Membrana mitocondrial externa
    (d) Membrana plasmática

15. Qual o nome do modelo para a estrutura da membrana proposto por Singer e Nicholson, em 1972?
    (a) Modelo em mosaico fluido
    (b) Modelo da bicamada lipídica
    (c) Modelo das balsas lipídicas
    (d) Modelo da proteína fixada

16. Qual das seguintes afirmativas é **correta** com relação a uma proteína integral de membrana?
    (a) Só pode ser removida da membrana pela ruptura da estrutura da bicamada
    (b) Forma uma ligação firme com a membrana
    (c) A maior parte atravessa toda bicamada lipídica
    (d) Todas as afirmativas anteriores estão corretas

17. Uma estrutura semelhante a um barril, cujas paredes são feitas por folhas β, é uma característica típica de
    (a) Proteína ligada a lipídio
    (b) Proteína periférica de membrana
    (c) Proteína transmembrana
    (d) Nenhuma das proteínas anteriores

18. Qual dessas opções é um exemplo de proteína transportadora dos eritrócitos?
    (a) Antiportador
    (b) Bomba tipo P
    (c) Simportador
    (d) Uniportador

19. Qual das seguintes opções é um exemplo da proteína Na^+/K^+ de mamíferos?
    (a) Antiportador
    (b) Bomba tipo P
    (c) Simportador
    (d) Uniportador

20. Qual das seguintes opções é um exemplo da proteína transportadora de Na^+/glicose dos mamíferos?
    (a) Antiportador
    (b) Bomba tipo P
    (c) Simportador
    (d) Uniportador

21. Qual das seguintes opções é um exemplo da proteína de troca de Na^+/Ca^{2+}?
    (a) Antiportador
    (b) Bomba tipo P
    (c) Simportador
    (d) Uniportador

22. Qual o nome da mutação mais comum da fibrose cística?
    (a) ΔF508
    (b) G542X
    (c) G551D
    (d) N1303 K

23. No sistema de MAP quinase, o que ativa as proteínas individuais na cascata?
    (a) Adição de Ca²⁺
    (b) Adição de um grupo lipídico
    (c) Metilação
    (d) Fosforilação

24. Qual das seguintes afirmativas é **incorreta** com relação à calmodulina?
    (a) Ativada por íons Ca²⁺
    (b) Influenciada pela clivagem do fosfatidilinositol-4,5-bifosfato
    (c) Trata-se de uma proteína integral de membrana
    (d) Regula uma variedade de enzimas

Questões discursivas

1. Usando exemplos, diferencie as estruturas dos ácidos graxos saturados e insaturados.
2. Explique o que os termos "ômega-3" e "ômega-6" significam quando se referem à estrutura dos ácidos graxos. Por que necessitamos desses tipos de ácidos graxos em nossa dieta?
3. Descreva as estruturas de (a) um triacilglicerol simples, (b) um triacilglicerol complexo, (c) um sabão e (d) uma cera.
4. Descreva de maneira sucinta as características essenciais dos glicerofosfolipídios, esfingolipídios e eicosanoides.
5. Explique por que os esteróis e os esteroides são classificados como derivados do terpeno.
6. Descreva a maneira pela qual certos lipídios se associam para formar uma bicamada de membrana.
7. Descreva de modo sucinto as principais características do modelo em mosaico fluido para a estrutura da membrana. O que é uma "balsa lipídica"?
8. Descreva as características que distinguem as proteínas de membrana integrais e periféricas.
9. Faça um resumo, com exemplos, das diferentes maneiras pelas quais as proteínas auxiliam o transporte de pequenas moléculas através das bicamadas das membranas.
10. Descreva os vários eventos intracelulares que podem ser estimulados pela ligação de um composto de sinalização extracelular a uma proteína receptora transmembrana.

Questões de autoaprendizagem

1. Há alguns anos, o óleo de coco não era considerado saudável, em virtude de seu elevado conteúdo de ácidos graxos saturados. Atualmente, o óleo de coco é um "superalimento" ao qual são atribuídos vários benefícios, desde cabelos mais brilhosos até resistência a doenças. Avalie os motivos dessa mudança de opinião com relação ao valor do óleo de coco na dieta.
2. Explique por que muitos produtos comerciais para desentupir pias contêm álcali.
3. Identifique as unidades de isopreno nesses terpenos.

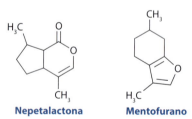

4. Que métodos poderiam ser usados para identificar as partes de uma proteína transmembrana que são expostas à superfície externa da membrana plasmática de uma célula animal?
5. A cascata da MAP quinase é um exemplo de via bioquímica em que se usa a fosforilação para modificar a atividade de uma proteína. A fosforilação também é utilizada para regular a atividade proteica em outros contextos, particularmente na regulação de enzimas envolvidas em vias metabólicas, como a glicólise. Em geral, o aminoácido fosforilado é serina, treonina, tirosina ou histidina. Explique por que a adição de um grupo fosfato a um desses aminoácidos pode exercer um efeito significativo sobre a atividade de uma proteína.

CAPÍTULO 6

Carboidratos

OBJETIVOS DO ESTUDO

Após a leitura deste capítulo, você será capaz de:

- Entender as diferenças entre os termos "monossacarídio", "dissacarídio", "oligossacarídio" e "polissacarídio"

- Distinguir entre as estruturas de monossacarídios de aldose e cetose de diferentes comprimentos de cadeia, incluindo formas lineares e em anel desses compostos

- Compreender os vários termos estereoisoméricos pertinentes à estrutura dos carboidratos: enantiômeros, diastereoisômeros, epímeros e anômeros

- Saber como os monossacarídios estão ligados entre si para formar dissacarídios e estruturas em cadeias mais longas

- Reconhecer a importância dos oligossacarídios como cadeias laterais ligadas a alguns tipos de proteína

- Distinguir entre homopolissacarídios e heteropolissacarídios e fornecer exemplos de ambos os tipos

- Reconhecer os papéis importantes desempenhados pelos polissacarídios como fontes de energia e como componentes estruturais dos tecidos vegetais e animais

Os carboidratos constituem o quarto tipo de biomolécula polimérica encontrada nas células vivas. Os carboidratos poliméricos incluem o amido e o glicogênio, que constituem formas importantes de armazenamento da energia nos vegetais e nos animais, respectivamente. Outros carboidratos possuem funções estruturais, sendo o exemplo mais bem conhecido a celulose, que confere aos vegetais parte de sua rigidez estrutural. A quitina, encontrada no exoesqueleto dos insetos, também é um carboidrato polimérico, assim como vários dos compostos que formam a matriz extracelular em tecidos animais.

6.1 Monossacarídios, dissacarídios e oligossacarídios

Um carboidrato, em sentido estrito, refere-se a qualquer composto constituído de carbono, hidrogênio e oxigênio, estando o hidrogênio e o oxigênio presentes em uma razão de 2:1, à semelhança da água. Os carboidratos de maior importância em bioquímica são denominados sacarídios, um termo derivado da palavra em latim que significa açúcar (*saccharum*). O amido e outros carboidratos poliméricos são **polissacarídios**, e suas unidades monoméricas são conhecidas como **monossacarídios**. Os monossacarídios, que incluem compostos como a glicose e a galactose, são muito importantes por si próprios, visto que eles constituem as principais fontes de energia usadas para impulsionar os processos celulares. Os **dissacarídios**, que contêm duas unidades ligadas de monossacarídios, incluem açúcares importantes de ocorrência natural, como a sacarose e a lactose. Os carboidratos poliméricos curtos, denominados **oligossacarídios**, são importantes por um motivo diferente, visto que eles formam cadeias laterais em algumas proteínas.

Figura 6.1 Gliceraldeído e di-hidroxiacetona.

No que concerne aos carboidratos, precisamos, portanto, dirigir nossa atenção não apenas para as grandes moléculas poliméricas, mas também para seus monossacarídios constituintes e para os dissacarídios e oligossacarídios de cadeias mais curtas. A maneira mais fácil de entender as relações entre todos esses diferentes compostos é começar com os monossacarídios e gradualmente passar para as moléculas maiores, como o amido e a celulose.

6.1.1 Monossacarídios | Unidades estruturais básicas dos carboidratos

Os monossacarídios compreendem diversos compostos familiares, como a ribose e a 2'-desoxirribose, encontradas nos nucleotídios do RNA e do DNA, e a glicose, o substrato para a glicólise, que constitui a via central de produção de energia na maioria dos organismos.

Os dois monossacarídios mais simples são o gliceraldeído e a di-hidroxiacetona

Um monossacarídio é um carboidrato que possui pelo menos três átomos de carbono, um dos quais está ligado a um grupo oxigênio (=O), enquanto os outros átomos de carbono estão ligados a grupos hidroxila. Essa definição possibilita a existência de dois tipos bem distintos de moléculas, dependendo de qual dos carbonos está ligado ao grupo oxigênio. Para entender essa importante característica, iremos analisar as estruturas dos dois monossacarídios mais simples, o gliceraldeído e a di-hidroxiacetona, ambos os quais possuem três átomos de carbono (Figura 6.1). No gliceraldeído, o grupo oxigênio está ligado a um dos carbonos terminais. Isso forma um grupo formila (–CHO), que constitui a característica essencial dos compostos denominados **aldeídos** (na verdade, o grupo –CHO é comumente denominado grupo aldeído). Por conseguinte, o gliceraldeído é um açúcar aldeído ou **aldose** ou, mais especificamente, uma **aldotriose**, visto que possui três átomos de carbono.

Por outro lado, a di-hidroxiacetona tem seu oxigênio ligado ao carbono central. A estrutura C=O resultante é característica de uma **cetona**, de modo que a di-hidroxiacetona é um açúcar cetona ou **cetose**. Por conseguinte, a di-hidroxiacetona é uma **cetotriose**, visto que possui três átomos de carbono.

Já tivemos a oportunidade de encontrar o gliceraldeído na Seção 3.1.2 quando estudamos os isômeros ópticos ou enantiômeros dos aminoácidos. Embora mostrado como estrutura plana na Figura 6.1, o gliceraldeído possui, na realidade, uma configuração tetraédrica. Essa configuração é constituída por um átomo de carbono central ligado aos grupos –H –,OH –,CHO e –CH$_2$OH (Figura 6.2). À semelhança de um aminoácido, existem duas maneiras pelas quais esses quatro grupos podem se distribuir em torno do carbono quiral central. Os dois arranjos são imagens especulares uma da outra, em que uma delas é o dextroenantiômero, e a outra, o levoenantiômero. As duas formas – D-gliceraldeído e L-gliceraldeído – possuem propriedades químicas idênticas e só diferem no seu efeito sobre a luz plano-polarizada (ver Figura 3.5).

A di-hidroxiacetona é diferente. Ela não possui um carbono quiral, de modo que ela não forma enantiômeros. Nesse aspecto, ela não apenas é diferente do gliceraldeído, como também diferente de todos os outros monossacarídios. Isso se deve ao fato de que todos os monossacarídios com quatro ou mais carbonos, sejam aldoses ou cetoses, possuem pelo menos um carbono quiral, e a maioria apresenta mais de um. Iremos agora examinar as complicações estruturais que surgem em decorrência da presença desses múltiplos centros quirais.

A maioria dos monossacarídios existe como enantiômeros ou diastereoisômeros

Passaremos agora para um nível superior e iremos considerar as **aldotetroses**, os açúcares aldeído que contêm quatro átomos de carbono. Esses compostos são diastereoisômeros. Isso significa que eles apresentam mais de um carbono quiral. As aldotetroses possuem dois carbonos quirais, o que significa que elas têm quatro configurações possíveis, incluindo dois pares de enantiômeros. Os compostos são denominados D- e L-eritrose e D- e L-treose (Figura 6.3). Observe que as estruturas da eritrose e da treose não são imagens especulares uma da outra, visto que a posição relativa dos grupos hidroxila é diferente. Por conseguinte, a eritrose e a treose são compostos diferentes, com propriedades químicas distintas.

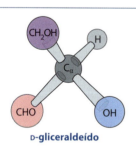

Figura 6.2 D-gliceraldeído e L-gliceraldeído.

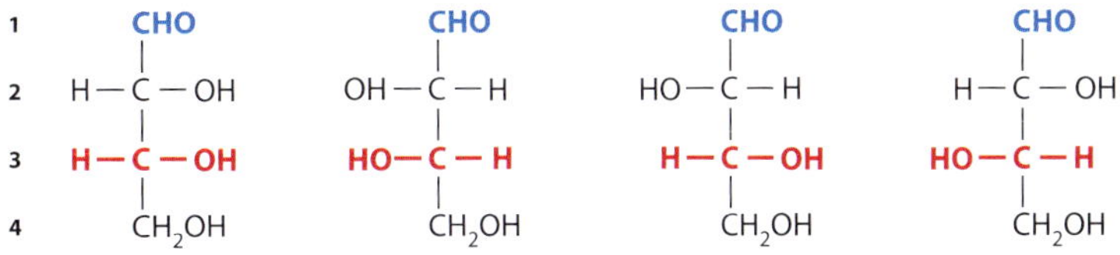

Capítulo 6 Carboidratos 109

Figura 6.3 Aldotetroses. O grupo aldeído é mostrado em azul, enquanto o centro assimétrico de cada molécula está em vermelho. A numeração dos átomos de carbonos está indicada à esquerda.

D-eritrose   L-eritrose   D-treose   L-treose

No nível seguinte, encontram-se as **aldopentoses** de cinco carbonos (Figura 6.4). Cada uma dessas aldopentoses tem três carbonos quirais, de modo que existem quatro pares de aldopentoses enantioméricas. Compreendem três açúcares cuja ocorrência é comum na natureza – a ribose (presente nos nucleotídios), a arabinose e a xilose. A arabinose é o único monossacarídio que, na natureza, ocorre predominantemente na forma do L-enantiômero. Em todas as outras aldopentoses, a forma D é mais comum. Em seguida, temos oito pares de enantiômeros de aldo-hexoses, que incluem a glicose, a manose e a galactose. Poderíamos prosseguir pelas aldo-heptoses, aldo-octoses, aldononoses e aldodecoses, com 7, 8, 9 e 10 carbonos, respectivamente, porém esses compostos são menos comuns na natureza, e, como bioquímicos, não precisamos ter tanto interesse por eles.

Entretanto, precisamos considerar a série equivalente de açúcares de cetose com 4 a 6 carbonos. Esses açúcares são ligeiramente menos complicados, visto que, em cada nível, teremos um dos carbonos quirais a menos. Em consequência, há apenas um par de **cetotetroses**, denominadas D- e L-eritrulose, duas **cetopentoses**, a ribulose e a xilulose, e quatro ceto-hexoses (Figura 6.5). Este último conjunto inclui a frutose que, à semelhança da glicose, é um importante açúcar da dieta obtido de numerosos frutos e vegetais.

Boxe 6.1 Representações das estruturas dos monossacarídios.

Devido ao arranjo tetraédrico dos grupos ao redor de um átomo de carbono, a estrutura de um monossacarídio não pode ser precisamente representada quando transferida para uma folha de papel plana. A representação denominada **projeção de Fischer** surgiu para solucionar esse problema. Quando um composto é representado de acordo com a projeção de Fischer, as ligações traçadas horizontalmente a partir do carbono central são aquelas que, no arranjo tetraédrico, estariam projetadas acima do plano do papel, enquanto as ligações traçadas verticalmente representam as que estariam projetadas abaixo do plano do papel.

Os dois enantiômeros do gliceraldeído são, portanto, representados desta maneira:

D-gliceraldeído   L-gliceraldeído

Quando um monossacarídio possui dois carbonos quirais, os D- e L-enantiômeros são identificados a partir do arranjo dos grupos ao redor do carbono que está mais afastado do grupo aldeído, se o açúcar for uma aldose, ou do grupo cetona, se o açúcar for uma cetose. Tal carbono é designado como centro assimétrico. O D-enantiômero é representado com o grupo hidroxila à direita desse carbono, enquanto o L-enantiômero é representado com o grupo hidroxila à esquerda. Por conseguinte, as versões D e L da aldotetrose eritrose são representadas da seguinte maneira:

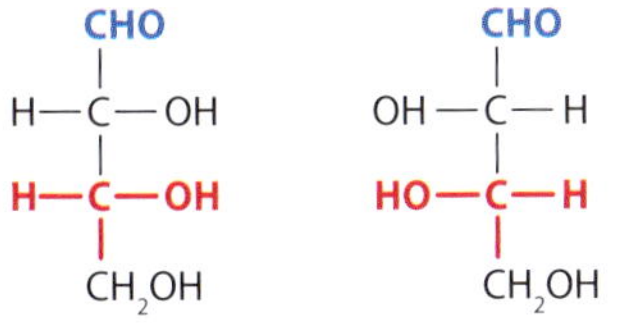

D-eritrose   L-eritrose

Nestes desenhos, o grupo aldeído é mostrado na cor azul, enquanto o centro assimétrico está em vermelho.

Ligação abaixo do plano do papel

Ligação acima do plano do papel

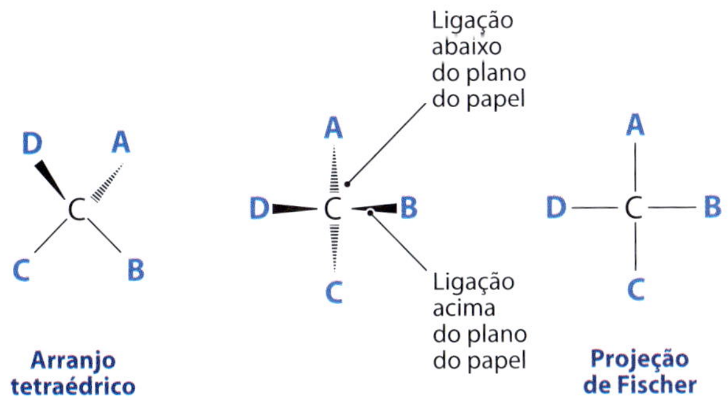

Arranjo tetraédrico   **Projeção de Fischer**

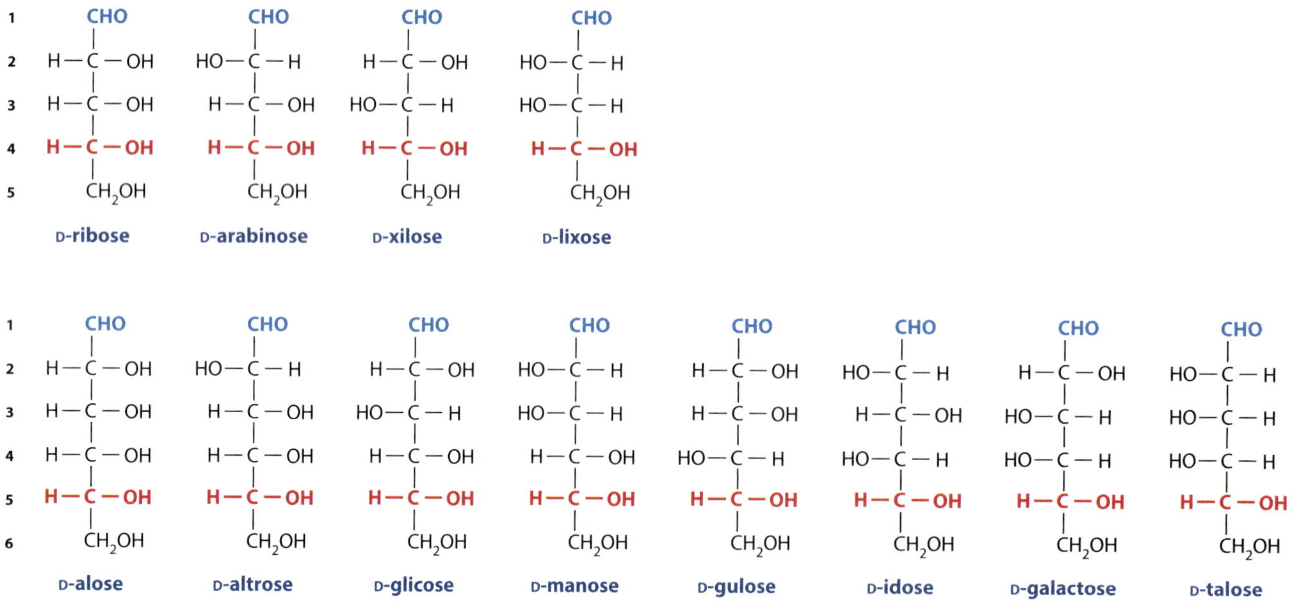

110 Parte 1 Células, Microrganismos e Biomoléculas

D-ribose   D-arabinose   D-xilose   D-lixose

D-alose   D-altrose   D-glicose   D-manose   D-gulose   D-idose   D-galactose   D-talose

Figura 6.4 Aldopentoses e aldo-hexoses. O grupo aldeído é mostrado em azul, enquanto o centro assimétrico de cada molécula é mostrado em vermelho. A numeração dos átomos de carbono está indicada à esquerda. Cada composto também possui um L-enantiômero, que não está mostrado aqui.

Alguns monossacarídios também existem na forma cíclica (o termo "cíclico é mais usual)

Além das estruturas lineares que consideramos até este momento, os monossacarídios com cinco ou mais carbonos também podem formar moléculas em anel ou cíclicas. Já conhecemos esse tipo de molécula, visto que a forma da ribose, um açúcar de cinco carbonos, presente nos nucleotídios é uma molécula em anel (ver Figura 4.1), e não a cadeia linear mostrada na Figura 6.4. As formas cíclicas dos açúcares de cinco carbonos, como a ribose, são conhecidas como **furanoses**, em virtude de sua semelhança estrutural com o composto orgânico não relacionado, o furano. A versão cíclica da ribose é formada pela reação entre o grupo aldeído no carbono número 1 com o grupo hidroxila do carbono 4 (Figura 6.6). Pode ocorrer uma reação semelhante com as aldo-hexoses, como a glicose. A forma cíclica de uma aldo-hexose é denominada **piranose**, em virtude de sua semelhança estrutural com o composto orgânico denominado pirano. Por conseguinte, o nome químico específico para a forma da glicose em anel é glicopiranose.

Boxe 6.2 Diferentes tipos de isômeros importantes na estrutura dos carboidratos.

É fácil confundir-se com os diferentes tipos de isomeria apresentados pelos carboidratos. Segue um resumo dos termos mais importantes. Lembre-se de que, por definição, os isômeros são compostos que possuem a mesma composição química.

- Os **estereoisômeros** são isômeros cujos átomos estão conectados na mesma sequência, mas que diferem no arranjo dos átomos em torno de um ou mais centros assimétricos, como um carbono quiral. Todos os tipos de isômeros listados adiante são categorias de estereoisômeros
- Os **enantiômeros** são isômeros cujas estruturas são imagens especulares uma da outra. O D-gliceraldeído e o L-gliceraldeído são enantiômeros

- Os **diastereoisômeros** são compostos que possuem dois ou mais carbonos quirais. A eritrose e a treose são diastereoisômeros
- Os **epímeros** são diastereoisômeros que diferem, quanto à sua estrutura, em apenas um de seus átomos quirais. A D-glicose e a D-galactose são epímeros
- Os **anômeros** são monossacarídios cíclicos que diferem apenas no arranjo dos grupos ao redor do carbono anomérico; para uma aldose, trata-se do carbono 1 e, para uma cetose, o carbono 2. Exemplos de aldose são a α-D-glicopiranose e a β-D-glicopiranose.

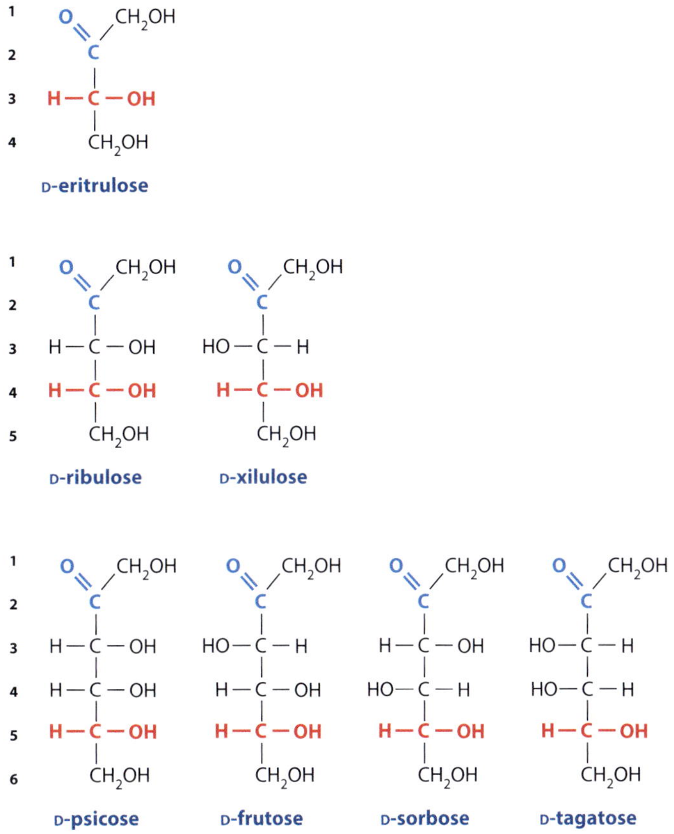

Capítulo 6 **Carboidratos** 111

Figura 6.5 Açúcares cetose com 4 a 6 carbonos. O grupo cetona é mostrado em azul, enquanto o centro assimétrico de cada molécula é mostrado em vermelho. A numeração dos átomos de carbono está indicada à esquerda. Cada composto também possui um L-enantiômero que não é mostrado aqui.

A formação do anel proporciona mais oportunidades para produzir variações na estrutura de um monossacarídio. Por exemplo, a forma cíclica da D-glicose possui as versões α e β, que diferem na posição do grupo hidroxila ligado ao carbono 1. Este é o carbono originalmente presente no grupo aldeído da forma linear e que participou na reação química que resultou em ciclização (Figura 6.7). As duas estruturas, a α-D-glicopiranose e a β-D-glicopiranose, possuem propriedades ópticas ligeiramente diferentes, porém são quimicamente idênticas nos demais aspectos. São denominadas **anômeros**. Em solução, a forma α pode ser facilmente convertida em β, e vice-versa, de modo que as soluções de D-glicose contêm uma mistura dos dois tipos, habitualmente com uma pequena quantidade da forma linear também presente. Essa interconversão é conhecida como **mutarrotação**.

Os monossacarídios de cetose de 5 e 6 carbonos também podem formar estruturas em anéis. A reação entre o grupo cetona no carbono 2 e o grupo hidroxila no carbono 5 produz um anel de furanose de cinco membros (Figura 6.8). Por conseguinte, o derivado cíclico da frutose é denominado frutofuranose. À semelhança da glicopiranose, existem formas anoméricas α e β.

Figura 6.6 Formação da versão cíclica da ribose. O anel é formado pela reação entre o grupo aldeído no carbono número 1 e o grupo hidroxila do carbono 4.

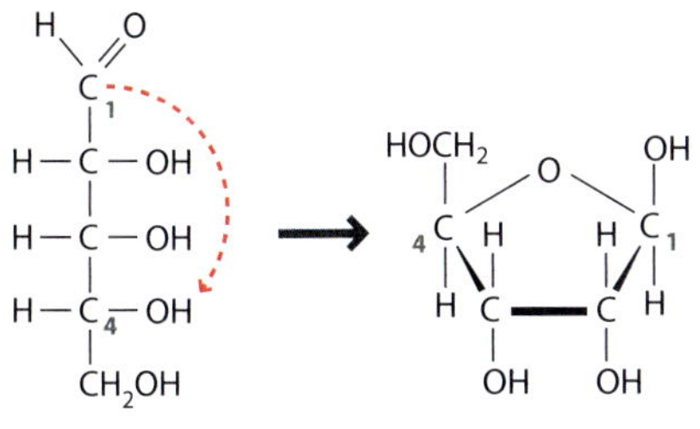

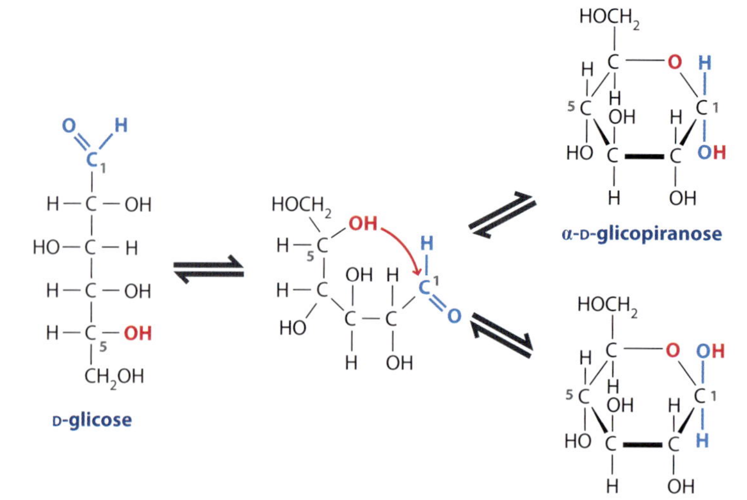

112 Parte 1 Células, Microrganismos e Biomoléculas

Figura 6.7 Formação dos dois anômeros da glicose. O anel é formado pela reação entre o grupo aldeído no carbono número 1 (*em azul*) e o grupo hidroxila no carbono 5 (*em vermelho*). Isso pode resultar em duas orientações diferentes dos grupos ao redor do carbono 5, produzindo as formas anoméricas α e β. A reação de ciclização é reversível, e existe a probabilidade igual de ambos os anômeros serem formados, de modo que as soluções de D-glicose contêm uma mistura dos dois anômeros, juntamente com algumas moléculas lineares.

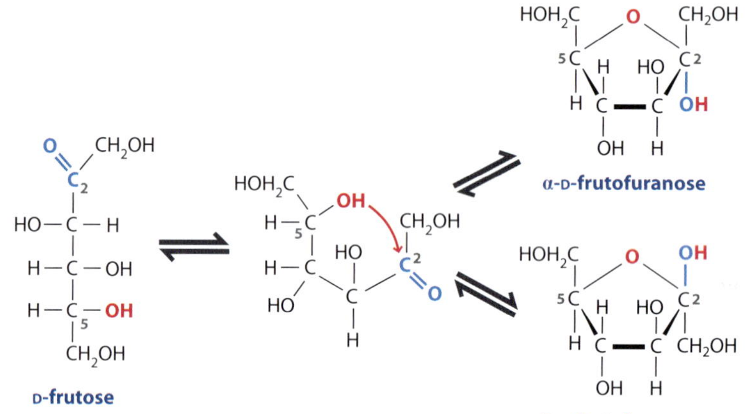

Figura 6.8 Formação da forma cíclica da frutose. O anel é formado pela reação entre o grupo cetona no carbono número 2 (*em azul*) e o grupo hidroxila no carbono 5 (*em vermelho*). À semelhança da glicose, dois anômeros podem ser formados.

6.1.2 Os dissacarídios são formados pela ligação de pares de monossacarídios

Passaremos agora para o ponto seguinte em que as unidades de monossacarídios cíclicos ligam-se entre si para formar carboidratos de cadeias mais longas. Os mais simples desses carboidratos são os **dissacarídios**, que são constituídos apenas por duas unidades de monossacarídios ligados entre si. Alguns dissacarídios são muito comuns na natureza (Tabela 6.1). Incluem a sacarose, que é o tipo de açúcar obtido a partir da cana-de-açúcar ou da beterraba, que alguns colocam no café. A sacarose é constituída de unidades de glicose e frutose. A lactose do leite é constituída por unidades de glicose e galactose, enquanto a maltose da cevada tem duas unidades de glicose.

Tabela 6.1 Exemplos de dissacarídios.

Nome	Açúcares componentes	Descrição
Sacarose	Glicose + frutose	A partir da cana-de-açúcar e da beterraba
Lactose	Glicose + galactose	Açúcar do leite
Maltose	Glicose + glicose	Açúcar do malte, a partir de cereais em germinação
Trealose	Glicose + glicose	Produzida por plantas e fungos
Celobiose	Glicose + glicose	Produto de degradação da celulose

A ligação entre duas unidades de monossacarídios em um dissacarídio é denominada **ligação O-glicosídica**. Esse tipo de ligação é formado entre pares de grupos hidroxila, um de cada monossacarídio, de modo que existe a possibilidade de uma enorme variabilidade. Na maltose, que contém duas unidades de glicose, a ligação ocorre entre os grupos hidroxila ligados ao carbono 1 de uma glicopiranose e o carbono 4 da segunda unidade (Figura 6.9). Por conseguinte, a ligação é designada como (1→4). O carbono 1 é o carbono anomérico, de modo que precisamos também distinguir se a ligação envolve a versão α ou β. Na maltose, trata-se da versão α, de modo que o nome químico correto desse dissacarídio é α-D-glicopiranosil-(1→4)-D-glicopiranose.

Na maltose, a segunda glicopiranose está livre para sofrer interconversão entre seus anômeros α e β, visto que o carbono número 1 não está envolvido na ligação glicosídica. Isso nem sempre é o caso. Por exemplo, a trealose é também formada por duas unidades de glicose, porém, no caso desse dissacarídio, a ligação ocorre entre o par de carbonos número 1 (ver Figura 6.9). Por conseguinte, a trealose é α-D-glicopiranosil-(1→1)-α-D-glicopiranose. Naturalmente, as duas unidades de monossacarídios nem sempre precisam ser a glicose. A sacarose é α-D-glicopiranosil-(1→2)-β-D-frutofuranose, estando a ligação entre a versão α do carbono anomérico 1 da glicose e a versão β do carbono 2 (carbono anomérico) da frutose (ver Figura 6.9).

PESQUISA EM DESTAQUE

Boxe 6.3 Alguns seres humanos recentemente desenvolveram a capacidade de digerir o leite.

O leite e os produtos lácteos constituem uma parte tão importante da moderna dieta ocidental que é surpreendente saber que nossos ancestrais eram incapazes de digerir o leite. O leite é rico em lactose, porém a lactose só pode ser usada como nutriente após ter sido degradada em seus monossacarídios constituintes, a glicose e a galactose. Essa reação é catalisada pela enzima lactase, que está presente nas células epiteliais que revestem o intestino delgado. A maioria dos mamíferos só sintetiza a lactase durante as primeiras semanas de vida, quando dependem do leite materno para a maior parte de seus nutrientes. Após o desmame, a lactase não é mais produzida, e a capacidade de degradar a lactose e, portanto, de digerir o leite desaparece gradualmente. Por conseguinte, os mamíferos adultos apresentam, em sua maioria, intolerância à lactose, visto que eles não sintetizam a lactase.

Atualmente, cerca de 65% da população humana adulta apresenta intolerância à lactose. Se um indivíduo com intolerância à lactose ingerir leite ou consumir produtos lácteos dos quais a lactose não foi retirada, ele irá ter cólicas estomacais e problemas intestinais. Entretanto, como o mapa ao lado mostra, muitas pessoas da Europa setentrional, parte da África, Oriente Médio e sul da Ásia (e os indivíduos cujos ancestrais pertencem a essas populações) são capazes de digerir o leite. Isso se deve ao fato de que essas pessoas continuam produzindo lactase mesmo após o desmame. Essa condição é designada **tolerância à lactose** ou **persistência da lactase**.

A enzima lactase possui uma estrutura idêntica nos indivíduos tanto com tolerância quanto com intolerância à lactose, de modo que precisamos investigar além da proteína para encontrar a causa da persistência da lactase. A diferença reside na sequência de DNA na região adjacente ao gene. Modificações nessa sequência alteram o padrão de expressão do gene para a síntese da lactase, de modo que o processo regulador normal, que desativa o gene após o desmame, não opera. O gene mantém-se ativo o tempo todo, de modo que a lactase é sintetizada na vida adulta.

As comparações entre as sequências de DNA dessa região reguladora em diferentes pessoas permitem que alguns aspectos da evolução da persistência da lactase sejam estudados. Esses estudos sugerem que as mudanças cruciais na sequência que deram origem à persistência da lactase nos europeus ocorreram há 7.500 a 12.500 anos. Essa época coincide com os resultados de outras pesquisas, que detectaram traços de lipídios de produtos lácteos absorvidos em fragmentos de panelas de cozinhar e potes de armazenamento há 9.000 anos. Por conseguinte, a origem da persistência da lactase parece coincidir com o inicial uso extensivo do leite, como poderíamos esperar. Acredita-se que as alterações na sequência do DNA tenham ocorrido nas primeiras populações agrícolas nos Bálcãs ou na Europa central, disseminando-se então gradualmente para a Europa setentrional. Isso é condizente com nossa expectativa de que, uma vez disseminada a produção leiteira, a persistência da lactase passou a tornar-se altamente vantajosa.

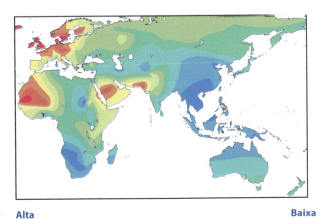

Frequência da persistência da lactase

Imagem reproduzida de *BMC Evolutionary Biology*, 2010; **10**:36.

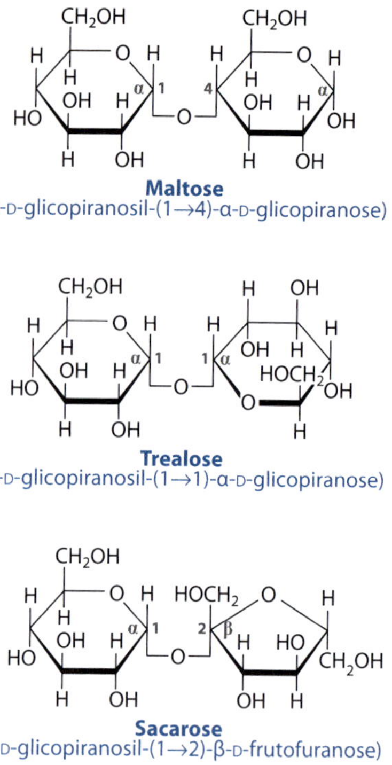

Figura 6.9 Três dissacarídios. O anômero α da maltose é mostrado.

6.1.3 Oligossacarídios | Polímeros curtos de monossacarídios

Um dissacarídio é o tipo mais curto de **oligossacarídio**, um carboidrato polimérico curto constituído de 2 a 20 unidades de monossacarídios. Algumas plantas sintetizam oligossacarídios constituídos inteiramente de frutose e xilose, e existe um oligossacarídio de galactose, com algumas unidades de glicose, no leite humano. Esses carboidratos estão atraindo a atenção em virtude de seus possíveis benefícios para a saúde; por exemplo, a oligogalactose está sendo associada a uma proteção dos lactentes contra infecções gastrintestinais.

Em bioquímica, os oligossacarídios também são importantes, visto que eles formam cadeias colaterais que estão ligadas a alguns tipos de proteínas. Esse processo é denominado **glicosilação** e ocorre no aparelho de Golgi das células eucarióticas, após a montagem das cadeias polipeptídicas. As estruturas oligossacarídicas ou **glicanos** estão ligadas ao grupo hidroxila de um aminoácido serina ou treonina ou ao grupo amino da asparagina (Figura 6.10). Essas duas versões são denominadas **glicosilação O-ligada** e **N-ligada**, respectivamente.

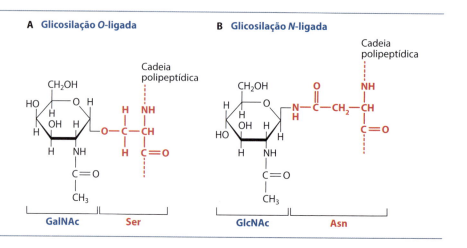

Figura 6.10 Glicosilação das proteínas. A ligação de um glicano a uma cadeia polipeptídica por (**A**) glicosilação O-ligada e (**B**) glicosilação N-ligada. O glicano O-ligado pode ligar-se ao grupo –OH da serina ou da treonina, enquanto o glicano N-ligado liga-se ao grupo –NH$_2$ da asparagina. Os açúcares nesse diagrama são a N-acetilgalactosamina (GalNAc) e a N-acetilglicosamina (GlcNAc).

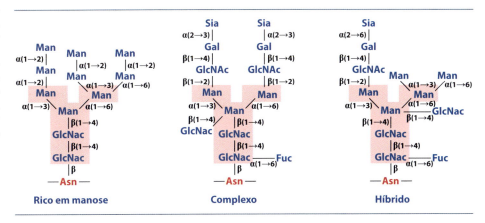

Figura 6.11 Glicanos *N*-ligados típicos. Todas as três famílias de glicanos *N*-ligados possuem o mesmo cerne (núcleo) de pentassacarídio (*sombreado*), enquanto os glicanos *O*-ligados são, em sua maioria, menores, com até quatro açúcares. Abreviaturas: Fuc, fucose; Gal, galactose; GalNAc, *N*-acetilgalactosamina; GlcNAc, *N*-acetilglicosamina; Man, manose; Sia, ácido siálico.

Os glicanos são variáveis na sua estrutura, porém a Figura 6.11 fornece exemplos típicos. Uma importante característica é a de que algumas das unidades de monossacarídios não são as estruturas de aldose e cetose regulares que estudamos até agora. Incluem monossacarídios modificados, nos quais um ou mais dos grupos hidroxila foram substituídos por outros grupos químicos. Por exemplo, a glicosamina deriva da glicose pela substituição da hidroxila ligada ao carbono 2 por um grupo amino. A posterior adição de um grupo acetila converte a glicosamina em *N*-acetilglicosamina (ver Figura 6.10). A versão *N*-acetil da galactose é formada de modo semelhante, e o ácido *N*-acetil neuramínico, também denominado ácido siálico, deriva do açúcar de cetose de nove carbonos, o ácido neuramínico.

A função de glicosilação das proteínas ainda não está totalmente elucidada. No caso de algumas proteínas, os glicanos ligados parecem atuar como códigos postais, direcionando a proteína para um determinado compartimento da célula. A glicosilação também estabiliza as proteínas, diminuindo a velocidade de sua degradação por enzimas proteases. O tempo durante o qual alguns hormônios proteicos permanecem ativos na corrente sanguínea é significativamente afetado pela glicosilação, e, em alguns casos, o glicano é essencial para a atividade do hormônio.

Outra função interessante da glicosilação é a proteção contra o congelamento. Muitas espécies de peixes das regiões polares contêm uma proteína anticongelante, que tem múltiplas glicosilações com unidades de β-galactosil-(1→3)-α-*N*-acetilgalactosamina *O*-ligadas. As proteínas resultantes circulam na corrente sanguínea, e acredita-se que elas se liguem a pequenos cristais de gelo, impedindo que cresçam e que possam lesionar os tecidos do peixe.

6.2 Polissacarídios

Avançamos agora para a escala dos maiores carboidratos poliméricos. Os polissacarídios são constituídos de unidades de monossacarídios cíclicos ligados por ligações glicosídicas. As cadeias podem ser lineares ou ramificadas, e as unidades de monossacarídios podem ser idênticas ou mistas. Se todas as unidades forem as mesmas, o composto é um **homopolissacarídio**; se forem mistas, o composto é um **heteropolissacarídio**.

6.2.1 O amido, o glicogênio, a celulose e a quitina são homopolissacarídios

O amido é um homopolissacarídio formado inteiramente de unidades de D-glicose. Existem dois tipos de moléculas de amido, denominados **amilose** e **amilopectina**. A diferença entre as duas é que a amilose é um polímero linear de D-glicose unidas por ligações glicosídicas α(1→4), enquanto a amilopectina possui uma estrutura ramificada constituída por cadeias α(1→4) e pontos de ramificação α(1→6), em que as ramificações ocorrem a cada 24 a 30 unidades ao longo de cada cadeia linear (Figura 6.12). Todos os vegetais sintetizam tanto a amilose quanto a amilopectina, sendo esta última habitualmente a forma predominante.

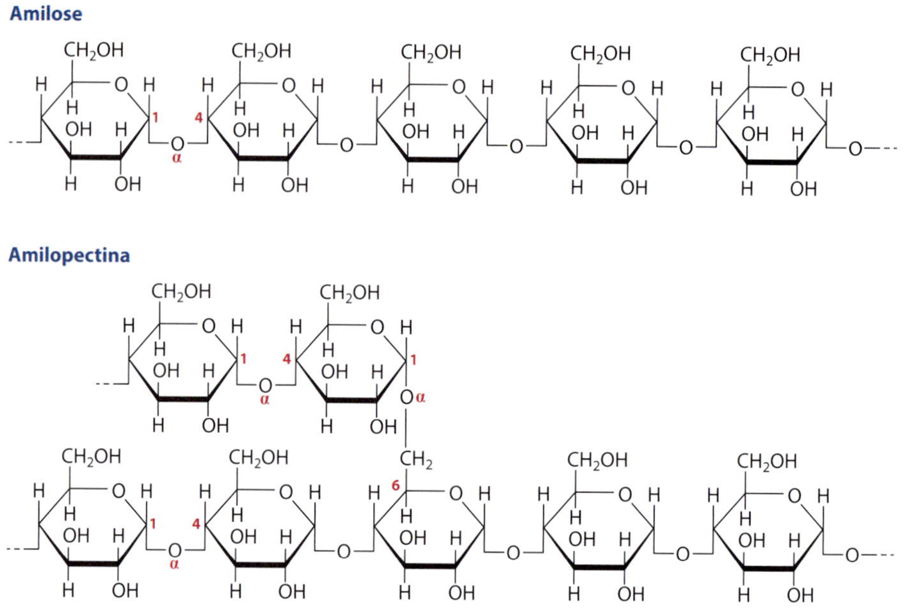

116 Parte 1 Células, Microrganismos e Biomoléculas

Amilose

Amilopectina

Figura 6.12 Estruturas poliméricas da amilose e da amilopectina. A amilose é um polímero linear de unidades de D-glicose ligadas por ligações glicosídicas α(1→4). A amilopectina tem uma estrutura ramificada constituída de cadeias α(1→4) e pontos de ramificação α(1→6).

Os polissacarídios são variáveis no seu comprimento. As cadeias de amilose contêm desde algumas centenas a mais de 2.500 unidades de glicose, e a amilopectina exibe uma faixa semelhante, porém com limite superior maior, possivelmente de 6.000 unidades nas moléculas maiores. Os fatores que determinam os tamanhos de cada molécula não estão bem elucidados.

Os polissacarídios de amido podem assumir diversas conformações, das quais a mais estável confere à cadeia α(1→4) uma curvatura bastante acentuada. Por conseguinte, a amilose e a amilopectina possuem estruturas espiraladas compactas, que possibilitam o acondicionamento compacto das moléculas em grânulos esféricos, como aqueles encontrados nas células das partes fotossintéticas de uma planta.

O amido é um polissacarídio de armazenamento, cujas unidades de monossacarídios são utilizadas para a produção de energia por meio de sua clivagem a partir das extremidades das moléculas de amilose e amilopectina. Apenas as extremidades "não redutoras" são cortadas, sendo essas extremidades que terminam com um grupo hidroxila livre no carbono não anomérico número 4 (Figura 6.13). A amilose, por ser uma cadeia linear, apresenta uma extremidade redutora e uma extremidade não redutora; entretanto, na amilopectina, as ramificações dão origem a uma molécula com numerosas extremidades não redutoras, que podem ser utilizadas concomitantemente. As extremidades não redutoras são atacadas pela β-amilase e por outras enzimas que liberam moléculas individuais de glicose, possivelmente junto com dissacarídios maltose e também maltotriose – o trissacarídio que apresenta três unidades de glicose ligadas por ligações α(1→4).

Figura 6.13 Extremidades não redutoras e redutoras de um polissacarídio amido.

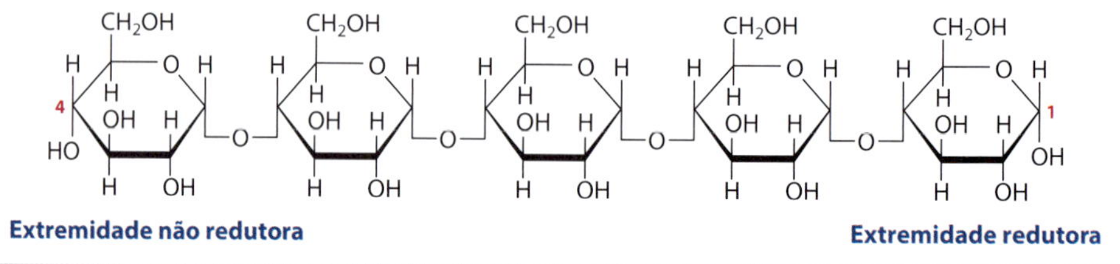

Extremidade não redutora   Extremidade redutora

Boxe 6.4 Extremidades redutora e não redutora de uma molécula de amido.

A extremidade redutora de uma molécula de amido é a extremidade que termina com o carbono anomérico. Essa unidade de glicose terminal pode abrir-se e assumir a sua configuração linear, formando novamente o grupo aldeído.

Extremidade redutora de um polissacarídio amido

O grupo aldeído atua como agente redutor, o que significa que ele pode doar elétrons para outros compostos. Por exemplo, pode reduzir íons cúpricos (Cu^{2+}) a íons cuprosos (Cu^+), o que constitui a base dos testes de Fehling e de Benedict para **açúcares redutores** – açúcares que, em sua forma linear, possuem atividade redutora.

Por outro lado, a extremidade não redutora de um polímero amido termina com o carbono não anomérico na posição 4. Essa glicose terminal não pode se abrir e assumir sua configuração linear, de modo que ela não pode adquirir atividade redutora.

O amido não é o único açúcar com extremidades redutora e não redutora. O mesmo ocorre com qualquer dissacarídio, oligossacarídio ou polissacarídio que termine com um açúcar redutor com carbono anomérico livre. Todos os monossacarídios simples de aldose que estudamos até agora (Figuras 6.3 e 6.4) são açúcares redutores, devido à atividade do grupo aldeído. As cetoses (Figura 6.5) não possuem atividade redutora. Entretanto, quando se encontra na configuração linear, uma cetose existe em equilíbrio com sua aldose equivalente (p. ex., a frutose está em equilíbrio com a glicose). Esse equilíbrio surge em consequência de uma isomerização que converte a cetose em aldose e vice-versa.

D-frutose   Intermediário enediol   D-glicose

A interconversão é favorecida pela presença de pH elevado e não ocorre facilmente em condições fisiológicas; entretanto, uma solução de um açúcar cetose sempre irá conter uma pequena proporção de sua aldose correspondente. Por conseguinte, uma cetose por si própria não é um açúcar redutor, porém uma solução de um açúcar cetose irá exibir alguma atividade redutora.

O glicogênio, o principal polissacarídio de armazenamento dos animais, possui uma estrutura semelhante à da amilopectina, porém com pontos de ramificação mais frequentes. A celulose também é um homopolissacarídio linear de D-glicose, porém com ligações β(1→4) (Figura 6.14A). Essa diferença sutil em comparação com a amilose resulta em uma molécula com propriedades totalmente diferentes. A conformação mais estável da celulose é uma cadeia retilínea, em lugar da conformação espiralada da molécula de amilose, de modo que as cadeias de celulose são capazes de alinhar-se umas ao lado das outras, ligando-se entre si por pontes de hidrogênio. Isso produz as redes rígidas que desempenham um importante papel nas paredes celulares dos vegetais. A quitina possui uma estrutura muito semelhante e consiste em um polímero com ligação β(1→4) de N-acetilglicosamina, a modificação acetilamino da glicose (Figura 6.14B). Os grupos acetilamino participam em pontes de hidrogênio adicionais, de modo que as moléculas de quitina são acondicionadas de modo ainda mais compacto, produzindo uma estrutura mais rígida do que a celulose. A quitina é encontrada no exoesqueleto dos insetos e de outros artrópodes, como os crustáceos.

6.2.2 Os heteropolissacarídios são encontrados na matriz extracelular e em paredes celulares das bactérias

Os heteropolissacarídios também são comuns nos organismos vivos. Nos animais, constituem componentes importantes da matriz extracelular, que consiste em uma mistura de carboidratos, proteínas e outros compostos que preenche os espaços existentes entre as células confere estrutura aos tecidos e órgãos. Um bom exemplo de um heteropolissacarídio extracelular é o **ácido hialurônico**, que é encontrado no líquido sinovial das articulações e também constitui o componente importante do humor vítreo, a substância

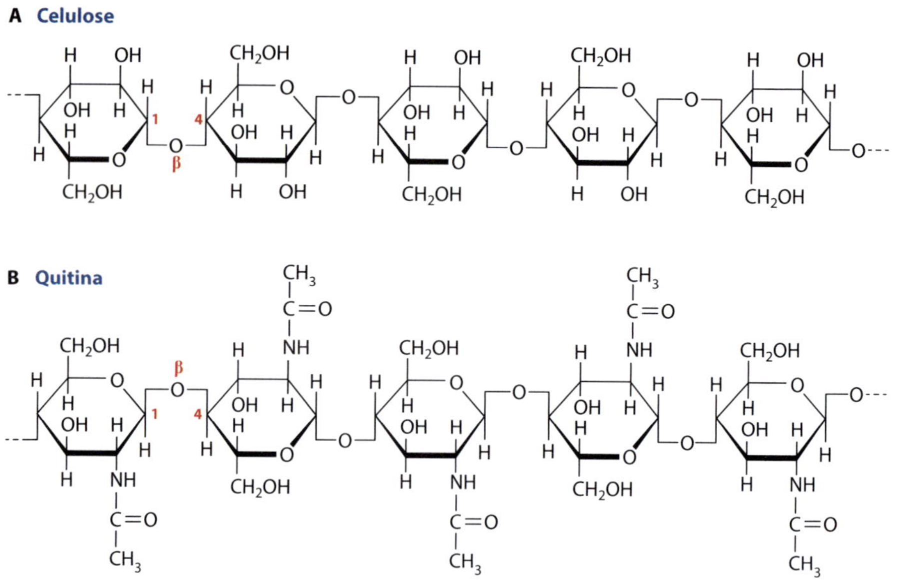

118 Parte 1 Células, Microrganismos e Biomoléculas

A Celulose

B Quitina

Figura 6.14 Estruturas poliméricas da (A) celulose e da (B) quitina. A celulose é um polímero linear de unidades de D-glicose unidas por ligações glicosídicas β(1→4). A quitina também é um polímero linear, porém de unidades de N-acetilglicosamina unidas por ligações glicosídicas β(1→4).

gelatinosa existente no globo ocular. O ácido hialurônico é constituído de unidades alternadas de N-acetilglicosamina e ácido D-glicurônico, sendo este último uma molécula de glicose cujo carbono 6 foi convertido em um grupo carboxila (Figura 6.15). Os polímeros, que não são ramificados, contêm até 100.000 unidades monoméricas e possuem propriedades lubrificantes responsáveis pela sua função no líquido presente entre as articulações.

O ácido hialurônico é um membro de um grupo mais amplo de polissacarídios da matriz extracelular, denominados **glicosaminoglicanos**. Na maioria desses compostos, a unidade repetitiva é um dissacarídio composto de derivados N-acetil e derivados

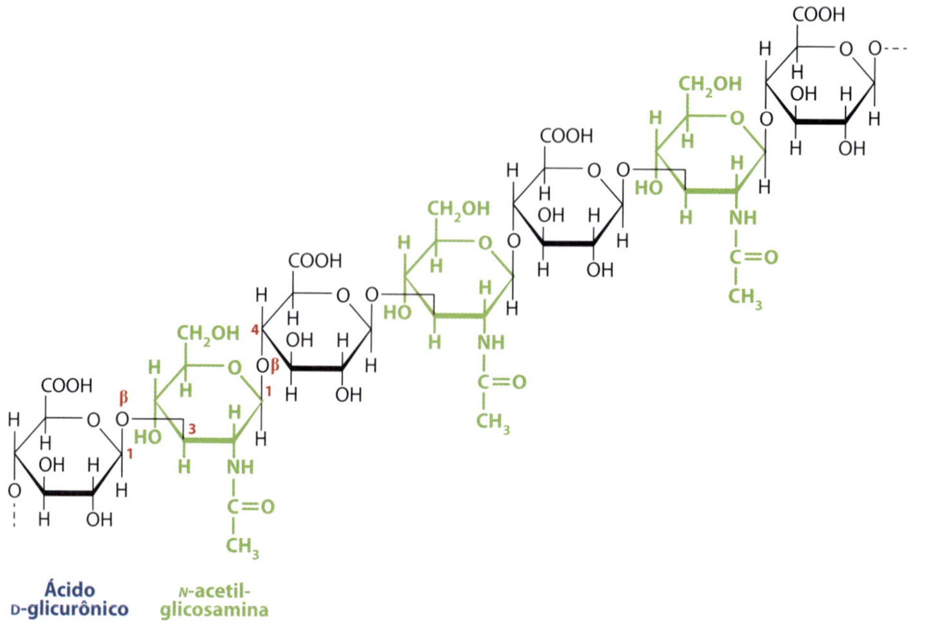

Ácido D-glicurônico **N-acetil-glicosamina**

Figura 6.15 Estrutura polimérica do ácido hialurônico. O ácido hialurônico apresenta unidades alternadas de ácido D-glicurônico e de N-acetilglicosamina com ligações β(1→3) e β(1→4).

carboxilados de unidades de monossacarídios. Alguns também apresentam grupos sulfato ligados que, à semelhança das unidades carboxiladas, possuem uma carga negativa. Essas cargas, que estão distribuídas pela extensão do polissacarídio, repelem-se naturalmente umas às outras. Em consequência, a molécula é forçada a assumir uma conformação semelhante a um bastonete alongado, que pode formar ligações cruzadas com proteínas, produzindo uma estrutura de matriz que confere rigidez aos tecidos e órgãos.

Por fim, deixamos os eucariotos para fornecer um importante exemplo de um heteropolissacarídio encontrado nas bactérias. É o polissacarídio componente do **peptidoglicano**, que é o principal constituinte da parede celular bacteriana. O polissacarídio peptidoglicano possui unidades alternadas de N-acetilglicosamina e ácido N-acetilmurâmico, sendo este último derivado da N-acetilglicosamina pela reação do carbono 3 com ácido láctico (Figura 6.16). As moléculas individuais de polissacarídio estão ligadas umas às outras por peptídios curtos, produzindo uma enorme matriz que envolve toda bactéria. Com efeito, a parede celular é uma única molécula gigante. A lisozima, uma enzima encontrada nas lágrimas, na saliva e no muco, fornece proteção contra infecções bacterianas, em virtude de sua capacidade de romper as ligações β(1→4) existentes entre as unidades monossacarídicas do peptidoglicano na parede celular bacteriana. A penicilina possui um efeito protetor semelhante, visto que inibe a síntese das ligações cruzadas peptídicas e, dessa maneira, impede o crescimento das bactérias. Os organismos do domínio Archaea também possuem paredes celulares de peptidoglicano; todavia, nesses procariotos, as unidades consistem em N-acetilglicosamina e em um monossacarídio incomum altamente modificado, denominado ácido N-acetiltalosaminurônico, que é encontrado exclusivamente nos Archaea.

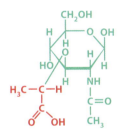
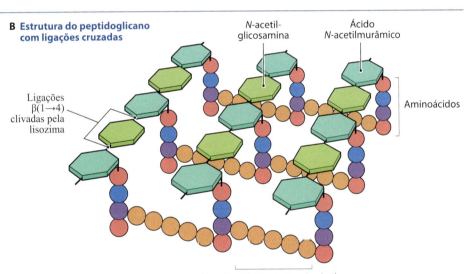

Figura 6.16 Peptidoglicano. A. Estrutura do ácido N-acetilmurâmico. **B.** O peptidoglicano é constituído de polissacarídios unidos por ligações cruzadas com cadeias peptídicas curtas. As ligações β(1→4) no polissacarídio são clivadas pela lisozima.

Leitura sugerida

Bang JK, Lee JH, Murugan RN, et al. (2013) Antifreeze peptides and glycopeptides, and their derivatives: potential uses in biotechnology. *Marine Drugs* **11**, 2013–41.

Itan Y, Powell A, Beaumont MA, Burger J and Thomas MG (2009) The origins of lactase persistence in Europe. *PLoS Computational Biology* **5**(8): e1000491.

Martínez JP, Falomir MP and Gozalbo D (2014) Chitin: a structural biopolysaccharide with multiple applications. *eLS* DOI: 10.1002/9780470015902.a0000694.pub3.

Moremen KW, Tiemeyer M and Nairn AV (2012) Vertebrate protein glycosylation: diversity, synthesis and function. *Nature Reviews Molecular Cell Biology* **13**, 448–62.

120 Parte 1 Células, Microrganismos e Biomoléculas

Mouw JK, Ou G and Weaver VM (2014) Extracellular matrix assembly: a multiscale deconstruction. *Nature Reviews Molecular Cell Biology* **15**, 771–85. Descreve os componentes e organização da matriz extracelular.

Pérez S and Bertoft E (2010) The molecular structures of starch components and their contribution to the architecture of starch granules: a comprehensive review. *Starch* **62**, 389–420.

Vollmer W, Blanot D and de Pedro MA (2008) Peptidoglycan structure and function. *FEMS Microbiology Reviews* **32**, 149–67.

Questões de autoavaliação

Questões de múltipla escolha

Cada questão tem apenas uma resposta correta.

1. O que é um gliceraldeído?
   (a) Um açúcar aldeído
   (b) Uma aldotriose
   (c) Um carboidrato de três carbonos
   (d) Todas as opções acima

2. Qual destes compostos não apresenta um carbono quiral?
   (a) Di-hidroxiacetona
   (b) Eritrose
   (c) Gliceraldeído
   (d) Treose

3. Qual dos seguintes açúcares é uma aldopentose?
   (a) Eritrose
   (b) Galactose
   (c) Glicose
   (d) Ribose

4. Qual desses açúcares não é uma aldo-hexose?
   (a) Galactose
   (b) Glicose
   (c) Manose
   (d) Ribulose

5. Qual das seguintes afirmativas descreve melhor os enantiômeros?
   (a) Compostos que possuem dois ou mais carbonos quirais
   (b) Estereoisômeros que diferem na sua estrutura em apenas um de seus carbonos quirais
   (c) Monossacarídios cíclicos que diferem apenas no arranjo dos grupos ao redor do carbono anomérico
   (d) Isômeros cujas estruturas são imagens especulares uma da outra

6. Qual das seguintes afirmativas descreve melhor os anômeros?
   (a) Compostos que possuem dois ou mais carbonos quirais
   (b) Diastereoisômeros que diferem na sua estrutura em apenas um de seus carbonos quirais
   (c) Monossacarídios cíclicos que diferem apenas no arranjo dos grupos ao redor do carbono anomérico
   (d) Isômeros cujas estruturas são imagens especulares uma da outra

7. A eritrose e a treose são exemplos de:
   (a) Anômeros
   (b) Diastereoisômeros
   (c) Enantiômeros
   (d) Epímeros

8. A D-glicose e a D-galactose são exemplos de:
   (a) Anômeros
   (b) Diastereoisômeros
   (c) Enantiômeros
   (d) Epímeros

9. Qual o nome da conversão que ocorre entre os anômeros α e β da glicose?
   (a) Ciclização
   (b) Epimerização
   (c) Glicosilação
   (d) Mutarrotação

10. Qual das seguintes afirmativas é **incorreta** com relação à persistência da lactose?
    (a) Surgiu em europeus há 7.500 a 12.500 anos
    (b) Possibilita a digestão da lactose por um adulto
    (c) É também denominada intolerância à lactose
    (d) Resulta de uma mudança no padrão de expressão no gene da lactase

11. Qual é o nome da ligação existente entre as duas unidades de monossacarídios em um dissacarídio?
    (a) Ligação éster
    (b) Ligação *N*-glicosídica
    (c) Ligação *O*-glicosídica
    (d) Ligação fosfodiéster

12. Qual é o nome químico **correto** da maltose?
    (a) α-D-glicopiranosil-(1→4)-D-glicopiranose
    (b) β-D-glicopiranosil-(1→4)-D-glicopiranose
    (c) α-D-glicopiranosil-(1→6)-D-glicopiranose
    (d) β-D-glicopiranosil-(1→6)-D-glicopiranose

13. A sacarose é um dissacarídio constituído por quais dos seguintes dois compostos?
    (a) Glicose e galactose
    (b) Glicose e frutose
    (c) Glicose e ribose
    (d) Duas unidades de glicose

14. Nas proteínas, os glicanos *O*-ligados estão ligados a quais dos dois aminoácidos?
    (a) Asparagina e treonina
    (b) Glicina e leucina
    (c) Glicina e isoleucina
    (d) Serina e treonina

Capítulo 6 Carboidratos **121**

15. Qual das seguintes substâncias **não** é um monossacarídio modificado encontrado nos glicanos?
(a) *N*-acetilglicosamina
(b) Celobiose
(c) Glicosamina
(d) Ácido siálico

16. Qual é o nome da forma ramificada do amido?
(a) Amilopectina
(b) Amilose
(c) Ácido hialurônico
(d) Maltotriose

17. Qual o tipo de ligação encontrado nos pontos de ramificação do amido?
(a) $\alpha(1\rightarrow4)$
(b) $\alpha(1\rightarrow6)$
(c) $\beta(1\rightarrow4)$
(d) $\beta(1\rightarrow6)$

18. Com que termina a extremidade redutora de uma molécula de amido?
(a) Carbono número 4
(b) Carbono número 6
(c) Carbono anomérico
(d) Carbono não anomérico

19. A quitina é um homopolissacarídio de que açúcar?
(a) *N*-acetilglicosamina
(b) Galactose
(c) Glicose
(d) Ácido siálico

20. Qual das seguintes substâncias é um exemplo de um heteropolissacarídio?
(a) Celulose
(b) Glicogênio
(c) Ácido hialurônico
(d) Amido

Questões discursivas

1. Qual é a diferença entre um açúcar aldose e cetose?

2. Desenhe as estruturas da família aldotetrose de monossacarídios, indicando as posições dos carbonos quirais e identificando as estruturas que formam pares enantioméricos.

3. Compare as estruturas das versões linear e cíclica da ribose.

4. Fornecendo exemplos, descreva quatro tipos de estereoisomeria apresentados pelos monossacarídios.

5. Desenhe as estruturas da maltose, da trealose e da sacarose e explique como os nomes químicos completos desses dissacarídios (p. ex., α-D-glicopiranosil-(1$\rightarrow$4)-D-glicopiranose) descrevem essas estruturas.

6. Com desenho de suas estruturas, identifique as principais características dos glicanos *O*-ligado e *N*-ligado.

7. Quais são as diferenças entre as estruturas da amilose e da amilopectina?

8. Explique por que as duas extremidades de uma molécula de amido são denominadas extremidades redutora e não redutora.

9. Descreva as estruturas do glicogênio, da celulose e da quitina.

10. Faça uma breve dissertação sobre os papéis biológicos dos heteropolissacarídios.

Questões de autoaprendizagem

1. Identifique os carbonos quirais e o centro assimétrico de cada um dos seguintes monossacarídios:

D-**glico-heptose**   D-**sedo-heptulose**   D-**mano-heptose**

2. Faça diagramas ilustrando a conversão das formas lineares da (a) galactose e da (b) tagatose em seus anômeros α e β.

3. Desenhe as estruturas dos seguintes dissacarídios:
- Isomaltose: α-D-glicopiranosil-(1$\rightarrow$6)-α-D-glicopiranose
- Soforose: β-D-glicopiranosil-(1$\rightarrow$2)-α-D-glicopiranose
- Turanose: α-D-glicopiranosil-(1$\rightarrow$3)-α-D-frutofuranose
- Melibiose: α-D-galactopiranosil-(1$\rightarrow$6)-β-D-glicopiranose
- Rutinose: α-L-ramnopiranosil-(1$\rightarrow$6)-β-D-glicopiranose

4. Quais dos seguintes dissacarídios são açúcares redutores: maltose, trealose, sacarose, lactose?

5. A amilase é uma família de enzimas que degrada as moléculas de amido de diferentes maneiras. A α-amilase pode romper as ligações $\alpha(1\rightarrow4)$ em um polímero de amido, enquanto a β-amilase rompe a segunda ligação $\alpha(1\rightarrow4)$ a partir de cada extremidade não redutora, produzindo moléculas do dissacarídio maltose. Qual será o resultado final do tratamento prolongado da amilopectina com (a) α-amilase, (b) β-amilase e (c) uma combinação de ambas as enzimas?

Parte 2 Geração de Energia e Metabolismo

CAPÍTULO 7

Enzimas

OBJETIVOS DO ESTUDO

Após a leitura deste capítulo, você será capaz de:

- Reconhecer que as enzimas desempenham papéis fundamentais na bioquímica como catalisadores de reações bioquímicas

- Descrever exemplos de enzimas que são proteínas e enzimas de RNA

- Entender as funções dos cofatores nas reações catalisadas por enzimas e fornecer exemplos de diferentes tipos de cofatores

- Saber como as enzimas são classificadas de acordo com o tipo de reação bioquímica que elas catalisam

- Descrever as mudanças na energia livre que ocorrem durante uma reação bioquímica, distinguindo entre reações exergônicas e endergônicas

- Entender como uma enzima afeta a velocidade de uma reação bioquímica ao diminuir a energia livre do estado de transição

- Saber as diferenças entre os termos termodinâmicos representados por ΔG e $\Delta G\ddagger$ e explicar a relevância bioquímica desses termos

- Reconhecer como o acoplamento energético permite que a energia liberada por uma reação exergônica impulsione uma reação endergônica

- Compreender as maneiras gerais pelas quais a temperatura e o pH afetam a velocidade de uma reação catalisada por enzima

- Entender o efeito da concentração de substrato sobre a velocidade da reação e explicar o significado dos termos $V_{máx.}$ e K_m

- Compreender como o gráfico de Lineweaver-Burk proporciona uma maneira gráfica de relacionar $V_{máx.}$ e K_m a uma reação catalisada por enzima

- Distinguir entre um inibidor enzimático irreversível e reversível, fornecendo exemplos de ambos os tipos

- Conhecer os diferentes efeitos que a inibição competitiva e não competitiva exercem sobre a cinética de uma reação catalisada por enzima

Nesse capítulo, iremos examinar as principais reações bioquímicas que ocorrem nos organismos vivos. Essas reações **metabólicas** são divididas em dois grupos:

- O **catabolismo**, que se refere à parte do metabolismo relacionado com a degradação de compostos, de modo a produzir energia

- O **anabolismo**, que se refere às reações bioquímicas que produzem moléculas maiores a partir de moléculas menores.

As reações bioquímicas responsáveis pela atividade metabólica de uma célula são diversas e envolvem uma grande variedade de compostos. Esses compostos incluem não apenas proteínas, ácidos nucleicos, lipídios e carboidratos, mas também muitas moléculas menores, que atuam como substratos, intermediários e produtos nas reações que geram energia e que participam na síntese de biomoléculas maiores. Trataremos dos mais importantes desses compostos à medida que formos avançando no estudo dos próximos capítulos deste livro.

Figura 7.1 As enzimas catalisam as etapas da via bioquímica. São mostradas as primeiras três etapas da glicólise. Este é o primeiro estágio da via de geração de energia nas células vivas. Cada etapa é catalisada por uma enzima diferente.

Diante dessa ampla variedade de moléculas, e com tantas reações bioquímicas diferentes que ocorrem para atender a tantas finalidades, podemos imaginar que deve ser difícil identificar temas comuns. De fato, existe um tema comum que unifica todo o metabolismo, que é o papel desempenhado pelas **enzimas**, e que está subjacente a todo esse processo. As enzimas são proteínas ou, em ocasiões raras, moléculas de RNA, que catalisam etapas individuais de uma via bioquímica (Figura 7.1). As enzimas, ao responder a sinais provenientes do interior e do exterior da célula, também estabelecem as velocidades com que as reações bioquímicas ocorrem. Dessa maneira, elas coordenam a atividade metabólica global da célula e garantem que essa atividade seja apropriada para o ambiente da célula se o organismo for unicelular, ou para sua função especializada se a célula constituir parte de um organismo multicelular.

Assim, iniciaremos a Parte 2 deste livro com o estudo das enzimas e o modo pelo qual elas atuam.

7.1 O que é uma enzima?

O primeiro reconhecimento científico daquilo que hoje identificamos como enzima ocorreu em 1833. Naquele ano, os químicos franceses Anselm Payen e Jean-François Persoz estavam preparando um extrato aquoso de malte, os grãos de cereais germinados usados na fabricação da cerveja. Estavam tratando o extrato com álcool e obtiveram um precipitado leitoso. Esse precipitado tinha a capacidade de converter o amido em açúcar, uma capacidade que era perdida quando a preparação era aquecida. Denominaram a atividade "diastase", da palavra grega que significa "separação", visto que consideraram a atividade que estavam observando como a "separação" do açúcar do amido.

O trabalho de Payen e Persoz estava bem à frente de sua época, e eles tinham pouca ideia do que era realmente a diastase. Analisando essa história com os nossos conhecimentos atuais, percebemos que o precipitado leitoso que eles obtiveram quando acrescentaram álcool ao extrato de malte era constituído, em grande parte, de proteínas, que eram insolúveis em álcool. Sabemos também que a atividade enzimática de uma proteína é determinada pela sua estrutura terciária, que é perdida quando a proteína é aquecida e sofre desnaturação. Por conseguinte, olhando para trás, podemos compreender que a diastase é uma proteína, que atualmente é denominada **amilase**. Entretanto, podemos também perceber que o precipitado leitoso de Payen e Persoz continha muitas proteínas diferentes, incluindo várias outras enzimas, bem como uma variedade de outros compostos insolúveis em álcool que estão presentes no extrato de malte.

Foi necessário quase outro século para que as técnicas bioquímicas avançassem ao ponto de ser possível separar todas as proteínas e outras moléculas de um extrato e obter as enzimas individuais em sua forma pura. A primeira pessoa a realizar isso foi James Sumner, da Cornell University, que, em 1926, purificou a **urease** do feijão-de-porco e mostrou que essa enzima, que converte a ureia em dióxido de carbono e amônia, é uma proteína. No decorrer dos 10 anos seguintes, Sumner e outros bioquímicos purificaram várias outras enzimas e demonstraram que cada uma delas era uma proteína. Em 1946, quando Sumner recebeu o Prêmio Nobel, o fato de que as enzimas são proteínas já havia se tornado um dogma científico.

7.1.1 A maioria das enzimas são proteínas

À semelhança de muitos dogmas científicos, a afirmativa de que as enzimas são proteínas revelou ser apenas parcialmente correta. Quase todas as enzimas são, de fato, proteínas, porém algumas são moléculas de RNA.

Exemplos de enzimas constituídas por proteínas

Em primeiro lugar, iremos fornecer alguns exemplos das numerosas enzimas que são, de fato, proteínas. As enzimas, que são proteínas, são encontradas em todos os tamanhos, e as menores são constituídas por menos de 150 aminoácidos. A **ribonuclease A**, citada na *Seção 3.4.1* quando estudamos a desnaturação e a renaturação das proteínas, é uma enzima pequena típica, constituída de 124 aminoácidos. A reação bioquímica que ela catalisa é a conversão de uma molécula de RNA polimérica em duas moléculas menores, clivando uma das ligações fosfodiéster internas (Figura 7.2A). Ciclos repetidos dessa reação decompõem finalmente o RNA em seus nucleotídios constituintes. Quando examinamos a estrutura terciária da ribonuclease A, observamos uma mistura de α-hélices

A Reação catalisada pela ribonuclease A

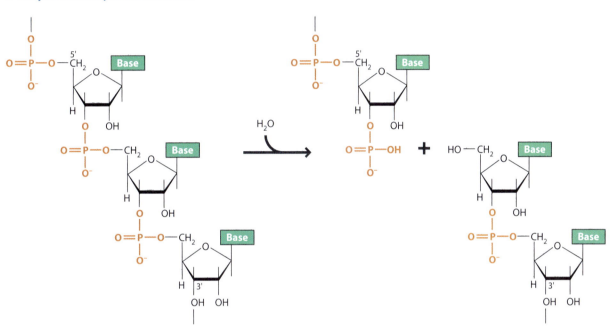

B Duas histidinas no sítio ativo

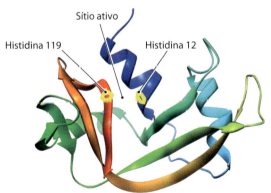

C RNA ligado à enzima

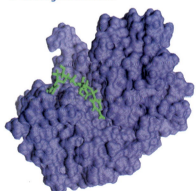

Figura 7.2 Ribonuclease A. A. Reação bioquímica catalisada pela ribonuclease A. A reação necessita de uma molécula de água e resulta em um corte realizado entre uma ligação fosfodiéster e o carbono 5' do nucleotídio adjacente. **B.** Representação da estrutura da enzima, mostrando as posições dos dois aminoácidos histidina que flanqueiam o sítio ativo. **C.** Modelo da enzima (*azul*) com um RNA (*verde*) ligado ao sítio ativo. Esse modelo gerado por computador mostra o verdadeiro formato da enzima, com base nos raios e no posicionamento relativo de todos os átomos na estrutura terciária. Imagem (**B**) reproduzida de Wikipedia, sob licença CC BY-SA 2.5; (**C**) reimpressa, com autorização, de *Journal of Physical Chemistry,* 114:7371. © 2010 American Chemical Society.

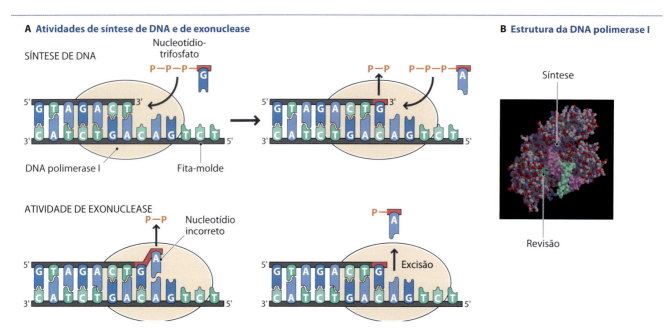

Figura 7.3 Síntese de DNA e atividades de correção de erros da DNA polimerase I de *E. coli*. A. A DNA polimerase I sintetiza uma nova fita de DNA pela adição de nucleotídios à extremidade 3' do polinucleotídio em formação. A enzima utiliza trifosfatos de nucleosídios, com liberação de dois dos grupos fosfato quando se acrescenta um nucleotídio. Uma atividade de exonuclease permite que a enzima remova um nucleotídio que foi acrescentado por erro. **B.** As atividades de polimerase e exonuclease são especificadas por diferentes partes da proteína de DNA polimerase I. Nessa figura, um fragmento curto de DNA é mostrado ligado à enzima, com a fita-molde em cor púrpura, e a fita recém-sintetizada na cor verde. A imagem (**B**), produzida por David S. Goodsell, do The Scripps Research Institute, mostra a DNA polimerase I de *Escherichia coli*.

e folha β que exibem a forma de U. Dois aminoácidos de histidina, localizados nas posições 12 e 119 do polipeptídio (designados como "his-12" e "his-119"), flanqueiam o **sítio ativo**, a posição onde ocorre a reação bioquímica (Figura 7.2B). O RNA entra no sítio ativo e uma ligação fosfodiéster é clivada por uma reação química que envolve as duas histidinas (Figura 7.2C). Uma vez clivadas, as duas moléculas de RNA mais curtas são liberadas da enzima.

A ribonuclease A, à semelhança da maioria das enzimas pequenas, catalisa uma única reação bioquímica claramente definida. Algumas enzimas maiores possuem atividades mais complexas, em que diferentes partes da proteína catalisam diferentes reações. A enzima denominada **DNA polimerase I**, da bactéria *Escherichia coli*, fornece um bom exemplo. À semelhança da ribonuclease A, a DNA polimerase I é um polipeptídio simples, porém muito mais longo, com um total de 928 aminoácidos. A DNA polimerase é uma enzima que produz uma nova molécula de DNA pela união de nucleotídios individuais. Por conseguinte, a reação bioquímica consiste na síntese de uma ligação fosfodiéster. A DNA polimerase I faz isso mas de uma maneira dependente de molde, fazendo a leitura da sequência de nucleotídios em uma fita de DNA existente (a fita-molde) para determinar a sequência do novo polinucleotídio, de acordo com as regras de pareamento de bases. São adicionados nucleotídios, um por um, à extremidade 3' do polinucleotídio em formação (Figura 7.3A). A atividade da DNA polimerase é especificada pelos aminoácidos existentes entre as posições 521 e 928 do polipeptídio de DNA polimerase I (Figura 7.3B). A cópia do molde é muito acurada; todavia, de tempos em tempos, talvez uma vez a cada 9.000 nucleotídios que são adicionados, a polimerase comete um erro e liga um nucleotídio incorreto. Para corrigir o erro, a enzima é capaz de clivar a ligação fosfodiéster que acabou de ser produzida, liberando o nucleotídio incorreto. A correção do erro é uma reação bioquímica totalmente diferente, designada como atividade de **exonuclease**, que remove um nucleotídio da extremidade de um polinucleotídio. Essa exonuclease é especificada pelos aminoácidos 324–517. Dessa maneira, a DNA polimerase I é uma enzima multifuncional, cujas diferentes atividades são realizadas por diferentes partes do polipeptídio.

Ver Seção 14.1.2 para maiores detalhes sobre as ações das DNA polimerases.

Figura 7.4 Triptofano sintase. As duas últimas etapas da via de biossíntese que resulta em síntese de triptofano.

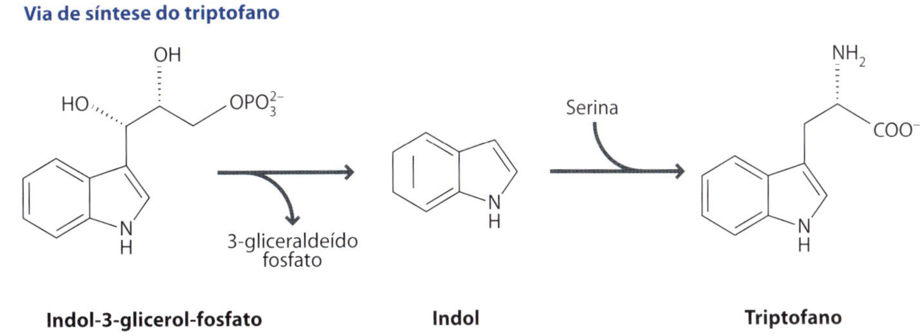

Via de síntese do triptofano

Indol-3-glicerol-fosfato → Indol → Triptofano

> As vias de síntese da fenilalanina, da tirosina e do triptofano são descritas na *Seção 13.2.1*.

Outras enzimas multifuncionais apresentam múltiplas subunidades, cada uma delas responsável por uma reação enzimática diferente. Um exemplo, novamente de *E. coli*, é a enzima **triptofano sintase**. Como o próprio nome sugere, a triptofano sintase está envolvida na via anabólica que leva à síntese do aminoácido triptofano. Essa via começa com o composto aromático denominado **corismato**, e possui ramificações que levam a fenilalanina e tirosina, bem como a que leva a triptofano. As duas últimas etapas na ramificação do triptofano são catalisadas pela triptofano sintase. Na primeira dessas reações, o indol-3-glicerol fosfato é convertido em indol pela remoção da cadeia lateral de glicerol fosfato fixada ao carbono número 3; na segunda reação, ocorre ligação de uma serina nessa posição para formar triptofano (Figura 7.4). A triptofano sintase é constituída de quatro subunidades, duas subunidades denominadas α e duas β. Uma subunidade α tem uma estrutura em barril, formada por uma folha β de oito fitas circundada por oito α-hélices. Uma molécula de indol-3-glicerol fosfato entra nesse barril e liga-se a um ácido glutâmico e a um ácido aspártico nas posições 49 e 60, respectivamente, do polipeptídio α. Em seguida, é clivada para produzir indol e 3-gliceraldeído fosfato. A molécula de 3-gliceraldeído fosfato é ejetada, e o indol segue por um túnel que leva ao sítio ativo da subunidade β a uma distância de cerca de 2,5 nm. Uma molécula de serina liga-se agora ao indol, formando triptofano. A canalização do intermediário em uma reação bioquímica em duas etapas, de uma unidade para outra em uma enzima multifuncional, é uma maneira comum de assegurar que o intermediário não se difunda a partir da enzima e entre imediatamente na etapa seguinte da via.

Algumas enzimas são moléculas de RNA

Até o início da década de 1980, acreditava-se que todas as enzimas fossem proteínas. Essa regra foi derrubada quando foi descoberta a primeira **ribozima** por Sidney Altman da Yale University e por Thomas Cech da University of Colorado. Uma ribozima é uma enzima constituída de RNA.

> Analisaremos o papel da ribonuclease P no processamento do tRNA na *Seção 15.2.1*.

Muitas ribozimas atuam em conjunto com proteínas para desempenhar suas funções enzimáticas; entretanto, em todos os exemplos conhecidos até o momento, a atividade catalítica propriamente dita é especificada pelo componente de RNA. Um bom exemplo é fornecido pela enzima bacteriana **ribonuclease P**. Trata-se de uma enzima diferente da proteína ribonuclease A que estudamos anteriormente. Em lugar de efetuar cortes aleatórios em uma molécula de RNA, a ribonuclease P desempenha uma função mais especializada, realizando cortes isolados em posições específicas em um pequeno número de moléculas de RNA celular. Essas moléculas incluem os tRNA, que são inicialmente sintetizados como RNA precursores que são mais longos do que os tRNA maduros que auxiliam na síntese de proteínas. As moléculas de pré-tRNA são processadas por enzimas de processamento (ou maturação) de ribonucleases, que removem os fragmentos adicionais de polinucleotídio em ambos os lados da estrutura em folha de trevo. Uma dessas enzimas de processamento é a ribonuclease P, que realiza um pequeno corte na extremidade 5′ do RNA maduro (Figura 7.5).

A ribonuclease P possui duas subunidades. Uma delas é uma proteína com cerca de 120 aminoácidos, e a outra é uma molécula de RNA com cerca de 400 nucleotídios. O RNA forma pares de bases intramoleculares, que dobram a molécula em uma estrutura tridimensional, que se liga ao pré-tRNA, cortando-o. Na bactéria, ambas as subunidades de RNA e de proteínas são necessárias para que a enzima possa cortar o tRNA precursor;

Papel da ribonuclease P

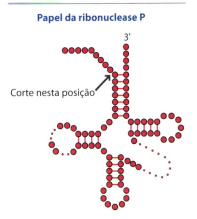

Figura 7.5 Ribonuclease P. Papel da ribonuclease P.

> As teorias sobre as origens das primeiras células, que se acredita tivessem moléculas de RNA de autorreplicação, foram descritas na Seção 2.2.1.

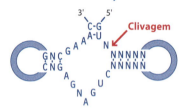

Figura 7.6 Clivagem autocatalisada de genomas ligados durante a replicação de viroides e virusoides. A. Via de replicação. **B.** A estrutura em cabeça de martelo, que se forma em cada sítio de ligação e que possui atividade enzimática. N, qualquer nucleotídeo.

entretanto, experimentos *in vitro* mostraram que a atividade catalítica reside totalmente na subunidade de RNA. Acredita-se que a subunidade de proteína tenha como função estabilizar a interação da enzima com o pré-tRNA, mas pode não exibir atividade de ribonuclease por si só.

Muitas das ribozimas que foram descobertas até o momento são ribonucleases. Acredita-se que tenham se originado no **mundo de RNA**, o estágio primordial de evolução antes da existência do DNA e das proteínas, e quando se acredita que todos os sistemas bioquímicos estivessem concentrados no RNA. De acordo com essas teorias, as primeiras moléculas de RNA incluíam algumas que carregavam genes. No mundo atual, os genes de todos os organismos celulares estão contidos em moléculas de DNA, porém alguns vírus ainda possuem genomas constituídos de RNA. Estes incluem os **virusoides** e os **viroides**, cujos genomas consistem em moléculas de RNA de cerca de 200 a 400 nucleotídios de comprimento. O processo de replicação para alguns virusoides e viroides resulta em uma série de cópias do genoma unidas pelas suas extremidades umas às outras em uma única molécula longa de RNA. Essa molécula de RNA é uma ribozima, que tem a capacidade de autoclivagem, liberando cópias individuais de genoma, por uma reação autocatalisada (Figura 7.6A). À semelhança da ribonuclease P, a atividade enzimática está contida em uma estrutura tridimensional, que é formada por pares de bases intramoleculares. Essa estrutura não é igual em todos os virusoides e viroides, porém um tipo comum é a **cabeça de martelo** (Figura 7.6B).

7.1.2 Algumas enzimas necessitam de cofatores

Tivemos a oportunidade de constatar como determinados aminoácidos em uma enzima desempenham um papel central na reação bioquímica catalisada por essa enzima. Por exemplo, na ribonuclease A, as duas histidinas nas posições 12 e 119 do polipeptídio participam na reação bioquímica que resulta em clivagem das ligações fosfodiéster. De modo semelhante, o glu-49 e o asp-60 na subunidade α da triptofano sintase estão envolvidos na clivagem do indol-3-glicerol fosfato em indol e 3-gliceraldeído fosfato. No caso dessas e de muitas outras enzimas, a atividade catalítica é fornecida exclusivamente por grupos químicos presentes em determinados aminoácidos da proteína. Todavia, isso nem sempre é o caso, e muitas enzimas necessitam de íons ou moléculas adicionais, denominados **cofatores**, para o desempenho de sua função catalítica.

Os cofatores mais comuns são íons metálicos, que são necessários para cerca de um terço de todas as enzimas conhecidas (Tabela 7.1). Esses íons incluem Cu^{2+}, Fe^{2+}, Fe^{3+}, Mg^{2+}, Mn^{2+}, Ni^{2+} e Zn^{2+}. Estabelecem ligações em sítios específicos na enzima, habitualmente no sítio ativo ou próximo a ele, de modo que possam participar diretamente no processo catalítico. Uma enzima que contém um íon metálico é denominada **metaloenzima**, e a sua ubiquidade nas células humanas é o motivo pelo qual necessitamos de oligoelementos em nossa dieta.

Tabela 7.1 Exemplos de cofatores.

Cofator	Enzimas que necessitam de cofator
Íons metálicos	
Cu^{2+}	Citocromo oxidase
Fe^{2+}, Fe^{3+}	Catalase, nitrogenase
Mg^{2+}	Hexoquinase
Mn^{2+}	Arginase
Ni^{2+}	Urease
Zn^{2+}	Carboxipeptidase, anidrase carbônica
Cofatores orgânicos (coenzimas)	
NAD^+	Oxidorredutases
$NADP^+$	Enzimas envolvidas na síntese de ácidos graxos
FAD	Succinato desidrogenase
FMN	NADH desidrogenase
Coenzima A	Enzimas envolvidas na síntese de ácidos graxos
Ácido ascórbico	Enzimas de defesa antioxidante

Outros cofatores são compostos orgânicos. Muitos desses compostos são derivados de vitaminas dietéticas. Essas vitaminas incluem:

- A **niacina** (vitamina B$_3$), que é o precursor dos cofatores **nicotinamida-adenina dinucleotídio (NAD$^+$)** e **nicotinamida-adenina dinucleotídio fosfato (NADP$^+$)** (Figura 7.7A). O NAD$^+$ e o NADP$^+$ são necessários para várias enzimas envolvidas na geração de energia e anabolismo, respectivamente

- A **riboflavina** (vitamina B$_2$) é o precursor da **flavina adenina dinucleotídio (FAD)** e da **flavina mononucleotídio (FMN)** (Figura 7.7B). Desempenham uma função semelhante à do NAD$^+$ e NADP$^+$

- O **ácido pantotênico** (vitamina B$_5$) é convertido em **coenzima A** (Figura 7.7C), que está envolvida na geração de energia, bem como no metabolismo dos lipídios

- O **ácido ascórbico** (vitamina C; Figura 7.7D) é um cofator por si só, particularmente em reações enzimáticas que modificam aminoácidos nos polipeptídios de colágeno, permitindo que os polipeptídios formem a estrutura em tríplice hélice que o colágeno adota nos tecidos conjuntivos, como tendões, ligamentos, cartilagem e ossos. Quando há uma deficiência de vitamina C na dieta, a ação dessas enzimas é limitada, e a tríplice hélice de colágeno não pode ser formada corretamente. As fibrilas de colágeno defeituoso exercem um efeito grave sobre os tecidos conjuntivos, levando a uma doença denominada escorbuto.

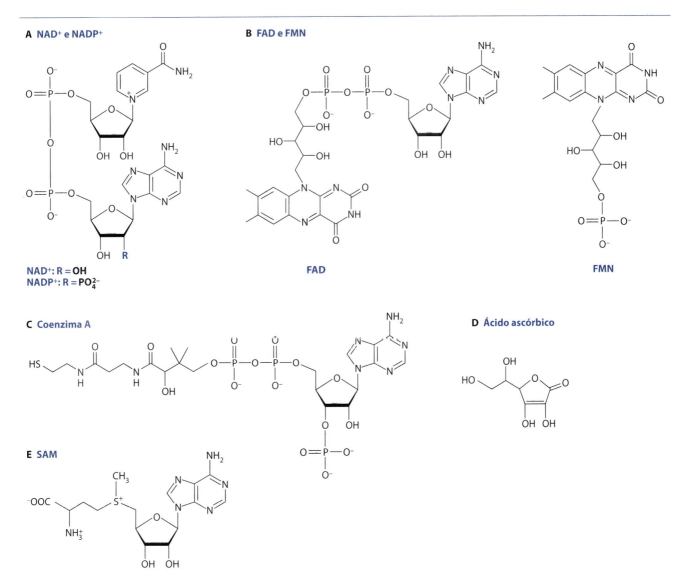

Figura 7.7 Estruturas de vários cofatores orgânicos.

132 Parte 2 Geração de Energia e Metabolismo

Boxe 7.1 Metaloproteínas e metaloenzimas.

São encontrados íons metálicos em muitos tipos diferentes de **metaloproteínas**, incluindo as que não desempenham uma função catalítica e, portanto, não são enzimas. Na maioria das metaloproteínas, o íon metálico é mantido em posição por uma ou mais **ligações coordenadas**. Uma ligação coordenada é um tipo especial de ligação covalente, que se forma entre o íon metálico e o nitrogênio, oxigênio ou grupo contendo enxofre presente nas cadeias laterais de aminoácidos como a histidina, a cisteína e o ácido glutâmico. Por exemplo, o íon Zn^{2+} na carboxipeptidase (uma enzima de degradação de proteínas que é secretada pelo pâncreas) é mantido em posição por ligações coordenadas a duas histidinas e a um ácido glutâmico e também se liga a uma molécula de água, conforme mostrado no diagrama à direita.

A estrutura resultante é denominada **esfera de coordenação**, em que o íon metálico forma o **centro de coordenação**.

Em algumas metaloproteínas, o íon metálico faz parte de um composto orgânico não proteico, sendo o exemplo mais comum o heme, uma porfirina contendo ferro (ver Figura 3.25). Uma molécula de heme é constituída de quatro subunidades pirrólicas ligadas entre si em círculo, com um íon Fe^{2+} coordenado no centro. O heme é encontrado na hemoglobina, a proteína carreadora de oxigênio dos eritrócitos (*ver Seção 3.3.2*), e nas proteínas citocromo, que são componentes da cadeia de transporte de elétrons (*ver Seção 9.2.2*).

Outros cofatores de proteínas humanas podem ser sintetizados em nossas próprias células. Esses cofatores incluem o aminoácido modificado, *S*-adenosil metionina ou **SAM** (Figura 7.7E).

Os compostos orgânicos que são cofatores para reações enzimáticas são algumas vezes denominados **coenzimas**. Algumas coenzimas atuam em processos catalíticos, formando uma ligação transitória com a enzima que elas auxiliam. Outras formam uma ligação permanente ou semipermanente e, portanto, tornam-se uma parte inerente da estrutura da enzima. Essas coenzimas são denominadas **grupos prostéticos**. Os cofatores de íons metálicos constituem, em sua maioria, uma parte inerente da estrutura da enzima e são também classificados como grupos prostéticos.

Uma enzima mais o seu cofator é denominada **holoenzima**. Quando o cofator está ausente, a estrutura resultante é designada como **apoenzima**. Por fim, convém assinalar que não são apenas as enzimas de proteínas que necessitam de cofatores. Algumas ribozimas, incluindo a ribonuclease P, necessitam de íons Mg^{2+} para realizar suas reações enzimáticas.

7.1.3 As enzimas são classificadas de acordo com a sua função

Quantas enzimas diferentes existem? Existem bilhões de enzimas se considerarmos cada espécie separadamente, de modo que, por exemplo, a enzima amilase do malte de cevada, a que foi descoberta por Payen e Persoz, em 1833, é considerada diferente das enzimas amilases de outros cereais, como trigo ou centeio. Entretanto, quantas enzimas existem se considerarmos apenas as diferentes *atividades* enzimáticas conhecidas na natureza, contando, assim, todas essas amilases, sejam elas da cevada, do trigo ou do centeio, como uma única enzima? Utilizando esse critério, existem cerca de 3.200 enzimas diferentes.

Ao longo dos anos, foram propostas várias maneiras de classificar todas essas diferentes enzimas. Hoje, utiliza-se um único esquema padronizado, que foi estabelecido pela primeira vez pela International Union of Biochemistry and Molecular Biology, em 1961. Nessa classificação, todos os 3.200 tipos de enzimas são inicialmente divididos em seis grandes grupos:

- O grupo I da Enzyme Commission (EC 1) compreende as **oxidorredutases**. São enzimas que catalisam reações de oxidação ou redução

- O grupo EC 2 é constituído pelas **transferases**, isto é, enzimas que transferem um grupo químico de um composto para outro

- O grupo EC 3 compreende as **hidrolases**, que realizam reações de hidrólise nas quais uma ligação química é clivada pela ação da água

Capítulo 7 Enzimas **133**

> **PRINCÍPIOS DE QUÍMICA**
>
> **Boxe 7.2** Reações de oxidação e redução.
>
> As reações de oxidação e de redução catalisadas por enzimas oxidorredutases são importantes em muitas áreas da bioquímica. Em particular, a oxidação e a redução estão subjacentes a processos bioquímicos que liberam energia dos carboidratos e dos lipídios, como veremos nos *Capítulos 8* e *9*.
>
> Em química, a oxidação é frequentemente definida como o ganho de oxigênio por uma substância, enquanto a redução refere-se à perda de oxigênio. Por exemplo, quando o óxido de cobre é aquecido com o metal magnésio, ocorre a seguinte reação:
>
> $$CuO + Mg \rightarrow Cu + MgO$$
>
> O metal magnésio ganha um oxigênio e, portanto, torna-se oxidado, enquanto o óxido de cobre perde um oxigênio e é reduzido. As reações de oxidação e redução estão, em sua maioria, ligadas dessa maneira, com perda de oxigênio por um composto e ganho de oxigênio por outro. Por esse motivo, essas reações são designadas como **reações redox**.
>
> Em bioquímica, olhamos habitualmente as reações redox de uma maneira ligeiramente diferente. Em lugar de focalizar a transferência de oxigênio, consideramos o ganho e a perda de elétrons que ocorrem durante a reação. Por exemplo, omitindo a parte óxido, podemos escrever novamente a reação entre óxido de cobre e magnésio da seguinte maneira:
>
> $$Cu^{2+} + Mg \rightarrow Cu + Mg^{2+}$$
>
> Essa representação da reação nos mostra que:
>
> - A parte de oxidação da reação envolve a perda de dois elétrons pelo magnésio, convertendo o átomo de Mg em um íon Mg^{2+}
> - A redução envolve o ganho de dois elétrons pelo íon Cu^{2+}, convertendo-o em um átomo de Cu.

- O grupo EC 4 é constituído pelas **liases**, isto é, enzimas que clivam ligações químicas por processos diferentes da oxidação e da hidrólise

- O grupo EC 5 compreende enzimas que realizam um rearranjo dos átomos dentro de uma molécula. Esse rearranjo é denominado **isomerização**, e as enzimas são conhecidas como **isomerases**

- O grupo EC 6 é constituído pelas **ligases**, que unem moléculas.

Cada um desses grupos é ainda subdividido, de tal modo que cada enzima em particular tem o seu próprio **número EC** de quatro partes. Assim, por exemplo, a amilase descoberta por Payen e Persoz é designada como EC 3.2.1.2. Esse número indica a natureza precisa da atividade da enzima (Figura 7.8):

- EC <u>3</u> indica que a amilase é um membro do grupo EC 3, isto é, uma hidrolase que utiliza a água para a clivagem de uma ligação química. Esta é a natureza subjacente da reação bioquímica que resulta na conversão do amido em açúcar, como observaram Payen e Persoz no extrato de malte

- EC 3.<u>2</u> indica que a amilase é uma enzima **glicosidase**, que cliva ligações glicosídicas. Uma ligação glicosídica é qualquer ligação que una duas unidades de açúcar ou um açúcar e outra molécula. Essa parte do número EC distingue a amilase de outros

Figura 7.8 Reação da β-amilase (EC 3.2.1.2).

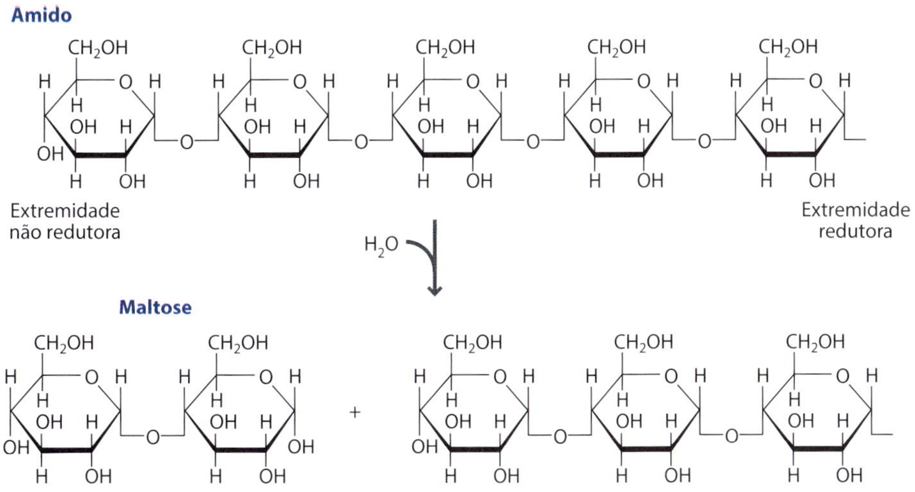

134 Parte 2 Geração de Energia e Metabolismo

tipos de hidrolase que atuam, por exemplo, em ligações éster (que formam o Grupo EC 3.1 e que incluem as ribonucleases que clivam as ligações fosfodiéster no RNA) ou ligações peptídicas (Grupo EC 3.4, que contém as proteases que clivam ligações peptídicas das proteínas)

- EC 3.2.<u>1</u> indica que a amilase é um membro de um subgrupo de glicosidases que hidrolisam ligações O- ou S-glicosídicas. São ligações glicosídicas em que a ligação entre o açúcar e a segunda molécula inclui um átomo de oxigênio ou de enxofre. O segundo subgrupo nesse nível, 3.2.<u>2</u>, compreende enzimas que atuam sobre ligações N-glicosídicas, em que a ligação ocorre por meio de um átomo de nitrogênio. Por conseguinte, as enzimas no subgrupo 3.2.2 incluem as que clivam a ligação entre o açúcar e uma base em um nucleotídio

- EC 3.2.1.<u>2</u> é o número específico para a β-amilase, a enzima que hidrolisa ligações $\alpha(1\rightarrow4)$ O-glicosídicas entre unidades de glicose no amido, no glicogênio e em polissacarídios relacionados, de modo a liberar unidades dissacarídicas de maltose a partir das extremidades não redutoras dos polímeros.

Existem 135 enzimas no subgrupo EC 3.2.1, e todas são hidrolases que clivam ligações O- ou S-glicosídicas entre pares de unidades de açúcar ou entre um açúcar e outra molécula. A primeira na lista, EC 3.2.1.1, é a α-amilase, que também hidrolisa ligações $\alpha(1\rightarrow4)$ O-glicosídicas no amido e em outros polissacarídios de $\alpha(1\rightarrow4)$ glicose, mas que cliva essas ligações aleatoriamente dentro das cadeias poliméricas, e não apenas nas extremidades não redutoras. Esse tipo de amilase é encontrado nas secreções salivares e pancreáticas dos seres humanos e de outros mamíferos e possibilita a digestão de oligo- e polissacarídios da dieta.

A distinção entre α e β-amilase ilustra a importância do esquema de classificação EC. Isso nos permite não apenas distinguir as diferentes enzimas presentes em um determinado organismo, mas também reconhecer **enzimas homólogas** – isto é, enzimas com funções idênticas – de diferentes organismos. As β-amilases são consideradas homólogas, independentemente do tipo de cereal a partir do qual são obtidas. Existem também enzimas com atividade de β-amilase nas bactérias, que também são designadas como EC 3.2.1.2. As α-amilases são consideradas um tipo separado de enzima, visto que a reação bioquímica que elas catalisam é diferente. Por conseguinte, receberam um número EC diferente, e, neste caso também, o número é usado para as α-amilases de qualquer espécie.

7.2 **Como as enzimas atuam**

Agora que sabemos o que são enzimas e como elas são classificadas de acordo com a sua atividade bioquímica, podemos passar ao estudo do modo pelo qual as enzimas atuam nas células vivas. Em primeiro lugar, iremos examinar a propriedade fundamental de uma enzima, que é a sua capacidade de atuar como catalisador biológico.

7.2.1 **As enzimas são catalisadores biológicos**

Estabelecemos que uma enzima é um catalisador biológico. Um catalisador é uma substância que aumenta a velocidade de uma reação química, mas que não é consumida como resultado dessa reação. Uma enzima não é diferente de qualquer outro tipo de catalisador, exceto que ela catalisa uma reação bioquímica.

Para entender como as enzimas atuam precisamos, portanto, estudar alguns dos princípios de catálise. Para isso, iremos examinar os eventos que ocorrem durante uma reação bioquímica, em particular os eventos relacionados com a energética da reação.

A maioria das reações bioquímicas resulta em uma variação de energia livre

Iremos analisar uma reação bioquímica típica, catalisada por uma enzima transferase (membro do grupo EC 2), resultando na transferência de um grupo químico de um composto para outro (Figura 7.9). A equação química dessa reação pode ser escrita da seguinte maneira:

$$A\text{-}R + B \rightarrow A + B\text{-}R$$

Figura 7.9 Reações de transferase. A. Fórmula geral para uma reação de transferase. **B.** Exemplo de reação de transferase, que ocorre na via das pentoses fosfato (*ver Seção 11.3*). A transaldolase catalisa a transferência de di-hidroxiacetona da sedo-heptulose 7-fosfato para o gliceraldeído 3-fosfato.

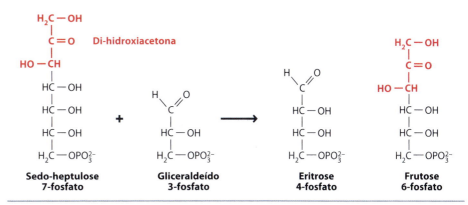

Nessa equação, o grupo químico "R" é transferido do composto "A" para o composto "B". Os compostos iniciais, A-R e B, são os **substratos** da reação, enquanto A e B-R são os **produtos**.

A equação química que acabamos de escrever é um resumo da reação que ocorre, porém ela não nos fornece muita informação sobre o que realmente ocorre. Para começar a analisar mais profundamente a natureza da reação, precisamos considerar se ela resulta em uma variação de **energia livre**. A **energia livre de Gibbs**, designada como **G**, é uma função termodinâmica de grande utilidade, inventada pelo cientista norte-americano Josiah Willard Gibbs, em 1873. Em termos simples, trata-se de uma medida do conteúdo de energia de um "sistema". Um sistema com baixo conteúdo de energia e, portanto, com baixo valor de G é mais estável do que um sistema com maior conteúdo de energia ou maior valor de G. Em nossa reação bioquímica típica, os dois "sistemas" são os substratos A-R + B e os produtos A + B-R.

Quando se considera uma reação bioquímica, o que nos interessa não é tanto o valor efetivo de G para os substratos e os produtos, mas a diferença entre esses valores. Utilizamos a letra grega Δ ("delta" maiúsculo) para indicar a diferença entre dois valores de G. A variação de energia livre que ocorre durante uma reação bioquímica é, portanto, expressa como ΔG.

Se a ΔG para uma reação for negativa, isso significa que a energia livre dos produtos é menor que a dos substratos (Figura 7.10A). Essa reação pode ocorrer de modo espontâneo, liberando uma quantidade de energia equivalente ao valor de ΔG. Essa reação é denominada reação **exergônica**. Algumas reações químicas possuem valores negativos elevados de ΔG e são altamente exergônicas. A reação do sódio com a água, uma das preferidas nas aulas de química de ensino médio, é um exemplo. Os produtos são hidróxido de sódio, gás hidrogênio e uma grande quantidade de energia liberada na forma de calor; tanto calor que o hidrogênio inflama, e o sódio metálico move-se rapidamente pela superfície de um béquer com água, emitindo chamas. Muitas reações bioquímicas possuem valores negativos de ΔG e, portanto, liberam energia quando ocorrem. Esta é a base do catabolismo, a parte do metabolismo que resulta na geração de energia.

O que ocorre se a energia livre dos produtos for maior do que a dos substratos (Figura 7.10B)? Neste caso, o ΔG é positivo, e a reação necessita de energia, sendo conhecida como **endergônica**. Em bioquímica, muitas reações anabólicas são endergônicas. São as reações que resultam na síntese de produtos maiores a partir de moléculas menores. As reações endergônicas não podem ocorrer de modo espontâneo, visto que elas sempre precisam de uma entrada de energia.

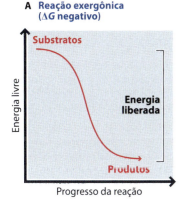

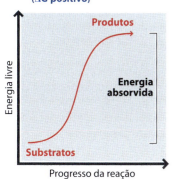

Figura 7.10 Diferença entre reação exergônica e endergônica.

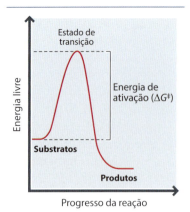

Figura 7.11 Estado de transição e suas implicações energéticas. A energia de ativação é necessária para que a reação supere a barreira representada pelo estado de transição.

Existe uma barreira energética entre os substratos e os produtos

Acabamos de ver como a diferença nos valores de energia livre dos substratos e produtos de uma reação química é expressa como valor de ΔG. A próxima etapa que precisamos considerar é a energia livre de quaisquer estruturas intermediárias que são formadas durante a ocorrência de uma reação. Uma "estrutura intermediária" não se refere a compostos verdadeiros, como os que são formados durante um processo em múltiplas etapas e que podem ser individualmente purificados. Na verdade, referimo-nos a uma estrutura formada a meio caminho durante uma reação simples.

Para esclarecer esse importante aspecto, iremos analisar mais atentamente a reação típica da transferase da seção anterior. Escrevemos a equação dessa reação da seguinte maneira:

$$A\text{-}R + B \rightarrow A + B\text{-}R$$

Se examinarmos mais cuidadosamente essa reação, iremos perceber que ela provavelmente envolve uma estrutura intermediária que é formada no exato instante em que o grupo R está sendo transferido de uma molécula de A para uma molécula de B. Para indicar a existência dessa estrutura, devemos reescrever a equação da seguinte maneira:

$$A\text{-}R + B \rightarrow A...R...B \rightarrow A + B\text{-}R$$

Aqui, utilizamos reticências "..." para indicar que as ligações que conectam o grupo R com as moléculas A e B estão no processo de serem clivadas (no caso de $A...R$) ou formadas ($R...B$). Essa estrutura intermediária é muito instável e, portanto, apresenta um elevado conteúdo de energia livre. O ponto na via de reação onde essa estrutura é formada é o **estado de transição**.

A existência de um estado de transição significa que, quando se consideram as variações de energia livre que ocorrem durante uma reação, precisamos olhar além do valor do ΔG obtido simplesmente ao comparar os substratos e os produtos. Precisamos também considerar um segundo ΔG entre os substratos e o estado de transição (Figura 7.11). Essa diferença de energia livre é denominada **energia de ativação ou $\Delta G^{\ddagger}$**. Com frequência, o $\Delta G^{\ddagger}$ é muito maior do que o ΔG e forma uma barreira significativa que precisa ser vencida para que a reação possa prosseguir. É a existência dessa barreira energética que limita a velocidade da maioria das reações bioquímicas.

As enzimas reduzem a energia livre do estado de transição

Nesse estágio, começamos a compreender como uma enzima ou qualquer outro tipo de catalisador pode acelerar a velocidade de uma reação química. Um catalisador não tem nenhuma influência sobre os valores de energia livre dos substratos e dos produtos e, portanto, não modifica o ΔG. Na verdade, um catalisador reduz o $\Delta G^{\ddagger}$, habitualmente ao estabilizar a estrutura intermediária formada no estado de transição (Figura 7.12). Por conseguinte, um catalisador diminui o tamanho da barreira energética que precisa ser atravessada para converter os substratos em produtos. Como a barreira energética é mais fácil de atravessar, a velocidade da reação aumenta.

De que maneira uma enzima estabiliza o estado de transição da reação que ela catalisa? A resposta é por meio de redução da **entropia**. Em termodinâmica, a entropia é uma medida do grau de desordem de um sistema. A entropia contribui para o valor de energia livre, de modo que, ao reduzir a entropia do estado de transição, uma enzima diminui o valor da $\Delta G^{\ddagger}$. Isso pode parecer complicado, porém o princípio implícito é bastante simples. A entropia é reduzida ao estabelecer ordem em um sistema. Em nossa reação bioquímica favorita

$$A\text{-}R + B \rightarrow A...R...B \rightarrow A + B\text{-}R$$

o "sistema" no início da reação é $A\text{-}R + B$. Pode haver 100 moléculas de $A\text{-}R$ na célula e 100 moléculas de B, todas elas flutuando próximas umas das outras no citoplasma aquoso. Entretanto, as moléculas $A\text{-}R$ e B não possuem nenhuma atração natural entre si e, na ausência da enzima, difundem-se em direções aleatórias, de acordo com a probabilidade de colisão com outras moléculas (Figura 7.13A). Em certas ocasiões, uma molécula de $A\text{-}R$ pode encontrar uma molécula de B exatamente na maneira correta necessária para formar a estrutura do estado de transição e possibilitar a ocorrência de conversão em $A + B\text{-}R$. Entretanto, devido à desordem do sistema (sua elevada entropia), esses prováveis encontros são escassos e dispersos. A velocidade da reação – a conversão de $A\text{-}R + B$ em $A + B\text{-}R$ é muito lenta.

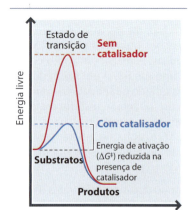

Figura 7.12 Um catalisador reduz a energia livre do estado de transição.

Boxe 7.3 Reações reversíveis.

Muitas reações bioquímicas são reversíveis. Isso significa que os produtos da reação podem reagir entre si para formar novamente os substratos. Por conseguinte, uma reação reversível de transferase seria constituída de duas partes, as quais são denominadas **reações direta** e **inversa**:

reação direta $X\text{-R} + Y \rightarrow X + Y\text{-R}$
reação inversa $X + Y\text{-R} \rightarrow X\text{-R} + Y$

Em geral, combinamos essas reações de duas partes em uma única equação, utilizando uma seta bidirecional para indicar que a reação global é reversível:

$$X\text{-R} + Y \rightleftharpoons X + Y\text{-R}$$

Para uma reação reversível, a velocidade com que os produtos são formados é contrabalançada pela velocidade com que os produtos são novamente convertidos em substratos. À medida que a reação prossegue, um ponto de equilíbrio é alcançado. Nesse ponto, o número de moléculas de substratos que são convertidas em produtos durante um determinado período de tempo é igual ao número de moléculas de substratos que são novamente formadas pela reação inversa. As reações direta e inversa continuam ocorrendo, porém as concentrações relativas de substrato e produto não se modificam mais.

reversíveis são, em sua maioria, reações nas quais a diferença entre os valores de energia livre para os substratos e os produtos é relativamente pequena, de modo que, em termos energéticos, a reação direta é apenas ligeiramente favorecida em relação à reação inversa.

Que efeito terá a adição de uma enzima sobre uma reação reversível? É importante reconhecer que a enzima *não* afeta o ponto de equilíbrio. Isso se deve ao fato de que as reações direta e inversa possuem o mesmo estado de transição, embora os valores de $\Delta G\ddagger$ para as duas reações sejam diferentes.

Na ausência de enzima

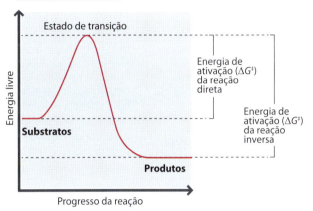

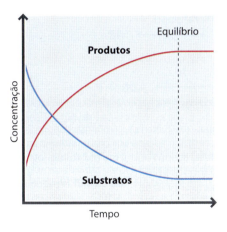

Na ausência de enzima

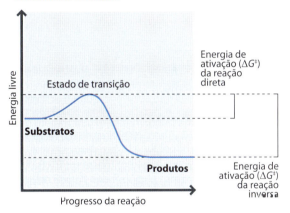

A razão de produtos sobre substratos no ponto de equilíbrio depende das velocidades relativas das reações direta e inversa. Se a reação direta for muito mais rápida que a reação inversa, a concentração de substrato no ponto de equilíbrio será pequena. Por outro lado, se houver pouca diferença entre as velocidades da reação direta e da reação inversa, os substratos e os produtos estarão presentes em concentrações semelhantes no ponto de equilíbrio. As reações

A adição de uma enzima diminui a energia livre do estado de transição e, portanto, tem um efeito equivalente sobre os valores de $\Delta G\ddagger$ tanto para a reação direta quanto para a reação inversa. Por conseguinte, a enzima aumenta a velocidade da reação direta e da reação inversa, porém não afeta o equilíbrio entre os substratos e os produtos.

Iremos agora introduzir no sistema a enzima transferase, que catalisa essa reação. A enzima diminui a entropia por meio de sua ligação a uma molécula de *A*-R e a uma molécula de *B* precisamente na posição relativa e orientação corretas necessárias para que esses dois substratos formem a estrutura do estado de transição (Figura 7.13B). Por meio dessa ligação aos substratos, a enzima introduz ordem no sistema, reduzindo a entropia e, portanto, diminuindo também o valor de $\Delta G\ddagger$. A velocidade de conversão de *A*-R + *B* em *A* + *B*-R está, portanto, aumentada.

Figura 7.13 Uma enzima estabiliza o estado de transição de uma reação. A. Em uma mistura aleatória de reagentes, são necessárias prováveis colisões para a formação do estado de transição. **B.** Por meio de sua ligação aos reagentes, a enzima diminui a entropia do sistema, aumentando a velocidade de conversão dos reagentes em produtos.

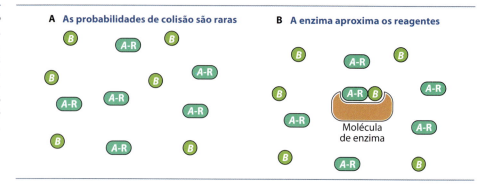

Por conseguinte, uma enzima diminui a barreira energética entre os substratos e o estado de transição, porém não altera os valores de energia livre para os substratos e os produtos. Em temos termodinâmicos, a enzima diminui o $\Delta G‡$, porém não exerce nenhum efeito sobre o ΔG. Se a reação for exergônica, com valor negativo do ΔG, ela irá prosseguir com liberação de energia. Porém o que ocorre se a reação for endergônica, tendo os produtos maior conteúdo de energia livre do que os substratos? As reações endergônicas exigem entrada de energia para que possam ocorrer. Muitas enzimas obtêm essa energia pelo acoplamento da reação endergônica com uma segunda reação que gera energia. Esse processo é denominado **acoplamento de energia**. Com frequência, a segunda reação consiste em hidrólise do nucleotídio ATP, com formação de ADP e fosfato inorgânico (Figura 7.14). A energia livre liberada por essa reação exergônica é utilizada pela enzima para impulsionar a reação endergônica acoplada.

> Iremos aprender mais sobre a maneira pela qual o ATP armazena energia na *Seção 8.1.1*.

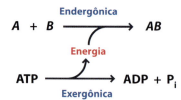

Figura 7.14 Acoplamento de energia. Nesse exemplo, a energia livre necessária pela reação endergônica, em que os reagentes A e B se combinam para formar o produto AB, é fornecida pela hidrólise do ATP, com formação de ADP e fosfato inorgânico (P_i).

Boxe 7.4 Especificidade de ligação do substrato.

As enzimas possuem, em sua maioria, uma alta especificidade para seus substratos e são capazes de distinguir entre moléculas de estruturas muito semelhantes, ligando-se apenas àquelas que constituem os substratos corretos para a reação que elas catalisam. Qual é a base dessa especificidade?

Nos primeiros anos da bioquímica, Emil Fischer sugeriu que a interação de um substrato com uma enzima é semelhante ao modo pelo qual uma chave se encaixa em uma fechadura. De acordo com esse **modelo de chave e fechadura**, o bolso de ligação sobre a superfície de uma enzima possui um formato que equivale precisamente ao de seu substrato. A especificidade é obtida porque apenas o substrato, e nenhum outro composto, tem o formato necessário para se encaixar no bolso de ligação.

Uma sugestão mais recente é a de que o sítio de ligação da enzima não é uma estrutura rígida, mas possui uma certa flexibilidade. A ligação do substrato induz uma mudança no bolso de ligação, de modo que o substrato se torna mais precisamente envolvido pela enzima. Somente o substrato correto pode induzir a mudança necessária na estrutura do bolso de ligação, aumentando a especificidade da enzima pelo substrato. Esse modelo é denominado **modelo de encaixe induzido**.

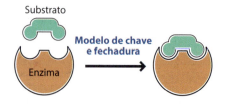
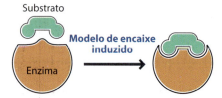

7.2.2 Fatores que influenciam a velocidade de uma reação catalisada por enzima

O estudo dos princípios de catálise mostrou que uma enzima aumenta a velocidade de uma reação ao reduzir a barreira energética entre os substratos e os produtos. Na ausência de catálise, a maioria das reações bioquímicas ocorre em uma velocidade insignificante, e a síntese dos produtos é extremamente lenta. Quando catalisadas pelas suas enzimas, as mesmas reações ocorrem com muito mais velocidade, e os produtos são gerados a uma velocidade suficiente para atender às necessidades da célula. Entretanto, isso não significa que uma reação bioquímica tenha apenas duas velocidades possíveis: uma "desligada" porque a enzima está ausente e a outra "ligada", porque a reação está sendo catalisada pela sua enzima. A velocidade da reação catalisada é afetada por diversos fatores, que juntos determinam de modo preciso a velocidade com que os produtos são formados em determinado momento. Precisamos agora examinar esses fatores e analisar os efeitos que cada um deles exerce sobre a velocidade de uma reação bioquímica catalisada por enzima.

A temperatura e o pH afetam as reações catalisadas por enzimas

Todas as reações químicas são afetadas pelo calor, ocorrendo mais rapidamente em temperaturas mais altas. Isso se deve ao fato de que o aquecimento resulta em um aumento da energia térmica, de modo que os substratos passam a se mover mais rapidamente, aumentando a frequência com que eles entram em contato uns com os outros. Em termos termodinâmicos, a adição de energia térmica ajuda os substratos a vencer a barreira de energia do estado de transição. Nesse aspecto, as reações catalisadas por enzimas não são diferentes de qualquer outra reação química e ocorrem mais rapidamente quando aumenta a temperatura. Entretanto, isso é apenas verdadeiro com temperaturas relativamente baixas, visto que, na presença de temperaturas mais altas, um segundo fator passa a atuar. Trata-se do efeito que a temperatura exerce sobre a estabilidade das ligações químicas, em particular, as ligações de hidrogênio relativamente fracas que mantêm as estruturas secundárias dentro de uma molécula de proteína. À medida que a temperatura aumenta, as ligações de hidrogênio rompem-se, e a estrutura secundária da proteína é desdobrada (desnaturada), causando perda da atividade enzimática. Por conseguinte, as temperaturas elevadas desnaturam as proteínas, da mesma maneira que um desnaturante químico, como a ureia. Por conseguinte, a velocidade de uma reação típica catalisada por enzima aumenta gradualmente à medida que a temperatura é elevada, alcançando um ponto ótimo, além do qual a atividade declina, possivelmente de maneira bastante rápida, visto que pequenos incrementos adicionais da temperatura provocam uma ruptura relativamente grande da estrutura da enzima (Figura 7.15A).

Nos vertebrados, a maioria das enzimas apresenta uma **temperatura ótima** em torno de 37°C, que é a temperatura existente nos tecidos desses animais de sangue quente. As enzimas de muitas das bactérias que residem dentro dos corpos dos vertebrados ou em sua superfície apresentam uma temperatura ótima semelhante, porém as bactérias que vivem em outros ambientes podem ser bastante diferentes nesse aspecto. As bactérias

> Examinamos os efeitos da ureia sobre a atividade proteica na *Seção 3.4.1.*

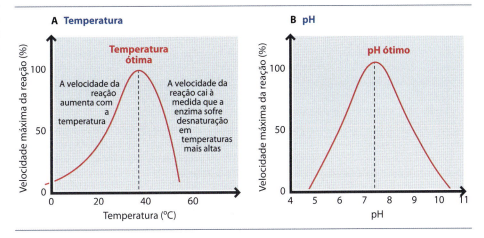

Figura 7.15 O efeito (A) da temperatura e (B) do pH sobre a velocidade de uma reação catalisada por enzima.

> O efeito do pH sobre a ionização dos aminoácidos foi descrito na *Seção 3.1.2*.

termofílicas, que vivem naturalmente em fontes termais, fornecem um bom exemplo. As temperaturas nas fontes termais podem aproximar-se do ponto de ebulição, de modo que as proteínas nessas bactérias devem ser capazes de suportar altas temperaturas. As enzimas **termoestáveis** presentes nessas bactérias normalmente têm uma temperatura ótima de 75°C a 80°C.

As proteínas também sofrem desnaturação em valores extremos de pH, porém o efeito do pH sobre a velocidade de uma reação é mais sutil do que uma simples ruptura da estrutura da enzima. Com frequência, os aminoácidos no sítio ativo de uma enzima são os que possuem cadeias laterais ionizáveis, as quais participam, de alguma maneira, na reação enzimática. Se lembrarmos como os grupos ionizáveis de um aminoácido são afetados pelo pH, poderemos então perceber imediatamente o efeito crítico que uma mudança de pH pode ter sobre a velocidade de uma reação enzimática. A maioria das enzimas apresenta um **pH ótimo** de 6,8 a 7,4, que corresponde ao pH fisiológico encontrado nas células e tecidos dos organismos vivos (Figura 7.15B). À semelhança dos efeitos da temperatura, existem exceções. A pepsina, uma das enzimas que degrada as proteínas no estômago, possui um pH ótimo de cerca de 2,0, refletindo o ambiente altamente ácido onde essa enzima deve atuar.

A concentração de substrato possui um efeito importante sobre a velocidade da reação

Embora o pH e a temperatura tenham efeitos importantes sobre a velocidade das reações catalisadas por enzimas, a maioria dos organismos possui mecanismos para assegurar que o pH das células permaneça constante, e os vertebrados também controlam a sua temperatura interna, de modo que ela raramente varie muito dos 37°C. Assim, a temperatura e o pH não são em si determinantes importantes da velocidade efetiva com que uma reação bioquímica ocorre. A disponibilidade dos substratos para a reação é de importância muito maior.

Para ilustrar os efeitos importantes da concentração de substratos, iremos considerar o tipo mais simples de reação bioquímica, em que existe um único substrato e um único produto. Este é o tipo de reação catalisada pelas enzimas isomerases do grupo EC 5. Podemos escrever a reação da seguinte maneira:

$$S \rightarrow P$$

em que *S* é o substrato e *P*, o produto. Imagine que purificamos essa enzima isomerase e a misturamos com o seu substrato. A enzima começa a catalisar a conversão do substrato no produto, e acompanhamos a reação ao medir a quantidade de produto presente em intervalos sucessivos de tempo. Colocamos os resultados em um gráfico e observamos o padrão mostrado na Figura 7.16. A forma dessa curva nos diz que, inicialmente, a reação prossegue em uma velocidade linear, que é designada como **velocidade inicial** ou V_0. Entretanto, gradualmente, a velocidade da reação diminui até que, em algum ponto do gráfico, ela forme um platô, visto que nenhum produto adicional está sendo gerado, indicando que a velocidade da reação é agora zero.

A explicação mais simples para o nivelamento da curva mostrada na Figura 7.16 é que ocorre interrupção da síntese de produtos quando todo o substrato foi utilizado. Essa não é uma explicação completa; entretanto, por enquanto, é uma resposta suficiente para atender nosso propósito. O aspecto importante é que o gráfico mostra que a velocidade da reação diminui gradualmente à medida que a quantidade de substrato diminui. Em outras palavras, a velocidade da reação depende da concentração dos substratos.

O efeito da concentração do substrato revela características do modo de ação de uma enzima

A relação entre a concentração de substrato e a velocidade da reação forma a base da **cinética enzimática**. Trata-se de um assunto importante, visto que podemos utilizar a cinética de uma reação catalisada por enzima para fazer deduções sobre o modo pelo qual a enzima opera.

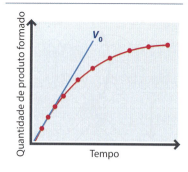

Figura 7.16 Cinética de uma reação típica catalisada por enzima. A velocidade inicial (V_0) é mostrada como extrapolação da parte linear da reação.

Em primeiro lugar, precisamos de um modo consistente de comparar a velocidade de uma reação em diferentes concentrações de substrato. O experimento mostrado na Figura 7.16 indica como podemos fazer isso. Para comparar velocidades da reação

Capítulo 7 Enzimas **141**

PESQUISA EM DESTAQUE

Boxe 7.5 **Exploração das enzimas termoestáveis na produção de biocombustíveis.**

As enzimas purificadas vêm sendo usadas em processos industriais há décadas. Os exemplos incluem a quimosina (também denominada renina), uma protease obtida do revestimento do estômago de bezerros, que é utilizada na produção de queijo, e a invertase da levedura, que degrada a sacarose em glicose e frutose e é usada para obter xarope na produção de caramelos e outras balas. Nesses últimos anos, os biotecnólogos começaram a explorar as possíveis aplicações das enzimas termoestáveis em processos industriais que envolvem altas temperaturas, aquelas que provocam desnaturação da maioria das proteínas. Um exemplo é observado na produção de **biocombustível** a partir de material vegetal.

Os biocombustíveis estão despertando um interesse cada vez maior na busca por alternativas "verdes" de energia, isto é, aquelas que não derivam de combustíveis fósseis e que produzem menos poluentes. Vários biocombustíveis estão sendo produzidos em diferentes partes do mundo, porém o tipo mais amplamente usado baseia-se no etanol obtido pela degradação de carboidratos de materiais vegetais. A produção desse biocombustível envolve a conversão inicial da celulose da planta em glicose, seguida de degradação da glicose em etanol e dióxido de carbono. Estudaremos essa última via de modo mais detalhado na *Seção 8.2.2*.

A conversão da celulose em glicose é obtida pela adição de uma preparação enzimática, denominada celulase, ao material vegetal. A celulase é uma mistura de diferentes enzimas, das quais as mais importantes são as seguintes:

- Uma endoglicanase, que rompe as ligações β-glicosídicas internas da celulose, clivando o polímero em fragmentos menores
- Uma celobio-hidrolase, que remove unidades de celobiose de modo sequencial a partir das extremidades dos fragmentos criados pelo tratamento com endoglicanase. A celobiose é um dissacarídio constituído por duas glicoses ligadas por uma ligação β(1→4)
- A β-glicosidase, que cliva a ligação β(1→4), convertendo a celobiose em glicose.

Por conseguinte, essas três enzimas atuam em conjunto para liberar glicose a partir da celulose.

As celulases atualmente utilizadas na produção de biocombustíveis são obtidas a partir de fungos e não são termorresistentes. Por conseguinte, sofrem desnaturação em temperaturas acima de 60°C. Isso complica o processo industrial, visto que o material vegetal precisa ser aquecido a 75°C a fim de liberar o conteúdo de celulose de outros biopolímeros vegetais, como a lignina, a qual não pode ser degradada em glicose. Por conseguinte, a tecnologia convencional exige dois estágios, cada um realizado por um biorreator diferente.

142 Parte 2 Geração de Energia e Metabolismo

> **Boxe 7.5** Exploração das enzimas termoestáveis na produção de biocombustíveis. (*continuação*) — PESQUISA EM DESTAQUE
>
> No primeiro estágio, o material vegetal é aquecido para liberar a sua celulose, e, no segundo estágio, a celulase é adicionada ao extrato resfriado para converter a celulose em glicose. A necessidade de dois estágios prolonga o tempo necessário para completar o processo e, o que é mais importante, aumenta o custo global.
>
> Por conseguinte, uma celulase termoestável reduziria os custos desse tipo de produção de biocombustíveis, permitindo que tanto a liberação quanto a degradação da celulose sejam efetuadas em um único processo. Enzimas termoestáveis apropriadas não parecem ser comuns em bactérias termofílicas, porém são conhecidos alguns exemplos, os quais estão sendo investigados como alternativas das enzimas fúngicas. O principal problema é saber se os custos relacionados com o crescimento das bactérias termofílicas e a extração de suas enzimas irão tornar o seu uso dispendioso.
>
> Outra possibilidade consiste em recorrer à **engenharia de proteínas** para aumentar a termoestabilidade de uma celulase fúngica. A engenharia de proteínas envolve a realização de mudanças na sequência de aminoácidos de uma proteína, utilizando técnicas que iremos estudar no Boxe 19.2. A intenção seria modificar as sequências de aminoácidos de um conjunto de enzimas fúngicas de degradação da celulose, de modo a tornar essas enzimas mais termorresistentes. O problema com essa abordagem é que ainda não sabemos exatamente por que uma enzima termoestável é capaz de suportar altas temperaturas sem sofrer desnaturação. Foram identificadas diversas novidades estruturais em diferentes enzimas termoestáveis que poderiam explicar a sua tolerância ao calor, porém nenhuma dessas características é encontrada em todas as enzimas desse tipo. As novidades incluem uma conformação mais compacta, com uma porcentagem relativamente alta do polipeptídio dobrado em
>
> α-hélices e folhas β, ao invés de desdobrado em alças e giros. Com frequência, as diferentes unidades estruturais secundárias são mantidas unidas e ligadas umas às outras por maior número de ligações de hidrogênio e interações de van der Waals, em comparação com o número presente em uma proteína não termoestável. As características de superfície de uma proteína termoestável também são provavelmente importantes, visto que elas irão determinar como a proteína interage com as moléculas de água circundantes, o que, por sua vez, irá influenciar a facilidade com que a proteína é desdobrada em temperaturas mais altas. Mesmo se for possível identificar as características essenciais de uma enzima termoestável, será difícil estabelecer quais alterações deverão ser feitas na sequência de aminoácidos de uma enzima não termoestável para produzir esses tipos de mudança estrutural.
>
> Como é difícil prever que alterações de aminoácidos devem ser feitas nas enzimas celulases dos fungos, os biotecnólogos estão explorando um tipo diferente de engenharia de proteínas, denominado **evolução dirigida.** Nessa abordagem, são efetuadas mudanças aleatórias na sequência de aminoácidos de uma proteína, e as variantes resultantes são então testadas para verificar quais delas apresentam propriedades aprimoradas. Para a produção de biocombustíveis, é necessário efetuar alterações aleatórias em uma das enzimas celulases de fungos e, em seguida, testar cada nova variante para identificar se alguma delas, por acaso, exibe maior resistência ao calor. O aumento pode ser pequeno; entretanto, se uma variante for então submetida a ciclos adicionais de alterações aleatórias, em que as versões mais termorresistentes são selecionadas em cada estágio, acabaremos obtendo uma celulase com termoestabilidade suficiente para ser utilizada em um processo de produção de biocombustíveis de um único estágio.

em diferentes concentrações de substrato, simplesmente organizamos uma série de experimentos com quantidades idênticas da enzima, porém com diferentes quantidades de substrato, e medimos a V_0 para cada uma dessas concentrações de substrato (Figura 7.17A). A representação desses resultados em um gráfico irá produzir uma curva hiperbólica (Figura 7.17B). Essa curva revela dois parâmetros fundamentais relacionados com a atividade da enzima:

- A velocidade máxima ou $V_{máx.}$ é alcançada quando a curva finalmente atinge um platô. Esse parâmetro indica a velocidade máxima com que a enzima pode catalisar uma reação

- A K_m ou **constante de Michaelis** é a concentração de substrato em que a velocidade da reação é metade do valor máximo (*i. e.*, $0,5 \times V_{máx.}$). Isso fornece um valor numérico de K_m para qualquer enzima. Todavia, o que a K_m nos revela acerca de uma enzima? A K_m é uma medida da estabilidade do complexo enzima-substrato ou, para ser mais preciso, a "afinidade" da enzima pelo seu substrato. Trata-se de uma relação recíproca; um baixo valor de K_m indica alta afinidade, enquanto um K_m elevado indica baixa afinidade.

A relação precisa entre a concentração de substrato, $V_{máx.}$ e K_m foi estabelecida pela primeira vez por Leonor Michaelis e Maud Menten, em 1913. A **equação de Michaelis-Menten** estabelece que:

$$V_0 = \frac{V_{máx} \times [S]}{K_m + [S]}$$

Nessa equação, os colchetes indicam "concentração de", de modo que [S] refere-se à concentração de substrato.

Figura 7.17 Comparação da velocidade de uma reação catalisada por enzima em diferentes concentrações de substrato. A. Medida da V_0 em diferentes concentrações de substrato (2,5 mM, 5 mM e 10 mM de substrato). **B.** Uso do valor V_0 para calcular a $V_{máx.}$ e K_m para a enzima.

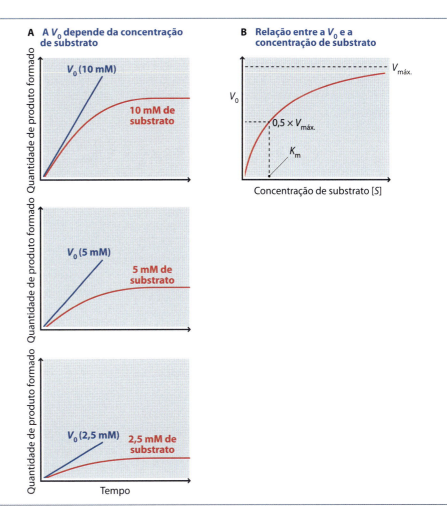

Como podemos medir a $V_{máx.}$ e a K_m de uma enzima experimentalmente? O gráfico mostrado na Figura 7.17B não nos permite fazer isso, visto que a curva não chega a alcançar a $V_{máx.}$ – tivemos que "estimá-la" a partir do modo pelo qual a curva se comportava. Como o valor numérico de K_m é metade da $V_{máx.}$, precisamos também "estimar" esse valor. Poderíamos continuar o experimento com mais e mais substrato, porém uma medida totalmente acurada de $V_{máx.}$ exigiria uma concentração infinita de substrato, que naturalmente é impossível obter. Felizmente, podemos transformar a curva mostrada na Figura 7.17B em uma linha reta, plotando as recíprocas (inversos) da velocidade inicial e da concentração de substrato (Figura 7.18). Trata-se do **gráfico de Lineweaver-Burk**. A vantagem de uma linha reta é que podemos extrapolá-la o mais longe que quisermos, em nosso caso, até o ponto onde a linha cruza o eixo x, o que possibilita o cálculo do valor da K_m. A interseção com o eixo y fornece a $V_{máx.}$.

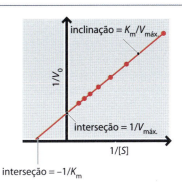

Figura 7.18 Gráfico de Lineweaver-Burk.

144 Parte 2 Geração de Energia e Metabolismo

Boxe 7.6 **Equação de Michaelis-Menten.**

A equação de Michaelis-Menten é fundamental para o estudo das enzimas, e é importante compreender como ela foi desenvolvida. A equação de Michaelis-Menten baseia-se no seguinte conceito de catálise enzimática.

$$E + S \underset{k_2}{\overset{k_1}{\rightleftharpoons}} ES \overset{k_3}{\rightarrow} E + P$$

Neste esquema, a enzima E combina-se com o seu substrato S para formar um complexo enzima-substrato ES. O complexo ES pode novamente se dissociar para formar $E + S$, ou pode prosseguir para formar E e o produto P. Os símbolos k_1, k_2 e k_3 são **constantes de velocidade**, que descrevem as velocidades associadas a cada etapa do processo. Partimos da suposição de que não existe nenhuma velocidade significativa para a reação inversa de $E + P \rightarrow ES$.

De acordo com esse modelo, a concentração do complexo enzima-substrato, que é representada por [ES], permanece aproximadamente constante até que quase todo o substrato seja utilizado. Isso significa que a velocidade de síntese de ES é igual à velocidade de seu consumo durante a maior parte da reação. Em outras palavras, a [ES] mantém um estado de **equilíbrio dinâmico (steady state)**.

Sabemos que a velocidade inicial (V_0) na presença de baixas concentrações de substrato é diretamente proporcional à concentração de substrato [S], ao passo que na presença de altas concentrações de substrato, a velocidade torna-se independente de [S], alcançando finalmente o seu valor máximo, $V_{máx}$. A equação de Michaelis-Menten descreve a curva hiperbólica obtida quando (V_0) é representada graficamente contra [S] (ver Figura 7.17B). A equação é a seguinte:

$$V_0 = \frac{V_{máx.} \times [S]}{K_m + [S]}$$

Ao derivar a equação, Michaelis e Menten definiram uma nova constante, K_m, a constante de Michaelis:

$$K_m = \frac{k_2 + k_3}{k_1}$$

Por conseguinte, K_m é igual à velocidade de degradação de ES ($k_2 + k_3$) dividida pela sua velocidade de formação (k_1). Isso significa que a K_m de uma enzima indica a estabilidade do complexo ES. Entretanto, para muitas enzimas, k_2 é muito maior do que k_3. Se este for o caso, então K_m torna-se dependente dos valores relativos de k_1 e k_2, que são as constantes de velocidade para a formação e a dissociação de ES, respectivamente. Nessas circunstâncias, a K_m torna-se uma medida do grau de afinidade de uma enzima pelo seu substrato:

- Se uma enzima tiver afinidade fraca pelo seu substrato, então a k_2 (dissociação de ES em E e S) irá predominar sobre k_1 (associação de E e S para formar ES). Por conseguinte, o valor de K_m será elevado
- Por outro lado, uma enzima com forte afinidade pelo seu substrato terá um baixo valor de K_m, visto que, para essa enzima, k_1 irá predominar sobre k_2.

Por fim, examinaremos o que ocorre se considerarmos a recíproca (os inversos) da equação de Michaelis-Menten. Isso irá produzir a seguinte equação:

$$\frac{1}{V_0} = \frac{K_m + [S]}{V_{máx.} \ [S]} = \frac{K_m}{V_{máx.}} \frac{1}{[S]} + \frac{1}{V_{máx.}}$$

Esta é a equação apresentada por Hans Lineweaver e Dean Burk, em 1934. Ela demonstra que a representação gráfica de $1/V_0$ contra $1/[S]$ irá fornecer uma linha reta. A inclinação dessa linha será igual a $K_m/V_{máx}$, a interseção com o eixo y ($1/[S] = 0$) irá indicar o valor de $1/V_{máx}$, enquanto a interseção com o eixo x ($1/V_0 = 0$) irá fornecer $-1/K_m$. Esse gráfico é denominado gráfico de Lineweaver-Burk (ver Figura 7.18).

7.2.3 Inibidores e seus efeitos sobre as enzimas

Para concluir nosso estudo sobre o modo pelo qual as enzimas operam, precisamos examinar como elas são afetadas por **inibidores**. Um inibidor é um composto que interfere na atividade de uma enzima, reduzindo a sua velocidade catalítica. Existe uma ampla gama de compostos que afetam as atividades de diferentes enzimas por esse mecanismo, porém podemos dividir todos esses compostos em dois grandes grupos, dependendo da possibilidade ou não de reversão de sua ação inibitória. Iremos examinar em primeiro lugar os **inibidores irreversíveis**, cujos efeitos são permanentes.

Um inibidor irreversível provoca uma redução permanente na atividade de uma enzima

Os inibidores irreversíveis são, em sua maioria, compostos que alteram o sítio ativo de uma enzima de tal maneira que a enzima não é mais capaz de se ligar a seu substrato. Com frequência, o composto inibidor simplesmente forma uma ligação covalente com um dos aminoácidos do sítio ativo, bloqueando esse sítio de tal modo que o substrato não possa entrar. Trata-se habitualmente de uma alteração irreversível e permanente, visto que o inibidor só pode ser removido do sítio ativo pela clivagem da ligação covalente que agora o liga à cadeia polipeptídica da enzima. Os aminoácidos com grupos hidroxila (–OH) ou sulfidrila (–SH) em suas cadeias laterais frequentemente constituem os alvos dos inibidores irreversíveis, de modo que as enzimas que possuem serina, treonina, tirosina ou cisteína em seus sítios ativos são particularmente suscetíveis a esse tipo de inibição.

O di-isopropil fluorofosfato (DIFP) é um exemplo de inibidor irreversível. O DIFP reage com muitos compostos que contêm um grupo hidroxila, incluindo a serina (Figura 7.19). A ligação do DIFP a uma cadeia lateral de serina em um sítio ativo tende a bloquear a entrada do substrato e também irá impedir a cadeia lateral de serina de desempenhar o seu papel na reação bioquímica catalisada pela enzima. Por conseguinte, a atividade da molécula de enzima à qual o DIFP está ligado é inibida totalmente e de modo irreversível. O DIFP inibe muitas proteases (enzimas que clivam ligações peptídicas e, portanto, degradam polipeptídios em aminoácidos), visto que muitas dessas enzimas possuem uma serina em seu sítio ativo. Um exemplo é a **quimiotripsina** (Figura 7.20), que é secretada pelo pâncreas e que está envolvida na degradação digestiva das proteínas no duodeno.

O di-isopropil fluorofosfato também inibe a enzima denominada **acetilcolinesterase**, que está presente nas células nervosas e que degrada a acetilcolina. A acetilcolina é um neurotransmissor, um composto que transmite os impulsos nervosos através das sinapses existentes entre células nervosas ou **neurônios** adjacentes (Figura 7.21). Uma vez transmitido o impulso nervoso, o neurotransmissor deve ser degradado; caso contrário, a célula nervosa continuará emitindo um sinal para a outra. Por conseguinte, a inibição da acetilcolinesterase pelo DIFP interrompe o sistema nervoso ao impedir a degradação da acetilcolina nas sinapses onde atua como neurotransmissor. O DIFP é notório como componente de alguns tipos de gases neurotóxicos.

Antes de prosseguirmos, precisamos fazer uma distinção cuidadosa entre a inibição irreversível e a inativação mais geral da atividade enzimática causada pelo calor, pelo pH e por substâncias químicas que atuam como desnaturantes. Ambos os tipos de eventos têm o mesmo resultado, que consiste em perda substancial ou completa da atividade enzimática. A diferença é que o calor, o pH e os desnaturantes químicos são inespecíficos em sua ação. Eles afetam todas as enzimas, visto que o seu modo de ação consiste em romper as ligações químicas não covalentes que estabilizam a estrutura tridimensional das proteínas. Por outro lado, um inibidor exerce um efeito específico sobre uma única

Figura 7.19 Reação entre o di-isopropil fluorofosfato (DIFP) e a serina.

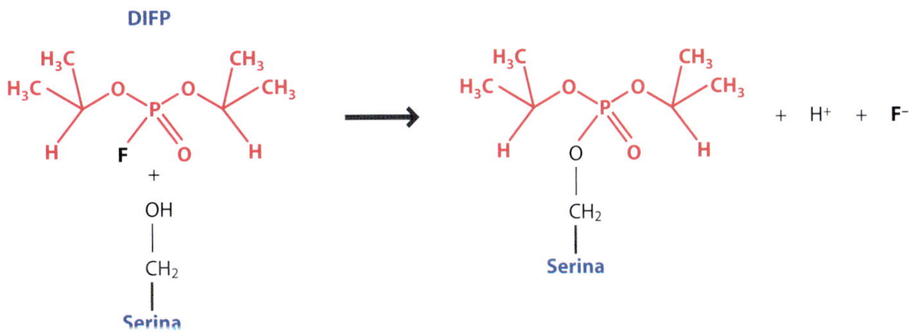

Figura 7.20 Quimiotripsina. O sítio ativo da quimiotripsina possui uma "tríade catalítica" de três aminoácidos: uma serina, uma histidina e um ácido aspártico. A reação entre a serina e o DIFP resulta na inibição irreversível da quimiotripsina. Imagem reproduzida de Wikimedia sob licença CC BY-SA 3.0.

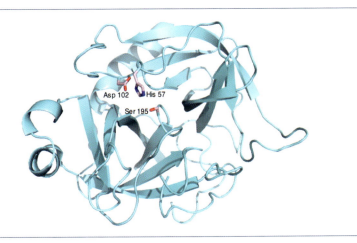

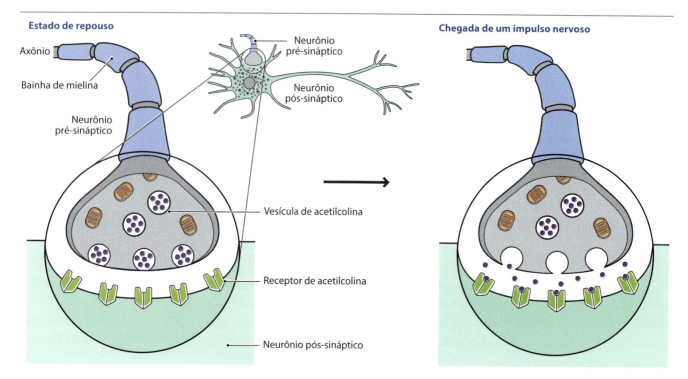

Figura 7.21 Sinapse colinérgica. A chegada de um impulso nervoso estimula a liberação do neurotransmissor acetilcolina do neurônio pré-sináptico. A ligação das moléculas de acetilcolina a proteínas receptoras sobre a superfície do neurônio pós-sináptico resulta na transmissão do impulso através da sinapse. Imediatamente após a transmissão, as moléculas de acetilcolina são degradadas pela acetilcolinesterase, de modo que a sinapse retorna a seu estado de repouso.

enzima ou sobre um grupo de enzimas semelhantes, com as quais é capaz de reagir, em virtude da estrutura do sítio ativo. O mesmo composto é incapaz de reagir com outras enzimas, cujos sítios ativos possuem estruturas diferentes e, portanto, não irá apresentar nenhum efeito inibitório sobre essas outras enzimas.

A inibição reversível pode ser competitiva ou não competitiva

Um **inibidor reversível** é um composto cujos efeitos inibitórios podem ser convertidos, pelo menos em certo grau, pela presença do substrato. É possível distinguir diferentes tipos de inibição reversível, dos quais os mais comuns são a **inibição reversível competitiva** e a **inibição reversível não competitiva**.

Na inibição reversível competitiva, o inibidor liga-se ao sítio ativo, porém não de maneira permanente, como é o caso do inibidor irreversível. Em vez disso, o inibidor reversível forma apenas ligações não covalentes relativamente fracas com os aminoácidos existentes no sítio ativo. Como a ligação não ocorre por meio de ligações covalentes, é possível que o inibidor seja deslocado pelo substrato da enzima. Por conseguinte, o substrato e o inibidor *competem* pelo acesso ao sítio ativo. Isso significa que a velocidade com que a reação enzimática ocorre depende das quantidades relativas de substrato e inibidor presentes. Na presença de uma quantidade relativamente grande de inibidor, a velocidade da reação será lenta, porém essa inibição pode ser superada pelo aumento da concentração de substrato (Figura 7.22A). Essa relação possui um efeito específico sobre a cinética da reação. A $V_{máx.}$ da reação permanece inalterada, visto que a enzima é ainda capaz de alcançar a sua atividade catalítica máxima, se for acrescentada uma quantidade suficiente de substrato para deslocar totalmente o inibidor. Todavia, há aumento do K_m, visto que a presença do inibidor diminui a afinidade da enzima pelo seu substrato. Por conseguinte, é possível determinar se um inibidor reversível está ou não atuando dessa maneira competitiva pelo exame de seu efeito sobre o gráfico de Lineweaver-Burk para a reação catalisada pela enzima (Figura 7.22B). A presença do inibidor não irá modificar a interseção do gráfico com o eixo *y*, que corresponde à $V_{máx.}$, porém irá modificar a posição da interseção com o eixo *x*, que fornece o K_m.

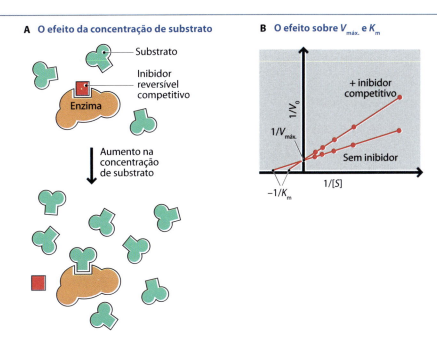

Figura 7.22 Inibição reversível competitiva. A. O substrato e o inibidor competem pelo acesso ao sítio ativo, de modo que a inibição pode ser superada pelo aumento da concentração de substrato. **B.** O efeito sobre a $V_{máx.}$ e o K_m da reação, como demonstra o gráfico de Lineweaver-Burk.

Um **inibidor reversível não competitivo** não compete diretamente com o substrato, em geral porque ele se liga a alguma outra parte da enzima distante do sítio ativo. Esse tipo de inibição é denominado **inibição alostérica**, e a posição de ligação do inibidor é denominada **sítio alostérico**. A ligação do inibidor ao sítio alostérico ainda provoca alteração da conformação com consequente redução da atividade catalítica da enzima. A afinidade da enzima para seu substrato não é modificada (e seu Km não muda), mas a redução da atividade catalítica reduz $V_{máx.}$. Não há competição entre o substrato e o inibidor, visto que apenas o primeiro é capaz de entrar no sítio ativo. Por conseguinte, a cinética de uma reação inibida de modo não competitivo é diferente da que resulta de uma inibição competitiva. Mais uma vez, o gráfico de Lineweaver-Burk fornece um resultado diagnóstico, a partir do qual é possível identificar esse tipo de inibição (Figura 7.23B).

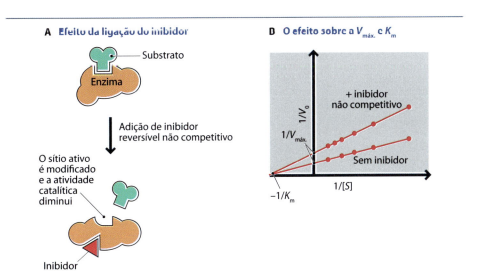

Figura 7.23 Inibição reversível não competitiva. A. A ligação do inibidor a alguma outra parte da enzima resulta em uma alteração do sítio ativo, de modo que este tipo de inibição é não competitivo. **B.** O efeito sobre a $V_{máx.}$ e o K_m da reação, como demonstra o gráfico de Lineweaver-Burk.

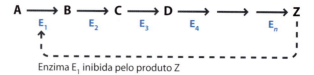

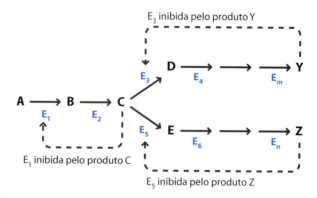

Figura 7.24 Inibição de uma via bioquímica por retroalimentação (*feedback*). A. Regulação de uma via linear. O produto final Z controla a velocidade de sua própria síntese ao atuar como inibidor reversível da enzima E_1, que catalisa uma etapa inicial na via. **B.** regulação de uma via ramificada. O produto final Y controla a velocidade de sua própria síntese ao atuar como inibidor reversível da enzima E_3, enquanto o produto final Z regula a sua síntese ao atuar sobre a enzima E_5. Se houver quantidades suficientes tanto de Y quanto de Z, ocorrerá acúmulo do intermediário C, que inibe a enzima E_1, na etapa limitante para toda a via ramificada.

A inibição alostérica é importante para a regulação das vias metabólicas

A inibição reversível constitui uma importante parte dos processos naturais de controle por meio dos quais as vias metabólicas de uma célula são reguladas, de modo que sejam sintetizadas as quantidades corretas dos produtos finais. Muitas vias são controladas por um tipo de **regulação por retroalimentação (*feedback*)**, em que o produto final controla a velocidade de sua própria síntese, atuando como inibidor reversível de uma das enzimas que catalisa uma etapa inicial na via (Figura 7.24A). Em geral, a estrutura do produto de determinada via é muito diferente daquela do substrato na primeira etapa, de modo que o produto é incapaz de entrar no sítio ativo da primeira enzima e não pode exercer uma inibição reversível competitiva. Por conseguinte, esse tipo de controle é quase sempre exercido por um efeito alostérico.

A regulação por retroalimentação (*feedback*) atua habitualmente na **etapa limitante** de uma via. Trata-se da primeira etapa na via que produz um intermediário, que é peculiar dessa via, de modo que a síntese desse intermediário só afeta a via em questão e não exerce nenhum efeito sobre qualquer outra parte da rede metabólica da célula. Em termos energéticos, trata-se da estratégia mais econômica, visto que isso significa que não há consumo de energia na síntese de intermediários que não são necessários.

A regulação por retroalimentação (*feedback*) é particularmente útil quando uma via metabólica contém ramificações, em que o substrato inicial é convertido em mais de um produto final. A inibição alostérica pode então interromper um dos ramos da via quando o produto final específico está presente em quantidades adequadas, de modo que o substrato passa a ser direcionado inteiramente para a síntese do produto da segunda ramificação (Figura 7.24B). Se os produtos finais de ambas as ramificações de uma via estiverem presentes em quantidades suficientes, ocorrerá acúmulo do intermediário imediatamente antes do ponto de ramificação. Esse intermediário pode ser capaz de inibir uma etapa limitante anterior, de modo que toda via seja inativada. Encontraremos vários exemplos de regulação por retroalimentação (*feedback*) quando examinarmos vias metabólicas individuais nos próximos capítulos.

Boxe 7.7 Enzimas alostéricas.

A inibição alostérica é um dos aspectos de um conjunto mais amplo de processos regulatórios que são mediados pela ligação de uma molécula **efetora** a uma enzima. Muitos efetores possuem impacto negativo sobre a atividade da enzima-alvo, como tivemos a oportunidade de verificar com a inibição reversível não competitiva; entretanto, outros efetores exercem efeitos positivos, estimulando a atividade enzimática quando estão ligados a um sítio alostérico. Uma **enzima alostérica** é qualquer enzima cuja atividade seja influenciada por efetores alostéricos, independentemente se o efeito consiste em estimular (ativar) a enzima (**controle alostérico positivo**) ou em inibi-la (**controle alostérico negativo**).

O controle alostérico positivo é utilizado por algumas enzimas para aumentar a sua sensibilidade a pequenas mudanças na disponibilidade de um substrato. Com essas enzimas, a ligação de uma molécula de substrato a sítio ativo induz uma mudança de conformação, que facilita a ligação do substrato a outros sítios ativos da enzima. Por conseguinte, a ligação do substrato é **cooperativa**. Foram propostos dois modelos para explicar esse efeito. Ambos partem do pressuposto de que a enzima alostérica é uma proteína de múltiplas subunidades:

- O **modelo coordenado** foi proposto pela primeira vez por Jacques Monod, Jeffries Wyman e Jean-Pierre Changeux. Nesse modelo, cada subunidade da enzima pode assumir uma de duas conformações. Uma delas é uma conformação "tensa", que possui baixa afinidade pelo substrato, enquanto a outra é uma conformação "relaxada", que exibe maior afinidade pelo substrato. Na ausência de substrato, cada subunidade encontra-se na conformação tensa. A ligação de uma molécula de substrato a uma das subunidades induz a conversão imediata de todas as subunidades em suas conformações relaxadas. Por conseguinte, a ligação da primeira molécula de substrato aumenta a afinidade da enzima por outras moléculas de substrato
- O **modelo sequencial**, proposto pela primeira vez por Daniel Koshland, também pressupõe que existam conformações tensas e relaxadas. A diferença é que, neste modelo, a ligação da primeira molécula de substrato só influencia a afinidade de subunidades adjacentes pelo substrato, em lugar de todas as subunidades da enzima.

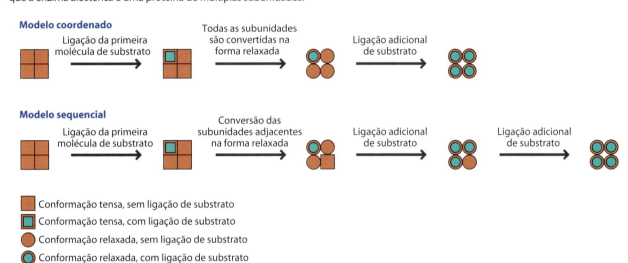

Os estudos de várias enzimas alostéricas sugerem que nenhum desses modelos é precisamente correto, e que a maioria das enzimas responde à ligação da molécula inicial de substrato de maneira intermediária entre as formas previstas dos processos coordenado e sequencial

Leitura sugerida

Atkins P (2010) *The Laws of Thermodynamics: a very short introduction*. Oxford University Press, Oxford.

Cleland WW (1963) The kinetics of enzyme-catalyzed reactions with two or more substrates or products. II. Inhibition: nomenclature and theory. *Bichimica et Biophysica Acta* **67**, 173–87.

Čolović MB, Krstić DZ, Lazarević-Pašt TD, Bondžić AM and Vasić VM (2013) Acetylcholinesterase inhibitors: pharmacology and toxicology. *Current Neuropharmacology* **11**, 315–35.

Cornish–Bowden A (2014) Current IUBMB recommendations on enzyme nomenclature and kinetics. *Perspectives in Science* **1**, 74–87. Descreve a classificação EC para a nomenclatura das enzimas, além de apresentar a cinética enzimática em amplo detalhamento.

150 Parte 2 Geração de Energia e Metabolismo

Cornish–Bowden A (2014) Understanding allosteric and cooperative interactions in enzymes. *FEBS Journal* **281**, 621–52.

Hashim OH and Adnan NA (1994) Coenzyme, cofactor and prosthetic group – ambiguous biochemical jargon. *Biochemical Education* **22**, 93–4. **Discute a confusão surgida em relação ao exato significado desses termos.**

Jimenez RM, Polanco JA and Luptak A (2015) Chemistry and biology of self-cleaving ribozymes. *Trends in Biochemical Sciences* **40**, 648–61.

Johnson KA and Goody RS (2011) The original Michaelis constant: translation of the 1913 Michaelis–Menten paper. *Biochemistry* **50**, 8264–9.

Koshland DE (1995) The key–lock theory and the induced fit theory. *Angewandte Chemie* **33**, 23–4. **Modelos para ligação enzima-substrato.**

Kumar S and Nussinov R (2001) How do thermophilic proteins deal with heat? *Cellular and Molecular Life Sciences* **58**, 1216–33.

Lineweaver H and Burk D (1934) The determination of enzyme dissociation constants. *Journal of the American Chemical Society* **56**, 658–66.

Yennamalli RM, Rader AJ, Kenny AJ, Wolt JD and Sen TZ (2013) Endoglucanases: insights into thermostability for biofuel applications. *Biotechnology for Biofuels* **6**: 136.

Questões de autoavaliação

Questões de múltipla escolha

Cada questão tem apenas uma resposta correta.

1. Qual foi a primeira enzima a ser identificada como uma proteína?
   (a) Amilase
   (b) Diastase
   (c) Ribonuclease A
   (d) Urease

2. O sítio ativo da ribonuclease A contém duas cópias de qual dos seguintes aminoácidos?
   (a) Glicina
   (b) Histidina
   (c) Isoleucina
   (d) Leucina

3. Qual das seguintes afirmativas é **correta** com relação à triptofano sintase?
   (a) Um intermediário na reação bioquímica é canalizado entre duas subunidades da enzima
   (b) Trata-se de um dímero de duas subunidades idênticas
   (c) Possui atividade de exonuclease
   (d) Utiliza o corismato como substrato

4. Qual é o nome de uma enzima de RNA?
   (a) Ribossomo
   (b) Ribozima
   (c) RNA transportador
   (d) Esta é uma pergunta ardilosa ("pegadinha"), visto que todas as enzimas são constituídas de proteína

5. Qual é o cofator de íon metálico na citocromo oxidase?
   (a) Cu^{2+}
   (b) Fe^{2+}
   (c) Mg^{2+}
   (d) Zn^{2+}

6. A riboflavina (vitamina B_2) é o precursor de qual dos seguintes cofatores orgânicos?
   (a) Coenzima A

   (b) FAD e FMN
   (c) NAD^+ e $NADP^+$
   (d) *S*-adenosil metionina

7. Qual é o termo usado para descrever a combinação de uma enzima com seu cofator?
   (a) Apoenzima
   (b) Holoenzima
   (c) Enzima com múltiplas subunidades
   (d) Ribozima

8. Qual das seguintes afirmativas é **correta** com relação às reações redox?
   (a) Tanto a oxidação quanto a redução resultam em ganho de elétrons
   (b) Tanto a oxidação quanto a redução resultam em perda de elétrons
   (c) A oxidação refere-se à perda de elétrons, e a redução ao ganho de elétrons
   (d) A redução refere-se à perda de elétrons, e a oxidação, ao ganho de elétrons

9. Como são chamadas as enzimas que desempenham funções idênticas em diferentes organismos?
   (a) Enzimas alostéricas
   (b) Enzimas homólogas
   (c) Isozimas
   (d) Enzimas parálogas

10. Qual é o termo usado para descrever uma reação enzimática que libera energia?
   (a) Endergônica
   (b) Acoplada a energia
   (c) Exergônica
   (d) Reversível

11. Qual é o termo usado para indicar a diferença de energia entre os substratos de uma reação enzimática e o estado de transição?
   (a) ΔG
   (b) $\Delta G^{\ddagger}$

(c) $\Delta G'$
(d) $\Delta G^{0'}$

12. Qual das seguintes afirmativas é **incorreta**?
(a) Uma enzima modifica os valores de ΔG para os substratos e os produtos
(b) Uma enzima aumenta a velocidade de reação
(c) Uma enzima reduz a energia livre do estado de transição
(d) Nenhuma das alternativas anteriores é incorreta

13. Qual dos seguintes termos termodinâmicos é uma medida do grau de desordem de um sistema?
(a) Caos
(b) Entalpia
(c) Entropia
(d) Energia livre

14. Os modelos de chave e fechadura e de encaixe induzido referem-se a qual aspecto do comportamento das enzimas?
(a) Ligação cooperativa do substrato
(b) Inibição irreversível
(c) Redução da energia livre do estado de transição
(d) Especificidade da ligação do substrato

15. Qual das seguintes afirmativas é **incorreta** com relação às enzimas termoestáveis?
(a) São capazes de suportar altas temperaturas sem sofrer desnaturação
(b) São obtidas a partir de bactérias termofílicas
(c) Apresentam uma temperatura ideal de $75°C$ a $80°C$
(d) Todas as alternativas anteriores são incorretas

16. Qual é o termo usado para indicar a concentração de substrato em que a velocidade de uma reação enzimática é metade do valor máximo?
(a) k_1
(b) K_m
(c) $[S]$
(d) V_0

17. No gráfico de Lineweaver-Burk, o que a interseção com o eixo x fornece?
(a) K_m
(b) $1/V_{máx.}$
(c) $-1/K_m$
(d) $1/K_m$

18. O di-isopropil fluorofosfato (DIFP) é um exemplo de que tipo de inibidor enzimático?
(a) Alostérico
(b) Competitivo
(c) Irreversível
(d) Não competitivo

19. Qual é o nome da enzima, inibida pelo DIFP, que está envolvida na transmissão dos impulsos nervosos?
(a) Acetilcolinesterase
(b) Quimiotripsina
(c) Neuraminidase
(d) Sinapsase

20. Em qual tipo de inibição a $V_{máx.}$ permanece a mesma, enquanto K_m aumenta?
(a) Reversível competitiva
(b) Irreversível
(c) Reversível não competitiva
(d) A situação descrita nunca ocorre

21. Em que tipo de inibição a $V_{máx.}$ está reduzida, porém o K_m permanece o mesmo?
(a) Reversível competitiva
(b) Irreversível
(c) Reversível não competitiva
(d) A situação descrita nunca ocorre

22. Um sítio alostérico é a parte de uma enzima que:
(a) Liga-se a um inibidor ou outra molécula efetora
(b) Liga-se ao substrato
(c) Liga-se ao produto antes de sua liberação pela enzima
(d) Canaliza um intermediário entre subunidades da enzima

23. Qual é o nome dado à primeira etapa de uma via metabólica que produz um intermediário que é exclusivo dessa via?
(a) Etapa alostérica
(b) Etapa limitante
(c) Etapa coordenada
(d) Etapa cooperativa

24. Os modelos coordenado e sequencial referem-se a qual dos seguintes aspectos do comportamento das enzimas?
(a) Ligação cooperativa de substrato
(b) Inibição irreversível
(c) Redução da energia livre do estado de transição
(d) Especificidade da ligação do substrato

Questões discursivas

1. Compare as estruturas da ribonuclease A, DNA polimerase I e triptofano sintase, explicando, em cada caso, como a estrutura está relacionada com a atividade enzimática.

2. O que é incomum na estrutura da ribonuclease P?

3. Fornecendo o maior número de exemplos possível, descreva as principais categorias dos cofatores das enzimas.

4. Descreva em linhas gerais o sistema de classificação EC das enzimas.

5. Explique o que significa o termo "energia livre" e descreva as diferenças de energia livre entre os substratos e os produtos de reações bioquímicas exergônicas e endergônicas.

6. Por que a energia livre do estado de transição é fundamental em qualquer discussão de reações catalisadas por enzimas?

7. Como a concentração de substrato afeta a velocidade de uma reação catalisada por enzimas?

8. Descreva como o gráfico Lineweaver-Burk deriva da equação de Michaelis-Menten e forneça exemplos dos gráficos de Lineweaver-Burk esperados na presença ou na ausência de (a) um inibidor reversível competitivo e (b) um inibidor reversível não competitivo.

9. Explique por que o di-isopropil fluorofosfato interrompe a transmissão de impulsos nervosos.

10. Defina o termo "inibição alostérica" e descreva por que a inibição alostérica é importante no controle das vias metabólicas.

152 Parte 2 Geração de Energia e Metabolismo

Questões de autoaprendizagem

1. A existência de ribozimas é considerada como evidência de que o RNA evoluiu antes das proteínas; por conseguinte, em alguma época, nos primeiros estágios da evolução, todas as enzimas eram constituídas de RNA. Pressupondo que essa hipótese seja correta, explique por que algumas ribozimas persistiram até os dias de hoje.

2. Identifique os números EC para (a) a ribonuclease A, (b) a DNA polimerase I e (c) a triptofano sintase.

3. As constantes de velocidade para as reações catalisadas por duas enzimas diferentes são fornecidas abaixo. Calcule o K_m para cada enzima e identifique qual delas tem maior afinidade pelo seu substrato.

	k_1	k_2	k_3
Enzima A	$5 \times 10^6\,M^{-1}\,s^{-1}$	$2 \times 10^3\,s^{-1}$	$5 \times 10^2\,s^{-1}$
Enzima B	$2 \times 10^7\,M^{-1}\,s^{-1}$	$5 \times 10^3\,s^{-1}$	$2 \times 10^2\,s^{-1}$

4. Explique por que k_1, a constante de velocidade para a formação do complexo enzima-substrato, é expressa como $M^{-1}\,s^{-1}$, ao passo que k_2 e k_3, que são as constantes de velocidade para a degradação do complexo enzima-substrato, são expressas como s^{-1}.

5. A velocidade inicial foi medida para uma reação catalisada por enzima em diferentes concentrações de substrato, na presença e na ausência de dois inibidores diferentes. Utilizando os dados apresentados na tabela seguinte, determine os valores de $V_{máx.}$ e K_m para a enzima com e sem os inibidores e identifique o tipo de inibição que está ocorrendo em cada caso.

Concentração de substrato	Velocidade inicial ($\mu M\,s^{-1}$)		
(mM)	Ausência de inibidor	Inibidor 1	Inibidor 2
1,0	2,0	1,1	1,0
2,0	3,3	2,0	1,7
5,0	5,9	4,0	3,0
10,0	7,7	5,9	4,0
20,0	10,0	8,3	5,0

CAPÍTULO 8

Geração de Energia | Glicólise

OBJETIVOS DO ESTUDO

Após a leitura deste capítulo, você será capaz de:

- Compreender o papel das moléculas carreadoras ativadas no armazenamento de energia e descrever os mais importantes desses carreadores

- Saber que a via para a geração de energia bioquímica envolve dois estágios e listar as quantidades de ATP, NADH e $FADH_2$ que são produzidas durante cada estágio

- Descrever as etapas da via glicolítica, citando os substratos, os produtos e as enzimas envolvidos em cada etapa

- Reconhecer que o ATP é utilizado em um estágio inicial da glicólise, mas que as etapas subsequentes levam a um ganho efetivo de ATP

- Saber como alguns organismos realizam a glicólise na ausência de oxigênio e descrever as maneiras pelas quais esses organismos reoxidam as moléculas de NADH resultantes da glicólise

- Descrever como açúcares, além da glicose, entram na via glicolítica

- Entender a importância da etapa catalisada pela fosfofrutoquinase como ponto-chave de controle na glicólise e explicar como a atividade dessa enzima é regulada pelo ATP, pelo AMP, pelo citrato e por íons hidrogênio

- Descrever como a frutose 6-fosfato também regula a fosfofrutoquinase e como esse efeito regulador é responsivo à quantidade de glicose presente no sangue

- Reconhecer a importância da hexoquinase e da piruvato quinase como pontos adicionais de controle na glicólise.

As reações metabólicas que fornecem a energia necessária para que uma célula possa executar suas atividades fisiológicas, crescer e se dividir são de importância vital. Os seres humanos e outros animais obtêm sua energia por meio da degradação de moléculas orgânicas que eles ingerem na forma de alimentos. Os carboidratos (em particular a glicose), os lipídios e os aminoácidos podem ser utilizados como fontes de energia.

Neste capítulo, assim como no capítulo seguinte, iremos examinar como a energia livre contida nas ligações químicas de uma molécula de glicose é liberada e utilizada pela célula. Iremos descobrir que o processo é uma via metabólica em múltiplas etapas, envolvendo uma variedade de enzimas e uma série de compostos intermediários que são formados durante a degradação gradual da glicose. É importante estudar cada etapa envolvida nessa via, mas também não perder de vista o propósito geral da via como um todo. Por conseguinte, iremos começar com uma visão geral do processo, de modo que nos próximos dois capítulos já teremos um conhecimento do contexto mais amplo no qual estudaremos cada reação individualmente.

154 Parte 2 Geração de Energia e Metabolismo

8.1 Visão geral da geração de energia

A degradação completa de uma molécula de glicose produz seis moléculas de dióxido de carbono e seis de água:

$$C_6H_{12}O_6 + 6\ O_2 \rightarrow 6\ CO_2 + 6\ H_2O$$

O oxigênio é utilizado durante a reação, de modo que, em termos químicos, o processo é uma oxidação.

A oxidação da glicose é uma reação altamente exergônica, produzindo 2.870 kJ de energia para cada mol de glicose degradada. Em termos bioquímicos, isso representa uma quantidade substancial de energia; uma reação endergônica típica catalisada por enzima requer apenas cerca de 10 kJ de energia para converter um mol de substrato em um mol de produto. Por conseguinte, a célula degrada a glicose de modo gradual, liberando menores unidades de energia em diferentes estágios do processo. Esses pacotes de energia são armazenados em **moléculas carreadoras ativadas**.

Boxe 8.1 Unidades de energia.

PRINCÍPIOS DE QUÍMICA

Em bioquímica, as quantidades de energia são expressas em **quilojoules por mol**, cuja abreviatura é **kJ mol⁻¹**. Os quilojoules e os mols são unidades SI padrões que são definidas da seguinte maneira:

- Um quilojoule é 1.000 **joules**, sendo um joule o trabalho realizado por uma força de um newton quando seu ponto de aplicação é deslocado por uma distância de um metro na direção da força

- Um mol é a quantidade de uma substância que contém tantos átomos, moléculas, íons ou outras unidades elementares quanto o número de átomos em 0,012 kg de carbono 12.

A oxidação completa da glicose produz 2.870 kJ mol⁻¹ de energia. Em outras palavras, a ΔG para essa reação é de –2.870 kJ mol⁻¹, em que o valor negativo indica que se trata de uma reação exergônica (ver *Seção 7.2.1*).

8.1.1 Moléculas carreadoras ativadas armazenam energia para uso nas reações bioquímicas

Na *Seção 7.2.1*, aprendemos que a energia necessária para impulsionar uma reação bioquímica endergônica frequentemente obtida pela hidrólise de uma molécula de ATP. O ATP é um exemplo de uma molécula carreadora ativada, que é uma molécula que atua como reserva temporária da energia livre liberada pela degradação da glicose e de outros compostos orgânicos.

O ATP é o carreador de energia biológica mais importante, e uma célula humana típica contém aproximadamente 10^9 moléculas de ATP, que, em algumas células, são totalmente usadas (e substituídas por novas moléculas de ATP) a cada poucos minutos. A hidrólise do ATP libera 30,84 kJ mol⁻¹ de energia e resulta em ADP e fosfato inorgânico (Figura 8.1).

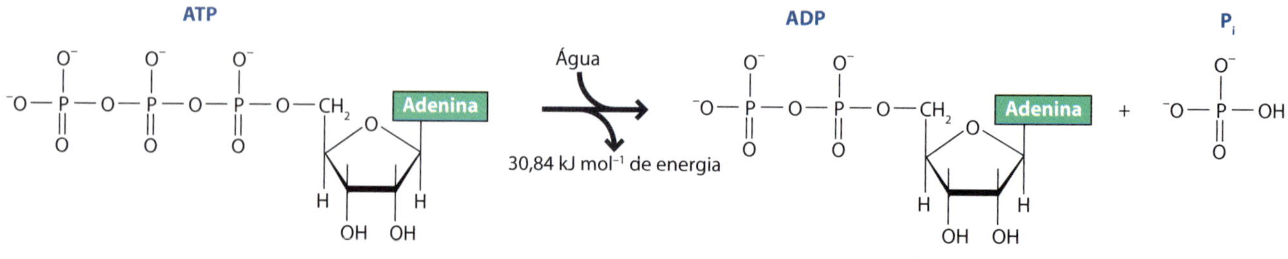

Figura 8.1 Hidrólise do ATP. Abreviaturas: ATP, adenosina 5′-trifosfato; ADP, adenosina 5′-difosfato; P_i, fosfato inorgânico.

A ligação fosfato-fosfato rompida durante a hidrólise do ATP é algumas vezes denominada ligação de "alta energia", porém essa é uma descrição confusa, e não é uma interpretação correta da origem da energia liberada quando o ATP é hidrolisado. A energia liberada não provém diretamente da clivagem de uma ligação fosfato-fosfato e certamente não é a energia de ligação relacionada com essa ligação. Na verdade, a energia livre surge, como em todas as reações químicas, devido à ΔG entre os reagentes e os produtos. Neste caso, a ΔG entre os reagentes (ATP e água) e os produtos (ADP e fosfato inorgânico) é relativamente grande, devido a diferenças entre as propriedades de ressonância (distribuição de elétrons) e solvatação (interação com água) do ATP e ADP. Devido a essas diferenças de ressonância e solvatação, o ADP é, em termos termodinâmicos, um sistema mais ordenado do que o ATP, de modo que ele possui um menor conteúdo de energia livre. Por conseguinte, a conversão do ATP em ADP libera energia.

> Analisaremos o papel do GTP na síntese de proteínas na *Seção 16.2.2*.

O ATP pode ser a molécula carreadora ativada mais importante nas células vivas, porém não é, em hipótese alguma, o único composto desse tipo. Um segundo tipo de nucleotídio, o GTP, também atua como carreador de energia, particularmente durante as reações que resultam em síntese de proteínas.

Alguns cofatores de enzimas também são moléculas carreadoras ativadas. Incluem o NAD^+ e o $NADP^+$, em que cada um pode transportar energia na forma de um par de elétrons e um próton (íon H^+), convertendo suas moléculas às formas reduzidas, designadas NADH e NADPH. Por conseguinte, as equações químicas para a redução do NAD^+ e do $NADP^+$ são as seguintes:

$$NAD^+ + H^+ + 2e^- \rightarrow NADH$$

$$NADP^+ + H^+ + 2e^- \rightarrow NADPH$$

> Ver a *Figura 7.7A* para as estruturas do NADH e do NADPH, bem como a *Figura 7.7B* para o FAD e o FMN.

A reversão dessas reações libera a energia armazenada. O NADH atua como carreador de energia entre diferentes componentes da via de geração de energia, como veremos adiante, enquanto o NADPH é principalmente utilizado em reações anabólicas que levam à síntese de grandes moléculas orgânicas a partir de moléculas menores.

O FAD e o FMN atuam de maneira semelhante, porém reagem com dois prótons, em lugar de um:

$$FAD + 2\ H^+ + 2e^- \rightarrow FADH_2$$

$$FMN + 2\ H^+ + 2e^- \rightarrow FMNH_2$$

Tanto o FAD quanto o FMN, à semelhança do NAD^+, estão envolvidos na via de geração de energia.

8.1.2 A geração de energia bioquímica é um processo em dois estágios

A série de reações que liberam a energia contida em uma molécula de glicose por meio de etapas sequenciais, transferindo-a até moléculas de ATP, pode ser descrita como um processo em dois estágios (Figura 8.2). O primeiro estágio é denominado **glicólise**. Cada molécula de glicose de seis carbonos é degradada em duas moléculas do composto de três carbonos, denominado **piruvato**. A glicólise não necessita de oxigênio e, portanto, pode ocorrer em todas as células de todos os organismos. Entretanto, ela libera menos de 7% do conteúdo total de energia livre da glicose. Essa energia liberada é utilizada para sintetizar duas moléculas de ATP. Além disso, são formadas duas moléculas de NADH para cada molécula de glicose metabolizada.

> O ciclo do ATC é também denominado ciclo do citrato ou ciclo de Krebs, em homenagem a Hans Krebs, que o descreveu, em 1937. Iremos estudar o ciclo de Krebs (ATC) na *Seção 9.1* e a cadeia de transporte de elétrons na *Seção 9.2*.

O segundo estágio do processo necessita de oxigênio e, portanto, só ocorre em condições aeróbicas, em células capazes de realizar a **respiração**. Esse estágio compreende duas vias conectadas. A primeira delas, o **ciclo do ácido tricarboxílico (ATC), ou ciclo de Krebs**, completa a degradação das moléculas de piruvato produzidas na glicólise. Antes de entrar no ciclo do ATC, o piruvato é convertido em acetil CoA, gerando outra molécula de NADH. Em seguida, o ciclo do ATC degrada a **acetil CoA**, com produção de uma molécula de ATP para cada molécula de acetil CoA, além de três moléculas de NADH e uma de $FADH_2$. A acetil CoA também é obtida da degradação das gorduras armazenadas, o que significa que o ciclo do ATC pode utilizar a energia dessa outra

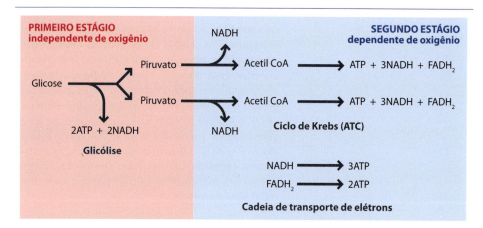

Figura 8.2 Os dois estágios do processo bioquímico de geração de energia.

reserva energética. A segunda via é a **cadeia de transporte de elétrons**, que utiliza a energia contida nas moléculas de NADH e FADH$_2$ para sintetizar mais três moléculas de ATP para cada molécula de NADH e duas de ATP para cada FADH$_2$.

Por conseguinte, em resumo, cada molécula de glicose produz 38 moléculas de ATP:

- A glicólise resulta em oito dessas moléculas – duas moléculas de ATP produzidas diretamente durante a via da glicólise e mais seis ATP a partir das moléculas de NADH geradas pela glicólise
- São obtidas mais seis moléculas de ATP a partir das duas moléculas de NADH produzidas quando os dois piruvatos formados na glicólise são convertidos em duas moléculas de acetil CoA
- São produzidas mais duas moléculas de ATP durante o ciclo de Krebs (ATC), uma a partir de cada uma das duas moléculas de acetil CoA
- As 22 moléculas finais de ATP são geradas a partir das moléculas de NADH e de FADH$_2$ que também resultam do ciclo de Krebs (ATC).

As 38 moléculas de ATP correspondem a 38 × 30,84 = 1.173 kJ mol^{-1} de energia. Esta quantidade representa apenas 41% da energia total contida na glicose. O que acontece com o restante? Essa energia é perdida na forma de calor, que, nas criaturas de sangue quente, como os seres humanos, ajuda manter a temperatura corporal.

8.2 Glicólise

Conforme assinalado anteriormente, o primeiro estágio do processo que libera energia a partir da glicose é denominado glicólise. No restante deste capítulo, iremos considerar tal processo sob quatro ângulos. Em primeiro lugar, analisaremos de modo detalhado as etapas da via glicolítica, ressaltando, em particular, as que resultam em transferência de energia para uma molécula de ATP. Em segundo lugar, estudaremos o papel da glicólise nos organismos anaeróbicos – os que são incapazes de respirar e que, portanto, dependem da glicólise como principal fonte de energia. Em terceiro lugar, iremos indagar como outros açúcares, além da glicose, entram na via e, por fim, iremos examinar como a glicólise é regulada, de modo que a quantidade consumida de glicose seja apropriada para as necessidades energéticas da célula.

8.2.1 Via glicolítica

A via da glicólise é mostrada em linhas gerais na Figura 8.3. Passaremos rapidamente por cada etapa da via e, em seguida, analisaremos de modo mais detalhado as principais características.

Figura 8.3 Visão geral da glicólise. Os nomes das enzimas que catalisam as etapas da via estão em itálico.

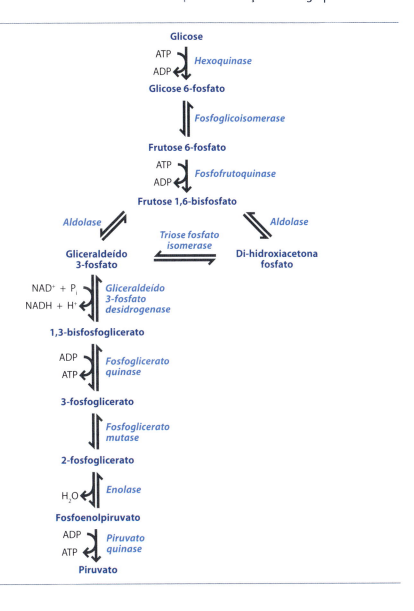

A glicólise converte uma molécula de glicose em duas de piruvato

As etapas individuais da glicólise são as seguintes:

Etapa 1. Para iniciar a via, a glicose é fosforilada pelo ATP para formar glicose 6-fosfato e ADP. Essa reação é catalisada pela enzima **hexoquinase**.

Etapa 2. A glicose 6-fosfato é convertida em frutose 6-fosfato pela **fosfoglicoisomerase**.

A glicose 6-fosfato é um açúcar aldose, enquanto a frutose 6-fosfato consiste em uma cetose. Por conseguinte, a conversão de uma aldose em uma cetose é uma reação de isomerização, visualizada com mais facilidade ao examinar seu efeito sobre as versões lineares dos dois compostos.

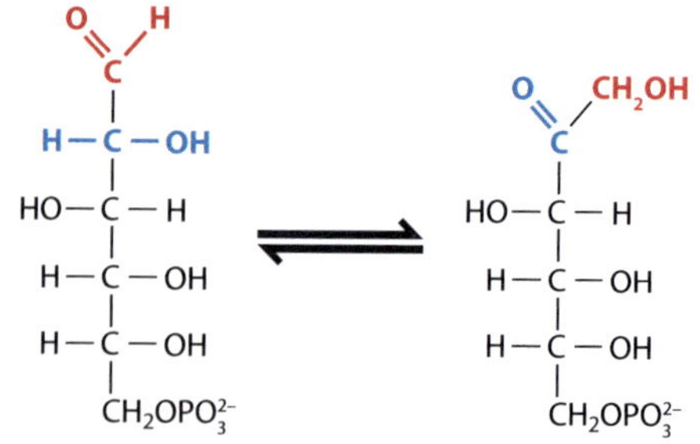

Glicose 6-fosfato   **Frutose 6-fosfato**

Etapa 3. A frutose 6-fosfato é fosforilada pelo ATP para formar frutose 1,6-bisfosfato e ADP. A enzima que catalisa essa etapa é a **fosfofrutoquinase**.

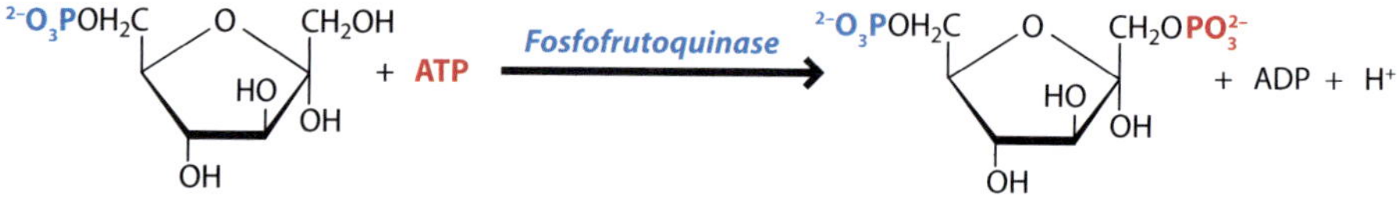

Frutose 6-fosfato   **Frutose 1,6-bisfosfato**

Etapa 4. A **aldolase** cliva a frutose 1,6-bisfosfato, que é um açúcar de seis carbonos, em dois compostos de três carbonos. Esses compostos são o gliceraldeído 3-fosfato e a di-hidroxiacetona fosfato.

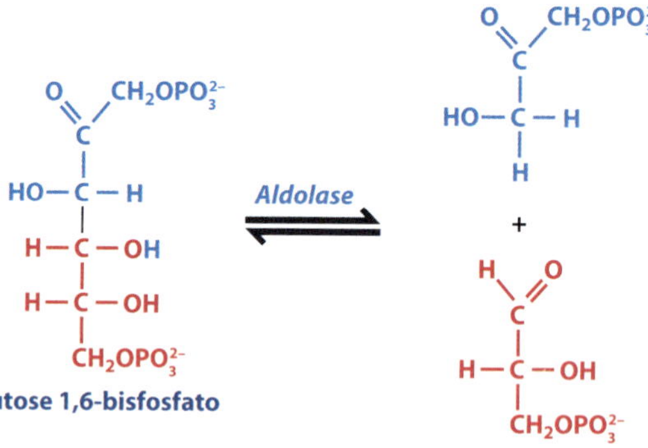

Frutose 1,6-bisfosfato

Di-hidroxiacetona fosfato

Gliceraldeído 3-fosfato

Etapa 5. A di-hidroxiacetona fosfato não pode ser usada no restante da via glicolítica. Por conseguinte, ela é convertida em gliceraldeído 3-fosfato por uma reação de isomerização, catalisada pela **triose fosfato isomerase**.

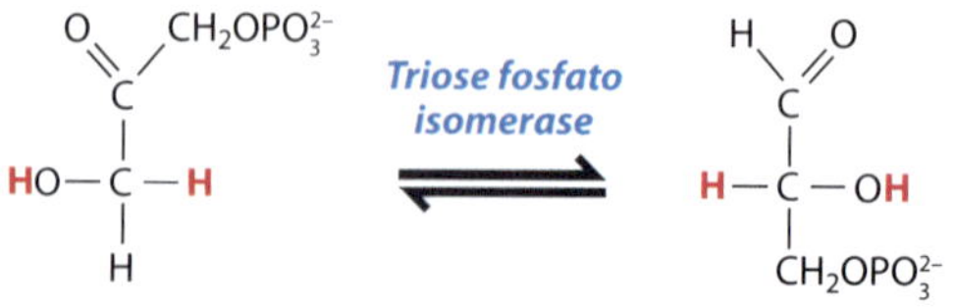

Di-hidroxiacetona fosfato   **Gliceraldeído 3-fosfato**

Etapa 6. O gliceraldeído 3-fosfato é convertido em 1,3-bisfosfoglicerato. A reação é catalisada pela **gliceraldeído 3-fosfato desidrogenase** e utiliza fosfato inorgânico (P_i) e NAD^+. Gera uma molécula de NADH e, portanto, constitui a primeira etapa na via na qual parte do conteúdo energético da molécula de glicose original é armazenada em um carreador ativado.

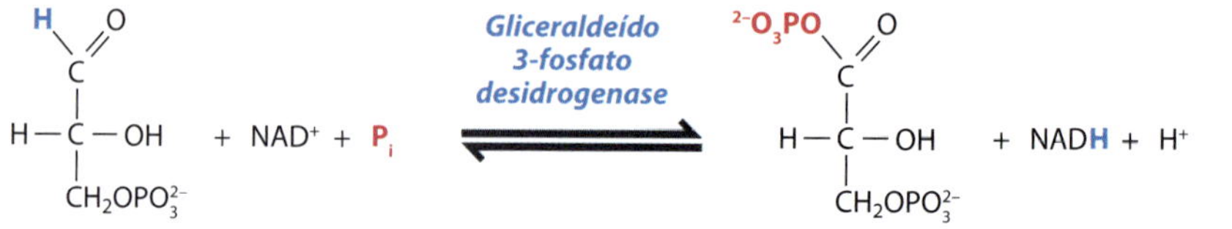

Gliceraldeído 3-fosfato   **1,3-bisfosfoglicerato**

Etapa 7. A **fosfoglicerato quinase** catalisa a transferência de um grupo fosfato do 1,3-bis-fosfoglicerato para o ADP, produzindo ATP e 3-fosfoglicerato.

Etapa 8. O 3-fosfoglicerato é convertido em 2-fosfoglicerato pela **fosfoglicerato mutase**. Essa reação realiza o deslocamento do grupo fosfato presente no 3-fosfoglicerato para um átomo de carbono diferente dentro da mesma molécula.

Etapa 9. A **enolase** catalisa a remoção de água do 2-fosfoglicerato, produzindo fosfoenolpiruvato.

Etapa 10. Na reação final da via, a **piruvato quinase** catalisa a transferência do grupo fosfato do fosfoenolpiruvato para o ADP, formando ATP e piruvato.

A glicólise utiliza ATP para produzir mais ATP

A via da glicólise pode ser dividida em duas fases: a primeira fase, que compreende as **etapas 1–5** e que culmina na síntese de gliceraldeído 3-fosfato, e a segunda fase, constituída pelas **etapas 6–10**, quando o gliceraldeído 3-fosfato é metabolizado em piruvato. Não há geração de ATP na primeira fase. Na verdade, o que acontece é o contrário, visto que são necessárias duas moléculas de ATP para converter uma molécula de glicose (que não tem nenhum grupo fosfato) em duas moléculas de gliceraldeído 3-fosfato (as quais possuem um grupo fosfato cada). Somente na fase 2 da glicólise é que são produzidas moléculas de ATP, duas para cada molécula de gliceraldeído 3-fosfato e, portanto, quatro para cada molécula de glicose que inicia a via glicolítica (Figura 8.4). Por conseguinte, a via como um todo proporciona um ganho efetivo de duas moléculas de ATP por molécula de glicose. Esse ganho efetivo pode ser aumentado para oito moléculas nos organismos que respiram, nos quais a glicólise está ligada à cadeia de transporte de elétrons, visto que, agora, a energia contida na molécula de NADH gerada na **etapa 6**

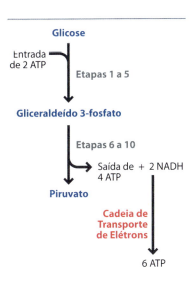

Figura 8.4 Balanço energético da via glicolítica.

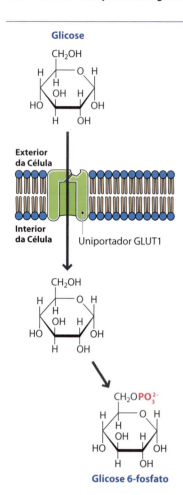

Figura 8.5 A fosforilação conserva a glicose na célula. Imediatamente após seu transporte para dentro da célula, a glicose é convertida em glicose 6-fosfato. Esta última não pode retornar por meio do uniportador GLUT1 e, consequentemente, permanece no interior da célula, mesmo se a concentração externa de glicose cair.

pode ser usada para sintetizar mais três moléculas de ATP. Mais uma vez, precisamos duplicar esse número para ter o número de moléculas de ATP obtido a partir de apenas uma molécula de glicose inicial.

As duas moléculas de ATP utilizadas na primeira fase da via são recuperadas na etapa final, quando o fosfoenolpiruvato é convertido em piruvato. Por que são utilizadas duas moléculas de ATP durante a primeira fase da glicólise, se elas são simplesmente recuperadas no final da via? Existem duas razões. A primeira é que a fosforilação inicial assegura o fluxo contínuo da glicose na célula. Lembre-se de que, na *Seção 5.2.2*, aprendemos como o uniportador GLUT1 transporta a glicose através da membrana plasmática. O transporte da glicose é um exemplo de difusão facilitada, de modo que, para ser transportada dentro da célula, a concentração interna de glicose precisa estar mais baixa que a concentração no exterior da célula. A conversão da glicose em glicose 6-fosfato, que não é um substrato do uniportador GLUT1, imediatamente ou logo após o transporte assegura que a concentração interna de glicose permaneça baixa (Figura 8.5). De fato, a fosforilação retém a fonte de energia dentro da célula, de modo que não seja perdida se a concentração externa de glicose cair.

O segundo motivo das fosforilações iniciais é o fato de que elas favorecem as reações ocorridas durante as **etapas 6** e **7**. Essas duas etapas resultam na conversão do gliceraldeído 3-fosfato em 3-fosfoglicerato, produzindo uma molécula de ATP e uma molécula de NADH. Por conseguinte, essas etapas constituem a parte crítica da via, visto que é o estágio no qual se obtém um ganho efetivo de energia. O gliceraldeído 3-fosfato, como o próprio nome indica, é um aldeído, e o 3-fosfoglicerato é um tipo de ácido carboxílico. A interconversão do primeiro no segundo é uma reação de oxidação. A primeira das duas enzimas envolvidas nessa conversão, a gliceraldeído 3-fosfato desidrogenase, utiliza fosfato inorgânico como fonte de oxigênio para realizar a oxidação, produzindo 1,3-bisfosfoglicerato (ver **etapa 6**, anteriormente). O hidrogênio deslocado é utilizado para reduzir o NAD^+ a NADH, capturando parte da energia liberada pela reação de oxidação. A molécula de 1,3-bisfosfoglicerato passa imediatamente para a segunda enzima, a fosfoglicerato quinase, que transfere o grupo fosfato para o ADP, convertendo este último em ATP (**etapa 7**, anteriormente). Essas reações seriam possíveis tendo como substrato o gliceraldeído em lugar do gliceraldeído 3-fosfato; entretanto, com o gliceraldeído, a barreira energética que precisaria ser vencida para completar a oxidação seria maior. A maior entrada de energia necessária para oxidar o gliceraldeído iria reduzir o balanço energético global dessas duas etapas, de modo que haveria energia insuficiente para gerar as moléculas de ATP ou de NADH. Por conseguinte, as duas fosforilações na primeira fase da glicólise, ao reduzirem a barreira energética, possibilitam a liberação de energia durante a oxidação para impulsionar a produção de ATP e de NADH.

8.2.2 Glicólise na ausência de oxigênio

A glicólise não exige a presença de oxigênio molecular e, portanto, pode ocorrer em condições anaeróbicas. Como a glicólise resulta em uma produção efetiva de moléculas de ATP, uma célula que opera em condições anaeróbicas é capaz de gerar energia, embora não tenha a capacidade de utilizar a energia adicional contida nas moléculas de NADH produzidas na **etapa 6**. Esta é uma desvantagem, porém o principal problema com o qual se depara uma célula anaeróbica consiste no fato de que, se essas moléculas de NADH não forem reoxidadas, o suprimento de NAD^+ pode tornar-se baixo. Como o NAD^+ é um substrato na **etapa 6** da glicólise, a escassez desse composto iria, entre outras coisas, bloquear a glicólise nessa etapa, antes de a via alcançar as etapas nas quais ocorre um ganho efetivo de ATP. Como veremos adiante, diferentes espécies desenvolveram diferentes estratégias para converter o NADH de volta em NAD^+.

Nos músculos em atividade, o piruvato é convertido em lactato

Nos animais, o oxigênio pode tornar-se um fator limitante nos músculos depois de um período prolongado de exercício. O ciclo de Krebs (ATC) e a cadeia de transporte de elétrons tornam-se incapazes de trabalhar rápido o suficiente para regenerar todo o NAD^+ necessário a fim de manter a glicólise em sua taxa máxima. Para aliviar esse problema, parte do piruvato que agora se acumula nas células musculares é convertida em lactato pela enzima **lactato desidrogenase**.

Boxe 8.2 Síntese bioquímica de ATP.

O ATP é a molécula carreadora ativada mais importante, e as reações que levam à sua síntese são de importância crítica para manter o suprimento de energia disponível para a célula. Existem duas maneiras pelas quais o ATP pode ser produzido: por **fosforilação em nível de substrato** e por **fosforilação oxidativa**.

Na fosforilação em nível de substrato, o fosfato utilizado para produzir ATP a partir do ADP provém de um intermediário fosforilado, que é um dos *substratos* da reação. Podemos indicar esse intermediário como R–OPO$_3^{2-}$, em que "R" é o componente açúcar do composto:

$$R\text{-}OPO_3^{2-} \xrightarrow[]{ADP \quad ATP} R\text{-}OH$$

A energia liberada quando o grupo fosfato se desprende do intermediário é conservada e usada para impulsionar a transferência desse grupo para o ADP. As **etapas 7** e **10** da glicólise são ambas fosforilações em nível de substrato.

Na fosforilação oxidativa, uma enzima ATP sintase sintetiza ATP a partir de ADP e fosfato inorgânico:

$$ADP + P_i \longrightarrow ATP$$

A energia necessária para impulsionar essa reação é obtida pela oxidação do NADH ou do FADH$_2$. Iremos estudar o processo detalhadamente na *Seção 9.2.3*.

As células que realizam a respiração obtêm a maior parte de seu ATP por meio da fosforilação oxidativa. A fosforilação em nível de substrato é mais importante nos tecidos que sofrem falta de oxigênio, bem como nos organismos que vivem em ambientes naturais que carecem de oxigênio.

Piruvato → **Lactato** (*Lactato desidrogenase*; NADH + H$^+$ → NAD$^+$)

Essa conversão do piruvato em lactato é uma redução e, portanto, pode ser acoplada à oxidação do NADH a NAD$^+$, assegurando, assim, que o suprimento celular deste último permaneça suficiente para que a glicólise prossiga.

O que ocorre com o lactato que está sendo produzido? O lactato não pode ser metabolizado a qualquer outro composto útil, e, portanto, a única maneira de livrar-se dele é convertê-lo de volta em piruvato. Essa reação reversa também pode ser catalisada pela lactato desidrogenase, porém isso naturalmente iria consumir as moléculas de NAD$^+$ no músculo. Em lugar disso, o lactato é transportado do ambiente muscular anaeróbico por meio da corrente sanguínea até o fígado, que ainda opera em um ambiente aeróbico. O lactato é, então, oxidado de volta a piruvato pela lactato desidrogenase.

O piruvato no fígado poderia agora entrar no ciclo de Krebs (ATC), todavia, isso habitualmente não ocorre, visto que o fígado é capaz de gerar energia suficiente para suprir suas próprias necessidades, sem esse reforço do piruvato. Com efeito, um processo denominado **gliconeogênese** converte o piruvato em glicose, que é então liberado na corrente sanguínea para uso em outros tecidos. Se o período de exercício que desencadeou esse processo for prolongado e intenso, sua manutenção poderá então depender do acesso das células musculares a esse novo suprimento de glicose. A combinação da glicólise e da produção de lactato nas células musculares ligada à regeneração de piruvato e glicose no fígado é denominada **ciclo de Cori** (Figura 8.6). O ciclo e o exercício que ele sustenta não podem prosseguir indefinidamente, devido a uma perda efetiva de ATP. Isso ocorre porque a gliconeogênese consome seis moléculas de ATP para cada molécula de piruvato convertida de volta em glicose, e apenas duas dessas moléculas de ATP são recuperadas quando a glicose é convertida em piruvato pela via da glicólise.

> A gliconeogênese será descrita na *Seção 11.2*.

A levedura converte o piruvato em álcool e dióxido de carbono

Vários microrganismos, incluindo a levedura *Saccharomyces cerevisiae*, podem viver em ambientes naturais que carecem de oxigênio. Por conseguinte, essas espécies são denominadas **anaeróbios facultativos**, para diferenciá-las dos **aeróbios obrigatórios**, que

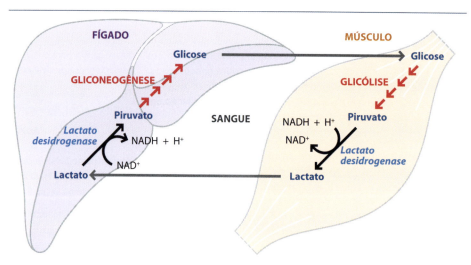

Figura 8.6 Ciclo de Cori. O lactato sintetizado no músculo em exercício é transportado até o fígado, onde é convertido em piruvato pela lactato desidrogenase e, a seguir, em glicose pela via da gliconeogênese. Durante períodos de exercício extremo, a glicose pode retornar ao músculo, a fim de manter a glicólise nas células musculares.

são organismos que necessitam de oxigênio para crescer. Quando há disponibilidade de oxigênio, a levedura realiza toda a via de geração de energia, incluindo o ciclo de Krebs (ATC) e a cadeia de transporte de elétrons. Entretanto, quando o suprimento de oxigênio cai abaixo de determinado nível, o ciclo de Krebs (ATC) e a cadeia de transporte de elétrons são temporariamente desligados, e a levedura passa a depender exclusivamente da glicólise para o suprimento de ATP.

Em condições anaeróbicas, a levedura regenera o NADH resultante da glicólise por um processo em duas etapas, denominado **fermentação alcoólica** (Figura 8.7).

Etapa 1. O piruvato é convertido em acetaldeído pela **piruvato descarboxilase**.

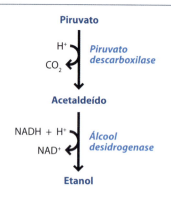

Figura 8.7 Fermentação alcoólica.

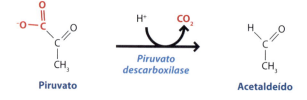

Boxe 8.3 Aeróbios e anaeróbios.

Os microrganismos podem ser classificados de acordo com suas necessidades de oxigênio:

- Um **aeróbio obrigatório** precisa dispor de oxigênio para crescer. Esses organismos obtêm a maior parte de seu ATP a partir da fosforilação oxidativa, o que explica sua necessidade de oxigênio. Os fungos e as algas são, em sua maioria, aeróbios obrigatórios, assim como muitas bactérias
- Um **anaeróbio facultativo** é capaz de utilizar oxigênio para a produção de ATP, mas também pode crescer na ausência de oxigênio. A levedura *Saccharomyces cerevisiae* é um anaeróbio facultativo típico. Se não houver disponibilidade de oxigênio, as leveduras podem então utilizar a fermentação para regenerar NAD⁺, permitindo, assim, que continuem obtendo ATP por meio de fosforilação em nível de substrato durante a glicólise

- Um **anaeróbio obrigatório** nunca utiliza oxigênio. Na verdade, o oxigênio é letal para muitos organismos desse tipo, visto que eles são incapazes de destoxificar compostos como o superóxido (O_2^-) e o peróxido de hidrogênio (H_2O_2), os quais se acumulam então em suas células, causando dano oxidativo às enzimas e membranas. Alguns anaeróbios obrigatórios convertem o piruvato da glicólise em lactato ou algum outro composto, cuja síntese possibilita a regeneração do NAD⁺ usado na glicólise. Outros regeneram o NAD⁺ e, possivelmente, sintetizam ATP por meio de versões modificadas da cadeia de transporte de elétrons, em que um composto diferente do oxigênio é usado como aceptor final de elétrons. Por exemplo, o *Desulfobacter* utiliza o sulfato como aceptor final de elétrons e, portanto, é um tipo de bactéria redutora de sulfato.

Etapa 2. O acetaldeído é convertido em etanol pela **álcool desidrogenase**.

Por conseguinte, os produtos da fermentação alcoólica são NAD⁺, etanol e dióxido de carbono.

Para as leveduras, a finalidade da fermentação alcoólica consiste em regenerar NAD⁺ para seu uso na glicólise. Para os seres humanos, a importância comercial da via reside na síntese do subproduto etanol, sendo o uso da levedura para produzir esse composto o primeiro exemplo de biotecnologia pré-histórica. As bebidas alcoólicas são obtidas ao permitir que as leveduras realizem a fermentação alcoólica do açúcar contido em produtos naturais, como as uvas, na produção do vinho, e a cevada, na produção da cerveja. O registro arqueológico sugere que um tipo de vinho de arroz era produzido na China, há cerca de 9.000 anos, e que, aproximadamente na mesma época, a cerveja era fabricada na Mesopotâmia. O dióxido de carbono produzido durante a fermentação alcoólica é explorado para fazer pão; a adição de levedura à farinha gera dióxido de carbono, responsável pelo crescimento da massa e pela produção de um pão volumoso. Certos produtos químicos, como o bicarbonato de sódio, que libera dióxido de carbono enquanto o pão está sendo assado, podem ser usados em lugar da levedura. Os agentes, como a levedura e o bicarbonato de sódio, que fazem a massa crescer, são denominados agentes de levedação, e o pão assim obtido é denominado pão levedado. Os antigos egípcios faziam pão levedado com levedura há 2.500 anos, e há evidências de que esse tipo de pão era produzido na Grécia cerca de 1.000 anos antes. Hoje em dia, a produção de bebidas alcoólicas e a dos pães são importantes indústrias no mundo inteiro.

8.2.3 Glicólise iniciada com outros açúcares diferentes da glicose

A glicose é um dos três açúcares que podem ser absorvidos na corrente sanguínea durante a digestão, sendo os outros dois a frutose e a galactose. Uma vez considerada glicose, iremos ver agora como esses outros açúcares entram na via glicolítica.

A frutose possui duas vias de entrada na glicólise, as quais são usadas em diferentes tecidos

A frutose é comum na dieta humana e está presente em numerosas frutas e na maioria dos tubérculos, além de constituir o principal açúcar no mel. A sacarose é um dissacarídio de frutose e glicose que, após a digestão, constitui outra importante fonte dietética de frutose.

Na maioria dos tecidos, a presença de frutose em lugar de glicose não causa nenhuma dificuldade, visto que a hexoquinase, que catalisa a conversão da glicose em glicose 6-fosfato, também pode utilizar a frutose como substrato (Figura 8.8). A frutose 6-fosfato resultante entra então na **etapa 3** da glicólise.

Surge uma dificuldade nas células hepáticas, visto que elas utilizam um meio alternativo de fosforilar a glicose, utilizando a enzima **glicoquinase** em lugar da hexoquinase. A glicoquinase não reconhece a frutose como substrato, de modo que, nessas células, a frutose precisa entrar na glicólise por uma via diferente. Essa entrada da frutose é realizada pela **via da frutose 1-fosfato** (Figura 8.9). Essa via possui três etapas:

Etapa 1. A **frutoquinase** fosforila a frutose, convertendo-a em frutose 1-fosfato.

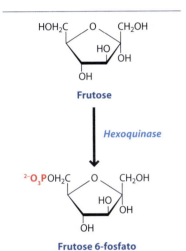

Figura 8.8 Conversão da frutose em frutose 6-fosfato catalisada pela hexoquinase.

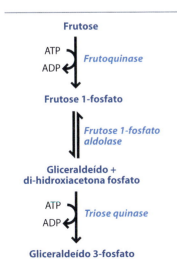

Figura 8.9 Via da frutose 1-fosfato.

Etapa 2. A **frutose 1-fosfato aldolase** cliva a frutose 1-fosfato em gliceraldeído e di-hidroxiacetona fosfato.

A di-hidroxiacetona entra na via glicolítica na **etapa 5** e é convertida em gliceraldeído 6-fosfato pela triose fosfato isomerase.

Etapa 3. A **triose quinase** fosforila o gliceraldeído, produzindo gliceraldeído 3-fosfato.

Por conseguinte, a via da frutose 1-fosfato produz duas moléculas de gliceraldeído 3-fosfato, exatamente como a primeira fase da via clássica da glicólise.

A galactose é convertida em glicose antes de ser usada na glicólise

> Ver o *Boxe 6.3* para detalhes sobre a evolução da persistência da lactase na população humana.

A galactose é menos comum do que a glicose e a frutose nas frutas e nos vegetais, embora esteja presente na beterraba. Na dieta humana, a principal fonte de galactose é o leite e os produtos lácteos, que contêm lactose, um dissacarídio de galactose e glicose. Os lactentes são capazes de clivar a lactose em seus açúcares constituintes, utilizando a enzima lactase, e a glicose e a galactose assim obtidas são então absorvidas na corrente sanguínea. Os humanos que apresentam persistência da lactase, em que a lactase permanece ativa na idade adulta, também são capazes de metabolizar a lactose dessa maneira.

As estruturas moleculares da galactose e da glicose só diferem no arranjo dos grupos –H e –OH ao redor do carbono número 4 (Figura 8.10). Por conseguinte, a conversão de uma na outra exige uma reação de isomerização, especificamente um tipo de isomerização denominado epimerização, em que ocorre rearranjo dos grupos químicos ao redor de um carbono quiral. A **via de interconversão de galactose-glicose** (Figura 8.11) realiza essa epimerização em quatro etapas.

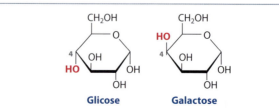

Figura 8.10 A glicose e a galactose são epímeros. Os dois açúcares só diferem no arranjo dos grupos –H e –OH ao redor do carbono número 4.

Figura 8.11 Via de interconversão de galactose-glicose.

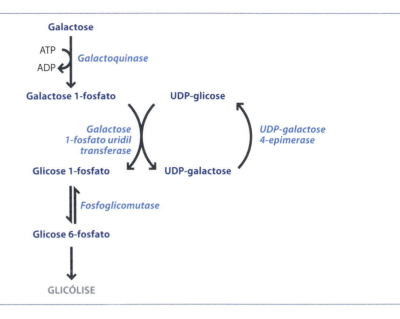

Etapa 1. A **galactoquinase** fosforila a galactose em galactose 1-fosfato.

Etapa 2. A **galactose 1-fosfato uridil transferase** transfere um grupo uridina da UDP-glicose para a galactose 1-fosfato. Essa transferência produz uma molécula de UDP-galactose e uma molécula de glicose 1-fosfato.

Etapa 3. A **UDP galactose 4-epimerase** converte a UDP-galactose em UDP-glicose. Por conseguinte, essa etapa regenera a molécula de UDP-glicose utilizada na **etapa 2**.

Etapa 4. A **fosfoglicomutase** reposiciona o grupo fosfato na molécula de glicose 1-fosfato formada na **etapa 2**.

Essa reação produz glicose 6-fosfato, que entra na **etapa 2** da via glicolítica clássica.

8.2.4 Regulação da glicólise

O aspecto final da glicólise a ser analisado é estabelecer como a via é regulada. A glicólise desempenha duas funções principais: ela degrada a glicose para a geração de ATP e ela produz intermediários que atuam como precursores para vias de biossíntese, como aqueles envolvidos na síntese de ácidos graxos. Por conseguinte, a glicólise precisa ser regulada de modo a garantir que essas duas funções sejam cumpridas.

A conversão da frutose 6-fosfato em fosfato 1,6-bisfosfato constitui o principal ponto de controle na glicólise

O principal ponto de controle na via glicolítica é a **etapa 3**, quando a frutose 6-fosfato é fosforilada pelo ATP para formar frutose 1,6-bisfosfato e ADP. Nos eucariotos, a enzima que catalisa essa etapa, a fosfofrutoquinase, é inibida por três dos produtos mais avançados da glicólise (ATP, citrato e íons hidrogênio), permitindo que a via, como um todo, seja regulada em resposta a diferentes condições fisiológicas (Figura 8.12).

Entre os efeitos inibitórios sobre a fosfofrutoquinase, o mais direto é aquele exercido pelo ATP. Obviamente, se o ATP estiver faltando, a célula precisa então aumentar a taxa da glicólise, e, inversamente, quando existe uma quantidade abundante de ATP, a via deve ser desacelerada. Tal regulação é obtida pela ligação do ATP à superfície da enzima fosfofrutoquinase. Essa ligação ocorre distante do sítio ativo da enzima, onde o ATP também se liga de modo a participar na fosforilação catalisada pela enzima (Figura 8.13).

> Estudamos a maneira pela qual um inibidor alostérico regula a atividade enzimática na *Seção 7.2.3*.

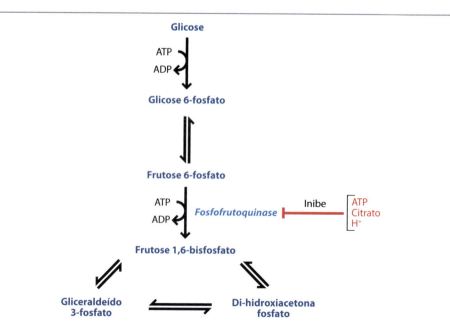

Figura 8.12 A fosfofrutoquinase é o principal ponto de controle na glicólise. São mostradas as primeiras cinco etapas da glicólise, com destaque na etapa catalisada pela fosfofrutoquinase.

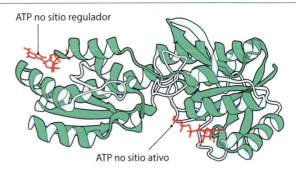

Figura 8.13 Ligação do ATP nos sítios ativo e regulador da fosfofrutoquinase. A fosfofrutoquinase é um tetrâmero de quatro subunidades idênticas, uma das quais é mostrada nesse desenho.

Por conseguinte, o ATP atua como regulador alostérico da fosfofrutoquinase. O AMP compete com o ATP pela sua ligação ao sítio alostérico e reverte o efeito inibitório do ATP. A velocidade da reação da fosfofrutoquinase e, portanto, o fluxo dos metabólitos pelas etapas subsequentes da via glicolítica são regulados, portanto, em resposta às quantidades relativas de AMP e de ATP presentes na célula. Quando o ATP está presente em quantidades abundantes, a velocidade da reação diminui, de modo que o reservatório de ATP não se torne excessivamente abundante; por outro lado, quando o ATP está escasso, a velocidade da reação aumenta de modo a repor os suprimentos de ATP da célula.

O citrato afeta a atividade da fosfofrutoquinase ao promover a ligação do ATP ao sítio alostérico na fosfofrutoquinase. Por conseguinte, a presença de níveis elevados de citrato resulta em diminuição da atividade da fosfofrutoquinase, com consequente redução da velocidade da glicólise. Isso é lógico, pois o citrato consiste em um dos intermediários do ciclo de Krebs (ATC), e o seu acúmulo na célula indicaria uma hiperatividade da via de geração de energia como um todo. Existe, entretanto, algumas dúvidas quanto ao papel da inibição do citrato nas células vivas. Seu efeito sobre a fosfofrutoquinase tem sido estudado em tubo de ensaio; todavia, na célula, é possível que qualquer excesso de citrato resultante do ciclo de Krebs (ATC) seja imediatamente utilizado como fonte de acetil CoA para a síntese de ácidos graxos. Se esse for o caso, então é pouco provável que ocorra acúmulo do citrato o suficiente para ter qualquer efeito significativo sobre a atividade da fosfofrutoquinase.

> Iremos estudar a ligação entre o ciclo de Krebs (ATC) e a síntese de ácidos graxos na *Seção 12.1.1*.

Os íons hidrogênio também inibem a fosfofrutoquinase, mais uma vez ao aumentar o efeito alostérico do ATP. Isso significa que, na presença de baixos valores de pH, a atividade da fosfofrutoquinase é reduzida, e a taxa de glicólise torna-se lenta. Por que deveria o pH ter uma influência importante sobre a velocidade da glicólise? A resposta reside no acúmulo de lactato que ocorre no tecido muscular ativo. O lactato em quantidades excessivas pode causar dano ao tecido muscular e também pode provocar acidose,

---

Boxe 8.4 Por que a fosfofrutoquinase é regulada pela AMP, e não pelo ADP?

O produto da hidrólise do ATP é o ADP, e não o AMP, de modo que poderia parecer lógico que o ADP fosse o regulador positivo da fosfofrutoquinase. O AMP é que desempenha esse papel, visto que o nível de ADP nem sempre representa uma indicação acurada das necessidades energéticas da célula. Isso se deve ao fato de que o ADP pode ser diretamente convertido em ATP pela **adenilato quinase**.

$$ADP + ADP \xrightleftharpoons{\text{Adenilato quinase}} ATP + AMP$$

Essa conversão, que ocorre quando o ATP é utilizado rapidamente, diminui a quantidade de ADP na célula em condições nas quais há necessidade de ATP. Por conseguinte, o ADP não poderia atuar como regulador positivo da fosfofrutoquinase, visto que sua concentração cai quando há necessidade de ATP. Por outro lado, o AMP produzido pela adenilato quinase suplementa a quantidade muito pequena desse composto que habitualmente está presente na célula. O resultante grande aumento da concentração de AMP possibilita sua atuação como regulador positivo da fosfofrutoquinase. Ele compete com o ATP pela ocupação do sítio alostérico, de modo que a enzima é estimulada a aumentar o fluxo de metabólitos através da via glicolítica e, assim, aumentar a síntese de ATP.

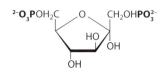

Figura 8.14 Estruturas da frutose 1,6-bisfosfato e da frutose 2,6-bisfosfato.

quando o pH do sangue cai perigosamente para baixos níveis. A inibição da fosfofrutoquinase por íons hidrogênio significa que, a baixos valores de pH, ocorre redução da velocidade da glicólise, de modo que há menor produção de lactato, com redução de seus efeitos perigosos. Este é um dos motivos pelos quais o exercício excessivo não pode prosseguir indefinidamente. Embora as células musculares possam assumir a respiração anaeróbica quando seu suprimento de oxigênio se torna limitado, e parte do lactato que é então produzido possa ser transportado para o fígado e novamente convertido em piruvato e glicose, em algum ponto a taxa de acúmulo do lactato irá superar as tentativas de adaptação do corpo, e a produção de energia irá começar a declinar, devido ao efeito dos íons hidrogênio.

A disponibilidade de substrato também regula a atividade da fosfofrutoquinase

Até agora, examinamos como a atividade da fosfofrutoquinase pode ser inibida pelos produtos da glicólise, de modo que haja aumento ou redução do fluxo de metabólitos através da via, dependendo da quantidade produzida de ATP, citrato ou lactato. A fosfofrutoquinase também é regulada pela quantidade de substrato presente. Esse efeito estimulador é mediado pela frutose 2,6-bisfosfato, um açúcar fosforilado com uma estrutura ligeiramente diferente daquela da frutose 1,6-bisfosfato produzida pela atividade da fosfofrutoquinase (Figura 8.14).

A frutose 2,6-bisfosfato é sintetizada a partir da frutose 6-fosfato por uma enzima denominada **fosfofrutoquinase 2**. Trata-se de uma enzima diferente da fosfofrutoquinase envolvida na glicólise, mas que catalisa uma reação semelhante.

Frutose 6-fosfato + ATP →(Fosfofrutoquinase 2)→ Frutose 2,6-bisfosfato + ADP + H⁺

A única diferença entre as atividades dos dois tipos de fosfofrutoquinase é o número do carbono ao qual está ligado o grupo fosfato. A fosfofrutoquinase 2 fixa esse fosfato no carbono número 2, enquanto a fosfofrutoquinase utiliza o carbono 1.

A reação inversa, que converte a frutose 2,6-bisfosfato de volta em frutose 6-fosfato, é catalisada pela **frutose bisfosfatase 2**.

Frutose 2,6-bisfosfato →(Frutose bisfosfatase 2)→ Frutose 6-fosfato + P$_i$

Embora a fosfofrutoquinase 2 e a frutose bisfosfatase 2 sejam atividades enzimáticas diferentes, ambas são catalisadas pela mesma proteína. A atividade dessa proteína é regulada pela frutose 6-fosfato em duas vias separadas (Figura 8.15):

- A frutose 6-fosfato *estimula* a atividade da fosfofrutoquinase 2 e, portanto, promove sua própria conversão em frutose 2,6-bisfosfato

- A frutose 6-fosfato *inibe* a atividade da frutose bisfosfatase 2 e, portanto, diminui a sua síntese a partir da frutose 2,6-bisfosfato.

O resultado final dessas duas atividades reguladoras complementares é que a frutose 6-fosfato exerce um autocontrole sobre a sua própria concentração na célula. Quando a quantidade de frutose 6-fosfato aumenta, o excesso é convertido em frutose 2,6-bisfosfato, em lugar de prosseguir pela via glicolítica, com possível produção excessiva de ATP. Se o nível de frutose 6-fosfato cair, uma maior quantidade pode ser obtida a partir do reservatório de frutose 2,6-bisfosfato, de modo que a velocidade da glicólise seja contida.

A frutose 6-fosfato é o produto da glicose nas **etapas 1** e **2** da glicólise, de modo que a regulação exercida pela frutose 6-fosfato e pela frutose 2,6-bisfosfato corresponde à quantidade disponível de glicose na célula. A glicose também exerce seu próprio efeito

Figura 8.15 A frutose 6-fosfato autorregula sua concentração na célula.

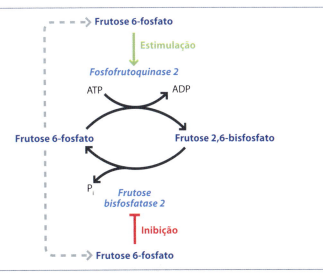

mais direto sobre essa rede reguladora. Quando a quantidade de glicose na corrente sanguínea cai, o hormônio denominado **glucagon** é liberado pelo pâncreas. O glucagon desencadeia uma série de reações que levam à modificação da proteína fosfofrutoquinase 2/frutose bisfosfatase 2. A proteína modificada apresenta uma atividade aumentada de frutose bisfosfatase 2 e uma atividade reduzida de fosfofrutoquinase 2 (Figura 8.16). Isso significa que uma maior quantidade de frutose 2,6-bisfosfato é convertida em frutose 6-fosfato, mantendo a taxa de glicólise mesmo quando a disponibilidade de glicose se torna baixa.

Figura 8.16 O glucagon aumenta a atividade da frutose bisfosfatase 2 e reduz a atividade da fosfofrutoquinase 2.

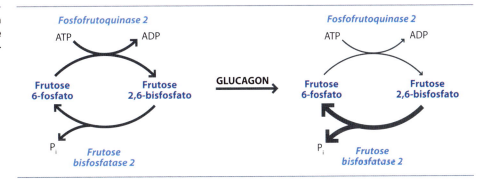

Examinamos com algum detalhe o sistema de controle da proteína fosfofrutoquinase 2/frutose bisfosfatase 2, não apenas por constituir um aspecto fundamental da regulação da glicólise, mas também pelo fato de que esse sistema ilustra as notáveis complexidade e adequação a seu propósito das redes reguladoras nos organismos vivos. As influências diretas e indiretas da glicose e da frutose 6-fosfato sobre essa enzima bifuncional, que por si própria não constitui parte integral da via da glicólise, possibilitam que a velocidade da glicólise seja ajustada com precisão, de modo a quantidade de substratos disponível na célula ser usada com máxima eficiência.

A hexoquinase e a piruvato quinase também representam pontos de controle na glicólise

Embora a fosfofrutoquinase seja o principal ponto de controle na glicólise, duas outras enzimas desempenham importantes papéis na regulação da via. São a hexoquinase e a piruvato quinase, que catalisam, respectivamente, a primeira e a última etapa na via da glicólise.

Boxe 8.5 Controle dos níveis de frutose 6-fosfato pelo glucagon.

O processo pelo qual o glucagon controla o conteúdo de frutose 6-fosfato da célula fornece um exemplo típico de uma via de transdução de sinais (*Seção 5.2.2*). O glucagon é o composto de sinalização extracelular, e o sinal proveniente da membrana celular para a enzima-alvo é interpretado por meio de um sistema de mensageiro secundário envolvendo o cAMP.

O primeiro estágio em qualquer via de transdução de sinais é a fixação do composto de sinalização extracelular ao lado externo da célula. O glucagon liga-se ao receptor de glucagon, que é uma proteína transmembrana com sete α-hélices que formam uma estrutura em formato de barril e que atravessa a membrana celular.

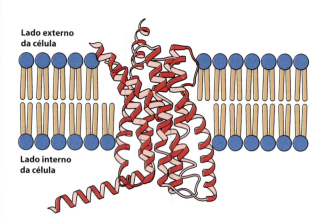

Em virtude de sua estrutura, essa classe de receptores é designada **proteínas de sete hélices transmembrana** ou **7TM**.

A ligação do glucagon à superfície externa do receptor induz uma mudança de conformação no posicionamento das alças no lado interno da proteína. Essa alteração, por sua vez, ativa uma **proteína G** que está associada ao receptor. A proteína G é uma pequena proteína que se liga tanto a uma molécula de GDP quanto ao GTP. Quando o GDP está ligado, a proteína G é inativa. A mudança na conformação do receptor de glucagon provoca a substituição do GDP pelo GTP, convertendo a proteína G em sua forma ativa. Pelo fato de atuar por meio de uma proteína G, o receptor de glucagon é denominado **receptor acoplado à proteína G**.

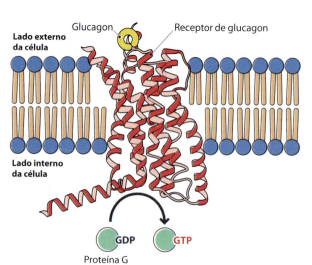

Uma vez ativada, a proteína G interage com a adenilato ciclase que, à semelhança da proteína receptora, está ligada à membrana celular, com seu sítio ativo localizado no lado interno. A interação com a proteína G modifica a conformação da adenilato ciclase, transformando-a em sua forma ativa, que agora converte o ATP em cAMP (ver Figura 5.29). Por sua vez, o aumento do nível celular de cAMP ativa a **proteína quinase A**, que adiciona um grupo fosfato a uma das serinas na enzima fosfofrutoquinase 2/frutose bisfosfatase 2. Essa fosforilação é a modificação que aumenta a atividade da frutose bisfosfatase 2 e diminui a atividade da fosfofrutoquinase 2.

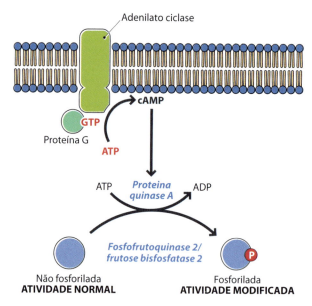

Quando o nível de glicose no sangue aumenta, o glucagon não é mais liberado pelo pâncreas, e a via de transdução de sinais é interrompida. Uma enzima **fosfatase** remove agora o fosfato da fosfofrutoquinase 2/frutose bisfosfatase 2, de modo que essa enzima retorna a seu estado alternativo, com redução da atividade da frutose bisfosfatase 2 e aumento da atividade da fosfofrutoquinase 2.

Além da glicólise, o glucagon também controla outras vias metabólicas que resultam em aumento ou depleção dos níveis celulares de glicose. Um exemplo que iremos estudar posteriormente é a síntese e a degradação do glicogênio, que constitui o armazenamento polimérico das reservas de glicose nos animais. Em resposta ao glucagon, a proteína quinase A fosforila a glicogênio sintase, que, como o próprio nome sugere, é uma das enzimas-chave envolvidas na síntese do glicogênio. A fosforilação inativa a glicogênio sintase. A proteína quinase A exerce o efeito inverso sobre a glicogênio fosforilase, ativando essa enzima, que degrada o glicogênio (*Seção 11.1.2*). Por conseguinte, as reservas de glicogênio são utilizadas para repor o nível de glicemia.

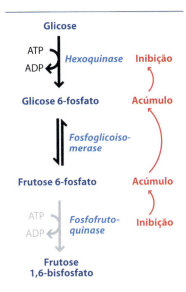

Figura 8.17 Controle sobre a entrada da glicose na glicólise. Quando a fosfofrutoquinase é inibida, ocorre acúmulo de frutose 6-fosfato e de glicose 6-fosfato. Esta última inibe a hexoquinase, de modo que não haja entrada de glicose adicional na glicólise.

A hexoquinase é inibida pelo seu produto, a glicose 6-fosfato. A **etapa 2** da glicólise, em que a glicose 6-fosfato é convertida em frutose 6-fosfato pela fosfoglicoisomerase, é uma reação reversível. Isso significa que existe um equilíbrio entre as quantidades de glicose 6-fosfato e de frutose 6-fosfato na célula, sendo as quantidades relativas mantidas em equilíbrio pela natureza reversível de sua interconversão. Assim, quando a fosfofrutoquinase, a enzima envolvida na **etapa 3** da via, é inibida, e ocorre acúmulo de frutose 6-fosfato, a glicose 6-fosfato também se acumula. Esta última inibe então a hexoquinase, a enzima responsável pela sua síntese, de modo que não haja entrada de glicose adicional na via até que ela se torne necessária (Figura 8.17).

Por que a fosfofrutoquinase constitui o principal ponto de controle da glicólise, e não a hexoquinase, que é a primeira enzima envolvida na via? A resposta é que a glicose 6-fosfato não é apenas utilizada como substrato para a glicólise. Uma certa quantidade de glicose 6-fosfato é usada na síntese do glicogênio, e outra quantidade também é utilizada pela via das pentoses fosfato, que produz o NADPH necessário para a síntese de ácidos graxos e outras biomoléculas. Se a hexoquinase fosse o principal ponto de controle para a glicólise, a disponibilidade de glicose 6-fosfato estaria então sujeita a um processo regulador que não levaria em consideração as necessidades dessas outras vias metabólicas (*Figura 8.18*). Por conseguinte, a fosfofrutoquinase constitui a primeira etapa limitante da glicólise e, portanto, é a principal etapa de controle.

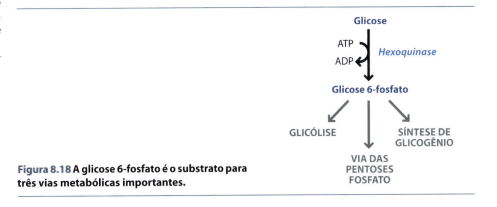

Figura 8.18 A glicose 6-fosfato é o substrato para três vias metabólicas importantes.

> Esses usos alternativos da glicose serão descritos na *Seção 11.1.1* (síntese do glicogênio) e na *Seção 11.3* (a via das pentoses fosfato).

A piruvato quinase, que catalisa a última etapa na via da glicólise, pode ser considerada como um ponto que regula a junção entre essa via e o ciclo de Krebs (ATC), no qual o piruvato é inserido para sua degradação completa em dióxido de carbono e água. A piruvato quinase é ativada pela frutose 1,6-bisfosfato e inibida pelo ATP, exatamente como poderíamos antecipar com base nos conhecimentos adquiridos até agora sobre os respectivos efeitos dos substratos e produtos sobre o controle da glicólise. A piruvato quinase também é inibida pelo glucagon, de modo que ela constitui um segundo local onde esse hormônio produz uma redução da glicólise quando os níveis de glicemia estão baixos. Por fim, a piruvato quinase é inibida pelo aminoácido alanina. Os aminoácidos constituem um de vários tipos de biomoléculas produzidas a partir de intermediários sintetizados durante o ciclo de Krebs (ATC). A presença de uma quantidade relativamente alta de alanina indica que a célula possui um suprimento abundante dessas biomoléculas, reduzindo a necessidade de entrada do piruvato no ciclo de Krebs (ATC).

> Ver *Seção 13.2.1* para mais detalhes sobre a síntese de aminoácidos.

Leitura sugerida

Authier F and Desbuquois B (2008) Glucagon receptors. *Cellular and Molecular Life Sciences* **65**, 1880–99.

Guo X, Li H, Ku H, et al. (2012) Glycolysis in the control of blood glucose homeostasis. *Acta Pharmaceutica Sinica* **2**, 358–67.

Lenzen S (2014) A fresh view of glycolysis and glucokinase regulation: history and current status. *Journal of Biological Chemistry* **289**, 12189–94.

172 Parte 2 Geração de Energia e Metabolismo

Li X-B, Gu J-D and Zhou G-H (2015) Review of aerobic glycolysis and its key enzymes – new targets for lung cancer therapy. *Thoracic Cancer* **6**, 17–24. Discute o efeito Warburg (*ver* Boxe 9.1) e como isso pode ser explorado na concepção de medicamentos oncológicos.

Müller M, Mentel M, van Hellemond JJ, *et al.* (2012) Biochemistry and evolution of anaerobic energy metabolism in eukaryotes. *Microbiology and Molecular Biology Reviews* **76**, 444–95.

Scrutton MC and Utter MF (1968) The regulation of glycolysis and gluconeogenesis in animal tissues. *Annual Review of Biochemistry* **37**, 249–302.

Sola-Penna M, Da Silva D, Coelho WS, Marinho-Carvalho MM and Zancan P (2010) Regulation of mammalian muscle type 6-phosphofructo-1-kinase and its implication for the control of metabolism. *IUBMB Life* **62**, 791–806.

Questões de autoavaliação

Questões de múltipla escolha

Cada questão tem apenas uma resposta correta.

1. Quanta energia é produzida pela oxidação completa de um mol de glicose?
   (a) 287 cal
   (b) 287 kJ
   (c) 2.870 cal
   (d) 2.870 kJ

2. Quais são as moléculas carreadoras ativadas sintetizadas durante a glicólise?
   (a) ATP e NADH
   (b) ATP e $FADH_2$
   (c) ATP, NADH e $FADH_2$
   (d) ATP e NADPH

3. Uma molécula de NADH pode gerar quantas moléculas de ATP quando entra na cadeia de transporte de elétrons?
   (a) 1
   (b) 2
   (c) 3
   (d) 4

4. A glicólise resulta em um ganho efetivo de quantas moléculas de ATP?
   (a) 2
   (b) 4
   (c) 6
   (d) 8

5. Qual a enzima que catalisa a primeira etapa da via da glicólise?
   (a) Aldolase
   (b) Enolase
   (c) Hexoquinase
   (d) Fosfoglicoisomerase

6. Que composto é clivado para produzir uma molécula de gliceraldeído 3-fosfato e uma molécula de di-hidroxiacetona fosfato?
   (a) Frutose 1,6-bisfosfato
   (b) Frutose 2,6-bisfosfato
   (c) Frutose 6-fosfato
   (d) Glicose 6-fosfato

7. Que composto é convertido em piruvato pela enzima piruvato quinase?
   (a) Acetil CoA
   (b) 2-fosfoglicerato
   (c) 3-fosfoglicerato
   (d) Fosfoenolpiruvato

8. Qual é o nome dado à produção de ATP pela fosfoglicerato quinase?
   (a) Ativação
   (b) Quinasição
   (c) Fosforilação oxidativa
   (d) Fosforilação em nível de substrato

9. Nas células musculares em exercício, o excesso de piruvato é convertido em qual dos seguintes compostos?
   (a) Acetil CoA
   (b) Álcool e dióxido de carbono
   (c) Lactato
   (d) Fosfoenolpiruvato

10. Qual das seguintes afirmativas é **correta** com relação ao ciclo de Cori?
    (a) A acetil CoA é usada como substrato
    (b) O lactato dos músculos é transportado até o fígado, onde é convertido em glicose
    (c) É responsável pela produção de álcool por leveduras
    (d) Resulta em um ganho efetivo de moléculas de ATP

11. O *Saccharomyces cerevisiae* é um exemplo de:
    (a) Anaeróbio facultativo
    (b) Aeróbio obrigatório
    (c) Anaeróbio obrigatório
    (d) Nenhuma das opções anteriores

12. Quais das enzimas estão envolvidas na fermentação alcoólica?
    (a) Lactato desidrogenase e álcool desidrogenase
    (b) Lactato desidrogenase e piruvato descarboxilase
    (c) Piruvato descarboxilase e álcool desidrogenase
    (d) Piruvato descarboxilase e triose quinase

13. Para ser usada na glicólise, a frutose é inicialmente convertida em qual dos seguintes compostos?
    (a) Frutose 1,6-bisfosfato
    (b) Frutose 1-fosfato
    (c) Frutose 6-fosfato
    (d) Glicose

14. Em qual dos seguintes processos a UDP-glicose está envolvida?
    (a) Entrada de frutose na glicólise
    (b) Via de interconversão galactose-glicose

Capítulo 8 Geração de Energia | Glicólise **173**

(c) Regulação da glicólise
(d) Ciclo de Cori

15. O principal ponto de controle na glicólise é a etapa que resulta da síntese de:
    (a) Frutose 1,6-bisfosfato
    (b) Frutose 6-fosfato
    (c) Glicose 6-fosfato
    (d) Piruvato

16. Qual das seguintes opções **não** é um inibidor da fosfofrutoquinase?
    (a) ADP
    (b) ATP
    (c) Citrato
    (d) Íons hidrogênio

17. Qual o composto que regula a atividade da fosfofrutoquinase em resposta à disponibilidade de substrato?
    (a) Frutose 1,6-bisfosfato
    (b) Frutose 2,6-bisfosfato

(c) Glicose 6-fosfato
(d) Glicose 1,6-bisfosfato

18. A proteína receptora de glucagon é um exemplo de:
    (a) Receptor acoplado à proteína G
    (b) Proteína de membrana integral
    (c) Proteína de sete hélices transmembrana
    (d) Todas as respostas anteriores

19. A hexoquinase é inibida por qual dos seguintes compostos?
    (a) ADP
    (b) Glicose
    (c) Glicose 1-fosfato
    (d) Glicose 6-fosfato

20. A regulação da piruvato quinase envolve qual dos seguintes processos?
    (a) Ativação pelo ATP e inibição pela frutose 1,6-bisfosfato
    (b) Ativação pela frutose 1,6-bisfosfato e inibição pelo ATP
    (c) Ativação pelo ATP e pela frutose 1,6 bisfosfato
    (d) Inibição pelo ATP e pela frutose 1,6-bisfosfato

Questões discursivas

1. Dê exemplos e descreva a função bioquímica de moléculas carreadoras ativadas.

2. Explique detalhadamente como uma única molécula de glicose pode produzir 38 moléculas de ATP.

3. Desenhe de modo esquemático a via glicolítica, mostrando os substratos, os produtos e as enzimas em cada etapa.

4. Faça uma descrição detalhada das etapas da glicólise que consomem ou que sintetizam ATP. Com base em sua descrição, explique por que a glicólise resulta em um ganho efetivo de duas moléculas de ATP por molécula de glicose.

5. Qual é o papel do uniportador GLUT1 na glicólise?

6. Descreva os aspectos especiais da glicólise (a) no músculo em exercício e (b) em leveduras que crescem em condições anaeróbicas.

7. Descreva de maneira sucinta como a frutose e a galactose entram na via glicolítica.

8. Descreva por que a conversão da frutose 6-fosfato em frutose 1,6-bistostato é o ponto de controle principal na via da glicólise.

9. Descreva de que modo a disponibilidade de substratos regula a atividade da fosfofrutoquinase.

10. Descreva de maneira sucinta a via de transdução de sinais que permite ao glucagon influenciar o nível intracelular de frutose 6-fosfato.

Questões de autoaprendizagem

1. Embora a glicólise, o ciclo de Krebs (ATC) e a cadeia de transporte de elétrons possam produzir 38 moléculas de ATP por molécula de glicose, foi estimado que a maioria das células só pode produzir 30 a 32 moléculas de ATP por glicose. Qual poderia ser a razão ou as razões dessa discrepância?

2. Identifique qual ou quais os átomos de carbono no piruvato correspondem aos carbonos 1 e 4 da molécula de glicose que entrou na via da glicólise. Que pressuposto precisa ser formulado para responder essa questão?

3. Os íons arsenato (AsO_4^{3-}) são capazes de substituir o fosfato em muitas reações bioquímicas, incluindo aquela catalisada pela gliceraldeído 3-fosfato desidrogenase. O composto resultante é instável e sofre degradação imediata, produzindo 3-fosfoglicerato. Descreva o impacto que o arsenato terá sobre a geração de energia durante a glicólise.

4. Segundo estimativas, a deficiência de piruvato quinase (PKD) é um distúrbio que afeta 51 indivíduos brancos por milhão. Os indivíduos com esse distúrbio apresentam uma variedade de sintomas, dos quais a anemia é habitualmente o mais prevalente. Sem tratamento, os pacientes podem apresentar complicações graves e possivelmente letais; entretanto, se a anemia for tratada, a maioria dos indivíduos desfruta de uma saúde relativamente boa. Os pacientes com uma forma mais leve da PKD podem não apresentar nenhum sintoma. Tendo em mente o papel essencial que a piruvato quinase desempenha na via da glicólise, explique por que a PKD não é letal em todos os pacientes e por que existem formas graves e leves do distúrbio.

5. Com base na informação fornecida sobre o ciclo de Cori (*Seção 8.2.2* e Figura 8.6), deduza o que ocorreria se a glicólise e a gliconeogênese atuassem simultaneamente na mesma célula.

CAPÍTULO 9

Geração de Energia | Ciclo de Krebs e Cadeia de Transporte de Elétrons

OBJETIVOS DO ESTUDO

Após a leitura deste capítulo, você será capaz de:

- Entender como o ATP é gerado pela ação combinada do ciclo de Krebs (TCA) e da cadeia de transporte de elétrons

- Descrever como o piruvato é convertido em acetil CoA e reconhecer que o piruvato precisa ser transportado para dentro da mitocôndria para que essa conversão possa ocorrer

- Conhecer as etapas do ciclo de Krebs (TCA), incluindo os substratos, os produtos e as enzimas de cada reação e, em particular, indicar as etapas nas quais o ATP, o NADH e o $FADH_2$ são gerados

- Reconhecer que o complexo piruvato desidrogenase constitui o principal alvo para o controle do ciclo de Krebs (TCA) e explicar como a acetil CoA, o NADH, o ATP e o piruvato regulam a atividade desse complexo enzimático

- Entender a importância das diferenças no potencial redox no contexto da transferência de elétrons e explicar por que a oxidação de uma única molécula de NADH e $FADH_2$ pode produzir múltiplas moléculas de ATP

- Conhecer os componentes da cadeia de transporte de elétrons e indicar os pontos de entrada do NADH e do $FADH_2$

- Saber o modo pelo qual o bombeamento de prótons estabelece um gradiente eletroquímico

- Descrever como o gradiente eletroquímico é utilizado para sintetizar ATP e, em particular, conhecer a estrutura da F_0F_1 ATPase e saber como os componentes dessa estrutura atuam em conjunto na síntese de ATP

- Entender o papel desempenhado pela disponibilidade de ADP na regulação do fluxo de elétrons ao longo da cadeia de transporte de elétrons

- Fornecer exemplos de inibidores e desacopladores do transporte de elétrons

- Saber como lançadeiras (*shuttles*) mitocondriais permitem que a energia contida nas moléculas de NADH sintetizadas durante a glicóllse seja usada na síntese de ATP

No segundo estágio da via de geração de energia, o piruvato produzido pela glicólise é decomposto a dióxido de carbono e água, com produção de ATP. Esse segundo estágio pode ser dividido em duas partes. A primeira parte compreende o ciclo de Krebs (TCA), que completa a decomposição do piruvato, liberando energia na forma de uma molécula de ATP, três moléculas de NADH e uma molécula de $FADH_2$ para cada molécula inicial de piruvato. A segunda parte é constituída pela cadeia de transporte de elétrons, que oxida as moléculas de NADH e de $FADH_2$, produzindo moléculas adicionais de ATPs.

9.1 Ciclo de Krebs (ou do TCA)

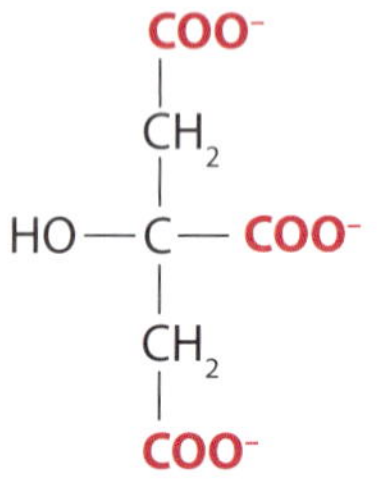

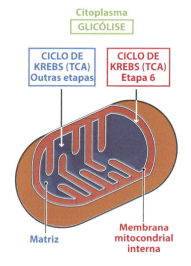

Figura 9.1 O citrato é um ácido tricarboxílico.

O **ciclo do ácido tricarboxílico** é assim denominado pelo fato de a primeira etapa da via gerar ácido cítrico, que possui três grupos carboxila e, portanto, é um ácido tricarboxílico (Figura 9.1). O processo é também denominado **ciclo do ácido cítrico** ou, algumas vezes, **ciclo de Krebs**, em homenagem a Sir Hans Krebs, que foi o primeiro a descrever o ciclo, em 1937.

Para entender o ciclo de Krebs (TCA), é necessário formular três perguntas. Em primeiro lugar, como as moléculas de piruvato geradas pela glicólise entram no ciclo? Em segundo lugar, que reações ocorrem durante o ciclo de Krebs (TCA) e o que elas produzem, tanto individual quanto coletivamente? Em terceiro lugar, como esse ciclo é regulado?

9.1.1 A entrada do piruvato no ciclo de Krebs (TCA)

O produto final da glicólise é o piruvato, com formação de duas moléculas desse açúcar de três carbonos para cada molécula de glicose de seis carbonos que entra na via (ver Figura 8.3). Antes de entrar no ciclo de Krebs (TCA), essas moléculas de piruvato precisam ser transportadas de uma parte da célula para outra.

O ciclo de Krebs (TCA) ocorre no interior das mitocôndrias

As enzimas envolvidas no ciclo de Krebs (TCA) estão localizadas nas mitocôndrias das células eucarióticas, a maioria delas na matriz mitocondrial, porém com uma enzima, a **succinato desidrogenase**, ligada à membrana mitocondrial interna (Figura 9.2). Por outro lado, a glicólise ocorre no citoplasma. Isso significa que, para que uma molécula de piruvato possa entrar no ciclo de Krebs (TCA), ela precisa ser transportada do citoplasma para o interior da mitocôndria.

O piruvato possui uma carga negativa, o que impede a passagem da molécula diretamente através da região interna hidrofóbica de uma bicamada de membrana. No caso da membrana mitocondrial externa, esse problema é solucionado pela presença de proteínas transmembrana, denominadas **porinas**, que possuem uma estrutura em barril, formando um canal através da membrana por meio do qual as moléculas com carga, como piruvato, podem passar (Figura 9.3). Esse processo ocorre por simples difusão.

O transporte através da membrana mitocondrial interna é mais difícil. A matriz mitocondrial constitui uma parte especializada da célula, onde são realizadas reações bioquímicas importantes que precisam ser cuidadosamente reguladas. Por conseguinte, a membrana mitocondrial interna atua como uma barreira altamente seletiva restringindo o acesso à matriz àqueles compostos específicos que são necessários no interior da mitocôndria. Por esse motivo, a membrana mitocondrial interna carece de porinas, através das quais vários tipos diferentes de compostos podem passar livremente, e, em seu lugar, contém proteínas de transporte mais especializadas, que importam apenas um ou alguns compostos específicos. O **carreador de piruvato mitocondrial** é uma dessas

Figura 9.2 Localizações da glicólise e do ciclo de Krebs (TCA) na célula. A glicólise ocorre no citoplasma, enquanto o ciclo de Krebs (TCA) ocorre na mitocôndria. As etapas do ciclo de Krebs (TCA) ocorrem, em sua maioria, na matriz mitocondrial, porém a succinato desidrogenase, que catalisa a etapa 6, está ligada à membrana mitocondrial interna.

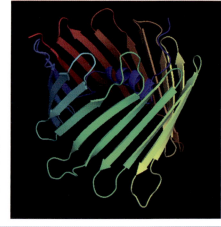

Figura 9.3 Estrutura de uma porina. Trata-se de uma porina da membrana mitocondrial externa de células humanas. É composta de uma folha β em formato de barril, que forma um poro através do qual podem passar metabólitos, como piruvato. Reproduzida de Wikipedia sob a licença a CC BY-SA 3.0; imagem de Plee579.

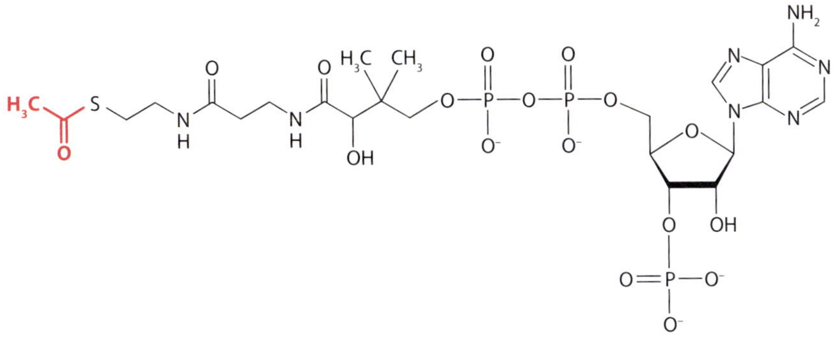

Figura 9.4 Acetil CoA. O grupo acetil é indicado em vermelho.

proteínas. Esse carreador, que só foi descoberto recentemente, parece consistir em múltiplas cópias de duas pequenas subunidades proteicas, tendo cada subunidade cerca de 15 kDa. Acredita-se que as subunidades montadas formem uma proteína de membrana integral que se estende por toda membrana, ligando-se ao piruvato na superfície externa e transportando-o até a superfície interna, onde é liberado na matriz mitocondrial.

O piruvato é convertido em acetil CoA antes de sua entrada do ciclo de Krebs (TCA)

Uma vez no interior da matriz mitocondrial, o piruvato é convertido em **acetil CoA** (Figura 9.4). A acetil CoA compreende um grupo acetila (CH_3CO-) fixado ao cofator da enzima, denominado coenzima A, que é derivado do ácido pantotênico (vitamina B_5). A reação produz uma molécula de dióxido de carbono e converte uma molécula de NAD^+ em NADH.

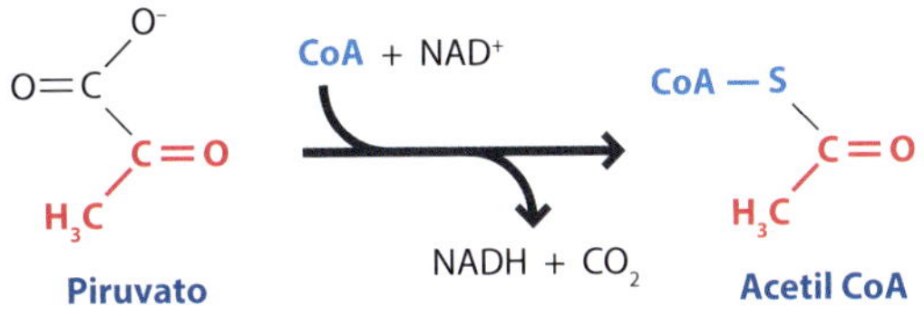

A produção de NADH significa que esta é uma das etapas importantes no processo de geração de energia, durante o qual a energia é capturada por uma molécula carreadora. Quando transferida para a cadeia de transporte de elétrons, a molécula de NADH produz três moléculas de ATP, o que corresponde a seis moléculas de ATP para cada molécula inicial de glicose. Isso contrasta com as oito moléculas de ATP geradas por molécula de glicose em toda a glicólise.

A conversão do piruvato em acetil CoA é catalisada pelo **complexo de piruvato desidrogenase**, que é constituído de três enzimas diferentes, que atuam em conjunto para produzir essa complicada reação bioquímica. As funções desses três componentes enzimáticos são as seguintes:

- A **piruvato desidrogenase** liga-se ao piruvato, convertendo-o em acetato, com liberação de dióxido de carbono

- A **di-hidrolipoil transacetilase** coleta o grupo acetila da piruvato desidrogenase e o liga à coenzima A, formando acetil CoA

- A **di-hidrolipoil desidrogenase** utiliza o par de elétrons liberado durante a conversão do piruvato em acetato para gerar a molécula de NADH.

Por conseguinte, a reação é um tipo de **descarboxilação oxidativa**, sendo o substrato piruvato oxidado (perde um par de elétrons) e descarboxilado (perda de CO_2).

PESQUISA EM DESTAQUE

Boxe 9.1 Identificação da proteína carreadora de piruvato mitocondrial.

O transporte de piruvato para dentro da mitocôndria é uma etapa essencial na via de geração de energia das células eucarióticas, estabelecendo a ligação entre as reações da glicólise, que ocorrem no citoplasma, e o ciclo de Krebs (TCA), que ocorre no interior das mitocôndrias. Tendo em vista a importância do transporte do piruvato, é surpreendente que a proteína carreadora só tenha sido identificada em 2012, cerca de 40 anos após o início de sua pesquisa.

> **Boxe 9.1** Identificação da proteína carreadora de piruvato mitocondrial. (*continuação*) — **PESQUISA EM DESTAQUE**

A primeira questão que foi levantada na década de 1970 é se a entrada do piruvato dentro da mitocôndria exigia realmente uma proteína de transporte específica. A forma não dissociada do ácido pirúvico é capaz de difundir-se através da membrana sem auxílio, e, a princípio, acreditou-se que não havia necessidade de uma proteína carreadora. Em seguida, foi constatado que a maior parte do piruvato na célula encontra-se na forma iônica e, portanto, apresenta uma carga negativa efetiva que impede a ocorrência de difusão simples através de uma membrana. Os estudos de cinética da captação do piruvato também sugeriram que o transporte é mediado por uma proteína carreadora. Isso foi então provado pela descoberta de que um composto denominado α-ciano-4-hidroxicinamato, cuja estrutura se assemelha à do piruvato, bloqueia o transporte do piruvato para dentro da mitocôndria. O efeito desse inibidor constitui uma forte indicação de que o piruvato não sofre difusão simples através da membrana e precisa ser transportado por algum tipo de proteína carreadora.

Ácido pirúvico (não dissociado)
Tem a capacidade de atravessar a membrana mitocondrial interna

Piruvato (iônico)
Não tem a capacidade de atravessar a membrana mitocondrial interna

α-ciano-4-hidroxicinamato
Inibidor específico da proteína carreadora de piruvato

Durante a década de 1980, foi realizado um avanço na identificação do carreador de piruvato com o uso de ensaios de reconstituição de lipossomos. Nessa técnica, proteínas parcialmente purificadas são misturadas com lipídios para formar pequenas vesículas, denominadas **lipossomos**, que são constituídas de uma bicamada lipídica envolvendo um pequeno compartimento aquoso interno. As atividades bioquímicas dos lipossomos são então estudadas para deduzir as funções das proteínas. Lipossomos capazes de captar o piruvato foram reconstituídos a partir de tecido cardíaco bovino e mamona; entretanto, em ambos os casos, a mistura inicial de proteínas era complexa, com pelo menos seis componentes principais no caso da preparação de mamona. Com os métodos disponíveis naquela época, não era possível acompanhar esses resultados iniciais.

As tentativas subsequentes de identificar o carreador de piruvato mitocondrial foram dificultadas por aquilo que demonstrou ser uma suposição errônea sobre a sua provável estrutura. A membrana plasmática também possui um carreador de piruvato para a importação de piruvato dentro da célula, e essa proteína carreadora também é sensível à inibição pelo α-ciano-4-hidroxicinamato. Isso pode indicar que os carreadores de membrana plasmática e mitocondrial consistem em proteínas semelhantes. Pesquisas adicionais sobre a versão plasmática mostraram que o carreador de membrana plasmática é inibido por outros compostos que não exercem nenhum efeito sobre a proteína mitocondrial. Por conseguinte, os dois devem ser distintos, de modo que qualquer conhecimento adquirido sobre a proteína plasmática seria de pouca utilidade na identificação do carreador mitocondrial.

Por fim, em 2012, dois grupos de pesquisa identificaram independentemente o carreador de piruvato mitocondrial. Em ambos os casos, a descoberta foi feita por acaso, visto que nenhum dos grupos tinha planejado especificamente encontrar a proteína carreadora perdida. Em um projeto, foram identificadas proteínas mitocondriais de função desconhecida, porém com estruturas semelhantes, em seres humanos, leveduras e moscas-da-fruta. A base lógica era de que qualquer proteína que tivesse uma estrutura semelhante nessas espécies diferentes devia desempenhar um importante papel bioquímico. Foi demonstrado que duas dessas proteínas, subsequentemente denominadas Mpc1 e Mpc2, estão envolvidas na conversão do piruvato citoplasmático em acetil CoA, que exige transporte do piruvato para dentro da mitocôndria. Um resultado importante foi a demonstração de que uma mutação em Mpc1, que substitui um ácido aspártico por glicina, produz uma cepa de levedura que se mostra resistente a inibidores relacionados com o α-ciano-4-hidroxicinamato.

A identificação da proteína carreadora de piruvato mitocondrial é importante não apenas para a nossa compreensão acadêmica da ligação entre a glicólise e o ciclo de Krebs (ou do TCA). Essa descoberta também possui profundas implicações na pesquisa do câncer. Em 1927, Otto Warburg observou que a maioria dos tipos de células cancerosas obtém a sua energia predominantemente da glicólise, sendo o piruvato resultante convertido em lactato no citoplasma, em lugar de ser transportado para dentro da mitocôndria e metabolizado pelo ciclo de Krebs (do TCA) e cadeia de transporte de elétrons.

O papel do carreador de piruvato nesse "efeito Warburg" pode ser agora estudado muito mais diretamente do que era antigamente possível, antes que fosse conhecida a estrutura da proteína. A compreensão do papel do carreador nessa alteração metabólica essencial pode esclarecer a base bioquímica da formação do câncer e ajudar na busca de terapias para prevenção do desenvolvimento de câncer.

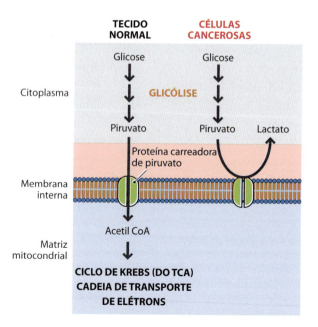

9.1.2 Etapas do ciclo de Krebs (TCA)

O ciclo de Krebs (TCA), como o próprio nome sugere, é uma via circular, em que um dos substratos, o **oxaloacetato**, é regenerado no final de cada giro do ciclo (Figura 9.5). O ciclo é constituído de oito etapas.

Figura 9.5 Ciclo de Krebs (TCA). As etapas no processo, que são descritas no texto, estão indicadas por círculos verdes.

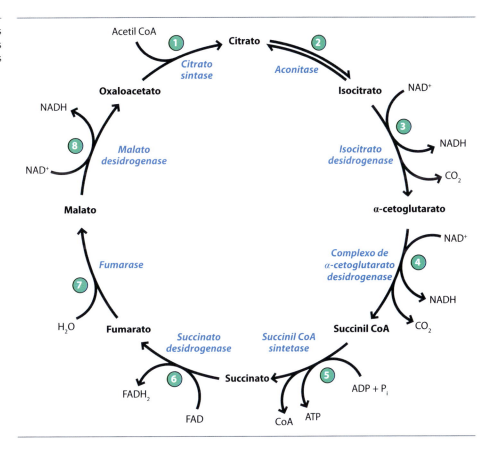

Etapa 1. O grupo acetato transportado pela acetil CoA, derivado do piruvato, é transferido para o ácido dicarboxílico de quatro carbonos, denominado oxaloacetato. Isso produz uma molécula de citrato, que é um ácido tricarboxílico de seis carbonos. A reação é catalisada pela **citrato sintase**.

Etapa 2. Uma reação de isomerização, catalisada pela **aconitase**, converte o citrato em isocitrato.

180 Parte 2 Geração de Energia e Metabolismo

Etapa 3. A **isocitrato desidrogenase** oxida o isocitrato a α-cetoglutarato. Essa reação libera dióxido de carbono e permite que uma molécula de NAD^+ seja convertida em NADH. Por conseguinte, trata-se de outro exemplo de descarboxilação oxidativa.

Isocitrato · α-cetoglutarato

Etapa 4. Outro NADH é gerado pela descarboxilação oxidativa do α-cetoglutarato a succinil CoA, catalisada pelo **complexo de α-cetoglutarato desidrogenase**, outra combinação de três enzimas diferentes, que operam em conjunto para produzir uma única reação bioquímica.

α-cetoglutarato · Succinil CoA

Etapa 5. A **succinil CoA sintetase** converte a succinil CoA em succinato. O nome dessa enzima indica que ela também pode realizar a reação inversa, em que a succinil CoA é sintetizada a partir do succinato. No ciclo de Krebs (TCA), a enzima cliva a ligação do succinato CoA, liberando energia suficiente para fosforilar uma molécula de ADP, com formação de ATP.

Succinil CoA · Succinato

A reação também pode produzir GTP a partir do GDP e, portanto, constitui uma maneira de produzir esse segundo tipo de carreador nucleotídico de energia. Como se trata da segunda reação de descarboxilação do ciclo de Krebs (TCA), temos agora um composto de quatro carbonos. Isso significa que o piruvato original foi totalmente degradado, com liberação de todos os três carbonos na forma de CO_2: um na etapa da piruvato desidrogenase, o segundo na reação da isocitrato desidrogenase e o último na reação da α-cetoglutarato desidrogenase. Todavia, parte da energia liberada pela degradação do piruvato continua armazenada dentro da molécula de succinato. Essa energia é utilizada nas etapas remanescentes do ciclo.

Etapa 6. A **succinato desidrogenase** oxida o succinato a fumarato, com conversão de FAD em $FADH_2$.

Succinato · Fumarato

Capítulo 9 Geração de Energia | Ciclo de Krebs e Cadeia de Transporte de Elétrons 181

Etapa 7. A **fumarase** converte o fumarato em malato por uma reação de hidratação que exige a adição de uma molécula de água.

Fumarato → **Malato**

Etapa 8. A **malato desidrogenase** oxida o malato para produzir oxaloacetato, com formação de outra molécula de NADH.

Malato → **Oxaloacetato**

A última etapa regenera o oxaloacetato que foi utilizado no início do ciclo. Dessa maneira, o ciclo pode ser repetido com uma segunda molécula de acetil CoA. O ciclo produziu uma molécula de ATP ou GTP, bem como três de NADH e uma de $FADH_2$. A cadeia de transporte de elétrons pode gerar três moléculas adicionais de ATP a partir de cada NADH e duas moléculas de ATP a partir do $FADH_2$.

Além de seu papel na geração de energia, o ciclo de Krebs (do TCA) também constitui um importante ponto de início para muitas vias de biossíntese:

- O oxaloacetato é um ponto inicial para a produção de aspartato, outros aminoácidos, purinas e pirimidinas

- O citrato é utilizado com fonte de acetil CoA para a síntese de ácidos graxos

- O α-cetoglutarato é um substrato para o glutamato, outros aminoácidos e purinas

- A succinil CoA é um ponto inicial para a produção de porfirinas, como o heme e a clorofila.

> Iremos estudar essas vias de biossíntese posteriormente. Ver a *Seção 12.1.1* para a síntese de ácidos graxos, a *Seção 13.2.1* para a síntese de aminoácidos e a *13.2.3* para a síntese de compostos tetrapirrólicos.

Boxe 9.2 Succinil CoA sintetases.

A fosforilação em nível de substrato catalisada pela succinil CoA sintetase é capaz de utilizar tanto ADP quanto GDP como substratos. Na maioria das células, ocorre síntese tanto de ATP quanto de GTP, porém as quantidades relativas diferem. Nos músculos, o ATP é produzido em quantidades maiores do que o GTP, ao passo que, nas células hepáticas, o GTP é sintetizado em quantidades significativamente maiores do que o ATP. Foi sugerido que o equilíbrio entre a síntese de ATP e de GTP depende da atividade metabólica global da célula. Nos músculos, particularmente durante o exercício, existe uma alta necessidade de energia, e, nesses tecidos, a succinil CoA sintetase ajuda a suprir essa necessidade por meio da síntese de ATP. Por outro lado, no fígado, existe menor necessidade de energia, que pode ser suprida sem as duas moléculas adicionais de ATP por molécula de glicose que podem ser produzidas pela succinil CoA sintetase. Em seu lugar, a enzima utiliza GDP como substrato, com

formação de GTP, que é necessário para o suprimento de energia na síntese de proteínas (*Seção 16.2.2*).

As duas atividades da succinil CoA sintetase são especificadas por duas enzimas estreitamente relacionadas, porém distintas. Ambas são denominadas succinil CoA sintetase, visto que ambas catalisam a mesma reação bioquímica – a conversão de succinil CoA em succinato, acompanhada de fosforilação em nível de substrato de um nucleotídio difosfato. Essas enzimas possuem sequências de aminoácidos ligeiramente diferentes, que são responsáveis pelas suas diferentes especificidades de substrato. As duas versões da succinil CoA sintetase são denominadas **isozimas**. Muitas enzimas existem na forma de isozimas, em que os diferentes membros de uma família de isozimas são ativos em diferentes tecidos (como no caso da succinil CoA sintetase) ou em diferentes estágios de desenvolvimento.

9.1.3 Regulação do ciclo de Krebs (TCA)

De modo não surpreendente, tendo em vista o seu papel central no ponto de entrada, o complexo de piruvato desidrogenase constitui o principal alvo para a regulação do ciclo de Krebs (TCA). Esse complexo enzimático é inibido pelos seus produtos imediatos – acetil CoA e NADH –, bem como pelo ATP. Entretanto, esses compostos não exercem sua influência por inibição alostérica. Na verdade, seus efeitos são mediados por outro par de enzimas, a **piruvato desidrogenase quinase** e a **piruvato desidrogenase fosfatase**. Essas enzimas acrescentam ou removem, respectivamente, um grupo fosfato de cada uma das três serinas na enzima piruvato desidrogenase. A versão fosforilada da enzima é inativa. A acetil CoA, o NADH e o ATP estimulam a quinase, aumentando a velocidade de fosforilação e inativando, portanto, a piruvato desidrogenase (Figura 9.6).

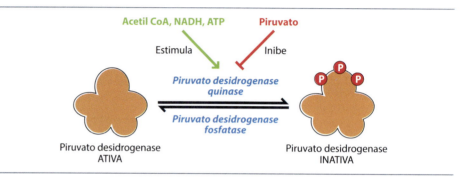

Figura 9.6 Controle da piruvato desidrogenase pela acetil CoA, NADH, ATP e piruvato. A acetil CoA, o NADH e o ATP estimulam a atividade da piruvato desidrogenase quinase, que fosforila e, portanto, inativa a piruvato desidrogenase. O piruvato inibe a quinase.

Por outro lado, a presença de piruvato aumenta a atividade da piruvato desidrogenase. Isso é obtido pela inibição da quinase pelo piruvato, possibilitando a desfosforilação pela fosfatase e, portanto, a ativação da piruvato desidrogenase. O fosfoenolpiruvato, um dos intermediários na glicólise, também possui um efeito estimulador sobre a piruvato desidrogenase, porém ativando, neste caso, a fosfatase.

Dentro do próprio ciclo de Krebs (TCA) existem três pontos adicionais onde os produtos exercem inibição por retroalimentação (ou retroinibição) sobre as enzimas responsáveis pela sua síntese (Figura 9.7):

- A citrato sintase é inibida pelo citrato e ATP
- A isocitrato desidrogenase é inibida pelo NADH e ATP
- A α-cetoglutarato desidrogenase é inibida pela succinil CoA e pelo NADH.

O efeito global dos vários processos reguladores é que o ciclo de Krebs (TCA) tem a sua velocidade reduzida quando a célula dispõe de um suprimento adequado de energia armazenada, que é sinalizado pelo acúmulo de ATP e NADH, inibindo a entrada de acetil CoA no ciclo e a sua progressão pelos outros três pontos de controle.

9.2 Cadeia de transporte de elétrons e síntese de ATP

A degradação completa de uma molécula de glicose por meio da glicólise e do ciclo de Krebs (TCA) produz energia suficiente para sintetizar quatro moléculas de ATP, dez de NADH e duas de FADH$_2$. A cadeia de transporte de elétrons possibilita a geração de mais 34 moléculas de ATP a partir da energia que foi temporariamente transferida para as moléculas de NADH e FADH$_2$. Essa produção é obtida da seguinte maneira:

- Oito das moléculas de NADH já estão localizadas na mitocôndria, e essas moléculas são usadas na produção de 24 moléculas de ATP – três para cada molécula de NADH

- As duas moléculas de FADH$_2$, que também estão presentes na mitocôndria, geram quatro moléculas adicionais de ATP – duas para cada FADH$_2$

Figura 9.7 Pontos de controle no ciclo de Krebs (TCA).

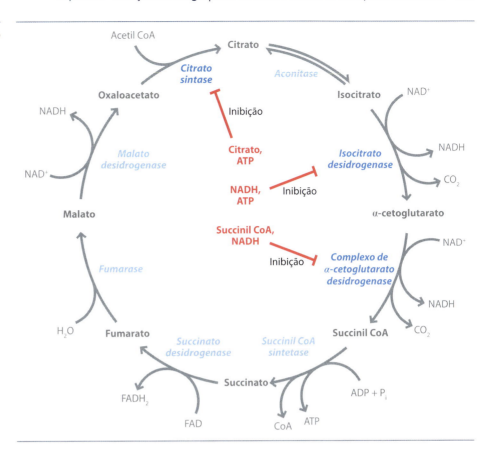

- Por fim, existem duas moléculas de NADH, originalmente produzidas pela glicólise, que estão localizadas no citoplasma. Em virtude da impermeabilidade da membrana mitocondrial interna, essas duas moléculas de NADH permanecem no citoplasma, porém ainda são capazes de gerar seis moléculas de ATP (três por molécula de NADH) por um processo que utiliza indiretamente a cadeia de transporte de elétrons.

Examinaremos agora essas três maneiras diferentes pelas quais o ATP é sintetizado pela cadeia de transporte de elétrons – a partir do NADH na mitocôndria, a partir do FADH$_2$ e a partir do NADH no citoplasma. Entretanto, começaremos com uma visão geral do processo.

9.2.1 A energia é liberada à medida que ocorre transferência de elétrons ao longo da cadeia de transporte de elétrons

Para entender como a cadeia de transporte de elétrons produz ATP, precisamos considerar inicialmente a energética intrínseca das reações bioquímicas.

A oxidação do NADH e do FADH$_2$ produz energia suficiente para formar várias moléculas de ATP

A fórmula química para a conversão do NADH em NAD$^+$ é a seguinte:

$$NADH + H^+ + \tfrac{1}{2}O_2 \rightarrow NAD^+ + H_2O$$

Trata-se de uma reação de oxirredução: o NADH é oxidado a NAD$^+$, e o oxigênio é reduzido a água. Por conseguinte, a reação envolve a transferência de dois elétrons do NADH para o oxigênio. Essa transferência pode ocorrer devido à menor afinidade do NADH pelos elétrons do que o oxigênio, de modo que os elétrons são transferidos do NADH, o doador de elétrons, para o oxigênio, o aceptor de elétrons. Durante a transferência de elétrons de um doador para um aceptor, ocorre liberação de energia, cuja quantidade depende da diferença entre as afinidades dos elétrons das moléculas de doadores e aceptores.

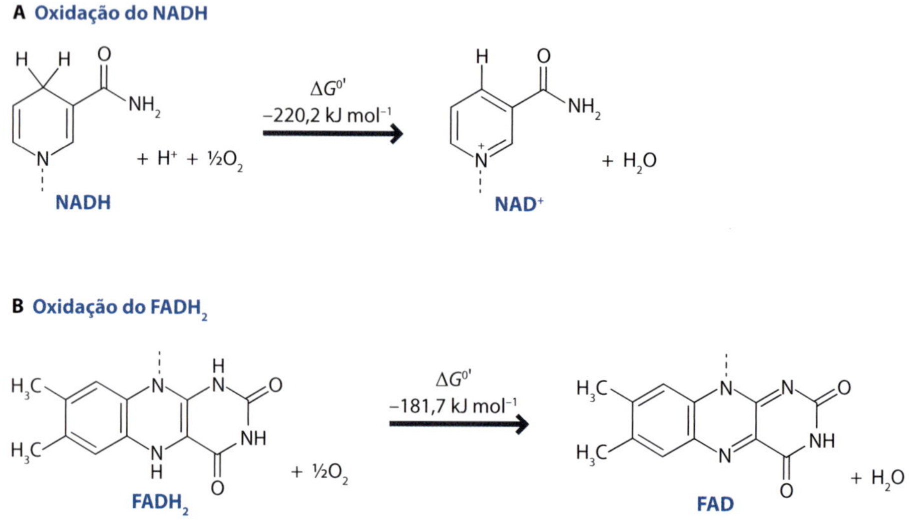

184 Parte 2 Geração de Energia e Metabolismo

Figura 9.8 Oxidação do (A) NADH e do (B) FADH₂. Ver a Figura 7.7 para a estrutura completa desses compostos.

A Oxidação do NADH

$$\Delta G^{0'}$$
$$-220,2 \text{ kJ mol}^{-1}$$

NADH + H⁺ + ½O₂ → NAD⁺ + H₂O

B Oxidação do FADH₂

$$\Delta G^{0'}$$
$$-181,7 \text{ kJ mol}^{-1}$$

FADH₂ + ½O₂ → FAD + H₂O

Já estamos familiarizados com o uso do termo ΔG para indicar a variação de energia livre que ocorre durante uma reação catalisada por enzima. Quando comparamos diferentes reações, medimos ΔG em condições padronizadas, em que cada reagente está presente em quantidades equimolares, e o pH é ajustado em 7,0. Essa versão de ΔG é denominada **variação de energia livre padrão** ou $\Delta G^{0'}$. Para a oxidação do NADH, o valor de $\Delta G^{0'}$ é de $-220,2$ kJ mol⁻¹ (Figura 9.8). Lembre-se de que um valor negativo de ΔG indica produção de energia. A reação equivalente para o FADH₂, dando origem ao FAD, apresenta um valor de $\Delta G^{0'}$ de $-181,7$ kJ mol⁻¹.

Os valores de $\Delta G^{0'}$ para o NADH e o FADH₂ indicam as quantidades de energia que estão disponíveis para formar moléculas de ATP. De quanta energia realmente precisamos? A fórmula para a síntese de ATP a partir de ADP e fosfato inorgânico é a seguinte:

$$ADP^{3-} + HPO_4^{2-} + H^+ \rightarrow ATP^{4-} + H_2O$$

Essa reação necessita de energia e, portanto, tem um valor positivo de $\Delta G^{0'}$ de 30,6 kJ mol⁻¹.

A energia é liberada pela oxidação do NADH ou do FADH₂ é significativamente maior do que o valor de 30,6 kJ mol⁻¹ e, portanto, é suficiente para a síntese de múltiplas moléculas de ATP. Na prática, nem toda essa energia pode ser utilizada, visto que ocorre uma certa perda na forma de calor, simplesmente devido à ineficiência da transferência.

PRINCÍPIOS DE QUÍMICA

Boxe 9.3 Potencial redox.

A afinidade de um composto, como o NADH, por elétrons é descrita como o seu **potencial redox**, que é medido em relação ao potencial redox do hidrogênio:

- Um potencial redox positivo significa que um composto tem maior afinidade por elétrons do que o hidrogênio e, portanto, constitui um aceptor de elétrons do hidrogênio
- Um potencial redox negativo significa que o composto tem menor afinidade por elétrons do que o hidrogênio, de modo que ele doa elétrons a íons H⁺, formando hidrogênio.

Na reação:

$$NADH + H^+ + \tfrac{1}{2}O_2 \rightarrow NAD^+ + H_2O$$

O NADH é um forte agente redutor com potencial redox negativo e tem a tendência de doar elétrons. O oxigênio é um forte agente oxidante, com potencial redox positivo, que tem tendência a aceitar elétrons. A transferência de elétrons ocorre, portanto, do NADH para o oxigênio.

O **potencial redox padrão (E_0')** de um composto é medido em condições padrão de pH 7 e expresso em volts. A variação de energia livre padrão de uma reação em pH de 7 ($\Delta G^{0'}$) pode ser calculada a partir da variação no potencial redox ($\Delta E_0'$) dos substratos e produtos:

$$\Delta G^{0'} = -nF \Delta E_0'$$

em que n é o número de elétrons transferidos, e F é a constante de Faraday (96.485 kJV⁻¹ mol⁻¹). Em virtude do sinal de menos à direita dessa equação, uma reação com valor positivo de $\Delta E_0'$ terá um valor negativo de $\Delta G^{0'}$ e, portanto, será exergônica. Para a transferência de elétrons do NADH para o oxigênio, o valor de $\Delta E_0'$ é de 1,14 V, e o da $\Delta G^{0'}$ é de $-220,2$ kJ mol⁻¹.

Em média, a oxidação de uma molécula de NADH pode gerar até três moléculas de ATP, enquanto uma molécula de FADH$_2$ pode produzir duas de ATP. As reações ligadas, em que a oxidação do NADH ou do FADH$_2$ impulsiona a síntese de ATP, são denominadas **fosforilações oxidativas**.

A transferência de elétrons do NADH ou do FADH$_2$ para o oxigênio ocorre por meio de intermediários

Se, durante a oxidação do NADH ou do FADH$_2$, os elétrons fossem transferidos diretamente para oxigênio, toda energia disponível seria liberada de uma única vez. Parte dessa energia poderia ser capturada para impulsionar a síntese de ATP, porém é provável que uma grande proporção fosse perdida. A transferência poderia se tornar tão ineficiente, que poderia não ser possível produzir até mesmo uma única molécula de ATP a partir da oxidação de uma molécula de NADH ou de FADH$_2$.

Para melhorar a eficiência, a transferência de elétrons não ocorre diretamente para o oxigênio, e é nesse ponto em que entra a cadeia de transporte de elétrons. A cadeia é constituída por uma série de compostos, distribuídos por ordem crescente de afinidade por elétrons à medida que avançamos pela cadeia (Figura 9.9). Por conseguinte, cada etapa na transferência de elétrons ao longo da cadeia libera um pequeno *quantum* de energia, até que, no final da cadeia, os elétrons sejam doados ao oxigênio, e o processo de oxidação seja concluído. É a liberação incremental e controlada de energia ao longo da cadeia de transporte de elétrons que permite que a oxidação do NADH e do FADH$_2$ impulsione a síntese de ATP.

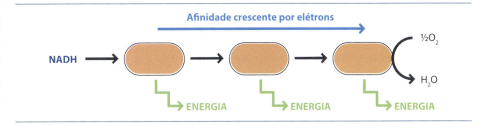

Figura 9.9 Princípio da cadeia de transporte de elétrons. A cadeia é constituída por uma série de compostos distribuídos por ordem crescente de afinidade por elétrons, à medida que avançamos ao longo da cadeia. Cada etapa na transferência de elétrons ao longo da cadeia libera um pequeno *quantum* de energia.

9.2.2 Estrutura e função da cadeia de transporte de elétrons

Examinaremos agora os componentes da cadeia de transporte de elétrons e iremos entender exatamente como os elétrons são transferidos a partir de um doador NADH ou de FADH$_2$ ao longo da cadeia.

Componentes da cadeia de transporte de elétrons

A cadeia de transporte de elétrons é constituída de quatro grandes estruturas, denominadas Complexos I a IV, que estão localizados na membrana mitocondrial interna. Os elétrons do NADH entram na cadeia por meio do Complexo I, enquanto os elétrons do FADH$_2$ entram pelo Complexo II (Figura 9.10). A transferência de elétrons dos Complexos I ou II para o Complexo III necessita de uma molécula carreadora intermediária, denominada **ubiquinona** ou **coenzima Q (CoQ)**, enquanto a transferência do Complexo III para o Complexo IV ocorre por meio do **citocromo c**. A partir do Complexo IV, os elétrons são transferidos para o oxigênio.

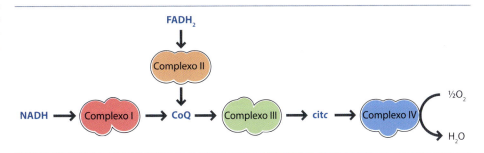

Figura 9.10 Estrutura da cadeia de transporte de elétrons. Os dois carreadores intermediários são a coenzima Q (CoQ) e o citocromo *c* (cit*c*).

Boxe 9.4 Localização da cadeia de transporte de elétrons.

Nos eucariotos, os quatro complexos da cadeia de transporte de elétrons estão localizados na membrana mitocondrial interna. Lembre-se de que uma membrana é um mosaico fluido de lipídios e proteínas (ver *Seção 5.2.1*). Isso significa que, se os quatro complexos e os carreadores intermediários fossem estruturas independentes, eles iriam flutuar na membrana, em lugar de estarem ligados uns aos outros em determinada ordem. Isso significa que a transferência de elétrons só poderia ocorrer quando membros de um par doador-aceptor (p. ex., Complexo I e CoQ) entrassem em contato casualmente. Isso poderia representar uma limitação para a eficiência da transferência de elétrons. Mesmo se a membrana tiver uma alta concentração dos componentes da cadeia de transporte de elétrons, as colisões aleatórias que ocorrem entre os pares necessários podem ser relativamente raras.

O reconhecimento gradual de que grupos de proteínas de membrana que operam juntos estão frequentemente localizados, por exemplo, em balsas (ou jangadas) lipídicas, levou à criação de um novo modelo para a cadeia de transporte de elétrons. Hoje, acreditamos que os Complexos I, III e IV (os complexos necessários para a oxidação do NADH) e os carreadores intermediários CoQ e citocromo *c* são reunidos em estruturas denominadas supercomplexos **respirassomos**. No interior de um respirassomo, os complexos estão dispostos em uma orientação específica, em que o transporte de elétrons entre pares de complexos é mediado pelo movimento da CoQ e do citocromo *c* dentro do respirassomo, conforme ilustrado no diagrama à direita.

Ainda não foi esclarecido se o Complexo II (o ponto de entrada do FADH$_2$) também está localizado dentro de um respirassomo com os Complexos III e IV. Há evidências de uma associação estável entre os Complexos II e III em leveduras, porém as provas não são conclusivas e ainda não foram reproduzidas em células de mamíferos.

Muitos procariotos também geram energia por meio do ciclo de Krebs (TCA) e de uma cadeia de transporte de elétrons. Os componentes dos complexos da cadeia de transporte de elétrons são ligeiramente diferentes daqueles existentes nos eucariotos, e as espécies que são anaeróbios obrigatórios utilizam um composto diferente do oxigênio como aceptor terminal de elétrons (ver *Boxe 8.3*). Como os procariotos não possuem mitocôndrias, onde essas vias estão localizadas? As enzimas do ciclo de Krebs (TCA) encontram-se no citoplasma da célula procariótica, e os componentes da cadeia de transporte de elétrons estão presentes na membrana plasmática. A F$_0$F$_1$ ATPase, que sintetiza ATP, também está localizada na membrana plasmática, com fluxo de prótons do lado externo da membrana de volta à célula. À semelhança dos eucariotos, acredita-se que a montagem dos componentes individuais da cadeia de transporte de elétrons dos procariotos ocorra em respirassomos.

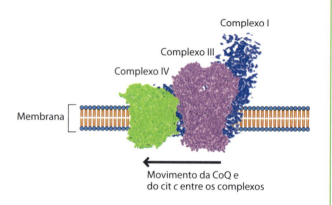

Imagem dos complexos reproduzida de *PNAS* 2011; 108(37): 15196 com autorização.

Cada um dos quatro complexos é uma proteína constituída por múltiplas subunidades, variando de quatro subunidades para o Complexo II até 44 para o Complexo I. Entretanto, as próprias proteínas não representam as partes importantes dos complexos na medida em que se considera a transferência de elétrons. Alguns aminoácidos podem atuar como aceptores e doadores de elétrons; entretanto, dentro das cadeias polipeptídicas, esses aminoácidos não estão na escala de afinidade por elétrons necessária para obter a liberação incremental de energia que constitui a base da cadeia de transporte de elétrons. Na verdade, os componentes de ligação dos elétrons dos complexos são grupos prostéticos não proteicos. As identidades desses grupos são as seguintes:

- O complexo I contém flavina mononucleotídio (FMN) e oito **grupamentos de ferro-enxofre** ou **FeS**. Estes últimos consistem em átomos de ferro coordenados com átomos de enxofre inorgânico e com o enxofre de uma cadeia lateral de cisteína dentro de uma das subunidades polipeptídicas do complexo (Figura 9.11). Um polipeptídio que contém um grupamento de ferro-enxofre é denominado **proteína de ferro-enxofre** ou **proteína FeS**

- O Complexo II inclui uma proteína FeS com três grupamentos FeS

- O Complexo III tem uma única proteína FeS, bem como três **citocromos**. Um citocromo é uma proteína que contém um ou mais grupos prostéticos de heme. Existem vários tipos de citocromos, dependendo da sequência de aminoácidos do polipeptídio e da estrutura precisa do grupo heme. Os citocromos presentes no Complexo III são denominados citocromo b_{562} e citocromo b_{566}, ambos os quais possuem dois grupos heme, e citocromo c_1, que apresenta um grupo heme

Figura 9.11 Grupamentos de ferro-enxofre. Os complexos da cadeia de transporte de elétrons contêm grupamentos de (**A**) 2Fe–2S e de (**B**) 4Fe–4S.

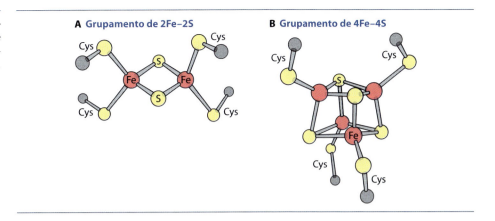

- O Complexo IV contém dois outros citocromos, o citocromo *a* e o citocromo a_3, em que o primeiro está associado a dois íons cobre, designados como Cu_A, enquanto o segundo tem um terceiro íon cobre, Cu_B.

A transferência de elétrons ao longo da cadeia de transporte de elétrons

Vimos que a cadeia de transporte de elétrons consiste em quatro complexos, em que a CoQ medeia a transferência de elétrons entre os Complexos I e III e II e III, enquanto o citocromo *c* medeia a transferência entre os Complexos III e IV (ver Figura 9.10). Iremos agora examinar detalhadamente essa via, focalizando em primeiro lugar o NADH. Podemos dividir o processo em três etapas, em que cada uma delas corresponde a um complexo diferente (Figura 9.12).

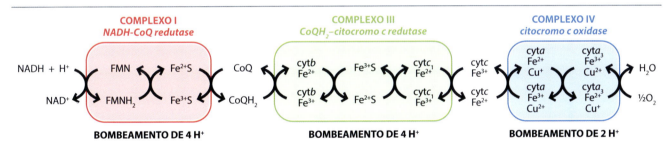

Figura 9.12 A transferência de elétrons ocorre na cadeia de transporte de elétrons. Algumas etapas são combinadas de modo a reduzir a complexidade do diagrama. O ciclo do citocromo *b* no Complexo III envolve, na verdade, dois citocromos, o citocromo b_{562} e o citocromo b_{566}, ao passo que, no Complexo IV, os elétrons são transferidos do íon Cu do citocromo *a* para o íon Fe deste mesmo citocromo e, em seguida, para os íons Cu e Fe do citocromo a_3.

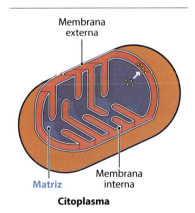

Figura 9.13 Bombeamento de prótons através da membrana mitocondrial interna. Quatro íons H⁺, representados por pontos amarelos, são transferidos da matriz mitocondrial para o espaço existente entre as membranas interna e externa.

Etapa 1. O **complexo NADH-CoQ redutase** (Complexo I). O NADH liga-se ao Complexo I, liberando dois elétrons que são transferidos ao FMN, reduzindo o FMN a $FMNH_2$. Cada transferência de elétrons é acompanhada da captação de um íon H⁺ da matriz mitocondrial aquosa. Em seguida, os elétrons são transferidos para os grupamentos FeS do Complexo I, reduzindo os íons Fe^{3+} (férricos) desses grupamentos a íons Fe^{2+} (ferrosos). Ao mesmo tempo, ocorre regeneração do FMN a partir do $FMNH_2$. Por fim, os elétrons são transferidos dos grupamentos FeS para a CoQ, produzindo a forma reduzida desse composto, denominada **ubiquinol ($CoQH_2$)**. Por conseguinte, a reação global da etapa I consiste na transferência de um íon H⁺ do NADH e de um da matriz para a CoQ:

$$NADH + CoQ + H^+ \rightarrow NAD^+ + CoQH_2$$

Essa reação apresenta uma $\Delta G^{0'}$ de –69,5 kJ mol⁻¹, que é utilizada para transferir quatro íons H⁺ através da membrana mitocondrial interna, da matriz mitocondrial para o espaço existente entre as duas membranas mitocondriais (Figura 9.13). Por conseguinte, o Complexo I atua como **bomba de prótons**.

Etapa 2. O **complexo CoQH$_2$-citocromo *c* redutase** (Complexo III). A CoQH$_2$ é lipossolúvel e, portanto, pode mover-se por dentro da membrana mitocondrial interna. Por conseguinte, ela pode transferir os elétrons que ela transporta para o Complexo III, o próximo componente da cadeia. Dentro do Complexo III, os elétrons são inicialmente transferidos para os grupos heme do citocromo b_{562}, reduzindo o íon Fe^{3+} contido no grupo heme a Fe^{2+} (ver Figura 9.12). Em seguida, os elétrons fluem para o citocromo b_{566}, e, então, para o grupamento FeS do Complexo III, ao grupo heme do citocromo c_1 e, finalmente, para o citocromo *c*. A reação global pode ser então descrita da seguinte maneira:

$$CoQH_2 + 2citc^{3+} \rightarrow CoQ + 2H^+ + 2citc^{2+}$$

em que citc^{3+} e citc^{2+} são as formas oxidada e reduzida do citocromo *c*, respectivamente. A energia liberada na etapa 2 é suficiente para bombear mais quatro íons H$^+$ através da membrana mitocondrial interna.

Etapa 3. O **complexo citocromo *c* oxidase** (Complexo IV). O citocromo *c* estabelece a ligação entre os Complexos III e IV. Ele transfere inicialmente elétrons para os íons Cu$_A$, com redução de Cu^{2+} (cúprico) a Cu$^+$ (cuproso) (ver Figura 9.12). Em seguida, os elétrons são transferidos por meio do heme do citocromo *a* para o íon Cu$_B$, em seguida para o heme do citocromo a_3 e, por fim, para o oxigênio, com formação de H$_2$O. A reação global é a seguinte:

$$2citc^{2+} + 2H^+ + \tfrac{1}{2}O_2 \rightarrow 2citc^{3+} + H_2O$$

Essa reação, que completa a oxidação da molécula de NADH original, libera mais energia, suficiente para transferir dois íons H$^+$ através da membrana mitocondrial interna.

Por fim, para descobrir como o FADH$_2$ entra na via, precisamos retornar ao início da cadeia de transporte de elétrons. Esse reinício será denominado etapa 1*.

Etapa 1*. O **complexo succinato-CoQ redutase** (Complexo II). Na **etapa 6** do ciclo de Krebs (TCA) (ver Figura 9.5), o succinato é oxidado a fumarato pela succinato desidrogenase. Essa enzima está localizada na membrana mitocondrial interna, estreitamente ligada ao Complexo II. Os dois elétrons liberados pela oxidação do succinato geram a molécula de FADH$_2$, que imediatamente transfere seus elétrons para os grupamentos FeS do Complexo II (Figura 9.14). A partir dos grupamentos, os elétrons são transferidos para a CoQ e, em seguida, para os Complexos III e IV, exatamente como durante a via para o NADH. Em virtude da estreita ligação entre a succinato desidrogenase e o Complexo II, indicamos habitualmente a reação global para a entrada de FADH$_2$ na cadeia de transporte de elétrons da seguinte maneira:

$$Succinato + CoQ \rightarrow fumarato + CoQH_2$$

A reação libera energia, porém não o suficiente para transferir qualquer íon H$^+$ através da membrana mitocondrial interna. Essa incapacidade do Complexo II de bombear elétrons através da membrana é responsável pela diferença no número de moléculas de ATP que pode ser produzido por molécula de FADH$_2$, em comparação com o NADH.

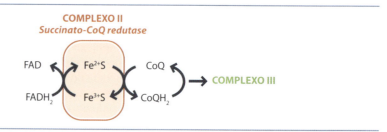

Figura 9.14 Transferência de elétrons do FADH$_2$ para o Complexo II da cadeia de transporte de elétrons.

9.2.3 Síntese de ATP

Vimos como os elétrons são transferidos ao longo da cadeia de transporte de elétrons, com liberação incremental de energia em cada um dos quatro complexos, e aprendemos como a energia que é liberada pode ser utilizada no bombeamento de prótons (H$^+$) através da membrana mitocondrial interna. Iremos examinar agora como esse processo leva à síntese de moléculas de ATP.

O bombeamento de prótons gera um gradiente eletroquímico

Durante muitos anos, o modo pelo qual a transferência de elétrons ao longo da cadeia de transporte de elétrons resulta na síntese de ATP era um mistério. Os bioquímicos acreditavam que a energia liberada pela transferência de elétrons precisava ser armazenada em algum composto de alta energia antes de ser utilizada para a formação de moléculas de ATP. O problema é que os esforços para detectar esse composto de alta energia não tinham sucesso, mesmo que esse composto tivesse que estar presente nas mitocôndrias em quantidades razoavelmente abundantes. Em 1961, Peter Mitchell propôs uma nova ideia radical, denominada a **teoria quimiosmótica**. Mitchell propôs que o bombeamento de prótons através da membrana mitocondrial interna cria um **gradiente eletroquímico** que impulsiona a síntese de ATP.

Quando foi proposta pela primeira vez, a teoria quimiosmótica foi altamente controversa, sobretudo porque naquela época nem sequer era sabido que os íons H$^+$ eram, de fato, transferidos através da membrana mitocondrial interna durante a passagem de elétrons pelos Complexos I, III e IV da cadeia de transporte de elétrons. Hoje, sabemos que essa teoria é realmente a resposta correta ao enigma da síntese de ATP, e Mitchell é considerado como um dos gigantes da bioquímica do século XX.

Forma-se um gradiente eletroquímico quando íons (compostos químicos com carga) são distribuídos de modo desigual, com maior concentração em um local, em comparação com um segundo local. A distribuição desigual significa que existe um diferencial de cargas elétricas entre os dois locais. Em consequência do bombeamento de prótons (H$^+$) que ocorre ao longo da cadeia de transporte de elétrons, um gradiente eletroquímico é estabelecido através da membrana mitocondrial interna (Figura 9.15A). O bombeamento de prótons resulta em uma grande concentração de íons H$^+$ no espaço intermembranas, em comparação com a matriz mitocondrial.

Existe uma tendência natural dos gradientes eletroquímicos a reverter para um estado de equilíbrio; em nosso caso, isso significa que os prótons em excesso no espaço intermembranas são transferidos de volta à matriz mitocondrial, de modo que as cargas sejam iguais em ambos os lados da membrana mitocondrial interna. Para retornar à matriz mitocondrial, os prótons passam por uma proteína de múltiplas subunidades, denominada **F$_0$F$_1$ ATPase** (Figura 9.15B). A passagem de prótons através da ATPase resulta na síntese de ATP. À medida que os elétrons prosseguem pela cadeia de transporte de elétrons a partir do NADH e do FADH$_2$, mais e mais prótons são bombeados para fora da matriz mitocondrial, mantendo o gradiente e, portanto, mantendo o fluxo de prótons de volta à matriz por meio da ATPase. Por conseguinte, a ATPase produz ATP em resposta direta à oxidação do NADH e do FADH$_2$.

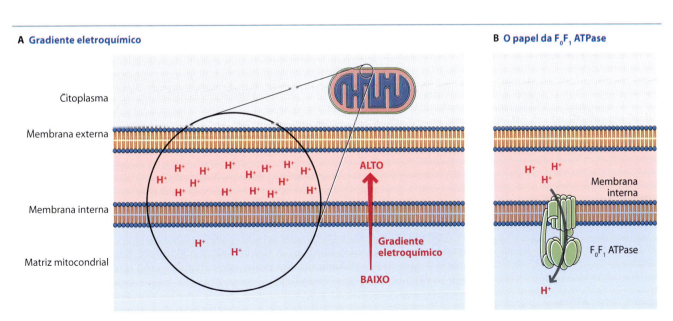

Figura 9.15 O bombeamento de prótons estabelece um gradiente eletroquímico através da membrana mitocondrial interna. A. Gradiente eletroquímico. **B.** Os prótons retornam à matriz mitocondrial por meio da F$_0$F$_1$ ATPase.

Boxe 9.5 Por que uma proteína que produz ATP é denominada ATPase?

A abreviatura ATPase indica que se trata de uma ATP hidrolase, em outras palavras, uma enzima que degrada o ATP em ADP e fosfato inorgânico. Este é processo inverso da reação catalisada pela F_0F_1 ATPase, que, na realidade, deveria ser denominada ATP sintase. Por que então a descrevemos como uma ATPase?

A resposta reside na série de experimentos que levaram à descoberta da F_0F_1 ATPase. Uma das linhas de investigação envolvia o isolamento de mitocôndrias a partir de células vivas, seguido de ruptura dessas mitocôndrias por sonicação. Esse tratamento resulta na formação de vesículas submitocondriais a partir das quais as esferas da estrutura F_0F_1 se projetam para fora.

Em 1960, o bioquímico austríaco Efraim Racker mostrou que as esferas, que tinham sido desprendidas dessas vesículas, possuem atividade de ATPase, convertendo o ATP e ADP. As esferas constituem o componente F_1 da estrutura multiproteica completa, de modo que essa atividade foi denominada F_1 ATPase. Somente quando fixada à parte F_0 da estrutura é que a atividade catalítica do componente F_1 atua de modo inverso, de modo que a ATPase se transforma em ATP sintase.

Devido a seu papel fisiológico na síntese de ATP e para evitar qualquer confusão, a F_0F_1 ATPase é algumas vezes designada como F_0F_1 ATP sintase, porém este não é o seu nome bioquimicamente correto. A designação de F_0F_1 ATPase é mais correta, visto que ela indica que a enzima é composta da F_1 ATPase ligada à subunidade F_0 que atravessa a membrana.

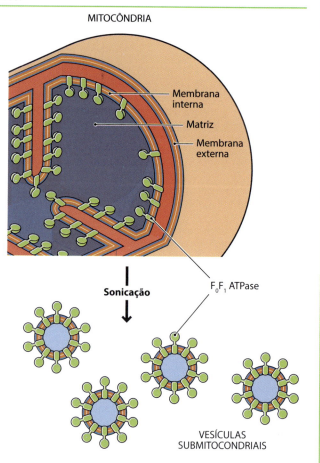

A F_0F_1 ATPase é um motor molecular impulsionado por prótons

Precisamos ainda de energia para produzir moléculas de ATP, de modo que a próxima pergunta a ser formulada é saber como a ATPase obtém essa energia. A resposta encontra-se na estrutura da notável proteína F_0F_1 ATPase.

A F_0F_1 ATPase, como o próprio nome indica, é constituída de dois componentes, designados como F_0 e F_1, cada um deles construído a partir de múltiplas subunidades proteicas. O componente F_0 compreende 10 a 14 cópias da subunidade c, formando um barril que se estende por toda a membrana mitocondrial interna (Figura 9.16). Esse barril é capaz de sofrer rotação dentro da membrana. Ao longo do barril e também atravessando a membrana, existe uma única cópia de subunidade a. Como veremos adiante, a subunidade a forma o canal através do qual os prótons são transferidos de volta à matriz mitocondrial.

O componente F_1 da ATPase forma uma estrutura semelhante ao brinquedo um bilboquê, em que o cabo se encaixa dentro do barril F_0 (bola do brinquedo), com esta bola voltada ao lado interno da membrana, na matriz mitocondrial. As partes mais importantes desse componente são subunidades α e β, das quais seis (três de cada) compõem a estrutura em bola. A bola está ligada à subunidade γ, que forma o cabo que mantém o componente F_1 dentro do barril F_0. A subunidade γ pode sofrer rotação à medida que o barril F_0 gira, porém a bola αβ não pode sofrer rotação, visto que ela é mantida em posição por uma estrutura constituída de duas cópias da subunidade b e uma cópia da subunidade δ.

A capacidade de rotação do cabo, mas não da bola, constitui a característica fundamental na estrutura da ATPase. Conforme assinalado anteriormente, os prótons atravessam a membrana por meio da subunidade a. Isso provoca a rotação do barril de subunidade c e da haste γ ligada ao barril. A rotação da subunidade γ na bola αβ estacionária gera

Figura 9.16 F_0F_1 ATPase. As diferentes unidades estão indicadas. Existem duas subunidades b adjacentes entre si, das quais apenas uma é mostrada neste desenho.

uma energia mecânica que a ATPase utiliza para produzir ATP a partir de ADP e fosfato inorgânico. O mecanismo preciso não é conhecido, porém o modelo atual é o **mecanismo de troca de ligação (binding-change mechanism)**, segundo o qual a rotação da subunidade γ provoca um ciclo de mudanças de conformação nas subunidades β, resultando em uma série repetida de ligação de ADP, fosforilação e liberação na forma de ATP. Três moléculas de ATP podem ser sintetizadas para cada giro da subunidade γ, uma de cada das subunidades β na estrutura estacionária em bola. A velocidade máxima de rotação foi estimada em mais de 300 revoluções por segundo.

Por conseguinte, a F_0F_1 ATPase é um motor molecular, impulsionado por prótons e que gera moléculas de ATP. Constitui o ponto final da via de geração de energia, completando os eventos que liberam e capturam, em uma forma prontamente utilizável, a energia contida na glicose e em outros nutrientes da dieta.

PESQUISA EM DESTAQUE

Boxe 9.6 Rotação da F_0F_1 ATPase.

A característica central da F_0F_1 ATPase é a capacidade do barril F_0 e da subunidade γ ligada da F_1 ATPase de sofrer rotação, gerando a energia mecânica que é utilizada para converter o ADP em ATP. A rotação do barril F_0 é impulsionada pela passagem de prótons através da subunidade a. Não se sabe exatamente como o fluxo de prótons é convertido em movimento rotatório. Os modelos atuais baseiam-se na identificação dos aminoácidos nas subunidades a e c que desempenham os papéis mais críticos na ligação entre o fluxo de prótons e a rotação. Estudos de mutação mostraram que o mais importante deles é um ácido aspártico na posição 61 da subunidade c. A conversão desse ácido aspártico em asparagina anula por completo a rotação da ATPase. Como o ácido aspártico possui uma cadeia lateral com carga negativa, ele pode atuar como aceptor de prótons. A implicação é que a conversão transitória do asp-61 em sua forma protonada, à medida que os prótons passam através da ATPase, constitui a chave para a conversão desse fluxo de prótons em movimento rotatório do barril F_0.

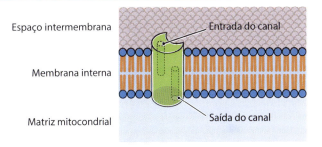

A consequência desse deslocamento é que um próton não pode atravessar a subunidade, a não ser que exista algum meio pelo qual possa saltar da extremidade da entrada do canal para o início de sua saída. Com base nos conhecimentos sobre as estruturas das subunidades a e c, é provável que, à medida que ocorre rotação do barril F_0, o asp-61 de cada subunidade c passe pelo início da saída do canal da subunidade a e, em seguida, pelo final da entrada do canal. Por conseguinte, a proposta é a de que o asp-61 de uma subunidade c se torna protonado quando fica adjacente à entrada do canal. A rotação completa do barril F_0 resulta no posicionamento do asp-61 próximo à saída do canal, no local onde o próton se desprende do asp-61 e passa para a matriz mitocondrial.

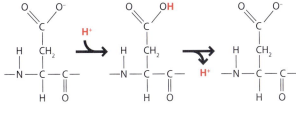

Ácido aspártico não protonado (desprotonado) | **Ácido aspártico protonado** | **Ácido aspártico não protonado (desprotonado)**

A subunidade c é constituída de um par de α-hélices que se encontram aproximadamente paralelas uma à outra, estando o asp-61 localizado na metade de uma dessas hélices. Na F_0F_1 ATPase, essa hélice está localizada próximo a uma terceira hélice, localizada dentro da subunidade a. De acordo com um modelo, a protonação do asp-61 produz uma mudança na conformação da hélice da subunidade c. Essa mudança de conformação faz com que a hélice da subunidade c seja empurrada contra a hélice adjacente da subunidade a, forçando a rotação do barril da subunidade c.

Um segundo modelo propõe um mecanismo diferente para a rotação do barril F_0. O canal formado pela subunidade a, através do qual passam os prótons, não é contínuo. Na verdade, o canal encontra-se em duas partes, com a entrada do canal do espaço intermembrana ligeiramente deslocada, em comparação com a saída do canal que leva à matriz mitocondrial.

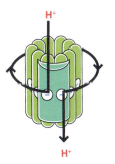

Desse modo, a protonação do asp-61 pode formar a ponte entre os dois canais; entretanto, como a protonação pode induzir a rotação? Para entender esse aspecto, precisamos considerar o efeito da protonação sobre as propriedades de uma molécula de ácido aspártico. A protonação neutraliza a carga negativa na cadeia lateral do ácido aspártico. Isso converte o aminoácido hidrofílico com carga em um aminoácido sem carga e relativamente hidrofóbico. Uma vez protonado, o ácido aspártico é, portanto, repelido pelo ambiente hidrofílico da entrada do canal da subunidade a e atraído pelo ambiente hidrofóbico da membrana na qual estão inseridos a subunidade a e o barril F_0. A combinação de repulsão e atração afasta o asp-61 protonado da entrada do canal em direção ao ambiente da membrana. Por conseguinte, ocorre rotação do barril F_0.

Controle da síntese de ATP

Quando estudamos a glicólise e o ciclo de Krebs (TCA), fomos capazes de identificar pontos de controle específicos, nos quais o fluxo de metabólitos pela via de geração de energia pode ser regulado. As velocidades com que a cadeia de transporte de elétrons e a F_0F_1 ATPase operam também são afetadas pela disponibilidade de substratos, em particular do ADP; entretanto, o processo de controle é mais sutil do que a simples inibição alostérica de uma enzima-chave.

A base desse processo de controle consiste em um estreito acoplamento que existe entre o fluxo de elétrons ao longo da cadeia de transporte de elétrons e a síntese de ATP. Isso pode ser demonstrado em mitocôndrias isoladas. Quando se adiciona ADP, a velocidade de utilização de oxigênio pelas mitocôndrias aumenta e permanece em um nível elevado até que todo o ADP tenha sido convertido em ATP. Em seguida, a utilização de oxigênio declina (Figura 9.17A). Esse tipo de experimento mostra que a disponibilidade de ADP controla o fluxo de elétrons ao longo da cadeia de transporte de elétrons. Quando o ADP está disponível e pode ser fosforilado para a síntese de ATP, os elétrons fluem ao longo da cadeia. Por outro lado, quando não há ADP disponível, não se observa nenhum fluxo de elétrons, e a utilização de oxigênio diminui (Figura 9.17B). A teoria quimiosmótica explica essas observações da seguinte maneira:

- Quando o ADP está disponível, a cadeia de transporte de elétrons é ativa, resultando em bombeamento de prótons através da membrana mitocondrial interna e para dentro do espaço intermembrana. O gradiente eletroquímico resultante impulsiona o movimento de prótons através da F_0F_1 ATPase e de volta à matriz mitocondrial, gerando ATP e utilizando o ADP disponível

- Quando ocorre depleção de ADP e não é possível sintetizar ATP, não há nenhum movimento de prótons através da F_0F_1 ATPase. Na ausência desse movimento, os prótons acumulam-se no espaço intermembrana, aumentando o gradiente eletroquímico. Em pouco tempo, esse gradiente torna-se tão acentuado, que não é mais possível haver bombeamento de mais prótons, visto que a energia disponível para o bombeamento de um próton é insuficiente para mover esse próton diante do gradiente de concentração transmembrana aumentado. Devido à interrupção do bombeamento de prótons, o fluxo de elétrons através da cadeia de transporte de elétrons também é interrompido.

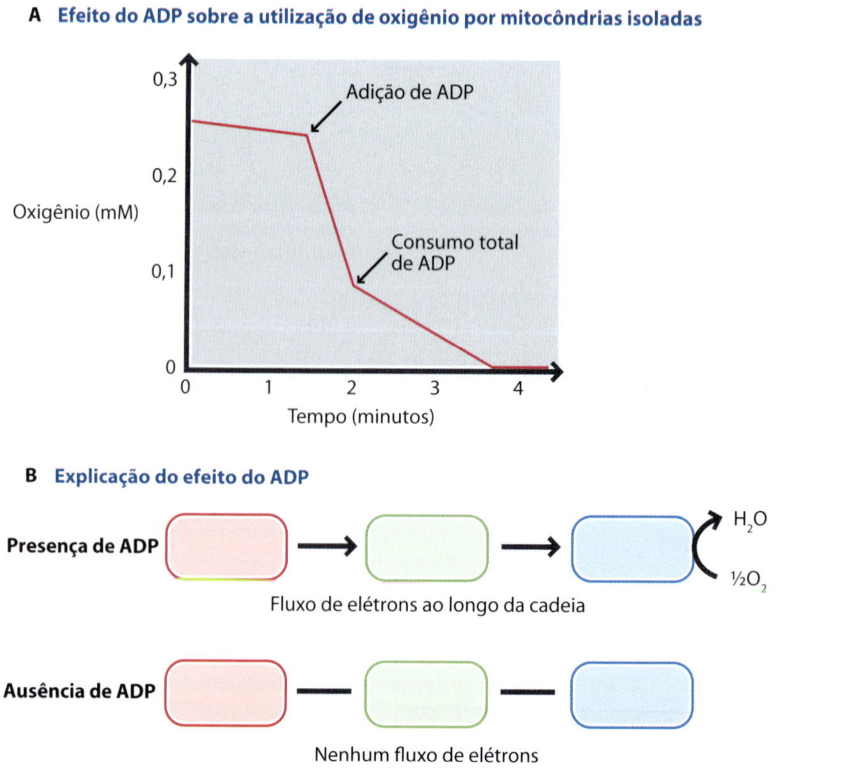

Figura 9.17 Efeito do ADP sobre o consumo de oxigênio por mitocôndrias isoladas. A. A adição de ADP a uma preparação de mitocôndrias isoladas aumenta a velocidade de utilização do oxigênio. **B.** Quando o ADP está disponível, os elétrons fluem ao longo da cadeia de transporte de elétrons, e o oxigênio é utilizado. Quando não há disponibilidade de ADP, não ocorre fluxo de elétrons.

A Efeito do ADP sobre a utilização de oxigênio por mitocôndrias isoladas

Adição de ADP

Consumo total de ADP

Oxigênio (mM)

Tempo (minutos)

B Explicação do efeito do ADP

Presença de ADP → → → H_2O / ½O_2

Fluxo de elétrons ao longo da cadeia

Ausência de ADP

Nenhum fluxo de elétrons

A regulação da cadeia de transporte de elétrons pela disponibilidade de ADP é denominada **controle respiratório** ou de **aceptor**, refletindo este último nome o papel desempenhado pelo ADP, que atua como "aceptor" de fosfatos para a síntese de ATP. A inibição do fluxo de elétrons pelo controle respiratório leva a um aumento dos níveis de NADH e de FADH$_2$ e, ainda mais anteriormente na via de geração de energia, ocorre acúmulo de citrato (Figura 9.18). Em consequência, tanto a glicólise quanto o ciclo de Krebs (TCA) também são inibidos.

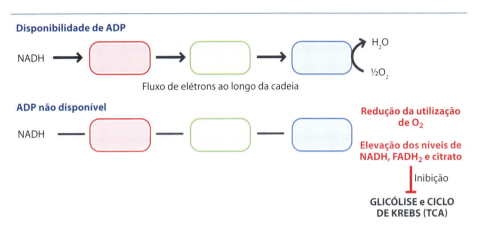

Figura 9.18 Controle respiratório. A disponibilidade de ADP controla o fluxo de elétrons através da cadeia. Quando não há ADP, o fluxo de elétrons é interrompido, levando ao acúmulo de NADH, FADH$_2$ e citrato e à inibição da glicólise e do ciclo de Krebs (TCA).

9.2.4 Inibidores e desacopladores da cadeia de transporte de elétrons

Por ser uma parte tão vital da atividade bioquímica das células, não é surpreendente que os compostos que inibem uma ou outra das etapas na cadeia de transporte de elétrons sejam, em sua maioria, potentes toxinas. O mais notório desses compostos é o cianeto, o favorito dos escritores sobre assassinatos misteriosos, que inibe a citocromo c oxidase pela sua ligação ao ferro dentro do grupo heme do citocromo a_3, interrompendo, assim, o transporte de elétrons no Complexo IV. A rotenona, usada em pesticidas, impede a transferência de elétrons do Complexo I para a CoQ e, assim, inibe a oxidação do NADH, mas não a do FADH$_2$.

Outros compostos interferem no funcionamento da cadeia de transporte de elétrons por meio do desacoplamento da oxidação do NADH e FADH$_2$ em relação à produção de ATP. Normalmente, os **desacopladores** são pequenos compostos lipossolúveis, que têm a capacidade de ligar-se a íons H$^+$. Por serem lipossolúveis, esses compostos podem atravessar uma membrana, levando os prótons ligados com eles. Os compostos desse tipo são conhecidos como **ionóforos**. Na mitocôndria, esses compostos desacoplam o transporte de elétrons da síntese de ATP, visto que eles transportam prótons bombeados diretamente de volta à matriz mitocondrial, transpondo o canal da ATPase (Figura 9.19). A energia é ainda liberada pela cadeia de transporte de elétrons, porém ela se dissipa na forma de calor, sem gerar qualquer molécula de ATP. Um exemplo de um desacoplador é o **2,4-dinitrofenol**, que era utilizado como auxiliar na perda de peso quando os efeitos colaterais tóxicos de fármacos não eram tão bem reconhecidos como hoje.

O desacoplamento também ocorre naturalmente em algumas condições fisiológicas. No tecido adiposo marrom, a membrana mitocondrial interna contém **termogenina**, uma proteína transportadora de prótons que reverte os efeitos do bombeamento de prótons e aumenta a proporção da energia gerada pela cadeia de transporte de elétrons que é liberada na forma de calor. O calor assim produzido permite que o tecido adiposo marrom desempenhe um papel protetor em órgãos sensíveis ao frio em animais recém-nascidos e durante a hibernação.

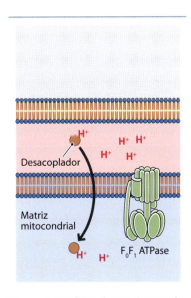

Figura 9.19 Efeito de um desacoplador sobre a síntese de ATP. O desacoplador transporta prótons diretamente através da membrana mitocondrial interna, de modo que a F$_0$F$_1$ ATPase não é usada, e não ocorre síntese de ATP.

9.2.5 O NADH citoplasmático não pode ter acesso à cadeia de transporte de elétrons

Resta um detalhe final para concluir nosso estudo da via de geração de energia. Ainda não consideramos as moléculas de NADH produzidas durante a glicólise. São produzidas duas dessas moléculas para cada molécula inicial de glicose. Como a glicólise ocorre no citoplasma, essas duas moléculas de NADH estão fora das mitocôndrias. A membrana mitocondrial interna impede a entrada de NADH para dentro da matriz mitocondrial, de modo que o NADH produzido pela glicólise não pode entrar diretamente na cadeia de transporte de elétrons. De que maneira a energia carreada por essas moléculas de NADH pode ser utilizada na síntese de ATP?

A resposta está na transferência dos elétrons dessas moléculas de NADH para uma molécula capaz de atravessar a membrana mitocondrial interna. A oxidação subsequente dessa molécula **lançadeira** (*shuttle*) **mitocondrial** gera NADH ou FADH$_2$ no interior da matriz mitocondrial, os quais podem então entrar na cadeia de transporte de elétrons (Figura 9.20).

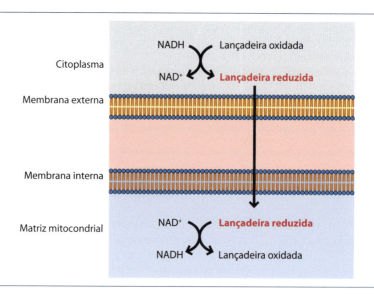

Figura 9.20 Modo de ação de uma lançadeira (circuito) mitocondrial.

A lançadeira (circuito) de malato-aspartato opera na maioria dos tecidos de mamíferos

Nos seres humanos, a lançadeira mitocondrial mais importante é a **lançadeira malato-aspartato**, que envolve o malato, o oxaloacetato e o aspartato. No citoplasma, o NADH é utilizado pela enzima **malato desidrogenase** para reduzir o oxaloacetato a malato (Figura 9.21). Em seguida, o malato é transportado através da membrana mitocondrial interna por uma proteína carreadora específica para malato e α-cetoglutarato. Uma vez no interior da matriz mitocondrial, as moléculas de malato são oxidadas de volta a oxaloacetato pela versão mitocondrial da malato desidrogenase, que catalisa a reação inversa de seu equivalente citoplasmático. Essa oxidação está acoplada com a conversão do NAD$^+$ mitocondrial em NADH, que, em seguida, entra na cadeia de transporte de elétrons.

Para completar o ciclo, o oxaloacetato produzido na mitocôndria precisa ser transportado de volta ao citoplasma. Entretanto, a membrana mitocondrial interna não possui uma proteína transportadora capaz de transportar o oxaloacetato. Em vez disso, as moléculas de oxaloacetato são convertidas em aspartato, que pode atravessar a membrana mitocondrial interna, devido à presença de uma proteína carreadora de glutamato-aspartato. A conversão do oxaloacetato em aspartato é uma reação de **transaminação**, em que um grupo carbonila do oxaloacetato é substituído por um grupo amina (Figura 9.22). A enzima responsável por essa transaminação, a **aspartato aminotransferase**, sintetiza aspartato na mitocôndria e, em seguida, regenera o oxaloacetato pela reação inversa no citoplasma.

Figura 9.21 Lançadeira malato-aspartato. Apenas a membrana mitocondrial interna é mostrada, visto que o malato e o aspartato passam livremente através das porinas na membrana externa.

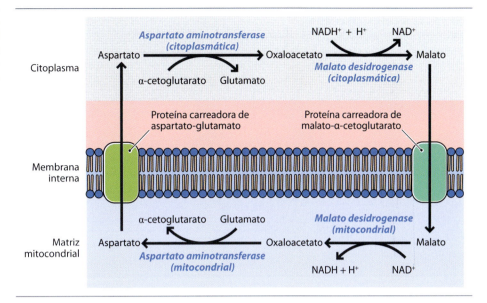

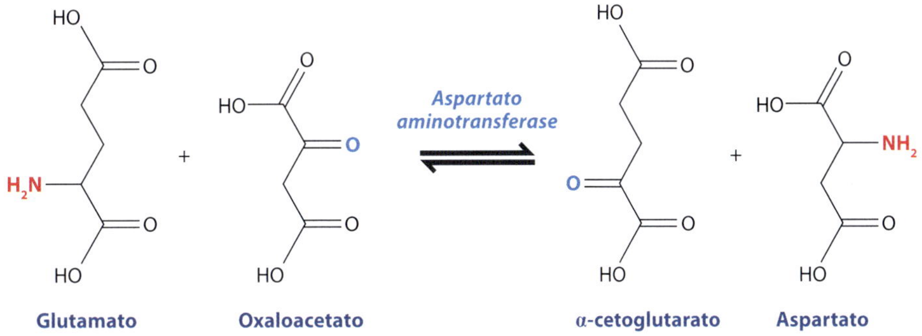

Figura 9.22 Transaminação catalisada pela aspartato aminotransferase.

A transaminação na mitocôndria utiliza um grupo amino do glutamato, que converte o glutamato em α-cetoglutarato. O α-cetoglutarato também precisa ser transportado para o citoplasma, de modo que possa atuar como aceptor de grupo amino quando o oxaloacetato é regenerado, com retorno do glutamato resultante para dentro da mitocôndria, de modo que o ciclo possa continuar.

A lançadeira glicerol 3-fosfato limita-se ao tecido adiposo marrom

O segundo sistema de lançadeira mitocondrial nos seres humanos é a **lançadeira glicerol 3-fosfato**, que ocorre apenas no tecido adiposo marrom. No citoplasma, a **glicerol 3-fosfato desidrogenase** converte a di-hidroxiacetona fosfato em glicerol 3-fosfato, com transferência de elétrons a partir do NADH (Figura 9.23). O glicerol 3-fosfato não necessita de uma proteína transportadora, visto que a versão mitocondrial da glicerol 3-fosfato desidrogenase está localizada na superfície externa da membrana mitocondrial interna. A enzima mitocondrial regenera a di-hidroxiacetona fosfato, sendo os elétrons transferidos para um grupo FAD que está ligado à enzima. O FADH$_2$ assim formado entra na cadeia de transporte de elétrons no Complexo II, e a di-hidroxiacetona fosfato difunde-se de volta ao citoplasma.

Como o FADH$_2$ é o doador direto na cadeia de transporte de elétrons, apenas duas moléculas de ATP são sintetizadas, em lugar das três que resultam do NADH mitocondrial. Entretanto, a energia não pode simplesmente desaparecer, o que significa que a lançadeira glicerol 3-fosfato produz maior quantidade de calor do que no caso da lançadeira malato-aspartato. À semelhança do desacoplamento da cadeia de transporte de elétrons, o calor gerado pela lançadeira glicerol 3-fosfato contribui para o papel protetor do tecido adiposo marrom em partes sensíveis do corpo ao frio e durante a hibernação.

Figura 9.23 Lançadeira glicerol 3-fosfato.

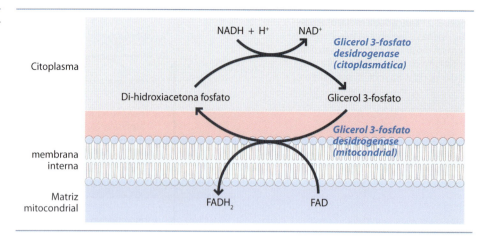

Boxe 9.7 Odor de *Symplocarpus foetidus* (skunk cabbage).

O *Symplocarpus foetidus* é uma planta que cresce em solos úmidos da América do Norte. Como o próprio nome sugere, essa planta produz um odor pungente, em lugar de aromático (pois é rica em dimetil dissulfeto), mas que é altamente atraente para os polinizadores da planta, que incluem moscas e abelhas.

O odor não é a única característica notável da *Symplocarpus foetidus*. É uma das pouquíssimas plantas que produzem calor. Acredita-se que a termogênese de *Symplocarpus foetidus* ajude a mudar a aquecer o solo circundante de 10 a 30°C acima da temperatura ambiente, possibilitando a germinação e a floração no início da estação, até mesmo quando o solo ainda está congelado. Com o seu florescimento precoce, a planta é capaz de explorar recursos, incluindo polinizadores, que não são acessíveis a espécies que só germinam posteriormente na estação. O calor gerado pela planta também difunde suas substâncias químicas aromáticas, ajudando a atrair seus polinizadores.

A termogênese em *Symplocarpus foetidus* e em outras plantas deve-se a uma modificação da cadeia de transporte de elétrons. Os elétrons do NADH e do FADH$_2$ são transferidos da maneira habitual para a CoQ, o carreador intermediário entre o Complexo I ou II e o Complexo III. Entretanto, nas plantas termogênicas, a CoQ não doa seus elétrons ao Complexo III, porém os transfere diretamente para o oxigênio, sendo essa transferência mediada por uma proteína denominada "oxidase alternativa". Essa versão da cadeia de transporte de elétrons é conhecida como **respiração resistente ao cianeto**, visto que não utiliza o Complexo IV, que contém citocromo a_3. O cianeto inativa esse citocromo por meio de sua ligação ao grupo heme e, portanto, exerce um efeito gravemente tóxico sobre os organismos, como os seres humanos, que dependem totalmente da cadeia de transporte de elétrons clássica para a sua sobrevida. Evitando os Complexos III e IV também significa que a produção de ATP é reduzida nas plantas que utilizam a via resistente ao cianeto. A energia que não é utilizada para síntese de ATP é perdida na forma de calor, resultando nas propriedades termogênicas da planta.

Imagem reproduzida de The Quantum Biologist.

Leitura sugerida

Akram M (2014) Citric acid cycle and role of its intermediates in metabolism. *Cell Biochemistry and Biophysics* **68**, 475–8.
Anraku Y (1988) Bacterial electron transport chains. *Annual Review of Biochemistry* **57**, 101–32.
Bendell DS and Bonner WD (1971) Cyanide-insensitive respiration in plant mitochondria. *Plant Physiology* **47**, 236–45. *Symplocarpus foetidus*.
Brand MD and Murphy MP (2008) Control of electron flux through the respiratory chain in mitochondria and cells. *Biological Reviews* **62**, 141–93.

Halestrap AP (2012) The mitochondrial pyruvate carrier: has it been unearthed at last? *Cell Metabolism* **16**, 141–3.

Kornberg H (2000) Krebs and his trinity of cycles. *Nature Reviews Molecular Cell Biology* **1**, 225–8.

Kühlbrandt W and Davies KM (2016) Rotary ATPases: a new twist to an ancient machine. *Trends in Biochemical Sciences* **41**, 106–16.

Mitchell P (1961) Coupling of phosphorylation to electron and hydrogen transfer by a chemi-osmotic type of mechanism. Nature **191**, 144–8. *Teoria quimiosmótica.*

Palou A, Picó C, Bonet ML and Oliver P (1998) The uncoupling protein, thermogenin. *International Journal of Biochemistry and Cell Biology* **30**, 7–11.

Patel MS, Nemeria NS, Furey W and Jordan F (2014) The pyruvate dehydrogenase complexes: structure-based function and regulation. *Journal of Biological Chemistry* **289**, 16615–23.

Saier MH (1997) Peter Mitchell and his chemiosmotic theories. *ASM News* **63(1),** 13–21.

Sazanov LA (2015) A giant molecular proton pump: structure and mechanism of respiratory complex I. *Nature Reviews Molecular Cell Biology* **16**, 375–88.

Schell JC and Rutter J (2013) The long and winding road to the mitochondrial pyruvate carrier. *Cancer and Metabolism* **1,** 6.

Winge DR (2012) Sealing the mitochondrial respirasome. *Molecular and Cellular Biology* **32**, 2647–52.

Questões de autoavaliação

Questões de múltipla escolha

Cada questão tem apenas uma resposta correta.

1. O que cada molécula de piruvato produz durante o ciclo de Krebs (TCA)?
   (a) Uma molécula de ATP, uma de NADH e uma de $FADH_2$
   (b) Uma molécula de ATP, três de NADH e uma de $FADH_2$
   (c) Três moléculas de ATP, três de NADH e uma de $FADH_2$
   (d) Três moléculas de ATP, uma de NADH e uma de $FADH_2$

2. As enzimas do ciclo de Krebs (TCA) estão localizadas em que parte ou partes da mitocôndria?
   (a) Membrana mitocondrial interna
   (b) Membrana mitocondrial interna e espaço intermembrana
   (c) Membrana mitocondrial interna e matriz mitocondrial
   (d) Matriz mitocondrial

3. Como o piruvato atravessa a membrana mitocondrial externa?
   (a) Diretamente através da bicamada lipídica
   (b) É transportado pela proteína carreadora de piruvato mitocondrial
   (c) Através de uma porina
   (d) Nenhum dos processos anteriores é o processo correto

4. Como o piruvato atravessa a membrana mitocondrial interna?
   (a) Diretamente através da bicamada lipídica
   (b) É transportado pela proteína carreadora de piruvato mitocondrial
   (c) Através de uma porina
   (d) Nenhum dos processos anteriores é o processo correto

5. Em que composto o piruvato é convertido pelo complexo de piruvato desidrogenase?
   (a) Acetil CoA
   (b) Citrato
   (c) Isocitrato
   (d) Oxaloacetato

6. O ATP é gerado por qual ou quais enzimas durante o ciclo de Krebs (TCA)?
   (a) Isocitrato desidrogenase
   (b) Succinato desidrogenase
   (c) Succinil CoA sintetase
   (d) Todas as enzimas anteriores

7. Qual das seguintes enzimas regenera o oxaloacetato utilizado na primeira etapa do ciclo de Krebs (TCA)?
   (a) Aconitase
   (b) Fumarase
   (c) Malato desidrogenase
   (d) Succinato desidrogenase

8. Qual dos intermediários no ciclo de Krebs (TCA) pode ser utilizado como substrato para a produção de glutamato, outros aminoácidos e purinas?
   (a) Citrato
   (b) α-Cetoglutarato
   (c) Oxaloacetato
   (d) Succinil CoA

9. Que grupo de compostos são estimuladores da piruvato desidrogenase quinase?
   (a) Acetil CoA, ATP e NADH
   (b) Acetil CoA, ATP e piruvato
   (c) Acetil CoA, ATP e oxaloacetato
   (d) Acetil CoA, NADH e oxaloacetato

10. Qual dos seguintes compostos é um inibidor da piruvato desidrogenase quinase?
    (a) Acetil CoA
    (b) ATP
    (c) Oxaloacetato
    (d) Piruvato

198   Parte 2   Geração de Energia e Metabolismo

11. Qual é o símbolo empregado para indicar a variação de energia livre padrão?
(a) G
(b) $\Delta G\ddagger$
(c) $\Delta G'$
(d) $\Delta G^{0\prime}$

12. Qual é a variação da energia livre padrão para a oxidação do NADH?
(a) $-220{,}2$ cal mol^{-1}
(b) $220{,}2$ cal mol^{-1}
(c) $-220{,}2$ kJ mol^{-1}
(d) $220{,}2$ kJ mol^{-1}

13. Em qual dos seguintes complexos o NADH entra na cadeia de transporte de elétrons?
(a) Complexo I
(b) Complexo II
(c) Complexo III
(d) Complexo IV

14. Em qual dos seguintes complexos o $FADH_2$ entra na cadeia de transporte de elétrons?
(a) Complexo I
(b) Complexo II
(c) Complexo III
(d) Complexo IV

15. Qual desses complexos contém uma ou mais proteínas FeS?
(a) Complexo I
(b) Complexo II
(c) Complexo III
(d) Todos os complexos anteriores

16. Quantos prótons são bombeados para cada molécula de NADH oxidada pela cadeia de transporte de elétrons?
(a) 4
(b) 8
(c) 10
(d) 12

17. O bombeamento de prótons envolve o movimento de prótons:
(a) Do espaço intermembrana para o citoplasma
(b) Da matriz mitocondrial para o citoplasma
(c) Do espaço intermembrana para a matriz mitocondrial
(d) Da matriz mitocondrial para o espaço intermembrana

18. Entre 10 e 14 cópias de qual subunidade da F_0F_1 ATPase formam um barril que se estende pela membrana mitocondrial interna?

(a) Subunidade a
(b) Subunidade b
(c) Subunidade c
(d) Subunidade d

19. A velocidade de síntese do ATP é controlada pela disponibilidade de qual dos seguintes compostos?
(a) ADP
(b) Citrato
(c) NADH
(d) Piruvato

20. Qual das seguintes afirmativas é **incorreta** com relação a um desacoplador típico da cadeia de transporte de elétrons?
(a) Tem a capacidade de ligar-se a íons H$^+$
(b) Tem a capacidade de atravessar a membrana mitocondrial interna
(c) É um pequeno composto lipossolúvel
(d) Estimula a produção excessiva de ATP

21. Qual dos seguintes compostos é um desacoplador da cadeia de transporte de elétrons?
(a) Cianeto
(b) Di-isopropil fluorofosfato
(c) 2,4-Dinitrofenol
(d) Glicerol 3-fosfato

22. Qual das seguintes afirmativas é **correta** com relação à termogenina?
(a) É importante para estimular a síntese de ATP durante o exercício
(b) Trata-se de uma proteína de transporte de prótons que reverte os efeitos do bombeamento de prótons
(c) Está presente no músculo
(d) A sua síntese é controlada pelo glucagon

23. Durante a lançadeira (*shuttle*) malato-aspartato, qual das seguintes enzimas converte o oxaloacetato em malato no citoplasma?
(a) Aspartato aminotransferase
(b) Malato desidrogenase
(c) Malato sintase
(d) Oxaloacetato desidrogenase

24. A lançadeira (*shuttle*) glicerol 3-fosfato ocorre em que tipo de tecido?
(a) Tecido adiposo marrom
(b) Fígado
(c) Músculo
(d) Tecido adiposo branco

Questões discursivas

1. Descreva como o piruvato é transportado para as mitocôndrias.

2. Descreva de maneira sucinta a estrutura do complexo de piruvato desidrogenase e explique por que essa enzima desempenha um papel central na geração de energia. Sua resposta deve incluir uma descrição da regulação da atividade da piruvato desidrogenase.

3. Faça um esquema do ciclo de Krebs (TCA), mostrando os substratos, os produtos e as enzimas em cada uma das etapas.

4. Por que a succinil CoA sintetase é capaz de sintetizar tanto ATP quanto GTP?

5. Descreva a importância do potencial redox na operação da cadeia de transporte de elétrons.

6. Faça um diagrama mostrando, resumidamente, a estrutura da cadeia de transporte de elétrons, indicando os pontos de entrada do NADH e do $FADH_2$, bem como o número de prótons que são bombeados em cada estágio.

7. Explique de modo detalhado como o bombeamento de prótons pode levar à síntese de ATP.

8. Descreva a estrutura da F_0F_1 ATPase e faça um resumo das teorias atuais sobre a operação desse motor molecular.

9. Explique como o fluxo de elétrons ao longo da cadeia de transporte de elétrons é regulado pela disponibilidade de ADP. Como um desacoplador, como o 2,4-dinitrofenol, afeta a operação da cadeia de transporte de elétrons?

10. Como a energia contida nas duas moléculas de NADH sintetizadas durante a glicólise é utilizada para síntese de ATP?

Questões de autoaprendizagem

1. Por que foi necessário tanto tempo para identificar a proteína carreadora de piruvato mitocondrial?

2. Os pacientes que sofrem de beribéri (deficiência de vitamina B_1 ou tiamina) frequentemente apresentam níveis elevados de piruvato no sangue e na urina. Explique essa observação.

3. Albert Szent-Györgyi, que ganhou o Prêmio Nobel em 1937, realizou vários dos primeiros experimentos que levaram à nossa atual compreensão do ciclo de Krebs (TCA). Em um experimento, Szent-Györgyi mostrou que a adição de succinato a um extrato de músculo do peito de pombo estimulava a produção de CO_2. Ele observou que, para cada mol de succinato adicionado, eram produzidos muitos mols adicionais de CO_2. Em outras palavras, a quantidade de CO_2 gerada era maior do que a que poderia ser obtida pela degradação do succinato adicionado. Qual é a explicação para essa observação?

4. A succinato desidrogenase é inibida por uma variedade de compostos, incluindo o composto de três carbonos, o malonato, e vários compostos que se assemelham às quinonas. Explique por que esses diferentes tipos de compostos podem inibir a succinato desidrogenase.

5. Você purificou os diferentes componentes da cadeia de transporte de elétrons e os reconstituiu, em várias combinações, em membranas artificiais. Para cada uma das seguintes combinações, qual o aceptor final de elétrons você esperaria se fosse adicionado (a) NADH ou (b) succinato?

- Complexo 1, complexo 2, complexo 3, complexo 4, citocromo *c*, ubiquinona
- Complexo 1, complexo 3, complexo 4, citocromo *c*, ubiquinona
- Complexo 2, complexo 3, complexo 4, citocromo *c*, ubiquinona
- Complexo 1, complexo 2, complexo 3, complexo 4, citocromo *c*
- Complexo 1, complexo 2, complexo 3, complexo 4, ubiquinona
- Complexo 1, complexo 2, complexo 3, citocromo *c*, ubiquinona

CAPÍTULO 10

Fotossíntese

OBJETIVOS DO ESTUDO

Após a leitura deste capítulo, você será capaz de:

- Compreender a importância da fotossíntese como a fonte elementar da energia utilizada por todos os microrganismos vivos

- Distinguir entre os eventos que ocorrem durante a fase luminosa e a fase escura da fotossíntese

- Reconhecer que as plantas, as algas e alguns tipos de bactérias são capazes de realizar a fotossíntese e conhecer as diferenças fundamentais entre os processos que ocorrem nesses tipos de organismos

- Entender o papel da clorofila e de outros pigmentos coletores de luz na fotossíntese

- Descrever as estruturas dos dois fotossistemas e explicar como a energia luminosa é capturada por esses fotossistemas

- Conhecer a estrutura da cadeia de transporte de elétrons fotossintética e explicar como o transporte de elétrons resulta na síntese de NADPH e ATP

- Descrever as características especiais da via de fotofosforilação cíclica e explicar o que essa via produz

- Entender o papel central desempenhado pela ribulose bifosfato carboxilase na fixação do carbono e saber como a atividade dessa enzima é regulada

- Conhecer as principais reações do ciclo de Calvin, incluindo os substratos, os produtos e as enzimas para cada etapa, e, em particular, explicar como esse ciclo resulta na conversão do dióxido de carbono em gliceraldeído 3-fosfato

- Descrever o papel da ferredoxina na regulação do ciclo de Calvin

- Descrever como a sacarose e o amido são sintetizados a partir do gliceraldeído 3-fosfato

- Compreender as dificuldades causadas pela reação de oxigenação catalisada pela ribulose bifosfato carboxilase, e descrever como as plantas C4 e MAC escapam dessas dificuldades

A fonte primordial da maior parte da energia usada pelos organismos vivos é a luz solar. A energia na luz solar é utilizada diretamente pelos organismos que têm a capacidade de realizar a **fotossíntese**. Esses organismos, que compreendem as plantas, as algas e alguns tipos de bactérias, são denominados **produtores primários** ou **autótrofos** e constituem menos de 5% de todas as espécies do planeta. Outros organismos utilizam a energia da luz solar indiretamente, seja pelo consumo dos produtores primários ou até mesmo de forma mais indireta, por meio da **cadeia alimentar** (ver Figura 1.2).

Por conseguinte, a fotossíntese constitui um estágio preliminar para a via de geração de energia que estudamos nos dois capítulos precedentes. Durante a fotossíntese, a energia da luz solar é utilizada para impulsionar uma série de reações endergônicas que resultam na síntese de carboidratos a partir do dióxido de carbono e da água. Os carboidratos assim produzidos atuam como reserva de energia, a qual pode ser subsequentemente utilizada, por meio da glicólise, do ciclo de Krebs (TCA) e da cadeia de transporte de elétrons, pelo microrganismo que realiza a fotossíntese ou por outro organismo que dele se alimenta.

10.1 Visão geral da fotossíntese

Antes de considerarmos de modo detalhado a base bioquímica da fotossíntese, iremos examinar o que ela produz e onde ela ocorre na célula.

10.1.1 A fotossíntese refere-se à produção de carboidratos impulsionada pela luz

Os organismos fotossintéticos utilizam a luz solar para sintetizar carboidratos. A reação global pode ser descrita da seguinte maneira:

$$CO_2 + H_2O \xrightarrow{\text{Luz solar}} (CH_2O)_n + O_2$$

Nessa equação, $(CH_2O)_n$ é a fórmula geral para os carboidratos, e o termo "luz solar" acima da seta indica que a reação necessita da entrada de energia proveniente da luz solar.

A fotossíntese é dividida em duas fases, denominadas **reação de luz** ou de fase luminosa e reação de obscuridade ou de **fase escura**. Trata-se dos nomes tradicionais que iremos utilizar, embora, na realidade, deveriam ser designadas como reações dependentes de luz e independentes de luz. Com efeito, as reações da fase escura (independente de luz) não precisam ocorrer realmente no escuro; elas simplesmente não necessitam da entrada de luz solar. Essas duas fases da fotossíntese apresentam resultados muito distintos (Figura 10.1):

- Durante as **reações de luz (claro)**, a energia da luz solar é utilizada para produzir ATP e NADPH

- Durante as **reações de obscuridade (escuro)**, a energia contida nessas moléculas de ATP e de NADPH é usada para impulsionar a síntese de carboidratos a partir de dióxido de carbono e da água.

Os produtos da fase escura incluem a glicose 1-fosfato e a frutose 6-fosfato, que se combinam para produzir sacarose. A sacarose constitui o principal suprimento energético das plantas e é transportada dos tecidos fotossintéticos para outras partes da planta, onde é degradada em glicose e frutose, que entram na via glicolítica. A glicose em excesso é polimerizada em amido e armazenada pela planta para uso futuro. Os herbívoros que se alimentam de plantas utilizam a sacarose e o amido armazenado para suprir suas próprias necessidades energéticas, dando início à cadeia alimentar que culmina com os carnívoros no ecossistema.

Figura 10.1 Reações de luz (claro) e de obscuridade (escuro) da fotossíntese.

10.1.2 A fotossíntese ocorre em organelas especializadas

Nas plantas e nas algas, a fotossíntese ocorre em organelas especiais, denominadas cloroplastos. À semelhança das mitocôndrias, os cloroplastos possuem uma membrana externa permeável e uma membrana interna bastante impermeável, que circunda uma matriz interna que, nos cloroplastos, é denominada estroma (Figura 10.2). Diferentemente das mitocôndrias, existe no estroma um terceiro sistema de membrana, que forma estruturas interconectadas denominadas **tilacoides**. Cada tilacoide tem um formato semelhante a um disco e contém um espaço interno (o **espaço tilacoide**) totalmente circundado pela membrana tilacoide. Os tilacoides são empilhados uns em cima dos outros como pilhas de pratos, formando estruturas denominadas *grana*. As reações da fase luminosa da fotossíntese ocorrem nos tilacoides, enquanto as reações da fase escura ocorrem no estroma.

Existem outras semelhanças entre os cloroplastos e as mitocôndrias que iremos ressaltar à medida que estudarmos os detalhes das reações de luz e de obscuridade. Uma dessas semelhanças é que a fotossíntese envolve uma cadeia de transporte de elétrons, que está localizada na membrana tilacoide. O movimento de elétrons ao longo dessa cadeia resulta em bombeamento de prótons (H^+), acumulando um excesso de íons H^+ no espaço nos tilacoides. Os prótons (H^+) estabelecem um fluxo do espaço tilacoide de volta ao estroma por meio de uma ATPase que gera moléculas de ATP. Assim, podemos abordar a fotossíntese com a certeza de que já estamos familiarizados com muitos dos processos subjacentes, embora ocorram dentro de uma arquitetura diferente.

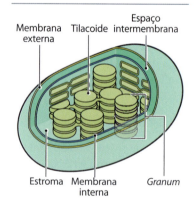

Figura 10.2 Cloroplasto. Os componentes estruturais importantes na fotossíntese estão indicados.

Muitas bactérias também são capazes de realizar a fotossíntese. Essas bactérias incluem as **cianobactérias**, que costumavam ser denominadas algas verde-azuladas (a classificação foi modificada, visto que, atualmente, as algas são consideradas como organismos exclusivamente eucarióticos), as **bactérias púrpura** e as **bactérias verdes**. Os nomes dessas bactérias indicam que elas são pigmentadas, uma característica dos organismos fotossintéticos que iremos analisar mais adiante. As cianobactérias possuem estruturas membranares internas equivalentes aos tilacoides; entretanto, nas bactérias púrpura e verdes, as reações de luz ocorrem na membrana plasmática que, nas bactérias púrpura, é pregueada para formar invaginações denominadas **cromatóforos**.

10.2 Reações de fase luminosa (claro)

Durante as reações de fase luminosa, a luz solar é utilizada para gerar elétrons de alta energia, que liberam sua energia de modo incremental, seguindo ao longo da cadeia de transporte de elétrons localizada na membrana tilacoide. A energia liberada é usada, em parte, para estabelecer o gradiente eletroquímico que impulsiona a síntese de ATP e, em parte, para converter o $NADP^+$ em NADPH. Por conseguinte, precisamos examinar dois aspectos das reações de fase luminosa: (i) o modo pelo qual a luz solar é capturada e utilizada para gerar elétrons de alta energia, e (ii) os componentes e o funcionamento da cadeia de transporte de elétrons e ATPase.

10.2.1 A luz solar é coletada por pigmentos fotossintéticos

Para realizar a fotossíntese, as plantas e outros organismos fotossintéticos precisam absorver energia proveniente da luz solar. Esse processo é denominado **coleta de luz** e depende da presença de pigmentos de absorção de luz nos tecidos fotossintéticos.

A clorofila é o principal pigmento coletor de luz nas plantas

Todos nós sabemos que as plantas são verdes, e muitas pessoas também sabem que, por serem verdes, as plantas são capazes de realizar a fotossíntese. A ligação entre a cor de uma planta e a sua capacidade de realizar a fotossíntese é a presença de **clorofila** no tecido da planta, um composto que absorve a luz. Especificamente, a clorofila absorve a luz nas duas extremidades do espectro de luz visível, nas regiões do vermelho-laranja-amarelo e azul-índigo-violeta (Figura 10.3). Isso significa que a luz verde (no meio do espectro visível) não é absorvida e reflete-se para nossos olhos, fazendo com que as plantas tenham uma aparência verde. Podemos ser gratos por essa limitação na capacidade coletora de luz da clorofila. Se todas as partes do espectro de luz fossem absorvidas, as plantas seriam negras, e o mundo iria parecer um lugar muito triste.

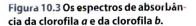

Figura 10.3 Os espectros de absorbância da clorofila *a* e da clorofila *b*.

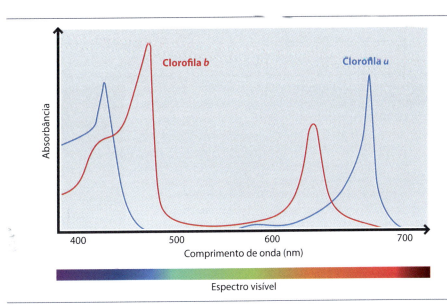

Figura 10.4 Estruturas da clorofila *a* e da cloforila *b*.

Clorofila *a* R = –CH₂
Clorofila *b* R = –CHO

A clorofila é um tipo de **porfirina**, que pertence à mesma classe de compostos como o heme encontrado nas proteínas dos citocromos e na hemoglobina. No heme, a porfirina contém um átomo de ferro em seu centro; na clorofila, esse átomo é o magnésio. Existem vários tipos de clorofila, com estruturas ligeiramente diferentes e distintos espectros de absorção da luz. Nas plantas, os dois tipos principais são a clorofila *a* e a clorofila *b* (Figura 10.4). Algumas algas também contêm clorofila *b*, juntamente com os tipos *c*1 e *c*2. Nas bactérias fotossintéticas, o composto equivalente é a **bacterioclorofila** (Tabela 10.1).

Tabela 10.1 Tipos de clorofila presentes em diferentes organismos.

Organismo	Pigmentos coletores de luz
Plantas, algas verdes	Clorofila *a*, clorofila *b*
Algas vermelhas	Clorofila *a*
Algas pardas, diatomáceas	Clorofila *a*, clorofila *c*1, clorofila *c*2
Algumas bactérias fotossintéticas	Bacterioclorofila

As plantas também contêm outros compostos que absorvem a luz, denominados **pigmentos acessórios**, incluindo alguns que capturam a luz na região verde do espectro e, portanto, compensam, em parte, a limitação da clorofila nesse aspecto. Os pigmentos acessórios incluem os **carotenoides**, como o β-**caroteno** e a **xantofila**, que possuem cor alaranjada e amarela, respectivamente (Figura 10.5). Os carotenoides são formados a partir de unidades de isopreno e, portanto, constituem um tipo de lipídio. Outro tipo de

---

Boxe 10.1 Cores do outono.

As mudanças na cor das folhas de verde para vários tons de laranja, vermelho e amarelo que ocorrem durante o outono devem-se à presença de pigmentos acessórios nessas folhas. Na maioria das espécies de plantas, a clorofila é o pigmento mais abundante, e as folhas aparecem na cor verde. Durante as últimas semanas do verão, o conteúdo de clorofila das folhas começa a declinar, enquanto muitos dos pigmentos acessórios permanecem estáveis até que as folhas sequem e caiam das árvores. À medida que os níveis de clorofila diminuem, revelam-se as cores dos pigmentos acessórios, dando origem à maravilhosa paisagem do outono associada às florestas decíduas das regiões temperadas, como as partes setentrionais da América do Norte e da Europa.

Essa imagem mostra uma vista aérea de parte de uma floresta no Alasca; fotografia de Frans Lanting, reproduzida, com autorização, da Science Photo Library.

Figura 10.5 Estrutura do β-caroteno e da xantofila.

carotenoide, a **fucoxantina**, é um pigmento coletor de luz de cor marrom encontrado nas algas pardas, que incluem algumas algas marinhas. Muitas bactérias fotossintéticas também contêm **ficobilinas**, que estão relacionadas com a clorofila, mas que carecem de um íon metal.

A energia solar é capturada pela clorofila localizada em dois fotossistemas

A clorofila e os pigmentos carotenoides acessórios estão localizados em grandes complexos proteicos de múltiplas subunidades, denominados **fotossistemas**, que estão inseridos na membrana tilacoide. Existem dois fotossistemas diferentes nas plantas: o **fotossistema I** e o **fotossistema II**. Embora o fotossistema I seja maior, as estruturas globais dos dois complexos proteicos são muito semelhantes. Ambos os tipos de fotossistemas são constituídos de dois componentes, denominados **centro de reação** e **complexo de antena**. Este último é rico em clorofila e pigmentos acessórios e encontra-se na superfície da membrana tilacoide, exatamente à semelhança de uma antena, de modo a capturar a energia da luz solar (Figura 10.6A). O centro de reação, como o próprio nome indica, está localizado no centro da antena.

A energia da luz solar é inicialmente capturada por moléculas de clorofila e carotenoides no complexo de antena. Quando um fóton de luz solar incide no complexo de antena, a energia contida nesse fóton pode ser transferida para uma molécula de clorofila. Se o *quantum* de energia for de determinada magnitude, ele pode excitar um elétron na molécula de clorofila, de modo que esse elétron ganha energia e migra para um orbital mais alto na camada de elétrons. A energia é então direcionada para uma molécula de clorofila adjacente e, em seguida, passo a passo, para o centro de reação (Figura 10.6B). Essa transferência de energia pode ocorrer de duas maneiras:

- Por **transferência de energia por ressonância**, também denominada **transferência de éxciton**, em que o *quantum* de energia é simplesmente deslocado de uma molécula de clorofila para outra, tornando-se a clorofila receptora excitada, enquanto a clorofila doadora retorna a seu estado fundamental

- Por **transferência direta de elétrons**, em que o próprio elétron de alta energia é transferido para a clorofila adjacente, em troca com um elétron de baixa energia.

As moléculas de pigmentos acessórios também podem tornar-se excitadas pela absorbância de luz em diferentes comprimentos de onda, em comparação com as moléculas de clorofila, estendendo a capacidade de captura de energia do complexo e antena. Uma vez excitado, o pigmento acessório transfere o seu *quantum* de energia para a molécula de clorofila mais próxima, iniciando o processo de transporte ao longo do centro de reação.

O centro de reação contém um par de moléculas de clorofila estreitamente adjacentes, que, em geral, são versões ligeiramente modificadas da clorofila *a*. As moléculas no centro de reação do fotossistema I absorvem a luz mais eficientemente em um comprimento de onda de 700 nm. Em virtude dessa propriedade, o centro de reação do fotossistema I é denominado **P700**. Por uma razão semelhante, o centro de reação do fotossistema II é denominado **P680**. Em condições normais, o par de clorofilas em cada centro de reação constitui os aceptores finais do *quanta* de energia coletado a partir da luz solar pelos pigmentos de antena. Entretanto, com altas intensidades de luz, a energia em excesso é transferida para os carotenoides, protegendo os fotossistemas contra a lesão.

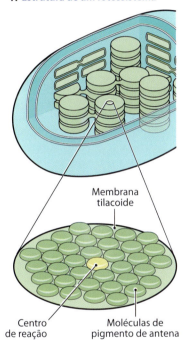

A Estrutura de um fotossistema

B Energia direcionada para o centro de reação

Figura 10.6 Estrutura e modo de ação de um fotossistema. A. Fotossistema é um complexo proteico contendo pigmentos coletores de luz. O complexo de antena, mostrado em verde, circunda o centro de reação. **B.** A energia capturada da luz solar é direcionada, através do complexo de antena, para o centro de reação.

10.2.2 Transporte de elétrons e fotofosforilação

As moléculas de clorofila excitadas nos centros de reação P680 e P700 participam de uma cadeia de transporte de elétrons, que resulta na síntese de NADPH e ATP. Como o processo é impulsionado pela luz, a síntese de ATP por essa via é denominada **fotofosforilação**.

Fluxo dos elétrons do fotossistema II para o NADPH

O centro de reação P680 constitui o início da cadeia de transporte de elétrons fotossintética. Trata-se do centro de reação no fotossistema II, que é assim denominado, não pelo fato de atuar depois do fotossistema I no transporte de elétrons, mas por ter sido o segundo dos dois fotossistemas a ser descoberto.

A versão excitada do P680, gerada pela energia transferida ao longo do complexo de antena a partir de um pigmento coletor de luz, é designada como P680*. A série de eventos que ocorrem na cadeia de transporte de elétrons, que começa com P680*, é a seguinte (Figura 10.7).

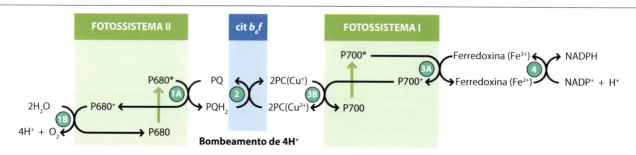

Figura 10.7 Transferência de elétrons do fotossistema II para o NADPH. As etapas envolvidas no processo, conforme descrito no texto, estão indicadas por círculos de cor verde-escura. As setas verdes verticais indicam a excitação dos centros de reação P680 e P700. Abreviaturas: PC, plastocianina; PQ, plastoquinona.

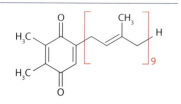

Figura 10.8 Plastoquinona. A parte da estrutura entre colchetes é repetida nove vezes.

Etapa 1A. Um elétron de alta energia é transferido do P680* para a **plastoquinona (PQ)**. A plastoquinona é um composto lipossolúvel, constituído de um anel benzeno modificado (Figura 10.8), que pode se mover dentro da membrana tilacoide. Dois elétrons mais um par de íons H$^+$ convertem a plastoquinona em sua forma reduzida, PQH$_2$.

$$P680^* + PQ + 2H^+ \rightarrow P680^+ + PQH_2$$

P680*, após doar um elétron à PQ, possui agora um elétron a menos do que deveria ter. Essa forma é designada como P680$^+$.

Etapa 1B. O P680$^+$ repõe o elétron que falta com um elétron da água para gerar P680. A remoção de quatro elétrons da água por quatro moléculas de P680$^+$ resulta na produção de oxigênio, um dos aspectos característicos da fotossíntese.

$$2H_2O \rightarrow 4e^- + 4H^+ + O_2$$

Etapa 2. Na cadeia de transporte de elétrons, o PQH$_2$ doa seus elétrons para o **complexo do citocromo b$_6$f**. É constituído dos dois citocromos que contêm ferro, o citocrocomo b$_6$ e o citocromo f, bem como de uma proteína de ferro-enxofre (FeS). A partir desse complexo, os elétrons são transferidos para a **plastocianina (PC)**, uma proteína contendo cobre.

$$PQH_2 + 2PC(Cu^{2+}) \rightarrow PQ + 2PC(Cu^+) + 2H^+$$

Etapa 3A. O P700 é convertido em sua forma excitada P700* ao aceitar um elétron de alta energia do complexo de antena. Ele doa um elétron à **ferredoxina**, um tipo de proteína FeS, transformando-se no cátion P700$^+$.

$$P700^* + ferredoxina(Fe^{3+}) \rightarrow P700^+ + ferredoxina(Fe^{2+})$$

Etapa 3B. O P700 é então regenerado pela transferência de um elétron para o P700$^+$ a partir da PC(Cu$^+$) formada na ***Etapa 2***.

Etapa 4. Nessa etapa, ocorre produção de NADPH. Dois elétrons da forma reduzida da ferredoxina são usados pela **NADP redutase** para converter NADP$^+$ em NADPH.

$$2\text{ferredoxina}(Fe^{2+}) + NADP^+ + H^+ \rightarrow 2\text{ferredoxina}(Fe^{3+}) + NADPH$$

Boxe 10.2 Orbitais atômicos.

PRINCÍPIOS DE QUÍMICA

O núcleo de um átomo é circundado por uma nuvem de elétrons de carga negativa. Embora seja atraente comparar o movimento dos elétrons ao redor do núcleo com a órbita dos planetas ao redor de uma estrela, as trajetórias dos elétrons individuais são muito mais complexas e não podem ser previstas com certeza. Em lugar de procurar definir as trajetórias individuais, identificamos a região do espaço ao redor do núcleo onde determinado elétron tem probabilidade de ser encontrado; essa região é denominada **orbital**.

O átomo mais simples é o átomo de hidrogênio, que possui um único elétron. Esse elétron ocupa o orbital 1s. A nomenclatura indica que o orbital representa o nível de energia 1 (o mais baixo nível de energia) e é esférico, com o núcleo situado em seu centro. O orbital 2s também é esférico, porém apresenta um nível de energia mais alto e, portanto, estende-se a maior distância do núcleo. Para migrar do orbital 1s para o orbital 2s, um elétron precisa ser **excitado** – isto é, precisa ganhar energia. Subsequentemente, se o elétron retornar ao orbital 1s, ele perde energia. Existem também orbitais p, cujo formato se assemelha a um par de balões, um de cada lado do núcleo. O nível mais baixo de energia para um orbital p é 2. Em níveis mais altos de energia, os balões tornam-se maiores.

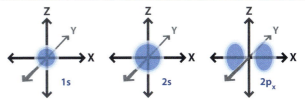

Se dois átomos se aproximarem um do outro o suficiente para resultar em sobreposição de seus orbitais, um ou mais elétrons podem ser compartilhados entre os átomos. Esses átomos formam uma ligação (ver *Boxe 3.3*), e seus elétrons compartilhados passam a ocupar orbitais moleculares que, à semelhança dos orbitais atômicos, possuem formas características, podendo existir em diferentes níveis de energia.

Durante a fase de coleta da luz da fotossíntese, um elétron dentro de uma molécula de clorofila ganha energia a partir de um fóton de luz solar, permitindo que ele salte de seu orbital molecular para um nível de maior energia. A transferência de energia por ressonância para uma molécula de clorofila adjacente resulta no retorno do elétron a seu orbital original, com excitação de um elétron na segunda molécula. Como alternativa, na transferência direta de elétrons, o elétron pula, da molécula excitada, diretamente para um orbital de maior nível na molécula de clorofila adjacente, com movimento de um elétron de um orbital mais baixo, no sentido oposto, dessa segunda molécula de clorofila para a molécula inicial.

O transporte de elétrons fotossintético gera um gradiente eletroquímico

Quando estudamos a cadeia de transporte de elétrons nas mitocôndrias, descobrimos que o movimento de íons H$^+$ através da membrana mitocondrial interna cria um gradiente eletroquímico, que é subsequentemente utilizado para ativar a síntese de ATP. A fotofosforilação (a síntese de ATP durante a fotossíntese) também é impulsionada por um gradiente eletroquímico estabelecido durante o transporte de elétrons. A única diferença significativa é o modo pelo qual esse gradiente é gerado.

Um componente da cadeia de transporte de elétrons fotossintética, o complexo do citocromo $b_6 f$, atua como bomba de prótons, de maneira semelhante aos Complexos I, III e IV da cadeia respiratória mitocondrial. O complexo do citocromo $b_6 f$ transfere íons H$^+$ do estroma para o espaço nos tilacoides (Figura 10.9). Este é o único componente da cadeia de transporte de elétrons da fotossíntese que pode transferir ativamente íons H$^+$ através da membrana tilacoide, porém o gradiente é suplementado por duas outras reações que ocorrem durante o transporte de elétrons:

- Os íons H$^+$, liberados quando a água é oxidada pelo P680$^+$ (***Etapa 1B***, anteriormente) acumulam-se no interior do tilacoide, contribuindo para a carga positiva efetiva no lado interno da membrana tilacoide

- Os íons H$^+$ que são consumidos para a conversão do NADP$^+$ em NADPH pela NADP redutase (***Etapa 4***) são obtidos do estroma, contribuindo para a carga negativa efetiva no lado estromal da membrana tilacoide.

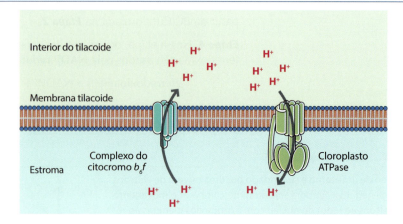

Figura 10.9 Bombeamento de prótons e síntese de ATP no cloroplasto. O complexo do citocromo b_6f bombeia prótons através da membrana tilacoide e para dentro do tilacoide. A saída dos prótons por meio da ATPase resulta na síntese de ATP.

Boxe 10.3 O papel dos pigmentos carotenoides na fotoproteção.

Além de contribuir para a coleta de luz, os pigmentos carotenoides desempenham um importante papel na **fotoproteção**. Trata-se de um processo que impede o dano aos fotossistemas com altas intensidades luminosas. Nessas condições, a excitação dos elétrons pode ocorrer em taxas tão elevadas, que nem toda a energia absorvida pode ser direcionada para os centros de reação. Essa situação é potencialmente lesiva, visto que a energia pode ser transferida para moléculas de oxigênio no cloroplasto, convertendo-as em **oxigênio singlete** ($^1O_2$), o qual, por sua vez, pode dar origem a **espécies reativas de oxigênio**, como o peróxido de hidrogênio. As espécies reativas de oxigênio são poderosos agentes oxidantes, que podem comprometer a função celular ao danificar as membranas e inativar as enzimas.

Para evitar a produção de oxigênio singlete, a energia excessiva absorvida pela clorofila na presença de alta intensidade de luz é transferida para carotenoides presentes no complexo de antena ou adjacente a ele. A alta intensidade luminosa induz o **ciclo da xantofila**, que resulta na modificação química de certos carotenoides, produzindo derivados com propriedades de dissipação da energia. Um exemplo é a síntese de zeaxantina a partir da violaxantina. A transferência de energia de uma molécula de clorofila excitada para a zeaxantina possibilita a dissipação da energia com segurança na forma de calor. O nome técnico para esse processo é de **extinção não fotoquímica (*non-photochemical quenching*)**.

Boxe 10.4 Esquema Z.

O sistema de transporte de elétrons da fotossíntese é algumas vezes denominado **esquema Z**. O nome refere-se à forma do gráfico que representa as alterações do potencial redox que ocorrem ao longo da via que começa com a excitação inicial do centro de reação P680 e termina com a redução do NADP+ e NADPH pela NADP redutase. Em geral, o potencial redox é representado graficamente no eixo *y*, conforme mostrado aqui, o que significa que o gráfico resultante tem mais a forma de um N do que de um Z. O gráfico mostra um aumento inicial do potencial redox causado pela excitação do P680, seguida de declínio gradual à medida que os elétrons são transferidos para a plastoquinona, o complexo do citocromo b_6f e, em seguida, a plastocianina. Nesse ponto, o gráfico mostra um segundo aumento do potencial redox com a excitação do P700, seguida de outro declínio à medida que os elétrons fluem para a ferredoxina e a NADP redutase.

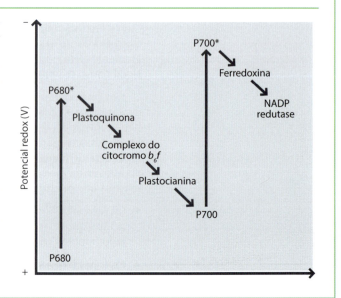

Combinadas com o bombeamento de prótons (H⁺) do complexo do citocromo $b_6 f$, a oxidação da água e a redução do NADP⁺ estabelecem um gradiente eletroquímico acentuado o suficiente para gerar ATP.

A geração de ATP a partir de ADP e fosfato inorgânico ocorre exatamente como na mitocôndria. A ATP sintase dos cloroplastos é estruturalmente muito semelhante à F_0F_1ATPase mitocondrial, atuando como motor molecular impulsionado pelo movimento de prótons do espaço tilacoide para o estroma.

A fotofosforilação pode ser desacoplada da síntese de NADPH

O sistema que analisamos até o momento liga a síntese de ATP com a do NADPH. No esquema mostrado na Figura 10.7, é impossível gerar o gradiente eletroquímico para a fotofosforilação sem reduzir o NADP⁺ a NADPH. Isso representa um problema, visto que pode haver ocasiões em que o suprimento de NADPH dos cloroplastos esteja baixo, não sendo, portanto possível formar NADPH em qualquer taxa significativa. Contudo, pode ainda haver uma necessidade de síntese de ATP. Como esse problema pode ser solucionado?

A resposta é mudar para uma via alternativa de transporte de elétrons, que permita que a fotofosforilação seja desacoplada da síntese de NADPH. Essa via é denominada **fotofosforilação cíclica** e é mostrada na Figura 10.10. Nesse sistema, o estado excitado do centro de reação P700 (P700*) transfere elétrons de alta energia para a ferredoxina, como na via não cíclica; entretanto, a partir da ferredoxina, o fluxo de elétrons ocorre para o complexo do citocromo $b_6 f$ e, em seguida, para a plastocianina. Os elétrons retornam então ao P700⁺, restabelecendo o estado fundamental do centro de reação. Isso significa que a bomba de prótons do complexo do citocromo $b_6 f$ ainda está operando, e um gradiente eletroquímico pode ser estabelecido, de modo que ainda é possível haver síntese de ATP. Com a transferência dos elétrons da plastocianina de volta ao P700⁺, em lugar de NADP redutase, nenhum NADP⁺ é utilizado. Além disso, como o fotossistema P680 não está envolvido, a fotofosforilação cíclica não gera oxigênio.

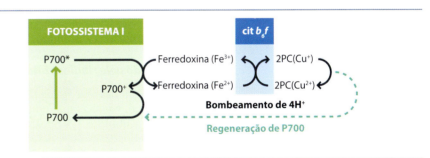

Figura 10.10 Fotofosforilação cíclica. Nessa via, o fluxo de elétrons ocorre da ferredoxina para a plastocianina por meio do complexo do citocromo $b_6 f$, de modo que ocorre bombeamento de prótons, e o ATP pode ser sintetizado. A plastocianina regenera o P700 a partir do P700⁺, o que significa que não há síntese de NADPH.

10.3 Reações de fase escura

No segundo estágio da fotossíntese, o NADPH e o ATP sintetizados pelas reações de fase luminosa são utilizados para a síntese de carboidratos a partir do dióxido de carbono e da água. Essa reação converte uma forma inorgânica de carbono (CO_2) em uma forma orgânica (carboidrato) e, portanto, é denominada **fixação de carbono**. Ocorre no estroma, e os produtos finais são a sacarose e o amido.

10.3.1 Ciclo de Calvin

Ocupando uma posição central nas reações de fase escura encontra-se uma via cíclica denominada **ciclo de Calvin**, assim designada em homenagem a Melvin Calvin da Berkeley University que, com os seus colegas Andrew Benson e James Bassham, foi o primeiro a descrever a via em uma série de artigos marcantes, publicados entre 1949 e 1953. O ciclo de Calvin gera uma molécula do açúcar de três carbonos, o gliceraldeído

210 Parte 2 Geração de Energia e Metabolismo

Boxe 10.5 Fotossíntese nas bactérias.

A fotossíntese não se limita aos cloroplastos das plantas e das algas. Vários tipos de bactérias também são capazes de converter a energia luminosa em energia química.

Nas cianobactérias, o processo assemelha-se muito ao que ocorre nos cloroplastos. As cianobactérias possuem estruturas membranosas internas que se assemelham aos tilacoides e capturam luz por meio de um pigmento azul, denominado ficocianina. Possuem centros de reação do fotossistema I e fotossistema II, bem como uma cadeia de transporte de elétrons quase idêntica àquela das plantas e das algas. Em virtude dessas semelhanças, foi sugerido que os cloroplastos são descendentes das cianobactérias que formaram uma relação simbiótica com o precursor da célula eucariótica em um estágio inicial da evolução (ver *Seção 2.1.3*).

Outros procariotos fotossintéticos incluem as bactérias púrpura e verdes, bem como membros da família das heliobactérias. Essas espécies contêm uma ou mais versões da porfirina denominada bacterioclorofila, que possui uma estrutura semelhante à clorofila dos cloroplastos, mas que absorve a luz através de uma faixa mais ampla de comprimentos de onda. A energia é direcionada para um único fotossistema, ligado a uma cadeia de transporte de elétrons constituída por quinonas e citocromos, com bombeamento de prótons através da membrana plasmática para gerar o gradiente eletroquímico que possibilita a síntese de ATP. Uma importante diferença reside no fato de que essas bactérias não utilizam água como doador de elétrons para a regeneração dos fotossistemas. Isso significa que elas não produzem oxigênio, realizando, assim, a **fotossíntese anoxigênica**. As bactérias púrpura e verdes sulfurosas, como o próprio nome indica, utilizam ácido sulfídrico (H_2S) como principal doador de elétrons e, portanto, caracterizam-se pela síntese de enxofre elementar. Em outras espécies, o gás hidrogênio ou íons ferrosos atuam como doadores de elétrons.

3-fosfato, a partir de três moléculas de dióxido de carbono. A energia necessária para obter essa fixação do carbono é fornecida por seis moléculas de NADPH e nove moléculas de ATP. A reação global é a seguinte:

$$3CO_2 + 6NADPH + 9ATP \rightarrow \text{gliceraldeído 3-fosfato} + 6NADP^+ + 9ADP + 8P_i$$

em que P_i é, como de costume, o fosfato inorgânico. O gliceraldeído 3-fosfato que é produzido é então utilizado na síntese de sacarose e amido.

O ponto inicial do ciclo de Calvin consiste na reação catalisada pela enzima denominada **ribulose-1,5-bifosfato carboxilase/oxidase**, frequentemente abreviada como **Rubisco**. Trata-se da etapa diretamente responsável pela fixação do carbono. Começaremos com uma análise dessa reação antes de considerar o ciclo de Calvin como um todo e modo pelo qual a sacarose e o amido são sintetizados a partir do gliceraldeído 3-fosfato.

O carbono é fixado pela ribulose bifosfato carboxilase

A etapa fundamental nas reações de fase escura é a etapa diretamente responsável pela fixação do carbono. Nessa etapa, uma molécula de CO_2 combina-se com o açúcar de cinco carbonos, a ribulose 1,5-bifosfato (Figura 10.11). Essa combinação produz um açúcar de seis carbonos instável, denominado 3-ceto-2-carboxiarabinitol-1,5-bifosfato, que imediatamente sofre ruptura em duas moléculas da triose 3-fosfoglicerato.

A ribulose bifosfato carboxilase, a enzima que catalisa essa reação, possui 16 subunidades, oito subunidades grandes ou L e oito subunidades pequenas ou S. Cada uma das subunidades grandes contém um sítio ativo onde o dióxido de carbono pode se combinar

---

Figura 10.11 Reação catalisada pela Rubisco.

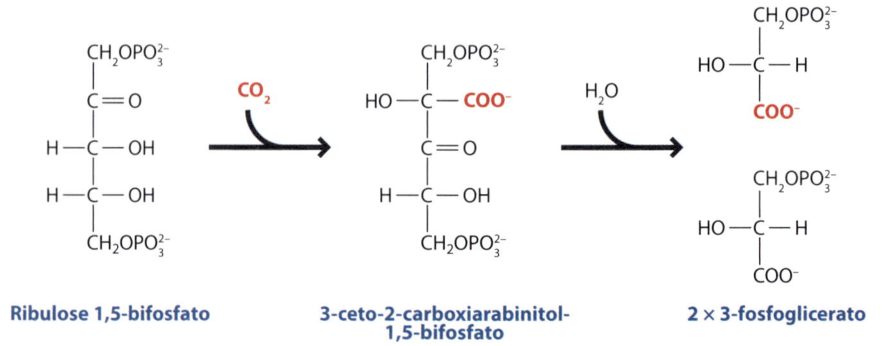

Ribulose 1,5-bifosfato → 3-ceto-2-carboxiarabinitol-1,5-bifosfato → 2 × 3-fosfoglicerato

Capítulo 10 Fotossíntese 211

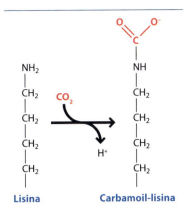

Figura 10.12 Formação do derivado carbamoil da lisina.

com ribulose 1,5-bifosfato. Uma lisina, que foi modificada pela adição de um grupo carboxila para produzir o derivado **carbamoil** desse aminoácido, contribui com parte do sítio ativo (Figura 10.12). Essa lisina liga-se a um íon magnésio, Mg^{2+}, que desempenha o papel central, levando os reagentes no sítio ativo e colocando-os nas posições relativas corretas para que possa ocorrer a reação de fixação do carbono.

A Rubisco atua muito lentamente, realizando apenas três reações por segundo a 25°C. Por esse motivo, é necessária a presença de uma grande quantidade da enzima em cada cloroplasto, de modo a manter a taxa global de fixação do carbono em um nível aceitável. Essa característica da enzima é responsável por alguns dos fatos mais incríveis da biologia. A Rubisco representa 15 a 50% da proteína total dos cloroplastos e quase certamente é a proteína mais abundante do planeta. Uma estimativa é que são sintetizados 1.000 kg de Rubisco a cada segundo na biosfera, havendo um equivalente de 44 kg de Rubisco para cada pessoa viva.

A acurácia desses fatos incríveis sobre a Rubisco é uma questão aberta a debate. O que é mais certo é o fato de a Rubisco ser o principal ponto de controle das reações de fase escura; em particular, é responsiva à quantidade de luz solar, sendo menos ativa quando os níveis de luz solar são baixos. Essa resposta assegura que a síntese de carboidratos pelas reações de fase escura esteja coordenada com a produção de NADPH e de ATP pelas reações de fase luminosa.

Em condições de baixa luminosidade, o sítio ativo da Rubisco é bloqueado. Isso pode ocorrer de duas maneiras diferentes. A Rubisco recém-sintetizada, em que a lisina no sítio ativo ainda não foi carbamoilada pelo dióxido de carbono, liga-se à ribulose 1,5-bifosfato, porém de modo não produtivo, o que significa que não há conversão em 3-fosfoglicerato (Figura 10.13A). Quando os níveis de luz aumentam, uma segunda enzima, denominada **Rubisco ativase**, remove a ribulose 1,5-bifosfato, de modo que possa ocorrer a modificação da lisina, assim como a ligação produtiva da ribulose 1,5-bifosfato. A Rubisco que já apresenta a lisina modificada pode ser inativada de modo semelhante, mas não pela ribulose 1,5-bifosfato. Em vez disso, o agente bloqueador é o 2-carboxi-D-arabitinol 1-fosfato, um análogo estável do açúcar de seis carbonos instável produzido como intermediário da atividade da Rubisco (Figura 10.13B). Mais uma vez, a Rubisco ativase remove o 2-carboxi-D-arabitinol 1-fosfato ligado no momento apropriado. A remoção de qualquer um dos compostos bloqueadores pela Rubisco ativase exige a conversão do ATP em ADP. Por conseguinte, a atividade da enzima depende da quantidade de ATP presente no estroma do cloroplasto. Se o nível de ATP estiver

Figura 10.13 Inibição da Rubisco em condições de pouca luz. A. Inibição pela ligação não produtiva da ribulose 1,5-bifosfato à lisina não modificada no sítio ativo da Rubisco recém-sintetizada e, **(B)** ligação não produtiva do 2-carboxi-D-arabitinol 1-fosfato a uma lisina que está carbamoilada. Ambos os tipos de inibição podem ser revertidos pela Rubisco ativase, em resposta a uma intensidade crescente de luz.

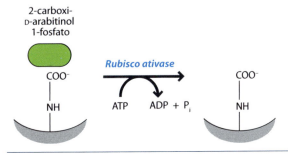

baixo, devido à baixa intensidade da luz e à ocorrência de pouca fotofosforilação, a Rubisco ativase é inibida, e os compostos bloqueadores não são removidos dos sítios ativos da Rubisco. Quando a intensidade de luz aumenta, e ocorre elevação dos níveis de ATP, a Rubisco ativase é ativada, e os compostos bloqueadores são removidos.

Um segundo esquema regulador para a Rubisco depende da disponibilidade de íons magnésio. Esses íons constituem um cofator essencial para a atividade da Rubisco, havendo necessidade de Mg^{2+} para a ligação do substrato ao sítio ativo. O conteúdo de Mg^{2+} do estroma, no qual está localizada a Rubisco, é influenciado pelo gradiente de prótons estabelecido pelas reações de fase luminosa. Quando existe uma carga negativa efetiva no estroma, em comparação com o espaço tilacoide, os íons Mg^{2+} migram do espaço tilacoide para o estroma, garantindo um suprimento contínuo para a atividade da Rubisco (Figura 10.14). Por outro lado, quando as reações de fase luminosa são menos ativas, haverá menor carga negativa efetiva no estroma, resultando na entrada reduzida de Mg^{2+}, e, portanto, em limitação da Rubisco. Por conseguinte, a disponibilidade de íons magnésio proporciona uma segunda maneira de ligar a atividade da Rubisco com a das reações de fase luminosa.

Figura 10.14 Os íons magnésio entram no estroma em resposta ao gradiente eletroquímico estabelecido pelo bombeamento de prótons. Acredita-se que a membrana tilacoide contém uma proteína de transporte para o movimento do Mg^{2+} através da membrana, porém essa proteína ainda não foi isolada.

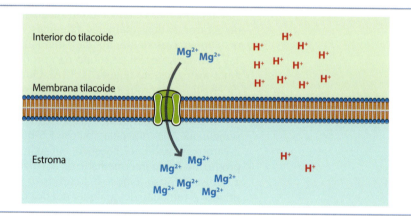

Etapas do ciclo de Calvin

Conforme descrito anteriormente, o ciclo de Calvin resulta na síntese de uma molécula de gliceraldeído 3-fosfato a partir de três moléculas de dióxido de carbono. O ciclo como um todo é apresentado na Figura 10.15. Observe que, no ciclo de Calvin, é importante considerar a **estequiometria** em cada etapa. Refere-se ao número de moléculas de cada reagente que são usadas e ao número de moléculas produzidas de cada produto. A estequiometria é importante, porque é necessário fixar três moléculas de dióxido de carbono, o que exige três reações paralelas da Rubisco, de modo a produzir finalmente uma molécula de gliceraldeído 3-fosfato.

As etapas de ciclo de Calvin são as seguintes:

Etapa 1. A Rubisco realiza a etapa de fixação do carbono. Essa etapa foi ilustrada na Figura 10.11.

Etapa 2. As moléculas de 3-fosfoglicerato são fosforiladas a 1,3-bifosfoglicerato pela **fosfoglicerato quinase**, utilizando uma molécula de ATP para cada molécula de 3-fosfoglicerato.

3-fosfoglicerato + ATP ⇌ (Fosfoglicerato quinase) 1,3-bifosfoglicerato + ADP

Figura 10.15 Ciclo de Calvin. As etapas necessárias no processo, conforme descrito no texto, estão indicadas pelos círculos verdes. As abreviaturas C3, C5 e C6 indicam o número de carbonos nos diferentes compostos de açúcar.

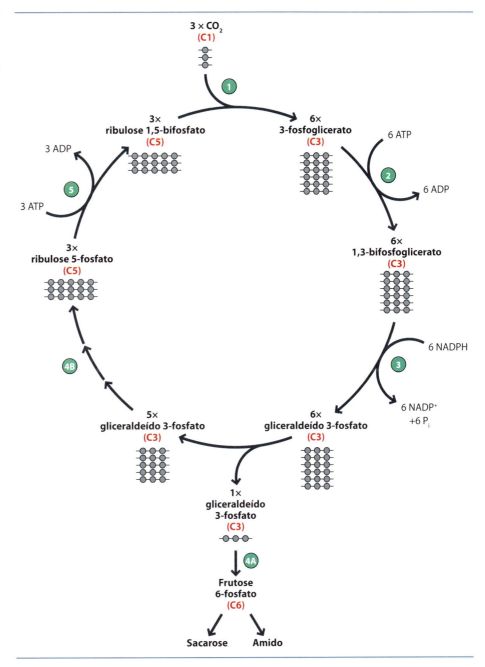

Etapa 3. A **gliceraldeído 3-fosfato desidrogenase** converte o 1,3-bifosfoglicerato em gliceraldeído 3-fosfato, com perda do fosfato inorgânico. A energia é fornecida pelo NADPH.

A fosfoglicerato quinase e a gliceraldeído 3-fosfato desidrogenase também estão envolvidas na glicólise, catalisando as etapas 7 e 6 daquela via, respectivamente. Por conseguinte, as reações no ciclo de Calvin são o inverso dessa parte da glicólise, sendo a única diferença a de que, na glicólise, a energia liberada na etapa 6 é armazenada na forma de NADH, ao passo que, no ciclo de Calvin, a energia necessária para a etapa 3 é fornecida pelo NADPH.

214 Parte 2 Geração de Energia e Metabolismo

Etapa 4A. Uma molécula de gliceraldeído 3-fosfato é desviada do ciclo de Calvin, tornando-se o produto que subsequentemente será usado na produção de sacarose e amido.

Etapa 4B. As outras cinco moléculas de gliceraldeído 3-fosfato são convertidas em três moléculas do açúcar de cinco carbonos, a ribulose 5-fosfato. Na realidade, essa etapa consiste em uma complexa série de etapas individuais, envolvendo oito açúcares intermediários e catalisadas por uma aldolase, uma transcetolase e cinco outras enzimas. Se ignorarmos os intermediários, a reação pode ser resumida da seguinte maneira:

Etapa 5. A ribulose 5-fosfato é fosforilada a ribulose 1,5-bifosfato pela **ribulose 5-fosfato quinase**. Ocorre consumo de ATP.

O ciclo nessa etapa regenera a ribulose 1,5-bifosfato necessária para outra rodada do ciclo.

A ferredoxina da reação de fase luminosa regula o ciclo de Calvin

Estudamos anteriormente como a etapa de fixação do carbono, catalisada pela Rubisco, é regulada indiretamente pela luz solar, pela Rubisco ativase e pelo conteúdo de íons magnésio do estroma. O fluxo subsequente de metabólitos pelo ciclo de Calvin é regulado pelo controle das atividades de algumas das outras enzimas envolvidas na via. Essas enzimas incluem as seguintes:

- A fosfoglicerato quinase e a gliceraldeído 3-fosfato desidrogenase, que catalisam as ***Etapas 2*** e ***3***, respectivamente

- A ribulose 5-fosfato quinase, que catalisa a ***Etapa 5***

- Duas enzimas, a frutose 1,6-bifosfatase e a sedo-heptulose 1,7-bifosfatase, que estão envolvidas nas séries complexas de reações que compõem a ***Etapa 4B***.

A atividade catalítica de uma cada uma dessas enzimas pode ser inibida pela formação de uma ponte de dissulfeto adicional. Essas ligações S-S, não estão, em si, nos sítios ativos de suas enzimas, porém a sua presença interfere no sítio ativo, de modo que a reação catalítica não pode mais ocorrer (Figura 10.16A). Por conseguinte, o controle sobre a ausência ou presença dessas pontes dissulfeto constitui uma maneira de regular as atividades dessas enzimas.

A ferredoxina, o carreador de elétrons imediatamente após o P700* nas reações de fase luminosa, influencia indiretamente a presença dessas pontes de dissulfeto inibitórias nas enzimas do ciclo de Calvin. A versão reduzida da ferredoxina (Fe^{2+}), que é produzida quando as reações de fase luminosa são ativas, converte, por sua vez, a proteína **tiorredoxina** a sua forma reduzida por uma reação catalisada pela **ferredoxina-tiorredoxina redutase** (Figura 10.16B). A tiorredoxina reduzida cliva as pontes de dissulfeto inibitórias, assegurando que a atividade das enzimas do ciclo de Calvin seja coordenada com a das reações de luz. A ação da tiorredoxina precisa ser contínua, visto que outras enzimas

Figura 10.16 Regulação das enzimas do ciclo de Calvin pela formação de pontes de dissulfeto. A. No caso de algumas enzimas, a formação de uma ponte de dissulfeto adicional resulta em inativação. **B.** A formação de ponte de dissulfeto é mediada pela ferredoxina (Fe^{2+}), que reduz a tiorredoxina por meio da ruptura de uma ponte de dissulfeto. Por sua vez, a forma reduzida da tiorredoxina é capaz de romper a ligação de dissulfeto inibitória na enzima-alvo.

A Inativação de uma enzima pela formação de ponte de dissulfeto

B Papel da tiorredoxina na inativação de enzimas

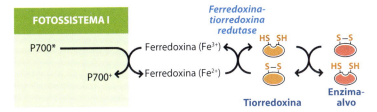

procuram constantemente reconstruir as pontes de dissulfeto. Isso significa que, tão logo haja um declínio das reações de fase luminosa, ocorre formação de ligações S-S, e observa-se também uma redução na velocidade do ciclo de Calvin.

10.3.2 Síntese de sacarose e de amido

No conjunto final de reações de fase escura, as moléculas de gliceradeído 3-fosfato produzidas pelo ciclo de Calvin são utilizadas para a síntese de frutose 6-fosfato e glicose 6-fosfato, que podem ser então metabolizadas para gerar sacarose e amido. A sacarose é transportada por toda a planta e utilizada como suprimento imediato de energia, enquanto a formação de amido proporciona uma forma de armazenamento da energia em excedente.

A sacarose é sintetizada no citoplasma

As moléculas de gliceraldeído 3-fosfato produzidas pelo ciclo de Calvin são, em sua maior parte, utilizadas na síntese de sacarose. A primeira etapa desse processo ocorre no cloroplasto, onde parte do gliceraldeído 3-fosfato é convertido em di-hidroxiacetona fosfato pela enzima triose fosfato isomerase (Figura 10.17). Essa reação é o reverso da

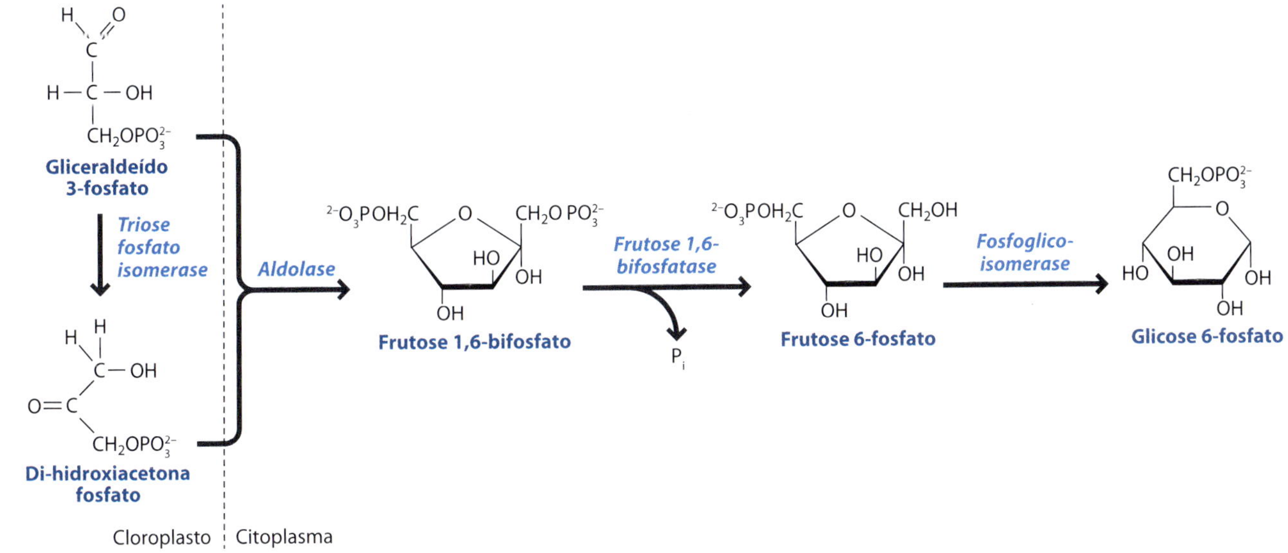

Figura 10.17 Primeiras etapas na síntese de sacarose.

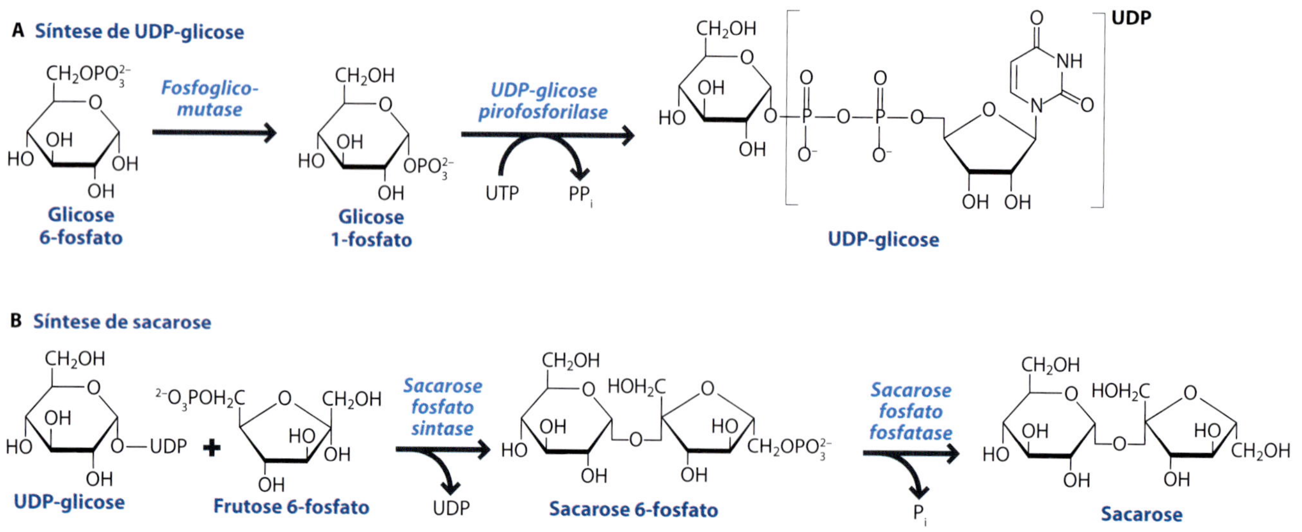

A Síntese de UDP-glicose

B Síntese de sacarose

Figura 10.18 Os dois estágios finais na síntese de sacarose.

etapa 5 da glicólise. Em seguida, as moléculas de gliceraldeído 3-fosfato e de di-hidroxiacetona fosfato saem do cloroplasto e entram no citoplasma. A transferência através da membrana interna do cloroplasto exige a presença de uma proteína de transporte transmembrana especial, porém ambos os compostos podem atravessar diretamente a membrana externa mais permeável.

No citoplasma, a aldolase une o gliceraldeído 3-fosfato e a di-hidroxiacetona fosfato, formando frutose 1,6-bifosfato, que é convertida em frutose 6-fosfato pela **frutose 1,6-bifosfatase**, e a glicose 6-fosfato é então produzida por rearranjo pela fosfoglicoisomerase. Mais uma vez, essas reações reproduzem, em direção oposta, uma parte da via glicolítica, neste caso, as etapas 4-2.

Existem duas etapas que não são observadas na glicólise. O grupo fosfato da glicose 6-fosfato é transferido do carbono número 6 para o carbono número 1, produzindo glicose 1-fosfato (Figura 10.18A). Essa reação é catalisada pela **fosfoglicomutase**. Em seguida, o fosfato é substituído por uridina difosfato (UDP) pela **UDP-glicose pirofosforilase**. Isso resulta em uma forma ativada de glicose, que, nessa etapa, pode ser ligada à frutose 6-fosfato formada anteriormente na via, produzindo o dissacarídio sacarose 6-fosfato, que é então desfosforilado para formar o produto final, a sacarose (Figura 10.18B). As enzimas necessárias para essas duas etapas são, respectivamente, a **sacarose fosfato sintase** e a **sacarose fosfato fosfatase**.

O amido é sintetizado nos cloroplastos e amiloplastos

O amido também é sintetizado a partir de um intermediário da glicose ativado, embora seja habitualmente a **ADP-glicose**, em certas ocasiões a CDP- ou GDP-glicose, mas nunca a UDP-glicose. A ADP-glicose é formada no estroma do cloroplasto a partir da glicose 1-fosfato que é produzida por uma via de reações paralelas às que estão ocorrendo no citoplasma. Moléculas de ADP-glicose são então adicionadas às extremidades de uma molécula de amido em crescimento pela **amido sintase** (Figura 10.19). Esse aspecto da bioquímica provou ser controverso nesses últimos anos, em virtude da presença de duas extremidades distintas na molécula de amido, descritas como extremidades redutora e não redutora, dependendo do término da cadeia com o carbono 1 anomérico (extremidade redutora) ou com o carbono 4 não anomérico (extremidade não redutora). Durante muitos anos, acreditou-se que a amido sintase só adicionasse unidades de glicose à extremidade redutora; todavia, hoje em dia, foi demonstrado que a enzima também pode catalisar a transferência para a extremidade não redutora. Existe também uma **enzima ramificadora do amido**, que pode sintetizar as ligações $\alpha(1\rightarrow6)$, que resultam na estrutura ramificada da versão de amilopectina do amido (ver Figura 6.12).

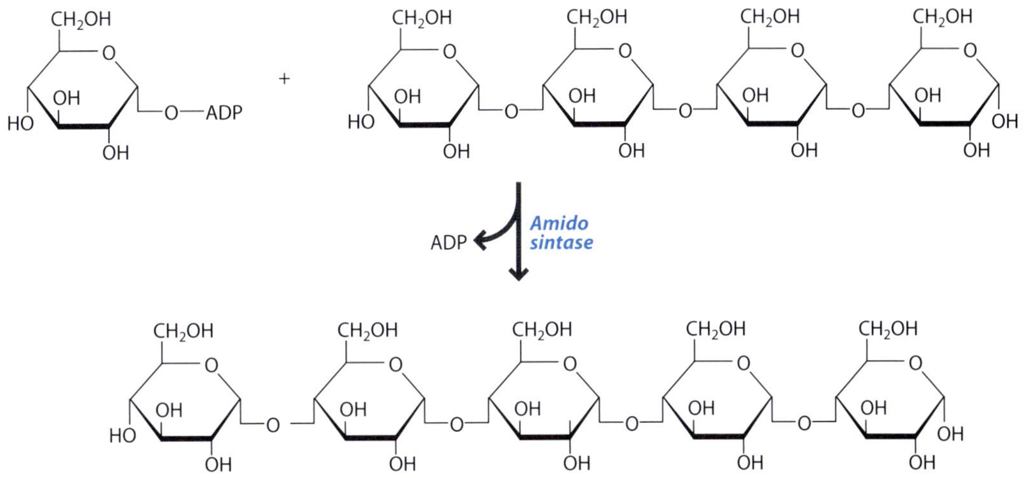

Figura 10.19 Síntese do amido. A figura mostra a adição de uma unidade de glicose à extremidade não redutora de um polímero de amido.

Esses eventos, que ocorrem no cloroplasto, são denominados **síntese de amido transitório**. As reservas de amido que são formadas são de vida curta, sendo a maior parte utilizada para fornecer a energia necessária para a planta durante o período seguinte de obscuridade. Por outro lado, a **síntese de amido armazenado** não ocorre nos cloroplastos, porém em estruturas relacionadas, denominadas **amiloplastos**, que são encontrados nas raízes, nas sementes em desenvolvimento e nos órgãos de armazenamento, como frutas e tubérculos. A glicose utilizada para produzir o amido armazenado é transportada para esses tecidos a partir dos locais de fotossíntese nas folhas e em outras partes aéreas da planta.

10.3.3 Fixação do carbono pelas plantas C4 e CAM

A principal função da Rubisco consiste em adicionar dióxido de carbono à ribulose 1,5-bifosfato, com produção de duas moléculas de 3-fosfoglicerato. Todavia, a enzima também pode realizar uma reação alternativa, na qual adiciona oxigênio em lugar de dióxido de carbono, resultando na síntese de apenas uma molécula de 3-fosfoglicerato, juntamente com uma molécula de 2-fosfoglicolato (Figura 10.20). A formação de 2-fosfoglicolato representa um problema para a planta, visto que esse composto inibe algumas das enzimas do ciclo de Calvin. Uma longa série de reações, designada como **fotorrespiração**, em virtude de levar à geração de dióxido de carbono, converte o 2-fosfoglicolato em 3-fosfoglicerato, porém a via também utiliza ATP e NADH, de modo que representa um desperdício energético.

O oxigênio e o dióxido de carbono competem pelo sítio ativo da Rubisco, e cerca de 75% das reações da enzima utilizam dióxido de carbono, sendo o restante envolvido na via da fotorrespiração. Essa relação pode ser tolerada pela maioria das plantas; entretanto, algumas espécies vivem em ambientes que intensificam o problema causado

Figura 10.20 Primeiro estágio da fotorrespiração, resultando na síntese de 2-fosfoglicolato.

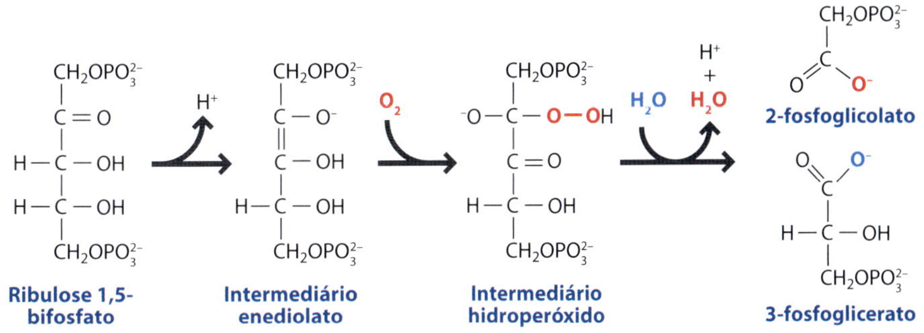

> **Boxe 10.6** Aumentando a capacidade fotossintética das plantas cultivadas. **PESQUISA EM DESTAQUE**
>
> Os biólogos botânicos não sabem ao certo por que a Rubisco realiza a reação alternativa do oxigênio. Possivelmente, a enzima apareceu em um estágio na pré-história geológica da Terra, quando o teor de oxigênio da atmosfera era muito baixo, de modo que a Rubisco primordial não precisava discriminar entre oxigênio e dióxido de carbono. Qualquer que seja a explicação, o resultado é que, nos dias atuais, a fotossíntese é um processo inerentemente ineficiente. No ambiente natural, as plantas são, em sua maioria, capazes de tolerar a perda de aproximadamente 25% da função da Rubisco na reação de oxigenação. Entretanto, a situação é diferente na agricultura, em que a ineficiência da fotossíntese é considerada como um importante fator que limita a produtividade das espécies cultivadas. Por conseguinte, os biotecnologistas vegetais estão pesquisando maneiras de melhorar a atividade da Rubisco, na esperança de que isso irá ajudar a aumentar a quantidade de proteína vegetal que pode ser obtida por acre de terra cultivada.
>
> Uma estratégia para melhorar a atividade da Rubisco em lavouras baseia-se na descoberta de que as enzimas Rubisco das cianobactérias atuam em maior velocidade catalítica do que as das plantas. Por conseguinte, as enzimas das cianobactérias são capazes de sintetizar o 3-fosfoglicerato mais rapidamente do que os vegetais eucarióticos. Se for possível utilizar a engenharia genética (ver *Seção 19.3.1*) para transferir os genes das subunidades grande e pequena da Rubisco de uma cianobactéria para uma planta, então essa planta manipulada por engenharia possivelmente poderá realizar a fotossíntese em maior velocidade e ser mais produtiva. Para testar essa hipótese, os genes da enzima Rubisco de *Synechococcus elongates* foram transferidos para o tabaco. A atividade fotossintética das plantas manipuladas por engenharia foi testada por meio de homogeneização de segmentos de folhas em um tampão de extração contendo diferentes quantidades de bicarbonato de sódio.
>
> Os resultados desse ensaio (gráfico à esquerda) revelam que a taxa de fixação de dióxido de carbono nas plantas geneticamente modificadas é até três vezes a do tabaco normal, mostrando que a enzima da cianobactéria mantém a sua maior velocidade catalítica, mesmo quando expressa no novo hospedeiro. Entretanto, esse resultado está muito longe do projeto final. Quando se desenvolvem em plantas maduras, as variedades de tabaco geneticamente modificadas desenvolvem-se mais lentamente do que as plantas normais e não apresentam nenhum aumento na produtividade. Esse resultado, contudo, não era inesperado. Sabe-se que, nas cianobactérias, existe uma relação inversa entre a atividade e a especificidade da Rubisco. Em outras palavras, a alta atividade catalítica da enzima está associada a menor grau de discriminação entre oxigênio e dióxido de carbono. Isso significa que, embora a Rubisco das cianobactérias atue mais rapidamente do que a enzima das plantas, maior proporção das reações que ela catalisa consiste na oxigenação menos produtiva. As cianobactérias resolveram esse problema pela localização das enzimas Rubisco em estruturas denominadas **carboxissomos**. Os carboxissomos são esferas proteicas que também contêm anidrase carbônica, uma enzima que converte íons bicarbonato (que resultam da dissolução do dióxido de carbono na água) em dióxido de carbono. Na cianobactéria, o bicarbonato difunde-se para dentro de um carboxissomo, onde é convertido em dióxido de carbono. A concentração local de CO_2 no carboxissomo é, portanto, relativamente alta, de modo que as reações catalisadas pelas enzimas Rubisco são, em sua maioria, carboxilações, simplesmente pelo fato de que existe muito mais dióxido de carbono do que oxigênio disponível.
>
> Para utilizar toda a eficiência da fotossíntese das cianobactérias nas plantas cultivadas geneticamente modificadas, será, portanto, necessário não apenas transferir os genes da Rubisco para as plantas, mas também os genes para as proteínas dos carboxissomos e para a anidrase carbônica das cianobactérias. Isso representa um desafio muito maior; entretanto, já foi demonstrado que as proteínas dos carboxissomos podem ser sintetizadas em plantas geneticamente modificadas, e ocorre montagem dessas proteínas em estruturas que se assemelham aos carboxissomos encontrados nas cianobactérias. Por conseguinte, o uso do sistema Rubisco das cianobactérias para aumentar a produtividade das plantas cultivadas pode constituir uma possibilidade futura.
>
>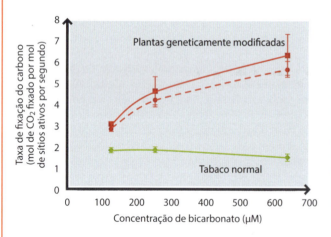

pela capacidade de Rubisco de utilizar oxigênio, bem como dióxido de carbono. Essas espécies, que constituem os grupos **C4** e **CAM** de plantas, desenvolveram vias alternativas de fornecimento de dióxido de carbono à Rubisco.

As plantas C4 transportam o carbono fixado entre diferentes tipos de células

A razão 75:25 entre a utilização de dióxido de carbono e oxigênio pela Rubisco depende das quantidades relativas de dióxido de carbono e oxigênio na atmosfera, que naturalmente é a mesma em todas as partes do mundo. Entretanto, nos climas quentes, as plantas precisam conservar a água, e uma das maneiras de fazê-lo consiste em fechar temporariamente os estômatos existentes em suas folhas (Figura 10.21). Além de reduzir a perda de

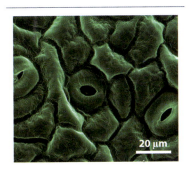

Figura 10.21 Estômatos abertos e fechados em uma folha de cerejeira. Fotografia reproduzida de www.deviantart.com.

água, o fechamento dos estômatos também impede a troca gasosa entre as partes internas da planta e o meio externo. Em consequência, ocorre depleção do dióxido de carbono no suprimento de ar retido conforme a fotossíntese continua, favorecendo a fotorrespiração.

Para evitar esse aumento da fotorrespiração, algumas plantas restringem as reações do ciclo de Calvin a um tecido especializado, constituído de **células do feixe vascular,** que são circundadas por **células do mesófilo** (Figura 10.22). Nas células do mesófilo, o dióxido de carbono é fixado pela enzima **fosfoenolpiruvato carboxilase**, sendo o dióxido de carbono adicionado ao fosfoenolpiruvato para produzir oxaloacetato. O oxigênio não tem nenhum efeito sobre a fixação do dióxido de carbono pela fosfoenolpiruvato carboxilase, de modo que essa reação ocorre com alta eficiência, até mesmo quando os níveis de dióxido de carbono estão baixos. O oxaloacetato que é produzido é convertido em malato pela **malato desidrogenase ligada ao NADP**, e o malato é transportado das células do mesófilo para as células do feixe vascular. Nesse local, a **enzima málica ligada ao NADP** libera o dióxido de carbono, que é coletado pela Rubisco e novamente fixado para produzir 3-fosfoglicerato, iniciando uma volta do ciclo de Calvin. Esse fornecimento direto de dióxido de carbono à Rubisco significa que, nas células do feixe vascular, o ciclo de Calvin pode prosseguir em velocidade máxima, apesar do baixo teor ambiental de dióxido de carbono no restante dos tecidos da planta.

Para completar esse sistema de transporte de dióxido de carbono, o piruvato, que é o segundo produto da reação da enzima malato ligada ao NADP, retorna às células do mesófilo, onde é fosforilado pela **piruvato-P$_i$ diquinase**, regenerando o fosfoenolpiruvato utilizado na fixação inicial do carbono. As espécies que utilizam esse transporte são denominadas plantas C4, visto que o dióxido de carbono é inicialmente fixado na forma de oxaloacetato de quatro carbonos. As espécies em que o Rubisco realiza a fixação inicial do carbono, dando origem a moléculas de 3-fosfoglicerato de três carbonos, são denominadas **plantas C3**. Existem cerca de 7.500 espécies de plantas C4, representando menos de 5% do número total de espécies terrestres, sendo os exemplos comuns o milho, o sorgo e várias gramíneas.

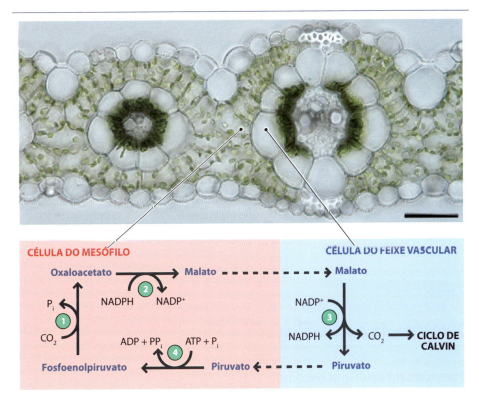

Figura 10.22 Via C4. Um corte realizado através de uma folha de capim coracana (uma planta C4 típica) mostra as células do feixe vascular circundadas por células do mesófilo. Na via C4, as enzimas que catalisam cada etapa são as seguintes: 1, fosfoenolpiruvato carboxilase; 2, malato desidrogenase ligada a NADP; 3, enzima málica ligada a NADP; 4, piruvato-P$_i$ diquinase. Observe que a via possui um custo energético, visto que a etapa 4 utiliza uma molécula de ATP. A barra da escala é de 50 µm. Fotografia reproduzida de *Plant and Cell Physiology* 2009;**50**: 1736, com autorização de Oxford University Press.

As plantas CAM utilizam um controle temporário na fixação do carbono

Algumas espécies de plantas tropicais, incluindo cactos e orquídeas, utilizam a mesma via bioquímica que as plantas C4 para fornecer dióxido de carbono prefixado à Rubisco, porém o fazem sem a necessidade de transportar o malato entre as células. Em vez disso, as duas partes do ciclo ocorrem em diferentes horários do dia. Durante a noite, quando as temperaturas são baixas, os estômatos dessas plantas se abrem, permitindo a entrada de dióxido de carbono. Esse dióxido de carbono é imediatamente fixado para produzir malato, que é armazenado em vacúolos no interior das células vegetais. Durante o dia, quando os estômatos estão fechados, o malato é transportado até os cloroplastos, onde o dióxido de carbono é liberado para ser novamente fixado pela Rubisco.

As espécies que utilizam esse sistema são denominadas plantas CAM. "CAM" é a abreviatura para "metabolismo ácido das crassuláceas" (*Crassulacean acid metabolism*), porém você irá procurar em vão nos livros de bioquímica alguma descrição da estrutura e das propriedades do ácido crassuláceo. Na verdade, o termo refere-se ao metabolismo ácido da família Crassulaceae de plantas, na qual esse processo, tendo o ácido málico como o seu centro, foi descrito pela primeira vez.

Leitura sugerida

Allen JF (2003) Cyclic, pseudocyclic and noncyclic photophosphorylation: new links in the chain. *Trends in Plant Science*, **8**, 15–19.

Andersson I and Backlund A (2008) Structure and function of Rubisco. *Plant Physiology and Biochemistry* **46**, 275–91.

Cogdell RJ, Isaacs NW, Howard TD, McLuskey K, Fraser NJ and Prince SM (1999) How photosynthetic bacteria harvest solar energy. *Journal of Bacteriology* **181**, 3869–79.

Denning-Adams B and Adams WW (1992) Photoprotection and other responses of plants to high light stress. *Annual Review of Plant Physiology and Plant Molecular Biology* **43**, 599–626.

Law CJ, Roszak AW, Southall J, Gardiner AT, Isaacs NW and Cogdell RJ (2004) The structure and function of bacterial light-harvesting complexes. *Molecular Membrane Biology* **21**, 183–91.

Lin MT, Occhialini A, Andralojc PJ, Parry MAJ and Hanson MR (2014) A faster Rubisco with potential to increase photosynthesis in crops. *Nature* **513**, 547–50.

Nelson N and Ben-Shem A (2004) The complex architecture of oxygenic photosynthesis. *Nature Reviews Molecular and Cell Biology* **5**, 971–82. A cadeia de transporte de elétrons fotossintética.

Portis AR, Li C, Wang D and Salvucci ME (2008) Regulation of Rubisco activase and its interaction with Rubisco. *Journal of Experimental Botany* **59**, 1597–604.

Tetlow IJ and Emes MJ (2014) A review of starch-branching enzymes and their role in amylopectin biosynthesis. *IUBMS Life* **66**, 546–58.

Vinyard DJ, Ananyev GM and Dismukes GC (2013) Photosystem II: the reaction center of oxygenic photosynthesis. *Annual Review of Biochemistry* **82**, 577–606.

Yamori W, Hikosaki K and Way DA (2014) Temperature response of photosynthesis in C3, C4 and CAM plants: temperature acclimation and temperature adaptation. *Photosynthesis Research* **119**, 101–17.

Questões de autoavaliação

Questões de múltipla escolha

Cada questão tem apenas uma resposta correta.

1. Qual dos seguintes termos é um sinônimo "produtor primário"?
   (a) Anfítrofo
   (b) Antítrofo
   (c) Autótrofo
   (d) Auxótrofo

2. Onde está localizada a cadeia de transporte de elétrons no cloroplasto?
   (a) Membrana interna do cloroplasto
   (b) Estroma
   (c) Membrana tilacoide
   (d) Espaço tilacoide

3. Qual dos seguintes tipos de bactéria é capaz de realizar a fotossíntese?
   (a) Cianobactérias
   (b) Bactérias verdes
   (c) Bactérias púrpura
   (d) Todas as alternativas

4. Quais são os principais pigmentos coletores de luz das plantas e das algas verdes?
   (a) Clorofila *a* e clorofila *b*
   (b) Clorofila *a* e clorofila *c*
   (c) Clorofila *b* e clorofila *c*
   (d) Clorofila *d* e clorofila *f*

5. Qual dos compostos abaixo não é um pigmento acessório?
   (a) β-caroteno
   (b) Ferredoxina
   (c) Fucoxantina
   (d) Xantofila

6. Qual é o nome do processo pelo qual um *quantum* de energia é transferido de uma molécula de clorofila para outra?
   (a) Transferência direta de elétrons
   (b) Transferência orbital
   (c) Fotônica
   (d) Transferência de energia por ressonância

7. Qual é o nome do centro de reação do fotossistema I?
   (a) P600
   (b) P680
   (c) P690
   (d) P700

8. Qual é o nome do centro de reação do fotossistema II?
   (a) P600
   (b) P680
   (c) P690
   (d) P700

9. O ciclo da xantofila está envolvido em qual dos seguintes processos?
   (a) Coleta de luz
   (b) Fotofosforilação
   (c) Fotoproteção
   (d) Síntese de xantofila

10. Qual é o nome do composto intermediário entre os fotossistemas II e I na cadeia de transporte de elétrons da fotossíntese?
    (a) Ferredoxina
    (b) Plastocianina
    (c) Plastoquinona
    (d) Xantofila

11. Qual das seguintes afirmativas é **incorreta** com relação à fotofosforilação cíclica?
    (a) A partir da ferredoxina, os elétrons fluem para o complexo do citocromo $b_6 f$
    (b) Ocorre geração de oxigênio
    (c) A bomba de prótons do complexo do citocromo $b_6 f$ ainda opera
    (d) O estado excitado do centro de reação do P700 transfere elétrons de alta energia para ferredoxina

12. A Rubisco combina uma molécula de CO_2 com qual dos seguintes açúcares de cinco carbonos?
    (a) Ribulose 1,2-bifosfato
    (b) Ribulose 1,5-bifosfato
    (c) Ribulose 1,6-bifosfato
    (d) Ribulose 2,5-bifosfato

13. O sítio ativo da Rubisco contém uma lisina que foi modificada por qual dos seguintes processos?
    (a) Carbamoilação
    (b) Metilação
    (c) Oxidação
    (d) Fosforilação

14. Qual o nome da enzima eu controla a atividade da Rubisco?
    (a) Fosforribuloquinase
    (b) Rubisco ativase
    (c) Rubisco regulase
    (d) Esta é uma "pegadinha", visto que a atividade da Rubisco é controlada apenas por substratos e produtos

15. Qual é o nome da enzima que utiliza ATP para produzir ribulose 1,5-bifosfato?
    (a) Gliceraldeído 3-fosfato desidrogenase
    (b) Fosfoglicerato quinase
    (c) Ribulose 5-fosfato quinase
    (d) Fosfoglicomutase

16. Qual é composto que ativa as enzimas do ciclo de Calvin pela clivagem das pontes de dissulfeto inibitórias nas moléculas dessas enzimas?
    (a) Ferredoxina oxidada
    (b) Ferredoxina reduzida
    (c) Tiorredoxina oxidada
    (d) Tiorredoxina reduzida

17. A sacarose é sintetizada em que parte da célula vegetal?
    (a) Amiloplastos
    (b) Cloroplastos
    (c) Citoplasma
    (d) Mitocôndrias

18. Qual é o intermediário ativado utilizado na síntese do amido?
    (a) ADP-glicose
    (b) ADP-frutose
    (c) UDP-glicose
    (d) UDP-frutose

19. A síntese do amido armazenado ocorre em qual parte da célula vegetal?
    (a) Amiloplastos
    (b) Cloroplastos
    (c) Citoplasma
    (d) Mitocôndrias

20. Qual das seguintes afirmativas é **incorreta** com relação às plantas C4?
    (a) As reações do ciclo de Calvin ocorrem em células do feixe vascular
    (b) O dióxido de carbono é fixado nas células do mesófilo
    (c) O dióxido de carbono é fixado pela fosfoenolpiruvato carboxilase
    (d) A fixação do carbono e o ciclo de Calvin ocorrem em diferentes momentos do dia

Questões discursivas

1. Faça um diagrama mostrando a estrutura interna de um cloroplasto e indique o local, no cloroplasto, onde ocorrem os diferentes estágios da fotossíntese.

2. Estabeleça a distinção entre os papéis da clorofila e dos pigmentos acessórios na fotossíntese.

3. Descreva como o complexo de antena de um fotossistema captura a energia luminosa e direciona essa energia para o centro de reação.

4. Estabeleça a distinção entre as funções dos fotossistemas I e II na fotofosforilação.

5. O que é fosforilação cíclica e por que ela é importante?

6. Descreva a reação catalisada pela Rubisco e explique de modo esquemático como a atividade dessa importante enzima é regulada.

7. Faça um esquema do ciclo de Calvin, mostrando os substratos, os produtos e as enzimas para cada uma das etapas importantes.

8. Descreva como a ferredoxina regula a atividade das enzimas do ciclo de Krebs (TCA).

9. Diferencie as vias bioquímicas que resultam na síntese de (a) sacarose e (b) amido nas células vegetais.

10. Qual é a influência da capacidade da Rubisco de utilizar o oxigênio como substrato sobre a fotossíntese e de que maneira esse problema foi resolvido pelas plantas C4 e CAM?

Questões de autoaprendizagem

1. A "maré vermelha" é causada pela proliferação de dinoflagelados e outras algas na água do mar. Faça um esboço do espectro de absorbância esperado para os principais pigmentos coletores de luz dessas algas.

2. Foi afirmado, porém sem fundamentos, que uma dieta com alto conteúdo de plantas que produzem a zeaxantina pode conferir proteção contra alguns tipos de degeneração macular relacionada com a idade, uma doença que acomete os olhos. Forneça uma possível explicação para essa afirmativa.

3. A membrana tilacoide é mais permeável a Mg^{2+} e Cl^- do que a membrana mitocondrial interna. Em consequência, o movimento de prótons através da membrana tilacoide durante o processo de transporte de elétrons da fotossíntese é acompanhado de uma certa quantidade de movimento de Mg^{2+} e Cl^- através da membrana. Discuta o impacto que o movimento desses íons terá sobre o modo pelo qual o gradiente eletroquímico que impulsiona a síntese de ATP é estabelecido nos cloroplastos.

4. Na *Seção 9.2.4*, foram descritos os efeitos de vários inibidores da cadeia de transporte de elétrons das mitocôndrias. Qual seria o efeito previsto (a) do cianeto e (b) do 2,4-dinitrofenol sobre a fotofosforilação?

5. Se uma planta C3 e uma planta C4 forem colocadas lado a lado em um recipiente selado, em vasos contendo um suprimento adequado de nutrientes e umidade, e em condições apropriadas de luz, a planta C3 irá gradualmente morrer, enquanto a planta C4 continuará crescendo. Explique essa observação.

CAPÍTULO 11

Metabolismo dos Carboidratos

OBJETIVOS DO ESTUDO

Após a leitura deste capítulo, você será capaz de:

- Descrever a via para a síntese e a degradação do glicogênio

- Compreender como o metabolismo do glicogênio é regulado por controle hormonal e alostérico

- Saber o que é um "ciclo fútil" e por que as células precisam evitar esses ciclos fúteis

- Compreender o papel da gliconeogênese como fonte de glicose durante a inanição e o exercício excessivo

- Descrever as etapas na via da gliconeogênese

- Conhecer as posições onde vários substratos entram na gliconeogênese

- Entender como a gliconeogênese e a glicólise são coordenadas

- Conhecer os vários papéis desempenhados pela via das pentoses fosfato

- Distinguir entre as fases oxidativa e não oxidativa da via das pentoses fosfato

- Descrever as etapas na via das pentoses fosfato.

Nos capítulos seguintes, iremos examinar as vias metabólicas que são relevantes para os principais tipos de biomoléculas nas células vivas: os carboidratos, os lipídios e os compostos que contêm nitrogênio, os quais incluem as proteínas e os ácidos nucleicos. Neste capítulo, iniciaremos com os carboidratos.

Já transmitimos, na verdade, uma grande parte das informações pertinentes ao metabolismo dos carboidratos. Isso se explica pelo fato de que a glicólise e o ciclo de Krebs (ATC) constituem vias metabólicas envolvidas na degradação dos carboidratos, e as reações da fase escura da fotossíntese constituem uma via metabólica que sintetiza carboidratos. Entretanto, existem três outros aspectos importantes do metabolismo dos carboidratos que ainda não estudamos. São eles:

- O **metabolismo do glicogênio**, que compreende as vias que sintetizam e que degradam o glicogênio nas células animais

- A **gliconeogênese**, que sintetiza a glicose a partir de compostos precursores que não são carboidratos

- A **via das pentoses fosfato**, que desempenha várias funções, mas que, essencialmente, constitui a principal fonte de NADPH da célula.

11.1 Metabolismo do glicogênio

Os animais armazenam a glicose na forma de glicogênio polimérico, de maneira semelhante ao armazenamento da glicose como amido nos vegetais. As principais reservas de glicogênio são encontradas no músculo e no fígado. O glicogênio nos músculos é utilizado como fonte de energia para a atividade muscular, enquanto as reservas no fígado fornecem a energia necessária para a maioria das outras partes do corpo. Assim,

224 Parte 2 Geração de Energia e Metabolismo

precisamos considerar as vias pelas quais o glicogênio é sintetizado e degradado no fígado e nas células musculares e, sobretudo, também examinar atentamente os processos reguladores que controlam o ciclo de síntese e degradação do glicogênio. Estes processos de controle são de importância vital, visto que são responsáveis por assegurar que o tecido muscular e órgãos como o cérebro recebam um suprimento de energia contínuo e adequado.

11.1.1 Síntese e degradação do glicogênio

O glicogênio é um polissacarídio ramificado, composto de cadeias $\alpha(1{\rightarrow}4)$ e pontos de ramificação $\alpha(1{\rightarrow}6)$, em que as ramificações ocorrem aproximadamente a cada 10 unidades de glicose ao longo de cada cadeia linear (Figura 11.1). Por conseguinte, sua estrutura assemelha-se àquela da versão amilopectina do amido, e os processos de síntese e de degradação do glicogênio são muito semelhantes aos da amilopectina.

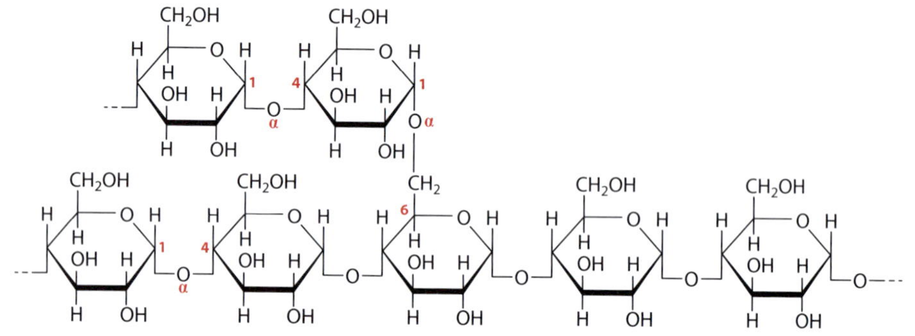

Figura 11.1 Estrutura polimérica do glicogênio. O glicogênio possui a mesma estrutura da amilopectina, porém com pontos de ramificação mais frequentes.

O glicogênio é sintetizado a partir da glicose ativada

Quando estudamos a biossíntese do amido nos cloroplastos, constatamos que o polímero é formado a partir de intermediários de glicose ativados, predominantemente ADP-glicose. O mesmo se aplica à síntese de glicogênio, embora, neste caso, as moléculas ativadas consistam em UDP-glicose, que são sintetizadas a partir da glicose 1-fosfato e UTP pela UDP-glicose pirofosforilase. Esta reação é igual àquela que forma UDP-glicose para a síntese de sacarose (*ver* Figura 10.19A). As unidades de glicose ativada são então adicionadas às extremidades não redutoras da molécula de glicogênio em crescimento pela **glicogênio sintase**, de maneira análoga à síntese do amido (*ver* Figura 10.20).

Uma segunda diferença entre a síntese de amido e a do glicogênio é que, enquanto a amido sintase pode iniciar a formação de um polímero de amido por meio da ligação das primeiras unidades de glicose, a glicogênio sintase só pode aumentar uma molécula existente. Se há necessidade de uma molécula já existente, como a síntese de glicogênio pode então começar? A resposta é fornecida por uma enzima distinta, denominada **glicogenina**, que consiste em um dímero de subunidades idênticas, em que cada uma forma um **iniciador (*primer*)**, constituído de pelo menos oito unidades de glicose em uma cadeia linear. As extremidades não redutoras desses dois iniciadores fornecem os pontos de início para a polimerização subsequente da glicose por um par de enzimas glicogênio sintase. Os iniciadores permanecem fixados à proteína glicogenina, e parece que as glicogênio sintases que alongam a molécula de glicogênio só se tornam totalmente ativas quando são capazes de estabelecer contato físico com a glicogenina no cerne (núcleo) da molécula. Isso significa que, quando a molécula de glicogênio alcança determinado tamanho, e o contato entre as glicogênio sintases e a glicogenina se perde, ocorre interrupção da polimerização. O tamanho da molécula de glicogênio é, portanto, limitado pela necessidade de contato entre a glicogenina e a glicogênio sintase (Figura 11.2).

O glicogênio é um polímero ramificado, cujas ligações $\alpha(1{\rightarrow}6)$ nos pontos de ramificação são formadas pela **enzima ramificadora de glicogênio**. A UDP-glicose não é um substrato para a enzima ramificadora, que, na verdade, realiza a quebra de uma cadeia

Figura 11.2 Corte transversal de uma molécula de glicogênio. O dímero de proteína glicogenina que inicia a síntese do glicogênio é observado no centro da molécula. O tamanho da molécula é limitado pela necessidade de contato da glicogênio sintase com a glicogenina.

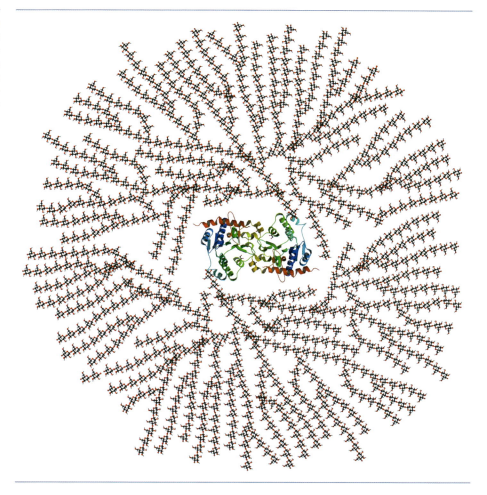

de sete unidades de glicose de uma das extremidades em crescimento da molécula de glicogênio, transferindo-a para uma posição interna, com uma ligação α(1→6), criando, assim, a ramificação (Figura 11.3). Durante a transferência, a cadeia separada forma uma ligação covalente transitória com um ácido aspártico dentro da enzima ramificadora de glicogênio, de modo que não haja probabilidade de perda da cadeia.

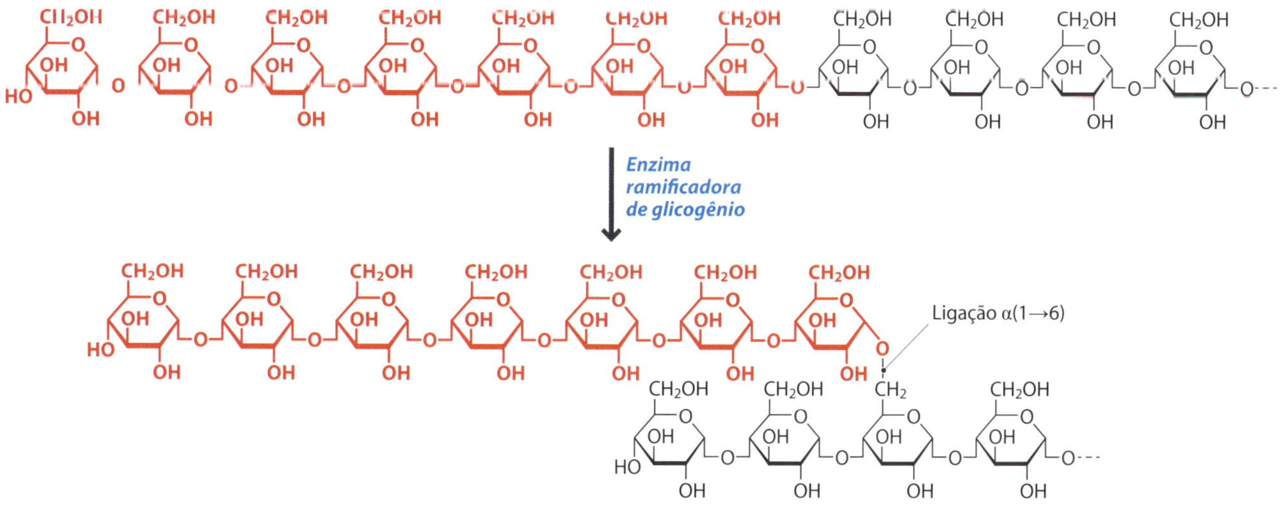

Figura 11.3 O papel da enzima ramificadora de glicogênio.

A degradação do glicogênio fornece glicose para a glicólise

A via de degradação do glicogênio é, em essência, o inverso de sua síntese. As unidades de glicose são removidas, uma por uma, a partir das extremidades não redutoras da molécula de glicogênio pela enzima **glicogênio fosforilase**. Como o próprio nome da enzima indica, o fosfato está envolvido, e a enzima adiciona fosfato inorgânico a cada unidade de glicose que ela remove, produzindo glicose 1-fosfato.

A glicogênio fosforilase só pode romper as ligações α(1→4) e interrompe sua atividade quando se aproxima de uma ligação α(1→6). Em consequência, uma cadeia curta de 4 a 6 unidades de glicose permanece fixada à ligação α(1→6) (Figura 11.4). Essas unidades são clivadas pela **enzima desramificadora do glicogênio**, em um processo semelhante, ao contrário, à atividade de síntese da enzima ramificadora. Em primeiro lugar, a enzima desramificadora do glicogênio cliva a ligação α(1→4) entre a primeira e a segunda unidades de glicose do ponto de ramificação. Isso deixa uma glicose ligada à molécula de glicogênio por uma ligação α(1→6), de modo que um curto oligômero de 3 a 5 unidades ainda está conectado através de suas ligações α(1→4). Em seguida, a enzima desramificadora fixa esse oligômero a uma das extremidades não redutoras da molécula de glicogênio, onde ocorrerá a despolimerização pela glicogênio fosforilase. Por fim, a enzima desramificadora cliva a ligação α(1→6), que mantém a última glicose à cadeia principal. A ramificação está agora totalmente degradada.

Por conseguinte, a enzima desramificadora do glicogênio possui duas atividades catalíticas distintas:

- Uma **transferase**, que transfere o oligômero de unidades de glicose da ramificação para uma segunda extremidade não redutora
- Uma **α(1→6) glicosidase**, que remove a glicose no ponto de ramificação.

Como a segunda dessas atividades é uma glicosidase, e não uma fosforilase, a unidade de glicose liberada pela clivagem da ligação α(1→6) pela enzima desramificadora é liberada como glicose propriamente dita, e não como glicose 1-fosfato.

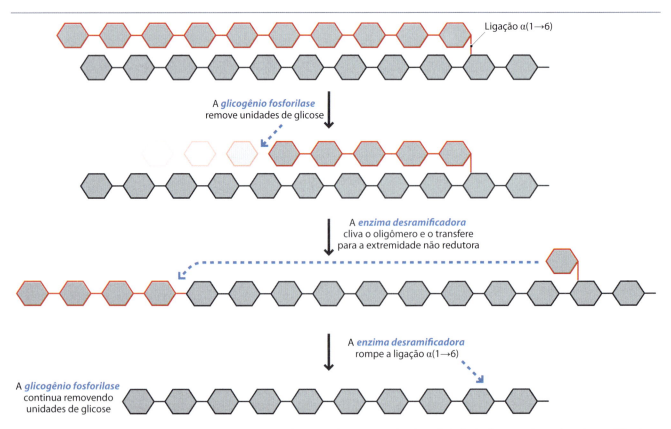

Figura 11.4 Degradação do glicogênio pela glicogênio fosforilase e pela enzima desramificadora.

A finalidade da degradação do glicogênio é fornecer glicose que possa entrar na via glicolítica e, portanto, ser usada na produção de energia. A glicose 1-fosfato resultante da degradação do glicogênio é, portanto, convertida em glicose 6-fosfato pela **fosfoglicomutase** (Figura 11.5). Nas células musculares, que utilizam suas próprias reservas de glicogênio como suprimento energético, a glicose 6-fosfato entra então na etapa 2 da glicólise (*ver* Figura 8.3). Nas células hepáticas, as reservas de glicogênio são para uso mais geral pelo corpo, e não como suprimento local de energia. No fígado, as moléculas de glicose 6-fosfato são, portanto, convertidas em glicose pela **glicose 6-fosfatase**. Em seguida, a glicose entra na corrente sanguínea, que a transporta até os tecidos que dependem do fígado como fonte de energia.

Figura 11.5 Destinos da glicose 1-fosfato em diferentes tecidos.

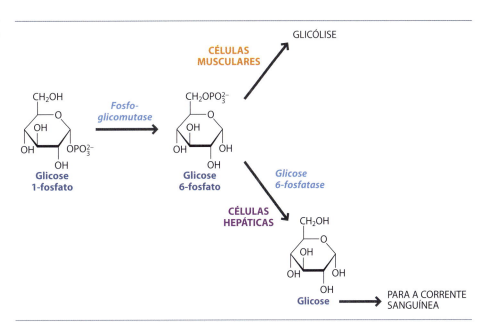

11.1.2 Controle do metabolismo do glicogênio

O equilíbrio entre a síntese e a degradação do glicogênio constitui o principal determinante da quantidade disponível de glicose dos animais para a produção de energia. Por conseguinte, o metabolismo do glicogênio precisa ser rigorosamente controlado. Essa regulação é obtida por uma combinação de controle hormonal e alostérico. O controle hormonal envolve principalmente:

- A **insulina** e o **glucagon**, que, juntos, asseguram a manutenção do nível de glicemia dentro de sua faixa normal de 75 a 110 mg dℓ^{-1} com elevação apenas temporária imediatamente depois de uma refeição

- A **epinefrina**, também denominada **adrenalina**, que aumenta a disponibilidade geral de glicose como parte da resposta de "luta ou fuga" coordenada por esse hormônio.

O controle hormonal atua amplamente em todo o corpo. Por outro lado, o controle alostérico atua em nível mais local dentro do músculo e das células hepáticas em resposta aos níveis de metabólitos, como a glicose 6-fosfato, o AMP e o ATP.

O controle hormonal envolve a regulação da glicogênio fosforilase e da glicogênio sintase

Os dois principais alvos para a regulação do metabolismo do glicogênio são a glicogênio fosforilase e a glicogênio sintase, as duas enzimas que desempenham funções centrais na degradação e na síntese do glicogênio, respectivamente. Ambas as enzimas são dímeros, que consistem em duas subunidades idênticas, e ambas existem em duas formas, denominadas *a* e *b*. Em termos simples, a forma *a* da enzima é sempre ativa, enquanto

Boxe 11.1 Açúcar no sangue.

O nível de açúcar no sangue (glicemia) é uma medida da concentração de glicose no sangue, habitualmente expressa como mg dℓ^{-1}. No indivíduo saudável, os efeitos recíprocos de hormônios, como o glucagon e a insulina, mantêm o nível de glicemia dentro da faixa de 75 a 110 mg dℓ^{-1}, com níveis mais elevados imediatamente depois de uma refeição.

A determinação do nível de glicemia fornece informações no contexto clínico, visto que níveis acima ou abaixo da faixa normal (**hiperglicemia** e **hipoglicemia**, respectivamente) indicam a existência de vários estados patológicos. A causa mais comum de hiperglicemia é o **diabetes melito**, que inclui o diabetes tipo 1, em que o pâncreas é incapaz de produzir insulina suficiente para controlar os níveis de glicemia, e o diabetes tipo 2, em que há produção de insulina, porém as células-alvo tornam-se menos sensíveis à sua presença. Ambos os tipos podem ser tratados com injeções de insulina, porém as doses e os horários de aplicação precisam ser cuidadosamente controlados. De fato, a causa mais comum de hipoglicemia consiste na administração excessiva de insulina no tratamento do diabetes melito, embora a hipoglicemia também possa constituir um sintoma de doença hepática ou renal.

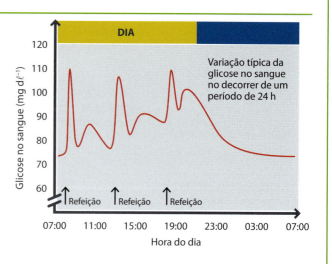

a forma *b* é habitualmente inativa. A conversão entre as formas *a* e *b* é realizada pela adição de um único grupo fosfato a um aminoácido em cada subunidade. Entretanto, o efeito dessa adição é muito diferente nas duas enzimas (Figura 11.6):

- A adição do grupo fosfato *ativa* a glicogênio fosforilase; em outras palavras, converte a glicogênio fosforilase *b* em glicogênio fosforilase *a*. Essa conversão é realizada pela **fosforilase quinase**

- A adição do grupo fosfato *inativa* a glicogênio sintase, convertendo a glicogênio sintase *a* em glicogênio sintase *b*. Isso é realizado pela **proteína quinase A**.

A mesma enzima, a **proteína fosfatase**, é a responsável pelas reações inversas, com remoção do fosfato de ambas as enzimas, inativando a glicogênio fosforilase e ativando a glicogênio sintase.

Como parte da resposta de "luta ou fuga", a epinefrina aumenta a glicose disponível para o corpo por meio de redução da síntese de glicogênio e estimulação da degradação do glicogênio. Esses efeitos são exercidos por meio de uma via de transdução de sinais, que começa com a ligação do hormônio a uma proteína, o **receptor β-adrenérgico**, na superfície da célula. A proteína receptora sofre uma mudança conformacional, que ativa

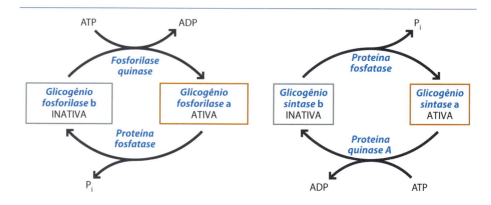

Figura 11.6 Regulação da glicogênio fosforilase e da glicogênio sintase pela fosforilação – a adição de um grupo fosfato.

Figura 11.7 Via de transdução de sinais pela qual a epinefrina diminui a síntese de glicogênio e estimula a degradação de glicogênio. Observe que o esquema apresentado aqui envolve uma cascata de efeitos. A ligação de uma molécula de epinefrina resulta na síntese de muitas moléculas de cAMP, e cada uma delas ativa muitas enzimas proteína quinase A etc. Isso significa que uma pequena quantidade de hormônio pode exercer um grande efeito sobre o metabolismo celular do glicogênio.

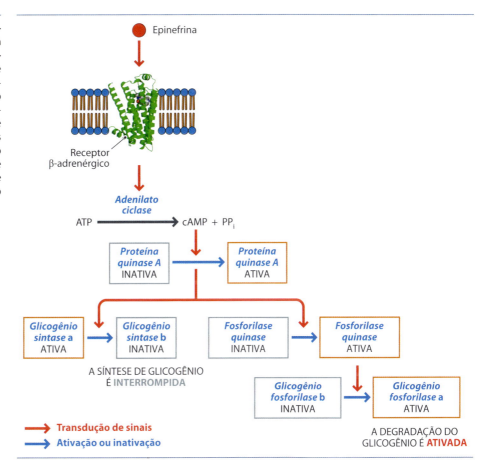

a adenilato ciclase, aumentando o nível intracelular de cAMP, o qual, por sua vez, ativa a proteína quinase A (Figura 11.7). Uma vez ativada, a proteína quinase A desempenha duas funções:

- Atua diretamente sobre a glicogênio sintase, inativando-a e interrompendo a síntese de glicogênio
- Atua indiretamente sobre a glicogênio fosforilase, adicionando um grupo fosfato à fosforilase quinase, ativando essa enzima que, em seguida, converte a glicogênio fosforilase *b* inativa em glicogênio fosforilase *a* ativa.

O resultado final consiste em aumento da degradação do glicogênio, resultando em níveis mais altos de glicose nas células hepáticas e maior quantidade de glicose 6-fosfato nas células musculares. A glicose 6-fosfato adicional no músculo é metabolizada pela glicólise, liberando energia extra, de modo que o animal possa lutar ou fugir rapidamente. No fígado, a glicose entra na corrente sanguínea para alcançar outros órgãos, como o encéfalo. Uma vez passada a crise, os níveis de epinefrina caem, e o receptor retorna à sua conformação original. A adenilato ciclase não é mais estimulada, e os níveis de cAMP caem, à medida que esse composto é convertido de volta em AMP. Por sua vez, a proteína quinase A é desativada, e a proteína fosfatase remove os fosfatos da glicogênio sintase e da fosforilase quinase, restabelecendo o equilíbrio original entre a síntese e a degradação do glicogênio.

O glucagon, o qual faz parte do processo fisiológico que impede a queda dos níveis de glicemia abaixo de um nível aceitável, atua da mesma maneira que a epinefrina, porém de modo contínuo, e não em resposta a um período súbito de estresse. A insulina exerce o efeito oposto e complementar, impedindo uma elevação excessiva dos níveis de glicemia ao assegurar a conversão da glicose em excesso em glicogênio. Para exercer esse efeito, a insulina liga-se às células hepáticas e ativa uma **proteína quinase responsiva à insulina**, cujo alvo é a proteína fosfatase (Figura 11.8). Por conseguinte, ao ativar a quinase, que ativa a fosfatase, a insulina ativa a glicogênio sintase e inativa a glicogênio fosforilase. Essa combinação de eventos leva a um aumento na síntese de glicogênio e à

Figura 11.8 Via de transdução de sinais pela qual a insulina estimula a síntese de glicogênio e reduz a degradação de glicogênio. Imagem do receptor de insulina criada por David Goodsell e reproduzido do *Protein Data Bank* (doi: 10.2210/rcsb_pdb/mom_2015_2).

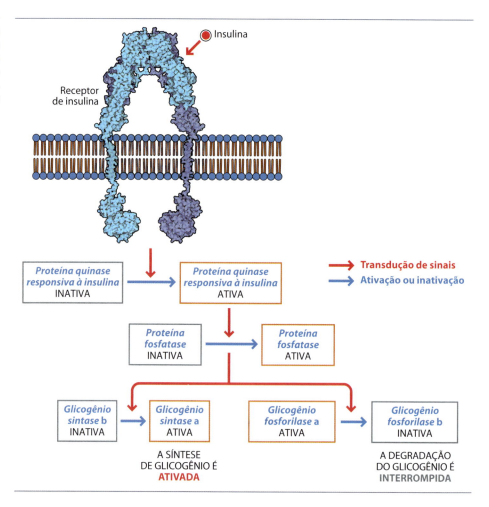

Boxe 11.2 Evitando um ciclo fútil.

Além de controlar a quantidade de glicose que está disponível para a produção de energia, os processos que regulam o metabolismo do glicogênio também impedem a ocorrência de um **ciclo fútil**. Um ciclo fútil é possível quando existem duas vias metabólicas que ocorrem em direções opostas inversas. No caso do metabolismo do glicogênio, haveria um ciclo fútil se uma célula estivesse sintetizando glicogênio a partir da glicose ao mesmo tempo em que estivesse degradando outras moléculas de glicogênio para produzir glicose. O ciclo fútil do glicogênio iria desperdiçar energia, visto que haveria consumo de UTP durante a síntese de glicogênio, que não seria recuperada durante a degradação do glicogênio.

Existem vários exemplos de ciclos fúteis possíveis. Posteriormente, neste capítulo, iremos ver como a gliconeogênese converte o piruvato em glicose, que é o inverso da via glicolítica. Conforme observado no metabolismo do glicogênio, as enzimas exclusivas da glicólise ou da gliconeogênese são cuidadosamente reguladas, de modo a assegurar que apenas uma via possa operar em determinado momento específico, e não ambas simultaneamente (*ver* Figura 11.16).

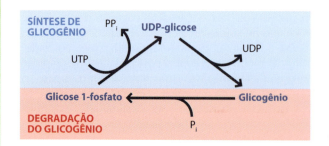

---

redução de sua degradação, diminuindo a quantidade de glicose que entra no sangue. O equilíbrio entre os efeitos do glucagon e da insulina mantém, dessa maneira, o nível de glicemia dentro de sua faixa normal.

O controle alostérico também atua sobre a glicogênio fosforilase e a glicogênio sintase

À semelhança do amplo controle exercido pela epinefrina, pelo glucagon e pela insulina sobre o metabolismo do glicogênio, os níveis relativos de AMP e de ATP nas células musculares também podem influenciar a atividade da glicogênio fosforilase e da glicogênio

Figura 11.9 Controle alostérico da síntese e da degradação do glicogênio nas células musculares em exercício e em repouso. Abreviatura: G6P, glicose 6-fosfato.

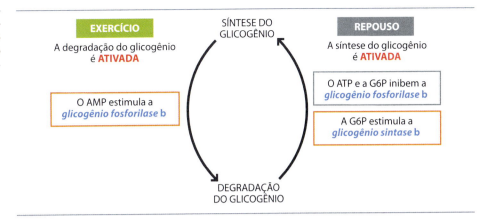

sintase. Isso significa que o suprimento de energia nas células musculares pode ser rapidamente ativado durante períodos de exercício e novamente interrompido quando o exercício termina, e há menos necessidade de consumo de energia.

Esse processo de controle alostérico atua sobre as versões *b* da glicogênio fosforilase e da glicogênio sintase, que são habitualmente inativas. No músculo (mas não no fígado), a versão *b* da glicogênio fosforilase é ativada pela presença de altos níveis de AMP, porém isso se opõe aos níveis elevados de ATP e de glicose 6-fosfato encontrados no músculo em repouso. Isso significa que, durante o repouso, a glicogênio fosforilase *b* é inativa; entretanto, durante períodos de exercício, quando ocorre depleção do ATP e da glicose 6-fosfato, e os níveis de AMP aumentam, a glicogênio fosforilase *b* é estimulada para liberar maior quantidade de glicose 6-fosfato a partir do glicogênio, aumentando, assim, o suprimento disponível de energia (Figura 11.9). Como seria de prever, o controle sobre a glicogênio sintase atua de modo oposto. Durante períodos de repouso, uma alta concentração de glicose 6-fosfato pode estimular a glicogênio sintase *b* a aumentar a síntese de glicogênio. Quando o exercício começa, a depleção de glicose 6-fosfato faz com que a glicogênio sintase *b* se torne inativa, de modo que a glicose permanece disponível para uso na glicólise e não é desviada para a síntese de glicogênio. A degradação de glicogênio para a produção de mais energia também é estimulada pelo cálcio durante a contração muscular.

O controle alostérico do metabolismo do glicogênio tem uma base diferente do controle hormonal e não envolve a adição nem a remoção de grupos fosfato às formas *b* da glicogênio fosforilase e da glicogênio sintase. Ao invés disso, a ligação do composto alostérico à glicogênio fosforilase provoca um ligeiro reposicionamento das duas subunidades enzimáticas uma em relação à outra, resultando em uma transição entre um estado ativo "relaxado" e uma conformação inativa "tensa". Na conformação tensa, os substratos não podem entrar no sítio ativo da enzima. A base do controle alostérico da glicogênio sintase não foi elucidada com tantos detalhes, porém as duas enzimas possuem estruturas muito semelhantes, e é provável que a glicogênio sintase também tenha conformações relaxada e tensa semelhantes.

Boxe 11.3 Controle do metabolismo do glicogênio pelo cálcio.

A atividade da glicogênio fosforilase também é influenciada pela concentração de íons cálcio na célula muscular. O cálcio é outro ativador da glicogênio fosforilase e, assim, aumenta a degradação do glicogênio.

Por que os íons Ca^{2+} exercem esse efeito? A resposta encontra-se no papel desempenhado pelo Ca^{2+} na atividade muscular. Quando uma célula muscular é estimulada por um impulso nervoso, os íons Ca^{2+} são liberados a partir de um tipo especializado de retículo endoplasmático liso, denominado **retículo sarcoplasmático**,

resultando em um aumento de dez vezes na concentração de Ca^{2+} do citoplasma. O cálcio liga-se e provoca uma mudança de conformação em um dos três polipeptídios que compõem a proteína **troponina**. Essa mudança de conformação dá início à série de eventos que resultam na contração muscular. A contração muscular necessita de energia. Ao exercer um efeito estimulador direto sobre a glicogênio fosforilase, a concentração elevada de íons Ca^{2+} aumenta o suprimento de glicose da célula no momento preciso em que requer mais energia.

232　Parte 2　Geração de Energia e Metabolismo

11.2　Gliconeogênese

A gliconeogênese é uma via para a síntese de glicose a partir de vários precursores que não são carboidratos. Permite ao organismo manter um suprimento de glicose para a geração de energia durante condições extremas, como inanição ou exercício excessivo, quando as fontes de carboidratos podem faltar. O fígado só pode armazenar glicogênio suficiente para fornecer energia ao encéfalo durante um período de inanição de até 12 h. Depois de 12 h, o fígado passa a utilizar a gliconeogênese para manter o encéfalo no modo atuante enquanto for possível. A gliconeogênese é claramente um processo bioquímico muito importante, de modo que precisamos examinar as etapas na sua via e sua regulação.

11.2.1　Via da gliconeogênese

A gliconeogênese é habitualmente considerada como uma via de múltiplas etapas, que começa com o piruvato e termina com a glicose. Na realidade, vários dos compostos não carboidrato que podem ser usados como substratos para a gliconeogênese não são metabolizados por intermédio do piruvato, porém entram na via em uma etapa subsequente. Por conseguinte, iremos começar com o componente de conversão do piruvato em glicose da gliconeogênese e, em seguida, examinaremos os pontos de entrada para os mais importantes dos vários substratos da via.

A conversão do piruvato em glicose é, em parte, o processo inverso da glicólise

A razão pela qual temos tendência a considerar a gliconeogênese como uma via de conversão do piruvato em glicose é porque isso nos permite fazer uma comparação direta com a glicólise, que tem o resultado oposto de converter a glicose em piruvato. Isso leva frequentemente a sugerir que a gliconeogênese é a glicólise inversa, porém isso é apenas em parte verdadeiro. Para compreender a razão, precisamos fazer uma distinção entre as etapas na glicólise que são prontamente reversíveis e as que não são (Figura 11.10). Podemos constatar que, na parte central da via da glicólise, há uma série de reações, começando com a frutose 1,6-bisfosfato e terminando com o fosfoenolpiruvato, em que o valor de ΔG em cada uma delas se aproxima de zero. Nessas etapas, o equilíbrio entre os reagentes e os produtos é próximo de 1:1, e a mesma enzima pode catalisar as reações em ambos os sentidos. Essas reações também são utilizadas, no sentido inverso, na gliconeogênese.

Por conseguinte, a "glicólise em sentido inverso" permite que seja obtida a parte da via da gliconeogênese que converte o fosfoenolpiruvato em frutose1,6-bisfosfato. Entretanto, existem três etapas na glicólise que têm valores de ΔG altamente negativos quando ocorrem para frente (no sentido seguido durante a glicólise). Em condições celulares, essas reações são, portanto, irreversíveis. Duas dessas reações encontram-se no início da glicólise, quando a glicose é convertida em glicose 6-fosfato pela hexoquinase, e a frutose 6-fosfato é convertida em frutose 1,6-bisfosfato pela fosfofrutoquinase. A terceira reação irreversível é a última etapa da glicólise, do fosfoenolpiruvato para o piruvato, que é catalisada pela piruvato quinase. Se essas três reações só podem prosseguir no sentido da glicólise, então como podemos obter seus resultados inversos na gliconeogênese?

A solução é contornar essas etapas usando reações alternativas com diferentes estratégias químicas. Isso significa que o processo que obtém o resultado $B \rightarrow A$ irá utilizar etapas químicas diferentes daquelas envolvidas quando $A \rightarrow B$. As duas equações, $B \rightarrow A$ e $A \rightarrow B$, são agora reações químicas diferentes, e não versões reversas da mesma reação. Por serem reações diferentes, elas possuem diferentes valores de ΔG. Assim, existe agora

---

Boxe 11.4　Controle alostérico do metabolismo do glicogênio nas células hepáticas.

No fígado, a glicogênio fosforilase *b* não é ativada pelo AMP. Isso significa que, diferentemente da situação observada no músculo, a degradação do glicogênio no fígado não é responsiva ao estado energético da célula. Em lugar disso, a glicogênio fosforilase *a* é inibida pela glicose. Isso está em consonância com o papel das reservas de glicogênio

nas células hepáticas, que são utilizadas para manter o nível de glicose no sangue. À medida que os níveis de glicose aumentam, a glicogênio fosforilase *a* é inibida, de modo que a degradação do glicogênio no fígado é interrompida. Quando o nível de glicose declina, o processo é invertido, e a degradação de glicogênio é novamente ativada.

Figura 11.10 Reações reversíveis da glicólise. As reações que estão indicadas com setas coloridas possuem valores de ΔG próximos a zero, o que significa que o equilíbrio entre os reagentes e os produtos é próximo a 1:1, e a mesma enzima pode catalisar as reações tanto para frente quanto para trás.

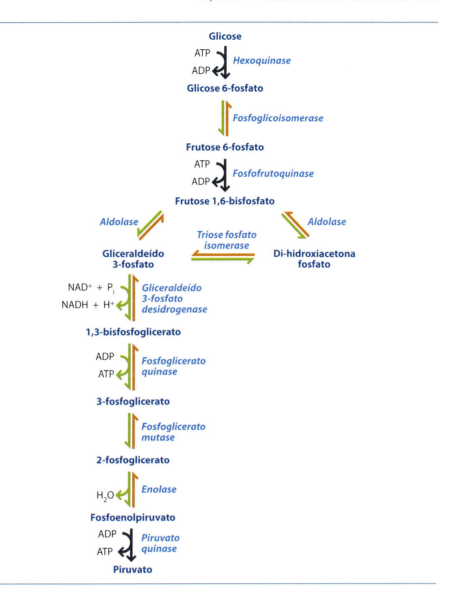

a possibilidade de que, embora $A \rightarrow B$ tenha um valor de ΔG altamente negativo e seja irreversível, a reação $B \rightarrow A$ tem um valor de ΔG manejável e possa prosseguir quando catalisada pela enzima adequada. Isso é o que ocorre na gliconeogênese.

As reações irreversíveis na glicólise são contornadas na gliconeogênese

Em primeiro lugar, iremos considerar a etapa 1 na parte da conversão do piruvato em glicose da gliconeogênese, quando o piruvato é convertido em fosfoenolpiruvato. Na glicólise, a piruvato quinase transfere o grupo fosfato do fosfoenolpiruvato para o ADP, com formação de piruvato e ATP. Na gliconeogênese, há produção de fosfoenolpiruvato a partir do piruvato e de um grupo fosfato por uma reação em duas partes, catalisadas pela **piruvato carboxilase** e pela **fosfoenolpiruvato carboxiquinase**. O grupo fosfato é doado pelo GTP, e a energia é obtida por hidrólise do ATP. A reação global é a seguinte:

piruvato + GTP + ATP + H_2O → fosfoenolpiruvato + GDP + ADP + P_i + 2 H^+

Tal reação oculta uma variedade de eventos importantes que ocorrem durante essa reação. Há formação de oxaloacetato como intermediário, que é a razão pela qual as duas enzimas são denominadas carboxilases – visto que elas adicionam e removem grupos carboxila (–COOH) (Figura 11.11). O grupo carboxila é doado pelo dióxido de carbono que existe em solução na forma de íons bicarbonato (HCO_3^-) e liga-se inicialmente a uma molécula de **biotina** (vitamina B_7) que está fixada à piruvato carboxilase como grupo prostético.

Figura 11.11 Síntese do fosfoenolpiruvato a partir do piruvato durante a gliconeogênese.

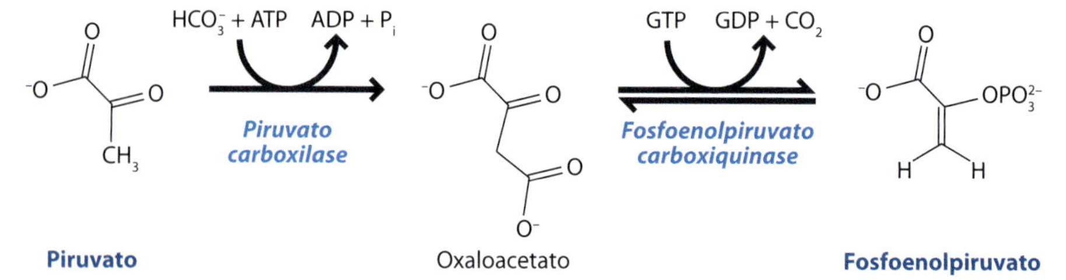

A piruvato carboxilase é uma enzima mitocondrial, de modo que essa parte da reação ocorre na matriz mitocondrial. O oxaloacetato que é formado deve ser transportado em seguida para fora da mitocôndria, para o citoplasma, onde ocorre o restante da gliconeogênese, incluindo a descarboxilação do oxaloacetato para produzir fosfoenolpiruvato. Isso levanta uma dificuldade, visto que o oxaloacetato é incapaz de atravessar a membrana mitocondrial interna. Ao invés disso, o oxaloacetato precisa ser convertido em malato, que pode ser exportado por meio da proteína transportadora de malato (Figura 11.12). Uma vez no citoplasma, o malato é reconvertido em oxaloacetato que, em seguida, é descarboxilado pela fosfoenolpiruvato carboxiquinase, formando fosfoenolpiruvato.

Estamos agora nos movendo para o fim da via da gliconeogênese e para as duas reações catalisadas, durante a glicólise, pela hexoquinase e pela fosfofrutoquinase. Essas duas enzimas transferem grupos fosfato do ATP para seus substratos. Durante a gliconeogênese, não há uma tentativa de transferência energeticamente desfavorável dos fosfatos de volta ao ADP. Em lugar disso, os grupos fosfato são removidos por hidrólise, com formação de fosfato inorgânico como um dos produtos (Figura 11.13). As enzimas envolvidas são a **frutose 1,6-bisfosfatase** e a glicose 6-fosfatase. A segunda dessas etapas ocorre no lúmen do retículo endoplasmático. A glicose produzida é encapsulada em vesículas que se fundem com a membrana plasmática, ou é transportada de volta ao citoplasma para, em seguida, atravessar a membrana plasmática por meio de proteínas transportadoras de glicose. Em seguida, a glicose exportada é captada pelo cérebro e por outros tecidos onde ela é necessária. Uma vez passada a crise energética, a gliconeogênese termina na síntese de glicose 6-fosfato, que é utilizada para reconstruir as reservas de glicogênio no citoplasma das células hepáticas.

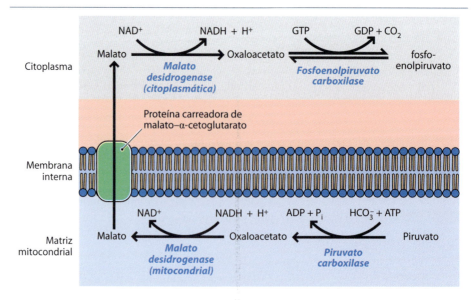

Figura 11.12 Transporte do malato durante a gliconeogênese. O oxaloacetato formado pela piruvato carboxilase é convertido em malato pela enzima mitocondrial malato desidrogenase e, em seguida, transportado para fora da matriz mitocondrial por meio da proteína carreadora de malato-α-cetoglutarato (ver Figura 9.21). Em seguida, o malato é convertido de volta em oxaloacetato pela versão citoplasmática da malato desidrogenase.

Boxe 11.5 Orçamento energético da gliconeogênese.

As seguintes etapas na via da gliconeogênese necessitam de energia:

- Conversão do piruvato em oxaloacetato (catalisada pela piruvato carboxilase), que utiliza 1 ATP
- Conversão do oxaloacetato em fosfoenolpiruvato (catalisada pela fosfoenolpiruvato carboxiquinase), que utiliza 1 GTP
- Conversão do 3-fosfoglicerato em 1,3-bisfosfoglicerato (catalisada pela fosfoglicerato quinase), que utiliza 1 ATP.

Além disso, a gliceraldeído 3-fosfato desidrogenase, quando opera na direção da gliconeogênese, utiliza uma molécula de NADH citoplasmática, que poderia de outro modo ser utilizada para produzir três ATP na cadeia de transporte de elétrons (ver Seção 9.2.5).

São necessárias duas moléculas de piruvato para formar uma molécula de glicose, de modo que precisamos duplicar os números anteriores para calcular a energia necessária na produção de apenas uma molécula de glicose pela gliconeogênese. O total é, portanto, 10 ATP e 2 GTP. Por outro lado, a glicólise tem um rendimento efetivo de apenas dois ATP. Por conseguinte, a célula precisa evitar o ciclo fútil de glicólise-gliconeogênese (ver Boxe 11.2), visto que isso iria desperdiçar uma quantidade substancial de energia.

Figura 11.13 Reação catalisada pela frutose 1,6-bisfosfatase e pela glicose 6-fosfatase durante a gliconeogênese.

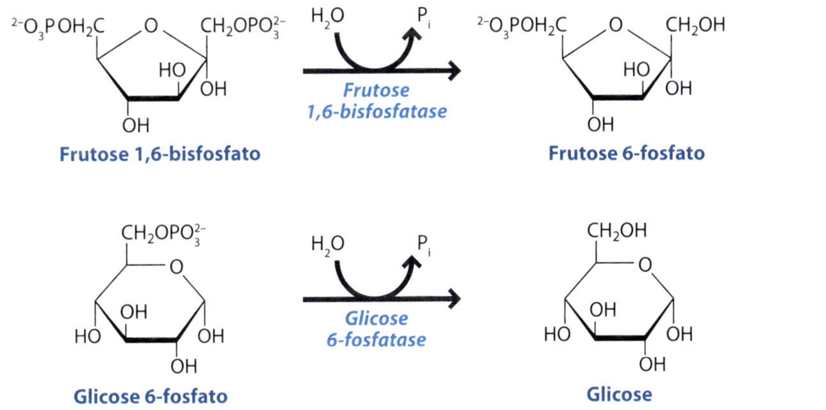

Os principais substratos para a gliconeogênese entram na via em diferentes locais

Embora o piruvato seja considerado como ponto inicial para a gliconeogênese, os principais substratos para a via são outros compostos não carboidrato, presentes nas células e sacrificados quando a inanição ou o exercício intenso fazem com que o corpo tenha uma necessidade cada vez mais urgente de fontes de energia.

Os principais substratos para a gliconeogênese são o lactato, os aminoácidos e os triacilgliceróis. O lactato é produzido nos músculos pela respiração anaeróbica quando o oxigênio se torna escasso e, portanto, torna-se (o lactato) disponível durante o exercício intenso, um dos estresses que podem tornar necessária a gliconeogênese. Por conseguinte, o lactato é transportado dos músculos para o fígado, onde é diretamente convertido em piruvato pela lactato desidrogenase (ver Figura 8.6). Em seguida, o piruvato pode entrar na via da gliconeogênese, conforme descrito anteriormente (Figura 11.14).

Os aminoácidos para a gliconeogênese são obtidos a partir da dieta ou, nos casos mais extremos, a partir de proteínas, em grande parte as do músculo. A maioria dos 20 aminoácidos básicos pode ser convertida em oxaloacetato e, portanto, entrar na via da gliconeogênese na etapa catalisada pela fosfoenolpiruvato carboxiquinase. Para alguns aminoácidos, a via para o oxaloacetato é direta; entretanto, para outros, há, inicialmente, a formação de um dos intermediários do ciclo de Krebs (ATC). As enzimas do ciclo de Krebs (ATC) convertem, então, o intermediário em oxaloacetato.

Por fim, os triacilgliceróis são degradados em seus componentes de ácidos graxos e glicerol. Os ácidos graxos não podem ser utilizados na via da gliconeogênese, porém o glicerol pode ser metabolizado a glicerol 3-fosfato e, em seguida, a di-hidroxiacetona fosfato pela ação da glicerol quinase e da glicerol 3-fosfato desidrogenase, respectivamente (Figura 11.15). Em seguida, a di-hidroxiacetona fosfato entra na via da gliconeogênese em um estágio relativamente avançado, imediatamente antes da síntese da frutose 1,6-bisfosfato.

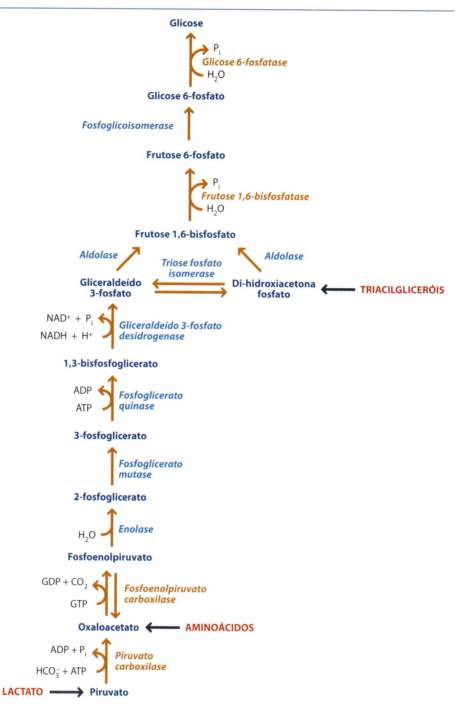

Figura 11.14 Pontos de entrada dos principais substratos para a gliconeogênese. A via da gliconeogênese é mostrada como a "glicólise em sentido inverso", com as enzimas exclusivas da gliconeogênese na cor laranja. Os pontos de entrada para o lactato, os aminoácidos e os triacilgliceróis estão indicados pelas setas pretas.

Figura 11.15 Síntese da di-hidroxiacetona fosfato a partir do glicerol. Essa conversão possibilita a entrada dos produtos de degradação dos triacilgliceróis na via da gliconeogênese.

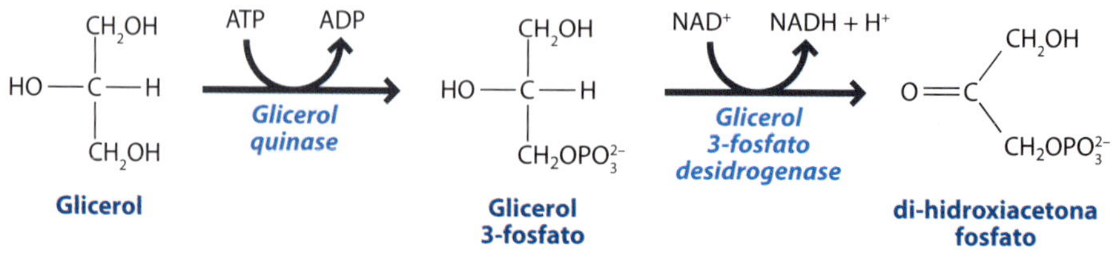

Figura 11.16 **Controle recíproco da glicólise e da gliconeogênese.**

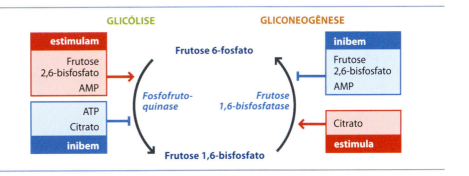

11.2.2 Regulação da gliconeogênese

A gliconeogênese precisa ser regulada de tal modo que a via seja ativada quando surge uma crise energética, à qual o fígado precisa responder pela síntese de glicose que será transportada até o cérebro. Por conseguinte, a regulação da gliconeogênese exige uma coordenação com a glicólise, de modo a assegurar que esta última seja inibida quando a gliconeogênese estiver em atividade.

A coordenação entre a gliconeogênese e a glicólise é obtida por um processo de regulação recíproca, que atua sobre a fosfofrutoquinase e a frutose 1,6-bisfosfatase. Estas são as enzimas responsáveis pela interconversão da frutose 6-fosfato e da frutose 1,6-bisfosfato na glicólise e na gliconeogênese, respectivamente. Quando estudamos a regulação da glicólise, aprendemos que a fosfofrutoquinase é estimulada pelo AMP e inibida pelo ATP e pelo citrato. Por conseguinte, a velocidade da glicólise aumenta quando o suprimento energético está baixo, sinalizado pelos níveis elevados de AMP, enquanto diminui quando há reservas adequadas de energia, indicadas por altos níveis de ATP e citrato. O AMP e o citrato possuem efeitos complementares sobre a gliconeogênese. O AMP inibe a frutose 1,6-bisfosfatase, de modo que a gliconeogênese é interrompida quando a glicólise precisa ser ativada, e o citrato estimula a frutose 1,6-bisfosfato, podendo ocorrer gliconeogênese quando a glicólise é inibida (Figura 11.16).

A molécula reguladora, a frutose 2,6-bisfosfato (*ver* Seção 8.2.4), coordena a glicólise e a gliconeogênese de maneira semelhante. Essa molécula estimula a fosfofrutoquinase e inibe a frutose 1,6-bisfosfatase. Durante a inanição, ocorre liberação de glucagon na corrente sanguínea. Um dos efeitos desse aumento do glucagon é a degradação da frutose 2,6-bisfosfato. Isso possibilita que a gliconeogênese predomine em relação à glicólise.

11.3 Via das pentoses fosfato

A via das pentoses fosfato, que também é denominada **desvio das hexose monofosfato** ou **via do fosfogliconato**, desempenha três funções principais:

> Iremos estudar essas vias de biossíntese nos próximos dois capítulos: a síntese de ácidos graxos, na *Seção 12.1.1*; a síntese de esteróis, na *Seção 12.3*; a síntese de aminoácidos, na *Seção 13.2.1*; e a síntese de nucleotídios, na *Seção 13.2.2*.

- Constitui uma importante fonte de NADPH, que é utilizado como transportador de energia durante importantes reações de biossíntese, como as que resultam na biossíntese de ácidos graxos e esteróis
- Um dos intermediários na via é a ribose 5-fosfato, que é um precursor para a síntese de nucleotídios e a síntese dos aminoácidos histidina e triptofano
- Outro intermediário é a eritrose 5-fosfato, que é um precursor para a síntese de fenilalanina, triptofano e tirosina.

A via das pentoses fosfato ocorre no citoplasma, em particular nos tecidos que sintetizam ácidos graxos ou hormônios esteroides, como as glândulas mamárias, o córtex suprarrenal e o tecido adiposo.

11.3.1 Fases oxidativa e não oxidativa da via das pentoses fosfato

A via das pentoses fosfato pode ser dividida em duas fases. A primeira delas é uma fase oxidativa, que começa com a glicose 6-fosfato e produz ribose 5-fosfato mais duas moléculas de NADPH. Essa fase é seguida de um estágio não oxidativo ou de síntese, que produz uma variedade de açúcares de 3 a 7 carbonos.

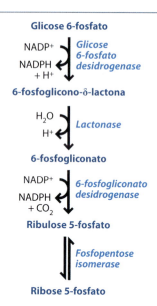

Figura 11.17 Fase oxidativa da via das pentoses fosfato.

A fase oxidativa resulta na síntese de NADPH

A reação global para a fase oxidativa da via das pentoses fosfato é a seguinte:

glicose 6-fosfato + 2 NADP$^+$ + H$_2$O → ribose 5-fosfato + 2 NADPH + 2 H$^+$ + CO$_2$

A via está resumida na Figura 11.17. As etapas, descritas de modo detalhado, são as seguintes:

Etapa 1. A glicose 6-fosfato é oxidada a 6-fosfoglicono-δ-lactona pela **glicose 6-fosfato desidrogenase**. A reação produz uma molécula de NADPH.

Etapa 2. A **lactonase** hidrolisa a 6-fosfoglicono-δ-lactona em 6-fosfogliconato.

Etapa 3. Uma descarboxilação oxidativa, catalisada pela **6-fosfogliconato desidrogenase**, converte o 6-fosfogliconato (um açúcar de 6 carbonos) em ribulose 5-fosfato (um açúcar de 5 carbonos), produzindo outra molécula de NADPH.

Etapa 4. A ribulose 5-fosfato sofre isomerização a ribose 5-fosfato, catalisada pela **fosfopentose isomerase**.

Ao final desse estágio da via das pentoses fosfato, alcançamos dois de seus principais objetivos: a produção de NADPH para a biossíntese de ácidos graxos e de esteróis e a síntese de ribose 5-fosfato para uso na formação de nucleotídios e aminoácidos.

A fase não oxidativa forma uma variedade de produtos

Se a ribose 5-fosfato gerada pela fase oxidativa da via das pentoses fosfato não for totalmente usada na síntese de nucleotídios e aminoácidos, a fase não oxidativa da via pode então operar. Essa segunda fase dá origem a uma variedade de intermediários de carboidratos e produtos finais (Figura 11.18).

Etapa 5. A ribulose 5-fosfato (da ***Etapa 3***) é convertida em seu isômero xilulose 5-fosfato pela enzima **fosfopentose epimerase**.

Etapa 6. Nesta etapa, a **transcetolase** transfere dois carbonos (e grupos laterais fixados) da xilulose 5-fosfato para a ribose 5-fosfato. Isso produz a triose gliceraldeído 3-fosfato e o açúcar de 7 carbonos, a sedo-heptulose 7-fosfato.

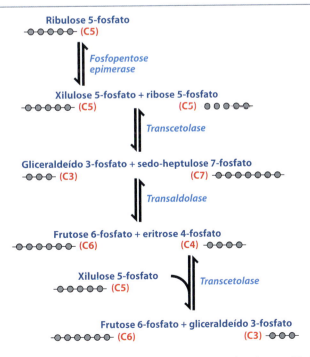

Figura 11.18 Fase não oxidativa da via das pentoses fosfato. As abreviaturas C3, C4, C5, C6 e C7 indicam o número de carbonos nos diferentes açúcares.

Etapa 7. A **transaldolase** catalisa outra transferência intermolecular para converter o gliceraldeído 3-fosfato e o açúcar de 7 carbonos, a sedo-heptulose 7-fosfato, em frutose 6-fosfato (um açúcar de 6 carbonos) e eritrose 4-fosfato (4 carbonos).

Etapa 8. Por fim, a transcetolase catalisa a reação entre a eritrose 4-fosfato com outra molécula de xilulose 5-fosfato (da **Etapa 5**), o que produz outra molécula de frutose 6-fosfato e regenera o gliceraldeído 3-fosfato.

Por conseguinte, a fase não oxidativa da via produz as seguintes reações:

2 xilulose 5-fosfato + ribose 5-fosfato → 2 frutose 6-fosfato + gliceraldeído 3-fosfato

Os intermediários incluem a eritrose 4-fosfato, que pode ser usada na síntese de aminoácidos aromáticos. Os produtos são a frutose 6-fosfato e o gliceraldeído 3-fosfato, que são intermediários na glicólise e, portanto, podem entrar nessa via. As reações da transcetolase e da transaldolase são reversíveis. Isso significa que a fase não oxidativa da via das pentoses fosfato pode atuar em sentido oposto, utilizando os intermediários da glicólise como substratos para síntese de ribose 5-fosfato. Tal fato proporciona uma maneira de produzir ribose 5-fosfato sem gerar NADPH, que é útil se a célula tiver um suprimento abundante de NADPH, porém uma escassez de ribose 5-fosfato para a biossíntese de nucleotídios e aminoácidos.

Boxe 11.6 Pitágoras condenou o feijão-fava devido à via das pentoses fosfato?

PESQUISA EM DESTAQUE

Embora seja mais conhecido pelas suas descobertas sobre o quadrado da hipotenusa, o filósofo grego Pitágoras fez inúmeras contribuições para a matemática, a astronomia, a medicina e outras áreas científicas emergentes na época. Entre as várias declarações que lhe foram atribuídas, uma das mais enigmáticas é "evite as favas". Estudiosos ao longo dos tempos argumentaram sobre as razões dessa proclamação. Possivelmente, as favas eram consideradas como feijões que abrigavam as almas dos mortos, ou podem ter sido consideradas impuras, em virtude de sua semelhança entre o seu formato e o de uma determinada parte da anatomia masculina, ou, possivelmente, a flatulência resultante era considerada prejudicial ao pensamento filosófico. Qualquer que tenha sido a razão, a aversão de Pitágoras pelas favas era tão grande que ele acabou encontrando a morte quando se recusou a entrar em um campo de feijões-favas quando estava sendo perseguido por assassinos.

Imagem reproduzida de Wikimedia com licença de CC BY-SA 3.0.

Uma teoria recente é a de que o ponto de vista de Pitágoras sobre as favas tinha uma sólida base científica, envolvendo a via das pentoses fosfato. Cerca de 400 milhões de pessoas no mundo inteiro sofrem de **favismo**, uma doença assim denominada devido ao feijão-fava. O favismo caracteriza-se pela destruição dos eritrócitos após o consumo de favas. A resposta hemolítica deve-se à presença de derivados de açúcares nas favas – glicosídios como a vicina –, que atuam como agentes redutores, convertendo o oxigênio dentro dos eritrócitos em espécies reativas de oxigênio, como peróxido de hidrogênio. Essas espécies reativas de oxigênio causam hemólise, devido à sua capacidade de lesionar a membrana plasmática dos eritrócitos.

Os indivíduos que sofrem de favismo são incapazes de suportar os efeitos tóxicos do peróxido de hidrogênio, visto que não sintetizam uma quantidade suficiente da forma reduzida da **glutationa**. A glutationa é um tripeptídio, formado de ácido glutâmico, cisteína e glicina, com uma ligação incomum entre os primeiros dois aminoácidos. Na forma oxidada, dois tripeptídios estão ligados entre si por uma ponte de dissulfeto.

O peróxido de hidrogênio é destoxificado pela enzima **glutationa peroxidase**, que catalisa a seguinte reação:

$$2\ GSH + H_2O_2 \rightarrow GSSG + 2\ H_2O$$

O papel da **glutationa redutase** consiste na regeneração da **glutationa reduzida**:

$$NADPH + H^+ \rightarrow NADP^+$$
$$GSSG \rightarrow 2\ GSH$$

Por conseguinte, o funcionamento contínuo da glutationa reduzida como antioxidante depende da manutenção do suprimento de NADPH no eritrócito. Somente algumas vias bioquímicas geram NADPH, e todas elas, com exceção da via das pentoses fosfato, operam no interior das mitocôndrias. Os eritrócitos carecem de mitocôndrias e, portanto, dependem inteiramente da via das pentoses fosfato para seu suprimento de NADPH.

A base bioquímica do favismo é a depleção do suprimento eritrocitário de NADPH, devido a um defeito na via das pentoses fosfato. O favismo consiste, especificamente, na **deficiência de glicose 6-fosfato desidrogenase (G6 PD)** e resulta de uma mutação no gene dessa enzima. O gene está localizado no cromossomo X. Isso significa que a doença é prevalente nos indivíduos do sexo masculino, os quais possuem apenas um cromossomo X. Nos indivíduos do sexo feminino, a presença da versão correta do gene no segundo cromossomo X compensa, até certo ponto, a atividade deficiente do gene mutante, de modo que as mulheres só exibem uma versão leve da doença.

A doença é mais prevalente na região mediterrânea e provavelmente era familiar para Pitágoras e seus seguidores. Isso oferece uma possível explicação para a proibição dos feijões-fava pelo filósofo.

Leitura sugerida

Beutler E (2008) Glucose-6-phosphate dehydrogenase deficiency: a historical perspective. *Blood* **111**, 16–24.

Gerich JE, Meyer C, Woerle HJ and Stumvoll M (2001) Renal gluconeogenesis: its importance in human glucose homeostasis. *Diabetes Care* **24**, 382–91.

Jensen TE and Richter EA (2012) Regulation of glucose and glycogen metabolism during and after exercise. *Journal of Physiology* **590**,1069–76.

Jitrapakdee S, St Maurice M, Rayment I, Cleland WW, Wallace JC and Attwood PV (2008) Structure, mechanism and regulation of pyruvate carboxylase. *Biochemical Journal* **413**, 369–87.

Nuttal FQ, Ngo A and Gannon MC (2008) Regulation of hepatic glucose production and the role of gluconeogenesis in humans: is the rate of gluconeogenesis constant? *Diabetes/Metabolism Research and Reviews* **24**, 438–58.

Patra KC and Hay N (2014) The pentose phosphate pathway and cancer. *Trends in Biochemical Sciences* **39**, 347–54.

Roach PJ, Depaoli-Roach AA, Hurley TD and Tagliabracci VS (2012) Glycogen and its metabolism: some new developments and old themes. *Biochemical Journal* **441**, 763–87.

Smythe C and Cohen P (1991) The discovery of glycogenin and the priming mechanism for glycogen biogenesis. *European Journal of Biochemistry* **200**, 625–31.

Stein RB and Blum JJ (1978) On the analysis of futile cycles in metabolism. *Journal of Theoretical Biology* **72**, 487–522.

Van Schaftingen E and Gerin I (2002) The glucose-6-phosphatase system. *Biochemical Journal* **362**, 513–52.

Questões de autoavaliação

Questões de múltipla escolha

Cada questão tem apenas uma resposta correta.

1. Qual é a estrutura do glicogênio?
   (a) Cadeias $\alpha(1\rightarrow6)$ e pontos de ramificação $\alpha(1\rightarrow4)$
   (b) Cadeias $\alpha(1\rightarrow4)$ e pontos de ramificação $\beta(1\rightarrow6)$
   (c) Cadeias $\alpha(1\rightarrow4)$ e pontos de ramificação $\alpha(1\rightarrow6)$
   (d) Cadeias $\beta(1\rightarrow6)$ e pontos de ramificação $\alpha(1\rightarrow6)$

2. Qual é o substrato predominante para a síntese de glicogênio?
   (a) ADP-glicose
   (b) UDP-glicose
   (c) ADP-galactose
   (d) Glicose 1-fosfato

3. Qual é o papel da glicogenina?
   (a) É a enzima que sintetiza o glicogênio
   (b) Forma o iniciador (*primer*) para a síntese de glicogênio
   (c) Forma os pontos de ramificação em uma molécula de glicogênio
   (d) Limita o tamanho de uma molécula de glicogênio ao degradar as ramificações excessivamente longas

4. Qual é o nome da enzima que remove unidades de glicose a partir das extremidades não redutoras da molécula de glicogênio?
   (a) Glicogênio fosforilase
   (b) Glicogeninase
   (c) Fosfoglicomutase
   (d) Enzima desramificadora do glicogênio

5. Quais dos seguintes hormônios mantêm os níveis de glicemia dentro da faixa normal de 75 a 110 mg $d\ell^{-1}$?
   (a) Insulina e epinefrina
   (b) Insulina e adrenalina
   (c) Insulina e glucagon
   (d) Glucagon e epinefrina

6. Qual das seguintes afirmativas é **incorreta** com relação à glicogênio fosforilase?
   (a) A adição de um grupo fosfato ativa a glicogênio fosforilase
   (b) A glicogênio fosforilase é ativada pela fosforilase quinase
   (c) A glicogênio fosforilase é ativada pela proteína quinase A
   (d) A forma inativa é a glicogênio fosforilase *b*

7. Qual das seguintes afirmativas é **incorreta** com relação à proteína receptora β-adrenérgica?
   (a) É a proteína receptora para a insulina
   (b) Sofre uma mudança de conformação após ligação da molécula efetora
   (c) Ativa a adenilato ciclase
   (d) É encontrada na membrana plasmática

8. Qual é o papel do AMP no controle alostérico do metabolismo do glicogênio?
   (a) O AMP estimula a glicogênio fosforilase *a*
   (b) O AMP estimula a glicogênio fosforilase *b*
   (c) O AMP inibe a glicogênio fosforilase *b*
   (d) O AMP estimula a glicogênio sintase *b*

Capítulo 11 Metabolismo dos Carboidratos 243

9. Qual é o papel da glicose 6-fosfato no controle alostérico do metabolismo do glicogênio?
   (a) A glicose 6-fosfato estimula a glicogênio fosforilase *a*
   (b) A glicose 6-fosfato estimula a glicogênio fosforilase *b*
   (c) A glicose 6-fosfato inibe a glicogênio fosforilase *b*
   (d) A glicose 6-fosfato estimula a glicogênio sintase *b*

10. Quais são as enzimas que catalisam a síntese do fosfoenol-piruvato a partir do piruvato e de um grupo fosfato durante a gliconeogênese?
    (a) Piruvato quinase e piruvato carboxilase
    (b) Piruvato quinase e fosfoenolpiruvato carboxiquinase
    (c) Piruvato carboxilase e fosfoenolpiruvato carboxiquinase
    (d) Piruvato quinase e enolase

11. Que proteína transportadora mitocondrial é utilizada durante a síntese do fosfoenolpiruvato a partir do piruvato e de um grupo fosfato durante a gliconeogênese?
    (a) A proteína carreadora de malato-α-cetoglutarato
    (b) A proteína carreadora de aspartato-glutamato
    (c) A proteína carreadora de oxaloacetato
    (d) Nenhuma das opções anteriores

12. Qual dos seguintes compostos é convertido em piruvato antes da entrada na gliconeogênese?
    (a) Lactato
    (b) Aminoácidos
    (c) Triacilgliceróis
    (d) Glicose

13. Qual dos seguintes compostos é convertido em oxaloacetato antes da entrada na gliconeogênese?
    (a) Lactato
    (b) Aminoácidos
    (c) Triacilgliceróis
    (d) Glicose

14. Qual das seguintes afirmativas é **correta** com relação à regulação da gliconeogênese?
    (a) O citrato estimula a fosfofrutoquinase
    (b) O AMP inibe a fosfofrutoquinase
    (c) A frutose 2,6-bisfosfato inibe a fosfofrutoquinase
    (d) O ATP inibe a fosfofrutoquinase

15. Qual das seguintes afirmativas é **incorreta** com relação à regulação da gliconeogênese?
    (a) O citrato estimula a frutose 1,6-bisfosfatase
    (b) O AMP inibe a frutose 1,6-bisfosfatase
    (c) A frutose 2,6-bisfosfato inibe a frutose 1,6-bisfosfatase
    (d) O ATP inibe a frutose 1,6-bisfosfatase

16. Qual é um dos nomes alternativos para a via das pentoses fosfato?
    (a) Gliconeogênese
    (b) Via do fosfogliconato
    (c) Desvio das hexose difosfato
    (d) Todas as respostas anteriores

17. Qual das seguintes afirmativas não constitui uma função da via das pentoses fosfato?
    (a) Uma importante fonte de NADPH
    (b) Uma fonte de glicose para a glicólise
    (c) Uma fonte de ribose 5-fosfato
    (d) Uma fonte de eritrose 4-fosfato

18. Qual dessas enzimas não está envolvida na fase oxidativa da via das pentoses fosfato?
    (a) Fosfopentose epimerase
    (b) Glicose 6-fosfato desidrogenase
    (c) Fosfopentose isomerase
    (d) Lactonase

19. Qual dos seguintes compostos é o ponto inicial para a fase não oxidativa da via das pentoses fosfato?
    (a) Xilulose 5-fosfato
    (b) Sedo-heptulose 7-fosfato
    (c) Frutose 6-fosfato
    (d) Ribulose 5-fosfato

20. Que filósofo proibiu o consumo de favas, possivelmente devido à via das pentoses fosfato?
    (a) Sócrates
    (b) Pitágoras
    (c) Aristóteles
    (d) Capitão Jack Sparrow

Questões discursivas

1. Descreva a via para a síntese de glicogênio. O que limita o tamanho da molécula de glicogênio que é formada?

2. Explique como uma molécula de glicogênio é degradada, e como as unidades monoméricas de glicose entram na glicólise.

3. Explique como a insulina, o glucagon e a epinefrina regulam o metabolismo do glicogênio.

4. Descreva como o metabolismo do glicogênio é regulado por controle alostérico.

5. O que é um "ciclo fútil" e por que as células precisam evitar os ciclos fúteis?

6. Faça um esquema resumido da via da gliconeogênese e explique por que a gliconeogênese é algumas vezes designada como "glicólise em sentido inverso".

7. Em seu esquema da questão 6, indique as posições em que vários substratos entram na via da gliconeogênese.

8. Descreva como as vias da gliconeogênese e da glicólise são coordenadas.

9. Cite as várias funções da via das pentoses fosfato.

10. Descreva as etapas da via das pentoses fosfato, estabelecendo uma clara distinção entre as fases oxidativa e não oxidativa.

Questões de autoaprendizagem

1. O distúrbio genético denominado doença de von Gierke caracteriza-se por uma deficiência de glicose 6-fosfatase. Qual será o efeito dessa deficiência sobre a capacidade bioquímica do paciente e que sintomas você espera que ocorram?

2. A gliconeogênese resulta na síntese do D-enantiômero da glicose. Identifique a etapa mais provável na via da gliconeogênese em que uma quiralidade seria introduzida no produto, e especule sobre como a síntese do D-enantiômero desse produto poderia ocorrer.

3. Identifique a etapa limitante na via da gliconeogênese. Explique o seu raciocínio.

4. Os indivíduos com deficiência de glicose 6-fosfato desidrogenase frequentemente apresentam resistência à malária. Dê uma explicação para essa observação.

CAPÍTULO 12

Metabolismo dos Lipídios

OBJETIVOS DO ESTUDO

Após a leitura deste capítulo, você será capaz de:

- Entender como a acetil CoA é retirada da mitocôndria antes de ser utilizada na síntese de ácidos graxos

- Descrever a construção sequencial de um ácido graxo de 16 carbonos

- Saber como são produzidos ácidos graxos mais longos e como os com ligações duplas são sintetizados

- Entender as diferenças entre os processos de síntese de ácidos graxos em células animais e vegetais

- Reconhecer o papel da síntese de malonil CoA como principal ponto de controle na síntese dos ácidos graxos

- Saber como os triacilgliceróis são sintetizados e degradados

- Entender que a clivagem dos triacilgliceróis constitui o principal ponto de controle na lipólise

- Descrever as etapas na via de degradação dos ácidos graxos

- Saber a produção de energia a partir da degradação de um ácido graxo

- Reconhecer as características diferenciais da degradação dos ácidos graxos nos peroxissomos

- Saber como os ácidos graxos insaturados e aqueles com número ímpar de carbonos são degradados

- Descrever em linhas gerais a síntese do colesterol

- Saber como o estado energético do organismo e o conteúdo de esteróis da célula influenciam a taxa de síntese de colesterol

- Descrever em linhas gerais como são sintetizados os derivados importantes do colesterol.

Os lipídios desempenham várias funções importantes nas células vivas. Os ácidos graxos e os triacilgliceróis constituem as principais reservas de energia nos animais, enquanto os glicerofosfolipídios, o colesterol e vários outros tipos de lipídios constituem os principais componentes estruturais das membranas. O colesterol também é o precursor dos **hormônios esteroides**, como os **glicocorticoides**, os **estrogênios** e os **progestógenos**. Neste capítulo, iremos examinar como os vários tipos de lipídios são sintetizados e como aqueles que atuam como reserva de energia são degradados, de modo que a energia neles contida possa ser utilizada pela célula.

12.1 Síntese de ácidos graxos e triacilgliceróis

No Capítulo 5, aprendemos que os ácidos graxos são ácidos carboxílicos com a fórmula geral R–COOH, em que R é uma cadeia de hidrocarboneto de 5 a 36 unidades de carbono e seus hidrogênios ligados. Os carbonos na cadeia estão, em sua maioria, ligados por ligações simples, porém há também uma ou mais ligações duplas em determinados tipos de ácidos graxos (*ver* Figura 5.2). Os triacilgliceróis são lipídios que consistem em três ácidos graxos ligados a uma molécula glicerol. Inicialmente, iremos examinar como as cadeias de ácidos graxos são construídas e, em seguida, como essas cadeias são unidas ao glicerol para produzir uma molécula de triacilglicerol.

12.1.1 Síntese dos ácidos graxos

A cadeia de hidrocarboneto em um ácido graxo é formada a partir de unidades acetila de dois carbonos doadas pela acetil CoA. Evidentemente, precisamos examinar esse processo de polimerização de modo detalhado; todavia, precisamos tratar, em primeiro lugar, de um problema já assinalado de diferentes maneiras: a acetil CoA é sintetizada nas mitocôndrias, enquanto os ácidos graxos são formados no citoplasma. Por conseguinte, a acetil CoA deve ser transportada da mitocôndria para o citoplasma, porém isso não pode ocorrer diretamente, visto que essa molécula é incapaz de atravessar a membrana mitocondrial interna.

O citrato transporta unidades de acetil através da membrana mitocondrial interna

A acetil CoA é sintetizada a partir do piruvato pelo complexo piruvato desidrogenase, na conexão entre a glicólise e o ciclo de Krebs (ou dos ácidos tricarboxílicos, ATC) (ver Seção 9.1.1). O complexo piruvato desidrogenase opera no interior das mitocôndrias, enquanto a síntese de ácidos graxos ocorre no citoplasma. Os próprios ácidos graxos podem ser transportados através da membrana mitocondrial interna, porém a acetil CoA é incapaz de atravessar essa barreira.

Esse problema particular de transporte é solucionado pela transferência do grupo acetila da acetil CoA para o oxaloacetato, formando citrato (Figura 12.1). Esta é a mesma reação que ocorre durante a primeira etapa do ciclo de Krebs (ATC); todavia, em vez de ser utilizada para a produção de energia, o citrato formado é transportado para fora da mitocôndria por meio da proteína **carreadora de citrato**, que se localiza na membrana mitocondrial interna. Uma vez no citoplasma, o grupo acetila é transferido de volta à coenzima A, como regeneração de acetil CoA ou, mais precisamente, produção de um suprimento citoplasmático desse composto.

O oxaloacetato que agora está localizado no citoplasma precisa retornar à mitocôndria. Mais uma vez, surge um problema de transporte, visto que a membrana mitocondrial interna não possui uma proteína carreadora para o oxaloacetato. Por conseguinte, o oxaloacetato é inicialmente convertido em malato pela malato desidrogenase e, em seguida, em piruvato por uma descarboxilação oxidativa, catalisada pela enzima málica ligada ao NADP$^+$. Existem proteínas carreadoras (lançadeiras) para transportar tanto o malato quanto o piruvato de volta à mitocôndria. Desse modo, por que temos essa segunda etapa, em que o malato é convertido em piruvato? A resposta é que essa segunda

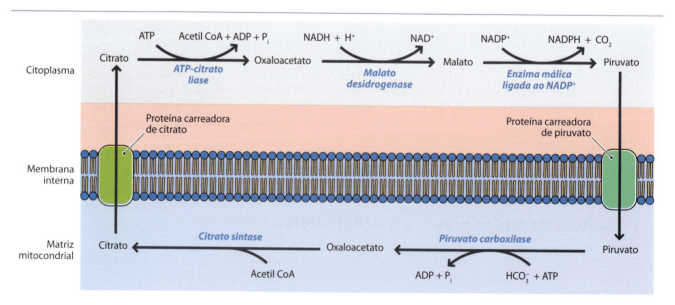

Figura 12.1 Transporte da acetil CoA da mitocôndria para o citoplasma. O transporte ocorre por meio da transferência do grupo acetila da acetil CoA para o oxaloacetato, formando citrato, que é transportado para o citoplasma pela proteína carreadora de citrato. Em seguida, a acetil CoA é recuperada pela conversão do citrato de volta em oxaloacetato. O restante do transporte é necessário para manter o conteúdo de oxaloacetato da mitocôndria.

reação também produz uma molécula de NADPH. Essa produção é importante, visto que o NADPH é necessário para unir as unidades acetila de modo a formar cadeias de ácidos graxos. A descarboxilação oxidativa do malato fornece parte desse NADPH, sendo o restante suprido pela via das pentoses fosfato.

É ainda necessário repor o oxaloacetato utilizado na mitocôndria, de modo que, após entrar novamente na mitocôndria, o piruvato se converte de volta em oxaloacetato pela **piruvato carboxilase**, que adiciona um grupo carboxila (–COOH) obtido de íons bicarbonato dissolvidos.

Os ácidos graxos são formados pela adição sequencial de unidades de dois carbonos

A síntese de ácidos graxos é um processo iterativo, em que unidades de dois carbonos são adicionadas à extremidade da cadeia de hidrocarboneto em crescimento. O processo começa pela enzima **acetil CoA carboxilase**, que carboxila a acetil CoA, produzindo malonil CoA (Figura 12.2). Os grupos acetil e malonil desses dois compostos são então transferidos para moléculas separadas de uma mesma **proteína carreadora de acila (ACP)**. A ACP é uma pequena proteína não enzimática, que contém um grupo prostético de **fosfopanteteína** ligado a um aminoácido serina em sua cadeia polipeptídica. A fosfopanteteína origina-se da vitamina B$_5$ e também é um componente da coenzima A (Figura 12.3). A transferência simplesmente envolve a liberação das unidades acetil e malonil da estrutura fosfopanteteína da coenzima A e sua nova ligação à mesma estrutura na ACP. As transferências são catalisadas pelas enzimas **acetil transacilase** e **malonil transacilase**, respectivamente.

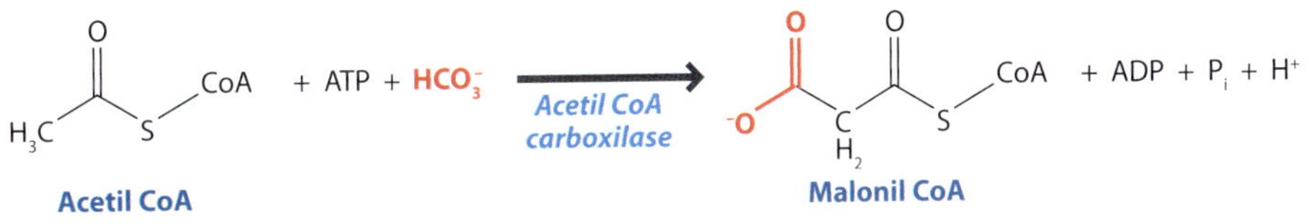

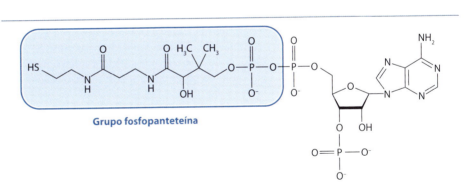

Figura 12.2 Síntese de malonil CoA.

Figura 12.3 Estrutura da coenzima A com realce do grupo fosfopanteteína. Um grupo prostético fosfopanteteína também está ligado a uma serina na proteína carreadora de grupos acil.

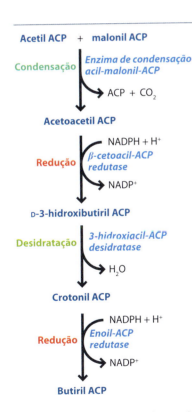

Figura 12.4 Visão geral da síntese de ácidos graxos. Cada unidade de dois carbonos é adicionada por um ciclo de quatro reações, envolvendo condensação, redução, desidratação e segunda etapa de redução.

Em seguida, começa a fase de síntese do processo, com quatro etapas necessárias para a adição de cada unidade de dois carbonos (Figura 12.4):

Etapa 1. A acetil ACP e a malonil ACP são unidas para formar acetoacetil ACP. A ACP que estava ligada ao grupo acetil é liberada. Trata-se de uma reação de condensação – ou seja, o tipo de reação em que duas moléculas se combinam para formar uma molécula maior. Essa reação é catalisada pela **enzima de condensação de acil-malonil-ACP**.

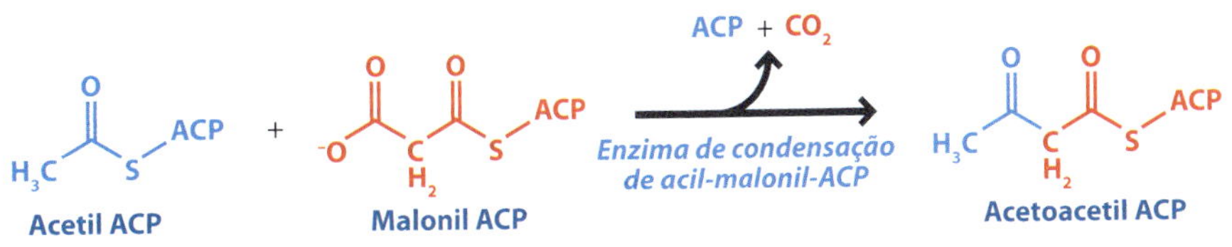

Etapa 2. A acetoacetil ACP é reduzida, produzindo D-3-hidroxibutiril ACP. Essa reação necessita da presença de NADPH e é catalisada pela **β-cetoacil-ACP redutase**.

Etapa 3. Uma reação de desidratação (remoção de água) converte a D-3-hidroxibutiril ACP em crotonil ACP. A enzima envolvida é a **3-hidroxiacil-ACP desidratase**.

Etapa 4. Uma segunda redução, que utiliza outra molécula de NADPH, converte a crotonil ACP em butiril ACP. Essa reação é catalisada pela **enoil-ACP redutase**.

A butiril ACP é um ácido graxo de quatro carbonos ligado à ACP. Dessa maneira, concluímos o primeiro ciclo de síntese. O segundo ciclo começa com a ***etapa 1***, porém com a butiril ACP substituindo a acetil ACP pela. Por conseguinte, o segundo ciclo produz um ácido graxo de seis carbonos, que é utilizado como substrato para o terceiro ciclo, e assim sucessivamente, com adição de uma unidade de dois carbonos a cada ciclo.

Nos animais, o ciclo de síntese prossegue até a formação de um ácido graxo de 16 carbonos, o ácido palmítico. O ácido palmítico ainda está ligado à ACP, de modo que é descrito mais acuradamente como palmitoil ACP. A enzima de condensação de acil-malonil-ACP não pode utilizar a palmitoil ACP como substrato, de modo que, nesse estágio, o alongamento da cadeia é interrompido. Para completar a síntese, o ácido graxo é clivado da proteína carreadora por uma enzima **tioesterase** (Figura 12.5).

Formação de outros ácidos graxos, além do ácido palmítico

O ácido palmítico não é o único ácido graxo encontrado nas células vivas. Existem muitos outros tipos com diferentes comprimentos das cadeias e alguns com uma ou mais ligações duplas unindo pares de carbonos. Como esses outros tipos de ácidos graxos são sintetizados?

Figura 12.5 Conversão da palmitoil ACP em ácido palmítico pela tioesterase.

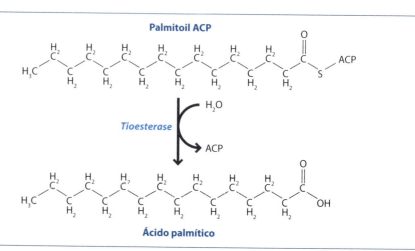

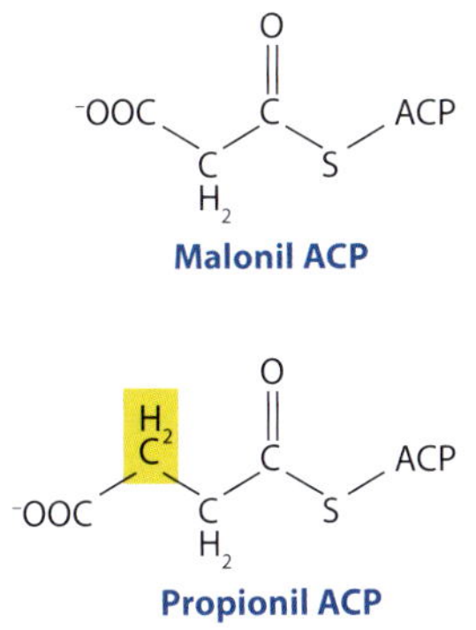

Os ácidos graxos importantes possuem, em sua maioria, um número par de carbonos; entretanto, alguns têm um número ímpar. Esses ácidos graxos de número ímpar também são formados pela adição sequencial de unidades de dois carbonos; todavia, a malonil ACP inicial, utilizada no começo do processo, é substituída por propionil ACP (Figura 12.6). A propionil ACP tem um carbono a mais do que a malonil ACP, de modo que o resultado do primeiro ciclo de síntese é um ácido graxo de cinco carbonos. Em seguida, a síntese prossegue exatamente como a dos ácidos graxos de número par de carbonos, até produzir a molécula de 15 carbonos, o ácido pentadecílico, que é clivado da proteína carreadora da mesma maneira que o ácido palmítico.

Os ácidos graxos com comprimentos de cadeia acima dos 15 carbonos do ácido pentadecílico ou dos 16 carbonos do ácido palmítico são sintetizados por enzimas localizadas na superfície externa do retículo endoplasmático liso. Para iniciar esse tipo de síntese, o ácido pentadecílico ou o ácido palmítico são ligados à coenzima A, e não à ACP, e alongados com unidades acetil provenientes da malonil CoA.

Cada ligação dupla é introduzida na cadeia de hidrocarboneto por uma reação de oxidação, catalisada por um complexo enzimático que compreende a **NADH-citocromo b_5 redutase**, a **citocromo b_5** e a **dessaturase**. Esse complexo também está localizado na superfície externa do retículo endoplasmático liso e utiliza o derivado CoA do ácido graxo como substrato. Os elétrons são transferidos por meio do complexo enzimático, de modo a impulsionar a oxidação (Figura 12.7). Os mamíferos possuem quatro saturases diferentes, denominadas Δ^4, Δ^5, Δ^6 e Δ^9, indicando que elas são capazes de adicionar ligações duplas imediatamente após o 4°, o 5°, o 6° e o 9° carbonos em um ácido graxo. Isso significa que os mamíferos não são capazes de sintetizar o ácido linoleico e as formas α e γ do ácido linolênico, cujas estruturas são designadas como $18{:}2(\Delta^{9,12})$, $18{:}3(\Delta^{9,12,15})$ e $18{:}3(\Delta^{6,9,12})$, respectivamente. Por conseguinte, os mamíferos precisam obter o ácido linoleico e o ácido linolênico da dieta, visto que esses ácidos graxos são precursores de outros lipídios importantes, incluindo o ácido araquidônico, a partir do qual são formados os hormônios eicosanoides (ver Boxe 5.2). A fórmula do ácido araquidônico é $20{:}4(\Delta^{5,8,11,14})$, e os mamíferos podem produzi-lo a partir do ácido linoleico por meio da adição de ligações duplas com as Δ^6 e Δ^5 dessaturases, ocorrendo as duas oxidações antes e depois da adição de outra unidade de dois carbonos, respectivamente.

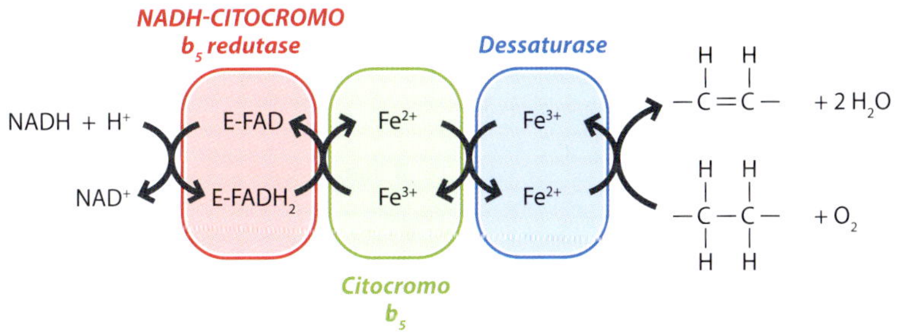

Figura 12.6 Diferença entre malonil e propionil ACP.

Figura 12.7 Introdução de uma ligação dupla em um ácido graxo. Os elétrons são transferidos do NADH para o componente FAD da NADH-citocromo b_5 redutase e, em seguida, para o heme do citocromo b_5, com redução do Fe^{2+} a Fe^{3+}. A mesma redução ocorre agora no ferro não heme presente na dessaturase, que oxida a ligação-alvo pela dessaturase.

Boxe 12.1 Necessidade energética para a síntese dos ácidos graxos.

A síntese de uma molécula de ácido graxo necessita tanto de ATP quanto de NADPH. Para calcular a quantidade de energia necessária, precisamos examinar atentamente a via de síntese. São necessários sete giros do ciclo de síntese para produzir uma molécula de palmitato – o ânion do ácido palmítico. A equação básica para esses sete ciclos de síntese é a seguinte:

$$\text{acetil CoA} + 7\ \text{malonil CoA} + 14\ \text{NADPH} + 20\ H^+ \rightarrow \text{palmitato} + 7\ CO_2 + 14\ NADP^+ + 8\ \text{CoA} + 6\ H_2O$$

Para que essa equação seja mais completa, precisamos também considerar como as sete moléculas de malonil CoA são sintetizadas:

$$7\ \underline{\text{a}}\text{cetil CoA} + 7\ CO_2 + 7\ \text{ATP} \rightarrow 7\ \text{malonil CoA} + 7\ \text{ADP} + 7\ P_i + 14\ H^+$$

Com a soma dessas duas reações, obtemos a equação global para a síntese de uma molécula de palmitato:

$$8\ \underline{\text{a}}\text{cetil CoA} + 7\ \text{ATP} + 14\ \text{NADPH} + 6\ H^+ \rightarrow \text{palmitato} + 14\ NADP^+ + 8\ \text{CoA} + 6\ H_2O + 7\ \text{ADP} + 7\ P_i$$

Os animais são incapazes de produzir ácidos graxos com cadeias de comprimento mais curto que a cadeia de 15 carbonos do ácido pentadecílico. Por outro lado, as plantas produzem maior variedade de ácidos graxos, incluindo alguns com menos de 15 carbonos, como o ácido láurico (12 carbonos), encontrado nas sementes do louro, bem como nos óleos de coco e de palma, e o ácido mirístico (14 carbonos) da noz-moscada. As plantas têm a capacidade de produzir essas estruturas mais curtas devido a uma diferença no arranjo das enzimas envolvidas na síntese de ácidos graxos. Nos mamíferos, as atividades das seis enzimas principais (as transacilases, a enzima de condensação de acil-malonil-ACP, a β-cetoacil-ACP redutase, a 3-hidroxiacil-ACP desidratase, a enoil-ACP redutase e a tioesterase) estão todas contidas em apenas proteína multifuncional. Nessa proteína, denominada **ácido graxo sintase**, as seis atividades enzimáticas são especificadas por diferentes partes da cadeia polipeptídica (Figura 12.8). Durante a síntese de um ácido graxo, a extremidade da cadeia de hidrocarboneto em crescimento é transferida de um sítio ativo para o seguinte, sendo a translocação auxiliada, em parte, pela flexibilidade do braço formado pelo grupo fosfopanteteína da proteína carreadora à qual está fixado o ácido graxo. O ácido graxo em crescimento só emerge do complexo da ácido graxo sintase quando for alcançado o estágio de 15 ou 16 carbonos, de modo que não há produção de ácidos graxos mais curtos. Nas plantas, não existe um complexo ácido graxo sintase, de modo que as atividades enzimáticas são proporcionadas por diferentes proteínas que formam apenas associações fracas. Por conseguinte, o ácido graxo em crescimento precisa ser transportado entre as enzimas individuais. Conforme observado nos animais, essas enzimas só produzem ácidos graxos com até 15 ou 16 carbonos de comprimento; entretanto, como a estrutura em crescimento não é sintetizada em apenas uma proteína, moléculas de cadeias mais curtas podem ser liberadas do ciclo de alongamento, quando necessário.

A síntese de malonil CoA constitui a principal etapa reguladora na síntese de ácidos graxos

A malonil CoA desempenha poucas funções na célula, a não ser como precursor da síntese de ácidos graxos, de modo que não é surpreendente que a regulação da via de síntese dos ácidos graxos seja exercida principalmente pelo controle da conversão da acetil CoA em malonil CoA. Isso fornece um bom exemplo da regulação de uma via

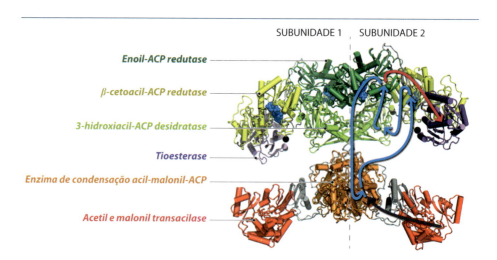

Figura 12.8 Ácido graxo sintase dos mamíferos. A proteína é um dímero de duas subunidades idênticas. Na subunidade da esquerda, são mostradas as localizações aproximadas das seis atividades enzimáticas envolvidas na síntese de ácidos graxos. À direita, as setas indicam o transporte do ácido graxo em crescimento nessa subunidade. A etapa inicial, que envolve a acilação das unidades acetil e malonil, ocorre na parte inferior da direita, sendo os produtos então transportados para a enzima de condensação (*seta cinza*). A reação cíclica de condensação-redução-desidratação-redução, que alonga a cadeia de ácido graxo, é mostrada pelas setas azuis. Uma vez completada, a palmitoil ACP é transportada até a atividade da tioesterase (*seta vermelha*), e a molécula de ácido palmítico é clivada de seu carreador ACP. Na realidade, a via pode não ser exatamente conforme ilustrada, visto que a síntese de um ácido graxo individual pode envolver o transporte entre atividades enzimáticas em diferentes subunidades. Imagem principal reproduzida de *Science* 2008;**321**:1315 com autorização de The AAAS.

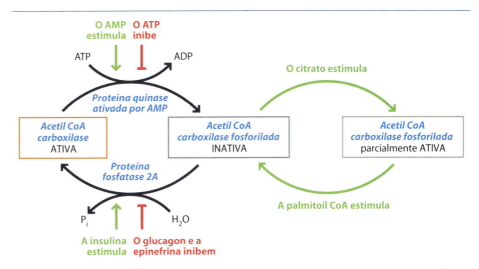

Figura 12.9 Regulação da acetil CoA carboxilase. Não se sabe como o citrato ativa a acetil CoA carboxilase fosforilada; todavia, em sistemas experimentais, a ativação está associada a uma mudança na conformação da enzima, de esferas octaméricas para filamentos poliméricos. Ainda não foi estabelecido se essa mudança de conformação constitui a causa da ativação da enzima, um resultado da ativação ou, possivelmente, um artefato experimental.

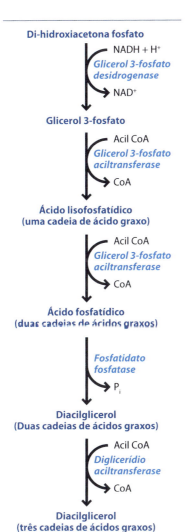

Figura 12.10 Esquema geral da síntese de triacilgliceróis.

controlada na primeira etapa de condicionamento, que, nesse caso, é a formação de malonil CoA. Esse esquema de regulação assegura que a síntese de ácidos graxos só irá ocorrer se a célula tiver um suprimento abundante de energia, parte da qual pode ser desviada para armazenamento na forma de ácidos graxos e triacilgliceróis.

A presença de um suprimento abundante de energia é indicada por um excedente de ATP e por uma deficiência de AMP. Nessas circunstâncias, a enzima acetil CoA carboxilase, que converte a acetil CoA em malonil CoA, está totalmente ativa. Por outro lado, se houver declínio da concentração celular de ATP e aumento do AMP, a carboxilase é então inibida pelo nível de AMP. A regulação é mediada por uma **proteína quinase ativada por AMP**, que fosforila um aminoácido serina dentro do polipeptídio carboxilase. Essa modificação inativa a carboxilase. Quando o suprimento de energia novamente está elevado, o nível de AMP declina, e a quinase é inibida pelas concentrações elevadas de ATP (Figura 12.9). Não ocorre mais fosforilação da carboxilase, e essa enzima é reativada pela **proteína fosfatase 2A**, que remove o grupo fosfato da serina.

É também possível que a versão fosforilada da acetil CoA carboxilase seja parcialmente reativada sem a remoção do grupo fosfato. Esse efeito é produzido pelo citrato, formado diretamente a partir da acetil CoA no início do ciclo de Krebs (ATC). Por conseguinte, a presença de um nível elevado de citrato indica que existe um excedente de acetil CoA, que pode ser usado para a síntese de ácidos graxos. Por outro lado, uma abundância de palmitoil CoA indica que os níveis de ácidos graxos estão elevados, não havendo necessidade de síntese adicional. Por conseguinte, a palmitoil CoA inativa a síntese de ácidos graxos ao reverter o efeito do citrato.

O estado de fosforilação da acetil CoA carboxilase, em geral, é mais afetado pelo glucagon, pela epinefrina e pela insulina, hormônios que regulam o nível de glicemia e, portanto, monitoram o nível energético do corpo como um todo. O glucagon e a epinefrina respondem a baixos níveis de energia ao inibir a proteína fosfatase 2A, mantendo a carboxilase em seu estado inativo, de modo que não pode ocorrer síntese de ácidos graxos. A insulina exerce o efeito oposto, aumentando a síntese de ácidos graxos quando os níveis de glicemia estão elevados, provavelmente ao ativar a fosfatase.

12.1.2 Síntese de triacilgliceróis

A síntese de triacilgliceróis envolve uma via curta que inicialmente converte a di-hidroxiacetona fosfato, um dos intermediários produzidos durante a glicólise, em glicerol 3-fosfato e que, em seguida, liga as cadeias laterais de ácidos graxos uma por uma a partir de substratos de acil CoA (Figura 12.10).

Etapa 1. A **glicerol 3-fosfato desidrogenase** reduz a di-hidroxiacetona fosfato, produzindo glicerol 3-fosfato.

Etapa 2. O primeiro ácido graxo é transferido de seu carreador de coenzima A para o carbono número 1 do glicerol 3-fosfato (o carbono que transporta o fosfato sendo o de número 3). A enzima envolvida é a **glicerol 3-fosfato aciltransferase**, e a estrutura resultante, denominada ácido lisofosfatídico.

Etapa 3. O segundo ácido graxo é ligado ao carbono 2, formando o ácido fosfatídico. Mais uma vez, essa etapa é catalisada pela glicerol 3-fosfato aciltransferase.

O ácido fosfatídico é um tipo simples de glicerofosfolipídio e também pode ser usado para sintetizar os glicerofosfolipídios mais complexos encontrados nas membranas.

Etapa 4. A **fosfatidato fosfatase** remove o grupo fosfato do carbono 3, produzindo um diacilglicerol.

Etapa 5. O terceiro ácido graxo é adicionado para completar o processo.

A enzima dessa etapa, a **diglicerídio aciltransferase**, forma um complexo com a fosfatidato fosfatase, e o par de atividades é às vezes designado **triacilglicerol sintetase**.

A síntese de triacilgliceróis ocorre principalmente nas células hepáticas, dentro do retículo endoplasmático. Em seguida, os triacilgliceróis são combinados com proteínas para formar complexos de **lipoproteínas**, que são transportados para as células de

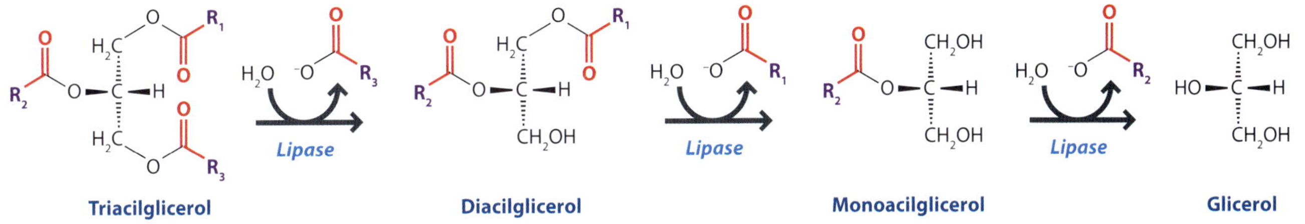

Capítulo 12 Metabolismo dos Lipídios 253

Figura 12.11 Degradação de um triacilglicerol por uma série de enzimas lipases. R1, R2 e R3 são as cadeias de hidrocarbonetos de ácidos graxos.

armazenamento, denominadas **adipócitos** (encontrados no tecido adiposo e comumente conhecidos como células adiposas) ou transportados até os músculos, onde são degradados novamente para liberar energia.

12.2 Degradação dos triacilgliceróis e ácidos graxos

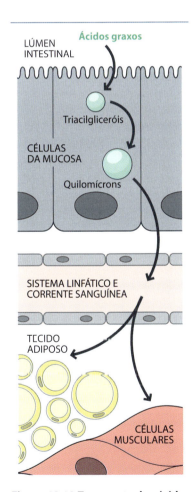

Figura 12.12 Transporte dos ácidos graxos do intestino para o tecido muscular e o tecido adiposo. Os ácidos graxos são absorvidos pelas células da mucosa intestinal, convertidos em triacilgliceróis e acondicionados em quilomícrons, os quais são então transportados pelo sistema linfático e pela corrente sanguínea até as células musculares e o tecido adiposo.

Discutimos a síntese dos ácidos graxos a partir de moléculas de acetil CoA e vimos como os ácidos graxos se combinam com a glicerol 3-fosfato para produzir triacilgliceróis. Examinaremos agora a **lipólise**, o processo pelo qual os triacilgliceróis e os ácidos graxos são degradados, de modo a liberar a energia que eles contêm.

12.2.1 Degradação dos triacilgliceróis em ácidos graxos e glicerol

A primeira etapa na lipólise é a conversão dos triacilgliceróis em seus componentes de ácidos graxos e glicerol. Embora seja um processo bastante direto, essa etapa é importante, visto que constitui o principal ponto de controle de toda a via da lipólise.

Os triacilgliceróis são clivados por lipases

Os triacilgliceróis são degradados por enzimas **lipases**, que clivam as três cadeias de ácidos graxos do componente glicerol da molécula (Figura 12.11). Existem lipases específicas para os diferentes carbonos dentro do glicerol, de modo que é necessária uma combinação de três enzimas com diferentes especificidades para remover todos os três ácidos graxos de um único triacilglicerol.

Nos mamíferos, as lipases produzidas no pâncreas são secretadas no intestino, onde removem os ácidos graxos dos triacilgliceróis consumidos na dieta. Em seguida, os ácidos graxos são capturados pelas células que revestem o intestino. Entretanto, os ácidos graxos não são utilizados como fonte de energia nesse tecido, porém convertidos de volta em triacilgliceróis, que são liberados, na forma de grandes lipoproteínas denominadas **quilomícrons**, no sistema linfático e na corrente sanguínea. Esses triacilgliceróis recém-formados são agora transportados até as células musculares para uso como suprimento de energia, ou até o tecido adiposo para armazenamento (Figura 12.12).

Diferentes lipases são responsáveis pela degradação dos triacilgliceróis nos adipócitos – as células adiposas do tecido adiposo. Os ácidos graxos e as moléculas de glicerol produzidos por essas lipases passam para a corrente sanguínea e são transportados até os músculos e outros tecidos ativos. No interior desses tecidos, os ácidos graxos ainda são degradados pelo processo gerador de energia, denominado **β-oxidação**, que será estudada na próxima seção. O glicerol é captado pelo fígado, onde é convertido em glicerol 3-fosfato e, a seguir, em di-hidroxiacetona fosfato (Figura 12.13). As duas etapas dessa via curta são catalisadas pela **glicerol quinase** e glicerol 3-fosfato desidrogenase, respectivamente, sendo a segunda etapa uma reversão da etapa 1 da via de síntese dos triacilgliceróis. A di-hidroxiacetona fosfato é um intermediário da glicólise, de modo que ambos os componentes de ácidos graxos e glicerol dos triacilgliceróis são utilizados para a produção de energia.

Boxe 12.2 Lipoproteínas.

Os triacilgliceróis, os fosfolipídios e o colesterol são relativamente insolúveis em soluções aquosas, como o sangue e a linfa. Por conseguinte, são transportados por todo corpo na forma de componentes de estruturas multimoleculares, denominadas **lipoproteínas**. Uma lipoproteína é uma partícula semelhante a uma micela, que consiste em uma monocamada lipídica esférica, constituída de lipídios anfifílicos com várias proteínas inseridas, envolvendo um núcleo hidrofóbico, que contém moléculas de triacilglicerol e colesterol.

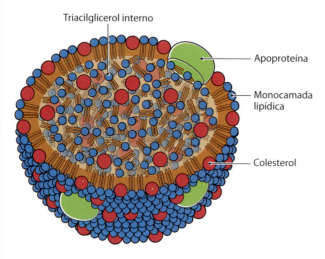

Os componentes proteicos, denominados **apolipoproteínas** ou **apoproteínas**, são reconhecidos por receptores de superfície celular e, portanto, asseguram que as lipoproteínas sejam captadas pelo tecido correto.

Existem três grupos de lipoproteínas:

- Os **quilomícrons** são as maiores lipoproteínas, com massa molecular de > 400 kDa. Transportam triacilgliceróis e colesterol da dieta do intestino para outros tecidos. Após deixar o intestino, os quilomícrons dirigem-se inicialmente para os músculos e o tecido adiposo, onde os triacilgliceróis são degradados a ácidos graxos e monoacilgliceróis pela ação da **lipoproteína lipase**. Essa enzima está localizada no exterior das células musculares e células adiposas e é ativada pela **apoC-II**, uma das apoproteínas existentes na superfície dos quilomícrons. Os ácidos graxos e os monoacilgliceróis são captados pelos tecidos e são utilizados para produção de energia ou convertidos novamente em triacilgliceróis para armazenamento. À medida que seu conteúdo de triacilgliceróis diminui, os quilomícrons encolhem e formam os **remanescentes de quilomícrons** ricos em colesterol. Esses remanescentes de quilomícrons são transportados até o fígado, onde se ligam a um receptor de superfície celular e são captados por endocitose

- As **lipoproteínas de densidade muito baixa (VLDLs)**, as **lipoproteínas de densidade intermediária (IDLs)** e as **lipoproteínas de baixa densidade (LDLs)** estão todas relacionadas umas com as outras. As VLDLs são sintetizadas no fígado e transportam uma variedade de lipídios para o músculo e o tecido adiposo. À semelhança dos quilomícrons, os triacilgliceróis das VLDLs são degradados pela lipoproteína lipase, e os ácidos graxos liberados são captados pelas células musculares ou adiposas. Os remanescentes de VLDLs permanecem no sangue na forma de IDLs e, em seguida, perdem a maior parte do conteúdo de apoproteínas, transformando-se em LDLs. Em seguida, as LDLs são captadas por vários tipos de células, e seu conteúdo é metabolizado por enzimas localizadas em organelas celulares denominadas **lisossomos**

- As **lipoproteínas de alta densidade (HDLs)** desempenham a função oposta das LDLs, visto que transportam o colesterol de volta ao fígado. As HDLs são sintetizadas no sangue principalmente a partir de lipídios e apoproteínas provenientes da degradação de outras lipoproteínas. Em seguida, as HDLs extraem o colesterol das membranas celulares e o transportam até o fígado. Em seguida, o fígado descarta o excesso de colesterol na forma de **ácidos biliares** (ver Seções 5.1.2 e 12.3.2).

O nível sanguíneo de colesterol está associado a um risco de doença cardiovascular, visto que se acredita que o depósito de colesterol e de outros lipídios das LDLs nas superfícies internas dos vasos sanguíneos promove o desenvolvimento de **aterosclerose** ("endurecimento das artérias"). Os leucócitos acumulam-se nos depósitos de colesterol, podendo resultar em inflamação e consequente bloqueio. A ocorrência de bloqueio em uma artéria coronária pode levar ao **infarto do miocárdio**, que constitui a causa mais comum de morte nos países industrializados do Ocidente. Os coágulos sanguíneos nas artérias cerebrais causam acidente vascular encefálico, enquanto aqueles presentes nos vasos sanguíneos periféricos dos membros podem resultar em gangrena. Por conseguinte, as LDLs são consideradas como colesterol "ruim", diferentemente das HDLs que removem os lipídios do sangue e, portanto, constituem o colesterol "bom".

Figura 12.13 Utilização do glicerol proveniente da degradação do triacilglicerol.

A clivagem do triacilglicerol constitui o principal ponto de controle na lipólise

A via da β-oxidação por meio da qual os ácidos graxos são degradados não contém nenhum ponto de controle importante, de modo que a velocidade de oxidação dos ácidos graxos depende apenas de sua disponibilidade. Isso significa que a quantidade de energia que está sendo produzida a partir dos lipídios armazenados em qualquer momento específico é determinada quase exclusivamente pela velocidade com que os triacilgliceróis estão sendo convertidos em ácidos graxos. Por conseguinte, a atividade da lipase constitui o evento fundamental que regula toda a via da lipólise.

A atividade das lipases nos adipócitos é responsiva aos níveis de vários hormônios na corrente sanguínea. O glucagon, a epinefrina, a **norepinefrina** e o **hormônio adrenocorticotrófico** estimulam, cada um deles, a atividade da lipase, aumentando a velocidade com que os ácidos graxos são liberados dos triacilgliceróis. A insulina exerce o efeito oposto, inibindo as lipases e reduzindo a degradação dos triacilgliceróis. Todos os cinco hormônios atuam de uma maneira com a qual já estamos familiarizados: eles regulam indiretamente a atividade de uma proteína quinase, que, por sua vez, regula a atividade das lipases (Figura 12.14). A versão fosforilada de uma lipase é a enzima ativa, enquanto a versão desfosforilada, a forma inativa. O glucagon, a epinefrina, a norepinefrina e o hormônio adrenocorticotrófico estimulam a proteína quinase por meio da ativação da adenilato ciclase e do aumento das concentrações celulares de cAMP. Em resposta ao aumento da cAMP, a proteína quinase fosforila as lipases, aumentando a degradação dos triacilgliceróis. Isso ocorre quando os níveis de glicemia estão baixos e há necessidade de energia. Por outro lado, a insulina responde à presença de níveis elevados de glicemia ao reduzir a velocidade de lipólise. Por conseguinte, a insulina inativa a adenilato ciclase, de modo que os níveis de cAMP declinam, e a quinase é desativada. A insulina também estimula a fosfatase que remove os grupos fosfato adicionados pela quinase e, consequentemente, inativa as lipases.

12.2.2 Degradação dos ácidos graxos

Tradicionalmente, a matriz mitocondrial é considerada como o local de degradação dos ácidos graxos. Esta foi a conclusão de experimentos importantes realizados por Eugene Kennedy e Albert Lehninger, em 1949. Hoje, sabemos que o trabalho desses pesquisadores só nos forneceu metade do processo e que ocorre também alguma degradação de ácidos graxos nos **peroxissomos**. Essas organelas, que são pequenas e circundadas por apenas uma membrana, são encontradas no citoplasma de todos os eucariotos. Os peroxissomos só foram descobertos em 1954, e houve incerteza no que diz respeito às

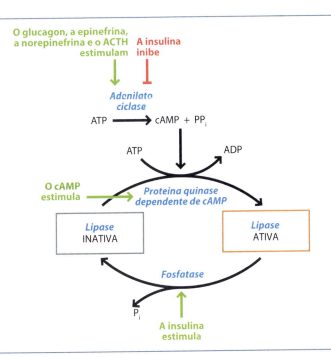

Figura 12.14 Controle da degradação dos triacilgliceróis. Abreviatura: ACTH, hormônio adrenocorticotrófico.

suas funções bioquímicas durante muitos anos após a sua identificação. Hoje em dia, sabemos que essas funções incluem alguns aspectos da degradação dos ácidos graxos. Com efeito, nas plantas e em alguns outros eucariotos, a degradação dos ácidos graxos ocorre exclusivamente nos peroxissomos – as mitocôndrias não estão envolvidas no processo. Em outros eucariotos, incluindo animais como os seres humanos, os ácidos graxos são degradados, em sua maioria, nas mitocôndrias. No entanto, as moléculas de cadeia mais longa são inicialmente degradadas em unidades menores nos peroxissomos, sendo os ácidos graxos parcialmente degradados então transferidos para as mitocôndrias, onde o processo de degradação é concluído.

Analisaremos em primeiro lugar o papel das mitocôndrias na degradação dos ácidos graxos, considerando como uma molécula de ácido palmítico é degradada em uma célula animal. Em seguida, examinaremos o processo de degradação ligeiramente diferente que ocorre nos peroxissomos. À semelhança do processo de síntese, precisamos também discutir os ajustes especiais que são necessários para lidar com as duplas ligações e com os ácidos graxos que possuem números ímpares de carbonos.

Os ácidos graxos são convertidos em formas acil antes de seu transporte para as mitocôndrias

Como prelúdio para sua degradação, os ácidos graxos captados da corrente sanguínea são ligados à coenzima A para formar derivados de acil CoA (Figura 12.15). A enzima responsável por essa reação é denominada **ácido graxo tioquinase**, e a reação requer energia fornecida pela hidrólise do ATP. Observe que o ATP é convertido em AMP, o que significa que houve a clivagem de duas de suas ligações de "alta energia", em comparação com apenas uma clivagem na maioria das reações ATP-dependentes estudadas até agora, nas quais o produto é o ADP.

A ácido graxo tioquinase está ligada à membrana mitocondrial externa. Dessa maneira, os ácidos graxos "ativados" são produzidos na superfície da organela para dentro da qual precisam ser transportados, de modo a serem degradados. Os ácidos graxos saturados mais curtos, com comprimento de até 10 carbonos e sem nenhuma ligação dupla, são capazes de atravessar diretamente as membranas mitocondriais e entrar na matriz como derivados de CoA. Por outro lado, os ácidos graxos mais longos (na forma de acil CoA) e os ácidos graxos insaturados de qualquer comprimento não são capazes de atravessar a membrana mitocondrial interna sem auxílio. Para essas moléculas, o grupo CoA é removido e substituído pela **carnitina**. A carnitina é uma pequena molécula polar, derivada da lisina e da metionina, que adquiriu alguma notoriedade como suplemento dietético, particularmente para os fisiculturistas, em virtude de sua suposta capacidade de reduzir a gordura corporal. De fato, a carnitina é sintetizada no fígado e nos rins em quantidades adequadas para muitas finalidades e também constitui um componente dietético natural da carne vermelha e do leite, porém não há evidências convincentes de que os suplementos dietéticos possam melhorar o desempenho atlético.

A substituição da CoA pela carnitina é catalisada pela **carnitina aciltransferase**, que está localizada na superfície externa da membrana mitocondrial interna (Figura 12.16). Os derivados de acilcarnitina são então transportados através da membrana mitocondrial interna pela **carnitina/acilcarnitina translocase**, uma proteína integral de membrana que se estende pela membrana e, portanto, pode transportar moléculas de acilcarnitina para dentro da matriz mitocondrial. Uma vez no interior, um segundo tipo de carnitina aciltransferase, ligada ao lado interno da membrana mitocondrial interna, remove o grupo carnitina, substituindo-o pela CoA e, dessa maneira, reconstruindo a molécula original de acil CoA. A carnitina liberada durante essa etapa volta a ser transportada através da membrana mitocondrial interna pela translocase, pronta para participar em outro ciclo de transporte de ácidos graxos.

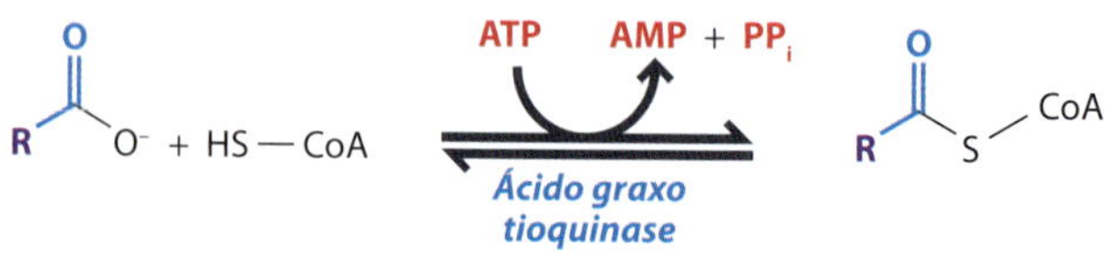

Figura 12.15 Ligação de um ácido graxo à CoA antes da degradação. "R" indica a cadeia de hidrocarboneto de ácido graxo.

Capítulo 12 Metabolismo dos Lipídios

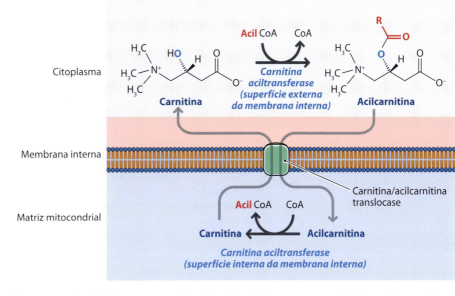

Figura 12.16 Circuito de transporte (*shuttling*) dos ácidos graxos através da membrana mitocondrial interna como derivados da carnitina. Esse processo só ocorre para os ácidos graxos insaturados e aqueles saturados com mais de dez carbonos. Os ácidos graxos saturados curtos são capazes de atravessar diretamente a membrana mitocondrial interna.

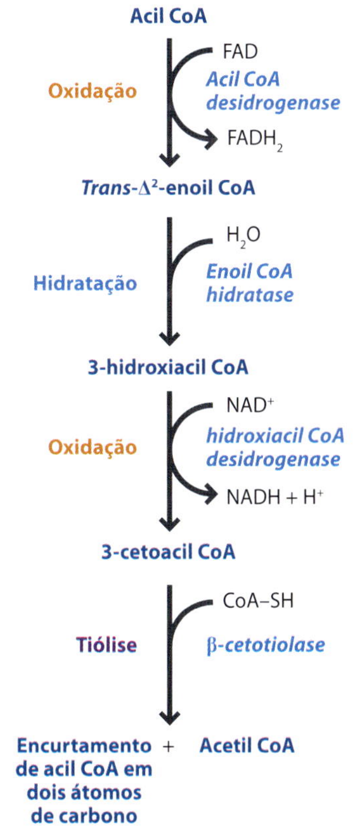

Figura 12.17 Esquema geral da degradação dos ácidos graxos.

Os ácidos graxos são degradados pela remoção sequencial de unidades de acetil CoA

No interior da matriz mitocondrial, os ácidos graxos são degradados por uma série de reações que resultam na remoção sequencial de unidades de acetil CoA a partir das extremidades das cadeias de hidrocarbonetos. Duas dessas reações consistem em oxidações, e o processo como um todo é algumas vezes descrito como via da "β-oxidação". As etapas necessárias para a remoção de uma unidade de acetil CoA a partir da extremidade de uma molécula de acil CoA são as seguintes (Figura 12.17):

Etapa 1. A ligação simples que une os carbonos 2 e 3 (os carbonos α e β, respectivamente) é convertida em ligação dupla. Trata-se de uma reação de oxidação, que produz uma molécula de FADH$_2$ e é catalisada pela **acil CoA desidrogenase**.

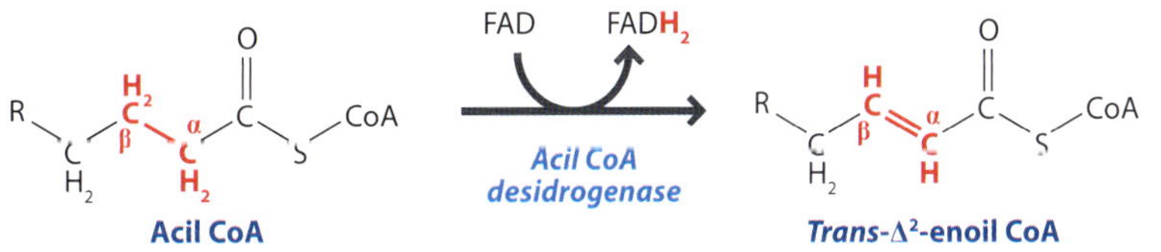

A reação resulta na versão Δ^2 do ácido graxo. Em termos químicos, o ácido graxo consiste, agora, em um tipo de composto enoil (Figura 12.18), de modo que ele é descrito como *trans*-Δ^2-enoil CoA. Existem três tipos de acil CoA desidrogenase, que são ativos para cadeias de acil CoA de ácidos graxos de diferentes comprimentos.

Etapa 2. Um grupo hidroxila é adicionado ao carbono β, resultando na conversão da dupla ligação em uma ligação simples. A água é utilizada nessa etapa, de modo que se trata de uma reação de hidratação, catalisada pela **enoil CoA hidratase**. O composto resultante é 3-hidroxiacil CoA.

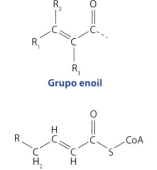

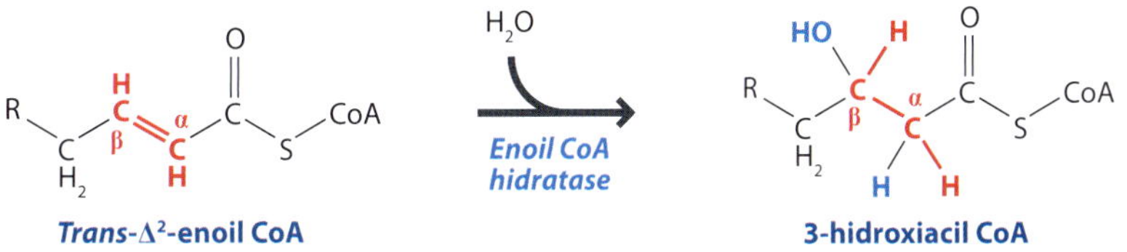

Figura 12.18 Um ácido graxo oxidado é um composto enoil.

258 Parte 2 Geração de Energia e Metabolismo

Etapa 3. Uma segunda oxidação, que produz uma molécula de NADH, converte a hidroxila em um grupo carbonil. A enzima envolvida é a **hidroxiacil CoA desidrogenase**, e a versão resultante do ácido graxo é uma 3-cetoacil CoA.

3-hidroxiacil CoA   3-cetoacil CoA

Etapa 4. Por fim, a clivagem da ligação que une os carbonos α e β remove uma unidade de acetil CoA, dando origem a uma nova acil CoA. Esta tem dois carbonos a menos do que a que iniciou essa série de reações. É necessária uma segunda molécula de CoA para produzir a nova acil CoA. A enzima que catalisa essa reação é denominada **β-cetotiolase**.

3-cetoacil CoA   Acil CoA
(com dois átomos de carbono a menos)   Acetil CoA

Trata-se de uma reação de **tiólise**, sendo a clivagem impulsionada pelo grupo tiol (–SH) presente na extremidade da molécula de CoA.

Rodadas subsequentes do ciclo de reações continuam removendo unidades adicionais de acetil CoA. O ciclo final, que começa com uma acil CoA constituída de quatro carbonos, produz duas moléculas de acetil CoA, completando a degradação do ácido graxo original.

A degradação do ácido palmítico tem um rendimento efetivo de 129 ATP

A finalidade da degradação dos ácidos graxos consiste em liberar a energia contida nessas moléculas, tornando-a disponível na forma de ATP para os tecidos que necessitam dela. Por conseguinte, é importante considerar o orçamento energético para degradação dos lipídios, sendo que esse orçamento representa a produção de moléculas de ATP menos aquelas usadas no processo de degradação. O orçamento energético irá depender da identidade do ácido graxo que está sendo degradado, pois as moléculas com cadeias mais longas produzem mais unidades de acetil CoA e, portanto, mais energia do que as moléculas mais curtas. Por conseguinte, iremos considerar o balanço energético do ácido palmítico, o ácido graxo saturado comum de 16 carbonos.

Boxe 12.3 Notação grega para a estrutura dos ácidos graxos.

O termo "β-oxidação" indica que a ligação clivada é aquela situada imediatamente antes do carbono β da cadeia de hidrocarbonetos. À semelhança da notação M:N($\Delta^{a,b,...}$), a contagem ao longo cadeia do ácido graxo se inicia na extremidade com o grupo carboxil (ver Figura 5.4). Na notação M:N($\Delta^{a,b,...}$), a numeração (carbono 1, carbono 2 etc.) começa com o carbono do grupo carboxil, porém a notação grega (carbono α, carbono β etc.) refere-se apenas à cadeia de hidrocarboneto. Por conseguinte, o carbono α corresponde ao número 2 na cadeia, e o carbono β, ao número 3, conforme indicado abaixo.

A reação global para a β-oxidação do ácido palmítico é a seguinte:

$$\text{Palmitoil CoA} + 7\ \text{FAD} + 7\ \text{NAD}^+ + 7\ \text{CoA} + 7\ H_2O \rightarrow 8\ \text{acetil CoA} + 7\ \text{FADH}_2 + 7\ \text{NADH} + 7\ H^+$$

A partir dessa equação, podemos verificar que existem três maneiras separadas de produzir ATP a partir da degradação do ácido palmítico:

- As moléculas de NADH podem entrar na cadeia de transporte de elétrons, produzindo, cada uma delas, três ATP. Como temos sete moléculas de NADH, iremos obter 21 ATP por essa via

- As sete moléculas de $FADH_2$ também podem entrar na cadeia de transporte de elétrons, produzindo, cada uma delas, dois ATP, com um total de 14 ATP por molécula de ácido palmítico

- Cada molécula de acetil CoA pode entrar no ciclo de Krebs (ATC), produzindo outros 12 ATP. Com oito dessas moléculas, a acetil CoA pode produzir um total de 96 ATP.

Por conseguinte, o rendimento energético por molécula de ácido palmítico é 21 + 14 + 96 = 131 ATP. Entretanto, precisamos retirar dois ATP desse total para obter o orçamento final. Isso se deve ao fato de que utilizamos uma molécula de ATP bem no início do processo, quando a molécula de ácido palmítico foi "ativada" pela sua ligação à coenzima A (ver Figura 12.15). Se utilizamos uma molécula de ATP para ativar uma molécula de ácido palmítico, por que então devemos retirar dois ATP do rendimento final? Conforme já assinalado, quando discutimos a reação de ativação, isso se deve ao fato de que o ATP usado quando a palmitoil CoA é sintetizada não é convertido em ADP, mas em AMP. Por conseguinte, foram clivadas duas das ligações de "alta energia" do ATP, e não apenas uma.

Por conseguinte, a degradação de uma molécula de ácido palmítico oferece um ganho efetivo de 129 ATP. Os ácidos graxos de cadeia mais longa irão produzir uma maior quantidade de ATP, enquanto os ácidos graxos mais curtos irão produzir um menor número. Em comparação, apenas uma molécula de glicose produz apenas 38 ATP quando passa por toda a glicólise e pelo ciclo de Krebs (ATC). Isso pode explicar por que as gorduras constituem uma reserva energética tão boa nos animais.

Degradação dos ácidos graxos nos peroxissomos

Iremos retornar agora para o segundo local de degradação dos ácidos graxos: os peroxissomos. O processo de degradação dos ácidos graxos nos peroxissomos é muito semelhante ao que ocorre nas mitocôndrias, com uma diferença importante. Essa diferença é observada na etapa 1 da via da β-oxidação, durante a qual a ligação simples que une os carbonos α e β é convertida em uma dupla ligação. Nas mitocôndrias, essa reação de oxidação é catalisada pela acil CoA desidrogenase e produz uma molécula de $FADH_2$, que pode produzir subsequentemente dois ATP pela cadeia de transporte de elétrons. Nos peroxissomos, essa etapa de oxidação é realizada de maneira diferente. Embora uma acil CoA desidrogenase ainda esteja envolvida, nos peroxissomos, todavia, essa enzima transfere elétrons não para o FAD, mas para a água, convertendo-a em peróxido de hidrogênio (Figura 12.19). Em seguida, a enzima denominada **catalase** converte o peróxido de hidrogênio de volta em água e oxigênio, uma reação que pode ser ligada à oxidação de uma variedade de compostos tóxicos, como fenóis e álcool. No fígado, em particular, essas reações de destoxificação parecem constituir uma importante função dos peroxissomos.

As etapas subsequentes na via de β-oxidação são idênticas tanto nas mitocôndrias quanto nos peroxissomos, com exportação do NADH e da acetil CoA resultantes dos peroxissomos. Entretanto, apenas um ciclo de β-oxidação nos peroxissomos produz um menor número de moléculas de ATP do que os eventos equivalentes nas mitocôndrias. Isso se deve a duas razões. Em primeiro lugar, não há produção de $FADH_2$, devido à diferença na etapa inicial de oxidação. Em segundo lugar, as moléculas de NADH não podem entrar diretamente na cadeia de transporte de elétrons, visto que elas são incapazes de atravessar a membrana mitocondrial interna e, portanto, não podem entrar na matriz mitocondrial onde se localiza a cadeia de transporte de elétrons. Para atravessar a membrana mitocondrial interna, precisam utilizar as lançadeiras (*shuttles*) do

Essas lançadeiras (*shuttles*) foram descritas na *Seção 9.2.5*.

Boxe 12.4 Ciclo do glioxilato.

Nos animais, a maior parte da acetil CoA produzida a partir da degradação de ácidos graxos entra no ciclo de Krebs (ATC), onde é utilizada para a produção de energia, ou é usada na síntese de colesterol e seus derivados. As plantas e muitos microrganismos possuem maior flexibilidade e também podem utilizar a acetil CoA como substrato para síntese de açúcares de 4 e de 6 carbonos, incluindo a glicose. Essa produção é realizada por meio do **ciclo do glioxilato**, que nas plantas ocorre em organelas especiais, denominadas **glioxissomas**.

O ciclo do glioxilato é semelhante ao ciclo dos ATC, porém desvia-se da série de reações do isocitrato ao malato, que incluem as duas descarboxilações que convertem a acetil CoA em CO_2. Essas etapas são substituídas por duas novas, catalisadas pela **isocitrato liase**, que converte o isocitrato em succinato e glioxilato, e pela **malato sintase**, que combina o glioxilato com uma segunda molécula de acetil CoA para formar malato.

Por conseguinte, o produto da via é o succinato, e a equação global para um único ciclo é a seguinte:

2 acetil CoA + NAD$^+$ + 2 H$_2$O → succinato + 2 CoA + NADH + 2 H$^+$

O succinato pode ser usado como substrato para a síntese de vários carboidratos. Uma possível via é convertê-lo em oxaloacetato por meio do ciclo de Krebs (ATC) e, a seguir, em glicose pela gliconeogênese. Isso significa que os organismos que possuem o ciclo do glioxilato podem converter ácidos graxos em glicose, o que os animais são incapazes de fazer.

Nas plantas, a principal função do ciclo do glioxilato consiste em converter parte do lipídio armazenado nas sementes em germinação em carboidrato, que é usado pela muda (broto) para a produção de energia e para a síntese de polissacarídios estruturais, como a celulose. O armazenamento de carbono nas sementes, na forma de óleo, é mais eficiente do que o armazenamento de carboidrato, visto que os óleos possuem maior conteúdo de carbonos. Muitas bactérias também têm a capacidade de converter o acetato em acetil CoA. Quando combinada com o ciclo do glioxilato, essa função permite que a bactéria utilize o acetato como única fonte de carbono.

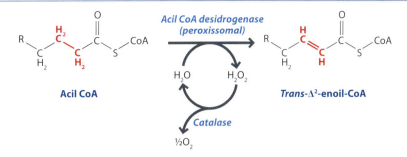

Figura 12.19 Primeira etapa de β-oxidação nos peroxissomos. A acil CoA desidrogenase peroxissomal transfere elétrons para a água, produzindo peróxido de hidrogênio, que é novamente convertido em água pela catalase. A notação "½O₂" indica a necessidade de duas moléculas de peróxido de hidrogênio para produzir apenas uma molécula de oxigênio. Por conseguinte, a reação catalisada pela catalase é 2 H₂O₂ → 2 H₂O + O₂. "R" indica o restante da cadeia de hidrocarboneto do ácido graxo.

malato-aspartato ou glicerol 3-fosfato. As que utilizam este último circuito, glicerol 3-fosfato, são regeneradas na mitocôndria como FADH₂ e, portanto, produzem um menor número de moléculas de ATP do que ocorreria se permanecessem na forma de NADH.

Nas plantas e em alguns outros organismos, como as leveduras, toda a degradação dos ácidos graxos ocorre nos peroxissomos. Nos animais, apenas os ácidos graxos de cadeia longa são processados nos peroxissomos, sendo degradados em moléculas de octanil CoA de oito carbonos, que em seguida são transferidas para as mitocôndrias, onde a sua degradação é concluída. Alguns ácidos graxos de cadeia longa passam diretamente através da membrana dos peroxissomos e ligam-se à CoA no interior da organela. Outros são ativados na superfície externa dos peroxissomos e transportados para dentro da organela por meio de uma proteína transportadora de membrana peroxissomal.

Processamento dos ácidos graxos insaturados e dos ácidos graxos com número ímpar de carbono

À semelhança da síntese de ácidos graxos, são necessários mecanismos especiais para proceder à degradação dos ácidos graxos que contêm ligações duplas ou que apresentam um número ímpar de átomos de carbono.

Os ácidos graxos insaturados são degradados de modo normal até alcançar a posição da dupla ligação. O que irá ocorrer em seguida depende se a ligação dupla está em uma posição de número ímpar (p. ex., Δ⁵ ou Δ⁹) ou de número par (como Δ⁴ ou Δ⁶); se a ligação dupla estiver em uma posição de número ímpar, os ciclos sucessivos de β-oxidação irão finalmente fazer com que essa dupla ligação fique localizada entre os carbonos 3 e 4 (Figura 12.20). Essa molécula não sofre a ação da acil CoA desidrogenase na etapa 1 do ciclo de β-oxidação. Na verdade, a ligação dupla é transferida por uma enzima isomerase para uma posição mais próxima da extremidade terminal CoA, de modo que fique localizada entre os carbonos α e β. Isso produz uma *trans*-Δ²-enoil CoA, que é processada de modo habitual.

Se a ligação dupla estiver em uma posição de número par, é necessária uma inovação ligeiramente mais complicada. Após ciclos sucessivos de β-oxidação, essa ligação dupla irá se localizar entre os carbonos 4 e 5 (Figura 12.21). Essa molécula é oxidada pela acil CoA desidrogenase, introduzindo uma segunda ligação dupla entre os carbonos 2 e 3, com produção de Δ²,⁴-dienoil CoA. Em seguida, as duas ligações duplas são reduzidas a uma ligação dupla, localizada entre os carbonos 3 e 4, pela **Δ²,⁴-dienoil CoA redutase**. A isomerase pode converter agora essa Δ³-enoil CoA na molécula Δ², e, mais uma vez, a β-oxidação pode prosseguir normalmente.

Os ácidos graxos com número ímpar de carbonos sofrem degradação pela β-oxidação até o ciclo final, durante o qual são produzidas uma molécula de acetil CoA e uma molécula de propionil CoA. Em seguida, esta molécula de propionil CoA pode ser metabolizada a succinil CoA (Figura 12.22), que é um intermediário no ciclo de Krebs (ATC). Essa via envolve duas enzimas: a **propionil CoA carboxilase**, que converte a propionil CoA em um composto intermediário, denominado metilmalonil CoA, e a **metilmalonil CoA mutase**, cujo produto é a succinil CoA.

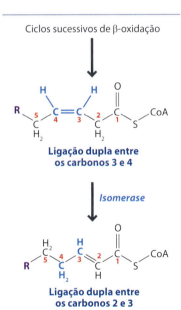

Figura 12.20 Degradação de um ácido graxo insaturado com uma ligação dupla em uma posição de número ímpar. "R" indica o restante da cadeia de hidrocarboneto do ácido graxo.

> **Boxe 12.5** Bioquímica do Óleo de Lorenzo.
>
> **PESQUISA EM DESTAQUE**
>
> *O Óleo de Lorenzo* é um filme lançado em 1992, que apresenta uma versão dramatizada da história real das tentativas de Augusto e Michaela Odone de encontrar uma cura para a doença do filho, Lorenzo. A doença é a **adrenoleucodistrofia (ALD)**, um distúrbio genético que resulta de um defeito no gene da proteína transportadora de membrana peroxissomal, denominada **ALDP**, que transporta os ácidos graxos de cadeia longa para dentro dos peroxissomos antes de sua degradação. À semelhança do favismo (ver Boxe 11.6), o gene para o transportador de membrana está localizado no cromossomo X. Desse modo, a ALD afeta mais gravemente os meninos do que as meninas. O acúmulo de ácidos graxos de cadeia longa pode ser detectado na maioria dos tecidos, porém os efeitos prejudiciais manifestam-se principalmente no cérebro e no córtex suprarrenal.
>
> O nome "leucodistrofia" indica que a doença resulta em degradação da bainha de mielina que circunda o axônio de um neurônio.
>
>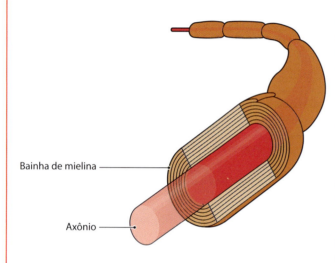
>
> Bainha de mielina
>
> Axônio
>
> A desmielinização resulta em ruptura da transmissão de sinais ao longo dos axônios afetados, levando, inicialmente, ao aparecimento de sintomas, como visão embaçada e fraqueza muscular; entretanto, sua progressão resulta em perda da função cerebral e, por fim, morte.
>
> O óleo de Lorenzo é uma mistura 4:1 de ácido oleico e ácido erúcico, formulada por Augusto e Michaela Odone após discussões extensas com cientistas trabalhando na ALD e no processo de desmielinização. O filme mostra os Odones lutando contra o conceitos médicos convencionais e rígidos; todavia, na realidade, os pais trabalharam produtivamente com a comunidade de pesquisadores e, sobretudo, patrocinaram uma conferência para reunir especialistas do mundo inteiro, com a finalidade de estimular novas abordagens de pesquisa. Entre elas estava a possibilidade de que o consumo de óleo de Lorenzo pudesse proporcionar uma terapia para a ALD. Os resultados iniciais foram promissores. O nível de ácidos graxos de cadeia longa no sangue de Lorenzo retornou a valores próximos do normal após o tratamento com a mistura de óleos. A degeneração neurológica no menino foi freada, porém não interrompida por completo, e ele veio a falecer aos 30 anos de idade, em 2008. A expectativa de vida normal para indivíduos diagnosticados com ALD na infância, como foi o caso de Lorenzo, é de 3 a 10 anos.
>
> O modo de ação do óleo de Lorenzo não está bem definido, mas pode estar relacionado com a interferência na via de síntese dos ácidos graxos de cadeia longa. Após o tratamento, os ácidos graxos não se acumulam, visto que não são inicialmente sintetizados. Isso pode explicar por que o óleo de Lorenzo parece exercer seu efeito mais positivo em crianças do sexo masculino que possuem o defeito genético, mas não desenvolveram sintomas de ALD. Com essas crianças assintomáticas, o consumo do óleo reduz em cerca de 50% a probabilidade de apresentar sintomas. Lamentavelmente, para as crianças que já expressam a doença, o óleo de Lorenzo não parece fornecer benefício a longo prazo. Esta é a conclusão de estudos detalhados que foram realizados desde a introdução do óleo.
>
> Atualmente, outros tipos de tratamento estão sendo pesquisados para aliviar a ALD. Para pacientes cujos sintomas estão limitados à ruptura do córtex da suprarrenal, a doença pode ser tratada com sucesso por meio de reposição hormonal. A forma cerebral da doença, quando diagnosticada em um suficiente estágio precoce, pode ser tratada por meio de **transplante de células-tronco hematopoéticas**. Nesse método, as próprias células-tronco hematopoéticas do paciente, a partir das quais são formadas todas as células sanguíneas, são substituídas por células de um doador sem ALD. Após o transplante, as células-tronco dividem-se para produzir células sanguíneas que apresentam a versão normal do gene da ALD e que, portanto, são capazes de degradar ácidos graxos de cadeia longa. Os exames de acompanhamento de pacientes que foram submetidos a esse tratamento mostraram que, contanto que o processo de desmielinização não tenha progredido excessivamente, o transplante consegue interromper a neurodegeneração.

12.3 Síntese do colesterol e seus derivados

O terceiro e último aspecto do metabolismo dos lipídios que precisamos estudar é a síntese do colesterol e dos compostos que derivam dele, como a vitamina D e os hormônios esteroides.

12.3.1 Síntese do colesterol

O colesterol é um importante componente das membranas celulares. Os animais obtêm parte das necessidades de colesterol a partir de sua alimentação, mas também são capazes de sintetizá-lo, principalmente nas células hepáticas.

Figura 12.21 Degradação de um ácido graxo insaturado com uma ligação dupla em uma posição de número par. Após ocorrer a série de reações mostradas aqui, a degradação do ácido graxo prossegue conforme ilustrado na Figura 12.20. "R" indica o restante da cadeia de hidrocarboneto de ácidos graxos.

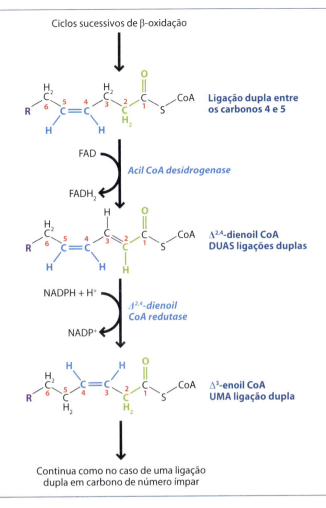

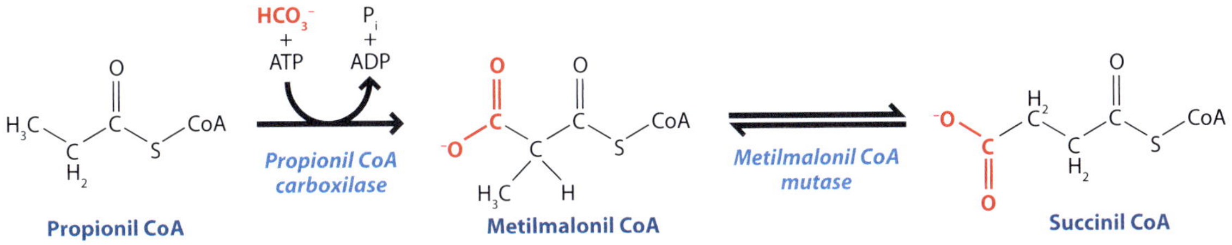

Figura 12.22 Conversão da propionil CoA em succinil CoA.

A molécula de colesterol é constituída de quatro anéis de hidrocarboneto, dos quais três são formados por seis átomos de carbono, e o quarto, por cinco átomos de carbono, junto com um grupo cabeça de hidrocarboneto de 8 carbonos fixado ao anel de cinco carbonos (*ver* Figura 5.17). De maneira surpreendente, essa estrutura complexa é sintetizada simplesmente pela ligação de moléculas de acetil CoA.

Iremos dividir a via de síntese global do colesterol em três estágios. O primeiro estágio consiste na síntese de **isopentenil pirofosfato**, que atua como o bloco de construção básica da estrutura esterol. O estágio 2 termina com a formação do esqualeno, uma molécula linear que sofre ciclização para formar a família dos esteróis, e, por fim, o estágio 3 envolve a ciclização do esqualeno e a modificação do produto cíclico para produzir o colesterol.

O primeiro estágio começa com a enzima **tiolase**, que liga pares de moléculas de acetil CoA para formar **acetoacetil CoA** (Figura 12.23A). Em seguida, outra molécula de acetil CoA une-se a uma molécula de acetoacetil CoA para produzir o composto **3-hidroxi-3-metilglutaril CoA** ou **HMG CoA**. A redução desse intermediário pela **HMG**

264 Parte 2 Geração de Energia e Metabolismo

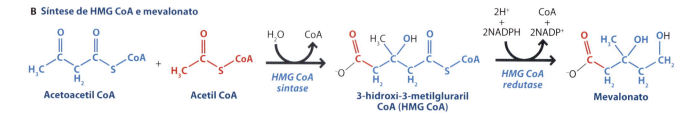

Figura 12.23 O primeiro estágio na via de síntese do colesterol. Nessa parte da via, o isopentenil pirofosfato é sintetizado a partir da acetil CoA.

CoA redutase produz mevalonato, sendo necessárias duas moléculas de NADPH para essa reação, com liberação de coenzima A (Figura 12.23B). Em seguida, uma série de reações exigindo três ATP produz o isopentenil pirofosfato (Figura 12.23C).

Passando agora para o estágio 2, algumas das moléculas de isopentenil pirofosfato são isomerizadas em dimetilalil pirofosfato. Os dois compostos (isopentenil pirofosfato e dimetilalil pirofosfato) unem-se para formar o geranil pirofosfato, que, em seguida, liga-se a outra molécula de isopentenil pirofosfato, resultando em farnesil pirofosfato (Figura 12.24). Por fim, ocorre ligação de um par de moléculas de farnesil pirofosfato, formando o esqualeno.

O estágio final começa com a oxidação do esqualeno, que resulta em **epóxido de esqualeno** (Figura 12.25). Essa molécula sofre ciclização, produzindo o **lanosterol**, que possui a estrutura de quatro anéis característica de todos os esteróis. O lanosterol é então convertido em colesterol por uma curta série de reações, que substituem três grupos metila por hidrogênios, reduzem uma ligação dupla a uma ligação simples e mudam a posição de uma segunda ligação dupla.

A etapa limitante nessa longa via é a conversão da HMG CoA em mevalonato pela HMG CoA redutase. A atividade dessa enzima é regulada de várias maneiras, tanto em resposta ao estado geral de energia do organismo quanto ao conteúdo de esterol de cada célula. A depleção de energia, indicada pela presença de altos níveis de AMP, resulta em inibição da HMG CoA redutase, por meio de fosforilação realizada pela proteína quinase ativada por AMP (Figura 12.26). Trata-se da mesma enzima que fosforila a acetil CoA carboxilase, de modo a regular a síntese de ácidos graxos. Por conseguinte, tanto a síntese de colesterol quanto a dos ácidos graxos são correguladas, sendo ambas as vias inativadas quando os níveis de AMP estão elevados, e há necessidade geral de produção de energia. Uma vez satisfeita a necessidade de energia, a quantidade aumentada de ATP inibe a quinase, e a HMG CoA redutase é reativada por uma fosfatase. Dessa maneira, a síntese de colesterol é reativada.

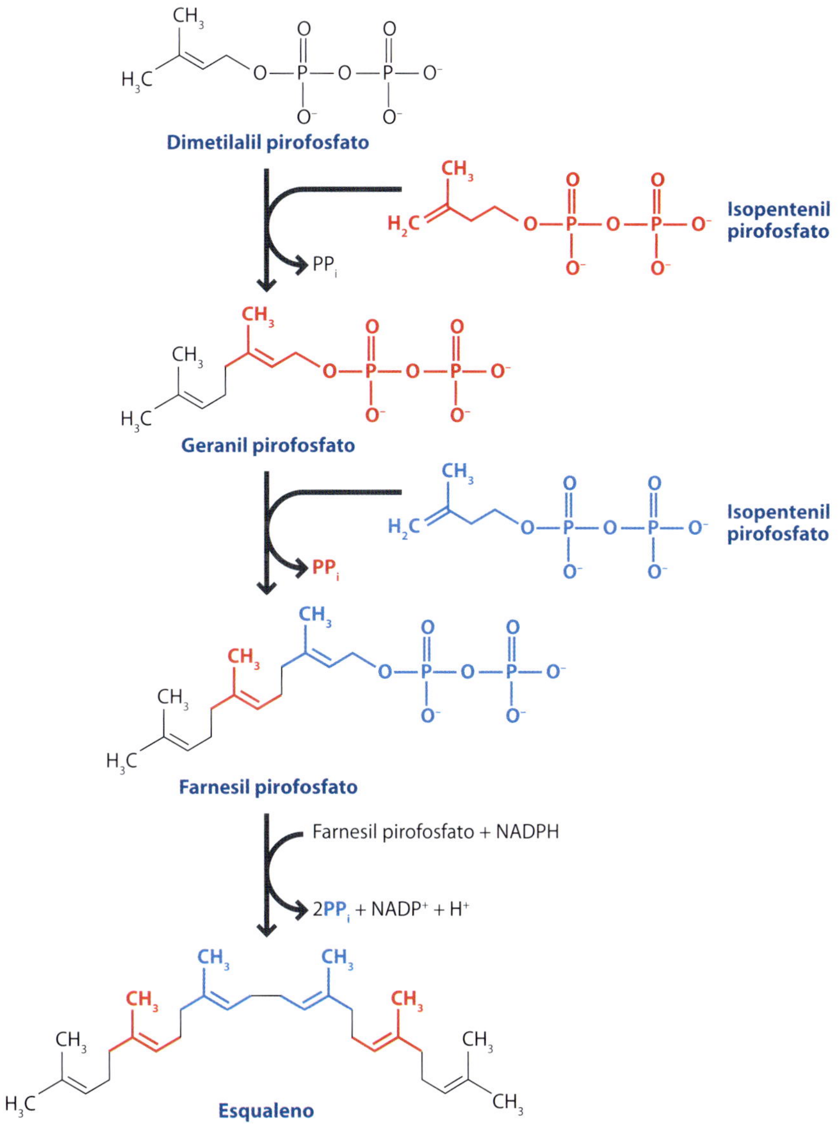

Figura 12.24 O segundo estágio na via de síntese do colesterol. O isopentenil pirofosfato é o substrato para uma série de reações que resultam na síntese do esqualeno.

O colesterol e outros esteróis também inibem a atividade da HMG CoA redutase. Esse processo regulador envolve a degradação da proteína, um mecanismo para controlar a atividade enzimática que não encontramos previamente. A HMG CoA redutase é uma proteína que possui dois domínios: um domínio de ligação à membrana, que fixa a enzima ao retículo endoplasmático, e um domínio catalítico, que se estende até o citoplasma. O domínio de ligação da membrana modifica sua conformação quando

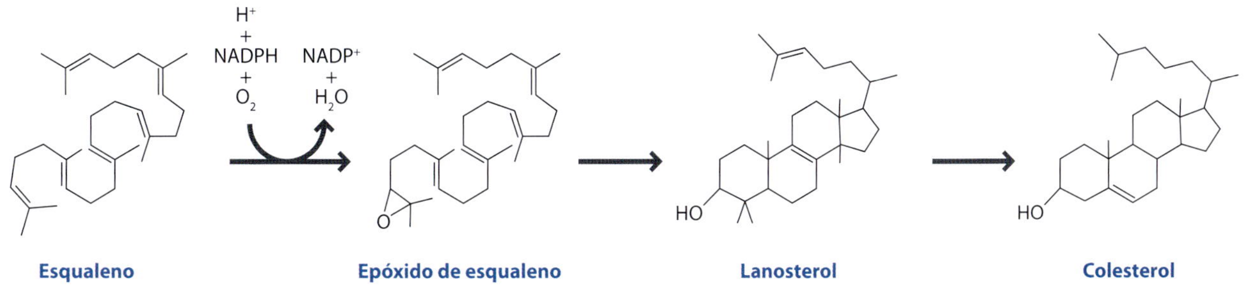

Figura 12.25 O terceiro estágio na via de síntese do colesterol. O esqualeno sofre ciclização, e modificações adicionais produzem o colesterol.

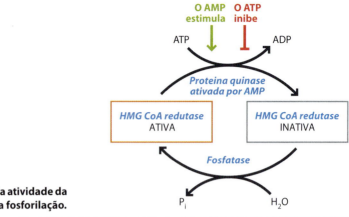

Figura 12.26 Controle da atividade da HMG CoA redutase pela fosforilação.

> Iremos examinar o papel da ubiquitina na degradação de proteínas na *Seção 17.2.2*.

o conteúdo de esterol da membrana na qual está inserido alcança determinado nível. A mudança de conformação expõe um aminoácido lisina, que é modificado pela ligação de uma pequena proteína, denominada **ubiquitina**. A ligação da ubiquitina a uma proteína atua como sinal para degradação dessa proteína, de modo que a enzima HMG CoA redutase é removida da membrana e degradada em peptídios curtos e, por fim, em aminoácidos individuais. A atividade enzimática declina pela simples razão de que a proteína não está mais presente na célula.

12.3.2 Síntese de derivados do colesterol

Diversos esteróis e esteroides importantes são derivados do colesterol e sintetizados na célula por meio de modificação das moléculas de colesterol. Iremos considerar três dos mais importantes desses derivados: os ácidos biliares, a **vitamina D** e os hormônios esteroides.

Os ácidos biliares são moléculas anfipáticas e, portanto, detergentes efetivos, que são utilizados para solubilizar os lipídios e as vitaminas lipossolúveis A, D, E e K da dieta. Além disso, constituem a principal forma pela qual o excesso de colesterol é excretado do corpo. Sua síntese envolve a ativação inicial do colesterol pela ligação com CoA, produzindo **colil CoA**. A reação da colil CoA com o grupo amino da glicina produz o **glicocolato**, enquanto a reação com a taurina, derivada da cisteína, produz o **taurocolato** (Figura 12.27). Estes são os dois principais ácidos biliares. Após sua síntese no fígado, o glicocolato e o taurocolato são armazenados na vesícula biliar e, em seguida, liberados no intestino delgado.

A vitamina D é sintetizada na pele, em resposta à radiação ultravioleta da luz solar. A forma modificada do colesterol, denominada 7-desidrocolesterol, sofre fotólise, abrindo um dos anéis de 6 carbonos (Figura 12.28). O produto inicial é denominado **pré-vitamina D$_3$**, que sofre isomerização para produzir a **vitamina D$_3$** ou **colecalciferol**. Ocorrem reações de hidroxilação subsequentes no fígado e nos rins para produzir o **calcitriol** (1,25-di-hidroxicolecalciferol), que é o hormônio ativo. A deficiência de vitamina D, que surge se a exposição à luz solar for insuficiente, e se não houver um aumento compensatório no conteúdo de vitamina D da dieta, leva ao desenvolvimento de **raquitismo** nas crianças e **osteomalacia** nos adultos. Ambos os distúrbios se caracterizam pelo amolecimento e pelo enfraquecimento dos ossos.

Por fim, os hormônios esteroides são sintetizados a partir da **pregnenolona**, que é obtida do colesterol. As modificações da pregnenolona para produzir os vários membros da família dos hormônios esteroides são catalisadas por heme-enzimas do grupo do **citocromo P450**. Foram fornecidos exemplos de hormônios esteroides e suas funções na Tabela 5.3, e os detalhes de sua síntese são os seguintes (Figura 12.29):

- A **progesterona** é sintetizada a partir da pregnenolona pela oxidação do grupo cetona no carbono 3 e pela transferência da ligação dupla entre os carbonos 5 e 6 para os carbonos 4 e 5

- O **cortisol** deriva da progesterona por hidroxilações nos carbonos 11, 17 e 21

Capítulo 12 **Metabolismo dos Lipídios** **267**

Figura 12.27 Síntese dos ácidos biliares, glicocolato e taurocolato.

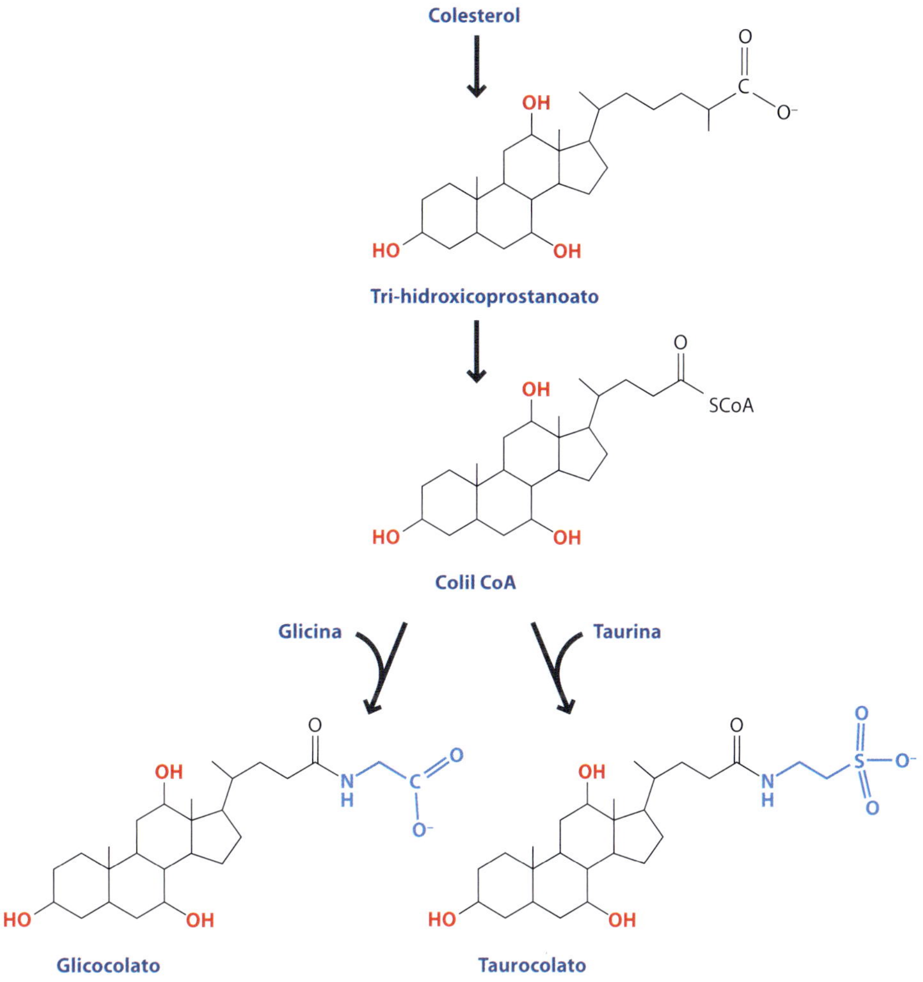

Figura 12.28 Síntese da vitamina D.

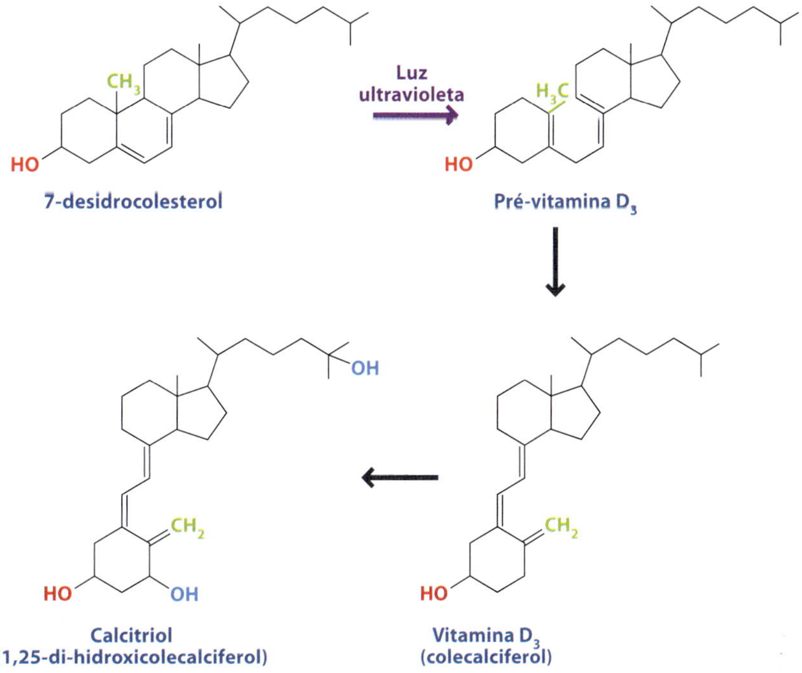

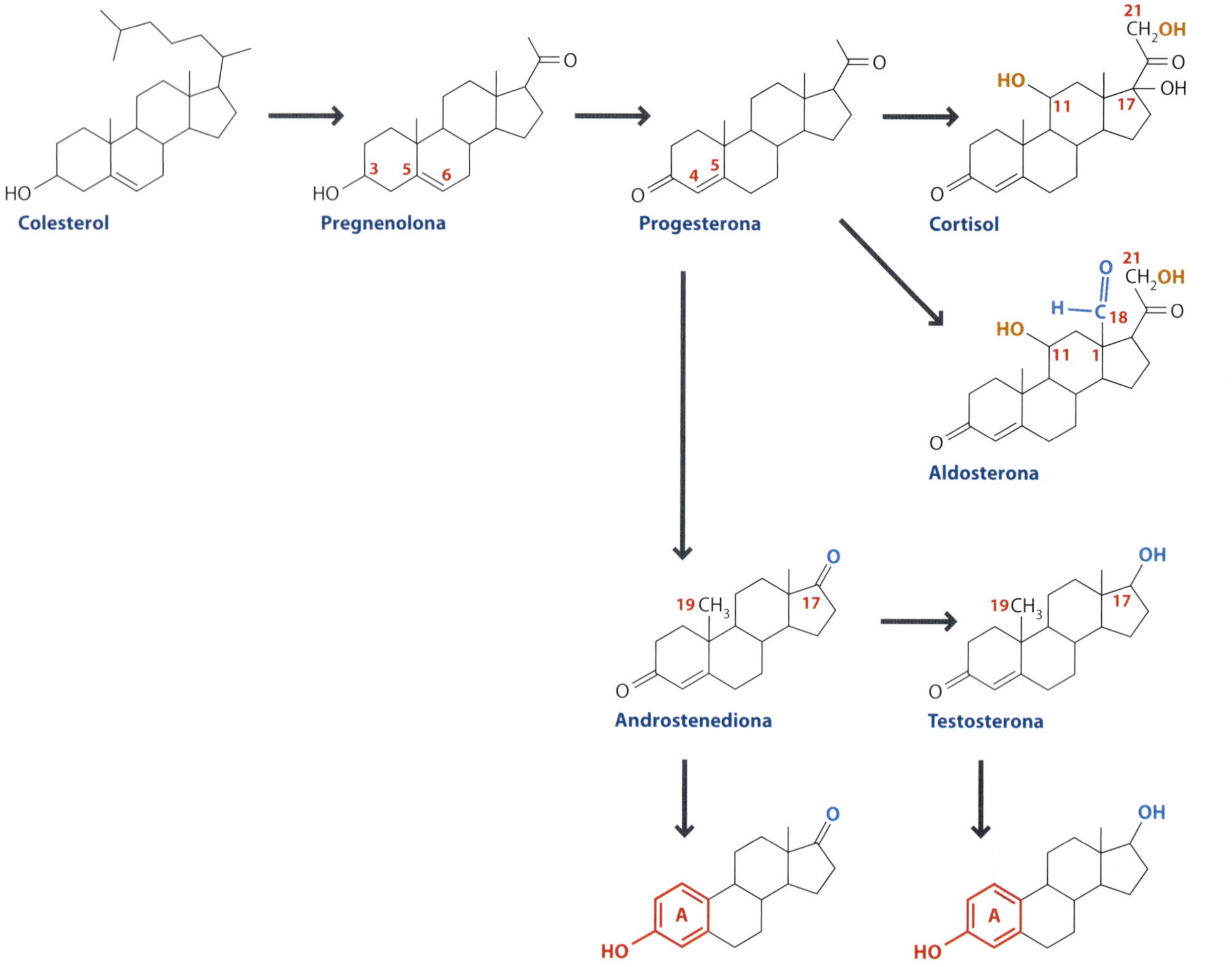

268 Parte 2 Geração de Energia e Metabolismo

Figura 12.29 Síntese dos hormônios esteroides. Para a numeração dos carbonos, ver a Figura 5.16.

- A **aldosterona** também deriva da progesterona por meio de hidroxilações nos carbonos 11 e 21 e oxidação do grupo metil no carbono 18

- A **testosterona** é sintetizada a partir da progesterona pela hidroxilação do carbono 17, seguida de remoção da cadeia lateral que contém os carbonos 20 a 21 (que está ligada ao carbono 17). Isso produz a androstenediona, que é convertida em testosterona pela redução do grupo 17-cetona, resultante da remoção da cadeia lateral

- Os **estrogênios** derivam da androstenediona e da testosterona pela remoção do grupo metil no carbono 19, seguida de rearranjo das ligações no anel A. A modificação da androstenediona produz, dessa maneira, a estrona, enquanto a modificação da testosterona dá origem ao **estradiol**.

Leitura sugerida

Beld J, Lee DJ and Burkart MD (2015) Fatty acid biosynthesis revisited: structure elucidation and metabolic engineering. *Molecular BioSystematics* **11**, 38–59. Descreve a abordagem da engenharia de microrganismos para a produção comercial de ácidos graxos para uso como biocombustível.

Byers DM and Gong H (2007) Acyl carrier protein: structure–function relationships in a conserved multifunctional protein family. *Biochemistry and Cell Biology* **85**, 649–62.

Chiang JYL (2009) Bile acids: regulation of synthesis. *Journal of Lipid Research* **50**, 1955–66.

Coleman RA and Lee DP (2004) Enzymes of triacylglycerol synthesis and their regulation. *Progress in Lipid Research* **43**, 134–76.

Ghayee HK and Auchus RJ (2007) Basic concepts and recent developments in human steroid hormone biosynthesis. *Reviews in Endocrine and Metabolic Discorders* **8**, 289–300.

Houten SM, Violante S, Ventura FV and Wanders RJA (2016) The biochemistry and physiology of mitochondrial fatty acid β-oxidation and its genetic disorders. *Annual Review of Physiology* **78**, 23–44.

Ikonen E (2008) Cellular cholesterol trafficking and compartmentalization. *Nature Reviews Molecular Cell Biology* **9**, 125–38.

Johnson MNR, Londergan CH and Charkoudian LK (2014) Probing the phosphopantetheine arm conformations of acyl carrier proteins using vibrational spectroscopy. *Journal of the American Chemical Society* **136**, 11240–3.

Kornberg H (2000) Krebs and his trinity of cycles. *Nature Reviews Molecular Cell Biology* **1**, 225–8. A descoberta do ciclo do glioxilato.

Mansbach CM and Siddiqi SA (2010) The biogenesis of chylomicrons. *Annual Review of Physiology* **72**, 315–33.

Moser HW, Raymond GV, Lu S-E, *et al*. (2005) Follow-up of 89 asymptomatic patients with adrenoleukodystrophy treated with Lorenzo's Oil. *Archives of Neurology* **62**,1073–80. Apresenta os efeitos benéficos do óleo de Lorenzo para pacientes assintomáticos com ALD.

Poirier Y, Antonenkov VD, Glumoff T and Hiltunen JK (2006) Peroxisomal β-oxidation – a metabolic pathway with multiple functions. *Biochimica et Biophysica Acta* **1763**, 1413–26.

Wakil SJ, Stoops JK and Joshi VC (1983) Fatty acid synthesis and its regulation. *Annual Review of Biochemistry* **52**, 537–79.

Wanders RJ, van Grunsven EG and Jansen GA (2000) Lipid metabolism in peroxisomes: enzymology, functions and dysfunctions of the fatty acid alpha- and beta-oxidation systems in humans. *Biochemical Society Transactions* **28**, 141–9.

Ye J and DeBose-Boyd RA (2011) Regulation of cholesterol and fatty acid synthesis. *Cold Spring Harbor Perspectives in Biology* **3**, a004754.

Questões de autoavaliação

Questões de múltipla escolha

Cada questão tem apenas uma resposta correta.

1. Em que forma as unidades acetil são transportadas através da membrana mitocondrial interna antes da síntese de ácidos graxos?
   - (a) Citrato
   - (b) Oxaloacetato
   - (c) Malato
   - (d) Piruvato

2. Qual é o nome do grupo prostético contido na proteína carreadora de acil?
   - (a) Vitamina B_5
   - (b) Coenzima Q
   - (c) Fosfopanteteína
   - (d) Riboflavina

3. Qual das seguintes reações **não** está envolvida no ciclo de eventos que levam à síntese de um ácido graxo saturado?
   - (a) Fosforilação
   - (b) Redução
   - (c) Condensação
   - (d) Desidratação

4. Qual é o nome da enzima que cliva o ácido graxo formado a partir de sua proteína carreadora?
   - (a) Enoil-ACP redutase
   - (b) Tioesterase
   - (c) ACP deslipase
   - (d) Enzima de condensação de acil-malonil-ACP

5. Que composto substitui a malonil-ACP durante a síntese de um ácido graxo com número ímpar de carbonos?
   - (a) Propionil ACP
   - (b) Acetil ACP
   - (c) Acetoacetil ACP
   - (d) Palmitoil ACP

6. Que complexo de enzimas introduz ligações duplas nos ácidos graxos?
   - (a) NADH-citocromo b_5 oxidase, citocromo b_5 e dessaturase
   - (b) NADH-citocromo b_5 redutase, citocromo c e dessaturase
   - (c) NADH-citocromo b_5 oxidase, citocromo c e dessaturase
   - (d) NADH-citocromo b_5 redutase, citocromo b_5 e dessaturase

270 Parte 2 Geração de Energia e Metabolismo

7. Qual das seguintes afirmativas relacionada com a regulação da síntese de ácidos graxos é **incorreta**?
   (a) A síntese de malonil CoA constitui a principal etapa reguladora
   (b) A regulação é mediada por uma proteína quinase ativada por AMP
   (c) O AMP estimula a síntese de ácidos graxos
   (d) A síntese de ácidos graxos só ocorre quando a célula possui um suprimento abundante de energia

8. Quais dos seguintes hormônios inibem a síntese de ácidos graxos?
   (a) Glucagon e insulina
   (b) Insulina e epinefrina
   (c) Glucagon e epinefrina
   (d) Nenhuma das opções anteriores

9. Como são denominadas as células que armazenam gordura no tecido adiposo?
   (a) Adipócitos
   (b) Lipoproteínas
   (c) Sarcômeros
   (d) Apidócitos

10. Qual das seguintes afirmativas é **incorreta** com relação à degradação dos triacilgliceróis?
   (a) Trata-se do principal ponto de controle para toda a via da lipólise
   (b) O processo é denominado β-oxidação
   (c) Os triacilgliceróis são degradados por enzimas lipases
   (d) É necessária uma combinação de três enzimas com especificidades diferentes, para remover todos os três ácidos graxos de um único triacilglicerol

11. O glicerol liberado pela degradação do triacilglicerol é convertido em que intermediário na glicólise?
   (a) Piruvato
   (b) Di-hidroxiacetona fosfato
   (c) Fosfoenolpiruvato
   (d) Gliceraldeído 3-fosfato

12. Que grupo de hormônios aumenta a velocidade de degradação dos triacilgliceróis?
   (a) Glucagon, insulina, norepinefrina e hormônio adrenocorticotrófico
   (b) Glucagon, insulina e hormônio adrenocorticotrófico
   (c) Insulina, norepinefrina e hormônio adrenocorticotrófico
   (d) Glucagon, epinefrina, norepinefrina e hormônio adrenocorticotrófico

13. Como a energia é fornecida para a ligação de um ácido graxo à coenzima A antes da degradação dos ácidos graxos?
   (a) Hidrólise do ATP em ADP
   (b) Hidrólise do ATP em AMP
   (c) Hidrólise do GTP em GDP
   (d) O processo não necessita de energia

14. Qual o nome do composto ao qual os ácidos graxos são ligados de modo a atravessar a membrana mitocondrial interna?
   (a) Carnina
   (b) Caprina
   (c) Carnitreonina
   (d) Carnitina

15. Qual das seguintes reações **não** está envolvida no ciclo de eventos que levam à degradação de um ácido graxo saturado?
   (a) Tiólise
   (b) Oxidação
   (c) Hidratação
   (d) Redução

16. Quantos ATP são obtidos com a degradação completa do ácido palmítico?
   (a) 38
   (b) 92
   (c) 120
   (d) 129

17. Qual das seguintes afirmativas é **incorreta** com relação à degradação dos ácidos graxos nos peroxissomos?
   (a) A enzima denominada catalase é envolvida no processo
   (b) O processo não ocorre nas plantas
   (c) Nos animais, apenas os ácidos graxos de cadeia longa são degradados nos peroxissomos
   (d) O NADH e a acetil CoA resultantes são exportados dos peroxissomos

18. Qual das seguintes afirmativas é **incorreta** com relação à degradação dos ácidos graxos insaturados?
   (a) As ligações duplas nas posições de número ímpar e de número par são processadas de maneira diferente
   (b) A acil CoA desidrogenase pode introduzir uma segunda ligação dupla
   (c) Uma enzima isomerase pode ser necessária para mover a posição da ligação dupla
   (d) A degradação de um ácido graxo insaturado sempre produz propionil CoA

19. Qual a enzima que liga unidades de acetil CoA entre si no início da via de síntese do colesterol?
   (a) Tiolase
   (b) HMB CoA redutase
   (c) Enolase
   (d) Acetoacetil CoA sintase

20. Qual é o nome da molécula linear que sofre ciclização para formar a família dos esteróis?
   (a) Lanosterol
   (b) Esqualeno
   (c) Farnesil pirofosfato
   (d) HMG CoA

21. Qual é a etapa comprometida na síntese do colesterol?
   (a) Formação do anel esterol
   (b) Formação de acetoacetil CoA
   (c) Conversão do esqualeno e lanosterol
   (d) Conversão da HMG CoA em mevalonato

22. De que maneira o colesterol regula a atividade da HMG CoA redutase?
   (a) Estimulando a proteína quinase A, que fosforila a HMG CoA redutase
   (b) Estimulando a sua degradação
   (c) Induzindo uma mudança de conformação, que ativa a enzima
   (d) Influenciando a quantidade de cAMP presente na célula

23. Qual dos seguintes compostos **não** é um derivado do colesterol?
   (a) Ácidos biliares
   (b) Vitamina D
   (c) Hormônios esteroides
   (d) Heme

24. Qual desses compostos **não** é um hormônio esteroide?
   (a) Progesterona
   (b) Cortisol
   (c) Testosterona
   (d) Insulina

Questões discursivas

1. Descreva como a acetil CoA é transportada para fora da mitocôndria no início da via de síntese dos ácidos graxos.

2. Faça uma descrição detalhada do ciclo de reações que levam à síntese de um ácido graxo insaturado: de que maneira esse processo difere nos animais e nas plantas?

3. Explique como os ácidos graxos de cadeia longa e os com ligações duplas são produzidos nos animais.

4. Faça um resumo do modo pelo qual a síntese de ácidos graxos é regulada.

5. Descreva como a degradação dos lipídios é regulada.

6. Explique como os ácidos graxos são transportados para dentro das mitocôndrias antes de sua degradação.

7. Descreva a via de β-oxidação para a degradação dos ácidos graxos.

8. Faça um resumo do processo pelo qual o colesterol é sintetizado.

9. Descreva como a síntese de colesterol responde ao estado global de energia do organismo e ao conteúdo de esterol da célula.

10. Faça um resumo de como os principais derivados do colesterol são sintetizados.

Questões de autoaprendizagem

1. A partir das informações fornecidas neste capítulo e em capítulos anteriores, faça um diagrama ilustrando o controle hormonal do armazenamento e da utilização de energia nos seres humanos.

2. Por que não é aconselhável consumir uma bebida com alto teor de açúcar imediatamente antes de uma maratona?

3. Qual será o rendimento efetivo de ATP na β-oxidação do (A) ácido láurico 12:0; (B) ácido esteárico 18:0; (C) ácido lignocérico 24:0?

4. O ciclo do glioxilato ocorre nas plantas e em muitas bactérias, porém acredita-se geralmente que esteja ausente nos animais. Entretanto, ao longo dos anos, surgem relatos ocasionais na literatura científica que sugerem a possível existência desse círculo em alguns animais, como no fígado de ratos recémnascidos. Elabore um resumo de um projeto de pesquisa destinado a testar a hipótese de que os animais possuem o ciclo do glioxilato.

5. As estatinas são agentes inibidores da HMG CoA redutase. Explique por que as estatinas são usadas (A) para reduzir o risco de doença cardiovascular e (B) como tratamento da hipercolesterolemia familiar.

CAPÍTULO 13

Metabolismo do Nitrogênio

OBJETIVOS DO ESTUDO

Após a leitura deste capítulo, você será capaz de:

- Compreender a importância da fixação do nitrogênio e da redução do nitrato como vias para a incorporação do nitrogênio inorgânico em amônia

- Descrever os principais tipos de organismos fixadores de nitrogênio e as principais características da simbiose entre leguminosas e rizóbios

- Entender como o nitrogênio é fixado pelo complexo da nitrogenase

- Saber, em linhas gerais, a via de redução do nitrato

- Entender a diferença entre aminoácidos não essenciais e essenciais e ser capaz de citar os aminoácidos dos respectivos grupos

- Descrever como a amônia é convertida em glutamato e glutamina

- Conhecer em detalhes as vias de síntese dos outros nove aminoácidos não essenciais nos seres humanos

- Descrever, em linhas gerais, as vias para a síntese dos aminoácidos essenciais pelas bactérias

- Entender como os pontos de ramificação nas vias de síntese de alguns aminoácidos são regulados pelos produtos finais

- Descrever as vias de recuperação e *de novo* para a síntese de nucleotídios

- Entender como os compostos tetrapirrólicos, como o heme, são sintetizados

- Saber, em linhas gerais, como os nucleotídios e os compostos tetrapirrólicos são degradados

- Entender como os componentes nitrogênio dos aminoácidos são convertidos em amônia durante a degradação desses compostos

- Saber como os esqueletos de carbono dos aminoácidos são degradados e entender a diferença entre aminoácidos glicogênicos e cetogênicos

- Distinguir entre as maneiras pelas quais diferentes organismos processam o excesso de amônia

- Conhecer as etapas do ciclo da ureia e entender como o ciclo é regulado

- Saber como parte da energia usada pelo ciclo da ureia pode ser recuperada por meio de ligação ao ciclo de Krebs (TCA)

Os compostos que contêm nitrogênio formam o último grupo cuja biossíntese e degradação iremos estudar. Entre essas biomoléculas, destacam-se os aminoácidos, as bases purínicas e pirimidínicas encontradas nos nucleotídios e os compostos **tetrapirrólicos**, que incluem a família do heme de cofatores, além da clorofila. Este capítulo irá discutir, em sua maior parte, as vias pelas quais esses compostos são sintetizados e, posteriormente, degradados novamente quando não são mais necessários. Entretanto, esses processos não constituem os únicos aspectos do metabolismo do nitrogênio que precisamos analisar. É necessário também examinar os processos pelos quais algumas plantas e microrganismos convertem o nitrogênio inorgânico do ambiente em amônia. Esses processos são extremamente importantes, visto que a amônia que produzem constitui o substrato para a síntese de todos os compostos que contêm nitrogênio orgânico existentes nos organismos vivos.

13.1 Síntese de amônia a partir do nitrogênio inorgânico

No início deste livro, verificamos a composição elementar de um ser humano adulto e perguntamo-nos o que seria necessário para transformar essa mistura de elementos em nosso astro ou estrela de cinema favorito. Para os três elementos mais abundantes (i. e., carbono, oxigênio e hidrogênio), parte da resposta encontra-se na fotossíntese, que converte fontes inorgânicas desses elementos em carboidratos. Esses carboidratos, além de atuar como fontes de energia, fornecem aos organismos fotossintéticos e aos outros organismos que os consomem os grupos de carbono orgânico, oxigênio/hidrogênio necessários para a construção de biomoléculas, como as proteínas, os lipídios e os ácidos nucleicos. Entretanto, as subunidades de aminoácidos das proteínas e nucleotídios dos ácidos nucleicos também contêm nitrogênio, o quarto elemento mais abundante na bioquímica humana. Como esse nitrogênio é adquirido?

A resposta é que a maioria das plantas e muitos microrganismos têm a capacidade de sintetizar amônia a partir de fontes inorgânicas de nitrogênio. Em seguida, o nitrogênio contido na amônia pode ser usado para a construção de todos os compostos orgânicos que contêm nitrogênio e que são necessários aos organismos vivos. À semelhança do carbono, do oxigênio e do hidrogênio, os animais adquirem nitrogênio pelo consumo das plantas responsáveis pela sua assimilação inicial.

Existem duas vias para a incorporação do nitrogênio inorgânico em amônia (Figura 13.1):

- A **fixação do nitrogênio**, em que a fonte inorgânica é o gás nitrogênio da atmosfera
- A **redução do nitrato**, em que íons de nitrato inorgânico existentes no solo são utilizados.

A fixação do nitrogênio é a mais complexa dessas duas vias e a que iremos estudar em primeiro lugar.

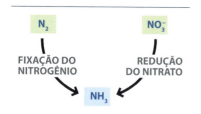

Figura 13.1 Duas vias para a incorporação de nitrogênio inorgânico em amônia.

13.1.1 Fixação do nitrogênio

A fixação do nitrogênio limita-se a um pequeno número de espécies de bactérias e Archaea, denominadas microrganismos **diazotróficos**. Muitas dessas espécies são de vida livre, o que, entre os micróbios, significa que elas vivem independentemente de outros organismos, sem formar qualquer tipo de relação simbiótica. Em contrapartida, um pequeno número de bactérias fixadoras de nitrogênio estabelece simbioses com as raízes de determinados tipos de planta. Como parte dessa simbiose, a planta adquire compostos de nitrogênio orgânico, que resultam das atividades de fixação do nitrogênio das bactérias. Antes de estudar a bioquímica da fixação do nitrogênio, iremos analisar de maneira sucinta os detalhes da simbiose.

As bactérias simbióticas fixam o nitrogênio em nódulos radiculares

As bactérias simbióticas fixadoras de nitrogênio são classificadas em dois grupos principais (Figura 13.2):

- O grupo dos **rizóbios**, que é composto por membros de vários gêneros, incluindo *Rhizobium*, *Bradyrhizobium* e *Burkholderia*
- Membros do gênero *Frankia*, que é um tipo de **actinomiceto** ou bactéria filamentosa.

Embora os microrganismos diazotróficos do gênero *Frankia* tenham sido menos estudados, é evidente que as características fisiológicas e bioquímicas da simbiose são muito semelhantes em ambos os grupos de bactérias. A principal distinção é a identidade das plantas que participam na simbiose. No caso dos rizóbios, essas plantas são quase exclusivamente membros da família Fabaceae.

Essas plantas são as **leguminosas**; o termo "leguminosa" é algumas vezes considerado como tendo o significado de "fixador de nitrogênio", mas que, na verdade, se refere à estrutura do fruto. A família Fabaceae inclui plantações importantes, como feijões, ervilhas, alfafa, amendoim e trevo. Por outro lado, os organismos do gênero *Frankia* formam simbiose com membros de oito famílias taxonômicas de plantas, coletivamente denominadas plantas **actinorrízicas**, que incluem árvores e arbustos, como amieiro e *Myrica*.

Figura 13.2 Duas espécies de bactérias fixadoras de nitrogênio. A. *Rhizobium trifolii* – fotografia fornecida pelo Prof. Frank Dazzo da Michigan State University. **B.** *Frankia* sp.– fotografia fornecida pelo Prof. David Benson da University of Connecticut.

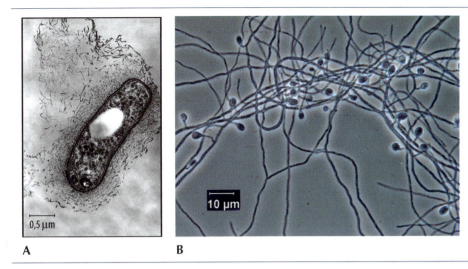

As bactérias fixadoras de nitrogênio são inicialmente microrganismos de vida livre no solo, porém detectam a presença de compostos orgânicos, denominados **flavonoides**, que são secretados pelas raízes de uma planta hospedeira compatível. As bactérias migram para as raízes e, por sua vez, secretam **fatores nodulares** (oligossacarídios curtos com uma cadeia lateral de ácido graxo) que alertam a planta quanto à sua presença. Essa sinalização bidirecional prepara os dois parceiros para iniciar a simbiose. As bactérias entram nas raízes da planta por meio de um pelo radicular modificado ou simplesmente ao passar espremidas em espaços existentes entre as células na superfície da raiz. A infecção induz a divisão celular da planta, formando uma estrutura especializada, denominada **nódulo radicular**, no interior do qual ocorre a fixação do nitrogênio (Figura 13.3).

No interior do nódulo, as bactérias entram nas células vegetais e diferenciam-se em **bacteroides**, transformando-se, de fato, em organelas intracelulares de tamanho semelhante ao das mitocôndrias. A planta fornece carboidratos, como succinato e malato,

---

Boxe 13.1 Fixação do nitrogênio por cianobactérias simbióticas.

Várias cianobactérias também participam na fixação do nitrogênio por simbiose com uma gama diversificada de espécies hospedeiras, envolvendo associações diferentes daquelas bem estudadas entre rizóbios e leguminosas. A seguir, são apresentados três exemplos particularmente interessantes:

Fotografia de azola em arrozais, reproduzida do *website* Integrated Rural Development Organization.

- **Azola** é uma pequena samambaia aquática que vive sobre a superfície de pequenos lagos em muitas partes do mundo. Forma uma simbiose com cianobactérias fixadoras de nitrogênio, denominadas *Anabaena*, as quais são visíveis como filamentos que vivem em cavidades no interior das folhas de azola. Em muitas partes do sudoeste da Ásia, a azola é acrescentada aos arrozais como "adubação verde". Alguns dos produtos do nitrogênio fixado tornam-se disponíveis para as plantas de arroz, aumentando a produtividade das culturas

- Vários **liquens** incluem um componente de fixação do nitrogênio. Todos os liquens são organismos simbióticos, em que um dos parceiros é um fungo, enquanto o outro é uma bactéria ou alga fotossintética. Algumas espécies, como *Lobaria* e *Peltigeria*, são tripartidas e possuem uma cianobactéria, como *Nostoc*, como terceiro parceiro fixador de nitrogênio. Os liquens desse tipo constituem importantes fontes de nitrogênio fixado em ecossistemas, como florestas de sequoias

- A diatomácea *Rhopalodia gibba* levou a simbiose a um passo adiante. Esse microrganismo unicelular contém estruturas intracelulares, derivadas das cianobactérias, que realizam a fixação do nitrogênio. A relação é um tipo de endossimbiose, semelhante àquela exibida pelas mitocôndrias e cloroplastos.

Figura 13.3 Nódulos fixadores de nitrogênio nas raízes de *Medicago italica*. Os nódulos radiculares aparecem na cor rosada, visto que eles contêm leg-hemoglobina. Reproduzida de Wikimedia Commons, sob licença CC BY-AS 3.0.

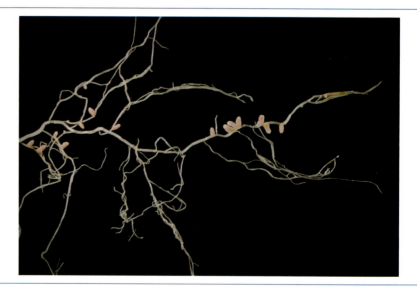

aos bacteroides, que os utilizam como fonte de energia, e, por sua vez, os bacteroides fornecem amônia à planta. Este é um exemplo do tipo de simbiose denominado **mutualismo**, uma relação cooperativa de benefício mútuo para ambas as espécies.

A fixação do nitrogênio resulta na redução do nitrogênio (N$_2$) a amônia

A fixação do nitrogênio consiste na redução do nitrogênio atmosférico (N$_2$) a amônia celular. A reação necessita de seis elétrons, visto que N≡N é sequencialmente reduzido a HN=NH, em seguida a H$_2$N-NH$_2$, por fim, a duas moléculas NH$_3$. A redução é realizada pelo **complexo de nitrogenase** das bactérias, que consiste em duas enzimas:

- Uma **redutase**, que é um dímero de duas subunidades idênticas, contendo, cada uma, um grupamento de FeS. Este é o mesmo tipo de grupo prostético de ligação de elétrons que encontramos pela primeira vez quando estudamos os componentes da cadeia de transporte de elétrons

- Uma **nitrogenase**, que é constituída de quatro subunidades, duas de tipo α e duas β, com um único **centro de molibdênio-ferro** ou **FeMoCo**. Esse é um tipo de cofator de ligação de elétrons que ainda não encontramos.

Os elétrons necessários para a conversão do nitrogênio em amônia são doados pela forma reduzida da ferrodoxina, que é produzida nos cloroplastos da planta hospedeira durante a fotossíntese. Os elétrons são transferidos, um por um, da ferrodoxina para os grupamentos de FeS da redutase e, em seguida, para o centro de FeMoCo da nitrogenase e, por fim, para o nitrogênio (Figura 13.4). A transferência de um elétron entre a redutase e a nitrogenase requer energia, que é obtida pela hidrólise do ATP, sendo necessárias duas moléculas de ATP para a transferência de um elétron. Embora sejam necessários apenas seis elétrons para a redução de uma molécula de nitrogênio a duas moléculas de amônia, o complexo de nitrogenase é ligeiramente ineficiente e, em média, desperdiça dois elétrons durante cada transformação. Isso significa que são necessários oito elétrons e, portanto, 16 moléculas de ATP. A reação geral é muito endergônica, devido à estabilidade da ligação tripla do nitrogênio atmosférico. A reação química equivalente para a redução do nitrogênio a amônia é denominada **processo de Haber** e envolve o aquecimento de uma mistura de nitrogênio e hidrogênio a 500°C, sob pressão de 300 atmosferas (3,04 × 10^7 Pa) com catalisador de ferro. Com a necessidade dessas medidas extremas para obter a redução em laboratório, é notável que essa reação seja assim possível em condições biológicas.

O complexo de nitrogenase é irreversivelmente inativado pelo oxigênio (O$_2$), de modo que ele precisa ser protegido deste último. A necessidade de proteção é proporcionada pela **leg-hemoglobina**, uma proteína com estrutura muito semelhante àquela da hemoglobina do sangue, porém com maior afinidade pelo oxigênio. Tanto o componente proteico quanto o grupo prostético do heme são produzidos pela célula vegetal. À semelhança da

Figura 13.4 **Transferência de elétrons durante a fixação do nitrogênio.**

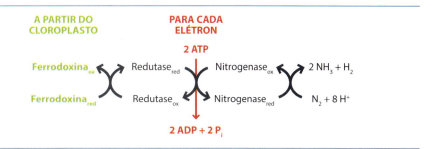

hemoglobina, a leg-hemoglobina é vermelha, e a sua presença é revelada pela coloração rosada observada quando um nódulo radicular é aberto com uma lâmina de barbear, podendo ser algumas vezes visível até mesmo em nódulos não cortados (ver Figura 13.3).

13.1.2 Redução do nitrato

A redução do nitrato constitui a segunda maneira pela qual o nitrogênio inorgânico é convertido em amônia. A maioria das plantas e muitas bactérias têm a capacidade de realizar essa transformação.

Nas plantas, a utilização do nitrato começa com o transporte de nitratos do solo para dentro das raízes. Os nitratos absorvidos são então transportados até as partes aéreas da planta, que constituem os principais locais de redução do nitrato, visto que as raízes são relativamente inativas nesse processo. A via de redução tem duas etapas: a primeira ocorre no citoplasma e resulta em conversão do nitrato (NO_3^-) em nitrito (NO_2^-), enquanto a segunda é observada nos cloroplastos, reduzindo o nitrito a amônia (Figura 13.5).

A conversão citoplasmática do nitrato em nitrito é catalisada pela **nitrato redutase**, uma enzima constituída de duas subunidades proteicas idênticas, além de FAD, heme e um cofator contendo molibdênio (MoCo). Um par de aminoácidos metionina no sítio ativo da enzima estabiliza uma interação do molibdênio do cofator com um íon nitrato, que é reduzido a nitrito, utilizando elétrons doados pelo NADH ou NADPH. Em seguida, o nitrito é transferido para dentro dos cloroplastos por meio de um transportador dependente de prótons, onde é convertido em amônia pela **nitrito redutase**. A nitrito redutase é uma proteína constituída de uma única subunidade com um agrupamento de FeS e um grupo protético de **siro-heme**, sendo este último uma versão modificada do heme encontrado em diversas enzimas envolvidas na redução do nitrogênio e de compostos

Figura 13.5 **Redução do nitrato a amônia nas plantas.** A etapa de redução do nitrato pode utilizar NADH (conforme ilustrado aqui) ou NADPH como doador de elétrons.

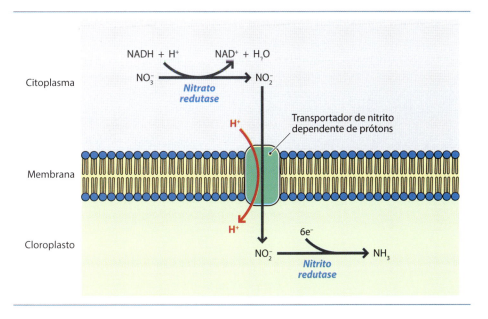

278 Parte 2 Geração de Energia e Metabolismo

contendo enxofre. À semelhança da fixação do nitrogênio, são necessários seis elétrons para reduzir totalmente um íon nitrito em amônia. Esses elétrons são fornecidos pela ferrodoxina; entretanto, diferentemente da redução do nitrogênio, não há necessidade de energia, de modo que nenhuma molécula de ATP é consumida.

13.2 Síntese de substâncias bioquímicas contendo nitrogênio

A fixação do nitrogênio e a redução do nitrato fornecem aos organismos vivos uma fonte de amônia, que atua como substrato inicial para as vias metabólicas que levam à síntese de todas as outras substâncias bioquímicas que contêm nitrogênio nas células vivas. Nosso próximo objetivo é explorar as vias que levam aos mais importantes desses compostos: os aminoácidos, as bases nucleotídicas e os tetrapirróis (ou compostos tetrapirrólicos).

13.2.1 Síntese de aminoácidos

Tabela 13.1 Aminoácidos essenciais e não essenciais para os seres humanos.

Essenciais	Não essenciais
Histidina	Alanina
Isoleucina	Arginina
Leucina	Asparagina
Lisina	Aspartato
Metionina	Cisteína
Fenilalanina	Glutamato
Treonina	Glutamina
Triptofano	Glicina
Valina	Prolina
	Serina
	Tirosina

As células humanas possuem apenas as enzimas necessárias para produzir 11 dos 20 aminoácidos utilizados na síntese de proteínas. Os outros nove aminoácidos são denominados **aminoácidos essenciais**, visto que é necessário que eles sejam obtidos a partir da alimentação (Tabela 13.1). Dos 11 aminoácidos (não essenciais) que os seres humanos são capazes de sintetizar, 10 são obtidos por vias relativamente curtas, que começam com um dos intermediários do ciclo de Krebs (TCA), da glicólise ou da via das pentoses fosfato. O décimo primeiro aminoácido, a tirosina, é sintetizada a partir da fenilalanina.

O glutamato e a glutamina são sintetizados a partir do α-cetoglutarato e da amônia

Começaremos com o glutamato e a glutamina, visto que esses dois aminoácidos são sintetizados diretamente a partir da amônia. O segundo substrato é o α-cetoglutarato, um dos intermediários do ciclo de Krebs (TCA). A via tem duas etapas:

Etapa 1. A glutamato desidrogenase utiliza a amônia como fonte de um grupo amino ($-NH_2$), que ela acrescenta ao α-cetoglutarato. O produto resultante é o glutamato. A reação é uma redução e utiliza uma molécula de NADPH.

Etapa 2. A **glutamina sintetase** utiliza uma segunda molécula de amônia para adicionar um segundo grupo amino ao glutamato, formando glutamina. A energia é fornecida pelo ATP.

Nas plantas, a síntese de glutamato e de glutamina está ligada à fixação do nitrogênio e à redução do nitrato, ocorrendo nos bacteroides do nódulo radicular e nos cloroplastos das células nodulares e redutoras de nitrato. Os seres humanos e outros organismos sintetizam o glutamato e a glutamina a partir de íons amônio (NH_4^+) adquiridos na alimentação ou pela degradação de outros compostos nitrogenados.

Vias para a síntese dos outros nove aminoácidos em seres humanos

Iremos agora analisar as vias que os seres humanos utilizam para produzir os outros nove aminoácidos não essenciais.

Boxe 13.2 Síntese do enantiômero correto do glutamato.

Os aminoácidos existem em duas formas diferentes, os enantiômeros L e D, que se distinguem um do outro pela posição relativa dos átomos em torno do carbono α quiral (ver Figura 3.4). À semelhança de todos os aminoácidos, a forma L do glutamato constitui a versão predominante na célula e é o enantiômero usado na síntese de proteínas. O substrato para a síntese de glutamato, o α-cetoglutarato, é aquiral e não existe nas formas L e D. A quiralidade do aminoácido é estabelecida, portanto, pela glutamato desidrogenase durante a conversão do α-cetoglutarato em glutamato. Como a enzima assegura que ela irá produzir exclusivamente L-glutamato?

A reação catalisada pela glutamato desidrogenase ocorre em duas etapas. Na primeira, o grupo amino da amônia é transferido para o carbono que irá se tornar o carbono α do aminoácido.

Nesse estágio da reação, o carbono no qual estamos interessados ainda é aquiral. Por conseguinte, o segundo estágio é o evento fundamental, quando um hidrogênio é transferido do NADPH para o carbono α. Essa transferência precisa ser realizada de modo a estabelecer a configuração L ao redor do carbono α.

O fator de importância crítica que assegura a geração da configuração L é o posicionamento do NADPH em relação ao intermediário aminado dentro do sítio ativo da glutamato desidrogenase. A orientação é tal que a transferência de hidrogênio do NADPH para o carbono α resulta na configuração L.

A arquitetura do sítio ativo estabelece, portanto, a orientação dos grupos ao redor do carbono α. Em virtude da estrutura de seu sítio ativo, a glutamato desidrogenase só pode sintetizar L-glutamato.

A orientação dos grupos ao redor do carbono α é mantida quando o glutamato é convertido em glutamina pela glutamina sintetase e quando o glutamato é metabolizado a prolina e arginina (ver Figura 13.6). Entretanto, os carbonos α de outros aminoácidos não provêm do glutamato, e suas configurações precisam ser independentemente estabelecidas na etapa apropriada em suas vias de biossíntese. Essa etapa sempre consiste em transaminação, quando ocorre doação de um grupo amino (do glutamato) para o carbono α (p. ex., etapa 2 da via que leva à serina, ver Figura 13.7A). Cada uma dessas transaminações é catalisada por uma enzima semelhante, e o hidrogênio não é doado pelo NADPH, mas por uma lisina presente no sítio ativo. A orientação dessa lisina em relação ao substrato é tal que a configuração L é sempre estabelecida ao redor do carbono α.

O glutamato é o ponto inicial para a síntese de outros dois aminoácidos, a prolina e a arginina. Em primeiro lugar, o glutamato é reduzido a γ-semialdeído glutâmico por meio de um intermediário fosforilado. A seguir, o γ-semialdeído glutâmico pode seguir duas vias:

- Para produzir a prolina, o γ-semialdeído glutâmico cicliza de modo espontâneo, e o composto resultante (Δ^1-pirrolino 5-carboxilato) sofre uma segunda redução (Figura 13.6A)

- Para produzir a arginina, o γ-semialdeído glutâmico é convertido em **ornitina** por uma reação de **transaminação**, em que um grupo carbonila (–C=O) é substituído por um grupo amino (–NH$_2$), sendo este último doado por uma segunda molécula de glutamato. Em seguida, a ornitina pode ser metabolizada a arginina por uma via curta (Figura 13.6B).

Existe alguma polêmica quanto ao fato de a transaminação do γ-semialdeído glutâmico constituir uma importante fonte de arginina nos seres humanos. A reação de ciclização que dá origem à prolina é muito rápida, o que significa que não há probabilidade de que uma grande quantidade de γ-semialdeído glutâmico esteja disponível para a transaminação. Além disso, os seres humanos podem obter a arginina a partir do **ciclo da ureia**, que iremos discutir posteriormente neste capítulo.

A serina, a glicina e a cisteína derivam, cada uma delas, do 3-fosfoglicerato, um intermediário na glicólise (Figura 13.7). Nesse caso também, isso envolve uma transaminação do glutamato, com produção inicial de serina. A substituição da cadeia lateral –CH$_2$OH da serina por um hidrogênio dá origem à glicina, enquanto a substituição de um componente hidroxila da cadeia lateral por sulfidrila (–SH) produz cisteína.

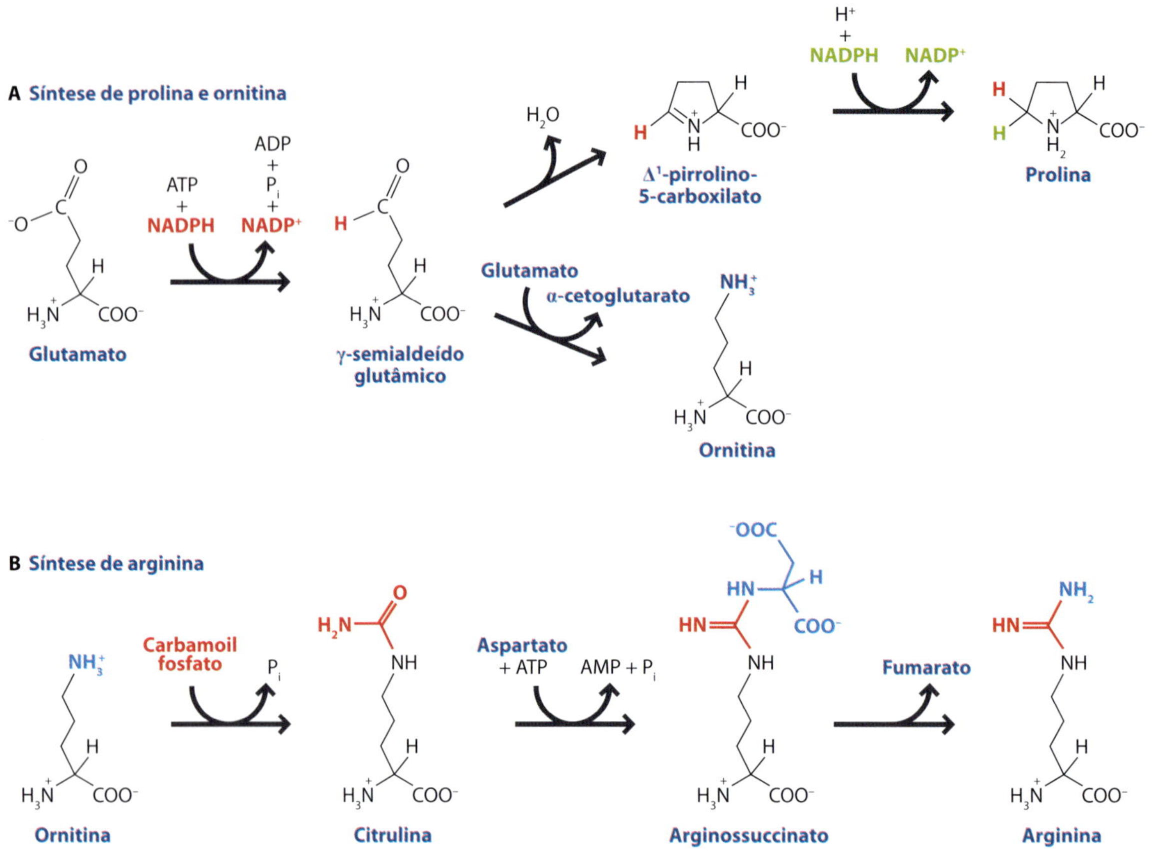

Figura 13.6 Síntese de (A) prolina e ornitina e (B) arginina.

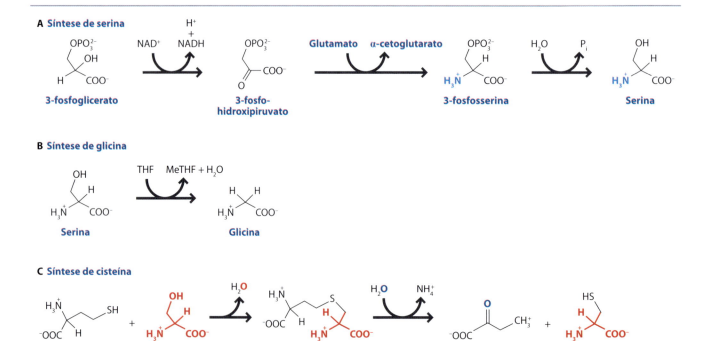

Figura 13.7 Síntese de (A) serina, (B) glicina e (C) cisteína. Abreviaturas: MeTHF, metilenotetraidrofolato; THF, tetraidrofolato. O THF é um cofator que atua como aceptor ou doador de grupos carbono em uma variedade de reações bioquímicas. Durante a conversão da serina em glicina, o THF aceita o grupo CH₂ da serina, com liberação de dois íons H⁺. Essa reação converte o THF em MeTHF.

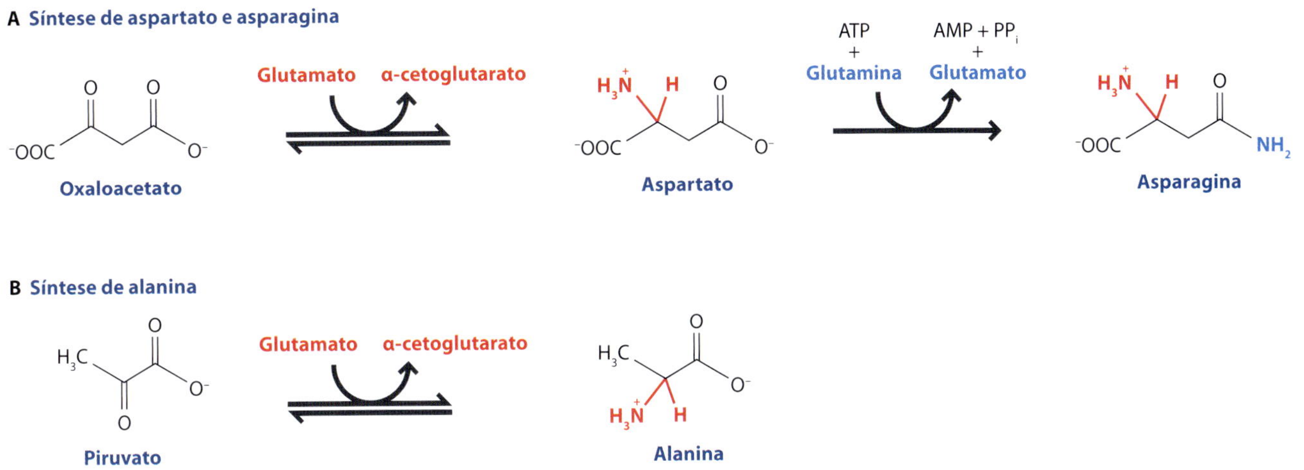

A Síntese de aspartato e asparagina

B Síntese de alanina

Figura 13.8 Síntese de (A) aspartato e asparagina e (B) alanina.

As transaminações também produzem aspartato e alanina por reações simples em uma etapa a partir do oxaloacetato e do piruvato, respectivamente (Figura 13.8). A asparagina é então produzida a partir do aspartato por amidação, em que o grupo $-NH_2$ provém da glutamina.

Resta finalmente a tirosina, que é obtida pelos seres humanos por meio de hidroxilação da fenilalanina (Figura 13.9). Os seres humanos são incapazes de sintetizar a fenilalanina, de modo que essas moléculas que são convertidas em tirosina são obtidas da alimentação. Por conseguinte, a tirosina poderia ser considerada como aminoácido *essencial,* visto que, se o conteúdo de fenilalanina da dieta for baixo, o indivíduo também irá apresentar uma deficiência de tirosina.

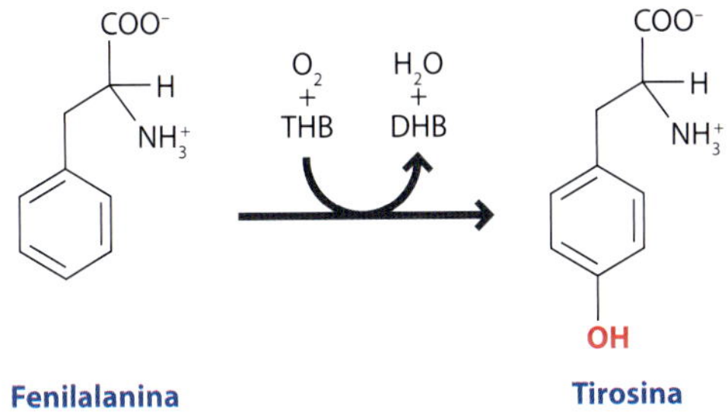

Figura 13.9 Síntese da tirosina a partir da fenilanina. Abreviaturas: DHB, di-hidrobiopterina; THB, tetra-hidrobiopterina. A THB é um cofator que atua como doador de H⁺ nessa reação.

Os aminoácidos que os seres humanos são incapazes de sintetizar necessitam de vias mais longas

Para os seres humanos, existem nove aminoácidos essenciais que precisam ser obtidos da alimentação (ver Tabela 13.1). As plantas sintetizam todos os 20 aminoácidos em proporções variáveis, e alguns dos aminoácidos essenciais também podem ser obtidos das carnes, dos ovos, do peixe ou de produtos derivados do leite. Cada um dos nove aminoácidos que não são sintetizados pelos seres humanos exige uma via de biossíntese bastante longa, e essas vias exibem variações em diferentes espécies. Iremos examinar as versões que operam em *Escherichia coli*, visto que as bactérias são os microrganismos usados nas pesquisas originais que revelaram a existência dessas séries ramificadas e interconectadas de reações.

Quatro dos aminoácidos essenciais (isoleucina, lisina, metionina e treonina) podem ser sintetizados a partir do aspartato, que as bactérias, assim como os seres humanos, produzem por meio de transaminação do oxaloacetato. Duas etapas produzem aspartato β-semialdeído, e, neste ponto, a via ramifica-se: uma das vias leva à lisina por meio de

282 Parte 2 Geração de Energia e Metabolismo

sete intermediários, enquanto a outra leva à homosserina, quando a via se ramifica novamente para produzir metionina em uma direção e treonina na outra (Figura 13.10A). Em seguida, a desaminação da treonina pode produzir α-cetobutirato, que se combina com piruvato no início de uma via em cinco etapas que leva à isoleucina. As cinco enzimas que catalisam essas etapas catalisam também uma via paralela, que começa com a ligação de duas moléculas de piruvato para produzir α-acetolactato, prosseguindo para formar valina (Figura 13.10B). Um intermediário nesse conjunto de reações é o α-cetoisovalerato, que constitui o ponto inicial de um ramo lateral de quatro reações adicionais que levam à leucina.

Uma via ramificada semelhante, porém menos sinuosa, resulta na síntese dos três aminoácidos aromáticos: a fenilalanina, o triptofano e a tirosina. O ponto inicial consiste na condensação do fosfoenolpiruvato, um intermediário da glicólise, com eritrose

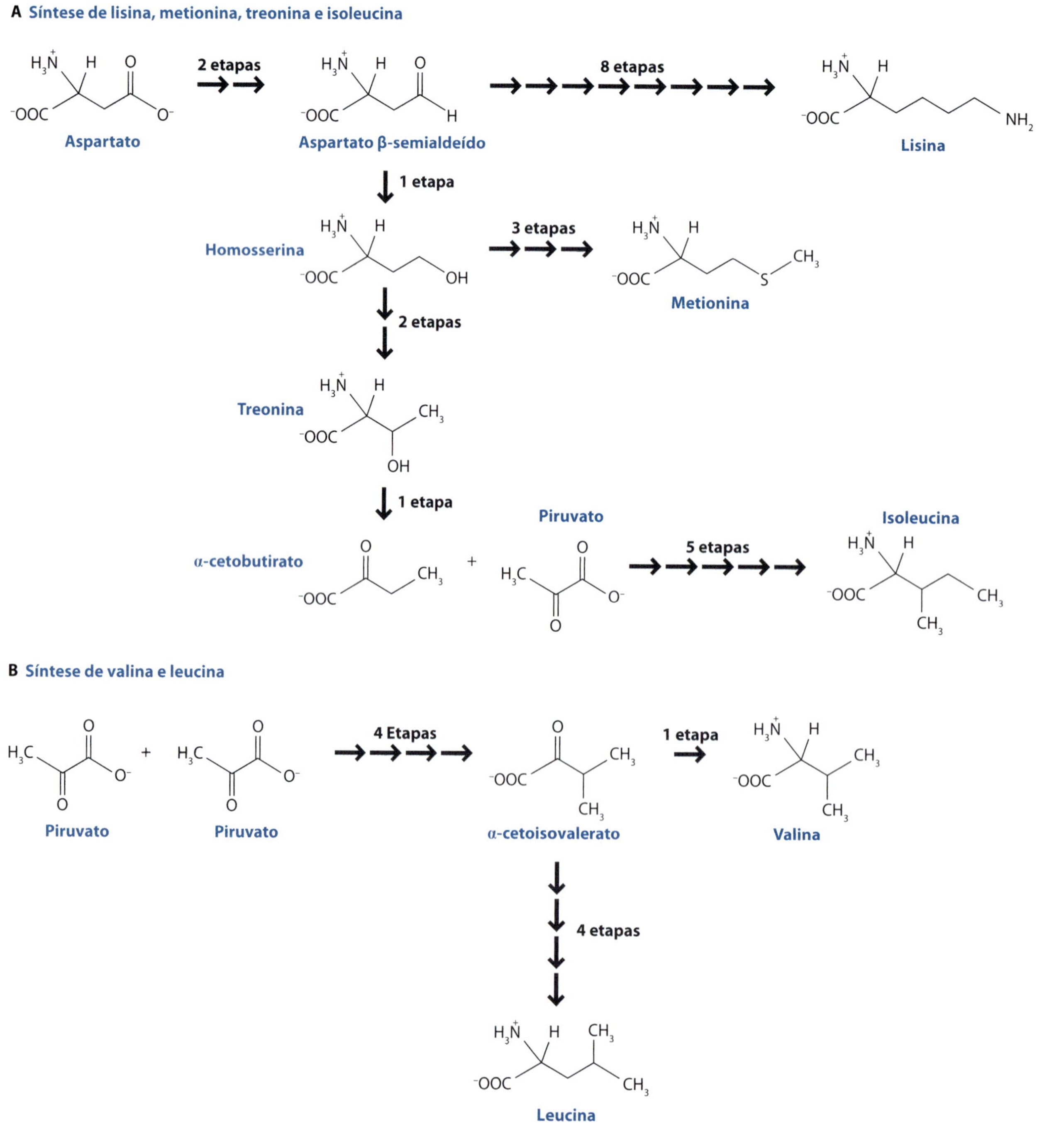

A Síntese de lisina, metionina, treonina e isoleucina

B Síntese de valina e leucina

Figura 13.10 Síntese de (A) lisina, metionina, treonina e isoleucina, e (B) valina e leucina.

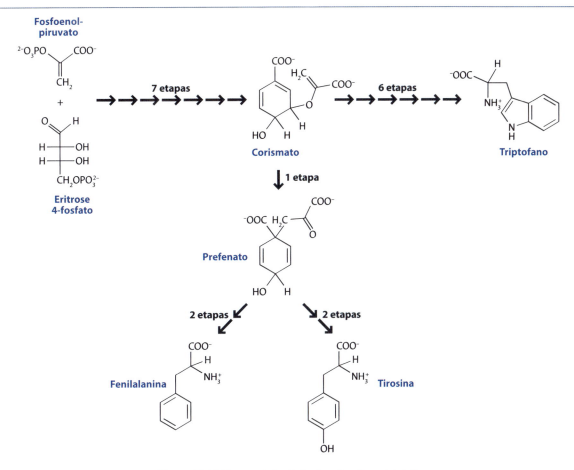

Figura 13.11 Síntese de fenilalanina, tirosina e triptofano.

4-fosfato, proveniente da via das pentoses fosfato. Seis outras etapas, incluindo ciclização do composto linear formado no início da via, produzem corismato (Figura 13.11). Neste ponto, a via ramifica-se. Em um dos ramos, a isomerização do corismato produz prefenato, que pode ser convertido em fenilalanina ou tirosina. O segundo ramo a partir do corismato leva ao triptofano por meio de cinco intermediários. Esse aminoácido possui uma cadeia lateral com dois anéis, sendo o segundo desses anéis formado a partir do **fosforribosil pirofosfato (PRPP)**, uma ribose que possui um grupo difosfato ligado ao carbono número 1 e um monofosfato ao carbono 5 (ver Figura 13.12).

Um aminoácido, a histidina, ainda não foi analisado. O PRPP também é um substrato dessa via; entretanto, a ribose 5-fosfato é habitualmente considerada como o precursor inicial, sendo esse intermediário na via das pentoses fosfato convertido em PRPP pela enzima ribose-fosfato difosfoquinase. Nove etapas adicionais, cada uma delas catalisada por uma enzima diferente e envolvendo contribuições do ATP e da glutamina, resultam finalmente na histidina (*Figura* 13.12).

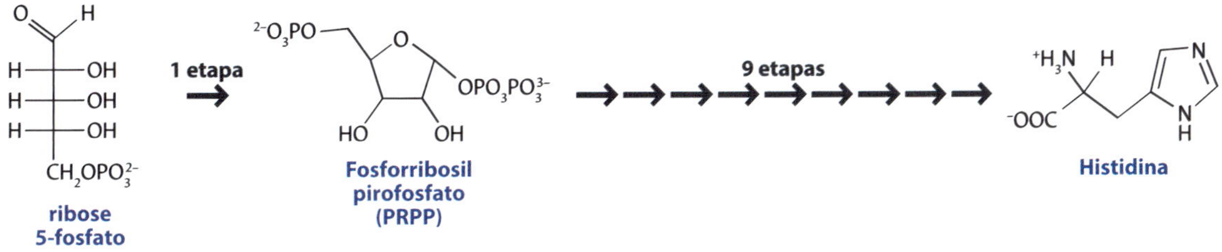

Figura 13.12 Síntese de histidina.

284 Parte 2 Geração de Energia e Metabolismo

As vias ramificadas exigem uma regulação rigorosa

O propósito na biossíntese de aminoácidos é garantir que o organismo tenha um suprimento adequado desses substratos para a síntese de proteínas. O suprimento também precisa ser equilibrado, de modo que cada aminoácido esteja disponível na quantidade apropriada, evitando a ocorrência de excessos e deficiências individuais. A maioria dos organismos obtém esse equilíbrio por meio de um conjunto sofisticado de mecanismos reguladores envolvendo um controle sobre a síntese das enzimas-chave na via de biossíntese e inibição das atividades dessas enzimas por retroalimentação (*feedback*). Iremos estudar o controle da síntese das enzimas em um capítulo subsequente. Aqui, iremos analisar a regulação por retroalimentação ou *feedback*.

> A regulação da expressão gênica, que controla a quantidade de uma enzima específica presente em uma célula, é descrita no *Capítulo 17*.

PESQUISA EM DESTAQUE

Boxe 13.3 Plantações geneticamente modificadas que são resistentes a um herbicida o qual interrompe a síntese de aminoácidos aromáticos.

Os herbicidas são extensamente usados por agricultores e horticultores para controlar as ervas daninhas e proteger suas plantações e plantas ornamentais. Um dos herbicidas mais amplamente usados é o glifosato, que é considerado como ecológico, visto que não é tóxico para insetos e animais e possui um curto tempo de permanência no solo, sofrendo degradação no decorrer de um período de poucos dias em produtos inócuos. O glifosato é um inibidor competitivo da enolpiruvilshiquimato 3-fosfato sintase (EPSPS), a enzima que catalisa a penúltima etapa na via que leva do fosfoenolpiruvato e eritrose 4-fosfato ao corismato. Por conseguinte, o tratamento com glifosato impede que a planta produza corismato, o que, por sua vez, significa que não haverá síntese de fenilalanina, tirosina ou triptofano. Sem esses aminoácidos, a planta morre.

Embora seja inócuo para insetos e animais, o glifosato mata todas as plantas, e não apenas as ervas daninhas, de modo que ele precisa ser aplicado com cuidado para evitar prejudicar as culturas. Para os agricultores, isso significa um aumento no custo de produção de suas culturas. Por conseguinte, os biotecnologistas na área agrícola exploraram maneiras de usar a engenharia genética para produzir versões de plantas de cultura que sejam resistentes aos efeitos tóxicos do glifosato.

Inicialmente, a engenharia genética foi usada para produzir plantas que sintetizassem quantidades da enzima EPSPS maiores do que o normal, na expectativa de que essas plantas fossem capazes de tolerar doses mais altas de glifosato em comparação com as plantas não modificadas geneticamente. Todavia, essa abordagem não teve sucesso. Embora fossem obtidas plantas que tinham a capacidade de produzir até 80 vezes a quantidade normal de EPSPS, o aumento resultante na tolerância ao glifosato não foi suficiente para proteger essas plantas da aplicação do herbicida no campo.

Por conseguinte, foi realizada uma busca por um organismo cuja enzima EPSPS fosse resistente à inibição do glifosato e cujo gene EPSPS pudesse ser usado para conseguir resistência a plantas cultivadas. Após testar as enzimas de várias bactérias, bem como formas mutantes de *Petunia* que exibem resistência ao glifosato, foi escolhida a enzima EPSPS da cepa CP4 de *Agrobacterium*. Essa enzima possui alta atividade catalítica e alta resistência ao herbicida. O gene para a enzima EPSPS de *Agrobacterium* foi clonado, utilizando técnicas que iremos estudar na *Seção 19.3.1*, e em seguida foi transferido na soja. Essas plantas, denominadas "Roundup Ready" em referência ao nome comercial do herbicida, apresentam uma resistência três vezes maior ao glifosato quando comparadas com a soja não modificada. As versões de soja e milho Roundup Ready estão sendo plantadas rotineiramente nos EUA e em outras partes do mundo.

As plantas Roundup Ready são resistentes ao glifosato, porém elas não o destoxificam, o que significa que o herbicida pode acumular-se nos tecidos dessas plantas. O glifosato não é venenoso para os seres humanos ou outros animais, de modo que o uso dessas plantas como alimento ou forragem não é um problema; entretanto, o acúmulo do herbicida por interferir na reprodução da planta. Consequentemente, outras maneiras de aumentar a resistência ao glifosato por engenharia genética estão sendo investigadas. Uma abordagem envolve uma enzima denominada glifosato *N*-acetiltransferase (GAT) da bactéria *Bacillus licheniformis*. Essa enzima destoxifica o glifosato pela inserção de um grupo acetil à molécula do herbicida.

Diferentes cepas da bactéria sintetizam tipos diferentes de GAT, porém nenhuma dessas enzimas é capaz de destoxificar o glifosato em uma taxa suficientemente alta para ter valor quando transferida a uma cultura geneticamente modificada. Por conseguinte, uma técnica denominada **DNA shuffling** (embaralhamento de DNA) tem sido usada para criar um gene artificial que codifica uma enzima GAT altamente ativa. O embaralhamento de DNA envolve a

> **Boxe 13.3** Plantações geneticamente modificadas que são resistentes a um herbicida o qual interrompe a síntese de aminoácidos aromáticos. (*continuação*) **PESQUISA EM DESTAQUE**
>
> obtenção de partes de genes de diferentes cepas de bactérias e a recombinação dessas partes para criar novas variantes gênicas. Em seguida, as novas variantes são testadas para identificar alguma cepa capaz de definir uma enzima GAT mais ativa. Os genes para essas enzimas ativas são então utilizados em um segundo ciclo de *shuffling*. Depois de 11 ciclos, obtém-se um gene que define uma enzima GAT com 10.000 vezes a atividade das enzimas presentes nas cepas originais de *B. licheniformis*.
>
> O novo gene GAT foi introduzido no milho. As plantas resultantes demonstraram tolerar níveis de glifosato seis vezes maiores do que a quantidade normalmente utilizada por agricultores no controle das ervas daninhas, sem qualquer redução na produtividade da planta.
>
> Essa nova maneira de engenharia de resistência ao glifosato está sendo atualmente explorada no desenvolvimento de soja e canola (um cultivar da colza) resistentes a herbicidas.
>
>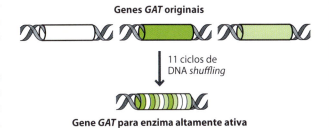

Como vimos em outras vias metabólicas, a regulação é habitualmente exercida sobre a enzima na primeira etapa "comprometida" da via. Trata-se da primeira etapa que leva a um intermediário, cuja utilização não tem outro propósito a não ser a síntese do produto. Por conseguinte, a síntese de uma molécula desse intermediário representa um compromisso para produzir uma molécula do produto. Se examinarmos a síntese da isoleucina a partir da treonina, como exemplo, veremos, na Figura 13.10A, que a primeira etapa comprometida dessa via é a desaminação da treonina para produzir α-cetobutirato, que é catalisada pela **treonina desidratase**. Essa enzima é inibida pela isoleucina por meio de um mecanismo regulador alostérico (Figura 13.13A). Quanto maior a quantidade de isoleucina presente, maior o grau de inibição da atividade da treonina desidratase. Por conseguinte, a isoleucina exerce um controle por retroalimentação (*feedback*) sobre a sua própria síntese.

As vias ramificadas necessitam de um nível de sofisticação adicional. Na via ramificada para síntese dos aminoácidos aromáticos, verificamos, como seria esperado, um controle por retroalimentação de cada um dos três produtos – fenilalanina, triptofano e tirosina – sobre as etapas comprometidas que levam à síntese de cada um desses produtos. Assim, por exemplo, o triptofano inibe a antranilato sintase, a primeira das enzimas da ramificação que leva do corismato ao triptofano, exclusivamente (Figura 13.13B). Entretanto, esses três sistemas de retroalimentação atuam, cada um deles, à frente da síntese do corismato. Isso significa que precisamos de um mecanismo para assegurar que a energia e os substratos não sejam desperdiçados na síntese de corismato quando há um excesso de fenilalanina, triptofano e tirosina. Por conseguinte, cada um desses aminoácidos também regula a atividade da enzima 2-ceto-3-desoxi-D-arabino-heptulosonato-7-fosfato sintase, que pode ser abreviada como **DAHP sintase**. Essa enzima catalisa a condensação do fosfoenolpiruvato e da eritrose 4-fosfato, produzindo DAHP, na etapa comprometida da parte da via que leva ao corismato.

A regulação da DAHP sintase produz a inibição necessária da síntese de corismato por retroalimentação; entretanto, o que fazer se um dos aminoácidos estiver presente em excesso, enquanto os outros dois estiverem deficientes? Neste caso, teríamos a situação indesejável em que a presença de fenilalanina em excesso, por exemplo, irá provocar uma interrupção na síntese de corismato, de modo que não poderá haver correção das deficiências de triptofano e de tirosina. Essa situação é evitada, visto que existem três versões de DAHP sintase. Essas **isozimas** possuem sequências de aminoácidos e estruturas tridimensionais semelhantes, e cada uma catalisa a mesma reação, a conversão do fosfoenolpiruvato e da eritrose 4-fosfato em DAHP. Cada isozima está sujeita a inibição por retroalimentação por um aminoácido diferente, em que a fenilalanina controla a atividade de uma das DAHP isozimas, enquanto o triptofano controla a segunda, e a tirosina, a terceira. Dessa maneira, os três aminoácidos que constituem os produtos finais desse sistema ramificado podem, cada um deles individualmente, garantir que a parte comum da via possa operar na velocidade adequada.

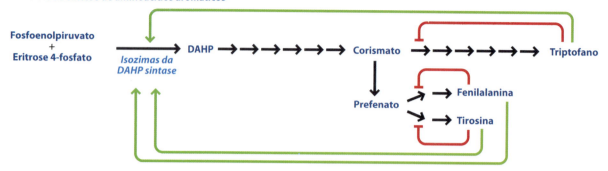

Figura 13.13 Regulação da síntese de aminoácidos por retroalimentação (*feedback*). A. Controle da síntese de treonina. **B.** Controle da síntese de aminoácidos aromáticos. Em (**B**), as linhas vermelhas indicam a inibição por retroalimentação ou *feedback* que cada um desses três aminoácidos exercem sobre a etapa comprometida na sua via de síntese, enquanto as linhas verdes indicam o controle por retroalimentação das isozimas da DAHP sintase.

13.2.2 Síntese de nucleotídios

Os nucleotídios são os componentes monoméricos do DNA e RNA, e os ribonucleotídios (os nucleotídios encontrados nas moléculas de RNA) incluem o ATP, que encontramos repetidamente como carreador de energia. O componente purínico ou pirimidínico de um nucleotídio é uma estrutura com anel simples ou duplo anel, formada em parte de átomos de nitrogênio. Por conseguinte, os nucleotídios são compostos que contêm nitrogênio, e iremos examinar como são sintetizados a partir dos suprimentos de nitrogênio orgânico presentes na célula.

Existem duas vias distintas para a síntese de nucleotídios. A primeira delas é a **via de recuperação**, em que as purinas e as pirimidinas liberadas de nucleotídios que estão sendo degradados são recuperadas e reutilizadas para a síntese de novos nucleotídios. O componente de açúcar-fosfato dos novos nucleotídios é fornecido pela ribose fosforilada, denominada PRPP. A substituição do difosfato no carbono 1 do PRPP por uma base purínica ou pirimidínica resulta em um nucleosídio monofosfato (Figura 13.14). Se for o AMP, ele pode ser convertido em ADP pela enzima **adenilato quinase**, utilizando uma molécula de ATP no processo. As duas moléculas de ADP resultantes são então fosforiladas durante a glicólise ou na cadeia de transporte de elétrons. O ATP também é utilizado para converter outros e nucleosídios monofosfatos em suas formas difosfato (p. ex., GMP para GDP), porém uma enzima diferente, a **nucleosídio monofosfato quinase**, está envolvida. Os nucleosídios difosfatos resultantes são fosforilados a seus trifosfatos por uma terceira enzima, a **nucleosídio difosfato quinase**. Essa enzima pode utilizar qualquer nucleosídio trifosfato como doador de fosfato, porém o ATP é usado com mais frequência simplesmente porque está presente em concentrações mais altas na célula. Todas essas reações, pelo fato de começarem com PRPP, resultam na síntese de ribonucleotídios, as versões presentes no RNA, bem como as que atuam como carreadores de energia. Os desoxirribonucleotídios, os componentes do DNA, são obtidos a partir dos ribonucleotídios pela redução do carbono 2' do açúcar ribose pela **ribonucleotídio redutase**.

Os componentes de base dos ribonucleotídios também podem ser obtidos por **síntese de novo**. Essas vias não utilizam bases purínicas e pirimidínicas preexistentes, porém as produzem a partir de precursores menores. As pirimidinas de anel simples, a citosina e a uracila, são formadas a partir do aspartato e do **carbamoil fosfato**, sendo este último produzido a partir do bicarbonato, de um grupo amino da glutamina e de um fosfato

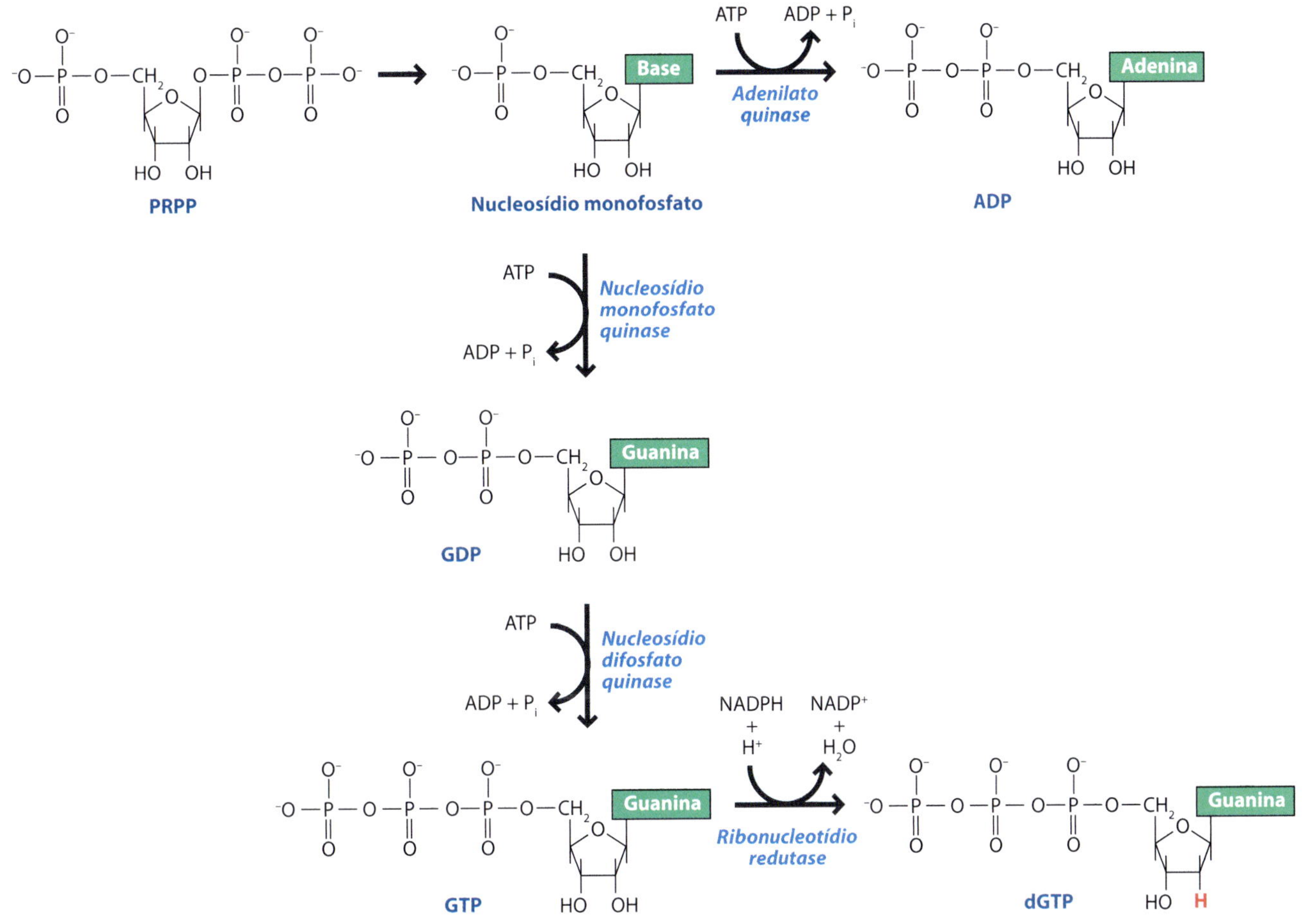

Figura 13.14 **Via de recuperação para a síntese de nucleotídios.** A conversão de GMP em GDP, GTP e, em seguida, dGTP é mostrada de modo detalhado. Os nucleotídios de citosina e timina podem ser sintetizados da mesma maneira, assim como o ATP e o dATP a partir do ADP produzido pela adenilato quinase.

do ATP (ver *Seção 13.3.2*). A enzima **aspartato transcarbamoilase** une o aspartato e o carbamoil fosfato em um intermediário linear, dando origem ao orotato (Figura 13.15). Em seguida, o orotato reage com o PRPP, e o seu grupo carboxila é substituído por um hidrogênio, formando UMP. As enzimas quinases convertem o UMP em UTP, e parte do UTP é ainda metabolizado a CTP pela adição de um grupo amino da glutamina, em uma reação catalisada pela **citidilato sintetase**.

> Consultar a *Figura 4.3* para as estruturas das cinco bases nucleotídicas.

A síntese *de novo* das purinas de dois anéis utiliza átomos de carbono e de nitrogênio do aspartato, glicina, formiato, glutamina e íons carbonato. A via é extensa e, diferentemente da síntese de pirimidinas *de novo*, não envolve a formação de uma estrutura em anel completa que, em seguida, é ligada ao PRPP. Na verdade, os anéis das purinas são formados etapa por etapa na molécula de PRPP.

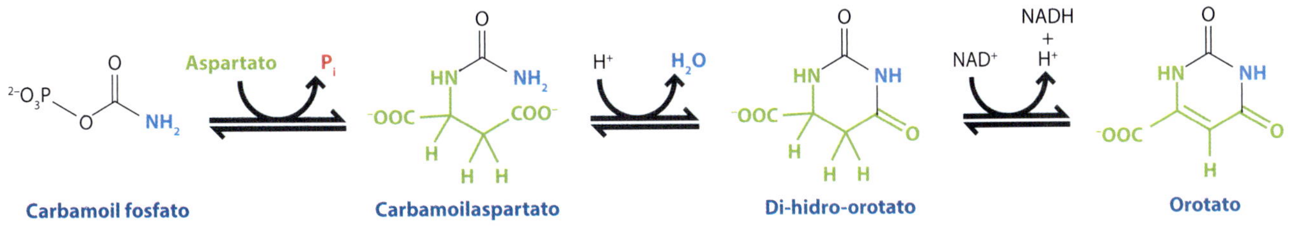

Figura 13.15 **Síntese de orotato, parte da via *de novo* para produção de nucleotídios de pirimidina.**

288 Parte 2 Geração de Energia e Metabolismo

Uma vez formados, alguns dos ribonucleotídios obtidos por síntese *de novo* podem ser convertidos em suas versões de desoxirribonucleotídios pela ribonucleotídio redutase, reduzindo o carbono 2' do açúcar ribose, conforme descrito na via de recuperação. Uma etapa final é então necessária para produzir os desoxinucleotídios contendo timina, que não têm correspondentes diretos entre os ribonucleotídios sintetizados dessa maneira. Essa etapa final é realizada pela **timidilato sintase**, que acrescenta um grupo metila à uracila, convertendo essa pirimidina em timina.

13.2.3 Síntese de compostos tetrapirrólicos

Os compostos tetrapirrólicos incluem o heme, que é um cofator em várias proteínas, incluindo a hemoglobina e a família de enzimas do citocromo, e a clorofila, que naturalmente constitui o componente central da via de fotossíntese. Um tetrapirrol é qualquer composto que tenha quatro unidades pirrólicas, em que cada pirrol é constituído de um anel de um átomo de nitrogênio e quatro átomos de carbono. Nos compostos tetrapirrólicos que acabamos de mencionar, os quatro pirróis formam uma estrutura em anel, com um íon metálico central mantido em posição por interações com os quatro nitrogênios. No heme, o metal é o ferro, ao passo que, na clorofila, é o magnésio.

> Ver *Figura 3.25* para a estrutura do heme e a *Figura 10.5* para a clorofila.

Figura 13.16 Síntese dos compostos tetrapirrólicos. Embora o tetrapirrol linear permaneça fixado à enzima porfobilinogênio desaminase até circularizar, a circularização também exige a atividade da enzima cossintetase.

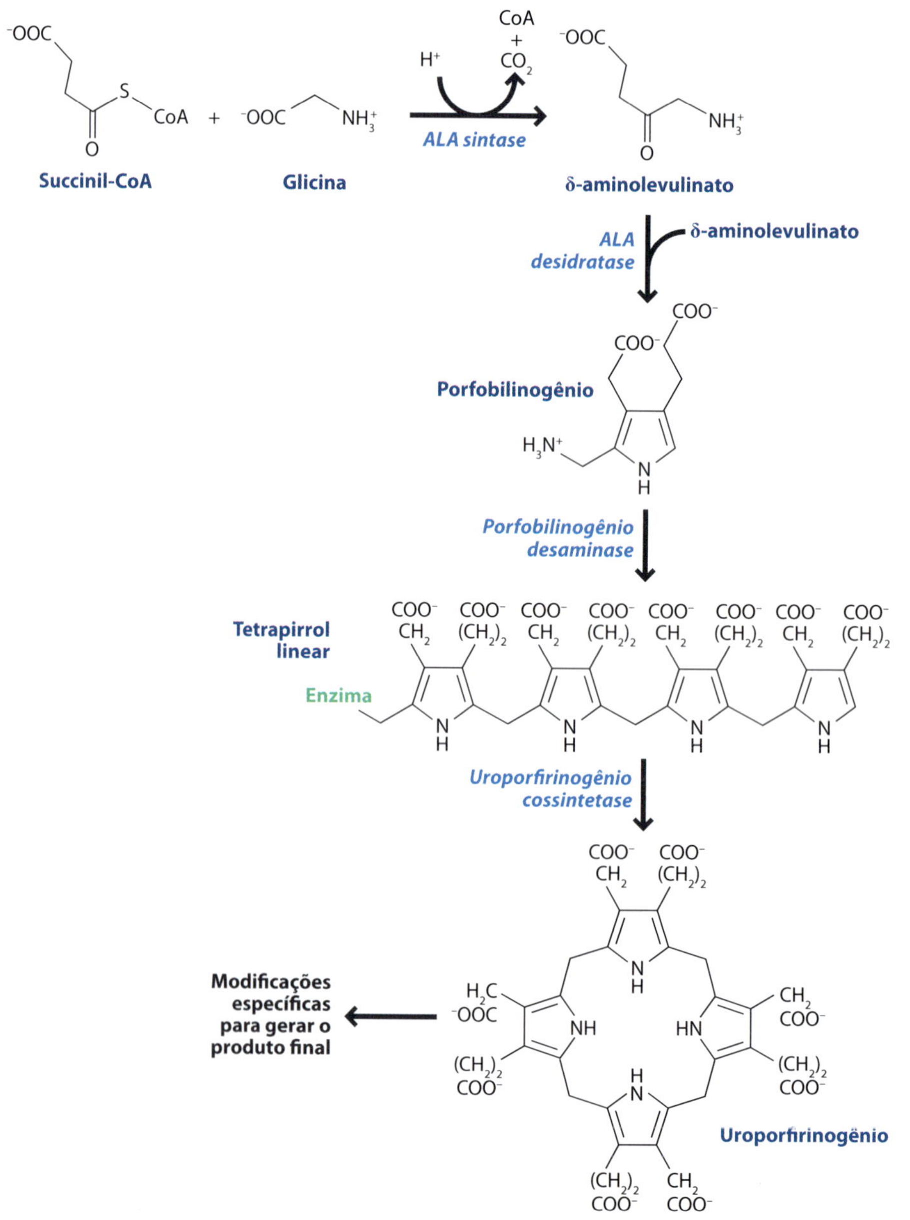

> ### Boxe 13.4 A síntese de nucleotídios constitui um alvo para a quimioterapia do câncer.
>
> A 5-fluoruracila é um dos agentes quimioterápicos mais comumente usados no tratamento do câncer. Esse composto é um análogo da uracila.
>
> **5-fluoruracila**   **Uracila**
>
> Após a sua administração, a 5-fluoruracila é metabolizada a desoxinucleotídio monofosfato. Como análogo do dUMP, esse nucleotídio de 5-fluoruracila atua como inibidor irreversível da timidilato sintase, formando o complexo estável com a enzima e o seu cofator 5,10-metilenotetra-hidrofolato. Por conseguinte, o tratamento com 5-fluoruracila resulta em deficiência de dTTP, de modo que as células são incapazes de sofrer replicação ou de proceder ao reparo de seu DNA. Isso leva à denominada "morte por ausência de timina". A 5-fluoruracila é habitualmente administrada por via sistêmica, porém os tecidos sadios não são relativamente afetados, visto que a maioria de suas células não estão ativamente se dividindo. Por conseguinte, o fármaco tem como alvo as células em rápida divisão dos tecidos cancerosos.

A via de síntese dos compostos tetrapirrólicos compreende dois estágios. O primeiro estágio resulta na síntese de um único pirrol, e quatro desses pirróis combinam-se durante o estágio 2 para produzir o tetrapirrol. Nos animais, os substratos para síntese de pirrol são a glicina (que contribui para o átomo de nitrogênio) e a succinil CoA. Ambas são unidas entre si pela **ALA sintase**, formando δ-aminolevulinato (ALA) (Figura 13.16). Nas plantas, essa etapa é ligeiramente diferente e utiliza o glutamato como substrato, em lugar da glicina. Em seguida, duas moléculas de ALA combinam-se sob a ação da **ALA desidratase**, e essa reação forma o porfobilinogênio, que é um tipo de pirrol.

O segundo estágio começa com uma série de reações de condensação, que são catalisadas pela **porfobilinogênio desaminase**, que resulta em um composto tetrapirrólico linear, o qual é imediatamente ciclizado em uroporfirinogênio. As modificações dos grupos ligados às unidades de pirrol e a inserção do átomo de ferro ou de magnésio completam o processo, convertendo o uroporfirinogênio em heme ou clorofila.

13.3 Degradação dos compostos que contêm nitrogênio

Até o momento, tratamos exclusivamente da síntese de compostos que contém nitrogênio e não estudamos nenhuma das vias pelas quais esses compostos são degradados. As vias usadas para os nucleotídios e os compostos tetrapirrólicos não precisam nos desviar indevidamente do foco. Muitas das bases purínicas e pirimidínicas liberadas durante a degradação dos nucleotídios são reutilizadas pela via de recuperação. As adeninas e guaninas que estão em quantidades excessivas em relação às necessidades são convertidas em um tipo diferente de purina, o **ácido úrico** (Figura 13.17), que é excretado. As pirimidinas – citosina, timina e uracila – são degradadas de maneira mais completa, sendo o nitrogênio convertido em íons amônio (NH_4^+). Os compostos tetrapirrólicos em excesso são convertidos em compostos lineares, denominados **pigmentos biliares**. Nas plantas, são utilizados como fotossensores, como o **fitocromo**, que coordena as respostas fisiológicas e bioquímicas da planta à luz. Os animais são muito menos adaptáveis nesse aspecto, e os pigmentos biliares que são sintetizados no fígado e no baço são ainda metabolizados e, em seguida, excretados. A excreção constitui um aspecto importante na degradação dos compostos que contêm nitrogênio, visto que a maioria dos organismos carece da capacidade de armazenar o nitrogênio em excesso, de modo que eles simplesmente precisam livrar-se dele.

Dois aspectos do metabolismo do nitrogênio são mais importantes e precisam ser analisados de modo mais detalhado. Em primeiro lugar, a degradação dos aminoácidos dá origem a carboidratos que podem ser utilizados na geração de energia. Os animais adquirem 10 a 15% de seu suprimento energético dessa maneira, por meio da degradação de aminoácidos provenientes da proteína dietética ou da degradação de proteínas celulares. O nitrogênio dos aminoácidos é, em sua maior parte, liberado na forma de amônia, suplementando a quantidade muito menor de amônia produzida com a degradação das

Figura 13.17 Conversão da adenina e da guanina em ácido úrico.

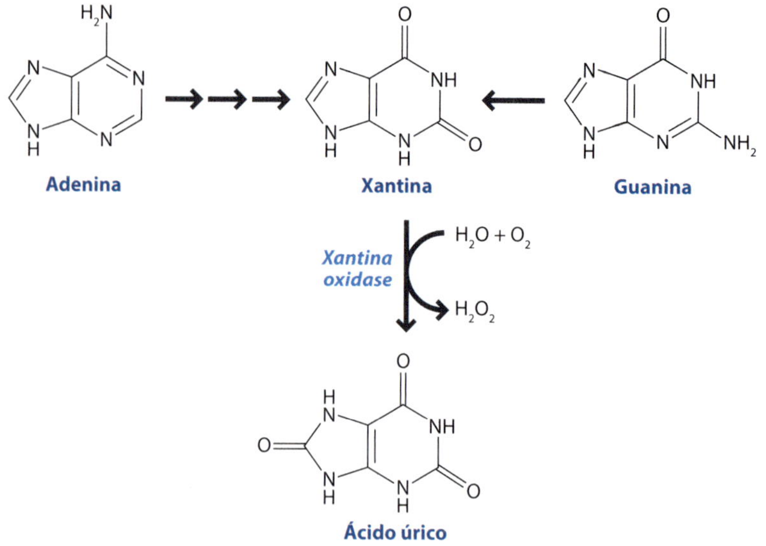

pirimidinas. A amônia é tóxica para a maioria dos organismos, e, portanto, precisa ser excretada. O **ciclo da ureia**, que leva à destoxificação e à excreção da amônia, constitui, assim, o segundo aspecto do catabolismo do nitrogênio que precisamos estudar.

13.3.1 Degradação dos aminoácidos

A maior parte da degradação dos aminoácidos ocorre no fígado, e apenas três aminoácidos com cadeias laterais ramificadas – isoleucina, leucina e valina – são degradados nos músculos e em outros tecidos que necessitam de energia. Os 20 aminoácidos seguem uma variedade de vias de degradação, cuja diversidade reflete a complexidade das vias pelas quais os aminoácidos foram inicialmente sintetizados. Trataremos de duas questões fundamentais: a remoção e o destino do nitrogênio presente em cada aminoácido e os modos pelos quais os esqueletos de carbono resultantes são utilizados.

O nitrogênio dos aminoácidos é liberado na forma de amônia

O nitrogênio contido nos aminoácidos é, em última análise, convertido em amônia e, em seguida, excretado. Esse nitrogênio refere-se tanto ao grupo amino existente em todos os aminoácidos quanto aos grupos contendo nitrogênio que alguns aminoácidos apresentam em suas cadeias laterais. O nitrogênio das cadeias laterais é degradado por enzimas específicas: por exemplo, a **asparaginase** remove o grupo amida da asparagina, produzindo ácido aspártico e amônia (Figura 13.18). Os grupos amino são removidos por um processo mais uniforme, envolvendo a transaminação que ocorre principalmente no fígado dos mamíferos. Para cada aminoácido, essa transaminação transfere o grupo amino para o α-cetoglutarato, com formação de glutamato.

Existe uma família de enzimas **transaminases**, que realizam essas transferências de amino. Cada uma dessas enzimas possui um cofator de **piridoxal fosfato**, derivado da vitamina B_6. O cofator liga-se inicialmente ao grupo amino de uma lisina dentro do polipeptídio da transaminase. A entrada do aminoácido a ser degradado dentro do sítio ativo desloca o piridoxal fosfato para a ligação de lisina, e o aminoácido liga-se agora ao cofator por meio de seu grupo amino (Figura 13.19). O aminoácido ligado é então hidrolisado, sendo o grupo amino clivado, com liberação do restante do aminoácido na forma de α-cetoácido.

O grupo amino é então transferido para o α-cetoglutarato, e a molécula de glutamato resultante desprende-se, liberando o piridoxal fosfato que irá restabelecer sua ligação com a lisina original. Em seguida, o glutamato é oxidado de volta a α-cetoglutarato, com liberação do grupo amino na forma de amônia. Isso representa o processo inverso da primeira etapa de assimilação do nitrogênio (*ver Seção 13.2.1*), e a reação utiliza a mesma enzima, a **glutamato desidrogenase**. A única diferença é que, quando atua no sentido

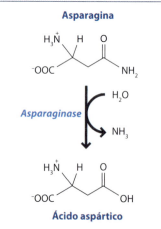

Figura 13.18 Desamidação da asparagina pela asparaginase.

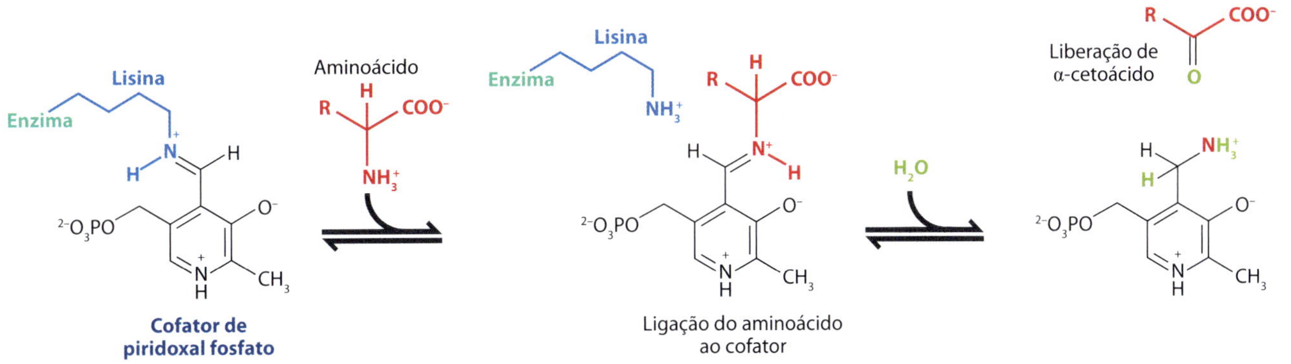

Figura 13.19 **O papel do piridoxal fosfato na desaminação de um aminoácido.**

da degradação, a enzima gera uma molécula de NADH, ao passo que, durante a síntese de glutamato, há utilização de uma molécula de NADPH. Este é um importante ponto de controle na degradação dos aminoácidos: a glutamato desidrogenase é inibida por ATP e GTP e estimulada por ADP e GDP. Isso significa que, quando os recursos energéticos estão baixos, e ADP e GDP predominam, a atividade da glutamato desidrogenase aumenta. Por conseguinte, maior quantidade de aminoácidos é oxidada, liberando seus esqueletos de carbono para uso como suprimento energético.

Os esqueletos de carbono dos aminoácidos são degradados a produtos que podem entrar no ciclo de Krebs (TCA)

Embora os aminoácidos sigam, cada um deles, vias de degradação diversas, todas convergem para exatamente seis produtos finais principais, os quais podem entrar no ciclo de Krebs (TCA). Os produtos são o piruvato, o oxaloacetato, α-cetoglutarato, a succinil CoA, o fumarato e a acetil CoA (Figura 13.20). Em virtude da complexidade das vias de degradação, um único aminoácido pode contribuir com mais de um desses produtos.

Por conseguinte, os produtos de degradação dos aminoácidos podem entrar no ciclo de Krebs (TCA) e contribuir diretamente para a geração de energia. Como alternativa, podem ser usados para aumentar as reservas energéticas do corpo. Isso pode ser feito de duas maneiras, dependendo da identidade do produto final. O piruvato, o oxaloacetato, o α-cetoglutarato, a succinil CoA e o fumarato podem ser canalizados para a via da gliconeogênese, sendo, assim, finalmente convertidos em glicose. Os aminoácidos que dão origem a esses produtos finais são, portanto, denominados **glicogênicos**.

Os aminoácidos que dão origem à acetil CoA também podem contribuir para a síntese de **corpos cetônicos** e, portanto, são denominados **cetogênicos**. Esses aminoácidos contribuem de modo significativo para a síntese de corpos cetônicos, embora a degradação dos ácidos graxos constitua a principal fonte de acetil CoA utilizada para esse propósito. Os corpos cetônicos são produzidos a partir de um excesso de acetil CoA pelo processo denominado **cetogênese**. Inicialmente, a via da cetogênese acompanha paralelamente a síntese de colesterol, em que duas moléculas de acetil CoA combinam-se para formar acetoacetil CoA, que, em seguida, liga-se a uma terceira acetil CoA, formando HMG CoA. A próxima etapa na síntese de colesterol é a redução da HMG CoA; entretanto, na cetogênese, esse composto perde um grupo acetil CoA, produzindo acetoacetato. Isso poderia parecer um processo complicado, tendo em vista que um dos substratos iniciais é a acetoacetil CoA, porém esta é a única maneira bioquímica de remover CoA da acetoacetil CoA. Parte do acetoacetato sofre conversão enzimática em D-3-hidroxibutirato, enquanto outra parte sofre descarboxilação espontânea (sem a participação de qualquer enzima), com formação de acetona (Figura 13.21). Os corpos cetônicos são constituídos de uma mistura de acetoacetato, D-3-hidroxibutirato e acetona. Após a sua síntese no fígado, os corpos cetônicos são transportados até o coração e o cérebro, onde o acetoacetato e o D-3-hidroxibutirato são novamente convertidos em acetil CoA, que entra no ciclo de Krebs (TCA) e, desse modo, contribui para a geração de energia nesses tecidos. Com efeito, o coração tem uma preferência pelos corpos cetônicos em lugar da glicose como fonte de energia.

Figura 13.20 Entrada dos produtos de degradação dos aminoácidos no ciclo de Krebs (TCA). Os aminoácidos podem ser classificados em glicogênicos ou cetogênicos (ou ambos), dependendo de como seus produtos de degradação podem contribuir para a gliconeogênese ou a formação de corpos cetônicos, respectivamente. Os aminoácidos que dão origem ao piruvato podem contribuir para ambas as vias, dependendo do modo pelo qual o piruvato é utilizado.

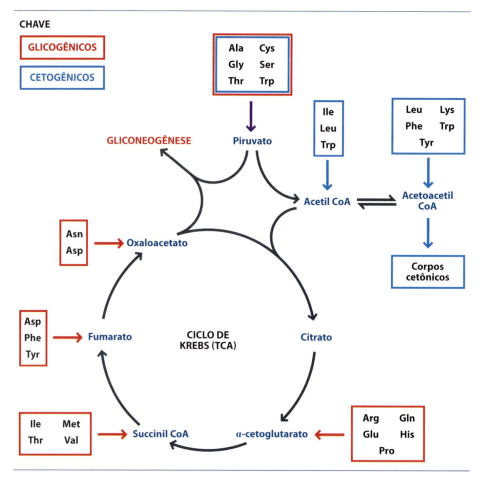

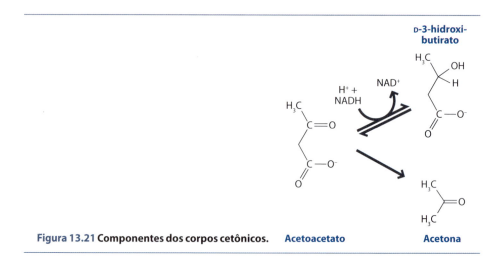

Figura 13.21 Componentes dos corpos cetônicos.   Acetoacetato   Acetona

13.3.2 Ciclo da ureia

A amônia é um importante produto do catabolismo do nitrogênio. Parte da amônia é reutilizada na biossíntese de novos compostos contendo nitrogênio, enquanto o restante precisa ser excretado. Diferentes organismos utilizam uma de três maneiras para eliminar esse excesso de amônia:

- As espécies **amoniotélicas** incluem muitos invertebrados aquáticos, e esses organismos simplesmente excretam a amônia na água onde vivem

- Os organismos **uricotélicos** excretam o nitrogênio na forma de ácido úrico. Essas espécies incluem aves, serpentes, répteis terrestres e artrópodes, como insetos
- Os organismos **ureotélicos** incluem os mamíferos, os anfíbios e alguns peixes, que convertem a amônia em ureia, a qual é excretada na urina.

A via pela qual os seres humanos e outros organismos ureotélicos convertem a amônia em ureia é denominada ciclo da ureia. Iremos acompanhar as etapas do ciclo da ureia e, em seguida, examinar como o ciclo é controlado.

O ciclo da ureia possibilita a excreção do excesso de nitrogênio na forma de ureia

O ciclo da ureia ocorre no fígado, e a ureia resultante entra na corrente sanguínea e é transportada até os rins, onde é excretada na forma de urina. A via é apresentada, em linhas gerais, na Figura 13.22. As etapas individuais são as seguintes:

Etapa 1. A amônia entra no ciclo da ureia após conversão em carbamoil fosfato, que exige a adição de um íon bicarbonato e de um grupo fosfato do ATP. É necessária uma segunda molécula de ATP para fornecer energia. A enzima que catalisa essa reação é a **carbamoil fosfato sintetase**.

$$HCO_3^- + ATP + NH_3 \xrightarrow[\text{sintetase}]{\text{Carbamoil fosfato}} \text{Carbamoil fosfato} + ADP$$

Etapa 2. O grupo carbamoil é agora transferido para uma molécula de ortinina pela **ornitina transcarbamoilase**, com formação de **citrulina**.

Ornitina + Carbamoil fosfato → (Ornitina transcarbamoilase) → Citrulina

Tanto a ornitina quanto a citrulina são aminoácidos, porém não os que são usados na síntese de proteínas. As **Etapas 1** e **2** ocorrem na matriz mitocondrial, porém o restante do ciclo da ureia ocorre no citoplasma. Por conseguinte, a citrulina é transportada para fora da mitocôndria.

Figura 13.22 Esquema do ciclo da ureia.

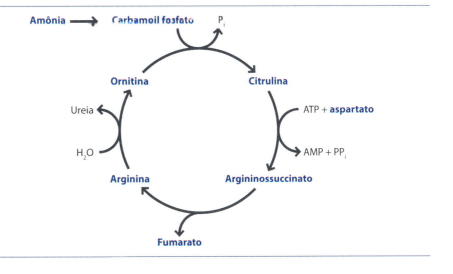

Etapa 3. Uma reação de condensação entre a citrulina e o aspartato leva à formação de argininossuccinato. Uma molécula de ATP é convertida em AMP nessa reação catalisada pela **argininossuccinato sintetase**.

Etapa 4. O esqueleto de carbono do arpartato é removido do argininossuccinato pela **argininossuccinase**. Os produtos são a arginina e o fumarato.

O resultado das **Etapas 3** e **4** é a transferência do grupo amino do aspartato para a citrulina. O aspartato é convertido em fumarato, um carboidrato não nitrogenado, e a citrulina é convertida em arginina.

Etapa 5. A **arginase** cliva a arginina, produzindo uma molécula de ureia e regenerando a ornitina usada para iniciar o ciclo.

A ornitina retorna à mitocôndria, de modo que o ciclo possa ser reiniciado.

Observe que, durante o ciclo da ureia, são consumidas três moléculas de ATP, porém o gasto energético é equivalente a quatro moléculas de ATP, visto que uma delas é convertida em AMP.

A regulação do ciclo da ureia envolve um impasse metabólico

A velocidade com que o ciclo da ureia precisa operar depende de vários fatores, incluindo a composição da dieta. Uma alimentação rica em proteínas exige rápida operação do ciclo da ureia para lidar com o excesso de amônia que é produzido à medida que os aminoácidos são degradados, de modo que seus esqueletos de carbono possam ser usados para a geração de energia.

As alterações a longo prazo na atividade do ciclo da ureia, como as que poderiam ser exigidas por uma mudança na dieta, são produzidas, em grande parte, pela regulação da síntese das enzimas envolvidas no ciclo. O controle a curto prazo é mais imediato e é exercido pelo N-acetilglutamato, que ativa a carbamoil fosfato sintetase, a enzima

Boxe 13.5 Doenças associadas a defeitos no metabolismo do nitrogênio.

Várias doenças humanas decorrem de um comprometimento em uma ou outra das vias do metabolismo do nitrogênio.

- A **fenilcetonúria**, que acomete aproximadamente 1 em 10.000 indivíduos brancos, é causada por um defeito no gene da fenilalanina hidroxilase. Essa enzima converte uma fenilalanina em tirosina (ver Figura 13.9). A consequente deficiência de tirosina pode ser combatida por meio de suplementos alimentares, e pode-se evitar o acúmulo de fenilalanina em excesso por meio de controle dietético e medicamentos. Se não for tratada na infância, a fenilcetonúria pode resultar em retardo mental, porém esses sintomas raramente são observados nos países desenvolvidos, devido a um rastreamento efetivo para a doença nos recém-nascidos. Ao determinar a presença de níveis elevados de fenilalanina, em comparação com os de tirosina, os lactentes acometidos de fenilcetonúria podem ser identificados, e pode-se iniciar imediatamente o tratamento apropriado

- A **doença de Gunther** é muito menos comum do que a fenilcetonúria, com prevalência de apenas 1 em 1.000.000 de indivíduos. É causada por uma mutação no gene da uroporfirinogênio cossintetase, a enzima que converte o tetrapirrol linear em uroporfirinogênio durante a síntese do heme (ver Figura 13.16). A consequente deficiência de heme leva ao desenvolvimento de anemia, porém os pacientes acometidos também apresentam distúrbios cutâneos, devido ao acúmulo de compostos tetrapirrólicos incomuns, que são sintetizados em lugar do uroporfirinogênio

- A **gota** é causada por um excesso de ácido úrico no sangue. O depósito de cristais de ácido úrico nas articulações e nos tendões, em particular no hálux, provoca dor excruciante associada à doença. A gota era tradicionalmente associada ao consumo excessivo de alimentos ricos em proteína e álcool, porém as suas causas dietéticas são atualmente consideradas complexas. Vários distúrbios genéticos também produzem uma predisposição à gota, como a síndrome de Lesch-Nyhan, em que o gene para a hipoxantina-guanina fosforribosil transferase (HGPRT) é defeituoso. Essa enzima está envolvida na via de recuperação das purinas. Se a HGPRT for inativa, a adenina e a guanina liberadas de nucleotídios que estão sendo degradados não podem ser reutilizadas na síntese de novos nucleotídios e são convertidas em ácido úrico. As quantidades excessivas de ácido úrico que são produzidas dessa maneira levam aos sintomas da gota

- Ocorre **hiperamonemia** quando há um excesso de amônia no sangue. A hiperamonemia é habitualmente causada por incapacidade do ciclo da ureia de converter a amônia em ureia, devido a um defeito genético em uma das enzimas do ciclo da ureia ou como efeito colateral de doença hepática, como hepatite. A hiperamonemia é um distúrbio grave, que provoca dano cerebral e que provavelmente leva à morte.

---

que catalisa a etapa 1 do ciclo. Por que o *N*-acetilglutamato é a molécula reguladora se esse composto não é um intermediário no ciclo da ureia? A resposta é que a arginina, que é um intermediário do ciclo da ureia, regula a atividade da **N-acetilglutamato sintase**, a enzima que sintetiza *N*-acetilglutamato a partir da acetil CoA e do glutamato. Nos mamíferos, isso representa uma relíquia de um período evolutivo antigo, quando a arginina podia ser sintetizada a partir do glutamato por uma via que começava com a síntese de *N*-acetilglutamato. Nas plantas e nas bactérias, essa via ainda atua; entretanto, nos mamíferos, representa um beco sem saída que termina com o *N*-acetilglutamato (Figura 13.23). Esse composto só atua agora como regulador da carbamoil fosfato sintetase, ativando essa enzima quando a sua própria síntese é ativada pela arginina, em que um excesso de arginina sinaliza a necessidade de suprarregulação do ciclo da ureia.

Uma ligação com o ciclo de Krebs (TCA) permite que parte da energia usada no ciclo da ureia seja recuperada

Um dos intermediários no ciclo da ureia é o fumarato, que também é formado durante o ciclo de Krebs (TCA). Por conseguinte, o fumarato fornece um elo, designado como **shunt aspartato-argininossuccinato**, que possibilita a interconexão dos dois ciclos. Um resultado dessa ligação é que parte das moléculas de ATP utilizadas durante o ciclo da ureia pode ser recuperada.

Os ciclos da ureia e de Krebs (TCA) são fisicamente separados, visto que o ciclo de Krebs (TCA) ocorre nas mitocôndrias, ao passo que o ciclo da ureia, pelo menos a parte que gera fumarato, ocorre no citoplasma. O fumarato do ciclo da ureia pode ser convertido em malato por uma isozima citoplasmática da fumarase, e o malato é então transportado para dentro da mitocôndria, atravessando a membrana mitocondrial interna por meio da proteína carreadora de malato-α-cetoglutarato, que faz parte do sistema de lançadeira malato-aspartato (Figura 13.24).

> Estudamos a lançadeira malato-aspartato na *Seção 9.2.5*.

Uma vez no interior da mitocôndria, o malato é oxidado pela malato desidrogenase na etapa 8 do ciclo de Krebs (TCA), com formação de oxaloacetato e de uma molécula de NADH. Em seguida, esse NADH pode ser usado para gerar três moléculas de ATP por meio

Figura 13.23 O papel do N-acetilglutamato na regulação do ciclo da ureia. A. Nas plantas e nas bactérias, o N-acetilglutamato é o substrato para uma via que leva à síntese de arginina, aminoácido que regula a N-acetilglutamato sintase por meio de inibição por retroalimentação (*feedback*). **B.** Nos mamíferos e em outros vertebrados, o N-acetilglutamato não é metabolizado a arginina. Esse aminoácido ainda regula a N-acetilglutamato sintase, porém por ativação, e não por inibição. Em seguida, o N-acetilglutamato ativa a carbamoil fosfato sintase. Os eventos que levaram a arginina a se tornar um ativador da N-acetilglutamato sintase em mamíferos e outros vertebrados, e não um inibidor, ainda não foram elucidados.

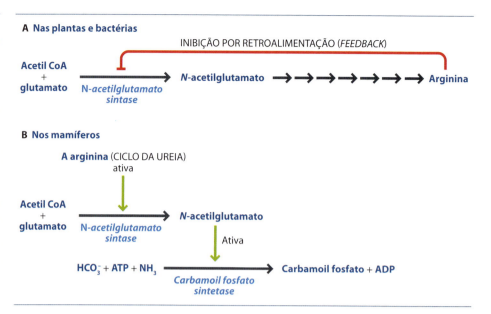

da cadeia de transporte de elétrons. Assinalamos anteriormente que uma única volta do ciclo da ureia consome quatro equivalentes de ATP, de modo que o *shunt* do aspartato-argininossuccinato possibilita a recuperação de três quartos da energia usada no ciclo da ureia.

Para completar o *shunt*, é necessária a reposição do fumarato removido do citoplasma. Essa reposição é obtida por meio de transaminação do oxaloacetato em aspartato pela aspartato aminotransferase e passagem dessa molécula por meio da proteína carreadora de aspartato-glutamato para fora da mitocôndria. Uma vez no citoplasma, o aspartato pode participar das etapas 3 e 4 do ciclo da ureia, como regeneração de fumarato.

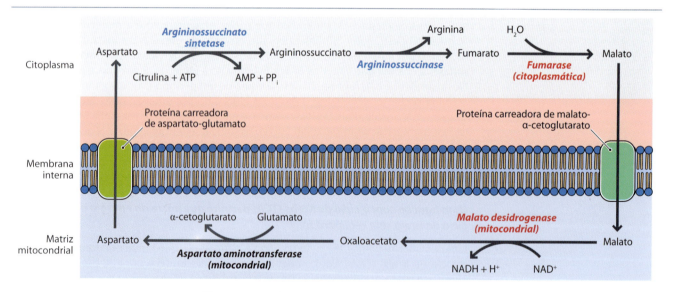

Figura 13.24 O *shunt* do aspartato-argininossuccinato, que liga o ciclo da ureia e o ciclo de Krebs (TCA). As enzimas para as etapas do ciclo da ureia são mostradas em azul, enquanto aquelas para as etapas do ciclo de Krebs (TCA) estão em vermelho.

Leitura sugerida

Castle LA, Siehl DL and Gorton R (2004) Discovery and directed evolution of a glyphosate tolerance gene. *Science* **304**, 1151–4. Engenharia do gene da glifosato N-acetiltransferase.

Cheng Q (2008) Perspectives in biological nitrogen fixation research. *Journal of Integrative Plant Biology* **50**, 786–98.

Capítulo 13 **Metabolismo do Nitrogênio** **297**

Eliot AC and Kirsch JF (2004) Pyridoxal phosphate enzymes: mechanistic, structural, and evolutionary considerations. *Annual Review of Biochemistry* **73**, 383–415.

Holden HM, Thoden JB and Raushel FM (1999) Carbamoyl phosphate synthetase: an amazing biochemical odyssey from substrate to product. *Cellular and Molecular Life Sciences* **56**, 507–22.

Huang M and Graves LM (2003) *De novo* synthesis of pyrimidine nucleotides: emerging interfaces with signal transduction pathways. *Cellular and Molecular Life Sciences* **60**, 321–36.

Jackson MJ (1986) Mammalian urea cycle enzymes. *Annual Review of Genetics* **20**, 431–64.

Kornberg H (2000) Krebs and his trinity of cycles. *Nature Reviews Molecular Cell Biology* **1**, 225–8. Descoberta do ciclo da ureia.

Li M, Li C, Allen A, Stanley CA and Smith TJ (2012) The structure and allosteric regulation of mammalian glutamate dehydrogenase. *Archives of Biochemistry and Biophysics* **519**, 69–80.

Longley DB, Harkin DP and Johnston PG (2003) 5-Fluorouracil: mechanisms of action and clinical strategies. *Nature Reviews Cancer* **3**, 330–8.

Maeda H and Dudareva N (2012) The shikimate pathway and aromatic amino acid biosynthesis in plants. *Annual Review of Plant Biology* **63**, 73–105.

Morris SM (2002) Regulation of enzymes of the urea cycle and arginine metabolism. *Annual Review of Nutrition* **22**, 87–105.

Oldroyd GED, Murray JD, Poole PS and Downie JA (2011) The rules of engagement in the legume–rhizobial symbiosis. *Annual Review of Genetics* **45**, 119–44.

Pollegioni L, Schonbrunn E and Siehl D (2011) Molecular basis of glyphosate resistance – different approaches through protein engineering. *FEBS Journal*, **278**, 2753–66.

Seefeldt LC, Hoffman BM and Dean DR (2009) Mechanism of Mo-dependent nitrogenase. *Annual Review of Biochemistry* **78**, 701–22.

Tanaka R and Tanaka A (2007) Tetrapyrrole biosynthesis in higher plants. *Annual Review of Plant Biology* **58**, 321–46.

Umbarger HE (1978) Amino acid biosynthesis and its regulation. *Annual Review of Biochemistry* **47**, 533–606.

van Spronsen FJ (2010) Phenylketonuria: a 21st century perspective. *Nature Reviews Endocrinology* **6**, 509–14.

Xu Y-F, Létisse F, Absalan F, *et al.* (2013) Nucleotide degradation and ribose salvage in yeast. *Molecular Systems Biology* **9**, 665.

Questões de autoavaliação

Questões de múltipla escolha

Cada questão tem apenas uma resposta correta.

1. Qual o nome das espécies que têm a capacidade de fixar o nitrogênio?
   (a) Leguminosas
   (b) Diazotróficas
   (c) Nitrificadoras
   (d) Simbiontes

2. Qual dos seguintes grupos de organismos **não** incluem os fixadores de nitrogênio?
   (a) Micobactérias
   (b) Rizóbios
   (c) *Frankia*
   (d) Cianobactérias

3. Qual das seguintes afirmativas é **incorreta** com relação à fixação do nitrogênio?
   (a) As bactérias fixadoras de nitrogênio detectam a presença de flavonoides secretados pelas raízes de uma planta hospedeira apropriada

   (b) As bactérias entram nas raízes das plantas por meio de pelos radiculares modificados
   (c) A infecção induz a divisão das células da planta, formando uma estrutura especializada, denominada nódulo radicular
   (d) No interior do nódulo, as bactérias morrem, liberando enzimas fixadoras de nitrogênio

4. Qual dessas afirmativas descreve a enzima nitrogenase?
   (a) Quatro subunidades, duas do tipo α e duas do tipo β, com um único centro FeMoCo
   (b) Quatro subunidades, duas do tipo α e duas do tipo β, com um único grupamento FeS
   (c) Duas subunidades idênticas, com um único centro FeMoCo
   (d) Duas subunidades idênticas com um único grupamento de FeS

5. O complexo de nitrogenase é protegido do oxigênio por qual dos seguintes itens?
   (a) Leg-hemoglobina

298 Parte 2 Geração de Energia e Metabolismo

(b) Mioglobina
(c) Um grupo prostético heme contido no complexo
(d) Catalase

6. Qual é o nome do grupo prostético da nitrito redutase?
(a) Leg-hemoglobina
(b) Heme
(c) Fosfopanteteína
(d) Siro-heme

7. Qual dos seguintes aminoácidos **não** é um aminoácido não essencial?
(a) Alanina
(b) Arginina
(c) Histidina
(d) Prolina

8. Qual dos seguintes aminoácidos é um aminoácido essencial?
(a) Cisteína
(b) Glutamato
(c) Glicina
(d) Treonina

9. Qual é o produto inicial formado pela reação da amônia com α-cetoglutarato?
(a) Glutamato
(b) Glutamina
(c) Arginina
(d) Ornitina

10. Qual dos seguintes grupos de três aminoácidos deriva do 3-fosfoglicerato?
(a) Aspartato, asparagina e alanina
(b) Alanina, fenilalanina e tirosina
(c) Leucina, isoleucina e valina
(d) Serina, glicina e cisteína

11. Que aminoácido é obtido por transaminação do piruvato?
(a) Alanina
(b) Arginina
(c) Valina
(d) Treonina

12. Qual das seguintes afirmativas é **incorreta** sobre a síntese de fenilalanina, triptofano e tirosina nas bactérias?
(a) O ponto inicial é a condensação do fosfoenolpiruvato
(b) A via ramifica-se no corismato
(c) A tirosina é obtida por oxidação da fenilalanina
(d) A cadeia lateral do triptofano é formada a partir de fosforribosil pirofosfato

13. Qual é o nome das diferentes versões da DAHP sintase, que respondem ao controle alostérico por diferentes aminoácidos?
(a) Proteínas multiméricas
(b) Regulons
(c) Isozimas
(d) Isólogos

14. Qual das seguintes afirmativas é **incorreta** com relação à via de recuperação para a síntese de nucleotídios?
(a) O componente açúcar-fosfato dos novos nucleotídios é fornecido pelo fosforribosil pirofosfato
(b) O AMP é convertido em ADP pela adenilato quinase
(c) Os desoxirribonucleotídios são obtidos a partir de ribonucleotídios por meio de redução pela ribonucleotídio redutase
(d) O GTP não pode ser produzido por essa via

15. Na síntese *de novo* de nucleotídios, que composto combina-se com o aspartato para formar citosina e uracila?
(a) Carbamoil fosfato
(b) Orotato
(c) Glutamina
(d) Fosforribosil pirofosfato

16. Qual dessas enzimas **não** está envolvida na síntese de compostos tetrapirrólicos
(a) ALA sintase
(b) ALA desidratase
(c) Porfobilinogênio desaminase
(d) Argininossuccinase

17. As adeninas e as guaninas que estão em quantidades acima das necessidades são convertidas em qual dos seguintes compostos?
(a) Ureia
(b) Ácido úrico
(c) Pigmentos biliares
(d) Fitocromo

18. Os compostos tetrapirrólicos em excesso são convertidos em qual dos seguintes compostos?
(a) Ureia
(b) Ácido úrico
(c) Pigmentos biliares
(d) Fitocromo

19. Que cofator está associado às enzimas transaminases envolvidas na degradação dos aminoácidos?
(a) Siro-heme
(b) Piridoxal fosfato
(c) Fosfopanteteína
(d) Heme

20. Qual dos seguintes aminoácidos é um aminoácido glicogênico?
(a) Leucina
(b) Lisina
(c) Metionina
(d) Todos os três são aminoácidos glicogênicos

21. Qual dos seguintes aminoácidos é um aminoácido cetogênico?
(a) Arginina
(b) Glutamina
(c) Histidina
(d) Leucina

22. Qual é o nome dado às espécies, incluindo muitos invertebrados aquáticos, que excretam o excesso de amônia na água onde vivem?
(a) Amoniotélicas
(b) Diazotróficas
(c) Ureotélicas
(d) Uricotélicas

23. Qual dos seguintes itens **não** é um intermediário no ciclo da ureia?
(a) Citrulina
(b) Arginina
(c) Oxaloacetato
(d) Ornitina

24. A ligação entre o ciclo da ureia e o ciclo de Krebs (TCA) é realizada por qual das seguintes alternativas?
(a) *Shunt* do aspartato-argininossuccinato
(b) *Shunt* do *N*-acetilglutamato
(c) Participação do oxaloacetato em ambos os ciclos
(d) Utilização da ureia como fonte de energia

Questões discursivas

1. Explique o que significa "fixação do nitrogênio" e descreva os vários organismos que têm a capacidade de fixar o nitrogênio.
2. Descreva o modo de ação do complexo de nitrogenase das bactérias.
3. Escreva as reações envolvidas na conversão da amônia em glutamina.
4. Explique a diferença entre um aminoácido não essencial e um aminoácido essencial e descreva os aminoácidos não essenciais que são sintetizados nos seres humanos.
5. Faça uma breve descrição das vias para a síntese dos aminoácidos essenciais nas bactérias e destaque as características essenciais da regulação dessas vias.
6. Estabeleça a distinção entre a via de recuperação e a via *de novo* para a síntese de nucleotídios.
7. Descreva de modo sucinto a maneira pela qual o grupo heme é sintetizado.
8. Descreva o que ocorre com os grupos amino durante a degradação dos aminoácidos.
9. Diferencie um aminoácido glicogênico de um aminoácido cetogênico, e explique a base desses dois termos.
10. Faça uma dissertação sobre o ciclo da ureia.

Questões de autoaprendizagem

1. A hemoglobina e compostos relacionados, como a leg-hemoglobina, estão presentes em animais, plantas e bactérias. O único grupo de organismos que não possuem hemoglobina é o grupo Archaea. Com base nessa informação, o que você pode deduzir sobre a evolução inicial da hemoglobina e como a origem da hemoglobina pode estar relacionada com alterações na composição atmosférica do planeta?
2. A síndrome de Lesch-Nyhan é um distúrbio hereditário raro, porém grave, associado a comprometimento mental e transtornos do comportamento. Os pacientes com síndrome de Lesch-Nyhan apresentam níveis elevados de ácido úrico e de fosforribosil pirofosfato no sangue e na urina. Qual é a base bioquímica mais provável dessa síndrome?
3. Explique por que a dieta Atkins e outras dietas com baixo teor de carboidratos são designadas como "cetogênicas".
4. A ligação entre o ciclo de Krebs (TCA) e o ciclo da ureia é algumas vezes designada como "biciclo de Krebs". Isso decorre do fato de o ciclo da ureia ter sido descrito pela primeira vez por Hans Krebs e Kurt Henseleit, em 1932. Cinco anos depois, Krebs descobriu o ciclo dos ácidos tricarboxílicos (TCA), que é frequentemente denominado "ciclo de Krebs". Faça um diagrama ilustrando o biciclo de Krebs e explique por que, na realidade, ele apresenta três rodas em lugar de duas.
5. Anote essas três vias bioquímicas para mostrar os pontos onde você espera que os vários produtos exerçam uma regulação por retroalimentação (*feedback*) sobre a sua síntese. Indique quaisquer etapas que você espera que sejam catalisadas por um grupo de isozimas.

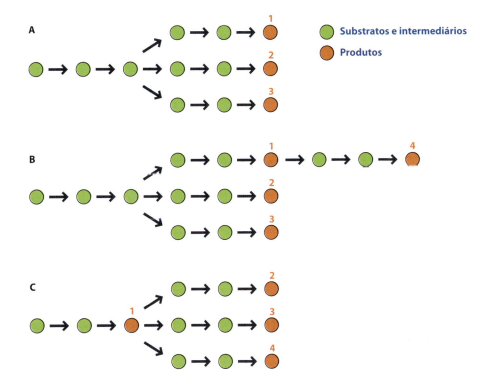

Parte 3 Armazenamento de Informações Biológicas e Síntese de Proteínas

CAPÍTULO 14

Replicação e Reparo do DNA

OBJETIVOS DO ESTUDO

Após a leitura deste capítulo, você será capaz de:

- Compreender a importância central do pareamento de bases complementares da replicação de uma dupla-hélice em duas cópias exatas

- Descrever como ocorre a montagem do complexo pré-iniciador na origem de replicação de *E. coli*

- Conhecer as características diferenciais das origens de replicação nas leveduras e nos seres humanos

- Entender os aspectos fundamentais dos processos de replicação que não envolvem forquilhas de replicação

- Descrever o papel das DNA topoisomerases na replicação do DNA

- Distinguir entre os diferentes tipos de DNA polimerase e descrever o modo de ação de uma DNA polimerase dependente de DNA

- Entender as implicações que a síntese de DNA na direção 5'→3' tem para a replicação da fita defasada de uma molécula de DNA

- Reconhecer que as DNA polimerases necessitam de um iniciador (*primer*) e saber como esse problema de *priming* é solucionado em *E. coli* e nos seres humanos

- Descrever os eventos que ocorrem na forquilha de replicação em *E. coli* e nos seres humanos e, em particular, saber como os fragmentos de Okazaki são unidos

- Saber por que os dois replissomas que replicam um genoma de *E. coli* encontram-se em uma região definida dessa molécula de DNA

- Descrever como a telomerase impede o encurtamento que pode ocorrer quando há replicação de moléculas de DNA linear

- Entender a importância do reparo do DNA

- Descrever como o sistema de reparo de pareamento impróprio corrige erros de replicação e, em particular, saber como a fita-filha é diferenciada

- Conhecer as principais características das vias de reparo por excisão de bases e de nucleotídios

- Descrever como ocorre o reparo de quebras de simples ou de dupla fita do DNA

- Fornecer um exemplo de um processo de reparo pós-replicativo

Os capítulos anteriores revelaram os papéis cruciais que as enzimas desempenham no processo de catálise das reações metabólicas que ocorrem em uma célula. As identidades e as atividades dessas enzimas determinam quais as reações metabólicas que podem ocorrer e como essas reações respondem a sinais reguladores. A característica fundamental subjacente às propriedades catalíticas de uma enzima e sua resposta a sinais reguladores é a sua sequência de aminoácidos. A sequência de aminoácidos especifica a estrutura tridimensional da enzima, incluindo o arranjo preciso dos grupos químicos em seu sítio ativo e nos sítios de ligação de moléculas reguladoras. Por conseguinte, tanto a atividade catalítica quanto as respostas reguladoras de uma enzima são determinadas pela sequência de seus aminoácidos. O mesmo princípio geral aplica-se também às proteínas que não são enzimas. Sua atividade biológica, seja uma função estrutural, motora, de transporte, de armazenamento, protetora ou reguladora, é especificada pela sequência de aminoácidos da proteína.

O mecanismo pelo qual a célula sintetiza proteínas com sequências específicas de aminoácidos é, portanto, de importância central em bioquímica. Esta é uma questão que envolve não apenas as proteínas, mas também os ácidos nucleicos, visto que a informação necessária para sintetizar cada uma das proteínas é transportada pelas moléculas de DNA da célula. A utilização dessa informação envolve um processo em dois estágios, denominado **expressão gênica** (Figura 14.1). Durante o primeiro estágio da expressão gênica, a sequência de nucleotídios de um gene é copiada em uma molécula de RNA, e, no segundo estágio, a sequência de nucleotídios desse RNA é usada para dirigir a sequência com que os aminoácidos são unidos uns aos outros para produzir uma proteína.

Nos Capítulos 15 e 16, iremos estudar a síntese de RNA e das proteínas, respectivamente. Antes disso, entretanto, precisamos concentrar nossa atenção para as moléculas de DNA que contêm, em suas sequências de nucleotídios, a informação necessária para a síntese desses RNA e dessas proteínas. Precisamos examinar como as moléculas de DNA são replicadas, de modo que uma célula possa transferir cópias para as células-filhas quando ela se divide, e como ocorre o reparo de uma molécula de DNA quando ela sofre lesão química.

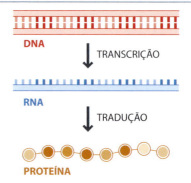

Figura 14.1 Visão geral da expressão gênica. A expressão gênica é um processo em dois estágios, algumas vezes descrita como "o DNA sintetiza RNA que sintetiza proteína". Durante o primeiro estágio de expressão gênica, denominado transcrição, a sequência de nucleotídios de um gene é copiada em uma molécula de RNA. Durante o segundo estágio, denominado tradução, a sequência de nucleotídios do RNA dirige a ordem com que os aminoácidos são ligados entre si para produzir uma proteína.

14.1 Replicação do DNA

Uma das razões pelas quais a descoberta da estrutura em dupla-hélice do DNA é considerada um dos grandes avanços em biologia é porque essa estrutura indica imediatamente como uma molécula de DNA pode ser replicada em duas cópias idênticas. Em seu artigo que descreve a dupla-hélice, publicado na *Nature*, em 25 de abril de 1953, Watson e Crick declararam:

> "Não deixamos de reparar que o pareamento específico que postulamos sugere imediatamente um possível mecanismo de cópia para o material genético."

Essa afirmativa é considerada como um dos comentários mais subestimados da literatura biológica, tendo em mente que, naquela época, o modo pelo qual os genes formavam cópias deles próprios era um dos grandes mistérios da vida.

A chave para a replicação do DNA é o pareamento que ocorre entre bases que estão adjacentes uma à outra nos dois polinucleotídios da hélice. As regras que dirigem esse pareamento de bases são as de que a adenina sempre se emparelha com a timina, e a citosina sempre se emparelha com a guanina. Devido ao pareamento de bases, as sequências dos dois polinucleotídios em uma dupla-hélice são complementares, isto é, a sequência de um polinucleotídio reflete a sequência do outro. Isso, por sua vez, significa que a separação dos dois polinucleotídios, seguida de síntese do DNA utilizando os polinucleotídios separados como moldes, resulta em duas cópias exatas da dupla-hélice parental original (Figura 14.2).

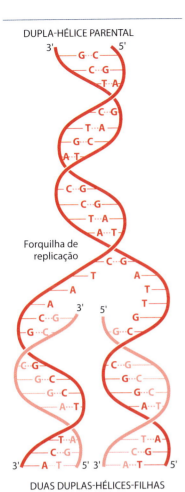

Figura 14.2 Replicação do DNA, conforme previsto Watson e Crick. Os polinucleotídios da dupla-hélice parental original, mostrada em vermelho-escuro, atuam como moldes para a síntese de novas fitas de DNA, representadas em rosa. As sequências dessas novas fitas são determinadas pelas regras de pareamento de bases. O resultado consiste em duas cópias exatas da dupla-hélice parental original. Observe que tanto na dupla-hélice original quanto nas duas hélices-filhas, os polinucleotídios são antiparalelos, o que significa que eles correm em sentidos diferentes, em que um deles está orientado na direção 5'→3', enquanto o outro segue a direção 3'→5' (ver *Seção 4.1.2*).

Para as estruturas dos pares de bases e outras características importantes da dupla-hélice de DNA, ver a *Seção 4.1.2*.

Por conseguinte, a replicação do DNA é um processo sofisticadamente simples, pelo menos em linhas gerais. Naturalmente, o mecanismo detalhado é mais complexo. Iremos tratar desse assunto de uma maneira lógica, dividindo o processo em três estágios:

- A **fase de iniciação**, durante a qual ocorre a montagem dos elementos para a replicação nos pontos em que a replicação irá iniciar-se em uma molécula de DNA
- A **fase de alongamento**, durante a qual os novos polinucleotídios são sintetizados
- A **fase de término**, que completa o processo.

14.1.1 Iniciação da replicação do DNA

Quando começa a replicação de uma molécula de DNA, apenas uma região limitada encontra-se em uma forma sem pareamento de bases. A ruptura no pareamento de bases começa em uma posição distinta, denominada **origem da replicação**. A origem de replicação é mais bem compreendida nas bactérias, de modo que iremos iniciar o estudo com *Escherichia coli*.

A molécula de DNA de E. coli possui uma única origem de replicação

O genoma de *E. coli* é constituído por uma molécula de DNA circular de 4,64 Mb. Essa molécula de DNA possui uma única origem de replicação, que se estende por aproximadamente 245 pb. Nessa região, o DNA inclui quatro cópias de uma sequência curta de nove nucleotídios, atuando, cada uma delas, como sítio de ligação para uma **proteína DnaA**. Uma vez ligadas todas as quatro cópias de DnaA, elas recrutam outras proteínas DnaA para a região, formando um barril de cerca de 30 proteínas no total (Figura 14.3). O DNA é enrolado ao redor do barril, de tal modo que um estresse torcional é introduzido nessa região da dupla-hélice. O resultado é a ruptura da ponte de hidrogênio entre as duas cadeias de polinucleotídios e a abertura de um curto segmento sem pareamento de bases. A ruptura começa em uma parte da origem de replicação, que é **rica em AT**, o que significa a presença de uma alta proporção de pares de bases de adenina-timina. Convém lembrar que cada par de bases A-T está ligado entre si apenas por duas pontes de hidrogênio, enquanto o par G-C tem três pontes de hidrogênio. As regiões ricas em A-T de uma dupla-hélice são, portanto, menos estáveis do que as regiões ricas em GC ou em relação àquelas com quantidades iguais dos dois tipos de pares de bases, de modo que a sua ruptura é mais fácil por estresse torcional, como aquele aplicado pelo barril de proteínas DnaA.

A abertura da hélice dá início a uma série de eventos que resultam na construção de um par de **forquilhas de replicação** na origem da replicação. A forquilha de replicação é um ponto no qual a dupla-hélice se separa em duas fitas não pareadas e constitui a posição onde irá ocorrer a síntese de novos polinucleotídios (Figura 14.4). A primeira etapa na formação das forquilhas de replicação é a ligação de um **complexo pré-iniciador** em cada uma dessas duas posições. Cada complexo pré-iniciador é constituído inicialmente de seis cópias da proteína DnaB e seis cópias de DnaC; entretanto, a DnaC desempenha um papel transitório e é liberada imediatamente após a formação do complexo. É provável que a sua função consista simplesmente em ajudar a ligação de DnaB.

A DnaB é uma **helicase**, uma enzima com capacidade de romper pares de bases. Por conseguinte, DnaB pode aumentar o tamanho da região aberta por meio da quebra de pares de bases, de modo que ocorra maior afastamento das forquilhas de replicação. Os polinucleotídios não pareados tornam-se recobertos por **proteínas de ligação de fita simples (SSB)**, que parecem desempenhar um duplo papel. Essas proteínas impedem que os polinucleotídios voltem imediatamente a formar pares de bases entre si e também protegem os polinucleotídios do ataque por nucleases nas células de *E. coli*, que degradam naturalmente o DNA de fita única.

Nesse estágio, já pode ocorrer a ligação das enzimas envolvidas na fase de alongamento da replicação do DNA. As forquilhas de replicação começam a se afastar da origem, e a cópia de DNA começa.

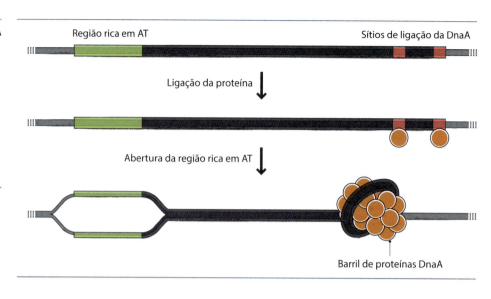

Figura 14.3 Abertura da hélice de DNA na origem de replicação de *E. coli*.

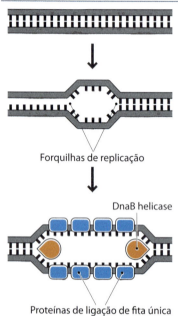

Figura 14.4 Finalização da fase de iniciação da replicação do DNA em *E. coli*. A abertura da hélice gera duas forquilhas de replicação, onde irá ocorrer a síntese de novo DNA. As proteínas de ligação de fita única (SSB) ligam-se aos polinucleotídios sem pareamento de bases, e a DnaB helicase começa a estender a região aberta por meio de ruptura dos pares de bases, de modo que as forquilhas de replicação possam se mover ainda mais.

> O genoma mitocondrial foi descrito na *Seção 2.1.3*.

O DNA eucariótico possui múltiplas origens de replicação

As moléculas de DNA dos eucariotos são, em sua maioria, lineares, e não circulares. Essas moléculas lineares não se replicam por meio de um processo simples que começa em uma das extremidades e prossegue até a outra extremidade. Em vez disso, possuem múltiplas origens internas de replicação. A frequência com que ocorrem depende da espécie. Por exemplo, a levedura *Saccharomyces cerevisiae* tem cerca de 400 origens, o que significa que cada forquilha efetua a replicação de cerca de 15 kb de DNA. O DNA humano apresenta cerca de 20.000 origens de replicação, copiando, cada uma delas, cerca de 80 kb.

Cada uma das 400 origens de replicação das leveduras é constituída por uma sequência de DNA semelhante de 200 pb, que inclui os sítios de ligação para um conjunto de seis proteínas que, juntas, compõem o **complexo de reconhecimento da origem**. Essas proteínas não são diretamente equivalentes às versões bacterianas de DnaA, visto que estão permanentemente ligadas ao DNA, permanecendo fixadas às origens nas leveduras, até mesmo quando a replicação não está sendo iniciada. Acredita-se que essas proteínas possam mediar a ligação de proteínas adicionais, que são necessárias para construir as forquilhas de replicação que emergem de cada origem.

No genoma humano, a identificação das origens de replicação é mais difícil, porém acreditamos que existam cerca de 20.000 dessas origens. Nos seres humanos e em outros mamíferos, são designadas como **regiões de iniciação**, indicando esse nome que elas não são particularmente bem definidas. De fato, alguns pesquisadores acreditam que a replicação seja iniciada por estruturas proteicas que apresentam posições específicas no núcleo dos mamíferos, sendo as regiões de iniciação simplesmente os segmentos de DNA localizados próximo a essas estruturas proteicas na organização tridimensional do núcleo.

Algumas moléculas são replicadas sem forquilhas de replicação

A cópia de DNA por meio de um par de forquilhas de replicação constitui o sistema predominante nas células vivas, sendo o mecanismo pelo qual ocorre replicação tanto das moléculas de DNA nucleares dos eucariotos quanto dos DNA nucleoides dos procariotos. Entretanto, existem dois processos alternativos utilizados por tipos importantes de molécula de DNA circular.

O primeiro desses modos incomuns de replicação é denominado **replicação por deslocamento de fita**. Acredita-se que esse mecanismo seja utilizado por alguns tipos de **plasmídios** (pequenas moléculas de DNA circular frequentemente em células bacterianas), e, durante muitos anos, acreditou-se também que fosse o modo de replicação do genoma mitocondrial humano. Nessas moléculas de DNA, o ponto em que começa a replicação é marcado por uma **alça D**, uma curta região onde a dupla-hélice é rompida por uma molécula de RNA que faz pareamento de bases

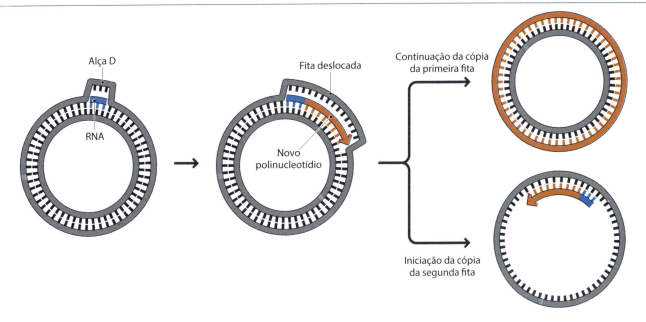

Figura 14.5 Replicação por deslocamento de fita. A alça D contém uma molécula de RNA curta (*mostrada em azul*), que atua como ponto de início para a síntese do primeiro novo polinucleotídio (*mostrado em laranja*). Esse polinucleotídio é estendido até ocorrer a cópia completa de uma fita da molécula circular. O resultado é a molécula de fita dupla mostrada na parte superior direita. Por conseguinte, a segunda fita é deslocada e copiada pela ligação de uma segunda molécula de RNA, que atua como ponto de início para a síntese do segundo novo polinucleotídio (*parte inferior direita*).

com uma das fitas de DNA. Quando começa a replicação, essa molécula de RNA é alongada pela adição de nucleotídios de DNA em sua extremidade 3', e o processo prossegue até completar uma cópia completa de uma fita da molécula circular (Figura 14.5). Por conseguinte, a outra fita é deslocada e copiada pela fixação de uma segunda molécula de RNA, que atua como ponto de início para a síntese do segundo polinucleotídio novo.

A vantagem da replicação por deslocamento de fita em comparação com o sistema padrão de forquilhas de replicação não é evidente. Por outro lado, o segundo tipo incomum de replicação, denominado **replicação por círculo rolante**, tem benefícios quando o objetivo é sintetizar rapidamente múltiplas cópias de uma molécula de DNA circular. A replicação por círculo rolante começa em um corte, que é realizado em um dos polinucleotídios parentais. A extremidade 3' livre resultante é estendida, deslocando a extremidade 5' do polinucleotídio. A síntese continuada de DNA "faz rolar" uma cópia completa da molécula (Figura 14.6), e novas sínteses eventualmente resultarão em uma série de moléculas idênticas com suas extremidades ligadas umas às outras. Essas moléculas são lineares e de fita única, porém são convertidas em moléculas circulares de fita dupla por síntese da fita complementar, seguida de clivagem nos pontos de junção e circularização dos segmentos resultantes. A replicação por círculo rolante é utilizada por diversos tipos de vírus, sendo o melhor exemplo fornecido pelo vírus bacteriano ou **bacteriófago**, denominado **lambda**. A rápida geração de novas moléculas de DNA que é possível por esse método ajuda o vírus a produzir, com muita rapidez, múltiplas cópias dele próprio após infectar uma célula hospedeira.

14.1.2 Fase de alongamento da replicação do DNA

Iremos examinar agora os eventos que ocorrem nas forquilhas de replicação e que resultam na síntese de novos polinucleotídios. A primeira questão que precisamos considerar é a aparente incapacidade das forquilhas de replicação de progredir além de uma curta distância ao longo de uma molécula de DNA – isso é conhecido como **problema topológico**.

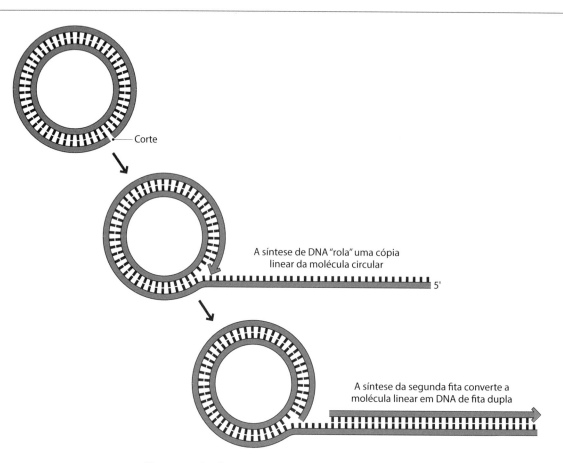

Figura 14.6 Replicação por círculo rolante. A síntese de uma única cópia linear da molécula circular é mostrada. Na realidade, uma série de cópias lineares, ligadas entre si pelas suas extremidades, podem ser "roladas" a partir da molécula circular.

O problema topológico é solucionado pelas DNA topoisomerases

O problema topológico na replicação do DNA surge pelo fato de a dupla-hélice ser uma *hélice*, o que significa que os dois polinucleotídios estão enrolados um ao redor do outro e não podem ser separados simplesmente pelo seu afastamento. Entretanto, se a hélice tiver que ser desenrolada, é necessário um número considerável de rotações da molécula. A forma B da dupla-hélice tem uma volta para cada 10 pb, o que significa que, para haver replicação completa da molécula de DNA no cromossomo humano 1, que contém 250 milhões de pares de bases, seriam necessárias 25 milhões de rotações. O desenrolamento de uma molécula de DNA linear não é fisicamente impossível, porém uma molécula de fita dupla circular, que não possui extremidades livres, é totalmente incapaz de sofrer rotação. Entretanto, as moléculas circulares são capazes de se replicar. Por conseguinte, como esse problema topológico é solucionado?

O problema é resolvido por um grupo de enzimas denominadas **DNA topoisomerases**. Essas enzimas possibilitam a separação dos dois polinucleotídios de uma dupla-hélice sem a necessidade de rotação da hélice. Existem dois tipos de DNA topoisomerases, que conseguem essa façanha de maneiras ligeiramente diferentes:

- As **DNA topoisomerases tipo 1** introduzem uma ruptura em um dos polinucleotídios e passam o segundo polinucleotídio através da lacuna assim formada. As duas extremidades da fita clivada são então religadas (Figura 14.7)

- As **DNA topoisomerases tipo 2** clivam ambas as fitas da dupla-hélice, criando uma lacuna através do qual um segundo segmento da hélice passa. Após a passagem do segundo segmento, a lacuna é fechada pela religação dos dois polinucleotídios (Figura 14.8).

Figura 14.7 Modo de ação de uma topoisomerase tipo I.

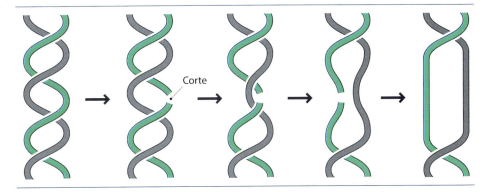

Apesar de seus mecanismos diferentes, as topoisomerases tanto tipo I quanto tipo II obtêm o mesmo resultado final. Possibilitam a separação dos dois polinucleotídios sem a necessidade de rotação da hélice (Figura 14.9). Entretanto, as repetidas reações de clivagem e religação necessárias para separar por completo os polinucleotídios em uma longa molécula de DNA têm seus próprios problemas. De que maneira essas enzimas asseguram que os dois membros de um par de extremidades clivadas permaneçam próximos um do outro, de modo que possam ser novamente unidos? Parte da resposta é que uma das extremidades de cada polinucleotídio clivado torna-se ligada de modo covalente a um aminoácido tirosina no sítio ativo da enzima, assegurando a rigorosa apreensão dessa extremidade do polinucleotídio em posição correta, enquanto as extremidades livres estão sendo manipuladas.

Figura 14.8 Modo de ação de uma topoisomerase tipo II.

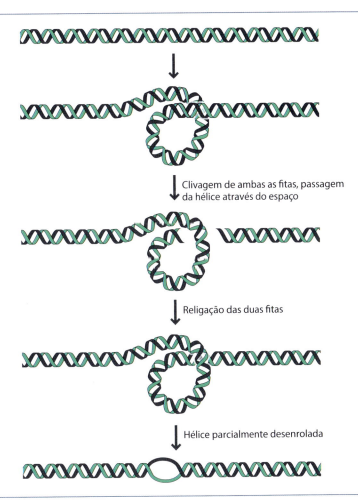

Figura 14.9 Desenrolamento da dupla-hélice durante a replicação do DNA. Durante a replicação, a dupla-hélice é desenrolada por DNA topoisomerases. Por conseguinte, uma forquilha de replicação consegue prosseguir ao longo da molécula sem a necessidade de rotação da hélice.

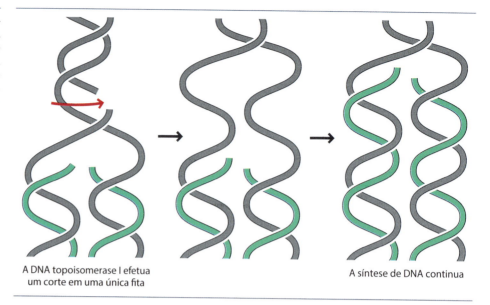

A DNA topoisomerase I efetua um corte em uma única fita

A síntese de DNA continua

As topoisomerases tipo I e tipo II são subdivididas de acordo com a estrutura química precisa da ligação polinucleotídio-tirosina. Com as enzimas IA e IIA, a ligação envolve um grupo fosfato ligado à extremidade 5′ livre do polinucleotídio clivado, ao passo que, com as enzimas IB e IIB, a ligação ocorre através de um grupo fosfato na extremidade 3′. Ambos os tipos estão nos eucariotos, porém as enzimas IB e IIB são muito incomuns nas bactérias. As topoisomerases, em sua maioria, são apenas capazes de desenrolar o DNA, porém as enzimas tipo IIA dos procariotos, como a DNA girase bacteriana e a girase reversa dos Archaea, são capazes de realizar a reação inversa e introduzir giros adicionais nas moléculas de DNA.

As DNA polimerases realizam a síntese de DNA dependente de molde

As enzimas que sintetizam novos polinucleotídios são as que desempenham um papel central na replicação do DNA. Uma enzima que produz um novo polinucleotídio de DNA utilizando uma fita de DNA existente como molde (síntese de DNA dependente

---

Boxe 14.1 DNA superespiralado.

Além de seu papel na replicação do DNA, as topoisomerases também são responsáveis pela geração de **DNA superespiralado**. O superespiralamento ocorre quando são introduzidos giros adicionais em uma molécula de DNA circular (superespiralamento positivo) ou quando são removidos giros (superespiralamento negativo). A tensão torcional que resulta do superenrolamento ou subenrolamento da dupla-hélice faz com que uma molécula circular se enrole ao redor dela própria, formando uma estrutura superespiralada ainda mais compacta. O superespiralamento permite que uma molécula de DNA circular seja acondicionada em um pequeno espaço. Por exemplo, a molécula de DNA circular de *E. coli* tem uma circunferência de aproximadamente 1,6 mm; entretanto, após o seu superespiralamento, pode ser acondicionada em uma célula com dimensões de apenas 1 μm × 2 μm (ver Boxe 4.5);

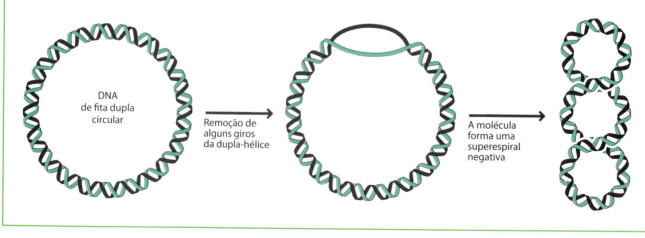

DNA de fita dupla circular

Remoção de alguns giros da dupla-hélice

A molécula forma uma superespiral negativa

de molde) é denominada **DNA polimerase dependente de DNA**. Podemos abreviar esse nome simplesmente como "DNA polimerase", na medida em que saibamos que também existem **DNA polimerases dependentes de RNA**, que produzem cópias de DNA a partir de moléculas de RNA, um processo particularmente importante durante a replicação de determinados tipos de vírus.

A reação catalisada por uma DNA polimerase é mostrada detalhadamente na Figura 14.10. Durante a adição de cada nucleotídio, os fosfatos α e β são removidos do novo nucleotídio, e o grupo hidroxila é removido do carbono 3' do nucleotídio na extremidade 3' do polinucleotídio em crescimento. Isso resulta na perda de uma molécula de pirofosfato para cada ligação fosfodiéster formada. A reação química é guiada pela presença do molde de DNA, que dirige a sequência com que os nucleotídios individuais são polimerizados, com pareamento de A com T e G com C. Dessa maneira, o novo polinucleotídio

Figura 14.10 Reação catalisada por uma DNA polimerase dependente de DNA.

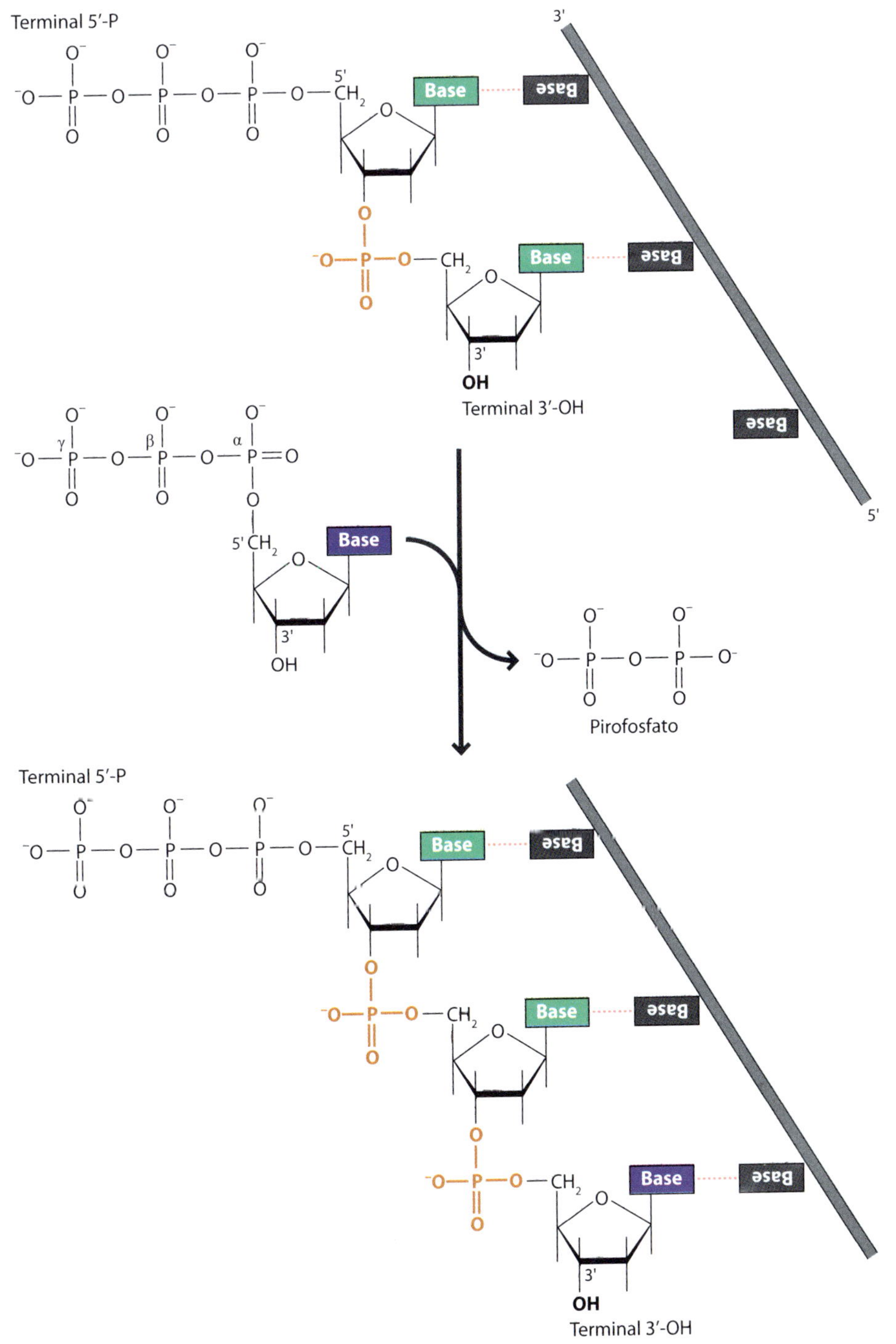

é construído, passo a passo, na direção 5'→3', com adição dos novos nucleotídios na extremidade 3' livre da fita em crescimento. Lembre-se de que, para haver pareamento de bases, os polinucleotídios complementares precisam ser antiparalelos. Isso significa que a leitura da fita-molde precisa ser feita na direção 3'→5'.

As bactérias como *E. coli* possuem cinco DNA-polimerases, denominadas I, II, III, IV e V. A **DNA polimerase III** é a enzima responsável pela maior parte da síntese de polinucleotídios dependente de molde durante a replicação do DNA, enquanto a **DNA polimerase I** desempenha uma função menos extensa, porém assim mesmo vital, como veremos adiante. As outras três DNA polimerases são utilizadas no reparo de DNA danificado. A DNA polimerase I consiste apenas em um único polipeptídio, enquanto a DNA polimerase III é formada de múltiplas subunidades, com massa molecular de aproximadamente 900 kDa. A subunidade denominada α é a responsável pela síntese do novo polinucleotídio, enquanto as outras subunidades desempenham funções auxiliares no processo de replicação. Por exemplo, a subunidade ε especifica a atividade da 3'→5' exonuclease. Isso significa que a DNA polimerase III, além de sintetizar DNA na direção 5'→3', pode degradar o DNA na direção oposta. Essa propriedade é denominada função de **revisão**, visto que permite que a polimerase corrija erros por meio da remoção de nucleotídios que foram inseridos incorretamente (Figura 14.11). Outra subunidade importante da DNA polimerase III é a subunidade β. Essa subunidade atua como "grampo de deslizamento" mantendo firmemente o complexo da polimerase preso à fita-molde, porém permitindo, ao mesmo tempo, o seu deslizamento ao longo da fita, à medida que produz o novo polipeptídio.

Os eucariotos possuem pelo menos 15 DNA polimerases que, nos mamíferos, são designadas por letras gregas. As principais enzimas de replicação são a **DNA polimerase δ** e a **DNA polimerase ε**, que atuam em conjunto com uma proteína acessória, denominada **antígeno nuclear de proliferação celular (PCNA)**. O PCNA é o equivalente funcional da subunidade β da DNA polimerase III de *E. coli* e mantém a enzima firmemente presa ao DNA que está sendo copiado. A **DNA polimerase α** também desempenha uma importante função na replicação do DNA, e a **DNA polimerase γ** é responsável pela replicação das moléculas de DNA nas mitocôndrias. À semelhança das enzimas procarióticas, as outras DNA polimerases dos eucariotos estão envolvidas, em sua maioria, no reparo do DNA danificado.

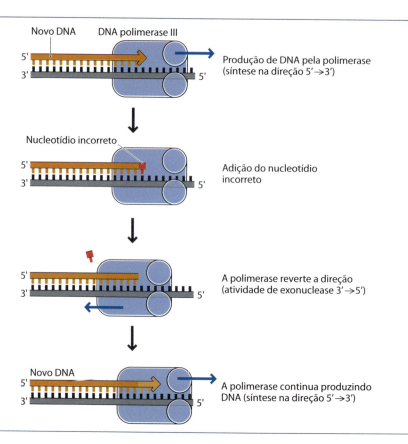

Figura 14.11 Revisão durante a replicação do DNA. A atividade de exonuclease 3'→5' permite que a DNA polimerase III possa reverter a sua direção e remover um nucleotídio incorreto que foi acrescentado durante a síntese de DNA na direção 5'→3'.

Boxe 14.2 DNA polimerases.

A DNA polimerase é uma enzima capaz de polimerizar nucleotídios para sintetizar uma molécula de DNA. As DNA polimerases são, em sua maioria, dependentes de DNA, o que significa que elas utilizam um polinucleotídio de DNA preexistente para direcionar a sequência com que os nucleotídios são polimerizados. Algumas são dependentes de RNA, de modo que produzem cópias de DNA a partir de moléculas de RNA, e um tipo de DNA polimerase, denominada **desoxinucleotidil transferase terminal,** é independente de molde, acrescentando nucleotídios de modo aleatório às extremidades de moléculas de DNA existentes.

As DNA polimerases formam um grupo diverso de enzimas. Podem ser divididas em sete famílias, em que os membros de determinada família possuem semelhanças estruturais, sugerindo uma origem evolutiva comum. As famílias são as seguintes:

- A **família A** inclui a DNA polimerase I das bactérias e as DNA polimerases γ dos eucariotos, que replica o DNA mitocondrial, e θ, que ajuda no reparo de quebras de fitas duplas em moléculas de DNA cromossômico

- A **família B** inclui as DNA polimerases α, δ, ε, que constituem as principais enzimas envolvidas na replicação do DNA dos eucariotos. Outros membros dessa família incluem a DNA polimerase II bacteriana e a DNA polimerase ζ eucariótica, cuja principal função consiste na replicação do DNA danificado

- A **família C** é representada por um único membro, a DNA polimerase III, que é principal enzima de replicação nas bactérias

- A **família D** é constituída por polimerases responsáveis pela replicação do DNA em algumas espécies de Archaea

- A **família X** inclui as DNA polimerases β, σ, λ, μ, que são enzimas de reparo do DNA dos eucariotos. A DNA polimerase β está envolvida no reparo por excisão de bases (ver Figura 14.26), enquanto as DNA polimerases λ e μ são responsáveis pelo reparo de quebras de DNA de fita dupla. A função da DNA polimerase σ não está elucidada. A família X também inclui a desoxinucleotidil transferase terminal, a DNA polimerase independente de molde

- A **família Y** compreende DNA polimerases de baixa fidelidade, capazes de proceder à replicação de segmentos danificados de DNA, de uma maneira propensa a erro. Os membros dessa família são as DNA polimerases IV e V bacterianas e as polimerases η, ι e κ eucarióticas. A replicação propensa a erro resulta em mutações, visto que a fita que está sendo sintetizada pode não ser um complemento direto da sequência original do molde. Entretanto, algumas mutações podem ser toleradas se isso for a última melhor oportunidade de replicar uma molécula de DNA altamente danificada, sendo a única alternativa a morte da célula

- A **família RT** é constituída pelas **transcriptases reversas**, DNA polimerases dependentes de RNA. Muitas dessas enzimas estão envolvidas na replicação dos **retrovírus**, como os vírus da imunodeficiência humana. Um retrovírus contém uma versão de RNA do genoma viral, que é copiado em DNA pela transcriptase reversa após a infecção da célula hospedeira pelo vírus. A cópia de DNA do genoma viral integra-se a um dos cromossomos da célula hospedeira, onde pode permanecer por várias divisões celulares, sendo transferido para as células-filhas quando ocorre replicação do DNA cromossômico. O retrovírus completa o seu ciclo de infecção por excisão de seu genoma de DNA do cromossomo, seguida de cópia em RNA, que é acondicionado em partículas virais.

As DNA polimerases possuem limitações que complicam a replicação do DNA

Embora as DNA polimerases tenham evoluído para a replicação de moléculas de DNA, essas enzimas apresentam duas limitações, que complicam o modo pelo qual ocorre a replicação na célula. A primeira dessas limitações é o fato de que todas as DNA polimerases dependentes de DNA sintetizam o DNA exclusivamente na direção 5′→3′. Nunca foram descobertas enzimas capazes de sintetizar DNA na direção oposta, 3′→5′, e elas provavelmente não existem. Isso significa que, durante a síntese de polinucleotídios, a leitura da fita-molde ocorre na direção 3′→5′, com síntese de sua fita complementar na direção 5′→3′ pela DNA polimerase. Por conseguinte, surge um problema porque os dois polinucleotídios em uma dupla-hélice são antiparalelos, um deles seguindo uma direção, e o outro, a outra direção. Por conseguinte, uma das fitas da dupla-hélice parental pode ser sintetizada continuamente, à medida que a forquilha de replicação prossegue ao longo da molécula (Figura 14.12). Essa fita é denominada **fita condutora**. Por outro lado, a segunda fita da molécula parental, que é denominada **fita defasada**, não pode ser copiada de modo contínuo. Para que fosse copiada de maneira contínua, isso exigiria a síntese de polinucleotídio na direção 3′→5′. Para contornar esse problema, é necessário que a fita defasada seja replicada em seções. Cada seção cobre exatamente a parte da fita defasada que é exposta na forquilha de replicação. Quando a forquilha de replicação progride ainda mais na dupla-hélice parental, uma segunda seção da fita defasada é exposta e replicada, e assim por diante. O resultado é que, pelo menos inicialmente, a cópia produzida da fita defasada existe na forma de uma série de segmentos desconectados, denominados **fragmentos de Okazaki**, em homenagem aos pesquisadores que os descobriram, Reiji e Tsuneko Okazaki. Veremos posteriormente como esses fragmentos são unidos para produzir um polinucleotídio contínuo.

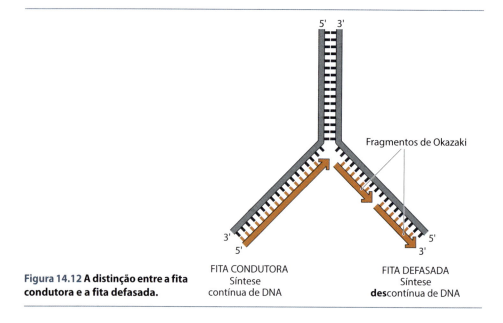

Figura 14.12 A distinção entre a fita condutora e a fita defasada.

FITA CONDUTORA
Síntese contínua de DNA

FITA DEFASADA
Síntese **des**contínua de DNA

A segunda dificuldade que surge durante a replicação é o fato de que uma DNA polimerase é incapaz de iniciar a síntese de um polinucleotídio, a não ser que já exista uma curta região de fita dupla atuando como iniciador (***primer***) (Figura 14.13). Como esse iniciador (*primer*) é produzido? A resposta é que ele é sintetizado por uma **RNA polimerase**. Trata-se de uma enzima que realiza a síntese de RNA dependente de molde e, diferentemente de uma DNA polimerase, pode começar a produzir a sua própria cópia de RNA em um molde "desnudo", em vez de ser apenas capaz de alongar um polinucleotídio já existente. Nas bactérias, essa RNA polimerase é denominada **primase**, e ela sintetiza um iniciador com 4 a 15 nucleotídios de comprimento (Figura 14.14A). Uma vez produzido o iniciador, a síntese de polinucleotídios é continuada pela DNA polimerase III. Nos eucariotos, a primase constitui parte da enzima DNA polimerase α. A primase está envolvida na produção de um iniciador de RNA de 8 a 12 nucleotídios; em seguida, a DNA polimerase α alonga o iniciador pela adição de cerca de 20 nucleotídios de DNA. Esse segmento de DNA frequentemente apresenta alguns ribonucleotídios misturados. Após completar o iniciador RNA-DNA, a síntese de DNA é continuada pela DNA polimerase ε na fita condutora e pela DNA polimerase δ na fita defasada (Figura 14.14B).

O *priming* (formação do *primer*) ocorre apenas uma vez na fita condutora, visto que, uma vez formado, a cópia da fita condutora pode ser sintetizada continuamente até completar a replicação da molécula parental ou até que seja alcançada uma forquilha de replicação seguindo na outra direção a partir de uma diferente origem. Por outro lado, na fita defasada, o processo de *priming* precisa ocorrer toda vez que for iniciado um novo fragmento de Okazaki. Os fragmentos de Okazaki em *E. coli* têm um comprimento de 1.000 a 2.000 nucleotídios, de modo que são necessários aproximadamente 4.000 eventos de *priming* toda vez que ocorre replicação do DNA

Figura 14.13 É necessário um iniciador (*primer*) para começar a síntese de DNA por uma DNA polimerase.

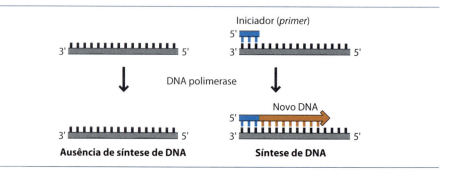

Iniciador (*primer*)

DNA polimerase

Novo DNA

Ausência de síntese de DNA

Síntese de DNA

Figura 14.14 *Priming* da síntese de DNA (A) nas bactérias e (B) nos eucariotos.

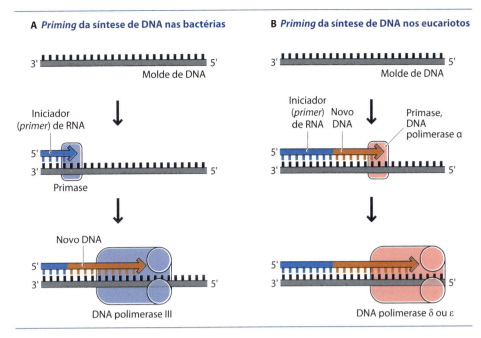

da célula. Nos eucariotos, os fragmentos de Okazaki são muito mais curtos, talvez de menos de 200 nucleotídios de comprimento, e o *priming* precisa ocorrer com frequência ainda maior.

Os eventos que ocorrem na forquilha de replicação

Após termos examinado o que as DNA polimerases são capazes de realizar e o que elas não podem realizar, iremos concentrar nossa atenção para os eventos que ocorrem na forquilha de replicação. Esses eventos resultam na replicação efetiva de uma molécula de DNA de fita dupla. Começaremos pelo estudo desses eventos nas bactérias e, em seguida, iremos analisar as características essenciais da replicação nos eucariotos.

O complexo pré-iniciador que é montado na origem de replicação em *E. coli* é convertido em **primossoma** pela adição da primase, que sintetiza imediatamente o iniciador para a fita condutora. Em seguida, a DNA polimerase III começa a produzir a cópia da

---

Boxe 14.3 Por que uma DNA polimerase necessita de um iniciador (*primer*)?

A necessidade de um iniciador complica o processo de replicação, visto que isso significa que uma DNA polimerase é incapaz de iniciar a síntese de DNA em um molde constituído totalmente de uma fita única. As RNA polimerases têm a capacidade de colocar o primeiro nucleotídio da nova fita em um molde "desnudo", de modo que não é mecanicamente impossível que uma enzima execute essa função. Por que, então, as DNA polimerases não desenvolveram essa habilidade?

Uma das sugestões é que essa necessidade de um iniciador esteja relacionada com a função de revisão desempenhada pela atividade de exonuclease 3'→5' de uma DNA polimerase. A revisão aumenta a acurácia da replicação, de modo que um nucleotídio que tenha sido inserido incorretamente na extremidade 3' de uma fita de DNA em crescimento possa ser removido antes que prossiga o alongamento da fita. Por conseguinte, a síntese de DNA pode ser considerada como um processo passo a passo, em que a polimerase tem a capacidade de efetuar duas reações após a adição de cada nucleotídio:

- Se o nucleotídio 3' não estiver com sua base nitrogenada pareada corretamente com o molde (i. e., se um erro tiver sido cometido), a polimerase utiliza então a sua atividade de exonuclease 3'→5' para remover esse nucleotídio

- Se o nucleotídio 3' estiver com sua base nitrogenada corretamente pareada com o molde (i. e., se for o nucleotídio correto), a enzima utiliza então a sua atividade de polimerase para acrescentar o próximo nucleotídio.

Isso significa que, em virtude da função de revisão, uma DNA polimerase só pode realizar a síntese de uma fita se o nucleotídio 3' estiver com sua base nitrogenada corretamente pareada com o molde. Se o molde for uma fita totalmente única, então, por definição, não existe nenhum 3' nucleotídio de base nitrogenada pareada. Esta pode ser a razão pela qual um molde "desnudo" não pode ser copiado por uma DNA polimerase.

fita condutora ao estender esse iniciador em 1.000 a 2.000 nucleotídios. Neste momento, a primase produz um iniciador de RNA na fita defasada, adjacente à forquilha de replicação, e uma segunda cópia de DNA polimerase III sintetiza o primeiro fragmento de Okazaki. Isso significa que existem duas moléculas de DNA polimerase III ligadas à molécula de DNA parental, uma delas copiando a fita condutora, e a outra copiando a fita defasada.

A combinação dessas duas DNA polimerases, juntamente com a primase, é denominada **replissoma**. As duas DNA polimerases provavelmente estão voltadas na mesma direção, o que significa que a fita defasada precisa formar uma alça para que a síntese de DNA nas duas fitas possa prosseguir paralelamente à medida que o replissoma move-se ao longo da molécula de DNA (Figura 14.15). À medida que o replissoma move-se ao longo da molécula, ele é precedido de DNA topoisomerases, que separam as fitas do DNA parental, e de enzimas DnaB helicases, que rompem os pares de bases. Após o replissoma ter progredido ao longo de outros 1.000 a 2.000 pares de bases, um segundo fragmento de Okazaki é iniciado. Dessa maneira, o processo continua até que tenha ocorrido a cópia de toda a molécula de DNA de *E. coli*.

Ficamos com um desafio final. Após a passagem do replissoma, os fragmentos de Okazaki adjacentes precisam ser unidos uns aos outros. Esse processo não é simples, visto que um membro de cada par de fragmentos de Okazaki adjacentes ainda tem o seu iniciador de RNA ligado ao ponto onde deve ocorrer essa união. O iniciador encontra-se na extremidade 5' de cada fragmento de Okazaki, de modo que poderia ser removido por uma enzima que possuísse uma atividade de exonuclease 5'→3'. Algumas DNA polimerases apresentam essa atividade, porém a DNA polimerase III não é uma delas. Por conseguinte, a DNA polimerase III continua formando DNA até alcançar a extremidade 5' do próximo fragmento de Okazaki na cadeia (Figura 14.16A). Em seguida, a DNA polimerase III desprende-se da fita defasada, e o seu lugar é ocupado pela DNA polimerase I, que possui uma atividade de exonuclease 5'→3'. A DNA polimerase I utiliza essa atividade para remover o iniciador (*primer*) do fragmento de Okazaki que foi alcançado, estendendo a extremidade 3' do fragmento de Okazaki adjacente na região da fita defasada que, assim, fica exposta. Os dois fragmentos de Okazaki estão agora contíguos, com as regiões terminais de ambos constituídas inteiramente de DNA. O único evento que falta é a introdução da ligação fosfodiéster por uma **DNA ligase,** ligando os dois fragmentos e completando a replicação dessa região da fita defasada.

Nos eucariotos, a enzima envolvida na replicação da fita defasada é a DNA polimerase δ; à semelhança da DNA polimerase III, essa enzima carece de atividade de exonuclease 5'→3'. Infelizmente, não existe nenhuma DNA polimerase eucariótica que possua essa atividade, de modo que é necessário haver um método diferente de remover os iniciadores (*primers*) de RNA dos fragmentos de Okazaki. A enzima que executa essa tarefa é a "*flap* endonuclease", **FEN1**, que se associa à DNA polimerase δ quando se aproxima do iniciador de RNA de um fragmento de Okazaki. Os pares de bases que fixam o *primer* à fita defasada são rompidos por uma enzima helicase, permitindo o

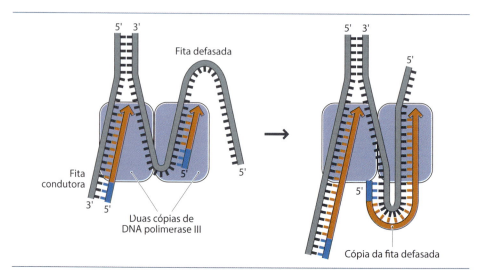

Figura 14.15 Replicação paralela das fitas condutora e defasada. Existem duas cópias de DNA polimerase III, uma para cada fita. Acredita-se que a fita defasada faça uma alça através de sua cópia da polimerase, de modo que as fitas condutora e defasada sejam replicadas em paralelo, à medida que as duas enzimas polimerases movem-se na mesma direção ao longo da molécula de DNA parental.

Figura 14.16 União dos fragmentos de Okazaki (A) nas bactérias e (B) nos eucariotos.

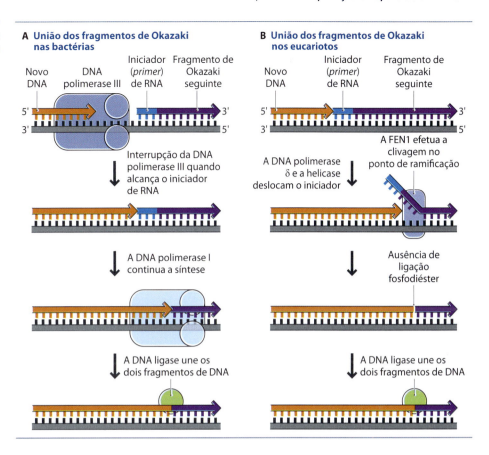

deslocamento do iniciador para o lado pela DNA polimerase δ, à medida que estende o fragmento de Okazaki adjacente na região exposta (Figura 14.16B). A aba (*flap*) resultante é então excisada pela FEN1, cuja atividade de endonuclease possibilita a clivagem da ligação fosfodiéster no ponto de ramificação, na base da aba. Mais uma vez, uma DNA ligase une os fragmentos de Okazaki adjacentes entre si.

14.1.3 Término da replicação

A replicação termina quando as duas fitas da molécula de DNA parental estão totalmente copiadas. As DNA polimerases e outras proteínas envolvidas no processo de replicação desprendem-se, e as moléculas-filhas de DNA são liberadas. Por conseguinte, o término não é um evento complicado, porém ainda existem dois aspectos nesse estágio de replicação que precisamos examinar. O primeiro deles é o mecanismo elegante utilizado por uma bactéria para assegurar que os dois replissomas, que prosseguem em direções diferentes ao redor da molécula de DNA circulante, se encontrem no local apropriado.

As proteínas Tus capturam as forquilhas de replicação

As moléculas de DNA circular nas bactérias são copiadas de modo bidirecional a partir de uma única origem de replicação (Figura 14.17A). Se os dois replissomas deslocam-se ao redor da molécula na mesma velocidade, eles devem se encontrar em uma posição diametralmente oposta à origem da replicação. Entretanto, a progressão de um ou de ambos os replissomas pode ser impedida por outras atividades que estejam ocorrendo na molécula de DNA, como a presença de enzimas RNA polimerases copiando genes em RNA no início do processo da expressão gênica. A síntese de DNA ocorre em uma velocidade aproximadamente cinco vezes a da síntese de RNA, de modo que um replissoma pode facilmente ultrapassar uma RNA polimerase; entretanto, isso provavelmente não ocorre. Em vez disso, acredita-se que haja uma pausa do replissoma atrás da RNA polimerase, prosseguindo apenas após a molécula de RNA ser completada e após o desprendimento da RNA polimerase.

Figura 14.17 Término da replicação do DNA nas bactérias. A. Uma molécula de DNA bacteriano é copiada de modo bidirecional a partir de uma única origem de replicação. **B.** As sequências terminadoras asseguram o encontro de ambas as forquilhas de replicação em uma pequena região da molécula de DNA. As setas indicam a direção na qual cada sequência terminadora pode ser passada por uma forquilha de replicação.

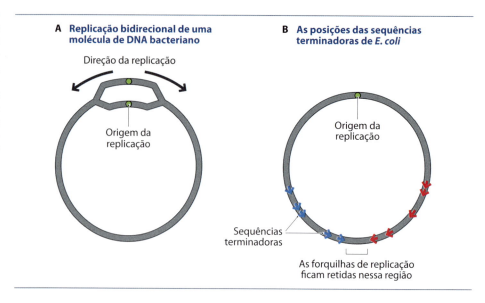

Se o avanço de um replissoma for atrasado devido à ocorrência de síntese de RNA em múltiplas posições, então deve ser possível que o outro replissoma ultrapasse o ponto a meio caminho e continue a replicação no outro lado da molécula de DNA. Não é óbvio por que isso poderia ser indesejável, porém isso não ocorre. Na verdade, os replissomas ficam capturados dentro de uma região delimitada por **sequências terminadoras**. Existem dez dessas sequências na molécula de DNA de *E. coli* (Figura 14.17B).

Cada sequência terminadora atua como sítio de ligação para uma **proteína Tus (*terminator utilization substance*)**. Quando se aproxima a partir de uma direção, o replissoma é capaz de ultrapassar a proteína Tus e continuar a sua progressão ao longo do DNA (Figura 14.18). Quando provém da outra direção, a progressão do replissoma é bloqueada pela proteína Tus. As orientações das proteínas Tus ligadas à molécula de DNA de *E. coli* são tais que ambos os replissomas ficam retidos dentro de uma região relativamente curta. Por conseguinte, o término da replicação sempre ocorre dentro dessa região.

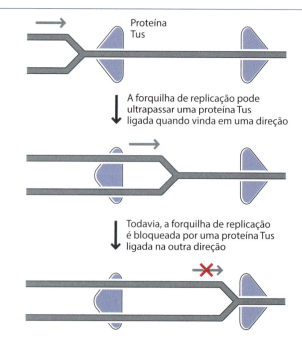

Figura 14.18 O papel da proteína Tus. Uma proteína Tus ligada a uma sequência terminadora possibilita a passagem de uma forquilha de replicação quando esta se aproxima vinda de uma direção, mas não quando ela se aproxima vinda da outra direção.

Boxe 14.4 Interação das proteínas Tus com o replissoma.

PESQUISA EM DESTAQUE

Quando ligada a uma sequência terminadora, a proteína Tus possibilita a passagem de uma forquilha de replicação se o replissoma estiver se movendo em uma direção, porém bloqueia esse progresso se a forquilha se aproxima pela direção oposta. A direcionalidade é estabelecida pela orientação da proteína Tus sobre a dupla-hélice; entretanto, como a proteína impede exatamente a progressão do replissoma? Uma hipótese é a de que a proteína Tus interage com a DnaB helicase, que está clivando os pares de bases à frente do replissoma e, portanto, é diretamente responsável pela progressão do replissoma ao longo da molécula de DNA. De acordo com esse modelo, a DnaB helicase é capaz de se desviar de uma proteína Tus quando se aproxima da direção "permissiva", porém a sua progressão é impedida quando se aproxima da direção não permissiva.

Pesquisas recentes forneceram evidências que sustentam a possibilidade alternativa de que as interações essenciais ocorram entre a proteína Tus e os polinucleotídios na forquilha de replicação, e não entre Tus e a DnaB helicase ou qualquer outra proteína do replissoma. O avanço das forquilhas de replicação individuais foi estudado em um sistema experimental em que as proteínas do replissoma estavam ausentes. Sem essas proteínas, a forquilha de replicação não se move naturalmente ao longo de uma dupla-hélice de DNA. Em seu lugar, uma esfera magnética é fixada à extremidade de um dos polinucleotídios, enquanto a extremidade do segundo polinucleotídio é imobilizada pela sua fixação a um suporte sólido. Em seguida, os dois polinucleotídios são separados pela manipulação da esfera magnética com uma **pinça magnética**. Trata-se de um dispositivo constituído por um conjunto de ímãs, cujas posições e campos de força podem ser variados de tal modo que a esfera magnética e o seu polinucleotídio fixado possam ser movidos de maneira controlada. Ao afastar a esfera magnética do suporte sólido, a hélice torna-se aberta, produzindo uma forquilha que pode ser movida ao longo da hélice simplesmente ao separar ainda mais as extremidades dos dois polinucleotídios.

O que acontece se a molécula de DNA que está sendo manipulada dessa maneira contém uma sequência terminadora à qual está ligada uma proteína Tus? Se a orientação da sequência terminadora for tal de modo que a forquilha se aproxime da proteína Tus na direção permissiva, então o movimento da forquilha não é impedido. Por outro lado, quando a forquilha se aproxima na direção não permissiva, seu avanço é impedido pela proteína Tus.

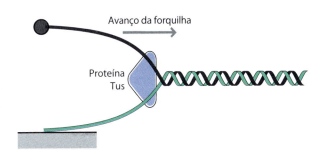

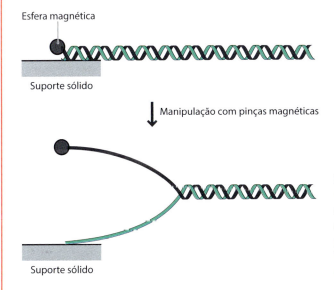

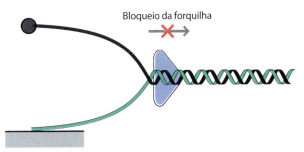

Esses experimentos inovadores sugerem que as interações da proteína Tus com o DNA que está sendo replicado são, pelo menos, parcialmente responsáveis pela capacidade da proteína Tus de bloquear o avanço da forquilha de replicação. Os resultados não excluem a possibilidade de um papel para a interação proteína-proteína entre Tus e DnaB, porém eles mostram que essa interação não constitui provavelmente toda a explicação para o modo de ação da Tus.

Os fragmentos de Okazaki causam problemas nas extremidades das moléculas de DNA lineares

O segundo aspecto do término da replicação que iremos considerar é o modo pelo qual as células eucarióticas asseguram que suas moléculas de DNA linear não tenham o seu comprimento reduzido toda vez que sofram replicação. Ocorre encurtamento se a distante extremidade 3' da fita defasada não for copiada, visto que o fragmento de Okazaki final não pode sofrer *priming*. Isso irá ocorrer se a posição natural do sítio de *priming* estiver além da extremidade da fita defasada (Figura 14.19). Durante a replicação da fita defasada de um cromossomo humano, os iniciadores (*primers*) para os fragmentos

Figura 14.19 Surge um problema durante a replicação da extremidade de uma molécula de DNA linear. A molécula de DNA parental sofre replicação de modo normal, porém a cópia da fita defasada é incompleta, visto que o último fragmento de Okazaki não é sintetizado. A molécula-filha resultante tem uma saliência 3' e, quando replicada, dá origem a uma molécula-neta que é mais curta do que a molécula parental original.

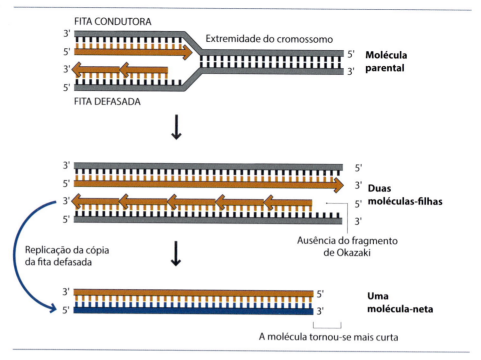

de Okazaki são sintetizados em posições distantes de aproximadamente 200 pb. Se um fragmento de Okazaki começa em uma posição a uma distância de menos de 200 pb da extremidade 3' da fita defasada, não haverá espaço para outro fragmento em seguida, e o segmento equivalente da fita defasada não será copiado. A ausência desse fragmento de Okasaki significa que a cópia da fita defasada é mais curta do que deveria ser. Por conseguinte, a molécula-filha de DNA de fita dupla irá apresentar uma saliência curta – isto é, uma fita será mais longa do que a outra. Quando a fita mais curta é copiada no ciclo seguinte de replicação, dará origem a uma molécula-neta que perdeu um segmento que estava na dupla-hélice parental original.

Figura 14.20 Extensão da extremidade de um cromossomo humano pela telomerase. A figura mostra a extremidade 3' de uma molécula de DNA de cromossomo humano. A sequência é constituída de repetições do motivo 5'-TTAGGG-3'. A unidade RNA da telomerase tem suas bases pareadas com a extremidade da molécula de DNA, que é então alongada por uma curta distância. Em seguida, a unidade RNA da telomerase move-se para uma nova posição, e a molécula de DNA é alongada em alguns nucleotídios a mais.

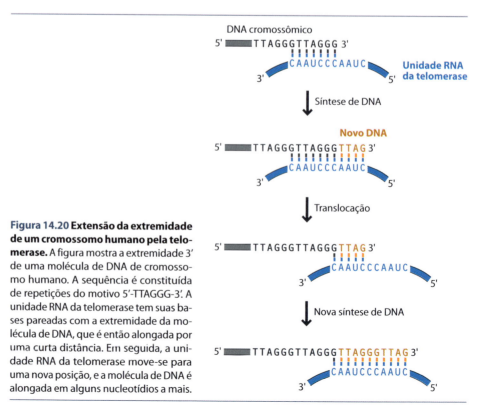

Boxe 14.5 Telomerase e câncer.

PESQUISA EM DESTAQUE

Nos seres humanos adultos sadios, a telomerase é apenas ativa nas **células-tronco**. Trata-se de células progenitoras, que sofrem divisão contínua durante toda a vida de um organismo, produzindo novas células para a manutenção dos órgãos e dos tecidos. Em outras linhagens celulares, ciclos sucessivos de replicação do DNA e divisão celular são acompanhados de um encurtamento gradual das extremidades de cada molécula de DNA. Por fim, esse encurtamento fica tão pronunciado que a célula se torna **senescente**, permanecendo viva, porém com incapacidade de sofrer qualquer divisão adicional.

Acredita-se que a senescência seja o mecanismo protetor para combater a tendência de uma linhagem celular a acumular defeitos, como quebras ou rearranjos de cromossomos. Esses defeitos poderiam levar finalmente a célula a se tornar disfuncional. O processo de senescência evita esse problema ao assegurar o término da linhagem antes que seja alcançado o ponto de perigo.

Uma característica típica de uma linhagem de células cancerosas é que essas células não se tornam senescentes e, na verdade, dividem-se continuamente. No caso de vários tipos de câncer, essa ausência de senescência está associada à ativação da telomerase. Por conseguinte, os biólogos especializados em oncologia começaram a indagar se a telomerase poderia constituir um alvo para fármacos destinados a combater o câncer. A ideia é que a inativação da telomerase deve induzir a senescência das células cancerosas e, portanto, impedir a sua proliferação. Para testar essa possibilidade, o componente proteico da telomerase foi usado para preparar vacinas contendo anticorpos que se ligam a quaisquer enzimas telomerases, inativando-as. Os ensaios clínicos realizados mostraram que essas vacinas antitelomerases são capazes de reduzir o número de células cancerosas que circulam na corrente sanguínea de um paciente, diminuindo a probabilidade de disseminação do câncer para outras partes do corpo. A próxima questão é saber se essas vacinas também podem ter um efeito inibitório sobre outros aspectos da progressão do câncer, como o crescimento de tumores.

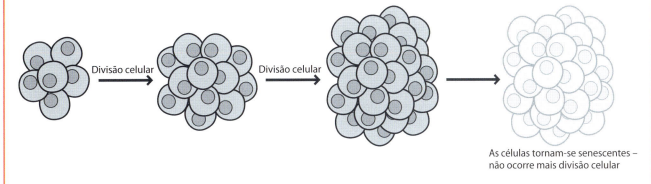

As células tornam-se senescentes – não ocorre mais divisão celular

Esse problema é evitado pela ação de uma enzima incomum, denominada **telomerase**. Essa enzima é incomum pelo fato de apresentar duas subunidades, uma das quais consiste em RNA. Na enzima humana, o componente de RNA tem 450 nucleotídios de comprimento e contém, próximo à sua extremidade 5', a sequência 5'-CUAACCCUAAC-3'. A parte central dessa sequência é complementar com a sequência 5'-TTAGGG-3' do DNA, que é repetida múltiplas vezes nas extremidades de cada uma das moléculas de DNA dos cromossomos humanos. A função da telomerase consiste em corrigir o encurtamento das extremidades do DNA que ocorre devido à ausência de fragmentos de Okazaki. A unidade de RNA da telomerase liga-se à saliência 3' na molécula-filha e atua como molde, permitindo que a enzima estenda a saliência em alguns nucleotídios (Figura 14.20). Em seguida, a enzima move o seu RNA para uma nova posição ligeiramente adiante ao longo do DNA, de modo que outro segmento curto de DNA possa ser acrescentado. O processo é repetido até que a saliência esteja longa o suficiente para que o fragmento de Okazaki final seja sintetizado.

14.2 Reparo do DNA

Durante a via de expressão gênica, a sequência de nucleotídios de um gene é inicialmente copiada em uma molécula de RNA, e a sequência desse RNA passa a especificar, então, a sequência de aminoácidos de uma proteína (ver Figura 14.1). Nos próximos dois capítulos, iremos analisar os detalhes desse processo e o modo pelo qual o **código genético** determina a tradução da sequência de nucleotídios em sequência de aminoácidos. Entretanto, não precisamos entender todos os detalhes da expressão gênica para reconhecer a importância da replicação acurada das moléculas de DNA. Se o processo de replicação introduzir qualquer alteração na sequência de um dos polinucleotídios-filhos, é possível que a sequência de aminoácidos de uma proteína seja alterada. Essa alteração é denominada **mutação** e pode provocar uma mudança na atividade da proteína e, possivelmente, até mesmo uma perda completa de sua função. O resultado poderia ser concebivelmente letal para a célula.

Um problema semelhante pode surgir se, após a sua replicação, a sequência de nucleotídios de um gene for alterada em consequência de exposição a um agente químico ou físico capaz de modificar a estrutura de um ou mais nucleotídios. Esses agentes, que são denominados **mutagênicos**, incluem uma variedade de substâncias químicas no meio ambiente, algumas sintetizadas pelo homem e outras de origem natural, bem como muitos tipos de radiação, incluindo a radiação UV na luz solar. Os mais lesivos desses agentes mutagênicos, como a radiação ionizante, introduzem alterações químicas que impedem a replicação da molécula de DNA ou que até mesmo podem causar ruptura de uma molécula de DNA em dois ou mais fragmentos.

Para evitar as consequências indesejáveis de erros na replicação do DNA ou de danos em consequência da ação de agentes mutagênicos, todos os organismos possuem mecanismos de **reparo de DNA** que corrigem a grande maioria dos erros de replicação e das alterações químicas que ocorrem em suas moléculas de DNA. O restante deste capítulo irá tratar desses mecanismos de reparo.

14.2.1 Correção dos erros na replicação do DNA

Durante a replicação do DNA, a sequência da nova fita de DNA que está sendo sintetizada é determinada pelo pareamento de bases complementares com o polinucleotídio-molde. As DNA polimerases que realizam a replicação utilizam várias abordagens para assegurar que o nucleotídio correto seja inserido em cada posição no polinucleotídio em crescimento. A identidade do nucleotídio é verificada quando ele se liga inicialmente à DNA polimerase e mais uma vez verificada quando é movido para o sítio ativo da enzima. Em ambos os estágios, a enzima é capaz de rejeitar o nucleotídio se ela reconhecer que ele não é o nucleotídio correto. Caso um nucleotídio incorreto escape desse sistema de vigilância e se ligue à extremidade 3' do polinucleotídio, ele ainda poderá ser removido pela função de revisão executada pela atividade exonuclease 3'→5' que a maioria das DNA polimerases possui (ver Figura 14.11). Apesar de todas essas precauções, alguns erros escapam furtivamente. Mesmo então, nem tudo é perdido, visto que a maioria das células possui um sistema de reparo que tem a capacidade de detectar e corrigir esses erros de replicação após o avanço do replissoma.

Para corrigir um erro de replicação, a fita parental e a fita-filha precisam ser diferenciadas

Um erro de replicação leva a um **pareamento** impróprio em uma molécula-filha de DNA, uma posição onde não ocorre pareamento de bases, visto que os nucleotídios adjacentes não são complementares (Figura 14.21). Para corrigir o erro, o nucleotídio na fita-filha (o novo polinucleotídio que foi sintetizado durante a replicação) precisa ser excisado e substituído pelo nucleotídio correto. Isso significa que o polinucleotídio parental e o polinucleotídio-filho precisam ser diferenciados. Entretanto, uma fita de DNA assemelha-se muito a qualquer outra, de modo que como a fita-filha pode ser reconhecida?

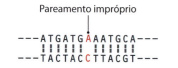

Figura 14.21 Uma posição de pareamento impróprio em uma molécula de DNA de fita dupla.

Nas bactérias, a resposta é que alguns dos nucleotídios na molécula de DNA são modificados pela ligação de grupos metila (-CH$_3$). Em *E. coli*, existem duas enzimas que acrescentam esses grupos metila ao DNA (Figura 14.22):

- A **DNA adenina metilase (Dam)** converte a adenina em 6-metiladenina na sequência 5'-GATC-3'

- A **DNA citosina metilase (Dcm)** converte as citosinas em 5-metilcitosinas em sequências 5'-CCAGG-3' e 5'-CCTGG-3'.

A conversão da adenina em 6-metiladenina ou da citosina em 5-metilcitosina não resulta em mutações, visto que essas alterações não afetam as propriedades de pareamento de bases dos nucleotídios. Um nucleotídio de 6-metiladenina em uma fita ainda se emparelha com uma timina na outra fita, e a 5-metilcitosina ainda efetua o seu pareamento

Capítulo 14 Replicação e Reparo do DNA 323

Boxe 14.6 O tautomerismo de bases nitrogenadas pode resultar em erros de replicação.

A replicação do DNA é um processo altamente acurado, em parte devido à atividade de revisão desenvolvida por muitas DNA polimerases. Entretanto, é possível que ocorram erros, até mesmo quando a polimerase está seguindo corretamente as regras de pareamento de bases. Isso se deve ao **tautomerismo,** que se refere à capacidade de cada base nitrogenada de nucleotídios de assumir estruturas isoméricas alternativas, nas quais os átomos constituintes estão ligados entre si de maneiras ligeiramente diferentes. Por exemplo, a timina possui dois tautômeros, denominados formas *ceto* e *enol,* que diferem no posicionamento dos átomos ao redor do nitrogênio número 3 e do carbono número 4.

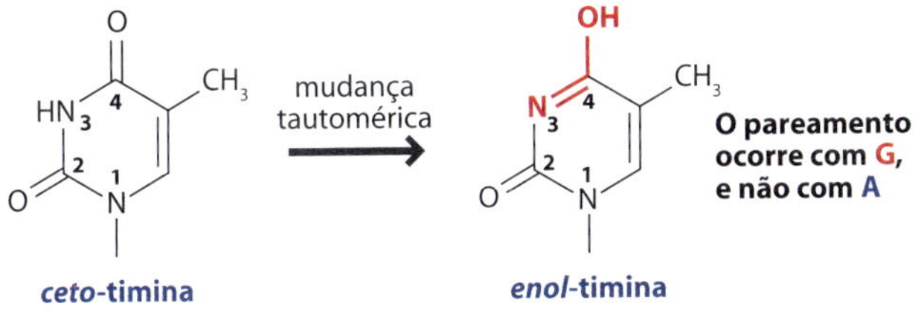

ocorre com a guanina, em lugar da adenina. Por conseguinte, o polinucleotídio-filho terá um erro de replicação, com presença de G em uma posição que deveria ser ocupada por A. O mesmo problema pode ser observado com a adenina, em que o tautômero *imino* raro dessa base forma um par com a citosina, e também com a guanina, em que a versão *enol* se emparelha com a timina.

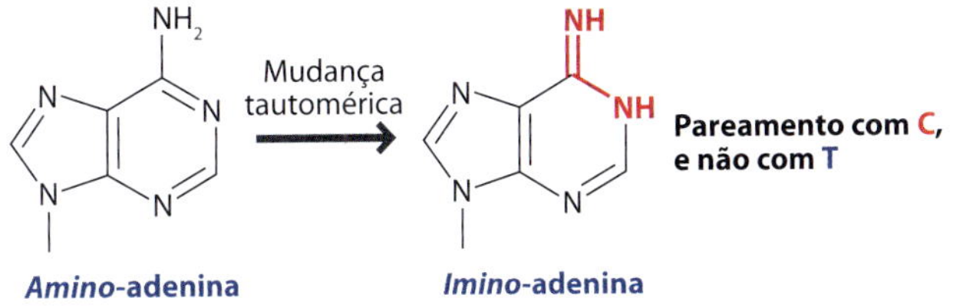

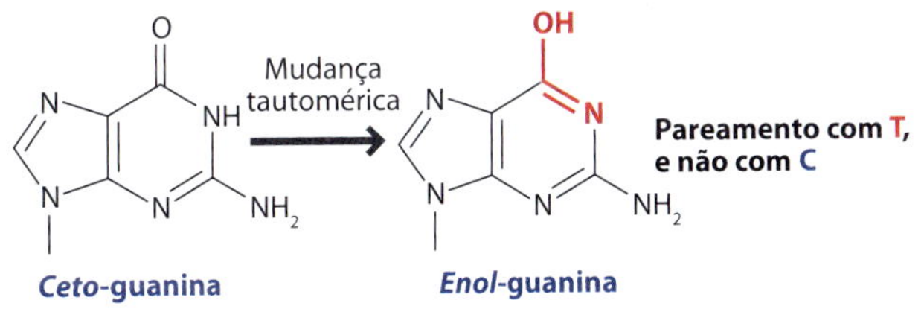

Os dois tautômeros da timina são capazes de sofrer interconversão. O equilíbrio é desviado muito mais para a forma *ceto*; entretanto, de vez em quando, ocorre a versão *enol* da timina no molde de DNA no momento preciso em que a forquilha de replicação está passando. Isso causa um problema, visto que o pareamento da enol-timina

A citosina também tem tautômeros *amino* e *imino*, porém o tautomerismo da citosina não resulta em erro de replicação, visto que ambas as versões emparelham com a guanina.

Figura 14.22 As reações catalisadas pelas metilases, (A) Dam e (B) Dcm.

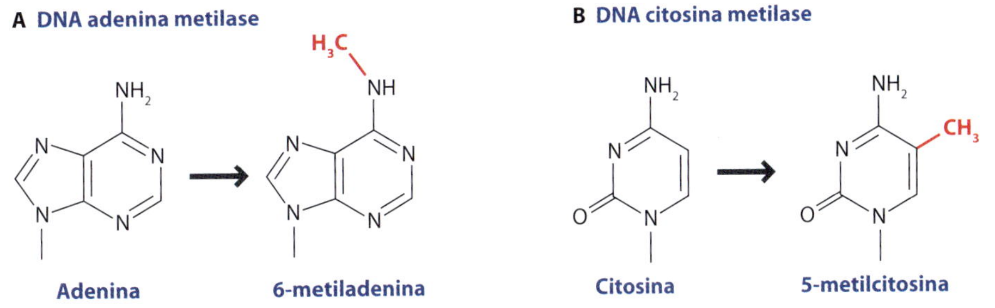

com guanina. Entretanto, os grupos metila adicionados atuam como marcadores para a fita parenteral em uma dupla-hélice recentemente replicada. Isso decorre do fato de que, imediatamente após a sua síntese, a fita-filha não é metilada, e os grupos metila só se ligam após a passagem do replissoma. Isso proporciona uma breve janela de oportunidade, durante a qual as enzimas de reparo podem vasculhar o DNA à procura de pareamentos incorretos, distinguindo a fita parental da fita-filha, visto que a primeira é metilada, enquanto a segunda não é metilada (Figura 14.23).

A metilação poderia ser usada da mesma maneira para dirigir o reparo de pareamento impróprio nos eucariotos, porém isso não está claro. O problema é que, em alguns eucariotos, como as leveduras e as moscas drosófilas, o DNA não é extensamente metilado, e a frequência de marcadores pode ser demasiado baixa para permitir que o polinucleotídio parental e o polinucleotídio-filho sejam distinguidos em todas as partes de uma molécula de DNA. É possível que, nesses organismos, as enzimas de reparo estejam mais estreitamente associadas ao replissoma, de modo que o reparo esteja acoplado à síntese de DNA de tal maneira que as enzimas de reparo automaticamente atuem apenas nos polinucleotídios-filhos.

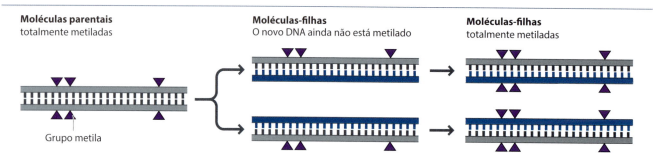

Figura 14.23 Metilação do DNA bacteriano durante a replicação. A metilação do DNA recém-sintetizado não ocorre imediatamente após a replicação, proporcionando uma janela de oportunidade para que as proteínas de reparo de pareamento impróprio reconheçam as fitas-filhas e possam corrigir os erros de replicação.

O reparo de pareamento impróprio envolve a excisão da parte incorreta do polinucleotídio-filho

O reparo de pareamento impróprio é um exemplo de processo de reparo por excisão. O reparo por excisão envolve a remoção de um segmento do polinucleotídio contendo o nucleotídio incorreto, seguido de ressíntese da sequência nucleotídica correta por uma DNA polimerase.

E. coli dispõe de pelo menos três sistemas de reparo de pareamento impróprio, denominados "de remendo longo", "de remendo curto" e "de remendo muito curto", indicando esses nomes o comprimento dos segmentos excisados e novamente sintetizados. No sistema de remendo longo, até 2.000 nucleotídios são excisados e novamente sintetizados. Os elementos-chave no processo são duas proteínas Mut, cujas funções são as seguintes (Figura 14.24):

- A **MutS** reconhece e liga-se à posição de pareamento impróprio

- A **MutH** distingue o polinucleotídio-filho pela sua ligação à sequência 5'-GATC-3' não metilada em um lado do pareamento impróprio. Em seguida, corta uma das ligações fosfodiéster próxima ao nucleotídio de guanina nessa sequência.

Uma vez realizado o corte, a DNA helicase II começa a clivar os pareamentos de bases que ligam o polinucleotídio-filho contendo o erro à fita parental. Uma exonuclease segue a helicase, de modo que, à medida que a fita se desprende, ela é degradada nucleotídio após nucleotídio a partir de sua extremidade livre.

A excisão resulta em uma lacuna na fita-filha. Essa lacuna é preenchida pela DNA polimerase III, que alonga o polinucleotídio cuja extremidade 3' forma um lado da lacuna, utilizando pareamento de bases com a fita parental para assegurar que, desta vez, seja sintetizada a sequência-filha correta. Após o preenchimento da lacuna, a ligação fosfodiéster final é introduzida por uma DNA ligase.

14.2.2 Reparo de nucleotídios danificados

Os nucleotídios que foram danificados em consequência de reação com substâncias químicas ou exposição a agentes mutagênicos físicos também podem ser reparados por processos de excisão. Esses processos incluem um mecanismo para remover e substituir apenas uma única base nucleotídica danificada e outros mecanismos que removem segmentos mais longos de DNA danificado.

A excisão de bases é utilizada no reparo de nucleotídios danificados individuais

A **excisão de bases** é utilizada para o reparo de nucleotídios cujas bases sofreram dano relativamente menor, como, por exemplo, por desaminação ou alquilação. Os agentes causadores de desaminação no meio ambiente incluem o ácido nitroso (HNO_2), que é gerado na atmosfera a partir do gás nitrogênio e que pode se acumular em espaços fechados, como salas pouco ventiladas. O ácido nitroso desamina a adenina em hipoxantina,

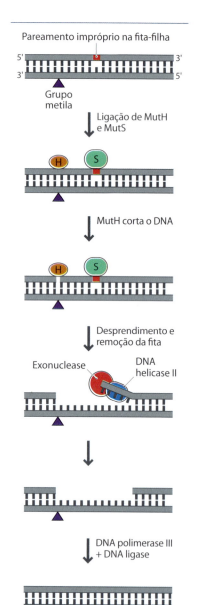

Figura 14.24 Reparo de pareamento impróprio com remendo longo em *E. coli*.

a citosina em uracila e a guanina em xantina (Figura 14.25). A timina não tem nenhum grupo amino e, portanto, não pode ser desaminada. A hipoxantina e a uracila resultam em mudanças nas propriedades de pareamento de bases do nucleotídio danificado, enquanto a xantina impede a passagem do replissoma e, portanto, bloqueia a replicação. Os agentes alquilantes incluem compostos haletos de metila, alguns dos quais têm sido usados como pesticidas. Embora a adição de grupos metila a algumas posições de um nucleotídio não seja prejudicial, outros tipos de metilação resultam em ligações cruzadas entre as duas fitas de uma molécula de DNA, o que naturalmente irá impedir o avanço do replissoma.

O processo de excisão de bases é iniciado por uma enzima **DNA glicosilase,** que cliva a ligação β-*N*-glicosídica entre uma base danificada e o componente açúcar do nucleotídio (Figura 14.26A). Existem vários tipos de DNA glicosilase, e cada um deles tem uma especificidade limitada. As especificidades das glicosilases que se encontram em uma célula determinam a variedade de nucleotídios danificados que podem ser reparados dessa maneira. Os organismos são, em sua maioria, capazes de lidar com bases desaminadas, como uracila e hipoxantina, produtos de oxidação, como 5-hidroxicitosina e timina glicol, e bases metiladas, como 3-metiladenina, 7-metilguanina e 2-metilcitosina.

A remoção de uma base danificada pela DNA glicosilase cria um sítio **AP** (apurínico/apirimidínico) ou **desprovido de base**. Em seguida, o sítio AP é convertido em uma lacuna de um único nucleotídio pela remoção da unidade ribose (Figura 14.26B). Na maioria dos casos, esse processo é realizado por uma **AP endonuclease**, que cliva a ligação fosfodiéster no lado 5′ do sítio AP. A AP endonuclease também pode cortar a ligação 3′ fosfodiéster, excisando por completo o açúcar, ou essa etapa pode ser realizada por uma **fosfodiesterase** separada (uma enzima que cliva ligações fosfodiéster) ou, nos eucariotos, pela atividade de liase contida na DNA polimerase β.

Como alternativa, algumas DNA glicosilases dispensam a necessidade de uma endonuclease, visto que elas próprias realizam a clivagem, embora esta ocorra no lado 3′ do sítio AP. Mais uma vez, o açúcar é removido por uma fosfodiesterase ou pela DNA polimerase β. A lacuna de um único nucleotídio é então preenchida pela DNA polimerase I nas bactérias e pela DNA polimerase β nos eucariotos, e a ligação fosfodiéster final é acrescentada por uma DNA ligase.

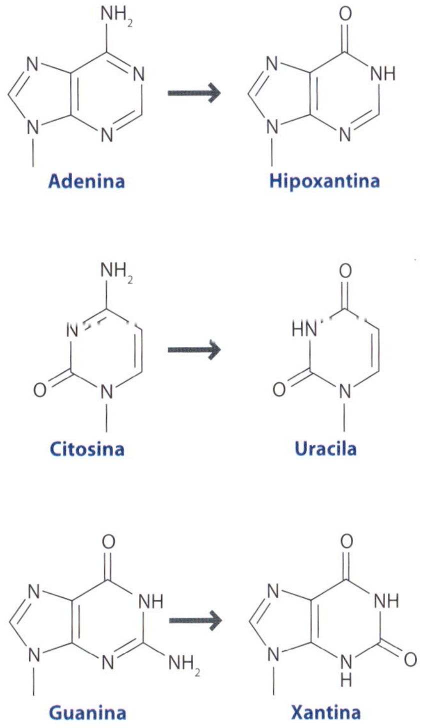

> Uma liase é uma enzima que cliva ligações químicas por um processo diferente da oxidação ou hidrólise (ver *Seção 7.1.3*).

Figura 14.25 Produtos de desaminação da adenina, citosina e guanina.

Figura 14.26 Reparo por excisão de bases. A. O papel da DNA glicosilase. **B.** Visão geral da via de reparo por excisão de bases.

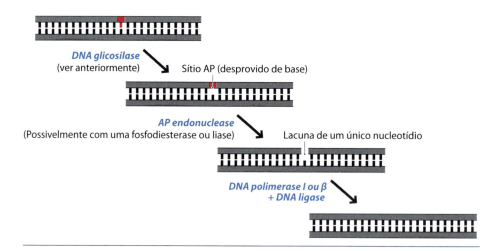

Boxe 14.7 Reparo de dímeros de ciclobutil por fotorreativação.

Os dímeros de ciclobutil resultantes de lesão UV também podem ser reparados diretamente por um sistema dependente de luz, denominado **fotorreativação**. Em *E. coli*, o processo envolve uma enzima denominada **DNA fotoliase**. Essa enzima liga-se a dímeros de ciclobutil e, quando estimulada pela luz com comprimento de onda entre 300 e 500 nm, converte os dímeros de volta aos nucleotídios originais. Existem dois tipos de fotoliase, dos quais um tipo contém um cofator de folato, enquanto o outro apresenta um composto de flavina. Ambos os tipos de cofatores captam a energia luminosa que é utilizada para reduzir o FADH a FADH$_2$. Em seguida, um elétron é transferido do FADH$_2$ para o dímero de ciclobutil, ocasionando a reversão deste último em um par de timinas.

A fotorreativação é um tipo de reparo disseminado, porém não universal. Sabe-se que ele ocorre em muitas bactérias, mas não em todas elas, e em alguns eucariotos, incluindo alguns vertebrados; todavia, está ausente nos seres humanos e em outros mamíferos placentários. Um tipo semelhante de fotorreativação envolve a **(6-4) fotoproduto fotoliase**, que é responsável pelo reparo de lesões (6-4). Nem *E. coli* nem os seres humanos possuem essa enzima, porém ela é encontrada em uma variedade de outros organismos.

Figura 14.27 Fotoprodutos que resultam da exposição do DNA à irradiação UV. A figura mostra um segmento de um polinucleotídio contendo duas bases de timina adjacentes. Um dímero de timina contém duas ligações covalentes induzidas por UV, uma delas ligando os carbonos na posição 6, e a outra, os carbonos na posição 5. A lesão (6-4) envolve a formação de uma ligação covalente entre os carbonos 4 e 6 dos nucleotídios adjacentes.

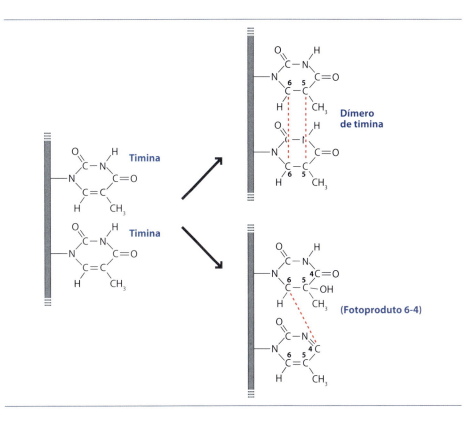

O reparo de tipos mais extensos de dano é realizado por excisão de nucleotídios

A **excisão de nucleotídios** constitui o principal sistema de reparo para formas mais extremas de dano ao DNA, incluindo os **fotoprodutos** que resultam da exposição à radiação UV. O tipo mais comum de fotoproduto é um **dímero de ciclobutil**, que resulta da dimerização de bases pirimidinas adjacentes, particularmente quando ambas são timinas (Figura 14.27A). Outro tipo de fotoproduto induzido pela radiação UV é a **lesão (6-4)**, na qual ocorre ligação covalente dos carbonos 4 e 6 de pirimidinas adjacentes (Figura 14.27B).

O reparo por excisão de nucleotídios assemelha-se, em muitos aspectos, ao reparo de pareamento impróprio, envolvendo o reconhecimento da parte danificada do DNA por enzimas especiais, seguido de remoção e ressíntese de um segmento de um dos polinucleotídios. Um exemplo é fornecido pelo processo de **remendo curto** de *E. coli*, assim denominado porque a região do polinucleotídio que é excisada e subsequentemente "remendada" é relativamente curta, habitualmente com comprimento de apenas 12 nucleotídios. O reparo de remendo curto ocorre quando um trímero constituído por duas proteínas UvrA e uma cópia de UvrB liga-se ao DNA no sítio danificado (Figura 14.28). Acredita-se que as proteínas Uvr não sejam capazes de distinguir tipos individuais de danos, porém simplesmente procuram regiões onde houve distorção da dupla-hélice, como a que irá ocorrer se um par de bases formar um dímero. Uma vez localizado o dano, as proteínas UvrA dissociam-se, e a UvrC liga-se, formando um dímero UvrBC. A UvrC, possivelmente em associação com a UvrB, cliva então o polinucleotídio em ambos os lados do sítio danificado. O primeiro corte é realizado na quinta ligação fosfodiéster de um lado do nucleotídio danificado, enquanto o segundo corte é efetuado na oitava ligação fosfodiéster na outra direção, resultando na excisão de 12 nucleotídios. A partir dessa etapa, o processo é muito semelhante ao reparo de pareamento impróprio: o segmento excisado é retirado pela DNA helicase II, e a lacuna é preenchida pela DNA polimerase I, seguida da DNA ligase.

A *E. coli* também possui um sistema de reparo por excisão de nucleotídios de **remendo longo**, que envolve proteínas Uvr, mas que difere no segmento de DNA excisado, cujo comprimento pode alcançar até 2 kb. Os eucariotos apresentam apenas um tipo de via de excisão de nucleotídios, resultando na reposição de 24 a 29 nucleotídios de DNA, que não está relacionada com as vias de excisão das bactérias.

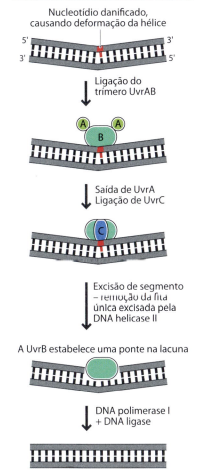

Figura 14.28 Reparo por excisão de nucleotídios de remendo curto em *E. coli*.

Boxe 14.8 Defeitos no reparo do DNA são responsáveis por várias doenças humanas importantes.

O reparo do DNA desempenha um papel essencial na manutenção da integridade das moléculas de DNA cromossômico. Por conseguinte, não é surpreendente que várias doenças humanas graves sejam causadas por defeitos em um ou mais dos processos de reparo. Um exemplo é a xerodermia pigmentosa, que é causada por mutações que afetam várias das proteínas envolvidas no reparo por excisão de nucleotídios. Um dos sintomas dessa doença consiste na hipersensibilidade do indivíduo à radiação UV, visto que a excisão de nucleotídios é a única maneira pela qual as células humanas são capazes de proceder ao reparo de lesão induzida por radiação UV, como dímeros de ciclobutil e lesões (6-4). Isso significa que os pacientes que apresentam xerodermia pigmentosa também desenvolvem frequentemente câncer de pele.

O câncer de mama-ovário hereditário é uma segunda doença que resulta de um defeito no reparo de DNA. Esse tipo de câncer está associado a duas proteínas, BRCA1 e BRCA2, ambas envolvidas no reparo de quebras nas moléculas de DNA. A BRCA1 também desempenha um papel no processo de reparo de pareamento impróprio.

Outras doenças associadas a defeitos no reparo do DNA incluem:

- O câncer colorretal hereditário sem polipose (HNPCC), que é causado pela disfunção do processo de reparo de pareamento impróprio. O HNPCC é uma síndrome associada a um risco aumentado de câncer de cólon, endometrial e vários outros tipos de câncer

- A ataxia-telangiectasia, que resulta de defeitos no processo de detecção de sítios danificados nas moléculas de DNA. Os sintomas da ataxia-telangiectasia incluem sensibilidade à radiação ionizante

- A síndrome de Bloom e a síndrome de Werner, que são causadas pela inativação de diferentes membros de uma família de DNA helicases, que podem atuar na junção de extremidades não homólogas

- A ataxia espinocerebelar, que resulta de defeitos na via utilizada para o reparo de quebras de fita única.

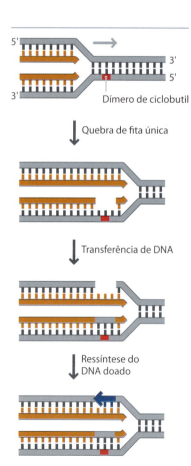

Figura 14.30 Reparo pós-replicativo de uma quebra de fita única. A quebra é causada pela presença de um dímero de ciclobutil no DNA em processo de replicação.

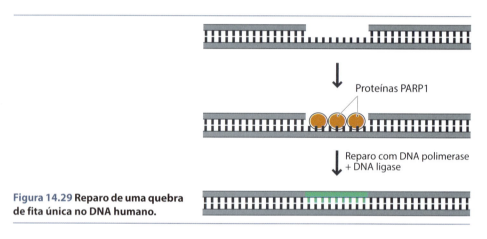

Figura 14.29 Reparo de uma quebra de fita única no DNA humano.

14.2.3 Reparo de quebras de DNA

Por fim, precisamos considerar o que ocorre se um ou ambos os polinucleotídios de uma molécula de DNA sofrem ruptura. Uma ruptura de fita única, que resulta em perda de parte de um dos polinucleotídios, pode ser resultado de alguns tipos de lesão oxidativa. O reparo é direto: a parte exposta da fita intacta é coberta por proteínas de ligação de fita única protetoras que, nos seres humanos, são denominadas proteínas **PARP1**, sendo a lacuna preenchida por uma DNA polimerase e ligase (Figura 14.29).

A exposição à radiação ionizante e a alguns agentes mutagênicos químicos provoca quebras de fita dupla, e também podem ocorrer rupturas durante a replicação do DNA. Uma quebra de fita dupla é mais grave do que a quebra de uma de fita única, visto que a ruptura converte a molécula em dois fragmentos separados, que precisam ser reunidos novamente, de modo que a ruptura possa ser reparada. Um mecanismo para proceder ao reparo de uma quebra de fita dupla consiste na **junção de extremidades não homólogas (NHEJ**, do inglês *nonhomologous end-joining*). Esse mecanismo envolve um par de proteínas, denominadas Ku, que se ligam às extremidades do DNA em ambos os lados da ruptura. As proteínas Ku individuais possuem afinidade uma pela outra, o que significa que as duas extremidades rompidas da molécula de DNA são aproximadas e, assim, podem ser novamente unidas pela ação de uma DNA ligase.

Pode surgir também uma quebra se uma parte danificada de uma molécula de DNA escapa do sistema de reparo e é encontrada por um replissoma. Um exemplo é observado quando o replissoma procura copiar um segmento de DNA que contém um dímero de ciclobutil. Quando um dímero de ciclobutil é encontrado, a fita parental não pode ser copiada, e a DNA polimerase simplesmente passa adiante até a região mais próxima não danificada, onde ela reinicia o processo de replicação. Em consequência, surge uma quebra de fita única em um dos polinucleotídios recém-sintetizados (Figura 14.30). Essa quebra não pode ser preenchida por uma polimerase, visto que a fita parental ainda está danificada e não pode ser copiada. Todavia, é possível preencher a quebra ao substituí-la por um segmento equivalente de DNA do polinucleotídio parental na segunda dupla-hélice-filha. A lacuna que agora está na segunda hélice é preenchida por uma DNA polimerase, utilizando o polinucleotídio-filho não danificado dentro dessa hélice como molde. Trata-se de um tipo de processo de **reparo pós-replicativo**, e a transferência do segmento de DNA de um polinucleotídio para outro é um exemplo de **recombinação**.

Leitura sugerida

Berghuis BA, Dulin D, Xu Z–Q, et al. (2015) Strand separation establishes a sustained lock at the Tus–Ter replication fork barrier. *Nature Chemical Biology* **11**, 579–85. Utilização de pinças moleculares no estudo da interação de Tus e replissoma.

Burgers PMJ (2009) Polymerase dynamics at the eukaryotic DNA replication fork. *Journal of Biological Chemistry* **284**, 4041–5.

Cech TR (2004) Beginning to understand the end of the chromosome. *Cell* **116**, 273–9. Revisa todos os aspectos da telomerase.

David SS, O'Shea VL and Kundu S (2007) Base-excision repair of oxidative DNA damage. *Nature* **447**, 941–50.

Drake JW, Glickman BW and Ripley LS (1983) Updating the theory of mutation. *American Scientist* **71**, 621–30. Revisão geral da mutação.

Hearst JE (1995) The structure of photolyase: using photon energy for DNA repair. *Science* **268**, 1858–9.

Hübscher U, Nasheuer H-P and Syväoja JE (2000) Eukaryotic DNA polymerases: a growing family. *Trends in Biochemical Science* **25**, 143–7.

Johnson A and O'Donnell M (2005) Cellular DNA replicases: components and dynamics at the replication fork. *Annual Review of Biochemistry* **74**, 283–315.

Kornberg A (1960) Biologic synthesis of deoxyribonucleic acid. *Science* **131**, 1503–8. Descrição da DNA polimerase I.

Lehmann AR (1995) Nucleotide excision repair and the link with transcription. *Trends in Biochemical Science* **20**, 402–5.

Li G-M (2008) Mechanisms and functions of DNA mismatch repair. *Cell Research* **18**, 85–98.

Lieber MR (2010) The mechanism of double-strand break repair by the nonhomologous DNA end joining pathway. *Annual Review of Biochemistry* **79**, 181–211.

Mott ML and Berger JM (2007) DNA replication initiation: mechanisms and regulation in bacteria. *Nature Reviews Microbiology* **5**, 343–54.

O'Driscoll M (2012) Diseases associated with defective responses to DNA damage. *Cold Spring Harbor Perspectives in Biology* **4**, 411–35.

Okazaki T and Okazaki R (1969) Mechanisms of DNA chain growth. *Proceedings of the National Academy of Sciences USA* **64**, 1242–8. Descoberta dos fragmentos de Okazaki.

Pomerantz RT and O'Donnell M (2007) Replisome mechanics: insights into a twin polymerase machine. *Trends in Microbiology* **15**, 156–64.

Ruiz-Masó J, Machón C, Bordanaba-Ruiseco L, Espinosa M, Coll M and Del Solar G (2015) Plasmid rolling-circle replication. *Microbiology Spectrum* **3**(1):PLAS-0035-2014.

Shay JW and Wright WE (2006) Telomerase therapeutics for cancer: challenges and new directions. *Nature Reviews Drug Discovery* **5**, 577–84. Métodos de inibição da telomerase como tratamento do câncer.

Wang JC (2002) Cellular roles of DNA topoisomerases: a molecular perspective. *Nature Reviews Molecular Cell Biology* **3**, 430–40.

Questões de autoavaliação

Questões de múltipla escolha

Cada questão tem apenas uma resposta correta.

1. Qual é a extensão aproximada da origem de replicação de *E. coli*?
   (a) 25 pb
   (b) 75 pb
   (c) 150 pb
   (d) 245 pb

2. Qual é o nome das proteínas que formam uma estrutura em barril na origem de replicação de *E. coli*?
   (a) DnaA
   (b) DnaB
   (c) SSB
   (d) Helicase

3. O complexo pré-iniciador de *E. coli* é inicialmente constituído de quais das seguintes proteínas?
   (a) DnaA e DnaB
   (b) DnaB e DnaC
   (c) DnaB e SSB
   (d) DnaC e SSB

4. Qual é a função de uma helicase?
   (a) Desenrolar a dupla-hélice
   (b) Impedir que as duas fitas simples formem pares de bases
   (c) Romper pares de bases
   (d) Proceder ao *priming* da síntese de DNA

5. Quantas origens de replicação existem aproximadamente no DNA humano?
   (a) 200
   (b) 2.000
   (c) 20.000
   (d) 200.000

6. Qual das seguintes afirmativas é **incorreta** com relação à replicação por círculo rolante?
   (a) É o processo utilizado para replicar o genoma mitocondrial humano
   (b) Inicia em um corte em um dos polinucleotídios parentais
   (c) Resulta em uma série de moléculas idênticas ligadas pelas suas extremidades
   (d) É utilizada por vários tipos de vírus

7. Qual é a função de uma DNA topoisomerase?
   (a) Desenrolar a dupla-hélice
   (b) Impedir que as duas fitas simples formem pares de bases
   (c) Romper pares de bases
   (d) Proceder ao *priming* da síntese de DNA

8. Qual é a enzima responsável pela maior parte da síntese de polinucleotídios dependente de molde durante a replicação do DNA em *E. coli*?
   (a) DNA polimerase I
   (b) DNA polimerase II
   (c) DNA polimerase III
   (d) DNA polimerase IV

9. A função de revisão de uma DNA polimerase utiliza qual das seguintes atividades?
   (a) 3'→5' exonuclease
   (b) 5'→3' exonuclease
   (c) 3'→5' polimerase
   (d) 5'→3' polimerase

10. Qual das seguintes afirmativas é **incorreta** com relação às DNA polimerases eucarióticas?
    (a) As principais enzimas de replicação são a DNA polimerase δ e a DNA polimerase ε
    (b) A DNA polimerase α sintetiza os iniciadores para a síntese de DNA
    (c) A DNA polimerase γ replica o DNA mitocondrial
    (d) A DNA polimerase β replica a fita defasada

11. Qual é o nome da enzima que sintetiza os iniciadores (*primers*) para a replicação do DNA em *E. coli*?
    (a) DNA polimerase I
    (b) DNA polimerase III
    (c) Primase
    (d) RNase

12. Qual é o comprimento dos fragmentos de Okazaki em *E. coli*?
    (a) Menos de 200 nucleotídios
    (b) 200 a 300 nucleotídios
    (c) 500 a 1.000 nucleotídios
    (d) 1.000 a 2.000 nucleotídios

13. Qual é o comprimento dos fragmentos de Okazaki nos seres humanos?
    (a) Menos de 200 nucleotídios
    (b) 200 a 300 nucleotídios
    (c) 500 a 1.000 nucleotídios
    (d) 1.000 a 2.000 nucleotídios

14. Qual é o nome da enzima que remove os fragmentos de Okazaki em *E. coli*?
    (a) DNA polimerase I
    (b) DNA polimerase II
    (c) DNA polimerase III
    (d) DNA ligase

15. Qual das seguintes afirmativas é **incorreta** com relação ao término da replicação em *E. coli*?
    (a) Existem dez sequências terminadoras
    (b) Cada sequência terminadora é o sítio de ligação para uma proteína Tus
    (c) Uma proteína Tus contém uma subunidade de RNA
    (d) Quando se aproxima de uma direção, o replissoma é capaz de se desviar da proteína Tus

16. Qual das seguintes alternativas **não** constitui uma característica das enzimas telomerases?
    (a) Possui duas subunidades
    (b) Contém uma subunidade de RNA de 550 nucleotídios
    (c) Nos seres humanos, sintetiza repetições da sequência 5'-TTAGGG-3'
    (d) É considerada como possível alvo para fármacos antineoplásicos

17. Que tipo de modificação no DNA permite que a fita-filha seja reconhecida durante o reparo de pareamento impróprio?
    (a) Acetilação
    (b) Metilação
    (c) Fosforilação
    (d) Desaminação

Capítulo 14 Replicação e Reparo do DNA **331**

18. MutS e MutH estão envolvidas em qual processo de reparo em *E. coli*?
    (a) Reparo por excisão de bases
    (b) Reparo de pareamento impróprio
    (c) Reparo por excisão de nucleotídios
    (d) Reparo de quebras de fita dupla

19. A desaminação da adenina resulta em:
    (a) Xantina
    (b) Uracila
    (c) Timina
    (d) Hipoxantina

20. No reparo por excisão de bases, qual é o nome da enzima que cliva a ligação β-*N*-glicosídica entre uma base danificada e o componente açúcar do nucleotídio?
    (a) DNA glicoliase
    (b) DNA glicosilase
    (c) AP endonuclease
    (d) Fosfodiesterase

21. Qual das seguintes alternativas **não** é um tipo de fotoproduto?
    (a) DNA fotoliase
    (b) Dímero de timina
    (c) Dímero de ciclobutil
    (d) Lesão (6-4)

22. A UvrA e a UvrB estão envolvidas em que tipo de processo de reparo em *E. coli*?
    (a) Reparo por excisão de bases
    (b) Reparo de pareamento impróprio
    (c) Reparo por excisão de nucleotídios
    (d) Reparo de quebras de fita dupla

23. Qual é o nome das proteínas que protegem regiões de fita simples antes do reparo nos seres humanos?
    (a) Proteínas Ku
    (b) Proteínas NHEJ
    (c) Proteínas Mut
    (d) Proteínas PARP1

24. Qual é o nome do processo de reparo para quebras de fita única que envolve a recombinação?
    (a) Reparo pós-replicativo
    (b) Reparo replicativo
    (c) Junção de extremidades não homólogas (*nonhomologous end-joining*)
    (d) Recombinação específica de sítio

Questões discursivas

1. Explique por que Watson e Crick acreditaram que a estrutura em dupla-hélice tornava evidente o modo de replicação do DNA.

2. Estabeleça a distinção entre os papéis das origens de replicação em *E. coli*, nas leveduras e nos seres humanos.

3. Qual é o papel de uma DNA topoisomerase na replicação do DNA? De que maneira os modos de ação das topoisomerase tipo I e tipo II diferem?

4. Por que a fita defasada de uma molécula de DNA precisa ser replicada em seções, e como essas seções são unidas entre si em *E. coli* e nos seres humanos?

5. Descreva como o problema do *priming* é solucionado em *E. coli* e nos seres humanos.

6. Explique por que as extremidades de uma molécula de DNA linear não sofrem encurtamento gradual toda vez que a molécula é replicada.

7. Explique por que todos os organismos necessitam de processos de reparo do DNA.

8. Descreva o modo pelo qual os erros de replicação são corrigidos e como esse processo de reparo assegura que apenas a fita-filha seja reparada.

9. Estabeleça a distinção entre as vias de reparo por excisão de bases e por excisão de nucleotídios.

10. Descreva duas vias para reparo de uma quebra de fita única em uma molécula de DNA.

Questões de autoaprendizagem

1. A replicação do DNA é descrita como replicação semiconservativa, visto que cada molécula-filha contém um polinucleotídio derivado da molécula original e uma fita recém-sintetizada. Duas outras formas possíveis de replicação são a conservativa, em que cada molécula-filha contém ambos os polinucleotídios parentais, enquanto a outra molécula-filha contém ambas as fitas recém-sintetizadas, e a dispersiva, em que cada fita de cada molécula-filha é composta, em parte, do polinucleotídio original e, em parte, do polinucleotídio recém-sintetizado. Planeje um experimento que poderia confirmar que, nas células vivas, a replicação do DNA de fato segue o processo semiconservativo, e não o modo conservativo ou dispersivo.

2. Seria possível haver replicação das moléculas de DNA nas células vivas se não existissem DNA topoisomerases?

3. Elabore uma hipótese para explicar por que todas as DNA polimerases necessitam de um iniciador (*primer*) para dar início à síntese de um novo polinucleotídio. A sua hipótese pode ser testada?

4. Em alguns eucariotos, o processo de reparo de pareamento impróprio é capaz de reconhecer a fita-filha de uma dupla-hélice, embora as duas fitas careçam de padrões de metilação distintos. Proponha um mecanismo pelo qual a fita-filha possa ser reconhecida na ausência de metilação. Como você iria testar a sua hipótese?

5. Por que os defeitos no reparo do DNA frequentemente levam ao desenvolvimento de câncer?

CAPÍTULO 15

Síntese de RNA

OBJETIVOS DO ESTUDO

Após a leitura deste capítulo, você será capaz de:

- Descrever os diferentes tipos de RNA e seus papéis na célula
- Compreender o papel da sequência promotora na iniciação da transcrição
- Reconhecer as diferenças entre as estruturas dos promotores bacterianos e eucarióticos
- Descrever como a transcrição é iniciada em *Escherichia coli*
- Descrever as funções dos fatores de transcrição e de outras proteínas associadas durante a iniciação da transcrição nos eucariotos
- Saber como o RNA é sintetizado pela RNA polimerase de *E. coli*
- Compreender o papel dos fatores de alongamento durante a síntese de RNA nos eucariotos
- Conhecer a estrutura e o modo de síntese da estrutura *cap* nos mRNA dos eucariotos
- Entender o papel das estruturas em grampo no término da transcrição em *E. coli*
- Explicar a diferença entre o término intrínseco da transcrição e dependente de Rho em *E. coli*
- Entender o papel da poliadenilação no término da transcrição do mRNA eucariótico
- Descrever como os rRNAs e os tRNAs são processados por eventos de clivagem e corte
- Identificar as características essenciais dos genes descontínuos e descrever a via de *splicing* para íntrons GU-AG
- Saber como os íntrons autocatalíticos do grupo I sofrem *splicing*
- Descrever como os tRNAs e os rRNAs são quimicamente modificados em bactérias e eucariotos.

Nos próximos dois capítulos, iremos aprender como a sequência de nucleotídios de uma molécula de DNA é utilizada para dirigir a síntese de moléculas de RNA e de proteínas. Esse processo, conhecido como expressão gênica, é convencionalmente dividido em dois estágios (ver Figura 14.1). O primeiro estágio, que resulta na síntese de uma molécula de RNA, é denominado **transcrição**. A transcrição é uma reação de cópia, em que a sequência de nucleotídios da molécula de RNA é determinada, de acordo com as regras de pareamento de bases, pela sequência de DNA do gene que está sendo copiado. No caso de alguns genes, o transcrito de RNA é o produto final da expressão gênica. Para outros, o transcrito é uma mensagem que irá dirigir o segundo estágio da expressão gênica, denominado **tradução**. Durante a tradução, essa molécula de RNA (denominada RNA **mensageiro** ou **mRNA**) dirige a síntese de uma proteína, cuja sequência de aminoácidos é determinada pela sequência de nucleotídios do mRNA.

Neste capítulo, iremos explorar o primeiro estágio da expressão gênica, que leva à síntese dos RNAs.

15.1 Transcrição do DNA em RNA

À semelhança da replicação do DNA, a transcrição é mais facilmente descrita de uma maneira lógica, dividindo o processo em três estágios:

- **Iniciação da transcrição**, durante a qual os elementos para a transcrição são organizados no início de um gene
- **Síntese de RNA**, durante a qual ocorre formação do transcrito
- **Término da transcrição**, que completa o processo, com liberação do transcrito de RNA.

No processo de transcrição, precisamos também considerar o destino da molécula de RNA após a sua síntese. Com efeito, muitas moléculas de RNA passam por eventos de processamento para que sejam capazes de desempenhar as suas funções na célula. Esses eventos incluem a remoção de alguns segmentos e/ou a ligação de grupos químicos adicionais. Antes de analisarmos esses processos, precisamos distinguir os diferentes tipos de moléculas de RNA que são sintetizadas pela transcrição.

15.1.1 RNAs codificantes e não codificantes

Os mRNAs que são subsequentemente traduzidos em proteínas são denominados **RNAs codificantes**, e os genes a partir dos quais são transcritos são conhecidos como **genes codificadores de proteínas**. Por conseguinte, podemos considerar o mRNA como o tipo mais importante de RNA; entretanto, na verdade, ele representa apenas uma pequena fração do RNA de uma célula, constituindo, habitualmente, não mais do que 4% do total. O restante consiste em **RNA não codificante**. Esses RNAs não são traduzidos em proteína, porém mesmo assim eles desempenham importantes papéis funcionais na célula.

O mais abundante dos RNA não codificantes é o RNA **ribossômico** ou **rRNA**. Existem apenas quatro moléculas de rRNA diferentes nos seres humanos, porém cada uma delas está em numerosas cópias e, em seu conjunto, representam mais de 80% do RNA total em uma célula em divisão ativa. Os RNAs ribossômicos são componentes dos **ribossomos**, as estruturas nas quais ocorre a síntese de proteínas. O segundo tipo mais abundante de RNA não codificante é o **RNA transportador** ou **tRNA**. Esses tRNAs são pequenas moléculas que também estão envolvidas na síntese de proteínas, transportando os aminoácidos até o ribossomo e assegurando a sua ligação uns aos outros na ordem especificada pela sequência de nucleotídios do mRNA que está sendo traduzido. A maioria dos organismos sintetiza 30 a 50 tRNAs diferentes.

Os RNA ribossômico e transportador estão em todos os organismos. Outros tipos de RNA não codificantes são apenas encontrados nos eucariotos. Os mais importantes desses RNA não codificantes são os seguintes:

> Iremos estudar as funções dos RNA não codificantes posteriormente: ver a *Seção 16.2.1* para o rRNA, a *Seção 16.1.2* para o tRNA, a *Seção 15.2.2* para o snRNA, a *Seção 15.2.3* para o snoRNA e a *Seção 17.2.1* para o miRNA.

- O **RNA nuclear pequeno (snRNA)**, que é encontrado no núcleo, como o próprio nome indica. Existem 15 a 20 diferentes tipos de snRNA, cuja maior parte está envolvida no processamento do RNA, em particular a remoção de segmentos, denominados íntrons, dos mRNAs
- Os **RNA nucleolares pequenos (snoRNAs)** são encontrados nos nucléolos, as partes do núcleo onde ocorre a transcrição do rRNA. Esses RNAs também estão envolvidos no processamento do RNA, especificamente a ligação de grupos químicos adicionais às moléculas de rRNA
- O **micro-RNA (miRNAs)** e o **pequeno RNA de interferência (siRNAs)** estão envolvidos no controle da expressão gênica.

15.1.2 Iniciação da transcrição

Em uma molécula de DNA, somente os genes é que são transcritos. A maior parte do **DNA intergênico** – as regiões entre os genes – nunca é copiada em RNA (Figura 15.1). A molécula de DNA de *E. coli* possui cerca de 4.400 genes, enquanto existem mais de 45.000 genes no genoma humano. Isso significa que, em cada molécula de DNA, há muitas posições onde a transcrição deve ser iniciada, as quais estão situadas no início

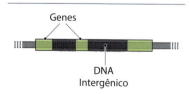

Figura 15.1 O DNA intergênico refere-se às regiões não transcritas entre os genes.

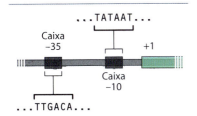

Figura 15.2 Os dois componentes de um promotor de *E. coli*.

dos genes, ou exatamente na sua frente (*upstream*). A primeira pergunta que precisamos formular é saber como as enzimas e outras proteínas envolvidas na transcrição identificam esses pontos de iniciação.

Os pontos de iniciação para a transcrição são marcados por sequências promotoras

As posições em que a transcrição deve começar podem ser reconhecidas, visto que elas contêm sequências específicas de nucleotídios que não são encontradas em nenhuma outra parte do DNA. Essas sequências são denominadas **promotores**.

Os promotores foram identificados pela primeira vez em *E. coli*, comparando-se as sequências de nucleotídios imediatamente *upstream* de mais de 1.000 genes. Essa análise revelou que o promotor de *E. coli* possui dois componentes distintos, denominados caixa –35 e caixa –10 (Figura 15.2). Os nomes indicam as posições das sequências em relação ao ponto em que começa a síntese de RNA, sendo o nucleotídio nesse ponto de iniciação da transcrição designado pelo número +1. Por conseguinte, a caixa –35 situa-se aproximadamente 35 nucleotídios *upstream* da posição onde começa a transcrição.

A sequência da caixa –35 é 5′–TTGACA–3′, e da caixa –10, 5′–TATAAT–3′. São as **sequências de consenso**, o que significa que elas descrevem a "média" de todas as sequências promotoras de *E. coli*, e a verdadeira sequência *upstream* de qualquer gene particular tem suas próprias variações discretas (Tabela 15.1). Essas variações afetam a eficiência do promotor, sendo a eficiência definida pelo número de iniciações produtivas que são promovidas por segundo, sendo uma iniciação produtiva a que resulta na síntese de um transcrito de comprimento completo. Os promotores mais eficientes (denominados **promotores fortes**) dirigem 1.000 vezes mais iniciações produtivas do que os promotores mais fracos. Essas diferenças são designadas como **taxa basal** de iniciação do transcrito.

Tabela 15.1 Sequências de promotores de *E. coli*.

Gene	Produto proteico	Sequência promotora Caixa –35	Caixa –10
Consenso	–	5′–TTGACA–3′	5′–TATAAT–3′
argF	Ornitina transcarbamoilase	5′–TTGTGA–3′	5′–AATAAT–3′
can	Anidrase carbônica	5′–TTTAAA–3′	5′–TATATT–3′
dnaB	DnaB helicase	5′–TCGTCA–3′	5′–TAAAGT–3′
gcd	Glicose desidrogenase	5′–ATGACG–3′	5′–TATAAT–3′
gltA	Citrato sintase	5′–TTGACA–3′	5′–TACAAA–3′
ligB	DNA ligase	5′–GTCACA–3′	5′–TAAAAG–3′

O espaço entre as sequências –35 e –10 é importante, visto que coloca os dois motivos na mesma face da dupla-hélice, facilitando a sua interação com a **RNA polimerase dependente de DNA**, que se liga ao DNA para efetuar a transcrição. Cada célula de *E. coli* contém cerca de 7.000 moléculas de RNA polimerase, das quais 2.000 a 5.000 estão ativamente envolvidas, em qualquer momento determinado, no processo de transcrição. A enzima apresenta uma estrutura em múltiplas subunidades, descrita como $\alpha_2\beta\beta'\sigma$, o que significa que cada molécula é composta de duas subunidades α mais uma de cada β, a β' relacionada e σ (Figura 15.3). A subunidade σ é responsável pelo reconhecimento da sequência promotora e dissocia-se da enzima logo após a sua ligação ao DNA. A saída da subunidade σ converte a versão **holoenzima** da RNA polimerase ($\alpha_2\beta\beta'\sigma$) na **enzima central** ($\alpha_2\beta\beta'$), que realiza a síntese efetiva de RNA.

Figura 15.3 As versões de holoenzima e enzima central da RNA polimerase de *E. coli*. Holoenzima   Enzima central

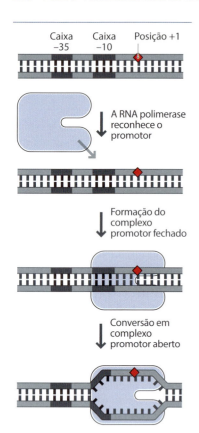

Figura 15.4 Iniciação da transcrição em *E. coli*. A RNA polimerase não é representada em escala. Na realidade, ela recobre aproximadamente 80 pares de bases da molécula de DNA.

> Ver a *Seção 17.1.2* para o papel desempenhado pelos elementos *upstream* na iniciação da transcrição.

A ligação da RNA polimerase envolve interações da subunidade σ com as regiões −35 e −10 do promotor e resulta no **complexo promotor fechado**, em que a RNA polimerase recobre uma região de cerca de 80 pares de bases, desde antes (*upstream*) da região −35 até após (*downstream*) da região −10 (Figura 15.4). Em seguida, o complexo fechado é convertido em um **complexo promotor aberto**, abrindo o DNA de dupla fita por meio de ruptura de aproximadamente 13 pares de bases que se estendem da região da sequência −10 até exatamente depois do sítio de iniciação da transcrição. Observe que a sequência de consenso para a região −10 é totalmente composta de nucleotídios de adenina e timina, que formam pares de bases relativamente fracas, apresentando apenas duas pontes de hidrogênio. Por conseguinte, a abertura dessa região é mais fácil que a de outras partes do DNA, onde estão presentes pares de bases GC.

Após a formação do complexo promotor aberto, a RNA polimerase avança além do promotor ao transcrever o DNA *downstream*. Entretanto, parece que algumas tentativas da polimerase de deixar a região promotora não são bem-sucedidas e levam a transcritos truncados, que são logo degradados após a sua síntese. Por conseguinte, a verdadeira conclusão da fase de iniciação da transcrição ocorre quando a RNA polimerase estabeleceu uma ligação estável ao DNA e começou a sintetizar um transcrito de comprimento total.

Os promotores nos eucariotos possuem estruturas mais complexas

Os eucariotos possuem três tipos diferentes de RNA polimerase, sendo, cada uma dessas enzimas, a responsável pela transcrição de um conjunto diferente de genes (Tabela 15.2). Os genes codificantes de proteínas são transcritos pela **RNA polimerase II**. Os promotores desses genes são mais complexos do que aqueles encontrados em *E. coli*. Além da **central promotora (ou promotor central)**, que é o sítio ao qual se liga uma RNA polimerase II, eles incluem sequências curtas adicionais encontradas em posições mais *upstream*, algumas vezes a uma distância de vários milhares de nucleotídios do sítio de iniciação da transcrição (Figura 15.5). A transcrição pode ser iniciada na ausência dos elementos *upstream*, porém apenas de modo ineficiente.

O promotor central da RNA polimerase II consiste em dois segmentos principais:

- A sequência −25 ou **caixa TATA** (*TATA box*), que possui a sequência de consenso 5′–TATAWAAR–3′. Nessa sequência, 'W' indica A ou T, que tem uma probabilidade igual de ocorrer nessa posição, enquanto 'R' indica uma purina, A ou G

- A **sequência iniciadora (Inr)**, que está localizada ao redor do nucleotídio +1. Nos mamíferos, o consenso da sequência Inr é 5′–YCANTYY–3′, em que 'Y' é uma pirimidina, C ou T, e 'N' é qualquer um dos quatro nucleotídios.

Tabela 15.2 Funções das três RNA polimerases dos eucariotos.

Polimerase	Genes transcritos
RNA polimerase I	Genes de rRNA 28S, 5,8S e 18S
RNA polimerase II	Genes codificantes de proteínas, a maioria dos genes snRNA, genes miRNA
RNA polimerase III	Genes de rRNA 5S, tRNAs e vários pequenos RNAs

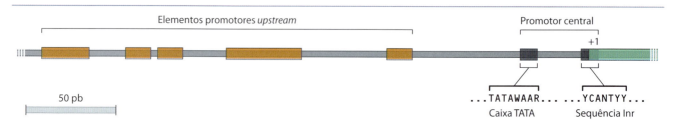

Figura 15.5 Promotor típico para a RNA polimerase II. O promotor central é constituído de dois segmentos: a caixa TATA e a sequência Inr. São mostradas as sequências de consenso desses dois segmentos. Abreviaturas: 'N' indica qualquer um dos quatro nucleotídios, 'R' indica A ou G, 'W' indica A ou T, e 'Y' indica C ou T.

Boxe 15.1 Promotores para a RNA polimerase I e a RNA polimerase III.

Os promotores para as três RNA polimerases eucarióticas possuem suas próprias características peculiares, permitindo, assim, que cada polimerase reconheça o conjunto específico de genes que ela transcreve. Analisamos anteriormente a estrutura do promotor da RNA polimerase II. Aqui, iremos descrever os promotores das outras duas polimerases. Nos vertebrados, os detalhes são os seguintes:

- Os promotores da RNA polimerase I apresentam dois componentes: um promotor central, estendendo-se pelo sítio de iniciação da transcrição, entre os nucleotídios –45 e +20, e um elemento de controle *upstream* (UCE), cerca de 100 pb antes deste promotor central. Ambas as sequências são inicialmente reconhecidas por uma pequena proteína, denominada fator de ligação *upstream* (UBF). Uma vez ligado ao DNA, o UBF atua como sítio de ligação para a RNA polimerase I e os outros componentes do complexo de transcrição para essa enzima

- Os promotores da RNA polimerase III são variáveis e encontram-se em pelo menos três categorias. Duas dessas categorias são incomuns, visto que as sequências importantes estão localizadas dentro dos genes cuja transcrição elas promovem. Essas sequências estendem-se por 50 a 100 pb e compreendem uma ou duas caixas conservadas. A terceira categoria de promotor para a RNA polimerase III assemelha-se aos da RNA polimerase II, com uma caixa TATA, um elemento de sequência proximal (PSE) localizado entre as posições –45 e –60 e uma variedade de elementos promotores *upstream*.

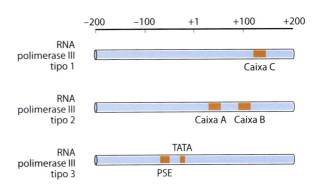

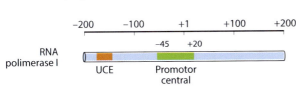

Alguns genes transcritos pela RNA polimerase II apresentam apenas um desses dois componentes do promotor central, enquanto outros, de modo surpreendente, não têm nenhum desses componentes. Estes últimos são denominados genes "nulos". Esses genes são assim mesmo transcritos, embora a posição de iniciação da transcrição seja mais variável do que para um gene com TATA e/ou a sequência Inr.

Em alguns genes codificantes de proteínas, observa-se um nível adicional de complexidade, uma vez que eles podem apresentar dois ou mais **promotores alternativos**. Isso significa que a transcrição do gene pode começar em dois ou mais sítios diferentes, dando origem a mRNAs de comprimentos diferentes. Um exemplo é o gene humano para a proteína distrofina. Essa proteína tem sido extensamente estudada, visto que a ocorrência de alterações na sua estrutura, que surgem em consequência de mutações no gene da distrofina, pode levar à doença denominada distrofia muscular de Duchenne. O gene da distrofina é muito longo: trata-se de um dos maiores do genoma humano, estendendo-se por mais de 2,4 Mb do DNA. Esse gene apresenta pelo menos sete promotores alternativos, que dirigem a síntese de mRNA de diferentes comprimentos, os quais, por sua vez, especificam polipeptídios com diferentes números de aminoácidos (Figura 15.6). Os promotores alternativos são ativos em diferentes partes do corpo, como o cérebro, o músculo e a retina, possibilitando a síntese de diferentes versões da proteína distrofina nesses vários tecidos. As propriedades bioquímicas dessas variantes correspondem às necessidades das células nas quais são sintetizadas.

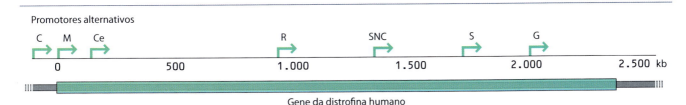

Figura 15.6 Promotores alternativos para o gene da distrofina humano. As abreviaturas indicam o tecido em que cada promotor é ativo: C, tecido cortical; M, músculo; Ce, cerebelo; R, tecido da retina (bem como tecido cerebral e cardíaco); SNC, sistema nervoso central (bem como o rim); S, células de Schwann; G, geral (a maioria dos outros tecidos).

No caso de alguns genes, os promotores alternativos são usados para gerar versões relacionadas de uma proteína em diferentes estágios do desenvolvimento, ou até mesmo para permitir que um único gene dirija ao mesmo tempo a síntese de duas ou mais proteínas em determinado tecido. Por exemplo, mais de 10.500 promotores são ativos nos fibroblastos humanos, porém esses promotores dirigem a transcrição de menos de 8.000 genes. Por conseguinte, nessas células, um número substancial de genes está sendo expresso simultaneamente por dois ou mais promotores.

A RNA polimerase II não reconhece diretamente o seu promotor

Em linhas gerais, os eventos envolvidos na iniciação da transcrição são idênticos nas bactérias e nos eucariotos. Como no caso das bactérias, a ligação da RNA polimerase II ao promotor central resulta em um complexo promotor fechado, que é convertido em complexo aberto pela ruptura de pares de bases em torno do sítio de iniciação para a transcrição. Entretanto, existem importantes diferenças quando examinamos de modo mais detalhado o processo que ocorre nos eucariotos. A mais importante dessas diferenças é o fato de que a RNA polimerase II não reconhece o promotor central. Na verdade, a ligação inicial é realizada pela **proteína de ligação de TATA** ou **TBP**, que, como o próprio nome indica, liga-se à caixa TATA. A TBP é um componente de uma proteína maior, denominada **fator de transcrição IID** ou **TFIID**, que apresenta pelo menos 12 subunidades adicionais, denominadas **fatores associados à TBP** ou **TAF**.

Estudos estruturais demonstraram que a TBP possui uma forma semelhante a uma sela, que envolve parcialmente a molécula de DNA, formando uma plataforma à qual se liga a RNA polimerase II (Figura 15.7). O posicionamento correto da RNA polimerase sobre essa plataforma é auxiliado por dois fatores de transcrição adicionais, TFIIB e TFIIF. Após o posicionamento da RNA polimerase II, forma-se o complexo promotor aberto. Essa etapa requer a presença do TFIIE e do TFIIH, sendo este último uma helicase, que rompe os pares de bases ao redor do sítio de iniciação da transcrição, abrindo a molécula de DNA nesse ponto. Neste momento, a síntese de RNA pode começar, porém apenas após a ativação da RNA polimerase II. Isso envolve a adição de grupos fosfato à maior subunidade da enzima, especificamente a uma série de aminoácidos dentro da parte da proteína designada como **domínio C-terminal (CTD)**. Uma vez ligados esses fosfatos, a polimerase é capaz de deixar o complexo de iniciação e começar a síntese de RNA (Figura 15.8).

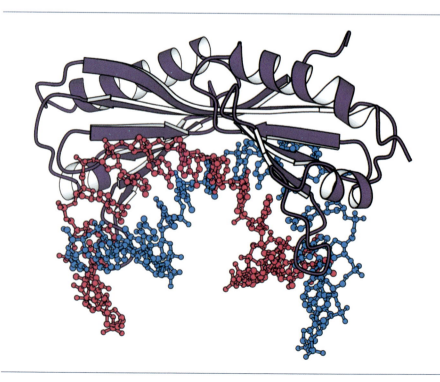

Figura 15.7 Ligação da TBP a uma molécula de DNA. A proteína TBP é mostrada em púrpura, e as duas fitas da molécula de DNA, em azul e vermelho. A TBP forma uma plataforma à qual se liga a RNA polimerase II. Reproduzida de *Biochemistry* 8th edition by Berg et al. (© 2015, WH Freeman and Company) e usado com autorização do editor.

Figura 15.8 Ativação da RNA polimerase II por fosforilação do domínio C-terminal.

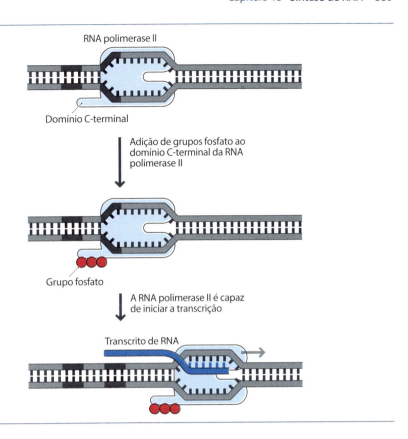

Após a saída da polimerase, alguns dos fatores de transcrição permanecem ligados ao promotor. Por conseguinte, uma segunda enzima RNA polimerase II pode ligar-se sem a necessidade de construir um complexo de iniciação totalmente novo. Isso significa que, uma vez ativado um gene, os transcritos podem ser iniciados a partir de seu promotor com relativa facilidade até que um novo conjunto de sinais desative o gene.

15.1.3 Fase de transcrição da síntese de RNA

Uma vez bem-sucedida a fase de iniciação, a RNA polimerase começa a sintetizar o transcrito. A reação é equivalente à síntese de DNA durante a replicação, em que ocorre montagem do RNA pela adição de nucleotídios à extremidade 3' da molécula em crescimento e liberação de um pirofosfato a cada adição. A ordem de adição de nucleotídios é determinada pelas regras de pareamento de bases, utilizando o polinucleotídio de DNA como molde (Figura 15.9).

À medida que o RNA é sintetizado, uma bolha de transcrição move-se ao longo do DNA

Durante a síntese de RNA, a RNA polimerase de *E. coli* cobre cerca de 30 a 40 pb do molde de DNA. Essa região inclui uma **bolha de transcrição** de 12 a 14 pb, onde pares de bases de DNA foram temporariamente rompidos por enzimas helicases. Dentro da bolha de transcrição, o transcrito em crescimento é mantido ligado à fita molde do DNA por aproximadamente oito pares de bases de RNA-DNA (Figura 15.10). Estudos estruturais mostraram que a molécula de DNA situa-se entre as subunidades β e β' da RNA polimerase, dentro de uma depressão na superfície proximal de β. O sítio ativo para síntese de RNA também está localizado entre essas duas subunidades. O transcrito de RNA emerge da polimerase através de um canal formado, em parte, pela subunidade β e, em parte, pela subunidade β' (Figura 15.11).

A RNA polimerase bacteriana é capaz de sintetizar RNA em uma velocidade de várias centenas de nucleotídios por minuto. O gene médio de *E. coli*, que tem apenas alguns milhares de nucleotídios de comprimento, pode ser transcrito, portanto, em alguns minutos. A RNA polimerase II tem uma taxa de síntese mais rápida, de até 2.000 nucleotídios

> A maior complexidade dos eventos de iniciação nos eucariotos permite que a taxa de transcrição de genes individuais responda a muitos tipos diferentes de esquemas reguladores. Esses processos reguladores são discutidos na *Seção 17.1.2*.

Figura 15.9 Reação catalisada por uma RNA polimerase dependente de DNA. Compare com a reação equivalente para uma DNA polimerase dependente de DNA (ver Figura 14.10).

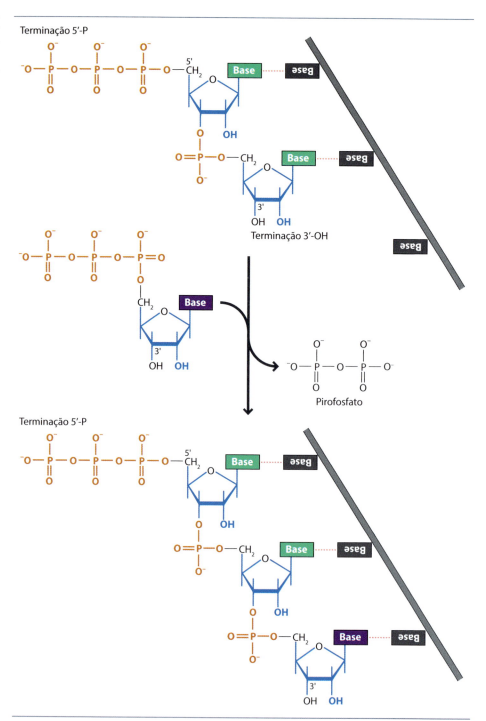

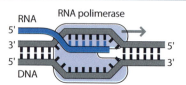

Figura 15.10 Síntese de RNA em *E. coli*. A seta indica a direção do movimento da polimerase ao longo do DNA.

Figura 15.11 Síntese de RNA pela RNA polimerase de *E. coli*. As subunidades β e β' da RNA polimerase são mostradas em azul-pálido, a dupla-hélice é representada em verde e preto, e o transcrito de RNA, em azul.

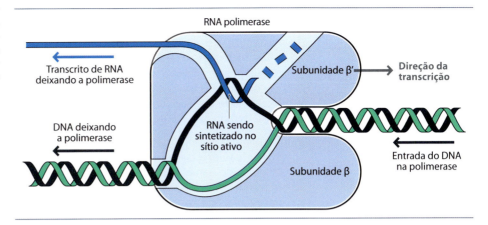

por minuto, porém pode levar horas para sintetizar uma única molécula de RNA, visto que muitos genes eucarióticos são muito mais compridos do que os genes bacterianos. Por exemplo, o transcrito do gene da distrofina humana de 2.400 kb leva cerca de 20 h para ser sintetizado.

A transcrição não ocorre em uma velocidade constante. Em vez disso, períodos de rápido alongamento são intercalados de breves pausas, de alguns milissegundos de duração. Durante uma pausa, o sítio ativo da polimerase sofre um ligeiro rearranjo estrutural. A polimerase também pode mover-se em sentido oposto ao longo do molde por uma distância de alguns nucleotídios, um evento designado como **retrocesso**. As pausas e o retrocesso ocorrem de modo aleatório, e não são causados por qualquer aspecto particular do molde de DNA; ambos podem desempenhar um papel equivalente ao da

---

Boxe 15.2 As rifamicinas são antibióticos importantes que bloqueiam a síntese de RNA bacteriano.

A RNA polimerase bacteriana é o alvo da família de antibióticos das rifamicinas, que inclui a rifampicina e a rifabutina. Esses compostos ligam-se à depressão existente entre as subunidades β e β' da enzima, adjacentes ao sítio ativo onde ocorre a síntese de RNA. Eles não interferem diretamente na formação da ligação fosfodiéster, porém formam um bloqueio físico no canal através do qual emerge o transcrito de RNA a partir da polimerase. Em consequência dessa "oclusão estérica", o comprimento do RNA que pode ser sintetizado limita-se a 2 a 3 nucleotídios.

As rifamicinas são sintetizadas por *Amycolatopsis rifamycinica*, um membro das Actinomycetales, o grupo de bactérias do solo que constituem a fonte de muitos antibióticos. Algumas rifamicinas também são produzidas por síntese química. Mostram-se particularmente efetivas contra micobactérias, que incluem os agentes etiológicos da tuberculose e da hanseníase; além disso, podem ser utilizadas no tratamento da doença dos legionários e de alguns tipos de meningite.

À semelhança de todos os antibióticos, o uso das rifamicinas precisa ser cuidadosamente controlado, de modo a evitar o desenvolvimento de cepas de bactérias resistentes. Essas variedades resistentes surgem a partir de mutações no gene *rpoB*, que codifica a subunidade β da RNA polimerase. As resultantes alterações dos aminoácidos na subunidade β não afetam a atividade catalítica da RNA polimerase, porém alteram a estrutura da subunidade β de modo que o antibiótico não é mais capaz de se ligar.

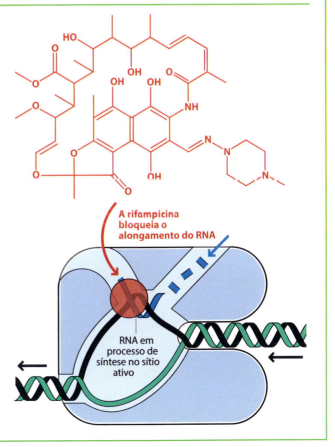

342 Parte 3 Armazenamento de Informações Biológicas e Síntese de Proteínas

> Ver a *Seção 17.2.1* para detalhes sobre os processos que resultam em degradação de RNA defeituosos.

revisão durante a replicação do DNA, assegurando a correção de erros cometidos durante a síntese de RNA. Entretanto, o processo de correção de erros não é particularmente eficiente, visto que a RNA polimerase comete um erro não corrigido uma vez a cada 10^4 a 10^5 nucleotídios, ou seja, muito maior do que a taxa da maioria das DNA polimerases (normalmente um erro para cada 10^9 nucleotídios). Por conseguinte, alguns transcritos são defeituosos e são logo degradados após a sua síntese. Isso não representa um problema, visto que são produzidos muitos transcritos a partir de cada gene, de modo que existe sempre uma grande quantidade de moléculas livres de erros.

O grande comprimento de alguns genes eucarióticos significa que o complexo de transcrição precisa ser muito estável; caso contrário, pode se romper antes que seja completado o transcrito. Quando a RNA polimerase II realiza a síntese de RNA *in vitro* (*i. e.*, em condições laboratoriais, em um tubo de ensaio), ela não exibe a estabilidade necessária. Sua taxa de polimerização é reduzida a menos de 300 nucleotídios por minuto, e os transcritos sintetizados são relativamente curtos. No núcleo, a síntese de RNA é mais rápida, e os transcritos resultantes são muito mais longos do que aqueles obtidos em tubo de ensaio. Isso se explica pelo fato de que, no núcleo, a ligação da RNA polimerase II ao molde de DNA é estabilizada por **fatores de alongamento**. Essas proteínas, das quais existem pelo menos 13 tipos diferentes nas células de mamíferos, associam-se à polimerase após ela se afastar do promotor e permanecem ligadas até que a síntese de RNA seja completa.

Um transcrito de RNA polimerase II possui uma estrutura de cap na extremidade 5'

Em um aspecto, as fases de alongamento dos transcritos nas bactérias e nos eucariotos são radicalmente diferentes. As moléculas de RNA sintetizadas pela RNA polimerase de *E. coli* possuem um trifosfato em suas extremidades 5', que é o trifosfato 5' do primeiro nucleotídio pareado ao sítio de iniciação da transcrição (ver Figura 15.9). Por conseguinte, a extremidade 5' do RNA pode ser indicada como *ppp*N*p*N..., em que 'N' é o componente açúcar-base do nucleotídio, enquanto '*p*' representa um grupo fosfato. Por outro lado, as moléculas de RNA produzidas nos eucariotos pela RNA polimerase II apresentam uma estrutura química mais complicada em suas extremidades 5'. Essa estrutura é denominada *cap* e é descrita como 7-MeG*ppp*N*p*N..., em que '7-MeG' é um nucleotídio que apresenta a base modificada 7-metilguanina.

A estrutura do *cap* é ligada à extremidade 5' da molécula de RNA após a polimerase deixar a região promotora, porém antes do RNA ter alcançado um comprimento de 30 nucleotídios. Para iniciar o processo de formação do *cap*, ocorre ligação de GTP à extremidade 5' final do RNA pela enzima **guanilil transferase**. A reação ocorre entre o trifosfato 5' do nucleotídio terminal e o trifosfato do GTP que chega. O fosfato γ do nucleotídio terminal é removido, assim como os fosfatos β e γ do GTP, resultando em uma ligação 5'–5' (Figura 15.12A). Em seguida, a nova guanosina terminal é convertida em 7-metilguanosina pela ligação de um grupo metila (-CH$_3$) ao nitrogênio número 7 do anel de purina. Essa modificação é catalisada pela **guanina metiltrasferase**. As duas enzimas de *capping*, a guanilil transferase e a guanina metiltransferase, estabelecem ligações com a RNA polimerase, e é possível que constituam componentes intrínsecos do complexo de transcrição durante os estágios iniciais da síntese de RNA.

A estrutura descrita como 7-MeG*ppp*N é denominada *cap* **tipo 0**. Nos eucariotos unicelulares, como as leveduras, a reação de *capping* é interrompida quando ocorre formação da estrutura tipo 0. Nos eucariotos superiores, incluindo os seres humanos, ocorre habitualmente pelo menos uma de duas etapas adicionais. Na primeira delas, o segundo nucleotídio no RNA é modificado pela substituição do grupo 2'-OH da ribose por um grupo metila (Figura 15.12B). A estrutura resultante é denominada *cap* **tipo 1**. Se esse segundo nucleotídio for uma adenosina, um grupo metila nesse estágio também pode ser acrescentado ao nitrogênio número 6 da purina. Por conseguinte, o *cap* tipo 1 envolve uma metilação tanto da ribose quanto da base. Além disso, pode ocorrer uma segunda metilação 2'-OH da ribose na terceira posição nucleotídica. Essa reação resulta no *cap* **tipo 2**.

> O papel da estrutura *cap* na síntese de proteínas é descrito na *Seção 16.2.2*.

Qual é a função das estruturas de *cap* adicionadas aos transcritos sintetizados pela RNA polimerase II? Esses transcritos são, em sua maioria, mRNA, cópias de genes codificantes de proteínas, e a estrutura de *cap* desempenha um papel quando esses transcritos são utilizados para dirigir a síntese de proteínas.

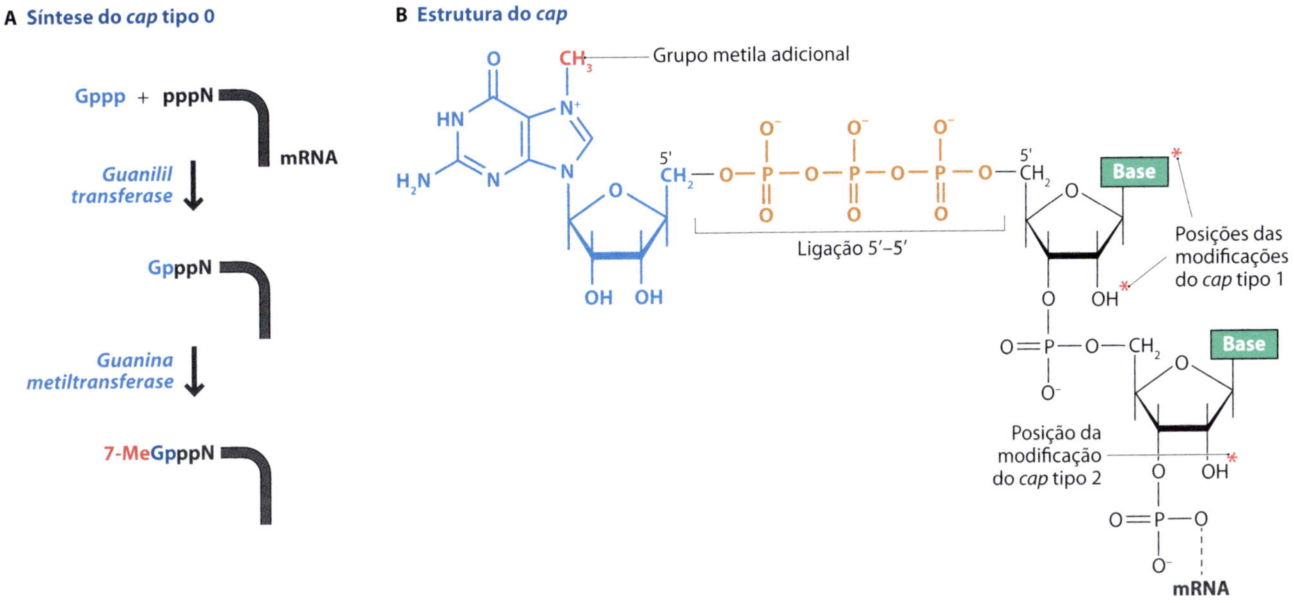

Capítulo 15 **Síntese de RNA** **343**

A Síntese do *cap* tipo 0

Gppp + pppN ⎤
⎥ mRNA

Guanilil transferase ↓

GpppN ⎤

Guanina metiltransferase ↓

7-MeGpppN ⎤

B Estrutura do *cap*

Figura 15.12 *Capping* de um mRNA eucariótico. A. Síntese do *cap* tipo 0. **B.** Estrutura detalhada do *cap* tipo 0, mostrando as posições em que ocorrem modificações adicionais para produzir as estruturas tipo 1 e tipo 2.

15.1.4 Término da transcrição

Verificamos que, durante a fase de alongamento da transcrição, a RNA polimerase sofre pausas frequentes, possivelmente com ligeiro retrocesso quando o faz. Acredita-se que, em cada pausa, a polimerase realize uma escolha, no sentido molecular, sobre a necessidade de continuar a síntese de uma molécula de RNA ou de terminar o processo de transcrição. A escolha depende de qual processo, a continuação da síntese ou o término da transcrição, seja mais favorável em termos termodinâmicos. Isso significa que ocorre término quando a polimerase alcança uma posição na molécula de DNA onde o seu desprendimento é mais favorável termodinamicamente do que a continuação da síntese de RNA.

As estruturas em grampo (haste e alça) favorecem o desprendimento da síntese de RNA

Um dos fatores que modifica a termodinâmica do processo de transcrição é a estrutura da molécula de RNA que está sendo sintetizada. Particularmente, quando a molécula de RNA é capaz de formar uma estrutura em grampo (ver Figura 4.12), esses pares intramoleculares de bases podem se formar em detrimento dos pares de bases entre o transcrito e a fita molde de DNA. Quando isso ocorre, a liberação do RNA do molde, que resulta em término da transcrição, pode ser mais favorável do que a síntese continuada de RNA.

As posições na molécula de DNA de *E. coli* onde ocorre o término da transcrição contêm, em sua maioria, uma sequência repetida invertida que, quando transcrita, pode se dobrar em uma estrutura estável em grampo (com haste e alça) no RNA. Em cerca da metade dessas posições, a sequência repetida invertida é seguida imediatamente de um conjunto de nucleotídios de adenina. Essas posições são denominadas **terminadores intrínsecos** (Figura 15.13A). Acredita-se que a série de adeninas reduza ainda mais a estabilidade do complexo de transcrição na posição de término, visto que o pareamento de bases entre o RNA e o DNA após a formação da estrutura em grampo será predominantemente do tipo A–U relativamente fraco (Figura 15.13B). Alguns estudos sugerem que o grampo de RNA estabelece contato com uma estrutura *flap* na superfície externa da subunidade β da RNA polimerase. Esse *flap* é adjacente ao ponto de saída do canal através do qual emerge o RNA a partir da polimerase (Figura 15.14). Acredita-se que o movimento do *flap* afete o posicionamento dos aminoácidos dentro do sítio ativo, promovendo a quebra dos pares de bases de DNA–RNA e o término da transcrição.

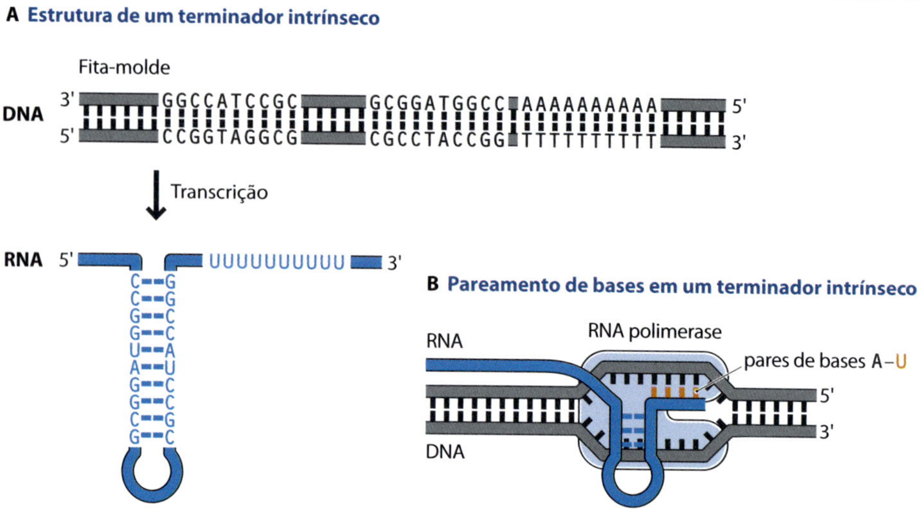

A Estrutura de um terminador intrínseco

Figura 15.13 Término da transcrição em um terminador intrínseco de *E. coli*. A. A estrutura de um terminador intrínseco, mostrando como um par de repetições invertidas na sequência de DNA pode dar origem a uma estrutura em grampo no RNA transcrito. **B.** Pareamento de bases no terminador intrínseco. A formação da estrutura em grampo do RNA significa que o transcrito é mantido ao DNA por pares de bases A–U relativamente fracos.

Em outras posições de terminação no DNA de *E. coli*, a sequência repetida invertida especifica uma estrutura em grampo do RNA que é menos estável do que as envolvidas na terminação intrínseca. Esses terminadores são denominados **dependentes de Rho** e atuam de maneira muito diferente das versões intrínsecas. Necessitam da atividade de uma proteína denominada **Rho**, que se fixa ao RNA enquanto está sendo sintetizado. Em seguida, a proteína Rho move-se ao longo do transcrito em direção à polimerase (Figura 15.15). Enquanto a polimerase pode se manter à frente da perseguidora proteína Rho, o transcrito continua sendo sintetizado; entretanto, quando Rho a alcança, a transcrição é interrompida. Isso se deve ao fato de que a Rho é uma helicase, que, portanto, rompe os pares de bases que mantêm o RNA atado ao molde de DNA. A proteína Rho só é capaz de alcançar a polimerase quando esta última chega ao sítio de terminação, provavelmente porque a formação da estrutura em grampo retarda brevemente a polimerase. Uma vez alcançada, a polimerase desprende-se, e o transcrito é liberado.

A terminação da síntese de mRNA eucariótico é combinada com poliadenilação

Nos eucariotos, o término da transcrição pela RNA polimerase II não envolve uma estrutura em grampo do RNA, porém é acompanhada da adição de uma **cauda poli(A)** ao transcrito. A cauda poli(A) consiste em uma série de até 250 nucleotídios de adenina,

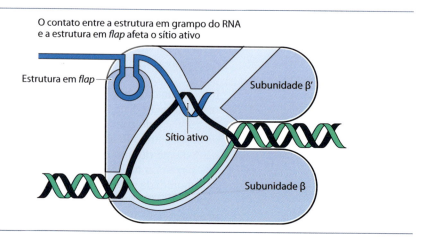

Figura 15.14 Possível papel da estrutura em *flap* da RNA polimerase no término da transcrição em *E. coli*.

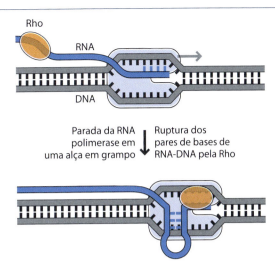

Figura 15.15 **Término da transcrição em um terminador dependente de Rho em *E. coli*.**

que estão localizados na extremidade 3' do RNA. Essas adeninas não são especificadas pelo DNA e são acrescentadas ao transcrito por uma RNA polimerase independente de molde, denominada **poli(A) polimerase**.

A poli(A) polimerase não atua na extremidade 3' do transcrito, porém em um sítio interno que é clivado para criar uma nova extremidade 3' à qual a cauda poli(A) é acrescentada. Nos mamíferos, a posição em que ocorre esse corte está situada 10 a 30 nucleotídios *downstream* de uma sequência de sinal, que é quase sempre 5'–AAUAAA–3' (Figura 15.16). Essa sequência atua como sítio de ligação para uma proteína de múltiplas subunidades, denominada **fator de clivagem e especificidade de poliadenilação (CPSF)**. Um segundo complexo proteico, o **fator de estimulação da clivagem (CstF)**, liga-se exatamente *downstream* da sequência de sinal. Em seguida, a poli(A) polimerase associa-se ao CPSF e ao CstF ligados e sintetiza a cauda poli(A).

Atualmente, sabe-se que a poliadenilação, outrora considerada como evento "pós-transcricional", constitui uma parte inerente do mecanismo envolvido no término da transcrição pela RNA polimerase II. O CPSF liga-se à polimerase durante a fase de iniciação e segue ao longo do molde com esta última. Uma vez transcrita a sequência de sinal poli(A), o CPSF deixa a polimerase e liga-se ao RNA, dando início à reação de poliadenilação. Tanto o CPSF quanto o CstF estabelecem contatos com o domínio C-terminal da RNA polimerase II, com mudança da natureza desses contatos quando a sequência de sinal poli(A) é alcançada. Acredita-se que essas alterações afetem, de algum modo, a RNA polimerase II, de modo que a terminação é favorecida, em lugar da síntese continuada de RNA. Em consequência, a transcrição termina logo após a sequência de sinal poli(A) ter sido transcrita.

Figura 15.16 **Poliadenilação de um mRNA eucariótico.**

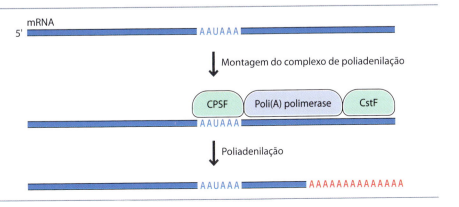

346 Parte 3 Armazenamento de Informações Biológicas e Síntese de Proteínas

15.2 **Processamento do RNA**

Agora que aprendemos como as moléculas de RNA são sintetizadas, podemos investigar como os produtos iniciais da transcrição, denominados **transcritos primários**, são processados em RNAs funcionais. Esses eventos de processamento são importantes, visto que o mRNA bacteriano é o único tipo de RNA que é funcional imediatamente após ser sintetizado. Todos os outros tipos de RNA precisam sofrer eventos de processamento antes de assumir as suas funções na célula. Existem três tipos de eventos de processamento:

- Alguns RNAs não codificantes são clivados em posições específicas para liberar as moléculas funcionais, e esses RNAs e outros RNAs não codificantes também podem ser processados por meio da remoção de segmentos curtos a partir das extremidades das moléculas ("corte das extremidades")

- Os transcritos de RNA dos genes codificadores de proteínas dos eucariotos, bem como vários RNAs não codificantes, são processados pela remoção de segmentos internos, denominados íntrons

- Os RNAs ribossômico e transportador são modificados pela adição de novos grupos químicos em posições específicas.

15.2.1 **Processamento do RNA não codificantes por clivagem e "corte das extremidades"**

Em primeiro lugar, iremos considerar como os transcritos primários de RNA não codificante são convertidos em moléculas maduras por meio de uma combinação de clivagem interna e "corte das extremidades". Quando estudamos esses processos, precisamos ter em mente um fator muito importante. Todas essas reações de processamento precisam ser realizadas com precisão. Os cortes precisam ser exatamente realizados nas posições corretas nas moléculas precursoras, visto que, se houver qualquer erro, os RNAs resultantes irão ter sequências extra, ou poderão faltar segmentos. Se isso acontecer, eles poderão não ser capazes de desempenhar as funções necessárias na célula.

Os RNAs ribossômicos são transcritos na forma de longas moléculas precursoras

As bactérias sintetizam três moléculas de rRNA com comprimentos de 2.904, 1.541 e 120 nucleotídios. Tradicionalmente, esses rRNAs são designados pelos seus **coeficientes de sedimentação**, que constituem uma medida da velocidade com que eles migram através de uma solução densa durante a **centrifugação em gradiente de densidade**. De acordo com essa notação, os rRNAs bacterianos são 23S, 16S e 5S.

O ribossomo bacteriano contém uma cópia de cada um dos rRNAs 23S, 16S e 5S. Isso significa que a bactéria precisa produzir quantidades iguais de cada um desses rRNA. Essa necessidade é suprida pela presença dos três rRNAs ligados entre si em uma única unidade de transcrição (Figura 15.17A), em que sete cópias estão distribuídas ao redor da molécula de DNA de *E. coli*. O produto da transcrição, o transcrito primário, consiste, portanto, em um longo precursor de RNA, o **pré-rRNA**, que contém cada um dos rRNA separados por regiões espaçadoras curtas. Esse pré-rRNA apresenta um coeficiente de sedimentação de 30S, contendo os rRNA na sequência 16S–23S–5S. Observe que os coeficientes de sedimentação não são aditivos, visto que eles dependem do formato, bem como da massa; por conseguinte, é possível que o pré-rRNA intacto tenha um valor de S que seja diferente da soma de seus três componentes.

Uma série de eventos de clivagem e aparagem produz os rRNAs maduros. As clivagens são realizadas por uma variedade de endorribonucleases, cuja maioria cliva as moléculas de RNA especificamente em regiões de dupla fita. Por conseguinte, clivam o pré-rRNA ao digerir os segmentos curtos de RNA de dupla fita formados por pareamento de bases entre diferentes partes do precursor (Figura 15.17B). Por conseguinte, o pareamento de bases, que naturalmente é determinado pela sequência do pré-rRNA, garante que essas clivagens sejam realizadas nas posições corretas. A síntese dos rRNAs maduros é então completada por enzimas exonucleases, que aparam as extremidades deixadas pelas endorribonucleases.

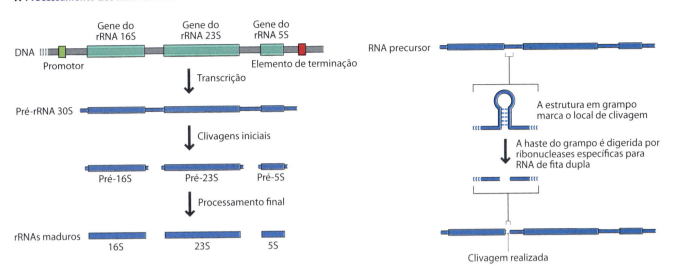

Figura 15.17 Processamento do rRNA em *E. coli*. A. O transcrito primário de rRNA é processado por uma série de clivagens, seguidas de corte das extremidades das moléculas resultantes. **B.** As posições em que as clivagens são realizadas são marcadas por estruturas em grampo.

Nos eucariotos, existem quatro rRNAs, de 28S (4.718 nucleotídios), 18S (1.874 nucleotídios), 5,8S (160 nucleotídios) e 5S (120 nucleotídios). À semelhança das bactérias, cada ribossomo contém uma cópia de cada rRNA; todavia, nos eucariotos, apenas três são sintetizados na forma de uma única unidade, sendo o exclusivo o rRNA 5S. O pré-rRNA que contém as moléculas 23S, 18S e 5,8S é transcrito pela RNA polimerase I e, em seguida, é processado por eventos de clivagem e corte das extremidades, que são muito semelhantes aos que acabamos de estudar para o pré-rRNA bacteriano. Os genes do rRNA 5S, que não fazem parte da unidade de transcrição principal, são transcritos pela RNA polimerase III.

Boxe 15.3 Centrifugação em gradiente de densidade.

A centrifugação em gradiente de densidade é uma das técnicas que foram desenvolvidas para estudar os componentes celulares na década de 1920, quando foram desenvolvidas pela primeira vez as centrífugas de alta velocidade. Para iniciar esse procedimento, uma solução de sacarose é colocada em camadas (estratificada) em um tubo de centrífuga, de modo a formar um gradiente de concentração, no qual a solução vai sendo mais concentrada e, portanto, mais densa em direção ao fundo do tubo. Um extrato de células é então aplicado no topo da solução, e o tubo é centrifugado em 500.000 × *g* ou mais por várias horas. Nessas condições, a velocidade de migração de um componente celular através do gradiente depende de seu **coeficiente de sedimentação**, o qual, por sua vez, depende de sua massa molecular e formato. O coeficiente de sedimentação é expresso como unidades de Svedberg (S), em homenagem ao químico sueco Theodor Svedberg, que foi o primeiro a desenvolver a ultracentrífuga no início da década de 1920.

Em um segundo tipo de centrifugação em gradiente de densidade (conhecida como centrifugação isopícnica), utiliza-se uma solução, como cloreto de césio 8 M, que é substancialmente mais densa do que a solução de sacarose usada para medir os valores S. A solução inicial é uniforme, e o gradiente é estabelecido durante a centrifugação. Os componentes celulares migram para baixo pelo tubo da centrífuga, porém as moléculas como DNA e proteínas não alcançam o fundo. Na verdade, essas moléculas permanecem em uma posição onde a sua **densidade de flutuação** equilibra-se com a densidade da solução de cloreto de césio. Essa técnica é capaz de separar fragmentos de DNA de diferentes composições de bases, bem como moléculas de DNA com diferentes conformações, como as versões superespiraladas e não superespiraladas de uma molécula circular.

Os RNA transportadores também são processados por clivagem e corte das extremidades

Os RNAs transportadores também são transcritos inicialmente na forma de moléculas precursoras, que são subsequentemente clivadas e aparadas para liberar as moléculas maduras. Em *E. coli*, existem várias unidades separadas de transcrição de tRNA, das quais algumas contêm apenas um gene de tRNA, enquanto outras apresentam até sete genes diferentes de tRNA formando um agrupamento. Existem também um ou dois tRNAs localizados entre os genes 16S e 23S em cada uma das sete unidades de transcrição de rRNA.

Cada um dos **pré-tRNA** é processado de modo semelhante (Figura 15.18). Antes de iniciar o processamento, o tRNA adota a sua estrutura de pareamento de bases em forma de trevo. Duas estruturas em grampo adicionais também são formadas, uma de cada lado do tRNA. O processamento começa com uma clivagem realizada pela ribonuclease E ou F, formando uma nova extremidade 3', exatamente *upstream* de um dos grampos. A ribonuclease D, que é uma exonuclease, apara sete nucleotídios dessa nova extremidade 3' e, em seguida, estabelece uma pausa, enquanto a ribonuclease P efetua uma clivagem no início da estrutura em forma de trevo, formando a extremidade 5' do tRNA maduro. Em seguida, a ribonuclease D remove mais dois nucleotídios, criando a extremidade 3' da molécula madura.

Todos os tRNA terminam com o trinucleotídio 5'–CCA–3'. Em alguns tRNA, essa sequência terminal está no pré-RNA e não é removida pela ribonuclease D; entretanto, em outros, essa sequência está ausente ou é removida pelas ribonucleases de processamento. Se estiver ausente ou se for removida durante o processamento, a sequência precisa então ser adicionada por uma ou mais RNA polimerases independentes de molde, como a **tRNA nucleotidiltransferase**.

> Ver *Seção 4.1.2* para a estrutura do tRNA em forma de trevo.

> A ribonuclease P é um exemplo de ribozima, uma enzima feita de RNA (ver *Seção 7.1.1*).

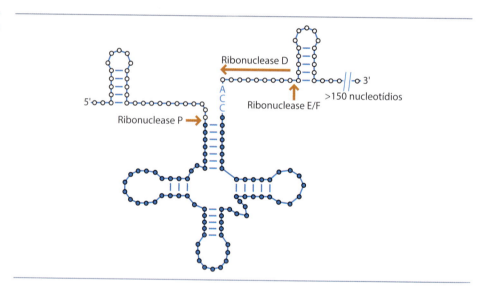

Figura 15.18 Processamento de um pré-tRNA em *E. coli*.

15.2.2 Remoção de íntrons do pré-mRNA eucariótico

Iremos agora concentrar a nossa atenção para uma etapa que é habitualmente considerada como a categoria mais importante de processamento do RNA. Trata-se da remoção de íntrons dos transcritos primários dos genes codificantes de proteínas nos eucariotos.

Muitos genes eucarióticos são descontínuos

De acordo com a visão clássica, um gene é um único segmento contínuo de DNA, com uma relação **colinear** entre a sequência de nucleotídios no gene e a sequência de aminoácidos no polipeptídio especificado por este gene (Figura 15.19A). Durante as décadas de 1950 e 1960, os geneticistas se empenharam para desenvolver experimentos com o objetivo de provar que os genes e as proteínas eram colineares. Quando experimentos

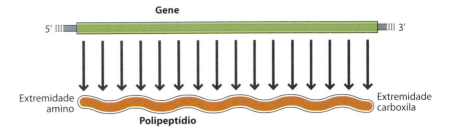

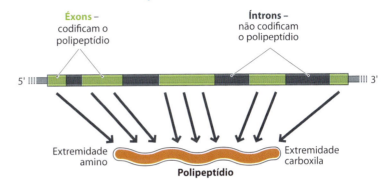

Figura 15.19 Relações entre um gene e seu polipeptídio. A. Uma relação colinear entre um gene e seu polipeptídio, em que a série de nucleotídios no gene é lida na direção 5′→3′, apresenta uma relação direta com a sequência de aminoácidos do polipeptídio, com leitura da extremidade aminoterminal para carboxiterminal. **B.** A relação não colinear observada com um gene descontínuo.

bem-sucedidos foram finalmente conduzidos com *E. coli*, os resultados obtidos confirmaram a pressuposição que sempre tinha sido considerada correta. Por conseguinte, foi uma surpresa quando, no final de década de 1970, foi reconhecido que muitos genes nos eucariotos não são colineares com suas proteínas.

Os genes particulares para os quais não se aplica a colinearidade são denominados **genes descontínuos**. Em um gene descontínuo (também denominado gene dividido ou mosaico), o DNA que especifica a sequência de aminoácidos do polipeptídio é dividida em segmentos, denominados **sequências expressas** ou **éxons** (Figura 15.19B). O DNA entre um par de éxons é denominado **sequência interveniente** ou **íntron**. O íntron também é constituído de A, C, G e T, porém a sequência de DNA dentro de um íntron não contribui para a sequência de aminoácidos da proteína codificada pelo gene. Os genes descontínuos são comuns nos eucariotos. Mais de 95% de todos os genes nos seres humanos apresentam pelo menos um íntron, com média de nove íntrons.

Algumas regras podem ser estabelecidas para distribuição dos íntrons nos genes codificantes de proteínas, além do fato de que os íntrons são menos comuns nos eucariotos inferiores, como as leveduras. Os 6.000 genes existentes no genoma das leveduras contêm, no total, apenas 239 íntrons, enquanto muitos genes de mamíferos contêm, cada um, 50 ou mais íntrons. Em muitos genes descontínuos, os íntrons são muito mais extensos do que os éxons. Nos genes mais longos, os íntrons somados correspondem a mais de 90% do comprimento do gene.

Durante a transcrição, todos os segmentos do gene, tanto éxons quanto íntrons, são transcritos no pré-mRNA (Figura 15.20). Antes que essa molécula de RNA possa ser usada para dirigir a síntese de um polipeptídio, os íntrons precisam ser removidos, e os éxons ligados entre si. Esse processo, denominado **splicing**, precisa ser realizado com absoluta precisão. Se um corte for efetuado a uma distância de apenas um nucleotídio da posição correta do limite éxon-íntron, o mRNA assim produzido não será funcional.

> O *splicing* precisa ser acurado, visto que a perda de um nucleotídio irá corromper o código genético usado quando um mRNA for traduzido em proteína. Isso irá ficar evidente quando estudarmos o código genético na *Seção 16.1.1*.

Figura 15.20 O pré-mRNA transcrito a partir de um gene descontínuo precisa sofrer *splicing* para produzir o mRNA funcional.

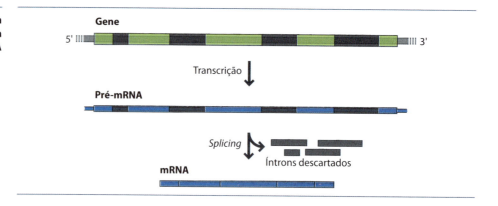

A precisão durante o splicing é assegurada pelo posicionamento de sequências especiais

O alto grau de precisão necessário quando os íntrons são clivados de um pré-mRNA é assegurado pela presença de sequências especiais nas posições de divisa éxon-íntron. No caso da maioria dos íntrons do pré-mRNA, os primeiros dois nucleotídios da sequência do íntron são 5'–GU–3', e os últimos dois, 5'–AG–3' (Figura 15.21). Por conseguinte, são denominados **íntrons GU–AG**.

Figura 15.21 As posições das sequências 5'–GU–3' e 5'–AG–3' em um íntron de pré-mRNA.

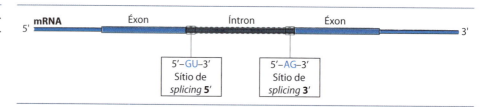

Os motivos GU e AG conservados foram logo identificados após o estudo dos primeiros íntrons. À medida que as sequências dos íntrons começaram a se acumular no banco de dados, constatou-se que os motivos GU e AG são, na verdade, os nucleotídios internos de sequências conservadas mais longas que estão nos limites *upstream* e *downstream* de cada íntron. À semelhança das sequências promotoras de *E. coli*, essas sequências não são exatamente as mesmas para cada íntron, de modo que são representadas como sequências de consenso. Para o sítio de *splicing upstream*, que também é denominado **sítio de *splicing* 5'** ou **sítio doador**, a sequência de consenso é 5'–AG↓GUAAGU–3', indicando a seta a posição onde a clivagem é realizada nessa extremidade do íntron durante o *splicing*. Na posição *downstream*, denominada **sítio de *splicing* 3'** ou **sítio aceptor**, a sequência de consenso é bem menos definida, sendo 5'–PyPyPyPyPyPyNCAG↓–3'. Nessa notação, "Py" representa um dos dois nucleotídios pirimidínicos encontrados no RNA (C ou U), e "N" refere-se a qualquer um dos quatro nucleotídios.

Nos vertebrados, os motivos nos sítios de *splicing* 5' e 3' constituem as únicas sequências conservadas em um íntron. Entretanto, existe um **trato de polipirimidina**, formado por uma alta proporção de nucleotídios de citosina e uracila, localizado exatamente *upstream* da extremidade 3' da sequência do íntron. Nos íntrons das leveduras, existe também uma sequência 5'–UACUAAC–3', exatamente a mesma em cada um dos íntrons desse genoma, localizada entre 18 e 140 nucleotídios *upstream* do sítio de *splicing* 3'.

O splicing é complicado pelas questões topológicas

Quando considerada como uma reação bioquímica, o *splicing* de íntrons é um processo simples em duas etapas (Figura 15.22).

- Durante a primeira etapa, o sítio de *splicing* 5' é clivado por uma reação de **transesterificação** promovida pelo grupo 2'-OH de um nucleotídio de adenosina localizado dentro da sequência do íntron. Nas leveduras, esse nucleotídio é a última adenina na sequência 5'–UACUAAC–3'. A clivagem da ligação fosfodiéster no sítio de *splicing*

Figura 15.22 *Splicing* de íntron em uma visão geral.

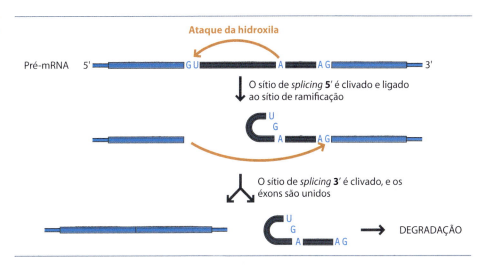

5' é acompanhada da formação de uma nova ligação fosfodiéster 5'–2', ligando o primeiro nucleotídio do íntron (G do motivo 5'–GU–3') com a adenosina interna. O íntron dá uma volta sobre ele próprio, formando uma estrutura em laço

- Na segunda etapa, o sítio de *splicing* 3' é clivado por uma segunda transesterificação, a qual é promovida pelo grupo 3'-OH ligado à extremidade do éxon *upstream*. Esse grupo ataca a ligação fosfodiéster no sítio de *splicing* 3', clivando-o e liberando o íntron como estrutura em laço. A extremidade 3' do éxon *upstream* une-se com a extremidade 5' recém-formada do éxon *downstream*, completando o processo de *splicing*.

As complicações no *splicing* decorrem de questões topológicas. Alguns íntrons têm um comprimento de milhares de nucleotídios, o que significa que os dois sítios de *splicing* podem estar separados por uma distância de 100 nm ou mais se o mRNA estiver na forma de uma cadeia linear. Por conseguinte, é necessária uma maneira de aproximar os sítios de *splicing*. Essa proximidade é obtida pela ação combinada de cinco estruturas, denominadas **ribonucleoproteínas nucleares pequenas (snRNP)**. Cada snRNP contém várias proteínas e um dos snRNA não codificantes. Existem vários snRNAs diferentes nos núcleos dos vertebrados, e os que estão envolvidos no *splicing* são os snRNAs U1, U2, U4, U5 e U6. Trata-se de moléculas curtas ricas em uracila, com comprimento de 106 a 185 nucleotídios. Juntamente com outras proteínas acessórias, as snRNPs ligam-se a posições específicas no mRNA e formam uma série de complexos, dos quais o mais importante é o **spliceossomo**, a estrutura no interior da qual ocorrem efetivamente as reações de *splicing*.

O *splicing* começa com a formação do **complexo A** (Figura 15.23). Esse complexo compreende a snRNP-U1, que se liga ao sítio de *splicing* 5', em parte por pareamento de bases RNA–RNA, e a snRNP-U2, que se liga ao sítio de ramificação, provavelmente não por pareamento de bases, mas por uma interação do sítio de ramificação com uma das proteínas associadas ao snRNP U2. As snRNP-U1 e U2 possuem afinidade uma pela outra, o que atrai o sítio de *splicing* 5' em direção ao ponto de ramificação. Em seguida, o **complexo B** é formado quando as snRNP-U4, U5 e U6 ligam-se ao íntron. A sua

---

Boxe 15.4 Transesterificação.

PRINCÍPIOS DE QUÍMICA

A transesterificação é a reação entre um éster e um álcool. Durante uma transesterificação, os dois reagentes trocam grupos R.

ROH + RO—C(=O)—R → ROH + RO—C(=O)—R
Álcool   Éster   Álcool   Éster

Durante a primeira etapa do *splicing* de íntrons, o grupo álcool é fornecido pela hidroxila ligada ao carbono 2' da adenosina no ponto de ramificação, enquanto o grupo éster é um componente da ligação fosfodiéster no sítio de *splicing* 5'. Durante a segunda etapa, o álcool é a 3'-hidroxila na extremidade do éxon *upstream*, enquanto o éster é a ligação fosfodiéster no sítio de *splicing* 3'.

Figura 15.23 Série de etapas que resultam em *splicing* do íntron.

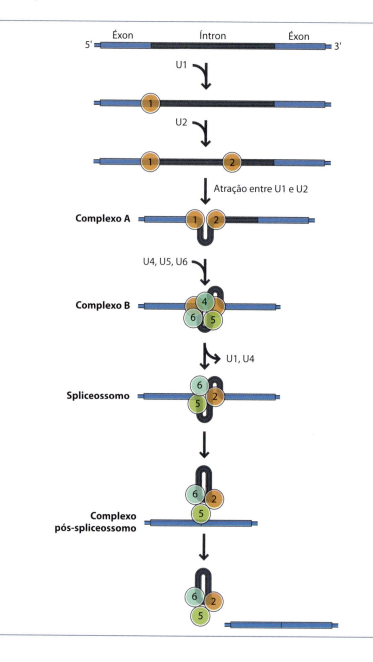

chegada resulta em interações adicionais que aproximam o sítio de *splicing* 3' ao sítio 5' e ao ponto de ramificação. Em seguida, as snRNPs-U1 e U4 deixam o complexo, dando origem ao spliceossomo. Nesse estágio, todas as três posições-chave no íntron estão em proximidade, e as reações de clivagem e junção podem ocorrer, catalisadas pelas snRNPs-U2 e U6. O produto inicial da reação de *splicing* é um **complexo pós-spliceossomo**, que se dissocia em mRNA pós-*splicing* e em laço do íntron, estando este último ainda ligado às snRNPs-U2, U5 e U6.

Alguns RNA não codificantes contêm um tipo diferente de íntron, que é autocatalítico

Existem vários tipos diferentes de íntrons, alguns relacionados com os íntrons GU–AG, porém outros com aspectos característicos bastantes diferentes. Uma família, denominada **Grupo I**, é particularmente interessante, visto que os íntrons desse tipo são capazes de catalisar a sua própria reação de *splicing*.

Os íntrons do Grupo I são mais comuns nas moléculas de DNA em mitocôndrias e cloroplastos, porém o primeiro a ser descoberto estava localizado no rRNA nuclear de *Tetrahymena*, um protozoário ciliado. A bioquímica subjacente à reação de *splicing*

Boxe 15.5 O "spliceossomo menor".

Um pequeno número de íntrons do pré-mRNA nos eucariotos não pertence à classe GU–AG. Com base em suas sequências de limite, esses íntrons foram originalmente denominados íntrons de tipo AU–AC; entretanto, com a caracterização de mais exemplos, ficou claro que as sequências de limite são variáveis, e nem todas contêm os motivos AU e AC. A bioquímica subjacente da reação de *splicing* é idêntica nos íntrons tanto GU–AG quanto AU–AC, e o *splicing* deste último ocorre por meio de duas transesterificações, a primeira iniciada pelo grupo 2'-OH da adenosina final da sequência 5'–UCCUUAAC–3', que é quase invariante nesse tipo de íntron.

Embora a bioquímica seja a mesma, as características especiais de sequência dos íntrons AU–AC implica a necessidade de um conjunto diferente de snRNP. Apenas a snRNP-U5 está envolvida nos mecanismos de *splicing* de ambos os tipos de íntrons. Para os íntrons AU–AC, as funções das snRNP-U1 e U2 são assumidas pelas snRNP-U11 e U12, respectivamente, e as snRNP-U4 e U6 são substituídas pelas snRNP-U4atac e U6atac.

Por ser tão incomum, o complexo de *splicing* para os íntrons UA–AC é denominado **spliceossomo menor**.

---

para os íntrons do Grupo I assemelha-se àquela dos íntrons do pré-mRNA, devido à necessidade de duas transesterificações. A primeira delas, que resulta na clivagem do sítio de *splicing* 5', não é induzida por um nucleotídio dentro do íntron, como no caso dos íntrons GU–AG, mas por um nucleosídio ou nucleotídio livre, qualquer um da guanosina, GMP, GDP ou GTP (Figura 15.24). O grupo 3'-OH desse cofator ataca a ligação fosfodiéster no sítio de *splicing* 5', clivando-o, com transferência da guanosina para a extremidade 5' do íntron. A segunda transesterificação envolve o 3'-OH na extremidade livre do éxon *upstream*, que ataca a ligação fosfodiéster no sítio de *splicing* 3'. Isso resulta na clivagem do sítio 3', possibilitando a junção dos éxons. O íntron é liberado como estrutura linear, que pode sofrer transesterificações adicionais, resultando em produtos circulares, como parte de seu processo de degradação.

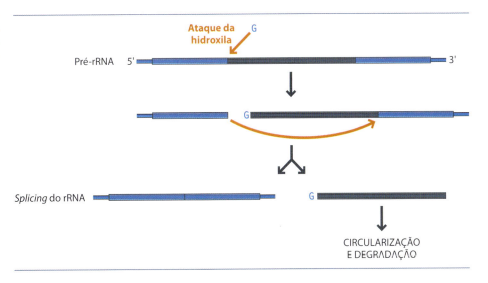

Figura 15.24 A reação de *splicing* para um íntron autocatalítico do Grupo I. A "G" que inicia a reação de *splicing* pode ser guanosina, GMP, GDP ou GTP.

O aspecto notável da reação de *splicing* do Grupo I é o fato de que ela ocorre na ausência de proteínas e, portanto, é autocatalítica, em que o próprio RNA possui atividade enzimática. Este foi o primeiro exemplo da descoberta de uma enzima de RNA ou ribozima, no início da década de 1980. A atividade de ***auto-splicing*** dos íntrons do Grupo I depende da estrutura de bases pareadas adotada pelo RNA. Essa estrutura compreende nove regiões principais de bases pareadas, duas das quais formam um par de domínios no sítio ativo da ribozima. Os dois sítios de *splicing* são trazidos em proximidade um com o outro por meio de interações de outras partes da estrutura secundária. Embora essa estrutura de RNA seja suficiente para o *splicing*, acredita-se que, com alguns íntrons do Grupo I, a estabilidade da ribozima seja aumentada por proteínas não catalíticas que se ligam a ela.

Boxe 15.6 *Splicing* alternativo.

Quando os íntrons foram descobertos, acreditou-se inicialmente que um gene descontínuo poderia ter apenas uma **via de *splicing***, por meio da qual todos os éxons seriam unidos para produzir um único mRNA. Hoje em dia, sabemos que alguns genes descontínuos possuem duas ou mais vias de ***splicing* alternativo**, o que significa que o pré-mRNA pode ser processado de várias maneiras, produzindo uma série de mRNA constituídos de diferentes combinações de éxons. Esses mRNAs irão dirigir a síntese de proteínas relacionadas, porém distintas.

O *splicing* alternativo é raro em alguns eucariotos, porém é relativamente comum nos vertebrados; com efeito, cerca de 75% de todos os genes codificantes de proteínas nos seres humanos são capazes de seguir duas ou mais vias de *splicing*. Um exemplo é fornecido pelo gene da calcitonina humana/CGRP, que possui duas vias de *splicing*, dando origem a proteínas muito diferentes. A primeira delas é a calcitonina, um hormônio peptídico curto sintetizado na glândula tireoide que, em associação ao paratormônio, regula a concentração de íons cálcio na corrente sanguínea. O segundo produto do gene é o peptídio relacionado com o gene da calcitonina (CGRP), que é um neurotransmissor ativo nos neurônios sensitivos e envolvido na resposta à dor. O gene da calcitonina/CGRP possui seis éxons:

- O éxon 1 abrange a parte do mRNA entre o sítio de iniciação da transcrição e o início efetivo do gene
- Os éxons 2 e 3 especificam um **peptídio de sinal**. Trata-se de uma sequência curta de aminoácidos, que possibilita a entrada da proteína no retículo endoplasmático. Uma vez dentro do retículo endoplasmático, o peptídio de sinal é clivado, e a proteína passa para o aparelho de Golgi antes de sua secreção pela célula. Iremos estudar esse aspecto, bem como outros aspectos do endereçamento de proteínas na *Seção 16.4*
- O éxon 4 codifica o restante da proteína calcitonina
- Os éxons 5 e 6 codificam o CGRP.

Por conseguinte, o pré-mRNA do gene da calcitonina/CGRP segue duas vias de *splicing* específicas de tecido. Na glândula tireoide, ocorre *splicing* dos éxons 1-2-3-4, para produzir a forma precursora da calcitonina, contendo peptídio de sinal e o hormônio peptídico. No tecido nervoso, os éxons 1-2-3-5-6 são unidos para produzir o mRNA para o neurotransmissor CGRP.

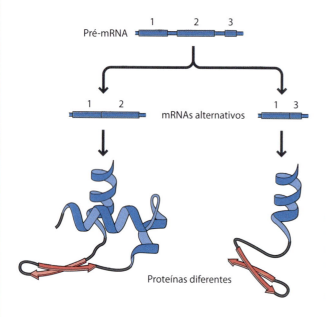

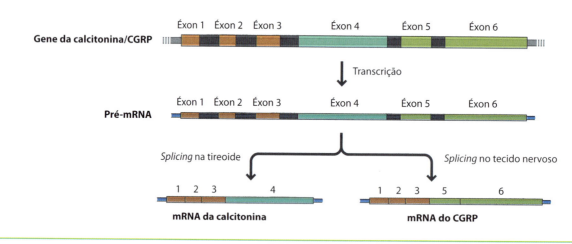

15.2.3 Modificação química do RNA não codificante

> Estudamos essas modificações químicas na *Seção 4.1.3*.

Além de ser processado por meio de reações de clivagem e junção, alguns RNA não codificantes também são quimicamente modificados. Já analisamos a natureza dessas modificações químicas e seus efeitos sobre as moléculas de tRNA. Agora, iremos investigar os eventos que ocorrem durante o processamento do pré-rRNA.

Os RNAs transportadores exibem uma variedade de modificações químicas; entretanto, no caso dos rRNAs, a maior parte dessas alterações consiste em conversão da uracila em pseudouracila (ver Figura 4.15) ou 2'-*O*-metilação, em que o hidrogênio

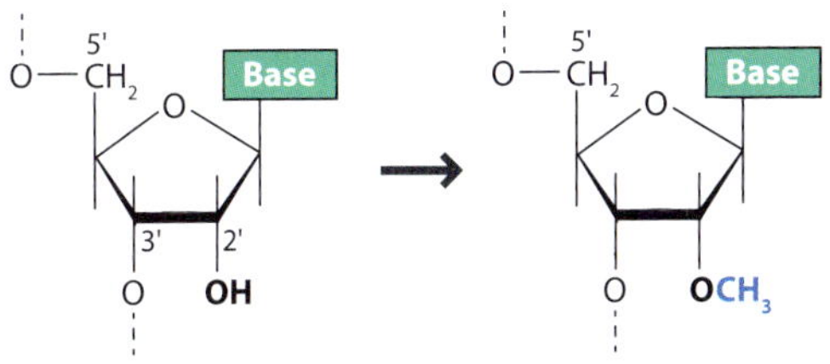

Figura 15.25 2'-O-metilação de um nucleotídio.

do grupo –OH ligado ao carbono 2' da ribose é substituído por um grupo metila (Figura 15.25). Os quatro rRNAs humanos sofrem pseudouridinilação em 95 posições e metilação em outras 106 posições, ou seja, aproximadamente uma modificação para cada 35 nucleotídios. Cada uma dessas alterações encontra-se em uma posição específica, sempre a mesma em cada cópia de rRNA.

Nas bactérias, os rRNAs são modificados por enzimas que reconhecem diretamente a sequência e/ou a estrutura de bases pareadas das regiões de RNA que contêm os nucleotídios a serem modificados. Nos eucariotos, as posições de modificação não exibem qualquer semelhança quanto à sequência ou estrutura, e é necessário um processo mais sofisticado para assegurar a especificidade de posição. Esse processo envolve os RNA nucleolares pequenos ou snoRNA.

Os RNAs nucleolares pequenos fazem pareamento de bases com as regiões no rRNA onde é necessário efetuar modificações. Os primeiros snoRNAs descobertos foram aqueles que dirigem as reações de metilação. Cada um desses snoRNAs forma alguns pares de bases com o rRNA, e esse pareamento sempre está localizado imediatamente *upstream* de uma sequência denominada caixa D, que está em todos os snoRNAs (Figura 15.26). O nucleotídio que irá ser modificado forma o par de bases a uma distância de cinco posições da caixa D. A conversão da uracila em pseudouracila também envolve snoRNA. Esses snoRNAs não possuem caixas D, porém ainda apresentam motivos conservados, que podem ser reconhecidos pela enzima modificadora, direcionando a modificação no nucleotídio correto do rRNA.

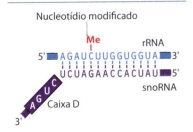

Figura 15.26 O papel de um snoRNA na metilação do rRNA. Observe que a interação do rRNA com o snoRNA envolve um par de bases G–U, que é permissível entre os polinucleotídios de RNA.

Existe um snoRNA diferente para cada posição modificada em um pré-rRNA, com exceção de alguns sítios que estão próximos o suficiente para serem processados juntos. Isso significa que os seres humanos sintetizam aproximadamente 200 snoRNAs diferentes. Alguns deles são transcritos a partir de genes de snoRNA pela RNA polimerase III, porém a maior parte é especificada por sequências dentro dos íntrons de genes codificantes de proteínas e, portanto, é transcrita pela RNA polimerase II, com liberação por meio de clivagem desses íntrons após *splicing*.

Leitura sugerida

Banerjee S, Chalissery J, Bandey I and Sen R (2006) Rho-dependent transcription termination: more questions than answers. *Journal of Microbiology* **44**, 11–22.

Bujard H (1980) The interaction of *E. coli* RNA polymerase with promoters. *Trends in Biochemical Sciences* **5**, 274–8.

Buratowski S (2009) Progression through the RNA polymerase II CTD cycle. *Molecular Cell* **36**, 541–6. Descreve o papel do domínio C-terminal da RNA polimerase II durante a transcrição.

Cech TR (1990) Self-splicing of group I introns. *Annual Review of Biochemistry* **59**, 543–68. Revisão de íntrons de *auto-splicing*.

Cougot N, van Dijk E, Babajko S and Séraphin B (2004) 'Cap-tabolism'. *Trends in Biochemical Science* **29**, 436–44. *Capping* de mRNA.

Green MR (2000) TBP-associated factors (TAF$_{II}$s): multiple, selective transcriptional mediators in common complexes. *Trends in Biochemical Science* **25**, 59–63.

Kandah E, Trowitzsch S, Gupta K, Haffke M and Berger I (2014) More pieces to the puzzle: recent structural insights into class II transcription initiation. *Current Opinions in Structural Biology* **24**, 91–7.

356 Parte 3 Armazenamento de Informações Biológicas e Síntese de Proteínas

Klug A (2001) A marvellous machine for making messages. *Science* **292**, 1844–6. Descrição da RNA polimerase bacteriana.

Manley JL and Takagaki Y (1996) The end of the message – another link between yeast and mammals. *Science* **274**, 1481–2. Poliadenilação.

Matera AG and Wang Z (2014) A day in the life of the spliceosome. *Nature Reviews Molecular Cell Biology* **15,** 108–21.

Padgett RA, Grabowski PJ, Konarska MM and Sharp PA (1985) Splicing messenger RNA precursors: branch sites and lariat RNAs. *Trends in Biochemical Sciences*, **10**, 154–7. Um bom resumo dos detalhes fundamentais sobre *splicing* de íntrons.

Saecker RM, Record MY and deHaseth PL (2011) Mechanism of bacterial transcription initiation: RNA polymerase–promoter binding, isomerization to initiation-competent open complexes, and initiation of RNA synthesis. *Journal of Molecular Biology* **412**, 754–71.

Tollervey D (1996) Small nucleolar RNAs guide ribosomal RNA methylation. *Science* **273**, 1056–7.

Tora L and Timmers HT (2010) The TATA box regulates TATA-binding protein (TBP) dynamics *in vivo. Trends in Biochemical Science* **35**, 309–14. Detalhes sobre o reconhecimento da caixa TATA por TBP.

Toulokhonov I, Artsimovitch I and Landick R (2001) Allosteric control of RNA polymerase by a site that contacts nascent RNA hairpins. *Science* **292,** 730–3. Modelo para o término da transcrição em bactérias envolvendo a estrutura em *flap* na face externa da RNA polimerase.

Travers AA and Burgess RR (1969) Cyclic re-use of the RNA polymerase sigma factor. *Nature* **222**, 537–40. A primeira demonstração do papel da subunidade σ.

Venema J and Tollervey D (1999) Ribosome synthesis in *Saccharomyces cerevisiae. Annual Review of Genetics* **33**, 261–311. Amplo detalhamento sobre processamento de rRNA.

Wahl MC, Will CL and Lührmann R (2009) The spliceosome: design principles of a dynamic RNP machine. *Cell* **136**, 701–18. Revisão do *splicing* de íntrons com foco no papel do spliceossomo.

Questões de autoavaliação

Questões de múltipla escolha

Cada questão tem apenas uma resposta correta.

1. Qual das seguintes alternativas **não** é um tipo de RNA não codificante?
   (a) rRNA
   (b) tRNA
   (c) miRNA
   (d) mRNA

2. Qual das seguintes alternativas é a sequência de consenso para a caixa –35 de um promotor de *E. coli*?
   (a) 5'–TTGACA–3'
   (b) 5'–TGGACA–3'
   (c) 5'–TCGACA–3'
   (d) 5'–TAGACA–3'

3. Qual das seguintes alternativas é a sequência de consenso para a caixa –10 de um promotor de *E. coli*?
   (a) 5'–TATTAT–3'
   (b) 5'–TAAAAT–3'
   (c) 5'–TATAAT–3'
   (d) 5'–TTTAAT–3'

4. Como se descreve a estrutura da RNA polimerase de *E. coli*?
   (a) $\alpha_2\beta\beta'\sigma$
   (b) $\alpha\beta_2\beta'\sigma$
   (c) $\alpha_2\beta_2\sigma$
   (d) $\alpha\beta\beta'\sigma$

5. Qual das seguintes afirmativas é **incorreta** com relação à iniciação da transcrição em *E. coli*?
   (a) A ligação da RNA polimerase envolve interações da subunidade σ com as caixas –35 e –10 do promotor
   (b) A RNA polimerase cobre uma região de cerca de 20 pares de base
   (c) O complexo fechado forma-se em primeiro lugar e, em seguida, é convertido em um complexo promotor aberto
   (d) A subunidade σ é responsável pelo reconhecimento da sequência promotora e dissocia-se da enzima logo após a sua ligação ao DNA

6. Que tipos de genes são transcritos pela RNA polimerase II?
   (a) Genes codificantes de proteínas, a maioria dos genes de snRNA, genes miRNA
   (b) Genes de rRNA 28S, 5,8S e 18S
   (c) Genes rRNA 5S, tRNA e vários genes de RNA pequenos
   (d) Todos os genes das alternativas anteriores

7. Qual é o nome da sequência localizada em torno do nucleotídio +1 no promotor para um gene codificante de proteína eucariótico?
   (a) Códon de iniciação

Capítulo 15 **Síntese de RNA** **357**

(b) Caixa TATA
(c) Promotor alternativo
(d) Sequência iniciadora

8. Qual é o nome da proteína que reconhece e que se liga à caixa TATA do promotor para um gene codificante de proteína eucariótico?
(a) TBP
(b) TAF
(c) CTD
(d) RNA polimerase II

9. Como a RNA polimerase II é ativada?
(a) Adição de grupos fosfato ao domínio C-terminal da menor subunidade
(b) Dissociação da subunidade σ
(c) Adição de grupos fosfato ao domínio C-terminal da maior subunidade
(d) Dissociação da proteína mediadora

10. Qual é o tamanho da bolha de transcrição em *E. coli*?
(a) 8 a 10 pb
(b) 12 a 14 pb
(c) 20 a 24 pb
(d) 80 pb

11. Com que velocidade a RNA polimerase II sintetiza o RNA?
(a) Até 1.000 nucleotídios por minuto
(b) Até 2.000 nucleotídios por minuto
(c) Mais de 10.000 nucleotídios por minuto
(d) Mais de 50.000 nucleotídios por minuto

12. Qual das seguintes afirmativas é **correta** no que concerne à estrutura do *cap*?
(a) Ocorre ligação de GTP à extremidade 5′ limite do RNA pela enzima guanina metiltransferase
(b) Ocorre *capping* após o RNA ter alcançado um comprimento de 30 nucleotídios
(c) A reação inicial ocorre entre o trifosfato 5′ do nucleotídio terminal e o trifosfato do GTP que chega
(d) O *cap* inclui a 5-metilguanosina

13. Qual das seguintes características é normalmente observada em um terminador intrínseco de *E. coli*?
(a) Sequência repetida invertida
(b) Uma série de nucleotídios de adenina
(c) Uma sequência que pode formar uma estrutura em grampo no transcrito de RNA
(d) Todas as alternativas anteriores

14. O que é Rho em um terminador dependente de Rho?
(a) Uma proteína helicase
(b) Uma subunidade da RNA polimerase
(c) Uma estrutura em grampo
(d) Uma topoisomerase

15. Qual das seguintes afirmativas é **incorreta** com relação à poliadenilação de um mRNA eucariótico?
(a) A cauda poli(A) é uma série de até 250 nucleotídios de adenina que são colocados na extremidade 5′ do RNA
(b) Essas adeninas são adicionadas pela poli(A) polimerase
(c) O mRNA é clivado antes da poliadenilação
(d) As proteínas CPSF e CstF estão envolvidas na poliadenilação

16. Qual é o coeficiente de sedimentação do pré-rRNA de *E. coli*?
(a) 5S
(b) 18S
(c) 23S
(d) 30S

17. Durante o processamento do tRNA em *E. coli*, qual é a enzima que realiza a clivagem, formando a extremidade 5′ do tRNA maduro?
(a) Ribonuclease D
(b) Ribonuclease E
(c) Ribonuclease F
(d) Ribonuclease P

18. Em um gene descontínuo, qual é o nome dos segmentos que não contribuem para a sequência de aminoácidos da proteína?
(a) Éxons
(b) Éxtrons
(c) Íntons
(d) Íntrons

19. Qual é a sequência de consenso do sítio de *splicing* 5′ de um íntron GU–AG?
(a) 5′–AGG↓UAAGU–3′
(b) 5′–AG↓GUAAGU–3′
(c) 5′–AGGUAAGU↓–3′
(d) 5′–↓AGGUAAGU–3′

20. Qual é o nome das reações bioquímicas que ocorrem durante o *splicing* de um íntron GU–AC?
(a) Transformações
(b) Oxidações
(c) Transesterificações
(d) Transoxidações

21. Qual é o nome da estrutura no interior da qual ocorrem as reações de *splicing* para um íntron GU-AG?
(a) Spliceossomo
(b) Íntron
(c) snRNP
(d) Ribossomo

22. Qual das seguintes afirmativas é **incorreta** com relação ao *splicing* de um íntron do Grupo I?
(a) Duas transesterificações estão envolvidas
(b) A clivagem do sítio de *splicing* 5′ é induzida por um nucleotídio dentro do íntron
(c) O RNA do íntron possui atividade catalítica
(d) O íntron é liberado na forma de uma estrutura linear

23. Quais são os dois tipos mais comuns de modificação química nos rRNA?
(a) Conversão de uracila em 4-tiouracila e 2′-*O*-metilação
(b) Conversão de uracila em 4-tiouracila e 3′-*O*-metilação
(c) Conversão de uracila em pseudouracila e 2′-*O*-metilação
(d) Conversão de uracila em pseudouracila e 3′-*O*-metilação

24. Como a maior parte dos snoRNA dos seres humanos é sintetizada?
(a) Por transcrição pela RNA polimerase I
(b) Por transcrição pela RNA polimerase II
(c) Por transcrição pela RNA polimerase III
(d) Pela clivagem de íntrons que sofrem *splicing*

Questões discursivas

1. Esquematize as funções dos vários tipos de RNA não codificantes encontrados nas células eucarióticas.

2. Descreva a estrutura e o papel do promotor de *E. coli*.

3. Desenhe uma série de diagramas, ilustrando a iniciação da transcrição em *E. coli*. Diferencie cuidadosamente o papel da subunidade σ da RNA polimerase nesse processo.

4. Como a estrutura do promotor para um gene codificante de proteína em um eucarioto difere daquela de *E. coli*?

5. Descreva as funções das subunidades β e β' durante o alongamento de um transcrito de RNA pela RNA polimerase de *E. coli*. O que é a estrutura em aba (*flap*) e qual o papel que se acredita que essa estrutura possa desempenhar durante a transcrição?

6. Utilizando diagramas, descreva como o *cap* e a cauda poli(A) são adicionados a um mRNA de eucarioto.

7. Estabeleça a distinção entre os métodos intrínseco e dependente de Rho para o término da transcrição em *E. coli*.

8. Esquematize os eventos de clivagem e de "aparar" que ocorrem durante o processamento dos transcritos de rRNA e tRNA.

9. Forneça uma descrição detalhada do processo de *splicing* para um íntron GU–AG.

10. Descreva o papel dos snoRNA no processamento do RNA não codificante.

Questões de autoaprendizagem

1. Construa uma hipótese para explicar por que os eucariotos possuem três RNA polimerases. A sua hipótese pode ser testada?

2. O pensamento atual considera a transcrição como um processo descontínuo, com pausas regulares da polimerase e fazendo uma "escolha" entre continuar o alongamento pela adição de mais nucleotídios ao transcrito ou terminar por dissociação do molde. A escolha selecionada depende da alternativa mais favorável em termos termodinâmicos. Examine esse conceito de transcrição.

3. Os genes descontínuos são comuns em organismos superiores, porém estão praticamente ausentes nas bactérias. Discuta a possível razão disso.

4. Até que ponto o estudo dos íntrons AU–AC proporcionou um entendimento dos detalhes do *splicing* de íntrons GU–AG?

5. Discuta as razões pelas quais as moléculas de tRNA e de rRNA são quimicamente modificadas.

CAPÍTULO 16

Síntese de Proteínas

OBJETIVOS DO ESTUDO

Após a leitura deste capítulo, você será capaz de:

- Entender as características básicas do código genético, incluindo as variações no código que existem em algumas espécies

- Saber como um aminoácido liga-se a um tRNA e como são evitados erros durante esse processo

- Descrever tipos incomuns de aminoacilação, em que o aminoácido inicialmente fixado a um tRNA não é aquele especificado por esse determinado tRNA

- Reconhecer a importância das interações códon-anticódon na decifração do código genético e compreender o papel da oscilação nesse processo

- Descrever a composição do ribossomo bacteriano e eucariótico

- Saber como a estrutura tridimensional do ribossomo está relacionada com a sua função na síntese de proteínas

- Descrever os eventos que ocorrem durante a iniciação da tradução em *Escherichia coli* e nos eucariotos e, em particular, reconhecer as funções dos diversos fatores de iniciação

- Descrever os eventos que ocorrem durante a fase de alongamento da tradução em *E. coli* e nos eucariotos

- Entender como ocorre a terminação da tradução em *E. coli* e nos eucariotos

- Fornecer exemplos de proteínas que são processadas por clivagem proteolítica

- Fornecer exemplos de modificações químicas que ocorrem em diversas proteínas

- Entender o papel da modificação química de proteínas nas vias de transdução de sinal e no controle da expressão gênica por histonas

- Entender o papel das sequências de ordenação no endereçamento (ou destino) das proteínas

- Descrever a via de exocitose para as proteínas secretadas e identificar os desvios dessa via para as proteínas destinadas a várias membranas celulares e lisossomos

No segundo estágio da via de expressão dos genes, uma molécula de mRNA dirige a síntese de proteína. Esse processo é denominado **tradução**, visto que sequência de nucleotídios no mRNA é *traduzida* na sequência de aminoácidos que compõe a molécula de proteína resultante. Existem quatro aspectos diferentes na síntese de proteínas que precisamos estudar:

- Em primeiro lugar, é necessário entender o **código genético**, que é o conjunto de regras que especificam como uma sequência de nucleotídios é convertida em uma sequência de aminoácidos. Precisamos examinar ambas as características do código genético e o modo pelo qual as regras estabelecidas pelo código são cumpridas durante a tradução de mRNA individual

- Em segundo lugar, precisamos examinar a mecânica do processo de síntese de proteínas, de modo a compreender como ocorre a montagem dos aminoácidos em uma cadeia polipeptídica

360 Parte 3 Armazenamento de Informações Biológicas e Síntese de Proteínas

- Em terceiro lugar, precisamos estudar os eventos de **processamento pós-tradução** que são necessários para a síntese das versões funcionais de algumas proteínas. Esses eventos incluem a remoção de segmentos de uma ou de ambas as extremidades de um polipeptídio, a clivagem de uma grande proteína em segmentos menores e a modificação química de certos aminoácidos

- Por fim, é importante entender como o endereçamento de proteínas resulta no transporte de uma proteína de seu sítio de montagem até o local na célula onde irá desempenhar a sua função.

16.1 Código genético

O código genético consiste em um conjunto de regras que governam o modo pelo qual a sequência de nucleotídios de um mRNA especifica a sequência de aminoácidos de uma proteína. Em primeiro lugar, iremos estudar as características do código genético e, em seguida, iremos examinar como as regras do código são aplicadas durante a tradução de um mRNA.

16.1.1 Características do código genético

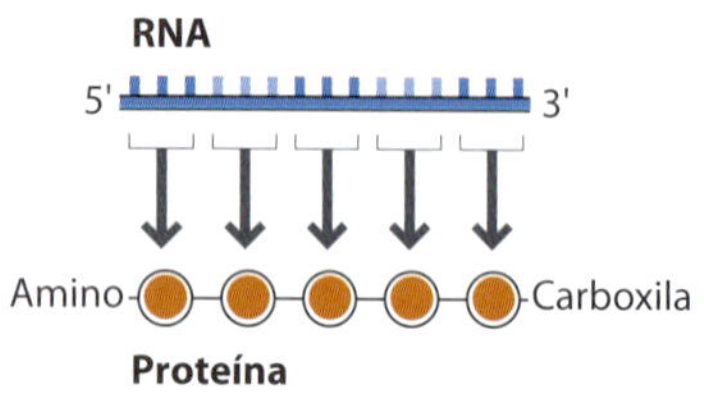

Figura 16.1 Relação entre um mRNA e a sua proteína. Cada conjunto de três nucleotídios adjacentes forma um códon, que especifica um único aminoácido na proteína.

Decifrar o código genético era um dos grandes desafios dos bioquímicos nos primeiros anos da década de 1960. Esse trabalho de decifração estabeleceu a existência de uma relação linear entre um gene e a proteína que ele especifica, o que significa que a ordem dos nucleotídios no gene correlaciona-se com a ordem dos aminoácidos na proteína correspondente (ver Figura 15.19). Outros experimentos mostraram que três nucleotídios adjacentes em um mRNA formam uma "palavra" de codificação ou **códon**, em que cada códon especifica a identidade de um único aminoácido na proteína resultante (Figura 16.1). Gradualmente, o significado de cada um dos códons foi elucidado, e o auge de todo esse programa de pesquisa foi alcançado em 1966, quando o código genético na bactéria *Escherichia coli* foi totalmente decifrado.

O código genético é degenerado e inclui códons de pontuação

Um código de trincas baseado em quatro letras tem $4^3 = 64$ combinações (AAA, AAT, TAT, GCA etc.). Como existem apenas 20 aminoácidos que são especificados pelo código genético, podemos prever que o código deve ser **degenerado**, o que, nesse contexto, significa que alguns aminoácidos serão especificados por mais de um códon. Isso é, de fato, o que ocorre. Dezoito dos 20 aminoácidos possuem mais de um códon, sendo as duas exceções a metionina, que é codificada apenas pelo códon AUG, e o triptofano, cujo único códon é UGG (Figura 16.2). Os códons sinônimos são agrupados, em sua maioria, em famílias. Por exemplo, GGA, GGU, GGG e GGC codificam, todos eles, a glicina, de modo que, na verdade, a palavra de codificação para a glicina é GGN, em que 'N' refere-se a qualquer

Figura 16.2 Código genético.

UUU	phe	UCU		UAU	tyr	UGU	cys
UUC		UCC	ser	UAC		UGC	
UUA	leu	UCA		UAA	terminação	UGA	terminação
UUG		UCG		UAG		UGG	trp

CUU		CCU		CAU	his	CGU	
CUC	leu	CCC	pro	CAC		CGC	arg
CUA		CCA		CAA	gln	CGA	
CUG		CCG		CAG		CGG	

AUU		ACU		AAU	asn	AGU	ser
AUC	ile	ACC	thr	AAC		AGC	
AUA		ACA		AAA	lys	AGA	arg
AUG	met	ACG		AAG		AGG	

GUU		GCU		GAU	asp	GGU	
GUC	val	GCC	ala	GAC		GGC	gly
GUA		GCA		GAA	glu	GGA	
GUG		GCG		GAG		GGG	

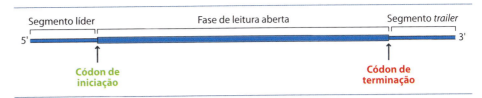

Figura 16.3 Estrutura de um mRNA, mostrando as posições dos códons de pontuação.

um dos quatro nucleotídios. Essa semelhança entre códons sinônimos é relevante quanto à maneira como o código é decifrado durante a síntese de proteínas, como iremos verificar quando examinarmos o papel do tRNA posteriormente neste capítulo.

Quatro das 64 trincas atuam como **códons de pontuação**. Esses códons indicam o início e o término da sequência de nucleotídios que deve ser traduzida em proteína. Esses códons são necessários visto que a **fase de leitura aberta**, isto é, a parte do mRNA que codifica a sequência de aminoácidos, não começa exatamente no primeiro nucleotídio do mRNA, nem termina no seu último nucleotídio (Figura 16.3). É precedida de um **segmento líder** não codificante e seguida de um **segmento *trailer*** também não codificante, também denominados **regiões 5'- e 3'-não traduzidas (UTR)**, respectivamente. Por conseguinte, os **códons de iniciação** e de **terminação** são necessários para marcar o início e o término da fase de leitura aberta.

A trinca AUG é o códon de iniciação para a maioria dos mRNAs. Essa trinca codifica a metionina, de modo que a maioria dos polipeptídios recém-sintetizados apresenta esse aminoácido em sua extremidade aminoterminal, embora a metionina possa ser subsequentemente removida após a síntese da proteína. Existe apenas um códon para a metionina, de modo que as metioninas que estão localizadas em um polipeptídio também são especificadas por códons AUG. Posteriormente, neste capítulo, iremos verificar como o códon de iniciação se diferencia desses códons AUG internos durante a tradução do mRNA.

Três trincas, UAA, UAG e UGA, atuam como códons de terminação, em que um deles sempre se encontra no final da fase de leitura aberta, no ponto em que a tradução precisa terminar. Em *E. coli*, esses códons são as únicas três trincas que não especificam um aminoácido.

Existem variações no código genético

Quando o código genético de *E. coli* foi decifrado, na década de 1960, deduziu-se que o código seria o mesmo para todos os organismos. Era difícil imaginar como um código poderia se modificar, visto que a atribuição de um novo significado a qualquer códon individual resultaria no desarranjo disseminado das sequências de aminoácidos das proteínas de um organismo. Por conseguinte, acreditou-se que o código genético deveria ter se estabelecido em um estágio muito inicial na evolução, tornando-se, em seguida, "congelado", de modo que seria o mesmo para todas as espécies atuais.

Essa pressuposição demonstrou ser incorreta. O código mostrado na Figura 16.2 é correto para a grande maioria dos genes na imensa maioria dos organismos, porém ele não é de forma alguma universal. A ocorrência de divergências foi identificada pela primeira vez quando foram estudadas moléculas curtas de DNA presentes em mitocôndrias. Foi constatado que vários dos genes presentes no DNA mitocondrial humano apresentam códons UGA internos, que não especificam o término da fase de leitura aberta. Nesses genes, UGA codifica o triptofano. Três outras variações do código genético padrão também foram identificadas quando as sequências de nucleotídios de genes mitocondriais humanos foram comparadas com as sequências de aminoácidos nas proteínas correspondentes. Dois códons, AGA e AGG, que habitualmente especificam a arginina, são códons de terminação nesses genes, e AUA codifica a metionina, em lugar da isoleucina (Tabela 16.1). Desvios semelhantes do código são observados nos genes mitocondriais

Tabela 16.1 Variações do código genético padrão observadas em genes mitocondriais humanos.

Códon	Deveria codificar	Codifica na verdade
UGA	Terminação	Triptofano
AGA, AGG	Arginina	Terminação
AUA	Isoleucina	Metionina

Tabela 16.2 Exemplos de proteínas que contêm selenocisteína.	Organismo	Proteína	Função da proteína
	Mamíferos	Glutationa peroxidase	Conversão de H_2O_2 a H_2O (ver Boxe 11.6)
		Tiorredoxina redutase	Regeneração da tiorredoxina após a sua redução, por exemplo, durante a regulação do ciclo de Calvin (ver Figura 10.17)
		Iodotironina desiodinase	Ativação e desativação dos hormônios tireoidianos
	Bactérias	Formiato desidrogenase	Oxidação do formiato a CO_2
		Glicina redutase	Desaminação redutiva da glicina ligada à fosforilação em nível de substrato
		Prolina redutase	Redução da prolina ligada à fosforilação em nível de substrato
	Archaea	Formilmetanofurano desidrogenase	Redução do CO_2 como parte da via de metanogênese, resultando na conversão de CO_2 em metano

de outras espécies, e alguns foram descobertos nos genomas nucleares de eucariotos unicelulares, como protozoários e leveduras. As variações são menos comuns entre procariotos, porém há exemplos conhecidos em espécies de *Micrococcus* e *Mycoplasma*.

Um segundo tipo de variação do código é a **mudança de códon dependente do contexto**, que ocorre quando a proteína contém selenocisteína ou pirrolisina (ver Figura 3.10). Trata-se de dois aminoácidos atípicos, que não são considerados como membros do conjunto padrão de 20 aminoácidos, mas que são encontrados em algumas proteínas. As proteínas que contêm pirrolisina são raras e, provavelmente são apenas encontradas em alguns Archaea e em um número muito pequeno de bactérias; por outro lado, as proteínas que contêm selenocisteína são disseminadas em muitos organismos (Tabela 16.2). Um exemplo é a enzima **glutationa peroxidase**, que ajuda a proteger as células dos mamíferos contra a lesão oxidativa. A selenocisteína é codificada pelo códon UGA, que, por conseguinte, possui duplo significado, visto que ele ainda é utilizado como códon de terminação nos organismos em questão. Um códon UGA que especifica a selenocisteína diferencia-se pela presença de uma estrutura em grampo (haste-alça) no mRNA, posicionada imediatamente *downstream* do códon nos procariotos e na região *trailer* nos eucariotos (Figura 16.4). O reconhecimento do códon da selenocisteína exige uma interação da estrutura haste-alça com uma proteína especial que está envolvida na tradução desses mRNA. Um sistema semelhante provavelmente atua para a pirrolisina, que é especificada por outro códon de terminação, UAG.

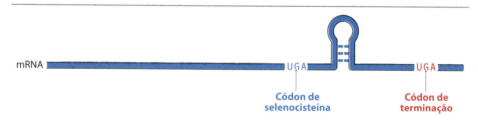

Figura 16.4 Mudança dependente do contexto de um códon UGA. Um códon UGA que especifica a selenocisteína caracteriza-se por uma estrutura em grampo (haste-alça), que é posicionada no mRNA exatamente *downstream* do códon nos procariotos, conforme ilustrado aqui, ou na região *trailer* de um gene eucariótico.

16.1.2 Como o código genético é aplicado durante a síntese de proteínas

Após estudarmos as características do código genético, podemos agora abordar a questão crucial de como as regras estabelecidas no código são cumpridas quando ocorre tradução de um mRNA em um polipeptídio. Os principais fatores que atuam nesse cumprimento das regras são os tRNA, que formam uma ligação física entre o mRNA que está sendo lido e a proteína que está sendo sintetizada (Figura 16.5).

> Examinamos a estrutura do tRNA na Seção 4.1.2.

Capítulo 16 Síntese de Proteínas 363

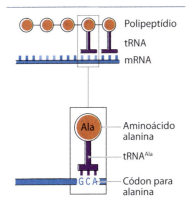

Figura 16.5 O papel dos tRNAs na síntese de proteínas. Ver *Boxe 16.1* para a notação empregada na denominação dos tRNA.

Cada códon é reconhecido por um tRNA, que fornece o aminoácido apropriado na extremidade em crescimento da cadeia polipeptídica. Para entender como os tRNAs desempenham essa função, precisamos estudar dois tópicos:

- A **aminoacilação**, que é o processo pelo qual ocorre a ligação do aminoácido correto a um tRNA
- O **reconhecimento códon-anticódon**, que é a interação do tRNA com o códon em um mRNA.

A especificidade da aminoacilação é assegurada por aminoacil-tRNA sintetases

A aminoacilação é catalisada por um **aminoacil-tRNA sintetase** e resulta na ligação do aminoácido ao nucleotídio na extremidade 3' do tRNA, dentro da parte da estrutura em forma de trevo denominada braço aceptor (Figura 16.6). Esse nucleotídio 3'-terminal é sempre uma adenina. A aminoacilação é um processo em duas etapas:

Etapa 1. Um intermediário aminoacil-AMP ativado (Figura 16.7) é formado pela reação entre o aminoácido e o ATP.

Etapa 2. Em seguida, o aminoácido é transferido para a extremidade 3' do tRNA, liberando AMP.

As bactérias contêm 30 a 45 tRNA diferentes, enquanto esse número alcança até 50 nos eucariotos. Como existem apenas 20 aminoácidos, alguns grupos de tRNA precisam ser específicos para o mesmo aminoácido. Esses grupos são denominados **tRNAs isoaceptores**. Entretanto, a maioria dos organismos apresenta apenas 20 aminoacil-tRNA sintetases, uma para cada aminoácido, o que significa que os grupos de tRNAs isoaceptores são aminoacilados por uma única enzima.

Figura 16.6 Ligação de um aminoácido a um tRNA. A estrutura em folha de trevo do tRNA é mostrada aqui, com os nomes das diferentes partes da estrutura de pareamento de bases. Neste exemplo, o aminoácido está fixado ao 2'-OH do nucleotídio terminal. Esta é a ligação produzida por uma aminoacil-tRNA sintetase da classe I. Uma aminoacil-tRNA sintetase da classe II liga o aminoácido ao grupo 3'-OH.

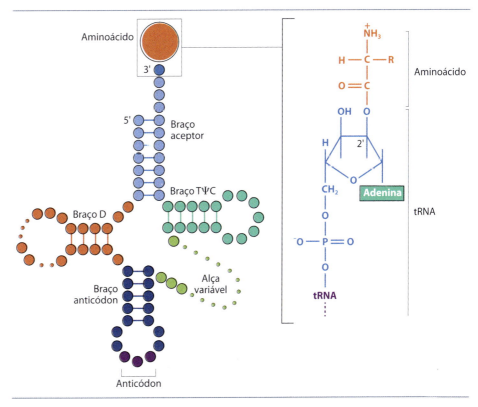

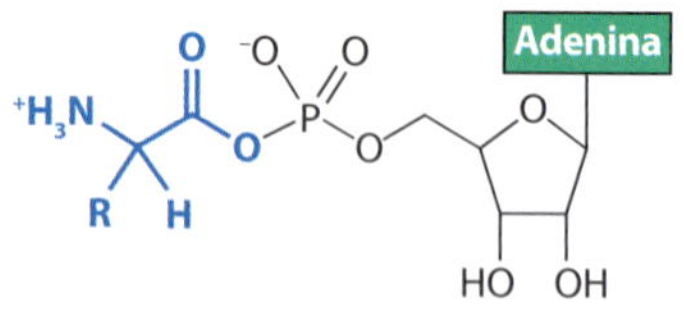

364 Parte 3 Armazenamento de Informações Biológicas e Síntese de Proteínas

Figura 16.7 Composto aminoacil-AMP formado como intermediário durante a reação de aminoacilação. O aminoácido é mostrado em azul.

> Lembre-se de que a estrutura em forma de trevo é uma representação bidimensional da estrutura do tRNA. Na realidade, cada tRNA adota a configuração tridimensional mais compacta mostrada na Figura 4.14.

De modo surpreendente, as 20 aminoacil-tRNA sintetases não formam uma única família de enzimas. Na verdade, existem dois tipos distintos de aminoacil-tRNA sintetase, com diferentes propriedades bioquímicas, das quais a mais evidente é a natureza da ligação estabelecida entre o aminoácido e o seu tRNA. As enzimas da classe I ligam o aminoácido ao grupo 2'-OH do nucleotídio terminal do tRNA (conforme ilustrado na Figura 16.6), enquanto as enzimas da classe II ligam o aminoácido ao grupo 3'-OH.

Para que as regras do código genético possam ser cumpridas, o aminoácido correto precisa ser ligado ao tRNA correto. A acurácia necessária é obtida por uma extensa interação da aminoacil-tRNA sintetase com o braço aceptor e alça anticódon do tRNA, bem como por nucleotídios individuais nos braços D e TψC. A interação da enzima com o aminoácido é menos extensa, simplesmente pelo fato de que um aminoácido é muito menor do que um tRNA. Isso significa que existem problemas particulares para distinguir entre aminoácidos estruturalmente semelhantes, como a isoleucina e a valina. Por conseguinte, ocorrem erros, em uma frequência muito baixa para a maioria dos aminoácidos, porém possivelmente com uma frequência de até uma aminoacilação em 80 para pares estruturalmente semelhantes. Os erros são corrigidos, em sua maioria, pela própria aminoacil-tRNA sintetase, por um processo de edição que é distinto da aminoacilação e que envolve diferentes contatos com o tRNA.

Tipos incomuns de aminoacilação

Foram identificados alguns tipos incomuns de aminoacilação, que envolvem variações em duas etapas do processo descrito anteriormente. O exemplo mais comum é observado quando a aminoacil-tRNA sintetase liga inicialmente um aminoácido incorreto a um tRNA e, em seguida, o substitui pelo aminoácido correto por meio de uma segunda reação química separada. Esta é a maneira pela qual o *Bacillus megaterium* procede à aminoacilação de suas moléculas de tRNA^{Gln}. Essa bactéria não possui uma aminoacil-tRNA sintetase capaz de trabalhar com a glutamina. Na verdade, o tRNA é aminoacilado com ácido glutâmico, que, em seguida, é convertido em glutamina por uma reação de transaminação, catalisada por uma enzima aminotransferase (Figura 16.8A). O mesmo processo é utilizado por várias outras bactérias (mas não por *Escherichia coli*) e pelos Archaea.

Uma série semelhante de eventos leva à síntese de tRNAs aminoacilados com selenocisteína, que são necessários para a decodificação dependente do contexto de códons UGA quando são sintetizadas selenoproteínas, como a glutationa peroxidase. Esses códons são reconhecidos por um tRNA especial, que é específico para a selenocisteína; entretanto, não existe nenhuma aminoacil-tRNA sintetase capaz de ligar a selenocisteína a esse tRNA. Na verdade, o tRNA é aminoacilado com serina pela seril-tRNA sintetase. Em seguida, a serina é modificada pela substituição do grupo –OH da serina por –SeH, produzindo a selenocisteína (Figura 16.8B).

A pirrolisina é o segundo aminoácido incomum que é incorporado em proteínas por meio de mudança de códon dependente do contexto, porém isso não exige um processo de aminoacilação incomum, visto que os organismos que utilizam a pirrolisina possuem uma aminoacil-tRNA sintetase específica que liga diretamente o aminoácido a seu tRNA. Entretanto, existe outra aminoacilação incomum que ocorre na maioria das bactérias. Essa aminoacilação envolve o tRNA que reconhece códons de iniciação AUG e que é aminoacilado com metionina, o aminoácido especificado por AUG. Após ligação a seu tRNA, a metionina é modificada pela adição de um grupo formila (–CHO), produzindo *N*-formilmetionina (Figura 16.8C). Voltaremos a discutir a *N*-formilmetionina quando examinarmos o seu papel na iniciação da tradução, mais adiante neste capítulo.

Boxe 16.1 Notação usada para distinguir os diferentes tRNAs.

O formato padrão para distinguir os diferentes tRNAs é o seguinte:

- A especificidade de um tRNA por um aminoácido é indicada por um sufixo sobrescrito. Por exemplo, o tRNA^{Gly} é um tRNA para a glicina, enquanto o tRNA^{Ala} é um tRNA para a alanina

- São utilizados números para distinguir diferentes tRNAs isoaceptores. Por exemplo, dois tRNAs isoaceptores específicos para a glicina são escritos da seguinte maneira: tRNA^{Gly1} e tRNA^{Gly2}.

A Síntese de tRNA^Gln em alguns procariotos

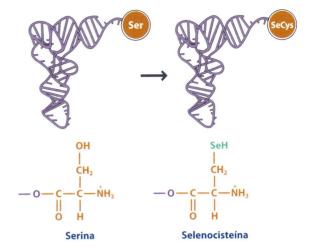

B Síntese de tRNA aminoacilado com selenocisteína

C Síntese de tRNA aminoacilado com N-formilmetionina

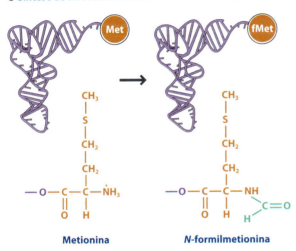

Figura 16.8 Tipos incomuns de aminoacilação. A. Síntese do tRNA^Gln (um tRNA aminoacilado com glutamina) em alguns procariotos. **B.** Síntese do tRNA aminoacilado com selenocisteína (SeCys). **C.** Síntese do tRNA aminoacilado com N-formilmetionina (fMet). Nesses desenhos, a configuração tridimensional dos aminoacil-tRNA é mostrada.

Leitura dos códons por meio de pareamento de bases entre o tRNA e o mRNA

A ligação do aminoácido correto a um tRNA é o primeiro estágio do processo pelo qual as regras do código genético são aplicadas. Para completar o processo, o tRNA precisa agora reconhecer um códon que especifica o aminoácido que ele transporta e ligar-se a ele.

O reconhecimento do códon envolve uma trinca de nucleotídios, denominada **anticódon**, que está localizada na alça do anticódon do tRNA (ver Figura 16.6). O anticódon é complementar com o códon, de modo que a sua ligação ocorre por meio de pareamento de bases (Figura 16.9). Dessa maneira, as regras do código genético são cumpridas, visto que o anticódon existente em um tRNA específico é complementar para um códon para o aminoácido transportado pelo tRNA.

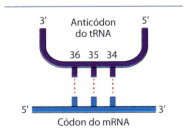

Figura 16.9 Interação de códon com seu anticódon. Os números referem-se às posições dos nucleotídios na sequência do tRNA, sendo a posição 1 o nucleotídio na extremidade 5'.

Existem 61 códons que especificam aminoácidos, porém não há mais do que 50 tRNAs diferentes nos eucariotos, e existe um número ainda menor nas bactérias. Por conseguinte, alguns tRNA precisam ser capazes de reconhecer mais de um códon. Como isso pode ser obtido, mantendo, ao mesmo tempo, a especificidade que é essencial para cumprir as regras do código? A resposta encontra-se no processo denominado **oscilação**. Como o anticódon está contido dentro de uma alça do RNA, a trinca de nucleotídios é ligeiramente curvada. Isso significa que o anticódon não pode estabelecer um alinhamento totalmente uniforme com o códon. Em consequência, pode haver formação de um par de bases não padrão na "posição de oscilação" entre o terceiro nucleotídio do códon e o primeiro nucleotídio do anticódon (posição 34 na Figura 16.9). Entretanto, as regras de pareamento de bases não se tornam totalmente flexíveis na posição de oscilação, visto que são permitidos apenas alguns tipos de pares de bases incomuns. Os dois exemplos mais comuns são os seguintes (Figura 16.10):

- **Pares de bases G-U.** Ao possibilitar o pareamento de G com U e também com C, um anticódon com a sequência ♦♦G pode fazer um pareamento de bases com ♦♦C e ♦♦U. De modo semelhante, o anticódon ♦♦U pode se parear com ♦♦A e ♦♦G. Em consequência, todos os quatro membros de uma família de códons (p. ex., GCN, que codificam a alanina) podem ser decodificados por apenas dois tRNAs

- **Anticódons contendo inosina**, um dos nucleotídios modificados presentes no tRNA. A inosina pode ser pareada com A, C e U. O anticódon UAI (em que 'I' é a inosina) pode, portanto, parear-se com AUA, AUC e AUU, permitindo que todos os três códons para a isoleucina sejam decodificados por um único tRNA.

A oscilação reduz o número necessário de tRNAs em uma célula, permitindo que um tRNA faça a leitura de dois ou, possivelmente, três códons. Isso significa que as bactérias podem decodificar seus mRNAs com apenas 30 tRNAs. Os eucariotos também utilizam a oscilação, porém de uma maneira mais restrita. Por exemplo, o genoma humano codifica 48 tRNAs, 16 dos quais utilizam a oscilação para decodificar, cada um deles, dois códons, com 32 tRNAs remanescentes específicos para uma única trinca. Outros genomas utilizam formas mais extremas de oscilação. A tradução dos mRNA mitocondriais de

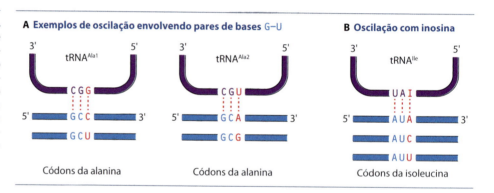

Figura 16.10 Exemplos de oscilação. A. Oscilação envolvendo os pares de bases G-U. Nesses dois exemplos, a oscilação permite que a família de quatro códons para a alanina seja decodificada por apenas dois tRNA. **B.** A oscilação envolvendo a inosina permite a leitura dos três códons para isoleucina por um único tRNA. Em cada esquema, os nucleotídios na posição de oscilação estão destacados em vermelho.

Boxe 16.2 Oscilação e códons de iniciação alternativos.

Os exemplos de oscilação apresentados na Figura 16.10 ilustram a flexibilidade nas regras de pareamento de bases que podem ocorrer quando uma cadeia de polipeptídio está sendo alongada. Como iremos estudar na *Seção 16.2.1*, durante a síntese de polipeptídios, cada aminoacil-tRNA consecutivo entra na parte do ribossomo designada como sítio A, e é nesse sítio A que pode ocorrer oscilação entre o anticódon do tRNA e o códon do mRNA.

Cada ribossomo também possui um segundo bolso de ligação do tRNA, denominado sítio P, porém o único tRNA que consegue entrar diretamente nesse sítio é o tRNA iniciador, que transporta a metionina nos eucariotos e a *N*-formilmetionina nas bactérias. As geometrias dos sítios A e P são diferentes, e, no sítio P, a natureza dos contatos entre o anticódon do tRNA e o códon de iniciação do mRNA são tais que é possível a ocorrência de formas mais extremas de oscilação. Experimentos demonstraram que o tRNA iniciador dos eucariotos pode reconhecer qualquer versão do códon de iniciação, em que dois dos três nucleotídios correspondem à sequência AUG "correta".

Isso significa que, além de AUG, nove outras trincas (CUG, GUG, UUG, AAG, ACG, AGG, AUA, AUC, AUU) podem ser utilizadas como códons de iniciação. Entre elas, a trinca CUG é a variante mais eficiente para iniciar a tradução, enquanto AAG e AGG são as menos efetivas.

Embora as nove trincas alternativas possam ser utilizadas como códons de iniciação com diferentes graus de eficiência em sistemas experimentais, os códons alternativos de iniciação parecem ser usados muito raramente nos eucariotos. Nos mamíferos, pouco mais de 20 genes apresentam códons de iniciação não AUG. A maioria desses genes também apresenta um códon de iniciação AUG genuíno a uma distância de poucos nucleotídios *downstream*, e o códon não padrão provavelmente é usado com pouca frequência. Nas bactérias, os códons de iniciação não AUG são mais comuns, e aproximadamente 20% de todos os genes bacterianos utilizam GUG ou UUG para esse propósito, sendo a trinca não padrão frequentemente o único códon de iniciação para seu gene.

Capítulo 16 Síntese de Proteínas **367**

mamíferos exige apenas 22 tRNAs. Com alguns desses tRNAs, o nucleotídio na posição de oscilação do anticódon é praticamente redundante, visto que pode ocorrer pareamento de bases com qualquer nucleotídio, permitindo o reconhecimento de todos os quatro códons de uma família pelo mesmo tRNA. Esse fenômeno foi denominado **superoscilação**.

16.2 Mecânica da síntese de proteínas

Iremos examinar agora o processo efetivo pelo qual um mRNA é traduzido em um polipeptídio. A síntese de proteínas ocorre no interior de estruturas denominadas **ribossomos**. Por conseguinte, para entender como as proteínas são sintetizadas, é preciso saber o que são os ribossomos e o que eles fazem.

16.2.1 Ribossomos

Os ribossomos eram originalmente considerados como parceiros passivos no processo de síntese de proteínas, atuando simplesmente como estruturas no interior das quais os mRNAs eram traduzidos em polipeptídios. Essa visão mudou ao longo dos anos, e, atualmente, sabemos que os ribossomos desempenham duas funções ativas e importantes na síntese de proteínas:

- Os ribossomos *coordenam* a síntese de proteínas colocando o mRNA, os aminoacil-tRNA e os fatores proteicos associados em suas posições corretas uns em relação aos outros

- Os componentes dos ribossomos *catalisam* pelo menos algumas das reações químicas que ocorrem durante a síntese de proteínas.

Ambas as funções dependem criticamente da estrutura do ribossomo. Por conseguinte, o estudo de como as proteínas são sintetizadas precisa começar com uma descrição da estrutura dos ribossomos.

Os ribossomos são compostos de rRNA e proteína

Uma célula de *E. coli* contém aproximadamente 20.000 ribossomos distribuídos por todo o seu citoplasma. A célula humana contém, em média, mais de um milhão de ribossomos, alguns dos quais estão livres no citoplasma, enquanto outros estão fixados à superfície externa do retículo endoplasmático. Os ribossomos foram inicialmente observados nas primeiras décadas do século XX, aparecendo como partículas minúsculas quase demasiado pequenas para serem visíveis ao microscópio óptico. Nas décadas de 1940 e 1950, quando foi desenvolvida a microscopia eletrônica, foi constatado que os ribossomos eram, mais claramente, estruturas ovaladas, com dimensões de 29 nm $\times$ 21 nm nas bactérias e um pouco maiores, em média 32 nm $\times$ 22 nm, nos eucariotos.

Grande parte do progresso inicial na compreensão da estrutura detalhada do ribossomo resultou da análise das partículas por meio de centrifugação em gradiente de densidade. Esses estudos revelaram que os ribossomos dos eucariotos apresentam um coeficiente de sedimentação de 80S, enquanto os das bactérias, refletindo o seu menor tamanho, de 70S. Cada tipo de ribossomo pode ser dividido em componentes menores (Figura 16.11):

> A centrifugação por gradiente de densidade e a medida dos coeficientes de sedimentação foram descritas no Boxe 15.3.

- O ribossomo é constituído por duas subunidades. Nos eucariotos, essas subunidades são 60S e 40S e, nas bactérias, 50S e 30S. É importante lembrar que os coeficientes de sedimentação não são aditivos, de modo que a soma das duas subunidades pode ser maior do que o valor S para o ribossomo intacto

- A subunidade maior contém três rRNAs nos eucariotos (os rRNAs 28S, 5,8S e 5S), porém apenas dois nas bactérias (rRNAs 23S e 5S)

- A subunidade menor contém um único rRNA em ambos os tipos de organismos. Trata-se de um rRNA 18S nos eucariotos e um rRNA 16S nas bactérias

- Ambas as subunidades contêm uma variedade de **proteínas ribossômicas**. Existem 50 dessas proteínas na subunidade maior e 33 na subunidade menor dos eucariotos, enquanto as bactérias apresentam 34 na subunidade maior e 21 na subunidade

Figura 16.11 Composição dos ribossomos eucarióticos e bacterianos. Existem algumas variações no número de proteínas ribossômicas em diferentes espécies. Os detalhes apresentados são para os ribossomos humanos e de *E. coli*.

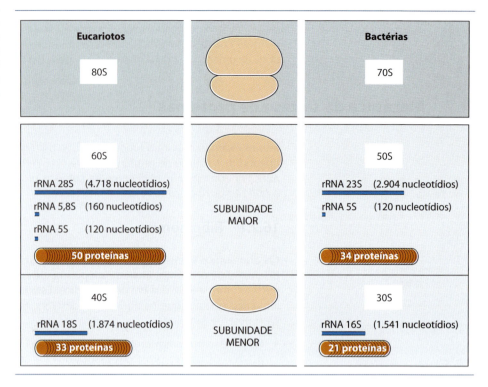

menor. As proteínas ribossômicas na subunidade menor são denominadas S1, S2 etc., enquanto as da subunidade maior são L1, L2 etc. Existe apenas uma cópia de cada proteína por ribossomo, com exceção de L7 e L12, que estão presentes como dímeros.

Estrutura tridimensional do ribossomo

A identificação dos componentes do ribossomo nos fornece poucos dados para entender as características estruturais subjacentes ao papel que os ribossomos desempenham na síntese de proteínas. Precisamos saber como ocorre a montagem desses componentes para formar uma estrutura tridimensional.

Os primeiros passos para entender como ocorre a montagem dos componentes de rRNA e proteínas do ribossomo foram dados quando as sequências de nucleotídios das moléculas de rRNA foram examinadas, e foi previsto como moléculas individuais poderiam se dobrar por meio de pareamento de bases intramoleculares. Esse trabalho revelou que cada tipo de rRNA pode adotar uma estrutura compacta formada de vários grampos (estruturas de haste-alças), em que apenas pequenas regiões do rRNA não participam no pareamento de bases interno. O próximo passo foi identificar as posições de ligação das proteínas ribossômicas nas estruturas de rRNA com pareamento de bases. Esses experimentos revelaram que a maioria das proteínas ribossômicas estabelece contatos com segmentos de um rRNA que aparecem a alguma distância na representação bidimensional da estrutura do rRNA. Claramente, o rRNA com bases emparelhadas é dobrado em uma estrutura tridimensional mais complexa, na qual as proteínas ribossômicas estabelecem contatos em posições específicas dentro dessa estrutura tridimensional.

Durante muitos anos, o progresso da representação bidimensional dos ribossomos para uma representação tridimensional foi lento. Os ribossomos são tão pequenos que eles estão próximos do limite de resolução do microscópio eletrônico, e, nos primórdios dessa técnica, o melhor que se podia obter era uma reconstrução tridimensional aproximada construída pela análise de imagens frustrantemente difusas. Conforme a microscopia eletrônica se tornou gradativamente mais sofisticada, a estrutura global do ribossomo foi obtida de modo mais detalhado, porém o principal avanço veio quando a análise por **difração de raios X** foi utilizada para estudar ribossomos purificados. Como resultado dessas análises, as estruturas detalhadas de ribossomos completos são atualmente conhecidas, incluindo aqueles ligados ao mRNA e aos tRNAs.

> Para uma descrição detalhada da análise por difração de raios X, ver a Seção 18.1.3.

Figura 16.12 Estrutura detalhada de um ribossomo bacteriano. Diagrama mostrando as posições relativas dos sítios A, P e E e o canal através do qual ocorre translocação do mRNA.

Posições dos sítios A, P e E e canal de mRNA

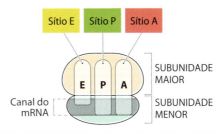

O que todo esse trabalho estrutural nos revelou acerca da mecânica da síntese de proteínas? Sabemos que a ligação entre duas subunidades ribossômicas é temporária, e, quando não estão participando ativamente na síntese de proteínas, os ribossomos dissociam-se em suas unidades, que permanecem no citoplasma aguardando o seu uso para um novo ciclo de tradução. Nas bactérias, a ligação das duas subunidades resulta na formação de dois sítios aos quais os aminoacil-tRNAs podem se ligar. Esses locais são denominados **sítio P** ou **sítio peptidil** e **sítio A** ou **aminoacil**. O sítio P é ocupado pelo aminoacil-tRNA, cujo aminoácido acabou de ser ligado à extremidade do polipeptídio em crescimento, enquanto o sítio A é ocupado pelo aminoacil-tRNA que transporta o próximo aminoácido a ser utilizado. Existe também um terceiro sítio, o **sítio E** ou **sítio de saída**, por meio do qual o tRNA sai após a ligação de seu aminoácido ao polipeptídio (Figura 16.12). As estruturas reveladas por meio da análise por difração de raios X mostram que esses sítios estão localizados na cavidade entre as subunidades maior e menor do ribossomo, estando a interação códon-anticódon associada à subunidade menor, enquanto a extremidade aminoacil do tRNA está associada à subunidade maior. O mRNA passa através de um canal formado principalmente pela subunidade menor.

O trabalho estrutural também revelou parte da dinâmica da síntese de proteínas. À medida que um mRNA é traduzido, o ribossomo precisa se mover ao longo do polinucleotídio, três nucleotídios de cada vez, de modo que cada códon seja colocado, um após o outro, na posição correta entre as duas subunidades. Esse processo é denominado **translocação**. A microscopia eletrônica dos ribossomos em estágios intermediários de translocação mostra que, para que se mova ao longo do mRNA, o ribossomo adota uma estrutura menos compacta, com leve rotação das duas subunidades em direções opostas. Isso proporciona um espaço entre as duas subunidades e possibilita o deslizamento do ribossomo ao longo do mRNA.

16.2.2 Tradução de um mRNA em um polipeptídio

Acompanharemos agora a série de eventos envolvidos na tradução de um mRNA em um polipeptídio. Esses eventos são semelhantes nas bactérias e nos eucariotos, embora os detalhes sejam diferentes, principalmente durante a fase de iniciação.

Nas bactérias, ocorre montagem do ribossomo diretamente no códon de iniciação

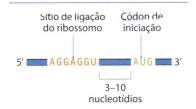

Figura 16.13 Sítio de ligação do ribossomo bacteriano.

Nas bactérias, a tradução de um mRNA começa com a ligação da subunidade menor ao **sítio de ligação do ribossomo**, também denominado **sequência de Shine-Dalgarno**. Trata-se de uma curta sequência dentro do mRNA, localizada 3 a 10 nucleotídios *upstream* do códon de iniciação (Figura 16.13). A sequência de consenso para o sítio de ligação do ribossomo em *E. coli* é 5'-AGGAGGU-3', embora ocorram variações nas sequências efetivas que são encontradas *upstream* de genes individuais (Tabela 16.3). O sítio de ligação do ribossomo é complementar com uma região na extremidade 3' do rRNA 16S, o rRNA presente na subunidade menor. Por conseguinte, acredita-se que o pareamento de bases entre o mRNA e o rRNA esteja envolvido na ligação inicial da subunidade menor ao sítio de ligação do ribossomo. A ligação da subunidade menor é auxiliada pelo **fator de iniciação** IF-3. Os fatores de iniciação são proteínas auxiliares, que não constituem componentes permanentes do ribossomo, mas que se ligam em momentos adequados, de modo a desempenhar suas funções (Tabela 16.4). Em breve, iremos tratar dos outros dois fatores de iniciação bacterianos, IF-1 e IF-2.

Parte 3 Armazenamento de Informações Biológicas e Síntese de Proteínas

Tabela 16.3 Exemplos de sequências de sítio de ligação do ribossomo em *E. coli*.

Gene	Codifica	Sequência de ligação do ribossomo	Nucleotídios para o códon de iniciação
Consenso de *E. coli*	–	5'-AGGAGGU-3'	3 a 10
Óperon de lactose	Enzimas de utilização da lactose	5'-AGGA-3'	7
galE	Hexose 1-fosfato uridiltransferase	5'-GGAG-3'	6
rplJ	Proteína ribossômica L10	5'-AGGAG-3'	8

Tabela 16.4 Funções dos fatores de iniciação nas bactérias e nos eucariotos.

Fator	Função
Bactérias	
IF-1	Incerta; pode auxiliar na entrada do IF-2 no complexo de iniciação e impedir a ligação prematura da subunidade maior
IF-2	Dirige o tRNA^{Met} iniciador até a sua posição correta no complexo de iniciação e hidrolisa o GTP para liberar a energia necessária, de modo a possibilitar a ligação da subunidade maior
IF-3	Medeia a reassociação das subunidades maior e menor do ribossomo
Eucariotos	
eIF-1	Componente do complexo de pré-iniciação; importante papel no reconhecimento do códon de iniciação
eIF-1A	Componente do complexo de pré-iniciação; auxilia no rastreamento e no reconhecimento do códon de iniciação
eIF-2	Liga-se ao tRNA^{Met} iniciador no componente do complexo ternário do complexo de pré-iniciação
eIF-2B	Regenera o complexo eIF-2-GTP
eIF-3	Componente do complexo de pré-iniciação; estabelece contato direto com eIF-4G e, assim, forma a ligação com o complexo de ligação do capuz (*cap*)
eIF-4A	Componente do complexo de ligação do capuz (*cap*); helicase que auxilia no rastreamento, clivando pares de bases intramoleculares no mRNA
eIF-4B	Auxilia no rastreamento, possivelmente ao atuar como helicase que cliva pares de bases intramoleculares no mRNA
eIF-4E	Componente do complexo de ligação do capuz (*cap*), possivelmente o componente que estabelece contato direto com a estrutura capuz (*cap*) na extremidade 5' do mRNA
eIF-4F	Complexo de ligação do capuz (*cap*), que compreende o eIF-4A, o eIF-4E e o eIF-4G, que estabelece o contato primário com a estrutura do capuz (*cap*) na extremidade 5' do mRNA
eIF-4G	Componente do complexo de ligação do capuz (*cap*); forma uma ponte entre o complexo de ligação do capuz (*cap*) e o eIF-3 no complexo de pré-iniciação; em pelo menos alguns organismos, o eIF-4G também forma uma associação com uma cauda poli(A), por meio da proteína de ligação de poliadenilato
eIF-4H	Nos mamíferos, auxilia no rastreamento de modo semelhante ao eIF-4B
eIF-5B	Traz uma molécula de GTP para o complexo de iniciação e auxilia na liberação dos outros fatores de iniciação no término da iniciação
eIF-6	Associado à subunidade maior do ribossomo; impede a ligação das subunidades maiores às subunidades menores no citoplasma

O ribossomo é muito grande em comparação com o mRNA, de modo que, após a sua ligação ao sítio de ligação, a subunidade menor recobre várias dezenas de nucleotídios (Figura 16.14). Essa região inclui o códon de iniciação que, como já sabemos, é habitualmente AUG e que, portanto, codifica a metionina. O códon de iniciação é reconhecido por um tRNA iniciador especial, que transporta uma metionina que foi modificada por ligação de um grupo formil (ver Figura 16.8C). O tRNA iniciador é levado até a subunidade menor do ribossomo por um segundo fator de iniciação, IF-2, juntamente com uma molécula de GTP. Acredita-se que a ligação do IF-2 seja facilitada pelo IF-1, embora o papel preciso do IF-1 ainda não esteja bem esclarecido, de modo que a sua principal função pode consistir em evitar a ligação prematura da subunidade maior.

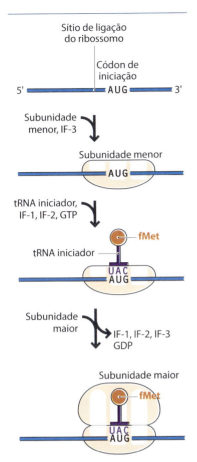

Figura 16.14 Iniciação da tradução em *E. coli*.

Uma vez estando o tRNA iniciador em posição, a fase de iniciação da tradução é completada pela ligação da subunidade maior do ribossomo. Essa etapa exige energia, que é fornecida pela hidrólise da molécula de GTP previamente trazida ao complexo pelo IF-2. A ligação da subunidade maior também é acompanhada da ligação dos três fatores de iniciação.

Nos eucariotos, a subunidade menor efetua o rastreamento ao longo do mRNA para encontrar o códon de iniciação

Nos eucariotos, a subunidade menor do ribossomo utiliza um método radicalmente diferente para localizar o códon de iniciação dentro de um mRNA. Em lugar de se fixar diretamente ao códon de iniciação, a subunidade menor liga-se à extremidade 5' do mRNA e, em seguida, procede ao **rastreamento** ao longo da molécula até localizar o códon de iniciação. Ao fazê-lo, a subunidade menor frequentemente evita as trincas AUG que não são o códon de iniciação. A subunidade menor é capaz de reconhecer a trinca AUG correta, visto que está inserida em uma sequência curta, o consenso 5'-ACCAUGG-3' que diferencia o códon de iniciação das trincas AUG espúrias. Essa sequência é denominada **consenso de Kozak**.

Embora seja simples em linhas gerais, o processo de iniciação nos eucariotos é complexo, provavelmente porque se trata de um importante ponto de controle que determina a velocidade de tradução de polipeptídios a partir de um mRNA individual. A primeira etapa envolve a montagem do **complexo de pré-iniciação**, que compreende (Figura 16.15A):

- A subunidade menor do ribossomo

- Um "complexo ternário" formado pelo fator de iniciação eIF-2 (ver Tabela 16.4) ligado ao tRNA iniciador e a uma molécula de GTP. À semelhança das bactérias, o tRNA iniciador é distinto do tRNA^Met normal que reconhece códons AUG internos; todavia, diferentemente das bactérias, ele transporta uma metionina comum, e não a versão N-formilada

- Três fatores de iniciação adicionais, eIF-1, eIF-1A e eIF-3.

Figura 16.15 Iniciação da tradução nos eucariotos. **A.** Ligação do complexo de pré-iniciação ao mRNA. **B.** Rastreamento do complexo de iniciação na busca do códon de iniciação. Para maior clareza, não são mostrados alguns dos fatores de iniciação, bem como a molécula de GTP que constitui parte do complexo de pré-iniciação, mas que não é hidrolisada até o complexo alcançar o códon de iniciação.

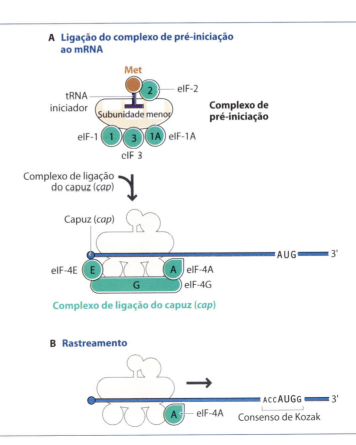

372 Parte 3 Armazenamento de Informações Biológicas e Síntese de Proteínas

> Ver *Seção 15.1.3* para uma descrição da estrutura do capuz (*cap*).

Após a sua montagem, o complexo de pré-iniciação liga-se à extremidade 5′ do mRNA. É importante lembrar que, nos eucariotos, os mRNA são formados pela RNA polimerase II, o que significa que cada um deles possui uma estrutura *cap* em sua extremidade 5′. Esse *cap* parece constituir o sinal de reconhecimento que permite ao complexo de pré-iniciação diferenciar os mRNA de outros tipos de RNA no citoplasma e de identificar a extremidade correta do mRNA.

A ligação do complexo de pré-iniciação à estrutura do capuz (*cap*) requer o **complexo de ligação do capuz (*cap*)** (algumas vezes denominado elF-4F), que é constituído pelos fatores de iniciação elF-4A, elF-4E e elF-4G, e é influenciada pela cauda poli(A), na extremidade 3′ distante do mRNA. Acredita-se que essa interação seja mediada pela **proteína de ligação de poliadenilato (PADP)**, que está ligada à cauda poli(A). Nas leveduras e nas plantas, foi demonstrado que a PADP pode formar uma associação com elF-4G; essa associação exige que o mRNA se dobre para trás sobre ele próprio. Com mRNAs artificialmente montados sem capuz (*cap*), a interação da PADP é suficiente para ligar o complexo de pré-iniciação à extremidade 5′ do mRNA; todavia, em circunstâncias normais, é provável que a estrutura do capuz (*cap*) e a cauda poli(A) atuem juntas. A cauda poli(A) pode desempenhar um importante papel regulador, visto que o comprimento da cauda parece estar correlacionado com o número de vezes em que determinado mRNA é traduzido por segundo.

Após a ligação ao mRNA, o **complexo de iniciação**, como é agora denominado, começa a rastrear a molécula na busca do códon de iniciação (Figura 16.15B). As regiões líder dos mRNA eucarióticos podem ter várias dezenas ou até mesmo centenas de nucleotídios de comprimento e, com frequência contém segmentos que formam grampos (estrutura de haste-alça) e outras estruturas de pareamento de bases. Esses segmentos provavelmente são abertos pelo elF-4A, que é uma helicase, e que, portanto, tem a capacidade de clivar pares de bases intramoleculares do mRNA, possibilitando a passagem do complexo de iniciação sem qualquer obstáculo. A energia para o rastreamento é proporcionada pela hidrólise do ATP; a quantidade de ATP necessária depende do número de pares de bases intramoleculares que precisam ser clivadas para que o complexo alcance o códon de iniciação.

O reconhecimento do códon de iniciação é mediado pelo elF-1 e resulta na mudança do complexo de iniciação em uma conformação "fechada", que forma uma ligação mais firme ao mRNA, com pareamento de bases do anticódon do tRNA iniciador com o

---

Boxe 16.3 Sítios internos de entrada ribossômica – iniciação da tradução nos eucariotos sem varredura.

Durante muitos anos, acreditou-se que o sistema de varredura fosse um único processo para iniciar a tradução de um mRNA eucariótico. Essa pressuposição demonstrou ser incorreta no final da década de 1980, quando foi constatado que os picornavírus utilizam um novo tipo de mecanismo de iniciação da tradução. Esses "pico-RNA-vírus" são pequenos vírus com genoma de RNA. Após infectar uma célula, ocorre replicação do RNA, e alguns dos produtos atuam como mRNA. Esses mRNA não apresentam capuz (*cap*), porém possuem um **sítio interno de entrada ribossômica (IRES)**, que é semelhante, quanto à função, ao sítio de ligação do ribossomo das bactérias, com ligação direta da subunidade menor do ribossomo da célula hospedeira ao IRES. A ligação ao IRES exige um número muito pequeno dos fatores de iniciação eucarióticos padrões, ou nenhum, porém é auxiliada por **fatores de transatuação do IRES (ITAFs)**. Trata-se de proteínas de ligação do RNA que desempenham várias funções nas células não infectadas, que são recrutadas pelo vírus para o seu próprio propósito após a infecção.

As proteínas do vírus incluem três com atividade de proteinase, que clivam e, portanto, inativam proteínas celulares, de modo a interferir na bioquímica da célula hospedeira. Os alvos de ataque das proteinases incluem o fator de iniciação elF-4G, que é de importância

central para o processo de varredura. Por conseguinte, a presença de IRES em seus mRNA significa que os picornavírus podem bloquear a síntese de proteínas na célula hospedeira, sem afetar a tradução de seus próprios mRNAs.

Alguns mRNAs de mamíferos também apresentam IRESs e, portanto, podem ser traduzidos por um processo independente da varredura. Tem sido difícil averiguar como muitos genes podem ser expressos dessa maneira, visto que os IRESs possuem sequências variáveis, o que significa que o seu reconhecimento é difícil ao examinar simplesmente a sequência nucleotídica de um mRNA. Muitos dos mRNA que apresentam IRESs são transcritos de genes envolvidos na resposta celular a estresses, como limitação de nutrientes ou acúmulo de proteínas mal dobradas. Como iremos estudar na *Seção 17.1.3*, um dos componentes da resposta ao estresse consiste em uma infrarregulação global da síntese de proteínas, que é obtida pela fosforilação do elF-2, impedindo que esse fator de iniciação forme um complexo ternário funcional. Por conseguinte, a síntese de proteínas dependente de capuz (*cap*) é inibida, permitindo que os recursos celulares sejam direcionados para a síntese das proteínas de resposta ao estresse por meio da tradução de seus mRNAs mediada por IRES.

códon de iniciação. A mudança da versão de varredura para a versão fechada do complexo exige energia, que é fornecida pela hidrólise da molécula de GTP presente no complexo ternário original.

Uma vez formada a versão fechada do complexo de iniciação, podemos avançar para o estágio final do processo de iniciação que, como nos procariotos, envolve a ligação da subunidade maior do ribossomo e a liberação dos vários fatores de iniciação. Isso requer a hidrólise de uma segunda molécula de GTP, que é trazida para o complexo pelo eIF-5B.

Síntese do polipeptídio

A fase de iniciação da tradução é completada quando a subunidade maior do ribossomo liga-se à subunidade menor, formando um ribossomo completo posicionado sobre o códon de iniciação. Os eventos que ocorrem em seguida são muito semelhantes tanto nas bactérias quanto nos eucariotos. A chave para compreender esses eventos reside nas funções dos sítios peptidil e aminoacil localizados entre as duas subunidades do ribossomo.

Para iniciar, o sítio P é ocupado pelo tRNA iniciador que transporta a metionina nos eucariotos e a N-formilmetionina nas bactérias e tem a suas bases pareadas com o códon de iniciação (Figura 16.16A). Nesse estágio, o sítio A não está ocupado, porém recobre o segundo códon na fase de leitura aberta. O sítio A é então ocupado pelo aminoacil tRNA apropriado que, em *E. coli*, é trazido em posição pelo **fator de**

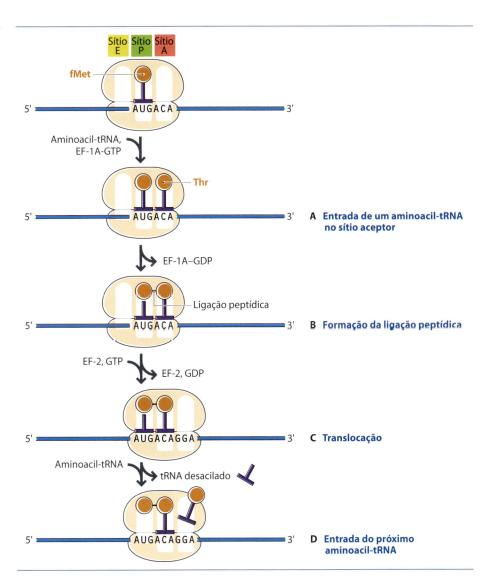

Figura 16.16 Etapa de alongamento da tradução em *E coli*. Nesse exemplo, o segundo aminoácido no polipeptídio é treonina, que é codificada por ACA.

Tabela 16.5 Funções dos fatores de alongamento nas bactérias e nos eucariotos.

Fator	Função
Bactérias	
EF-1A	Direciona o próximo aminoacil-tRNA para o sítio A no ribossomo
EF-1B	Atua como **fator de troca de nucleotídios**; após a hidrólise do GTP ligado ao EF-1A, o EF-1B substitui a molécula de GDP resultante por um novo GTP
EF-2	Medeia a translocação
Eucariotos	
eEF-1	Direciona o próximo aminoacil-tRNA para o sítio A no ribossomo; uma subunidade de eEF-1 fornece a função de troca de nucleotídios necessária para regenerar o GTP que foi hidrolisado antes da saída do eEF-1 do ribossomo
eEF-2	Medeia a translocação
Recentemente, os fatores de alongamento bacterianos receberam uma nova denominação. As designações antigas eram EF-Tu, EF-Ts e EF-G para EF-1A, EF-1B e EF-2, respectivamente.	

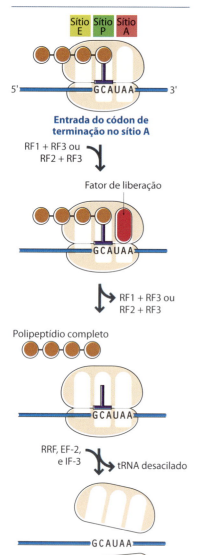

Figura 16.17 Terminação da tradução em *E. coli*. No exemplo mostrado, o aminoácido final do polipeptídio é alanina, que é codificada por GCA, e o códon de terminação é UAA.

alongamento EF-1A, que transporta uma molécula de GTP (Tabela 16.5). Uma das funções do EF-1A é assegurar que o tRNA que entra no sítio A seja um tRNA que esteja transportando o aminoácido correto. Se o processo de aminoacilação for incorreto, e o tRNA estiver transportando um aminoácido incorreto, o EF-1A é então capaz de rejeitar o tRNA. Na outra extremidade do tRNA, a especificidade da interação códon-anticódon é assegurada por contatos que se formam entre o tRNA, o mRNA e a subunidade menor do rRNA. Esses contatos são capazes de discriminar entre uma interação códon-anticódon em que todos os três pares de bases estão formados, e uma interação em que há um ou mais pares incorretos, sinalizando a presença do tRNA incorreto. Quando o aminoacil-tRNA correto tem as bases emparelhadas com o seu códon, o GTP ligado ao EF-1A é hidrolisado; em consequência, o fator de alongamento, que agora transporta um GDP, sofre uma mudança de conformação e deixa o ribossomo. No citoplasma, o EF-1B converte o GDP de volta em GTP, regenerando a molécula ativa de EF-1A.

A saída do EF-1A fornece ao ribossomo o sinal de que o aminoacil-tRNA correto entrou no sítio A. A primeira ligação peptídica pode ser formada agora (Figura 16.16B). Essa etapa é catalisada por uma enzima **peptidil transferase**, que libera o aminoácido do tRNA iniciador e forma uma ligação peptídica entre esse aminoácido e aquele ligado ao tRNA no sítio A. Tanto nas bactérias quanto nos eucariotos, a peptidil transferase é uma ribozima – uma enzima de RNA. Por conseguinte, a atividade catalítica para a formação da ligação peptídica não é fornecida por uma proteína, porém por um RNA, e, nesse caso, o maior dos rRNAs presentes na subunidade maior do ribossomo.

O resultado dos eventos descritos até este momento é um dipeptídio, cuja sequência corresponde aos primeiros dois códons na fase de leitura aberta e que está ligado ao tRNA no sítio A. A etapa seguinte é a translocação (Figura 16.16C). O ribossomo move-se por uma distância de três nucleotídios ao longo do mRNA. Durante esse movimento, três acontecimentos são observados de uma vez:

- O dipeptídio-tRNA move-se do sítio A para o sítio P
- O tRNA iniciador desacilado que estava ocupando o sítio P passa para o sítio E
- O sítio A fica posicionado sobre o próximo códon na fase de leitura aberta.

A translocação, que é mediada pelo EF-2, exige a hidrólise de uma molécula de GTP. Em consequência, o sítio A fica desocupado, possibilitando a entrada de um novo aminoacil-tRNA e o pareamento de bases com o próximo códon. Ao fazê-lo, o tRNA desacilado no sítio E é ejetado do ribossomo (Figura 16.16D). O ciclo de alongamento repete-se agora e continua até alcançar o final da fase de leitura aberta.

Depois de vários ciclos de alongamento, o ribossomo afasta-se do códon de iniciação, e um segundo ribossomo pode ligar-se e iniciar a síntese de outra cópia da proteína. Essa estrutura resultante é denominada **polirribossomo** ou **polissomo**, um mRNA que está sendo traduzido por vários ribossomos de uma vez.

Capítulo 16 Síntese de Proteínas **375**

Término da síntese do polipeptídio

O ciclo de alongamento prossegue até o ribossomo alcançar o códon de terminação na extremidade da fase de leitura aberta. Não existe nenhuma molécula de tRNA com anticódons capazes de efetuar o pareamento de bases com qualquer códon de terminação. Na verdade, um fator de liberação de proteína entra no sítio A (Figura 16.17). As bactérias possuem três fatores de liberação:

- O RF-1, que reconhece os códons de terminação UAA e UAG

- O RF-2, que reconhece UAA e UGA

- O RF-3, que estimula a liberação do RF1 e do RF2 do ribossomo após a terminação, em uma reação que requer energia obtida da hidrólise do GTP.

Os eucariotos possuem apenas dois fatores de liberação. O primeiro, o eRF-1, reconhece todos os três códons de terminação, enquanto o segundo, eRF-3, desempenha o mesmo papel do que o RF-3 bacteriano. Embora o eRF-1 seja uma proteína, sua forma assemelha-se muito àquela de uma molécula de tRNA, o que levou a sugerir que um fator de liberação é capaz de entrar no sítio A ao mimetizar um tRNA. Este é um modelo atraente, porém outros estudos sugerem que o fator de liberação adota uma conformação diferente quando associado a um ribossomo, que é menos semelhante à forma de um tRNA.

A entrada de um fator de liberação no sítio A termina a síntese do polipeptídio, que é liberado do ribossomo. Nesse estágio, o ribossomo ainda está ligado ao mRNA. Nas bactérias, a terminação da tradução exige uma proteína adicional, denominada **fator de reciclagem do ribossomo (RRF)**. À semelhança do eRF-1, o RRF possui uma estrutura semelhante à do tRNA, porém não se sabe se entra no sítio P ou no sítio A. Qualquer que seja o seu modo de ação, o resultado é a dissociação do ribossomo em suas subunidades, com liberação do mRNA e tRNA desacilado final. A dissociação requer energia, que é fornecida pela hidrólise do GTP catalisada pelo fator de alongamento EF-2; além disso, necessita do fator de iniciação IF-3 para impedir que as subunidades se liguem novamente uma à outra. Não foi identificado um equivalente eucariótico do RRF, e acredita-se que, nos eucariotos, a dissociação exija as atividades combinadas dos fatores de liberação e de outras proteínas auxiliares.

PESQUISA EM DESTAQUE

Boxe 16.4 **Antibióticos que têm como alvo o ribossomo bacteriano.**

Muitos dos antibióticos mais importantes atualmente disponíveis exercem seus efeitos por meio de sua ligação ao ribossomo bacteriano e inibição de um ou mais estágios da síntese de proteínas. Naturalmente, a capacidade de sintetizar proteínas é uma necessidade fundamental de qualquer célula viva, de modo que os antibióticos que têm como alvo o ribossomo são efetivos na inibição do crescimento bacteriano e, possivelmente, na destruição das bactérias. Devido às diferenças existentes na estrutura dos ribossomos entre bactérias e eucariotos, muitos desses antibióticos são incapazes de se ligar às partes equivalentes do ribossomo eucariótico e, portanto, exercem apenas efeitos tóxicos limitados nos seres humanos. Isso se aplica em particular aos antibióticos que afetam a fase de alongamento da síntese de polipeptídios. Esses antibióticos incluem:

- A estreptomicina e a tetraciclina, que impedem a entrada de um tRNA aminoacilado no sítio A

- O cloranfenicol e a puromicina, que inibem a formação da ligação peptídica

- Os antibióticos aminoglicosídios (p. ex., neomicina e higromicina B), bem como a eritromicina, que interferem na translocação.

Existem também antibióticos, como avilamicina, edeína e evemimicina, que têm como alvo a iniciação da tradução; entretanto, esses fármacos são menos úteis, visto que tendem a apresentar efeitos colaterais tóxicos para o paciente. Vários antibióticos possuem efeitos mais generalizados, como o ácido fusídico, que interfere nos estágios tanto de alongamento quanto de terminação da tradução, e a blasticidina S, que inibe tanto a formação da ligação peptídica quanto a reciclagem do ribossomo.

Os antibióticos desempenharam um importante papel na pesquisa da síntese de proteínas. Na década de 1960, os bioquímicos aprenderam a preparar extratos celulares capazes de realizar a síntese de proteínas *in vitro*. Em geral, esses sistemas de **tradução acelulares** são preparados a partir da germinação de sementes de trigo ou de reticulócitos de coelho, ambos os quais são excepcionalmente ativos na síntese de proteínas. Os extratos contêm ribossomos, tRNAs e todas as outras moléculas necessárias para a síntese proteica. A adição de moléculas de mRNA, que podem ser elas próprias sintetizadas a partir de subunidades nucleotídicas *in vitro*, ativa o sistema acelular, com consequente síntese de polipeptídios. A adição de um antibiótico tem o efeito oposto, visto que interrompe a tradução do mRNA ao inibir um ou outro estágio na síntese de proteínas. O exame dos ribossomos cuja atividade foi interrompida em determinado ponto pode revelar então detalhes acerca do processo de tradução. Por exemplo, o ácido fusídico tem sido usado para obter ribossomos cuja atividade foi interrompida durante a atividade de translocação. A análise por difração de raios X desses ribossomos revelou o posicionamento preciso do fator de alongamento EF-2 nesse ponto crítico da síntese de proteínas.

> **Boxe 16.4** Antibióticos que têm como alvo o ribossomo bacteriano. *(continuação)*   **PESQUISA EM DESTAQUE**

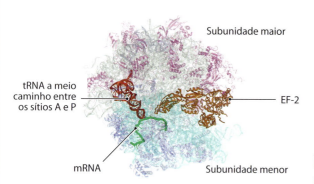

Reproduzida de *Science*, 2013; **340:** 1236086; J. Zhou *et al*. Crystal structures of EF-G-ribosome complexes trapped in intermediate states of translocation, with permission from AAAS.

Embora os antibióticos sejam importantes em pesquisa, seu maior valor reside, naturalmente, na sua capacidade de interromper as infecções bacterianas. O final do século XX tem sido descrito como os "anos dourados" dos antibióticos, quando muitas das doenças que dizimavam milhões de pessoas nas primeiras décadas do século passado conseguiram ser controladas por meio do uso de antibióticos. Agora, os médicos estão preocupados com a possibilidade de que esse sucesso venha a desaparecer, visto que muitas bactérias desenvolveram resistência aos antibióticos, e, mais uma vez, as doenças infecciosas estão se tornando mais comuns. Com frequência, ocorre resistência em consequência de mutações nos genes bacterianos para rRNAs ou proteínas ribossômicas, porém essas mutações não afetam a capacidade do ribossomo de realizar a síntese de proteínas, enquanto impedem a ligação do antibiótico. Outras formas de resistência incluem mutações que impedem a captação do antibiótico pela bactéria ou que aumentam a eficiência das enzimas capazes de degradar o antibiótico antes ou depois de sua entrada na célula.

Os esforços envidados para combater a resistência bacteriana incluem o desenvolvimento de antibióticos sintéticos e a pesquisa intensiva de novos antibióticos naturais. Esta última estratégia ainda pode ser efetiva, embora um número cada vez maior de bactérias do solo que sintetizam antibióticos tenha sido testado, e seus produtos examinados.

Recentemente, um novo antibiótico, a ortoformimicina, foi isolado após selecionar extratos preparados a partir de 4.400 espécies bacterianas e 450 fungos. A ortoformimicina inibe a translocação de, aparentemente, uma nova maneira não observada com outros compostos conhecidos; por conseguinte, pode se tratar de um antibiótico genuinamente novo ao qual as bactérias causadoras de doença ainda não são resistentes.

Uma alternativa para a busca de novos antibióticos naturais consiste na síntese de novos compostos por meios químicos. Isso pode ser obtido pela introdução de modificações químicas em antibióticos naturais, produzindo derivados **semissintéticos** com maior efetividade. Um exemplo é a solitromicina, um antibiótico semissintético obtido por meio de modificação química da eritromicina, que foi um dos primeiros antibióticos naturais a ser descoberto em 1949 e que tem sido importante no tratamento de infecções das vias respiratórias e de algumas doenças sexualmente transmissíveis. Esse antibiótico interfere na translocação por meio de sua ligação à superfície externa do ribossomo, próximo ao túnel de saída a partir do qual emerge o polipeptídio. Acredita-se que a nova cadeia lateral presente na solitromicina, ligada aos carbonos 11 e 12, forme um contato adicional com o ribossomo, o que aumenta a estabilidade do complexo ribossomo-antibiótico e anula o efeito de algumas das mutações antieritromicina desenvolvidas entre as bactérias.

Eritromicina   **Solitromicina**

Além das abordagens semissintéticas baseadas em antibióticos já existentes, esforços também estão sendo envidados para utilizar nosso conhecimento da estrutura do ribossomo e do mecanismo detalhado da síntese de proteínas para o desenvolvimento de antibióticos totalmente novos, com propriedades até então inexistentes na natureza. Há um interesse particular no desenvolvimento de equivalentes bacterianos da ciclo-heximida, que inibe a síntese de proteínas nos eucariotos ao interferir na liberação do tRNA através do sítio E do ribossomo. Não foi descoberto nenhum antibiótico natural capaz de inibir essa etapa na síntese de proteína bacteriana, de modo que um composto sintético com as propriedades necessárias poderia escapar dos mecanismos de resistência já desenvolvidos.

Capítulo 16 Síntese de Proteínas **377**

16.3 **Processamento pós-tradução das proteínas**

O produto inicial da tradução é um polipeptídio linear não dobrado. Para se tornar ativa, a proteína precisa adotar a sua estrutura tridimensional correta. Em alguns casos, a proteína também precisa ser submetida a eventos adicionais de processamento. Podem incluir um ou ambos os seguintes eventos:

- A **clivagem proteolítica**, que pode resultar na remoção de segmentos de uma ou de ambas as extremidades do polipeptídio, ou que pode clivar o polipeptídio em vários segmentos diferentes, todos ou alguns dos quais ativos

- A **modificação química** de aminoácidos individuais no polipeptídio.

Um evento de processamento pode ocorrer conforme o polipeptídio está sendo dobrado; neste caso, o evento pode ser necessário para que a proteína assuma a sua estrutura terciária correta. Como alternativa, uma proteína totalmente enovelada pode sofrer processamento, possivelmente para ativar uma forma inativa da proteína, ou modificar de alguma maneira a sua função.

16.3.1 Processamento por clivagem proteolítica

A clivagem proteolítica é um evento de processamento pós-tradução comum nos eucariotos, enquanto é observado menos frequentemente nas bactérias. Entre suas funções, destacam-se a formação de uma proteína ativa a partir de um precursor inativo e a clivagem de **poliproteínas** em segmentos, sendo que todos ou alguns dos quais consistem em proteínas ativas.

Ativação da proteína por clivagem proteolítica

O processamento por clivagem é comum nos polipeptídios secretados cujas atividades bioquímicas podem ser deletérias para a célula que está produzindo a proteína. Essas proteínas são sintetizadas em uma forma inativa e, em seguida, são ativadas após a sua secreção, de modo que a célula não seja prejudicada. Um exemplo é fornecido pela melitina, a proteína mais abundante no veneno da abelha. A melitina é uma proteína pequena, cujo comprimento é de apenas 26 aminoácidos, com uma estrutura terciária simples que compreende um par de α-hélices curtas (Figura 16.18A). A melitina inibe várias proteínas celulares, porém a sua atividade como veneno deve-se principalmente à estimulação da fosfolipase A2, a enzima que remove o ácido graxo do carbono número 2 do glicerol durante a degradação dos triacilgliceróis e fosfolipídios. A hiperatividade da fosfolipase resulta em ruptura da membrana e lise da célula, levando aos sintomas típicos em decorrência de uma picada de abelha.

> A fosfolipase A2 catalisa a terceira etapa na via de degradação dos triacilgliceróis, mostrada na *Figura 12.11*.

A abelha naturalmente deseja evitar a ocorrência desses efeitos deletérios dentro de suas próprias células que produzem a melitina. Por conseguinte, a proteína é sintetizada na forma de um precursor inativo, a promelitina. Esse precursor possui 22 aminoácidos adicionais em sua extremidade N-terminal, e a presença dessa pré-sequência impede a proteína de adotar a sua estrutura ativa. A pré-sequência é removida por uma protease extracelular presente na glândula de veneno da abelha. Essa protease remove especificamente dipeptídios aminoterminais com a sequência X-Y, em que X é alanina, ácido aspártico ou ácido glutâmico, e Y é alanina ou prolina. A pré-sequência é formada por 11 desses dipeptídios em série, de modo que ela é removida, dipeptídio após dipeptídio, até que seja alcançado o componente melitina ativo e maduro (Figura 16.18B). A sequência da melitina é desprovida dos motivos dipeptídicos e, portanto, não sofre a ação da protease.

O processamento proteolítico também é utilizado para converter formas precursoras inativas de muitos hormônios na proteína ativa. Por exemplo, iremos examinar a síntese da insulina, a proteína produzida pelas ilhotas de Langerhans no pâncreas de vertebrados e responsável pelo controle dos níveis de glicemia. A insulina é sintetizada na forma de pré-proinsulina, com 105 aminoácidos de comprimento (Figura 16.19). Os 24 aminoácidos na extremidade aminoterminal da pré-proinsulina constituem um **peptídio sinal**, um segmento altamente hidrofóbico que direciona a proteína para o retículo endoplasmático rugoso. Conforme a proteína atravessa a membrana e alcança o lúmen

Figura 16.18 Processamento pós-tradução da melitina. A. Estrutura terciária da melitina. **B.** Processamento do precursor promelitina. Na parte (**B**), os aminoácidos da pré-sequência são mostrados em vermelho, e os da melitina, em azul.

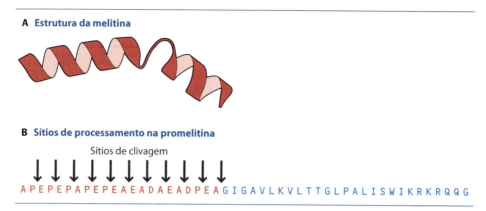

do retículo endoplasmático, o peptídio sinal é clivado. Examinaremos os peptídios sinal de modo mais detalhado posteriormente neste capítulo, quando iremos estudar o endereçamento das proteínas.

Uma vez no interior do retículo endoplasmático, a molécula de proinsulina, que resulta da clivagem do peptídio sinal, adquire uma estrutura terciária, que se assemelha àquela da insulina ativa, incluindo, nesse processo, a formação de três pontes dissulfeto. Em seguida, o pró-hormônio enovelado é transportado até o aparelho de Golgi, onde encontra duas endopeptidases, denominadas **pró-hormônio convertases**. Essas endopeptidases realizam a excisão de um segmento central, denominado proteína C, deixando as duas partes ativas da proteína, as cadeias A e B, ligadas entre si por duas das três pontes dissulfeto. Na última etapa do processamento, dois aminoácidos adicionais são removidos das extremidades carboxiterminais das cadeias A e B pela proteína carboxipeptidase E.

Um terceiro exemplo importante de ativação enzimática por clivagem proteolítica envolve as enzimas digestivas **tripsina** e **quimiotripsina**. Essas duas enzimas são proteases que ajudam a degradar as proteínas da dieta. Ambas são sintetizadas no pâncreas como

Figura 16.19 Processamento da pré-proinsulina.

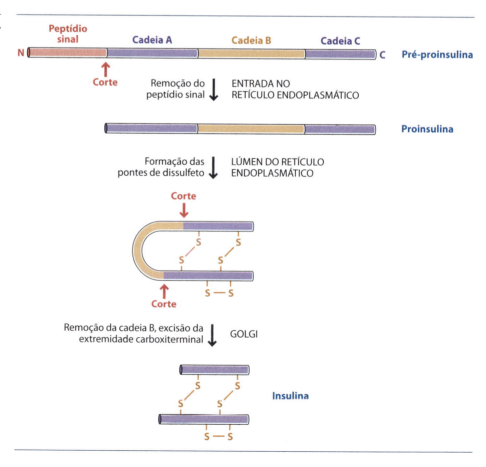

precursores inativos, denominados tripsinogênio e quimiotripsinogênio, que são então secretados no duodeno. A **enteropeptidase**, que é secretada pelas células da mucosa do duodeno, remove os primeiros 15 aminoácidos do tripsinogênio, convertendo essa proteína em tripsina ativa. Em seguida, a tripsina efetua um corte na mesma posição no quimiotripsinogênio, com produção de quimiotripsina ativa. O processamento ocorre no duodeno, visto que a presença das enzimas ativas no pâncreas iria resultar em lesão das células pancreáticas, levando a uma **autodigestão pancreática.**

Processamento proteolítico de poliproteínas

Uma **poliproteína** é um polipeptídio longo que contém uma série de proteínas maduras ligadas entre si na sequência de cabeça com cauda. A clivagem da poliproteína libera as proteínas individuais, as quais podem desempenhar funções muito diferentes umas das outras.

As poliproteínas não são raras nos eucariotos. Diversos tipos de vírus que infectam as células eucarióticas utilizam poliproteínas como maneira de reduzir o tamanho de seus genomas, visto que um único gene de poliproteína com uma sequência de promotor e uma sequência de terminação ocupa menos espaço do que uma série de genes individuais. O vírus da imunodeficiência humana, o HIV-1, é um exemplo desse tipo de vírus. Durante o seu ciclo de replicação, o HIV-1 sintetiza a poliproteína Gag, com massa molecular de 55 kDa. A poliproteína é clivada em quatro proteínas, das quais a maior tem 231 aminoácidos de comprimento, bem como dois peptídios espaçadores curtos. Três das quatro proteínas formam componentes estruturais do capsídio do HIV, e a quarta, denominada p6, está envolvida no processo de liberação das partículas virais da célula. O HIV-1 também sintetiza uma poliproteína maior de 160 kDa, denominada Gag-Pol. Como o próprio nome indica, a Gag-Pol é uma versão expandida da poliproteína Gag, sendo o segmento adicional processado para produzir duas enzimas envolvidas na replicação do genoma do HIV, bem como a protease que realiza os cortes nas poliproteínas Gag e Gag-Pol. Algumas moléculas dessa protease são armazenadas em cada uma das novas partículas virais produzidas e, portanto, estão disponíveis para clivar as poliproteínas sintetizadas durante o próximo ciclo de replicação do vírus.

As poliproteínas também estão envolvidas na síntese de hormônios peptídicos nos vertebrados. Um exemplo é fornecido pela pró-opiomelanocortina. Essa proteína é inicialmente sintetizada como precursor de 267 aminoácidos, dos quais 26 formam um peptídio sinal, que é removido quando a proteína é transferida do citoplasma para as vesículas secretoras no interior da célula. A pró-opiomelanocortina possui uma variedade de sítios de clivagem internos, que são reconhecidos por pró-hormônio convertases; entretanto, nem todos esses sítios são clivados em todos os tecidos, e as combinações e, portanto, os produtos formados dependem das identidades das convertases que estão presentes (Figura 16.20). Por exemplo, nas células corticotrópicas da adeno-hipófise, ocorre produção do hormônio adrenocorticotrófico e das lipotropinas. Nas células melanotrópicas do

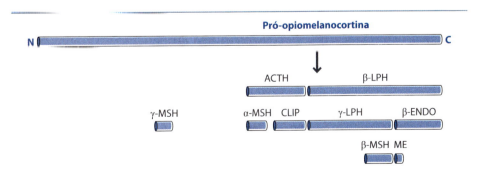

Figura 16.20 Processamento da poliproteína pró-opiomelanocortina. Abreviaturas: ACTH, hormônio adrenocorticotrófico; CLIP, peptídio intermediário semelhante à corticotropina; ENDO, endorfina; LPH, lipotropina; ME, met-encefalina; MSH, melanotropina. Dois peptídios adicionais não são mostrados: um deles é um intermediário nos eventos de processamento que levam ao γ-MSH, enquanto a função do segundo não é conhecida. Observe que, embora a met-encefalina possa ser obtida, teoricamente, por meio do processamento da pró-opiomelanocortina, conforme mostrado aqui, a maior parte da met-encefalina produzida pelos humanos é provavelmente obtida de um precursor hormonal peptídico diferente, denominado proencefalina.

> **Boxe 16.5** Síntese das poliproteínas Gag e Gag-Pol.
>
> As poliproteínas Gag e Gag-Pol são produzidas em uma proporção de aproximadamente 20 para 1, refletindo as necessidades relativas das proteínas maduras derivadas de Gag e Pol para a replicação do HIV. São necessárias mais cópias das proteínas do capsídio contidas na poliproteína Gag do que as enzimas de replicação contidas na Pol. Para que a extensão Gag-Pol seja traduzida a partir do mRNA, o ribossomo que produz a poliproteína Gag precisa sofrer uma mudança de fase de leitura (*frameshift*) no final da sequência Gag. Isso envolve o movimento retrógrado do ribossomo de um nucleotídio (−1) quando se aproxima do códon de terminação da poliproteína Gag. Em consequência, ocorre leitura de um novo conjunto de códons, levando à sequência Pol.
>
> Pode ocorrer mudança de fase de leitura (*frameshifting*) espontaneamente durante a tradução de qualquer mRNA; entretanto, isso é habitualmente deletério, visto que a parte do polipeptídio que é sintetizada após o *frameshift* terá a sequência de aminoácidos incorreta. A frequência de *frameshifting* espontâneo é muito baixa, e as proteínas aberrantes produzidas dessa maneira são simplesmente degradadas pela célula. O ***frameshifting* programado**, como aquele que ocorre com o mRNA Gag-Pol, é induzido pela presença de uma estrutura em grampo (haste-alça) ou outra estrutura de pareamento de bases, que se forma no mRNA imediatamente *downstream* do sítio do *frameshift*. A estrutura com pareamento de bases pode aumentar a frequência do *frameshifting* ao impedir o progresso do ribossomo, ou pode atuar no sítio de ligação de uma proteína que regula o *frameshifting*. O *frameshifting* programado ocorre durante a síntese de proteínas de vários tipos diferentes de vírus, e são também conhecidos exemplos em bactérias e eucariotos.
>
>

lobo intermediário da hipófise, um conjunto diferente de sítios de clivagem é utilizado, produzindo as melanotropinas. Ao todo, 11 peptídios diferentes podem ser obtidos por diferentes padrões de clivagem proteolítica da pró-opiomelanocortina.

16.3.2 Modificação química das proteínas

Conforme assinalado anteriormente, 20 aminoácidos são especificados pelo código genético, e dois outros – a selenocisteína e a pirrolisina – podem ser incorporados em um polipeptídio durante a tradução, por meio de mudança dependente do contexto de UGA e UAG, respectivamente, que habitualmente atuam como códons de terminação. Entretanto, esses 22 aminoácidos não são, de forma alguma, os únicos encontrados nas proteínas. Isso se deve à modificação química pós-tradução, em que um ou mais dos aminoácidos na cadeia polipeptídica original são convertidos em estruturas mais complexas pela adição de novos grupos químicos. Os tipos mais simples de modificação ocorrem em todos os organismos, porém os mais complexos são raros nas bactérias.

As modificações químicas frequentemente desempenham funções reguladoras

Os tipos mais simples de modificação química envolvem a adição de um grupo químico pequeno (p. ex., grupo acetil, metil ou fosfato) a uma cadeia lateral de aminoácido, ou aos grupos amino ou carboxila dos aminoácidos terminais de um polipeptídio. Foram documentados mais de 150 aminoácidos modificados diferentes em proteínas distintas (Tabela 16.6).

Em alguns casos, o aminoácido que é modificado está localizado dentro do sítio ativo de uma enzima, e a modificação confere ao sítio ativo uma nova funcionalidade, que é utilizada durante a reação bioquímica catalisada pela enzima. Encontramos um exemplo de um aminoácido modificado em um sítio ativo quando estudamos a fixação do dióxido de carbono durante as reações da fase escura da fotossíntese. A fixação do dióxido de carbono é catalisada pela ribulose bifosfato carboxilase (Rubisco). O sítio ativo da Rubisco inclui uma lisina que foi modificada pela adição de um grupo carboxila, produzindo o derivado carbamoil. A lisina modificada liga-se a um íon magnésio, que desempenha o papel central, colocando os reagentes nas posições relativas corretas para que ocorra a fixação do carbono. Por conseguinte, essa modificação específica de aminoácido é essencial para a atividade da Rubisco. Além disso, proporciona um meio de regular a atividade da enzima, visto que a ligação não produtiva da ribulose 1,5-bifosfato à lisina não modificada impede a atividade da Rubisco em condições de baixa luminosidade.

> Estudamos o papel da carbamoil-lisina na atividade da Rubisco na *Seção 10.3.1*.

Tabela 16.6 Exemplos de modificações químicas pós-tradução.

Modificação	Aminoácidos modificados	Exemplos
Adição de pequenos grupos químicos		
Acetilação	Lisina	Histonas
Metilação	Lisina	Histonas
Fosforilação	Serina, treonina, tirosina	Algumas proteínas envolvidas na transdução de sinais
Hidroxilação	Prolina, lisina	Colágeno
N-formilação	Glicina N-terminal	Melitina
Adição de cadeias laterais de açúcar (ver Seção 6.1.3)		
Glicosilação O-ligada	Serina, treonina	Muitas proteínas de membrana e proteínas secretadas
Glicosilação N-ligada	Asparagina	Muitas proteínas de membrana e proteínas secretadas
Adição de cadeias laterais lipídicas		
Acilação	Serina, treonina, cisteína	Muitas proteínas de membrana
N-miristoilação	Glicina N-terminal	Algumas proteinoquinases envolvidas na transdução de sinais
Adição de biotina		
Biotinilação	Lisina	Várias enzimas carboxilases

As modificações químicas também desempenham um importante papel regulador nas vias de transdução de sinais. Com frequência, a transdução do sinal regulador envolve uma cascata de modificações enzimáticas, habitualmente a ligação de grupos fosfato a proteínas-alvo por enzimas fosforilantes, como a proteinoquinase A (PKA). As vias de transdução de sinais pelas quais a epinefrina e a insulina influenciam a síntese e a degradação do glicogênio fornecem bons exemplos (ver Figuras 11.7 e 11.8), assim como a via da MAP quinase (ver Figura 5.28). Algumas vezes, a fosforilação também desempenha um papel na indução da via de sinalização pela proteína receptora transmembrana. Um exemplo é fornecido pelo receptor do fator de crescimento epidérmico (EGFR). A ligação do fator de crescimento epidérmico à superfície externa do receptor provoca a união dos dois monômeros receptores para formar um dímero (Figura 16.21). A formação desse dímero induz cada monômero a fosforilar o seu parceiro, resultando na adição de fosfatos a vários aminoácidos de tirosina no lado interno do receptor. A presença desses fosfatos é reconhecida por proteínas intracelulares que se ligam ao receptor, iniciando

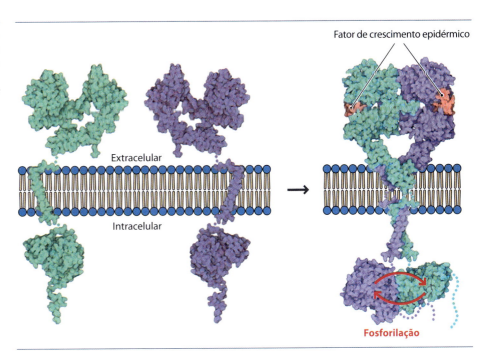

Figura 16.21 A dimerização leva à autofosforilação do EGFR. A dimerização é induzida pela ligação de uma molécula do fator de crescimento epidérmico a cada componente de um par de monômeros receptores.

382 Parte 3 Armazenamento de Informações Biológicas e Síntese de Proteínas

uma cascata de transdução de sinais que, no caso do EGFR, resulta em crescimento e proliferação da célula. Em virtude de sua atividade de autofosforilação, o EGFR é denominado **receptor tirosinoquinase.**

A modificação química das histonas influencia a expressão gênica

As histonas são proteínas que fornecem um exemplo particularmente sofisticado dos efeitos reguladores da modificação química. As histonas são componentes dos nucleossomas, as estruturas que se associam com o DNA para formar o nível mais baixo de acondicionamento do DNA nos núcleos eucarióticos. O nível seguinte de acondicionamento (a fibra de cromatina de 30 nm) envolve interações de nucleossomas individuais. Essas interações nucleossomais dependem do padrão de modificações químicas apresentadas por aminoácidos nas regiões N-terminais das histonas, em que essas regiões projetam-se para fora do nucleossoma (ver Figura 4.19).

> Ver *Seção 4.2.1* para as estruturas dos nucleossomas e a fibra de cromatina de 30 nm.

A mais estudada dessas modificações é a acetilação da lisina, que reduz a afinidade entre nucleossomas individuais. As histonas no DNA altamente compactado são geralmente não acetiladas, enquanto aquelas que se encontram em regiões menos compactadas são acetiladas. A acetilação ou não de uma histona depende do equilíbrio entre as atividades de dois tipos de enzima, as **histona acetiltransferases (HATs)**, que acrescentam grupos acetila às histonas, e as **histona desacetilases (HDACs)**, que removem esses grupos. A conversão de uma região do DNA em uma conformação compactada é uma das maneiras pelas quais grupos de genes podem ser desativados, e acredita-se que a desacetilação das histonas desempenhe um importante papel nesse processo.

Outras modificações das histonas incluem metilação das lisinas e argininas, fosforilação das serinas e adição de uma pequena proteína comum ("ubíqua"), denominada **ubiquitina**, às lisinas nas regiões C-terminais. Ao todo, 29 sítios nas regiões N- e C-terminais das quatro histonas centrais (H2A, H2B, H3 e H4) estão sujeitos a algum tipo de modificação química (Figura 16.22A). Essas modificações interagem entre si para determinar o grau de acondicionamento assumido por determinado segmento de DNA. Por exemplo, a metilação da lisina-9 (o nono aminoácido a partir da extremidade N-terminal) da histona H3 forma um sítio de ligação para a proteína HP1 que induz o acondicionamento do DNA; todavia, esse evento é bloqueado pela presença de dois ou três grupos metila ligados à lisina-4 (Figura 16.22B). Por conseguinte, a metilação da lisina-4 promove um grau mais aberto de acondicionamento, possibilitando a expressão dos genes que se encontram nesse segmento de DNA. A variedade de possíveis modificações das histonas e as diferentes interações que podem ocorrer levaram à sugestão de que exista um **código de histonas**, por meio do qual o padrão de modificações químicas especifica quais os conjuntos de genes que são expressos em determinado momento específico.

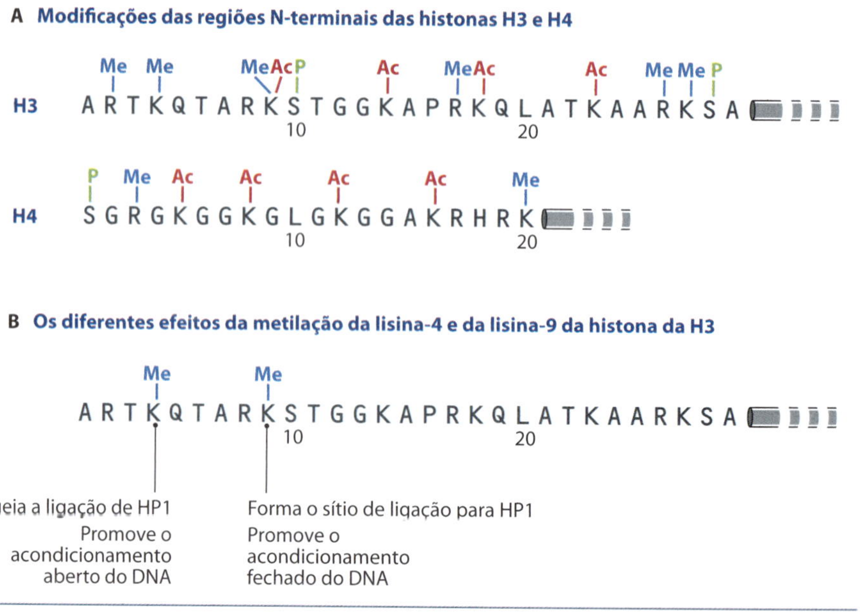

Figura 16.22 Modificação das histonas. A. Modificações que ocorrem nas regiões N-terminais das histonas H3 e H4 de mamíferos. Abreviaturas: Ac, acetilação; Me, metilação; P, fosforilação. **B.** Os efeitos diferenciais da metilação das lisinas 4 e 9 da histona H3.

A Modificações das regiões N-terminais das histonas H3 e H4

H3 A R T K Q T A R K S T G G K A P R K Q L A T K A A R K S A
            10   20

H4 S G R G K G G K G L G K G G A K R H R K
            10   20

B Os diferentes efeitos da metilação da lisina-4 e da lisina-9 da histona da H3

A R T K Q T A R K S T G G K A P R K Q L A T K A A R K S A
      10   20

Bloqueia a ligação de HP1
Promove o acondicionamento aberto do DNA

Forma o sítio de ligação para HP1
Promove o acondicionamento fechado do DNA

16.4 Endereçamento de proteínas

Após ter sido sintetizada, uma proteína precisa encontrar o seu trajeto até o seu destino na célula onde irá desempenhar a sua função. Nos eucariotos, as proteínas são sintetizadas por ribossomos que flutuam livremente na matriz citoplasmática ou que estão fixados à superfície externa do retículo endoplasmático rugoso. Algumas proteínas permanecem no citoplasma, enquanto outras precisam ser transportadas para dentro das mitocôndrias ou dos cloroplastos, devendo algumas percorrer toda a distância até a matriz na organela, e outras, até um sítio de inserção em uma das membranas que envolvem essas organelas. Outras proteínas precisam ser transportadas para dentro de organelas, como núcleo, os lisossomos ou os peroxissomos, e outras ainda devem ser inseridas na membrana nuclear ou na membrana plasmática que envolve a célula. Por fim, as proteínas secretadas precisam ser transportadas para fora da célula. Problemas semelhantes também são observados nos procariotos, embora, por serem menos complexas, essas células têm menos destinos para o transporte de suas proteínas.

O termo **endereçamento de proteínas** é usado para descrever os diversos processos pelos quais as proteínas alcançam seus destinos corretos. Esses processos constituem a etapa final no longo percurso que se estende do gene até a proteína funcional.

16.4.1 O papel das sequências de ordenação no endereçamento de proteínas

O mecanismo de endereçamento de proteínas de uma célula eucariótica é constituído por uma série de vias de transporte, que levam aos diversos locais celulares e extracelulares aos quais diferentes proteínas devem ser levadas. A via percorrida por uma proteína específica irá depender da identidade de uma ou mais **sequências de ordenação** presentes dentro da proteína, e essas sequências de aminoácidos são as que especificam qual ou quais vias de transporte precisam ser percorridas. A maioria dessas sequências de ordenação consiste em segmentos contíguos de aminoácidos, porém algumas compreendem motivos que são separados na cadeia polipeptídica, mas que são reunidos quando ocorre enovelamento da proteína. As únicas proteínas desprovidas de sequências de ordenação são as que permanecem na matriz citoplasmática. Essas proteínas são sintetizadas por ribossomos citoplasmáticos e desempenham suas funções próximo a seu local de síntese. Todas as outras proteínas percorrem uma das vias de endereçamento.

As proteínas nucleares, mitocondriais e dos cloroplastos são sintetizadas na matriz citoplasmática

Assim como as proteínas que irão permanecer no citoplasma, os ribossomos existentes na matriz citoplasmática também sintetizam proteínas que finalmente se destinam ao núcleo, às mitocôndrias e aos cloroplastos. As proteínas que precisam ser transportadas até o núcleo contêm um **sinal de localização nuclear**, constituído por 6 a 20 aminoácidos de comprimento, com maior proporção dos aminoácidos de carga positiva, lisina e arginina. Nas versões mais curtas do sinal de localização nuclear, esses aminoácidos de carga positiva distribuem-se por toda a sequência de sinal; entretanto, nas formas mais longas, a sequência de sinal pode ter uma região interna, sem carga ou parcialmente carregada (Figura 16.23). O sinal de localização nuclear é reconhecido por uma proteína **importina**, que auxilia na transferência de proteínas através de um complexo de poro nuclear e para dentro do nucleoplasma.

Os ribossomos citoplasmáticos também sintetizam proteínas que são transportadas nas mitocôndrias. Os principais pontos de acesso para as proteínas dentro de uma mitocôndria são os **complexos TOM (translocador da membrana externa)** e **TIM (translocador da membrana interna)**. Entretanto, a mitocôndria não pode ser considerada como único destino, visto que são necessárias diferentes vias de endereçamento para as proteínas localizadas na membrana externa, no espaço intermembrana, na membrana interna e na matriz mitocondrial. Uma complexidade ainda maior é proporcionada pela presença de vias alternativas para o mesmo destino: por exemplo, as proteínas da membrana externa podem ser inseridas diretamente a partir do citoplasma ou após o seu transporte ao espaço intermembrana. A via percorrida por uma proteína mitocondrial depende da identidade das sequências de ordenação que ela possui. As proteínas cujo destino é a

Figura 16.23 Os sinais de localização nuclear (A) do antígeno SV40T e (B) da nucleoplasmina. O antígeno SV40T é importado ao núcleo após a infecção de uma célula pelo vírus SV40. A nucleoplasmina é uma proteína chaperona que desempenha várias funções no núcleo, incluindo montagem do nucleossoma e do ribossomo. Os aminoácidos com carga positiva estão indicados em amarelo.

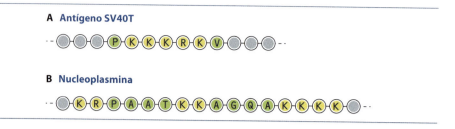

membrana externa ou o espaço intermembrana apresentam sequências de ordenação internas de vários tipos, enquanto as proteínas que são inseridas na membrana mitocondrial interna ou que penetram na matriz mitocondrial possuem um sinal de ordenação N-terminal, denominado **sequência de endereçamento mitocondrial**. Essa sequência tem habitualmente um comprimento de 10 a 70 aminoácidos e consiste em uma mistura de aminoácidos apolares e de carga positiva, que formam uma **hélice anfipática**, um tipo de α-hélice que fica situada sobre a superfície de uma proteína. Os aminoácidos apolares encontram-se no lado da hélice que estabelece contato com a proteína, enquanto os aminoácidos com carga estão do outro lado, expostos ao ambiente aquoso (Figura 16.24). O transporte para a membrana interna ou para a matriz ocorre antes do enovelamento completo da proteína; a ligação das proteínas chaperonas Hsp70 impede o enovelamento enquanto a proteína ainda se encontra no citoplasma, sendo o processo acompanhado de clivagem da sequência de endereçamento.

Figura 16.24 A sequência de endereçamento da matriz da citocromo *c* oxidase. A. Os aminoácidos presentes na sequência de endereçamento da matriz. **B.** A α-hélice formada pela sequência de endereçamento da matriz. Os aminoácidos com carga são mostrados em vermelho, e os aminoácidos apolares, em amarelo. Os outros aminoácidos estão indicados em azul. Os aminoácidos com carga encontram-se principalmente no lado da hélice, enquanto os aminoácidos apolares estão no lado oposto.

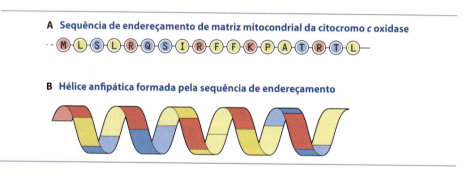

Dependendo de sua combinação de sequências de ordenação, as proteínas mitocondriais seguem um de vários trajetos para alcançar a sua localização final (Figura 16.25):

- As proteínas cujo destino é a membrana mitocondrial externa são detidas quando procuram entrar no complexo TOM e deslocadas diretamente para a membrana externa, ou passam através do complexo TOM para o espaço intermembrana antes de sua inserção na membrana externa

- Algumas proteínas do espaço intermembrana movem-se diretamente para o seu destino depois de passar pelo complexo TOM. Outras atravessam e penetram na matriz e são inseridas na membrana interna de tal modo que um segmento faz protrusão dentro do espaço intermembrana. Esse segmento é clivado para produzir a proteína funcional

- As proteínas da membrana mitocondrial interna são integradas na membrana por um dos complexos TIM ou entram na matriz mitocondrial e, em seguida, são inseridas na membrana interna

- As proteínas de matriz atravessam ambos os complexos TOM e TIM.

As proteínas dos cloroplastos são endereçadas a seus destinos por um processo semelhante. As sequências de ordenação são denominadas **peptídios de trânsito**, em que a combinação particular transportada por uma proteína específica as vias seguidas até o estroma, as membranas interna e externa e o espaço intermembrana. Além disso, existe uma **sequência de endereçamento luminal**, que direciona uma proteína para os tilacoides.

Figura 16.25 Endereçamento de proteínas mitocondriais.

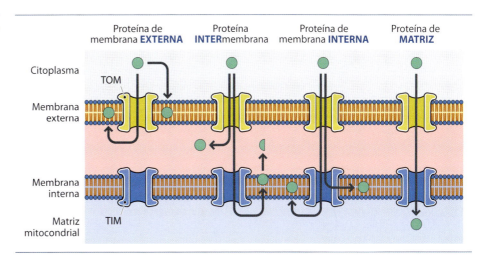

As proteínas secretadas são sintetizadas no retículo endoplasmático rugoso

As proteínas que irão ser secretadas pela célula são sintetizadas por ribossomos localizados na superfície externa do retículo endoplasmático rugoso. O mecanismo de transporte para essas proteínas, que é denominado **exocitose**, segue o seguinte trajeto (Figura 16.26):

- Uma vez sintetizada, a proteína atravessa a membrana do retículo endoplasmático e penetra no lúmen
- Em seguida, uma vesícula brota do retículo endoplasmático, transportando a proteína até a face *cis* do aparelho de Golgi
- Em seguida, a proteína é transferida de cisterna para cisterna e, assim, até a face *trans* do aparelho de Golgi. Muitas proteínas secretoras sofrem glicosilação durante esse estágio
- Outra vesícula brota da face *trans* do aparelho de Golgi, transportando a proteína para a membrana plasmática
- A fusão da vesícula com a membrana plasmática transfere a proteína para fora da célula.

Figura 16.26 Via de exocitose.

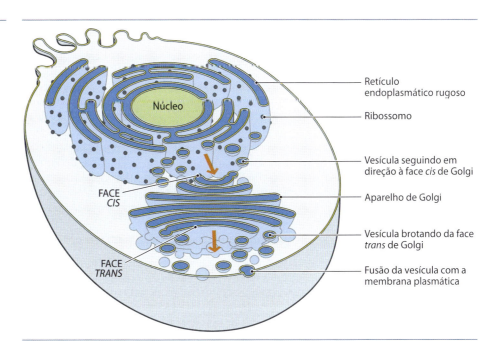

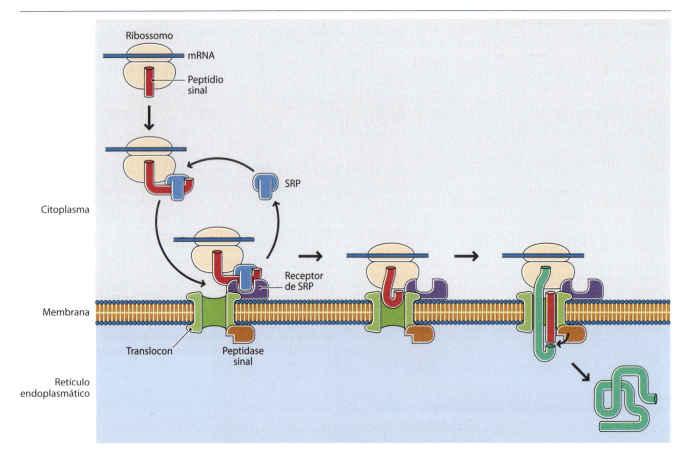

Figura 16.27 Transferência de uma proteína para dentro do retículo endoplasmático. O peptídio sinal, um componente da proteína que está sendo sintetizada, é mostrado em vermelho, enquanto o restante da proteína é mostrado em verde.

Para entrar na via de exocitose, uma proteína precisa transportar uma sequência de ordenação, denominada **peptídio sinal**. Trata-se de uma sequência N-terminal, habitualmente de 5 a 30 aminoácidos, com uma região central rica em aminoácidos hidrofóbicos e capaz de formar uma α-hélice. Em geral, essa região helicoidal é precedida de uma série de aminoácidos de carga positiva. O peptídio sinal direciona a proteína através da membrana do retículo endoplasmático, e a passagem através dessa membrana ocorre à medida que o polipeptídio está sendo sintetizado.

Inicialmente, o ribossomo está livre no citoplasma, porém é direcionado para o retículo endoplasmático logo após a tradução da extremidade N-terminal do polipeptídio contendo o peptídio sinal (Figura 16.27). A transferência para o retículo endoplasmático é mediada pela **partícula de reconhecimento de sinal (SRP)**, que é constituída por uma molécula de RNA não codificante curta e por seis proteínas. A ligação da SRP ao peptídio sinal provoca a pausa da tradução e direciona o ribossomo para um **receptor de SRP** localizado na superfície do retículo endoplasmático. Em seguida, o peptídio sinal penetra em um poro presente na membrana, denominado **translocon**. A tradução recomeça, e o polipeptídio passa pelo translocon e entra no lúmen do retículo endoplasmático. Em seguida, o peptídio sinal é clivado por uma **peptidase sinal** na superfície interna da membrana, e o polipeptídio começa a se enovelar.

Desvios da via de exocitose levam as proteínas a outros destinos

Se a única sequência de ordenação transportada por uma proteína secretada for o peptídio sinal, a proteína então prossegue pela via de exocitose até alcançar o lado externo da célula. Na presença de outras sequências de ordenação, a proteína pode então ser desviada dessa via para um destino alternativo. Por exemplo, a presença de um **sinal de retenção** na extremidade C-terminal do polipeptídio leva a proteína a permanecer localizada no retículo endoplasmático. Se esse sinal de retenção for a sequência lisina-ácido

Figura 16.28 Estágio final da exocitose para (A) as proteínas secretadas e (B) as proteínas da membrana plasmática.

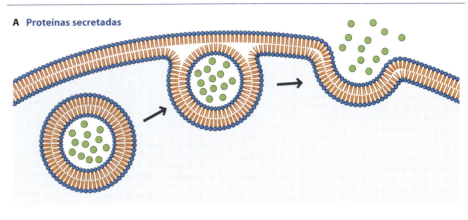

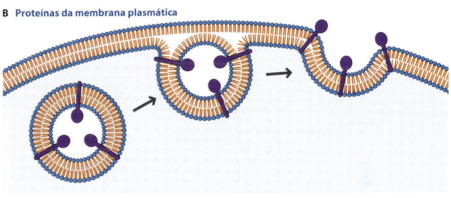

aspártico-ácido glutâmico-leucina, a proteína é então localizada no lúmen do retículo endoplasmático. Essa sequência é denominada **sequência KDEL**, em que KDEL constitui as abreviaturas de uma letra dessa série de aminoácidos. Uma versão modificada da sequência de KDEL direciona a proteína para a membrana do retículo endoplasmático. Embora seja denominado sinal de *retenção*, essas proteínas não são, a rigor, retidas no retículo endoplasmático. Elas passam para a face *cis* do aparelho de Golgi, juntamente com outras proteínas que transportam um peptídio sinal N-terminal; todavia, em seguida, são distribuídas por proteínas que reconhecem a sequência KDEL e retornam ao retículo endoplasmático.

Muitas proteínas, particularmente receptores de superfície celular e proteínas de transporte, estão localizadas na membrana plasmática. Essas proteínas são inseridas na membrana do retículo endoplasmático à medida que estão sendo sintetizadas e passam através do translocon. Em seguida, seguem a via da exocitose; entretanto, por estarem ligadas à membrana, elas não são secretadas quando a vesícula que as transporta a partir do aparelho de Golgi funde-se com a membrana plasmática. Em vez disso, passam a constituir parte da membrana plasmática (Figura 16.28). Essas proteínas possuem uma variedade de sequências de ordenação, cada uma delas específica para um diferente tipo de posicionamento dentro da membrana plasmática (Figura 16.29):

- A presença de uma região hidrofóbica interna, denominada **sequência de término da transferência**, interrompe a transferência do polipeptídio através da membrana do retículo endoplasmático e, em seguida, atua como âncora, mantendo a proteína em posição. Esse grupo constitui as denominadas **proteínas de membranas do Tipo I**. Trata-se das proteínas de membrana integrais que atravessam a membrana uma única vez

- Outras proteínas apresentam múltiplas sequências de término da transferência, que resultam em seu cruzamento pela membrana mais de uma vez. São as denominadas **proteínas de membrana do Tipo III**

- Um tipo especial de peptídio sinal na extremidade N-terminal, que não é reconhecido pela peptidase sinal e, portanto, que não é clivado da proteína, atua como âncora para manter uma **proteína de membrana Tipo II** na superfície interna do retículo endoplasmático.

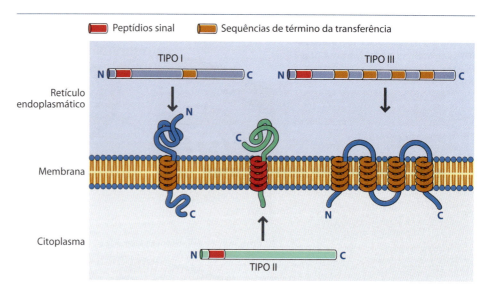

Figura 16.29 Endereçamento de proteínas para a membrana do retículo endoplasmático. A localização do peptídio sinal e a(s) sequência(s) de término da transferência são mostradas para as proteínas de membrana de Tipo I, Tipo II e Tipo III. Após seguir a via de exocitose, essas proteínas passam a constituir parte da membrana plasmática.

Por fim, iremos examinar o endereçamento de proteínas para os lisossomos, isto é, organelas envolvidas na decomposição de vários produtos de degradação. As enzimas de degradação contidas nos lisossomos transportam peptídios sinal que resultam em sua transferência inicial para dentro do retículo endoplasmático. Em seguida, movem-se para o aparelho de Golgi, onde são marcadas pela ligação de uma unidade de manose 6-fosfato a um ou mais aminoácidos de asparagina. As proteínas marcadas são então reconhecidas por um **receptor de manose 6-fosfato**, uma proteína localizada na superfície interna das cisternas, no lado *trans* do aparelho de Golgi (Figura 16.30). As vesículas que brotam a partir dessa região de Golgi fundem-se, em seguida, com **vesículas de ordenação**, cujo conteúdo é ácido. O pH baixo estimula a liberação das proteínas dos receptores de manose 6-fosfato, e uma fosfatase remove os grupos fosfatos da manose 6-fosfato. Um ciclo adicional de brotamento gera um conjunto de vesículas que retornam os receptores até o aparelho de Golgi, e um segundo conjunto que leva as proteínas lisossômicas até os lisossomos. Este é, portanto, um tipo de sistema de endereçamento ligeiramente diferente, em que o sinal de ordenação não é uma sequência de aminoácidos contida na proteína, porém uma marcação de manose 6-fosfato que é ligada à proteína por um tipo de modificação química pós-tradução.

Figura 16.30 Endereçamento de proteínas para os lisossomos.

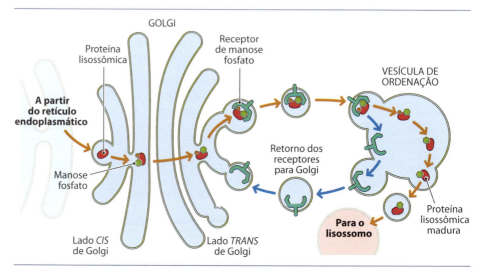

Boxe 16.6 Endereçamento de proteínas nas bactérias.

Embora a maioria das bactérias seja desprovida de organelas internas envolvidas por membranas, elas sintetizam muitas proteínas que são secretadas da célula ou inseridas na membrana plasmática, e são necessárias vias de endereçamento para mover essas proteínas até o seu destino. Essas vias assemelham-se ao processo dos eucariotos para a transferência de uma proteína no retículo endoplasmático. A proteína bacteriana transporta um peptídio sinal que interage com uma SRP, que direciona o ribossomo até a membrana plasmática.

A proteína é então transferida através da membrana por meio de um translocon ou, quando contém os sinais de ordenação apropriados, é inserida na membrana plasmática.

Algumas proteínas são endereçadas para a parede celular da bactéria, situada imediatamente fora da membrana plasmática. Essas proteínas possuem uma sequência de ordenação C-terminal, que é clivada após transferência através da membrana.

Leitura sugerida

Agris PF, Vendeix FAP and Graham WD (2007) tRNA's wobble decoding of the genome: 40 years of modification. *Journal of Molecular Biology* **366**, 1–13. Revisão do desenvolvimento da hipótese de oscilação.

Akopian D, Shen K, Zhang X and Shan S (2013) Signal recognition particle: an essential protein targeting machine. *Annual Review of Biochemistry* **82**, 693–721.

Caskey CT (1980) Peptide chain termination. *Trends in Biochemical Sciences* **5**, 234–7.

Clark B (1980) The elongation step of protein biosynthesis. *Trends in Biochemical Sciences* **5**, 207–10.

Hall BD (1979) Mitochondria spring surprises. *Nature* **282**, 129–30. Revisão dos primeiros relatos de códigos genéticos incomuns em genes mitocondriais.

Hellen CUT and Sarnow P (2001) Internal ribosome entry sites in eukaryotic mRNA molecules. *Genes and Development* **15**, 1593–612.

Hunt T (1980) The initiation of protein synthesis. *Trends in Biochemical Sciences* **5**, 178–81.

Jacks T, Power MD, Masiarz FR, Luciw FR, Barr PJ and Varmus HE (1988) Characterization of ribosomal frameshifting in HIV-1 *gag-pol* expression. *Nature* **331**, 280–3.

Jackson RJ, Hellen CUT and Pestova TV (2010) The mechanism of eukaryotic translation initiation and principles of its regulation. *Nature Reviews Molecular Cell Biology* **11**, 113–27.

Jenuwein T and Allis CD (2001) Translating the histone code. *Science* **293**, 1074–80.

Kapp LD and Lorsch JR (2004) The molecular mechanics of eukaryotic translation. *Annual Review of Biochemistry* **73**, 657–704.

Ling J, Reynolds N and Ibba M (2009) Aminoacyl-tRNA synthesis and translational quality control. *Annual Review of Microbiology* **63**, 61–76. Papel das aminoacil-tRNA sintetases com ênfase em como a precisão da aminoacilação é assegurada.

RajBhandary UL (1997) Once there were twenty. *Proceedings of the National Academy of Sciences USA* **94, 11761–3.** Resumo dos tipos incomuns de aminoacilação.

Schmeing TM and Ramakrishnan V (2009) What recent ribosome structures have revealed about the mechanism of translation. *Nature* **461**, 1234–42.

Smith AI and Funder JW (1988) Proopiomelanocortin processing in the pituitary, central nervous system, and peripheral tissues. *Endocrine Reviews* **9**, 159–79.

Stojanovski D, Bohnert M, Pfanner N and van der Laan M (2015) Mechanisms of protein sorting in mitochondria. *Cold Spring Harbor Perspectives in Biology* **4**:a011320.

Wilson DN (2014) Ribosome-targeting antibiotics and mechanisms of bacterial resistance. *Nature Reviews Microbiology* **12**, 35–48.

Wilson DN and Cate JHD (2015) The structure and function of the eukaryotic ribosome. *Cold Spring Harbor Perspectives in Biology* **4**:a011536.

Zhou J, Lancaster L, Donohue JP and Noller HF (2013) Crystal structures of EF-G–ribosome complexes trapped in intermediate states of translocation. *Science* **340**(6140):1236086.

390 Parte 3 Armazenamento de Informações Biológicas e Síntese de Proteínas

Questões de autoavaliação

Questões de múltipla escolha

Cada questão tem apenas uma resposta correta.

1. O que significa o termo "degenerado" quando relacionado ao código genético?
(a) Alguns códons possuem dois ou mais significados
(b) O código é universal
(c) Alguns aminoácidos são especificados por mais de um códon
(d) O código contém códons de pontuação

2. Qual dessas combinações constitui os códons de terminação no código genético padrão?
(a) UAA, UAG, UGA
(b) UAA, UAG, UAC
(c) UAG, UGA, UGG
(d) UGA, UGC, UGG

3. Qual das seguintes alternativas não é um códon não padrão nas mitocôndrias dos seres humanos?
(a) UGA codifica o triptano
(b) AGA codifica o término
(c) CCA codifica o término
(d) AUA codifica a metionina

4. Uma aminoacil-tRNA sintetase de classe I liga o aminoácido a qual dos carbonos no nucleotídio terminal do tRNA?
(a) 2'
(b) 3'
(c) 4'
(d) 5'

5. No *Bacillus megaterium,* as moléculas de tRNA^{Gln} são inicialmente aminoaciladas com:
(a) Serina
(b) Metionina
(c) Ácido glutâmico
(d) Glutamina

6. Devido à oscilação, o anticódon UAI, em que I é a inosina, pode apresentar pareamento de bases com quais dos seguintes códons?
(a) AUA, AUC e AUG
(b) AUC, AUG e AUU
(c) AUA, AUG e AUU
(d) AUA, AUC e AUU

7. Qual das alternativas descreve a composição da subunidade maior do ribossomo de *E. coli?*
(a) 3 rRNA e 50 proteínas
(b) 1 rRNA e 21 proteínas
(c) 2 rRNA e 34 proteínas
(d) 1 rRNA e 33 proteínas

8. Qual é a função do sítio E em um ribossomo bacteriano?
(a) É ocupado pelo aminoacil-tRNA, cujo aminoácido acabou de se ligar à extremidade do polipeptídio em crescimento
(b) É ocupado pelo aminoacil-tRNA que transporta o próximo aminoácido a ser utilizado
(c) É o local por meio do qual o tRNA sai após a ligação de seu aminoácido ao polipeptídio
(d) É o local de formação da ligação peptídica

9. Qual é a sequência de consenso para o sítio de ligação do ribossomo em *E. coli?*
(a) AGGGGGU
(b) AGGAGGU
(c) TATAAT
(d) AGCGCGCA

10. Qual é o nome do fator de iniciação em *E. coli* que medeia a associação das subunidades maior e menor do ribossomo?
(a) IF-i
(b) IF-2
(c) IF-3
(d) IF-4

11. Qual das seguintes afirmativas é **incorreta** com relação à iniciação da tradução nos eucariotos?
(a) O complexo de pré-iniciação liga-se à estrutura capuz (*cap*) no mRNA
(b) O complexo de ligação do capuz (*cap*) é formado de eIF-4A, eIF-4E e eIF-4G
(c) Durante o rastreamento, as estruturas em grampo (haste-alça) são abertas pelo eIF-4A
(d) O reconhecimento do códon de iniciação é mediado pelo eIF-2

12. Qual das seguintes ações constitui o papel do fator de alongamento EF-1A durante a síntese de polipeptídios em *E. coli?*
(a) Atua como fator de troca de nucleotídios
(b) Atua como mediador da translocação
(c) Direciona o próximo aminoacil-tRNA para o sítio A no ribossomo
(d) Sintetiza as ligações peptídicas

13. Qual é a função do fator de reciclagem do ribossomo em *E. coli?*
(a) Dissociação do ribossomo em suas subunidades após completar a tradução
(b) Hidrólise do GTP necessário para a dissociação do ribossomo
(c) Síntese da ligação peptídica final no polipeptídio que está sendo produzido
(d) Transferência do ribossomo para o início de um novo mRNA

14. O processamento da melitina envolve uma clivagem proteolítica, produzindo peptídios que contêm quantos aminoácidos?
(a) 2
(b) 3
(c) 5
(d) 9

15. Qual é o nome das endopeptidases que processam pró-hormônios?
(a) Endopeptidases de restrição
(b) Poliproteínas
(c) Pró-hormônio convertases
(d) Enteropeptidases

16. Qual é o processo responsável pela síntese de Gag-Pol em lugar da poliproteína Gag do HIV-1?
(a) O ribossomo forma um *frameshift* na extremidade da sequência Gag

(b) Ocorre *splicing* do mRNA do HIV-1

(c) Há formação de uma estrutura em grampo (haste-alça) no mRNA

(d) A proteína Gag-Pol é clivada por uma endopeptidase

17. O que **não** é obtido pelo processamento da pró-opiomelanocortina?

(a) Lipotropina

(b) Endorfina

(c) Hormônio adrenocorticotrófico

(d) Hormônio tireoestimulante

18. O receptor do fator de crescimento epidérmico é um exemplo de:

(a) Pró-hormônio convertase

(b) Receptor tirosinoquinase

(c) Histona acetiltransferase

(d) Histona desacilase

19. A ubiquitina liga-se a quais dos seguintes aminoácidos nas proteínas histonas?

(a) Lisinas C-terminais

(b) Lisinas N-terminais

(c) Lisinas N-terminais e serinas

(d) Lisinas N-terminais e argininas

20. Qual das seguintes afirmativas é **incorreta** com relação ao sinal de localização nuclear presente em proteínas que são transportadas para o núcleo?

(a) 6 a 20 aminoácidos de comprimento

(b) Alta proporção dos aminoácidos de carga positiva lisina e arginina

(c) Clivagem quando a proteína atravessa a membrana nuclear

(d) Reconhecido por uma proteína importina

21. Onde estão localizados os complexos translocadores da membrana externa?

(a) Membranas externas mitocondriais

(b) Membrana plasmática

(c) Retículo endoplasmático

(d) Membrana nuclear

22. Qual é o nome da estrutura, constituída por uma molécula de RNA não codificante curta e seis proteínas, que auxilia na transferência de proteínas para o retículo endoplasmático?

(a) Partícula de reconhecimento de sinal

(b) Receptor de SRP

(c) Translocon

(d) Peptidase sinal

23. Qual é a função da sequência KDEL?

(a) Direciona uma proteína para a membrana plasmática

(b) Sequência de reconhecimento para o receptor SRP

(c) Direciona uma proteína para a membrana do retículo endoplasmático

(d) Direciona uma proteína para a membrana mitocondrial interna

24. Qual é o marcador que direciona uma proteína para um lisossomo?

(a) Peptídio sinal

(b) Manose 6-fosfato

(c) Ubiquitina

(d) Sequência de interrupção da transferência

Questões discursivas

1. Descreva as características essenciais do código genético, incluindo as variações que ocorrem em determinados sistemas genéticos.

2. O que significa "aminoacilação" e como a acurácia desse processo é assegurada?

3. Explique por que a maioria das espécies tem menos de 64 tRNA diferentes.

4. Descreva em linhas gerais o nosso atual conhecimento da estrutura dos ribossomos e explique como essa estrutura está relacionada com o seu papel na síntese de proteínas.

5. Forneça um relato detalhado da iniciação da tradução de um mRNA em (A) *E. coli* e (B) nos eucariotos, dispensando atenção particular sobre a localização do códon de iniciação e as funções dos fatores de iniciação.

6. Compare os eventos que ocorrem durante a terminação da tradução em *E. coli* e nos eucariotos.

7. Em quais estágios da tradução de um mRNA em *E. coli* há necessidade de energia, e como essa energia é fornecida?

8. Cite exemplos de proteínas que são processadas (A) por clivagem proteolítica e (B) por modificação química.

9. Descreva a função das sequências de ordenação no endereçamento de proteínas.

10. Faça uma descrição detalhada da via de endereçamento para uma proteína lisossômica.

Questões de autoaprendizagem

1. A maioria dos organismos exibe uma tendência a códons distintos em seus genes. Por exemplo, a leucina é especificada por seis códons no código genético (TTA, TTG, CTT, CTC, CTA e CTG); entretanto, nos genes humanos, a leucina é codificada, com mais frequência, por CTG e só raramente é especificada por TTA ou CTA. Foi sugerido que um gene que contém um número relativamente alto de códons desvantajosos poderia ser expresso em uma taxa relativamente lenta. Explique o raciocínio que está na base dessa hipótese e discuta suas ramificações.

2. Os 20 aminoácidos especificados pelo código genético não são os únicos encontrados nas células vivas. Desenvolva uma hipótese para explicar por que esses 20 aminoácidos são os únicos especificados pelo código genético. A sua hipótese pode ser testada?

3. Discuta a conexão entre a oscilação e a degeneração do código genético.

4. Não parece haver nenhuma razão biológica pela qual um polinucleotídio de DNA não poderia ser traduzido diretamente em proteína, sem o papel intermediário desempenhado pelo mRNA. Que vantagens as células eucarióticas adquirem com a existência do mRNA?

5. Especule os motivos pelos quais a cauda poli(A) de um mRNA eucariótico está envolvida na iniciação da tradução do mRNA.

CAPÍTULO 17

Controle da Expressão Gênica

OBJETIVOS DO ESTUDO

Após a leitura deste capítulo, você será capaz de:

- Compreender a importância do controle da expressão gênica na remodelagem do proteoma, na diferenciação e no desenvolvimento

- Entender o papel de subunidades σ alternativas no controle da iniciação da transcrição em bactérias

- Descrever como a expressão gênica do óperon lactose de *Escherichia coli* é regulado pelo repressor da lactose e pela proteína ativadora de catabólito

- Explicar como proteínas reguladoras controlam a iniciação da transcrição nos eucariotos e, em particular, entender o papel da proteína mediadora

- Descrever como as vias de transdução de sinal e hormônios esteroides controlam a expressão gênica nos eucariotos

- Entender como a expressão gênica do óperon triptofano de *E. coli* é regulado por atenuação

- Saber como ocorre a regulação global e transcrito-específica da tradução em bactérias e eucariotos

- Compreender a importância da renovação (*turnover*) de mRNA e proteína na regulação de vias gênicas

- Descrever as vias de renovação (*turnover*) inespecíficas de mRNA em bactérias e eucariotos

- Entender como o complexo silenciador eucariótico degrada mRNAs específicos

- Descrever os papéis da ubiquitina e do proteossomo na degradação de proteínas.

Apenas alguns genes em uma célula são ativos o tempo todo, sendo denominados **genes de manutenção (*housekeeping*)**, termo que especifica moléculas de RNA ou produtos de proteína de que a célula sempre precisa. Por exemplo, a maioria das células sintetiza continuamente ribossomos e, assim, tem necessidade contínua da transcrição de rRNA e genes de proteína ribossômica. Similarmente, genes que codificam enzimas como a RNA polimerase ou aquelas envolvidas nas vias metabólicas básicas, como a glicólise, são ativos em praticamente todas as células o tempo todo.

Os produtos de outros genes têm papéis mais especializados e tais genes expressam-se apenas em certas circunstâncias. Quando seus produtos não são necessários, esses genes ficam inativos. Portanto, todos os organismos são capazes de regular a expressão de seus genes, de modo que apenas aqueles cujos produtos são necessários estão ativos em determinado momento. Além disso, o nível de expressão daqueles genes que são ativados pode ser modulado, de maneira que a taxa em que o produto gênico é sintetizado está perfeitamente de acordo com as necessidades da célula.

A noção de que a expressão gênica pode ser regulada é um conceito simples, mas tem amplas implicações (Figura 17.1):

- A regulação da expressão gênica capacita o **proteoma**, a coleção de proteínas em uma célula, a ser remodelado em resposta a condições variáveis. Até os organismos unicelulares mais simples são capazes de remodelar seus proteomas para se adequarem às modificações no ambiente. Isso significa que suas capacidades bioquímicas, conforme representado pelo repertório de enzimas que eles têm, estão continuamente afinadas com o suprimento disponível de nutriente e as condições físicas e químicas prevalentes. Células em organismos multicelulares são igualmente responsivas a alterações no ambiente extracelular; a única diferença é que os principais estímulos incluem hormônios e fatores de crescimento, bem como nutrientes

- A inativação de conjuntos específicos de genes leva à **diferenciação** celular, a adoção pela célula de um papel fisiológico especializado. Somente os genes necessários para a célula cumprir seu papel especializado são ativados. Em geral, associamos a diferenciação a organismos multicelulares, nos quais vários tipos celulares especializados (mais de 250 tipos em seres humanos) está organizada em tecidos e órgãos. Também ocorre diferenciação em muitos organismos unicelulares, sendo um exemplo a produção de esporos celulares por bactérias como *Bacillus*

- A regulação da expressão gênica é subjacente ao **desenvolvimento** de um organismo. A montagem de estruturas multicelulares complexas, e do organismo como um todo, não requer apenas coordenação da expressão gênica em diferentes células, como também demanda que o padrão de expressão gênica em uma única célula, ou um grupo de células relacionadas, mude com o tempo.

Organismos individuais usam muitas estratégias diferentes para controlar a expressão de seus genes e, em todo o mundo vivo, há exemplos de regulação aplicados a praticamente cada evento na via a partir do gene até a proteína processada. Neste capítulo, vamos examinar o mais importante desses mecanismos de controle.

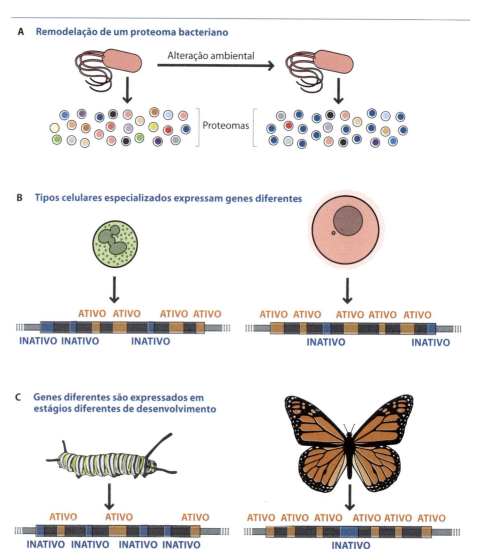

Figura 17.1 Desfechos da regulação gênica. A. Bactérias e células eucarióticas são capazes de remodelar seus proteomas em resposta a alterações ambientais. Nesse exemplo, a alteração ambiental resultou na suprarregulação do gene para a proteína azul. **B.** Células especializadas expressam genes diferentes. **C.** Genes diferentes são expressados em estágios diferentes de uma via de desenvolvimento do organismo.

17.1 Regulação da via de expressão gênica

Embora muitas etapas diferentes na via de expressão gênica estejam sujeitas a regulação, uma etapa em particular parece ter maior importância. É a etapa bem no início do processo, quando uma RNA polimerase se liga ao DNA para iniciar a transcrição de um gene. Os eventos básicos que determinam se um gene será ativado ou inativado ocorrem durante a iniciação da transcrição. Eventos posteriores na via de expressão gênica são capazes de alterar a velocidade de expressão de um gene que está ativado, mas a iniciação da transcrição é o ponto de controle primário e, portanto, essa é a etapa que devemos estudar em maiores detalhes.

17.1.1 Regulação da iniciação da transcrição em bactérias

Primeiro, vamos ver como a iniciação do transcrito é regulada em bactérias como *Escherichia coli*. Isso vai nos capacitar a estabelecer alguns princípios fundamentais que vão nos ajudar a compreender processos reguladores mais complexos que ocorrem nas células eucarióticas.

Nas bactérias, a iniciação da transcrição é regulada de duas maneiras distintas:

- Pela alteração na composição da subunidade da RNA polimerase
- Pela influência de proteínas reguladoras que determinam se a polimerase consegue ou não se ligar ao DNA *upstream* (em direção a extremidade 5') de um gene.

Subunidades σ alternativas resultam em padrões diferentes de expressão gênica

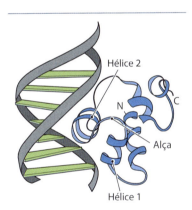

Figura 17.2 Motivo hélice-volta-hélice (ou hélice-alça-hélice). A ilustração mostra a orientação do motivo hélice-volta-hélice (*em azul*) de uma proteína de ligação ao DNA no sulco principal de uma dupla-hélice de DNA.

A RNA polimerase bacteriana tem múltiplas subunidades descrita como $\alpha_2\beta\beta'\sigma$, com a subunidade σ responsável por reconhecer a sequência promotora, a série curta de nucleotídios que marca a posição *upstream* de um gene onde a enzima tem que aderir ao DNA para começar a transcrição. Uma das interações críticas que resultam na aderência da RNA polimerase é entre a caixa (boxe) −35 do promotor e um segmento de 20 aminoácidos da subunidade σ que forma uma estrutura secundária denominada **motivo (*motif*) hélice-volta-hélice** ou **hélice-alça-hélice.** Como o nome sugere, esse motivo compreende duas hélices α separadas por uma volta β (Figura 17.2). Uma das hélices, denominada **hélice de reconhecimento**, é posicionada na superfície da subunidade σ em uma orientação que a capacita a se adaptar no sulco principal da molécula de DNA. No sulco principal, a hélice entra em contato com átomos presentes nos componentes da base nitrogenada dos nucleotídios. Por causa da especificidade desses contatos, a subunidade σ só é capaz de se ligar a certas combinações de nucleotídios, aqueles encontrados na sequência da caixa −35 do promotor. A subunidade σ é, portanto, uma **proteína de ligação ao DNA específica da sequência**, sua especificidade de sequência direcionando a RNA polimerase para o promotor localizado acima (*upstream*) de um gene.

Na *E. coli*, a subunidade σ padrão, que reconhece uma caixa −35 com a sequência de consenso 5'−TTGACA−3', é denominada σ^{70}, com o '70' indicando sua massa molecular em quilodáltons. A *E. coli* também pode fazer uma variedade de outras subunidades σ, cada uma específica de uma sequência −35 diferente. Um exemplo é a subunidade σ^{32}, que é sintetizada quando a bactéria é exposta a choque térmico. Essa subunidade reconhece uma sequência −35 encontrada *upstream* de genes que codificam chaperonas especiais que protegem proteínas da degradação pelo calor, bem como enzimas de reparo do DNA necessárias quando a bactéria se depara com temperaturas elevadas (Figura 17.3). A bactéria é, portanto, capaz de ativar uma gama toda de novos genes fazendo uma alteração simples na estrutura de sua RNA polimerase. Outras subunidades σ são usadas durante privação de nutrientes e limitação de nitrogênio, ativando mais uma vez conjuntos de genes cujos produtos são necessários nessas condições específicas.

Esse tipo de regulação gênica também é a base de um processo de diferenciação celular exibido pela espécie *B. subtilis*. Em resposta a condições adversas, essas bactérias produzem esporos altamente resistentes a extremos físicos e químicos e conseguem sobreviver por anos, germinando apenas quando as condições ambientais se tornam favoráveis (Figura 17.4). A mudança do crescimento normal para a formação de esporos é controlada por subunidades σ diferentes, que ativam os genes necessários em cada

Figura 17.3 Regulação da expressão gênica pela subunidade σ³² em *E. coli*.
A. A sequência do promotor *upstream* de genes envolvidos na resposta ao choque térmico de *E. coli*. **B.** O promotor do choque térmico não é reconhecido pela RNA polimerase normal de *E. coli* que contém a subunidade σ⁷⁰, mas é reconhecido pela subunidade σ³².

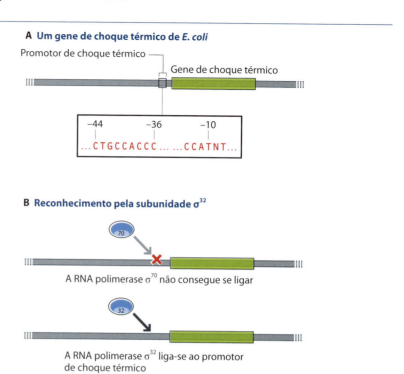

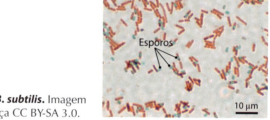

Figura 17.4 Esporulação de bactérias *B. subtilis*. Imagem reproduzida de Wikimedia.org sob licença CC BY-SA 3.0.

estágio da via de diferenciação. As subunidades σ padrão do *Bacillus subtilis*, usadas em células que não esporulam, são denominadas σ^A e σ^H. Quando a esporulação começa, a célula divide-se em dois compartimentos, um dos quais se tornará o esporo e o outro será a célula-mãe, que morre quando o esporo é liberado (Figura 17.5). As subunidades σ^A e σ^H são substituídas por duas novas, σ^F no pré-esporo e σ^E na célula-mãe. Cada uma delas reconhece sua própria sequência −35, que estão *upstream* de genes cujos produtos especificam o desenvolvimento do esporo ou da célula-mãe, respectivamente. Mais tarde no processo de esporulação, essas subunidades são substituídas por σ^G e σ^K, que ativam os genes necessários nos estágios finais da formação de esporo e da célula-mãe. As subunidades σ diferentes, portanto, induzem alterações tempo-dependentes na expressão gênica que fazem parte da diferenciação da bactéria em um esporo.

Proteínas repressoras impedem que a polimerase se ligue ao promotor

As especificidades diferentes de subunidades σ alternativas proporcionan um meio de ativar novos conjuntos de genes em resposta a alterações no ambiente, mas esse sistema regulador não permite graduações entre ativo e inativo. Os genes cujos promotores são reconhecidos por uma subunidade σ específica são transcritos ativamente e todos os outros ficam silenciosos. A regulação mais detalhada necessária para assegurar que os níveis de expressão de genes individuais se adéquem precisamente às condições prevalentes é fornecida de maneira diferente, por proteínas reguladoras que influenciam a iniciação da transcrição daqueles genes.

Figura 17.5 O papel de subunidades σ alternativas durante a esporulação do *B. subtilis*.

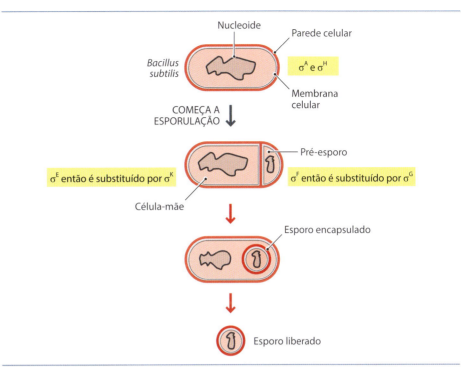

A existência desse tipo de proteína reguladora foi proposta pela primeira vez em 1961 por dois geneticistas franceses, François Jacob e Jacques Monod, após uma longa série de experimentos genéticos. Jacob e Monod estudaram a regulação do **óperon lactose** de *E. coli*. Esse é um conjunto de três genes que codificam as três enzimas necessárias para a bactéria utilizar lactose como fonte de energia. Essas três enzimas são (Figura 17.6):

- **Lactose permease**, que está localizada na membrana interna da célula e transporta lactose para a célula
- **β-galactosidase**, que catalisa a clivagem de lactose em glicose e galactose. A molécula de glicose consegue entrar diretamente na via da glicólise e a galactose consegue entrar na glicólise após conversão em glicose
- **β-galactosídio transacetilase**, cuja função enzimática é transferir um grupo acetil da molécula de acetil CoA para uma molécula de β-galactosídio. Os β-galactosídeos são o grupo grande de compostos aos quais pertence a lactose, muitos dos quais podem ser metabolizados pelas enzimas do óperon lactose. O papel exato da transacetilase no metabolismo da lactose não é entendido.

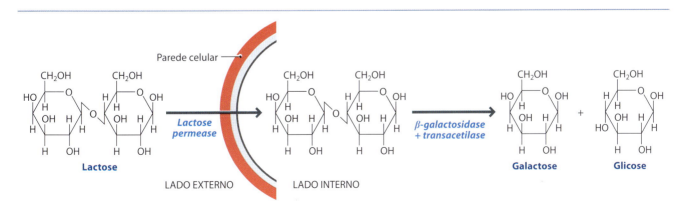

Figura 17.6 Utilização da lactose por *E. coli*.

Boxe 17.1 Transcriptômica – o estudo das alterações nos padrões de expressão gênica.

PESQUISA EM DESTAQUE

Além de entender os processos que regulam a expressão gênica, em geral é importante estudar os desfechos desses processos. Em outras palavras, é útil identificar os genes que estão sendo expressos em um tecido específico em um determinado momento e explorar como esse padrão de expressão gênica se altera quando as condições fisiológicas mudam (p. ex., quando um tecido responde a um estímulo hormonal) ou quando um tecido adoece. A distinção fundamental entre um gene ativo e outro inativo é que o primeiro é transcrito no RNA. Portanto, o exame do conteúdo do RNA de um tecido é a maneira mais direta de identificar quais genes estão sendo expressos. O conteúdo de RNA de um tecido é conhecido como **transcriptoma** e o estudo dos transcriptomas é a **transcriptômica**. O que a transcriptômica envolve e o que pode nos dizer?

Transcriptomas em geral são estudados por **análise de *microarray***. Um *microarray* é um pequeno fragmento de vidro sobre o qual se coloca um grande número de moléculas de DNA como pontos dispostos ordenadamente.

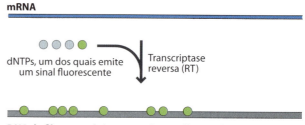

DNA de filamento único marcado com fluorescência

O DNA marcado é agora aplicado no *microarray*. As posições de oligonucleotídios que formam pares de bases na molécula de DNA – e cujos genes-alvo estão, portanto, sendo expressos no tecido sob estudo – podem agora ser reveladas por meio de varredura do *microarray* com um detector de fluorescência. As quantidades relativas dos diferentes RNAs no transcriptoma também podem ser medidas, porque a abundância de RNAs causará sinais fluorescentes mais intensos.

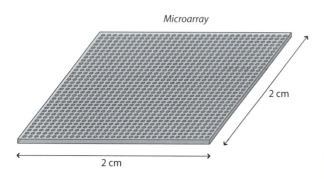

Microarray

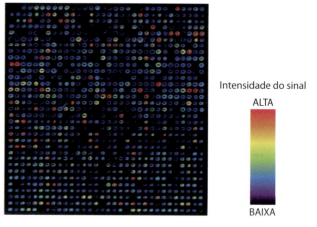

Intensidade do sinal
ALTA
BAIXA

Em geral, as moléculas de DNA são oligonucleotídios de filamento único com 100 a 150 oligonucleotídios de comprimento, cada um elaborado por síntese química em sua posição apropriada no *microarray*. Com a tecnologia mais moderna, é possível "espremer" meio milhão de pontos em um único *microarray*, cada um contendo múltiplas cópias de um oligonucleotídio específico.

As sequências de oligonucleotídios na lâmina se combinam com as sequências de segmentos dos genes no organismo cujo transcriptoma estiver sendo estudado. Isso significa que cada oligonucleotídio é capaz de formar um par de bases com o transcrito de RNA de seu gene-alvo.

Na prática, o RNA não é aplicado diretamente ao *microarray*, porque as moléculas de RNA são facilmente degradadas, dificultando o trabalho. Em vez disso, são feitas cópias de DNA misturando-se o RNA com a DNA polimerase-dependente de RNA denominada transcriptase reversa (RT) e um suprimento de cada um dos quatro desoxinucleotídios. Um desses nucleotídios é quimicamente modificado, para emitir um sinal fluorescente. Tal modificação não afeta a capacidade do nucleotídio de ser incorporado nas moléculas de DNA que estão sendo elaboradas, mas significa que essas moléculas estão **marcadas** – elas emitem sinais fluorescentes.

A análise de *microarray* e outros métodos para o estudo dos transcriptomas têm sido particularmente valiosos na pesquisa sobre o câncer. Qualquer tipo de câncer, como por exemplo do cólon ou de mama, é constituído por vários subtipos diferentes, de modo que saber qual subtipo um paciente apresenta é crítico para identificar o esquema de tratamento apropriado. O estudo dos transcriptomas possibilitou a associação de cada um desses tipos de câncer a um padrão diferente de expressão gênica. Em alguns casos, foi possível identificar combinações específicas de genes cujo padrão de expressão é diagnóstico de um único subtipo e, portanto, pode ser usado como biomarcador para aquele câncer. Os biomarcadores são particularmente valiosos como ferramentas no diagnóstico precoce, quando as chances de deter o câncer são maiores. O tipo de câncer de mama conhecido como "triplo negativo" é um bom exemplo. O nome refere-se à ausência de expressão dos genes para três receptores da superfície celular que são ativos em outros tipos de câncer de mama. O "triplo negativo" é um tipo de câncer de mama muito agressivo, com elevada taxa de mortalidade, de modo que o diagnóstico precoce e acurado pela análise de transcriptoma é importante para assegurar que o tratamento comece o mais rapidamente possível.

Figura 17.7 Os três genes do óperon lactose são transcritos em um único mRNA. Os nomes dos genes são: *lacZ*, β-galactosidase; *lacY*, lactose permease; *lacA*, β-galactosídeo transacetilase.

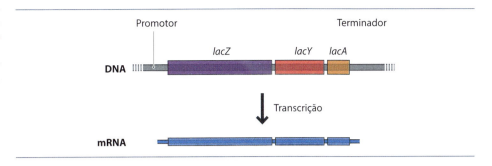

Na ausência de lactose, apenas cinco (ou próximo disso) cópias de cada enzima estão presentes na célula, mas quando a bactéria encontra lactose esse número aumenta rapidamente para mais de 5.000. A indução das três enzimas é coordenada, significando que cada uma é induzida ao mesmo tempo e na mesma magnitude, isso porque os genes para as três enzimas estão localizados juntos em uma única unidade de transcrição, sob o controle de um único promotor. Os três genes são, portanto, transcritos em um único mRNA (Figura 17.7). A expressão de todos os três genes pode, assim, ser controlada pela regulação dos eventos que ocorrem nesse promotor.

Adjacente ao promotor do óperon lactose está uma segunda sequência, denominada **operador**, que medeia a regulação da expressão do óperon (Figura 17.8A). O operador é o local de ligação para uma proteína reguladora, denominada **repressor da lactose**. Quando conectado ao operador, o repressor impede a RNA polimerase de ligar-se ao promotor, simplesmente bloqueando seu acesso ao segmento relevante de DNA.

Quando não há lactose, o repressor se liga ao operador e os três genes de lactose são desativados (Figura 17.8B). Quando a bactéria encontra uma fonte de lactose, o repressor se solta e os genes são ativados. Como o repressor responde à lactose? Inicialmente, uma pequena quantidade de lactose é transportada para a célula e metabolizada pelas poucas moléculas de enzima que estão sempre presentes. Durante a conversão de lactose em glicose e galactose, a β-galactosidase também sintetiza **alolactose**, um isômero de lactose. A alolactose é um **indutor** do óperon lactose. Quando presente, ela se liga ao repressor de lactose, causando discreta alteração estrutural que

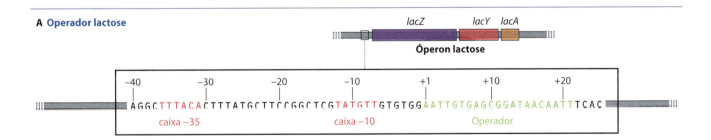

Figura 17.8 Regulação do óperon lactose de *E. coli*. A. A sequência operadora fica imediatamente *downstream* do promotor para o óperon lactose. **B.** O papel da proteína repressora da lactose e o indutor alolactose no controle do acesso da RNA polimerase ao promotor do óperon lactose.

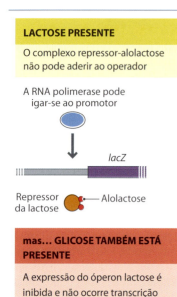

Figura 17.9 Quando existe glicose, o óperon lactose é desativado, mesmo que também haja um suprimento de lactose.

impede o repressor de reconhecer o operador como um local de ligação de DNA. O complexo alolactose-repressor, portanto, não consegue se ligar ao operador, capacitando a RNA polimerase a ter acesso ao promotor.

Quando o fornecimento de lactose é usado e não resta alolactose para ligar-se ao repressor, este se reconecta ao operador e impede a transcrição. Portanto, a lactose regula indiretamente a expressão dos genes necessários para seu próprio metabolismo.

A glicose age como regulador positivo do óperon lactose

A partir de nosso estudo do metabolismo, estamos acostumados com a noção de que uma via pode ser regulada tanto por seus substratos como por seus produtos, os primeiros estimulando o fluxo de metabólitos ao longo da via, e os produtos inibindo esse fluxo. A regulação do óperon lactose segue a mesma lógica biológica. Conforme já vimos, a lactose, sendo o substrato da via metabólica especificada pelo óperon lactose, estimula a expressão desses três genes. O que ainda não vimos, mas está próximo de ser explorado, é o papel complementar da glicose, um dos produtos da via, como inibidor da expressão do óperon lactose. Esse efeito complementar significa que, se uma bactéria tem glicose suficiente para satisfazer suas necessidades de energia, então não ativa a expressão do óperon lactose, mesmo se houver lactose no ambiente (Figura 17.9).

A glicose inibe a expressão do óperon lactose indiretamente via uma proteína reguladora denominada **proteína ativadora de catabólito (CAP)**. Como o repressor de lactose, a CAP é uma proteína de ligação ao DNA que se liga ao mesmo em uma posição

---

Boxe 17.2 Paradoxo da alolactose.

A razão pela qual a alolactose e não a lactose é o indutor do óperon lactose tem sido debatida por bioquímicos desde a década de 1960, quando os detalhes da utilização de lactose em *E. coli* foram estudados pela primeira vez. A alolactose, como a lactose, é um dissacarídio que compreende D-galactose e D-glicose, mas com uma ligação β(1→6) em vez de β(1→4).

Alolactose

Estudos estruturais do mecanismo de reação da β-galactosidase mostraram que a clivagem de lactose em galactose e glicose resulta em uma ligação covalente transitória que se forma entre um ácido glutâmico, na posição 537 na cadeia polipeptídica da enzima, e o carbono número 1 da molécula de galactose. Em geral, essa ligação covalente é quebrada por hidrólise para liberar a galactose, mas durante alguns ciclos de reação a galactose é transferida para o carbono 6 de uma das unidades de glicose que havia sido clivada a partir do substrato lactose. O resultado dessa reação menor é alolactose.

Os estudos estruturais mostram agora como a alolactose é sintetizada pela β-galactosidase, mas não nos diz por que a alolactose e não a lactose é o indutor do óperon. Várias sugestões foram levantadas, inclusive a hipótese de que, embora a função do óperon lactose seja vista convencionalmente como a utilização de lactose, pode ser que esse não seja seu papel primário. O argumento é que, em seu ambiente natural (o intestino de mamíferos), *E. coli* raramente encontra lactose. Isso ocorre porque o leite é a única fonte de lactose e todos os mamíferos não humanos e muitos humanos só o consomem durante a amamentação. Um β-galactosídeo é qualquer molécula constituída de galactose ligada a um segundo composto por uma ligação β-glicosídica. Uma variedade de β-galactosídeos é usada como substrato pela β-galactosidase e a maioria deles é indutor direto do óperon. Um exemplo é o β-galactosil glicerol, um componente de membranas vegetais e, portanto, uma parte significativa da dieta dos mamíferos. Assim, é possível que a razão pela qual a lactose não seja um indutor do óperon seja porque o óperon evoluiu para capacitar a *E. coli* a utilizar outros β-galactosídeos que não a lactose. Se essa hipótese estiver correta, então é apenas por acaso que o subproduto alolactose da clivagem da lactose ativa o óperon, possibilitando que a lactose seja metabolizada.

Essa hipótese tornou-se bastante popular, mas pesquisas recentes questionaram sua validade. Nem todas as espécies de bactérias têm enzimas β-galactosidases capazes de sintetizar alolactose e poucas têm o repressor de lactose. Um estudo filogenético feito com 1.087 espécies e cepas revelou que 53 delas tinham enzimas β-galactosidase com as características estruturais necessárias para a síntese de alolactose e, entre as mesmas 1.087, havia 33 espécies ou cepas que tinham o repressor de lactose. Todas as 33 bactérias com um repressor de lactose, exceto uma, tinham a capacidade de elaborar alolactose. Em outras palavras, houve uma coevolução fechada entre o repressor de lactose e a capacidade de sintetizar alolactose. Esse achado sugere que a síntese de alolactose não é um subproduto fortuito da atividade da β-galactosidase, mas, em vez disso, evoluiu com o repressor, como uma parte integrante do sistema regulador. O debate a respeito do paradoxo da alolactose ainda não terminou.

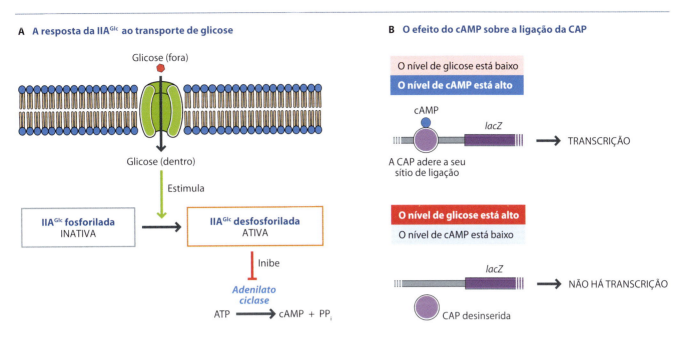

Figura 17.10 A glicose influencia a ligação da CAP ao DNA bacteriano. A. O transporte de glicose resulta em desfosforilação de IIA^{Glc} e inibição da atividade da adenilato ciclase. **B.** O cAMP influencia a ligação de CAP.

adjacente ao promotor do óperon. Ao contrário do repressor, a inserção de CAP não impede que a RNA polimerase tenha acesso ao promotor. Em vez disso, a CAP interage com a subunidade α da polimerase e facilita a ligação da RNA polimerase para formar um complexo promotor mais fechado. Portanto, quando ligada ao DNA, a CAP estimula a iniciação da transcrição do óperon lactose.

A glicose tem uma influência negativa sobre o óperon lactose, impedindo a ligação da CAP. Na ausência de CAP, praticamente não ocorrem iniciações produtivas, mesmo que a lactose esteja presente e o repressor também esteja desinserido. A glicose exerce sua influência através de uma cadeia de eventos que começa quando esse açúcar é transportado para a célula. A passagem da glicose pela membrana interna da célula resulta na desfosforilação de uma proteína ligada à membrana denominada **IIA^{Glc}** (Figura 17.10). A versão desfosforilada da IIA^{Glc} inibe a atividade da adenilato ciclase, que converte ATP em cAMP. Isso é importante porque a CAP só pode ligar-se ao DNA na presença de cAMP. Ao reduzir indiretamente os níveis de cAMP na célula, a presença de glicose, portanto, resulta na desinserção da CAP e na inativação do óperon lactose. Só quando os níveis de glicose caem e a cadeia de eventos é revertida, é que a CAP pode inserir-se novamente, capacitando o óperon a expressar-se, e a bactéria deveria dispor da fonte de lactose.

A CAP não apenas regula o óperon lactose. Locais de ligação para a proteína estão presentes *upstream* de outros óperons de *E. coli* que codificam enzimas envolvidas em vias catabólicas como a utilização de açúcares. Em alguns promotores, além de estimular a formação do complexo promotor fechado, como ocorre no óperon lactose, a CAP também faz contatos adicionais com a RNA polimerase para facilitar a formação do complexo aberto e iniciação da transcrição produtiva. Qualquer que seja o mecanismo de ação da CAP, o cAMP é o coativador essencial, possibilitando que os níveis de glicose na célula influenciem até o ponto em que a bactéria utiliza fontes alternativas de açúcar.

17.1.2 Regulação da iniciação da transcrição em eucariotos

Nosso estudo do repressor da lactose e da CAP nos apresentou o conceito fundamental de que a expressão de um gene pode ser controlada por uma ou mais proteínas reguladoras, que exercem seu efeito ligando-se ao DNA e influenciando a capacidade da RNA polimerase de reconhecer o promotor e iniciar transcrição. Esse conceito aplica-se a eucariotos e bactérias.

Boxe 17.3 Óperons repressíveis.

O óperon lactose é um exemplo de um **óperon induzível**, que é ativado pela molécula reguladora, nesse caso alolactose. Em geral, o indutor é um substrato, ou um análogo do substrato, para a via catalisada pelas enzimas especificadas pelo óperon.

Outros óperons têm proteínas repressoras que respondem não a um substrato na via controlada pelo óperon, mas a um produto. Um exemplo é o óperon triptofano, que contém cinco genes que especificam o conjunto de enzimas necessárias para converter corismato em triptofano (ver Figura 17.15). A molécula reguladora para esse óperon é o triptofano, que age como um **correpressor**. Quando o triptofano está aderido ao repressor do triptofano, este último liga-se ao operador e impede a RNA polimerase de ligar-se. Quando os níveis de triptofano estão baixos, o correpressor se desinsere do repressor, que por sua vez separa-se do operador, capacitando a RNA polimerase a transcrever o óperon. O óperon triptofano é, portanto, desativado na presença de triptofano e ativado quando o triptofano é necessário. Esse é um exemplo de um **óperon repressível**.

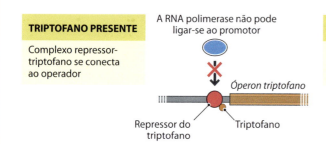
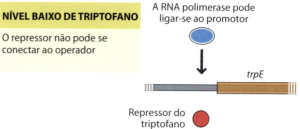

Há outra diferença interessante entre os repressores de lactose e triptofano. O repressor de lactose apenas regula a expressão do óperon lactose, enquanto o óperon triptofano tem outro local de ligação no genoma de *E. coli*. Assim como o óperon triptofano, esse repressor controla a expressão do gene *aroH*, que especifica a DAHP sintase, a enzima que catalisa a condensação de fosfoenolpiruvato e eritrose 4-fosfato na etapa de comprometimento da via que leva à síntese de fenilalanina, tirosina e triptofano (ver Figura 13.11). A DAHP sintase existe como três isozimas, cada uma sujeita a inibição por *feedback* (retroalimentação) por um dos três aminoácidos que são produtos dessa via (Figura 13.13B). Não é surpresa que o *aroH* codifique a isozima que é controlada pelo triptofano. Portanto, vemos interligação entre o controle por *feedback* da etapa de comprometimento pelo triptofano, e regulação da síntese da enzima que catalisa essa etapa, exercida pelo repressor do triptofano.

Promotores eucarióticos contêm locais de ligação para várias proteínas reguladoras

A principal diferença entre bactérias e eucariotos, quanto à regulação gênica, é que os genes eucarióticos respondem a uma diversidade maior de sinais de controle. Isso significa que as regiões promotoras da maioria dos genes eucarióticos contêm locais de ligação para várias proteínas reguladoras, que juntas medeiam a resposta do gene à variedade de fatores que influenciam sua expressão. O gene da insulina humana é um bom exemplo. Pelo menos 14 locais de ligação diferentes estão presentes no segmento de 350 pb do DNA adjacente à caixa TATA (*TATA box*) desse gene (Figura 17.11).

Identificar as funções dos locais de ligação *upstream* de um gene eucariótico é um desafio considerável, mas podemos dividir os locais em dois grupos amplos. O primeiro é o dos **elementos promotores basais**. Esses locais não respondem a quaisquer sinais de dentro ou fora da célula, mas em vez disso determinam a taxa basal de transcrição do gene. Essa taxa basal é o número de iniciações produtivas que ocorre,

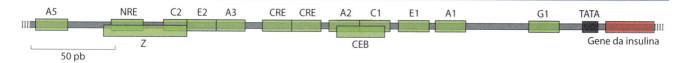

Figura 17.11 Locais de ligação de proteína no promotor do gene da insulina humana. São mostrados quatorze locais de ligação, que compreendem elementos basais e promotores celulares específicos, os últimos incluindo os dois locais CRE mencionados no texto.

Capítulo 17 Controle da Expressão Gênica **403**

por unidade de tempo, quando a expressão do gene não está sujeita a qualquer outro controle regulador. Portanto, as proteínas que se ligam aos elementos promotores basais asseguram que, quando o gene é ativado, mas não submetido a supra ou infrarregulação, a transcrição ocorre na taxa apropriada.

Assim como os elementos basais, muitos genes eucarióticos também têm **elementos promotores específicos da célula**, que asseguram que o gene é expresso nos tecidos corretos e responde aos sinais reguladores apropriados. Dois exemplos no promotor de insulina são o par de **elementos de resposta cAMP (CRE)**, que são locais de ligação para a proteína **elemento de ligação de resposta ao cAMP (CREB)**, que regula a expressão do gene da insulina em resposta aos níveis celulares de cAMP. Também há dois locais que respondem ao ácido retinoico e ao hormônio tireóideo, embora estejam situados mais afastados de gene da insulina, dentro da caixa "insulina quilobase acima" ou *ink box*, a cerca de 1.000 pb do local de início da transcrição.

Alguns elementos específicos da célula são exclusivos de um ou um pequeno número de genes, mas outros ajudam a regular grupos de genes cujos produtos são necessários ao mesmo tempo em condições específicas. Um exemplo desses últimos em seres humanos é o **módulo do choque térmico (pelo calor)**, que é reconhecido pela proteína HSP70 de choque térmico. Acredita-se que a HSP70 detecte dano celular causado por estresses como o choque térmico. Quando a HSP70 detecta tal dano, liga-se aos módulos do choque térmico nos promotores daqueles genes cujos produtos ajudam a reparar o dano e protegem a célula de estresse adicional. Também há **elementos promotores do desenvolvimento**, que medeiam a expressão de genes que são ativos em estágios específicos de desenvolvimento.

O papel de proteínas mediadoras

Para influenciar a transcrição, a ligação de uma proteína reguladora a um elemento promotor precisa ter um efeito sobre a atividade da RNA polimerase. O repressor da lactose de *E. coli* ilustra um caminho direto em que isso pode ocorrer, com o repressor simplesmente bloqueando o acesso da polimerase ao promotor. A CAP ilustra uma segunda possibilidade, em que um contato direto entre a proteína reguladora e a polimerase facilita a iniciação da transcrição.

A maioria das proteínas eucarióticas reguladoras contém um **domínio de ativação**, que faz contato com o complexo de proteínas, incluindo a RNA polimerase II, envolvida na iniciação da transcrição de um gene codificador de proteína. Estudos estruturais mostraram que, embora os domínios de ativação sejam variáveis, a maioria deles enquadra-se em uma de três categorias:

- **Domínios acídicos**, que são relativamente ricos em ácido aspártico e ácido glutâmico. É a categoria mais comum de domínio de ativação

- **Domínios ricos em glutamina**

- **Domínios ricos em prolina**, que são os menos comuns.

O contato feito entre o domínio de ativação e o complexo da RNA polimerase não é direto. Em vez disso, é via uma proteína intermediária denominada **mediadora**. A proteína mediadora foi identificada pela primeira vez na levedura *Saccharomyces cerevisiae*. Nessa espécie, o mediador é constituído por 25 subunidades, formando uma estrutura com os componentes da cabeça, meio e da cauda. A cauda faz contato com o domínio de ativação da proteína reguladora e as seções do meio e da cabeça interagem com o complexo polimerase. Nos seres humanos, o mediador é maior, com mais de 30 subunidades, mas seu modo de ação como uma ligação entre proteínas reguladoras e RNA polimerase é o mesmo.

Como o mediador afeta a iniciação da transcrição? Lembrar que a RNA polimerase II precisa ser ativada antes que possa começar a sintetizar o transcrito de RNA. A ativação envolve o acréscimo de grupos fosfato ao domínio C terminal (CTD) da maior subunidade da polimerase. Já se pensou que o mediador fosforilasse o CTD, mas de fato essa atividade quinase é proporcionada pela proteína Kin28, que é uma das subunidades de TFIIH. Ainda é possível que o mediador influencie a fosforilação de maneira indireta. De fato, o mediador faz vários contatos diferentes com o complexo RNA polimerase, e seu efeito sobre a iniciação do transcrito provavelmente é multifacetado.

Por exemplo, ele está presente quando a TBP se liga à caixa TATA (*TATA box*), e pode formar parte da plataforma sobre a qual o restante do complexo RNA polimerase é construído.

Proteínas reguladores respondem a sinais extracelulares

Já exploramos várias maneiras pelas quais sinais extracelulares, na forma de hormônios, fatores de crescimento ou outras moléculas reguladoras podem influenciar atividades bioquímicas dentro de células eucarióticas. A expressão gênica é uma das atividades bioquímicas que precisam responder a esses sinais extracelulares. Muitas das vias de transdução de sinal que já estudamos, além de ativar e desativar diferentes enzimas, também têm um efeito sobre os padrões de expressão gênica. A via MAP quinase, por exemplo, resulta na fosforilação de vários tipos de proteína envolvidos na regulação da transcrição. A fosforilação ativa essas proteínas, de modo que elas aderem aos seus locais de ligação de DNA e exercem seus efeitos específicos sobre seus genes-alvo. Mensageiros secundários também têm efeitos reguladores sobre genes, um exemplo sendo o cAMP, que regula a expressão do gene da insulina, bem como muitos outros, via a proteína CREB.

> Exemplos importantes de vias de transdução de sinal que foram estudados incluem a via da MAP quinase (*Seção 5.2.2*) e as vias pelas quais a epinefrina e a insulina influenciam a síntese e a degradação do glicogênio (*Seção 11.1.2*).

Boxe 17.4 Dedos de zinco (*zinc fingers*).

A superfamília de receptores nucleares compreende proteínas reguladoras que se ligam diretamente ao DNA em locais específicos *upstream* dos genes que elas controlam. Ao contrário da subunidade σ da RNA polimerase bacteriana, bem como muitas outras proteínas de ligação ao DNA, receptores nucleares não aderem ao DNA via uma estrutura em forma de hélice-volta-hélice. Em vez disso, tais proteínas contêm um tipo diferente de motivo de ligação ao DNA, denominado **dedo de zinco (*zinc finger*)**. Tais estruturas são raras em proteínas bacterianas, porém comuns nos eucariotos. É possível que até 1% de todas as proteínas elaboradas por uma célula de mamífero contenha dedos de zinco.

Há vários tipos diferentes de dedo de zinco. Um dos mais comuns é a estrutura **Cis$_2$-His$_2$**, constituída por até 12 ou mais aminoácidos, dos quais dois são cisteína e os outros dois são histidina. Esses 12 aminoácidos formam um 'dedo', que consiste em uma folha β curta de dois filamentos, seguida por uma hélice α, que se projeta da superfície da proteína. O átomo de zinco citado no nome da estrutura é mantido entre a folha β e a hélice, coordenado com as duas cisteínas e histidinas.

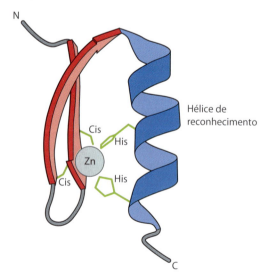

A arquitetura total do dedo de zinco é tal que a hélice α é capaz de fazer contato com o sulco principal de uma molécula de DNA, com seu posicionamento exato sendo determinado pela folha β (que interage com o esqueleto de açúcar e fosfato do DNA) e o átomo de zinco (que mantém a folha β e a hélice α nas posições apropriadas com relação uma à outra). A hélice α de um dedo Cis$_2$-His$_2$ é, portanto, similar à segunda hélice da estrutura hélice-volta-hélice.

Outras versões do dedo de zinco têm estruturas diferentes. Aquelas presentes nas proteínas receptoras nucleares são um tipo de **dedo triplo em forma de clave.** Não há um componente folha β e, em vez disso, há duas hélices α e uma série de alças, com dois átomos de zinco, cada um mantido no lugar por contatos com quatro cisteínas. Como no dedo Cis$_2$-His$_2$, uma das hélices é de reconhecimento que pode estar posicionada dentro do sulco principal de uma molécula de DNA.

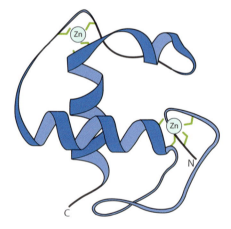

A maioria das proteínas é capaz de reconhecer e se ligar à sequências específicas em uma molécula de DNA. Tal especificidade assegura que se liguem adjacentes aos genes cuja expressão influenciam, e em nenhum outro local inespecífico em um genoma. Não se sabe como a estrutura de um dedo de zinco, ou qualquer outro tipo de domínio de ligação ao DNA, confere especificidade com a sequência, mas presume-se que a especificidade derive do posicionamento dos aminoácidos na hélice de reconhecimento. A sequência de nucleotídios pode ser identificada a partir do arranjo de átomos dentro do sulco principal, e presume-se que haja contato entre átomos e parceiros na hélice de reconhecimento da proteína de ligação.

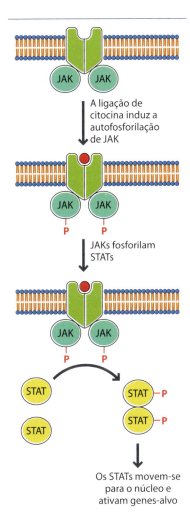

Figura 17.12 Via JAK-STAT.

As vias de transdução de sinal que estudamos cumprem várias etapas entre o composto sinalizador extracelular e as proteínas que regulam a expressão gênica. Alguns compostos externos, em contrapartida, apresentam uma ligação muito mais direta com a regulação gênica. Um exemplo é o dos **hormônios esteroides**, que incluem os hormônios sexuais (estrogênios para o desenvolvimento sexual feminino e androgênios, como a testosterona, para o desenvolvimento sexual masculino), os glicocorticoides e mineralocorticoides, dos quais o cortisol e a aldosterona são respectivos exemplos (ver Figura 12.29). Os esteroides são compostos hidrofóbicos e, assim, passam diretamente através da membrana celular, em vez de transmitir um sinal por meio de uma proteína da superfície celular. Uma vez dentro da célula, cada hormônio liga-se a uma proteína **receptora esteroide** específica. O complexo hormônio-receptor então migra para o núcleo, onde age como uma proteína reguladora, aderindo aos **elementos hormonais de resposta** nas regiões promotoras de genes-alvo.

Todos os receptores de esteroides são estruturalmente similares. O reconhecimento dessas similaridades tem mostrado que um segundo conjunto de proteínas receptoras, a **superfamília receptora nuclear**, pertence à mesma classe geral, embora os hormônios com que elas funcionam não sejam esteroides. Como o nome sugere, esses receptores estão localizados no núcleo, não no citoplasma, e incluem receptores para o ácido retinoico e o hormônio tireóideo, que estão envolvidos na regulação do gene da insulina, e para a vitamina D_3, envolvida no controle do desenvolvimento ósseo.

Citocinas como as interleucinas e as interferonas, que são proteínas extracelulares que controlam crescimento e divisão celulares, também são capazes de influenciar a expressão gênica sem que seus sinais sejam conduzidos por uma via mais longa. As citocinas não podem passar através da membrana celular e, então, influenciam eventos internos ligando-se a um receptor de superfície celular. Tais eventos são mediados pelas **quinases Janus (JAKs)**, proteínas internas que estão associadas a receptores de citocina, duas JAKs por receptor (Figura 17.12). A ligação de citocina induz uma alteração na conformação do receptor, movendo seu par de JAKs perto o bastante para que uma JAK possa fosforilar a outra (autofosforilações). A fosforilação ativa as JAKs que então fosforilam fatores de transcrição denominados **STATs (transdutores de sinais e ativadores da transcrição)**. A fosforilação faz com que pares de STATs formem dímeros e então movam-se para o núcleo, onde ativam a expressão de uma variedade de genes.

17.1.3 Regulação gênica após iniciação da transcrição

Embora a iniciação da transcrição pareça ser o ponto de controle primário para a expressão da maioria dos genes, são conhecidos exemplos em que a regulação é exercida praticamente em cada etapa na via de expressão gênica. Agora vamos explorar dois dos mais importantes desses processos.

As bactérias conseguem regular a terminação da transcrição

Nos eucariotos, a transcrição ocorre no núcleo e a tradução no citoplasma, não sendo possível reunir ambos os processos. O transcrito de RNA precisa ser completamente sintetizado e transportado para o citoplasma antes que possa ser traduzido. Já as bactérias, por não terem o núcleo delimitado por uma membrana, cumprem os dois estágios na expressão gênica no mesmo compartimento celular. Portanto, é possível um ribossomo aderir e começar a traduzir um mRNA que ainda esteja sendo transcrito por sua enzima RNA polimerase (Figura 17.13). Essa união de transcrição e tradução é utilizada na **atenuação**, um processo regulador que algumas bactérias usam para exercer um controle fino sobre a expressão de seus óperons.

A atenuação é usada principalmente com óperons que especificam enzimas envolvidas na biossíntese de aminoácidos. Um exemplo é o óperon triptofano de *E. coli*, que compreende cinco genes que codificam o conjunto de enzimas necessárias para converter corismato em triptofano (Figura 17.14). Esses cinco genes são precedidos por uma estrutura de leitura aberta (ORF, de *open reading frame*) curta, que especifica um peptídio de 14 aminoácidos que incluem dois triptofanos. Esse peptídio não tem função na célula, mas sua síntese é subjacente ao sistema de controle. A ORF é seguida imediatamente por uma região que pode formar duas estruturas de haste e alça,

> Estudamos a via para a síntese de triptofano na *Seção 13.2.1*.

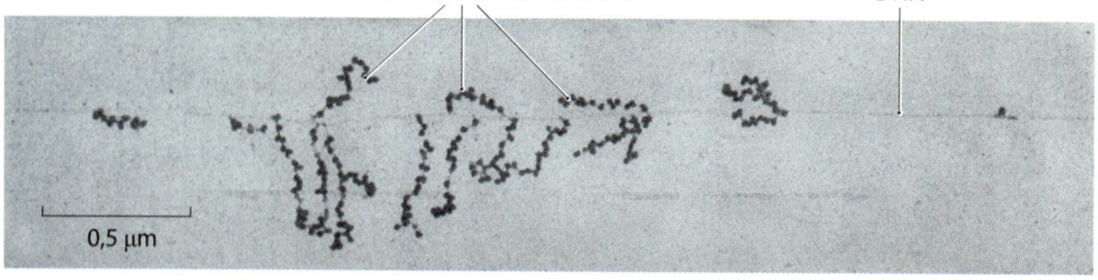

Figura 17.13 Transcrição e tradução estão ligadas nas bactérias. Essa micrografia eletrônica mostra vários mRNAs sendo transcritos a partir do DNA de *E. coli*. Cada um desses mRNA tem ribossomos aderidos a ele, que são visíveis como pequenos pontos escuros. Portanto, os mRNAs estão sendo traduzidos, embora ainda não tenham sido completamente transcritos. Imagem de *Science*, 1970; **169**: 392; O.L. Miller *et al.* Visualization of bacterial genes in action, com permissão de AAAS.

mas não ambas ao mesmo tempo. A menor dessas estruturas age como um sinal de terminação, mas a maior, que está mais próxima do início do transcrito, é mais estável porque tem mais pares de bases. Com essa informação, podemos examinar as etapas no processo de atenuação:

- A transcrição começa e a RNA polimerase progride até o ponto em que a ORF já foi copiada no RNA

- Um ribossomo adere ao RNA e começa a traduzir a ORF no peptídio de 14 aminoácidos

- Para traduzir a ORF, o ribossomo precisa de dois triptofanos. Se os níveis de triptofano na célula estiverem baixos, então o ribossomo ficará dentro da ORF, aguardando a eventual difusão de duas moléculas de triptofano disponíveis na vizinhança do ribossomo. Se o ribossomo aguardar dessa maneira, e não se mantiver com a polimerase, então forma-se a maior estrutura de haste e alça e a transcrição continua

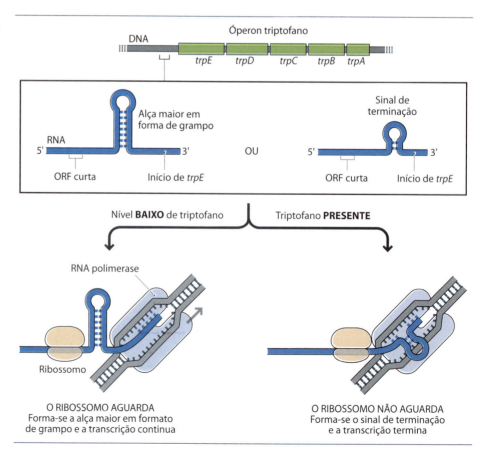

Figura 17.14 Controle da atenuação do óperon triptofano de *E. coli*.

- Se os níveis de triptofano estiverem altos, então o ribossomo traduz a ORF sem atraso, e mantém o ritmo com a RNA polimerase. Ele então é capaz de romper a maior estrutura de haste e alça, permitindo a formação da estrutura de terminação. A transcrição, portanto, é interrompida.

Assim, para resumir, quando os níveis de triptofano estão baixos, a atenuação permite que o óperon seja transcrito, de modo que mais triptofano possa ser elaborado, porém, quando os níveis de triptofano estão altos, a atenuação resulta na terminação prematura do transcrito, de modo que não é feito mais triptofano adicional.

O óperon triptofano de *E. coli* também é controlado por uma proteína repressora, que desativa o óperon quando há triptofano. Acredita-se que o repressor seja a base do interruptor liga-desliga, e que a atenuação module a taxa de expressão quando o óperon é ativado. Portanto, a atenuação assegura que a quantidade de mRNA que é transcrito seja precisamente aquela necessária para dirigir a tradução de enzimas suficientes para manter o triptofano celular no nível apropriado.

A tradução é regulada tanto em bactérias como nos eucariotos

Dois tipos diferentes de regulação podem operar durante a tradução. O primeiro é a **regulação global,** que afeta todos os mRNAs eucarióticos que têm uma estrutura CAP. A regulação global é conseguida pela fosforilação do fator de iniciação eIF-2. A forma fosforilada de eIF-2 não pode ligar-se a uma molécula de GTP, o que é preciso para ela transportar o tRNA iniciador para a subunidade pequena do ribossomo. A fosforilação de eIF-2 ocorre durante estresses como choque térmico, quando a tradução da grande maioria dos mRNAs (todos aqueles com estruturas CAP) é infrarregulada. Os mRNAs para proteínas especiais do choque térmico, como a HSP70, não são afetados por esse tipo de regulação porque não têm estruturas CAP, sendo, em vez disso, traduzidos via um local interno de entrada do ribossomo.

> Ver no *Boxe 16.3* informação sobre locais internos de entrada de ribossomo.

Uma **regulação específica do transcrito** da tradução mais direcionada também é possível com alguns mRNAs. São conhecidos exemplos tanto em bactérias como eucariotos. Na *E. coli*, a tradução dos mRNAs de vários óperons que codificam proteínas ribossômicas é regulada pela quantidade de uma ou mais daquelas proteínas na célula. A região líder do mRNA inclui um sítio de ligação para a proteína ribossômica e, quando ligada, essa proteína bloqueia a aderência do ribossomo e, assim, impede a tradução. O óperon L11–L1 é regulado dessa forma por L1, a segunda das duas proteínas ribossômicas codificadas pelo óperon (Figura 17.15A). L1 pode aderir à sua posição no rRNA 23S da subunidade grande do ribossomo ou ligar-se ao mRNA e bloquear a tradução subsequente. A aderência ao rRNA é mais estável, e ocorre se qualquer desses locais estiver disponível. Uma vez todos preenchidos, a L1 liga-se ao seu mRNA, bloqueando a tradução e desativando assim a síntese subsequente de L1 e L11. Eventos similares envolvendo outros mRNAs asseguram que a síntese de cada proteína ribossômica seja coordenada com a quantidade de rRNA livre na célula.

Um exemplo de regulação da tradução específica do transcrito em mamíferos envolve o mRNA da ferritina, uma proteína de armazenamento de ferro (Figura 17.15B). Quando os níveis de ferro estão baixos, a proteína reguladora IRP-1 adere a um **elemento de**

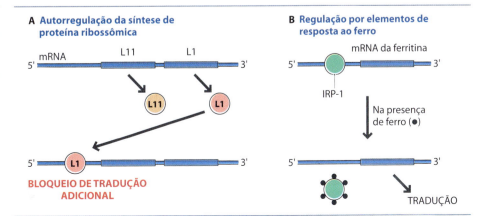

Figura 17.15 Dois exemplos de regulação da tradução específica do transcrito. A. Regulação da síntese de proteína ribossômica em bactérias. **B.** Regulação da síntese da proteína ferritina em mamíferos.

408 Parte 3 Armazenamento de Informações Biológicas e Síntese de Proteínas

resposta ao ferro no mRNA da ferritina, bloqueando o movimento do ribossomo ao longo do transcrito. A própria IRP-1 é uma proteína de ligação ao ferro, com a aderência de átomos de ferro resultando em uma alteração na conformação, de modo que a proteína não reconhece mais o elemento de resposta ao ferro. Isso significa que, na presença de ferro, a IRP-1 separa-se do mRNA, capacitando o último a ser traduzido, de modo que a quantidade de ferritina na célula aumenta. Esse sistema regulador assegura que, em determinado momento, haja suprimentos adequados de ferritina para armazenar o ferro disponível para a célula.

17.2 Degradação de mRNA e proteína

Se um gene estiver desativado e o mRNA e a proteína que o especifica estiverem ausentes de uma célula, ao ativarmos aquele gene, isso vai, obviamente, resultar em um aumento nos níveis celulares do mRNA e de proteína. A suprarregulação (*up-regulation*) da expressão gênica, portanto, resulta na suprarregulação das quantidades de mRNA e proteína. Mas o que acontece quando o gene é desativado novamente? Nossa expectativa é de que a infrarregulação (*down-regulation*) da expressão gênica irá resultar na infrarregulação do conteúdo celular de mRNA e proteína. Mas isso só é possível se o mRNA e a proteína existentes forem degradados. Caso contrário, a atividade da proteína estará, então, ainda presente.

A quantidade de um mRNA ou uma proteína na célula é, portanto, um equilíbrio entre sua velocidade de síntese (o número de moléculas elaboradas por unidade de tempo) e a de degradação (quantas moléculas são degradadas por unidade de tempo). Esse equilíbrio resulta em uma concentração constante (*steady-state*) e alterações na velocidade de síntese ou de degradação irão influenciar aquele estado estável. Já estudamos os mecanismos de controle da velocidade de síntese de mRNA e proteína. Para obtermos um entendimento completo da regulação gênica, devemos agora examinar os processos pelos quais mRNAs e proteínas são degradados.

17.2.1 Degradação do RNA

Vamos examinar primeiro a degradação do RNA e começar com os processos responsáveis pela renovação/reciclagem inespecífica do RNA. Esses processos agem sobre todos os mRNAs e, em alguns casos, RNAs não codificadores, sem discriminação entre os transcritos de genes individuais.

Vários processos são conhecidos para a renovação/reciclagem inespecífica do mRNA

Em bactérias, a degradação de mRNA inespecíficos é realizada pelo **degradossomo**, uma estrutura multiproteica cujos componentes incluem:

- **Polinucleotídio fosforilase (PNPase)**, que remove nucleotídios sequencialmente da extremidade 3′ de um mRNA, mas, ao contrário de nucleases verdadeiras, requer fosfato inorgânico como substrato

- **RNAse E**, uma endonuclease que faz cortes internos em moléculas de RNA

- **RNA helicase B**, que ajuda na degradação, desenrolando a estrutura em dupla-hélice das hastes dos conjuntos de hastes e alças de RNA.

Não foram identificadas em bactérias enzimas capazes de degradar o RNA na direção 5′→3′, sugerindo que o principal processo de degradação para os RNAs bacterianos seja a remoção de nucleotídios da extremidade 3′ por enzimas como a PNPase. A maioria dos mRNAs bacterianos tem uma estrutura de haste e alça perto de sua extremidade 3′, a mesma estrutura envolvida na terminação da transcrição, que irá bloquear o progresso da PNPase (Figura 17.16). Portanto, supõe-se que a estrutura de haste e alça seja rompida pela RNA helicase antes da chegada da PNPase ou a região contendo a haste e a alça seja cortada fora pela RNase E. Um ou outro evento vai capacitar a PNPase a ter acesso ao restante do RNA.

Os eucariotos têm uma estrutura equivalente ao degradossomo, denominada **complexo exossomo**. Um exossomo compreende um anel de seis proteínas, cada uma com atividade de ribonuclease, com três proteínas de ligação ao RNA aderidas ao topo do

Figura 17.16 Mecanismos possíveis para a degradação de mRNA pelos degradossomos bacterianos.

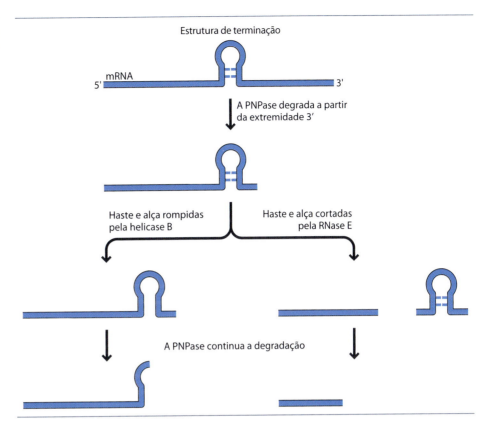

anel. Outras ribonucleases associam-se ao exossomo de maneira transitória. Acredita-se que os RNAs a serem degradados sejam capturados inicialmente por proteínas de ligação e então colocados através do canal no meio do anel, onde são expostos à atividade de ribonuclease das proteínas do anel (Figura 17.17).

Os exossomos estão presentes no citoplasma e no núcleo. A presença de exossomos no núcleo indica que seus papéis incluem a renovação de RNAs que contêm erros devido a transcrição ou processamento incorretos. Esses erros são detectados por um mecanismo de **vigilância do mRNA**, que identifica mRNAs sem um códon de terminação, que podem ocorrer caso o DNA tenha sido copiado incorretamente, ou que tenham um códon de terminação em uma posição inesperada, indicando que os éxons foram unidos incorretamente durante a separação dos íntrons (*splicing*). A vigilância envolve um complexo de proteínas que faz uma varredura nos mRNAs em busca desses erros e direciona transcritos aberrantes para o exossomo ou alguma outra via de degradação.

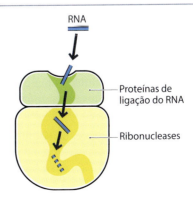

Figura 17.17 Modelo de degradação do RNA em um complexo exossomo eucariótico. O RNA é capturado inicialmente por proteínas de ligação do RNA no topo do exossomo, e então colocado no canal dentro do anel de ribonucleases. No canal, o RNA é degradado por uma combinação de atividades de exo- e endonuclease.

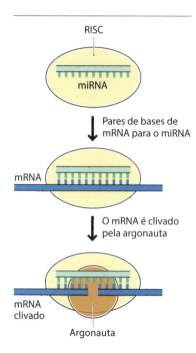

Figura 17.18 Clivagem de um mRNA em um RISC pela proteína argonauta.

O complexo silenciador eucariótico degrada mRNAs específicos

Até alguns anos atrás, os bioquímicos tinham pouca informação sobre os processos capazes de degradar mRNAs individuais, como seria necessário para a renovação do mRNA ter um papel significativo na regulação gênica. A inovação veio com a descoberta do **complexo silenciador induzido pelo RNA (RISC)**, uma estrutura de proteína e RNA, conhecida apenas nos eucariotos, que cliva e assim inativa mRNAs individuais. O mRNA torna-se ligado, por pareamento de bases, ao componente RNA do RISC, que é uma molécula de 20 a 25 nucleotídios denominada um **microRNA (miRNA)**. O mRNA é então clivado por uma endorribonuclease denominada proteína **argonauta** (Figura 17.18).

O modo de ação de um RISC é, portanto, direto. A questão importante é como o RISC obtém um miRNA complementar ao mRNA que está destinado para degradação. MicroRNAs são transcritos a partir de seus genes pela RNA polimerase II, inicialmente como moléculas precursoras com várias centenas de nucleotídios de comprimento que podem conter até seis moléculas de miRNA maduras. Cada miRNA está localizado em uma parte do precursor que forma a haste de uma estrutura de haste e alça (Figura 17.19), cortada do precursor pela **Dicer**, uma ribonuclease que corta o RNA de filamento duplo e as versões de filamento duplo dos miRNAs são liberadas por clivagens adicionais. Um filamento (fita) de cada miRNA de filamento duplo é degradado e o outro é incorporado em um RISC. Alguns miRNAs são obtidos por um método ligeiramente diferente, não por transcrição de um gene para um precursor de miRNA, mas de um íntron cortado de um mRNA de um gene codificador de proteína. Parte do RNA do íntron dobra-se para formar a estrutura de haste e alça, que é então processada por Dicer, conforme descrito antes.

As células humanas são capazes de fazer cerca de 1.000 miRNAs, mas juntos conseguem alvejar mRNAs de mais de 10.000 genes, possivelmente porque os miRNAs de genes diferentes compartilham a mesma sequência de ligação de miRNA, ou possivelmente porque uma combinação precisa entre miRNA e mRNA não é necessária para o mRNA ser capturado por um RISC. Alguns genes de miRNA estão localizados perto dos genes codificadores de proteína cujos mRNAs são alvejados pelo miRNA. Nesses casos, é possível que as mesmas proteínas reguladoras controlem a síntese tanto de mRNA como de miRNA. Isso permitiria que a síntese do miRNA fosse diretamente coordenada com repressão do gene codificador de proteína. O mRNA seria, portanto, degradado imediatamente após sua síntese ser desativada. Mas, em muitos outros casos, os genes do miRNA e proteína não estão colocalizados e a maneira pela qual a síntese e a degradação de mRNA são coordenadas não é conhecida. Isso é uma área da bioquímica em que novas descobertas importantes estão sendo feitas a cada ano e esses mistérios serão esclarecidos sem demora.

17.2.2 Degradação de proteínas

Temos um bom entendimento das vias de degradação de proteínas desnaturadas e as que alcançaram o fim de sua vida funcional. Também estamos começando a reconhecer como esses processos de degradação podem ser direcionados para proteínas individuais cujos genes foram desativados.

Proteínas a serem degradadas são marcadas com moléculas de ubiquitina

A **ubiquitina** é uma proteína abundante, 'onipresente', de 76 aminoácidos de comprimento nos seres humanos, que é crucial na degradação de proteína por agir como marcador para proteínas que precisam ser degradadas.

A ligação da ubiquitina a uma proteína denomina-se **ubiquitinação**. Isso resulta em uma **ligação isopeptídica**, formada entre o grupo carboxila do aminoácido C-terminal de ubiquitina, que na maioria das espécies é uma glicina, com o grupo amino presente na cadeia lateral de uma lisina localizada dentro da proteína a ser degradada (Figura 17.20). A ubiquitinação é um processo de três etapas em que uma molécula de ubiquitina se liga inicialmente a uma proteína ativadora em uma reação dependente de energia que resulta na hidrólise de um ATP. A ubiquitina é então transferida para uma enzima conjugadora e, por fim, uma terceira enzima, a **ubiquitina ligase**, transfere a ubiquitina para a proteína-alvo.

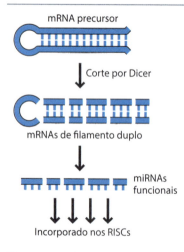

Figura 17.19 Processamento de um miRNA precursor por Dicer.

Figura 17.20 Ligação da ubiquitina a uma lisina interna em uma proteína-alvo.

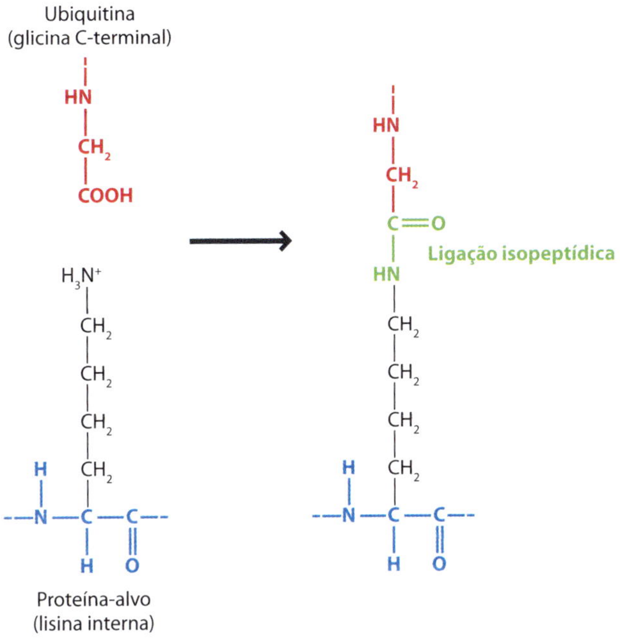

A ubiquitinação tem inúmeras funções além de marcar proteínas para degradação. Pode ser um sinal para o movimento de uma proteína para uma nova localização e também é uma das modificações químicas nas proteínas histonas como um meio de silenciar ou ativar segmentos do genoma. Os diferentes papéis da ubiquitinação parecem distinguir-se pela natureza das estruturas formadas na proteína-alvo pela ligação da ubiquitina. Para agir como um marcador para degradação, as cadeias de moléculas de ubiquitina ligadas entre si precisam ser montadas na proteína-alvo. Cada uma dessas cadeias de poliubiquitina contém várias ubiquitinas, cada uma ligada a uma das lisinas da unidade antecessora na cadeia (Figura 17.21). Como cada molécula de ubiquitina tem sete lisinas, é possível a montagem de uma grande variedade e complexidade de cadeias de poliubiquitina. Na maioria das cadeias de poliubiquitina envolvidas na degradação de proteína, as ligações envolvem a segunda e a sexta das lisinas, nas posições 11 e 48 no monômero de ubiquitina.

Como o processo de ubiquitinação reconhece as proteínas corretas, ou seja, aquelas que precisam ser degradadas? A resposta parece estar relacionada com a especificidade das enzimas que ligam a ubiquitina a essas proteínas que são os alvos. A maioria das

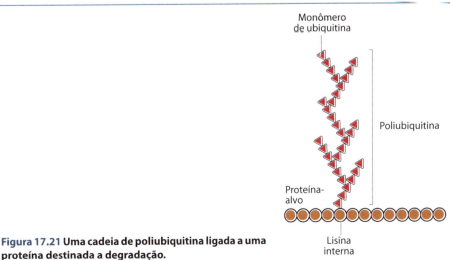

Figura 17.21 Uma cadeia de poliubiquitina ligada a uma proteína destinada a degradação.

> **Boxe 17.5** Meias-vidas de proteína e mRNA.
>
> As proteínas e os mRNAs estão sendo renovados continuamente na célula, com as moléculas existentes sendo degradadas e novas sendo sintetizadas. As taxas de degradação podem ser expressas como **meias-vidas** – o período de tempo necessário para a quantidade de um tipo individual de proteína ou mRNA cair para a metade de seu valor inicial, supondo-se que não haja nova síntese da molécula.
>
> As meias-vidas podem ser medidas por **marcação de pulso**. As células sob estudo são supridas com um substrato marcado para a síntese de proteína ou mRNA, como um aminoácido contendo o isótopo ^{15}N 'pesado' de nitrogênio, ou 4-tiouracil radioativo, que tem um átomo de ^{35}S em vez de um oxigênio ligado ao carbono de número 4. As proteínas e os mRNAs sintetizados durante o período de marcação de pulso vão conter o aminoácido ou nucleotídio marcado, mas aqueles formados antes ou após não o contêm. Portanto, as taxas de degradação das moléculas formadas durante o período de marcação de pulso podem ser acompanhadas medindo-se as quantidades de marcador presente no volume dos extratos de proteína ou mRNA, ou em um tipo individual de proteína ou mRNA, isolados em diferentes intervalos após o período de pulso.
>
> Estudos desse tipo mostraram que a maioria das proteínas e mRNAs bacterianos têm meias-vidas de alguns minutos apenas, refletindo as alterações rápidas nos padrões de expressão gênica que podem ocorrer em uma bactéria em crescimento ativo. Moléculas eucarióticas têm meias-vidas mais longas, com mediana de 46 h no caso de proteínas e 9 h para mRNAs em fibroblastos de camundongo.
>
> Esses histogramas mostram que há variações marcantes nas taxas de degradação de diferentes proteínas e mRNAs. Em geral, temos pouca informação sobre os fatores que influenciam a meia-vida de uma molécula individual. Proteínas que têm uma sequência interna rica em prolina, ácido glutâmico, serina e treonina costumam apresentar meias-vidas curtas. Essa **sequência PEST** (denominada assim de acordo com a abreviatura de uma letra dos quatro aminoácidos) poderia interagir de alguma maneira com o processo de ubiquitinação para marcar essas proteínas para renovação rápida. Por algum tempo, pensou-se que a degradação do mRNA eucariótico estava associada ao comprimento da cauda poli(A), embora o mecanismo pelo qual o comprimento da cauda influencia a degradação não tenha sido descrito. Uma possibilidade é a de que mRNAs de vida longa tenham uma sequência interna rica em uracila com que a cauda poli(A) pode fazer pareamentos, formando uma estrutura de haste e alça que impede a degradação por uma endonuclease 3'→5'.

espécies tem uma única proteína ativadora, mas também múltiplas versões das enzimas de conjugação e muitos tipos de ubiquitina ligase. Nos seres humanos, por exemplo, há 35 enzimas de conjugação e várias centenas de ubiquitina ligases. Acredita-se que diferentes pares de enzima de conjugação–ligase têm especificidade para proteínas diferentes e pela natureza da cadeia de poliubiquitina construída com tais proteínas. É provável que a ativação de diferentes pares de enzima de conjugação–ligase, em resposta a sinais intra ou extracelulares, seja a chave para a degradação específica de proteínas particulares e grupos de proteínas.

O proteassomo é responsável pela degradação de proteína

A ubiquitinação marca proteínas para degradação, mas, por si só, não resulta em degradação da proteína. Para ser degradada, uma proteína ubiquitinada precisa ser movida para um **proteassomo**.

Nos eucariotos, o proteassomo é uma estrutura grande com múltiplas subunidades e coeficiente de sedimentação de 26S (Figura 17.22). O principal componente é um cilindro central com coeficiente de sedimentação de 20S, que compreende quatro anéis, cada um constituído por sete proteínas. As proteínas presentes nos dois anéis internos são proteases, cujos sítios ativos estão situados na superfície interna dos anéis. Isso significa que uma proteína ubiquitinada precisa entrar no cilindro para ser degradada. As proteínas que formam os dois anéis externos não têm atividade de protease, mas, em vez disso, mediam a entrada de proteínas ubiquitinadas no cilindro proteassomo. Elas fazem isso em conjunto com um par de estruturas CAP, cada uma na extremidade do cilindro. As estruturas CAP mais comuns, que têm um coeficiente de sedimentação de 19S e são constituídas por até 19 proteínas, mediam a entrada de proteínas inteiras no proteassomo. Uma CAP menor de 11S, com apenas sete proteínas, está envolvida na degradação de peptídios mais curtos.

Proteínas ubiquitinadas poderiam interagir diretamente com a estrutura CAP de 19S do proteassomo, ou a interação poderia ser via uma **proteína receptora de ubiquitina**. Antes de entrar no proteassomo, a proteína a ser degradada precisa ser pelo menos parcialmente desdobrada e seus marcadores de ubiquitina devem ser removidos. Tais etapas demandam energia, obtida a partir da hidrólise de ATP, catalisada por proteínas presentes na CAP. A proteína é então movida para dentro do proteassomo,

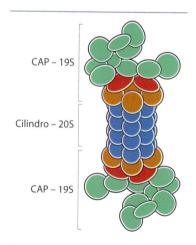

Figura 17.22 Proteassomo eucariótico. Os componentes de proteína das duas CAPs são mostrados em verde, laranja e vermelho, enquanto os que formam o cilindro estão em azul.

onde é quebrada em peptídios, geralmente com comprimento de 4 a 10 aminoácidos, liberados de volta para o citoplasma, onde são quebrados por outras proteases em aminoácidos individuais.

O sistema de ubiqutina e proteassomo para a degradação de proteínas foi descoberto em eucariotos, mas agora sabemos que existem sistemas semelhantes em pelo menos algumas bactérias e Archaea. O sinal de degradação bacteriana é uma 'proteína semelhante à ubiquitina' de 64 aminoácidos, aderida a aminoácidos lisina nas proteínas-alvo de maneira similar à ubiquitinação eucariótica. Archaea também têm proteassomos com cerca do mesmo tamanho da versão eucariótica, mas são menos complexos, compreendendo múltiplas cópias de apenas duas proteínas. O proteassomo bacteriano, em contrapartida, é menor e não tem estruturas CAP presente nas versões eucarióticas e de Archaea.

Leitura sugerida

Harrison SC and Aggarwal AK (1990) DNA recognition by proteins with the helix–turn–helix motif. *Annual Review of Biochemistry* **59**, 933–69.

Henkin TM (1996) Control of transcription termination in prokaryotes. *Annual Review of Genetics* **30**, 35–57. *Descrição detalhada da atenuação.*

Horvath CM (2000) STAT proteins and transcriptional responses to extracellular signals. *Trends in Biochemical Sciences* **25**, 496–502.

Kim Y-J and Lis JT (2005) Interactions between subunits of *Drosophila* mediator and activator proteins. *Trends in Biochemical Science* **30**, 245–9.

Lopez D, Vlamakis H and Kolter R (2008) Generation of multiple cell types in *Bacillus subtilis. FEMS Microbiology Letters* **33**, 152–63. *Descreve como subunidades σ diferentes estão envolvidas na esporulação.*

Losick RL and Sonenshein AL (2001) Turning gene regulation on its head. *Science* **293**, 2018–9. Descreve o sistema de atenuação.

Mackay JP and Crossley M (1998) Zinc fingers are sticking together. *Trends in Biochemical Science* **23**, 1–4.

Melloui D, Marshak S and Cerasi E (2002) Regulation of insulin gene transcription. *Diabetologia* **45**, 309–26.

Pratt AJ and MacRae IJ (2009) The RNA-induced silencing complex: a versatile gene-silencing machine. *Journal of Biological Chemistry* **264**, 17687–901.

Ptashne M and Gilbert W (1970) Genetic repressors. *Scientific American*, **222**(6), 36–44. *O modo de ação de repressores e os métodos usados no isolamento das proteínas.*

Tsai M-J and O'Malley BW (1994) Molecular mechanisms of action of steroid/thyroid receptor superfamily members. *Annual Review of Biochemistry* **63**, 451–86. *Controle da expressão gênica por hormônios esteroides.*

Vanacova S and Stefl R (2007) The exosome and RNA quality control in the nucleus. *EMBO Reports* **8**, 651–7.

Varshavsky A (1997) The ubiquitin system. *Trends in Biochemical Science* **22**, 383–7.

Voges D, Zwickl P and Baumeister W (1999) The 26S proteasome: a molecular machine designed for controlled proteolysis. *Annual Review of Biochemistry* **68**, 1015–68.

Wek RC, Jiang H-Y and Anthony TG (2006) Coping with stress: eIF2 kinases and translational control. *Biochemical Society Transactions* **34**(1), 7–11. *Controle global da tradução.*

Wheatley RW, Lo S, Jancewicz LJ, Dugdale ML and Huber RE (2013) Structural explanation for allolactose (*lac* operon inducer) synthesis by *lacZ* β-galactosidase and the evolutionary relationship between allolactose synthesis and the *lac* repressor. *Journal of Biological Chemistry* **288**, 12993–3005.

Zubay G, Schwartz D and Beckwith J (1970) Mechanisms of activation of catabolite-sensitive genes: a positive control system. *Proceedings of the National Academy of Sciences USA*, **66**, 104–10. *Uma descrição inicial do sistema CAP.*

Questões de autoavaliação

Questões de múltipla escolha

Cada questão tem apenas uma resposta correta.

1. A subunidade σ da RNA polimerase de *E. coli* contém que tipo de estrutura de ligação ao DNA?
   (a) Hélice-hélice-volta
   (b) Hélice-volta-hélice
   (c) Dedo de zinco (*zinc-finger*)
   (d) Domínio de choque térmico

2. Qual a denominação da subunidade σ padrão da RNA polimerase de *E. coli*?
   (a) σ^{32}
   (b) σ^{70}
   (c) σ^{76}
   (d) σ^{90}

3. Qual a subunidade σ da RNA polimerase de *E. coli* usada durante o choque térmico?
   (a) σ^{32}
   (b) σ^{70}
   (c) σ^{76}
   (d) σ^{90}

4. Qual bactéria usa subunidades σ alternativas durante sua via de esporulação?
   (a) *Escherichia coli*
   (b) Espécies de *Bacillus*
   (c) *Mycobacterium tuberculosis*
   (d) *Sporobacterium*

5. Qual o papel da lactose permease de *E. coli*?
   (a) Indutor do óperon lactose
   (b) Medeia o efeito da glicose sobre a transcrição do óperon lactose
   (c) Degrada a lactose em galactose e glicose
   (d) Transporta lactose para a célula

6. Que afirmação descreve a situação quando a lactose está presente?
   (a) O repressor liga-se ao indutor e impede a transcrição do óperon lactose
   (b) O repressor não se liga ao indutor e impede a transcrição do óperon lactose
   (c) O repressor liga-se ao indutor e permite a transcrição do óperon lactose
   (d) O repressor não se liga ao indutor e permite a transcrição do óperon lactose

7. Como se denomina o local de ligação do repressor?
   (a) Promotor
   (b) Operador
   (c) Local de ligação CAP
   (d) Óperon

8. Qual o papel da proteína IIA^{Glc} de *E. coli*?
   (a) Indutor do óperon lactose
   (b) Medeia o efeito da glicose sobre a transcrição do óperon lactose
   (c) Degrada a lactose em galactose e glicose
   (d) Transporta lactose para a célula

9. Que afirmação descreve a situação quando há glicose e lactose?
   (a) CAP e repressor ligados, o óperon lactose é transcrito
   (b) CAP e repressor ligados, o óperon lactose não é transcrito
   (c) Nem CAP nem repressor ligados, o óperon lactose não é transcrito
   (d) CAP, mas não o repressor, ligado, o óperon lactose não é transcrito

10. Qual o elemento promotor basal, às vezes encontrado acima (*upstream*) de um gene codificador de proteína eucariótica?
    (a) O local de ligação para a proteína mediadora
    (b) O local de ligação para a proteína de ligação no elemento de resposta ao cAMP (CREB)
    (c) Um local que determina a taxa de transcrição do gene quando não sujeito a supra ou infrarregulação
    (d) Uma parte do módulo do choque térmico

11. Qual dos seguintes **não** é um tipo de domínio de ativação?
    (a) Domínio acídico
    (b) Domínio básico
    (c) Domínio rico em glutamina
    (d) Domínio rico em prolina

12. Qual das seguintes afirmações está **incorreta** com relação à proteína mediadora?
    (a) Foi identificada pela primeira vez na levedura *Saccharomyces cerevisiae*
    (b) A cauda da proteína mediadora faz contato com o domínio de ativação na proteína reguladora
    (c) As seções do meio e da cabeça interagem com o complexo polimerase
    (d) É constituída por até 25 subunidades em seres humanos

13. Qual dos seguintes **não** é um hormônio esteroide?
    (a) Estrogênio
    (b) Androgênio
    (c) Hormônio mineralocorticoide
    (d) Hormônio adrenocorticotrófico

14. Quanto ao controle da atenuação do óperon triptofano de *E. coli*, qual afirmação descreve a situação quando existe triptofano?
    (a) O ribossomo aguarda, a estrutura terminadora se forma, a transcrição termina
    (b) O ribossomo aguarda, a estrutura terminadora não se forma, a transcrição termina
    (c) O ribossomo não aguarda, a estrutura terminadora se forma, a transcrição termina
    (d) O ribossomo não aguarda, a estrutura terminadora não se forma, a transcrição termina

15. A regulação global de tradução eucariótica é mediada pela fosforilação de que fator de iniciação?
    (a) eIF-2
    (b) eIF-3
    (c) eIF-4
    (d) eIF-4A

16. Qual das seguintes afirmações está **correta** a respeito do controle específico de transcrito da síntese de ferritina em mamíferos?
    (a) Quando os níveis de ferro estão baixos, a proteína reguladora IRP-1 adere a um elemento promotor basal no mRNA da ferritina

(b) A IRP-1é uma proteína de ligação do ferro, com a ligação de átomos de ferro resultando em uma alteração na conformação, de modo que a proteína reconhece o elemento promotor basal

(c) Na presença de ferro, a IRP-1 separa-se do mRNA

(d) A separação de IRP-1 impede a tradução do mRNA da ferritina

17. Qual dos seguintes **não** é um componente do degradossomo bacteriano?
(a) Polinucleotídio fosforilase
(b) RNAse E
(c) RNAse P
(d) Helicase B do RNA

18. Qual a denominação do equivalente eucariótico do degradossomo?
(a) Complexo silenciador induzido pelo RNA
(b) Proteassomo
(c) Partícula de vigilância do mRNA
(d) Exossomo

19. Qual a denominação da endorribonuclease que cliva o mRNA no complexo silenciador induzido pelo RNA?
(a) RNAse E
(b) Argonauta
(c) RNAse P
(d) Dicer

20. Qual a denominação da endorribonuclease que cliva miRNAs a partir de suas moléculas precursoras?
(a) RNAse E
(b) Argonauta

(c) RNAse P
(d) Dicer

21. As células humanas fazem aproximadamente quantos miRNAs?
(a) 1.000
(b) 5.000
(c) 10.000
(d) 50.000

22. Qual a meia-vida mediana de uma proteína eucariótica nos fibroblastos de camundongo?
(a) 45 min
(b) 9 h
(c) 24 h
(d) 46 h

23. Qual das seguintes afirmações está **incorreta** com respeito à ubiquitinação?
(a) A ligação da ubiquitina a uma proteína ocorre via uma ligação isopeptídica
(b) A ligação envolve o aminoácido N-terminal da ubiquitina, que na maioria das espécies é uma glicina
(c) A ubiquitina é ligada inicialmente a uma proteína ativadora
(d) Uma ligase da ubiquitina transfere a ubiquitina para a proteína-alvo

24. Quantas lisinas há em uma molécula de ubiquitina?
(a) 1
(b) 5
(c) 7
(d) 10

Questões discursivas

1. Delineie os papéis que o controle da expressão gênica exerce nos organismos vivos.

2. Usando exemplos, explique como subunidades σ alternativas regulam a expressão gênica em *E. coli*.

3. Dê uma descrição detalhada do controle do óperon lactose de *E. coli* (A) pelo repressor de lactose e (B) pela proteína ativadora de catabólito.

4. Resuma os tipos diferentes de sequência reguladora que podem ser encontrados no promotor de um gene eucariótico codificador de proteína.

5. Qual é o papel da proteína mediadora na expressão gênica em um eucarioto?

6. Descreva como um hormônio esteroide regula a expressão gênica em células humanas.

7. Dê exemplos de regulação global e específica do transcrito da tradução nos eucariotos.

8. Delineie as vias para a renovação inespecífica do mRNA em *E. coli* e nos eucariotos.

9. Dê uma descrição detalhada do papel do miRNA na renovação do mRNA nos eucariotos.

10. Descreva os papéis da ubiquitina e do proteassomo na degradação de proteína.

Questões de autoaprendizagem

1. Em alguns tipos de vírus, a transcrição dos genes do hospedeiro cessa logo após a infecção. Todas as enzimas RNA polimerases da célula começam a transcrever o gene do vírus em seu lugar. Sugira eventos que poderiam estar subjacentes a esse fenômeno.

2. Os óperons são sistemas muito convenientes para a obtenção de regulação coordenada da expressão de genes relacionados. Discuta por que os óperons são comuns nas bactérias e estão ausentes nos eucariotos.

3. O óperon triptofano de *E. coli* é regulado tanto por uma proteína repressora quanto por atenuação. Outros óperons codificadores de enzimas biossintéticas de aminoácidos são controlados apenas por atenuação. Discuta.

4. Até que ponto a *E. coli* é um bom modelo para a regulação da iniciação da transcrição nos eucariotos? Justifique sua opinião fornecendo exemplos específicos de como extrapolações a partir de *E. coli* têm sido úteis ou inúteis no desenvolvimento de nosso entendimento de eventos equivalentes nos eucariotos.

5. Como o comprimento da cauda poli(A) poderia influenciar a meia-vida de um mRNA eucariótico?

Parte 4 Estudo das Biomoléculas

CAPÍTULO 18

Estudo das Proteínas, Lipídios e Carboidratos

OBJETIVOS DO ESTUDO

Após a leitura deste capítulo, você será capaz de:

- Entender a diferença entre um anticorpo policlonal e um monoclonal

- Saber como a reação anticorpo-antígeno precipitina é explorada em imunoensaios e ser capaz de descrever diferentes tipos de imunoensaio

- Entender como é realizado um imunoensaio enzimático e saber as vantagens dessa técnica

- Descrever os vários métodos usados para separar as proteínas em um proteoma antes de se fazer o perfil da proteína

- Entender o papel da espectrometria de massa para determinar o perfil da proteína (ou perfil proteico)

- Descrever como são usados marcadores codificados com afinidade pelo isótopo para comparar os componentes de dois proteomas

- Entender como se usa o dicroísmo circular para estudar a composição da estrutura secundária de uma proteína

- Saber como um espectro magnético nuclear é gerado e apreciar o potencial e as limitações da RM no estudo da estrutura da proteína

- Entender como se pode usar um padrão de difração de raios X para determinar a estrutura detalhada de uma proteína

- Descrever os princípios da cromatografia gasosa e como esse método é usado para separar lipídios

- Saber como a espectrometria de massa é usada para se estudar a estrutura dos lipídios

- Entender como métodos imunológicos e o sequenciamento de glicanas e lectinas são usados para se estudar a estrutura dos carboidratos.

Na parte final deste livro, veremos os mais importantes dos muitos métodos diferentes que foram desenvolvidos para o estudo das biomoléculas. Tais métodos fornecem o fundamento para o avanço de nosso entendimento da bioquímica, e são métodos que você vai usar se decidir seguir uma carreira de pesquisa nessa área da biologia.

Neste capítulo, vamos explorar métodos para o estudo das proteínas, lipídios e carboidratos, e no próximo veremos os métodos designados especificamente para o DNA e o RNA. Somos capazes de combinar proteínas, lipídios e carboidratos em um único capítulo porque há muito em comum nas abordagens usadas para o estudo desses três tipos de biomolécula. O DNA e o RNA, em contrapartida, têm sua própria tecnologia específica, centrada em grande parte na identificação das sequências de nucleotídios dessas moléculas.

18.1   Métodos de estudo das proteínas

Há muitos métodos para o estudo das proteínas e, em sua descrição, temos que assegurar não submergir na diversidade da tecnologia. Para evitar isso, vamos fazer três perguntas:

- Como especificamos se determinada proteína está presente em uma célula ou tecido?

- Como identificamos cada membro do conjunto de proteínas presente em uma célula ou tecido?
- Como descobrir a estrutura de uma proteína?

Ao examinar como essas perguntas são respondidas, nos familiarizamos com os métodos usados para estudar as proteínas.

18.1.1 Métodos para identificar uma determinada proteína

Primeiro, vamos ver os métodos usados para se detectar uma proteína na mistura de proteínas existente em um extrato de células ou de tecido. A maioria deles é de **métodos imunológicos**, com base na resposta imune natural de mamíferos e outros animais.

Os métodos imunológicos fazem uso da reação entre anticorpo e antígeno

A resposta imune é o processo fisiológico usado por animais para proporcionar proteção contra substâncias danosas denominadas **antígenos**. Um antígeno é, em termos bem simples, qualquer substância que elicie uma resposta imune. Parte da resposta imune é a síntese de **anticorpos** pelos linfócitos B presentes no sangue e no sistema linfático. Um anticorpo é um tipo de proteína, denominada **imunoglobulina**, que se liga especificamente a um antígeno, ocasionando a destruição do antígeno por outros componentes do sistema imune (Figura 18.1A). Por exemplo, a ligação de anticorpos à superfície de uma bactéria invasora ativa o **sistema complemento**, um conjunto de enzimas e outras proteínas que rompe a membrana celular da bactéria, matando o patógeno.

Muitas proteínas agem como antígenos, em especial as que são estranhas ao corpo e, portanto, não são reconhecidas como sendo parte do conjunto normal de proteínas que o animal sintetiza. Esse é o aspecto do sistema imune que é explorado por bioquímicos na criação de métodos imunológicos para a detecção de proteínas. Se uma amostra purificada de uma proteína for injetada na corrente sanguínea de um animal de laboratório, como um coelho, o sistema imune do animal responde sintetizando anticorpos que se ligam especificamente a essa proteína (Figura 18.1B). A quantidade de anticorpo na corrente sanguínea do coelho permanece suficientemente alta nos dias seguintes para a purificação de quantidades substanciais desse anticorpo. Após a purificação, o anticorpo retém sua capacidade de ligar-se à proteína com a qual o animal foi estimulado originalmente.

A maioria das proteínas tem estruturas tão complexas que estimulam a síntese não apenas de um único anticorpo, mas vários diferentes, cada um reconhecendo uma característica diferente, ou **epítopo**, na superfície da proteína. Essa coleção de imunoglobulinas reativas denomina-se um **anticorpo policlonal**. Para ser específica para uma determinada proteína, uma imunoglobulina precisa reconhecer um epítopo que seja único dessa proteína. A maioria dos anticorpos policlonais contém, pelo menos, algumas

Figura 18.1 Anticorpos. A. Anticorpos ligam-se a antígenos. **B.** Anticorpos purificados podem ser obtidos a partir de uma amostra de sangue coletada de um coelho no qual foi injetada a proteína estranha.

Boxe 18.1 Imunoglobulinas e diversidade de anticorpos.

As imunoglobulinas são sintetizadas por linfócitos B e se ligam à superfície externa da membrana plasmática ou são secretadas na corrente sanguínea. Cada imunoglobulina é um tetrâmero de quatro polipeptídios, duas moléculas maiores denominadas **cadeias pesadas** e duas menores, as **cadeias leves**, as últimas ligadas às cadeias pesadas por pontes de dissulfeto. Quando unidas, as cadeias pesadas e as leves formam uma estrutura em forma de forquilha.

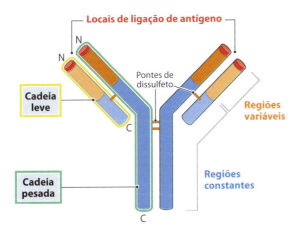

Uma proteína imunoglobulina diferente é sintetizada para cada antígeno que é encontrado. As **regiões variáveis**, que fornecem a uma imunoglobulina as suas propriedades específicas de ligação ao antígeno, estão localizadas nas regiões N-terminais das cadeias pesadas e leves. O restante de cada cadeia forma uma **região constante**, que tem uma sequência similar de aminoácidos em todas as imunoglobulinas de um determinado tipo.

Existem várias famílias e subfamílias de cadeia pesada que distinguem classes diferentes de imunoglobulina. Em seres humanos, os cinco tipos principais são:

- A **imunoglobulina M (IgM)** existe como um pentâmero no sangue humano e é o primeiro tipo de anticorpo a ser sintetizado quando um novo antígeno é encontrado. Esse tipo de imunoglobulina liga-se fortemente a epítopos antigênicos em bactérias e outros patógenos. Ele dispara o sistema complemento e também ativa macrófagos que engolfam e degradam patógenos pelo processo denominado **fagocitose**. Moléculas de IgM têm a versão μ da cadeia pesada
- A **imunoglobulina G (IgG)** tem uma cadeia pesada do tipo γ. Há várias subclasses da cadeia pesada, dando origem a IgG$_1$, IgG$_2$, IgG$_3$ etc. A IgG é sintetizada em um estágio tardio na resposta imune e também tem um papel específico na capacitação da mãe gestante para fornecer proteção imunológica para seu feto e recém-nascidos lactentes. É o único tipo de imunoglobulina que é capaz de atravessar a placenta, sendo secretada também no leite materno
- A **imunoglobulina A (IgA)** tem a cadeia pesada α. É o tipo principal de anticorpo nas lágrimas e na saliva
- A **imunoglobulina E (IgE)** e a **imunoglobulina D (IgD)** têm papéis definidos com menos clareza, embora a IgE possa ser importante na proteção do corpo contra parasitas eucarióticos como *Plasmodium falciparum*, o agente causador da malária. A IgE tem uma cadeia pesada ε e a IgD tem uma cadeia δ.

Também há duas variantes da cadeia leve, denominadas κ e λ. Qualquer molécula de imunoglobulina pode ter qualquer combinação de filamentos leves – dois κ, dois λ ou um de cada.

Os seres humanos são capazes de fazer aproximadamente 10^8 imunoglobulinas diferentes, cada uma específica para um epítopo antigênico diferente. Esse nível imenso de variabilidade é possível devido à maneira incomum pela qual são sintetizados os mRNAs para polipeptídios de cadeia pesada e leve. Nos genomas de vertebrados, não há genes completos para as cadeias pesadas ou leves. Em vez disso, cada cadeia pesada é especificada por quatro segmentos gênicos, um segmento (C$_H$) para a região constante e três segmentos (V$_H$, D$_H$ e J$_H$) para partes diferentes da região variável. Há múltiplas cópias de cada segmento gênico, cada cópia especificando uma sequência de aminoácido ligeiramente diferente. Um processo em dois estágios agrupa esses segmentos para gerar uma cadeia pesada completa de mRNA:

- Primeiro, um éxon que codifica toda a região variável é montado por um evento de recombinação de DNA que liga um segmento gênico V$_H$ a um D$_H$ e um J$_H$

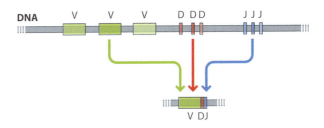

- No segundo estágio, esse éxon V–D–J é transcrito e ligado a um segmento C$_H$ transcrito por *splicing*.

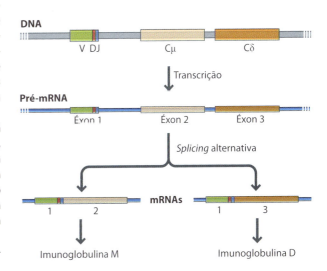

Esse processo cria um mRNA de cadeia pesada completa que é agora traduzido. Os mRNAs de cadeias leves são produzidos de maneira semelhante, a única diferença sendo que as cadeias leves não têm segmentos J.

imunoglobulinas com esse nível de especificidade, mas também outras que reconhecem epítopos que são características superficiais comuns e compartilhadas por diferentes proteínas. Isso significa que, raras vezes, anticorpos policlonais são inteiramente específicos para a proteína contra a qual eles são criados. Em contrapartida, os **anticorpos monoclonais** contêm apenas um tipo de imunoglobulina e serão totalmente específicos para seu antígeno-alvo, presumindo-se que a imunoglobulina reconheça um único epítopo (exclusivo) não presente nos outros antígenos. Em geral, os anticorpos monoclonais são preparados em camundongos, não em coelhos. Após desafiar o camundongo com o antígeno, o baço, que contém linfócitos B em desenvolvimento, é removido e os linfócitos são misturados com células do mieloma de camundongo. Alguns dos linfócitos e células do mieloma se fundem, criando um **hibridoma**, que tem tanto a capacidade dos linfócitos B de produzir imunoglobulinas como a capacidade das células do mieloma de dividir-se indefinidamente quando colocadas em um meio de cultura adequado. Portanto, hibridomas individuais são cultivados para fornecer grandes quantidades do anticorpo produzido pelos linfócitos B. O anticorpo é 'monoclonal' porque ele reconhece um único epítopo e é preparado a partir de um clone de células do hibridoma.

Já foram desenvolvidos vários métodos imunológicos, que diferem principalmente na maneira pela qual é detectada a reação entre anticorpo e antígeno. Alguns desses métodos são qualitativos e indicam simplesmente se a proteína-alvo está presente ou não. Outros, denominados **imunoensaios**, possibilitam determinar a quantidade de antígeno com graus diferentes de precisão. Agora vamos examinar os mais importantes desses métodos imunológicos.

Alguns métodos imunológicos baseiam-se na precipitação do complexo anticorpo-antígeno

A reação de um antígeno com um anticorpo policlonal em geral resulta na formação de um complexo insolúvel, constituído por redes interligadas de anticorpo-antígeno, que se precipita para fora da solução. Em vários métodos imunológicos, usa-se a **reação da precipitina** para detectar o antígeno. No método mais simples, o teste é realizado em uma solução e a precipitação é detectada a olho nu, seja pelo aumento da turbidez da solução ou pela presença de um *pellet* insolúvel após a solução ter sido centrifugada. A reação de precipitina pode ser usada como um imunoensaio básico medindo-se a precipitação que ocorre com quantidades crescentes de antígeno enquanto a quantidade de anticorpo é mantida constante. O aumento da quantidade de antígeno dá precipitações maiores até a **zona de equivalência** ser alcançada. Esse é o ponto em que as quantidades relativas de antígeno e anticorpo são ideais para a formação do complexo (Figura 18.2). Se a quantidade de antígeno aumentar ainda mais, os locais de ligação do anticorpo ficam saturados com antígeno, de modo que os complexos se rompem e vê-se *menos* precipitação.

Testes para precipitação são realizados mais comumente em um bloco fino de gel de agarose, não em uma solução. Na **técnica de Ouchterlony**, amostras do anticorpo e do antígeno são colocadas em poços no gel, afastadas uma das outras por cerca de 1 cm (Figura 18.3). As duas soluções difundem-se dos poços, formando gradientes de concentração no gel que acabam se superpondo. O precipitado forma-se na zona de equivalência dentro dos dois gradientes de concentração superpostos. Às vezes, o precipitado pode ser visto a olho nu, ou, como alternativa, o gel pode ser corado com um corante específico para proteínas, como o azul de Coomassie, que irá revelar a linha de precipitação.

A técnica de Ouchterlony é lenta porque o antígeno e o anticorpo passam através do gel por difusão natural, o que significa que pode levar horas ou dias para a formação dos gradientes de concentração. As técnicas de **imunoeletroforese** são designadas para acelerar o processo aumentando a velocidade de movimento do antígeno e do anticorpo através do gel. A maioria das proteínas tem carga elétrica negativa em pH 8 e, portanto, quando colocadas em um campo elétrico, elas migram na direção do polo positivo, com a velocidade de migração dependendo de seu tamanho e sua carga elétrica. As moléculas de imunoglobulina, incomumente, têm carga neutra. Em vez de permanecerem estacionárias no gel, elas migram na direção oposta, indo para o eletrodo negativo, por **eletroendosmose**. Esse processo ocorre porque as moléculas de agarose no gel, quando expostas ao campo elétrico, tornam-se ligeiramente eletronegativas. Sendo imobilizadas, essas moléculas não podem mover-se na direção do eletrodo positivo. Em vez disso, a carga elétrica é contrabalançada por moléculas de água com carga elétrica positiva que

Figura 18.2 Reação de precipitina. O gráfico mostra o efeito de quantidades crescentes de antígeno sobre a precipitação enquanto a quantidade de anticorpo é mantida constante.

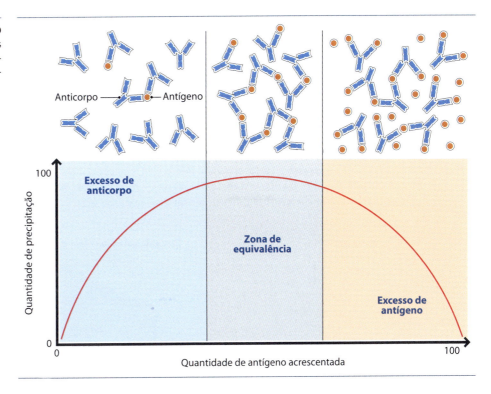

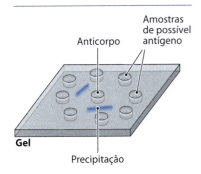

Figura 18.3 Versão da técnica de Ouchterlony. O anticorpo é colocado no poço central e as soluções de teste nos poços mais externos dispostos em círculo. Duas reações de precipitina podem ser vistas após coloração com o azul de Coomassie, indicando que as amostras no poço inferior e no poço superior à esquerda contêm antígenos que apresentam reação cruzada com o anticorpo. A ausência de reações de precipitina com as outras amostras mostra que essas não são reconhecidas pelo anticorpo que está sendo testado.

fluem na direção do eletrodo negativo. As moléculas de anticorpo são levadas nesse fluxo, estabelecendo um gradiente de concentração do anticorpo no gel. Na técnica de **imunoeletroforese cruzada (CIP** ou **CIEP)**, o antígeno e o anticorpo são colocados em poços flanqueados por eletrodos (Figura 18.4). Quando a corrente elétrica é ligada, as moléculas de antígeno e anticorpo migram uma em direção à outra. A proteína do antígeno move-se através do gel como uma banda única e compacta, mas o anticorpo forma um gradiente de concentração. Ocorre precipitação na zona de equivalência dentro do gradiente do anticorpo. A imunoeletroforese não é apenas mais rápida que o método Ouchterlony, como também é mais sensível, porque, ao mover-se como uma banda única, a concentração de antígeno permanece alta, em vez de diluir-se dentro de um gradiente de concentração.

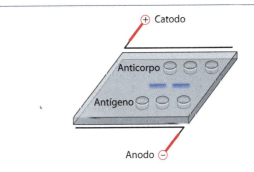

Figura 18.4 Imunoeletroforese cruzada. São vistas duas reações de precipitina, indicando os dois poços que contêm antígenos que apresentam reação cruzada com o anticorpo.

Imunoensaios enzimáticos são sensíveis e quantitativos

Embora a quantidade de complexo antígeno-anticorpo formada aumente com a concentração do antígeno, esse aspecto quantitativo do teste de precipitina só é mensurável quando a reação é realizada em solução. Isso significa que a técnica Ouchterlony e os vários métodos de imunoeletroforese são primariamente qualitativos, possibilitando a detecção da presença de uma proteína que é um antígeno, mas dando informação

Boxe 18.2 Eletroforese.

Eletroforese é o movimento de moléculas com carga em um campo elétrico. Moléculas com carga negativa migram na direção do eletrodo positivo, e aquelas com carga positiva migram na direção do eletrodo negativo.

Na bioquímica, a eletroforese costuma ser realizada em um gel, de **agarose** ou **poliacrilamida**. A agarose é um polissacarídeo de unidades repetidas de D-galactose e 3,6-anidro-L-galactopiranose, que forma um gel após aquecido em água. O gel consiste em uma rede de poros com 100 a 300 nm de diâmetro, com o tamanho dependendo da concentração de agarose. A poliacrilamida é constituída por cadeias de monômeros de acrilamida ($CH_2=CH-CO-NH_2$) em ligação cruzada com unidades N,N'-metilenobisacrilamida (comumente denominada 'bis'; $CH_2=CH-CO-NH-CH_2-NH-CO-CH=CH_2$), formando novamente um gel, mas com poros de tamanho menor, de 20 a 150 nm de diâmetro. Os géis de agarose são preparados como um bloco em um suporte de vidro ou plástico ou em um tubo capilar. Os géis de poliacrilamida também são preparados nos formatos de bloco e capilar, mas os blocos em geral são mantidos entre duas placas de vidro.

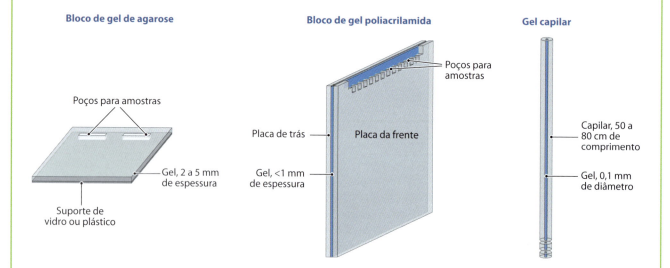

Se a eletroforese for realizada em uma solução aquosa em vez de um gel, então os fatores que influenciam a velocidade de migração são a forma da molécula e sua carga elétrica. A **eletroforese em gel** possibilita o uso de uma variedade maior de propriedades químicas e físicas para separar as moléculas. Assim como a imunoeletroforese, há outros três tipos importantes de eletroforese em gel usados nos estudos de proteínas e do DNA:

- Um gel de poliacrilamida contendo dodecil sulfato de sódio (SDS) é usado para separar proteínas de acordo com seus pesos moleculares. O SDS é um detergente iônico que desnatura proteínas e as cobre com moléculas de detergente com carga negativa. Quando a carga elétrica é aplicada, as proteínas movem-se na direção do eletrodo positivo a uma velocidade proporcional ao seu tamanho. As proteínas menores movem-se mais rapidamente, porque são capazes de migrar através dos poros no gel mais rapidamente que as proteínas maiores. A técnica denomina-se **eletroforese em gel de poliacrilamida-SDS (SDS-PAGE)**. A variedade de proteínas que pode ser separada depende do tamanho do poro, com os géis de poros menores tendo de separar proteínas menores. O tamanho do poro é ajustado pela concentração total de monômeros (acrilamida + bis) e pela proporção de acrilamida e bis, de modo que os géis com tamanhos particulares de poros podem ser adaptados conforme as diferentes necessidades.

- Moléculas de DNA também podem ser separadas de acordo com seus pesos moleculares, com os géis de poliacrilamida sendo usados para moléculas até cerca de 1.000 pb e os géis de agarose para as maiores. Não é necessário acrescentar SDS, porque uma molécula de DNA já leva uma carga negativa que é proporcional ao seu comprimento, devido à presença de um grupo O^- em cada ligação fosfodiéster

- Proteínas que não foram tratadas com SDS podem ser separadas de acordo com suas diferenças de carga natural pela técnica denominada **focalização isoelétrica**. O gel contém um **gradiente de pH imobilizado**, significando que o pH muda gradualmente ao longo do comprimento do gel. O gradiente é estabelecido por concentrações diferenciais de compostos fracamente ácidos ou básicos que são incluídos no gel quando ele é preparado. Nesse tipo de gel, uma proteína migra para seu ponto isoelétrico, a posição no gradiente onde sua carga é zero.

apenas aproximada sobre a quantidade do antígeno em uma amostra. Imunoensaios genuinamente quantitativos baseiam-se em maneiras diferentes de medir a reação entre antígeno e anticorpo.

O imunoensaio mais comumente usado é o **ELISA (ensaio imunoenzimático de adsorção)**, de realização fácil e resultados rápidos. Nesse método, o anticorpo é conjugado a uma **enzima repórter**, uma enzima cuja atividade pode ser verificada facilmente em

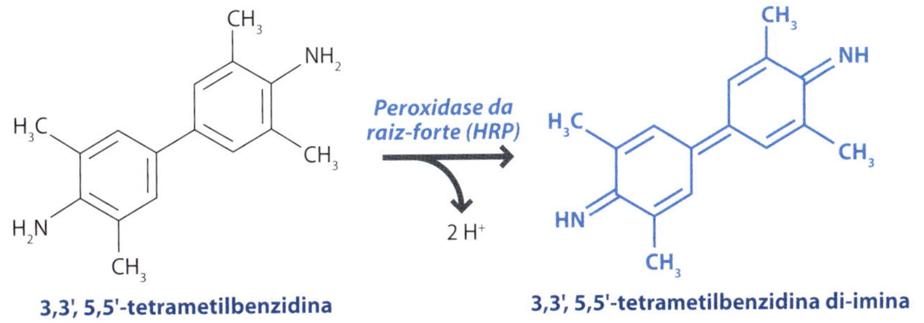

Figura 18.5 Base química para o teste de cor da peroxidase da raiz-forte (HRP).

ensaio. A peroxidase da raiz-forte (HRP) é um exemplo de uma boa enzima repórter, porque sua atividade pode ser monitorada por um simples teste de cor. Essa enzima pode oxidar vários substratos, incluindo compostos artificiais como a tetrametilbenzidina, que é convertida pela enzima em um produto azul (Figura 18.5). Portanto, a quantidade de peroxidase da raiz-forte que está presente pode ser medida pelo ensaio da alteração de cor.

Para realizar um ELISA, o antígeno primeiro é adsorvido às paredes de um poço em uma placa de microtitulação (microplaca). No método ELISA direto, o conjugado anticorpo-HRP é adicionado ao poço e permite-se que se ligue ao antígeno (Figura 18.6A). O anticorpo não ligado é descartado (lavado) e a quantidade do complexo antígeno-anticorpo é medida pelo ensaio para verificar a atividade da HRP ligada.

Como alternativa, o ELISA pode ser feito como um método indireto. Nesse caso também, o antígeno é adsorvido dentro de um poço de uma microplaca, mas o anticorpo usado para detectar o antígeno, denominado **anticorpo primário**, não é ele próprio conjugado à HRP. Em vez disso, a quantidade de complexo antígeno-anticorpo que se forma é medida pela adição de um **anticorpo secundário**, conjugado à HRP, que reconhece não o antígeno, mas o anticorpo primário (Figura 18.6B). O anticorpo secundário é preparado injetando-se o anticorpo primário em um animal, de uma espécie diferente daquela a partir da qual ele, anticorpo primário, foi preparado. Assim, por exemplo, se o anticorpo primário foi preparado em um coelho, então o anticorpo secundário pode ser obtido injetando-se uma amostra do anticorpo primário em um caprino. O sistema imune do caprino verá o anticorpo primário como uma proteína antigênica estranha e sintetizará o anticorpo secundário para ligar-se a ela.

Figura 18.6 A. Métodos ELISA direto e (B) indireto.

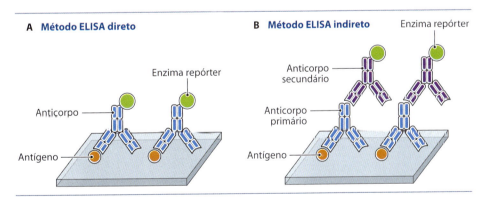

O método ELISA indireto é mais trabalhoso, então tem vantagens significativas? Um benefício é que o anticorpo secundário, ao qual a enzima repórter é conjugada, pode ser usado em muitos ELISAs diferentes. Esse anticorpo secundário é simplesmente 'imunoglobulina anticoelho' e, assim, pode ser usado com uma variedade de anticorpos primários, desde que todos tenham sido obtidos de coelhos. Isso significa que o pesquisador de laboratório só necessita preparar o anticorpo primário, e pode comprar o anticorpo secundário genérico conjugado à HRP de um fornecedor comercial, evitando ter de preparar o conjugado. Uma segunda vantagem do método indireto é ter maior sensibilidade, porque o anticorpo secundário, supondo-se que seja policlonal, irá reconhecer epítopos diferentes na superfície do anticorpo primário. Como resultado, mais de uma molécula do anticorpo secundário vai aderir a cada molécula do anticorpo primário. Como o anticorpo secundário leva a enzima repórter, essa ligação múltipla aumenta a quantidade de sinal e, portanto, a sensibilidade.

18.1.2 Estudo do proteoma

Proteoma é o termo usado para descrever a coleção de proteínas presente em uma célula ou um tecido. A composição do proteoma define a capacidade bioquímica de uma célula, de modo que identificar os componentes individuais de um proteoma e as quantidades relativas de cada proteína é o principal objetivo em muitos projetos de pesquisa.

A metodologia usada para estudar proteomas denomina-se **proteômica**. Em seu contexto mais amplo, a proteômica inclui não apenas os métodos empregados para identificar as proteínas em um proteoma, mas também técnicas mais avançadas destinadas ao entendimento das funções de proteínas individuais, sua localização na célula e as interações de proteínas diferentes. Os métodos que vamos estudar, usados especificamente para identificar os componentes de um proteoma, denominam-se **perfil proteico** ou **proteômica de expressão**.

As proteínas em um proteoma precisam ser separadas antes da identificação

O perfil proteico é realizado em dois estágios:

- No primeiro, as proteínas individuais em um proteoma são separadas umas das outras
- No segundo estágio, elas são identificadas.

A separação dos componentes de um proteoma humano pode ser uma tarefa desafiadora, pois alguns tecidos contêm até 20.000 proteínas diferentes. Na verdade, com a maioria dos proteomas complexos, a separação completa de todas as proteínas pode não ser viável. A técnica de separação mais comumente usada é a **eletroforese bidimensional** em um gel de poliacrilamida. Na primeira dimensão, as proteínas são separadas de acordo com suas cargas líquidas por focalização isoelétrica e, na segunda dimensão, conforme seus pesos moleculares por SDS-PAGE (Figura 18.7). Após eletroforese, a coloração do gel com um corante de proteína revela um padrão complexo de pontos, cada um contendo uma proteína diferente. Essa abordagem bidimensional pode separar vários milhares de proteínas em um único gel.

Nem todos os proteomas são tão complexos como os de células humanas típicas. Em uma bactéria, pode haver pouco mais de 1.000 proteínas sendo sintetizadas em um dado momento. Mesmo nos eucariotos, o número de proteínas que precisam ser separadas

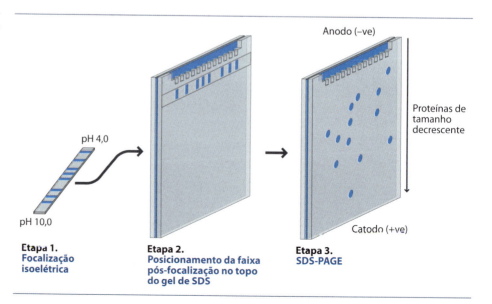

Figura 18.7 Eletroforese bidimensional em gel de polacrilamida.

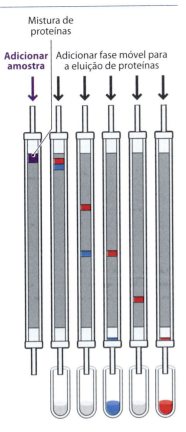

Figura 18.8 Cromatografia em coluna. A ilustração mostra uma situação simples em que a mistura contém apenas duas proteínas. Na prática, poderiam ser coletadas dezenas ou centenas de frações se a amostra inicial contivesse múltiplas proteínas.

pode ser relativamente pequeno, em especial se o estudo for de um componente do proteoma presente em determinada fração celular isolada (p. ex., as mitocôndrias). Nesses casos, a eletroforese unidimensional, seja em gel SDS ou focalização isoelétrica, pode ser suficiente para separar as proteínas. Como alternativa, pode-se usar um tipo de **cromatografia em coluna**.

A cromatografia em coluna envolve a passagem da mistura de proteína através de uma coluna compactada com algum tipo de matriz sólida. As proteínas na mistura movem-se através da matriz com velocidades diferentes e, assim, separam-se em bandas. A solução que emerge da coluna é coletada como uma série de frações, com cada proteína individual presente em uma fração diferente (Figura 18.8).

Foram desenvolvidos vários tipos de cromatografia em coluna, cada um usando um processo diferente para separação das proteínas na mistura inicial. Os três métodos mais importantes são:

- **Cromatografia por filtração em gel.** Nesse tipo de cromatografia, a coluna é preenchida com material poroso granulado (*beads*), em geral feitas de dextrana, poliacrilamida ou agarose. À medida que as proteínas passam através da coluna, elas entram e saem dos poros do material granulado. As proteínas menores entram nos poros com maior facilidade e, portanto, demoram mais a mover-se através da coluna. Na verdade, as moléculas menores são capazes de ter acesso a uma quantidade maior da fase móvel (ver Boxe 18.3), o que significa que elas ficam mais tempo na coluna antes de sofrerem eluição. As proteínas maiores, sendo menos capazes de entrar no material granuloso, passam através da coluna mais rapidamente. Portanto, as proteínas na mistura são separadas de acordo com seu tamanho, com as maiores eluindo da coluna primeiro e as menores depois
- **Cromatografia por troca iônica.** Essa técnica separa proteínas de acordo com suas cargas elétricas líquidas. A matriz consiste em grânulos de polistireno com cargas positivas ou negativas. Se os grânulos tiverem carga positiva, então as proteínas com carga negativa vão ligar-se a elas, e vice-versa. As proteínas podem sofrer eluição com um **gradiente salino**, criado pelo aumento gradual da concentração de sal do tampão que passa através da coluna. Os íons de sal com carga competem com as proteínas pelos locais de ligação nos grânulos, de modo que proteínas com cargas baixas sofrem eluição em uma concentração baixa de sal, enquanto aquelas com cargas maiores são eluídas em concentrações mais altas de sal. Portanto, o gradiente salino separa

---

Boxe 18.3 Cromatografia.

Cromatografia é uma coleção de métodos para a separação de compostos com base em sua partição diferencial entre as **fases móvel** e **estacionária**:

- A fase móvel em geral é um líquido no qual os compostos foram dissolvidos, ou um gás em que foram vaporizados
- A fase estacionária geralmente é matriz sólida de alguma descrição, ou um líquido que foi adsorvido por uma matriz sólida e costuma ficar contido em uma coluna ou tubo capilar através do qual a fase móvel passa.

No entanto, há formas alternativas de cromatografia que são, ou foram, importantes na bioquímica, incluindo a **cromatografia em papel**, em que a fase estacionária é uma tira de papel de filtro, e a **cromatografia de camada delgada**, na qual a fase estacionária é um material sólido em camadas sobre uma folha de plástico.

Na cromatografia em coluna, a fase móvel é bombeada através da coluna de cromatografia ou se move através da coluna sob a força da gravidade. Os compostos contidos na fase móvel interagem com a fase estacionária, com o grau de interação de cada composto dependendo de suas propriedades físicas e/ou químicas. Nos três tipos de cromatografia em coluna descritos no texto, a partição diferencial deve-se aos tamanhos das moléculas (filtração em gel), às suas cargas (troca iônica) ou ao seu grau de hidrofobicidade (fase reversa). Na cromatografia gasosa, que vamos estudar mais adiante neste capítulo, a partição é entre uma fase gasosa móvel e uma fase líquida estacionária, e a separação baseia-se na volatilidade/solubilidade relativa dos compostos nessas duas fases.

O grau de interação de uma substância com a fase estacionária denomina-se **coeficiente de partição**. Embora seja uma denominação central na cromatografia, o coeficiente de partição tem relação apenas com a partição de compostos entre a fase gasosa e a líquida, ou duas fases líquidas imiscíveis (p. ex., uma solução aquosa e um solvente orgânico) e, assim, não é estritamente apropriada para vários dos tipos de cromatografia usados na bioquímica.

À medida que a mistura passa através da coluna de cromatografia (ou ao longo de uma tira de papel de filtro ou uma placa de camada delgada), os compostos individuais são adsorvidos e liberados pela matriz a velocidades que dependem dos seus coeficientes de partição. Isso significa que alguns compostos passam através da coluna com relativa rapidez e outros o fazem mais lentamente. Portanto, os compostos formam bandas que eluem da coluna em momentos diferentes e podem ser coletadas como frações separadas da fase móvel (ver Figura 18.8).

proteínas de acordo com suas cargas líquidas. Como alternativa, pode-se usar um gradiente de pH. A carga líquida de uma proteína depende do pH, de modo que a alteração gradual no pH da fase móvel irá resultar na eluição de proteínas com cargas líquidas diferentes, novamente obtendo sua separação

- **Cromatografia de fase reversa.** A matriz é sílica ou outras partículas cujas superfícies são cobertas com grupos químicos não polares (apolares), como hidrocarbonetos. A fase móvel é uma mistura de água e um solvente orgânico como metanol ou acetonitrila. A maioria das proteínas tem áreas hidrofóbicas em suas superfícies, que se ligam à matriz não polar, mas a estabilidade dessa ligação diminui à medida que o conteúdo orgânico da fase líquida aumenta. Portanto, a alteração gradual da proporção dos componentes orgânicos e aquosos da fase móvel resulta na eluição de proteínas de acordo com seu grau de hidrofobicidade da superfície.

A cromatografia em coluna pode ser realizada em um tubo capilar com diâmetro interno inferior a 1 mm, com a fase líquida sendo bombeada sob alta pressão. Isso denomina-se **cromatografia líquida de alto desempenho ou eficiência (HPLC ou CLAE)** e destina-se à obtenção de alta resolução de separação entre proteínas individuais (Figura 18.9). Às vezes, tipos diferentes de coluna são unidos, com cada fração de uma coluna sendo consecutivamente fornecida à segunda coluna, na qual é realizada uma rodada adicional de separação usando um procedimento diferente. Dessa maneira, misturas bastante complexas de proteínas podem ser totalmente separadas.

A espectrometria de massa é usada para identificar as proteínas separadas

O segundo estágio do perfil proteico consiste em identificar as proteínas individuais que foram separadas da mistura inicial. Isso é conseguido por um processo em três estágios:

- Cada proteína é tratada com uma protease que corta a cadeia polipeptídica em posições definidas. A tripsina é usada frequentemente, essa protease cortando um polipeptídio imediatamente após resíduos de arginina ou lisina. Com a maioria das proteínas, isso resulta em uma mistura de peptídios com comprimento entre 5 e 75 aminoácidos

- A massa molecular de cada peptídio é determinada

- As massas moleculares dos peptídios individuais são então comparadas com bancos de dados que contêm as sequências de aminoácido de proteínas conhecidas. Devido à especificidade da protease, é possível prever as massas dos peptídios resultantes da clivagem de qualquer proteína cuja sequência de aminoácido seja conhecida. Portanto, uma comparação entre peptídios reais que tenham sido obtidos e os previstos listados no banco de dados possibilita a identificação da proteína. Os efeitos de modificações pós-tradução sobre a massa de peptídio, como a fosforilação de aminoácidos individuais, também podem ser previstos. Isso significa que o processo de identificação é preciso o bastante para distinguir entre, por exemplo, as versões ativada e não ativada de proteínas em uma via de transdução de sinal.

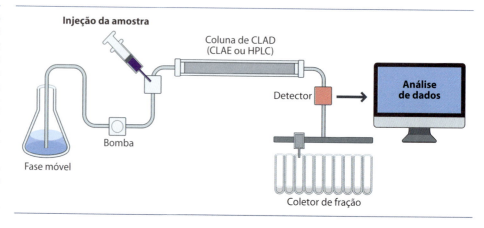

Figura 18.9 Cromatografia líquida de alto desempenho ou alta eficiência. O diagrama mostra um aparelho típico de CLAD (CLAE ou HPLC). A mistura de proteína é injetada no sistema e bombeada através da coluna junto com a solução da fase móvel. A saída de proteínas da coluna é detectada, em geral medindo-se a absorção de UV a 210 a 220 nm. São coletadas frações múltiplas, que podem ter volumes iguais, ou os dados do detector podem ser usados para controlar o fracionamento, de modo que cada pico de proteína seja coletado como uma única amostra de volume mínimo.

O primeiro e o último estágios desse procedimento não são um grande desafio para qualquer pesquisador bioquímico. É fácil cortar uma proteína com uma protease e igualmente fácil, graças a recursos de pesquisa *online*, comparar as massas moleculares dos peptídios resultantes com as previstas que surgiriam do tratamento com protease de todas as proteínas conhecidas.

O segundo estágio do processo é mais trabalhoso. Na verdade, era uma proposta difícil até meados da década de 2000, quando foi desenvolvida uma técnica denominada **impressão digital da massa peptídica**. A técnica envolve um tipo de **espectrometria de massa** denominada **análise por tempo de voo de ionização e dessorção a *laser* assistida por matriz (MALDI-TOF)**. A espectrometria de massa é um meio de identificar um composto a partir da **razão entre massa e carga** (designada *m/z*) da forma ionizada, que é produzida quando moléculas do composto são expostas a um campo de alta energia de características próprias. Em alguns tipos de espectrometria de massa, o método de ionização é relativamente difícil e resulta na fragmentação das moléculas em estudo. Isso é aceitável porque um composto particular vai se fragmentar de maneira específica, de modo que a caracterização dos **fragmentos iônicos** fornece a informação necessária para se identificar o composto iniciante. Para a impressão digital da massa peptídica, não queremos quebrar os peptídios ainda mais, de modo que se usa a dessorção a *laser* assistida pela matriz como um método de ionização 'brando'. A mistura de peptídios é absorvida em matriz cristalina orgânica (em geral usa-se um composto fenilpropanoide denominado ácido sinapínico) e excitada com um *laser* UV. Inicialmente, a excitação ioniza a matriz, com prótons, assim, doados às ou removidos das moléculas dos peptídios, para dar os **íons moleculares** [M+H]$^+$ e [M-H]$^-$, respectivamente, em que 'M' é o composto iniciante, um dos peptídios nesse caso (Figura 18.10).

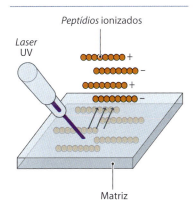

Figura 18.10 Ionização de peptídios por dessorção a *laser* assistida por matriz.

O procedimento de ionização também resulta na vaporização dos peptídios, que são então acelerados ao longo do tubo do espectrômetro de massa por um campo elétrico (Figura 18.11). O 'tempo de voo' de um íon (o tempo que leva para alcançar o detector) depende de sua proporção entre carga e massa. Como a carga é sempre +1 ou −1, o tempo de voo pode ser convertido facilmente em massa, fornecendo a informação que é usada para pesquisar a base de dados para identificar a composição de um peptídio particular. O curso de voo pode ser direto da fonte de ionização para o detector, mas em geral os íons são direcionados inicialmente em um ***reflectron***, que reflete o feixe de íons na direção do detector. Ao possibilitar a construção de um curso de voo maior em um aparelho de tamanho definido, o *reflectron* também aumenta a discriminação entre peptídios de massas similares.

Uma comparação direta pode ser feita entre as composições de dois proteomas

Em geral, a informação que um pesquisador quer obter não é a identidade de cada proteína em um proteoma, mas as diferenças entre as composições de proteína de dois proteomas diferentes. Isso é particularmente importante se o objetivo geral for entender como a bioquímica de um tecido se altera em resposta a uma doença como câncer.

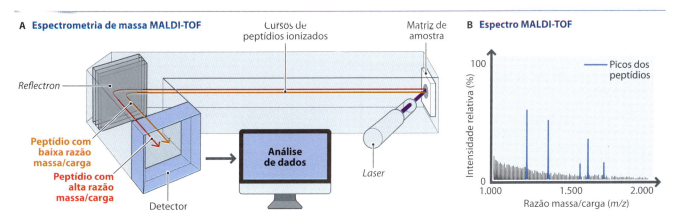

Figura 18.11 Espectrometria de massa MALDI-TOF. A. A arquitetura de um típico espectrômetro de massa MALDI-TOF contendo um *reflectron*. **B.** Um espectro MALDI-TOF mostrando picos de peptídios cujas razões *m/z* podem ser lidas diretamente do eixo *x*.

Se uma proteína particular é abundante em um proteoma, mas ausente em outro, então a diferença será visível simplesmente olhando os géis corados após eletroforese bidimensional. No entanto, pequenas alterações nas quantidades relativas de proteínas diferentes podem originar alterações significativas nas propriedades bioquímicas de um tecido e essas podem não ser aparentes quando os géis corados são examinados a olho nu. Para detectar essas alterações em pequena escala, é preciso usar uma maneira mais sofisticada de examinar os proteomas. Um método utiliza **marcadores de afinidade codificados por isótopo (ICATs)**. São grupos químicos que podem ser incorporados a uma proteína. Em um sistema, os marcadores são curtas cadeias de hidrocarbonetos feitas em duas versões, idênticas entre si, exceto que uma versão contém o isótopo ^{12}C de carbono, e a segunda versão contém ^{13}C (Figura 18.12). Esses marcadores podem ser incorporados a aminoácidos cisteína em um polipeptídio.

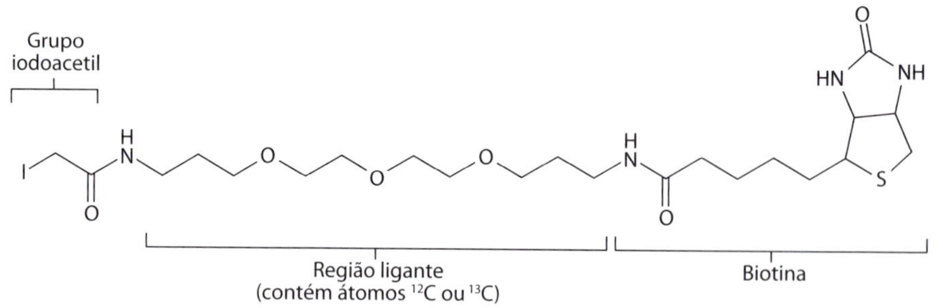

Figura 18.12 Um típico marcador de afinidade codificado por isótopo para estudos de proteomas. O grupo iodoacetil reage com cisteína e assim forma a ligação a um peptídio. A região ligante contém átomos ^{12}C ou ^{13}C e portanto fornece a função codificada pelo isótopo. O grupo biotina terminal possibilita a separação dos peptídios marcados daqueles não marcados por cromatografia de afinidade.

Como ICATs são usados para quantificar as diferenças entre dois proteomas? As proteínas nos proteomas são separadas da maneira normal e proteínas equivalentes de cada proteoma recuperadas e tratadas com protease. Um conjunto de peptídios é então rotulado com marcadores ^{12}C e os outros com ^{13}C. Nem todos os peptídios ficarão marcados porque alguns não têm aminoácidos cisteína. Os que são marcados são purificados e os não marcados são descartados. Há várias maneiras pelas quais isso pode ser feito, mas em geral os marcadores têm um grupo biotina terminal. A biotina é ligada fortemente por uma proteína denominada **avidina** (a proteína da clara do ovo de galinha), de modo que a passagem dos peptídios através de uma coluna de cromatografia que tem avidina aderida à matriz vai separar os peptídios marcados dos não marcados. Os grupos biotina nos peptídios marcados vão ligar-se à avidina na matriz, de modo que esses peptídios são retidos na coluna, enquanto os não marcados vão fluir diretamente por ela. Os complexos avidina-biotina podem então ser rompidos por aumento da temperatura, de maneira que os peptídios marcados podem ser coletados da coluna. Como os marcadores ^{12}C e ^{13}C têm massas diferentes, a razão m/z de um peptídio marcado com um ^{12}C será diferente de um peptídio idêntico marcado com ^{13}C. Portanto, os peptídios dos dois proteomas passam através do espectrômetro de massa juntos. Um par de peptídios idênticos (um de cada proteoma) vão ocupar posições ligeiramente diferentes no espectro de massa resultante, por causa de suas razões m/z distintas (Figura 18.13). A comparação das alturas dos picos permite a estimativa das abundâncias relativas de cada peptídio.

Figura 18.13 Comparação de dois proteomas usando-se ICATs. No espectro MALDI-TOF, picos resultantes de peptídios contendo átomos de ^{12}C são mostrados em vermelho e aqueles dos peptídios contendo ^{13}C são mostrados em azul. A proteína estudada é aproximadamente 1,5 vez mais abundante no proteoma que foi marcado com ^{12}C-ICATs.

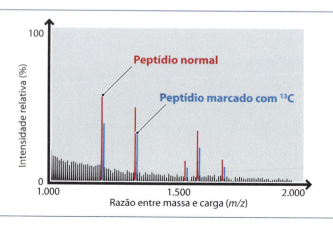

18.1.3 Estudo da estrutura de uma proteína

Neste livro, vimos muitos exemplos das maneiras pelas quais a atividade bioquímica de uma proteína é especificada por sua estrutura tridimensional. Vimos como a estrutura fibrosa de colágeno capacita essa proteína a desempenhar um papel estrutural em ossos e tendões, como a atividade de uma proteína globular como uma ribonuclease é perdida quando a proteína é desnaturada e volta a ser ganha quando a estrutura tridimensional se forma novamente e vimos como a conformação exata do sítio ativo de uma enzima está relacionada (infere a) à capacidade daquela enzima de catalisar uma reação bioquímica específica. Portanto, não nos surpreende que métodos para determinar as estruturas de proteínas estejam entre os recursos de pesquisa mais importantes disponíveis para os bioquímicos.

Vamos estudar três métodos que são usados para se obter informação estrutural sobre proteínas. São eles:

- **Dicroísmo circular (DC)**, que pode identificar as quantidades relativas de estruturas secundárias diferentes em uma proteína

- **Espectroscopia por ressonância magnética (RM)**, que pode fornecer estruturas detalhadas de proteínas pequenas

- **Cristalografia de raios X**, que pode resolver a estrutura de praticamente qualquer proteína que possa ser cristalizada.

O dicroísmo circular possibilita a estimativa da composição de estrutura secundária de uma proteína

O dicroísmo circular não pode dar uma descrição detalhada da estrutura terciária de uma proteína, mas em vez disso possibilita a estimativa das quantidades relativas de diferentes componentes estruturais secundários, como α-hélices, folhas-β e voltas β (ou cotovelos). Isso pode ser útil como a primeira etapa em uma caracterização estrutural completa, mas essa não é a aplicação principal do CD. Em vez disso, o CD é usado mais frequentemente para avaliar as alterações estruturais que ocorrem quando uma proteína é exposta a condições físicas ou químicas diferentes. Um exemplo importante é o estudo do dobramento de proteína, porque o CD possibilita acompanhar a formação gradual dos componentes estruturais secundários de uma proteína. O dicroísmo circular também pode ser usado para identificar alterações estruturais que ocorrem durante uma reação enzimática, como quando a enzima se liga a seu substrato ou quando um inibidor se liga à enzima. Essa capacidade do CD de revelar alterações dinâmicas o torna uma técnica valiosa na pesquisa bioquímica.

> Ver na *Seção 3.1.2* a definição de um carbono quiral.

Os dados obtidos pelo CD relacionam-se especificamente com os centros quirais dentro da estrutura de proteína. Estes incluem os carbonos α de aminoácidos, bem como algumas outras estruturas encontradas em proteínas, como pontes de dissulfeto e alguns dos grupos aromáticos R, os quais podem adotar conformações diferentes com propriedades quirais. O dicroísmo circular não apenas identifica a presença de centros quirais, como também dá informação sobre suas posições uma com relação à outra. Os carbonos α em uma α-hélice, por exemplo, podem ser distinguidos daqueles em uma folha β ou volta β (cotovelo). As quantidades relativas desses tipos diferentes de conformação podem, portanto, ser estimadas.

O aspecto fundamental de um centro quiral é que ele exibe atividade óptica. Dicroísmo circular refere-se ao efeito que os centros quirais dentro de uma molécula como uma proteína exercem sobre a luz polarizada circular. Dependendo de sua identidade e do ambiente, um centro quiral vai absorver luz polarizada em sentido horário e/ou anti-horário de comprimentos de onda diferentes. Um espectrômetro de CD mede essa absorção, não por centros individuais, mas por uma proteína como um todo, analisando como um feixe de luz polarizada circular é afetado pela passagem através de uma solução da proteína (Figura 18.14A). Para carbonos α unidos por ligações peptídicas, a absorção principal ocorre em comprimentos de onda entre 160 e 240 nm, que está na faixa ultravioleta do espectro. Nessa região, os espectros de CD resultantes de α-hélices, folhas-β e espirais aleatórias são distintos (Figura 18.14B). Naturalmente, a maioria das proteínas contém uma mistura dessas estruturas diferentes, de modo que o espectro obtido indica as absorbâncias combinadas de uma variedade de hélices, folhas e espirais. Portanto, a interpretação do espectro requer um *software* de 'deconvolução' que separe as várias contribuições e revele a composição da estrutura secundária da proteína.

Boxe 18.4 Luz polarizada circular.

A luz, como todas as formas de radiação eletromagnética, é constituída por dois campos, um elétrico e outro magnético, que oscilam em ângulos retos entre si. Isso denomina-se uma **onda transversa**. Na luz natural, os campos elétricos de fótons diferentes oscilam em direções diferentes, significando que a luz é **despolarizada**. Alguns tipos de filtro óptico (incluindo as lentes de certos tipos de óculos de sol) permitem apenas a passagem de ondas luminosas cujos campos elétricos oscilem ao longo de um único vetor. Isso é conhecido como **luz polarizada plana**.

Em bioquímica, a luz polarizada plana é usada para distinguir os isômeros D e L de um composto opticamente ativo como um aminoácido (ver Figura 3.5).

Na **luz polarizada circular**, o campo elétrico segue um vetor circular, girando no sentido horário ou anti-horário.

Luz polarizada plana

Luz polarizada circular

A luz polarizada circular pode ser gerada passando-se a luz polarizada plana através de um dispositivo denominado uma placa de quarto de onda.

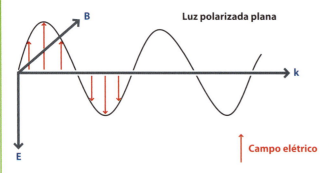
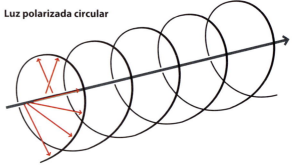
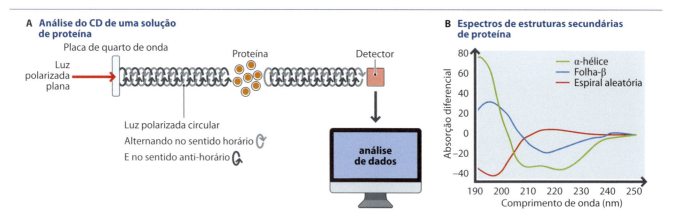

Figura 18.14 Dicroísmo circular. A. Aparelho típico para análise do CD de uma solução de proteína. **B.** Os espectros de absorbância diferencial de α-hélices, folhas-β e espirais aleatórias.

A espectroscopia por RM é usada para estudarmos a estrutura de proteínas pequenas

A espectroscopia por ressonância magnética (RM) é o segundo método importante disponível para a caracterização estrutural de proteínas. Como o CD, a proteína em estudo está em solução, de modo que a RM pode ser usada para o estudo de eventos dinâmicos como o dobramento de proteína. Essa técnica fornece um grau muito maior de resolução estrutural do que é possível com o CD, possibilitando o posicionamento preciso de grupos químicos e uma descrição detalhada da estrutura terciária. Sua principal desvantagem, como veremos, é que a RM só é adequada para proteínas relativamente pequenas.

O princípio envolvido na RM é que a rotação de um núcleo atômico gera um momento magnético. Esse efeito magnético significa que, quando colocado em um campo eletromagnético, o núcleo giratório pode assumir uma de duas orientações (Figura 18.15), denominadas α e β: a primeira (α) estando alinhada com o campo magnético e, portanto, tendo um quociente de energia ligeiramente inferior ao do estado β, que está alinhado contra o campo magnético. Um espectrômetro de RM mede as diferenças de energia

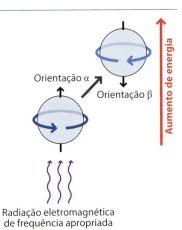

Figura 18.15 Base da RM. Um núcleo giratório pode ter uma de duas orientações em um campo eletromagnético aplicado.

entre os estados de rotação α e β de núcleos individuais, diferença denominada a **frequência de ressonância**. O ponto crítico é que, embora cada tipo de núcleo (p. ex., ^{1}H, ^{13}C, ^{15}N) tenha sua própria frequência de ressonância específica, em geral a frequência medida é ligeiramente diferente do valor padrão (tipicamente por menos que 10 partes por milhão). Esse **desvio químico** ocorre porque elétrons na vizinhança do núcleo em rotação formam um escudo do campo magnético externo, até certo ponto. Portanto, a natureza do desvio químico leva à dedução do ambiente do núcleo, gerando dados que são usados para se determinar a estrutura da proteína. Alguns tipos de análise (denominadas COSY e TOCSY) permitem que átomos unidos por ligações químicas ao núcleo em rotação sejam identificados, enquanto outros (p. ex., NOESY) identificam átomos que estão próximos do núcleo em rotação no espaço, mas não diretamente conectados a ele.

Para ser adequado para análise por RM, um núcleo químico precisa ter um número ímpar de prótons e/ou nêutrons, do contrário não irá girar quando colocado em um campo eletromagnético. Isso significa que a RM só pode ser usada com núcleos que tenham um número ímpar de prótons mais nêutrons. Nos estudos da estrutura de proteínas, os núcleos ^{1}H são inicialmente mirados, sendo o objetivo identificar os ambientes químicos de cada átomo de hidrogênio. Os dados resultantes frequentemente são suplementados por análises de proteínas em que pelo menos alguns dos átomos de carbono e/ou nitrogênio foram substituídos pelos isótopos raros ^{13}C e ^{15}N. Os dados combinados a partir dessas análises serão suficientes para se trabalhar com a estrutura da proteína, desde que a estrutura não seja muito complexa. Surgem problemas quando dois ou mais

---

Boxe 18.5 Interpretação do espectro de RM.

Para ilustrar a maneira como os dados de RM são interpretados, vamos seguir por um exemplo simples, em que foi obtido um espectro ^{1}H para um composto cuja fórmula conhecida é $C_4H_8O_2$.

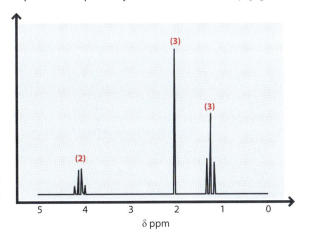

Imagem redesenhada de www.chemguide.co.uk

Como esse é um espectro ^{1}H, cada pico representa um ou mais átomos de hidrogênio. A posição de um pico no eixo *x* indica a magnitude do desvio químico ocorrido naquele átomo de hidrogênio, expresso como δ partes por milhão (ppm). Um desvio químico de 1 ppm seria mostrado por um átomo de hidrogênio cuja frequência de ressonância é uma parte por milhão menor que o valor padrão.

O espectro é analisado etapa por etapa, como segue:

- Há três aglomerados de picos, o que significa que os átomos de hidrogênio nesse composto existem em três 'ambientes'. A partir da fórmula química, parece provável que cada ambiente é um átomo de carbono diferente ao qual um ou mais hidrogênios estão ligados. Notar que isso significaria que um dos carbonos não está diretamente ligado a quaisquer átomos de hidrogênio

- Se as alturas dos picos em cada aglomerado forem somadas, então as alturas resultantes da composição de picos têm uma razão de 2:3:3, conforme indicado pelos números em vermelho no espectro. Essa razão tem relação com o número de hidrogênios em cada ambiente. Como há oito hidrogênios no total, podemos concluir que há um grupo –CH_2 e dois grupos –CH_3

- O número de picos em um aglomerado é uma unidade maior que o número de hidrogênios no átomo de carbono *adjacente*. Portanto:
  - O –CH_2 a 4,1 ppm tem quatro picos e, assim, é adjacente a um carbono com três hidrogênios, isto é, um grupo –CH_3
  - O grupo –CH_3 a 1,3 ppm tem três picos e, assim, é adjacente ao –CH_2. Os aglomerados de 1,3 e 4,1 ppm, portanto, identificam um grupo etila, –CH_2CH_3
  - O grupo –CH_3 a 2 ppm tem apenas um pico e, assim, não está adjacente a um carbono com hidrogênios ligados.

Podemos concluir que o composto é o acetato de etila:

$$CH_3-C\underset{O-CH_2-CH_3}{\overset{O}{\lVert}}$$

Fica claro que o acetato de etila tem uma estrutura química muito mais simples que uma proteína. O espectro produzido pela RM de uma proteína típica é muito mais complexo, com muito mais aglomerados de picos, e os desvios químicos de hidrogênios individuais em geral são afetados por mais de um ambiente adjacente. Tais ambientes também incluem grupos contendo hidrogênio que não –CH_2 e –CH_3, como grupos hidroxila e amino, acrescentando mais complexidade ao espectro. Apesar dessas complicações, a RM tornou-se um recurso essencial para o estudo de proteínas e outras biomoléculas, com estruturas resolvidas de moléculas com até 1.000 kDa de tamanho.

núcleos, por acaso, apresentam desvios químicos muito semelhantes. Portanto, pode ser difícil distinguir os ambientes daqueles dois núcleos e a informação estrutural é perdida. Quanto maior a proteína, maior a probabilidade de que pares e grupos de núcleos tenham desvios semelhantes, bem como de a RM não fornecer informação útil sobre a estrutura terciária.

A cristalografia em raios X fornece dados estruturais precisos sobre qualquer proteína que possa ser cristalizada

A cristalografia em raios X é o método mais poderoso disponível para estudos estruturais de proteínas. Ela dá informação detalhada sobre as posições relativas de grupos químicos diferentes dentro da proteína, permitindo o estabelecimento da conformação precisa da cadeia polipeptídica, junto com o posicionamento das cadeias laterais dos aminoácidos e, assim, produz uma estrutura terciária detalhada. A única limitação é que a proteína precisa ser cristalizada antes que a estrutura possa ser estudada por esse método, o que não é problema com muitas proteínas, já que é possível obter cristais de boa qualidade a partir de uma solução supersaturada. Menos fácil ou até mesmo impossível é a tarefa de cristalizar outras proteínas, em especial as de membrana, que têm muitas regiões externas hidrofóbicas. Como a proteína é cristalizada, é difícil realizar estudos dinâmicos, os quais são possíveis com técnicas desenvolvidas em solução, como CD ou RM, embora alterações estruturais causadas pela ligação de substratos ou inibidores possam ser avaliadas preparando-se cristais com ou sem o substrato ou inibidor.

A cristalografia em raios X baseia-se na **difração de raios X**, que é a deflexão de raios X que ocorre durante sua passagem através de um cristal ou outra estrutura química ordenada regularmente. Os raios X têm comprimentos de onda muito curtos, entre 0,01 e 10 nm, similares aos espaços entre átomos nas estruturas químicas. Quando um feixe de raios X é direcionado sobre um cristal, alguns dos raios passam direto, mas outros sofrem difração e emergem do cristal em um ângulo diferente daquele com o qual entrou (Figura 18.16). As moléculas de proteína dentro de um cristal são posicionadas em um arranjo regular, o que significa que raios X diferentes sofrem difração de maneiras semelhantes. Um filme fotográfico sensível aos raios X ou detector eletrônico, colocado à frente do feixe após emergir do cristal, revela uma série de pontos de luz (*spots*), denominados **padrão de difração de raios X**. As intensidades e posições relativas dos *spots* podem ser usadas para inferir os ângulos de deflexão dos raios X e, a partir desses dados, a estrutura da proteína pode ser deduzida.

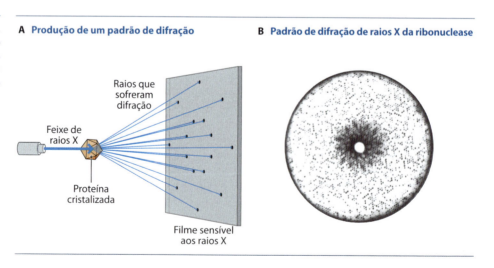

Figura 18.16 Difração de raios X. A. Produção de um padrão de difração de raios X ao dirigir um feixe de raios X através de um cristal da proteína em estudo. **B.** O padrão de difração obtido com cristais de ribonuclease.

Como se pode imaginar, o grande desafio da cristalografia em raios X envolve a complexidade dos padrões de difração obtidos com moléculas tão grandes como proteínas. Mesmo com a ajuda de um computador, a análise é difícil e leva tempo. O objetivo é converter as intensidades e posições relativas dos *spots* no padrão de difração de raios X em um **mapa de densidade eletrônica** (Figura 18.17). No caso de uma proteína, o mapa de densidade eletrônica indica a conformação do polipeptídio dobrado. Se suficientemente detalhado, esse mapa também possibilita a identificação das cadeias laterais de

Figura 18.17 Mapas de densidade eletrônica. A. Parte do mapa de densidade eletrônica para ribonuclease. **B.** Interpretação de um mapa de densidade eletrônica com resolução de 0,2 nm, revelando uma cadeia lateral de tirosina.

A Corte do mapa de densidade eletrônica da ribonuclease

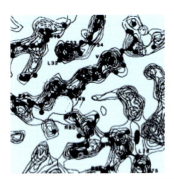

B Interpretação de um mapa de densidade eletrônica com resolução de 0,2 nm, revelando uma cadeia lateral de tirosina

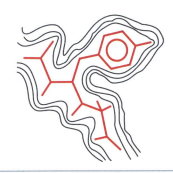

aminoácidos individuais e o estabelecimento de suas orientações relativas umas às outras. Por sua vez, isso permite prever interações como as ligações (pontes) de hidrogênio. Na maioria dos projetos bem-sucedidos, é possível obter-se uma resolução de 0,1 nm, o que significa ser possível distinguir estruturas afastadas 0,1 nm na proteína. Nas proteínas, a maioria das ligações carbono-carbono tem 0,1 a 0,2 nm de comprimento e as carbono-hidrogênio têm 0,08 a 0,12 nm. Isso significa que, com resolução de 0,1 nm, pode-se construir um modelo tridimensional muito detalhado da proteína.

18.2 Estudo dos lipídios e carboidratos

Os métodos para estudo de lipídios e carboidratos sempre foram importantes na bioquímica. Nos últimos anos, esses métodos assumiram importância adicional porque a pesquisa passou do estudo de biomoléculas individuais e passou cada vez mais a ter como foco estudos em larga escala que tentam caracterizar todo o conteúdo bioquímico de uma célula. A proteômica é um exemplo desse campo de estudo, em que o conteúdo de proteína de uma célula é examinado para se entender a capacidade bioquímica daquela célula e para investigar como tal capacidade responde a desafios como uma doença. Portanto, para complementar a informação fornecida pela proteômica, também precisamos de métodos para caracterizar o conteúdo de lipídios e carboidratos. Tais métodos denominam-se **lipidômica** e **glicômica**, respectivamente. No restante deste capítulo, vamos explorar as técnicas empregadas nessas duas áreas de pesquisa.

Boxe 18.6 Metabolômica.

Assim como a genômica (estudo do genoma), a transcriptômica (estudo do conteúdo de RNA de uma célula ou tecido), a proteômica (estudo do conteúdo proteico), a lipidômica (estudo do conteúdo de lipídios) e a glicômica (estudo do conteúdo de carboidratos), os bioquímicos também estão interessados na **metabolômica**. **Metaboloma** é a coleção de metabólitos dentro de uma célula ou tecido, sendo eles geralmente definidos como substratos, intermediários e produtos de vias metabólicas.

O objetivo da metabolômica não é apenas identificar os compostos individuais presentes (como costuma ser o caso de outros tipos de 'ômicas'), mas também medir o **fluxo metabólico** – a velocidade de movimento de substratos pelas vias individuais. O fluxo metabólico é um conceito valioso, porque fornece uma descrição detalhada da atividade bioquímica de uma célula ou tecido. Os estudos do fluxo metabólico possibilitam a exploração da interconectividade de vias diferentes e são particularmente importantes para a identificação de pontos de controle. Alterações no fluxo metabólico que ocorrem durante doenças fornecem percepções valiosas da resposta bioquímica ao estado mórbido, e podem ajudar no desenvolvimento de tratamentos para a doença.

Os metabólitos em uma célula incluem vários tipos diferentes de composto, de modo que é preciso usar vários métodos de detecção para identificar e quantificar cada um. Os mais importantes desses métodos são a cromatografia gasosa e a CLAD (CLAE ou HPLC), possivelmente em interface com a espectrometria de massa usando técnicas de ionização brandas e intensas.

Assim como o estudo de organismos individuais, a metabolômica vem sendo cada vez mais aplicada a amostras ambientais. Por exemplo, os estudos de metabolômica do solo em torno das raízes de uma planta revelam as atividades bioquímicas das bactérias e de outros organismos que habitam o solo, também podendo identificar quaisquer exsudatos secretados pela planta. Essas atividades bioquímicas podem então ser ligadas a parâmetros como o ciclo de nutrientes e a produtividade do vegetal.

18.2.1 Métodos de estudo dos lipídios

Foram desenvolvidos vários métodos para estudar os lipídios, porém os mais úteis na pesquisa moderna são os que possibilitam identificar e quantificar compostos individuais em uma mistura de lipídios. Isso é conseguido da seguinte maneira:

- Os lipídios na mistura são separados por um procedimento de cromatografia
- Os lipídios individuais são então identificados pela espectrometria de massa.

Portanto, a abordagem é similar à utilizada para se fazer o perfil proteico, porém, conforme podemos esperar, como os lipídios são muito diferentes das proteínas, os detalhes são diferentes.

A cromatografia gasosa em geral é usada para separar os lipídios em uma mistura

Quando ácidos graxos ou esteróis estão sendo estudados, o estágio de separação em geral é feito por **cromatografia gasosa**. Os lipídios são volatilizados em um gás carreador, geralmente hidrogênio ou hélio. Esse gás carreador é a fase móvel, que passa ao longo da coluna de cromatografia. A coluna é muito fina (0,1 a 0,7 mm de diâmetro) e pode ter até 100 m de comprimento. A superfície interna da coluna é revestida com um solvente orgânico, como polissiloxano, que é a fase estacionária, porque ele fica imobilizado dentro de uma matriz de sílica inerte (Figura 18.18).

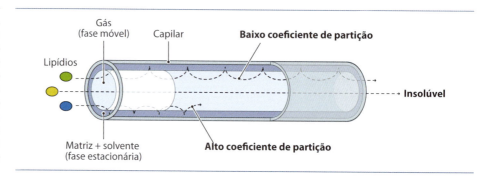

Figura 18.18 Cromatografia gasosa. A passagem de três lipídios através da coluna capilar é mostrada. Um lipídio (em amarelo) é insolúvel na fase estacionária e, portanto, passa direto pela coluna. Os outros dois lipídios demoram por causa da adsorção repetida na fase estacionária, com sua velocidade dependendo de seus coeficientes de partição, e o lipídio (em verde) que tem o menor coeficiente de partição passa mais rapidamente.

A velocidade com que um lipídio passa pela coluna depende de seu coeficiente de partição, que, por sua vez, depende da solubilidade relativa e da volatilidade do lipídio nas fases líquida e gasosa, respectivamente, da coluna de cromatografia. Se o lipídio for insolúvel na fase líquida, então, ele passará diretamente através da coluna. Outros lipídios vão passar por ciclos repetidos de adsorção na fase líquida e liberação de volta na fase gasosa. A dinâmica desse ciclo, que é ditada pelo coeficiente de partição, determina quão rapidamente cada composto passa pela coluna. Portanto, os compostos individuais em uma mistura de lipídios são separados de acordo com seus coeficientes de partição e emergem da extremidade da coluna como frações purificadas.

A velocidade de migração de lipídios individuais pela coluna de cromatografia depende da temperatura. A melhor resolução de uma mistura complexa é conseguida se a temperatura for aumentada gradualmente, por exemplo, de 40°C para 300°C a uma velocidade de 5°C por minuto. No início, quando a temperatura está relativamente baixa, os lipídios que passam mais rapidamente pela coluna ficam retidos por tempo suficiente para os compostos individuais serem separados. À medida que a temperatura aumenta, as velocidades de migração dos lipídios mais lentos são aceleradas, de modo que eles passam pela coluna com rapidez suficiente para serem coletados em um período de tempo razoável. Portanto, uma vasta gama de lipídios com coeficientes de partição bastante diferentes pode ser separada em uma única corrida.

A eluição sequencial de lipídios da coluna de cromatografia é designada um **cromatograma**, em que as alturas dos picos indicam as proporções relativas dos compostos individuais na mistura inicial (Figura 18.19). Cada lipídio tem um tempo de retenção característico, de modo que o cromatograma também pode ser usado para identificar os componentes da mistura inicial, embora na prática isso só seja possível se a mistura for

Capítulo 18 Estudo das Proteínas, Lipídios e Carboidratos 437

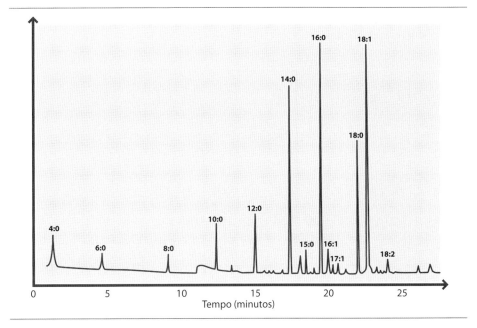

Figura 18.19 **Cromatografia gasosa de ácidos graxos do leite.** A identidade do ácido graxo correspondente a cada pico está indicada, usando a nomenclatura M:N correspondente (ver *Seção 5.1.1*). Imagem redesenhada a partir de AOCS Lipid Library (http://lipidlibrary.aocs.org), com permissão.

simples e sua composição provável já conhecida. Em outros casos, quando há informação insuficiente para a identificação de compostos exclusivamente a partir do cromatograma, os lipídios individuais são analisados pela espectrometria de massa.

Identificação de lipídios pela espectrometria de massa

Os lipídios que emergem de uma coluna de cromatografia gasosa em geral são ionizados por bombardeamento de elétrons, o que resulta em íons moleculares M^+. Algumas moléculas de lipídio também vão se romper no feixe de elétrons, gerando vários fragmentos iônicos cujas estruturas são previsíveis. Portanto, os valores *m/z* do íon molecular e de seus fragmentos filhos dão um **espectro de massa** característico, a partir do qual o composto pode ser identificado (Figura 18.20). No entanto, a identificação pode ser difícil se o lipídio se romper em fragmentos ao ponto de o íon molecular não estar mais presente, o que às vezes acontece com a ionização de elétrons. Por isso também se usa um processo de ionização química mais suave, o que envolve a mistura de lipídios com um plasma gasoso ionizado, em geral de metano, amônia ou isobuteno, que origina íons moleculares $[M+H]^+$, junto com fragmentação menos significativa.

Há vários tipos de espectrômetro de massa, diferindo na configuração do analisador de massa, a parte do instrumento que separa as moléculas de acordo com seus valores de *m/z*. Os dois tipos mais frequentemente usados em estudos com lipídios são (Figura 18.21):

- O **espectrômetro de massa com setor magnético**, em que o analisador de massa é um único ímã ou uma série de ímãs pelos quais passam as moléculas ionizadas. Os imas estão arranjados de maneira que cada íon tem que seguir uma trajetória curva para evitar esbarrar nas paredes do analisador. Até que ponto um campo magnético deflete um íon depende do valor *m/z* do íon, de modo que a maioria dos íons esbarra nas paredes e só uns poucos passam pelo ímã para o detector. Portanto, o campo magnético pode ser ajustado para que apenas os íons de um valor *m/z* particular alcancem o detector, ou o campo pode ser alterado gradualmente para que íons de valores *m/z* diferentes possam ser coletados em momentos diferentes durante uma única corrida

- O **espectrômetro de massa quadripolo** tem quatro bastões magnéticos colocados paralelamente entre si, circundando um canal central pelo qual os íons precisam passar. Campos elétricos oscilantes são aplicados aos bastões, defletindo os íons de maneira complexa, de modo que sua trajetória seja oscilante conforme passem através do quadripolo. Novamente, o campo magnético pode ser ajustado de modo que apenas alguns íons de um determinado valor *m/z* possam emergir e ser detectados ou, como alternativa, o campo pode ser alterado gradualmente para que todos os íons sejam detectados.

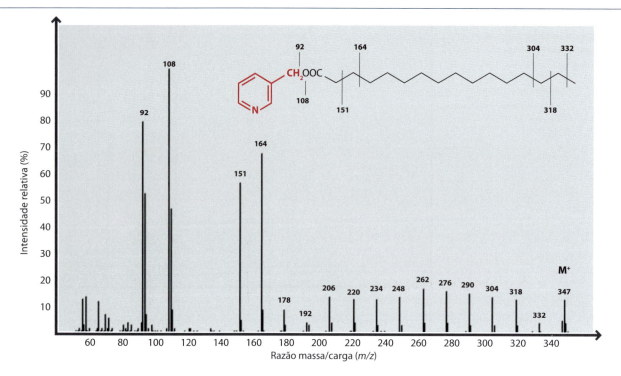

Figura 18.20 Espectro de massa do ácido palmítico (ácido hexadecanoico 16:0). Antes da ionização, o ácido graxo foi derivatizado por ligação de um grupo 3-piridilcarbinol (mostrado em vermelho). O nitrogênio nesse grupo é ionizado preferencialmente e, assim, serve como ponto de referência para a interpretação do espectro. Cada pico é marcado com seu valor de *m/z* e o íon molecular M⁺ é indicado. Os pontos de quebra que produzem fragmentos iônicos estão indicados na estrutura molecular. A série de íons com valores *m/z* de 178 a 290 são fragmentos com números diferentes de grupos –CH$_2$. Imagem redesenhada a partir de AOCS Lipid Library (http://lipidlibrary.aocs.org), com permissão.

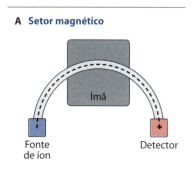

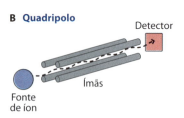

Figura 18.21 Arquiteturas de um analisador de massa (A) com um setor magnético e (B) quadripolo.

A metodologia que acabamos de descrever é adequada para ácidos graxos e esteróis, mas em geral são necessárias variações quando outros tipos de lipídio estão sendo analisados. A primeira dessas variações é a substituição do estágio de cromatografia gasosa pela CLAD (CLAE ou HPLC). Como vimos na Figura 18.9, a base da CLAD (CLAE ou HPLC) é a mesma da cromatografia gasosa, exceto pelo fato de que a fase móvel é um líquido e a fase estacionária é um sólido, geralmente sílica. Na CLAD (CLAE ou HPLC), os compostos a serem separados são simplesmente dissolvidos na fase líquida, e a cromatografia é realizada à temperatura ambiente. Portanto, esse método é uma escolha melhor para triacilgliceróis, glicerofosfolipídios, esfingolipídios e eicosanoides, os quais são muito hidrofílicos para sua fácil volatização e/ou muito instáveis para a cromatografia a alta temperatura.

Para lipídios instáveis, o método de ionização também precisa ser modificado, para evitar que as moléculas se quebrem em fragmentos iônicos muito pequenos. Em vez de gerar íons por exposição direta a um feixe de elétrons ou por ionização química, usa-se um método mais delicado, denominado **ionização por eletroaspersão (*electrospray*)**, que envolve a aplicação de alta voltagem a uma solução emergente da CLAD, gerando um aerossol de gotículas com carga que evaporam, transferindo suas cargas para as moléculas dissolvidas em seu interior.

O estágio de espectrometria de massa também pode ser modificado para se obter maior discriminação entre compostos estreitamente relacionados. Na **espectrometria de massa sequencial (*tandem*)**, o espectrômetro de massa tem dois ou mais analisadores de massa ligados em série. Geralmente, os analisadores ligados são de formatos diferentes, como um espectrômetro de setor magnético acompanhado por um instrumento quadripolo. Antes de cada rodada da espectrometria de massa, os íons sofrem fragmentação adicional, fornecendo mais informação sobre a estrutura da molécula iniciante. Portanto, moléculas complexas ou membros de uma família próxima de compostos podem ser identificados.

18.2.2 Estudo dos carboidratos

Os carboidratos constituem o tipo de biomolécula mais difícil de estudar, em parte porque a semelhança estrutural entre monossacarídios diferentes complica a identificação de compostos diferentes. A importância do açúcar na indústria alimentícia foi o estímulo inicial para o desenvolvimento de métodos para identificação e quantificação de carboidratos individuais. Nos últimos anos, esses métodos têm sido suplementados por outros mais sofisticados que possibilitam a identificação das composições e estruturas dos glicanos aderidos a proteínas. Em conjunto, a metodologia forma a base da glicômica, que tenta descrever todo o conteúdo de açúcares em uma célula ou tecido.

Podem ser usados métodos imunológicos para identificar carboidratos, porque a maioria dos carboidratos exibe propriedades antigênicas da mesma forma que as proteínas. As propriedades antigênicas dos carboidratos foram reconhecidas há muitos anos e são exploradas nos sistemas clássicos de tipagem sanguínea. Os grupos sanguíneos A, B e O, por exemplo, são distinguidos pela identidade de um glicano antigênico aderido a uma proteína presente na superfície dos eritrócitos. No tipo A, uma das unidades do glicano é a *N*-acetilgalactosamina, no tipo B é a D-galactose e no grupo O elas não existem (Figura 18.22). A reatividade imunológica de carboidratos significa que anticorpos mono- e policlonais específicos dos tipos individuais podem ser produzidos, e esses anticorpos são usados nos testes de precipitina e sistemas ELISA. Podem ser empregadas abordagens similares com **lectinas**, proteínas vegetais ou animais com propriedades de ligação monossacarídica específicas. Um exemplo é a **concanavalina A**, do feijão-de-porco (*Canavalia ensiformis*), que se liga às unidades terminais de α-glicose e α-manose em glicanos *O*-ligados, contudo, não em *N*-ligados. Portanto, lectinas com especificidades diferentes são muito úteis para sondagem da composição de glicanos.

A estrutura do glicano pode ser estudada em maiores detalhes liberando-se esses oligossacarídios de suas proteínas. Tanto glicanos *O*-ligados como *N*-ligados são liberados por tratamento com hidrazina, e os glicanos *O*-ligados podem ser removidos especificamente por íons boroidreto. As misturas resultantes de glicanos são separadas por CLAD (CLAE ou HPLC) e as individuais examinadas ainda por espectrometria de massa ou RM, para identificação de suas estruturas. Também há uma variedade de enzimas glicosidases que clivam em ligações específicas dentro de um glicano. Elas incluem exoglicosidases, que removem um açúcar terminal, e endoglicosidases, que fazem cortes internos. O tratamento de um glicano com uma série de exoglicosidases de especificidades diferentes possibilita a determinação da ordem de açúcares no glicano. Tal procedimento denomina-se **sequenciamento de glicanos.**

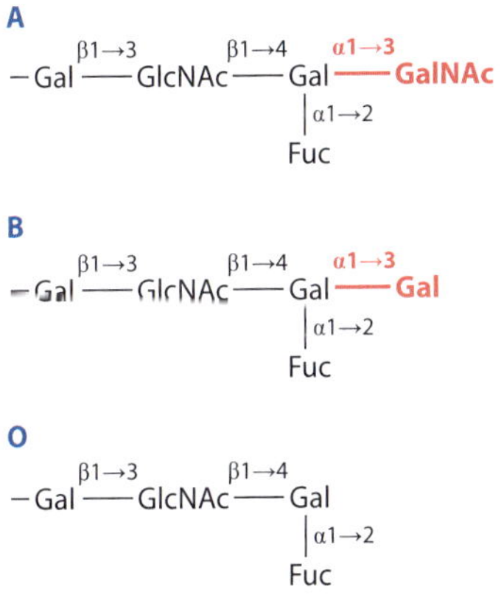

Figura 18.22 Glicanos dos grupos sanguíneos A, B e O. Abreviaturas: Gal, galactose; GalNAc, *N*-acetilgalactosamina; GlcNAc, *N*-acetilglicosamina; Fuc, fucose. As unidades de açúcar que distinguem os três antígenos estão ressaltadas.

Leitura sugerida

Alt FW, Blackwell TK and Yancopoulos GD (1987) Development of the primary antibody repertoire. *Science* **238**, 1079–87. Geração de diversidade imunoglobulínica.

Beger RD (2013) A review of the applications of metabolomics in cancer. *Metabolites* **3**, 552–74.

440 Parte 4 Estudo das Biomoléculas

Blanksby SJ and Mitchell TW (2010) Advances in mass spectrometry for lipidomics. *Annual Review of Analytical Chemistry* **3**, 433–65.

Cavanagh J, Fairbrother WJ, Palmer AG and Skelton, NJ (1995) *Protein NMR Spectroscopy: Principles and Practice*. Academic Press, London.

de St Groth SF and Scheidegger D (1980) Production of monoclonal antibodies: strategy and tactics. *Journal of Immunological Methods* **35**, 1–21.

Fenn JB, Mann M, Meng CK, Wong SF and Whitehouse CM (1990) Electrospray ionization – principles and practice. *Mass Spectrometry Reviews* **9**, 37–70.

Garman EF (2014) Developments in X-ray crystallographic structure determination of biological macromolecules. *Science* **343**, 1102–8.

Görg A, Weiss W and Dunn MJ (2004) Current two-dimensional electrophoresis technology for proteomics. *Proteomics* **4**, 3665–85.

Gygi SP, Rist B, Gerber SA, Turecek F, Gelb MH and Aebersold R (1999) Quantitative analysis of complex protein mixtures using isotope-coded affinity tags. *Nature Biotechnology* **17**, 994–9.

Lequin RM (2005) Enzyme immunoassay (EIA) / enzyme-linked immunosorbent assay (ELISA). *Clinical Chemistry* **24**, 15–18.

Murphy RC, Fiedler J and Hevko J (2001) Analysis of non-volatile lipids by mass spectrometry. *Chemical Reviews* **101**, 479–526.

Phizicky E, Bastiaens PIH, Zhu H, Snyder M and Fields S (2003) Protein analysis on a proteomics scale. *Nature* **422**, 208–15. Revisa todos os aspectos da proteômica.

Raman R, Raguram S, Venkataraman G, Paulson JC and Sasisekharan R (2005) Glycomics: an integrated systems approach to structure–function relationships of glycans. *Nature Methods* **2**, 817–24.

Ranjbar B and Gill P (2009) Circular dichroism techniques: biomolecular and nanostructural analyses – a review. *Chemical Biology and Drug Design* **74**, 101–20.

Shevchenko A and Simons K (2010) Lipidomics: coming to grips with lipid diversity. *Nature Reviews Molecular Biology* **11**, 593–8.

Walton HF (1976) Ion exchange and liquid column chromatography. *Analytical Chemistry* **48**, 52R–66R.

Questões de autoavaliação

Questões de múltipla escolha

Cada questão tem apenas uma resposta correta.

1. Os anticorpos são sintetizados por quais células?
   (a) Linfócitos B
   (b) Células de mieloma
   (c) Eritrócitos
   (d) Macrófagos

2. Que tipo de imunoglobulina existe como um pentâmero no sangue humano?
   (a) Imunoglobulina A
   (b) Imunoglobulina E
   (c) Imunoglobulina G
   (d) Imunoglobulina M

3. Como é denominada a característica na superfície de um antígeno que é reconhecida por um anticorpo?
   (a) Complemento
   (b) Epítopo
   (c) Cadeia leve
   (d) Hibridoma

4. Como se denomina o ponto na reação de precipitina onde as quantidades relativas de antígeno e anticorpo são as ideais para a formação de complexo?
   (a) Zona de equivalência

   (b) Complemento
   (c) Zona de precipitação
   (d) O ponto Ouchterlony

5. Como é denominado o processo que resulta no movimento de moléculas de imunoglobulina em um gel na direção do eletrodo negativo?
   (a) Eletroforese
   (b) Difusão
   (c) Eletroendosmose
   (d) Partição

6. Qual das seguintes afirmações está **incorreta** com relação ao ELISA?
   (a) É menos quantitativo que a imunoeletroforese
   (b) Um dos anticorpos está conjugado com uma enzima repórter
   (c) É mais rápido que a imunoeletroforese
   (d) Pode ser realizado como um processo indireto com anticorpos primários e secundários

7. Qual dos seguintes métodos **não** é usado para se fazer o perfil proteico?
   (a) Eletroforese bidimensional em gel
   (b) Cromatografia em coluna

Capítulo 18 Estudo das Proteínas, Lipídios e Carboidratos 441

(c) Cromatografia gasosa

(d) Espectrometria de massa

8. Em que tipo de cromatografia são usados pequenos grânulos porosos como matriz?

(a) Fase reversa

(b) Filtração em gel

(c) Gasosa

(d) Troca iônica

9. Em que tipo de cromatografia são usados grânulos de polistireno com cargas elétricas positivas ou negativas como matriz?

(a) Fase reversa

(b) Filtração em gel

(c) Gasosa

(d) Troca iônica

10. Em que tipo de cromatografia são usadas como matriz sílica ou outras partículas cujas superfícies são cobertas com grupos químicos não polares (apolares) como hidrocarbonetos?

(a) Fase reversa

(b) Filtração em gel

(c) Gasosa

(d) Troca iônica

11. Qual das seguintes afirmações está **incorreta** a respeito do uso de marcadores de afinidade codificados por isótopo (ICATs)?

(a) Os ICATs são grupos químicos que podem ser incorporados a uma proteína

(b) Em um sistema, os pares de ICATs são distinguidos por marcação com ^{12}C e ^{13}C

(c) Geralmente um ICAT tem um grupo biotina terminal

(d) Um ICAT marcado com ^{12}C dará um peptídio com maior proporção m/z do que um marcado com ^{13}C

12. Qual dos seguintes **não** pode ser determinado por dicroísmo circular?

(a) As quantidades relativas de componentes estruturais secundários diferentes em uma proteína

(b) As posições de centros quirais com relação um ao outro

(c) As alterações estruturais que ocorrem durante uma reação enzimática

(d) A sequência de aminoácidos em uma α-hélice

13. Qual desses íons **não pode** ser usado para gerar um espectro de RM?

(a) ^1H

(b) ^{12}C

(c) ^{13}C

(d) ^{13}N

14. Qual destes **não** é um tipo de RM?

(a) COSY

(b) NOESY

(c) NOSEY

(d) TOCSY

15. Qual dos seguintes **não** é determinado pelo estudo cristalográfico de raios X de uma proteína?

(a) As posições relativas de grupos químicos

(b) A conformação da cadeia polipeptídica

(c) O posicionamento de cadeias laterais dos aminoácidos

(d) Acompanhamento do dobramento de proteína em tempo real

16. Que grau de resolução pode ser alcançado na maioria dos estudos cristalográficos de raios X bem-sucedidos?

(a) 0,1 nm

(b) 0,5 nm

(c) 1 nm

(d) 10 nm

17. Como se denomina a velocidade de movimento de substratos através de vias metabólicas individuais?

(a) Fluxo metabólico

(b) Metabolômica

(c) Controle metabólico

(d) Partição metabólica

18. Na cromatografia gasosa, qual a fase estacionária?

(a) A gasosa

(b) A matriz sólida na superfície interna da coluna

(c) A líquida

(d) Nenhuma das respostas acima

19. Que tipo de íon molecular a ionização química produz?

(a) $[M + H]^+$

(b) $[M + H]^-$

(c) $[M - H]^+$

(d) $[M - H]^-$

20. Qual das seguintes **não** é uma característica de um espectrômetro de massa quadripolo?

(a) Campos elétricos oscilantes

(b) Íons 'oscilantes' à medida que passam pelo quadripolo

(c) O campo pode ser modificado gradualmente, de modo que os íons com proporções m/z diferentes são detectados

(d) O analisador de massa é um ímã único

21. Como é denominado o tipo de procedimento de ionização branda usado com lipídios instáveis, em conjunto com a CLAD (CLAE ou HPLC)?

(a) Ionização por eletroaspersão (*electrospray*)

(b) Ionização química

(c) Ionização eletrônica

(d) Ionização assistida a *laser*

22. Que características tem o glicano antigênico que distingue os grupos sanguíneos A, B e O?

(a) No tipo A, uma das unidades do glicano é D-galactose, no grupo B é *N*-acetilgalactosamina e no grupo O essa unidade particular está ausente

(b) A, *N*-acetilgalactosamina; B, D-galactose; O, ausente

(c) A, *N*-acetilgalactosamina; B, D-glicose; O, ausente

(d) A, D-glicose; B, D-galactose; O, ausente

23. A concanavalina A liga-se a que dois açúcares?

(a) Unidades terminais α–glicose e α–manose nos glicanos *O*- ligados e *N*-ligados

(b) Unidades terminais α–glicose e α–manose nos glicanos *N*- ligados, mas não nos *O*-ligados

(c) Unidades terminais α–glicose e α–manose nos glicanos ao *O*- ligados, mas não nos *N*-ligados

(d) Nenhum dos citados acima

24. O tratamento com qual dos seguintes compostos remove especificamente glicanos *O*-ligados?

(a) Hidróxido

(b) Íons boroidreto

(c) Hidrazina

(d) Endoglicosidase

Questões discursivas

1. Descreva a diferença-chave entre anticorpos policlonais e monoclonais. Como são preparados os monoclonais?
2. Delineie os procedimentos em que se usa a precipitação de anticorpo-antígeno para identificar uma proteína específica em uma mistura de proteínas.
3. O que é 'ELISA' e por que esse método é mais sensível e acurado que os imunoensaios realizados em gel?
4. Descreva os vários métodos para a separação de proteína antes de se fazer o perfil proteico.
5. Apresente um informe detalhado sobre como a espectrometria de massa é usada para se fazer o perfil de uma proteína. Inclua em sua resposta um resumo de um método para comparar as composições de dois proteomas.
6. Qual é a base do dicroísmo circular e o que esse método pode lhe dizer sobre a estrutura da proteína?
7. Descreva as vantagens e desvantagens da (A) RM e da (B) cristalografia de raios X em estudos da estrutura de proteína.
8. Faça a distinção entre os métodos usados para ionizar lipídios antes de sua análise pela espectrometria de massa.
9. Usando diagramas, ilustre as arquiteturas de espectrômetros de massa com (A) setor magnético e (B) quadripolo. O que é espectrometria de massa sequencial (*tandem*)?
10. Delineie os métodos usados para estudar o glicoma.

Questões de autoaprendizagem

1. Quais são os méritos relativos de anticorpos policlonais e monoclonais para cada um dos tipos de imunoensaio descritos na *Seção 18.1.1*?
2. Você purificou uma proteína a partir de um proteoma, digeriu com tripsina e mediu as massas moleculares dos seis peptídios resultantes por MALDI-TOF. Cinco dos peptídios combinam exatamente com uma proteína do banco de dados, mas a massa do sexto peptídio parece estar incorreta. De acordo com a sequência da proteína, esse peptídio deve ser SLYSSTIDK, com massa de 994. O peptídio detectado por MALDI-TOF tem massa de 1.072. Qual a explicação provável da discrepância entre as massas esperadas e reais desse peptídio?
3. A resolução da RM tem relação direta com o campo de força do ímã usado. Explore como essa relação afetou o desenvolvimento da RM nos últimos 20 anos e especule sobre o potencial futuro do procedimento.
4. O DNA não forma cristais, mas a análise da difração de raios X foi muito importante no trabalho que levou à descoberta da estrutura em dupla-hélice. Explique como a análise da difração de raios X pode ser usada com DNA.
5. Um ácido graxo foi derivatizado pela incorporação de um grupo 3-piridilcarbinol e ionizado por bombardeamento de elétrons. O espectro de massa resultante é mostrado abaixo. Qual a estrutura do lipídio?

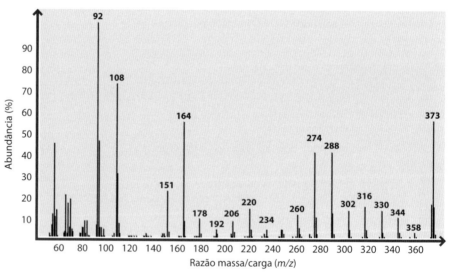

Adaptada de *Biological Mass Spectrometry* 1982, **9**, 33, com permissão de John Wiley and Sons.

CAPÍTULO 19

Estudo do DNA e do RNA

OBJETIVOS DO ESTUDO

Após a leitura deste capítulo, você será capaz de:

- Descrever os tipos diferentes de nuclease usados para manipular moléculas de DNA e RNA

- Dar uma descrição detalhada dos principais aspectos das endonucleases de restrição

- Saber como as DNA ligases são usadas para unir moléculas de DNA

- Dar uma descrição detalhada da reação em cadeia da polimerase (PCR), incluindo a versão quantitativa denominada reação em cadeia da polimerase em tempo real (RT-PCR)

- Entender porque a PCR tornou-se tão importante na pesquisa bioquímica

- Descrever a terminação da cadeia e os métodos de pirossequenciamento para o sequenciamento do DNA

- Conhecer os aspectos fundamentais da metodologia de sequenciamento da próxima geração

- Descrever o processo de clonagem do DNA em delineamento e dar detalhes sobre como o DNA é clonado no vetor de clonagem pUC8

- Resumir as várias maneiras pelas quais o DNA é clonado em tipos diferentes de eucariotos

- Entender as características especiais de vetores de clonagem usados para a síntese de proteína recombinante

- Saber por que as bactérias nem sempre são os hospedeiros ideais para a síntese de proteína recombinante

- Entender as forças e limitações de diferentes células eucarióticas para a produção de proteína recombinante.

Bioquímicos e geneticistas têm sido particularmente engenhosos no desenvolvimento de métodos para estudar moléculas de DNA e RNA. Existe hoje uma enorme variedade de técnicas para examinar e manipular os padrões de expressão de genes individuais, transferir genes de um organismo para outro e fazer alterações diretas da sequência de nucleotídio de um gene. Mais importante ainda, a tecnologia para verificar a ordem dos nucleotídios nas moléculas de DNA e RNA, conhecida como 'sequenciamento', foi bastante aprimorada desde que os primeiros métodos praticáveis foram criados na década de 1970.

Neste capítulo, vamos explorar os métodos de estudar o DNA e o RNA que têm maior importância para os bioquímicos. Primeiro, vamos ver as maneiras como os bioquímicos usam enzimas purificadas para manipular moléculas de DNA e RNA *in vitro*, manipulações que formam a base de muitas das técnicas usadas para o estudo dessas moléculas. Em seguida, vamos examinar como o DNA e o RNA são sequenciados e como as sequências são interpretadas. Por fim, vamos investigar os métodos para **clonagem do DNA**, que são usados para a transferência de genes de uma espécie para outra, e que possibilitam a síntese de proteínas farmacêuticas importantes como a insulina por microrganismos submetidos a engenharia genética.

19.1 Manipulação do DNA e do RNA por enzimas purificadas

Em muitas das técnicas usadas para o estudo do DNA e do RNA, são usadas enzimas purificadas. Na célula, essas enzimas participam de processos como a replicação e o reparo de DNA. Após purificação, as enzimas continuam suas reações naturais quando dispõem de seus substratos apropriados. Embora as reações catalisadas por essas enzimas em geral sejam diretas, é absolutamente impossível realizar a maioria delas pelos métodos químicos padronizados. Portanto, enzimas purificadas são um componente essencial e central dos métodos usados para estudar o DNA e o RNA. Vamos começar vendo os tipos diferentes de enzimas usadas nessa área da pesquisa bioquímica. Em seguida, vamos examinar em detalhes um método particular para manipular o DNA e o RNA, a **reação em cadeia da polimerase (PCR)**. Embora resulte simplesmente na síntese de múltiplas cópias de um segmento de uma molécula de DNA ou RNA, a PCR assumiu imensa importância em muitas áreas de pesquisa biológica, incluindo bioquímica.

19.1.1 Tipos de enzima usados para estudar o DNA e o RNA

Os três tipos mais importantes de enzimas usadas para estudar o DNA e o RNA são:

- **Nucleases** – enzimas que cortam, encurtam ou degradam moléculas de ácido nucleico
- **Ligases** – as que unem moléculas de ácido nucleico
- **Polimerases** – as que fazem cópias de moléculas.

Nucleases são usadas para cortar moléculas de DNA e RNA

As nucleases degradam moléculas de DNA ou RNA quebrando as ligações fosfodiéster que unem um nucleotídio ao próximo em um polinucleotídio. Há dois tipos diferentes de nuclease (Figura 19.1):

- **Exonucleases** removem nucleotídios, um a um, da extremidade de uma molécula
- **Endonucleases** quebram ligações fosfodiéster internas em uma molécula.

Algumas nucleases degradam apenas uma fita de uma molécula de DNA de dupla fita e outras degradam ambas as fitas. A endonuclease S1, que é preparada a partir do fungo *Aspergillus oryzae*, é um exemplo de uma desoxirribonuclease de fita simples, significando que ela corta apenas polinucleotídios de DNA de fita simples (Figura 19.2). Em contraste, a desoxirribonuclease I (DNase I), que é preparada a partir de pâncreas bovino, corta moléculas de DNA de dupla fita e fita simples.

A DNase I corta DNA em qualquer ligação fosfodiéster interna, de modo que o tratamento prolongado com ela resulta em uma mistura de mononucleotídios e oligonucleotídios muito curtos. No entanto, se uma proteína estiver aderida ao DNA, então um segmento não será digerido, porque a endonuclease tem que ter acesso ao DNA para

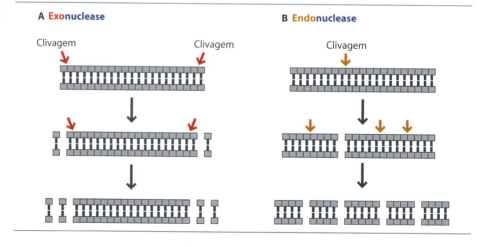

Figura 19.1 Reações catalisadas pelos dois tipos diferentes de nuclease. **A.** Uma exonuclease, que remove nucleotídios da extremidade de uma molécula de DNA. **B.** Uma endonuclease, que rompe ligações fosfodiéster internas.

Figura 19.2 Reações catalisadas por tipos diferentes de endonuclease. A. Nuclease S1, que corta apenas DNA de fita simples. **B.** DNase I, que corta o DNA tanto de fita simples como dupla.

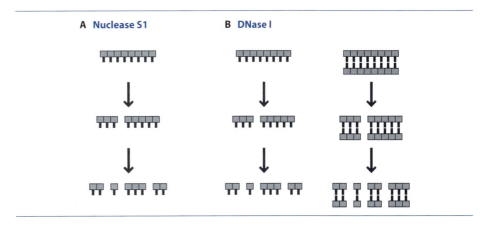

cortá-lo e, assim, pode atacar apenas as ligações fosfodiéster que não estão mascaradas pela proteína. Portanto, a nuclease degrada aquelas partes da molécula de DNA que permanecem expostas após a aderência da proteína, mas não o segmento protegido, que pode ser recuperado intacto após a enzima ter sido inativada e as proteínas ligadas terem sido removidas. Encontramos esse procedimento, denominado 'proteção de nuclease', quando estudamos a maneira pela qual o DNA associa-se a nucleossomos na cromatina (ver Figura 4.16). Os experimentos de proteção de nuclease também têm sido importantes para identificar os locais de ligação para proteínas que aderem ao DNA para regular a expressão gênica.

Já consideramos as nucleases que atuam no DNA. Um conjunto similar de ribonucleases purificadas também está disponível e inclui a RNase I, de *E. coli*, que se caracteriza como uma endonuclease que degrada RNA de fita simples, mas não exerce qualquer efeito sobre regiões em que há pareamento de bases. Portanto, a RNase I pode ser usada para a identificação de regiões de dupla fita em moléculas com uma ou mais estruturas em grampo (haste-alça) (Figura 19.3). Outras endorribonucleases, como a RNase VI, cortam apenas RNA de dupla fita.

Figura 19.3 A RNase I degrada RNA de fita simples e, portanto, pode ser usada para identificar regiões de dupla fita em uma molécula de RNA.

Enzimas de restrição são endonucleases de sequência específica de DNA

O tipo mais útil de nuclease seria uma que corta uma molécula de DNA de dupla fita apenas em sequências de nucleotídios específicas. As posições desses cortes em uma molécula de DNA poderiam ser previstas, pressupondo-se que a sequência de DNA seja conhecida. Portanto, uma ou mais endonucleases de sequência específica poderiam ser usadas para cortar um determinado segmento de uma molécula de DNA, tal como um gene individual. As **endonucleases de restrição** têm essa habilidade e, não surpreendentemente, tornaram-se as nucleases usadas em mais ampla escala na pesquisa bioquímica.

Em termos estritos, uma endonuclease de restrição *liga-se* a uma sequência nucleotídica específica. Com as versões Tipos I e III dessas enzimas, o corte subsequente é feito aleatoriamente na região adjacente à enzima ligada (Figura 19.4). Essa é uma propriedade útil, mas não tão útil como o modo de ação da enzima do Tipo II. Uma endonuclease de restrição do Tipo II corta sempre no mesmo lugar, seja na sequência de reconhecimento ou muito perto dela. Por exemplo, a enzima do Tipo II denominada *Eco*RI, que é obtida de *E. coli*, corta apenas no hexanucleotídio GAATTC.

Figura 19.4 Tipos de corte feitos por diferentes endonucleases de restrição. A posição da sequência de reconhecimento está indicada pela linha alaranjada.

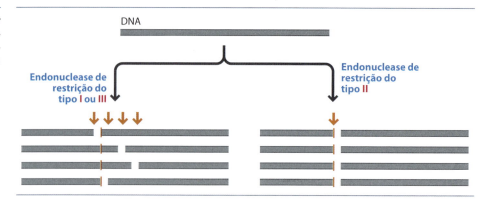

Boxe 19.1 O que é 'restrição'?

A que o termo 'restrição' refere-se na expressão 'endonuclease de restrição'? Durante o início da década de 1950, descobriu-se que alguns tipos de bactérias são capazes de resistir a infecção causada por bacteriófagos. Esse processo foi denominado 'restrição controlada pelo hospedeiro' para indicar que a bactéria (o hospedeiro) poderia restringir o crescimento do bacteriófago. Subsequentemente, mostrou-se que ocorre restrição controlada pelo hospedeiro quando a bactéria sintetiza uma enzima que corta o DNA do bacteriófago antes da replicação e da produção direta de novas partículas do bacteriófago. Essas enzimas de corte foram denominadas 'endonucleases de restrição'. O estudo mais detalhado delas revelou sua especificidade por sequências particulares de DNA, a propriedade que as torna tão úteis hoje na clonagem do DNA e em outros métodos que envolvem a manipulação de moléculas de DNA *in vitro*.

São conhecidas quase 4.000 enzimas de restrição do Tipo II, e várias centenas com sequências de reconhecimento diferentes podem ser obtidas de fornecedores comerciais para uso em experimentos de laboratório. Algumas dessas enzimas, como a *Eco*RI, têm hexanucleotídios como sítios-alvo, mas outras reconhecem sequências mais curtas ou mais longas (Tabela 19.1). Algumas têm sequências de reconhecimento degeneradas, o que significa que cortam em qualquer local de uma família de locais relacionados. Um exemplo é a *Hin*fI, que reconhece GANTC, em 'N' é qualquer nucleotídio e, portanto, corta em GAATC, GACTC, GAGTC e GATTC.

Tabela 19.1 Sequências de reconhecimento de algumas das endonucleases de restrição usadas com maior frequência.

Enzima	Microrganismo	Sequência de reconhecimento	Extremidade cega ou coesiva (saliente)
*Eco*RI	*Escherichia coli*	GAATTC	Coesiva
*Bam*HI	*Bacillus amyloliquefaciens*	GGATCC	Coesiva
*Bgl*II	*Bacillus globigii*	AGATCT	Coesiva
*Pvu*I	*Proteus vulgaris*	CGATCG	Coesiva
*Pvu*II	*Proteus vulgaris*	CAGCTG	Cega
*Hin*dIII	*Haemophillus influenzae* R_d	AAGCTT	Coesiva
*Hin*fI	*Haemophillus influenzae* R_f	GANTC	Coesiva
*Sau*3A	*Staphylococcus aureus*	GATC	Coesiva
*Alu*I	*Arthrobacter luteus*	AGCT	Cega
*Hae*III	*Haemophillus aegyptius*	GGCC	Cega
*Not*I	*Nocardia otitidis-caviarum*	GCGGCCGC	Coesiva
*Sfi*I	*Streptomyces fimbriatus*	GGCCNNNNNGGCC	Coesiva

A sequência de reconhecimento é a de um filamento, no sentido 5'→3'. 'N' indica qualquer nucleotídio. Notar que quase todas as sequências de reconhecimento são palíndromos: as duas fitas, quando lidas em sentidos opostos, têm a mesma sequência de nucleotídio, por exemplo:

```
         5'–GAATTC–3'
EcoR      ||||||
         3'–CTTAAG–3'
```

Figura 19.5 Tipos diferentes de corte feitos por endonucleases de restrição do Tipo II. A. A diferença entre extremidades cegas e coesivas. **B.** Dois tipos de extremidade coesiva: umas com partes pendentes 5' e outras com partes pendentes 3'.

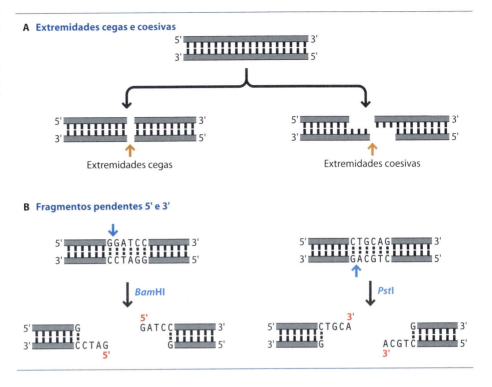

As enzimas de restrição cortam DNA de dupla fita de duas maneiras diferentes (Figura 19.5):

- Algumas fazem um simples corte na dupla fita, que gera uma **extremidade cega**
- Outras cortam os filamentos de DNA em posições diferentes, em geral com uma separação de dois ou quatro nucleotídios, de modo que os fragmentos resultantes de DNA têm fragmentos pendentes em cada extremidade. As **extremidades** são denominadas **coesivas,** porque os pares de bases entre elas podem "colar" a molécula de DNA novamente. Algumas cortadoras de extremidades coesivas dão fragmentos pendentes 5' (p. ex., BamHI, Sau3AI, HinfI) e outras deixam fragmentos pendentes 3' (p. ex., PstI).

Os fragmentos pendentes deixados por uma cortadora de extremidades coesivas são, em geral, mais curtos que a sequência de reconhecimento. Por exemplo, BamHI reconhece GGATCC, mas deixa apenas uma extremidade pendente GATC (ver Figura 19.5B). Isso significa que duas ou mais enzimas com sequências de reconhecimento diferentes poderiam gerar extremidades coesivas idênticas. A BglII, por exemplo, também origina uma extremidade pendente GATC, mas sua sequência de reconhecimento, AGATCT, é diferente daquela de BamHI. Uma terceira enzima, BclI, reconhece TGATCA, mas deixa a mesma extremidade pendente que BamHI e BglII, como faz a Sau3AI, cuja sequência de reconhecimento é o próprio tetranucleotídio GATC (Figura 19.6). Vamos ver como a capacidade de produzir fragmentos com extremidades coesivas idênticas a partir de enzimas com diferentes sequências de reconhecimento é importante na pesquisa com DNA quando estudamos a clonagem do DNA adiante neste capítulo.

Figura 19.6 Duas enzimas de restrição com sequências de reconhecimento diferentes podem criar extremidades coesivas idênticas.

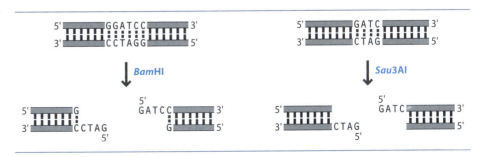

DNA ligases unem moléculas

Fragmentos de DNA que foram produzidos por uma endonuclease de restrição podem ser unidos novamente, ou aderir a novos pares, por uma DNA ligase. A reação requer energia, que é fornecida com o acréscimo de ATP ou NAD à mistura da reação, dependendo do tipo de ligase que estiver sendo usado.

A DNA ligase mais usada é obtida de bactérias *E. coli* que tenham sido infectadas com um vírus denominado T4. O papel natural dessa ligase consiste em juntar fragmentos Okazaki durante a replicação do DNA do vírus. Nesse papel natural, as duas moléculas a serem unidas têm seus pares de bases formados com a fita molde do DNA que está sendo replicada. Em outras palavras, as duas extremidades são mantidas próximas uma da outra (Figura 19.7). Também é esse o caso quando dois fragmentos de restrição com extremidades coesivas se unem. Embora os fragmentos estejam inicialmente dispersos na mistura da reação e precisem aproximar-se por eventos de difusão aleatória, uma vez que o fazem, é provável que se formem pares de base transitórios entre as duas extremidades pendentes. Esses pares de bases persistem por tempo suficiente para uma enzima ligase aderir à junção e sintetizar o par de ligações fosfodiéster que vai unir os dois fragmentos.

A Papel natural da DNA ligase

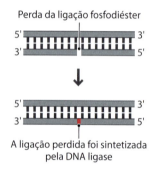

B União de extremidades coesivas

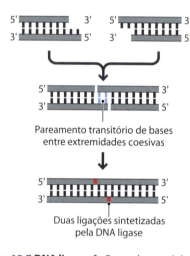

C União de extremidades cegas

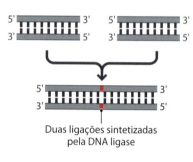

Figura 19.7 DNA ligase. A. O papel natural da DNA ligase e seu uso para juntar (**B**) extremidades coesivas e (**C**) extremidades cegas.

Se as moléculas tiverem extremidades cegas, então a ligação é muito menos eficiente. Extremidades cegas, sem fragmentos pendentes, não podem parear bases uma com outra, nem mesmo temporariamente. A ligação só ocorre quando eventos de difusão ocasional trazem uma enzima ligase para a proximidade com duas extremidades que, porventura, estiverem perto uma da outra na mistura da reação. Para aumentar as chances de acontecer isso, é preciso usar uma alta concentração de DNA.

Polimerases são usadas para fazer cópias de moléculas de DNA

As polimerases são o terceiro tipo de enzima usada para manipular DNA e RNA. A síntese de DNA, catalisada por uma polimerase, forma a base para a PCR e a maioria das técnicas de sequenciamento.

A enzima desse tipo mais usada é a DNA polimerase I bacteriana. Além de ser capaz de sintetizar DNA, essa enzima tem uma atividade de exonuclease 5'→3'. Isso significa que ela pode aderir a uma região curta de fita simples em uma molécula de DNA originalmente de dupla fita e, então, sintetizar um filamento completamente novo, degradando o existente à medida que prossegue. Tal reação é usada para incorporar nucleotídios marcados em uma molécula de DNA, de modo que a última fica marcada e pode ser rastreada em experimentos subsequentes (Figura 19.8).

> Estudamos o papel da DNA polimerase I e de outras DNA polimerases na replicação do DNA na *Seção 14.1.2*.

Figura 19.8 Síntese de um filamento de DNA marcado pela DNA polimerase I.

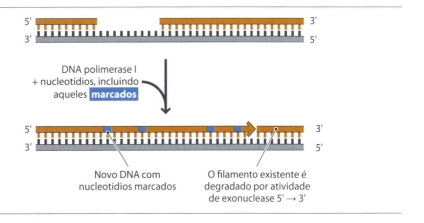

Em geral, a DNA polimerase I é obtida de *E. coli*, mas algumas técnicas, incluindo a PCR, requerem uma versão especializada dessa enzima. Tal versão é obtida de *Thermus aquaticus*, uma bactéria que vive em fontes termais. Muitas das enzimas dessa bactéria, incluindo suas DNA polimerases, são termoestáveis, significando que são resistentes à desnaturação por tratamento pelo calor, e têm uma temperatura ótima de atividade de 70 a 80°C. A DNA polimerase I do *Thermus aquaticus* é conhecida como **Taq polimerase** (*Taq* vem de *Thermus aquaticus*).

Um tipo diferente de polimerase, importante para a manipulação do RNA, é a **transcriptase reversa**, enzima envolvida na replicação de alguns tipos de vírus cujos genomas são constituídos de RNA. Durante a replicação dos genomas desses vírus, o RNA é copiado para a forma de DNA. Tal propriedade é usada no laboratório para fazer cópias de DNA a partir de moléculas de RNA (**DNA complementar** ou **cDNA**), procedimento conhecido como **síntese de cDNA**.

19.1.2 Reação em cadeia da polimerase

A PCR capacita qualquer segmento de uma molécula de DNA, até cerca de 40 kb de comprimento, a ser copiado repetidamente, de modo que sejam obtidas grandes quantidades. Primeiro, vamos examinar como o procedimento é realizado. Em seguida, vamos questionar por que uma técnica tão simples adquiriu importância tão grande, não apenas na bioquímica, como também em muitas áreas da biologia.

A PCR resulta em múltiplas cópias de uma região-alvo de uma molécula de DNA

Os dois componentes básicos de uma PCR são a *Taq* polimerase termoestável e um par de oligonucleotídios curtos, os últimos ligando-se à molécula de DNA visada, um a cada filamento da dupla-hélice. Esses oligonucleotídios, que agem como *primers* para as reações de síntese de DNA, delimitam a região que será amplificada. Portanto, eles precisam ser complementares ao DNA visado em cada lado do segmento que estiver sendo copiado. Os *primers* são obtidos pela síntese química do DNA.

Para começar a reação, o DNA é misturado com a *Taq* polimerase, os dois *primers* e um suprimento de nucleotídios. A reação pode ser realizada em um tubo de ensaio pequeno de plástico ou nos poçinhos de uma placa de microtitulação (microplaca), que é colocada em um **termociclador**, um dispositivo programável que aquece e resfria a reação entre temperaturas ajustadas. A reação é iniciada pelo aquecimento da mistura a 94°C. Nessa temperatura, as pontes de hidrogênio entre os dois polinucleotídios da dupla-hélice se rompem, de modo que o DNA é desnaturado em moléculas de fita simples (Figura 19.9). A temperatura é então reduzida para 50 a 60°C, o que permite a adesão dos *primers* a suas posições de ligação. Em seguida, a temperatura é elevada para 74°C, na faixa ótima para a *Taq* polimerase, de maneira que a síntese de DNA pode começar. Nesse primeiro estágio da PCR, um conjunto de 'produtos longos' é sintetizado a partir de cada filamento do DNA visado. Esses produtos longos têm extremidades 5' idênticas, mas extremidades 3' aleatórias, as últimas correspondentes às posições onde a síntese de DNA termina por acaso.

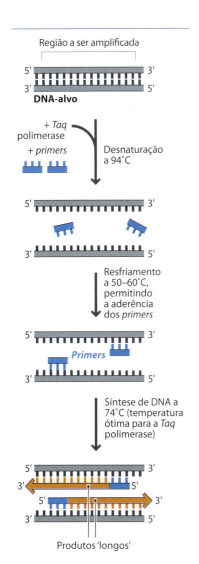

Figura 19.9 Primeiro estágio de uma PCR.

O ciclo de desnaturação-anelamento-síntese é agora repetido (Figura 19.10). Os produtos longos desnaturam e os quatro filamentos resultantes são copiados, dando quatro moléculas de dupla fita, duas delas idênticas aos produtos longos do primeiro ciclo e duas feitas inteiramente de novo DNA. Durante o terceiro ciclo, as últimas dão origem a 'produtos curtos' cujas extremidades 5' e 3' são ajustadas pelas posições de anelamento do *primer*. Em ciclos subsequentes, o número de produtos curtos se acumula exponencialmente (se duplicando a cada ciclo) até um dos componentes da reação se esgotar. Isso significa que, após 30 ciclos, haverá mais de 130 milhões de produtos curtos derivados de cada molécula inicial. Isso equivale a vários microgramas de produto da PCR a partir de alguns nanogramas ou menos de DNA-alvo.

Portanto, a PCR resulta na cópia exponencial do segmento de DNA que é delineado pelos *primers*. Ela também pode ser usada para amplificar um segmento de uma molécula de RNA, com o RNA sendo convertido primeiro em cDNA por tratamento com transcriptase reversa.

Há apenas duas limitações para a PCR. Primeiro, é preciso conhecer a sequência para cada lado do segmento de DNA ou RNA que está sendo copiado. Essa informação é necessária para a síntese de oligonucleotídios *primers* que irão aderir nos locais apropriados da molécula visada. Se a sequência for desconhecida, ou não puder ser prevista, então a PCR não pode ser usada para se estudar aquela molécula.

Figura 19.10 O segundo e o terceiro ciclos de uma PCR, durante os quais os primeiros produtos curtos são sintetizados.

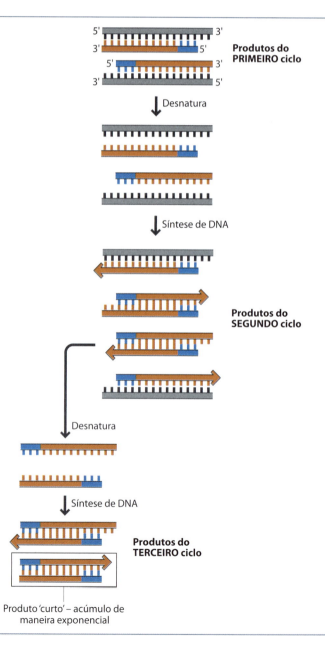

A segunda limitação se relaciona com o comprimento de DNA que pode ser amplificado. Isso é determinado pela **capacidade de processamento** da *Taq* polimerase, referindo-se ao número médio de nucleotídios que são polimerizados antes que a enzima se desprenda do DNA molde. Durante uma PCR, 5 kb de DNA podem ser copiados com eficiência razoável, e regiões até 40 kb podem ser copiadas empregando-se técnicas especializadas. Mas muitos genes eucarióticos são maiores do que 40 kb e, assim, teriam que ser amplificados como uma série de segmentos, não como um produto único da PCR.

A progressão de uma PCR pode ser acompanhada em tempo real

No final de uma PCR, uma amostra da mistura da reação pode ser examinada por eletroforese em gel de agarose, tendo sido produzido DNA suficiente para o fragmento amplificado ser visível como uma banda discreta após coloração com um corante de DNA.

Como alternativa, a progressão da reação pode ser acompanhada à medida que ela ocorre. Esse formato denomina-se **PCR em tempo real (RT-PCR)**, porque a reação é acompanhada no tempo real em que está ocorrendo. Há duas maneiras de fazer a PCR em tempo real:

- Pode-se incluir um composto que dá um sinal fluorescente quando se liga ao DNA dupla fita na mistura para PCR. A quantidade de sinal fluorescente aumentará durante a PCR à medida que mais DNA for sintetizado

- Pode-se usar um oligonucleotídio curto denominado uma **sonda repórter**. A sequência dessa sonda é designada de maneira que fará par de base com um dos filamentos do produto da PCR. Um grupo químico fluorescente é inserido em uma extremidade do oligonucleotídio e um segundo grupo, que inibe ('extingue') o sinal fluorescente, é inserido na outra extremidade. O oligonucleotídio é designado de tal maneira que suas duas extremidades formam pares de base uma com a outra, colocando o inibidor perto do grupo fluorescente (Figura 19.11). Isso significa que, quando o oligonucleotídio está livre em solução, não emite qualquer fluorescência. Contudo, o pareamento de base com o produto da PCR é energeticamente mais favorável, de modo que, quando o produto está presente, o oligonucleotídio se abre e liga-se a ele. Agora, o inibidor está muito distante do grupo fluorescente para inibir o sinal. Portanto, a quantidade de fluorescência aumenta à medida que a PCR prossegue.

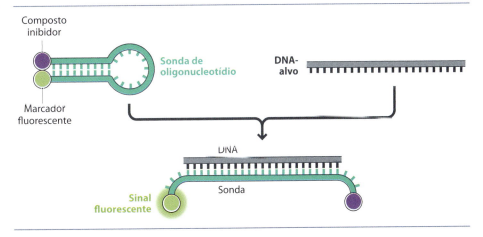

Figura 19.11 Sonda repórter, conforme usada em um tipo de PCR em tempo real (RT-PCR).

A PCR em tempo real também é conhecida comumente como **PCR quantitativa (qPCR)**, porque a fluorescência ao final de cada ciclo indica quanto foi sintetizada pela PCR. Isso, por sua vez, depende da quantidade de molde de DNA que estava no início da PCR. Portanto, a quantidade inicial pode ser definida comparando-se com PCRs controle preparadas com quantidades conhecidas de DNA inicial. Em geral, essa comparação é feita identificando-se o estágio na PCR em que a quantidade de sinal fluorescente alcança um limiar preestabelecido (Figura 19.12). Quanto mais rapidamente o limiar é alcançado, mais DNA na mistura inicial.

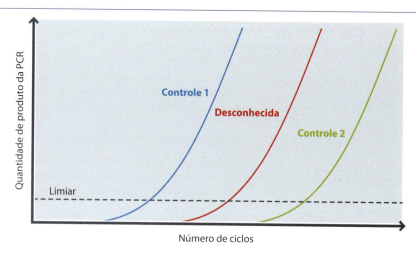

Figura 19.12 Quantificação de DNA pela PCR em tempo real. O gráfico mostra a síntese de produto durante três PCRs, cada uma com quantidade diferente de DNA inicial. Durante a PCR, o produto acumula-se exponencialmente, com a quantidade existente em qualquer ciclo sendo proporcional à quantidade de DNA inicial. Portanto, a curva azul é a PCR com a maior quantidade de DNA inicial e a curva verde a de menos DNA inicial. Se as quantidades de DNA inicial nessas duas PCRs forem conhecidas, então a quantidade em uma PCR de teste (*curva vermelha*) pode ser definida comparando-a com a desses controles. A comparação é feita identificando-se o ciclo em que a síntese de produtos se desloca acima de uma quantidade limiar, indicado pela linha horizontal no gráfico.

A PCR tem muitas aplicações

Para o pesquisador bioquímico, a capacidade de amplificar segmentos de uma molécula de DNA ou RNA forma o ponto de partida para muitos dos métodos sofisticados que são usados para estudar os ácidos nucleicos. Mais adiante neste capítulo, vamos ver como a PCR é usada no sequenciamento do DNA. A PCR também possibilita a alteração de códons em um gene de maneira específica, de modo que possa ser sintetizada uma proteína com uma sequência de aminoácidos alterada e novas propriedades bioquímicas.

A PCR também tem muitas das importantes aplicações da bioquímica em nosso mundo moderno. Em um contexto clínico, usa-se a PCR na triagem genética, em que se avalia a predisposição de um paciente, ou mesmo de um feto, a certas doenças. São usadas PCRs direcionadas para os genes da globina humana, por exemplo, para testar a presença de mutações que poderiam causar a doença sanguínea talassemia. É fácil desenvolver os *primers* para essas PCRs, porque as sequências dos genes humanos da globina são conhecidas, e foram identificadas na população humana regiões delas que não variam. Se os *primers* forem designados de maneira que se unam a um par dessas regiões que não variam, então a PCR irá funcionar com qualquer amostra de DNA humano, mesmo se a sequência entre os *primers* for variável em indivíduos diferentes. Após a PCR, os produtos são sequenciados para se determinar se está presente alguma das mutações da talassemia.

Outra aplicação clínica da PCR é na detecção precoce de infecções virais. Um resultado positivo indica que uma amostra contém o vírus e que a pessoa que forneceu a amostra deve ser submetida a tratamento para prevenir o início da doença. A PCR é extremamente sensível, podendo dar um produto mesmo que haja apenas uma cópia do DNA visado na mistura inicial. Isso significa que a técnica pode detectar vírus nos estágios iniciais de uma infecção, aumentando as chances de um tratamento bem-sucedido. Se for usada a qPCR, então é possível obter informação sobre o progresso de uma infecção, e dar ao paciente um veemente 'tudo limpo' quando o vírus não for mais detectável.

A PCR também tornou-se muito importante na ciência forense. As pequenas quantidades de DNA existentes em cabelos e manchas de sangue seco podem ser copiadas, possibilitando a construção de um **perfil genético**. O perfil genético de cada pessoa é único, de modo que a comparação entre um perfil suspeito e um obtido por PCR de amostras da cena de um crime pode levar à condenação de um assassino. Nos últimos anos, pesquisadores aprenderam como aumentar a sensibilidade da PCR, de maneira

Boxe 19.2 Uso da PCR para alterar os códons em um gene.

Para se usar a PCR para modificar a sequência de um gene, são necessários dois pares de *primers*. Um *primer* de cada par é uma combinação perfeita com a sequência gênica, e o outro contém a alteração nucleotídica que desejamos introduzir.

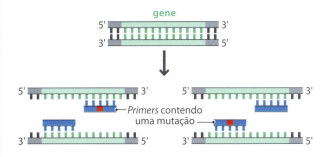

Após a PCR, a alteração na sequência incorporada nos *primers* estará em cada um dos dois produtos da amplificação, conforme mostrado abaixo.

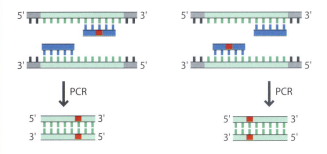

Os dois produtos são agora misturados juntos e é realizado um ciclo final de PCR, no qual as fitas complementares dos dois produtos se anelam uma à outra e são então estendidas pela polimerase, produzindo uma molécula de DNA de comprimento total que contém a alteração na sequência.

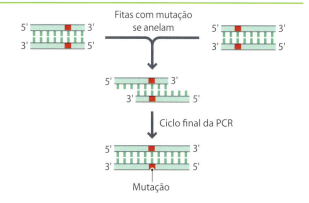

Essa técnica é um tipo de **mutagênese *in vitro***. 'Mutagênese' porque o resultado é a introdução de uma mutação na molécula de DNA e '*in vitro*' porque é feita em um tubo de ensaio. A mutação pode ser em qualquer posição, de modo que algum códon de um gene pode ser alterado de qualquer maneira desejada. A mutagênese *in vitro* tem muitas aplicações na bioquímica. Por exemplo:

- A versão alterada do gene pode ser colocada de volta em seu organismo hospedeiro por clonagem, conforme descrito adiante neste capítulo (*Seção 19.3.1*). O efeito da mutação sobre a função da proteína codificada pelo gene pode então ser estudado
- O gene alterado pode ser clonado em *E. coli* e o produto obtido como proteína recombinante (*Seção 19.3.2*). A proteína pode então ser purificada e o efeito da mutação sobre sua estrutura ou atividade ser examinado.

A mutagênese *in vitro* também é a base para a engenharia de proteína cujo objetivo é desenvolver novas enzimas com finalidades biotecnológicas. No *Boxe 7.5*, exploramos um exemplo de engenharia de proteína, quando vimos como enzimas termoestáveis estão sendo exploradas na produção de biocombustíveis. Uma segunda aplicação da engenharia de proteína é no desenvolvimento de pós biológicos para lavagem. Esses detergentes contêm proteases, como a subtilisina, que digerem resíduos alimentares e outras proteínas existentes nos materiais que estão sendo limpos. Para melhorar o desempenho desses sabões em pó, a mutagênese *in vitro* tem sido usada para gerar tipos modificados de subtilisina que tenham maior resistência a estresses térmicos e alvejantes (oxidativos) encontrados nas máquinas de lavar.

---

que quantidades cada vez menores de DNA inicial podem ser detectadas. Portanto, a evidência de cenas de crimes históricos pode produzir perfis genéticos, levando a condenações em 'casos não solucionados' dos anos 1990 e até antes.

Técnicas similares são usadas para estudar o **DNA ancestral** em material arqueológico, como ossos de seres humanos extintos. A PCR possibilitou a obtenção da sequência do genoma do homem de Neanderthal, fornecendo informação sobre as origens evolutivas do *Homo sapiens*. Esse trabalho revelou que alguns membros pré-históricos de nossa espécie procriaram com neandertais há 40.000 anos.

19.2 Sequenciamento do DNA

É provável que a técnica mais importante para estudar os ácidos nucleicos seja o **sequenciamento do DNA** – o método que identifica a ordem precisa de nucleotídios em uma molécula de DNA. Métodos rápidos e eficientes de sequenciamento de DNA foram desenvolvidos na década de 1970. No início, essas técnicas foram aplicadas em genes individuais, mas desde o começo da década de 1990 foi obtido um número cada vez maior de sequências genômicas inteiras. O sequenciamento em grande escala tornou-se substancialmente mais fácil em meados de 2000, com a invenção de novas metodologias automatizadas, denominadas **sequenciamento de nova geração**. Vamos ver primeiro os métodos convencionais, que ainda são usados para a obtenção de sequências de segmentos curtos de DNA na pesquisa de laboratório. Em seguida, veremos as abordagens mais especializadas usadas no sequenciamento de nova geração.

19.2.1 Metodologia para o sequenciamento de DNA

A abordagem convencional para o sequenciamento de DNA denomina-se método da **terminação da cadeia**, procedimento inventado por Frederick Sanger e colaboradores no final da década de 1970 e usado amplamente ainda hoje.

O sequenciamento da terminação da cadeia usa nucleotídios modificados

O sequenciamento da terminação da cadeia pode ser realizado de diversas maneiras, porém o método utilizado mais frequentemente envolve uma reação muito semelhante à PCR. Usa-se uma DNA polimerase termoestável e as etapas da reação são controladas por ciclos entre temperaturas, para permitir rodadas repetidas de separação de fitas, ligação de *primer* e síntese de DNA. No entanto, quando comparada com a PCR, há duas diferenças críticas:

- Usa-se apenas um *primer*. Isso significa que a reação resulta em múltiplas cópias de apenas uma fita do DNA visado

- Da mesma maneira que os nucleotídios normais que servem de substratos para a síntese de DNA (dATP, dCTP, dGTP e dTTP), a reação também contém quatro compostos modificados, denominados 2′,3′-didesoxinucleotídios, ou simplesmente **didesoxinucleotídios (ddNTPs)**.

Os ddNTPs são nucleotídios de terminação de cadeia. Durante a síntese de DNA, o acréscimo de um nucleotídio requer a formação de ligação fosfodiéster entre o grupo 3′-OH do último nucleotídio na cadeia e o grupo 5′-P no nucleotídio que está vindo (ver Figura 14.10). Um ddNTP tem um grupo 5′-P normal e, assim, pode ser acrescentado à extremidade de um polinucleotídio em crescimento. Entretanto, falta o grupo 3′-OH necessário para formar uma ligação com o próximo nucleotídio que está vindo (Figura 19.13). Isso significa que, uma vez no lugar, um ddNTP bloqueia a continuação de síntese do filamento. Em outras palavras, causa o término da cadeia.

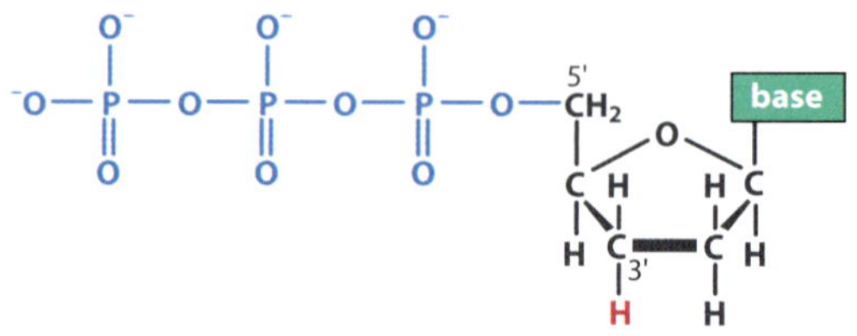

Figura 19.13 Estrutura de um didesoxinucleotídio mostrando a posição onde a –OH de um dNTP é substituída por um –H.

Embora os ddNTPs estejam em uma reação de sequenciamento da terminação da cadeia, os nucleotídios normais estão em excesso. Isso significa que a síntese de DNA não para imediatamente após ter começado; em vez disso pode continuar por qualquer das várias centenas de etapas antes que um ddNTP seja incorporado e ocorra a terminação da cadeia. Cada ciclo da pseudo-PCR irá gerar um novo conjunto de moléculas de cadeia terminada. Portanto, no final do experimento, haverá uma mistura de produtos de fita simples, com comprimentos diferentes, cada um terminando com um ddNTP.

Capítulo 19 Estudo do DNA e do RNA 455

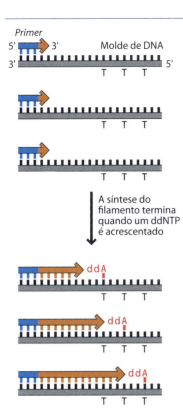

Figura 19.14 O papel dos ddNTPs em um experimento de sequenciamento de terminação de cadeia.

Como isso nos ajuda a fazer o sequenciamento do molde de DNA? O aspecto-chave é que a identidade do ddNTP terminal indica o nucleotídio presente naquela posição no molde de DNA. Se o ddNTP terminal for ddA, por exemplo, tem que haver T naquela posição do molde (Figura 19.14). Portanto, para conseguir a sequência do molde, precisamos fazer duas coisas:

- Primeiro, separar os filamentos da cadeia terminada de acordo com seus comprimentos, os mais curtos antes e os mais longos depois. É possível conseguir isso por eletroforese através de um capilar fino de gel de poliacrilamida. Em condições apropriadas, polinucleotídios cujo comprimento difere por apenas um único nucleotídio podem ser resolvidos

- Em segundo lugar, identifica-se qual ddNTP está no final dos filamentos de cada cadeia terminada. Isso é possível se os ddNTPs usados com substratos forem marcados com substâncias fluorescentes, uma diferente para cada um dos ddNTPs.

Portanto, a sequência é lida por um detector de fluorescência que identifica o sinal emitido por cada filamento da cadeia terminada à medida que passa ao longo do gel capilar (Figura 19.15). Na prática, até 1.000 nucleotídios podem ser lidos em um único experimento.

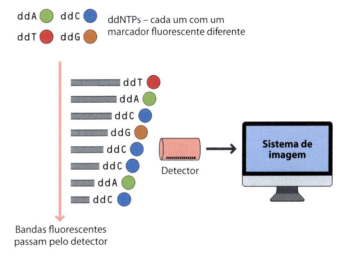

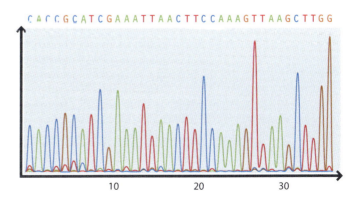

Figura 19.15 Leitura da sequência gerada por um experimento de terminação de cadeia. A. Identificação dos filamentos da cadeia terminada, em virtude do marcador fluorescente aderido a cada um. **B.** O resultado do sistema de imagens. A sequência é representada por uma série de picos, um para cada posição de nucleotídio. Nesse exemplo, pico verde é A, azul é C, castanho é G e vermelho é T.

> **Boxe 19.3** Os neandertais e os seres humanos modernos se encontraram e procriaram entre si? **PESQUISA EM DESTAQUE**
>
> Uma das grandes realizações do sequenciamento de nova geração foi a sequência completa do genoma neandertal, obtida a partir de DNA ancestral preservado em pequenos pedaços de um osso encontrado em uma caverna nas montanhas Altai da Sibéria. Os neandertais são um tipo humano extinto que viveu na Europa e em partes da Ásia, entre 200.000 e 30.000 anos atrás. Na maior parte desse período, nossos ancestrais – 'humanos anatomicamente modernos' ou *Homo sapiens sapiens* – estavam restritos à África, mas há cerca de 70.000 anos os humanos modernos se aventuraram fora da África e começaram as migrações que acabaram por levar à sua dispersão por todo o planeta. Os humanos modernos chegaram à Europa há cerca de 45.000 anos, onde coexistiram com neandertais por uns 15.000 anos.
>
> A Europa é um lugar grande e as populações humanas eram relativamente pequenas naquela época, de modo que é possível que os neandertais e os humanos modernos tenham se encontrado raramente, em especial considerando que os neandertais eram mais adaptados aos climas frios e os humanos modernos aos quentes. Isso não impediu que os antropologistas questionassem se os neandertais e os humanos modernos procriaram entre si. Acreditamos que os neandertais eram uma subespécie de *Homo sapiens*, de modo que há possibilidade de ter ocorrido procriação entre eles.
>
> Comparações entre nosso próprio genoma e o dos neandertais sugerem que ocorreu alguma procriação entre eles. Os genomas dos europeus modernos são um pouco mais semelhantes aos dos neandertais que os genomas dos africanos modernos. Isso sugere que algum DNA dos neandertais encontrou um percurso para os genomas de europeus modernos. Se não tivesse havido intercruzamento, então os europeus e africanos modernos deveriam ser indistinguíveis quando comparados com neandertais.
>
> Se ocorreu intercruzamento, então variantes de genes que evoluíram nos neandertais podem ter sido transferidas diretamente para a população europeia inicial de humanos modernos. Como os neandertais eram adaptados ao clima relativamente inóspito da Europa, será que as variantes gênicas especificaram proteínas que ajudaram os humanos modernos a sobreviver à última Era do Gelo e eventualmente prosperar na Europa? Os geneticistas estão começando a explorar essa questão intrigante fazendo comparações detalhadas de variantes gênicas nos neandertais e nas populações humanas modernas de partes diferentes do mundo. Parece que um tipo particular da proteína queratina dos europeus modernos pode ter sido herdado dos neandertais, possivelmente mudando o cabelo e a pele, de modo que os europeus modernos se tornaram mais capazes de enfrentar temperaturas frias. No entanto, outros aspectos do legado dos neandertais podem ter sido menos vantajosos, com algumas das variantes gênicas herdadas pelos humanos modernos estando associadas a distúrbios como a doença de Crohn, a cirrose hepática e a doença autoimune lúpus.
>
> Também está se tornando claro que um segundo tipo de humano extinto, os denisovanos, que viveram no norte da Ásia mais ou menos na mesma época que os neandertais, também contribuiu para o genoma humano moderno via intercruzamento. As estimativas mais recentes são de que 1,5 a 2,1% do DNA dos humanos modernos de fora da África é de origem neandertal, e 3 a 6% dos genomas dos habitantes modernos da Oceania são derivados dos denisovanos. Também há evidência de intercruzamento entre neandertais e denisovanos e um tipo não identificado extinto de humanos.
>
>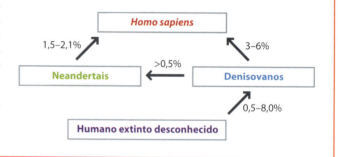

O pirossequenciamento possibilita a leitura direta de uma sequência de DNA

Pirossequenciamento é um procedimento alternativo para o sequenciamento de segmentos curtos de uma molécula de DNA. A vantagem desse método é não requerer eletroforese ou qualquer outro procedimento de separação de fragmento e, por isso, é mais rápido que o sequenciamento de terminação de cadeia.

O pirossequenciamento, como o método de terminação de cadeia, envolve a síntese de novos filamentos de DNA a partir de um *primer* inserido em uma posição definida de uma molécula que serve de molde. Ao contrário do sequenciamento de cadeia de terminação, o molde é copiado pela DNA polimerase da maneira normal, sem ddNTPs acrescentados. À medida que um novo filamento está sendo sintetizado, detecta-se a ordem em que os nucleotídios são incorporados. Portanto, a sequência é lida conforme a reação prossegue.

Essa leitura direta da sequência é conseguida da maneira explicada a seguir. Conforme sabemos, o acréscimo de um nucleotídio a um filamento de DNA em crescimento é acompanhado pela liberação de uma molécula de pirofosfato. Durante o pirossequenciamento, o pirofosfato se combina com adenosina 5′-fosfossulfato para gerar ATP em uma reação catalisada pela **ATP sulfurilase** (Figura 19.16). O ATP é então usado por uma segunda enzima, a **luciferase**, para oxidar a **luciferina**, que não é um composto único, mas uma família de moléculas orgânicas, cada uma delas emitindo quimioluminescência quando oxidada. Como resultado dessa cadeia de reações, a cada momento que um nucleotídio é adicionado ao polinucleotídio em crescimento, há um *flash* de quimioluminescência.

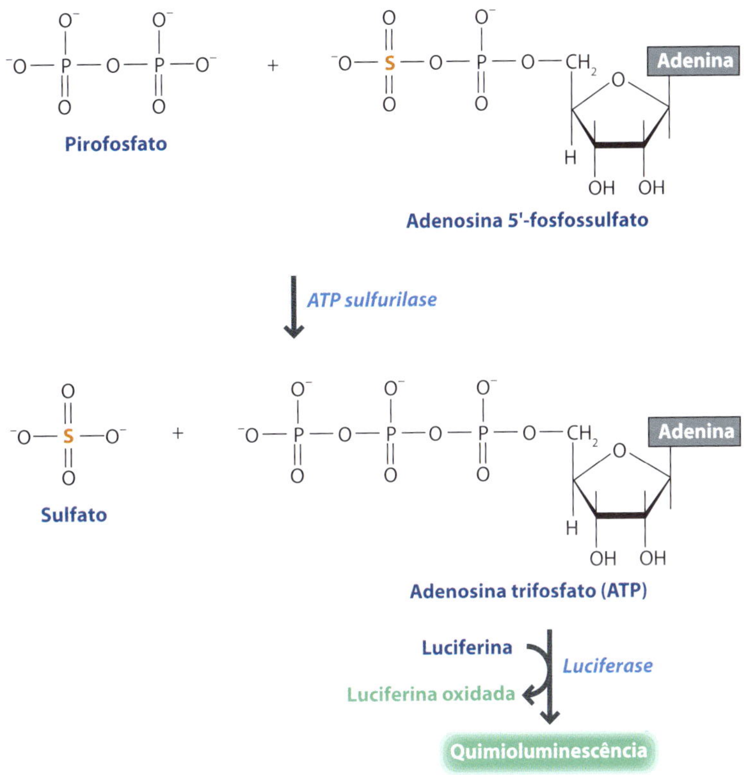

Figura 19.16 Base química do pirossequenciamento.

Como fazer as emissões quimioluminescentes repetidas nos ajudarem a determinar a sequência de nucleotídios? A resposta é ciclar o acréscimo de nucleotídios, A seguido por C, então G e por fim T (Figura 19.17). Uma enzima **nucleotidase** também está presente na mistura da reação, o que significa que, se um nucleotídio não está incorporado no polinucleotídio, então ele é rapidamente degradado antes que o próximo seja acrescentado. Em cada etapa, o acréscimo particular que resulta no sinal quimioluminescente identifica o nucleotídio presente naquela posição no molde do DNA. A técnica parece complicada, mas requer simplesmente que seja feita uma série de acréscimos à mistura da reação, uma operação que é facilmente automatizada.

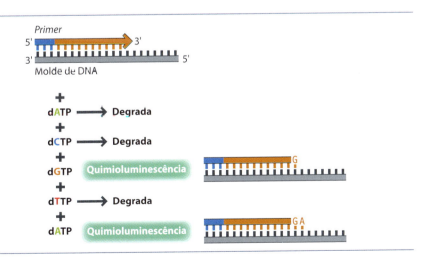

Figura 19.17 Pirossequenciamento. Neste exemplo, o acréscimo cíclico dos quatro nucleotídios, com os não incorporados degradados pela nucleotidase, revela que a sequência é GA.

O pirossequenciamento só é capaz de ler até 700 pb de sequência em um único experimento, menos do que é possível com o método da terminação de cadeia. Sua vantagem é a facilidade de automação, que levou a ser usado em um dos primeiros dos métodos de sequenciamento de 'próxima geração' a ser um inventado em meados da década de 2000. É para essas abordagens que agora vamos voltar nossa atenção.

Figura 19.18 Uma emulsão de óleo e água, usada em um método de sequenciamento de nova (próxima) geração. Cada gotícula de água contém um único fragmento de DNA.

19.2.2 Sequenciamento de nova (próxima) geração

Até recentemente, nenhum dos vários métodos de sequenciamento foi capaz de fornecer mais de cerca de 1.000 pb de sequência a partir de um único experimento. Isso significa que seriam necessários mais de três milhões de experimentos para sequenciar um genoma humano inteiro. Devido a essa limitação, o desenvolvimento da tecnologia do sequenciamento teve como foco o projeto de sistemas automatizados em que muitos experimentos de sequenciamento podem ser realizados ao mesmo tempo (conhecidos como **sistemas paralelo maciços**). O mais bem-sucedido desses sistemas automatizados é capaz de adquirir bilhões de sequências em uma única rodada, cada uma levando menos de um dia para ser completada.

Em um dos primeiros desses formatos paralelos maciços, usou-se o pirossequenciamento como a metodologia de sequenciamento subjacente. O DNA a ser sequenciado é rompido em fragmentos com comprimento entre 300 e 500 pb, que são emulsificados em uma mistura de óleo e água, de modo que cada gotícula de água contém um fragmento diferente (Figura 19.18). As gotículas são então colocadas na ordem de sequenciamento e são feitos experimentos paralelos de pirossequenciamento, com os sinais quimioluminescentes de cada uma sendo detectados por uma gama similar de detectores miniaturizados.

Em outro método de nova (próxima) geração, usa-se uma abordagem similar ao sequenciamento de terminação de cadeia. A mistura da reação contém **nucleotídios corantes terminadores,** que bloqueiam grupos aderidos aos seus carbonos 3' e também levam marcadores fluorescentes (Figura 19.19). Ao contrário do sequenciamento de terminação de cadeia, estão presentes apenas esses nucleotídios modificados, de modo que a síntese de filamento é bloqueada no acréscimo logo do primeiro nucleotídio. No entanto, tanto o grupo que bloqueia como o marcador fluorescente são removíveis, de maneira que, assim que o sinal fluorescente foi identificado, indicando qual dos quatro nucleotídios incorporados, o bloqueio e o marcador são separados. Agora, o próximo nucleotídio pode ser acrescentado ao filamento, e o ciclo de identificação e desbloqueio pode ser repetido. Esse sistema é operado em um formato paralelo maciço com múltiplas reações imobilizadas em uma lâmina.

Figura 19.19 Sequenciamento com corante terminador. **A.** A estrutura de um nucleotídio corante terminador. **B.** Parte de um experimento de sequenciamento com corante terminador.

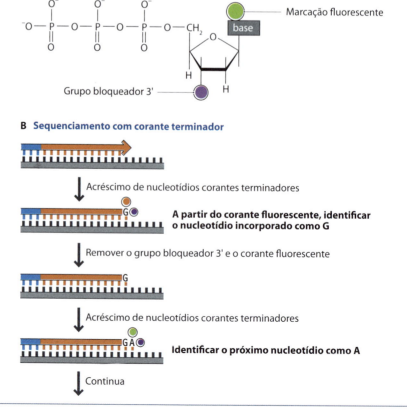

No jargão do sequenciamento do DNA, esses métodos de nova (próxima) geração estão sendo substituídos agora por sistemas de 'segunda' e 'terceira' gerações, que incluem uma abordagem que possibilita a leitura de 30.000 ou mais nucleotídios como uma sequência contínua única, substancialmente maior do que a alcançável por qualquer dos outros métodos. Tal procedimento denomina-se **sequenciamento de molécula única em tempo real**. Usa-se um dispositivo óptico sofisticado denominado **guia de onda de modo zero** para observar a cópia de um único molde de DNA (Figura 19.20). Cada acréscimo de nucleotídio é identificado em virtude de seu marcador fluorescente aderido. Como o sistema óptico é muito preciso, não há necessidade de bloquear o carbono 3' do nucleotídio. O sinal fluorescente é detectado e o marcador é removido imediatamente após a incorporação do nucleotídio, de modo que a síntese de filamento pode progredir sem interrupção. Isso significa que a capacidade de processamento da polimerase torna-se o principal fator limitante do comprimento da sequência que pode ser lida.

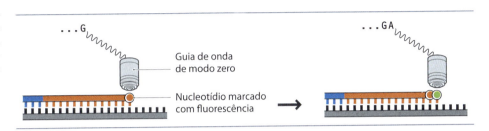

Figura 19.20 Sequenciamento de molécula única de DNA em tempo real. Cada acréscimo de nucleotídio é detectado com uma guia de onda de modo zero.

19.3 Clonagem do DNA

A clonagem do DNA foi desenvolvida na década de 1970, quando enzimas purificadas como as endonucleases de restrição e DNA ligases ficaram disponíveis pela primeira vez. A capacidade de cortar moléculas de DNA de maneiras controladas e, em seguida, unir os fragmentos em uma ordem diferente, ou juntá-los a partir de espécies completamente diferentes, levou ao desenvolvimento da **tecnologia do DNA recombinante**, denominada popularmente como **engenharia genética**. Entre as aplicações da tecnologia do DNA recombinante, está a transferência de genes de proteínas farmacêuticas importantes do genoma humano para microrganismos como bactérias ou leveduras. A **proteína recombinante** resultante pode então ser sintetizada em grandes quantidades, dando suprimentos de insulina, fatores de crescimento e outras proteínas necessárias para tratar doenças como o diabetes e distúrbios do crescimento.

A clonagem do DNA evoluiu em uma tecnologia diversa e complexa, mas os princípios subjacentes continuam os mesmos. Vamos estudá-los e, em seguida, explorar como os métodos são usados na síntese de proteína recombinante.

19.3.1 Métodos de clonagem do DNA

Na tecnologia do DNA recombinante, usam-se endonucleases de restrição e uma DNA ligase para construir moléculas recombinantes feitas de pedaços de DNA não contíguos em seu estado natural. Na clonagem do DNA, a molécula recombinante é capaz de se replicar em uma célula hospedeira, de onde são obtidas múltiplas cópias.

Delineamento da clonagem do DNA

Para ilustrar como é realizado um experimento de clonagem de DNA, vamos seguir uma série típica de manipulações que resultam na construção de uma molécula recombinante capaz de se replicar dentro de células de *E. coli* (Figura 19.21):

- Primeiro, imagine que um gene humano está contido em um único fragmento que obtivemos mediante tratamento de DNA humano com a enzima de restrição *Bam*HI. Portanto, o fragmento tem extremidades pendentes GATC

- Imagine também que purificamos um **plasmídio** de *E. coli*. Um plasmídio é uma molécula de DNA circular pequena capaz de se replicar dentro de uma bactéria

Figura 19.21 Demonstração da clonagem de gene.

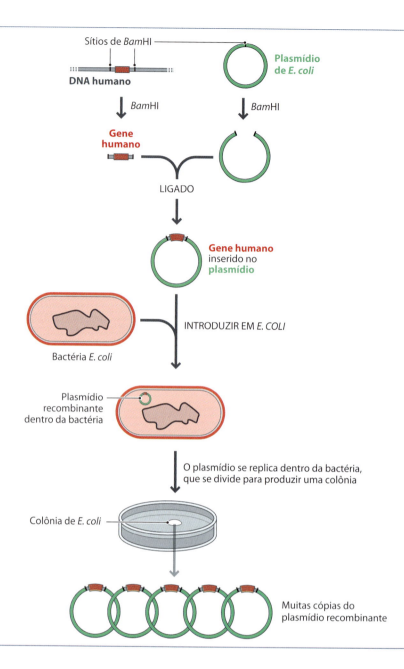

- O plasmídio contém uma única sequência de reconhecimento *Bam*HI e, portanto, quando o cortamos com essa enzima de restrição, o círculo é convertido em uma molécula de DNA linear, novamente com extremidades pendentes GATC
- Agora misturamos o fragmento de DNA humano com o plasmídio linear e acrescentamos DNA ligase. Isso irá resultar em uma variedade de produtos de ligação, alguns dos quais serão **plasmídios recombinantes**, moléculas que compreendem o plasmídio circularizado com o gene humano inserido no sítio de restrição *Bam*HI
- Agora reintroduzimos o plasmídio recombinante na célula de *E. coli*. Uma vez dentro da célula, o plasmídio se replica até alcançar seu **número de cópia** natural que, para a maioria dos plasmídios, é de 40 a 50 cópias por célula
- Quando a célula de *E. coli* se divide, suas duas células-filhas terão cópias herdadas do plasmídio recombinante. Em cada célula-filha, os plasmídios herdados vão se replicar até alcançar novamente seus números de cópia
- Mais rodadas de divisão celular e a replicação de plasmídio resultarão em uma colônia bactérias *E. coli* recombinantes, com cada bactéria contendo múltiplas cópias do plasmídio que leva o gene humano, que foi clonado.

No experimento que acabamos de acompanhar, o plasmídio age como um **vetor de clonagem**. Nossa próxima tarefa é entender as propriedades dos vetores de clonagem em maiores detalhes.

Muitos vetores são baseados nos plasmídios de E. coli

Para entender como os vetores de clonagem são usados, vamos examinar um dos plasmídios vetores mais simples de *E. coli*, denominado pUC8, projetado pela primeira vez no início da década de 1980 e ainda bastante usado hoje. O vetor foi construído unindo-se fragmentos de restrição obtidos de três plasmídios de ocorrência natural para dar uma molécula de DNA circular de 2,7 kb que leva dois genes de *E. coli* (Figura 19.22):

- Um gene que codifica **β-lactamase**, uma enzima que capacita *E. coli* a combater o efeito tóxico do antibiótico ampicilina. Esse gene age como um **marcador seletivo** para pUC8: as bactérias que contêm o plasmídio podem ser selecionadas por inclusão de ampicilina no meio de crescimento

- O gene *lacZ'*, que codifica os primeiros 90 aminoácidos de β-galactosidase, uma das enzimas envolvidas no metabolismo de lactose. O segmento da enzima especificada pelo gene *lacZ'* denomina-se peptídio α.

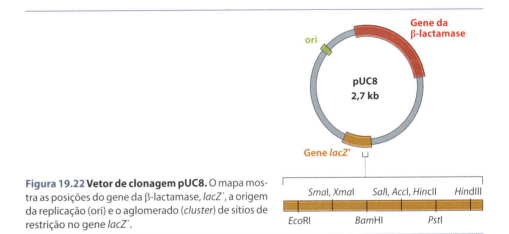

Figura 19.22 Vetor de clonagem pUC8. O mapa mostra as posições do gene da β-lactamase, *lacZ'*, a origem da replicação (ori) e o aglomerado (*cluster*) de sítios de restrição no gene *lacZ'*.

O pUC8 tem uma sequência de reconhecimento única para *Bam*HI localizada ao longo de sítios únicos para endonucleases de restrição no gene *lacZ'*. A inserção de novo DNA em qualquer dos sítios divide o gene *lacZ'* em dois segmentos, o que significa que o plasmídio não pode mais dirigir a síntese do peptídio α da β-galactosidase

Para usar o pUC8 na clonagem, preparamos uma mistura de ligação contendo nosso fragmento de DNA humano e a versão linear do vetor. Lembrar que, após a ligação, haverá várias moléculas de DNA e só estamos interessados em uma delas – o vetor pUC8 circular com gene humano inserido. Como podemos distinguir aquelas células de *E. coli* que captam esse produto particular? A resposta é como segue:

- Uma bactéria que não capta qualquer DNA não vai adquirir o gene da β-lactamase e, portanto, será sensível à ampicilina

- Produtos lineares de ligação, ou circulares que não contenham DNA de pUC8, não serão captados por uma bactéria ou, uma vez dentro, não serão capazes de se replicar e serão degradados. Uma bactéria que capta qualquer desses produtos continuará sensível à ampicilina

- Uma bactéria que capta uma molécula de pUC8 que foi circularizada pela ligase, mas sem inserção do gene humano, terá β-lactamase funcional e genes *lacZ'*. Ela será resistente à ampicilina e capaz de metabolizar lactose

- Uma bactéria que capta uma molécula circular de pUC8 que leva o gene humano inserido terá β-lactamase funcional, mas um gene *lacZ'* inativado. Ela será resistente à ampicilina, mas incapaz de metabolizar lactose.

Para um microbiologista, distinguir entre esses cenários diferentes não é problema. As bactérias são espalhadas em um meio de ágar que contenha ampicilina e um análogo de lactose denominado X-gal (5-bromo-4-cloro-3-indolil-β-D-galactopiranosídeo), o qual a β-galactosidase converte em um produto azul (Figura 19.23). Apenas aquelas bactérias que contêm plasmídios pUC8 e, portanto, são resistentes à ampicilina, são capazes de crescer nesse meio. As que contêm plasmídios pUC8 sem o gene humano inserido vão converter X-gal em seu produto azul e, assim, formar colônias azuis na superfície do ágar. As que contêm plasmídios recombinantes, aquelas que têm o gene humano clonado, não serão capazes de sintetizar β-galactosidase e continuarão brancas. Usando-se uma alça metálica estéril, removemos aquelas colônias brancas do ágar. Clonamos nosso gene humano.

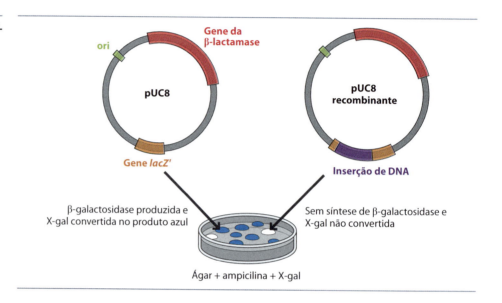

Figura 19.23 Identificação de plasmídios pUC8 recombinantes.

Genes também podem ser clonados em eucariotos

Bactérias não são os únicos tipos de organismo nos quais podemos introduzir novos genes por clonagem de DNA. Também foram desenvolvidos vetores para a propagação de DNA estranho na maioria dos tipos de eucariotos.

Plasmídios de ocorrência natural são incomuns nos eucariotos, mas naquelas espécies em que ocorrem, eles têm sido explorados como a base para sistemas de clonagem. Um exemplo é a levedura *Saccharomyces cerevisiae*, com algumas cepas dela contendo um pequeno plasmídio denominado **círculo 2 μm**. Foram desenvolvidos vetores de clonagem, denominados **plasmídios epissomais de levedura**, a partir dos círculos 2 μm mediante o acréscimo de genes que capacitam as leveduras a levarem o vetor a ser identificado pela semeadura em placa contendo um meio de ágar seletivo, com o uso de estratégias similares às que seguimos para a clonagem em *E. coli* com pUC8.

A palavra 'epissomal' no nome desse tipo de vetor indica que eles se replicam como círculos independentes de DNA, como é o caso do pUC8 e da maioria dos outros vetores plasmídios bacterianos. O modo epissomal de propagação tem uma desvantagem, especialmente se o número natural de cópia do vetor nas células for bastante baixo. É possível que, quando uma célula-filha de levedura brota a partir de sua genitora, ela não contenha, simplesmente por acaso, quaisquer cópias do plasmídio. Isso significaria que, com o tempo, o número de células contendo o gene clonado declinaria. Um segundo tipo de vetor usado com *S. cerevisiae*, denominado **plasmídio integrativo de levedura**, é designado para evitar esse problema de instabilidade integrando-se em um dos cromossomos da levedura. Uma vez integrado, o DNA clonado torna-se parte permanente do genoma da levedura, e é muito improvável que seja perdido, mesmo após muitas divisões celulares.

A integração no DNA cromossômico também é um aspecto do sistema de clonagem usado com plantas. Vetores de clonagem para plantas são derivados do **plasmídio Ti**, na verdade um plasmídio bacteriano, a partir do habitante do solo *Agrobacterium tumefaciens*,

Figura 19.24 Doença da crista de galo. A doença é causada pelo *Agrobacterium tumefaciens*, que entra na planta através de um ferimento perto da base do caule.

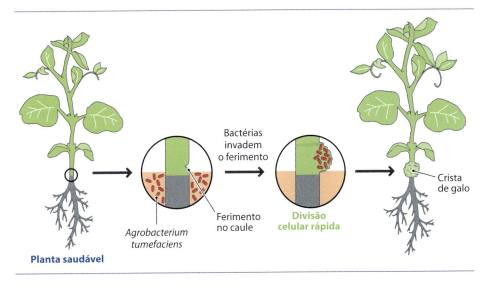

que causa uma doença denominada crista de galo quando infecta o caule de uma planta (Figura 19.24). Durante a infecção, uma parte do plasmídio Ti fica integrada nos cromossomos da planta. Esse segmento leva um número de genes que se expressam nas células da planta e induzem várias alterações fisiológicas que são benéficas para a bactéria. Os vetores de clonagem de planta baseados no plasmídio Ti usam esse sistema de engenharia genética natural. No entanto, o processo de infecção natural não é usado porque isso resultaria na transferência do DNA clonado apenas para células em torno do local da infecção no caule da planta. Na verdade, o vetor é usado com células de planta que cresceram em cultura. As células que captaram o plasmídio são usadas então para regenerar plantas inteiras. Dessa maneira, podem ser obtidas plantas que levam o DNA clonado em todas as células (Figura 19.25).

Os plasmídios são muito raros em animais, de modo que genomas de vírus modificados são empregados como vetores de clonagem. Com células humanas, têm sido usados **adenovírus**, que não se integram aos cromossomos, mas adquirem residência semipermanente no núcleo de uma célula infectada e é improvável que sejam perdidos durante a divisão celular. **Vírus adenoassociados**, que, apesar do nome, são bastante

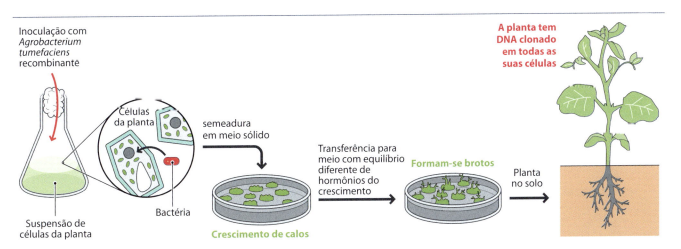

Figura 19.25 Clonagem com o plasmídio Ti. Uma suspensão de células da planta é inoculada com *A. tumefaciens* recombinante, bactéria com plasmídios Ti contendo um gene inserido que queremos clonar. As células de planta são colocadas em uma placa com meio de ágar, onde crescem até produzir um calo – pedaços de tecido da planta indiferenciado. A nova semeadura em meio com equilíbrio diferente de hormônios de crescimento induz a formação de pequenos brotos, que podem então ser plantados. Cada planta resultante descende de uma única célula da suspensão original, de modo que cada célula na planta vai conter o plasmídio Ti mais o gene inserido.

A Microinjeção

B Fusão de lipossomo

Figura 19.26 Duas maneiras de introduzir DNA em uma célula animal. A. Microinjeção do DNA no núcleo. **B.** Fusão de lipossomos contendo DNA com a membrana plasmática.

diferentes dos adenovírus, também são usados porque estes, sim, inserem seu DNA em um cromossomo. Também é possível clonar genes sem um vetor e essa é a abordagem frequentemente usada com células de animais. O DNA pode ser microinjetado diretamente no núcleo de uma célula, e parte do DNA irá integrar-se ao genoma (Figura 19.26A). Como alternativa, o DNA pode ser encapsulado em vesículas ligadas à membrana, denominadas **lipossomos**, que então se fundem com a membrana plasmática na célula-alvo (Figura 19.26B). Em geral, o DNA que é transportado para a célula via fusão de lipossomo não é estável, embora os genes que contém possam ficar retidos por alguns dias ou semanas.

Boxe 19.4 Integração de um plasmídio de levedura em um cromossomo.

O processo que integra um plasmídio integrativo de levedura no DNA cromossômico denomina-se **recombinação homóloga**, evento que pode ocorrer quando duas moléculas de DNA têm segmentos em que suas sequências de nucleotídios são idênticas, ou pelo menos bastante semelhantes. A quebra de cada molécula de DNA na região de similaridade, seguida pela reunião dos filamentos cortados, pode levar ao intercâmbio do DNA entre as duas moléculas.

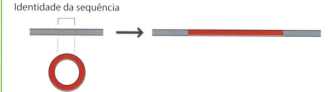

Se uma molécula for linear e a outra for circular, então o resultado da recombinação homóloga é a integração da molécula circular na linear. Isso é o que acontece quando um plasmídio circular de levedura se recombina com uma molécula de DNA linear de um dos cromossomos da levedura.

A região de similaridade entre o plasmídio integrativo de levedura e o DNA cromossômico é fornecida por um gene de levedura que foi inserido no plasmídio. Com YIp5, um vetor popular desse tipo, o gene da levedura é *URA3*, que codifica orotidina-5′-fosfato descarboxilase, a enzima que converte o orotidina-monofosfato em uridina-monofosfato durante a síntese *de novo* de nucleotídios pirimidina (ver *Seção 13.2.2*). A cepa da levedura que é usada tem uma versão com mutação e, portanto, inativa de *URA3*, o que significa que é preciso fornecer uracila para as células, para que sobrevivam. Após recombinação homóloga, o DNA cromossômico tem duas cópias de *URA3*, uma inativa e uma funcional.

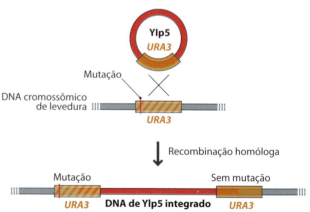

Portanto, a cópia de plasmídio de *URA3* tem um papel duplo. Além de possibilitar a ocorrência da recombinação, também age como um marcador selecionável para células de levedura que contêm o plasmídio. A seleção é conseguida espalhando-se as células de levedura em um meio de ágar sem uracila. Na ausência de uracila, apenas as células de levedura que contêm o gene de *URA3* funcional proveniente do plasmídio são capazes de fazer nucleotídios pirimidina e, assim, só essas células contendo plasmídio podem dividir-se para produzir colônias.

19.3.2 Uso da clonagem de DNA para obtenção de proteína recombinante

Uma das muitas aplicações da clonagem de DNA é a produção de proteína recombinante, que é definida como uma proteína obtida pela expressão de um gene clonado. No laboratório de pesquisa, amostras de proteínas humanas e de outros animais para estudos estruturais são geralmente sintetizadas a partir de genes clonados em *E. coli* ou em um microrganismo eucariótico como uma levedura. Como esses micróbios podem crescer em altas densidades em frascos de cultura líquida, maiores quantidades de proteína podem ser obtidas do que seria possível por purificação direta a partir de tecido humano ou animal. Em instalações industriais, são usados sistemas de cultura enormes, com milhares de litros de volume, para produzir versões recombinantes de proteínas farmacêuticas como insulina para fins comerciais.

A produção de proteína recombinante requer algumas modificações no procedimento de clonagem do DNA e apresenta desafios para assegurar que a proteína resultante tenha a mesma atividade que sua versão natural. Concluímos este capítulo considerando essas questões.

A produção de proteína recombinante requer um tipo especial de vetor de clonagem

A simples inserção de um gene animal em um vetor de clonagem e sua transferência para *E. coli* não resulta na síntese de proteína recombinante, isso porque a sequência promotora *upstream* de um gene animal, que dirige a expressão daquele gene em seu hospedeiro natural, não será reconhecida pela RNA polimerase de *E. coli*. Para ilustrar o problema, compare as sequências de consenso das regiões promotoras de genes que codificam proteína em *E. coli* e nos eucariotos (Figura 19.27). Há similaridades, mas é improvável que uma RNA polimerase de *E. coli* seja capaz de aderir a um promotor eucariótico. Portanto, a maioria dos genes de animais é inativa em *E. coli*.

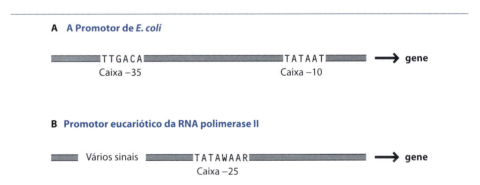

Figura 19.27 **Comparação entre os promotores de genes codificadores de proteína para *E. coli* e eucariotos.** Abreviaturas: "R" é A ou G e "W" é A ou T.

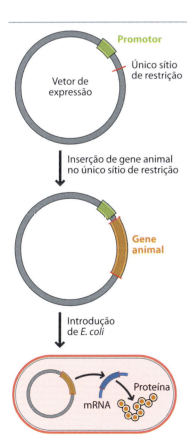

Figura 19.28 **Uso de um vetor de expressão para dirigir a síntese de uma proteína animal em *E. coli*.**

Para resolver o problema, usa-se um tipo especial de vetor de clonagem. Em um desses **vetores de expressão**, o sítio de restrição no qual o gene animal é inserido está localizado imediatamente *downstream* de uma sequência promotora de *E. coli* (Figura 19.28). O gene animal tem que ser manipulado com cuidado, de maneira que seu próprio promotor seja cortado fora, sem remover qualquer dos códons da fase de leitura aberta, mas não é muito difícil conseguir isso com a grande variedade de enzimas nucleases disponíveis para a engenharia genética. Se tudo for feito corretamente, o resultado final é a inserção do gene animal no vetor em uma posição apropriada com relação ao promotor de *E. coli*.

O promotor de *E. coli* tem que ser escolhido com cuidado. Embora se queira conseguir a máxima produção de proteína possível, há limites práticos derivados do fato de que uma bactéria é um organismo vivo. A proteína poderia ser prejudicial para a bactéria, caso em que deveríamos limitar sua síntese, de modo que não fossem atingidos níveis tóxicos. Mesmo que a proteína não tenha efeitos prejudiciais, um nível alto e contínuo

Boxe 19.5 Síntese da proteína recombinante fator VIII.

PESQUISA EM DESTAQUE

Os desafios inerentes na produção de uma proteína recombinante são ilustrados pelo trabalho que levou à síntese de versões recombinantes do fator VIII humano. Essa proteína desempenha um papel central na coagulação do sangue e é defeituosa na forma de hemofilia mais comum. Até recentemente, a única maneira de tratar a hemofilia era com a injeção da proteína purificada fator VIII, obtida de sangue humano de doadores. A purificação do fator VIII é um procedimento complexo e o tratamento é dispendioso. E o pior, o fator VIII obtido dessa maneira apresenta seus próprios riscos se o método de purificação não remover rigorosamente partículas virais que possam estar no sangue. Os vírus da hepatite e da imunodeficiência humana passaram para hemofílicos via injeções de fator VIII. Os dois grandes benefícios de uma versão recombinante de fator VIII, sintetizado em um hospedeiro bacteriano ou eucariótico, seriam, portanto, um custo de produção menor e mais segurança quanto à contaminação por vírus.

O gene do fator VIII é muito grande, com mais de 186 kb, e é descontínuo, como muitos genes humanos, com 26 éxons e 25 íntrons. A presença de íntrons é um problema porque os genes de *E. coli* não são descontínuos e a bactéria não tem os RNAs e proteínas necessários para a remoção de íntrons de transcritos de pré-mRNA. No entanto, esse problema pode ser resolvido usando-se transcriptase reversa para preparar uma cópia de DNA complementar (cDNA) do mRNA do fator VIII. O mRNA, após *splicing*, não contém íntrons, de modo que o cDNA é uma série contínua de códons de estrutura similar à de um gene bacteriano.

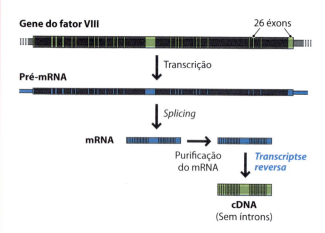

Essa abordagem tem sido usada para fornecer cópias 'prontas para bactéria' de um número de genes eucarióticos que contêm íntrons e em geral resulta na síntese bem-sucedida de uma proteína recombinante. Mas o sucesso só é conseguido se a proteína não requerer processamento extenso para tornar-se ativa e, em particular, não tem que ser glicosilada. Em seres humanos, o produto inicial da tradução do fator VIII é clivado em dois segmentos para dar uma proteína dimérica, que então tem glicanos N-ligados aderidos em seis posições. Esses eventos de processamento não ocorrem em *E. coli* e, por isso, não há produção de proteína ativa a partir do cDNA do fator VIII. Tem que ser encontrado um hospedeiro alternativo.

A alternativa ideal é uma cultura de células de mamífero, porque se espera que tais células, mesmo não sendo humanas, processem corretamente uma proteína humana. Agora se dispõe de sistemas de cultura de células animais em larga escala e, embora as taxas de crescimento e as densidades celulares máximas sejam muito inferiores às de bactérias e leveduras, limitando a quantidade de proteína recombinante que pode ser produzida, essa baixa produção pode ser tolerada se a cultura de células de mamífero for a única maneira de se obter a proteína em uma forma ativa. Nos primeiros experimentos, foram usadas células de hamster, mas apenas pequenas quantidades de fator VIII foram sintetizadas, provavelmente porque nem todo o produto inicial da tradução foi processado corretamente. Em uma segunda tentativa, o cDNA do fator VIII foi dividido em dois segmentos, um para codificar a subunidade polipeptídica maior e o segundo para a menor. Os cDNAs foram ligados em vetores de expressão, *downstream* do promotor Ag (um híbrido entre os promotores para os genes da β-actina de galinha e e para a β-globina de coelho) e *upstream* de um sinal de poliadenilação do vírus SV40.

Após a clonagem na linhagem celular de hamster, esses novos construtos dirigiram a síntese de 10 vezes mais proteína fator VIII que se obteve nos primeiros experimentos. É importante assinalar que a proteína foi indistinguível da forma nativa em termos de função.

Mais recentemente, foi introduzida uma nova abordagem à síntese de fator VIII, denominada **pharming**, e envolve a produção da proteína em um animal pecuário. O procedimento é feito introduzindo-se um gene em uma célula de ovo fertilizado, por microinjeção por exemplo, que é então implantado em mãe adotiva. A célula de ovo se divide e o embrião resultante se desenvolve em um animal que contém o gene clonado em todas as células de seu corpo. Para se obter o fator VIII por meio desse procedimento, o cDNA humano completo foi ligado ao promotor para o gene da proteína ácida do soro de suíno. Esse gene só é ativo em tecido mamário, e a proteína ácida de soro do leite é um dos principais componentes do leite de suínos. Portanto, o fator VIII humano é sintetizado pelo tecido mamário de suíno e pode ser purificado a partir do leite produzido pelo animal. O fator VIII feito dessa maneira parece ser exatamente o mesmo que a proteína humana nativa e é completamente funcional em ensaios de coagulação do sangue.

---

de transcrição poderia interferir na replicação de plasmídio, significando que o gene clonado poderia não ter sido herdado pelas células-filhas. Portanto, a capacidade geral da cultura de produzir a proteína iria declinar.

O promotor ideal é o que pode dirigir uma alta taxa de transcrição, mas também é passível de controle, de maneira que a taxa de transcrição possa ser ajustada em um nível inferior, se necessário. O promotor do óperon lactose satisfaz esses critérios e em geral é usado. Ele é um promotor forte e, portanto, determina uma alta taxa de transcrição. Ele também é controlável. Lembrar que, no sistema natural, o óperon lactose em geral fica desativado, porque a proteína repressora adere à sequência operadora, bloqueando o acesso ao promotor, de modo que a RNA polimerase fica impossibilitada de se ligar (ver Figura 17.8). Se for acrescentado um indutor, então o repressor se desprende, e a transcrição pode ocorrer. A transferência do promotor lactose e a sequência operadora adjacente para a expressão de um vetor não afetam esse sistema de controle. Em outras palavras, a expressão de um gene animal clonado estará sujeita a exatamente o mesmo regime regulador. Não haverá expressão até ser acrescentado um indutor à cultura.

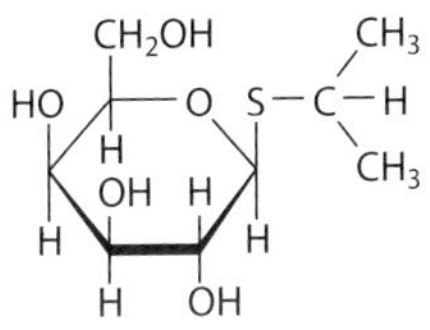

O indutor natural do promotor lactose é alolactose. Tal composto não é muito estável, e seria necessário acrescentar continuamente alolactose fresca para evitar que o gene clonado fosse inativado. Em vez disso, usa-se um indutor artificial, como isopropil-β-D-tiogalactosídeo (IPTG) (Figura 19.29). O IPTG é um β-galactosídeo e, embora sua estrutura seja diferente daquela da alolactose, pode ligar-se ao repressor. É muito mais estável que a alolactose e, assim, não precisa ser reposto continuamente para manter a expressão do gene animal.

Figura 19.29 Isopropil-β-D-tiogalacto-sídeo. Compare essa estrutura com a da alolactose, mostrada no *Boxe 17.2*.

Bactérias nem sempre são os melhores hospedeiros para a produção de proteína recombinante

As diferenças entre sequências promotoras de eucariotos e bacterianas não são as únicas questões que precisam ser consideradas quando se tenta usar bactérias como hospedeiros para a síntese de proteína recombinante. A maioria das proteínas de origem animal é maior do que as bacterianas, com estruturas terciárias mais sofisticadas. Muitas dessas proteínas não se dobram corretamente em *E. coli* e se acumulam como estruturas parcialmente dobradas, possivelmente formando um agregado semissólido, denominado um **corpúsculo de inclusão**, na bactéria. Os corpúsculos de inclusão podem ser recuperados de um extrato bacteriano, e as proteínas podem ser solubilizadas, mas em geral é impossível converter essas proteínas em suas formas corretamente dobradas. Um segundo problema é que as bactérias não têm a capacidade de realizar algumas das modificações químicas pós-tradução, exibidas pelas proteínas animais. Em particular, a glicosilação é extremamente incomum em bactérias e as proteínas recombinantes sintetizadas em *E. coli* nunca são glicosiladas corretamente. A ausência de glicosilação poderia não prejudicar a função da proteína, mas pode reduzir sua estabilidade e, talvez, resultar em uma reação alérgica se a proteína for usada como um fármaco e injetada na corrente sanguínea de um paciente.

Por essas razões, foram exploradas maneiras de produzir proteína recombinante em hospedeiros eucarióticos. Eucariotos microbianos, como leveduras e fungos filamentosos, são alternativas atraentes, porque podem crescer em cultura como bactérias, embora as densidades celulares atingíveis sejam menores. Ainda são necessários vetores de expressão, porque os promotores e outros sinais de expressão para genes animais não costumam funcionar eficientemente nesses eucariotos inferiores. Em geral usa-se *Saccharomyces cerevisiae*, em parte porque os sistemas de clonagem bem desenvolvidos baseiam-se em plasmídios epissomais e integrativos, e também porque essa levedura é aceita como um organismo seguro para a produção de proteínas para uso em remédios ou em alimentos. O promotor *GAL*, do gene que codifica a galactose epimerase, que pode ser controlado pelo nível de galactose no meio, geralmente é usado para a expressão de proteína.

Embora o *S. cerevisiae* geralmente dê altos rendimentos de proteína animal recombinante, e as proteínas costumem estar dobradas corretamente, as clonagens nessa levedura não resolvem por completo o problema da glicosilação. Uma proteína recombinante costuma ser hiperglicosilada, com os glicanos contendo mais unidades de açúcar que as existentes nas versões animais naturais (Figura 19.30). Uma segunda espécie de levedura, *Pichia pastoris*, realiza a glicosilação mais corretamente. Os glicanos resultantes não são idênticos aos da proteína animal natural, mas são suficientemente similares a ponto de a proteína não desencadear uma reação alérgica. A *Pichia pastoris* pode sintetizar grandes quantidades de proteína recombinante, até 30% da proteína celular total, e a maioria dessa proteína é secretada no meio de crescimento. A purificação da proteína do meio de crescimento é muito mais fácil, e menos onerosa, que a partir de extratos celulares. Com essa espécie, o promotor da álcool oxidase, que é induzido por metanol, em geral é usado para comandar a expressão do gene clonado.

Figura 19.30 Glicanos N-ligados em seres humanos e S. cerevisiae. São mostradas estruturas de glicanos típicos 'ricos em manose'. A estrutura à direita é de um glicano hiperglicosilado, às vezes produzido por S. cerevisiae, que pode conter centenas de unidades de manose.

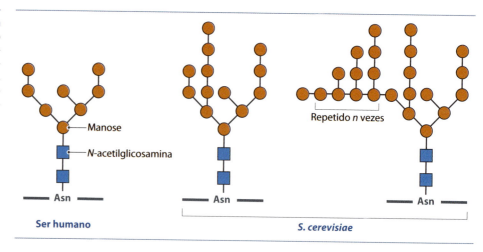

Apesar dos avanços no uso de microrganismos eucarióticos como hospedeiros para a produção de proteína, ainda há algumas proteínas, tipicamente aquelas com estruturas complexas e estruturas essenciais de glicosilação, que só podem ser feitas em células animais. Em geral são usadas linhagens de células de mamífero derivadas de seres humanos ou hamsters, o que significa poucos problemas com a estrutura do promotor e o processamento de proteína. O vetor de expressão só é necessário para maximizar produções e permite que a síntese proteica seja regulada. Embora esta seja a abordagem mais confiável para a síntese de proteínas ativas, é também a mais cara, porque os sistemas de cultura são mais complexos que os de microrganismos e a produção de proteína é menor. As medidas de controle de qualidade também são mais rigorosas, porque é preciso cuidado para assegurar que as culturas não sejam contaminadas com vírus que poderiam ser levados até o final da preparação da proteína.

Leitura sugerida

Broach JR (1982) The yeast 2 μm circle. *Cell* **28**, 203–4.

Çelik E and Çelik P (2012) Production of recombinant proteins by yeast cells. *Biotechnology Advances* **30**, 1108–18.

Chilton MD (1983) A vector for introducing new genes into plants. *Scientific American* 248(June), 50–9. O plasmídio Ti.

Colosimo A, Goncz KK, Holmes AR, et al. (2000) Transfer and expression of foreign genes in mammalian cells. *Biotechniques* **29**, 314–21.

Crystal RG (2014) Adenovirus: the first effective *in vivo* gene delivery vector. *Human Gene Therapy* **25**, 3–11.

Higuchi R, Dollinger G, Walsh PS and Griffith R (1992) Simultaneous amplification and detection of specific DNA sequences. *Biotechnology* **10**, 413–17. Primeira descrição de PCR em tempo real.

Huang C-J, Lin H and Yang X (2012) Industrial production of recombinant therapeutics in *Escherichia coli* and its recent advancements. *Journal of Industrial Microbiology and Biotechnology* **39**, 383–99.

Kaufman RJ, Wasley LC and Dorner AJ (1988) Synthesis, processing, and secretion of recombinant human factor VIII expressed in mammalian cells. *Journal of Biological Chemistry* **263**, 6352–62.

Lee L-Y and Gelvin SB (2008) T-DNA binary vectors and systems. *Plant Physiology* **146**, 325–32.

Päcurar DI, Thordal-Christensen H, Päcurer ML, Pamfil D, Botez C and Bellini C (2011) *Agrobacterium tumefaciens*: from crown gall tumors to genetic transformation. *Physiological and Molecular Plant Pathology* **76**, 76–81.

Paleyanda RK, Velander WH, Lee TK, et al. (1997) Transgenic pigs produce functional human factor VIII in milk. *Nature Biotechnology* **15**, 971–5.

Parent SA, Fenimore CM and Bostian KA (1985) Vector systems for the expression, analysis and cloning of DNA sequences in *S. cerevisiae. Yeast* **1**, 83–138.

Capítulo 19 Estudo do DNA e do RNA **469**

Pingoud A, Fuxreiter M, Pingoud V and Wende W (2005) Type II restriction endonucleases: structure and mechanism. *Cellular and Molecular Life Sciences* **62**, 685–707.

Ronaghi M, Uhlén M and Nyrén P (1998) A sequencing method based on real-time pyrophosphate. *Science* **281**, 363–5. Pirossequenciamento.

Saiki RK, Gelfand DH, Stoffel S, *et al.* (1988) Primer-directed enzymatic amplification of DNA with a thermostable DNA polymerase. *Science* **239**, 487–91. Primeira descrição de PCR com Taq polimerase.

Sanger F, Nicklen S and Coulson AR (1977) DNA sequencing with chain-terminating inhibitors. *Proceedings of the National Academy of Sciences of the USA* **74**, 5463–7.

Smith HO and Wilcox KW (1970) A restriction enzyme from *Haemophilus influenzae*. *Journal of Molecular Biology* **51**, 379–91. Uma das primeiras descrições completas de uma endonuclease de restrição.

van Dijk EL, Auger H, Jaszczyszyn Y and Thermes C (2014) Ten years of next-generation sequencing technology. *Trends in Genetics* **30**, 418–26.

Zhu J (2012) Mammalian cell protein expression for biopharmaceutical production. *Biotechnology Advances* **30**, 1158–70.

Questões de autoavaliação

Questões de múltipla escolha

Cada questão tem apenas uma resposta correta.

1. Qual a atividade da endonuclease S1?
   - (a) Corta polinucleotídios de DNA de fita simples e dupla fita
   - (b) Corta polinucleotídios de DNA e RNA de fita simples e dupla fita
   - (c) Corta apenas polinucleotídios de DNA de fita simples
   - (d) Corta apenas polinucleotídios de DNA de dupla fita

2. Qual a atividade da RNase V1?
   - (a) Corta polinucleotídios de DNA de fita simples e dupla fita
   - (b) Corta polinucleotídios de DNA e RNA de fita simples e dupla fita
   - (c) Corta apenas polinucleotídios de RNA de dupla fita
   - (d) Corta apenas polinucleotídios de RNA de fita simples

3. Qual endonuclease de restrição deixa uma extremidade pendente 3'?
   - (a) *Hinf*I
   - (b) *Pvu*II
   - (c) *Bam*HII
   - (d) *Pst*I

4. Qual endonuclease de restrição deixa uma extremidade cega?
   - (a) *Hinf*I
   - (b) *Pvu*II
   - (c) *Bam*HI
   - (d) *Pst*I

5. Qual endonuclease de restrição tem uma sequência de reconhecimento degenerada?
   - (a) *Hinf*I
   - (b) *Pvu*II
   - (c) *Bam*HI
   - (d) *Pst*I

6. Como se aumenta a frequência de ligação da extremidade cega pela DNA ligase?
   - (a) Acrescentando mais ATP
   - (b) Aumentando a temperatura
   - (c) Aumentando a concentração de DNA
   - (d) Acrescentando um precipitante

7. O DNA complementar é sintetizado por qual DNA polimerase?
   - (a) DNA polimerase I
   - (b) *Taq* polimerase
   - (c) cDNA sintase
   - (d) Transcriptase reversa

8. Em uma PCR, o que delimita a região do DNA-alvo que será amplificada?
   - (a) O tempo permitido para a síntese de DNA
   - (b) A proporção de produtos curtos e longos
   - (c) A identidade da sonda repórter
   - (d) As posições de anelamento dos *primers*

9. Qual das seguintes afirmações está **incorreta** com relação a uma sonda repórter usada na PCR em tempo real (RT-PCR)?
   - (a) Um grupo químico fluorescente é adaptado a uma extremidade da sonda
   - (b) A sequência é designada de tal maneira que a sonda irá fazer par de base com uma das fitas do produto da PCR
   - (c) Quando o oligonucleotídio está livre em solução, ele emite fluorescência
   - (d) A quantidade de fluorescência aumenta à medida que a RT-PCR prossegue

10. Quais os nucleotídios de terminação de cadeia são usados no sequenciamento do DNA?
    - (a) 2',3'-didesoxinucleotídios
    - (b) 3',4'-didesoxinucleotídios
    - (c) 2',4'-didesoxinucleotídios
    - (d) 2',5'-didesoxinucleotídios

11. Quantos nucleotídios podem ser lidos em um único experimento de sequenciamento de terminação de cadeia?
    - (a) Até 100
    - (b) Até 1.000
    - (c) Pelo menos 1.000
    - (d) Mais de 5.000

470 Parte 4 Estudo das Biomoléculas

12. Qual das seguintes enzimas **não** é usada no pirossequenciamento?
(a) ATP sulfurilase
(b) DNA ligase
(c) Luciferase
(d) Nucleotidase

13. Qual dos seguintes **não** é usado em um método de sequenciamento de nova (próxima) geração?
(a) Nucleotídios corante terminador
(b) Uma emulsão de óleo e água
(c) Um sistema paralelo maciço
(d) Eletroforese em gel capilar

14. O gene para que enzima, existente no plasmídio pUC8, especifica resistência à ampicilina?
(a) β-galactosidase
(b) β-lactamase
(c) Orotidina-5′-fosfato descarboxilase
(d) O gene *lacZ'*

15. Quando se usa o pUC8, como as bactérias que contêm plasmídios recombinantes são reconhecidas?
(a) Sensíveis à ampicilina, capazes de metabolizar lactose
(b) Resistentes à ampicilina, capazes de metabolizar lactose
(c) Sensíveis à ampicilina, incapazes de metabolizar lactose
(d) Resistentes à ampicilina, incapazes de metabolizar lactose

16. Como se denomina o processo pelo qual um vetor de levedura se integra no DNA cromossômico?
(a) Transferência epissomal
(b) Recombinação homóloga
(c) Recombinação não homóloga
(d) Transformação

17. O plasmídio Ti é usado para clonar genes em que tipo de organismo?
(a) Levedura
(b) Plantas
(c) Insetos
(d) Células de animais

18. Como se denomina o vetor usado na produção de proteína recombinante?
(a) Plasmídio integrativo
(b) Vetor Ti
(c) Vetor de expressão
(d) Epissomo

19. Por que um alto nível de transcrição é indesejável quando uma proteína recombinante está sendo feita em *E. coli*?
(a) Os substratos são usados muito rapidamente
(b) A proteína resultante não será registrada como segura para uso em seres humanos
(c) O alto nível de transcrição poderia interferir na replicação do plasmídio
(d) As bactérias vão sofrer mutação

20. Qual o indutor do óperon lactose, usado na produção de proteína recombinante?
(a) Alolactose
(b) Lactose
(c) 5-bromo-4-cloro-3-indolil-β-D-galactopiranosídeo
(d) Isopropil-β-D-tiogalactosídeo

21. Como se denominam os agregados semissólidos de proteína recombinante parcialmente dobrada que se acumulam em células de *E. coli*?
(a) Corpúsculos de inclusão
(b) Manchas
(c) Cristais de proteína
(d) Pontos de acumulação

22. Por que os cDNAs são usados quando genes de animais são clonados em *E. coli* para a produção de proteína recombinante?
(a) Eles são mais curtos e, portanto, podem ser transcritos mais rapidamente
(b) Eles não inibem a glicosilação
(c) Sua expressão pode ser controlada acrescentando-se um indutor ao meio
(d) Eles não têm íntrons

23. Quando se usa *Pichia pastoris* para a produção de proteína recombinante, que substância química se usa para induzir o promotor álcool oxidase?
(a) Metanol
(b) Etanol
(c) Butanol
(d) Acetona

24. O promotor de que gene foi usado para comandar a síntese de fator VIII no tecido mamário de suínos?
(a) β-actina de galinha
(b) Vírus SV40
(c) Galactose epimerase
(d) Proteína ácida do soro do leite

Questões discursivas

1. Desenhe uma série de diagramas mostrando as diferentes maneiras pelas quais nucleases podem cortar moléculas de DNA e RNA.

2. Dando exemplos, descreva os aspectos importantes das endonucleases de restrição.

3. Delineie os papéis dos tipos diferentes de DNA polimerase que são usados em estudos de moléculas de DNA e RNA.

4. Desenhe uma série de diagramas que mostrem os eventos que ocorrem durante a PCR, fazendo distinção cuidadosa entre a síntese dos produtos longos e curtos. Que modificações são feitas nesse procedimento para fazer a PCR em tempo real (RT-PCR)?

5. Descreva o método de terminação de cadeia para o sequenciamento do DNA.

6. Explique como o pirossequenciamento e o método do corante terminador são usados no sequenciamento de nova (próxima) geração.

7. Desenhe um diagrama que delineie como é feita a clonagem de um gene.

8. Apresente uma descrição detalhada da maneira pela qual se usa pUC8 para clonar um gene animal em *E. coli*.

9. Delineie as características principais de vetores de clonagem usados com (A) *S. cerevisiae*, (B) plantas e (C) células animais.

10. Por que a *E. coli* nem sempre é um hospedeiro ideal para a produção de proteína recombinante e que alternativas há?

Questões de autoaprendizagem

1. Uma molécula linear de DNA com 48,5 kb de comprimento é tratada com três endonucleases de restrição, isoladamente ou em combinação. Os números e comprimentos dos fragmentos são os seguintes:

Enzima	Número de fragmentos	Tamanhos (kb)
*Xba*I	2	24 e 24,5
*Xho*I	2	15 e 33,5
*Kpn*I	3	1,5, 17 e 30
*Xba*I + *Xho*I	3	9, 15 e 24,5
*Xba*I + *Kpn*I	4	1,5, 5, 17 e 24

A partir da informação fornecida, determine as posições dos sítios de corte para essas três endonucleases na molécula de DNA. Há alguns locais de corte que não podem ser posicionados sem ambiguidade e, em caso afirmativo, de que outra informação você precisa para completar o 'mapa de restrição'?

2. Calcule os números de produtos curtos e longos que estariam presentes após 20, 25 e 30 ciclos de uma PCR.

3. Uma molécula de DNA 155 pb é quebrada aleatoriamente em fragmentos superpostos que são sequenciados. A sequência resultante é 'lida' como se segue:

```
CATGCGCCGATCGAGCGAGC
GCGAGCATCTACTACGTACGTA
CATCGATGCTACTACGTACAGGC
GATGCTACGATGCTGCATGCG
GTACAGGCATGCGCCGATCGAG
CGAGCACTACGATCGATCATCG
TACGTACGTAGCATGCATCGT
CATGCGCCGATCGAGCGAG
ATCGATGCATCGATGCTAC
TACGTAGCATCTACGTACGTAG
```

É possível reconstruir a sequência da molécula original pesquisando superposições entre pares de leituras (fragmentos)? Em caso negativo, que problema surgiu e como poderia ser resolvido? [Notar que, embora nesse exemplo a molécula iniciante e as leituras sejam muito curtas, o exercício reproduz um problema que surge quando segmentos longos (> 100 kb) de DNA eucariótico são sequenciados com leituras até 1.000 pb de comprimento.]

4. Quando o DNA é clonado em pUC8, bactérias recombinantes (as que contêm uma molécula de pUC8 circular que leva o fragmento de DNA inserido) são identificadas semeando-se uma placa com meio de ágar que contenha ampicilina e o análogo de lactose denominado X-gal. Um tipo mais antigo de vetor de clonagem, denominado pBR322, também tinha o gene para resistência à ampicilina, mas não levava o gene *lacZ'*. Em vez disso, o DNA foi inserido em um gene para resistência à tetraciclina existente no pBR322. Descreva o procedimento que seria necessário para distinguir bactérias que captaram um plasmídio pBR322 recombinante das que captaram um plasmídio que foi circularizado sem a inserção do novo DNA.

5. Discuta as questões éticas levantadas pelo desenvolvimento de *pharming* como um meio para a obtenção de proteínas recombinantes.

Glossário

Acetil CoA: o produto intermediário da quebra do piruvato, que age como o substrato para o ciclo de Krebs (TCA).

Acetil CoA carboxilase: a enzima que converte acetil CoA em malonil CoA no início da síntese de ácido graxo.

Acetiltransferase: a enzima que transfere unidades acetil da acetil CoA para ACP durante a síntese de ácido graxo.

Acetilcolinesterase: uma enzima presente nas células nervosas que degrada a acetilcolina.

Acetoacetil CoA: um produto intermediário na síntese de compostos esteróis e corpos cetônicos.

Ácido: um composto que libera íons H⁺ adicionais em uma solução aquosa e, portanto, aumenta a concentração do íon hidrônio em uma solução.

Ácido ascórbico: vitamina C, um cofator para várias enzimas, incluindo as envolvidas na síntese de colágeno.

Ácido biliar: um esterol cuja cadeia lateral termina em um grupo carboxila; um produto da quebra do colesterol no fígado.

Ácido cólico: o tipo mais simples de ácido biliar.

Ácido desoxirribonucleico: uma das duas formas de ácido nucleico nas células vivas; o material genético para todas as formas de vida celulares e muitos vírus.

Ácido fosfatídico: um glicerofosfolipídio em que o grupo cabeça polar é glicerol.

Ácido graxo: uma cadeia simples de hidrocarboneto que contém entre 4 e 36 carbonos, com seus átomos de hidrogênio aderidos e um grupo carboxílico terminal.

Ácido graxo sintase: a enzima multifuncional responsável pela síntese de ácido graxo nos mamíferos.

Ácido hialurônico: um heteropolissacarídio constituído por unidades alternantes N-acetilglicosamina e ácido D-glicurônico.

Ácido nucleico: o termo usado pela primeira vez para descrever o composto químico ácido isolado dos núcleos de células eucarióticas; usado agora especificamente para descrever uma molécula polimérica que compreende monômeros de nucleotídios como DNA e RNA.

Ácido pantotênico: vitamina B₅, o precursor do cofator coenzima A.

Ácido ribonucleico: uma das duas formas de ácido nucleico nas células vivas; o material genético de alguns vírus.

Ácido úrico: uma purina, derivada de adenina e guanina, que é excretada.

Acil CoA desidrogenase: a enzima que converte um acil CoA em um *trans*-Δ²-enoil CoA na etapa 1 da quebra da via de ácido graxo e também converte Δ⁴-dienoil CoA em Δ²,⁴-dienoil CoA durante a quebra de alguns ácidos graxos insaturados.

Aconitase: a enzima que converte citrato em isocitrato na etapa 2 do ciclo de Krebs (TCA).

Acoplamento de energia: o acoplamento de uma reação endergônica com uma segunda reação que gera energia.

Actinomicetos: um grupo de bactérias filamentosas.

Açúcar: um monossacarídio ou outro carboidrato de cadeia curta.

Açúcar redutor: açúcares que, em sua forma linear, têm atividade redutora devido à presença de um grupo aldeído terminal.

Adenilato quinase: uma enzima que converte duas moléculas de ADP em uma de ATP e uma de AMP.

Adenina: uma das bases purínicas encontradas no DNA e no RNA.

Adenosina 5'-trifosfato ou trifosfato de adenosina (ATP): um nucleotídio – (1) um dos substratos para a síntese de RNA; (2) uma molécula carreadora ativada.

Adenovírus: um vírus de animais, do qual foram usados derivados para a clonagem de genes em células de mamíferos.

Adipócito: a célula de armazenamento de gordura encontrada no tecido adiposo.

ADP-glicose: uma forma ativada de glicose.

Adrenalina: outro nome da epinefrina.

Adrenoleucodistrofia (ALD): um distúrbio genético causado pela incapacidade de transportar ácidos graxos de cadeia longa para peroxissomos de modo a serem degradados.

Aeróbio obrigatório: um organismo que precisa de oxigênio para sobreviver.

Agarose: um polissacarídio de unidades repetitivas de D-galactose e 3,6-anidro-L-galactopiranose, que forma um gel após aquecimento em água.

ALA desidratase: a enzima que converte duas moléculas de δ-aminolevulinato em uma de porfobilinogênio durante a síntese de tetrapirrol.

ALA sintase: a enzima que converte glicina e succinil CoA em δ-aminolevulinato durante a síntese de tetrapirrol.

Alça D: a estrutura formada quando um DNA de dupla-hélice é invadido por uma molécula de DNA ou RNA de fita simples, que forma uma região de pareamento de bases com um dos polinucleotídios da hélice.

Alça βαβ: um motivo (*motif*) de uma proteína feito de dois segmentos em folha pregueada β separados por uma α-hélice.

Álcool desidrogenase: a enzima que converte acetaldeído em etanol na etapa 2 da fermentação alcoólica.

474 Glossário

Aldeído: um composto orgânico cujo grupo funcional tem a estrutura –CHO.

Aldo-hexose: um açúcar aldose com seis átomos de carbono.

Aldolase: a enzima que converte frutose-1,6-bifosfato em gliceraldeído 3-fosfato e di-hidroxiacetona fosfato na etapa 4 da via da glicólise.

Aldopentose: um açúcar aldose com cinco átomos de carbono.

Aldose: um açúcar em que o carbono terminal forma parte de um grupo formil.

Aldosterona: um hormônio esteroide envolvido no controle do conteúdo iônico plasmático e da pressão sanguínea (arterial).

Aldotetrose: um açúcar aldose com quatro átomos de carbono.

Aldotriose: um açúcar aldose com três átomos de carbono.

ALDP: uma proteína de membrana para o transporte de ácidos graxos de cadeia longa para os peroxissomos antes de sua quebra.

α(1→6) glicosidase: a atividade da enzima que rompe as ligações glicosídicas α(1→6) em um polissacarídio ramificado como o glicogênio.

α-cetoglutarato desidrogenase: a enzima que converte o α-cetoglutarato em succinil CoA na etapa 4 do ciclo de Krebs (TCA).

Alolactose: um indutor do óperon lactose.

Amido: um homopolissacarídio de armazenamento encontrado em plantas e constituído inteiramente por unidades de D-glicose.

Amido sintase: a enzima que acrescenta moléculas de ADP-glicose às extremidades de uma molécula de amido em crescimento.

Amilase: a primeira atividade enzimática a ser caracterizada; a amilase catalisa a quebra do amido em açúcar.

Alfa-amilase: uma enzima presente na saliva que catalisa a endo-hidrólise de ligações α(1→4) em polissacarídios que contêm três ou mais unidades de glicose.

Amilopectina: um componente de amido; uma estrutura ramificada feita de cadeias α(1→4) e pontos de ramificação α(1→6).

Amiloplastos: estruturas relacionadas com os cloroplastos que são os locais de síntese e armazenamento de amido nas plantas.

Amilose: um componente de amido; um polímero linear de unidades de D-glicose ligadas por ligações glicosídicas α(1→4).

Aminoácido: um dos monômeros em um polipeptídio.

Aminoácidos essenciais: aqueles aminoácidos que não podem ser sintetizados por uma espécie e, portanto, precisam ser obtidos da alimentação.

Aminoacil ou sítio A: o local no ribossomo ocupado pelo aminoacil-tRNA durante a tradução.

Aminoacil-tRNA sintetase: uma enzima que catalisa a aminoacilação de um ou mais tRNAs.

Aminoacilação: inserção de um aminoácido ao braço aceptor de um tRNA.

Aminoterminal: a extremidade de um polipeptídio que tem um grupo amino livre.

Amoniotélica: espécie que excreta amônia na água em que vive.

3′,5′-AMP cíclico (cAMP): uma versão modificada de AMP em que uma ligação fosfodiéster intramolecular une os carbonos 5′ e 3′.

Anabolismo: as reações bioquímicas que formam moléculas maiores a partir de moléculas menores.

Anaeróbio facultativo: um organismo capaz de usar oxigênio para fazer ATP, mas que também pode crescer na ausência de oxigênio.

Anaeróbio obrigatório: um organismo que nunca utiliza oxigênio.

Análise de difração de raios X: análise dos padrões de difração de raios X como um meio de determinar a estrutura tridimensional de uma grande molécula.

Análise de *microarray*: o uso de um microensaio (*microarray*) – um pequeno pedaço de vidro sobre o qual foi colocado um grande número de moléculas de DNA como pontos em uma distribuição ordenada – nos estudos de transcriptoma.

Análise por tempo de voo de ionização e dessorção a *laser* assistida por matriz (MALDI-TOF): um tipo de espectrometria de massa usado na proteômica.

Anfifílico: um composto com propriedades tanto hidrofílicas como hidrofóbicas.

Anfotérico: um composto que age como um ácido fraco e como uma base fraca ao mesmo tempo.

Anômeros: dois ou mais compostos com propriedades ópticas ligeiramente diferentes, mas quimicamente idênticos nos demais aspectos.

Antibiótico: um composto que mata bactérias ou inibe o crescimento delas.

Antibiótico semissintético: um antibiótico obtido fazendo-se modificações químicas em um antibiótico natural.

Anticódon: o tripleto de nucleotídios, nas posições 34-36 na molécula de tRNA, que forma os pares de bases com um códon em uma molécula de mRNA.

Anticorpo: uma proteína imunoglobulina que se liga a um antígeno; como parte da resposta imune, a ligação do anticorpo leva à destruição do antígeno por outros componentes do sistema imune.

Anticorpo monoclonal: um tipo singular de imunoglobulina, que reconhece um único epítopo, constituído por um clone de células imunes.

Anticorpo policlonal: uma mistura de imunoglobulinas que reconhecem múltiplos epítopos.

Anticorpo primário: o anticorpo que é usado para detectar o antígeno em um método ELISA indireto.

Anticorpo secundário: o anticorpo que reconhece o anticorpo primário e é conjugado à enzima repórter em um método ELISA indireto.

Antígeno: qualquer substância que elicia uma resposta imune.

Antiparalelo: refere-se ao arranjo de polinucleotídios na dupla-hélice, seguindo em direções opostas.

Antiportador: uma proteína de transporte ativo que acopla o transporte de uma molécula ou íon contra um gradiente de concentração com o movimento, na direção oposta, de um segundo íon a favor do gradiente.

Aparelho (ou complexo) de Golgi: uma organela eucariótica envolvida no processamento de proteína.

apoC-II: uma das proteínas na superfície de um quilomícron; o ativador da lipoproteína lipase.

Apoenzima: uma enzima inativa, que pode ser ativada pelo acréscimo de um cofator.

Apoproteínas ou **Apolipoproteínas:** o componente proteína de uma lipoproteína.

Archaea: um dos dois principais grupos de procariotas.

Arginase: a enzima que converte arginina em ornitina e ureia na etapa 5 do ciclo da ureia.

Argininossuccinase: a enzima que converte o argininossuccinato em arginina e fumarato na etapa 4 do ciclo da ureia.

Argininossuccinato sintetase: a enzima que converte citrulina em aspartato em argininossuccinato na etapa 3 do ciclo da ureia.

Argonauta: uma endonuclease que cliva mRNAs em um complexo silenciador induzido por RNA (RISC, em inglês). A sigla em inglês ainda é bastante usada no jargão científico.

Asparaginase: a enzima que degrada a asparagina, convertendo-a em ácido aspártico e amônia.

Aspartato transaminase: um componente da lançadeira malato–aspartato.

Aspartato transcarbamoilase: a enzima que converte aspartato e carbamoil fosfato em um intermediário linear que gera o orotato durante a síntese *de novo* de citosina e uracila.

Atenuação: um processo usado por algumas bactérias para regular a expressão de óperon de biossíntese de aminoácidos de acordo com os níveis do aminoácido na célula.

Aterosclerose: uma condição clínica comumente conhecida como 'endurecimento de artérias', que se acredita ser promovida pela deposição de colesterol e outros lipídios das lipoproteínas de baixa densidade nas superfícies internas dos vasos sanguíneos.

ATP sulfurilase: uma enzima que acrescenta um pirofosfato à adenosina 5'-fosfossulfato para dar ATP.

Autodigestão pancreática: a situação que surge se a tripsina e a quimotripsina forem ativadas antes de sua secreção pelo pâncreas.

Auto-*splicing*: a capacidade de íntrons do Grupo I de realizar *splicing* na ausência de proteínas, indicando que o RNA do íntron tem atividade catalítica.

Autoindutor: um composto sinalizador envolvido no senso de quórum bacteriano.

Autotrofos: aqueles organismos capazes de usar a energia luminosa ou química para converter compostos inorgânicos em compostos orgânicos contendo energia.

Avidina: uma proteína que tem alta afinidade pela biotina e é usada em um sistema de detecção por sondas biotiniladas.

Azola: uma samambaia aquática pequena, fixadora de nitrogênio.

Bacilos: procariotas com células em forma de bastões.

Bactérias: um dos dois grupos principais de procariotas.

Bactérias púrpura: um grupo de bactérias fotossintéticas.

Bactérias verdes: um grupo de bactérias fotossintéticas.

Bacterioclorofila: uma porfirina relacionada com a clorofila que age como um pigmento captador de luz nas bactérias que fazem fotossíntese.

Bacteriófago ou **fago:** um vírus cujo hospedeiro é uma bactéria.

Bacteroide: a versão diferenciada de uma bactéria fixadora de nitrogênio dentro de uma raiz nodular.

Barreira seletiva: uma barreira, como uma membrana biológica, que permite a passagem de algumas moléculas, mas não de todas.

Bases: compostos que diminuem a concentração de íon hidrônio de uma solução. Também é o componente purina ou pirimidina de um nucleotídio.

β-caroteno: um pigmento acessório captador de luz encontrado em plantas.

β-cetoacil-ACP redutase: a enzima que converte acetoacetil ACP em D-3-hidroxibutiril ACP na etapa 2 da via de síntese de ácido graxo.

β-cetotiolase: a enzima que converte uma 3-acetoacetil CoA em uma acil CoA mais um acetil CoA na etapa 4 da via de degradação de ácidos graxos.

β-galactosidase: uma enzima que catalisa a quebra da lactose em glicose e galactose.

β-galactosídio transacetilase: uma enzima que catalisa a transferência de um grupo acetil da acetil CoA para uma molécula de β-galactosídio.

β-lactamase: um gene que confere resistência à ampicilina, usado como um marcador seletivo para muitos vetores de clonagem.

β-oxidação: a via de degradação de ácidos graxos.

Bicamada: uma camada dupla de moléculas.

Biofilme: uma coleção de bactérias aderidas umas às outras e a uma superfície sólida, em geral envolvidas por uma matriz viscosa.

Bioinformacionista: um cientista especializado em bioinformática, ou seja, o uso de métodos computadorizados para estudar biologia.

Biologia: o estudo dos organismos vivos.

Bioquímica: o estudo dos processos químicos que ocorrem em células vivas e dos compostos envolvidos naquelas reações químicas.

Biotina: vitamina B_7; um grupo prostético de várias enzimas carboxilase.

Bolha de transcrição: a região da dupla-hélice que não apresenta bases pareadas, mantida pela RNA polimerase, dentro da qual ocorre a transcrição.

Bomba do tipo P: uma proteína de transporte dependente de ATP que forma uma ligação transitória com o fosfato liberado pela hidrólise do ATP.

Cabeça de martelo: uma estrutura de RNA com atividade de ribozima que é encontrada em alguns virusoides e viroides.

Cabeça e cauda: um capsídio de bacteriófago feito de uma cabeça icosaédrica, contendo o ácido nucleico, e uma cauda filamentosa que facilita a entrada do ácido nucleico na célula hospedeira.

Cadeia alimentar: uma série linear, que começa com uma espécie fotossintética ou outro tipo de autótrofo e termina com um predador de topo de cadeia, que descreve uma via para aquisição de energia por organismos em uma rede alimentar.

Cadeia de transporte de elétron: uma série de compostos que realizam reações redox que transferem elétrons de compostos doadores para aceptores, em geral acoplados ao movimento de prótons através de uma membrana.

Cadeias leves: os dois polipeptídios mais curtos em uma molécula de imunoglobulina.

Cadeias pesadas: os dois maiores polipeptídios em uma molécula de imunoglobulina.

Caixa TATA (*TATA box*): um componente do promotor central da RNA polimerase II.

Calcitriol: vitamina D; uma família de derivados esteroides com vários papéis fisiológicos e bioquímicos.

Calmodulina: uma proteína, ativada por íons Ca^{2+}, que regula uma variedade de enzimas celulares.

cAMP: uma versão modificada de AMP em que uma ligação fosfodiéster intramolecular une os carbonos 3' e 5'.

Canal iônico regulado por voltagem: uma proteína transmembrana cuja conformação pode mudar em resposta à carga elétrica através da membrana.

Capsídeo: a cobertura proteica que circunda o DNA ou RNA do genoma de um vírus.

Capuz (*cap*) tipo 0: a estrutura básica do capuz (*cap*), que consiste em 7-metilguanosina ligada à extremidade 5' de um mRNA.

Capuz (*cap*) tipo 1: uma estrutura do capuz (*cap*) que compreende o capuz terminal 5' básico mais uma metilação adicional da ribose do segundo nucleotídio.

Capuz (*cap*) tipo 2: uma estrutura do capuz (*cap*) que compreende o capuz terminal 5' básico mais metilação das riboses do segundo e terceiro nucleotídios.

Carbamoil: refere-se a um composto que tem um grupo amino ligado a um grupo carbonila, como na versão carboxilada da lisina.

Carbamoil fosfato: um precursor para a síntese *de novo* de citosina e uracila.

Carbamoil fosfato sintetase: a enzima que converte bicarbonato em carbamoil fosfato na etapa 1 do ciclo da ureia.

Carboidrato: qualquer composto constituído por carbono, hidrogênio e oxigênio, com o hidrogênio e o oxigênio em uma razão de 2:1; termo de uso comum com referência a compostos sacarídicos.

Carboxiterminal: a extremidade de um peptídio que tem um grupo carboxila livre.

Carboxissomos: as estruturas em cianobactérias dentro das quais estão localizadas as enzimas Rubisco.

Carnitina: uma pequena molécula polar que está aderida à cadeia longa de ácidos graxos insaturados antes de seu transporte através da membrana mitocondrial interna.

Carnitina aciltransferase: a enzima que faz a carnitina aderir à cadeia longa de ácidos graxos insaturados antes de seu transporte através da membrana mitocondrial interna.

Carnitina/acilcarnitina translocase: uma proteína integral da membrana que transporta moléculas de acilcarnitina através da membrana mitocondrial interna.

Carotenoides: um grupo de lipídios que inclui vários pigmentos acessórios captadores de luz.

Carreador de piruvato mitocondrial: a proteína integral da membrana que transporta piruvato através da membrana mitocondrial interna.

Carreadora de citrato: uma proteína que transporta citrato através da membrana mitocondrial interna.

Catabolismo: a parte do metabolismo dedicada à quebra de compostos para gerar energia.

Catalase: uma enzima que converte peróxido de hidrogênio em água e oxigênio, às vezes acoplada à destoxificação de compostos como fenóis e álcool.

Catalisador: um composto que aumenta a velocidade de uma reação química, mas ele próprio não é transformado por aquela reação.

Cauda poli(A): uma série de nucleosídios A (adenina) ligados à extremidade 3' de um mRNA eucariótico.

Cavidade ou sulco maior: o maior dos dois sulcos que se espiralizam em torno da superfície da forma B do DNA.

Cavidade ou sulco menor: o menor dos dois sulcos que espiralizam em torno da superfície da forma B do DNA.

Célula principal: uma célula do revestimento gástrico que secreta pepsina.

Células do feixe vascular: as células especializadas em que ocorre o ciclo de Calvin nas plantas C4.

Células mesófilas: células de folhas, incluindo aquelas em que ocorrem as reações de claro da fotossíntese.

Célula-tronco: uma célula progenitora que se divide continuamente por toda a vida de um organismo, e que pode se diferenciar em um ou mais tipos de células especializadas.

Celulose: um homopolissacarídio estrutural encontrado em plantas e constituído inteiramente de unidades de D-glicose.

Centrifugação em gradiente de densidade: um grupo de técnicas em que uma fração celular é centrifugada em uma solução densa, na forma de um gradiente, de modo que os componentes individuais são separados.

Centro de coordenação: o íon de metal dentro de uma esfera de coordenação.

Centro de molibdênio-ferro ou **FeMoCo:** um cofator de ligação de elétron.

Centro de reação: o componente central de um fotossistema, para o qual a energia da luz do sol é canalizada.

Cerebrosídio: um esfingolipídio com um açúcar simples como cabeça polar.

Cetogênese: síntese de corpos cetônicos.

Cetogênico: um aminoácido cujos produtos de degradação podem contribuir para a síntese de corpos cetônicos.

Ceto-hexose: um açúcar cetose com seis átomos de carbono.

Cetona: um composto orgânico que contém um grupo carbonil ligado a dois grupos hidrocarbonetos.

Cetopentose: um açúcar cetose com cinco átomos de carbono.

Cetose: um açúcar em que o carbono terminal é parte de um grupo carbonila.

Cetotetrose: um açúcar cetose com quatro átomos de carbono.

Cetotriose: um açúcar cetose com três átomos de carbono.

Chaperona molecular: uma proteína que ajuda o dobramento de outras proteínas.

Chaperonina: uma proteica de múltiplas subunidades que forma uma estrutura que ajuda no dobramento de outras proteínas.

Cianobactérias: um grupo de bactérias fotossintéticas.

Ciclase: uma enzima que sintetiza cAMP ou cGMP a partir de ATP ou GTP, respectivamente.

Ciclo da ureia: a via utilizada pelos seres humanos e outros organismos ureotélicos para converter amônia em ureia.

Ciclo das xantofilas: uma série de reações bioquímicas que resultam na modificação química de certos carotenoides para dar derivados com propriedades de extinção (supressão) de energia excedente.

Ciclo de Calvin: o ciclo de reações que resultam na síntese de uma molécula de gliceraldeído-3-fosfato a partir de três moléculas de dióxido de carbono, como parte das reações de escuro da fotossíntese.

Ciclo de Cori: a combinação da glicólise e produção de lactato nas células musculares, ligada à regeneração de piruvato e glicose no fígado.

Ciclo de Krebs: outro nome do ciclo do ácido tricarboxílico (TCA).

Ciclo do ácido cítrico: outro nome do ciclo de Krebs ou do TCA.

Ciclo do ácido tricarboxílico (TCA) ou **ciclo de Krebs:** o ciclo de reações que resulta na quebra de moléculas de piruvato resultante de glicólise.

Ciclo do glioxilato: um ciclo de reações bioquímicas, que ocorre em plantas e microrganismos, similar ao ciclo de Krebs (TCA), mas com desvio das reações de isocitrato para malato.

Ciclo fútil: um ciclo que ocorre quando há duas vias metabólicas que seguem em sentidos inversos, e resultam na conversão do substrato em produto e em seguida de volta a substrato, com gasto de energia.

Ciências biológicas: outro nome da 'biologia'; o estudo dos organismos vivos.

Cinética enzimática: o estudo de reações catalisadas por enzima, com foco particular na relação entre a concentração de substrato e a velocidade da reação.

Círculo 2 μm: um plasmídio encontrado na levedura *Saccharomyces cerevisiae* e usado como a base de uma série de vetores de clonagem.

Cisternas: as pilhas de placas membranosas que constituem o aparelho de Golgi.

Citidilato sintetase: a enzima que converte UTP em CTP durante a síntese *de novo* de nucleotídio.

Citocina: uma proteína envolvida na sinalização celular.

Citocromo: uma proteína que contém um ou mais grupos prostéticos heme e age como um carreador de elétrons.

Citocromo b_5: parte do complexo enzimático que introduz ligações duplas na cadeia de hidrocarboneto durante a síntese de ácido graxo.

Citocromo c: a molécula carreadora intermediária para a transferência de elétrons do Complexo III para o Complexo IV na cadeia de transporte de elétrons.

Citocromo P450: um grupo de enzimas contendo heme, envolvidas na síntese de hormônios esteroides.

Citoplasma: a substância que constitui a matriz interna de uma célula.

Citosina: uma das bases pirimidina encontrada no DNA e no RNA.

Citrato sintase: a enzima que converte oxaloacetato e acetil CoA em citrato na etapa 1 do ciclo de Krebs (TCA).

Citrulina: um intermediário no ciclo da ureia.

Clonagem do DNA: inserção de um fragmento de DNA em um vetor de clonagem e a subsequente propagação da molécula de DNA recombinante em um organismo hospedeiro.

Clorofila: um grupo de compostos que age como os pigmentos principais captadores de luz dos cloroplastos vegetais.

Cloroplastos: as organelas fotossintéticas encontradas nas células de certos tipos de eucariotas.

Cocos: procariotas com células (formas) esféricas.

478 Glossário

Código de histonas: a hipótese de que o padrão de modificações químicas de proteínas histona influencia várias atividades celulares especificando quais conjuntos de genes se expressam em um momento particular.

Código genético: as regras que determinam que trinca de nucleotídios codifica qual aminoácido durante a síntese de proteína.

Códon de iniciação: o códon, em geral 5'-AUG-3', mas não exclusivamente, encontrado no início da região codificadora um gene.

Códon de pontuação: um códon que especifica o início ou o final de um gene.

Códon de terminação: um dos três códons que assinalam a posição onde a tradução de um mRNA deve parar.

Coeficente de partição: o grau de interação de uma substância com a fase estacionária durante um procedimento cromatográfico.

Coeficiente de sedimentação: o valor usado para expressar a taxa de migração de uma molécula ou estrutura quando centrifugada em uma solução densa.

Coenzima: um composto orgânico que age como um cofator para uma reação enzimática.

Coenzima A: um cofator para várias enzimas envolvidas na geração de energia ou no metabolismo de lipídios.

Coenzima Q (CoQ): a molécula carreadora intermediária para a transferência de elétrons do Complexo I ou II para o Complexo III na cadeia de transporte de elétrons; também denominada ubiquinona.

Cofator: um íon ou molécula que uma enzima requer para efetuar sua reação bioquímica.

Colecalciferol: vitamina D_3; um membro de compostos do grupo da vitamina D.

Colesterol: um esterol animal, um componente de algumas membranas.

Coleta de luz: a absorção de energia da luz do sol por um organismo fotossintético.

Colil CoA: um intermediário na síntese de ácidos biliares.

Colinear: a relação entre a sequência de nucleotídio de um éxon e a sequência de aminoácido dos segmentos proteicos especificados por aquele éxon.

Complementar: dois polinucleotídios que podem parear bases para formar uma molécula dupla fita.

Complexo A: o intermediário de *splicing* que compreende o mRNA e os snRNPs U1 e U2.

Complexo B: o intermediário de *splicing* que compreende o mRNA e os snRNPs U1, U2, U4, U5 e U6.

Complexo citocromo *c* oxidase: Complexo IV da cadeia de transporte de elétrons.

Complexo CoQH₂–citocromo *c* redutase: Complexo III da cadeia de transporte de elétrons.

Complexo de antena: a parte de um fotossistema que captura energia luminosa e a canaliza para o centro da reação.

Complexo de iniciação: o complexo de proteínas que inicia a transcrição. Também o complexo que inicia a tradução.

Complexo de ligação *Cap*: o complexo que faz a inserção inicial da estrutura *cap* no começo da fase de varredura da tradução eucariótica.

Complexo de nitrogenase: o complexo bienzimático que reduz nitrogênio a amônia.

Complexo de piruvato desidrogenase: um complexo de três enzimas que converte piruvato em acetil CoA.

Complexo de pré-iniciação: a estrutura que compreende a pequena subunidade do ribossomo, o iniciador tRNA mais fatores auxiliares que forma a associação inicial com o mRNA durante a síntese de proteína.

Complexo de reconhecimento da origem: o conjunto de proteínas que se liga a uma origem de replicação no DNA de levedura.

Complexo do citocromo $b_6 f$: um complexo que compreende dois citocromos contendo ferro e uma proteína com ferro e enxofre; um componente da cadeia de transporte de elétrons fotossintética.

Complexo exossomo: um anel de seis proteínas, cada uma com atividade de ribonuclease, com três proteínas ligadas ao RNA aderidas ao topo do anel, envolvido na degradação do RNA nos eucariotos.

Complexo GroEL/GroES: um tipo de chaperonina.

Complexo NADH-CoQ redutase: Complexo I da cadeia de transporte de elétron.

Complexo poro: um pequeno canal através da membrana nuclear.

Complexo pós-spliceossomo: o produto inicial da reação de *splicing* do mRNA.

Complexo pré-iniciador: um complexo de proteínas formadas durante a iniciação da replicação em bactérias.

Complexo promotor aberto: uma estrutura formada durante a montagem do complexo de iniciação da transcrição que consiste na RNA polimerase e/ou proteínas acessórias aderidas ao promotor, após o DNA ter sido aberto pela quebra de pares de bases.

Complexo promotor fechado: a estrutura formada durante a etapa inicial na montagem do complexo de iniciação da transcrição. O complexo promotor fechado consiste na RNA polimerase e/ou proteínas acessórias aderidas ao promotor, antes que o DNA tenha sido aberto pela ruptura dos pares de bases.

Complexo silenciador induzido pelo RNA (RISC): uma estrutura de proteína e RNA nos eucariotos que cliva e, portanto, inativa mRNAs alvos.

Complexo succinato–CoQ redutase: Complexo II da cadeia de transporte de elétron.

Complexo translocador da membrana externa (TOM): um ponto de acesso para proteínas em uma mitocôndria.

Complexo translocador da membrana interna (TIM): um ponto de acesso para proteínas em uma mitocôndria.

Glossário **479**

Composto mutagênico: um agente químico ou físico que pode causar uma mutação em uma molécula de DNA.

Concanavalina A: uma lectina que se liga às unidades α-glicose terminal e α-manose em glicanos *O*-ligados.

Condensação: uma reação química que inclui a expulsão de uma molécula de água.

Conjugação: contato físico entre duas bactérias, em geral associada à transferência de DNA de uma célula para outra.

Consenso de Kozak: a sequência nucleotídica que circunda o códon de iniciação de um mRNA eucariótico.

Constante de velocidade: uma descrição da velocidade associada a uma etapa individual em uma reação catalisada por enzima.

Construção de modelos: uma abordagem experimental em que possíveis estruturas de moléculas biológicas são avaliadas construindo-se modelos delas em escala.

Controle alostérico negativo: inibição da atividade enzimática por ligação de uma molécula efetora.

Controle alostérico positivo: estimulação de atividade enzimática por ligação de uma molécula efetora.

Controle de aceptor: a regulação da cadeia de transporte de elétron por disponibilidade de ADP.

Controle respiratório: a regulação da cadeia de transporte de elétrons por disponibilidade de ADP.

–COOH ou C terminal: a extremidade de um polipeptídio que tem um grupo carboxila livre.

Cordão de contas: uma forma não compactada de cromatina, que consiste em contas ou partículas de nucleossomo em um cordão de DNA.

Corismato: um substrato na via para a síntese de aminoácidos aromáticos, no ponto de ramificação para aquelas reações que levam ao triptofano e as que levam a fenilalanina e tirosina.

Corpo cetônico: uma mistura de acetoacetato, D-3-hidroxibutirato e acetona, gerada no fígado a partir de produtos de degradação de ácidos graxos e alguns aminoácidos.

Corpúsculo de inclusão: um depósito cristalino ou paracristalino dentro de uma célula, em geral contendo quantidades substanciais de proteína insolúvel.

Correpressor: uma proteína que reprime a iniciação da transcrição por ligação não específica ao DNA ou via interações de proteína com proteína.

Cortisol: um hormônio esteroide envolvido no controle dos níveis glicêmicos, no sistema imune e no crescimento ósseo.

Cristalografia pelos raios X: um método para estudar as estruturas de moléculas com base na deflexão de raios X que ocorre durante sua passagem através de um cristal ou outra estrutura química ordenada regularmente.

Cristas: dobramentos para dentro na membrana mitocondrial interna.

Cromatina: o complexo de DNA e proteínas histona encontrado nos cromossomos.

Cromatóforos: invaginações da membrana plasmática de uma bactéria púrpura (roxa), em que ocorrem as reações de claro da fotossíntese.

Cromatografia de camada delgada: um sistema de cromatografia em que a fase estacionária é um material sólido em camadas sobre uma folha de plástico.

Cromatografia de fase reversa: um tipo de cromatografia em coluna em que são utilizados grânulos não polares e que separa compostos de acordo com sua hidrofobicidade superficial.

Cromatografia em coluna: cromatografia realizada com partículas compactadas em uma coluna de metal, vidro ou plástico.

Cromatografia em papel: um sistema de cromatografia em que a fase estacionária é uma tira de papel de filtro.

Cromatografia gasosa: um método cromatográfico em que a fase móvel é gasosa e a fase estacionária é um líquido absorvido em matriz sólida.

Cromatografia líquida de alto desempenho ou eficiência (CLAE ou HPLC): cromatografia em coluna realizada em um tubo capilar com diâmetro interno de 1 mm e a fase líquida sendo bombeada sob alta pressão.

Cromatografia por filtração em gel: um tipo de cromatografia em coluna usando grânulos porosos, que separa os compostos de acordo com o tamanho.

Cromatografia por troca iônica: um tipo de cromatografia em coluna usando-se grânulos com carga, que separa os compostos de acordo com suas cargas elétricas líquidas.

Cromatograma: uma representação gráfica da eluição tempo-dependente de compostos durante um experimento de cromatografia.

Cromossomo: uma das estruturas de DNA-proteína que contém parte do genoma nuclear de um eucarioto. Menos acuradamente, a(s) molécula(s) de DNA que contém(êm) o genoma procariótico.

DAHP sintase: a enzima que converte fosfoenolpiruvato e eritrose 4-fosfato em DAHP; na etapa de comprometimento (ou limitante) na parte da via que leva ao corismato.

Dálton: a unidade de medida de massa molecular, um dálton sendo um doze avos da massa de um único átomo de ^{12}C.

Deciclase: uma enzima que sintetiza ATP ou GTP a partir de cAMP ou cGMP, respectivamente.

Dedo de zinco (*zinc-finger*): um *motif* (motivo) estrutural comum para adesão de uma proteína a uma molécula de DNA.

Deficiência de glicose 6-fosfato desidrogenase: uma doença hereditária também conhecida como favismo.

Degenerado: refere-se ao fato de que o código genético tem mais de um códon para a maioria dos aminoácidos.

Degradossomo: um complexo multienzimático responsável pela degradação de mRNAs bacterianos.

$\Delta^{2,4}$-dienoil CoA redutase: a enzima que converte a $\Delta^{2,4}$-dienoil CoA em Δ^3-dienoil CoA durante a quebra de alguns ácidos graxos insaturados.

480 Glossário

Densidade de flutuação: a densidade de uma molécula ou partícula quando suspensa em uma solução salina aquosa ou de açúcar.

Desacoplador: um composto que interfere na cadeia de transporte de elétron ao desacoplar a oxidação de NADH e $FADH_2$ da produção de ATP.

Descarboxilação oxidativa: a oxidação combinada (perda de um par de elétrons) com descarboxilação (perda de CO_2) de um substrato.

Desenvolvimento: uma série coordenada de alterações transitórias e permanentes que ocorre durante a história de vida de uma célula ou organismo.

Deslocamento estrutural (*frameshift*): o movimento de um ribossomo de uma janela para outra em uma posição interna dentro de um gene.

Deslocamento estrutural (*frameshifting*) programado: o movimento controlado de um ribossomo de uma janela de leitura para outra em uma posição interna dentro de um gene.

Desnaturação: a ruptura, por meios químicos ou físicos, das interações não covalentes, como pontes (ligação) de hidrogênio, que mantêm os níveis secundários e mais altos da estrutura de proteínas e ácidos nucleicos.

Desoxinucleotidil transferase terminal: uma enzima que acrescenta um ou mais nucleotídios à extremidade 3' de uma molécula de DNA.

Despolarizada: refere-se à luz natural; os campos elétricos de fótons diferentes oscilam em direções diferentes.

Dessaturase: parte do complexo enzimático que introduz ligações duplas na cadeia de hidrocarbonetos durante a síntese de ácido graxo.

Desvio da hexose monofosfato: outro nome da via das pentoses fosfato.

Desvio químico: o desvio na frequência de ressonância de um núcleo atômico, resultante da presença de elétrons na proximidade do núcleo.

Detergente: um grupo amplo de compostos com atividades surfactantes incluindo derivados de ácido graxo com uma cauda hidrofóbica e cabeça fortemente hidrofílica, capaz de romper uma camada lipídica dupla.

Diabetes melito: um grupo de doenças que se caracteriza por níveis glicêmicos anormalmente altos.

1,2-diacilglicerol (DAG): um componente da via sinalizadora do mensageiro secundário iniciada pelo fluxo de Ca^{2+} para dentro da célula.

Diagrama de Ramachandran: uma representação gráfica das combinações possíveis dos ângulos de ligação *psi* e *phi* que podem ocorrer dentro de um polipeptídio.

Diálise: a separação de compostos em um líquido com base nas capacidades diferenciais daqueles compostos para passar através de uma membrana.

Diastereoisômero: um composto com mais de um par de carbonos quirais.

Diazotrófico: um organismo capaz de executar a fixação de nitrogênio.

Dicer: uma ribonuclease que corta o RNA dupla fita, envolvida no processamento de moléculas precursoras de miRNA.

Dicroísmo circular: a absorção diferencial de luz polarizada no sentido horário e/ou anti-horário, usada como a base para um método de obtenção de informação sobre a estrutura de uma molécula.

Didesoxinucleotídio (ddNTP): um nucleotídio modificado que não tem o grupo hidroxila 3' e, assim, previne o alongamento da cadeia quando incorporado em um polinucleotídio em crescimento.

Diferenciação: a adoção por uma célula de um papel bioquímico e/ou fisiológico especializado.

Difração de raios X: a deflexão de raios X que ocorre durante sua passagem através de um cristal ou outra estrutura química ordenada regularmente.

Difusão facilitada: processo de transporte em que uma proteína move uma molécula do lado de um lado de uma membrana em que a concentração é mais alta para aquele em que a concentração é inferior.

Diglicerídio aciltransferase: uma parte do complexo piruvato desidrogenase.

Di-hidrolipoil transacetilase: uma parte do complexo piruvato desidrogenase.

Dímero de ciclobutil: um dímero entre duas bases pirimidinas adjacentes em um polinucleotídio, formado pela irradiação ultravioleta.

2,4-dinitrofenol: um desacoplador da cadeia do transporte de elétrons.

Dipolo: um átomo com nuvem desigual de elétrons, resultando em um lado do átomo sendo ligeiramente eletropositivo e o outro lado ligeiramente eletronegativo.

Dissacarídio: um açúcar feito de dois monossacarídios ligados.

DNA: ácido desoxirribonucleico, uma das duas formas de ácido nucleico nas células vivas; o material genético de todas as formas celulares de vida e muitos vírus.

DNA adenina metilase (Dam): uma enzima envolvida na metilação do DNA da *Escherichia coli*.

DNA ancestral: DNA preservado de um espécime arqueológico ou fóssil.

DNA citosina metilase (Dcm): uma enzima envolvida na metilação do DNA da *Escherichia coli*.

DNA complementar (cDNA): uma cópia de DNA dupla fita de uma molécula de mRNA.

DNA fotoliase: uma enzima bacteriana envolvida no reparo por fotorreativação.

DNA glicosilase: uma enzima que cliva a ligação β-*N*-glicosídica entre uma base e o componente açúcar de um nucleotídio, como parte dos processos de reparo de excisão de base e pareamento irregular de bases.

DNA intergênico: as regiões de um genoma que não contêm genes; a sequência de nucleotídios entre genes adjacentes.

DNA ligador: o DNA que liga nucleossomos: a 'corrente' no modelo de 'colar de contas' da estrutura da cromatina.

DNA ligase: uma enzima que sintetiza ligações fosfodiéster como parte dos processos de replicação, reparo e recombinação do DNA.

DNA polimerase: uma enzima que sintetiza DNA.

DNA polimerase dependente de DNA: uma enzima que faz uma cópia de DNA a partir de um molde de DNA.

DNA polimerase dependente de RNA: uma enzima que faz uma cópia de DNA a partir de um molde de RNA; uma transcriptase reversa.

DNA polimerase I: a enzima bacteriana que completa a síntese de fragmentos Okazaki durante a replicação do genoma e está envolvida em alguns tipos de reparo do DNA nos eucariotos.

DNA polimerase III: a principal enzima de replicação do DNA bacteriano.

DNA polimerase α: a enzima que inicia a replicação do DNA nos eucariotos.

DNA polimerase β: uma enzima envolvida em alguns tipos de reparo do DNA nos eucariotos.

DNA polimerase δ: a enzima responsável pela replicação do filamento tardio de DNA nos eucariotos.

DNA polimerase ε: a enzima responsável pela replicação da fita líder de DNA nos eucariotos.

DNA polimerase γ: a enzima que replica moléculas de DNA mitocondrial.

DNA *shuffling* (ou embaralhamento): um procedimento baseado na PCR que resulta na evolução direcionada de uma sequência de DNA.

DNA superespiralado: um estado conformacional em que uma dupla-hélice é virada para cima ou para baixo, de modo que ocorra superespiralamento da hélice.

DNA topoisomerase: uma enzima que introduz ou remove voltas da dupla-hélice por quebra e reunião de um ou ambos os polinucleotídios.

DNA topoisomerase do tipo 1: uma DNA topoisomerase que faz uma quebra da fita simples em uma molécula de DNA de filamento duplo.

DNA topoisomerase do tipo 2: uma DNA topoisomerase que faz uma quebra da fita dupla em uma molécula de DNA de filamento duplo.

Doença de Gunther: um defeito da cossintetase do uroporfiringênio.

Domínio: um segmento distinto na estrutura terciária de uma proteína. Também um dos três grupos principais de organismo: as bactérias, Archaea ou eucariotos.

Domínio acídico: um tipo de sítio de ativação.

Domínio C-terminal (CTD): um componente da maior subunidade da RNA polimerase II, importante na ativação da polimerase.

Domínio de ativação: a parte de um ativador que faz contato com o complexo de iniciação.

Domínio rico em glutamina: um tipo de domínio de ativação.

Domínio rico em prolina: um tipo de domínio de ativação.

Dupla-hélice: a estrutura dupla fita de pares de bases que é a forma natural de DNA na célula.

Efeitos estéricos: os efeitos que impedem dois átomos de ficar juntos muito próximos e, portanto, limitam as conformações possíveis que qualquer molécula pode adquirir.

Efetor: uma pequena molécula que se liga a uma enzima e regula a atividade daquela enzima.

Eicosanoide: um composto derivado do ácido araquidônico, com atividade semelhante a hormônio.

Elemento de resposta ao ferro (IRE): uma sequência regulatória *upstream* de um gene envolvido na captação ou no armazenamento de ferro.

Elemento de resposta cAMP (CRE): o sítio (local) de ligação, *upstream* de alguns genes eucarióticos codificadores de proteína, para a proteína CREB.

Elemento hormonal de resposta: uma sequência de nucleotídios dentro da região promotora de um gene que medeia o efeito regulatório de um hormônio esteroide.

Elemento promotor basal: sequência de motivos (*motifs*) que estão presentes em muitos promotores eucarióticos e ajusta o ponto base de iniciação da transcrição.

Elemento promotor específico da célula: sequência de motivos presente nos promotores de genes eucarióticos que se expressam em apenas um determinado tipo de tecido.

Elementos promotores do desenvolvimento: sequências dentro de um promotor eucariótico que ligam proteínas que regulam a expressão de genes ativos em estágios específicos do desenvolvimento.

Eletroendosmose: o movimento de um líquido, como o tampão em um gel, induzido por um campo elétrico.

Eletroforese: o movimento de moléculas com carga em um campo elétrico.

Eletroforese bidimensional: um método para a separação de proteínas, usado especialmente em estudos do proteoma.

Eletroforese em gel de SDS-poliacrilamida (SDS-PAGE): eletroforese em um gel de poliacrilamida contendo dodecil sulfato de sódio (SDS), usado para separar polipeptídios de acordo com seus pesos moleculares.

Eletroforese em gel: eletroforese realizada em um gel, de modo que moléculas de carga elétrica similar podem ser separadas com base no tamanho.

ELISA (ensaio imunossorvente ligado a enzima): um imunoensaio baseado em enzima.

Empilhamento de bases: as interações hidrofóbicas que ocorrem entre pares de bases adjacentes em uma molécula de DNA de filamento duplo.

482 Glossário

Enantiômeros: isômeros cujas estruturas são imagens especulares umas das outras.

Endereçamento de proteína: o processo que resulta no transporte de uma proteína do seu local de montagem para aquele na célula onde ela irá exercer uma função.

Endergônica: uma reação química que requer energia.

Endonuclease: uma enzima que quebra ligações fosfodiéster dentro de uma molécula de ácido nucleico.

Endonuclease AP: uma enzima envolvida no reparo da excisão de bases.

Endonuclease de restrição: uma endonuclease que corta moléculas de DNA apenas em um número limitado de sequências nucleotídicas específicas.

Energética: o estudo da transformação de energia durante uma reação química.

Energia de ativação ou $\Delta G^{\ddagger}$: a diferença entre o conteúdo de energia livre dos substratos para a reação e o estado de transição.

Energia de ligação: a força de uma ligação covalente, a medida da energia necessária para romper a ligação.

Energia livre de Gibbs ou **G:** medida da energia de um sistema que pode ser convertida em trabalho, a temperatura e volume constantes.

Energia livre: a energia de um sistema que pode ser convertida em trabalho.

Engenharia de proteínas: várias técnicas para fazer alterações direcionadas em moléculas de proteína, geralmente para melhorar as propriedades de enzimas usadas em processos industriais.

Engenharia genética: o uso de técnicas experimentais para produzir moléculas de DNA contendo novos genes ou novas combinações de genes.

Enoil CoA hidratase: a enzima que converte uma $trans$-Δ^2-enoil CoA em um 3-hidroxiacil CoA na etapa 2 da via de quebra de ácido graxo.

Enoil-ACP redutase: a enzima que converte crotonil ACP em butiril ACP na etapa 4 da via da síntese de ácido graxo.

Enolase: a enzima que converte 2-fosfoglicerato em fosfoenolpiruvato na etapa 9 da via da glicólise.

Enteropeptidase: uma protease que converte tripsinogênio em tripsina e quimotripsinogênio em quimotripsina.

Entropia: a medida do grau de desordem de um sistema.

Envelope celular: a estrutura que envolve uma célula bacteriana, compreendendo a membrana plasmática (em todas as espécies), a parede celular (na maioria das espécies) e a membrana externa (em algumas espécies).

Envelope nuclear: a membrana dupla que circunda o núcleo de uma célula eucariótica.

Enzima: uma proteína ou, menos comumente, RNA que catalisa uma reação bioquímica.

Enzima alostérica: qualquer enzima cuja atividade é influenciada por um efetor alostérico, que se liga a ela em uma posição separada do sítio ativo.

Enzima central (do *core*): as subunidades necessárias para uma enzima exercer sua atividade central; em particular, a versão da RNA polimerase de *Escherichia coli*, subunidade de composição $\alpha_2\beta\beta'$, que realiza a síntese de RNA, mas é incapaz de localizar promotores com eficiência.

Enzima de condensação acil-malonil-ACP: a enzima que converte acetil ACP e malonil ACP em acetoacetil ACP na etapa 1 da via de síntese de ácido graxo.

Enzima desramificadora do glicogênio: uma enzima que remove unidades de glicose dos locais de ramificação em uma molécula de glicogênio.

Enzima málica ligada ao NADP: uma enzima que converte malato em piruvato e dióxido de carbono nas células da bainha do feixe em plantas C4.

Enzima ramificadora de glicogênio: uma enzima que sintetiza as ligações $\alpha(1\rightarrow6)$ nos pontos de ramificação em uma molécula de glicogênio.

Enzima ramificadora do amido: uma enzima que sintetiza as ligações $\alpha(1\rightarrow6)$ que resultam na estrutura ramificada da versão amilopectina de amido.

Enzima repórter: uma enzima cuja atividade pode ser facilmente submetida a ensaio e, portanto, que pode ser ligada a um anticorpo, por exemplo, e assim usada em um imunoensaio.

Enzima RNA: uma molécula de RNA que tem atividade catalítica.

Enzimas homólogas: duas ou mais enzimas com funções idênticas.

Epímeros: diastereoisômeros que diferem na estrutura em apenas um de seus carbonos quirais.

Epinefrina: um hormônio (também denominado adrenalina) produzido pelas glândulas suprarrenais, que controla várias atividades celulares como parte da resposta de 'luta ou fuga'.

Epítopo: uma característica da superfície de um antígeno, reconhecido por um anticorpo.

Epóxido de esqualeno: um intermediário na síntese de compostos esteróis.

Equação de Michaelis-Menten: uma equação que indica a relação entre a concentração de substrato, $V_{máx}$, e a K_m de uma reação catalisada por uma enzima.

Equilíbrio dinâmico (*steady state*): a situação que surge quando a velocidade de síntese de um complexo enzima-substrato iguala-se à velocidade de seu consumo.

Esfera de coordenação: a estrutura de uma metaloproteína que compreende íons metálicos e as cadeias laterais de aminoácidos às quais estão ligados.

Esfingolipídio: um lipídio anfifílico baseado na esfingosina.

Esfingosina: um hidrocarboneto derivado de cadeia longa com um grupo hidroxila interno.

Espaço extracelular: o material entre células dentro de um tecido.

Espaço intermembrana: o espaço entre as membranas mitocondriais interna e externa.

Espaço tilacoide: região interna dentro de um tilacoide.

Espécies reativas de oxigênio: agentes oxidantes que podem prejudicar a função celular danificando membranas e inativando enzimas.

Espectro de massa: uma representação gráfica de valores m/z dos íons separados por um experimento de espectrometria de massa.

Espectrometria de massa: uma técnica analítica em que íons são separados de acordo com suas proporções entre massa e carga (m/z).

Espectrometria de massa (sequencial) *tandem:* um tipo de espectrometria de massa que usa dois ou mais analisadores de massa ligados em série.

Espectrômetro de massa com setor magnético: um espectrômetro de massa em que o analisador de massa é um único ou uma série de ímãs pelos quais passam as moléculas ionizadas.

Espectrômetro de massa quadripolo: um espectrômetro de massa em que o analisador de massa tem quatro bastões magnéticos colocados paralelos um ao outro, circundando um canal central através do qual os íons têm que passar.

Espectroscopia por ressonância magnética (RM): um método para estudar as estruturas de moléculas com base nos momentos magnéticos gerados por núcleos em rotação.

Espirilos: procariotos com células em forma de espirais.

Espliceossomo (ou **"spliceossomo"**) o complexo de proteína e RNA envolvido no *splicing* de íntrons GU–AG e AU–AC.

Esquema Z: um gráfico que exibe as alterações no potencial redox que ocorrem ao longo da cadeia fotossintética de transporte de elétron.

Estado de transição: o ponto em um caminho de reação onde o sistema tem o mais alto conteúdo de energia livre.

Estequiometria: em uma reação química, o número de moléculas de cada reagente, usadas em comparação com o número de moléculas de cada produto gerado.

Estereoisômeros: isômeros em que os átomos estão unidos juntos na mesma sequência, mas que diferem no arranjo dos átomos em torno de um ou mais centros assimétricos, como um carbono quiral.

Esteroide: um derivado esterol em que a hidroxila ligada ao carbono C_3 é substituída por um grupo químico diferente.

Esterol: um lipídio formado por ciclização de esqualeno.

Estigmasterol: um esterol vegetal.

Estradiol: um hormônio esteroide envolvido no controle do ciclo reprodutivo feminino.

Estroma: a região interna dentro de um cloroplasto.

Estrutura *Cap:* a modificação química na extremidade 5′ da maioria das moléculas do mRNA eucariótico.

Estrutura Cis₂ His₂: um tipo de domínio *zinc-finger* de ligação de DNA.

Estrutura helicoidal: uma estrutura proteica em que duas ou mais hélices α se enrolam uma na outra para formar uma super-hélice.

Estrutura primária: a sequência de aminoácidos em um polipeptídio.

Estrutura quaternária: a associação entre polipeptídios diferentes para formar uma proteína de múltiplas subunidades.

Estrutura secundária: uma série de conformações, incluindo hélices, folhas e voltas, que podem ser adotadas por partes diferentes de um polipeptídio.

Estrutura terciária: a configuração tridimensional geral de uma proteína.

Etapa limitante: a primeira etapa irreversível em uma via catalisada por enzima que produz um intermediário que é exclusivo daquela via.

Eucarioto: um organismo cujas células contêm núcleos ligados à membrana.

Evolução dirigida: um conjunto de técnicas experimentais usadas para a obtenção de novas proteínas com propriedades melhores.

Excitado: refere-se a ao ganho de energia por um elétron.

Exergônica: uma reação química que libera energia.

Exocitose: o processo de transporte de proteínas secretadas.

Éxon: uma região codificadora dentro de um gene descontínuo.

Exonuclease: uma enzima que remove nucleotídios de uma ou ambas as extremidades de uma molécula de ácido nucleico.

Expressão gênica: a série de eventos pelos quais a informação biológica levada por um gene é liberada e se torna disponível para a célula.

Extinção não fotoquímica: transferência de energia de uma molécula de clorofila excitada para um composto supressor, resultando na dissipação da energia como calor.

Extremidade 3′ ou 3′-OH terminal: a extremidade de um polinucleotídio que termina com um grupo hidroxila inserido ao carbono 3 do açúcar.

Extremidade 5′ ou 5′-P terminal: a extremidade de um polinucleotídio que termina com um mono, di ou trifosfato ligado ao carbono 5′ do açúcar.

Extremidade cega (*blunt*): extremidade de uma molécula de DNA em que ambas as fitas terminam na mesma posição de nucleotídio, sem extensão de fita única.

Extremidade cega (*flush*): uma extremidade de uma molécula de DNA na qual ambas as fitas terminam na mesma posição de nucleotídio, sem qualquer extensão em nenhuma das fitas.

Extremidade coesiva: extremidade de uma molécula de dupla fita de DNA onde há uma extensão de fita simples.

484 Glossário

Extremófilo: um organismo capaz de viver em um ambiente cujas condições físicas e/ou químicas são hostis para outros organismos.

F₀F₁ ATPase: uma proteína com múltiplas subunidades, localizada na membrana mitocondrial interna, que utiliza um potencial eletroquímico através da membrana para sintetizar ATP.

Fagocitose: o engolfamento e a degradação de uma bactéria ou outro patógeno por um macrófago.

Fase de leitura aberta: uma série de códons que começa com um códon de iniciação e finaliza com um códon de terminação. A parte de um gene codificador de proteína que é traduzido em uma proteína.

Fase estacionária: a fase não móvel em um sistema de cromatografia, em geral uma matriz sólida, ou um líquido que foi adsorvido por uma matriz sólida.

Fase móvel: a fase em um sistema de cromatografia, em geral um líquido no qual os compostos foram dissolvidos ou um gás em que eles foram vaporizados.

Fator de alongamento: uma proteína que desempenha um papel auxiliar na etapa de elongação da transcrição ou tradução.

Fator de clivagem e especificidade de poliadenilação (CPSF): uma proteína que desempenha um papel auxiliar durante a poliadenilação de mRNAs eucarióticos.

Fator de estimulação da clivagem (CstF): uma proteína que desempenha um papel auxiliar durante a poliadenilação de mRNAs eucarióticos.

Fator de iniciação: uma proteína que desempenha um papel auxiliar durante a iniciação da tradução.

Fator de reciclagem do ribossomo (RRF): uma proteína responsável pelo desmonte do ribossomo no final da síntese de proteína em bactérias.

Fator de transatuação do IRES (ITAF): proteínas celulares de ligação do RNA com várias funções, que são usadas por um vírus infectante para ajudar na iniciação da síntese proteica nos sítios internos de entrada do ribossomo.

Fator de transcrição IID ou TFIID: o complexo de proteína, incluindo a proteína de ligação TATA, que reconhece o promotor central de um gene transcrito pela RNA polimerase II.

Fator de troca de nucleotídio: uma proteína que substitui um nucleotídio difosfato, ligado a outra proteína, por um nucleotídio trifosfato.

Fator liberador: uma proteína que desempenha um papel auxiliar durante o término da tradução.

Fator Nod: oligossacarídios curtos com uma cadeia lateral de ácido graxo secretados por bactérias fixadoras de nitrogênio e detectados por plantas hospedeiras adequadas.

Fatores associados à TBP ou TAFs: um de vários componentes do fator de transcrição TFIID, desempenhando papéis auxiliares em reconhecimento da caixa TATA.

Favismo: deficiência de glicose-6-fosfato-desidrogenase.

FEN1: a 'endonuclease *flap*' envolvida na replicação da fita tardia (lenta) em eucariotos.

Fenilcetonúria: uma doença causada por um defeito no gene da fenilalanina hidroxilase.

Fermentação alcoólica: uma via bioquímica para a regeneração do NADH em condições anaeróbicas, envolvendo a conversão de piruvato em etanol.

Ferredoxina: uma proteína FeS; um componente da cadeia de transporte de elétrons fotossintética.

Ferredoxina-tiorredoxina redutase: uma enzima que converte a tiorredoxina em sua forma reduzida.

Fibra de 30 nm: uma forma relativamente não compactada de cromatina, que consiste em um arranjo possivelmente helicoidal de nucleossomos em uma fibra com aproximadamente 30 nm de diâmetro.

Ficobilinas: um grupo de pigmentos captadores de luz encontrado em muitas bactérias fotossintéticas.

Filamentoso: um bacteriófago ou capsídeo viral em que os protômeros estão dispostos em uma hélice, produzindo uma estrutura em forma de bastão.

Fímbrias: estruturas presentes na superfície de algumas bactérias, que capacitam as células a aderirem a uma superfície sólida.

Fita (ou filamento) tardio: o filamento da dupla-hélice que é copiado de maneira descontínua durante a replicação do genoma.

Fitocromo: um pigmento vegetal, equivalente aos pigmentos biliares de mamíferos, que coordena as respostas fisiológicas e bioquímicas da planta à luz.

Fixação do carbono: a conversão de uma forma inorgânica de carbono em uma forma orgânica, como ocorre durante as reações de fotossíntese no escuro.

Fixação do nitrogênio: a conversão biológica do nitrogênio atmosférico em amônia.

Flagelos: estruturas que dão mobilidade a algumas células.

Flavina adenina dinucleotídio (FAD): um cofator para várias enzimas envolvidas na geração de energia.

Flavina mononucleotídio (FMN): um cofator para várias enzimas envolvidas na geração de energia.

Flavonoides: compostos orgânicos secretados pelas raízes de plantas que agem como atrativos para bactérias fixadoras de nitrogênio.

Focalização isoelétrica: uma técnica de eletroforese em gel que separa proteínas de acordo com os pontos isoelétricos.

Folha pregueada β: um tipo comum de estrutura proteica secundária.

Folha-β antiparalela: uma folha-β em que filamentos adjacentes seguem em direções opostas.

Folha-β paralela: uma folha-β em que todas as tiras/folhas seguem na mesma direção.

Forças de van der Waals: interações fracas que envolvem atrações entre dois átomos dipolares.

Forma-A: uma conformação estrutural da dupla-hélice, presente mas não comum no DNA celular.

Forma-B: a conformação estrutural mais comum da dupla-hélice de DNA nas células vivas.

Forquilha de replicação: a região de uma molécula de DNA dupla fita que está sendo aberta para possibilitar a replicação do DNA.

Fosfatase: uma enzima que remove grupos fosfato de outras enzimas.

Fosfatidato fosfatase: a enzima que converte ácido fosfatídico em diacilglicerol na etapa 4 da via de síntese do triacilglicerol.

Fosfatidilinositol-4,5-bifosfato (PtdIns(4,5)P$_2$): um componente lipídico da membrana celular, envolvido em uma via sinalizadora de mensageiro secundário.

Fosfatidilserina: um glicerofosfolipídio em que o grupo cabeça polar é a serina.

Fosfodiesterase: um tipo de enzima que pode romper ligações fosfodiéster.

Fosfoenolpiruvato carboxilase: uma enzima que converte dióxido de carbono e fosfoenolpiruvato em oxaloacetato em plantas C4 e CAM.

Fosfoenolpiruvato carboxiquinase: a enzima que converte oxaloacetato em fosfoenolpiruvato durante a gliconeogênese.

Fosfofrutoquinase: a enzima que converte frutose 6-fosfato em frutose 1,6-bifosfato na etapa 3 da via de glicólise.

Fosfofrutoquinase 2: a enzima que sintetiza frutose 2,6-bifosfato a partir de frutose 6-fosfato, envolvida na regulação da glicólise no nível de substrato.

Fosfoglicerato mutase: a enzima que converte 3-fosfoglicerato em 2-fosfoglicerato na etapa 8 da via de glicólise.

Fosfoglicerato quinase: a enzima que converte 1,3-bifosfoglicerato em 3-fosfoglicerato na etapa 7 da via de glicólise e também a reação reversa na etapa 2 do ciclo de Calvin.

Fosfoglicoisomerase: a enzima que converte glicose 6-fosfato em frutose 6-fosfato na etapa 2 da via de glicólise.

Fosfoglicomutase: a enzima que converte glicose 1-fosfato em glicose 6-fosfato na etapa 4 da via de interconversão de galactose em glicose e também durante a quebra do glicogênio, realizando ainda a reação reversa durante a síntese de sacarose.

6-fosfogliconato desidrogenase: a enzima que converte o 6-fosfogliconato em ribulose 5-fosfato na etapa 3 da via da pentose fosfato.

Fosfopanteteína: um grupo prostético derivado da vitamina B$_5$.

Fosfopentose epimerase: a enzima que converte ribulose 5-fosfato em xilulose 5-fosfato na etapa 5 da via das pentoses fosfato.

Fosfopentose isomerase: a enzima que converte ribulose 5-fosfato em ribose 5-fosfato na etapa 4 da via das pentoses fosfato.

Fosforribosil pirofosfato (PRPP): uma ribose que tem um grupo difosfato ligado ao carbono número 1 e um monofosfato ao carbono 5; um intermediário na síntese de aminoácidos aromáticos.

Fosforilação em nível de substrato: conversão de ADP em ATP (ou de GDP em GTP) usando um fosfato de um intermediário fosforilado, o último sendo um dos substratos da reação.

Fosforilação oxidativa: geração de ATP a partir de ADP e fosfato inorgânico via cadeia de transporte de elétron.

Fosforilase quinase: uma enzima que ativa a glicogênio fosforilase acrescentando um grupo fosfato, convertendo a glicogênio fosforilase *b* em glicogênio fosforilase *a*.

Fotofosforilação: a síntese de ATP direcionada pela luz.

Fotofosforilação cíclica: uma versão modificada da cadeia de transporte de elétrons fotossintética, em que os elétrons de plastocianina são usados para o centro da reação P700 retornar a seu estado fundamental.

Fotoproduto: um nucleotídio modificado resultante do tratamento de DNA com radiação ultravioleta.

Fotoproduto fotoliase (6−4): uma enzima envolvida no reparo por fotorreativação.

Fotoproteção: um processo que impede os fotossistemas de sofrerem lesão em altas intensidades luminosas.

Fotorreativação: um processo de reparo de DNA em que dímeros ciclobutil e fotoprodutos (6−4) são corrigidos por uma enzima ativada pela luz.

Fotorrespiração: uma série de reações para a conversão de 2-fosfoglicolato em 3-fosfoglicerato, usado para evitar o acúmulo de 2-fosfoglicolato que resultaria na inibição do ciclo de Calvin.

Fotossíntese: a conversão da luz solar em energia química que é armazenada em carboidratos como amido.

Fotossíntese anoxigênica: fotossíntese bacteriana que não utiliza água como doador de elétron e, portanto, não produz oxigênio.

Fotossistema: complexos de proteína de múltiplas subunidades responsáveis pela captação da luz nos organismos fotossintéticos.

Fotossistema I: um dos dois fotossistemas de plantas superiores.

Fotossistema II: um dos dois fotossistemas de plantas superiores.

Fragmento iônico: um íon resultante da fragmentação de uma molécula durante a fase de ionização da espectrometria de massa.

Fragmento Okazaki: um dos segmentos curtos do DNA sintetizado a partir do RNA durante a replicação do filamento (ou fita) tardia da dupla-hélice.

Frequência de ressonância: a diferença de energia entre os estados de rotação (*spin*) α e β de um núcleo.

486 Glossário

Frutoquinase: a enzima que converte frutose em frutose 1-fosfato na etapa 1 da via de frutose 1-fosfato.

Frutose 1,6-bisfosfatase: a enzima que converte frutose 1,6-bifosfato em frutose 6-fosfato durante a síntese de sacarose e também durante a gliconeogênese.

Frutose 1-fosfato aldolase: a enzima que converte frutose 1-fosfato em gliceraldeído e di-hidroxiacetona fosfato na etapa 2 da via de frutose 1-fosfato.

Frutose bisfosfatase 2: uma enzima que converte frutose 2,6-bifosfato em frutose 6-fosfato, envolvida na regulação no nível de substrato na glicólise.

Fucoxantina: um pigmento captador de luz encontrado em algas marrons.

Fumarase: a enzima que converte fumarato em malato na etapa 7 do ciclo de Krebs (TCA).

Função de extremidade não homóloga (NHEJ): o processo de reparo de quebras de dupla fita em moléculas de DNA.

Funil de enovelamento: um conceito usado para explicar a série de eventos mediante os quais uma proteína adota gradualmente sua estrutura final.

Furanose: a forma cíclica de um açúcar de cinco carbonos como a ribose.

Galactoquinase: a enzima que converte galactose em galactose 1-fosfato na etapa 1 da via de interconversão galactose-glicose.

Galactose 1-fosfato uridil transferase: a enzima que transfere um grupo uridina de UDP-glicose para galactose 1-fosfato na etapa 2 da via de interconversão galactose-glicose.

Gangliosídio: um esfingolipídio com um grupo açúcar como cabeça polar.

Gene codificador de proteína: um gene que é transcrito em um mRNA.

Gene de manutenção (*housekeeping*): um gene codificador de proteína que se expressa continuamente em todas as células ou pelo menos a maioria delas de um organismo multicelular.

Gene descontínuo: um gene que está dividido em éxons e íntrons.

Gênero: a hierarquia taxonômica que compreende coleções de espécies.

Genoma: o complemento inteiro de moléculas de DNA em uma célula.

Glicana: o oligossacarídio em uma única posição glicosilada em uma glicoproteína.

Gliceraldeído 3-fosfato desidrogenase: a enzima que converte gliceraldeído-3-fosfato em 1,3-bifosfoglicerato na etapa 6 da via de glicólise e que também leva a cabo a reação reversa na etapa 3 do ciclo de Calvin.

Glicerofosfolipídio: um lipídio que lembra um triacilglicerol, mas com um dos ácidos graxos substituídos por um grupo hidrofílico aderido ao componente glicerol por uma ligação fosfodiéster.

Glicerol 3-fosfato aciltransferase: a enzima que acrescenta a primeira e a segunda cadeias de ácido graxo ao glicerol-3-fosfato durante a via de síntese de triacilglicerol.

Glicerol 3-fosfato desidrogenase: a enzima que converte di-hidroxacetona fosfato em glicerol 3-fosfato na etapa 1 da via de síntese de triacilglicerol e também como parte da lançadeira de glicerol 3-fosfato.

Glicerol quinase: uma enzima que converte glicerol em glicerol 3-fosfato antes de sua conversão em di-hidroxiacetona fosfato no fígado.

Glicocolato: um ácido biliar, um derivado do ácido cólico, que ajuda a emulsificar gorduras provenientes da dieta.

Glicocorticoides: uma família de hormônios esteroides.

Glicogênico: um aminoácido cujos produtos de degradação podem ser usados para sintetizar glicose.

Glicogenina: a enzima que inicia a síntese de glicogênio.

Glicogênio fosforilase: uma enzima que remove unidades de glicose por uma das extremidades não redutoras de uma molécula de glicogênio.

Glicogênio sintase: uma enzima que adiciona unidades de glicose ativadas às extremidades não redutoras da molécula de glicogênio em crescimento.

Glicogênio: um homopolissacarídio de armazenamento, encontrado em animais e constituído inteiramente por unidades de D-glicose.

Glicolipídio: um lipídio glicosilado.

Glicólise: a via catabólica que gera energia a partir da quebra de uma molécula de glicose em duas moléculas de piruvato.

Glicoma: o conteúdo de carboidratos de uma célula ou tecido.

Gliconeogênese: uma via para a conversão de piruvato em glicose.

Glicoproteína: uma proteína glicosilada.

Glicoquinase: a enzima que converte glicose em glicose 6-fosfato nas células hepáticas.

Glicosaminoglicanos: um grupo de polissacarídios da matriz extracelular.

Glicose: um composto monossacarídico hexose.

Glicose 6-fosfatase: uma enzima que converte glicose 6-fosfato em glicose no fígado.

Glicose 6-fosfato desidrogenase: uma enzima que converte glicose 6-fosfato em 6-fosfoglicono-δ-lactona na etapa 1 da via das pentoses fosfato.

Glicosidase: uma enzima que quebra ligações glicosídicas.

Glicosilação: a união de cadeias curtas de açúcares a uma proteína.

Glicosilação *N*-ligada: a inserção de unidades de açúcar a uma asparagina em um polipeptídio.

Glicosilação *O*-ligada: a ligação de unidades de açúcar a uma serina ou treonina em um polipeptídio.

Glioxissomas: as organelas vegetais dentro das quais ocorre o ciclo do glioxilato.

Glóbulo fundido (*molten globule*): um intermediário no dobramento de proteína, formado pelo colapso rápido de um polipeptídio em uma estrutura compacta, com dimensões um pouco maiores do que a proteína final.

Glucagon: um hormônio, sintetizado no pâncreas, que aumenta a concentração de glicose na corrente sanguínea.

Glutamato desidrogenase: uma enzima que converte α-cetoglutarato em glutamato na etapa 1 na via de síntese de glutamato e glutamina, e também reverte a reação durante degradação de aminoácidos.

Glutamina sintetase: a enzima que converte glutamato em glutamina na etapa 2 na via de síntese de glutamato e glutamina.

Glutationa: um tripeptídio feito de ácido glutâmico, cisteína e glicina, com uma ligação incomum entre os dois primeiros aminoácidos.

Glutationa peroxidase: uma enzima que converte glutationa reduzida em sua forma oxidada, acoplada à conversão de peróxido de hidrogênio em água.

Glutationa redutase: uma enzima que regenera a glutationa reduzida a partir de sua forma oxidada.

3′, 5′-GMP cíclico (cGMP): uma versão modificada de GMP, em que uma ligação fosfodiéster intramolecular une os carbonos 3′ e 5′.

Gota: uma condição clínica causada por excesso de ácido úrico no sangue.

Gradiente de pH imobilizado: um gradiente pH em uma eletroforese em gel, estabelecida por concentrações diferenciais de compostos fracamente ácidos ou básicos, usados na focalização isoelétrica.

Gradiente salino: uma concentração gradualmente crescente de sal que é usada para eluir compostos de acordo com suas cargas elétricas líquidas durante a cromatografia de troca iônica.

Gradiente eletroquímico: um gradiente de potencial eletroquímico, em geral resultante de concentrações diferentes de um íon de cada lado de uma membrana.

Gráfico de Lineweaver-Burk: um gráfico da relação entre a concentração de substrato e a velocidade inicial de uma reação catalisada por enzima.

Grana: amontoados (pilhas) de tilacoide dentro do estroma de um cloroplasto.

Grupamento de ferro-enxofre ou FeS: um aglomerado de átomos de ferro coordenados com átomos de enxofre inorgânico e com o enxofre de uma cadeia lateral de cisteína.

Grupo peptídico: a parte da ligação entre dois aminoácidos que compreende os dois carbonos α e os átomos de C, O, N e H entre eles.

Grupo prostético: um cofator orgânico ou inorgânico que forma uma ligação permanente ou semipermanente com uma enzima.

Grupo R: o grupo variável (cadeia lateral) na estrutura de um aminoácido.

Guanilil transferase: a enzima que une um GTP à extremidade 5′ de um mRNA eucariótico no início da reação de maturação (*capping*).

Guanina: uma das bases purinas encontradas no DNA e no RNA.

Guanina metiltransferase: a enzima que une um grupo metil à extremidade 5′ de um mRNA eucariótico durante a reação de maturação (*capping*).

Guia de onda modo zero: uma nanoestrutura que possibilita a observação de moléculas individuais.

Haste-alça: uma estrutura em forma de grampo de cabelo, que consiste em uma haste com pares de bases formados e uma alça de bases não pareadas, que pode formar-se em um polinucleotídio.

Helicase: uma enzima que quebra pares de bases em uma molécula de DNA de dupla fita.

Hélice anfipática: um tipo de hélice α que fica na superfície de uma proteína.

Hélice de reconhecimento: uma α-hélice em uma proteína de ligação de DNA, que é responsável pelo reconhecimento da sequência de nucleotídio alvo.

Hélice α: um tipo comum de estrutura proteica secundária.

Heteropolissacarídio: um polissacarídio em que todas as unidades monossacarídicas são misturadas.

Hexoquinase: a enzima que converte glicose em glicose 6-fosfato na etapa 1 da via de glicólise.

Hibridoma: uma fusão entre linfócito e célula de melanoma de camundongo, que sintetiza um anticorpo monoclonal.

Hidrocarboneto: um composto orgânico constituído inteiramente por átomos de carbono e hidrogênio.

Hidrofílico: um grupo químico ou molécula que é atraído pela água e tende a ser solúvel.

Hidrofóbico: um grupo químico ou molécula que é repelido pela água e tende a ser insolúvel.

Hidrolases: enzimas que realizam reações de hidrólise em que uma ligação química é clivada pela ação da água.

3-hidroxi-3-metilglutaril CoA ou HMG CoA: um intermediário na síntese de compostos esteróis.

3-hidroxiacil-ACP desidratase: a enzima que converte D-3-hidroxibutiril ACP em crotonil ACP na etapa 3 da via de síntese do ácido graxo.

Hidroxiacil CoA desidrogenase: a enzima que converte uma hidroxiacil CoA em uma 3-cetoacil CoA na etapa 3 da via de quebra de ácido graxo.

Hiperamonemia: uma condição clínica que ocorre quando há excesso de amônia no sangue, possivelmente por causa de um defeito no ciclo da ureia.

Hiperglicemia: a situação que surge quando a glicemia atinge um nível anormalmente alto.

488 Glossário

Hipoglicemia: a situação que surge quando a glicemia atinge um nível anormalmente baixo.

Histona: uma das proteínas básicas encontradas nos nucleossomos.

Histona acetiltransferase (HAT): uma enzima que une grupos acetil a histonas centrais.

Histona desacetilase (HDAC): uma enzima que remove grupos acetil de histonas centrais.

Histona ligadora: uma histona, como H1, localizada do lado de fora do do octâmero central do nucleossomo.

HMG CoA redutase: a enzima que converte moléculas de HMG CoA em mevalonato durante a via de síntese de colesterol.

Holoenzima: o complexo entre uma enzima e um cofator. Também usada para denotar um complexo entre uma enzima central e subunidades proteicas auxiliares; em particular, a versão da RNA polimerase de *Escherichia coli*, subunidade de composição $\alpha_2\beta\beta'\sigma$, que é capaz de reconhecer sequências promotoras.

Homopolissacarídio: um polissacarídio em que todas as unidades de monossacarídio são idênticas.

Hormônio adrenocorticotrófico: um hormônio sintetizado pela adeno-hipófise que controla várias atividades fisiológicas e bioquímicas.

Hormônio: uma molécula sinalizadora que é secretada no sistema circulatório de um animal e afeta a atividade bioquímica de tecidos distantes.

Hormônio esteroide: um esteroide com atividade hormonal.

Icosaédrico: um capsídio viral ou de bacteriófago em que os protômeros estão arranjados em uma estrutura tridimensional geométrica que circunda o ácido nucleico.

IIA^{Glc}: uma proteína ligada à membrana em bactérias que é desfosforilada quando a glicose é captada e que medeia a ligação entre a disponibilidade de glicose e os níveis celulares de cAMP.

Importina: uma proteína que ajuda na transferência de outras proteínas por meio de um poro nuclear complexo e para o nucleoplasma.

Impressão digital da massa peptídica: identificação de uma proteína mediante o exame das propriedades espectrométricas de massa de peptídios gerados pelo tratamento com uma protease específica da sequência.

Impressão digital (*fingerprinting*) do colágeno: um método que utiliza a estrutura do colágeno para identificar espécies a partir de fragmentos de ossos.

Imunoeletroforese: o procedimento usado quando se faz um imunoensaio em um gel colocado em um campo elétrico.

Imunoeletroforese cruzada ou ***crossover* (CIP** ou **CIEP):** uma técnica de imunoeletroforese.

Imunoensaio: um teste em que se utiliza um anticorpo para se saber a quantidade de antígeno presente em uma amostra.

Imunoglobulina: um grupo de proteínas que agem como anticorpos.

Imunoglobulina A: o tipo principal de imunoglobulina nas lágrimas e na saliva.

Imunoglobulina D: um tipo de imunoglobulina com papel indefinido no sistema imune.

Imunoglobulina E: um tipo de imunoglobulina que dá proteção contra parasitas.

Imunoglobulina G: um tipo imunoglobulina sintetizada em um estágio tardio na resposta imune e também confere proteção imunológica para o feto e o lactente recém-nascido.

Imunoglobulina M: o primeiro tipo de anticorpo a ser sintetizado quando um novo antígeno é encontrado; um ativador do sistema complemento e de macrófagos.

Indutor: uma molécula que induz a expressão de um gene ou óperon pela ligação a uma proteína repressora e impedindo o repressor de se ligar ao operador.

Infarto do miocárdio: uma condição clínica que pode resultar da deposição de colesterol nas superfícies internas de vasos sanguíneos.

Informação biológica: a informação contida no genoma de um organismo e que direciona o desenvolvimento e a manutenção daquele organismo.

Inibição alostérica: inibição reversível não competitiva.

Inibição competitiva reversível: um inibidor reversível que compete com o substrato pela entrada no sítio ativo de uma enzima.

Inibição reversível não competitiva: um inibidor reversível que não compete com o substrato pela entrada no sítio ativo de uma enzima.

Inibidor: um composto que interfere na atividade de uma enzima, reduzindo sua velocidade catalítica.

Inibidor irreversível: um inibidor que tem um efeito permanente sobre a atividade de uma enzima.

Inibidor reversível: um inibidor que tem um efeito não permanente sobre a atividade de uma enzima.

Iniciador (*primer*): uma série curta de monômeros ligados que inicia a síntese de um polímero mais longo; os *primers* são importantes na síntese do DNA e de alguns polissacarídios.

Inosina: uma versão modificada de adenosina, às vezes encontrada na posição de oscilação de um anticódon.

Inositol-1,4,5-trifosfato (Ins(1,4,5)P$_3$): um componente da via sinalizadora do mensageiro secundário iniciada pelo fluxo de Ca^{2+} para dentro de uma célula.

Insaturado: um ácido graxo que tem uma ou mais ligações duplas C=C.

Insulina: um hormônio, sintetizado no pâncreas, que diminui a concentração de glicose na corrente sanguínea.

Interfase: o período entre divisões celulares.

Íntron: uma região não codificadora dentro de um gene descontínuo.

Íntron do grupo I: um tipo de íntron encontrado principalmente em genes de organelas.

Íntron GU-AG: o tipo mais comum de íntron em genes nucleares eucarióticos. Os dois primeiros nucleotídios do íntron são 5′-GU-3′ e os dois últimos são 5′-AG-3′.

Íon: um átomo ou molécula com carga.

Íon hidrônio (ou **hidroxônio):** H_3O^+, o produto da combinação de um próton (H^+) com uma molécula de água.

Íon molecular: um tipo de íon resultante da ionização branda de compostos antes da espectrometria de massa.

Ionização por eletroaspersão (*electrospray*): um método brando de ionização usado durante espectrometria de massa de lipídios instáveis.

Ionização: a conversão de um átomo ou molécula sem carga em uma forma com carga elétrica.

Ionóforo: um composto lipossolúvel que pode levar prótons (H^+) ligados através da uma membrana.

Isocitrato desidrogenase: a enzima que converte isocitrato em α-cetoglutarato na etapa 3 do ciclo de Krebs (TCA).

Isocitrato liase: a enzima que converte isocitrato em succinato e glioxilato no ciclo do glioxilato.

Isomerases: enzimas que rearranjam os átomos dentro de uma molécula.

Isomerização: o rearranjo dos átomos dentro de uma molécula.

Isômeros: duas moléculas que têm composições químicas idênticas, mas estruturas diferentes.

Isômeros ópticos: isômeros cujas estruturas são imagens especulares um do outro.

Isopentenil pirofosfato: um intermediário na síntese de compostos esteróis.

Isopreno: um hidrocarboneto pequeno, a unidade monomérica em um terpeno.

Isótopo: versões diferentes de um elemento, com os mesmos números de prótons, mas números diferentes de nêutrons.

Isozimas: duas enzimas estreitamente relacionadas, porém distintas, que catalisam as mesmas reações bioquímicas.

Jangada ou balsa lipídica: um domínio relativamente estável em uma membrana onde conjuntos de proteínas que trabalham juntas podem ser colocalizadas.

Joule (1 J): a quantidade de trabalho realizado por uma força de um newton (1 N) quando seu ponto de aplicação é deslocado por uma distância de um metro (1 m) na direção da força.

K_m ou constante de Michaelis: a concentração de substrato em que a velocidade de reação catalisada por enzima é metade do valor máximo; uma medida da afinidade da enzima por seu substrato.

Lactato desidrogenase: a enzima que converte reversivelmente piruvato em lactato.

Lactonase: a enzima que converte 6-fosfoglicono-δ-lactona em 6-fosfogliconato na etapa 2 da via de pentose fosfato.

Lactose permease: a proteína que transporta lactose para dentro de uma célula bacteriana.

Lambda: um bacteriófago que infecta *Escherichia coli* cujos derivados são usados como vetores de clonagem.

Lançadeira glicerol 3-fosfato: um processo que capacita o NADH citoplasmático a ser usado na síntese mitocondrial de ATP.

Lançadeira malato-aspartato: um processo que capacita o NADH citoplasmático a ser usado na síntese mitocondrial de ATP.

Lançadeira mitocondrial: uma proteína de transporte que capacita um composto a atravessar a membrana mitocondrial interna.

Lanosterol: um intermediário na síntese de compostos esteróis.

Látex: um exsudato de árvore secretado em resposta a um ferimento (corte, talho) feito nela.

Lectinas: proteínas vegetais ou animais com características específicas de ligações monossacarídicas.

Leg-hemoglobina: uma proteína presente em nódulos de raiz, com alta afinidade pelo oxigênio e que, portanto, protege o complexo nitrogenase da inibição pelo oxigênio.

Leguminosa: um grupo de plantas fixadoras de nitrogênio.

Leitura de prova: a atividade exonuclease 3′→5′ de algumas DNA polimerases que capacita a enzima a substituir um nucleotídio mal incorporado.

Lesão (6−4): um dímero entre duas bases pirimidínicas adjacentes em um polinucleotídio, formado por irradiação ultravioleta.

Liases: enzimas que rompem ligações químicas por outros processos que não oxidação e hidrólise.

Ligação (ou **ponte) de hidrogênio:** uma interação que se forma entre o átomo de hidrogênio ligeiramente eletropositivo em um grupo polar e um átomo eletronegativo.

Ligação cooperativa do substrato: a situação em que a ligação de uma molécula de substituto a um sítio ativo induz uma alteração conformacional que facilita a ligação do substrato em outros sítios ativos em uma enzima.

Ligação coordenada: uma ligação covalente em que ambos os elétrons do par compartilhado vêm do mesmo átomo, como a ligação formada entre o íon metal e uma cadeia lateral de aminoácido.

Ligação covalente: uma ligação que se forma quando dois átomos compartilham elétrons.

Ligação dupla: uma ligação covalente que resulta de dois átomos compartilhando dois pares de elétrons.

Ligação eletrostática: uma interação de grupos químicos com cargas químicas positivas e negativas.

Ligação fosfodiéster: a ligação química entre nucleotídios adjacentes em um polinucleotídio.

Ligação isopeptídica: uma ligação entre o grupo carboxila do aminoácido C terminal de uma proteína e o grupo amino presente na cadeia lateral de uma lisina em uma segunda proteína.

490 Glossário

Ligação O-glicosídica: a ligação entre as duas unidades monossacarídicas em um dissacarídio, oligossacarídio ou polissacarídio.

Ligação peptídica: a ligação química entre aminoácidos adjacentes em um polipeptídio.

Ligação simples: uma ligação covalente que resulta de dois átomos compartilhando um par de elétrons.

Ligação β-N-glicosídica: a ligação entre a base e o açúcar de um nucleotídio.

Ligases: enzimas que unem moléculas.

Lipases: enzimas que removem as cadeias de ácidos graxos durante a degradação do triacilglicerol.

Lipídio: um membro de um grupo amplo de compostos que incluem gorduras, óleos, ceras, esteroides e várias resinas.

Lipidoma: o conteúdo total de lipídios de uma célula ou tecido.

Lipólise: o processo pelo qual triacilgliceróis e ácidos graxos são degradados.

Lipoproteína: uma partícula semelhante a micela que consiste em uma monocamada lipídica esférica com várias proteínas embebidas, circundando um centro hidrofóbico que contém moléculas de triacilglicerol e colesterol.

Lipoproteína lipase: uma enzima que degrada o conteúdo de triacilglicerol de lipoproteínas para o músculo e tecido adiposo.

Lipoproteínas de alta densidade (HDLs): lipoproteínas que transportam colesterol do sangue para o fígado.

Lipoproteínas de baixa densidade (LDLs): derivadas de lipoproteínas de densidade intermediária (IDLs), mas desprovidas de apoproteínas.

Lipoproteínas de densidade intermediária (IDLs): derivadas de lipoproteínas de densidade muito baixa (VLDLs), presentes no sangue.

Lipoproteínas de densidade muito baixa (VLDLs): lipoproteínas sintetizadas no fígado que transportam vários lipídios para músculo e tecido adiposo.

Lipossomo: uma pequena vesícula que compreende uma dupla camada lipídica encapsulando um compartimento aquoso interno; às vezes usado para introduzir DNA em uma célula animal ou vegetal.

Liquens: organismos simbióticos que compreendem um fungo, uma bactéria ou alga fotossintética e, possivelmente, uma cianobactéria fixadora de nitrogênio.

Lisossomos: organelas celulares responsáveis pela degradação de vários compostos, incluindo o conteúdo de lipoproteínas de baixa densidade (LDLs).

Luciferase: uma enzima que oxida a luciferina para produzir quimioluminescência.

Luciferina: uma família de compostos orgânicos de várias espécies, que emitem quimioluminescência quando oxidados.

Luz polarizada plana: refere-se à luz em que o campo elétrico oscila ao longo de um vetor (plano) único.

Luz polarizada circular: refere-se à luz em que o campo elétrico segue um vetor circular.

Macromolécula: uma grande molécula biológica com massa maior que 1 kDa.

Malato desidrogenase: a enzima que converte malato em oxaloacetato na etapa 8 do ciclo de Krebs (TCA) e também realiza a reação reversa como parte da lançadeira de malato-aspartato.

Malato desidrogenase ligada ao NADP: uma enzima que converte oxaloacetato em malato em plantas C4 e CAM.

Malato sintase: a enzima que converte glioxilato e acetil CoA em malato no ciclo do glioxilato.

Malonil transferase: a enzima que transfere unidades malonil de malonil CoA para ACP durante a síntese de ácido graxo.

Mapa de densidade eletrônica: um gráfico da densidade de elétrons em posições diferentes dentro de uma molécula, deduzido a partir de um padrão de difração de raios X.

Marcação de pulso: um breve período de rotulagem feita em um período definido durante o progresso de um experimento.

Marcador: a incorporação de um nucleotídio marcador em uma molécula de ácido nucleico. O marcador em geral é, mas nem sempre, uma substância radioativa ou fluorescente.

Marcador selecionável: um gene levado por um vetor e que confere uma característica reconhecível a uma célula que contém o vetor ou uma molécula de DNA recombinante derivada do vetor.

Marcadores de afinidade codificados por isótopos (ICATs): marcadores, contendo átomos de hidrogênio normal e deutério, usados para marcar proteomas individuais antes da análise por espectrometria de massa.

Massa molecular: a massa de uma molécula, calculada como a soma das massas dos átomos individuais que constituem aquela molécula.

Matriz mitocondrial: a parte central de uma mitocôndria, envolta pela membrana mitocondrial interna.

Mecanismo de carga de ligação: um modelo do mecanismo de ação da F_0F_1 ATPase em que a síntese do ATP é direcionada por alterações na conformação das subunidades β do complexo, causadas peça rotação da subunidade γ.

Mediador: um complexo proteico que forma um contato entre vários ativadores e o domínio C terminal da maior subunidade da RNA polimerase II.

Meia-vida: o tempo necessário para metade dos átomos ou moléculas em uma amostra se deteriorar ou ser degradada.

Membrana celular: a membrana que envolve uma célula procariótica ou eucariótica.

Membrana dupla: duas membranas, uma interna e uma externa.

Membrana mitocondrial externa: a mais externa das duas membranas de uma mitocôndria.

Membrana mitocondrial interna: a mais interna das duas membranas de uma mitocôndria.

Membrana plasmática: a membrana que envolve uma célula procariótica ou eucariótica.

Mesossomo: uma pequena invaginação na membrana plasmática de uma célula procariótica.

Metabolismo: as reações químicas que ocorrem nos organismos vivos.

Metaboloma: a coleção completa de metabólitos presente em uma célula em um conjunto particular de condições.

Metaloenzima: uma enzima que contém um íon metálico.

Metaloproteína: uma proteína que contém um íon metálico.

Metilmalonil CoA mutase: a enzima que converte metilmalonil CoA em succinil CoA durante a degradação de ácidos graxos de números ímpares.

Métodos imunológicos: métodos experimentais em que são utilizados anticorpos purificados.

Micela: um agregado esférico de moléculas anfifílicas em que os grupos hidrofílicos são expostos a água e os grupos hidrofóbicos ficam embebidos dentro da estrutura.

Micro-RNA ou miRNA: uma classe de RNAs curtos envolvidos na regulação da expressão gênica em eucariotos.

Microbioma: os microrganismos que vivem sobre o corpo humano ou dentro dele.

Mitocôndria: a organela que gera energia nas células eucarióticas.

Modelo de chave e fechadura: um modelo para atividade enzimática que vê a enzima como tendo um bolso (sítio) de ligação em sua superfície, cujo formato encaixa com precisão o formato/estrutura do substrato.

Modelo de encaixe induzido: um modelo de atividade enzimática que vê o sítio de ligação enzimática como uma estrutura flexível, cuja forma se modifica quando liga o substrato.

Modelo em mosaico fluido: um modelo em que se imagina uma membrana como um fluido bidimensional.

Modelo sequencial: um modelo para ligação cooperativa de substrato, em que a ligação de uma molécula de substrato a uma das subunidades enzimáticas induz a conversão de subunidades vizinhas a uma nova conformação.

Modelo simétrico (ou **em concerto**)**:** um modelo para a ligação cooperativa de substratos, em que a ligação de uma molécula de substrato em uma das subunidades enzimáticas induz a conversão imediata de todas as subunidades a uma nova conformação.

Módulo do choque térmico: uma sequência regulatória *upstream* de genes envolvidos na proteção de uma célula contra dano pelo calor.

Molécula carreadora ativada: uma molécula que age como uma reserva temporária de energia livre.

Monômero: uma das unidades em uma cadeia polimérica.

Monossacarídio: um composto açúcar individual, a unidade monomérica em um polissacarídio.

Motif (motivo): uma combinação de unidades estruturais secundárias e uma proteína.

Motivo (motif) hélice-volta-hélice: um motivo estrutural comum para a interação de uma proteína a uma molécula de DNA.

Motivo αα (ou **αα motif**)**:** um motivo estrutural de proteínas em que duas α-hélices ficam lado a lado em direções antiparalelas de tal maneira que suas cadeias laterais se entremeiam.

Mudança de códon dependente do contexto: refere-se à situação em que a sequência de DNA que circunda um códon altera o significado daquele códon.

Multicelular: um organismo constituído por muitas células.

Mundo de RNA: o período inicial de evolução quando todas as reações biológicas eram centradas no RNA.

Mutação: uma alteração na sequência nucleotídica de uma molécula de DNA.

Mutagênese in vitro: qualquer uma de várias técnicas usadas para produzir uma mutação específica em uma posição predeterminada em uma molécula de DNA.

Mutarrotação: a interconversão entre dois anômeros.

MutH: um componente do sistema de reparo de pareamento incorreto em bactérias.

MutS: um componente do sistema de reparo de pareamento incorreto em bactérias.

Mutualismo: uma relação cooperativa de benefício mútuo para as espécies participantes.

Na⁺/K⁺ ATPase: uma bomba do tipo P, responsável por manter alta a concentração do íon potássio e baixa a do íon sódio dentro da célula de um mamífero.

N-acetilglutamato sintase: uma enzima que sintetiza N-acetilglutamato a partir de acetil CoA e glutamato, envolvida no controle do ciclo da ureia.

NADH-citocromo b_5 redutase: parte do complexo enzimático que introduz ligações duplas na cadeia de hidrocarboneto durante a síntese de ácidos graxos.

NADP redutase: uma enzima que converte $NADP^+$ em NADPH; um componente da cadeia de transporte de elétron fotossintética.

Neurônio: uma célula nervosa.

Niacina: vitamina B_3, o precursor dos cofatores NAD^+ e $NADP^+$.

Nicotinamida-adenina dinucleotídio (NAD⁺): um cofator para várias enzimas envolvidas na geração de energia.

Nicotinamida-adenina dinucleotídio fosfato (NADP⁺): um cofator para várias enzimas envolvidas nas reações anabólicas.

Nitrato redutase: uma enzima que converte nitrato em nitrito.

Nitrito redutase: uma enzima que converte nitrito em amônia.

Nódulo radicular: uma estrutura dentro da qual tem lugar a fixação de nitrogênio.

Nomenclatura binomial: o sistema que nomeia as espécies biológicas.

492 Glossário

Norepinefrina: um hormônio que controla várias atividades fisiológicas e bioquímicas.

Nuclease: uma enzima que degrada uma molécula de ácido nucleico.

Núcleo: a estrutura associada a uma membrana de uma célula eucariótica na qual estão contidos os cromossomos.

Nucleoide: a região contendo DNA de uma célula procariótica.

Nucléolo: a região do núcleo eucariótico em que ocorre a síntese de rRNA.

Nucleoplasma: o equivalente do citoplasma, mas presente dentro do núcleo de uma célula eucariótica.

Nucleosídio: uma base purina ou pirimidina aderida a um açúcar de cinco carbonos.

Nucleosídio difosfato quinase: a enzima que converte nucleosídios difosfato em suas formas trifosfato durante a via de salvamento (ou recuperação) para a síntese de nucleotídios.

Nucleosídio monofosfato quinase: a enzima que converte nucleosídios monofosfato que não o AMP em sua forma difosfato durante a via de salvamento (ou recuperação) para a síntese de nucleotídios.

Nucleossomo: o complexo de histonas e DNA que é a unidade estrutural básica na cromatina.

Nucleotidase: uma enzima que converte um nucleotídio em um nucleosídio mais grupo fosfato.

Nucleotídio: uma base purina ou pirimidina aderida a um açúcar de cinco carbonos, ao qual também está aderido um mono, di ou trifosfato; a unidade monomérica de DNA e RNA.

Nucleotídio corante terminador: um nucleotídio marcado com fluorescência que leva um grupo bloqueador 3', o último prevenindo elongação adicional da cadeia quando incorporado em um polinucleotídio em crescimento.

Número atômico: o número de prótons no núcleo de um elemento.

Número de cópias: o número de moléculas de um plasmídio contido em uma única célula.

Número de massa: o número total de prótons e nêutrons em um núcleo.

Número EC: um número de quatro partes que descreve a atividade de uma enzima de acordo com a nomenclatura da International Union of Biochemistry and Molecular Biology.

Octâmero central: o componente central de um nucleossomo, constituído por duas subunidades cada de histonas H2A, H2B, H3 e H4, em torno do qual o DNA é torcido.

Oligopeptídio: um pequeno polímero de aminoácidos.

Oligossacarídio: um composto açúcar polimérico curto.

Onda transversa: uma onda, como a luminosa ou outros tipos de radiação eletromagnética, em que ocorrem oscilações nos ângulos retos para a direção a seguir e a transferência de energia.

Operador: a sequência nucleotídica à qual se liga uma proteína repressora para evitar a transcrição de um gene ou óperon.

Óperon induzível: um óperon que é ativado por uma molécula indutora que impede a ligação do repressor a seu local de ligação no DNA.

Óperon lactose: o aglomerado de três genes que codificam as enzimas envolvidas na utilização de lactose por *Escherichia coli*.

Óperon repressível: um óperon que é desligado pelo repressor atuando em conjunto com uma molécula correpressora.

Orbital: a região de espaço em torno de um núcleo atômico em que é provável encontrar um elétron particular.

Organela: uma estrutura associada a uma membrana dentro de uma célula eucariótica.

Organismo-modelo: um organismo relativamente fácil de estudar e que, portanto, pode ser usado para se obter informação relevante sobre a biologia de um segundo organismo mais difícil de estudar.

Origem da replicação: um local em uma molécula de DNA onde se inicia a replicação.

Ornitina: um intermediário no ciclo da ureia e na síntese de arginina a partir de glutamato.

Ornitina transcarbamoilase: a enzima que converte carbamoil fosfato e ornitina em citrulina na etapa 2 do ciclo da ureia.

Oscilação: o processo pelo qual um único tRNA pode decodificar mais de um códon.

Osteomalacia: deficiência de vitamina D em adultos, caracterizada por amolecimento ou enfraquecimento dos ossos.

Oxaloacetato: um ácido dicarboxílico de quatro carbonos que é um dos substratos e produtos do ciclo de Krebs (TCA).

Oxidorredutases: enzimas que catalisam reações de oxidação ou redução.

Oxigênio singlete: um estado excitado do oxigênio, denotado por $^1O_2$, que pode originar espécies reativas de oxigênio, como o peróxido de hidrogênio.

P680: o centro da reação do fotossistema II.

P700: o centro da reação do fotossistema I.

Padrão de difração de raios X: o padrão obtido após a difração de raios X através de um cristal.

Padrão em trevo: uma representação bidimensional da estrutura de uma molécula de tRNA.

Par de bases: a estrutura formada por dois nucleotídios complementares unidos por pontes de hidrogênio. Um par de bases (pb) é a unidade de comprimento mais curta de uma molécula de DNA dupla fita.

Paradoxo de Levinthal: a impossibilidade de uma proteína encontrar sua estrutura terciária correta simplesmente por casualidade (ou arranjo aleatório).

Pareamento de bases: a inserção de um polinucleotídio em outro, ou uma parte de um polinucleotídio em outra parte do mesmo polinucleotídio, através pares de bases.

Pareamentos impróprios: uma posição em uma molécula de DNA ou RNA dupla fita onde não ocorrem pares de bases porque os nucleotídios não são complementares; em particular, uma posição de base não pareada que resulta de um erro na replicação.

Parede celular: uma estrutura que envolve a superfície externa da membrana plasmática das células de alguns organismos, em geral compreendendo uma camada rígida de polissacarídios.

PARP1: proteínas de ligação protetoras de fita única (ou fita simples) que ajudam no reparo de quebras em moléculas unifilamentares de DNA.

Partícula de reconhecimento de sinal (SRP): um complexo de RNA e proteína que ajuda a transferência de uma proteína para o retículo endoplasmático.

Partícula subviral: qualquer um de vários tipos de partícula infecciosa constituída por uma proteína e/ou ácido nucleico, que são considerados insuficientemente complexos para ser classificados como vírus.

PCR em tempo real (RT-PCR): uma modificação da técnica padrão de PCR em que a síntese do produto é medida conforme a PCR prossegue através de uma série de ciclos.

PCR quantitativa (qPCR): um método para quantificar a quantidade de produto sintetizado durante um teste de PCR por comparação com as quantidades sintetizadas em PCRs com quantidades conhecidas de DNA iniciador.

Pentose: um açúcar com cinco átomos de carbono.

Peptidase sinal: uma enzima que remove um peptídio sinalizador de uma proteína.

Peptidil transferase: a atividade enzimática que sintetiza ligações peptídicas durante a tradução.

Peptídio: um polipeptídio curto, com menos de 50 aminoácidos de comprimento.

Peptídio de trânsito: sequências específicas que direcionam proteínas para compartimentos diferentes em um cloroplasto.

Peptídio sinal ou sequência sinalizadora: uma sequência específica de 5 a 30 aminoácidos que direciona uma proteína através da membrana do retículo endoplasmático.

Peptidoglicano: a matriz de proteína e carboidrato que é o constituinte principal da parede celular bacteriana.

Pequeno RNA de interferência (siRNA): um tipo de molécula curta de RNA eucariótico envolvido no controle da expressão gênica.

Percepção de quórum: um processo pelo qual as bactérias se comunicam entre si.

Perfil genético: o padrão de bandas revelado após eletroforese dos produtos de PCRs direcionados para uma gama de *loci* microssatélites.

Perfil proteico: a metodologia usada para identificar proteínas em um proteoma.

pH: uma medida inversa da concentração íon hidrônio (ou hidroxônio) de uma solução.

pH ótimo: o pH ideal para uma reação química.

Pharming: modificação genética de um animal pecuário, de modo que ele sintetize uma proteína farmacêutica recombinante, em geral no leite.

pI: o ponto isoelétrico, o pH em que uma molécula não tem carga elétrica líquida.

Pigmento acessório: um dos pigmentos captadores de luz que não a clorofila de organismos fotossintéticos.

Pigmentos biliares: derivados de tetrapirróis que são posteriormente metabolizados e, então, excretados.

Pili: estruturas filamentosas presentes na superfície de algumas bactérias, pelas quais se presume que o DNA passa durante a conjugação.

Pinças magnéticas: um dispositivo que compreende um conjunto de ímãs cujas posições e forças de campo podem ser variadas de tal maneira que feixe magnético pode ser deslocado de maneira controlada.

Pinças ópticas: um dispositivo a *laser* que pode ser usado para manipular moléculas individuais.

Piridoxal fosfato: um derivado da vitamina B_6; um cofator para enzimas transaminases.

Pirimidina: um dos dois tipos de base nitrogenada encontrados em nucleotídios.

Pirossequenciamento: um método de sequenciamento de DNA em que o acréscimo de um nucleotídio à extremidade de um polinucleotídio em crescimento é detectado diretamente por conversão do pirofosfato liberado em um *flash* de quimioluminescência.

Piruvato: o açúcar de três carbonos que é o produto da glicólise.

Piruvato carboxilase: uma enzima que converte piruvato em oxaloacetato durante a gliconeogênese e também durante o transporte de acetil CoA da mitocôndria para o citoplasma.

Piruvato descarboxilase: a enzima que converte piruvato em acetaldeído na etapa 1 da fermentação alcoólica.

Piruvato desidrogenase: uma enzima que liga piruvato e o converte em acetato, com a liberação de dióxido de carbono; parte do complexo piruvato desidrogenase.

Piruvato desidrogenase fosfatase: uma enzima que desfosforila e, portanto, ativa o complexo piruvato desidrogenase.

Piruvato desidrogenase quinase: uma enzima que fosforila e, portanto, inativa o complexo piruvato desidrogenase.

Piruvato quinase: a enzima que converte fosfoenolpiruvato em piruvato na etapa 10 da via de glicólise.

Piruvato-P_i diquinase: uma enzima que converte piruvato em fosfoenolpiruvato nas células mesofílicas de plantas C4.

pK_a: uma medida, em escala logarítmica, da constante de dissociação de ácido (K_a) de um composto, que indica a força ácida do composto em solução. O pK_a é o pH em que há um número igual de moléculas nas versões com e sem carga de um grupo químico ionizável.

494 Glossário

Plantas actinorrízeas: um grupo de plantas que fixam nitrogênio.

Plantas C3: as espécies de plantas em que a enzima Rubisco conduziu o início da fixação de carbono, produzindo o composto de três carbonos 3-fosfoglicerato.

Plantas C4: o grupo de plantas que realiza as reações do ciclo de Calvin em tecido especializado feito de células da bainha vascular, assim denominadas porque o dióxido de carbono é fixado inicialmente como o composto de 4 átomos de carbono oxaloacetato.

Plantas CAM: um grupo de espécies de plantas tropicais que fixam dióxido de carbono como malato à noite e então realizam reações do ciclo de Calvin durante o dia.

Plasmídio: um fragmento, em geral, circular de DNA, primariamente independente do cromossomo hospedeiro, e que é geralmente encontrado em bactérias e alguns outros tipos de células.

Plasmídio epissomal de levedura (YEp): um vetor de levedura que carrega a origem de replicação dos plasmídio de 2 μm.

Plasmídio integrativo de levedura (YIp): um vetor de levedura que se depende da integração no cromossomo hospedeiro para replicação.

Plasmídio recombinante: um plasmídio em que um novo pedaço de DNA foi inserido por técnicas de engenharia genética.

Plasmídio Ti: o grande plasmídio encontrado nas células de *Agrobacterium tumefaciens*, capaz de direcionar a formação da galha superior em certas espécies de plantas.

Plastocianina (PC): uma proteína que contém cobre; um componente da cadeia de transporte de elétron fotossintética.

Plastoquinona (PQ): um composto lipossolúvel que compreende um anel benzeno modificado, um componente da cadeia de transporte de elétron fotossintética.

Polaridade: a situação que surge se os elétrons não estiverem distribuídos igualmente em torno de um grupo químico.

Poliacrilamida: um gel constituído por cadeias de monômeros de acrilamida com ligações cruzadas com unidades *N,N'*-metileno-*bis*-acrilamida.

Poli(A) polimerase: uma enzima que adere uma cauda poli(A) à extremidade 3′ de um mRNA eucariótico.

Polímero: um composto constituído por cadeias de unidades químicas idênticas ou muito similares.

Polinucleotídio: uma molécula unifilamentar (fita simples) de DNA ou RNA.

Polinucleotídio fosforilase (PNPase): um componente do degradossomo.

Polipeptídio: um polímero de aminoácidos.

Poliproteína: um produto de tradução, que consiste em uma série de proteínas ligadas que são processadas por clivagem proteolítica para liberar as proteínas maduras.

Polirribossomo: uma molécula de mRNA que está sendo traduzida por mais de um ribossomo ao mesmo tempo.

Polissacarídio: um polímero de monossacarídios.

Polissomo: uma molécula de mRNA que está sendo traduzida por mais de um ribossomo ao mesmo tempo.

Ponte de dissulfeto: uma ligação covalente que se forma entre dois aminoácidos cisteína.

Ponto isoelétrico: o pH em que uma molécula não tem carga elétrica líquida.

Porfirina: a classe de compostos que inclui heme e clorofila.

Porfobilinogênio desaminase: a enzima que converte quatro moléculas de porfobilinogênio em uma de uroporfirinogênio durante a síntese de tetrapirróis.

Porina: uma proteína transmembrana com estrutura em forma de barril que forma um canal através de uma membrana.

Potencial de ação: a onda de despolarização que se move ao longo de um axônio e resulta na transmissão de um impulso nervoso.

Potencial de membrana: a carga elétrica através de uma membrana.

Potencial redox: uma medida da afinidade de um composto por elétrons.

Potencial redox padrão (E_0'): uma medida do potencial redox de um composto em condições padrão, expressa em volts (V).

Prega (ou dobra) do açúcar: conformações alternativas de uma estrutura de açúcar em anel.

Pregnenolona: um precursor da síntese de hormônio esteroide.

Pré-mRNA: a versão não dividida de um mRNA eucariótico.

Pré-tRNA: o transcrito primário de um gene ou grupo de genes que especificam moléculas de tRNA.

Pré-vitamina D$_3$: um intermediário na síntese de vitamina D.

Primase: a enzima RNA polimerase que sintetiza *primers* de RNA durante a replicação do DNA bacteriano.

Primossomo: um complexo de proteína envolvido na replicação do genoma.

Príon: um agente infeccioso incomum, que consiste puramente em proteína.

Problema topológico: refere-se à necessidade de desenrolar a dupla-hélice para ocorrer a replicação do DNA, bem como às dificuldades que a rotação resultante da molécula de DNA causaria.

Procariota: um organismo cujas células não têm um núcleo bem-definido.

Processamento pós-tradução: modificação física e/ou química de uma proteína, que ocorre após a proteína ter sido sintetizada por tradução de um mRNA.

Processividade: refere-se à quantidade de síntese de DNA realizada por uma DNA polimerase antes da dissociação do molde.

Processo de Haber: o processo não biológico para a redução de nitrogênio em amônia.

Produto: um composto produzido por uma reação química.

Produtores primários: organismos capazes de usar a luz ou energia química para converter compostos inorgânicos em compostos orgânicos contendo energia.

Progesterona: um hormônio esteroide envolvido no controle da gravidez, na menstruação e na embriogênese.

Progestógenos: uma família de hormônios esteroides.

Pró-hormônio convertases: endopeptidases que clivam pró-hormônios para convertê-los em hormônios ativos.

Projeção de Fischer: uma representação bidimensional do arranjo tetraédrico de grupos químicos em torno de um átomo de carbono.

Promotor: a sequência de nucleotídios, *upstream* de um gene, que age como um sinal para a ligação da RNA polimerase.

Promotor alternativo: um de dois ou mais promotores diferentes que agem sobre o mesmo gene.

Promotor central: a posição dentro de um promotor eucariótico onde o complexo de iniciação é montado.

Promotor forte: um promotor eficiente que pode direcionar a síntese de transcritos de RNA em uma taxa relativamente rápida.

Propionil CoA carboxilase: a enzima que converte propionil CoA em metilmalonil CoA durante a quebra de ácidos graxos de número ímpar.

Prostaglandina: um tipo de eicosanoide.

Proteção contra a nuclease: uma técnica que usa a digestão da nuclease para determinar as posições de interação de proteínas nas moléculas de DNA ou RNA.

Proteína: uma biomolécula que compreende um único polipeptídio ou mais de um.

Proteína ativadora de catabólito (CAP): uma proteína reguladora que se liga a vários locais em um genoma bacteriano e ativa a iniciação da transcrição de promotores *downstream*.

Proteína carreadora de acila (ACP): a pequena proteína sobre a qual os ácidos graxos são sintetizados.

Proteína de membrana do tipo I: uma proteína integral da membrana que atravessa a membrana uma vez.

Proteína de membrana do tipo II: um tipo de proteína com um peptídio sinalizador que ancora a proteína à superfície interna do retículo endoplasmático.

Proteína de membrana do tipo III: uma proteína integral da membrana que atravessa a membrana mais de uma vez.

Proteína de ligação ao DNA específica de sequência: uma proteína que reconhece e se liga a uma sequência particular em uma molécula de DNA, geralmente para influenciar a taxa de transcrição de um gene adjacente.

Proteína de ligação de poliadenilato (PADP): uma proteína que ajuda a polimerase poli(A) durante a poliadenilação de mRNAs eucarióticos e que desempenha um papel na manutenção da cauda após a síntese.

Proteína de ligação TATA ou **TBP:** um componente do fator de transcrição TFIID, a parte que reconhece a *TATA box* do promotor da RNA polimerase II.

Proteína de sete hélices transmembrana ou **proteína 7TM:** um tipo de proteína transmembrana com sete hélices α formando uma estrutura em forma de barril, um exemplo sendo a proteína receptora de glucagon.

Proteína de troca de Na$^+$/Ca^{2+}: um antiportador envolvido na saída de íons Ca^{2+} das células.

Proteína DnaA: uma proteína que adere à origem bacteriana de replicação e ajuda na quebra de pares de base nessa região.

Proteína do elemento de ligação de resposta ao cAMP (CREB): uma proteína reguladora que controla o nível de expressão de genes-alvo em resposta aos níveis celulares de cAMP.

Proteína ferro-enxofre ou **FeS:** uma proteína que contém um aglomerado (*cluster*) de ferro e enxofre.

Proteína fibrosa: uma proteína, como o colágeno, que não é dobrada em uma estrutura terciária.

Proteína fosfatase: uma enzima que remove grupos fosfato de outras proteínas; por exemplo, da glicogênio fosforilase e da glicogênio sintase como parte do processo que regula o metabolismo do glicogênio.

Proteína fosfatase 2A: uma enzima que desfosforila e, portanto, ativa a acetil CoA carboxilase como parte do processo regulatório que controla a síntese de ácido graxo.

Proteína G: uma pequena proteína que liga uma molécula de GDP ou GTP, sendo que a substituição de GDP por GTP ativa a proteína.

Proteína globular: uma proteína cuja cadeia polipeptídica é dobrada em uma estrutura terciária.

Proteína integral de membrana: uma proteína que forma uma ligação forte com uma membrana e só pode ser removida com a ruptura da dupla camada lipídica.

Proteína ligada a lipídio: uma proteína periférica de membrana que forma uma ligação covalente com um lipídio de membrana.

Proteína motora: um tipo de proteína que pode mudar sua forma de maneira a capacitar um organismo a mover-se em torno.

Proteína periférica de membrana: uma proteína que forma uma aderência relativamente lábil com uma membrana e pode ser removida sem romper a dupla camada lipídica.

Proteína quinase A: uma família de enzimas que respondem a um aumento nos níveis celulares de cAMP fosforilando uma série de enzimas-alvo.

Proteína quinase ativada por AMP: uma enzima que fosforila, e portanto inativa a acetil CoA carboxilase, como parte do processo regulador que controla a síntese de ácido graxo.

Proteína quinase responsiva à insulina: uma enzima nas células hepáticas que ativa a proteína fosfatase em resposta aos níveis extracelulares de insulina.

496 Glossário

Proteína receptora: uma proteína localizada na membrana celular que responde a um sinal externo causando uma alteração bioquímica dentro da célula.

Proteína receptora de ubiquitina: uma proteína associada à estrutura do capuz (*cap*) de um proteossomo que ajuda na transferência de proteínas ubiquitinadas para dentro do proteossomo.

Proteína recombinante: uma proteína sintetizada em uma célula recombinante como resultado da expressão de um gene clonado.

Proteína reguladora: uma proteína que regula uma ou mais atividades celulares, incluindo o fluxo de metabólitos através de uma via metabólica.

Proteína ribossômica: um dos componentes proteicos de um ribossomo.

Proteína transmembrana: uma proteína integral da membrana que atravessa toda a bicamada lipídica.

Proteína transportadora dos eritrócitos: uma proteína *uniporte* que transporta glicose para dentro dos eritrócitos de mamíferos.

Proteína Tus (substância de utilização terminadora): a proteína que se liga a uma sequência terminadora bacteriana e medeia a terminação da replicação do DNA.

Proteínas de ligação de fita simples (SSBs): uma das proteínas que adere ao DNA de fita simples na região da forquilha de replicação, impedindo a formação de pares de bases entre os dois filamentos parentais antes que tenham sido copiados.

Proteínas Hsp70: uma família de proteínas que se ligam a regiões hidrofóbicas em outras proteínas para ajudar no seu desdobramento.

Proteoma: a coleção de proteínas sintetizadas por uma célula viva.

Proteômica: a coleção de técnicas usadas para se estudar o proteoma.

Proteômica de expressão: a metodologia usada para identificar as proteínas em um proteoma.

Proteassomo: uma estrutura proteica de múltiplas subunidades que está envolvida na degradação de outras proteínas.

Protômero: uma das subunidades polipeptídicas que se combinam para fazer a cápsula proteica de um vírus.

Pseudomureína: um polissacarídio modificado encontrado nas paredes celulares de *archaea*.

Purina: um dos dois tipos de base nitrogenada encontrados em nucleotídios.

Quilodálton: 1.000 dáltons.

quilojoules por mol ou **kJ mol⁻¹:** uma unidade do SI para a quantidade de energia por quantidade de material.

Quilomícron: o maior tipo de lipoproteína, que transporta triacilgliceróis e colesterol provenientes da dieta dos intestinos para outros tecidos.

Química biológica: uma denominação alternativa para "bioquímica".

Quimiotripsina: uma enzima protease secretada pelo pâncreas e envolvida na quebra de proteínas no duodeno.

Quinase Janus (JAK): um tipo de quinase que desempenha um papel intermediário em alguns tipos de transdução de sinal envolvendo STATs.

Quitina: um homopolissacarídio estrutural encontrado em alguns artrópodes e constituído inteiramente de unidades de *N*-acetilglicosamina.

Raquitismo: deficiência de vitamina D em crianças, que se caracteriza por amolecimento ou enfraquecimento dos ossos.

Rastreamento: um sistema usado durante a iniciação de tradução eucariótica, em que o complexo pré-iniciação adere à estrutura 5'-terminal da cobertura (*cap*) do mRNA e então percorre ao longo da molécula até alcançar seu códon de iniciação.

Razão entre massa e carga (m/z): a base para a separação de íons pela espectrometria de massa.

Reação da precipitina: um imunoensaio realizado em solução.

Reação direta: um dos sentidos de uma reação reversível.

Reação em cadeia da polimerase (PCR): uma técnica que permite a geração de múltiplas cópias de uma molécula de DNA por amplificação enzimática de uma sequência-alvo de DNA.

Reação inversa: um dos sentidos de uma reação reversível.

Reação redox: reações de oxidação e redução associadas, resultando na perda de elétrons por um composto e no ganho de elétrons por um segundo composto.

Reações de luz: a parte da fotossíntese que usa energia da luz do sol para fazer ATP e NADPH.

Reações de obscuridade ou fase escura: a parte da fotossíntese que usa a energia do ATP e NADPH para sintetizar carboidratos a partir de dióxido de carbono e água.

Receptor acoplado à proteína G: uma proteína receptora da superfície celular que responde ao sinal extracelular ativando uma proteína G intracelular.

Receptor β-adrenérgico: a proteína receptora de epinefrina na superfície celular.

Receptor de manose 6-fosfato: uma proteína localizada na superfície interna das cisternas no lado *trans* do aparelho de Golgi, que reconhece proteínas marcadas com manose 6-fosfato.

Receptor de SRP: uma proteína localizada na superfície do retículo endoplasmático que ajuda a transferência de uma proteína para dentro do retículo endoplasmático.

Receptor de tirosina quinase: uma proteína de membrana que responde a um sinal extracelular fosforilando um ou mais aminoácidos tirosina em outra proteína, a qual possivelmente é uma segunda cópia do receptor.

Glossário **497**

Receptora de esteroide: uma proteína que se liga a um hormônio esteroide após o último ter entrado na célula, como uma etapa intermediária na modulação da atividade genômica.

Recombinação: um rearranjo em larga escala de uma molécula de DNA.

Recombinação homóloga: recombinação entre duas moléculas de DNA de dupla fita homólogas, isto é, que compartilham extensa similaridade da sequência de nucleotídios.

Reconhecimento códon-anticódon: a interação de um códon em uma molécula de mRNA e o anticódon correspondente em um tRNA.

Redução de nitrato: a conversão biológica do nitrato do solo em amônia.

Reflectron: um espelho iônico usado em alguns tipos de espectrômetro de massa; também usado para denotar um espectrômetro de massa que contém um espelho iônico.

Região 3′ não traduzida: a região não traduzida de um mRNA *downstream* do códon de terminação.

Região 5′ não traduzida: a região não traduzida de um mRNA corrente acima do códon de iniciação.

Região de iniciação: uma região do DNA cromossômico eucariótico dentro da qual a replicação se inicia em posições que não estão claramente definidas.

Regulação específica do transcrito: mecanismos reguladores que controlam a síntese de proteína agindo sobre um único transcrito ou um pequeno grupo de transcritos que codificam proteínas relacionadas.

Regulação global: uma sub-regulação geral (*down-regulation*) na síntese de proteína que ocorre em resposta a vários sinais.

Regulação por retroalimentação (*feedback*): um sistema em que um produto final controla a velocidade de sua própria síntese ao agir como um inibidor reversível de uma das enzimas que catalisa uma etapa inicial na via que leva àquele produto final.

Regulador transmembrana da fibrose cística (CFTR): um transportador ABC, responsável pelo transporte de íons Cl⁻ para fora das células, que dá origem à fibrose cística quando está defeituoso.

Remanescentes de quilomícron: um derivado de quilomícron rico em colesterol que permanece na circulação após a quebra do conteúdo de triacilglicerol do quilomícron original.

Remendo curto: um processo de reparo por excisão de nucleotídio de *Escherichia coli* que resulta na excisão e na ressíntese de cerca de 12 nucleotídios de DNA.

Remendo longo: um processo de reparo de DNA que corrige vários tipos de dano ao DNA por excisão e ressintetizando uma região de polinucleotídio.

Reparo de DNA: os processos bioquímicos que corrigem mutações que surgem de erros de replicação e os efeitos de agentes mutagênicos.

Reparo por excisão de base: um processo de reparo do DNA que envolve excisão e substituição de uma base anormal.

Reparo por excisão de nucleotídio: um processo de reparo que corrige vários tipos de dano ao DNA por excisão e ressíntese de uma região de um polinucleotídio.

Reparo pós-replicativo: um processo de reparo que lida com quebras nas moléculas-filhas de DNA que surgem como resultado de aberrações no processo de replicação.

Replicação por círculo rolante: um processo de replicação que envolve a síntese contínua de um polinucleotídio que é 'rolado para fora' de um molde molecular circular.

Replicação por deslocamento de fita: um modo de replicação que envolve a cópia contínua de um filamento da hélice, com o segundo filamento sendo deslocado e subsequentemente copiado após a síntese do primeiro filamento-filho ter-se completado.

Replissoma: um complexo de proteínas envolvidas na replicação do genoma.

Repressor da lactose: a proteína reguladora que controla a transcrição do óperon lactose em resposta à presença ou ausência de lactose no ambiente.

Respiração: as reações bioquímicas que ocorrem nas mitocôndrias, com a utilização de oxigênio e a produção de dióxido de carbono.

Respiração celular: as reações bioquímicas que ocorrem nas mitocôndrias, usando oxigênio e produzindo dióxido de carbono.

Respiração resistente a cianeto: uma versão do transporte da cadeia de elétrons em que eles passam diretamente de ubiquinona ao oxigênio.

Respirassomo: uma associação, dentro da membrana mitocondrial interna, dos Complexos I, II e IV da cadeia de transporte de elétrons ao longo de suas moléculas carreadoras intermediárias.

Ressonância: a redistribuição de elétrons entre átomos adjacentes em uma molécula.

Retículo endoplasmático: uma rede de placas membranosas e tubos que permeia o citoplasma de uma célula eucariótica.

Retículo endoplasmático liso: a parte do retículo endoplasmático que não tem ribossomos em sua superfície externa.

Retículo endoplasmático rugoso: retículo endoplasmático que tem ribossomos em sua superfície externa.

Retículo sarcoplasmático: um tipo especializado de retículo endoplasmático liso nas células musculares que libera íons Ca²⁺ em resposta a um impulso nervoso.

Retrocesso: a reversão de uma RNA polimerase por uma curta distância ao longo de seu filamento molde de DNA.

Retrovírus: um vírus com um genoma de RNA, uma cópia de DNA do qual integra-se no genoma de sua célula hospedeira.

Rizóbios: um grupo de bactérias fixadoras de nitrogênio.

Rho: a proteína envolvida no término da transcrição de alguns genes bacterianos.

Riboflavina: vitamina B₂, o precursor dos cofatores FAD e FMN.

498 Glossário

Ribonuclease A: uma enzima que catalisa a conversão de uma molécula polimérica de RNA em duas moléculas mais curtas, cortando uma das ligações fosfodiéster internas.

Ribonuclease P: uma enzima envolvida no processamento do pré-tRNA, cuja atividade catalítica é uma ribozima.

Ribonucleoproteínas nucleares pequenas (snRNPs): estruturas envolvidas no *splicing* de íntrons GU–AG e AU–AC e em outros eventos de processamento de RNA, compreendendo uma ou mais moléculas de snRNA em complexo com proteínas.

Ribonucleotídio redutase: a enzima que converte ribonucleotídios em seus desoxirribonucleotídios durante a via de salvamento (ou recuperação) para a síntese de nucleotídios.

Ribossomo: um dos complexos de proteína e RNA em que ocorre a tradução.

Ribozima: uma molécula de RNA que tem atividade catalítica.

Ribulose 5-fosfato quinase: a enzima que converte ribulose 5-fosfato em ribulose 1,5-bifosfato na etapa 5 do ciclo de Calvin.

Ribulose-1,5-bifosfato carboxilase ou **Rubisco:** a enzima que combina uma molécula de dióxido de carbono com uma de ribulose 1,5-bifosfato para dar duas moléculas de 3-fosfoglicerato, durante as reações de escuro da fotossíntese.

Rica em AT: uma sequência de DNA dentro da qual há uma alta proporção de pares de base adenina–tiamina.

RNA: ácido ribonucleico, uma das duas formas de ácido nucleico nas células vivas; o material genético de alguns vírus.

RNA codificante: uma molécula de RNA que codifica uma proteína; um mRNA.

RNA helicase B: um componente do degradossomo.

RNA mensageiro ou **mRNA:** o transcrito de um gene codificador de proteína.

RNA não codificante: uma molécula de RNA que não codifica uma proteína.

RNA nuclear pequeno (snRNA): um tipo de molécula de RNA eucariótico envolvido no *splicing* de íntrons GU–AG e AU–AC e em outros eventos de processamento de RNA

RNA nucleolar pequeno (snoRNA): um tipo de molécula de RNA eucariótico envolvido na modificação química de rRNA.

RNA polimerase: uma enzima que sintetiza RNA.

RNA polimerase II: a RNA polimerase eucariótica que transcreve genes codificadores de proteína, a maioria dos genes snRNA e genes miRNA.

RNA polimerase dependente de DNA: uma enzima que faz uma cópia de RNA a partir de um molde de DNA.

RNA ribossômico ou **rRNA:** as moléculas de RNA que são componentes de ribossomos.

RNA satélite: uma molécula infecciosa de RNA com 320 a 400 nucleotídios de comprimento que não codifica as proteínas de seu próprio capsídeo, movendo-se, em vez disso, de uma célula para outra dentro do capsídeo de um vírus auxiliar.

RNA transportador ou **tRNA:** uma pequena molécula de RNA que age como um adaptador durante a tradução e é responsável pela decodificação do código genético.

RNase E: um componente do degradossomo.

Rubisco ativase: uma enzima envolvida na regulação da atividade da ribulose bifosfato carboxilase em resposta à intensidade luminosa.

Sacarose fosfato fosfatase: a enzima que converte sacarose 6-fosfato em sacarose durante a síntese de sacarose.

Sacarose fosfato sintase: a enzima que converte frutose 6-fosfato em sacarose 6-fosfato durante a síntese de sacarose.

S-adenosil metionina (SAM): um cofator que age como doador de um grupo metil em várias reações bioquímicas.

Saponificação: formação de um sabão pelo aquecimento de um triacilglicerol com um álcali.

Saturado: um ácido graxo que não tem ligações duplas C=C.

Segmento de reboque: a região não traduzida de um mRNA *downstream* do códon de terminação.

Segmento líder: a região *upstream* não traduzida de um mRNA de um códon de iniciação.

Segundo mensageiro: um intermediário em um certo tipo de via de transdução de sinal.

Sequência: a ordem de unidades em um polímero; por exemplo, a ordem de aminoácidos em um polipeptídio.

Sequência de consenso: uma sequência de nucleotídio usada para descrever um grande número de sequências não idênticas relacionadas. Cada posição da sequência de consenso representa o nucleotídio mais frequentemente encontrado naquela posição nas sequências reais.

Sequência de endereçamento luminal: uma sequência específica que direciona uma proteína para os tilacoides dentro de um cloroplasto.

Sequência de endereçamento mitocondrial: uma sequência específica de 10 a 70 aminoácidos que direciona uma proteína para a matriz mitocondrial.

Sequência de Shine-Dalgarno: o sítio *upstream* de ligação de ribossomo de um gene de *Escherichia coli*.

Sequência de término da transferência: uma sequência específica levada por uma proteína de membrana do Tipo I.

Sequência específica: uma sequência de aminoácido que especifica a via de transporte que uma proteína deve seguir.

Sequência expressa: um éxon.

Sequência iniciadora (Inr): um componente do promotor central da RNA polimerase II.

Sequência interveniente: um íntron.

Sequência KDEL: uma sequência especificada que direciona uma proteína para o lúmen do retículo endoplasmático.

Sequência PEST: sequências de aminoácidos que influenciam a degradação de proteínas nas quais são encontradas.

Sequência terminadora: uma de várias sequências em um genoma bacteriano envolvido na terminação de replicação do DNA.

Sequenciamento de glicanos: tratamento de uma glicano com uma série de exoglicosidases de especificidades diferentes para se determinar a sequência de açúcares na glicano.

Sequenciamento de molécula única em tempo real: um método de sequenciamento de DNA de terceira geração em que se utiliza um sistema óptico avançado para observar o acréscimo de nucleotídios individuais a um polinucleotídio em crescimento.

Sequenciamento de nova geração: uma coleção de métodos de sequenciamento de DNA, cada um envolvendo uma estratégia paralela maciça.

Sequenciamento de término da cadeia: um método de sequenciamento do DNA que envolve a síntese enzimática de cadeias de polinucleotídios que terminam em posições específicas de nucleotídios.

Sequenciamento do DNA: uma técnica para se determinar a ordem de nucleotídios em uma molécula de DNA.

Shunt aspartato–argininossuccinato: a conexão entre os ciclos de Krebs (ATC ou TCA) e da ureia.

Simportador: uma proteína de transporte ativo que acopla o transporte de uma molécula ou íon contra um gradiente de concentração com o movimento, na mesma direção, de um segundo íon a favor do gradiente.

Sinal de localização nuclear: uma sequência específica de 6 a 20 aminoácidos que direciona uma proteína para o núcleo.

Sinal de retenção: uma sequência específica que direciona uma proteína para o retículo endoplasmático.

Sinapse: o espaço na junção entre duas células nervosas adjacentes.

Síntese de amido armazenado: a síntese de reservas de amido de longa duração em amiloplastos.

Síntese de DNA dependente de molde: uma enzima que sintetiza DNA de acordo com a sequência de um molde.

Síntese de novo: a síntese de moléculas complexas a partir de moléculas simples.

Síntese de novo de nucleotídios: a síntese de bases nucleotídicas a partir de compostos menores.

Síntese de cDNA: a conversão do RNA em uma molécula de DNA de fita simples ou dupla.

Síntese de amido transitório: a síntese de moléculas de amido de vida curta que ocorre em cloroplastos.

Siro-heme: uma versão modificada de heme, usada como um cofator por várias enzimas envolvidas na redução de compostos contendo nitrogênio e enxofre.

Sistema complemento: um conjunto de enzimas e outras proteínas que rompe a membrana celular bacteriana, ocasionando a morte da bactéria, como parte da resposta imune.

Sistema da MAP quinase: uma via de transdução de sinal.

Sistema de tradução acelular: um extrato celular que contém todos os componentes necessários para a síntese de proteína (i. e., subunidades ribossômicas, tRNAs, aminoácidos, enzimas e cofatores) e capaz de traduzir moléculas de mRNA adicionadas.

Sistema ômega: denominação convencional para ácidos graxos.

Sistema paralelo maciço: um sistema de sequenciamento de DNA de alto processamento em que muitas sequências individuais são geradas em paralelo.

Sítio aceptor: o sítio de splicing na extremidade 3′ de um íntron.

Sítio alostérico: o local de ligação em uma enzima para um inibidor reversível não competitivo.

Sítio AP: uma posição em uma molécula de DNA onde o componente-base do nucleotídio é perdido.

Sítio ativo: a posição dentro de uma enzima onde os substratos se ligam e uma reação bioquímica ocorre.

Sítio de ligação do ribossomo: a sequência nucleotídica que age como o local de aderência para a pequena subunidade do ribossomo durante a iniciação da tradução em bactérias.

Sítio de saída ou sítio E: uma posição dentro de um ribossomo para a qual um tRNA se move imediatamente após desacilação.

Sítio de splicing 3′: o local de splicing na extremidade 3′ de um íntron.

Sítio de splicing 5′: o local de divisão na extremidade 5′ de um íntron.

Sítio doador: o local de splicing na extremidade 5′ de um íntron.

Sítio interno de entrada ribossômica (IRES): uma sequência nucleotídica que capacita a montagem do ribossomo em uma posição interna em alguns mRNAs eucarióticos.

Sítio (local) sem base: uma posição em uma molécula de DNA onde o componente-base do nucleotídio é perdido.

Sítio peptidil ou sítio P: o local no ribossomo ocupado pelo tRNA aderido ao polipeptídio em crescimento durante a tradução.

Sonda repórter: um oligonucleotídio curto que dá um sinal fluorescente quando hibridiza com um DNA-alvo.

Spliceossomo menor: o spliceossomo para os íntrons AU-AC.

Splicing: a remoção de íntrons do transcrito primário de um gene descontínuo.

Splicing alternativo: a produção de dois ou mais mRNAs a partir de um único pré-mRNA pela união de diferentes combinações de éxons.

Substrato: um composto que é consumido durante uma reação química.

Succinato desidrogenase: a enzima que converte succinato em fumarato na etapa 6 do ciclo de Krebs (TCA).

Succinil CoA sintetase: a enzima que converte succinil CoA em succinato na etapa 5 do ciclo de Krebs (TCA).

500 Glossário

Superfamília receptora nuclear: uma família de proteínas receptoras que liga hormônios como uma etapa intermediária na modulação da atividade genômica por esses hormônios.

Super-hélice: uma estrutura helicoidal formada por polímeros que são hélices eles próprios.

Superoscilação: a forma extrema de oscilação que ocorre nas mitocôndrias de vertebrados.

***Taq* polimerase:** a DNA polimerase termoestável que é usada na PCR.

Taurocolato: um ácido biliar, um derivado do ácido cólico que ajuda a emulsificar gorduras alimentares.

Tautomerismo: a alteração espontânea de uma molécula de um isômero estrutural para outro.

Taxa basal de iniciação do transcrito: o número de iniciações produtivas de transcrição que ocorrem por unidade de tempo em um promotor particular.

Técnica de Ouchterlony: um imunoensaio baseado em gel.

Tecnologia do DNA recombinante: as técnicas envolvidas na construção, no estudo e no uso de moléculas de DNA recombinante.

Teia alimentar: uma rede que descreve como energia luminosa ou química é adquirida direta ou indiretamente por espécies em um ecossistema.

Telomerase: a enzima que mantém as extremidades de cromossomos eucarióticos sintetizando sequências teloméricas repetidas.

Temperatura ótima: a temperatura ideal para uma reação química.

Teoria endossimbionte: uma teoria que estabelece que as mitocôndrias e cloroplastos de células eucarióticas são derivados de procariotos simbióticos.

Teoria quimiosmótica: a teoria de que a síntese do ATP é direcionada pelo bombeamento de prótons através da membrana mitocondrial interna.

Terapia gênica: um procedimento clínico em que se usa um gene ou outra sequência de DNA para tratar uma doença.

Terminador dependente de Rho: uma posição no DNA bacteriano onde ocorre o término da transcrição com o envolvimento de Rho.

Terminador intrínseco: uma posição no DNA bacteriano onde ocorre o término da transcrição sem o envolvimento de Rho.

Término NH$_2$– ou N: a extremidade de um polipeptídio que tem um grupo amino livre.

Termociclador: um dispositivo programável que aquece e esfria uma reação entre temperaturas preestabelecidas.

Termoestável: uma enzima capaz permanecer ativa em temperaturas relativamente altas.

Termogenina: uma proteína de transporte de prótons (H$^+$) presente na membrana mitocondrial interna de células adiposas marrons, que age como um desacoplador da cadeia de transporte de elétron.

Terpeno: um grupo variável de compostos lipídicos cujas estruturas se baseiam no pequeno hidrocarboneto denominado isopreno.

Território cromossômico: a região de um núcleo ocupada por um único cromossomo.

Testosterona: um hormônio esteroide envolvido na regulação da síntese de ossos e músculos.

Tetra-alça: uma estrutura de alça-haste com quatro pares de base na haste.

Tetrapirrólico: um composto com quatro unidades pirróis.

Tilacoides: estruturas membranosas interconectadas dentro do estroma de um cloroplasto.

Timidilato sintase: a enzima que converte uracila em timina durante a síntese *de novo* de nucleotídio.

Timina: uma das bases pirimidina encontradas no DNA.

Tioesterase: a enzima que cliva um ácido graxo completado a partir de ACP.

Tiolase: a enzima que converte duas moléculas de acetil CoA em uma de acetoacetil CoA durante a via de síntese de colesterol.

Tiólise: uma reação química em que a clivagem da ligação é direcionada por um grupo tiol (–SH).

Tioquinase (de ácido graxo): uma enzima que converte ácidos graxos em moléculas de acil CoA antes de sua quebra.

Tiorredoxina: uma pequena proteína envolvida em várias reações redox celulares, em particular as que resultam em clivagem de ligações dissulfeto.

Tolerância à lactose ou **persistência da lactose:** a produção contínua de lactase e, portanto, a capacidade de digerir lactose após o desmame.

Tradução: a síntese de um polipeptídio, cuja sequência de aminoácidos é determinada pela sequência de nucleotídios de um mRNA de acordo com as regras do código genético.

Transaldolase: a enzima que converte gliceraldeído 3-fosfato e sedo-heptulose 7-fosfato em frutose 6-fosfato e eritrose 4-fosfato na etapa 7 da via das pentoses fosfato.

Transaminação: a transferência de um grupo amino de um composto para outro.

Transaminase: uma enzima que catalisa uma reação de transaminação.

Transcetolase: a enzima que converte xilulose 5-fosfato e ribose 5-fosfato (ou eritrose 4-fosfato) em gliceraldeído 3-fosfato e sedo-heptulose 7-fosfato (ou frutose 6-fosfato) na etapa 6 (ou 8) da via das pentoses fosfato.

Transcrição: a síntese de uma cópia do RNA de um gene.

Transcriptase reversa: uma DNA polimerase dependente de RNA, capaz de sintetizar uma molécula complementar de DNA (cDNA) em um molde de RNA de fita simples.

Transcriptoma: a coleção de moléculas de RNA em uma célula ou tecido.

Transcriptômica: os vários métodos para estudar um transcriptoma.

Transcrito: uma cópia do RNA de um gene.

Transcrito primário: o produto inicial da transcrição de um gene ou grupo de genes, processado subsequentemente para dar o(s) transcrito(s) maduro(s).

Transdução de sinal: controle de atividade celular via um receptor de superfície celular que responde a um sinal externo.

Transdutores de sinal e ativadores da transcrição (STAT): um tipo de proteína que responde à ligação de um composto sinalizador extracelular a um receptor de superfície celular ativando um fator de transcrição.

Transesterificação: um tipo de reação entre um éster e um álcool.

Transferase: uma enzima que transfere grupos de uma molécula para outra.

Transferência de energia por ressonância: a transferência de energia em um fotossistema, no qual ocorre a passagem de *quanta* de energia de uma molécula de clorofila para outra, com a clorofila receptora tornando-se excitada e a clorofila doadora retornando ao seu estado fundamental.

Transferência de éxciton: transferência de energia em um fotossistema, em que *quanta* de energia são passados de uma molécula de clorofila para outra, com a que recebe sendo excitada e a doadora voltando ao estado fundamental.

Transferência direta de elétron: transferência de energia em um fotossistema, no qual um elétron de alta energia é transferido para uma clorofila vizinha, voltando a ser um elétron de baixa energia.

Translocação: o movimento de um ribossomo ao longo de uma molécula de mRNA durante a tradução.

Transplante de célula-tronco hematopoética: substituição de células-tronco hematopoéticas por células doadoras, para tratar alguns tipos de distúrbios genéticos.

Transportador de Na⁺/glicose: um simportador envolvido na captação de glicose por células intestinais.

Transportadores do cassete de ligação do ATP (ABC): um grupo de bombas do tipo P (fosfato) que transporta uma variedade de moléculas pequenas através das membranas.

Transporte ativo: movimento de uma molécula ou um íon através de uma membrana por um processo que requer energia.

Trato de polipirimidina: uma região rica em pirimidina, perto da extremidade 3′ do íntron GU–AG.

Treonina desidratase: a enzima que converte treonina em α-cetobutirato na etapa de compromisso (limitante) da via de síntese de isoleucina.

Triacilglicerol ou **triglicerídio:** um lipídio que compreende três ácidos graxos aderidos a uma molécula de glicerol.

Triacilglicerol sintetase: a atividade enzimática resultante do complexo formado entre diglicerídio aciltransferase e fosfatidato fosfatase, que catalisa as etapas 4 e 5 da via de síntese de triacilglicerol.

Triacilglicerol complexo: um triacilglicerol em que pelo menos duas das três cadeias de ácidos graxos são diferentes.

Triacilglicerol simples: um triacilglicerol em que as três cadeias de ácido graxo são idênticas.

Triose fosfato isomerase: a enzima que converte di-hidroxiacetona fosfato em gliceraldeído 3-fosfato na etapa 5 da via de glicólise.

Triose quinase: a enzima que converte gliceraldeído em gliceraldeído 3-fosfato na etapa 3 da via de frutose 1-fosfato.

Tripla hélice: uma super-hélice de três filamentos.

Tripsina: uma protease, sintetizada pelo pâncreas, que ajuda na quebra da proteína alimentar.

Triptofano sintase: uma enzima que catalisa as duas etapas finais na via que resulta na síntese do aminoácido triptofano, convertendo indol-3-glicerol fosfato em indol e então em triptofano.

tRNA nucleotidiltransferase: a enzima responsável pela inserção pós-transcrição do triplete 5′-CCA-3′ à extremidade 3′ de uma molécula de tRNA.

tRNAs isoaceptores: dois ou mais tRNAs que são aminoacilados com o mesmo aminoácido.

Trombina: uma proteína envolvida na coagulação do sangue.

Tromboxano: um tipo de eicosanoide.

Troponina: uma proteína envolvida na contração muscular.

Ubiquinol (CoQH₂): a forma reduzida da ubiquinona.

Ubiquinona: a molécula carreadora intermediária para a transferência de elétron do Complexo I ou II para o Complexo III na cadeia de transporte de elétron; também denominada coenzima Q (CoQ).

Ubiquitina: uma proteína de 76 aminoácidos que, quando aderida a uma segunda proteína, age como um marcador direcionando aquela proteína para a degradação.

Ubiquitina ligase: uma enzima que faz a ligação de uma molécula de ubiquitina a uma proteína destinada à degradação.

Ubiquitinação: a ligação de ubiquitina a uma proteína.

UDP-galactose-4-epimerase: a enzima que converte UDP-galactose em UDP glicose na etapa 3 da via de interconversão galactose-glicose.

UDP-glicose pirofosforilase: a enzima que converte glicose 1-fosfato em UDP-glicose durante a síntese de sacarose.

Unicelular: um organismo que compreende apenas uma única célula.

Uniportador: uma proteína de transporte que usa a difusão facilitada para mover moléculas ou íons através de uma membrana.

Uracila: uma das bases pirimidinas encontradas no RNA.

Urease: a primeira enzima a ser purificada, responsável pela conversão de ureia em dióxido de carbono e amônia.

Ureotélica: espécie que converte amônia em ureia, que é excretada na urina.

502 Glossário

Uricotélica: espécie que excreta nitrogênio na forma de ácido úrico.

Valência: em termos simples, o número de ligações simples que um átomo pode formar. Especificamente, o número de átomos de hidrogênio que um átomo pode combinar com ou deslocar ao formar um composto.

Variação de energia livre padrão ou $\Delta G^{0\prime}$: uma medida de ΔG para uma reação em condições padrão, pH 7,0 com cada reagente presente em quantidades equimolares.

Velocidade inicial ou V_0: a velocidade linear inicial de uma reação catalisada por enzima.

Vesícula: uma pequena esfera associada a uma membrana.

Vesícula de especificação: uma vesícula envolvida no direcionamento de proteínas para lisossomos.

Vetor de clonagem: uma molécula de DNA capaz de se replicar dentro de uma célula hospedeira e, portanto, pode ser usada para clonar outros fragmentos de DNA.

Vetor de expressão: um vetor de clonagem designado de modo que um gene estranho inserido no vetor se expresse no organismo hospedeiro.

Via da frutose 1-fosfato: a via para a entrada de frutose na glicólise usada nas células hepáticas.

Via das pentoses fosfato: uma série de reações bioquímicas que geram NADPH.

Via de dobra: a série de eventos, envolvendo intermediários parcialmente dobrados, que resulta em uma proteína não dobrada que chega a sua estrutura tridimensional correta.

Via de interconversão galactose-glicose: a via para a conversão de galactose em glicose pelo rearranjo dos grupos em torno do carbono quiral.

Via de recuperação: o uso de purinas e pirimidinas, liberadas de nucleotídios que estão sendo degradados, para fazer novos nucleotídios.

Via de *splicing*: a série de eventos que converte um pré-mRNA descontínuo em um mRNA funcional.

Via do fosfogliconato: outro nome da via das pentoses fosfato.

Via longa: um processo de reparo por excisão de nucleotídio de *Escherichia coli* que resulta na excisão e na ressíntese de até 2 kb de DNA.

Vigilância do mRNA: um processo de degradação do RNA nos eucariotos.

Viroide: uma molécula infecciosa de RNA de 240 a 375 nucleotídios de comprimento, que não contém genes e nunca adquire capsídeo, disseminando-se de uma célula para outra como DNA nu.

Vírus: uma partícula infectante, composta de proteína e ácido nucleico, que precisa parasitar uma célula hospedeira para se replicar.

Vírus adenoassociado: um vírus que não está relacionado com adenovírus, mas que é geralmente encontrado nos mesmos tecidos infectados, porque o vírus adenoassociado usa algumas das proteínas sintetizadas pelo adenovírus para completar seu ciclo de replicação.

Virusoide: uma molécula de RNA infecciosa com 320 a 400 nucleotídios de comprimento que não codifica as proteínas de seu próprio capsídeo, mas se move de uma célula para outra dentro do capsídeo de um vírus auxiliar.

Vitamina D: uma família de derivados esteroides com vários papéis fisiológicos e bioquímicos.

Vitamina D_3: um membro do grupo de compostos da vitamina D.

$V_{máx}$: a velocidade máxima de uma reação catalisada por enzima.

Vulcanização: um processo químico que resulta na formação de ligações cruzadas entre polímeros individuais de borracha.

Xantofila: um pigmento acessório de captação de luz encontrado em plantas.

Z-DNA: uma conformação de DNA em que os dois polinucleotídios se enrolam em uma hélice voltada à esquerda.

Zona de equivalência: o ponto em que as quantidades relativas de antígeno e anticorpo são ótimos para a formação de complexo.

Zwitterion: uma molécula que não tem carga elétrica, mas tem grupos ionizados tanto negativos como positivos.

Índice Alfabético

A

Aceptor, 193
Acetil
- CoA, 155, 177
- - carboxilase, 247, 251
- transacilase, 247
Acetilação, 381
Acetilcolinesterase, 145
Acetoacetil CoA, 263
Ácido(s), 40
- ascórbico, 131
- aspártico, 36, 37
- biliares, 92, 254
- cólico, 92
- desoxirribonucleico, 8, 65
- fosfatídico, 89
- glutâmico, 36, 37
- graxo(s), 84
- - essenciais, 89
- - insaturado, 85
- - notação estrutural dos, 86
- - polímeros de hidrocarboneto, 84
- - saturado, 85
- - sintase, 250
- - síntese de, 245, 246
- - tioquinase, 256
- hialurônico, 117, 118
- jasmônico, 94
- láurico, 85
- N-acetilmurâmico, 119
- nucleico, 8
- - unidades de comprimento, 74
- oleico, 85
- palmítico, 258
- pantotênico, 131
- ribonucleico, 8, 65
- úrico, 289
Acil CoA desidrogenase, 257
Acilação, 381
Acondicionamento do DNA, 75
- em bactérias, 77
Aconitase, 179
Acoplamento de energia, 138
Actinomiceto, 274
Açúcar(es), 6
- no sangue, 228
- redutores, 117
Adenilato quinase, 167, 286
Adenina, 66, 67
Adenosina 5'-trifosfato (ATP), 23
Adenovírus, 463
Adipócitos, 87, 253
ADP-glicose, 216
Adrenalina, 227
Adrenoleucodistrofia (ALD), 262
Aeróbios obrigatórios, 161, 162
Agarose, 424
Agentes mutagênicos, 322
ALA
- desidratase, 289

- sintase, 289
Alanina, 36, 37
Alça
- βαβ, 54
- D, 306
Álcool, 161
- desidrogenase, 163
Aldeídos, 108
Aldo-hexoses, 110
Aldolase, 158
Aldopentoses, 109, 110
Aldose, 108
Aldosterona, 93, 268
Aldotetroses, 108, 109
Aldotriose, 108
ALDP, 262
Alfa-amilase, 6
α-cetoglutarato, 278
Alolactose, 399, 400
Alongamento, 374
Amido, 6, 115, 116, 215
- armazenado, síntese de, 217
- sintase, 216
- - transitória de, 217
Amilase, 126
Amilopectina, 115
Amiloplastos, 217
Amilose, 115
Aminoácido(s), 6, 36, 43, 235
- apolares, 43
- cadeias laterais polares, 42
- características bioquímicas dos, 37
- essenciais, 278
- estrutura, 37
- formas L e D, 37
- grupos ionizáveis, 39
- interruptores de hélice, 49
- modificados após a síntese de
   proteínas, 43
- polares, 43
- síntese de, 278
Aminoacil, 369
Aminoacil-tRNA sintetase, 363
Aminoacilação, 363
- tipos incomuns de, 364
Amônia, 278
- síntese de, 274
3',5'-AMP cíclico (cAMP), 103
Amycolatopsis rifamycinica, 341
Anabaena, 16, 17
Anabolismo, 10, 125
Anaeróbio
- facultativo, 161, 162
- obrigatório, 162
Analisador de massa quadripolo, 437
Análise
- de difração de raios X, 71
- de *microarray*, 398
- por tempo de voo de ionização e
   dessorção a *laser* assistida por matriz
   (MALDI-TOF), 429

Androgênios, 93
Anfotéricos, 39
Ångstrom (Å), 16
Ângulos *psi* e *phi*, 47
Anidrase carbônica, 36, 53
Anômeros, 110, 111
- da glicose, 112
Anti-adenosina, 72
Antibióticos, 18, 375, 376
Anticódon(s), 365
- contendo inosina, 366
Anticorpo(s), 420
- monoclonais, 422
- policlonal, 420
- primário, 425
- secundário, 425
Antígeno(s), 420
- nuclear de proliferação celular (PCNA), 312
Antiportador, 102
AP endonuclease, 325
Aparelho de Golgi, 16, 21, 22, 25
ApoC-II, 254
Apoenzima, 132
Apolipoproteínas, 254
Apoproteínas, 254
Archaea, 19
Arginase, 294
Arginina, 36, 37
Argininossuccinase, 294
Argininossuccinato sintetase, 294
Arqueobactérias, 17
Asparagina, 36, 37
Asparaginase, 290
Aspartato
- aminotransferase, 194
- transcarbamoilase, 287
Ataxia espinocerebelar, 328
Ataxia-telangiectasia, 328
Atenuação, 405
Aterosclerose, 254
Ativador do plasminogênio tecidual, 36, 54
Atmosfera inicial, 28
Átomo, 8
ATP, 154, 183
- síntese de, 188
- - bioquímica de, 161
- sulfurilase, 456
ATPase, 190
Auto-splicing, 353
Autodigestão pancreática, 379
Autótrofos, 201
Avidina, 430
Avilamicina, 375
Azola, 275

B

Bacillus
- *megaterium*, 364
- *subtilis*, 396
Bacilos, 17

504 Índice Alfabético

Bactérias, 17
- púrpura, 203
- simbióticas, 274
- verdes, 203
Bacterioclorofila, 204
Bacteriófago(s), 6, 26
- lambda, 307
Bacteroides, 275
Balsas lipídicas, 98
Barreira seletiva, 98
Bases, 40
- de Chargaff, 71
β-cetotiolase, 258
β-galactosidase, 397
β-galactosídio transacetilase, 397
β-lactamase, 461
Bicamada lipídica, 96
Biocombustível, 141
Biofilme, 19, 20
Bioinformacionista, 37
Biologia, 1
Bioquímica, 1
- ciência experimental, 11
- estudo
- - de biomoléculas, 5
- - do metabolismo, 8
- origens da, 5
Biotina, 233
Biotinilação, 381
Bolha de transcrição, 339
Bomba(s)
- de prótons, 187, 189
- do tipo P, 102
Bombeamento de prótons, 189
Borracha, 91

C

Cabeça de martelo, 130
Cadeia(s)
- alimentar, 201
- de transporte de elétrons, 10, 156, 185
- - e síntese de ATP, 182
- leves, 421
- pesadas, 421
Caixa TATA, 336
Calcitriol, 266
Calmodulina, 103
Canais iônicos regulados por
  voltagem, 100
Câncer
- colorretal, 328
- de mama-ovário, 328
Cap
- tipo 0, 342
- tipo 1, 342
- tipo 2, 342
Capacidade de processamento, 451
Capsídeo, 26
- do vírus mosaico do tabaco, 55
Carbamoil, 211
- fosfato, 286
- - sintetase, 293
Carboidratos, 8, 107, 435, 439
- de uma membrana, 98
- metabolismo dos 223
- unidades estruturais básicas dos, 108
Carbono, 8
Carboxissomos, 218

Carnitina, 256
- aciltransferase, 256
- acilcarnitina translocase, 256
Carotenoides, 204
- β-caroteno, 204
Carreador de piruvato
  mitocondrial, 176
Catabolismo, 10, 125
Catalase, 259
Catalisador, 8, 9
Cauda poli(A), 344
Cavidade
- maior, 68
- menor, 68
cDNA, 449
- síntese de, 449
Celobiose, 112
Célula(s), 15
- autoindutoras, 20
- do feixe vascular, 219
- do mesófilo, 219
- eucarióticas, 21
- principais, 25
- procariótica, 16, 17, 18
- senescente, 321
Células-tronco, 321
Celulose, 6, 7, 115
Central promotora, 336
Centrifugação em gradiente de
  densidade, 346, 347
Centro
- de coordenação, 132
- de molibdênio-ferro, 276
- de reação, 205
Ceras, 88
Cerebrosídio, 90
β-cetoacil-ACP redutase, 248
Cetogênese, 291
Cetogênicos, 291
Cetona, 108
Cetopentoses, 109
Cetose, 108
Cetotetroses, 109
Cetotriose, 108
Chaperonas moleculares, 56, 59
Chaperoninas, 59
Cianobactérias, 25, 203
Ciclases, 103
Ciclo(s)
- biológico típico de vírus, 27
- da ureia, 279, 290, 292
- da xantofila, 208
- de Calvin, 209
- - etapas do, 212
- de Cori, 161, 162
- de desnaturação-anelamento-síntese, 450
- de Krebs, 10, 155, 167, 176, 278
- - etapas do, 179
- do ácido
- - cítrico, 176
- - tricarboxílico, 10, 155, 176
- do glioxilato, 260
- do TCA, 10, 155, 167, 176, 278
- - etapas do, 179
- fútil, 230
Ciências da vida, 1
Cinética enzimática, 140
Cisteína, 36, 37, 279
Cisternas, 25

Citidilato sintetase, 287
Citocinas, 20, 102
Citocromo(s), 186
- b₅, 249
- C, 185
- P450, 266
Citoplasma, 19
Citosina, 66, 67
Citrato, 246
- sintase, 179
Citrulina, 293
Clivagem proteolítica, 377
Clonagem do DNA, 443, 459
- delineamento da, 459
- obtenção de proteína recombinante, 465
Clorofila, 25, 203
Cloroplastos, 22, 24, 202
Coágulo sanguíneo, 7
Cocos, 17
Código
- de histonas, 382
- genético, 6, 43, 321, 360
- - características do, 360
- - degenerado, 360
- - síntese de proteínas, 362
- - variações no, 361
Códon(s), 360
- de iniciação, 361
- - alternativos, 366
- de pontuação, 360, 361
- de término, 361
Coeficiente
- de partição, 427
- de sedimentação, 346, 347
Coenzimas, 132
- A, 131
- Q, 185
Cofatores, 130
Colágeno, 51
- estrutura do, 52
- tipo I, 36
Colecalciferol, 266
Cólera, 17
Colesterol, 92, 265
- síntese, 262
- - de derivados do, 266
Coleta de luz, 203
Colil CoA, 266
Complexo(s)
- A, 351
- B, 351
- citocromo c oxidase, 188
- CoQH₂-citocromo c redutase, 188
- de α-cetoglutarato desidrogenase, 180
- de antena, 205
- de Golgi, 16, 21, 22, 25
- de iniciação, 372
- de ligação do capuz (*CAP*), 372
- de nitrogenase, 276
- de piruvato desidrogenase, 177
- de pré-iniciação, 371
- de reconhecimento da origem, 306
- do citocromo B6, 206
- exossomo, 408
- GroEL/GroES, 59
- NADH-CoQ redutase, 187
- poros, 22
- pós-spliceossomo, 352
- pré-iniciador, 305

Índice Alfabético **505**

- promotor
- - aberto, 336
- - fechado, 336
- silenciador induzido pelo RNA (RISC), 410
- succinato-CoQ redutase, 188
- TIM (translocador da membrana interna), 383
- TOM (translocador da membrana externa), 383
Composição elementar do ser humano adulto normal, 2
Compostos tetrapirrólicos, síntese de, 288
Concanavalina A, 53, 439
Condensação, 45
Conjugação, 18
Consenso de Kozak, 371
Constante
- de Michaelis, 142
- de velocidade, 144
Construção de modelos, 48
Contas em um cordão, 77
Controle
- alostérico, 232
- - negativo, 149
- - positivo, 149
- da síntese de ATP, 192
- do metabolismo do glicogênio, 227
- - pelo cálcio, 231
- respiratório, 193
Conversão da celulose em glicose, 141
Corismato, 129
Corpos cetônicos, 291
Corpúsculo de inclusão, 467
Correção dos erros na replicação do DNA, 322
Correpressor, 402
Corte das extremidades, 346
Cortisol, 93, 266
Cortisona, 93
Cristalografia de raios X, 11, 48, 50, 431, 434
Cristas, 23
Cromatina, 76
- purificada, 77
Cromatóforos, 203
Cromatografia
- de camada delgada, 427
- de fase reversa, 428
- em coluna, 427
- em papel, 71, 427
- gasosa, 436
- - de ácidos graxos, 437
- líquida de alto desempenho ou eficiência, 428
- por filtração em gel, 427
- por troca iônica, 427
Cromatograma, 436
Cromossomo, 22

D

D-gliceraldeído, 108
DAHP sintase, 285
Dáltons (Da), 6
Deciclases, 103
Dedo(s)
- de zinco, 404
- triplo em forma de clave, 404

Deficiência de glicose 6-fosfato desidrogenase (G6 PD), 241
Degradação
- de mRNA e proteína, 408
- de proteínas, 410
- do glicogênio, 224
- do RNA, 408
- dos ácidos graxos, 255
- - nos peroxissomos, 259
- dos aminoácidos, 290
- dos compostos que contêm nitrogênio, 289
- dos triacilgliceróis em ácidos graxos e glicerol, 253
Densidade de flutuação, 347
Derivados semissintéticos, 376
Desacopladores da cadeia de transporte de elétrons, 193
Desaminação, 75
Descarboxilação oxidativa, 177
Desenvolvimento de um organismo, 394
Desnaturação, 56
Desoxinucleotidil transferase terminal, 313
2'-desoxirribose, 66
Dessaturase, 249
Desvio
- das hexose monofosfato, 237
- químico, 433
Detergente, 97
Di-hidrolipoil
- desidrogenase, 177
- transacetilase, 177
Di-hidroxiacetona, 108
Di-isopropil fluorofosfato (DIFP), 145
Diabetes melito, 228
1,2-diacilglicerol (DAG), 103
Diagrama de Ramachandran, 47
Diálise, 56
Diastereoisômeros, 110
Dicer, 410
Dicroísmo circular, 58, 431, 432
Didesoxinucleotídios (ddNTPs), 454
Diferenciação celular, 394
Difração de raios X, 368, 434
Difusão facilitada, 99
Diglicerídio aciltransferase, 252
Dímero de ciclobutil, 327
2,4-dinitrofenol, 193
Dióxido de carbono, 161
Dipolo, 44
Dissacarídios, 107, 112
Distrofina, 36
DNA, 8, 65
- adenina metilase (DAM), 322
- ancestral, 453
- citosina metilase (DCM), 322
- complementar, 449
- dependente de molde síntese de, 70
- downstream, 336
- estruturas do, 65
- - secundárias do, 68
- eucariótico, 306
- forma-B do, 70
- fotoliase, 326
- glicosilase, 325
- intergênico, 334
- ligador, 77
- ligase, 316, 448
- manipulação por enzimas purificadas, 444

- níveis superiores de empacotamento do, 78
- polimerase(s), 310, 313, 315
- - A, 312
- - D, 312
- - dependente de DNA, 311
- - dependentes de RNA, 311
- - E, 312
- - G, 312
- - I, 128, 312
- - III, 312
- - limitações, 313
- reparo do, 321, 322, 328
- replicação do, 304, 305
- - fase de alongamento, 305
- - fase de iniciação, 305
- - fase de término, 305
- sequenciamento do, 11, 453
- *shuffling*, 284
- superespiralado, 310
- topoisomerases, 308
- - tipo 1, 308
- - tipo 2, 308
Dodecil sulfato de sódio, 97
Doença de Gunther, 295
Domínio(s), 54
- acídicos, 403
- C-terminal (CTD), 338
- de ativação, 403
- *kringle* e em dedo (*fingers*), 54
- ricos em glutamina, 403
- ricos em prolina, 403
Dupla-hélice, 65
- características da, 68
- descoberta da, 70
- forma-A, 72
- formas diferentes, 70

E

Efeitos estéricos, 47
Eicosanoides, 93
Elemento(s)
- de ligação de resposta ao cAMP (CREB), 403
- de resposta
- - ao ferro, 407-408
- - cAMP (CRE), 403
- hormonais de resposta, 405
- promotores
- - basais, 402
- - do desenvolvimento, 403
- - específicos da célula, 403
Eletroendosmose, 422
Eletroforese, 424
- bidimensional, 426
- em gel, 424
- - de poliacrilamida-SDS (SDS-PAGE), 424
ELISA (ensaio imunoenzimático de adsorção), 424
Empilhamento de bases, 69, 70
Enantiômeros, 38, 110
Endereçamento de proteínas, 383, 389
Endonucleases, 444
- de restrição, 445
Energia
- de ativação ou $\Delta G\ddagger$, 136
- de ligação, 44
- livre, 135
- - de Gibbs, 135

506 Índice Alfabético

- - padrão, variação de, 184
Engenharia
- de proteínas, 142
- genética, 459
Enoil CoA hidratase, 257
Enoil-ACP redutase, 248
Enolase, 159
Envelamento das proteínas, 56, 58, 59
Enteropeptidase, 379
Entropia, 136
Envelope
- celular, 18
- nuclear, 22
Enzima(s), 6, 125, 126
- alostéricas, 149
- catalisadores biológicos, 134
- central, 335
- cofatores, 130
- constituídas por proteínas, 127
- de condensação de
    acil-malonil-ACP, 247
- de restrição, 445, 446
- desramificadora do glicogênio, 226
- função, 132
- homólogas, 134
- málica ligada ao NADP, 219
- moléculas de RNA, 129
- ramificadora
- - de glicogênio, 224
- - do amido, 216
- repórter, 424
- termoestáveis, 140, 141
Epímeros, 110
Epinefrina, 227
Epítopo, 420
Epóxido de esqualeno, 264
Equação de Michaelis-Menten, 142, 144
Equilíbrio dinâmico (*steady state*), 144
Eritromicina, 376
Erwin Schrödinger, 6
Escala de pH, 40
Escherichia coli, 3, 17
Esfera de coordenação, 132
Esfingolipídios, 89
Esfingosina, 90
Espaço
- intermembrana, 23
- tilacoide, 202
Espécies
- amoniotélicas, 292
- reativas de oxigênio, 208
Especificidade
- da aminoacilação, 363
- de ligação do substrato, 138
Espectro de massa, 437
Espectrometria de massa, 428, 429, 437
- sequencial (*tandem*), 438
Espectrômetro de massa com setor
    magnético, 437
Espectroscopia por ressonância
    magnética, 50, 431, 432, 433
Espirilos, 17
Esquema Z, 208
Estado de transição, 136
Estequiometria, 212
Estereoisômeros, 110
Esteroides, 92, 93
Esteróis, 92
Estigmasterol, 92

Estradiol, 93, 268
Estreptomicina, 375
Estriol, 93
Estrogênios, 93, 245, 268
Estroma, 25
Estrona, 93
Estrutura(s), 26
- cabeça e cauda, 26
- em haste-alça, 74
- filamentosa, 26
- icosaédrica, 26
Etapa limitante, 148
Eucariotas, 16, 20
Eventos de extinção em massa, 31
- do Devoniano Tardio, 31
- do Ordoviciano-Siluriano, 31
- do Permiano, 31
- do Triássico-Jurássico, 31
- no Cretáceo-Terciário, 31
Evolução, 27, 30
- dirigida, 142
Excisão
- de bases, 324
- de nucleotídios, 327
Exocitose, 3845
Éxons, 349
Exonuclease, 128, 444
Exossomo, 408
Expressão gênica, 10, 304
Extinção não fotoquímica, 208
Extremidade(s)
- 3', 67
- 5', 67
- aminoterminal, 45
- C terminal, 45
- carboxiterminal, 45
- cega, 447
- coesivas, 447
- COOH, 45
- N terminal, 45
- não redutora, 117
- NH$_2$, 45
- redutora, 117

F

FADH$_2$, 183, 185
Fagocitose, 421
Família
- A, 313
- B, 313
- C, 313
- D, 313
- RT, 313
- X, 313
- Y, 313
Fase
- de leitura aberta, 361
- escura, 202
Fator(es)
- associados à TBP, 338
- de alongamento, 342
- de clivagem e especificidade de
    poliadenilação (CPSF), 345
- de estimulação da clivagem (CstF), 345
- de iniciação IF-3, 369
- de reciclagem do ribossomo (RRF), 375
- de transatuação do IRES (ITAFs), 372
- de transcrição IID, 338

- de troca de nucleotídios, 374
- nodulares, 275
Favismo, 241
Feedback, 148
FeMoCo, 276
FEN1, 316
Fenilalanina, 36, 37
Fenilcetonúria, 295
Fermentação alcoólica, 162
Ferredoxina, 206
- da reação de fase luminosa e
    o ciclo de Calvin, 214
Ferredoxina-tiorredoxina redutase, 214
Fibras de cromatina, 76
Fibrina, 7
Fibrinogênio, 7
Fibrose cística, 101
Ficobilinas, 205
Fímbrias, 18
Fita
- condutora, 313
- defasada, 313
Fitocromo, 289
Fixação
- de carbono, 209
- do nitrogênio, 274, 275
Flagelos, 18
Flavina
- adenina dinucleotídio (FAD), 131
- mononucleotídio (FMN), 131
Flavonoides, 275
Fluxo metabólico, 435
Focalização isoelétrica, 424
Folha-β, 49, 50
- antiparalela, 50
- paralela, 50
Forças de van der Waals, 44, 51
Formiato desidrogenase, 362
Formilmetanofurano
    desidrogenase, 362
Forquilhas de replicação, 305, 306
- eventos, 315
Fosfatase, 170
Fosfatidato fosfatase, 252
Fosfatidilglicerol, 90
Fosfatidilinositol-4,5-bifosfato
    (PtdIns(4,5)P$_2$), 103
Fosfatidilserina, 90
Fosfodiesterase, 325
Fosfoenolpiruvato
- carboxilase, 219
- carboxiquinase, 233
Fosfofrutoquinase, 158, 166, 167, 168
Fosfoglicerato
- mutase, 159
- quinase, 159, 212
Fosfoglicoisomerase, 157
Fosfoglicomutase, 166, 216
6-fosfogliconato desidrogenase, 238
Fosfopanteteína, 247
Fosfopentose
- epimerase, 239
- isomerase, 238
Fosforilação, 381
- em nível de substrato, 161
- oxidativa, 161, 185
Fosforilase quinase, 228
Fosforribosil pirofosfato (PRPP), 283
Fotofosforilação, 206

- cíclica, 209
Fotoproduto(s), 327
- fotoliase, 326
Fotoproteção, 208
Fotorreativação, 326
Fotorrespiração, 217
Fotossíntese, 24, 201, 202
- anoxigênica, 210
- em organelas
    especializadas, 202
- nas bactérias, 210
Fotossistemas, 205
Fragmentos
- de Okazaki, 313, 314, 319
- iônicos, 429
Frameshifting programado, 380
Frequência de ressonância, 433
Frutoquinase, 163
Frutose, 163
- 1-fosfato aldolase, 164
- 1,6-bifosfatase, 216, 234
- 6-fosfato pelo glucagon, 170
- bisfosfatase 2, 168
- forma cíclica da, 112
Fucoxantina, 205
Fumarase, 181
Funil de enovelamento, 57, 58
Furanoses, 110

G

Galactoquinase, 165
Galactose, 164
- 1-fosfato uridil transferase, 165
γ-semialdeído glutâmico, 279
Gangliosídios, 90
Gênero, 17
Genes
- clonados em eucariotos, 462
- codificadores de proteínas, 334
- de manutenção (*housekeeping*), 393
- descontínuos, 349
Genoma, 11, 23
Geração de energia, 153, 154
Glicanos, 114
- N-ligados, 115
Gliceraldeído, 38, 108
- 3-fosfato desidrogenase, 158, 213
L-gliceraldeído, 108
Glicerofosfolipídios, 89
Glicerol
- 3-fosfato
- - aciltransferase, 252
- - desidrogenase, 195, 252
- quinase, 253
Glicina, 36, 37, 39, 279
- redutase, 362
Glicocolato, 92, 266
Glicocorticoides, 93, 245
Glicogênicos, aminoácidos, 291
Glicogenina, 224
Glicogênio, 6, 115, 117
- fosforilase, 226, 230
- metabolismo do, 223
- sintase, 224, 230
- síntese e degradação do, 224
Glicolipídios, 98
Glicólise, 10, 153, 155, 156, 163
- em sentido inverso, 232

- na ausência de oxigênio, 160
Glicoma, 11
Glicômica, 435
Gliconeogênese, 161, 223, 232, 235
Glicoproteínas, 25, 98
Glicoquinase, 163
Glicosaminoglicanos, 118
Glicose, 6
- 6-fosfatase, 227
- 6-fosfato desidrogenase, 238
Glicosidase, 133
- α (1→6) glicosidase, 226
Glicosilação, 25, 114
- N-ligada, 114, 381
- O-ligada, 114, 381
Glioxissomas, 260
- β-globulina, 36
Glóbulo fundido (*molten globule*), 57
Glucagon, 169, 227, 229
GLUT1, 99
Glutamato, 278
- desidrogenase, 290
Glutamina, 36, 37, 278
- sintetase, 278
Glutationa, 241
- peroxidase, 241, 362
- redutase, 241
3′,5′-GMP cíclico (cGMP), 103
Gota, 295
Gradiente
- de pH imobilizado, 424
- eletroquímico, 189
- salino, 427
Gráfico de Lineweaver-Burk, 143, 147
Grampo, estrutura em, 343
Granos, 25
Grupamentos de ferro-enxofre, 186
Grupo(s)
- peptídico, 45
- - estrutura plana, 47
- R, 37
- prostéticos, 132
Guanilil transferase, 342
Guanina, 66, 67
- metiltrasferase, 342
Guia de onda de modo zero, 459
Guta-percha, 91

H

Helicase, 305
Hélice
- α-hélice, 48
- anfipática, 384
- de reconhecimento, 395
Hemoglobina, 55
Heteropolissacarídio, 115, 117
Hexoquinase, 157, 169
Hibridoma, 422
Hidrocarbonetos, 84
Hidrofílicos, 43
Hidrofóbicos, 43
Hidrolases, 132
Hidrólise do ATP, 154
3-hidroxi-3-metilglutaril CoA, 263
Hidroxiacil CoA desidrogenase, 258
3-hidroxiacil-ACP desidratase, 248
Hidroxilação, 381
4-hidroxiprolina, 43

Hiperamonemia, 295
Hiperglicemia, 228
Hipoglicemia, 228
Histidina, 36, 37
Histona(s), 22, 76
- acetiltransferases (HATs), 382
- desacetilases (HDACs), 382
- ligadoras, 78
HMG CoA, 263, 264
Holoenzima, 132
- da RNA polimerase, 335
Homopolissacarídio, 115
Hormônio(s), 8, 20
- adrenocorticotrófico, 255
- esteroides, 93, 245, 405
Hsp70, 36

I

Impressão digital (*fingerprinting*)
- da massa peptídica, 429
- do colágeno, 52
Impulsos nervosos, 100
Imunoeletroforese, 422
- cruzada, 423
Imunoensaios, 422
- enzimáticos, 423
Imunoglobulina, 420
- A (IgA), 421
- D (IgD), 421
- E (IgE), 421
- G (IgG), 421
- M (IgM), 421
Indutor, 399
Infarto do miocárdio, 254
Informação biológica, 10
Inibição
- alostérica, 147, 148
- reversível
- - competitiva, 146
- - não competitiva, 146, 147
Inibidores, 144
- e desacopladores da cadeia de
    transporte de elétrons, 193
- efeitos sobre as enzimas, 144
- irreversíveis, 144
Iniciação
- da replicação do DNA, 305
- da transcrição, 334
Iniciador (*primer*), 224
Inosina, 366
Inositol-1,4,5 trifosfato
    (Ins(1,4,5)P$_3$), 103
Insulina, 227
Intercruzamento, 456
Interfase, 78
Interruptores de hélice, 49
Íntron(s), 349
- do Grupo I, 352
- GU-AG, 350
Iodotironina desiodinase, 362
Íon(s), 39
- hidrônio H$_3$O$^+$, 40
- moleculares, 429
Ionização, 39
- da água, 40
- de um aminoácido, 39
- por eletroaspersão
    (*electrospray*), 438

508 Índice Alfabético

Ionóforos, 193
Isocitrato
- desidrogenase, 180
- liase, 260
Isoleucina, 36, 37
Isomerases, 133
Isomerização, 75, 133
Isômeros
- D e L, 38
- ópticos, 38
Isopentenil pirofosfato, 263
Isopreno, 90
Isótopos, 8
Isozimas, 181, 285

J

Jangadas lipídicas, 98
Joules, 154
Junção de extremidades não homólogas (NHEJ), 328

K

K_m (constante de Michaelis), 142

L

Lactato, 235
- desidrogenase, 160
Lactonase, 238
Lactose, 112
- permease, 397
Lançadeira
- glicerol 3-fosfato, 195
- malatoaspartato, 194
- mitocondrial, 194
Lanosterol, 264
Látex, o, 91
Lectinas, 439
Leg-hemoglobina, 276
Leguminosas, 274
Leite, 113
Leitura dos códons e pareamento de bases entre o tRNA e o mRNA, 365
Leucina, 36, 37
Leucodistrofia, 262
Levedura, 161
Liases, 133
Ligação(ões)
- β-N-glicosídica, 66
- coordenadas, 132
- covalentes, 44
- dupla, 44
- eletrostáticas, 44
- fosfodiéster, 67
- isopeptídica, 410
- O-glicosídica, 113
- peptídica, 45
- - características importantes da, 47
- - características incomuns da, 48
- química, tipos de, 44
- simples, 44
Ligases, 133, 444
Lipases, 253
Lipídios, 8, 83, 435
- estruturas dos, 84
- funções, 90
- metabolismo dos, 245

Lipidoma, 11
Lipidômica, 435
Lipólise, 253
Lipoproteína(s), 252, 254
- de alta densidade (HDL), 254
- de baixa densidade (LDL), 254
- de densidade intermediária (IDL), 254
- de densidade muito baixa (VLDL), 254
- lipase, 254
Lipossomos, 178, 464
Liquens, 275
Lisina, 36, 37
Lisossomos, 254
Localização da cadeia de transporte de elétrons, 186
Luciferase, 456
Luciferina, 456
Luz
- despolarizada, 432
- polarizada
- - circular, 432
- - plana, 432

M

Macromoléculas, 6
Malato
- desidrogenase, 181, 194
- - ligada ao NADP, 219
- sintase, 260
Malonil
- CoA, 250
- transacilase, 247
Maltose, 112, 113
Mamíferos, relações evolutivas entre os, 4
Mapa de densidade eletrônica, 434
Marcação de pulso, 412
Marcador(es)
- de afinidade codificados por isótopo (ICATs), 430
- seletivo, 461
Massa molecular, 6
Matriz
- extracelular, 25
- mitocondrial, 23
Mecanismo de troca de ligação, 191
Meias-vidas, 412
Membrana(s)
- bicamada lipídica, 95
- biológicas, 95
- celular, 18
- como barreiras seletivas, 98
- de proteína do Tipo I, 387
- dupla, 22
- e proteínas, 97
- estrutura da, 95
- mitocondrial
- - externa, 23
- - interna, 23
- plasmática, 18, 21
Mesossomos, 18
Metabolismo, 10
- do glicogênio, 223
- do nitrogênio, 273
- dos carboidratos, 223
- dos lipídios, 245
Metaboloma, 11, 435
Metabolômica, 435

Metáfase, 78
Metaloenzima, 130, 132
Metaloproteínas, 132
Metilação, 75, 381
Metilmalonil CoA mutase, 261
Metionina, 36, 37
Método(s)
- de clonagem do DNA, 459
- de estudo
- - das proteínas, 419
- - dos lipídios, 436
- ELISA
- - direto, 425
- - indireto, 425
- imunológicos, 420
- para identificar uma proteína individual, 420
Micelas, 89
Micro-RNA (miRNA), 334, 410
Microarray, 398
Microbioma, 21
Mícron, 16
Microrganismos diazotróficos, 274
Mineralocorticoides, 93
Mioglobina, 36, 53
miRNA humano, 74
Mitocôndrias, 16, 21, 22, 176
Modelo
- coordenado, 149
- de chave e fechadura, 138
- de encaixe induzido, 138
- em mosaico fluido, 96
- sequencial, 149
Modificação química, 377
- das proteínas, 380
- do RNA não codificante, 354
Módulo do choque térmico (pelo calor), 403
Moléculas carreadoras ativadas, 154
Monômeros, 6
Monossacarídios, 107, 108
- estruturas dos, 109
- na forma cíclica, 110
Motivo (motif)
- αα, 54
- hélice-volta-hélice ou hélice-alça-hélice, 395
mRNA, 333
- vigilância do, 409
Mudança
- de códon dependente do contexto, 362
- de fase de leitura (frameshift), 380
Mutação, 322
Mutagênese in vitro, 453
Mutarrotação, 111
MutH, 324
MutS, 324
Mycobacterium tuberculosis, 17
Myrmecia pilosula, 22

N

N-acetilglutamato sintase, 295
N-formilação, 381
N-miristoilação, 381
Na⁺/K⁺ ATPase, 102
NADH, 183, 185
- citocromo b_5 redutase, 249
- citoplasmático, 194

Índice Alfabético 509

NADP redutase, 207
Neurônios adjacentes, 145
Niacina, 131
Nicotinamida-adenina dinucleotídio (NAD+), 131
- fosfato (NADP+), 131
Nitrato redutase, 277
Nitrito redutase, 277
Nitrogenase, 276
Nitrogênio, 278
- inorgânico, 274
- metabolismo do 273
Nódulo radicular, 275
Nomenclatura binomial, 17
Nomes das espécies, 17
Norepinefrina, 255
Nuclease(s), 444
- proteção contra a, 76
Núcleo, 16, 21
- celular, 22
Nucleoide, 16
Nucléolos, 23
Nucleoplasma, 22
Nucleosídio, 66
- difosfato quinase, 286
- monofosfato quinase, 286
Nucleossomos, 76, 77
Nucleotidase, 457
Nucleotídios, 66
- corantes terminadores, 458
- e ligações fosfodiéster, 67
- síntese de, 286
Número
- atômico, 8
- de cópia, 460
- de massa, 8
- EC, 133

O

3'-OH-terminal, 67
Óleo de Lorenzo, 262
Oligopeptídios, 20
Oligossacarídios, 107, 114
Onda transversa, 432
Operador, 399
Óperon
- induzível, 402
- lactose, 397
- repressível, 402
Orbitais atômicos, 207
Organelas, 16, 21
Organismo(s)
- modelo, 17
- multicelulares, 15
- unicelulares, 15
- ureotélicos, 293
- uricotélicos, 293
Ornitina, 279
- transcarbamoilase, 293
Oscilação, 365, 366
Osfoglicomutase, 227
Osteomalacia, 266
Oxaloacetato, 179, 246
Oxidação
- β-oxidação, 253
- da glicose, 154
Oxidorredutases, 132
Oxigênio singlete, 208

P

5'-P terminal, 67
P680, 205
P700, 205
Padrão
- de difração de raios X, 434
- em trevo, 73
Par de bases, 74
- G-U, 366
Paradoxo
- da alolactose, 400
- de Levinthal, 57
Pareamento(s), 322
- de bases, 69
- impróprios, 74
Parede celular, 18
Partícula(s)
- de reconhecimento de sinal (SRP), 386
- subvirais, 27
Pentose, 66
Peptidase sinal, 386
Peptidil transferase, 374
Peptídio(s), 36
- de sinal, 354, 377, 386
- de trânsito, 384
Peptidoglicano, 18, 119
Pequeno RNA de interferência (siRNA), 334
Percepção de quórum, 20
Perfil
- genético, 452
- proteico, 426
Peroxidase da raiz-forte (HRP), 425
Peroxissomos, 255
Persistência da lactase, 113
pH
- fisiológico, 40
- ótimo, 140
Pharming, 466
Pigmentos
- acessórios, 204
- biliares, 289
- fotossintéticos, 203
Pili, 18
Pinça
- magnética, 319
- óptica, 58
Piranose, 110
Piridoxal fosfato, 290
Pirimidinas, 66
Pirossequenciamento, 456, 457
Pirrolisina, 43, 364
Piruvato, 155, 161, 232
- carboxilase, 233, 247
- convertido em lactato, 160
- descarboxilase, 162
- desidrogenase, 177
- - fosfatase, 182
- - quinase, 182
- no ciclo de Krebs (TCA), 176
- quinase, 159, 169, 171
Piruvato-P_i diquinase, 219
pK_a, 39
plantas
- actinorrízicas, 274
- C3, 219
- CAM, 220

Plasmídio(s), 306, 459
- de E. coli, 461
- epissomais de levedura, 462
- integrativo de levedura, 462
- recombinantes, 460
- Ti, 462
Plasmodium falciparum, 421
Plastocianina, 206
Plastoquinona, 206
Polaridade, 42
Poli(A) polimerase, 345
Poliacrilamida, 424
Poliadenilação, 344
Polimerases, 444, 448
Polímeros, 6
Polinucleotídio(s), 66
- antiparalelos, 68
- fosforilase (PNPase), 408
Polipeptídio(s), 36, 45
- conformações regulares, 48
- polímeros de aminoácidos, 45
- síntese do, 373
Poliproteína(s), 379
- Gag e Gag-Pol, 380
Polirribossomo, 374
Polissacarídio(s), 6, 107, 115, 116
Polissomo, 374
Politerpenos, 91
Pontes
- de dissulfeto, 51
- de hidrogênio, 44
Ponto isoelétrico, 39
Porfirina, 204
Porfobilinogênio desaminase, 289
Porinas, 176
Potencial
- de ação, 100
- de membrana, 100
- redox, 184
Pré-rRNA, 346
Pré-tRNA, 348
Pré-vitamina D_3, 266
Prega (ou dobra) do açúcar, 72, 73
Pregnenolona, 266
Primase, 314
Primeiro mensageiro, 103
Primer, 314, 315
Priming, 314
Primossoma, 315
Príons, 27
Pró-hormônio convertases, 378
Problema topológico, 307, 308
Procariotas, 16, 17
Processamento
- do RNA, 346
- - não codificante por clivagem, 346
- por clivagem proteolítica, 377
- pós-tradução, 360
- - das proteínas, 377
Processo(s)
- de Haber, 276
- de remendo curto, 327
- de transporte ativo, 101
Produtores primários, 201
Produtos, 135
- lácteos, 113
Progesterona, 93, 266
Progestinas, 93
Progestógenos, 245

510 Índice Alfabético

Projeção de Fischer, 109
Prolina, 36, 37a, 43
- redutase, 362
Promotor(es), 335, 336
- alternativos, 337
- central, 336
- fortes, 335
Propionil CoA carboxilase, 261
Prostaglandinas, 93, 94
Proteassomo, 412
Proteção contra nuclease, 76
Proteína(s), 6, 35
- argonauta, 410
- ativadora de catabólito (CAP), 400
- carreadora
- - de acila (ACP), 247
- - de citrato, 246
- - de piruvato mitocondrial, 177
- de aminoácido, 36
- de ferro-enxofre, 186
- de ligação
- - ao DNA específica da sequência, 395
- - de fita simples (SSB), 305
- - de poliadenilato (PADP), 372
- - de TATA, 338
- de membrana
- - do tipo II, 387
- - do tipo III, 387
- de sete hélices transmembrana
      ou 7TM, 170
- de troca de Na$^+$/Ca^{2+}, 102
- desnaturada, 56
- DnaA, 305
- estrutura das, 45, 431
- - primária, 45, 46
- - quaternária, 45, 46, 55
- - secundária, 45, 46, 50, 53
- - terciária, 45, 46, 51, 53
- FeS, 186
- fibrosas, 51
- fosfatase, 228
- - 2A, 251
- G, 170
- globulares, 52
- Hsp70, 59
- integrais de membrana, 97
- ligadas a lipídios, 98
- mecânica da síntese de, 367
- mediadora, 403
- mistura de domínios, 54
- motoras, 59
- PARP1, 328
- periféricas de membrana, 97
- quinase
- - A, 170, 228
- - ativada por AMP, 251
- - responsiva à insulina, 229
- receptora(s), 20
- - de ubiquitina, 412
- - esteroide, 405
- - transmembrana, 99
- recombinante, 459, 465
- - fator VIII, 466
- reguladoras, 60
- - respondem a sinais extracelulares, 404
- Rho, 344
- ribossômicas, 367
- síntese de, 36
- transmembrana, 97

- transportadora dos eritrócitos, 99
- Tus, 317, 318, 319
Proteoma, 11, 393, 426
Proteômica, 11
- de expressão, 426
Protômeros, 26
Pseudomureína, 19
Purinas, 66

Q

Queratina, 51
- tipo II, 36
Quilodáltons (kDa), 6
Quilojoules por mol, 154
Quilomícrons, 253, 254
Química, 3
- biológica, 1
Quimiotripsina, 145, 378
Quinases Janus (JAKs), 405
Quiral, átomo de carbono, 38
Quitina, 6, 115
Quorum sensing, 20

R

Raquitismo, 266
Razão entre massa e carga, 429
Reação(ões)
- da precipitina, 422
- de fase
- - escura, 209
- - luminosa, 203
- de luz, 202
- de obscuridade, 202
- de oxidação, 133
- de redução, 133
- de transferase, 135
- direta e inversa, 137
- em cadeia da polimerase
      (PCR), 444, 449
- - aplicações, 452
- - em tempo real (RT-PCR), 451
- - quantitativa (qPCR), 451
- endergônica, 135
- entre anticorpo e antígeno, 420
- exergônica, 135
- metabólicas, 125, 153
- redox, 133
- reversíveis, 137
Rearranjo de bases, 75
Receptor(es)
- acoplado à proteína G, 170
- β-adrenérgico, 228
- de manose 6-fosfato, 388
- de SRP, 386
- tirosinoquinase, 382
Recombinação, 329
- homóloga, 464
Reconhecimento códon-anticódon, 363
Redução
- do nitrato, 27', 277
Redutase, 276
Reflectron, 429
Região(ões)
- 5' e 3'-não traduzidas (UTR), 361
- constante, 421
- de iniciaç o, 306
- variáveis, 421

Regulação
- da glicólise, 166
- da gliconeogênese, 237
- da iniciação da transcrição
- - em bactérias, 395
- - em eucariotos, 401
- da via de expressão gênica, 395
- do ciclo de Krebs (TCA), 182
- específica do transcrito, 407
- gênica após iniciação da
      transcrição, 405
- global, 407
- por retroalimentação, 148
Regulador transmembrana da fibrose
      cística (CFTR), 101
Relação colinear, 348
Remanescentes de quilomícrons, 254
Remendo longo, 327
Remoção de íntrons do pré-mRNA
      eucariótico, 348
Renaturação espontânea, 56
Reparo
- de nucleotídios danificados, 324
- de pareamento impróprio, 324
- do DNA, 321, 322, 328
- pós-replicativo, 329
Replicação do DNA, 304, 305
- fase de alongamento, 307
- fase de alongamento, 305
- fase de iniciação, 305
- fase de término, 305
- origem da, 305
- por círculo rolante, 307
- por deslocamento de fita, 306
Replissoma, 316, 319
Repressor da lactose, 399
Respiração, 155
- celular, 23
- resistente ao cianeto, 196
Respirassomos, 186
Resposta ao ferro, 408
Ressonância magnética (RM), 11, 48
Restrição, 446
Retículo
- endoplasmático, 21, 22, 25
- - liso, 25
- - rugoso, 25
- sarcoplasmático, 231
Retrocesso, 341
Retrovírus, 313
Riboflavina, 131
Ribonuclease, 56
- A, 36, 127
- P, 129
Ribonucleoproteínas nucleares pequenas
      (snRNP), 351
Ribonucleotídio redutase, 286
Ribose, 66
Ribossomo(s), 25, 334, 367
- compostos, 367
- estrutura tridimensional do, 368
Ribozima, 129
Ribulose
- 1,5-bifosfato carboxilase/oxidase, 210
- 5-fosfato, 238
Rifamicinas, 341
Rizóbios, 274
RNA, 8, 65
- codificantes, 334

Índice Alfabético 511

- estruturas do, 65
- - secundárias do, 68
- helicase B, 408
- manipulação por enzimas purificadas, 444
- mensageiro (mRNA), 10, 333
- mundo de, 130
- não codificante, 334
- nuclear pequeno (snRNA), 334
- nucleolares pequenos (snoRNA), 334
- polimerase, 314
- - dependente de DNA, 335
- - I, 337
- - II, 336, 338
- - III, 337
- processamento do, 346
- - não codificantes por clivagem, 346
- ribossômico, 334, 346
- síntese de, 334
- transportador, 73, 75, 334, 348
RNAse E, 408
Rotação da F_0F_1 ATPase, 191
rRNA, 334
Rubisco, 210
- ativase, 211

S

S-adenosil metionina ou SAM, 132
Sabão, 88, 89
Sacarídios, 107
Sacarose, 112, 215
- fosfato fosfatase, 216
- fosfato sintase, 216
Saccharomyces cerevisiae, 22, 161, 467
Saponificação, 88
Sarcolipina, 36
Saturação da ligação dupla, 75
Seda, 51, 52
Segmento
- líder, 361
- *trailer*, 361
Segundo mensageiro, 103
Selenocisteína, 43
Sequencia(s)
- de consenso, 335
- de endereçamento
- - luminal, 384
- - mitocondrial, 384
- de ordenação, 383
- de Shine-Dalgarno, 369
- de término da transferência, 387
- expressas, 349
- iniciadora (Inr), 336
- interveniente, 349
- KDEL, 387
- PEST, 412
- terminadoras, 318
Sequenciamento
- da terminação da cadeia, 454
- de glicanos, 439
- de molécula única em tempo real, 459
- de nova geração, 454, 458
- do DNA, 11, 453
Serina, 36, 37, 279
Shunt aspartato-argininossuccinato, 295

Simportador, 102
Sinal
- de localização nuclear, 383
- de retenção, 386
Sinapse colinérgica, 146
Síndrome
- de Bloom, 328
- de Werner, 328
Síntese
- bioquímica de ATP, 161
- de ácidos graxos, 245
- de amido armazenado, 217
- de aminoácidos, 278
- de amônia, 274
- de ATP, 188
- de biomoléculas poliméricas, 29
- de cDNA, 449
- de compostos tetrapirrólicos, 288
- de derivados do colesterol, 266
- de DNA dependente de molde, 70
- *de novo*, 286
- de nucleotídios, 286
- de proteínas, 36
- de RNA, 334
- - fase de transcrição da, 339
- de substâncias bioquímicas contendo nitrogênio, 278
- de triacilgliceróis, 245, 251
- do colesterol, 262
- do polipeptídio, 373
- dos ácidos graxos, 246
- e degradação do glicogênio, 224
- transitória de amido, 217
Siro-heme, 277
Sistema(s)
- complemento, 420
- da MAP quinase, 102
- ômega (ω), 86
- paralelos maciços, 458
Sítio
- A, 369
- aceptor, 350
- alostérico, 147
- AP (apurínico/apirimidínico), 325
- ativo, 128
- de ligação do ribossomo, 369
- de saída, 369
- de *splicing* 3′, 350
- de *splicing* 5′, 350
- doador, 350
- E, 369
- interno de entrada ribossômica (IRES), 372
- P, 369
- peptidil, 369
Solitromicina, 376
Somatotropina, 36
Sonda repórter, 451
Spliceossomo menor, 353
Splicing, 349
- alternativo, 354
STATs (transdutores de sinais e ativadores da transcrição), 405
Substituição
- por enxofre, 75
- tiólica, 75
Substratos, 135
Succinato desidrogenase, 176, 180
Succinil CoA sintetase, 180, 181

Sulco
- maior, 68
- menor, 68
Super-hélice, 51
Superespiralamento, 77
Superfamília receptora nuclear, 405
Superoscilação, 367
Symplocarpus foetidus, 196
Syn-adenosina, 72

T

TAF, 338
Taq polimerase, 449
TATA box, 336
Taurocolato, 92, 266
Tautomerismo, 323
Taxa basal de iniciação do transcrito, 335
TBP, 338
Tecido adiposo marrom, 195
Técnica de Ouchterlony, 422, 423
Tecnologia do DNA recombinante, 459
Teias alimentares, 2
Telomerase, 321
- e câncer, 321
Temperatura ótima, 139
Teoria
- endossimbionte, 24
- gênica, 101
- quimiosmótica, 189
Terminação da cadeia, 454
Terminadores
- dependentes de Rho, 344
- intrínsecos, 343
Término
- da replicação, 317
- da síntese do polipeptídio, 375
- da transcrição, 334, 343
Termociclador, 449
Termogenina, 193
Terpenos, 84, 90, 92
Territórios cromossômicos, 22
Testosterona, 93, 268
Tetra-alça, 74
Tetraciclina, 375
TFIID, 338
Tilacoides, 25, 202
Timidilato sintase, 288
Timina, 66, 67
Tioesterase, 248
Tiolase, 263
Tiólise, 258
Tiorredoxina, 214
- redutase, 362
Tirosina, 36, 37
Titina, 36
Tolerância à lactose, 113
Tradução, 10, 333, 359
- acelulares, 375
- de um mRNA em um polipeptídio, 369
Transaldolase, 240
Transaminação, 194, 279, 281
Transaminases, 290
Transcetolase, 239
Transcrição, 10, 23, 333
- do DNA em RNA, 334
Transcriptase reversa, 313, 449
Transcriptoma, 11, 398
Transcriptômica, 398

512 Índice Alfabético

Transcritos, 11
Transdução de sinais, 99
Transesterificação, 350, 351
Transferases, 132, 226
Transferência
- de energia por ressonância, 205
- de éxciton, 205
- direta de elétron, 205
Translocação, 369
Translocon, 386
Transplante de células-tronco hematopoéticas, 262
Transportador(es)
- de cassetes de ligação de ATP (ABC), 102
- de Na^+/glicose, 102
Transporte
- ativo, 101
- de elétrons e fotofosforilação, 206
Trato de polipirimidina, 350
Trealose, 112
Treonina, 36, 37
- desidratase, 285
Triacilglicerol(óis), 87, 88, 235, 255
- complexos, 87
- simples, 87
- síntese de, 245, 251
- sintetase, 252
Triglicerídios, 87
Triose
- fosfato isomerase, 158
- quinase, 164
Tripla hélice, 52
Tripsina, 378
Triptofano, 36, 37
- sintase, 129
tRNA(s), 73, 75, 334
- diferentes, 364
- isoaceptores, 363
- nucleotidiltransferase, 348
Trombina, 6, 7
Tromboxanos, 93

Troponina, 231
Tuberculose, 17

U

Ubiquinol, 187
Ubiquinona, 185
Ubiquitina, 266, 382, 410
- ligase, 410
Ubiquitinação, 410, 411
UDP-galactose 4-epimerase, 165
UDP-glicose pirofosforilase, 216
Unidades
- de energia, 154
- de medida, 16
Uniportador, 99
Uracila, 66, 67
Urease, 126
Ureia, 56

V

Valência, 38
Valina, 36, 37
Variação(ões)
- de energia livre padrão, 184
- no código genético, 361
Velocidade
- de uma reação catalisada por enzima, 139
- inicial (V_0), 140
Vesículas, 25
- de ordenação, 388
Vetor(es)
- de clonagem, 461, 465
- de expressão, 465
Via(s)
- C4, 219
- da frutose 1-fosfato, 163
- da gliconeogênese, 232
- das pentoses fosfato, 223, 237
- de enovelamento das proteínas, 57

- de interconversão de galactose-glicose, 164
- de recuperação, 286
- de *splicing*, 354
- do fosfogliconato, 237
- glicolítica, 156
- metabólicas de uma célula animal típica, 9
Vibrio cholerae, 17
Vida originada, 28
Vigilância do mRNA, 409
Viroides, 27, 130
vírus, 26
- adenoassociados, 463
- ciclo biológico típico de, 27
- de RNA satélites, 27
Virusoides, 27, 130
Vitamina
- A, 93
- B_2, 131
- B_3, 131
- B_5, 131
- B_7, 233
- C, 131
- D, 93, 94, 266
- D_3, 266
- E, 93, 95
- K, 93, 95
- lipossolúveis, 93
Volta β (ou cotovelo), 54
Vulcanização, 91

X

Xantofila, 204
Xerodermia pigmentosa, 328

Z

Z-DNA, 73
Zona de equivalência, 422
Zwitterion, 39, 40